Nr. 26
S. 7127—7424

1956
27. Juni

Chemisches Zentralblatt

Vollständiges Repertorium für alle Zweige der reinen und angewandten Chemie

1830 gegründet. 1897—1945 von der Deutschen Chemischen Gesellschaft fortgeführt.
Im Auftrage der Deutschen Akademie der Wissenschaften zu Berlin, der Chemischen Gesellschaft in der Deutschen Demokratischen Republik, der Akademie der Wissenschaften zu Göttingen und der Gesellschaft Deutscher Chemiker

herausgegeben von Prof. Dr. Maximilian Pflücke

127. Jahrgang

1 9 5 6

Chefredakteure: Dr. Eugen Klever und Prof. Dr. Maximilian Pflücke

Akademie-Verlag GmbH., Berlin — Verlag Chemie, GmbH., Weinheim/Bergstr.

Inhalt

Ein vollständiger oder gekürzter Abdruck der Referate ist ohne Genehmigung der Redaktion und des Verlages verboten!

Namenregister

CHEMISCHES ZENTRALBLATT

VOLLSTÄNDIGES REPERTORIUM
FÜR ALLE ZWEIGE DER REINEN UND ANGEWANDTEN CHEMIE

GEGRÜNDET 1830

Im Auftrage der Deutschen Akademie der Wissenschaften zu Berlin,
der Chemischen Gesellschaft in der Deutschen Demokratischen Republik,
der Akademie der Wissenschaften zu Göttingen
und der Gesellschaft Deutscher Chemiker

herausgegeben von

Prof. Dr. **Maximilian Pflücke**

127. JAHRGANG

1956

SEITE 6003 – 7424

Chefredakteure Dr. Eugen Klever und Prof. Dr. Maximilian Pflücke

1956

AKADEMIE-VERLAG GMBH · BERLIN
VERLAG CHEMIE, GMBH, WEINHEIM / BERGSTR.

Heft Nr.	Seitenzahl	Ausgabedatum
22	6003—6282	30. Mai 1956
23	6283—6562	6. Juni 1956
24	6563—6846	13. Juni 1956
25	6847—7126	20. Juni 1956
26	7127—7424	27. Juni 1956

Herausgeber und verantwortlich für den Inhalt: Prof. Dr. Maximilian Pflücke, Berlin N 4, Schiffbauerdamm 19, Fernsprecher: 42 55 71. Redaktion: Chefredakteure Dr. Eugen Klever u. Prof. Dr. Maximilian Pflücke. Verlag: Akademie-Verlag GmbH, Berlin W 8, Mohrenstraße 39 (Fernsprecher 20 03 86, Postscheckkonto Berlin 350 21), u. Verlag Chemie GmbH., Weinheim/Bergstraße (Postscheckkonto Frankfurt/M. 1453 14 u. Berlin [West] 74 30. Fernsprecher Weinheim 2017).
Bestell- und Verlags-Nr. 1007/127.
Satz und Druck: VEB Leipziger Druckhaus, Leipzig, III/18/203. 256.
Veröffentlicht unter der Lizenznummer 1212 des Amtes für Literatur u. Verlagswesen der Deutschen Demokratischen Republik.
Printed in Germany.

Chemisches Zentralblatt

1956 Nr. 26 27. Juni

A. Allgemeine, physikalische und anorganische Chemie.

A_1. Kernphysik und Kernchemie.

A. A. Abrikossow und **I. M. Chalatnikow**, *Anwendung von zwei Grenzimpulsen in der Feldtheorie.* Die Einführung zweier Grenzimpulse, entsprechend zweier Radien, in die Theorie der pseudoskalaren Mesonen mit schwacher pseudoskalarer Kopplung beeinflußt die Renormalisierbarkeit der Theorie nicht u. ändert auch den Charakter der Eigenfunktionen nicht. (Доклады Академии Наук СССР [Ber. Akad. Wiss. UdSSR.] **103.** 993–96. 21/8. 1955. Wawilow-Inst. für physikal. Probleme der Akad. der Wiss. der UdSSR.) M. WIEDEMANN. 80

A. S. Wightman und **D. Hall**, *Universelle singuläre Funktionen in der lokalen relativistischen Quantenfeldtheorie.* (Sitzungsbericht.) (Physic. Rev. [2] **99.** 674. 15/7. 1955. Princeton Univ.) GERHARD SCHMIDT. 80

J. R. H. Dempster, *Einige einfache Ergebnisse der Feynman-Feldtheorie.* (Sitzungsbericht.) (Physic. Rev. [2] **99.** 674. 15/7. 1955. Princeton Univ.) GERHARD SCHMIDT. 80

Y. Takano und **J. L. Anderson**, *Eine Verallgemeinerung der Feynmanschen Integral-Allwegeformulierung der Quantenmechanik.* (Sitzungsbericht.) (Physic. Rev. [2] **99.** 674. 15/7. 1955. Univ. of Maryland.) GERHARD SCHMIDT. 80

L. D. Landau, A. A. Abrikossow und **I. M. Chalatnikow**, *Vermeidung divergierender Lösungen in der Quantenelektrodynamik.* Das Auftreten divergierender Lsgg. in der Quantenelektrodynamik ist nach Vff. nicht durch die Annahme punktförmiger Wechselwirkungen, sondern durch die Unzulässigkeit der Beschreibung der Wechselwrkg. mittels δ-Funktionen bedingt. Die im Ausdruck für die Wechselwrkg. zwischen Elektron u. elektromagnet. Feld stehende Ladung e_1 ist als vorher unbekannte Funktion des Wechselwirkungsradius zu betrachten. (Доклады Академии Наук СССР [Ber. Akad. Wiss. UdSSR] [N. S.] **95.** 497–500. 21/3. 1954.) R. AMBERGER. 80

L. D. Landau, A. A. Abrikossow und **I. M. Chalatnikow**, *Näherungsformel für die Greensche Funktion des Elektrons in der Quantenelektrodynamik.* Fortführung der früheren Arbeit (vgl. vorst. Ref.) unter Beschränkung auf räumliche u. durch analyt. Fortsetzung aus ihnen zu erhaltende $\Gamma\mu$-Werte (neben G u. D). (Доклады Академии Наук СССР [Ber. Akad. Wiss. UdSSR] [N. S.] **95.** 773–76. 1/4. 1954.) R. AMBERGER. 80

L. D. Landau, A. A. Abrikossow und **I. M. Chalatnikow**, *Näherungsformel für die Greensche Funktion des Photons in der Quantenelektrodynamik.* Nach Ableitung einer Näherungsformel für die GREENsche Funktion für das Elektron (vgl. vorst. Ref.) führen Vff. die analoge Aufgabe für das Photon durch. (Доклады Академии Наук СССР [Ber. Akad. Wiss. UdSSR] [N. S.] **95.** 1177–80. 21/4. 1954.) R. AMBERGER. 80

W. Wessel, *Über Quantenelektrodynamik und den Massenoperator.* (Sitzungsbericht.) (Physic. Rev. [2] **99.** 676. 15/7. 1955. U. S. Air Force Inst. of Technol.) GERHARD SCHMIDT. 80

B. Peters, *Der Fluß primärer Höhenstrahlkerne mit der Kernladungszahl $Z > 2$ auf der geomagnetischen Breite 30°.* Die Meth. zur Best. des prim. Flusses von Kernen mit $Z > 3$ wurde auf alle Kerne mit $Z > 2$ ausgedehnt. Auf 30° Breite wurden photograph. Emulsionen KODAK NTB 3 mit Glasunterlage der Dimensionen $3 \cdot 10$ in 6 Std. unter 20 g/cm² Atmosphäre exponiert. 470 Bahnen wurden verfolgt, davon rührten 108 von relativist. α-Teilchen her, u. zwar mit Korndichten zwischen 45–57/75 μ. Durch Vgl. mit dem bekannten α-Fluß wurde für das Auffinden der α-Teilchen eine Wirksamkeit über 90% ermittelt. Vf. fand $I_\alpha = 72 \pm 15$ Teilchen/m²/sec/Raumwinkel. Unter den Bahnen waren ferner 1 *Li*, 1 *B*, 4 *C*, 2 *N* u. 1 *O*, demnach Li, Be, B/CNO = 0,21 $\pm$ 0,06. (Proc. Indian Acad. Sci., Sect. A **40.** 230–48. Dez. 1954. Bombay, Tata Inst. of Fundament. Res.) M. WIEDEMANN. 85

S. Olbert, *Diffusionsgleichung der Nucleonenkomponente der Höhenstrahlen.* (Sitzungsbericht.) (Physic. Rev. [2] **99.** 661. 15/7. 1955. MIT.) GERHARD SCHMIDT. 85

J. Klarmann, M. F. Kaplon und **G. Yekutieli**, *„V-Teilchen" in Kernemulsionen.* (Sitzungsbericht.) (Physic. Rev. [2] **99.** 641. 15/7. 1955. Univ. of Rochester.) GERHARD SCHMIDT. 85

B. V. Sreekantan, A. Pevsner und **G. Sandri,** *Winkelkorrelationen bei V^0-Teilchenzerfällen.* (Sitzungsbericht.) (Physic. Rev. [2] **99.** 642. 15/7. 1955. MIT.) GERHARD SCHMIDT. 85

Y. B. Kim, J. R. Burwell, R. W. Huggett und **R. W. Thompson,** *Beweis für die Ladungsasymmetrie von $V^{\pm}$-Teilchen.* (Vgl. C. **1956. 914.**) (Sitzungsbericht.) (Physic. Rev. [2] **99.** 642. 15/7. 1955. Indiana Univ.) GERHARD SCHMIDT. 85

W. B. Fretter, E. W. Friesen, G. E. Kepler und **L. Lagarrigue,** *Impuls- und Ionisationsmessungen an geladenen V-Teilchen.* (Sitzungsbericht.) (Physic. Rev. [2] **99.** 642. 15/7. 1955. Berkeley, Calif., Univ. of California.) GERHARD SCHMIDT. 85

N. M. Kotscharjan, M. T. Aiwasjai, S. A. Kirakossjan und **A. Ss. Alexanjan,** *Impulsspektrum von μ-Mesonen in 3200 m Seehöhe.* Mittels eines magnet. Spektrometers wurde auf 3200 m Höhe das Impulsspektr. der μ-Mesonen im Bereich von 370 MeV/c bis 14 GeV/c untersucht. Der vertikale Fluß der Mesonen mit $p > 370$ MeV/c beträgt $13{,}8 \cdot 10^{-3}$, der mit $p > 1$ GeV/c $9{,}65 \cdot 10^{-3}$ u. der mit $p > 7$ GeV/c $1{,}25 \cdot 10^{-3}$/cm²/sec/Raumwinkel. Die differentielle sowie integrale Kurve N(Proton)/N(μ-Meson) in Abhängigkeit von p wurde ebenfalls bestimmt. Für $p > 0{,}4$ GeV/c beträgt der Anteil der Protonen 12%, für $p > 1$ GeV/c 9% u. für $p > 8$ GeV/c 2,7%. Die differentielle Kurve erreicht ein Maximum mit 20% für $p \approx 0{,}9$ GeV/c. Das Verhältnis der positiven zu den negativen μ-Mesonen liegt für niedrige p bei ~ 1 u. steigt für 5 GeV/c auf ~ 1,4 an. (Доклады Академии Наук Армянской ССР [Ber. Akad. Wiss. ArmenSSR] **20.** 169 bis 175.1955. Inst. für Physik der Akad. der Wiss. der ArmenSSR.) M. WIEDEMANN. 85

N. M. Kotscharjan und **G. Ss. Ssaakjan,** *Erzeugung von Mesonen und Elektronen in den unteren Schichten der Atmosphäre.* (Vgl. vorst. Ref.) Aus den Messungen (l. c.) über das μ-Mesonenspektr. auf 3200 m Höhe sowie aus dem Gang der Mesonenintensität berechnen Vff. den Energieverlust der μ-Mesonen durch Zerfall u. Ionisation zwischen 3200 m u. 0 m zu 0,0012 GeV/cm²/sec/Raumwinkel. Der Verlust der Nucleonenkomponente über die π^0 zur Bld. der Elektronen–Photonen-Komponente ermittelt sich zu 0,0008 GeV/cm²/sec/Raumwinkel. Für die Energie der weichen Komponente infolge Zerfall u. δ-Prozessen von μ-Mesonen ergibt sich 0,0022 GeV/cm²/sec/Raumwinkel. Demnach stammen ~ 30% der Elektronen aus Nucleonenstößen u. 70% aus dem μ-Zerfall. (Доклады Академии Наук Армянской ССР [Ber. Akad. Wiss. ArmenSSR] **21.** Nr. 1. 11–14. 1955.) M. WIEDEMANN. 85

K. P. Ryshkowa und **L. I. Ssarytschewa,** *Messung des Absorptionskoeffizienten von kernaktiven Teilchen hoher Energie.* Mit einem Hodoskop wird die Abhängigkeit des Absorptionskoeff. kernakt. Teilchen von ihrer Energie durch Unters. von in Pb ausgelösten Schauern in 3860 m u. 0 m Höhe mit derselben App. ermittelt. Die Energie der die Schauer auslösenden Teilchen wird auf 10^{11}–10^{12} eV abgeschätzt. Aus dem Intensitätsunterschied des Teilchenstroms bei den beiden Messungen berechnet sich die mittlere freie Weglänge für die Absorption im Mittel zu $\lambda = 120$ g/cm², fast unabhängig von der Teilchenenergie. Durch den Vgl. mit der freien Weglänge für die Wechselwrkg. kernakt. Teilchen kommen Vff. zu dem Schluß, daß beim Stoß von Nucleonen mit leichten Atomkernen die Energie des stoßenden Nucleons ungleichmäßig auf die sek. Nucleonen verteilt ist. (Журнал Экспериментальной и Теоретической Физики [J. exp. theoret. Physik] **28.** 618–19. Mai 1955. Physikal. Lebedew-Inst. der Akad. der Wiss. der UdSSR.) J. GEIGER. 85

G. Heber, *Zur Theorie der Elementarteilchen.* 1. Mitt. Vf. bestimmt den Grundzustand des Syst. Meson–Nucleon-Feld nach der TOMONAGA-Meth., wobei das Nucleon als kugelförmiges (im Raum der Wellenzahlen) Wellenpaket angenommen wird, dessen Radius variiert wird. (Ann. Physik [6] **16.** 43–51. 1955. Jena, Univ., Theoret.-Phys. Inst.) D. GEISSLER. 90

T. F. Morris, *Modelle von Elementarteilchen.* (Sitzungsbericht.) (Physic. Rev. [2] **99.** 650. 15/7. 1955. McGill Univ.) GERHARD SCHMIDT. 90

David Finkelstein, *Dynamik des Klein-Teilchens.* (Sitzungsbericht.) (Physic. Rev. [2] **99.** 649. 15/7. 1955. Stevens Inst. of Technol. and New York Univ.) GERHARD SCHMIDT. 90

W. G. McMillan, *Austausch im Thomas-Fermi-Dirac-Modell.* (Sitzungsbericht.) (Physic. Rev. [2] **99.** 661. 15/7. 1955. Los Angeles, Calif., Univ. of California and Rand Corp.) GERHARD SCHMIDT. 90

David Finkelstein, *Innere Struktur von Spinteilchen.* Vf. untersucht die Elementarteilchenmodelle mit inneren Freiheitsgraden innerhalb des Rahmens der speziellen Relativität u. der strengen Quantenmechanik. Mathemat. Ansätze. (Physic. Rev. [2] **100.** 924–31. 1/11. 1955. Hoboken, N. J., Stevens Inst. of Technol., Phys. Dep.; New York, New York Univ., Mathemat. Sci.) GERHARD SCHMIDT. 90

C. E. Porter, *Wirkungsquerschnitte und das komplexe Potential.* Theoret. Diskussion des komplexen Potentials bei Streuproblemen unter Beschränkung auf S-Wellen. (Physic. Rev. [2] **100.** 935—36. 1/11. 1955. Upton, Long Island, N. Y., BNL.) GERHARD SCHMIDT. 90

Bryce S. DeWitt, *Zustands-Vektor-Normalisierung in der formalen Streuungstheorie.* Mathemat. Ansätze zur Lösung des Normalisierungsproblems. (Physic. Rev. [2] **100.** 905—11. 1/11. 1955. Berkeley, Calif., Univ. of California, Dep. of Phys., Radiat. Labor.) GERHARD SCHMIDT. 90

Harry Lustig und **J. M. Blatt,** *Phasenverschiebungsanalyse von Einkanalreaktionen.* Systematisierung der Phasenverschiebungsanalyse für eine große Problemgruppe, u. zwar der elast. Einkanalstreuung. Die Winkelabhängigkeit wird aus der Analyse eliminiert. (Physic. Rev. [2] **100.** 777—90. 1/11. 1955. Urbana, Ill., Univ. of Illinois, Dep. of Phys.; Sydney, Univ., School of Phys.) GERHARD SCHMIDT. 90

R. M. Friedman, K. M. Crowe und **Hans Motz,** *Pionenpaarerzeugung durch Photonen.* (Sitzungsbericht.) (Physic. Rev. [2] **99.** 672. 15/7. 1955. Stanford Univ.) GERHARD SCHMIDT. 90

Hans Motz, K. M. Crowe und **R. M. Friedman,** *π^-/π^+-Verhältnisse bei der Photoerzeugung.* (Vgl. vorst. Ref.) (Sitzungsbericht.) (Physic. Rev. [2] **99.** 673. 15/7. 1955.) GERHARD SCHMIDT. 90

K. M. Crowe, R. M. Friedman und **Hans Motz,** *π^+-Photoerzeugung in Kohlenstoff.* (Vgl. vorst. Reff.) (Sitzungsbericht.) (Physic. Rev. [2] **99.** 673. 15/7. 1955.) GERHARD SCHMIDT. 90

W. I. Goldanski und **W. A. Schkoda-Uljanow,** *Maximale Ausbeute von Photoneutronen und eine neue Methode zur Bestimmung von integralen Querschnitten der (γ, n)-Reaktion für Photonen hoher Energie.* Die Best. der maximalen Photoneutronenausbeute erfolgt unter der Bedingung vollständig entwickelter Elektronen–Photonen-Kaskade, läuft demnach auf die Ermittlung des maximalen Konversionskoeff. Photonen–Neutronen hinaus. Damit erhält man gleichzeitig die Möglichkeit, den integralen Querschnitt für die Bldg. von Photoneutronen zu berechnen. Mit Bremsstrahlphotonen der Maximalenergie 250 MeV wird die Photoneutronenausbeute Q in *Fe, Cu, Pb* ($Q_{max} = 10^9$) u. *U* ($Q_{max} = 1{,}6 \cdot 10^9\ sec^{-1}$) gemessen, woraus sich ein integraler Reaktionsquerschnitt $\sigma_U = 5{,}2$ u. $\sigma_{Pb} = 8{,}2$ MeV·barn ergibt. $\sigma_{Fe} = 1{,}3$ u. $\sigma_{Cu} = 2{,}1$ MeV·barn werden abgeschätzt. (Журнал Экспериментальной и Теоретической Физики [J. exp. theoret. Physik] **28.** 623—26. Mai 1955. Physikal. Lebedew-Inst. u. Inst. für Physikal. Chem. der Akad. der Wiss. der UdSSR.) J. GEIGER. 90

W. K. H. Panofsky und **G. B. Yodh,** *Pionenerzeugung aus Wasserstoff durch 600 MeV-Elektronen.* (Vgl. C. **1956.** 4038.) (Sitzungsbericht.) (Physic. Rev. [2] **99.** 651. 15/7. 1955. Stanford Univ.) GERHARD SCHMIDT. 90

L. A. Page, M. Heinberg, O. J. Wallace und **T. W. Trout,** *Winkelkorrelation der Zweiquantenvernichtung in kondensierten Stoffen.* (Vgl. C. **1956.** 5458.) (Sitzungsbericht.) (Physic. Rev. [2] **99.** 665. 15/7. 1955. Univ. of Pittsburgh.) GERHARD SCHMIDT. 90

S. M. Shafroth und **J. A. Marcus,** *Vernichtungsstrahlung aus Positronenbremsung in supraleitendem Blei.* (Sitzungsbericht.) (Physic. Rev. [2] **99.** 664—65. 15/7. 1955. Northwestern Univ.) GERHARD SCHMIDT. 90

H. J. Groenewold, *Strahlungswechselwirkung des Elektrons.* 2. Mitt. (1. vgl. Proc., Kon. nederl. Akad. Wetensch. **53.** [1950.] 414.) Der Strahlungsprozeß wird einheitlich durch einen Allelektronenprozeß, der gepaarte elementare Übergänge umfaßt, beschrieben. Die Übergänge in ein unteres Niveau erscheinen dabei vor denen in ein oberes. Bei Mehrelektronenprozessen erscheinen auch Abschirmeffekte u. Austauschkräfte. Der Wellencharakter der Photonen ergibt sich aus den Elektronenwellen vor u. nach den Übergängen. Die Irreversibilität des Strahlungsprozesses ergibt sich aus einer typ. Verknüpfung der asymm. Energie- u. Zeitbedingungen. (Proc., Kon. nederl. Akad. Wetensch. **53.** 610—24. Mai 1950. De Bil, Koninkl. Nederl. Meteorol. Inst.) O. STEIL. 90

H. Messel, *Weitere Ergebnisse über das Schwankungsproblem in der Theorie der Elektronen–Photonen-Kaskadenschauer und der Wahrscheinlichkeitsverteilungsfunktion.* (Vgl. JÁNOSSY u. MESSEL, C. **1955.** 4509.) Für die Schwankungen u. für die Verteilung der Elektronen in der Theorie der Elektronen–Photonen-Kaskade werden numer. Resultate angegeben. Dabei wird der Ionisationsverlust durch Elektronen vernachlässigt. Es wird gezeigt, daß ein einzelnes prim. Elektron den Schauer auslöst. (Proc. physic. Soc., Sect. A **64.** 807—13. 1/9. 1951. Dublin, Inst. of Advanc. Stud., School of Theoret. Phys.) M. WIEDEMANN. 90

N. P. Klepikow, *Emission von Photonen und Elektron–Positron-Paaren im Magnetfeld.* Fortführung der Quantentheorie des strahlenden Elektrons von SSOKOLOW,

Klepikow u. Ternow (C. **1954.** 3386) unter Verzicht auf die Beschränkung auf kleine Quantenkorrekturen bei der Berechnung der Emissionsintensitäten. Betrachtet werden die Entstehung von Elektron–Positron-Paaren durch Photonen u. die Einphotonenvernichtung von Paaren im Magnetfeld. (Журнал Экспериментальной и Теоретической Физики [J. exp. theoret. Physik] **26.** 19—34. Jan. 1954. Moskau, Staatl. Univ.) R. Amberger. 90

J. S. Greenberg und **M. Deutsch,** *Innere Paarerzeugung bei Negatronzerfall.* (Sitzungsbericht.) (Physic. Rev. [2] **99.** 665. 15/7. 1955. MIT.) Gerhard Schmidt. 90

R. C. Miller, *Die Weitwinkelverteilung energiereicher Paarelektronen aus Bremsstrahlung.* Die Anzahl der Teilchenpaare hoher Energie, die bei einem durch Bremsstrahlung ausgelösten Prozeß in einem weiten Winkelbereich emittiert werden, wird berechnet, die Ergebnisse werden tabelliert. Der Effekt der Kernabschirmung wird abgeschätzt. (Physic. Rev. [2] **95.** 796—98. 1/8. 1954. Urbana, Ill., Univ. of Illinois.) F. Weigel. 90

K. L. Brown, W. C. Barber, A. I. Berman und **W. D. George,** *Z-Abhängigkeit der Bremsstrahlung.* (Sitzungsbericht.) (Physic. Rev. [2] **99.** 665. 15/7. 1955. Stanford Univ.) Gerhard Schmidt. 90

William G. Pettus, Henry G. Blosser und **Frank L. Hereford,** *Streuung von 200 keV-Elektronen in Gold.* Vff. bestimmen die relativen differentiellen Querschnitte für die Streuung von 200 keV-Elektronen durch Au-Folien. Die Messungen erstrecken sich über einen Winkelbereich von 70—150°. Die Ergebnisse werden mit den nach der Mottschen Theorie berechneten Werten verglichen u. gute Übereinstimmung gefunden. Die von Kinzinger u. Bothe (C. **1953.** 803) u. Kinzinger (C. **1954.** 1167) angegebenen Abweichungen bei großen Winkeln werden nicht bestätigt. (Physic. Rev. [2] **101.** 17—18. 1/1. 1956. Charlottesville, Va., Univ. of Virginia, Dep. of Phys.) W. Krönert. 90

Lewis B. Leder und **L. Marton,** *Querschnitte für den charakteristischen Energieverlust von Elektronen.* (Sitzungsbericht.) (Physic. Rev. [2] **99.** 647. 15/7. 1955. Nat. Bur. of Stand.) Gerhard Schmidt. 90

Irwin A. Pless und **Richard J. Plano,** *Eine Untersuchung der 456 MeV-Protonen-Wechselwirkungen mit Wasserstoff und Kohlenstoff.* (Sitzungsbericht.) (Physic. Rev. [2] **99.** 639—40. 15/7. 1955. Univ. of Chicago.) Gerhard Schmidt. 90

J. Werle, *„Äquivalente" Potentiale für die Bewegung des Nucleons in pseudoskalaren Feldern.* Für den Fall einer symm. Mischung geladener u. neutraler pseudoskalarer Felder werden die Bewegungsgleichungen für Nucleonen aufgestellt. Aus der Form des „äquivalenten" Potentials ergibt sich, daß die zusätzliche relativist. Kraft stets abstoßend wirkt. Auf kurze Entfernungen von einer Singularität überwiegt sie die n. Kraft. Die Bedeutung dieser Tatsache für das Zweikörperproblem wird diskutiert. (Bull. Acad. polon. Sci., Cl. III **3.** 87—90. 1955. Polish Acad. of Sci., Inst. of Theoret. Phys.) M. Wiedemann. 90

I. I. Lewintow, *Zusammenhang zwischen der Polarisation, Streuung und Spin–Bahn-Wechselwirkung in der quasiklassischen Annäherung.* An Stelle der klass. Beziehung zwischen der Polarisation P, dem Streuquerschnitt $\sigma(\Theta)$ u. dem Spin–Bahn-Potential α für die Streuung von energiereichen Neutronen an Kernen $P(\Theta)\,\sigma(\Theta) = 2\alpha\, d\sigma(\Theta)/d\Theta n$ mit n = Normale zur Streufläche wird die quasi-klass. abgeleitet: $P(\Theta)\,\sigma(\Theta) \cong -2{,}4\alpha\, d\sigma(\Theta)/d\Theta\, \{1 - \sigma_t C/2\pi R^2\} n$ mit σ_t = Gesamtwirkungsquerschnitt, R = effektiver Kernradius u. C für $\Theta \lesssim 1/kR$ unabhängig von Θ. Aus Polarisationsunterss. mit 300 MeV-Protonen ergab sich a = Konstante der Spin–Bahn-Wechselwrkg. zu $4{,}1 \cdot 10^{-27}$ cm² für *Be*, $3{,}7 \cdot 10^{-27}$ für *C*, $3{,}3 \cdot 10^{-27}$ für *Al* für $R = 1{,}37 \cdot 10^{-13} A^{1/3}$ cm u. V = −20 MeV (Tiefe des realen Teils des Potentials). (Доклады Академии Наук СССР [Ber. Akad. Wiss. UdSSR] **103.** 215—18. 11/7. 1955. Inst. für chem. Phys. der Akad. der Wiss. der UdSSR.) M. Wiedemann. 90

Steven A. Moszkowski, *Teilchenzustände in einem sphäroidalen Potential.* (Sitzungsbericht.) (Physic. Rev. [2] **99.** 648. 15/7. 1955. Univ. of California.) Gerhard Schmidt. 95

A. M. Lane und **C. F. Wandel,** *Über den imaginären Teil des Potentials im optischen Modell des Kerns.* (Sitzungsbericht.) (Physic. Rev. [2] **99.** 647—48. 15/7. 1955. MIT.) Gerhard Schmidt. 95

D. C. Peaslee, *Oscillatorpotential des Kerns.* (Sitzungsbericht.) (Physic. Rev. [2] **99.** 648. 15/7. 1955. Purdue Univ.) Gerhard Schmidt. 95

James J. Griffin, *Die Variationsnäherung an das kollektive Kernverhaltem.* (Sitzungsbericht.) (Physic. Rev. [2] **99.** 648. 15/7. 1955. Princeton Univ.) Gerhard Schmidt. 95

Frederick L. Scarf, *Spektrum und nichtrelativistische Grenze einer Bethe-Salpeter-Gleichung.* Das Eigenwertspektr. der durch WICK eingeführten relativist. Zweikörpergleichung wird für beliebige Bindungsenergien untersucht. Integrale Darst. des Problems u. Aufstellung von Grenzbedingungen. (Physic. Rev. [2] **100.** 912—23. 1/11. 1955. Cambridge, Mass., MIT, Dep. of Phys. and Labor. for Nucl. Sci.)
GERHARD SCHMIDT. 95

Solomon Gartenhaus, *Zweinucleonenpotential aus der Abschneidtheorie von Yukawa.* Unter Verwendung der YUKAWA-Abschneidtheorie berechnet Vf. die Zweinucleonenwechselwrkg. bis zur vierten Ordnung in der Kopplungskonstante. Das sich ergebende Potential bei großen Entfernungen ($\gtrsim 10^{-13}$ cm) gleicht dem bekannten Potential ohne Abschneideffekt. Die SCHRÖDINGER-Gleichung für das Zweinucleonenproblem bei niedrigen Energien wird numer. gelöst, die Werte für die Bindungsenergie, das Quadrupolmoment u. die 4 n–p-Parameter werden angegeben. (Physic. Rev. [2] **100.** 900—05. 1/11. 1955. Urbana, Ill., Univ. of Illinois.) GERHARD SCHMIDT. 95

R. D. Lawson, *Elektrische Multipolmomente bei j–j-Kopplung.* Vf. leitet einen einfachen Ausdruck für das elektr. Quadrupolmoment eines J-Zustandes ab, der mit dem Ausschlußprinzip in Einklang ist. Im Prinzip ist es möglich, die Theorie für höhere elektr. Multipolmomente zu verallgemeinern. (Physic. Rev. [2] **100.** 845—46. 1/11. 1955. Berkeley, Calif., Univ. of California.) GERHARD SCHMIDT. 95

S. Sengupta, *Kernmomente bei j–j-Kopplung.* (Vgl. vorst. Ref.) Die Meth. von LAWSON (l. c.) wird in einfacher Weise auf äquivalente Konfigurationen, die sowohl Neutronen als auch Protonen enthalten, ausgedehnt. (Physic. Rev. [2] **100.** 939—40. 1/11. 1955. Darjeeling, West Bengal, Govt. Coll.) GERHARD SCHMIDT. 95

R. K. Osborn und **E. D. Klema,** *Empirische Korrelation von kernmagnetischen Momenten.* Vff. schlagen eine Generalisierung des äußeren Schalenmodells, das sich auf die Kinematik des kollektiven Modells gründet, für die Korrelation von kernmagnet. Momenten vor. (Physic. Rev. [2] **100.** 822—34. 1/11. 1955. Oak Ridge, Tenn., ORNL.)
GERHARD SCHMIDT. 95

David L. Hill, Burton E. Freeman und **Kenneth W. Ford,** *Kernladungsverteilung in ^{208}Pb.* (Sitzungsbericht.) (Physic. Rev. [2] **99.** 649. 15/7. 1955. Los Alamos Scient. Labor. and Indiana Univ.) GERHARD SCHMIDT. 95

G. Breit und **J. P. Lazarus,** *Wirkungen der endlichen Amplitude bei Coulomb-Anregung.* Vff. zeigen, daß die Effekte der endlichen Amplitude Informationen über stat. Quadrupolmomente angeregter Zustände sowie über Übergangsmomente zwischen angeregten Zuständen liefern können. (Physic. Rev. [2] **100.** 942—43. 1/11. 1955. New Haven, Conn., Yale Univ.) GERHARD SCHMIDT. 103

E. L. Church und **J. Weneser,** *Elektrische Monopolübergänge in Atomkernen.* Vff. berechnen die Übergangswahrscheinlichkeit für E 0-Konversion in der K-Schale, divdiert durch ϱ^2, wobei der Stärkeparameter ϱ in der Größenordnung 1 in der WEISSKOPF-Approximation ist. Die Ergebnisse werden für verschied. Kernladungszahlen als Funktionen der Übergangsenergie k in Einheiten von mc^2 angegeben. Die analogen WEISSKOPF-Schätzungen der M 1- u. E 2-γ-Übergangswahrscheinlichkeiten sind zum Vgl. in die Betrachtung eingeschlossen. (Physic. Rev. [2] **100.** 943—44. 1/11. 1955. Upton, Long Island, N. Y., BNL.) GERHARD SCHMIDT. 103

H. A. Tolhoek und **P. J. Brussaard,** *Über die Theorie des α-Zerfalls und die Bestimmung von Kernradien.* Vff. modifizieren die Theorie dadurch, daß sie eine Dichteverteilung für Nucleonen im Kern einführen u. das Potential der α-Teilchen allmählich vom Kern- in das COULOMB-Potential übergehen lassen, wobei das erstere eine Tiefe von 167 MeV hat. Für r_0 in $R = r_0A^{1/3}$ wird $1{,}13 \cdot 10^{-13}$ cm berechnet. (Physica **21.** 449—70. Juni 1955. Leiden, Univ., Inst. Lorentz.) D. GEISSLER. 103

K. A. Brueckner, R. J. Eden und **N. C. Francis,** *Theorie von Neutronenreaktionen mit Kernen bei niedriger Energie.* Vff. entwickeln eine Theorie der Wechselwrkg. energiearmer Neutronen mit Kernen unter Verwendung von Methoden, die bisher auf die Unters. des Grundzustandes des Kerns angewandt worden sind. Es zeigt sich, daß durch die Theorie ein mittleres Potential vorausgesagt wird, das sehr stark dem der Theorie der Neutronenquerschnitte von FESHBACH, PORTER u. WEISSKOPF ähnelt. (Physic. Rev. [2] **100.** 891—900. 1/11. 1955. Bloomington, Ind., Indiana Univ.)
GERHARD SCHMIDT. 103

B. L. Cohen, H. G. Blosser, D. J. Coombe, G. H. McCormick und **E. Newman,** *(p, γ)-, (p, α)-, (p, ^{3}He)-, (p, t)- und (p, ^{7}Be)-Querschnitte.* (Sitzungsbericht.) (Physic. Rev. [2] **99.** 656. 15/7. 1955. Oak Ridge Nat. Labor.) GERHARD SCHMIDT. 103

S. A. Cox und **R. M. Williamson,** *Winkelverteilungen und Winkelkorrelationen in* $^{9}Be(d, p)^{10}Be$ *und* $^{10}B(d, p)^{11}B$. (Sitzungsbericht.) (Physic. Rev. [2] **99.** 631. 15/7. 1955. Duke Univ.) GERHARD SCHMIDT. 103

P. J. Grant, F. C. Flack, J. G. Rutherglen und **W. M. Deuchars,** *γ-Strahlung aus der Reaktion* $^{11}B(p, \gamma)^{12}C$. Die Winkelverteilung der γ-Strahlen von 16,1, 11,7 u. 4,4 MeV aus der Rk. ^{11}B(p, γ)^{12}C wird bei einer Anzahl von Beschußenergien bestimmt. Die Winkelverteilung der 16 MeV-γ ist mit $J = 2^+$ für die Resonanz bei $E_p = 163$ keV verträglich u. zeigt den Einfl. eines höheren Niveaus mit $J = 1^-$, das sich als ident. mit der breiten Resonanz bei $E_p = 1390$ keV erweist. Die Winkelverteilung der 11,7 MeV-γ-Strahlung zeigt eine Wechselwrkg. zwischen den Resonanzen bei 680 u. 1390 keV u. deutet auf $J = 2^+$ für die 680 keV-Resonanz. (Proc. physic. Soc., Sect. A **67.** 751—56. 1/9. 1954. Glasgow, Univ.) F. WEIGEL. 103

W. E. Crandall, W. Birnbaum, G. P. Millburn und **R. V. Pyle,** *Querschnitte der Reaktion* $^{12}C(p, pn)^{11}C$ *für 340 MeV-Protonen.* (Sitzungsbericht.) (Physic. Rev. [2] **99.** 631. 15/7. 1955. Berkeley, Calif., Univ. of California.) GERHARD SCHMIDT. 103

T. W. Bonner, Alfred A. Kraus jr., J. T. Eisinger und **J. B. Marion,** *Protonen aus dem Deuteronenbeschuß von* ^{12}C. (Sitzungsbericht.) (Physic. Rev. [2] **99.** 631. 15/7. 1955. Rice Inst.) GERHARD SCHMIDT. 103

M. T. McEllistrem, Ren Chiba, R. A. Douglas, D. F. Herring und **E. A. Silverstein,** *Differentielle Querschnitte für* $^{12}C + d$*-Reaktionen.* (Sitzungsbericht.) (Physic. Rev. [2] **99.** 632. 15/7. 1955. Univ. of Wisconsin.) GERHARD SCHMIDT. 103

J. N. McGruer, E. K. Warburton und **R. S. Bender,** *(d, p)-Reaktionen aus* ^{12}C *und* ^{13}C. (Sitzungsbericht.) (Physic. Rev. [2] **99.** 632. 15/7. 1955. Univ. of Pittsburgh. — C. **1956.** 5735.) GERHARD SCHMIDT. 103

R. D. Sharp, A. Sperduto und **W. W. Buechner,** *Winkelverteilung der Protonengruppen aus der Reaktion* $^{14}N(d, p)^{15}N$. (Sitzungsbericht.) (Physic. Rev. [2] **99.** 632. 15/7. 1955. MIT.) GERHARD SCHMIDT. 103

J. Seitz und **P. Huber,** *Wirkungsquerschnitt der Reaktion* $^{16}O(n, \alpha)^{13}C$ *für schnelle Neutronen.* Vff. bestimmen den Wirkungsquerschnitt der Rk. ^{16}O(n, α)^{13}C (I) als Funktion von E_n mit Hilfe einer O_2-gefüllten Parallelplatten-Ionisationskammer. Als Neutronenmonitor diente ein HORNYAK-Zähler, der gegen eine H_2-gefüllte Rückstoßionisationskammer geeicht war. Die Änderung von σ von der Schwelle bis zu 4,2 MeV läßt sich durch eine Änderung der Durchlässigkeit des COULOMB-Walles gegen die austretenden α-Teilchen erklären. Für $E_n = 4{,}2$ MeV beträgt $\sigma_\alpha = 130$ mbarn. Es werden Resonanzen bei $E_n = 3{,}90$ u. 4,05 MeV beobachtet, die Anregungszuständen des Compoundkerns ^{17}O bei 7,81 bzw. 7,95 MeV entsprechen. Der Einfl. der Rk. I auf die Best. der Stärke von Ra–Be-Neutronenquellen mit W. als Moderator wird diskutiert. (Helv. physica Acta **28.** 227—44. 31/5. 1955. Basel.) F. WEIGEL. 103

R. Sherr und **W. F. Hornyak,** *Unelastische Streuung von 19 MeV-Protonen an* ^{16}O. 1. Mitt. *Protonengruppen.* (Sitzungsbericht.) (Physic. Rev. [2] **99.** 632. 15/7. 1955. Princeton Univ.) GERHARD SCHMIDT. 103

W. F. Hornyak und **R. Sherr,** *Unelastische Streuung von 19 MeV-Protonen an* ^{16}O. 2. Mitt. *γ-Strahlung.* (Vgl. vorst. Ref.) (Sitzungsbericht.) (Physic. Rev. [2] **99.** 632—33. 15/7. 1955.) GERHARD SCHMIDT. 103

W. Haeberli, *Energieniveaus von* ^{21}Na. (Sitzungsbericht.) (Physic. Rev. [2] **99.** 640. 15/7. 1955. Univ. of Wisconsin and Duke Univ.) GERHARD SCHMIDT. 103

C. P. Browne und **W. C. Cobb,** *Einige Energieniveaus von* ^{22}Na. (Sitzungsbericht.) (Physic. Rev. [2] **99.** 644. 15/7. 1955. MIT.) GERHARD SCHMIDT. 103

D. Maeder und **P. Staehelin,** *Die komplexen β-Umwandlungen von* ^{25}Na *und* ^{25}Al. Vff. beschießen Mg mit Betatronbremsstrahlung bzw. Cyclotron–Protonen u. untersuchen die dabei entstehenden Aktivitäten von ^{25}Na (I) u. ^{25}Al (II), die durch die Rkk. ^{26}Mg(γ, p)^{25}Na u. ^{24}Mg(p, γ)^{25}Al gebildet wurden, mit Hilfe eines Scintillationsspektrometers. Beim Übergang ^{25}Na → ^{25}*Mg* werden in einem NaJ(Tl)-Scintillationskristall 4 γ-Gruppen mit $E_\gamma = 384 \pm 10$, 576 ± 10, 978 ± 15 u. 1603 ± 20 keV gemessen; die Impulshöhenverteilung, gemessen in einem Anthracenkristall, liefert $E_{\beta max} = 4{,}0 \pm 0{,}2$ MeV für den β-Übergang zum ^{25}Mg-Grundzustand. Mit Hilfe von β-γ u. γ-γ-Koinzidenzmessungen in einem Doppelimpulsspektrographen wird gezeigt, daß die Zahl der Übergänge zum Grundzustand, 1., 2. u. 3. Anregungszustand 65, 3,5, 25 bzw. 6,5% beträgt. Aus den *ft*-Werten wird geschlossen, daß ^{25}Na den Spin $3/2^+$ hat, die bekannte Spinanomalie des stabilen ^{23}Na mithin auch in ^{25}Na auftritt. In der kurzlebigen Aktivität von ^{25,26}Al tritt ein schwacher γ-Strahl von $1{,}58 \pm 0{,}03$ MeV auf; das $\gamma : \beta^+$-Verhältnis spricht für einen n. Übergang von ^{25}Al zum 1,6 MeV-Niveau in ^{25}Mg, das daher die Konfiguration $3/2^+$ oder $5/2^+$ haben muß. Qualitative Überlegungen führen auf die Zuordnung $(d_{5/2})^3(d_{3/2})^2$ für dieses Niveau. Der Spinwert des 2. Anregungszustandes in ^{25}Mg wird experimentell zu $3/2^+$ in Übereinstimmung mit den Voraussagen des Kernschalenmodells für die drei niedrigsten Niveaus festgelegt. Für die Entstehung der übrigen Einteilchenzustände (Anregung zwischen 1,9 u. 3 MeV) durch Abstreifprozeß wird ein Mechanismus vorgeschlagen, bei dem n. Abstreifen mit einer elektr. Anregung des ^{24}Mg-Kernrumpfes kombiniert ist. (Helv. physica Acta **28.** 193—226. 31/5. 1955. Zürich, ETH.) F. WEIGEL. 103

Raymond Davis jr., *Ein Versuch, Neutrinos durch die Reaktion $^{37}Cl(\bar{\nu}, e^-)^{37}Ar$ nachzuweisen.* (Vgl. C. **1955.** 9955.) (Sitzungsbericht.) (Physic. Rev. [2] **99.** 664. 15/7. 1955. Brookhaven Nat. Labor.) GERHARD SCHMIDT. 103

P. Shapiro, V. E. Scherrer, B. A. Allison und **W. R. Faust**, *n–γ-Koinzidenzen, die bei der unelastischen Streuung von Neutronen entstehen.* Vff. untersuchen mit Hilfe eines Scintillationsspektrometers das γ-Spektr., das bei der Wechselwrkg. von 3,2 MeV-Neutronen mit Cr auftritt. Gefunden werden γ-Strahlen von 330, 455, 580, 755 u. 967 keV sowie eine ausgeprägte Linie bei 1,43 MeV. Koinzidenzunterss. zeigen, daß nur wenige γ-Strahlen in Kaskade mit der 1,43 MeV-Linie auftreten. Es muß somit angenommen werden, daß nach der Emission des Neutrons der Restkern im 1,43 MeV-Anregungszustand zurückbleibt, während das Neutron die restliche Energie abführt. Die Energieverteilung dieser Gruppe unelast. gestreuter Neutronen hat ein Maximum bei $E_n = 1,5$ MeV, wie sich aus der Impulshöhenverteilung der Rückstoßprotonen im Stilbendetektor ersehen läßt. (Physic. Rev. [2] **95.** 751—53. 1/8. 1954. Washington, D. C., Naval Res. Labor.) F. WEIGEL. 103

Warren H. Burgus, George A. Cowan, J. W. Hadley, Wilmot Hess, Theodore Shull, M. L. Stevenson und **H. F. York**, *Wirkungsquerschnitte für die Reaktionen $^{48}Ti(d, 2n)^{48}V$, $^{52}Cr(d, 2n)^{52}Mn$ und $^{56}Fe(d, 2n)^{56}Co$.* Vff. beschießen dünne, aufeinandergestapelte Folien von Ti, Cr u. Mn mit Deuteronen aus dem 60 in.-Cyclotron u. messen die (d, 2n)-Wirkungsquerschnitte durch Best. der induzierten Aktivität. Die erhaltenen Anregungsfunktionen zeigen Schwellenwerte bei ~ 2 MeV (Ti), ~ 6 MeV (Fe) u. ~ 7 MeV (Cr) u. durchlaufen Maxima in der Gegend von 17—20 MeV. Die Halbwertszeiten der erzeugten Nuclide ^{52}Mn, ^{48}V u. ^{56}Co werden zu 5,60 ± 0,01 Tagen, 16,25 ± 0,17 Tagen bzw. 77,2 ± 0,80 Tagen gemessen. (Physic. Rev. [2] **95.** 750—51. 1/8. 1954. Livermore, Calif., Univ. of California, Radiat. Labor., Dep. of Phys.) F. WEIGEL. 103

R. M. Steffen, *Schwächung der ^{111}Cd-Richtungskorrelation in flüssigen ^{111}In-Quellen.* (Sitzungsbericht.) (Physic. Rev. [2] **99.** 659. 15/7. 1955. Purdue Univ.) GERHARD SCHMIDT. 103

C. H. Pruett, H. H. Bolotin, P. L. Roggenkamp und **R. G. Wilkinson**, *Die angeregten Zustände von ^{140}Ce.* (Sitzungsbericht.) (Physic. Rev. [2] **99.** 670—71. 15/7. 1955. Indiana Univ.) GERHARD SCHMIDT. 103

A. H. W. Aten jr. und **G. D. De Feyfer**, *Rhenium 190.* Die Darst. von ^{190}Re ($T_{1/2} = 2,8 \pm 0,5$ Min.) durch Neutronen- oder Deuteronenbeschuß von Os wird beschrieben. Das durch die Rkk. ^{190}*Os*(n, p) u. ^{192}Os(d, α) gebildete ^{190}Re zerfällt unter β-Emission mit $E_{\beta max} = 1,7 \pm 0,3$ MeV (Al-Absorberkurve), außerdem werden γ-Strahlen von 191, 392, 569 u. 830 keV, sowie weitere nichtidentifizierte γ-Strahlen beschrieben. (Physica **21.** 543. Juni 1955. Amsterdam, Inst. voor Kernphys. Onderz.) F. WEIGEL. 103

A. H. W. Aten jr. und **T. De Vries-Hamerling**, *Ein kurzlebiges Rutheniumisotop.* (Vgl. vorst. Ref.) Vff. beschießen Mo-Metall mit 52 MeV-α-Teilchen aus dem Cyclotron, lösen das Mo in HF/HNO_3-Gemisch, fügen H_2SO_4 u. $KMnO_4$ zu u. dest. eine Ru-Fraktion ab. Im Destillat wird eine Ru-Aktivität mit $T_{1/2} = 52$ Sek. beobachtet, für die die Zuordnung zu ^{93}Ru wahrscheinlich ist. (Physica **21.** 544. Juni 1955.) F. WEIGEL. 103

V. R. Potnis, C. E. Mandeville und **S. Burlew**, *Strahlungen von Platin (197).* (Sitzungsbericht.) (Physic. Rev. [2] **99.** 671. 15/7. 1955. Bartol Res. Found.) GERHARD SCHMIDT. 103

C. H. Braden, L. D. Wyly und **E. T. Patronis jr.**, *Durch Protonenbeschuß in Gold erzeugte Aktivitäten.* Vff. beschießen Au-Targets mit 12 u. 20 MeV-Protonen u. messen die auftretenden Aktivitäten. In einer Hg-Fraktion aus dem mit 20 MeV-Protonen beschossenen Target werden γ-Strahlen von 1,17, 0,81, 0,58 u. 0,255 MeV gefunden, die sämtlich mit $T_{1/2} = 42 \pm 3$ Std. abklingen u. ^{195}*Hg* zugeschrieben werden, das durch ^{197}Au(p, 3n) gebildet wurde. Die den Zerfall von ebenfalls erzeugten Isotopen ^{197}Hg, ^{196}Hg u. ^{195}Au betreffenden Daten stimmen mit früheren Messungen überein. (Physic. Rev. [2] **95.** 758—60. 1/8. 1954. Atlanta, Ga., Georgia Inst. of Technol.) F. WEIGEL. 103

Horace H. Coburn und **Sherman Frankel,** *Winkelkorrelationsmessungen in* ^{197}Hg. (Sitzungsbericht.) (Physic. Rev. [2] **99.** 671. 15/7. 1955. Univ. of Pennsylvania.) GERHARD SCHMIDT. 103

Herbert H. Bolotin und **Roger G. Wilkinson,** *Die angeregten Zustände von* ^{199}Hg. (Sitzungsbericht.) (Physic. Rev. [2] **99.** 671. 15/7. 1955. Indiana Univ.) GERHARD SCHMIDT. 103

W. L. Bendel, M. E. Toms und **R. A. Tobin,** *Photoerzeugung von* ^{207m}Pb. (Sitzungsbericht.) (Physic. Rev. [2] **99.** 672. 15/7. 1955. Naval Res. Labor.) GERHARD SCHMIDT. 103

D. M. Brink, *Kräfte kurzer Reichweite und Kernenergieniveaus in der Nachbarschaft von* ^{208}Pb. Die niedrigsten Anregungszustände solcher Kerne, die sich um 2 Nucleonen von dem doppeltmag. Kern ^{208}Pb unterscheiden, lassen sich durch Zweiteilchenkonfigurationen erklären. Ausdrücke für die Matrixelemente verschied. Wechselwirkungsformen werden unter Zugrundelegung solcher Konfigurationen abgeleitet u. die Rechnungen auf ^{210}Bi anzuwenden versucht. (Proc. physic. Soc., Sect. A **67.** 757—72. 1/9. 1954. Oxford, Clarendon Labor.) F. WEIGEL. 103

B. P. Bannik und **Ju. Ss. Iwanow,** *Photospaltung von Urankernen mit Emission eines leichten Teilchens mit langer Reichweite.* Unter Verwendung von Photoemulsionen wurde die Spaltung von U (natürliche Zus.) unter dem Einfl. von Photonen untersucht. Die mit U beladenen Emulsionen wurden dem Photonenstrahl eines Synchrotrons ausgesetzt. Bei einer Maximalenergie der Photonen von 80 MeV wurden 2 Fälle einer Spaltung in 3 Fragmente beobachtet oder 1 auf 544 $\pm$ 380 in 2 Fragmente, bei einer Maximalenergie von 150 MeV 3 oder 1 auf 544 $\pm$ 300 u. bei einer Maximalenergie von 250 MeV 19 oder 1 auf 117 $\pm$ 27. Die räumliche Verteilung bei den 19 Dreierspaltungen scheint isotrop zu sein. Die Ergebnisse werden mit Spaltungen von ^{235}U durch Neutronen verglichen. Als Mechanismus nehmen Vff. unter dem Einfl. des Photons Erzeugung eines Pions im Kern an, das dann von einem der inneren Nucleonen absorbiert wird, worauf eine Gruppe von Nucleonen ausreichend Energie erhält, um den Kern zu verlassen. (Доклады Академии Наук СССР [Ber. Akad. Wiss. UdSSR] **103.** 997—99. 21/8. 1955. Physikal. Lebedew-Inst. der Akad. der Wiss. der UdSSR.) M. WIEDEMANN. 103

T. B. Novey, *α–γ-Richtungskorrelation in* ^{241}Am. (Sitzungsbericht.) (Physic. Rev. [2] **99.** 672. 15/7. 1955. Argonne Nat. Labor.) GERHARD SCHMIDT. 103

W. J. Swiatecki, *Systematik der Spaltungsasymmetrie.* Theoret. Ansätze nach dem Modell des fl. Tropfens für die Lage der Spitzen in den Ausbeutekurven für die Compoundkerne ^{233}Th, ^{239}U, ^{236}U, ^{234}U, ^{240}Pu, ^{238}U, ^{242}Cm u. ^{252}Cf u. Vgl. mit den beobachteten Werten. (Physic. Rev. [2] **100.** 936—37. 1/11. 1955. Uppsala, Inst. for Mechan. and Mathemat. Phys. u. Gustaf Werner Inst. for Nucl. Chem.) GERHARD SCHMIDT. 103

W. J. Swiatecki, *Systematik der Halbwertszeiten der spontanen Spaltung.* (Vgl. vorst. Ref.) Diskussion der engen Beziehung zwischen den Halbwertszeiten der spontanen Spaltung u. den feineren Einzelheiten in der Systematik der Grundzustandsmassen der Kerne. (Physic. Rev. [2] **100.** 937—38. 1/11. 1955.) GERHARD SCHMIDT. 103

M. S. Steinberg, *Strahlungsdosierung aus thermonuclearen Explosionen.* (Sitzungsbericht.) (Physic. Rev. [2] **99.** 666. 15/7. 1955. Yale Univ.) GERHARD SCHMIDT. 106

W. L. de Keyser und **R. Cypres,** *Herstellung von reinem Graphit für Kernzwecke.* Zur Herst. von Graphit als Neutronenmoderator in Kernreaktoren zers. Vff. verschied. KW-stoffe u. führen Graphitbildungen in einem Ofen vom TAMMANN-Typ durch. Die Verunreinigungen an B werden colorimetr. u. spektralanalyt. bestimmt u. betragen bis zu $0{,}2 \cdot 10^{-6}$. Der Aschegeh. beträgt 10^{-4} bis 10^{-3}. Vff. beschreiben den Bildungsvorgang auf Grund photograph. Aufnahmen, der Reflexion in einem Polarisationsmikroskop u. der Röntgendiagramme nach DEBYE-SCHERRER. Die Cracktemp. u. der Aschegeh. haben Einfl. auf die Bldg. von Graphit. Prakt. Erfahrungen bei der Herst. von Graphitpreßlingen werden mitgeteilt. (Proc. int. Symposium Reactivity Solids **1952.** 385—409. 1954.) R. LACMANN. 110

A. D. Rossin, C. J. Billerbeck, W. S. Delicate, A. W. Wendling, A. S. Hoffman und **R. C. Reid,** *Graphische Methode beschleunigt die Produktionsplanung von Radioisotopen.* Vff. beschreiben die Herst. von Diagrammen, die eine einfache graph. Meth. zur Best. der Aktivität pro Bestrahlungseinheit für verschied. Radioisotope in Abhängigkeit von Bestrahlungszeit u. Bestrahlungsort im Reaktor gestatten. (Nucleonics **13.** Nr. 10. 80—82. Okt. 1955. Oak Ridge, Tenn.; MIT, Engng. Pract. School.) G. HERRMANN. 112

G. Schrank, *Eine Energiekontrolle für äußere Cyclotronbündel.* (Sitzungsbericht.) (Physic. Rev. [2] **99.** 677. 15/7. 1955. Princeton Univ.) GERHARD SCHMIDT. 112

Daniel T. Haworth, John R. Koch, Robert J. Martinovich und **John G. Surak,** *Herstellung von „Aufbau"-Filmen aus Cobalt 60-Stearat.* Vff. beschreiben die Darst. dünner ^{60}Co-Stearatfilme auf Glas durch wiederholtes Aufbringen monomol. Schichten. 250 ml einer 10^{-6} mol. $CoCl_2$-Lsg. mit 3,5 μC ^{60}Co werden in einer 10×20 cm großen, mit Paraffin eingewachsten Glaswanne mit 2 Tropfen einer Lsg. von Stearinsäure in Bzl. (1 : 1000) versetzt, die in eine vorher mit Paraffin in Bzl. behandelte Seidenschleife getropft werden. Außerhalb der Schleife wird ein Tröpfchen Ölsäure zugesetzt. Nach der Bldg. der monomol. Stearatschicht wird diese auf einen eingewachsten Glasobjektträger gebracht. Bis zu 25 solcher Schichten aufeinander ergaben linear ansteigende Aktivität. Bei p_H 5—9 werden 25—30% der Schicht in Co-Stearat umgewandelt, dieser Anteil steigt dann bis p_H 12 auf 60% an. (Nucleonis **13.** Nr. 11. 112—14. Nov. 1955. Milwaukee, Wis., Marquette Univ., Dep. of Chem.) G. HERRMANN. 112

H. J. Curtis, S. R. Person, F. B. Oleson, J. E. Henkel und **N. Delhias,** *Eichung einer Neutronenvorrichtung für biologische Forschung.* Vff. beschreiben Plan, Konstruktion u. Eichung einer für biol. Unterss. geeigneten Quelle, die $9 \cdot 10^8$ therm. oder $2{,}3 \cdot 10^8$ schnelle Neutronen pro cm² u. Sek. liefert. Während der Neutronenfluß aus der in Au-Folien induzierten Aktivität gemessen wird, schließt das Eichverf. eine Graphit-Ionisationskammer für direkte Best. des γ-Flusses ein. In der Graphitkammer am Ende einer 8 ft langen Probe wird ein CO_2-Gasstrom während der Messung aufrechterhalten. Zur Messung der Neutronenenergie wird das Mehrfolienverf. von HURST angewandt. (Nucleonics **14.** Nr. 2. 26—29. Febr. 1956. Upton, N. Y., BNL.) GERHARD SCHMIDT. 112

M. B. Reynolds, *Technik zur Zählung von Radiokrypton.* Zur Messung von ^{85}Kr werden dünnwandige GEIGER-Zählrohre mit einem konzentr. Mantel verwendet, in den das Gas eingefüllt wird. Absolutmessungen werden mit einem Doppelzählrohr durchgeführt, in das ^{85}Kr direkt eingebracht wird. Die beiden Teile des Doppelzählrohres sind ident. bis auf ihre Länge. Die Aktivität pro ml ergibt sich aus der Differenz beider Zählraten u. der Differenz beider Zählvolumina. Wenn die Probe nur wenig Luft enthält, ist der Druck u. die Zus. des Füllgases nicht krit., geeignet sind z. B. 85 Mol-% Ar u. 15 Mol-% Löschgas (Äthan, Cyclopropan, Äthylacetat u. a.) bei 20—25 cm Hg Gesamtdruck. (Nucleonics **13.** Nr. 5. 54—55. Mai 1955. Schenectady, N. Y., General Electr. Co., Knolls Atom. Power Labor.) G. HERRMANN. 112

H. W. Koch, J. M. Wyckoff und **B. Petree,** *Ansprechen eines Natriumjodid-Spektrometers auf energiereiche Elektronen.* (Sitzungsbericht.) (Physic. Rev. [2] **99.** 663. 15/7. 1955. NBS.) GERHARD SCHMIDT. 112

P. R. Howland und **N. E. Scofield,** *Steuerung eines schnellen Doppelkristall-Compton-Scintillationsspektrometers mit Jod-Röntgenstrahlen aus dem NaJ(Tl)-Erstkristall.* (Sitzungsbericht.) (Physic. Rev. [2] **99.** 663. 15/7. 1955. U. S. Naval Radiolog. Defense Labor.) GERHARD SCHMIDT. 112

Martin J. Berger und **John A. Doggett,** *Monte Carlo-Berechnung des Ansprechens von NaJ(Tl)-Scintillationsspektrometern.* (Sitzungsbericht.) (Physic. Rev. [2] **99.** 663. 15/7. 1955. NBS.) GERHARD SCHMIDT. 112

P. Ss. Baranow und **W. I. Goldanski,** *Hochschwelliger Scintillationsdetektor für Neutronen.* Vff. entwickeln einen Neutronendetektor, dem die Rk. $^{12}C(n, 2n)^{11}C$ mit einem für Neutronenenergien von 90—130 MeV fast konstanten Querschnitt zugrunde liegt. ^{11}C ist positronakt. u. zerfällt mit einer Halbwertszeit von 20½ Minuten. Durch Aktivierung des in organ. Luminophoren (Tolan, Stilben) enthaltenen C durch die Neutronen erhält man eine große effektiv arbeitende Schichtdicke. Der Untergrund wird durch Koinzidenzschaltung von 2 Photomultipliern weitgehend unterdrückt. Mit dieser App. läßt sich ein Strom von 20 Neutronen/cm²/sec (10 g C effektiv im Luminophor arbeitend, Untergrund $\sim 1{,}4\ sec^{-1}$, optimale Beobachtungsdauer) mit einer Genauigkeit von 45% bestimmen. (Журнал Экспериментальной и Теоретической Физики [J. exp. theoret. Physik] **28.** 621—23. Mai 1955. Physikal. Lebedew-Inst. der Akad. der Wiss. der UdSSR.) J. GEIGER. 112

C. A. Ziegler, H. H. Seliger und **I. Jaffe,** *Sauerstofflöschung und Wellenlängenverschieber in flüssigen Scintillatoren.* (Sitzungsbericht.) (Physic. Rev. [2] **99.** 663. 15/7. 1955. NBS.) GERHARD SCHMIDT. 112

D. E. Bannerman und **R. J. Lanter,** *Dauerhafter Glanzüberzug verbessert Flüssigkeitsscintillationszähler.* Vff. beschreiben eine Meth. zur Herst. eines Dauerüberzuges von TiO_2 in Lack zur Verbesserung des Wirkungsgrades von Flüssigkeitsscintillationszählern zum Nachw. von Neutronen u. γ-Strahlen. Für 14 MeV-Neutronen wird z. B. mit doppeltem TiO_2-Überzug eine 70%ig. Erhöhung der Empfindlichkeit erzielt. (Nucleonics **14.** Nr. 2. 60—61. Febr. 1956. Los Alamos, N. Mex., Univ. of California, LASL.)
GERHARD SCHMIDT. 112

N. H. Simpson und **Norman Hackerman,** *Die Verfolgung der Oberflächendiffusion von Radioisotopen.* Zur Unters. der Selbstdiffusion von ^{64}Cu in Cu wird ein Anthracenscintillationszähler verwendet. (Nucleonics **13.** Nr. 5. 67—68. Mai 1955. Austin, Tex., Univ. of Texas, Dep. of Chem.) G. HERRMANN. 112

L. Marquez, *Der Ringfokus im Spiralbahnspektrometer.* Vf. zeigt, daß das Spiralbahnspektrometer einen ringförmigen Fokus nahe der stabilen Bahn besitzt. Durch Einführung eines zylindr. Schlitzes, der sich mit dem Ringfokus deckt, ergab sich eine erhebliche Verbesserung der Spektrometercharakteristik. So konnte für eine punktförmige β-Quelle die Transmission T als Funktion der Linienbreite W um eine Größenordnung auf den Wert $T = 0{,}7 \cdot W^{1/2}$ gesteigert werden. (Nuovo Cimento [10] **1.** 785—91. 1/5. 1955. Rio de Janeiro, Centro Brasil. de Pesqu. Fís.) R. CONRAD. 112

W. J. Dunning, *Die Anwendung der Massenspektrometrie auf chemische Probleme.* Überblick über Prinzip u. Meth. der Massenspektrometrie u. über ihre Anwendung auf folgende chem. Probleme: Messung von Appearance- u. Ionisationspotentialen u. von Dissoziationsenergien mehratomiger Moll., Analyse von KW-stoff- u. anderen organ. Gemischen, Messung von Dampfdrucken, Analyse fester Substanzen, quantitative Analyse nach der Isotopenverdünnungsmeth., reaktionskinet. Unterss. u. Analyse von Isotopen. (Quart. Rev. [chem. Soc., London] **9.** 23—50. 1955. Bristol, Univ.) R. CONRAD. 112

R. Vauthier, *Anwendung der Optik elektrischer Ladungen auf die Massenspektroskopie.* (Vgl. C. **1950.** II. 261.) Es wurde ein Massenspektrometer konstruiert mit einem durch parallele Ebenen begrenzten Trennfeld u. einer elektrostat. Linse zur Erniedrigung des Aberrationskoeffizienten. Bei einem maximalen halben Öffnungswinkel des Ionenbündels von 3° wurde ein Auflösungsvermögen bis 155 erreicht. Die Bahnen der Ionen in der Ionenquelle werden diskutiert. (J. Physique Radium **16.** 64 S—65 S. Juli 1955.) H. LIEPACK. 112

K. L. Aitken, F. Hart und **P. Reynolds,** *Stabilisierte Stromzufuhr für eine Massenspektrometerquelle mit Oberflächenionisation.* Beschreibung u. Schaltskizze einer elektron. Stabilisierungsschaltung für den Heizstrom einer Ionenquelle mit Oberflächenionisation im Massenspektrometer. Mit der beschriebenen Anordnung wird ein Ionenstrom erhalten, der für Perioden von ca. $^1/_2$ Std. auf $\pm 1\%$ konstant ist, was einer Heizstromkonstanz von $\pm 0{,}02\%$ entspricht. (J. sci. Instruments **32.** 190—91. Mai 1955. Harwell, Berks., AERE.) R. CONRAD. 112

R. C. Geiger und **R. C. Plumb,** *Nach der Halbwertszeit aufgeführte Radioisotope, die durch Einfang langsamer Neutronen erzeugt worden sind.* Isotopentabelle, nach zunehmender Halbwertszeit geordnet, zur Identifizierung von Isotopen, z. B. bei qualitativem Nachw. von Spurenverunreinigungen in einer neutronenbestrahlten Probe. (Nucleonics **14.** Nr. 2. 30—31. Febr. 1956. New Kensington, Pa., Aluminium Comp. of America.) GERHARD SCHMIDT. 112

W. A. Rhinehart und **D. J. Zaffarano,** *Spannungseichsystem für Impulshöhenmessung.* Hilfsanordnung für Verstärker, Impulshöhenanalysatoren usw. zur Best. von Linearitäten oder Nichtlinearitäten des Impulserzeugers u. zur Aufzeichnung von Eichkurven der verwendeten Apparatur. (Nucleonics **14.** Nr. 2. 54—56. Febr. 1956. Ames, Io., Iowa State Coll., Inst. for Atom. Res. and Dep. of Phys.) GERHARD SCHMIDT. 112

Victor E. Ragosine und **Carl D. Sarine,** *Bewegliche fernbediente Anordnung für eine radiographische Quelle.* Beschreibung eines fahrbaren Pb-Blocks für eine 10 C ^{192}Ir-Quelle, die hydraul. aus dem Block ausgefahren wird. (Nucleonics **13.** Nr. 4. 60—61. April 1955. North Adams, Mass., Sprague Electr. Co., Res. and Engng. Dep.) G. HERRMANN. 112

A. G. Silvester, *Ein einfaches Periskopsystem für ferngesteuerte Verrichtungen.* Vf. beschreibt ein Spiegelperiskop, das gegenüber den gebräuchlichen Typen einfacher zu bedienen ist u. einen geringeren Lichtverlust hat. (Nucleonics **13.** Nr. 11. 80—81. Nov. 1955. Schenectady, N. Y., General Electr. Co., Atom. Power Dep.) G. HERRMANN. 112

A₂. Optisches Verhalten der Materie.

L. R. B. Elton, *Der Einfluß der begrenzten Kerne auf die Strahlungskorrektur.* Vf. berichtet über die Strahlungskorrekturglieder in der Gleichung $I(\Theta, \Delta E) = I_{B1} (1 + \delta_{B2} - \delta_R)$ von ELTON u. ROBERTSON [1952]. Für leichte Kerne sind Korrekturglieder höherer Ordnung zu vernachlässigen, für schwere Kerne wird die Strahlungskorrektur vom Streuungspotential abhängig sein. (Proc. physic. Soc., Sect. A **68.** 549. 1/6. 1955. London, King's Coll., Wheatstone Dep. of Phys.) D. HAHN. 114

P. R. Swan und **M. W. P. Strandberg,** *Angeregter Torsionszustand im asymmetrisch behinderten Rotor.* (Sitzungsbericht.) (Physic. Rev. [2] **99.** 667. 15/7. 1955. MIT.) E. KLEVER. 114

B. I. Stepanow, *Absorption und Emission des Lichtes durch einen grauen Körper.* Eine phänomenolog. Theorie der spektroskop. Eigg. grauer Stoffe wird entwickelt u. der EINSTEIN-Koeff. der Absorption, der erzwungenen u. freien Emission ermittelt. Es zeigt sich, daß die Emissionswahrscheinlichkeit im wesentlichen durch klass. Ausdrücke dargestellt wird. Daraus können Folgerungen für die Gesetzmäßigkeiten der Lichtabsorption u. -emission komplizierter Moll. gezogen werden. (Журнал Экспериментальной и Теоретической Физики [J. exp. theoret. Physik] **28.** 559—66. Mai 1955. Minsk, Mathemat. u. Physikal. Inst. der Akad. der Wiss. der WeißrussSSR.) J. GEIGER. 114

F. Regler, *Fluorescenzspektroskopie mit Röntgenstrahlen.* Nach einem kurzen zusammenfassenden Überblick über die Fluorescenzspektroskopie mit Röntgenstrahlen beschreibt Vf. zuerst eine Spezialröntgenröhre zur bequemen Außenanregung von Röntgenspektren. Durch Außenanregung in Luft kann man nur die Elemente mit einer Ordnungszahl >21 erfassen, da nur diese eine K-Serie liefern, die nicht schon in Luft fast vollständig absorbiert wird. Für Elemente relativ hoher Ordnungszahl kann man auch die L-Serie heranziehen. Es wird außerdem ein von dem Vf. ausgearbeitetes Verf. beschrieben, bei dem man mit Hilfe der Fluorescenzanregung eine Fluorescenzanalyse mit einer vergrößerten Abb., mit einer Röntgenlupe, durchführen kann. Bestrahlt man eine Probe, die Einschlüsse enthält, mit geeigneter Röntgenstrahlung, so senden die Einschlüsse verschieden intensive Fluorescenzstrahlungen aus, die durch Lochkameraabb. ein vergrößertes Bild der zu untersuchenden Probe u. Lokalisation der Einschlüsse liefern. Die so erhaltene Aufnahme kann opt. nachvergrößert werden. (Mikrochim. Acta [Wien] **1955.** 671—83. Wien, TH, Inst. für Experimentalphys.) C. GOTTFRIED. 116

H. Herglotz, *Neue Wege und Ergebnisse der Röntgenspektroskopie.* (Vgl. vorst. Ref.) Mit Hilfe der l. c. beschriebenen Röntgenröhre mit Durchstrahlanode konnte zunächst die Frage der sek. Erregung des $K_{\alpha 3}$-Satelliten des Cr geklärt werden. Die Röhre eignet sich zusammen mit vielkristallinen Beugungsgittern gut für ein einfaches spektralanalyt. Verf. der Elemente Ti(22) bis Zn(30). Schließlich zeigt Vf., daß man bei Verwendung vielkristalliner Beugungsgitter unter Ausnützung bekannter Gesetzmäßigkeiten unter Umständen eine Genauigkeit der Wellenmessung erreicht, die die mit klass. Einkristallspektrographen erheblich übertrifft. (Mikrochim. Acta [Wien] **1955.** 684—95. Wien, TH, Inst. für Experimentalphys.) C. GOTTFRIED. 116

R. A. Rubenstein und **J. N. Snyder**, *Neue Behandlung des Auger-Effektes und der Fluorescenzausbeute bei den leichteren Elementen.* Mit Hilfe elektron. Rechenmaschinen werden Berechnungen der AUGER- u. Röntgenstrahlübergangsgeschwindigkeiten für die Elemente ^{18}Ar, ^{36}Kr u. ^{47}Ag auf der Grundlage der HARTREE-Meth. ausgeführt. Die Auswertung der Rechnungen ergibt K-Serien-Fluorescenzausbeuten von 0,13 für Ar, 0,67 für Kr u. 0,85 für Ag in guter Übereinstimmung mit den verfügbaren experimentellen Daten. (Physic. Rev. [2] **97.** 1653. 15/3. 1955. Urbana, Ill., Univ., Dep. of Phys.) J. RUDOLPH. 116

D. E. Bedo und **D. H. Tomboulian**, *Dispersionselektronen und Brechungsindex im Gebiet weicher Röntgenstrahlen.* (Sitzungsbericht.) (Physic. Rev. [2] **99.** 624. 15/7. 1955. Cornell Univ.) H. LIEPACK. 116

H. Curien, *Ein Kunstgriff für die Untersuchung des Compton-Effektes in Kristallen.* Vf. beschreibt einen Kunstgriff, mit dem es möglich ist, die Wärmestreuung u. die COMPTON-Streuung zu trennen. Nimmt man an, daß die monochromat. einfallende Strahlung eine Wellenlänge λ_0 hat, die sehr wenig niedriger als die Wellenlänge der krit. Absorption λ_A eines Elementes A ist, dann wird ein Filter, welches das Element A enthält u. in den Strahlengang eingebracht wird, sehr stark die Strahlungen der Wellenlänge λ_0 absorbieren u. im übrigen für die durch den COMPTON-Effekt gestreuten Strahlungen durchlässig sein, falls $\Delta\lambda > \lambda_A - \lambda_0$ ist. Man kann daher beim Arbeiten mit u. ohne Filter die beiden Beiträge zur Diffusion trennen. (J. Physique Radium **16.** 494—95. Juni 1955. Paris, Fac. des Sci., Labor. de Minéral. et Cristallogr.) C. GOTTFRIED. 116

Robert Novick, Edgar Lipworth und **Paul F. Yergin**, *Feinstruktur von einfach ionisiertem Helium.* (Sitzungsbericht.) (Physic. Rev. [2] **99.** 612—13. 15/7. 1955. Columbia Univ.) E. KLEVER. 118

C. R. Burnett, *Isotopieverschiebung im Spektrum von ionisiertem Kohlenstoff.* (Sitzungsbericht.) (Physic. Rev. [2] **99.** 623. 15/7. 1955. Pennsylvania State Univ.) H. LIEPACK. 118

W. M. Cloud, *Nichtlinearitäten der Isotopieverschiebung im Spektrum von Cadmium.* (Sitzungsbericht.) (Physic. Rev. [2] **99.** 623. 15/7. 1955. Univ. of Wisconsin.) H. LIEPACK. 118

M. E. Pillow, *Intensitäten in Bandensystemen von CH.* Für das Mol. CH sind drei Bandensysteme $A^2\Delta$–$x^2\Pi$, $B^2\Sigma^-$–$x^2\Pi$ u. $c^2\Sigma^+$–$x^2\Pi$ bekannt, die Vf. analysiert u. deren relative Intensitäten berechnet (Tabelle). Die berechneten Werte für das zweite Bandensyst. werden mit DURIEs Beobachtungen verglichen. (Proc. physic. Soc., Sect. A **68.** 547–48. 1/6. 1955.) D. HAHN. 118

K. Dressler und **E. Miescher,** *Spektroskopische Identifizierung des zweiatomaren PS und das neue Bandensystem von PO und P_2.* Es werden die Bandenspektren der Moll. NO u. NS, die den Übergang $^2\Delta$–$x^2\Pi$ darstellen, mit den analogen Spektren von PO u. PS verglichen. In einer Tabelle werden die Konstanten der neuen Bandensysteme von PO, PS, PS^+ u. P_2 zusammengestellt u. im folgenden diskutiert. Mit Hilfe einer zweiten Tabelle ist ein Vgl. der Ergebnisse mit bekannten Daten analoger Moll. möglich. Von PO werden 5 Bandenpaare ausgemessen. Dem PS-Mol. wird das Dublettspektr. u. dem PS^+-Mol. das Singulettspektr. zugeschrieben. Zugleich mit dem starken Auftreten der $A^1\Sigma$–$x^1\Sigma$-Banden von P_2 werden einige neue Banden beobachtet, welche zu Übergängen von höher erregten Zuständen zu dem Grundzustand von P_2 gehören. Ferner treten bei P_2 noch 4 rote entartete Banden mit $\lambda = 1683{,}3$, 1705,5, 1728,2 u. 1751,4 Å, sowie 2 Bandengruppen bei $\lambda = 1510$ u. 1530 Å auf. (Proc. physic. Soc., Sect. A **68.** 542–44. 1/6. 1955. Basel, Univ., Phys. Inst.) D. HAHN. 118

A. Jabłoński, *Ausbeute der anti-Stokesschen Fluorescenz von Farbstofflösungen.* Die langwellige Flanke der ersten Absorptionsbande von Farbstoffen in Lsgg. kann mit der kurzwelligen Fluorescenzbande überlappen. Bei Einstrahlung in dieses „anti-STOKESsche“ Gebiet sinkt die Fluorescenzausbeute stark ab. Zur Deutung wird angenommen, daß die langwellige Absorptionsflanke von nicht fluorescenzfähigen Dimeren herrührt. Mit zunehmender Temp. u. abnehmender Konz. dissoziieren die Dimeren; dabei tritt Abnahme der Extinktion u. Steigerung der Quantenausbeute im anti-STOKESschen Gebiet ein. (Acta physica polon. **13.** 239–42. 1954. Toruń, Nikolaus-Kopernikus-Univ.) F. DÖRR. 118

Andrée Johannin-Gilles, *Absorption des Dampfes des Schweren Wassers im Schumann-Ultraviolett.* Das Absorptionsspektr. des D_2O-Dampfes (3,55–8,4 Torr) zeigt im Gebiet von ca. 1600–1750 Å ähnlich wie H_2O eine kontinuierliche Bande mit 6 Maxima. Das BEER-LAMBERTsche Gesetz wird nicht erfüllt. Die langwellige Grenze ist — bei gleicher spektraler Lage der einzelnen Banden — gegenüber der des H_2O um ca. 900 cm^{-1} kurzwellig verschoben. Es handelt sich bei beiden Moll. um ein Elektronenschwingungsspektrum. (C. R. hebd. Séances Acad. Sci. **240.** 1523–25. 4/4. 1955.) J. RUDOLPH. 118

J. R. Nelson, J. G. Siegfried und **P. L. Hartman,** *Die Absorption von Alkalihalogeniden im fernen Ultraviolett.* (Sitzungsbericht.) (Physic. Rev. [2] **99.** 658. 15/7. 1955. Cornell Univ.) R. LEVI. 119

Max T. Rogers, Jim G. Malik und **John L. Speirs,** *Die Brechungsindices und Molrefraktionen von einigen Halogenfluoriden und Fluorkohlenstoffderivaten im Dampfzustand.* 6. Mitt. *Physikalische Eigenschaften der Halogenfluoride.* (5. vgl. C. **1956.** **6866.**) Die Brechungsindices im Dampfzustand u. die Molrefraktionen wurden von *ClF*, ClF_3, BrF_3, BrF_5, JF_5, $CF_2{=}CFCl$, *Perfluoräthyläther*, *Perfluortetramethylenoxyd* u. *Perfluortriäthylamin* bestimmt. Die Atomrefraktion des Fluors beträgt bei den Halogenfluoriden 1,35, bei den organ. Verbb. 1,10. (J. Amer. chem. Soc. **78.** 46–47. 5/1. 1956. East Lansing, Mich., Michigan State Univ., Kedzie Chem. Labor.) E. FORCHE. 119

R. P. Eischens, S. A. Francis und **W. A. Pliskin,** *Der Einfluß der Oberflächenbedeckung auf die Spektren von chemisorbiertem CO.* (Vgl. C. **1956.** 1498.) Innerhalb eines relativ großen Temperaturbereiches u. unter variierten Gasdrucken verfolgen Vff. den Einfl., den eine Änderung der Oberflächenbedeckung auf die Infrarotspektren von chemosorbiertem CO an Pd, Ni u. Pt (auf Kieselgelträger) hervorruft. Zu diesem Zweck wurde ein Spezialgefäß („in situ cell“) zur Aufnahme der Spektren (Bereich: 2,5–7,5 μ) entwickelt u. beschrieben. CO an Pd u. Ni zeigt eine Zunahme der auftretenden Infrarotbanden mit wachsender Oberflächenbedeckung; das deutet auf Heterogenität der untersuchten Proben hin. Vff. ordnen die einzelnen Banden bestimmten Metall–CO-Bindungen zu. CO an Pt zeigt im Gegensatz zu Pd u. Ni nur eine scharfe Bande bei 4,82 μ. Vff. führen an Pt Experimente mit einer Mischung von ^{12}CO u. ^{13}CO (1,7 : 1) durch u. kommen zu der Feststellung, daß die Änderungen der Infrarotspektren, die durch Variation des Oberflächenbedeckungsgrades hervorgerufen werden, den Wechselwirkungskräften zwischen den chemosorbierten CO-Moll. zugeschrieben werden müssen, da der Effekt am größten ist, wenn die Metalloberfläche nahezu völlig bedeckt ist. (J. physic. Chem. **60.** 194–201. Febr. 1956. Beacon, N. Y., Texas Co., Beacon Labor.) D. ERTEL. 120

D. A. Barr und **R. N. Haszeldine,** *Spektroskopische Untersuchungen.* 8. Mitt. *Die N–H-Schwingung in sekundären Aminen.* (7. vgl. C. **1955.** 5263.) Die Ultrarotspektren von *Dimethylamin* (I), *Diäthylamin* (II), *Bis-2.2.2-trifluoräthylamin* (III) u. *Bis-trifluormethylamin* (IV) wurden untersucht. Bei dampfförmigem I u. II ist die NH-Valenzschwingung bei 2,99 bzw. 3,00 μ sehr schwach. Bei beiden Verbb. fehlt die NH-Deformationsbande im Bereich von 6—7 μ; möglicherweise wird sie durch die CH_2-Deformationsbande maskiert. Die CH_2- u. CH_3-Valenzschwingungen erscheinen als Dublett bei 3,37/3,55 μ. Dampfförmiges III weist eine gut ausgeprägte NH-Valenzbande bei 2,92 μ u. die CH_2-Valenzschwingung bei 3,40 μ auf. Die starke Bande bei 6,67 μ wird der NH-Deformationsschwingung zugeordnet. Eine oder mehrere der anschließenden schwächeren Banden rühren von der CH_2-Deformationsschwingung her. In den Spektren von fl. II u. III liegt die NH-Valenzschwingung bei längeren Wellenlängen (3,05 bzw. 2,95 μ). — IV zeigt die NH-Valenzschwingung bei 2,89 μ u. die C—F-Valenzschwingungen bei 7,39, 7,92, 8,33 u. 8,73 μ. Auf die NH-Deformationsschwingung ist entweder die schwache Bande bei 6,19 μ oder (wahrscheinlicher) die starke Bande bei 6,65 μ zurückzuführen. (J. chem. Soc. [London] **1955**. 4169—72. Dez. Cambridge, Univ., Chem. Labor.)

E. FORCHE. 120

R. N. Haszeldine und **B. J. H. Mattinson**, *Spektroskopische Untersuchungen*. 9. Mitt. *Weitere Untersuchungen über Nitrosamine und Nitrite*. (8. vgl. vorst. Ref.) Der Einfl. des Lösungsm. auf die schwache UV-Bande von *Dialkylnitrosaminen* (vgl. HASZELDINE u. JANDER, C. **1954**. 4812) wurde eingehender untersucht. In unpolaren Lösungsmitteln, wie Leichtbenzin oder CCl_4, ist das UV-Spektr. von *Dimethyl-* u. *Diäthylnitrosamin* im wesentlichen mit dem Spektr. des Dampfes ident.; die Hauptspitze liegt bei 363 mμ. Alkyl- u. cycl. Äther bewirken eine Verschiebung von 3—7 mμ unter Verlust der Feinstruktur, Alkohole eine Verschiebung von 15—16 mμ, W. eine solche von 30 mμ. Diese wie auch die bei der weiteren Unters. der Ultrarotspektren von Nitrosaminen gemachten Beobachtungen lassen sich am besten durch die Annahme einer intermol. Dipol-Rk. der Nitrosogruppen oder einer teilweisen echten Dimerisierung zu $R_2N—N(O^-)—N^+(:O)—NR_2$ erklären. Bei den Ultrarotspektren der Nitrosamine treten diese Wechselwirkungen nur im Dampfzustand nicht auf. — Das Bild der UV-Spektren der *Alkylnitrite* wird vom Lösungsm. nicht beeinflußt. Sowohl die UV- wie die Ultrarotspektren deuten auf eine Rotationsisomerie in den Nitriten hin. *2.2.2-Trifluoräthylnitrit* zeigt in seinem Ultrarotspektr. eine scharfe Spitze bei 5,76 μ, die auf die N=O-Valenzschwingung des trans-Isomeren zurückgeführt wird. — Auf Grund der neueren Betrachtungen muß dem *Trifluornitrosomethan-Dimeren* (vgl. JANDER u. HASZELDINE, C. **1954**. 4825) die Struktur $(CF_3)_2N—O—NO$ u. nicht, wie ursprünglich angenommen, $(CF_3O)(CF_3)N—NO$ zuerkannt werden.

Versuche: *N-Nitroso-bis-2.2.2-trifluoräthylamin*, $C_4H_4ON_2F_6$, Kp. 114—115°, n_D^{18} 1,3374, durch Einrühren einer Lsg. von 0,6 g $NaNO_2$ in 1 cm^3 W. im Laufe einer Std. in ein Gemisch aus 1,0 g Bis-2.2.2-trifluoräthylamin u. 0,6 cm^3 konz. HCl bei 70°; 72% (Ausbeute). — *2.2.2-Trifluoräthylnitrit*, $C_2H_2O_2NF_3$, Kp. 15,8°, durch Zutropfen von 25,8 cm^3 konz. HCl in 25 cm^3 W. zu einem Gemisch aus 23,9 g Trifluoräthylalkohol, 20,6 g $NaNO_2$ u. 40 cm^3 W. unter Schütteln u. Fraktionierung der mit fl. O_2 kondensierten flüchtigen Prodd.; 27%. (J. chem. Soc. [London] **1955**. 4172—85. Dez. Cambridge, Univ., Chem. Labor.)

E. FORCHE. 120

Mostafa F. Amr El-Sayed und **Raymond K. Sheline**, *Das Infrarotspektrum und die Struktur des Hexacyanodinickelat(I)-Ions* $[Ni_2(CN)_6]^{4-}$. Die Infrarotspektren der Anionen $[Ni_2(CN)_6]_4^-$ u. $[Ni(CH)_4]^{2-}$ zwischen 2,5 u. 15 μ wurden aufgenommen. $[Ni_2(CN)_6]^{4-}$ ergab drei Absorptionsbanden im C≡N-Gebiet bei 2128, 2079 u. 2055 cm^{-1} (vgl. $[Ni(CH)_4]^{2-}$ mit drei Banden bei 2135, 1625 u. 1603 cm^{-1}). Daraus folgt, daß $[Ni_2(CN)_6]^{4-}$ keine C=N-Gruppen enthält. Vff. stellen danach eine neue Strukturformel für das $[Ni_2(CN)_6]^{4-}$-Anion auf u. vergleichen diese ausführlich mit drei anderen, früher diskutierten Vorschlägen. Die neue Formel erfüllt folgende Bedingungen: Dimere Struktur, Diamagnetismus, ebener Aufbau, Brückenbindungen u. ausschließliche Ggw. von C≡N-Gruppen; sie ist allerdings energet. weniger begünstigt als die von MELLOR u. CRAIG (Proc. Roy. Soc., N. S. Wales **76**. [1942.] 281) vorgeschlagene Strukturformel. (J. Amer. chem. Soc. **78**. 702—06. 20/2. 1956. Tallahassee, Fla., Florida State Univ., Dep. of Chem.)

D. ERTEL. 120

V. W. Hughes und **J. S. Geiger**, *Zweiquantenübergänge beim Mikrowellen-Zeeman-Spektrum von atomarem Sauerstoff*. (Sitzungsbericht.) (Physic. Rev. [2] **99**. 666. 15/7. 1955. Yale Univ.) E. KLEVER. 121

E. K. Gora, *Mikrowellenspektrum des Ozonmoleküls*. (Sitzungsbericht.) (Physic. Rev. [2] **99**. 666. 15/7. 1955. Providence Coll.) E. KLEVER. 121

Louis Pierce, *Zentrifugaler Verbreiterungseffekt in Ozon*. (Sitzungsbericht.) Physic. Rev. [2] **99**. 666. 15/7. 1955. Harvard Univ.) E. KLEVER. 121

Chun C. Lin, *Theorie der Feinstruktur des Mikrowellenspektrums von NO_2.* (Sitzungsbericht.) (Physic. Rev. [2] **99.** 666—67. 15/7. 1955. Harvard Univ.) E. KLEVER. 121

A. H. Barrett und **M. Mandel,** *Mikrowellenspektrum von Indiumchlorid und -bromid.* (Sitzungsbericht.) (Physic. Rev. [2] **99.** 666. 15/7. 1955. Columbia Univ.) E. KLEVER. 121

A$_3$. Elektrizität. Magnetismus. Elektrochemie.

S. R. Mohanty, *Einfluß von Licht auf den Mechanismus von Gasentladungen (Joshi-Effekt).* Zusammenfassende Darst. von Versuchsergebnissen. — 38 Literaturzitate. (Z. Physik **140.** 370—75. 1955. Banaras, Hindu-Univ., Phys.-Chem. Labor.) B. MÜLLER. 131

W. L. Price, W. A. Gambling und **H. Edels,** *Übergänge von Glimmentladungen zur Bogenentladung im Gebiet höherer Drucke bei Cu- und W-Kathoden.* Als Ausgangspunkte für Übergänge von Glimm- zu Bogenentladungen werden Oberflächenverunreinigungen u. -störungen angenommen. Diese führen zu einer Verstärkung des Feldes an diesen Stellen u. damit zu einer plötzlichen Ausbldg. eines Feldemissionsbogens. Bei Verwendung sorgfältig polierter u. gereinigter W-Kathoden beobachtet man einen kontinuierlichen Übergang. Dabei ist die Stromstärke, bei der der Übergang von der Glimmentladung zum Bogen einsetzt, abhängig vom Elektrodendurchmesser. Die Temp. an der Kathode beträgt ca. 1800°. Bei Verss. mit einer Cu-Kathode wurden trotz der Ausbldg. einer Bogensäule negatives Glimmlicht u. Dunkelraum an der Kathode beobachtet, wie sie für eine Glimmentladung charakterist. sind, obwohl bei höheren Stromstärken die gesamte Kathodenoberfläche geschmolzen war. Darauf begründet sich die Annahme, daß entgegen anderen Ansichten die Anwesenheit von Metalldampf nicht notwendig zur Bldg. eines Bogens führen muß. Verss. bei hohen Stromstärken unter Kühlung der Kathode führten zu unkontrollierten Übergängen, als deren Ursache lokale Schmelzstellen angenommen werden. (Nature [London] **176.** 28—29. 2/7. 1955. Liverpool, Univ., Dep. of Electr. Engng.) B. MÜLLER. 131

Wilhelm Göing, Heinz Meier und **Heinz Meinen,** *Das Kontinuum des Quecksilberhöchstdruckbogens.* Zum Vgl. zwischen der Strahldichte im Kontinuum des Hg-Höchstdruckbogens u. den aus der UNSÖLD-Formel errechneten Absolutwerten wurde die Strahldichteverteilung im Spektr. einer Hg-Höchstdrucklampe vom Typ HBO 200 so vermessen, daß außer der Strahldichteverteilung des Kontinuums auch die Temp. u. alle weiteren für die Auswertung nach der UNSÖLDschen Formel wesentlichen Aussagen unmittelbar der Messung zu entnehmen sind. Die Auswertung der Messung zeigt, daß sich die Strahldichten des kontinuierlichen Grundes durch die UNSÖLDsche Formel besser darstellen lassen, als nach den früheren Messungen von ELENBAAS (Physica **3.** [1936.] 859), bei denen Temp. u. effektive Ionisierungsspannung nachträglich aus Messungen an anderen Bögen extrapoliert wurden, anzunehmen war. Die Diskussion zeigt weiter, daß sich auch der relativ ausgeglichene Verlauf des Kontinuums im Rahmen der FINKELNBURG-UNSÖLDschen Auffassung deuten läßt. (Z. Physik **140.** 376—93. 1955. Hannover, TH, Phys. Inst.) B. MÜLLER. 131

H. C. Bourne jr., R. W. Cloud und **J. G. Trump,** *Einfluß positiver Ionen auf den Hochspannungsüberschlag im Vakuum.* Die Elektronenemission beim Beschuß von Proben aus *Mg, Al, Stahl, Cu, Au* u. *Pb* mit *H-, He-, N-, Xe-* u. *Hg*-Ionen wurde untersucht. Die Ionen, deren Energie von 10—140 kV variiert wurde, entstehen durch Ionisation des Restgases innerhalb des Anodenraumes u. treten durch eine schmale Öffnung in ein weitgehend gleichförmiges Beschleunigungsfeld. Einem zunächst sprunghaften Anstieg der Elektronenemission mit der Ionenenergie folgt in allen Fällen eine lineare Zunahme. Das Emissionsverhältnis wechselt von 2—20, sein Maximum liegt beim N_2-Ionenbeschuß von Stahl. Der emissionsfördernde Gradient an der Metalloberfläche ist klein u. es kann kein übersichtlicher Zusammenhang mit der Natur der Ionen oder des beschossenen Metalls festgestellt werden. Die Bedeutung der Messungen für die Theorie des Hochspannungsüberschlags im Vakuum auf Grund von Elektronen–Ionen-Wechselwirkungen wird diskutiert. (J. appl. Physics **26.** 596—99. Mai 1955. Cambridge, Mass., MIT, Dep. of Electr. Engng.) B. MÜLLER. 131

G. V. Marr, *Die kontinuierlichen atomaren Absorptions-Wirkungs-Querschnitte für neutrale atomare Systeme.* Die Berechnung der Absorptionswirkungsquerschnitte σ für die Photoionisation von Atomen macht einige Schwierigkeiten, während die experimentellen Messungen nur für Elemente mit hohem Kp. schwierig sind. Vf. führt Unterss. an Elementen mit einem einzelnen s-Elektron in der äußeren Schale (*H* u. *Alkalimetalle,* Abb.), an Elementen mit s^2-Elektronen in der äußeren Schale (*Erdalkalimetalle* u. *He*), Elementen mit s^2p-Elektronen in der äußeren Schale (*B, Tl, In, Ga*) u. Edelgasen mit

s^2p^6-Konfiguration (*Ne, Ar*) durch. Das Ergebnis zeigt, daß mit Ausnahme der Edelgase die Kurven der Atome ähnlicher Konfiguration einem Minimum im Gebiet der 2. Gruppe des Period. Syst. zustreben. (Proc. physic. Soc., Sect. A **68.** 544—46. 1/6. 1955. Reading, Univ., Phys. Dep.) D. HAHN. 131

F. Everling und **J. Mattauch,** *Aufklärung von Unstimmigkeiten bei massenspektrographischen Dublettmessungen.* Mit dem verbesserten MATTAUCH-HERZOGschen Massenspektrographen wurden Meßserien der Dubletts (CH_2—N), (NH_3—OH) u. des Tripletts (CH_4—NH_2—O), zwischen denen einfache Kontrollbeziehungen bestehen, aufgenommen. Bei der Auswertung zeigte sich in jeder Serie ein weit außerhalb der Meßfehler liegender Gang der Massendifferenz des Dubletts mit der magnet. Feldstärke. Die Unstimmigkeiten betragen bei dem verwandten Auflösungsvermögen von ca. 30000—80000 einen Bruchteil der Linienbreite. Sie werden auf eine unvollständige Ausleuchtung der Apertur im Zusammenwirken mit einer geringen, durch das Streufeld des Magneten hervorgerufenen Dejustierung zurückgeführt. Der systemat. Gang ist bei dem zur Best. der umstrittenen M. von ^{12}C wichtigen Dublett (CH_4—O) am größten. Der hier beobachtete systemat. Fehler ist sicher z. T. dafür verantwortlich, daß die Angaben verschied. Autoren gerade bei den hier gemessenen Dubletts recht unbefriedigende Übereinstimmung zeigen. Es wird ein Weg zur Vermeidung dieses Fehlers vorgeschlagen. (Z. Naturforsch. **11a.** 68—71. Jan. 1956. Mainz, M.P.I. für Chem.) R. CONRAD. 131

A. N. Holden, B. T. Matthias, W. J. Merz und **J. P. Remeika,** *Guanidin–Aluminiumsulfathexahydrat. — Ein neues ferroelektrisches Material.* (Sitzungsbericht.) (Physic. Rev. [2] **99.** 626. 15/7. 1955. Bell Telephone Labors.) R. STEIN. 132

W. J. Merz, J. P. Remeika, A. N. Holden und **B. T. Matthias,** *Elektrische Eigenschaften von Guanidin–Aluminiumsulfathexahydrat (G.A.S.H.) und einigen isomorphen Stoffen.* (Sitzungsbericht.) (Physic. Rev. [2] **99.** 626. 15/7. 1955. Bell Telephone Labors.) R. STEIN. 132

J. C. Taylor und **B. R. Coles,** *Thermoelektrische Kraft einiger Palladiumlegierungen.* (Sitzungsbericht.) (Physic. Rev. [2] **99.** 614. 15/7. 1955. London, Imp. Coll.) R. STEIN. 134

James N. Humphrey, *Sensibilisierung der Photoleitfähigkeit in PbSe.* (Sitzungsbericht.) (Physic. Rev. [2] **99.** 625. 15/7. 1955. U. S. Naval Ordnance Labor. u. Univ. of Maryland.) R. STEIN. 134

Joseph F. Woods, *Hall-Effekts- und Widerstandsuntersuchungen an photoleitenden PbS-Schichten.* (Sitzungsbericht.) (Physic. Rev. [2] **99.** 658. 15/7. 1955. U. S. Naval Ordnance Labor. u. Catholic Univ. of America.) R. LEVI. 134

E. Mooser und **W. B. Pearson,** *Neue halbleitende Verbindungen.* Vff. untersuchten die Temperaturabhängigkeit des elektr. Widerstandes u. die HALL-Konstante einer Reihe von Verbb. u. fanden, daß Ag_2Se, Li_3Bi, $TlSe$, „Tl_2Se_3“, $SnSe$, $SnSe_2$, In_2Tl_3, $InTe_3$ u. $AgInTe_3$ typ. Halbleitereigg. zeigen. Bei Tl_2Se, $BiSe$, Bi_2Se_3, In_2Te, $InTe$ u. $TlTe$ wurde metall. Verh. beobachtet. Die Ergebnisse werden mit denen anderer Autoren verglichen. Eine Phase der Zus. Tl_2Se_3 existiert nicht, die Eigg. dieses Präp. werden der Anwesenheit von TlSe zugeschrieben. (Physic. Rev. [2] **101.** 492—93. 1/1. 1956. Ottawa, Nat. Res. Council, Div. of pure Phys.) H. W. LEVI. 135

Robert Lindsay und **John J. Banewicz,** *Leitfähigkeit von Nickeloxyd als Funktion der Temperatur und der umgebenden Atmosphäre.* (Sitzungsbericht.) (Physic. Rev. [2] **99.** 636. 15/7. 1955. Southern Methodist Univ.) R. STEIN. 135

M. B. Prince, *Silicium-p–n-Gleichrichter mit durch Diffusion modulierter Leitfähigkeit.* (Sitzungsbericht.) (Physic. Rev. [2] **99.** 625. 15/7. 1955. Bell Telephone Labors.) R. STEIN. 135

A. H. Kahn, *Theorie der Infrarotabsorption der Träger in Germanium und Silicium.* Aus der Anwendung der DRUDE-ZENERschen Theorie der opt. Absorption freier Ladungsträger auf die Infrarotabsorption von n-Ge u. p-Si ergeben sich mittlere effektive Massen für Elektronen im Ge von m^*/m zwischen 0,11 u. 0,22 in guter Übereinstimmung mit den Werten aus den Cyclotron-Resonanzen sowie für Löcher im Si von 0,19—0,55. Der Theorie nach sollten bei p-Si eine Absorptionsbande um 25 μ u. zwei schwächere Banden bei 33 μ liegen. Auch für p-Ge wird der opt. Absorptionsquerschnitt freier Löcher unter der Annahme von Übergängen der Löcher zwischen 3 Energiebändern nahe am Valenzband berechnet u. mit den gemessenen Absorptionen verglichen. (Physic. Rev. [2] **97.** 1647—52. 15/3. 1955. Berkeley, Calif., Univ., Dep. of Phys.) J. RUDOLPH. 135

A. Levitas, *Beweglichkeit von Löchern in Germanium–Silicium-Legierungen.* (Sitzungsbericht.) (Physic. Rev. [2] **99.** 625. 15/7. 1955. Sylvania Electric Products.) R. STEIN. 135

M. Cutler, *Durchlaßcharakteristik von Germanium-Spitzenkontaktgleichrichtern.* (Sitzungsbericht.) (Physic. Rev. [2] **99.** 625. 15/7. 1955. Hughes Aircraft Co.) R. STEIN. 135

N. T. Jones, R. H. Kingston und **S. F. Neustadter,** *Anomaler Einschaltvorgang in Durchlaßrichtung bei p—n-Übergangsdioden.* In gezogenen einkristallinen *Ge-Proben* mit p—n-Übergängen beobachteten Vff. häufig ein anomales Anklingen des Stromes in Durchlaßrichtung beim Umschalten von Sperr- nach Durchlaßrichtung. Während bei einer n. Diode aus geschmolzenem Ge der Einschaltstrom momentan auf eine nahe am stationären Stromwert liegende Höhe springt, klingt bei vielen Dioden der Strom erst langsam, dann schneller über einen Gesamtzeitraum von ca. 20 μsec an. Dieses Verh. wird auf das Vorhandensein eines zusätzlichen zweiten p—n-Übergangs in manchen gezogenen Ge-Proben zurückgeführt. (J. appl. Physics **26.** 210—13. Febr. 1955. Cambridge, Mass., MIT, Lincoln Labor.) J. RUDOLPH. 135

F. J. Darnell und **S. A. Friedberg,** *Widerstand von Germanium im Magnetfeld bei tiefen Temperaturen.* (Vgl. C. **1956.** 6298.) (Sitzungsbericht.) (Physic. Rev. [2] **99.** 636. 15/7. 1955. Carnegie Inst. of Technol.) R. STEIN. 135

G. Lautz und **W. Ruppel,** *Zur magnetischen Widerstandsänderung von Ge-Einkristallen zwischen 10 und 300°K.* An p- u. n-leitenden Ge-Einkristallen wurde zwischen 10 u. 300° K u. für magnet. Feldstärken H bis 24000 Gauß die transversale Widerstandsänderung $\Delta\varrho/\varrho_0$ gemessen. Der Vgl. mit der Theorie ergibt nur hinsichtlich des allg. Kurvenverlaufes Übereinstimmung, während die gemessenen Absolutwerte wesentlich höher als die berechneten liegen. Die Unterschiede sollen auf einem bisher nicht erfaßten Mechanismus beruhen; das Vorliegen einer Quantisierung der Elektronenbahnen bei tiefen Tempp. als mögliche Ursache wird diskutiert. Für $\Delta\varrho/\varrho_0$ einer bes. reinen n-Typprobe wurde bei 11° K ein Wert von 1200% gefunden, ohne daß in Abhängigkeit von H eine Sättigungstendenz zu erkennen ist. Die Messung der Winkelabhängigkeit von $\Delta\varrho/\varrho_0$ weist auf starke Anisotropien der Bandstruktur hin; auch dieser Orientierungseffekt ist nicht deutbar. (Z. Naturforsch. **10a.** 521—26. Juli 1955. Braunschweig, TH, Inst. für Techn. Phys.) O. FUCHS. 136

R. W. Schmitt, *Ein Einfluß von Ordnung–Unordnung auf das Widerstandsmaximum bei tiefen Temperaturen.* (Sitzungsbericht.) (Physic. Rev. [2] **99.** 614. 15/7. 1955. General Electric Res. Labor.) R. STEIN. 136

Bogdan Baranowski, *Einige Bemerkungen zur Arbeit von Ss. I. Drakin: „Transport und Verteilung der Komponenten metallischer Legierungen im elektrischen Feld".* Gegenüber DRAKIN (C. **1956.** 929) wird darauf hingewiesen, daß die Grundgleichungen der Verteilung der Konzz. einer gelösten Komponente im stationären Zustand nur für den Zustand des thermodynam. Gleichgewichts gelten. Bei irreversiblen Prozessen ist eine bes. „Transportladung" anzunehmen. Bei den Systemen Pd–H u. Fe–C ist die große Differenz der mittleren Ladung ein Anzeichen dafür, daß von den Metallen so verschied. Atome wie H u. C in besonderem Grade „ionisiert" sind. Die bei einigen Amalgamen beobachtete Transportumkehrung ist nicht eindeutig geklärt. (Журнал Физической Химии [J. physik. Chem.] **28.** 1676—77. Sept. 1954. Krakow, Univ. Jagello, Lehrstuhl f. teoret. Chem.) R. K. MÜLLER. 136

R. A. Hein, *Über die Supraleitfähigkeit von Hafnium.* (Sitzungsbericht.) (Physic. Rev. [2] **99.** 668. 15/7. 1955. Naval Res. Labor. and Catholic Univ. of America.) E. KLEVER. 136

Julius Babiskin, *Verwendung von Wismut und Supraleitern für einen Ultratiefniveau-Voltdetektor.* (Sitzungsbericht.) (Physic. Rev. [2] **99.** 668. 15/7. 1955. Naval Res. Labor.) E. KLEVER. 136

A. I. Schindler und **E. I. Salkovitz,** *Untersuchungen der Brillouin-Zone von Legierungen.* 4. Mitt. *Zusätzliche Hall-Werte von Magnesiumlegierungen.* (3. vgl. C. **1956.** 6582.) (Sitzungsbericht.) (Physic. Rev. [2] **98.** 1552—53. 1/6. 1955. Naval Res. Labor.) R. STEIN. 136

Klaus Meyer, *Zur Theorie des Hall-Effektes ferromagnetischer Legierungen.* (Vgl. C. **1956.** 25.) Der HALL-Effekt ferromagnet. Stoffe wird durch die Formel: $E_y = (R_0H_z + R_1M_z)J_x$ befriedigend wiedergegeben, wobei E_y = elektr. Feldstärke, H_z = magnet. Feldstärke, M_z = Magnetisierung u. J_x = Stromstärke ist. Dabei sind auch die sogenannte „gewöhnliche HALL-Konstante" R_0 u. auch die „außergewöhnliche" HALL-Konstante R_1 genügend theoret. erklärt. Doch versteht man nicht, daß R_0 bei bestimmten ferromagnet. Ni-Cu-Legierungen temperaturabhängig ist, da R_0 sich wie bei nichtferromagnet. Legierungen verhalten sollte. Vf. zeigt, wie dieses Sonderverh. von R_0 mit der MOTTschen Theorie der elektr. Leitfähigkeit der Ferromagnetika zu deuten ist. Dabei genügt zur Erklärung der Temperaturabhängigkeit von R_0 eine Betrachtung der

Austauschwechselwrkg. zwischen den 4s-Elektronen. (Z. Naturforsch. **10a**. 656—57. Aug. 1955. Jena, Univ., Theoret.-Physikal. Inst.) H. FAHLENBRACH. 137

Joseph Callaway, *Ferromagnetismus von Eisen.* (Sitzungsbericht.) (Physic. Rev. [2] **99.** 627. 15/7. 1955. Univ. of Miami.) R. STEIN. 137

B. R. Coles und **W. R. Bitler,** *Einfluß von Aluminium auf die magnetischen Sättigungsmomente von Eisen-Kobalt-Legierungen.* (Sitzungsbericht.) (Physic. Rev. [2] **99.** 627. 15/7. 1955. Carnegie Inst. of Technol.) R. STEIN. 137

Sôshin Chikazumi und **Kenzô Suzuki,** *Domänenfiguren auf gewalzten Einkristallen von $NiFe_3$.* Vff. erzielten im Verlauf ihrer Unterss. über das Verh. von Fe–Ni-Legierungen beim Walzen, bes. bzgl. des Anwachsens der magnet. Anisotropie beim Kaltwalzen, folgende Ergebnisse: Walzen in (1 1 0) erzeugte ausgeprägte Domänenfiguren; die stärkste Magnetisierung trat in Richtung [1 $\bar{1}$ 0] auf, unabhängig von der Walzrichtung. Das erzeugte Profil der Proben hängt in erster Linie von der Walzrichtung ab; bevorzugte Elongation wurde in Richtung [0 0 1] bei der Walzebene (1 1 0) beobachtet. Auf der gewalzten Oberfläche wurden viele Gleitbänder beobachtet, zumeist parallel [1 $\bar{1}$ 0] bei (1 1 0) als Walzebene. Die Anisotropie wächst zuerst fast proportional zum Walzgrad (r); sie erreicht einen Maximalwert von $2{,}5 \cdot 10^5$ erg/cm³ bei r = 70% u. nimmt beim weiteren Walzen, im Vers. z. B. in (1 1 0) längs [0 0 1] nach vorangegangenem Ausglühen (1 Std. bei 490°), ständig ab. Dieses Verh. der Anisotropie wurde auch an Präpp. beobachtet, die von 700° abgeschreckt worden waren; dagegen entwickelt sich die Anisotropie bei vollständig geordneten Legierungen langsamer u. erreicht z. B. für r = 70% nur einen Betrag von $1{,}2 \cdot 10^5$ erg/cm³. (Physic. Rev. [2] **98.** 1130. 15/5. 1955. Mejiro, Tokyo, Gakushuin Univ., Dep. of Phys. and Chem.) G. RUBAN. 137

G. H. B. Thompson, *Ungewöhnliche Wellenführungscharakteristiken, die den scheinbaren negativen Permeabilitäten von Ferriten parallel laufen.* Bedingt durch die Tatsache, daß die Permeabilität von Ferriten in hochfrequenten Wechselfeldern keine skalare Größe, sondern ein Tensor ist, kann unter bestimmt gerichteten zirkularen Polarisationsbedingungen von ebenen Wellen eine negative effektive Permeabilität resultieren. Wenn die Wellenausbreitung z. B. in ein Rohr geführt wird, können verschied. Abhängigkeiten der Dämpfung der Welle von der Magnetisierung je nach Rohrabmessung erhalten werden, wie im einzelnen gezeigt wird. (Nature [London] **175.** 1135—36. 25/6. 1955. Enfield, Middlesex, Great Cambridge Road, Stand. Telecommunicat. Labors.) H. FAHLENBRACH. 137

W. O. Milligan und **James T. Richardson,** *Untersuchungen der magnetischen Susceptibilität im zweifachen wasserhaltigen Oxydsystem NiO–Al_2O_3.* An frühere Unterss. anknüpfend (vgl. C. **1946.** I. 862), wurde die magnet. Susceptibilität für das gesamte Syst. bei fünf Wärmebehandlungsstufen (300—700°) an Hand von 105 Proben bestimmt. Nach einer Beschreibung der Versuchstechnik werden die gemessenen Kurven des Susceptibilitätsverlaufes im Zweistoffsyst. diskutiert u. theoret. gedeutet. (J. physic. Chem. **59.** 831—33. Sept. 1955. Houston, Tex., Rice Inst.) K. REICHEL. 137

W. Trzebiatowski, A. Śliwa und **B. Staliński,** *Magnetische Eigenschaften von metallischem Uran und Uranhydrid.* Von metall. U u. UH_3 wurden im Bereich von 80 bis 292°K bzw. 80—462°K die magnet. Susceptibilitäten bestimmt. Die Temp. wurde mit geeichtem Widerstands- oder Hg-Thermometer gemessen. Versuchsmaterial war ein U-Stab von 154 mm Länge, 2,0 mm Dicke u. 9,291 g Gewicht. Als Eichsubstanz diente MOHRsches Salz ($\chi = 32{,}76 \cdot 10^{-6}$ [20°C]) oder eine 20,01%ig. $NiCl_2$-Lsg. ($\chi = 6{,}32 \cdot 10^{-6}$ [20°C]). χ wurde durch Extrapolieren auf H_∞ ermittelt. U zeigt paramagnet. Eigg., die von der Temp. prakt. unabhängig sind. Bei 80° K beträgt χ $1{,}75 \cdot 10^{-6}$, bei 292° K $1{,}67 \cdot 10^{-6}$ (vgl. BATES u. MALLARD, C. **1950.** II. 2528). UH_3 ist nach RUNDLE (C. **1952.** 4267) stärker paramagnet. als U. Es wurde aus metall. U u. aus Pd-Hydrid gewonnenem H_2 in einer Vakuumapp. (die später beschrieben werden wird) hergestellt. Die M. betrug 2,641 g. UH_3 ist stark paramagnet. mit hohem positivem Temperaturinkrement. Unterhalb 173°K besitzt es ferromagnet. Eigenschaften. Bei 195°K $\chi = +183{,}4 \cdot 10^{-6}$, 255°K $38{,}6 \cdot 10^{-6}$, 273° K $31{,}1 \cdot 10^{-6}$ u. 462° K $11{,}7 \cdot 10^{-6}$. (Vgl. hierzu C. **1956. 6582.**) (Roczniki Chem. [Ann. Soc. chim. Polonorum] **26.** 110—12. 1952. Wrocław [Breslau], Politechn. Zakł. Chem. Nieorgan. I.) H. FREYTAG. 137

M. K. Wilkinson, C. G. Shull und **R. E. Rundle,** *Ferromagnetische Struktur von Uranhydrid.* (Sitzungsbericht.) (Physic. Rev. [2] **99.** 627. 15/7. 1955. ORNL.) R. STEIN. 137

R. G. Eades, *Eine Untersuchung des Kernresonanzabsorptionsspektrums von ^{27}Al in einem Einkristall von Euklas.* Vf. untersuchte das kernmagnet. Resonanzspektr. von ^{27}Al in einem Einkristall von Euklas, $HBeAlSiO_5$, in einem äußeren magnet. Feld von 7000 Gauß. Nach der bekannten Kristallstruktur des Minerals liegen die Al-Kerne nicht auf Symmetrieachsen des Kristalls. Die 2 Drehungsachsen waren die lange Achse der Spaltebene (0 1 0) sowie eine Achse senkrecht zu der Spaltfläche. In dem ersten Fall bestand das Spektr. aus 10 Linien deutlich verschied. Intensitäten, wobei die Linienintensitäten Funktionen des Drehungswinkels waren. Da die maximale Anzahl der zu erwartenden Linien 2 J, 5 für J = 5/2, ist zu ersehen, daß die ^{27}Al-Kerne in dem Mineral 2 nicht äquivalente Gitterplätze besetzen. Bei der zweiten Drehrichtung bestand das Spektr. aus 5 Linien, deren Intensitäten wieder Funktionen des Drehungswinkels waren. Die von den Al-Kernen besetzten Gitterpunkte unterscheiden sich voneinander in der Orientierung der Hauptachsen des elektr. Feldgradienttensors, dessen Eigenwerte alle verschieden, aber an beiden Gitterplätzen ident. sind. Der absol. Wert der Quadrupolkopplungskonstante für beide Gruppen von ^{27}Al-Kernen beträgt 5173 ± 10 kHz, während der axiale Asymmetrieparameter des Feldgradienttensors an beiden Gitterplätzen 0,698 ± 0,009 beträgt. Die beiden Reihen von Hauptachsen sind gegenseitige Reflexionen in der (0 1 0)-Ebene. Für eine Gruppe von ^{27}Al-Kernen u. für eine Orientierung des Kristalls in Feldern bis zu 2000 Gauß wird die theoret. Abhängigkeit der Frequenzen der Spektrallinien von dem angelegten magnet. Feld gegeben. (Canad. J. Physics **33.** 286—97. Juni 1955. Vancouver, Univ., Dep. of Phys.) C. GOTTFRIED. 137

William B. Ard jr. und **Walter Gordy,** *Paramagnetische Resonanz von bestrahltem Schwefelwasserstoff und Hydrazinchlorid bei der Temperatur der flüssigen Luft.* (Sitzungsbericht.) (Physic. Rev. [2] **99.** 612. 15/7. 1955. Duke Univ.) E. KLEVER. 137

Joseph E. Geusic und **Dudley Williams,** *Hyperfeinstruktur bei der paramagnetischen Resonanz in Lösungen von Mangan(II)-Salzen.* (Sitzungsbericht.) (Physic. Rev. [2] **99.** 612. 15/7. 1955. Ohio State Univ.) E. KLEVER. 137

T. G. Owe Berg, *Über die Theorie der elektrolytischen Leitfähigkeit wässeriger Säurelösungen.* In einer vorwiegend theoret. Arbeit behandelt Vf. vom reaktionskinet. Gesichtspunkt aus die elektrolyt. Leitfähigkeit der wss. Lsgg. von *HCl*, *$HClO_4$*, *H_2SO_4* u. *HNO_3*. Unter der Annahme, daß der Übergang eines Protons von einem H_3O^+-Ion zu einem H_2O-Mol. nach dem Schema $H_3O^+ + H_2O \rightarrow H_2O + H_3O^+$ den die Reaktionsgeschwindigkeit bestimmenden Prozeß darstellt, wird eine halbempir. Formel abgeleitet u. für die Leitfähigkeit $\varkappa$ der folgende Ausdruck erhalten: $\varkappa = (\partial i/\partial E) = [(\pi p^2 \delta)/h] \cdot c\alpha \cdot e \cdot \exp.[\Delta S/k] \cdot \exp.(-\varepsilon_0/kT)$ oder vereinfacht $\varkappa = (\partial i/\partial E) = [(Ap)/3h] \cdot c\alpha \cdot (F'/F) \cdot \exp.(-\varepsilon_0/kT)$. Hierbei bedeuten: i = Strom, E = Feldstärke, δ = Länge in der Größenordnung der Protonenverschiebung, ε = Aktivierungsenergie, ΔS = Aktivierungsentropie, $c\alpha$ = Konz. der H_3O^+-Ionen, p = Ladung des Protons, F u. F′ sind Teilfunktionen der Anfangs- u. der aktivierten Zustände u. A eine Konstante. Diese Gleichungen, sowie die für die Energie u. Aktivierungsentropie für diese Rk. gefundenen Werte zeigen, daß die Geschwindigkeit von der Orientierung der H_3O^+-Ionen durch Rotation bestimmt wird, wie es von HÜCKEL schon früher vorgeschlagen worden ist. — Die aus der Literatur entnommenen Leitfähigkeitswerte von HCl (15°), von $HClO_4$ (25°), von HNO_3 (18°) u. von H_2SO_4 (18°) sind in Tabellen zusammengestellt. (J. Chim. physique Physico-Chim. biol. **50.** 247—60. April 1953. Avesta, Schweden.) H. SURAWSKI. 138

Paul G. Sears, Eugene D. Wilhoit und **Lyle R. Dawson,** *Leitfähigkeiten von Kaliumrhodanid und Tetra-n-butylammoniumjodid in Aceton bei verschiedenen Temperaturen im Bereich von −50 bis +25°.* Es werden bei 25° u. zwischen −50 u. +20° in Abständen von 10° die Leitfähigkeiten von *KSCN* (**I**) u. *Tetra-n-butylammoniumjodid* (**II**) in Aceton (**III**) bei Konzz. von ca. $1 \cdot 10^{-4}$ bis $2{,}5 \cdot 10^{-3}$ mol. gemessen u. die erhaltenen Werte tabellar. zusammengestellt. Die Zellkonstante der verwendeten Leitfähigkeitsgefäße mit leicht platinierten Pt-Elektroden wird durch Vgl. mit dem Widerstand einer Zelle ermittelt, deren Konstante unter Verwendung einer 0,01 n KCl-Lsg. nach der Meth. von JONES u. BRADSHAW bestimmt worden war. Die Äquivalentgrenzleitfähigkeiten Λ_0 u. die Dissoziationskonstanten K von **I** u. **II** werden nach der SHEDLOVSKYschen Extrapolationsgleichung (vgl. J. Franklin Inst. **225.** [1938.] 739) bestimmt. Die Ergebnisse zeigen, daß mit abnehmender Temp. die Dissoziation zunimmt u. daß der Logarithmus der Äquivalentgrenzleitfähigkeit eine lineare Funktion des reziproken Wertes der absol. Temp. ist. Die von REYNOLDS u. KRAUS (C. **1949.** I. 588) bei 25° ermittelten Λ_0- u. K-Werte von **I** u. **II** in **III** stimmen mit den von den Vff. angegebenen gut überein. (J. physic. Chem. **60.** 169—72. Febr. 1956. Lexington, Ky., Univ. of Kentucky, Dep. of Chem.) H. SURAWSKI. 138

Carl Kröger und **Klaus Lieck,** *Die konduktometrische Bestimmung der Entmischung von Silicatschmelzen.* Entmischungen silicat. Systeme im fl. Zustand können durch Leitfähigkeitsmessungen erfaßt werden; das Verf. ist an eine spezielle Versuchsmeth. u. Meßzellen für hohe Tempp. gebunden. Der Entmischungsbeginn läßt sich aus den Temperaturgängen der an zwei übereinanderliegenden Elektrodenpaaren gemessenen Widerstände exakt ermitteln; der Entmischungsgrad ist aus Temperatur- u. Konzentrationsabhängigkeit des Leitvermögens der Grenzphasen abschätzbar. Die Prüfung des Verf. erfolgte an Hand der in den Systemen $PbO-B_2O_3$ u. $PbO-B_2O_3-SiO_2$ auftretenden Mischungslücken. Im allg. ergab sich gute Übereinstimmung mit den Methoden der Trübungsmessung u. der „Abschreckung“ (GELLER u. BUNTING, J. Res. nat. Bur. Standards **23.** [1939.] 275), doch zeigten sich nicht unerhebliche Abweichungen bei den Mischungen $B_2O_3 : SiO_2 :$ PbO-40 : 40 : 20 (Abschreckmeth. 845—850°; konduktometr. 832°) u. 30 : 40 : 30 (865—875° gegenüber 840°). Die Primärkristallisation läßt sich von Entmischungsvorgängen durch Zeiteffekte bei der Widerstandsmessung unterscheiden. (Z. anorg. allg. Chem. **279.** 300—12. Juli 1955. Aachen, TH, Inst. für Brennstoffchem.) U. WANNAGAT. 138

Ormond V. Brody und **Raymond M. Fuoss,** *Tauchelektroden für Präzisionsleitfähigkeitsmessungen.* Vff. beschreiben zwei verschied. Arten von Tauchelektroden für Leitfähigkeitspräzisionsmessungen, u. zwar eine mit Glas u. eine mit Teflon isolierte (Abb.). Die erstere enthält zwei einfache *Pt*-Draht–Pyrexverschmelzungen, die zweite besitzt keine Glasverschmelzungen. Die Elektroden sind flache Ringe aus blankem *Pt* u. sind auf einem Isolierrohr montiert. Die gesamte Elektrodenanordnung sitzt in einem zylindr. Zellraum, der nur wenig größer als der Außendurchmesser der Elektroden ist. Der Elektrolyt wird in den ringförmigen Raum zwischen dem Isolator u. dem Zylinder gebracht. Durch Änderung des Elektrodenabstandes bzw. der Dicke der Elektrolytschicht werden Zellkonstanten im Bereich von 0,3—4,0 cm^{-1} erhalten. Die Elektrodenanordnung ist in T-Form ausgeführt; die Elektroden sind somit auswechselbar. Die Zuführung zur unteren Elektrode wird durch die zylindr. Zuführung zu der oberen Elektrode abgeschirmt, u. beide verlaufen innerhalb des zentralen Isolierrohres, wodurch der PARKER-Effekt bis zu sehr hohen Zellwiderständen vernachlässigbar ist. Alle elektr. Messungen werden mit einer bereits früher beschriebenen Brückenanordnung (EISENBERG u. FUOSS, C. **1954.** 3658) bei Frequenzen von 500, 1000, 2000 u. 5000 Hz durchgeführt. Zum Vergleichen werden für die Glaszelle wss. *KCl*- oder $CH_3 \cdot COOH$-Lsgg. u. für die Teflonzelle alkoh. Lsgg. von *Tri-n-propylaminpikrat* verwendet. Für wss. Lsgg. kann die Teflonzelle nicht gebraucht werden, weil W. Teflon nicht benetzt. Weiterhin ergibt sich, daß die Zellkonstante sich mit der Drehung der Elektrodenanordnung ändert. Beide Zellen zeigen gute Frequenzcharakteristik, u. das Verhältnis von verschied. Zellenpaaren ist bis ca. 0,02% zuverlässig. (J. physic. Chem. **60.** 177—80. Febr. 1956. New Haven, Conn., Yale Univ., Sterling Chem. Labor.) H. SURAWSKI. 138

L. Rougeot, *Der Begriff der Ionenstärke.* Vf. gibt eine konkrete Definition der Ionenstärke. Nach DEBYE u. HÜCKEL sind starke Elektrolyte vollständig dissoziiert. Auf Grund COULOMBscher Kräfte ist jedes Ion von einer Wolke entgegengesetzt geladener Ionen umgeben, deren Radius bei der absol. Temp. T sich errechnen läßt: $R = 2{,}81 \cdot 10^{-10} \cdot \sqrt{DT/2F}$ cm, worin D die DK. des Solvens u. F die Ionenstärke des Elektrolyten bedeuten. F ist definiert durch die Summe $F = {}^1/_2 \sum c_i z_i^2$ (c_i = Konz. des Ions u. z_i seine Wertigkeit). Der Wert von F bildet die Summe aller in der Lsg. vorhandenen Ionen. Je konzentrierter eine Lsg. ist, um so größer ist ihre Ionenstärke. Da die Wertigkeit als Quadrat eingeht, spielt sie für den Radius der Ionenatmosphäre eine entscheidende Rolle. Diese Ionenwolke darf man sich nicht stat. vorstellen, da in jedem Moment andere Ionen störend einwirken. Bei Abwesenheit äußerer Einwirkungen stellt sich in der Lsg. ein dynam. Gleichgewicht ein. Jede Störung dieses Gleichgewichtes führt zu einer mehr oder weniger bedeutenden Veränderung der Ionenwolke, deren ursprüngliche Form sich erst nach endlicher Zeit wieder einstellt (Relaxation). Das Vorhandensein der Ionenwolke verringert das Energieniveau des Ions u. somit dessen Eigenwirksamkeit. (Inform. sci. **7.** Nr. 1. 11—12. Jan./Febr. 1953. Lycée Saint-Louis.) S. LANZ. 139

R. M. Wassenin, *Erwiderung auf die Bemerkungen von Je. Ja. Mindowitsch. „Über die Möglichkeit der Berechnung von Potentialen der Nulladung.“* (Vgl. C. **1955.** 10928.) Die einzelnen Punkte der Stellungnahme von MINDOWITSCH werden erörtert u. in einer Tabelle eine Zusammenstellung der Nulladungspotentiale (NP) nach Literaturangaben gegeben. Im Zusammenhang mit der Gleichstellung der NP der K-Elektrode in Schmelze u. in wss. Lsg. wird darauf hingewiesen, daß die Größe des absol. Nullwertes der Skala der NP von der Natur des Lösungsm. im wesentlichen unabhängig ist. (Журнал Физической Химии [J. physik. Chem.] **28.** 1672—75. Sept. 1954. Moskau, Chem.-technol. Mendelejew-Inst.) R. K. MÜLLER. 140

R. Piontelli, *Bemerkung zur Arbeit von W. Noddack und K. Wrabetz. „Über das elektrochemische Verhalten einiger Schwermetallsulfide“.* (C. **1955.** 6221.) Anmerkung zu einer von NODDACK u. WRABETZ (l. c.) zitierten früheren Arbeit des Vf. (C. **1950.** I. 1831), in der die EMK. von Ketten der Art $PbS/Pb(NH_2SO_3)_2/Pb$ annähernd unabhängig von Konz. u. Temp. der Lsgg. gefunden worden war. Vf. weist darauf hin, daß diese Beobachtung nur besagt, daß das Potential von Pb wie von PbS in annähernd gleicher Weise von der Zus. der Lsg. abhängig ist, nicht aber, daß das PbS-Potential unabhängig von der Pb^{2+}-Konz. der Lsg. sein muß, wie NODDACK u. WRABETZ (l. c.) aus der Arbeit des Vf. schließen. (Z. Elektrochem., Ber. Bunsenges. physik. Chem. **60**. 100—01. Febr. 1956. Mailand, TH, Inst. für physikal. Chem., Elektrochem. u. Metallurgie.) R. STEIN. 140

M. Breiter, H. Kammermaier und **C. A. Knorr,** *Untersuchung der Phasengrenzimpedanz an Edelmetallelektroden im Gebiet der Wasserstoffadsorption.* 1. Mitt. *Aktivierte Platinelektroden.* Vff. berichten über Messungen des Wechselstromwiderstandes R von gleichstrompolarisierten, aktivierten *Pt*-Elektroden in 8 n H_2SO_4 bei H_2-Bespülung u. beschreiben die benutzte Versuchsanordnung (Schaltschema). Aus der Frequenzabhängigkeit von R geht hervor, daß R im Potentialbereich $+50$ mV $\leqq \eta \leqq +400$ mV im wesentlichen durch die mit einem gewissen Verlustwinkel behaftete Adsorptionskapazität C_2 u. den dazu in Serie liegenden Durchtrittswiderstand r bedingt ist. Für $\eta \leqq +50$ mV tritt zusätzlich die Diffusion der H_2-Moll. in Erscheinung. In Übereinstimmung dazu steht die Tatsache, daß der Diffusionsgrenzstrom ab $\eta \geqq +50$ mV prakt. erreicht ist u. somit die H_2-Konz. verschwindet. Des weiteren zeigt die Potentialabhängigkeit von C_2, daß die Bedeckung der Elektrodenoberfläche mit adsorbiertem atomarem *H* bei $\eta \leqq -10{,}5$ mV bereits einer Sättigung zustrebt. Die durch graph. Integration von C_2 (η k) über ηk erhaltene Bedeckungskurve stimmt mit der von VÖLKL auf andere Art gefundenen sehr gut überein. Im Potentialbereich $\eta \leqq -10{,}5$ mV wird R, da C_2 infolge der nahezu erreichten vollen Bedeckung prakt. verschwindet, lediglich durch die H_2-Diffusion u. die Entladung der H^+-Ionen bestimmt. Mit negativer werdender Überspannung η tritt dabei der Einfl. der Diffusion gegenüber der Entladung immer mehr zurück. Aus den Neigungen der $[1/(\omega \cdot C_2)]$–$[1/\sqrt{\omega}]$-Geraden im Potentialbereich $\eta \leqq -10{,}5$ mV bzw. der $[C_p$–$(1/\sqrt{\omega})]$-Geraden für $-10{,}5$ mV $\leqq \eta \leqq +50$ mV läßt sich nach der NERNSTschen Gleichung für mol. H_2 die Diffusionsüberspannung η_d berechnen. η_d strebt wegen des Einsetzens der Blasenbldg. etwa bei $\eta_d = -70$ mV gegen einen Grenzwert. Die Differenz zwischen dem berechneten u. gemessenen η ist angenähert proportional der Stromdichte u. läßt sich quantitativ in einen Anteil Widerstandsüberspannung η_Ω u. Durchtrittsüberspannung η_D aufteilen. Die Austauschstromdichte der letzteren beträgt für kathod. η ca. 0,9 A/cm². Die Frequenzabhängigkeit der Widerstandskomponenten im gesamten untersuchten Überspannungsbereich bestätigt, daß das H_2-Kombinationsgleichgewicht für die untersuchten Elektroden prakt. eingestellt war. Trotz der Sättigung der Oberfläche mit adsorbiertem atomarem H tritt kein kathod. Grenzstrom auf. Die Potentialabhängigkeit des Widerstandes R_p (20 kHz), der ein Maß für die Entladungshemmung darstellt, zeigt, daß die Entladung der H^+-Ionen nicht nur an freien, sondern auch an besetzten Stellen der Oberfläche relativ wenig gehemmt erfolgt. (Z. Elektrochem., Ber. Bunsenges. physik. Chem. **60**. 37—47. Febr. 1956. München, TH, Inst. für physik. Chem. u. Elektrochem.)
H. SURAWSKI. 140

Paul Rüetschi, *Das Oberflächenpotential der Metalle und das Galvanipotential Metall–Lösung.* Es wird eine einfache Meth. beschrieben, die es gestattet, das Oberflächenpotential der Metalle (im Sinne von LANGE) abzuschätzen. Diese beruht darauf, die Austrittsarbeiten von Fremdionen mittels eines thermodynam. Kreisprozesses zu berechnen. Die Austrittsarbeit gleichwertiger, ähnlich gebauter Ionen, beispielsweise diejenige der Alkalimetallionen, muß neben einem radiusabhängigen Anteil noch einen für alle Ionen konstanten, vom Oberflächenpotential des als Lösungsm. dienenden Metalles herrührenden Term enthalten. Somit kann das Oberflächenpotential durch Extrapolation abgeschätzt werden. Als Beispiel bestimmt Vf. das Oberflächenpotential von *Hg* aus den Austrittsarbeiten von Alkalimetallionen aus verd. Alkalimetallamalgamen u. zeigt, daß das Oberflächenpotential von *Hg* wahrscheinlich kleiner als 0,2 V ist. Daraus ergibt sich, daß die Galvanipotentialdifferenz Hg/Lsg. beim LIPPMANN-Potential nur wenig von Null verschieden wäre u. daß sie bei der Normalkalomelelektrode einen Wert zwischen 0,5 u. 0,7 V hat. (Z. Elektrochem., Ber. Bunsenges. physik. Chem. **60**. 29—31. Febr. 1956. Zürich, TH, Phys. chem. Inst.) H. SURAWSKI. 140

C. Wagner, *Galvanische Zellen mit festen Elektrolyten mit gemischter Stromleitung.* Für den Aufbau galvan. Zellen, die einen festen Elektrolyten mit gemischter Stromleitung besitzen, lassen sich 1. reversible Elektroden mit definiertem chem. Potential einer der beiden Komponenten des gemischten Leiters, 2. Ionenleiter mit gleichem Kation oder Anion wie im gemischten Leiter oder 3. inerte Elektronenleiter als Elektroden verwenden. Die Eignung der galvan. Zellen mit einem gemischten Leiter zwischen gleichartigen reversiblen Elektroden, zwischen verschiedenartigen reversiblen Elektroden, zwischen einer reversiblen Elektrode u. einem Elektronenleiter, zwischen einer reversiblen Elektrode u. einem Ionenleiter u. zwischen einem Ionenleiter u. einem Elektronenleiter zur

Best. der Anteile von Ionen- u. Elektronenleitung wird eingehend diskutiert. Die klass. Meth. zur Ermittlung der relativen Anteile von Ionen- u. Elektronenleitung beruht auf der Best. des Stoffumsatzes bei Stromfluß durch einen gemischten Leiter zwischen reversiblen Elektroden. Um kleine Anteile von Ionen- oder Elektronenleitung noch erfassen zu können, schlägt Vf. vor allem die Aufnahme von Stromdichte–Spannungs-Kurven von Zellen vor, in denen entweder die Elektronenleitung oder die Ionenleitung durch geeignete Wahl der Elektroden unterdrückt ist. Vorläufige Ergebnisse für die Zelle *Ag/AgBr/Pt* werden graph. wiedergegeben. (Z. Elektrochem., Ber. Bunsenges. physik. Chem. **60.** 4—7. Febr. 1956. Cambridge, Mass., MIT.) H. SURAWSKI. 140

Maurice Rolin, *Gedanken über die Konstitution geschmolzener Salze und die Theorie der Schmelzelektrolyse. Der besondere Fall des Aluminiums.* 1. Mitt. Kryoskop. u. elektrolyt. Phänomene sind eng miteinander verbunden. Deshalb führte Vf. krysokop. Unterss. mit *Kryolith* (I), Na_3AlF_6, F. 1006°, u. *Lithiumborat* (II), $LiBO_2$, F. 840°, durch, auch um die Gültigkeit des RAOULTschen Gesetzes bei hohen Tempp. zu beweisen. Aus den Messungen, deren Genauigkeit denen bei niedriger Temp. mindestens gleichkommt, können Rückschlüsse auf die Ionenstärke u. deren Beeinflussung durch Salzzugabe gezogen werden. Der Aktivitätskoeff. der in der Schmelze gelösten Salze ist nur wenig von der Konz. abhängig. Die meisten Kurven [$\Delta t/m = f(m)$] verlaufen deshalb horizontal. Im schmelzfl. Zustand sind I u. II ausgezeichnete Lösungsmittel. Im Syst. NaF/AlF_3 besitzt I den höchsten Schmelzpunkt. Die kryoskop. Konstante wurde für I zu 40,8, für II zu 15 gefunden. In II löst sich LiCl „mol.", während $BaCl_2$ eine dreimal so große F.-Erniedrigung zeigt. In I gibt NaCl eine n., KCl eine doppelt u. $BaCl_2$ eine dreimal so große F.-Erniedrigung. Da Ionen, die dem Lösungsm. u. dem gelösten Salz gemeinsam sind (Li-Salze u. manche Oxyde für II, Na-Salze u. viele Fluoride für I), eine n. F.-Depression ergeben, schließt Vf. auf eine Dissoziation des Lösungsm. nach: $Na_3AlF_6 \rightleftharpoons AlF_3 + 3\,Na^+ + 3\,F^-$ u. $Li_2B_2O_4 \rightleftharpoons B_2O_3 + 2\,Li^+ + O^{2-}$. In II zerfällt AlF_3 in 4 Teilchen, I sogar in 10: $Na_3AlF_6 \rightarrow 3\,Na^+ + Al^{3+} + 6\,F^-$. In I zeigt B_2O_3 partielle Ionisation. Die Oxyde SiO_2, TiO_2 u. GeO_2 geben eine n. mol. F.-Erniedrigung. Stärker elektropositive Metalloxyde werden in I u. II vollständig ionisiert, z. B. Li_2O. Die Erdalkalioxyde sind in I völlig ionisiert, in II wird die Dissoziation durch die Ggw. von O^{2-} maskiert. In II zerfällt Al_2O_3 (III) offensichtlich nach: $Al_2O_3 \rightarrow AlO_2^- + AlO^+$, während in I ein Zerfall in 3 Teilchen erfolgt. Die Kryoskopie von Aluminaten in I zeigt die Beständigkeit des AlO_2^--Ions gegenüber der Schmelze. Deshalb nimmt Vf. für die Dissoziation des III in I folgendes an: $Al_2O_3 \rightarrow Al^{3+} + O^{2-} + AlO_2^-$. Bei der Gewinnung von Al durch Schmelzelektrolyse in I werden also direkt Al^{3+}-Ionen entladen. Kalifeldspat liefert in I 5 Teilchen, was einem Zerfall nach $KAlSi_3O_8 \rightarrow K^+ + AlO_2^- + 3\,SiO_2$ entspricht. Die Versuchstechnik wird eingehend erläutert. (J. Four électr. Ind. électrochim. **61.** 157—60. Nov./Dez. 1952. **62.** 11—14. Jan./Febr. 1953.) H. NÖTH. 141

Hans Schmidt und **Hermann Dietrich Schmidt,** *Elektrochemische Fluorierung.* 1. Mitt. *Über die elektrochemische Fluorierung anorganischer Verbindungen. Anodische Bildung von Sulfurylfluorid.* Bei der elektrochem. Fluorierung von in fl. HF gelöstem HSO_3F bei 0°, 5—7 V u. einer Stromdichte von 0,005 A/cm² in Vinidurgefäßen mit Fe-Kathode u. Ni-Anode entweichen als Zellgase H_2, SO_2F_2 u. OF_2, die sich gemäß $FSO_2OH + 3\,HF + 4\,Far \rightarrow FSO_2F + OF_2 + 2\,H_2$ bilden. Die Ausbeuten an SO_2F_2 schwankten zwischen 47 u. 200 mg/Ah (5—21%); aus dem HSO_3F-Verlust ergab sich eine Stromausbeute von 23,7%. — Vff. geben einen Überblick über die Anodenvorgänge bei der Elektrolyse von Fluoriden u. diskutieren die bisherigen Ergebnisse bei der elektrochem. Fluorierung in den Systemen H_2O/HF u. NH_3/HF. Die Bldg. von OF_2 nach LEBEAU u. DAMIENS (C. R. hebd. Séances Acad. Sci. **188.** [1929.] 1253; Einleiten der Anodengase eines KF·3 HF-Elektrolyten in 2% NaOH) erfolgt nach Vff. zum größten Teil bereits durch Einw. anod. gebildeter F-Atome auf die teilweise wasserhaltige Schmelze ($2\,F + HOH \rightarrow 2\,H + OF_2$) u. nur unwesentlich durch Rk. der F_2-Moll. mit NaOH. — Vff. geben ferner eine Behandlungsmeth. für Verätzungen mit HF durch Anwendung einer Calciumgluconatlactobionatsalbe (SANDOZ AG, Basel) an. (Z. anorg. allg. Chem. **279.** 289—99. Juli 1955. Berlin, Humboldt-Univ., I. Chem. Inst.) U. WANNAGAT. 141

J. D. Blainey und **H. J. Yardley,** *Elektrolytische Entsalzung mit Ionenaustauschermembranen.* Zur Entfernung anorgan. Salze, die die Papierchromatographie von *Aminosäuren* (I) erschweren, werden die Lsgg. vorher der Elektrolyse mit Ionenaustauschermembranen unterworfen. Der Anoden- u. Kathodenraum der App. wird durch eine Anion- bzw. Kationmembran (Permaplex A 10 bzw. C 10) von der zu entsalzenden Lsg. abgetrennt. Bereits nach 6 Min. ist die Elektrolytkonz. auf ca. 30% abgesunken. Die Überführung neutraler I ist bis zu diesem Zeitpunkt gering. Bei sauren u. bas. I läßt sich der Verlust verringern, wenn der p_H-Wert der Anfangslsg. etwa auf den isoelektr. Punkt eingestellt wird. (Nature [London] **177.** 83. 14/1. 1956. Birmingham, Univ. of Birmingham, Dep. of Exp. Patholog.) GÜNTER LANGE. 141

M. Smutek, *Zur Elektrolyse bei konstanter Stromdichte.* 2 Abhandlungen von GORBATSCHEW (C. **1951.** II. 340. **1955.** 9966) über die Polarisation der ebenen Elektrode werden krit. beurteilt. Die Lsg. der abgeleiteten Gleichungen führt zu einem Konzentrationsgradienten an der Elektrodenoberfläche gleich Null u. deshalb auch zu einer Nullstromdichte. Die Differentialgleichung erfüllt weiter nicht das 2. FICKsche Gesetz. Der Autor definiert die Differentialgleichungen für die Polarisation einer ebenen Elektrode bei einem Stromdurchgang von konstanter Stromdichte mit Hilfe von Diffusionskonstanten für einzelne Kationen u. Anionen, von Beweglichkeiten u. von OHMschen u. Diffusionspotentialen. Die Gleichungen transformiert er dann auf eine gemeinsame Diffusionskonstante u. führt die zugehörigen Überführungszahlen ein. Ferner wird der Ausdruck für die Konzentrationspolarisation abgeleitet, aus dem folgt, daß die Elektrolyse bei konstanter Stromdichte zeitlich begrenzt ist. Der weiter abgeleitete Ausdruck für die chemische Polarisation hat 2 Glieder, deren erstes die Form der TAFELschen Gleichung hat u. der chem. Polarisation entspricht. Das zweite Glied drückt dann den Konzentrationsbeitrag der gesamten Polarisation aus. Weiter ist die Diskussion der abgeleiteten Ausdrücke gegeben. (Chem. Listy **47.** 963—68. Juli 1953 [Orig.: tschech.]. Collect. czechoslov. chem. Commun. **19.** 31—38. Jan. 1954 [Orig.: russ.]. Ostrava, Urx-Werke.) L. MATOUŠEK/Prag. 141

Ss. V. Gorbatschew, *Formulierung des Problems der Ausrechnung der Konzentrations- und der chemischen Polarisation in der Arbeit von M. Smutek.* In einem Diskussionsbeitrag zur Arbeit von SMUTEK (vgl. vorst. Ref.) antwortet der Autor auf die Kritik. In der Arbeit wird das Ziel der GORBATSCHEWschen Arbeiten erklärt u. als Aufgabe der Diffusion in Ggw. einer Quelle motiviert. Weiter wird die Arbeit von SMUTEK einer Kritik unterzogen. Einer der Haupteinwände liegt darin, daß an einigen Stellen der Arbeit die Frage der Polarisation der ebenen Elektrode bei konstanter Stromdichte mit Hilfe von Identitätsgleichungen gelöst wurde. Nach der Diskussion einiger Grenzbedingungen analysiert Vf. die Frage der Verbindung der chem. u. der Konzentrationspolarisation u. die Möglichkeit der Benutzung einer Gleichung der TAFELschen Form, deren Anwendbarkeit nach Vf. in einer Reihe von Fällen stark begrenzt ist. (Chem. Listy **49.** 615—20. April 1955. Moskau, Chem.-Technol. Mendelejew-Inst. [Orig.: tschech.])
L. MATOUŠEK/Prag. 141

Pierre Jolibois und **André Sancelme,** *Über die kathodische Reduktion von Kupferoxyd.* Das zu reduzierende Oxyd wird an die Oberfläche eines Elektrolyten gebracht, der sich in einem Glasgefäß befindet, dessen Boden aus einer Pt-Kathode besteht. In einer Glocke, die das Gefäß nach oben hin abschließt, wird die bei der Rk. nicht verbrauchte Menge an H_2 aufgefangen, gemessen u. daraus die elektrochem. Ausbeute bestimmt. Es ergeben sich folgende Feststellungen: 1. Das calcinierte *CuO* (**I**) ist in kalter 0,5n H_2SO_4 prakt. unlösl.; die elektrochem. Ausbeute beträgt bei vollkommener Red. von **I** zu metall. Cu 100%. Die äußere Form der Körner wird durch die Red. nicht geändert. Die Red. selbst verläuft von dem inneren Teil eines jeden Korns her in einer von der Kathode wegführenden Richtung. 2. Sobald weniger sauer gearbeitet wird (ca. 0,1n), ergibt sich als Ergebnis ein Gemisch von *Cu* u. Cu_2O (**II**), wobei **II** schließlich mit einer schlechten elektrochem. Ausbeute verschwindet. Bei der Red. von reinem **II** geht die Ausbeute im ersten Zehntel des Arbeitsganges durch ein Maximum von 95%. Die Gesamtred. ist langsam u. wird nur mit einer unter 50% liegenden Ausbeute erreicht. 3. Das grüne $Cu(OH)_2$ red. sich mit schlechter Ausbeute, vor allem im alkal. Gebiet. 4. Das Oxyd, das etwa der Formel $4CuO \cdot H_2O$ entspricht, wird mit 75%ig. Ausbeute reduziert. 5. Im alkal. Medium beträgt die Ausbeute der Red. von calciniertem **I** größenordnungsmäßig ca. 75%. Die Reduktionsabnahme beruht, wie eine mkr. Prüfung zeigt, auf der vorübergehenden Bldg. von **II.** — Des weiteren haben Vff. die Struktur der elektrolyt. Abscheidungen röntgenograph. untersucht u. festgestellt, daß in den vollkommen red. Proben ca. 10% des Cu die Gitterstruktur des Oxyds, aus dem es sich gebildet hat, beibehält. Beim Glühen im Vakuum verschwindet diese Struktur. Vff. betrachten die Kristallformen des Cu, das die Gitterstruktur von **I** u. **II** aufweist, als allotrope Cu-Formen. (C. R. hebd. Séances Acad. Sci. **234.** 1007—10. 3/3. 1952.)
H. SURAWSKI. 141

J. Weber und **J. Koutecký,** *Über die Kinetik der Elektrodenvorgänge.* 15. Mitt. *Tabellen der Funktion für den polarographischen Strom bei einem Depolarisationsvorgang mit vorangehenden oder nachfolgenden sehr schnellen monomolekularen chemischen Reaktionen.* (14. vgl. Chem. Listy **48.** [1954.] 1314.) In den Ausdrücken für die mittleren polarograph. Ströme bei Depolarisationsvorgängen mit vorangehenden oder nachfolgenden sehr schnellen monomol. chem. Rkk. wurden anstatt der approximierten Funktion, welche in früheren Arbeiten benutzt wurde, die genauen Werte der Funktion berechnet u. tabelliert. (Chem. Listy **49.** 562—64. April 1955 [Orig.: tschech.]; Collect. czechoslov. Commun. **20.** 980—83. Aug. 1955. Praha, Českosl. akad. věd, Fysikálně-chem. ústav.) P. Zuman/Prag. 142

S. E. S. El Wakkad und **T. M. Salem,** *Die Kapazität der Doppelschicht an einer Quecksilberanode.* Die Anwendung einer eigentlich zur Unters. der anod. Oxydation von Metallen bei sehr geringer Stromdichte bestimmten App. ermöglichte in ihrer weiterentwickelten Form unter Hinzuziehung einer Spezialzelle bei konstantem Stromfluß die direkte Messung der Kapazität einer elektr. Doppelschicht, wie sie an der Hg-Elektrode auftritt. Sofern man die Hg-Elektrode mit einer großen Oberfläche ausbildet u. den Stromfluß sehr klein hält (in der Größenordnung von 10^{-7} A/cm^2), kann man auf Grund der beträchtlichen Zeit, wie sie dann zur Aufladung der zwischen der Elektrode u. der Lsg. befindlichen Schicht erforderlich ist, den Ladungsvorgang bequem mit einem Röhrenvoltmeter verfolgen. Die durch oscillograph. Messungen erhärteten Ergebnisse befinden sich in guter Übereinstimmung mit der Theorie. (J. chem. Soc. [London] **1955.** 1489—92. Mai. Cairo, Univ.) D. Forst. 142

Marie Bulovova, *Polarographie von Indium.* Die Abscheidung des In^{III}-Ions vollzieht sich in Ggw. von deformierbaren Anionen in einer gut ausgeprägten Stufe, während in Ggw. von undeformierbaren Anionen (wie z. B. SO_4^{2-}, NO_3^-, ClO_3^- usw.) eine weitere negative Stufe (auf Kosten der positiven) entsteht. Ein ähnlicher Effekt kann durch Herabsetzung der Temp. verursacht werden. Zugabe von Gelatine verringert in Ggw. von undeformierbaren Anionen die Hemmung des Elektrodenprozesses. Aus der logarithm. Analyse der Kurve sowie aus dem Halbstufenpotential der anod. Stufe des In-Amalgams wird auf die Reversibilität des Syst. In^{III} $\rightleftharpoons$ In geschlossen. Die Wrkg. der undeformierbaren Anionen kann bei der Best. von In neben Cd zu analyt. Zwecken ausgewertet werden. Das Gemisch von In u. Cd wird zuerst in einem Acetatpuffer polarographiert. Die Gesamthöhe der beiden koinzidierenden Stufen entspricht der Summe Cd + In. Nach Zugabe von einigen Kristallen von NaF wird die In-Stufe eliminiert u. die Höhe der Cd-Stufe gemessen. (Chem. Listy **48.** 655—62. Mai 1954 [Orig.: tschech.]; Collect. czechoslov. chem. Commun. **19.** 1123—32. Dez. 1954 [Orig.: deutsch]. Praha, Karlova univ., Fysikálně-chemický ústav.) P. Zuman/Prag. 142

Karel Micka und **Antonín Tockstein,** *Polarographische Untersuchung von Vanadin.* Die Reduktionsstufen von V(IV) zeigen eine Abhängigkeit von dem p_H-Wert der Lösung. Es treten 2 Stufen auf, deren Höhen sich mit dem p_H-Wert in Form einer Dissoziationskurve mit $K' = 2{,}1 \cdot 10^{-5}$ ändern. Diese Abhängigkeit wird dem Gleichgewicht $VO^{2+} + H_2O \rightleftharpoons VOOH^+ + H^+$, für dessen Konstante von Meites (C. **1955.** 308) ein Wert von $4{,}4 \cdot 10^{-6}$ angegeben wird, zugeschrieben. Bei V(IV)-Konzz. größer als $1 \cdot 10^{-3}$mol. wird eine Abweichung von der linearen Konzentrationsabhängigkeit, die durch Adsorption des Reaktionsprod. erklärt wird, beobachtet. Im alkal. Gebiet tritt Komplexbldg. ein. — In Ggw. von *Äthylendiamintetraessigsäure* (**I**) wird im p_H-Bereich 4,0—11,0 nur eine gutausgeprägte Stufe des V(IV) bemerkbar, deren Höhe vom p_H-Wert unabhängig u. der Konz. proportional ist. Bei höheren p_H-Werten tritt wieder Komplexbldg. ein, bei p_H 3 wird der Vanadylkomplex in freie Ionen gespalten. V(V) wird in 0,1 mol. H_2SO_4 zunächst zu V(IV) u. dann zu V(II) reduziert. Im Boratpuffer verläuft die Red. von V(V) in 2 Stufen. In Ggw. von **I** entsteht eine weitere Stufe, die zwischen den beiden Stufen, die bei Abwesenheit von **I** auftreten, liegt. Ihr Halbstufenpotential stimmt mit dem der Red. V(IV) → V(II) in Lsg. von **I** überein. (Chem. Listy **48.** 648—54. Mai 1954. Praha, Karlova univ., Ústav pro fysikální chemii. [Orig.: tschech.]) P. Zuman/Prag. 142

René Audubert, *Überspannungstheorie und Korrosionsmechanismus von in Lösung befindlichen, gegen Sauerstoff geschützten Metallen.* In einer theoret. Arbeit untersucht Vf. an Hand der kinet. Überspannungstheorie den Korrosionsmechanismus eines gegen O_2 geschützten Metalls. Es ergibt sich die Tatsache, daß, wenn eine direkte Auflsg. nach dem Schema $M \rightarrow M^+ + \ominus$ vorliegt, sich das Elektrodenpotential in jedem Augenblick linear mit dem p_H ändert. Verläuft jedoch die Auflsg. über eine Sekundär-Rk. infolge einer Einw. des Anions, so zeigt sich, daß zwar das Potential in jedem Augenblick eine Funktion des p_H ist, daß aber diese Gerade einen Ursprung besitzt, der vom Anion u. seiner Aktivität abhängt. Die erhaltenen Ergebnisse ließen sich experimentell am *Zn, Cd, Al, Mg* u. *Cu* bestätigen. (C. R. hebd. Séances Acad. Sci. **234.** 1166—68. 10/3. 1952.) H. Surawski. 143

Paul Delahay, Marcel Pourbaix und **Pierre Van Rysselberghe,** *Potential-p_H-Diagramm von Blei und seine Anwendung zur Untersuchung der Bleikorrosion und des Bleiakkumulators.* Im allg. werden die Reaktionsgleichungen u. die Gleichgewichte der Systeme Pb/W., Pb/W. + CO_2 u. Pb/W. + H_2SO_4 thermodynam. abgeleitet u. Potential-

p_H-Diagramme aufgestellt. Die akt. u. passiven Bereiche des Pb werden im Zusammenhang mit den Löslichkeiten der Korrosionsprodd. in den verschied. Lsgg. diskutiert, wie auch die elektrochem. Vorgänge am Bleiakkumulator. (Vgl. auch C. **1953.** 5295.) (J. electrochem. Soc. **98.** 57—64. Febr. 1951.) W. KATZ. 143

Paul Delahay, Marcel Pourbaix und **Pierre Van Rysselberghe,** *Potential–p_H-Diagramm von Silber. Konstruktion des Diagramms. Anwendung zur Untersuchung der Eigenschaften des Metalls, seiner Verbindungen und seiner Korrosion.* (Vgl. vorst. Ref.) Aus thermodynam. Daten wird das Potential–p_H-Diagramm mit den akt. u. passiven Bereichen des Silbers im Syst. Ag/W. + O_2 abgeleitet. (J. electrochem. Soc. **98.** 65—67. Febr. 1951.) W. KATZ. 143

A_4. Thermodynamik. Thermochemie.

Zdzisław Gajewski, *Die Wärmeeinheit.* Besprechung der Arbeiten u. Vorschläge zur Berechnung der Wärmeeinheiten cal_0, cal_4, cal_{15}, cal_{20}, cal_{Mittel}, $cal_{Int.}$, $cal_{Th.15}$ u. cal_{abs} in J (Joule) sowie der c_p-Werte. (Roczniki Chem. [Ann. Soc. chim. Polonorum] **26.** 113—19. 1952.) H. FREYTAG. 146

N. A. Ismailow, A. M. Schkodin und **W. W. Alexandrow,** *Zur Diskussion über die Methode der Aktivität in der Thermodynamik realer Systeme.* Bei der theoret. Erörterung der Aktivitätsmeth. gelangen Vff. zu folgenden Schlußfolgerungen: 1. Die für die idealen Systeme aufgestellten thermodynam. Gleichungen gelten auch für reale Systeme. 2. Die Veränderung der Gleichungen wird durch den Aktivitätskoeff. ausgedrückt. 3. In vielen Fällen kennzeichnet die Aktivität die thermodynam. Konz. besser als die analyt. Konzentration. 4. Da der Aktivitätskoeff. experimentell ermittelt werden kann, können die thermodynam. Gleichungen auch dann angewandt werden, wenn die theoret. Beziehung zwischen Aktivität u. analyt. Konz. unbekannt ist. (Украинский Химический Журнал [Ukrain. chem. J.] **19.** Nr. 5. 572—83. 1953. Charkow, Gorki-Univ., Lehrstuhl für physikal. Chemie.) O. LEBTAG. 146

A. A. Banks und **A. J. Rudge,** *Die Bestimmung der Dichte von flüssigem Chlortrifluorid.* Die D. von fl. ClF_3 ($Kp._{760}$ 12,0 ± 0,1°) wurde im Temperaturbereich von −5 bis +46° in Dilatometern aus Pyrexglas bestimmt. Die tabellar. wiedergegebenen Werte gehorchen der Gleichung $D_4^t = 1{,}8853 - 2{,}942 \cdot 10^{-3} t - 3{,}79 \cdot 10^{-6} t^2$. Trockenes Pyrexglas wird entgegen früheren Berichten von ClF_3 nicht angegriffen. (J. chem. Soc. [London] **1950.** 191—93. Jan. Cheshire, Imp. Chem. Ind. Ltd., Runcorn Labor.) E. FORCHE. 148

A. A. Wlassow, *Über die Übertragung von Masse und Ladung durch Oberflächenwellen.* Theoret. Betrachtungen über die Stabilität u. die Geschwindigkeit von Oberflächenwellen werden auf das Fließen von HeII-Filmen u. auf die Vorgänge in Supraleitern angewendet, wobei befriedigende Deutungen für die Beobachtungen gefunden werden. (Журнал Экспериментальной и Теоретической Физики [J. exp. theoret. Physik] **27.** 224—42. Aug. 1954. Moskau, Univ.) G. KIRSCHSTEIN. 149

D. ter Haar, *Die Isothermen eines unvollkommenen Gases.* Vf. diskutiert das Flüssigkeitstropfenmodell eines unvollkommenen Gases in der von WERGELAND eingeführten Form. Es wird die Meth. der großen kanon. Gesamtheit benutzt u. die Zustandsgleichung des Syst. hergeleitet. Diese Zustandsgleichung ist vom gleichen allg. Typ wie die von MAYER für ein allgemeineres Modell abgeleitete. Vf. zeigt, daß die Isothermen in beiden Fällen für gegen Unendlich gehende Teilchenzahlen aus zwei analyt. verschied. Teilen bestehen. (Proc. Cambridge philos. Soc. **49.** 130—35. Jan. 1953. St. Andrews, Univ., Dep. of Natural Philos.) E. WASSERROTH. 149

A. W. Sáenz, *Ableitung einer quantenstatistischen Transportgleichung für verdünnte Gase.* (Sitzungsbericht.) (Physic. Rev. [2] **99.** 638. 15/7. 1955. Naval Res. Labor.) R. LEVI. 149

William E. Keller, *PV-Isothermen von gasförmigem ^3He zwischen 1,5 und 3,8° K.* (Sitzungsbericht.) (Physic. Rev. [2] **99.** 670. 15/7. 1955. Los Alamos Sci. Labor.) E. KLEVER. 149

K. R. Atkins, *Der Knick auf der λ-Kurve von flüssigem Helium.* (Sitzungsbericht.) (Physic. Rev. [2] **99.** 670. 15/7. 1955. Univ. of Pennsylvania.) E. KLEVER. 149

Henry H. Kolm und **Melvin A. Herlin,** *Eine neue Methode zur Messung der absoluten Viscosität von flüssigem Helium II.* (Sitzungsbericht.) (Physic. Rev. [2] **99.** 669. 15/7. 1955. MIT.) E. KLEVER. 149

C. A. Reynolds, *Kinetische Theorie von flüssigem Helium II. Wärmeübertragung.* (Sitzungsbericht.) (Physic. Rev. [2] **99.** 669. 15/7. 1955. Univ. of Connecticut.) E. KLEVER. 149

M. J. Buckingham, *Spezifische Wärme von Metallen bei tiefen Temperaturen.* Ausgehend von den FRÖHLICHschen Berechnungen (C. **1951.** I. 3301) der Wechselwrkg. zwischen den Gitterschwingungen u. den Leitungselektronen in Metallen untersucht Vf. speziell den Fall, bei dem die Wechselwrkg. zu schwach für einen Übergang in den supraleitenden Zustand ist u. nur zu Änderungen der Eigg. des Normalzustandes bei tiefen Tempp. führt. In diesem Fall tritt oft (z. B. bei Na u. Ba) ein relatives Maximum der spezif. Wärme in der Nähe des absol. Nullpunktes auf. Vf. berechnet den Energieinhalt ΔE dieser anomalen Spitzen der spezif. Wärme. Für Na ergibt sich ein Wert von $\Delta E \approx 0{,}11$ cal. Er liegt in der gleichen Größenordnung wie der aus experimentellen Kurven von PICKARD u. SIMON (Z. physik. Chem., Abt. B **25.** [1934.] 273) abgeschätzte Wert. (Nature [London] **168.** 281—82. 18/8. 1951. Liverpool, Univ., Dep. of Theoret. Phys.) E. WASSERROTH. 151

M. J. Buckingham und **M. R. Schafroth,** *Die spezifische Wärme von Metallen bei niedrigen Temperaturen.* Während BUCKINGHAM (vgl. vorst. Ref.) eine mehr qualitative Diskussion des Einfl. der Gitterwechselwrkg. auf die spezif. Wärme n. Metalle durchführte, berechnen Vff. in der vorliegenden Arbeit quantitativ die freie Energie eines mit Gitterschwingungen in Wechselwrkg. stehenden Elektronengases. Der lineare Term in der spezif. Wärme bei niedrigen Tempp. enthält einen Faktor, der von der Stärke der Wechselwrkg. abhängt. Das Ergebnis wird mit neueren Experimenten verglichen. (Proc. physic. Soc., Sect. A **67.** 828—36. 1/9. 1954. Liverpool, Univ., Dep. of Phys.) E. WASSERROTH. 151

G. L. Kington und **J. A. Morrison,** *Bemerkungen zu „Thermodynamische Eigenschaften der Oberfläche des Magnesiumoxyds".* Berichtigung der von JURA (C. **1950.** II. 2529) angegebenen Gleichungen u. Entropiewerte. (J. chem. Physics **18.** 759. Mai 1950. Ottawa, Can., Nat. Res. Labor., Div. of Chem.) G. KLAFFKE. 154

Louis Pierce und **E. L. Pace,** *Thermodynamische Eigenschaften von Stickstofftrifluorid bei Temperaturen von 12° K bis zu seinem Siedepunkt. Die Entropie aus Molekül- und spektroskopischen Daten.* Vff. bestimmten die Wärmekapazität von NF_3 bei zahlreichen Tempp. zwischen 12,67° u. dem Kp. 144,15° K. Die Dampfdruckgleichung lautet $\log_{10} P(\text{mm}) = -673{,}5828/T + 1{,}869858 \cdot \log_{10} T - 0{,}00783355 T + 4{,}64615$. Die Verdampfungswärme beim n. Kp. beträgt 2769 cal/Mol, die Umwandlungswärme bei 56,62° K 361,8 cal/Mol, die Schmelzwärme beim Tripelpunkt (66,37° K) 95,11 cal/Mol. Die Entropie von gasförmigem NF_3 hat bei 144,15° K den Wert 54,50 cal/Grad·Mol. Dieser aus calorimetr. Daten berechnete Wert stimmt sehr gut mit dem aus spektroskop. Daten u. Strukturparametern gewonnenen Wert 54,61 überein. (J. chem. Physics **23.** 551—55. März 1955. Cleveland, O., Western Reserve Univ., Morley Chem. Labor.) E. FORCHE. 155

T. Batuecas und **C. Gutiérrez Losa,** *Neue Berechnung der wahren chemischen Konstante des Zinks.* (Vgl. C. **1952.** 2798.) Aus 4 unter verschied. Bedingungen u. mit verschied. Genauigkeit bestimmten Werten der Literatur für die chem. Konstante i_p des Zn beim Druck p wird unter Berücksichtigung des statist. Gewichtes der einzelnen Messungen als Mittelwert $i_p = 1{,}17_8 \pm 0{,}25$ errechnet. Dieser Wert muß als der derzeit wahrscheinlichste experimentelle gelten; er unterscheidet sich vom theoret. Wert $1{,}13_6$ nur um 4 Einheiten in der 2. Dezimalen. (An. Real Soc. españ. Física Quím., Ser. B **48.** 17—22. Jan. 1952. Santiago de Compostela, Univ., Labor. de Quím. Fís.) R. K. MÜLLER. 155

L. D. Jennings und **Melvin A. Herlin,** *Thermodynamische Eigenschaften von Chromalaun.* (Sitzungsbericht.) (Physic. Rev. [2] **99.** 668. 15/7. 1955. MIT.) E. KLEVER. 155

Elmer J. Huber jr., Clayton O. Matthews und **Charles E. Holley jr.,** *Die Verbrennungswärme von Samarium.* (Vgl. C. **1956.** 344.) Die Verbrennungswärme von metall. Sm wurde calorimetr. bei einer Anfangstemp. von 25° u. bei einem O_2-Druck von 25 at zu $6020{,}0 \pm 6{,}6$ Joule/g bestimmt. Daraus ergab sich die Standardbildungswärme von Sm_2O_3 zu $\Delta H_{25^\circ} = -1815{,}4 \pm 2{,}0$ kJoule/Mol. (J. Amer. chem. Soc. **77.** 6493—94. 20/12. 1955. Los Alamos, N. Mex., Univ. of California, Los Alamos Sci. Labor.) I. KARUTZ. 156

Paul A. Giguère und **I. D. Liu,** *Verbesserte Werte der thermodynamischen Eigenschaften von Wasserstoff- und Deuteriumperoxyd.* Unter Verwendung neuerer spektroskop. u. calorimetr. Daten wurden die thermodynam. Daten von H_2O_2 neu berechnet. Als Grundlage der Rechnungen wurde die Verteilung der inneren Rotationsarten bestimmt. Dazu wurde auf Grund von Entropiedaten ein Wert von 4,45 kcal für die die gegenseitige Rotation der OH-Gruppen behindernde Potentialschwelle angenommen. Die Ergebnisse für H_2O_2 sowie D_2O_2 u. HDO_2 wurden von 298,16—1500° K tabelliert. Die Normalwerte bei 298,16° K betragen für H_2O_2 (HDO_2) [D_2O_2] $-(F^0 - H_0^0)/T =$ 46,95 (48,98) [48,18], $-(H^0 - H_0^0)/T = 8{,}70$ (8,87) [9,09], $S^0 = 55{,}66$ (57,86) [57,28] u.

C_p^0 = 10,31 (10,68) [11,14] cal/Grad·Mol. Die Dissoziationsenergie D_{HO-OH} wurde zu 51 kcal bei 0° K gefunden. (J. Amer. chem. Soc. **77.** 6477—79. 20/12. 1955. Quebec, Can., Laval Univ., Dep. of Chem.) I. KARUTZ. 156

Alla D. Mah und **B. J. Boyle,** *Bildungswärmen von Niobcarbid und Zirkoniumcarbid aus Verbrennungscalorimetriedaten.* Vff. bestimmten calorimetr. die Verbrennungswärmen von $NbC_{0,9445}$ u. ZrC zu $\Delta H_{298,16°K}$ = —284,69 bzw. 311,5 kcal/Mol. Daraus wurden die Standardbildungswärmen von NbC u. ZrC zu $\Delta H_{298,16°K}$ = —33,6 ± 0,8 bzw. —44,1 ± 1,5 kcal/Mol berechnet. (J. Amer. chem. Soc. **77.** 6512—13. 20/12. 1955. Berkeley, Calif., U. S. Dep. of the Interior, Bur. of Mines, Region II, Minerals Thermodynamics Exp. Stat.) I. KARUTZ. 156

Herman Burwasser und **Robert N. Pease,** *Verbrennungsgeschwindigkeiten von Wasserstoff–Luft-Flammen.* Nach der Bunsenbrennermeth. wurde die Verbrennung von H_2–Luft-Flammen mit 25—63 Vol.-% H_2 untersucht. Eine auf die dunkle äußere Kante des Schattenkegels angewandte modifizierte Winkeltechnik wurde zur Berechnung der Verbrennungsgeschwindigkeiten benutzt. Vff. versuchen, eine Beziehung zwischen den experimentellen Ergebnissen u. den näherungsweisen therm. u. Diffusionstheorien der Flammenfortpflanzung zu finden. Es ergab sich, daß die Diffusionstheorie ein Maximum der Verbrennungsgeschwindigkeit für kleinere u. die therm. Theorie für größere H_2-Anteile voraussagt als experimentell beobachtet wurde (29 bzw. 42 bzw. 55% H_2). Mögliche Erklärungen dieser Differenzen werden kurz diskutiert. (J. Amer. chem. Soc. **77.** 5806—08. 20/11. 1955. Princeton, N. J., Princeton Univ., Frick Chem. Labor.) I. KARUTZ. 157

A. E. Potter jr. und **A. L. Berlad,** *Das Löschen von Flammen aus Propan–Sauerstoff–Argon- und Propan–Sauerstoff–Helium-Mischungen.* Vff. bestimmen experimentell das Auslöschen verschieden zusammengesetzter Mischungen von He– u. Ar–O_2–Propan-Flammen u. deren untere Entflammungsgrenzen. Es wird festgestellt, daß der Effekt auf den Löschabstand beim Ersetzen von He durch Ar einer therm. Löschgleichung gehorcht u. nicht ein Diffusionseffekt ist. (J. physic. Chem. **60.** 97—101. Jan. 1956. Cleveland, O., Lewis Flight Propuls. Labor. of Nat. Advisory Comm. for Aeronautics.) V. BURBACH. 157

Leonid Andrussow, *Wärmeleitfähigkeit, Zähigkeit und Diffusion in der Gasphase.* 6. Mitt. *Beziehungen zwischen den Selbstdiffusions-, Wärmeleitfähigkeits- und Temperaturleitkoeffizienten von Gasgemischen. Berechnung derselben und Vergleich mit den Zähigkeitskoeffizienten.* (5. vgl. C. **1954.** 8519.) Temperatur- u. Wärmeleitfähigkeitskoeffizienten sind auch im Falle von Gasgemischen unmittelbar mit dem Selbstdiffusionskoeff. verknüpft; ein einfacher, einheitlicher Zusammenhang mit dem Zähigkeitskoeff. besteht dagegen nicht. Zwecks Ermittlung obiger Koeffizienten ist eine Reihe von Gleichungen entwickelt. Von besonderer Bedeutung erscheint die Möglichkeit, Selbstdiffusionskoeffizienten von Gasgemischen zu berechnen, zumal keine diesbzgl. Befunde vorliegen. Es ist zu erwarten, daß die Einführung der Koeffizienten der Selbstdiffusion u. der Wärmeleitzahl bei der rechner. Behandlung der Thermodiffusion, der Wärmeaustauscher u. Trennsäulen verschied. Art erheblich zur Vereinfachung dieser Berechnungen beitragen wird. Vor allem bedürfen diejenigen techn. Berechnungsmethoden einer Revision, bei denen dem Verhältnis zwischen den Wärmeleitfähigkeits- u. Zähigkeitskoeffizienten eine wichtige Rolle eingeräumt ist. (Z. Elektrochem., Ber. Bunsenges. physik. Chem. **56.** 624—33. 1952. Paris.) D. ERTEL. 158

A₅. Kolloidchemie. Grenzschichtforschung.

N. E. Hoskin, *Lösung für die Poisson-Boltzmannsche Gleichung für die Potentialverteilung in der Doppelschicht eines einzelnen sphärischen kolloidalen Teilchens.* Vf. gibt eine tabellar. Zusammenstellung der Werte der Potentialfunktion, der Ladungsdichte an der Oberfläche u. der freien Energie eines einzelnen koll. Teilchens. Die Funktionen sind über größere Bereiche des Teilchenradius anwendbar u. werden im Zusammenhang mit verschied. Näherungslösungen diskutiert. (Trans. Faraday Soc. **49.** 1471—77. Dez. 1953. Manchester, Univ., Computing Machine Labor.) H.-U. WOELK. 162

Bertil Jacobson, *Die Änderung in der Struktur des Wassers bei der Gelbildung.* Es wurden bei 20° Röntgenaufnahmen hergestellt von 0,3—2%ig. verd. Gelen von *Desoxyribonucleinsäure, Carboxymethylcellulose* u. *Dibenzoylcystin.* Die 3 Verbb. geben ähnliche Diagramme, die jedoch charakterist. Unterschiede zu dem Diagramm von reinem W. bei der gleichen Temp. zeigten, u. zwar war das Hauptmaximum bei $\sin \vartheta/\lambda = 0{,}16$ Å^{-1} nach kleineren Winkeln zu verschoben, während die Höhe des kleineren Maximums bei 0,23 Å^{-1} relativ zu der des W. höher geworden war; außerdem scheint sich dieses Maximum nach größeren Winkeln zu zu verschieben. Diese beobachteten Änderungen bei der Gelbldg. sind qualitativ denen ähnlich, die man bei W. mit fallender Temp. beobachtet,

d. h. die gelbildenden Substanzen bewirken eine Abnahme in der „strukturellen Temp.“ des Wassers. Die Ergebnisse sind eine Bestätigung der Theorie der Gelbldg. von FORSLIND (vgl. Proc. IInd Internat. Congr. Rheology, Oxford **1953**. 50), nach der die Wärmeschwingungen in dem Gitter des W. durch eine spezif. Kupplung an die nichtwässerige Komponente des Gels herabgesetzt werden. Die Ergebnisse sind ferner eine Bestätigung einer Theorie des Vf. (vgl. Nature [London] **172**. [1953.] 666), nach der gewisse asymm. Makromoll. das Gitter des W. über Abstände von einigen hundert Å stabilisieren können. (Acta chem. scand. **9**. 191–92. 1955. Stockholm, Karolinska Inst., Dep. of Biochem.) C. GOTTFRIED. 163

B. V. Derjaguin, *Eine Theorie der Heterokoagulation, Wechselwirkung und Adhäsion ungleicher Teilchen in Elektrolytlösungen.* (Vgl. C. **1956**. 5750.) Vf. berechnet die Wechselwrkg. der Oberflächenladung von ungleich großen Teilchen in Elektrolytlösungen. Verschied. Kriterien der Stabilität werden theoret. gefunden. Zwei grundsätzliche Fälle werden unterschieden: Ergebnis der VAN DER WAALSschen Wechselwrkg. ist 1. gegenseitige Anziehung der Teilchen, 2. gegenseitige Abstoßung. Zu Fall 1 wird eine Modifikation der EILERS-KORFF-Regel gegeben, die dem Fall angepaßt ist, daß eine Oberfläche immer stark geladen, u. die Ladung der anderen immer nahe Null ist. Für Fall 2 ist Adhäsion nur möglich, wenn die Ladungen beider Oberflächen entgegengesetzt sind u. die Elektrolytkonz. nicht hoch ist. Wenn beide Oberflächen stark aufgeladen sind, erhält man eine Gleichung, die die krit. Konz. angibt, unterhalb der Koagulation eintritt. (Discuss. Faraday Soc. Nr. **18**. 85–98. 1954. Acad. Sci. USSR, Inst. of Phys. Chem., Labor. of Surface Phenomena.) PETER WOLF. 163

E. R. Gilliland, *Charakteristika und Anwendungen von Ionendurchgangsmembranen.* Ionendurchgangsmembranen haben ähnliche chem. Zus. wie Ionenaustauscherharze. Das Verhältnis von beweglichen Anionen u. Kationen ist in ihnen gewöhnlich sehr von 1 verschieden, die Membranen zeigen deshalb eine große Selektivität hinsichtlich des Durchgangs von Ionen verschied. Ladung. Sie können z. B. bei der Chloralkalielektrolyse eingesetzt werden, wenn Anoden- u. Kathodenraum durch eine kation. Membran getrennt werden u. der Elektrolyt im Anodenraum zufließt. Der Durchgang der Cl-Ionen zur Kathode wird dann gehemmt. Zur Kaustizierung von Chloridlsgg. mit $Ca(OH)_2$ zur Herst. von Ätzalkalien u. zur Demineralisierung von Lsgg. lassen sich vielzellige Einheiten mit kation. u. anion. Membranen verwenden. Schließlich nennt Vf. die Möglichkeit, Gemische gleichgeladener Ionen zu trennen. Die Trennwrkg. wird bestimmt durch die Ionenbeweglichkeit in der Lsg. u. der Membran, die Gleichgewichtsselektivität der Membran für die verschied. Ionenarten, die Stromdichte u. die Stoffübergangsgeschwindigkeiten. (Nucleus **32**. 132–33. März 1955. Cambridge, Mass., MIT.) D. BREDTSCHNEIDER. 170

W. Dewald (unter Mitarbeit von **H. Schmidt**), *Einige Beobachtungen über die Viscosität von Lösungen des Kurrolschen Salzes $(KPO_3)_n$ in Abhängigkeit von den Herstellungsvoraussetzungen.* Vff. stellten fest, daß der die höchstviscosen Lsgg. liefernde Typ des KURROLschen Kaliumsalzes $(KPO_3)_n$ mit einem kleinen P_2O_5-Überschuß, der schwach verzweigte, extrem hochkondensierte Polyphosphatanionen enthält (PFANSTIEL u. ILER C. **1954**. 4567), nur dann darstellbar ist, wenn das Ausgangsmaterial (im allg. KH_2PO_4 mit einer Spur H_3PO_4 oder $NH_4H_2PO_4$) frei ist von Arsenat, Vanadat, Sulfat, Silicat u. Borat. Die in Ggw. von Natriumsalzen erhältlichen Lsgg. eines solchen höchstkondensierten KURROL-Salzes sind nicht-NEWTONsche Fll., die Strukturviscosität u. Plastizität besitzen. Bei hohen Schubspannungen ist das Viscositätsverh. anomal (Gellsgg.). Zusatz auch kleinster Mengen Arsenat (z. B. von 0,5 Teilen As/Million Teile Ausgangssubstanz) bewirkt bei sonst gleichen Herstellungsbedingungen eine Verminderung der Viscosität der aus den Proben erhältlichen Lösungen. Die empir. „Durchschnittsviscosität“ ist eine etwa lineare Funktion des Logarithmus des Arsengehalts. Die Beobachtung wurde in Anlehnung an Ergebnisse von THILO u. Mitarbeitern so gedeutet, daß As(V) an Stelle von P in die ···—P—O—P—O—···-Ketten eingebaut wird u. bei Zugabe von W. momentan als Orthoarsenat heraushydrolysiert, wodurch Kettenbruch erfolgt, was ein Absinken der Viscosität zur Folge hat. Es wird geschlossen, daß der durchschnittliche Kondensationsgrad der höchstviscosen Proben mindestens von der Größenordnung 10^6 (also das durchschnittliche Anionengewicht von der Größenordnung 10^8) sein muß. — Ähnlichen Einfl. wie As hat auch V; qualitativ ebenso, aber in stark abgeschwächtem Maße, verhalten sich Sulfat, Silicat u. Borat, aber nicht Antimonat. (J. prakt. Chem. [4] **2**. 196–202. 1955. Wiesbaden-Biebrich, Chem. Werke „Albert“.) W. DEWALD. 172

K. H. Cram und **J. C. Whitwell**, *Äquivalentradiusmethode zur Bestimmung von nicht-Newtonschen Fließkurven aus viscosimetrischen Daten.* Vff. beschreiben eine Meth. zum Festlegen absol. Fließkurven nicht-NEWTONscher Fll. aus einer Reihe von Messungen von

Fließgeschwindigkeiten u. Druckgradienten in einem Capillarviscosimeter u. den Rotationsgeschwindigkeiten in einem Rotationsviscosimeter. Es wird gezeigt, daß die aus einer einzelnen Messung erhaltene scheinbare NEWTONsche Fließkurve die wahre Fließkurve bei einer Scherspannung kreuzt, die irgendeinem intermediären Radius entspricht. Wenn die Scherspannung u. Schergeschwindigkeit unter Benutzung der üblichen NEWTONschen Beziehungen für Scherspannung u. Schergeschwindigkeit an dem gemeinsamen Punkt errechnet ist, dann liegt der so berechnete Punkt auf der absol. Fließkurve. Bei den üblichen NEWTONschen Gleichungen wird statt eines Wandradius ein „Äquivalentradius" benutzt. Die Lage dieses Radius ist ziemlich unempfindlich gegen Änderungen in der Form der Fließkurve. Zur Nachprüfung der Meth. wurden aus den Ergebnissen von KRIEGER u. MARON (vgl. C. **1955.** 1683) die Fließkurven berechnet u. mit denen dieser beiden Autoren verglichen, die eine andere Rechenmeth. angewandt hatten. Die Übereinstimmung war gut. (J. appl. Physics **26.** 613—18. Mai 1955. Princeton, N. J., Univ., Textile Res. Inst. and Dep. of Chem. Engng.) C. GOTTFRIED. 173

P. C. Carman und **F. A. Raal**, *Monoschichtkapazitäten bei der Mehrschichtadsorption.* Vff. untersuchten die Adsorption von *n-Butan* bei 0° u. —33,1° u. von NH_3 bei —33,1° u. —63,5° an *Silicagel* u. zwei verschied. *Kohle*-Sorten für $x = p/p_0$ von 0,004 bis 0,95. Die experimentellen Ergebnisse werden auf Grund der Gleichungen von B.E.T. u. ANDERSON zur Ermittlung der Monoschichtkapazitäten ausgewertet. Die für v_m erhaltenen Werte stimmen bei n-Butan für Silicagel u. Kohle überein, während sich für NH_3 größere Unterschiede ergeben. Eine Anwendung der Gleichung von ANDERSON ergibt aber auch hier übereinstimmende Werte. Vff. versuchen eine Modifizierung der B.E.T.-Gleichung durch Berücksichtigung der Heterogenität der ersten Schicht, indem sie die Adsorptionsstellen in 2 Gruppen unterteilen. Die v_m-Werte werden hierdurch jedoch nur unwesentlich beeinflußt. Eine Anwendung der Gleichung von HÜTTIG war in keinem der untersuchten Fälle möglich. (Trans. Faraday Soc. **49.** 1465—71. Dez. 1953. Pretoria, South African Council for Sci. and Ind. Res., Nat. Chem. Res. Labor.)
H.-U. WOELK. 176

N. A. Balaschowa, *Anwendung markierter Atome zur Untersuchung der Adsorption von Schwefelsäure an platiniertem Platin.* Bei Potentialänderung um 0,1 V alle 2—3 Min. wird die Adsorption an platiniertem Pt in 0,01 n $H_2{}^{35}SO_4$ (I) durch Best. der Radioaktivität des Elektrolyten in einem bes. Gefäß von Zeit zu Zeit u. seiner elektr. Leitfähigkeit verfolgt. Die Adsorption zeigt 2 Maxima bei ~0 u. 0,5 V (2,17 · 10^{-10} g-Äquivalent/cm²), dazwischen ein schwaches Minimum, dann tritt infolge Adsorption von O-Atomen Desorption ein; bei 0,9 V wird nur sehr wenig I adsorbiert, bei >1,0 V treten auf dem Pt unter geringem Anstieg der Adsorption positive Ladungen auf, zwischen 1,3 u. 1,5 V nimmt die Adsorption wieder ab. Zwischen 0 u. 0,5 V ist die Adsorption fast völlig umkehrbar, bei >0,5 V u. bei zunehmender Dauer der Berührung des Pt mit der Lsg. nimmt die Umkehrbarkeit immer mehr ab. Bei Red. einer bis 1,1 V oxydierten Pt-Oberfläche ändert sich die Adsorption in anderer Weise als bei anod. Polarisation. Neben der rasch verlaufenden Adsorption von $SO_4{}^{2-}$ finden auch langsamere Prozesse statt, bei denen die Rk. der Ionen mit der Oberfläche durch nichtelektrostat. Kräfte u. die Diffusion ins Innere des Metalls eine Rolle spielen. (Доклады Академии Наук СССР [Ber. Akad. Wiss. UdSSR] **103.** 639—42. 1/8. 1955. Inst. für physik. Chem. der Akad. der Wiss. der UdSSR.)
R. K. MÜLLER. 176

B. P. Bering und **K. A. Ioilewa**, *Adsorption von Dämpfen auf der Quecksilberoberfläche.* 2. Mitt. (1. vgl. C. **1955.** 11 518.) Aus den Adsorptionsisothermen von *A.*, *Aceton* (I), *Toluol* (II) u. *n-Heptan* (III) an Hg geht hervor, daß für die genannten Stoffe gleichzeitig die von BERG u. SSERPINSKI (vgl. Доклады Академии Наук СССР [Ber. Akad. Wiss. UdSSR] [N. S.] **79.** [1951.] 273) abgeleitete Formel u. die von VOLLMER Geltung haben. Es ist wahrscheinlich, daß bei der Adsorption von A., **I**, **II** u. **III** an Hg in ihren Moll. Dipolmomente induziert werden, die in ihrer Größe mit den Dipolmomenten der polaren Moll. vergleichbar sind. Im Gebiet der polymol. Adsorption von *Methylalkohol* an Hg gilt nicht die Gleichung von FRENKEL-HALSEY-HILL. Auf den Kurven differentielle Adsorptionswärme–Besetzungsgrad der Oberfläche treten bei der Adsorption von **III**, *Butylalkohol* u. H_2O an Hg Maxima bei Besetzungsgraden nahe 1 auf. (Известия Академии Наук СССР, Отделение Химических Наук [Nachr. Akad. Wiss. UdSSR, Abt. chem. Wiss.] **1955.** 216—23. März/April. Inst. für physik. Chem. der Akad. der Wiss. der UdSSR.) O. LEBTAG. 176

G. C. A. Schuit, *Die Adsorption von Wasserstoff und schwerem Wasserstoff an Ni–SiO_2-Katalysatoren.* (Vgl. C. **1954.** 8755.) Mit dem C. **1952.** 6982 beschriebenen Katalysator (3 Ni + 1 SiO_2) nimmt Vf. Adsorptionsisothermen von Wasserstoff zwischen —78 u. +400° auf. Die Ergebnisse gehorchen der Gleichung $RT \ln p(\mathrm{atm}) + T(\mu^0 - h^0)/T - 2RT \ln \Theta/(1-\Theta) = -24{,}0 + 14{,}4\,[(\mu^0 - h^0)/T$ = Funktion der freien Energie; Θ = Be-

deckungsgrad der Oberfläche]. Es werden ferner Adsorptionsunterss. mit H_2 u. D_2 gemacht, wobei die Isotope hintereinander, bei verschied. Tempp. oder auf verschied. Seiten des Katalysators adsorbiert werden. Das H/D-Verhältnis des desorbierten Gases war unabhängig von der Durchführung der Adsorption u. lediglich eine Funktion von T u. Θ. Die Zus. des desorbierten Gases gehorcht der Gleichung $K = p^2_{HD}/p_{H_2} \cdot p_{D_2}$ mit $\log K = 155/T - 0{,}6276$. Vf. ist der Ansicht, daß die Versuchsergebnisse nicht für eine Adsorption an heterogener Oberfläche sprechen. Bei Annahme einer homogenen Oberfläche ist die Abnahme der Adsorptionswärme mit steigendem Bedeckungsgrad auf abstoßende Kräfte zwischen den adsorbierten Atomen zurückzuführen, die vom „Lang-Ketten" Typ sind. (Proc. int. Symposium Reactivity Solids **1952.** 571—81. 1954.)
R. LACMANN. 176

Kurt A. Kraus und **Harold O. Phillips,** *Adsorption an anorganischen Materialien. 1. Mitt. Kationenaustauschereigenschaften von Zirkoniumphosphat.* Die durch Fällung aus Zr(IV)-Lsgg. mit H_3PO_4-Lsgg. erhaltenen bei Raum- oder höherer Temp. getrockneten u. feingemahlenen Ndd. zeigen ausgeprägte adsorptive Eigg. für zahlreiche Kationen, z. B. Alkalien, Erdalkalien, Al^{3+}, Fe^{3+} u. a. sowie typ. Kationenaustauschreaktionen. Die Adsorptionskapazität scheint befriedigend zu sein. Ein bei 25° getrocknetes Präp. kann ca. 1 Mol Cs^+/kg aus 0,1 mol. CsCl-Lsgg. aufnehmen. Die Kapazität nimmt mit steigender Trocknungstemp. der Präpp. nur geringfügig ab, sofern die Tempp. 200° nicht überschreiten. Bei dieser Temp. getrocknete Präpp. nehmen noch 0,7 Mol Cs^+/kg auf. Die Austausch-Rk. nähert sich unter Spurenbedingungen einem idealen Verhalten. Die Austauschselektivitäten für die Alkalien differieren sehr stark, so daß Trennungen mittels kleiner Säulen möglich sind. Eine typ. Trennung von Rb u. Cs ist im Diagramm wiedergegeben. (J. Amer. chem. Soc. **78.** 694. 5/2. 1956. Oak Ridge, Tenn., ORNL, Chem. Div.)
H. HOFMANN. 177

W. I. Nasarow und **A. B. Lukjanow,** *Zur Frage des Ionenaustausches bei Stärke.* Aus vergleichenden Leitfähigkeitsmessungen von wss. Lsgg. von $Ba(OH)_2$ u. $BaCl_2$ u. von 3%ig. Suspensionen von mit HCl behandelter u. mit dest. W. nachgewaschener *Kartoffelstärke* (I) in den gleichen u. auch weiteren Lsgg. anorgan. Salze läßt sich auf die Möglichkeit, I zu chromatograph. Zwecken zu verwenden, schließen. Zugabe der sauren I führt bei $BaCl_2$ oder anderen Chloridlsgg. zum Anstieg der Leitfähigkeit durch Austausch der metall. Kationen gegen das H^+ der sauren I; Zugabe von $Ba(OH)_2$ führt zum gegenteiligen Effekt, da das H^+ hier neutralisiert wird. Wirksam dürfte die äußere u. die innere Oberfläche des Stärkekornes sein, u. damit wäre das Korn als ein poröses Material anzusprechen. Letztere Annahmen finden ihre Bestätigung auch in der Tatsache, daß in verschied. Salzlsgg. mit verkleisterter I durchgeführte Leitfähigkeitsunterss. entsprechende Resultate, wie bei Suspensionen, ergaben. (Коллоидный Журнал [Kolloid-J.] **17.** 302—04. Juli/Aug. 1955. Moskau, Technol. Inst. der Nahrungsmittelind., Labor. für physikal. u. Kolloidchemie.)
M. ULMANN. 177

Fritz Umland und **Kurt Kirchner,** *Zur Chromatographie von Elektrolyten an Kieselgel.* Die für die Adsorption von Elektrolyten an γ-Al_2O_3 entwickelte Ionenaustauschtheorie (C. **1955.** 9742) wurde auf die Verhältnisse an Kieselgel übertragen. Die Kationenadsorptionsreihe ist ident. mit der an γ-Al_2O_3 gefundenen. Aus der Form der Adsorptionsisothermen von $CuCl_2$ an einigen techn. Na-haltigen Kieselgelpräpp. wird geschlossen, daß neben einem Na/Cu-Austausch auch eine Adsorption von Cu + Cl unter Bldg. von Oberflächenverbb. erfolgt, die der Fällung von Hydroxyden u. bas. Salzen ähnelt, aber noch bei kleineren p_H-Werten stattfindet. Der p_H-Wert des Adsorptionsmilieus lag unter dem einer reinen gleichkonz. $CuCl_2$-Lösung. Darüberhinaus, bzw. an reinen Gelen ausschießlich, findet ein sehr geringer Austausch von Kationen gegen H^+-Ionen des Gels u. — in noch geringerem Ausmaße — von Anionen gegen OH^--Ionen statt, wie sich aus den unterschiedlichen p_H-Wertänderungen bei Adsorption von NaCl u. $NaClO_4$ ergab. (Z. anorg. allg. Chem. **280.** 211—22. Aug. 1955. Hannover, TH, Inst. für anorg. Chem.)
F. UMLAND. 177

A₆. Strukturforschung.

J. R. Shah und **L. Jacob,** *Untersuchung der Feldverteilung in symmetrischen Elektronenlinsen.* Die Feldverteilung in elektrostat. Dreielektroden-Einzellinsen wird mit Hilfe des elektrolyt. Troges u. des Maschenverf. bestimmt. Aus der Feldverteilung werden die Lage u. Höhe des Feldstärkemaximums auf der Achse, die Brennweite u. das Linsenmittenpotential in Abhängigkeit von den geometr. Parametern ermittelt. (J. appl. Physics **22.** 1236—41. Okt. 1951. Manchester, Univ.)
F. LENZ. 181

Shigeto Yamaguchi, *Die Struktur von Oxydabdrucken für die Elektronenmikroskopie.* (Vgl. C. **1955.** 529 u. 4049.) Durch Elektronenbeugung wird nachgewiesen, daß die auf der

Oberfläche eines angeätzten Fe-Einkristalls gebildete Oxydschicht auf ihrer Unterlage in Form kleiner Kristalle orientiert aufwächst. Wegen dieses orientierten Aufwachsens können Oxydabdrucke im Elektronenmikroskop unter Umständen ein besseres Auflösungsvermögen vermitteln als Formvarabdrucke. (J. appl. Physics **22**. 1295—96. Okt. 1951. Tokyo, Sci. Res. Inst.) F. LENZ. 181

Hussein M. A. El-Sum und **Albert V. Baez,** *Vorläufige Versuche über Röntgenstrahlenmikroskopie durch rekonstruierte Wellenfronten.* (Sitzungsbericht.) (Physic. Rev. [2] **99**. 624. 15/7. 1955. Univ. of Redlands.) H. LIEPACK. 181

A. Hargreaves, *Einige Beobachtungen über die Wahrscheinlichkeitsverteilung von Röntgenstrahlenintensitäten.* Vf. zeigt zunächst, daß die Theorie von WILSON (vgl. C. **1950**. I. 1828) für die Wahrscheinlichkeitsverteilung von Röntgenstrahlenintensitäten nur anwendbar ist, wenn die Elementarzelle eine Anzahl von Atomen mit ähnlichem Streuvermögen enthält. An einigen Beispielen (*9-p-Carbäthoxyphenyl-9-antimonfluoren, l-Ephedrinhydrobromid, Longifolenhydrobromid*) zeigt Vf., daß die Verteilung modifiziert wird, wenn die Intensitäten durch ein einzelnes schweres Atom bestimmt werden. (Acta crystallogr. [Copenhagen] **8**. 12—14. 10/1. 1955. Manchester, College of Technol., Phys. Dep.) C. GOTTFRIED. 181

E. E. Galloni, *Röntgeninterferenzen an Bündeln parallel angeordneter Kettenstrukturen, welche längs ihrer eigenen Achse verschoben sind.* Berichtigung zu der C. **1954**. 9701 referierten Arbeit. (An. Acad. brasil. Ci. **25**. 215. 30/6. 1953.) W. KRÖNERT. 181

A. R. Stokes, *Die Herstellung von Faserdiagrammen mit dem optischen Beugungsspektrometer.* Vf. beschreibt 2 Methoden, um mit Hilfe des von HUGHES u. TAYLOR (vgl. C. **1954**. 485) beschriebenen Beugungsspektrometers ein Faserdiagramm einer gegebenen Struktur zu erhalten, u. zwar durch Übereinanderlagerung der Beugungsdiagramme einer Anzahl von Projektionen dieser Struktur. Während man nach der ersten Meth. nur photograph. das Diagramm erhält, kann man es nach der zweiten Meth. direkt beobachten. Es wurde ein Ausdruck erhalten für die geringste Anzahl von Projektionen, welche notwendig sind, um ein wirkliches Faserdiagramm zu erhalten. (Acta crystallogr. [Copenhagen] **8**. 27—29. 10/1. 1955. London, King's Coll., Wheatstone Phys. Labor.) C. GOTTFRIED. 181

Terrell L. Hill, *Über Phasenübergänge erster Ordnung in kanonischen und großen Ganzen (ensembles).* Theoret. Untersuchung. (J. chem. Physics **23**. 812—16. Mai 1955. Bethesda, Md., Naval Med. Res. Inst.) C. GOTTFRIED. 181

B. Wagner, H. Witte und **E. Wölfel,** *Röntgenographische Bestimmung der Elektronenverteilung in Kristallen.* 1. Mitt. *Apparatur und Meßverfahren.* Vff. beschreiben eine App. zur Messung der Leistung u. der an einem Kristall reflektierten Energie von Röntgenstrahlen u. erörtern das Verf. zur Best. des integralen Reflexionsvermögens ausführlich an Beispielen (Alkalihalogeniden). Die Fehlerdiskussion zeigt, daß die aus den Messungen (am *NaCl, LiCl* u. *Al*) abgeleiteten Strukturamplituden mit Fehlern von 1 bis 6% behaftet sind. (Z. physik. Chem., Frankf. Ausg. [N. F.] **3**. 273—95. April 1955. Darmstadt, TH, Eduard-Zintl-Inst. für anorg. u. physik. Chem.) G. RUBAN. 182

H. Witte und **E. Wölfel,** *Röntgenographische Bestimmung der Elektronenverteilung in Kristallen.* 2. Mitt. *Die Elektronenverteilung im Steinsalz.* (1. vgl. vorst. Ref., vgl. auch C. **1954**. 10660.) An planparallel geschliffenen Steinsalzplatten wurde im Durchstrahlungsfall das integrale Reflexionsvermögen von 59 Reflexen durch Messung der reflektierten Energie u. der Primärstrahlleistung, von weiteren 16 Reflexen durch Messung der reflektierten Energie u. Anschluß an den Reflex (12 2 2) bestimmt. Die Extinktion wurde nach dem Verf. von BRAGG, JAMES u. BOSANQUET (vgl. Philos. Mag. **41**. [1921.] 309, **42**. [1921.] 1, **44**. [1922.] 433) berücksichtigt. Mit den experimentell bis (14 2 0) ermittelten Strukturamplituden wurde unter Vermeidung von Abbrucheffekten nach 2 verschied. Verff. die Verteilung der Elektronendichte in der Ebene x y 0 berechnet. Die Rechnungen u. eine Fehlerdiskussion lassen geringe Abweichungen der Ladungsverteilung von der Kugelsymmetrie als möglich erscheinen. (Z. physik. Chem., Frankf. Ausg. [N. F.] **3**. 296—329. April 1955.) G. RUBAN. 182

J. Krug, H. Witte und **E. Wölfel,** *Röntgenographische Bestimmung der Elektronenverteilung in Kristallen.* 3. Mitt. *Die Elektronenverteilung im Lithiumfluorid.* (2. vgl. vorst. Ref.) An planparallel geschliffenen LiF-Einkristallplatten wurde das integrale Reflexionsvermögen aller Reflexe bis (10 0 0) bestimmt, u. an Pulverplatten wurden die 8 stärksten Reflexe vermessen. Nach Berücksichtigung der Extinktion wurden die Strukturamplituden ermittelt, mit denen die Verteilung der Elektronendichte in den Ebenen x y 0 u. x x z berechnet wurde. Im Vgl. zum NaCl zeigt die Ladungsverteilung der Ionen deutliche Abweichungen von der Kugelsymmetrie. Zwischen Li^+ u. F^- sowie zwischen benachbarten F^- bestehen Elektronenbrücken. (Z. physik. Chem., Frankf. Ausg. [N. F.] **4.** 36—64. Mai 1955.) G. RUBAN. 182

H. Bensch, H. Witte und **E. Wölfel,** *Röntgenographische Bestimmung der Elektronenverteilung in Kristallen.* 4. Mitt. *Die Elektronenverteilung im Aluminium.* (3. vgl. vorst. Ref. u. C. **1955.** 5973.) Nach zwei verschied. Verff. hergestellte Al-Einkristallplatten wurden auf Gitterstörungen untersucht, u. an drei ausgesuchten, parallel (110) geschliffenen Standardplatten wurde das integrale Reflexionsvermögen aller Reflexe bis (10 0 0) gemessen. Nach Berücksichtigung der Extinktion wurden die Strukturamplituden u. mit diesen die Verteilung der Elektronendichte in der Ebene xy0 berechnet. Die Ladungsverteilung der Ionen ist innerhalb der Meßfehler kugelsymm., u. zwischen den Ionen sinkt die Elektronendichte an keiner Stelle auf Null. Der Mittelwert der Elektronendichte zwischen den Atomrümpfen führt auf ca. 3 Leitungselektronen/Atom. (Z. physik. Chem., Frankf. Ausg. [N. F.] **4.** 65—88. Mai 1955.) G. RUBAN. 182

Isaac Samuel, *Über eine Methode zur Berechnung der Bindungsindices.* In der Definitionsgleichung für die Bindungsindices p_{rs} einer Bindung r–s kommen Ableitungen der charakterist. Gleichung F der Säkulardeterminante vor. Diese Ableitungen lassen sich, wie Vf. zeigt, mit Hilfe von Polynomen F_λ u. F_{rs} in einfacher Weise bestimmen; F_λ u. F_{rs} ergeben sich dabei aus den Säkulargleichungen derjenigen Moll., die aus dem ursprünglichen durch Herausnahme der Bindung r–s bzw. der Atome r u. s hervorgehen. (C. R. hebd. Séances Acad. Sci. **240.** 2075—76. 23/5. 1955.) G. KRESZE. 182

Max Wolfsberg, *Bemerkung zu einer Berechnung des Stickstoffmoleküls.* Krit. Diskussion der von KOPINECK (C. **1953.** 806 u. 1297) durchgeführten Berechnung der Bindungsenergie des N_2-Moleküls. Vf. kommt zu dem Schluß, daß die von KOPINECK angewandte Meth. nicht allg. anwendbar ist u. im Einzelfall (bei Übereinstimmung mit experimentell ermittelten Werten) wohl empir., jedoch nicht quantenmechan. gerechtfertigt erscheint. (J. chem. Physics **21.** 2166—69. Dez. 1953. Upton, Long Island, N. Y., BNL, Chem. Dep.) R. STEIN. 182

R. D. Spence, *Protonenresonanz in Bariumchloratmonohydrat.* Die Elementarzelle von $Ba(ClO_3)_2 \cdot H_2O$ enthält 6 H_2O-Moleküle. Das Protonenresonanzsignal von dem Hydratationswasser ist ein einfaches, gut aufgelöstes Dublett, woraus hervorgeht, daß alle p–p′ (Proton–Proton)-Richtungen dieselben sind. Beim Rotieren des Kristalls um die Kristallachsen wurde gefunden, daß die p–p′-Vektoren parallel zu der (010)-Ebene liegen. Für den Winkel zwischen der c-Achse u. dem p–p′-Vektor wurde ein Wert von 124 $\pm 1{,}5^0$ gefunden. Die maximale Aufspaltung in der $(1\bar{0}1)$-Ebene liefert für den p–p′-Abstand den Wert 1,56 Å. Die Komponenten des Dubletts zeigen eine anisotrope Linienbreite, die von einer Dipol–Dipol-Wechselwrkg. zwischen den 4 Protonen herzurühren scheint, die an den Ecken eines Parallelogramms parallel der (010)-Ebene liegen u. mit den nächsten H_2O-Moll. in Zusammenhang stehen. Neben der Dublettstruktur zeigten die meisten Kristalle noch eine ziemlich schwache u. enge zentrale Linie. Die Intensität dieser Linie relativ zu der der Dublettkomponenten schwankt von Kristall zu Kristall u. rührt wahrscheinlich von geringen Mengen W. her, das während des Wachstums vom Kristall eingefangen wurde. (J. chem. Physics **23.** 1166. Juni 1955. East Lansing, Mich., State Coll., Dep. of Phys.) C. GOTTFRIED. 182

J. Dahler und **J. O. Hirschfelder,** *Eine verbesserte symmetrische Zelltheorie der Flüssigkeiten.* (Sitzungsbericht.) (Physic. Rev. [2] **99.** 637. 15/7. 1955. Univ. of Wisconsin.) R. LEVI. 186

M. W. Wolkenstein und **O. B. Ptitzyn,** *Relaxationstheorie der Glasbildung.* Wenn bei glasbildenden Stoffen die kinet. Einheiten in beiden Zuständen mit 1 u. 2 bezeichnet werden, die Molenbrüche $\nu_1 + \nu_2 = 1$ sind, w_{12} u. w_{21} die Wahrscheinlichkeiten des Übergangs $1 \rightarrow 2$ u. $2 \rightarrow 1$ bedeuten, $\tau = (w_{12} + w_{21})^{-1}$ ist u. die Geschwindigkeit der Änderung der Temp. T mit der Zeit t durch $q = dT/dt$ wiedergegeben wird, dann entspricht in der Gleichung $(d\tau/dT)_{T_g'} \sim -1/q(T_g')$ die Temp. T_g' prakt. der Glasbildungstemp. T_g, sofern die Erhitzungs- u. die Abkühlungsgeschwindigkeit von gleicher absol. Größe sind. Bei der Betrachtung des Gangs von $\nu_2(T)$ werden verschied. Möglichkeiten des Kurvenverlaufs der Abkühlung von $T_2 > T_g$ auf $T_1 < T_g$ oder des Erhitzens von T_1 auf T_2 mit verschied. Werten von q u. unter Berücksichtigung eines dem Erhitzen vorausgehenden Glühens bis zum Gleichgewichtszustand erörtert. Auch die Tatsache, ob beim Erhitzen $d\nu_2/dT$ bei T_g' einen Extremwert hat oder nicht, kommt in Gleichungen zum Ausdruck; da T_g' von q abhängt, hängt auch die Größe des Extremwerts von q ab. (Доклады Академии Наук СССР [Ber. Akad. Wiss. UdSSR] **103.** 795—98. 11/8. 1955. Inst. für hochmol. Verbb. der Akad. der Wiss. der UdSSR.) R. K. MÜLLER. 186

P. A. Marshall jr., D. P. Enright und **W. A. Weyl,** *Über den Mechanismus der Sinterung und Rekristallisation von Oxyden.* Vff. berichten über Sinterungsunterss. an

reinem *ZnO* zwischen 700 u. 1200° u. bei Zusatz von 0,05, 0,4 u. 1,6 Mol-% Al_2O_3, Ga_2O_3, Fe_2O_3, La_2O_3 oder In_2O_3. Die Sinterung wird am stärksten durch Ga_2O_3 vermindert, dann folgen In_2O_3, Al_2O_3 u. La_2O_3; Fe_2O_3 hat keinen Einfluß. Die Sinterung von reinem ZnO beginnt bei 625°, bei Zusatz von 0,4 Mol-% Al_2O_3 oder Ga_2O_3 bei 800° u. bei Zusatz von 0,4 Mol-% Li_2O bei 500°. Vff. nehmen an, daß der Materialtransport durch das Kristallgitter durch Wanderung der Ionen über Leerstellen erfolgt u. diese durch die Art der zugefügten Ionen verändert werden kann. Reines ZnO u. ZnO mit Zusatz von 1 Mol-% NH_4F, NH_4Cl, NH_4Br, NH_4J werden durch Anwendung eines konstanten Druckes verfestigt. Die verfestigende Wrkg. ist beim J^--Ion, das am stärksten polarisierbar ist, am größten. (Proc. int. Symposium Reactivity Solids **1952.** 273—84, ausg. 1954.)
R. LACMANN. 190

Katrine Seip Förland, *Photooxydation an der Oberfläche von Rutil.* Zur Aufklärung des Ausfallens von TiO_2 aus Pigmenten beim Belichten, bei dem Ti_2O_3 entsteht (vgl. JACOBSEN, C. **1949.** II. 1237), läßt Vf. $AgNO_3$-Lsgg. an TiO_2-Oberflächen adsorbieren, Ag^+ wird mit Hydrazinsulfat u. NH_3-Lsg. zu Ag reduziert. Beim Bestrahlen mit UV-Licht läßt die Dunkelfärbung vom Ag zunächst nach u. vertieft sich später wieder. Vf. nimmt an, daß beim Belichten atomarer O entsteht, der stark oxydierend auf Ag wirkt u. im Kristallgitter des TiO_2 Leerstellen u. Ti^{3+} hinterläßt. Diese Annahme wird dadurch bestätigt, daß teilweise red. TiO_2 einen geringeren Photoeffekt zeigt, so daß ein Teil des atomaren O wieder im Kristallgitter eingefangen wird. Einfügen von Ta^{5+} in das Kristallgitter verringert die Zahl der O^{2-}-Leerstellen. Die Ergebnisse werden unter Berücksichtigung der Leitfähigkeit von TiO_2 u. der Sinterung von ZnO (vgl. vorst. Ref.) diskutiert. (Proc. int. Symposium Reactivity Solids **1952.** 291—96, ausg. 1954.)
R. LACMANN. 190

Yosiharu Kitano und **Huzio Nakano,** *Über eine Beziehung zwischen der Elektronenansammlung und den Gitterwellen im Kristall.* Theoret. Untersuchung. (Progr. theoret. Physics [Kyoto] **9.** 370—80. April 1953. Osaka, Naniwa Univ., Dep. of Phys., und Osaka Univ., Dep. of Phys. [Orig.: engl.]) C. GOTTFRIED. 190

M. J. Buerger, *Abscheidung getrennter Phasen aus einer festen Lösung.* Vf. beschreibt die verschied. Unordnungszustände in Kristallen, die zu Transformationen führen, u. die Kernbldg. bei einer Transformation in einen geordneten Zustand. Der geordnete Zustand ist bei tieferer Temp. beständig. Feste Lsgg. mit irrationaler Zus. können beim Abkühlen in 2 Phasen mit rationaler Zus. zerfallen: $A_{1-x}B_{1+x} \rightarrow u\ A_mB_n + v\ A_pB_q$ $(1-x = um + vp;\ 1+x = un + vq)$. Beispiele hierfür sind der Zerfall von *Orthoklas* $(K_{1-x}Na_x)\,Al\cdot Si_3O_8 \rightarrow (1-x)\ KAlSi_3O_8 + x\ NaAlSi_3O_8$ u. von *Chalkopyrit* $Cu_{(1-x)}Fe_{(1+x)}S_2 \rightarrow (1-3x)Cu\cdot FeS_2 + 2x\ CuFe_2S_3$. (Proc. int. Symposium Reactivity Solids **1952.** 225—35, ausg. 1954.) R. LACMANN. 190

J. A. Lely, *Darstellung von Einkristallen von Siliciumcarbid und Beherrschung von Art und Menge der eingebauten Verunreinigungen.* Durch Sublimation von SiC bei 2500 bis 2600° werden hexagonale farblose Einkristalle bis 10 mm Durchmesser u. 2—3 mm Dicke erhalten. Fremdstoffe der 3. Gruppe färben blau u. zeigen Defektleitung. Elemente der 5. Gruppe färben grün u. geben Überschußleitfähigkeit. (Ber. dtsch. keram. Ges. e. V. **32.** 229—31. Aug. 1955.) W. SCHÜTZ. 190

D. W. Juenker, R. A. Meussner und **C. E. Birchenall,** *Höhlenbildung in Eisenoxyd.* (Sitzungsbericht.) (Physic. Rev. [2] **99.** 657—58. 15/7. 1955. Princeton Univ.)
R. LEVI. 190

G. Leibfried, *Versetzungen in anisotropem Material.* Das elast. Verschiebungsfeld einer beliebigen Versetzungslinie läßt sich auch in anisotropen Medien, genau wie im isotropen Fall, durch ein Linienintegral oder durch ein Flächenintegral darstellen. Zur bequemeren Behandlung eines nichtisotropen Materials wird eine Näherung benutzt, welche noch die Abweichungen erster Ordnung vom isotropen Verh. umfaßt. Diese Näherung liefert elementare Funktionen für die Beiträge eines Linienelements der Versetzungslinie zu den Verschiebungen. Zur Illustration werden Schrauben- u. Stufenversetzungen sowie deren Wechselwirkungen in hexagonalen (Mg, Zn, Cd) u. kub. (Cu, Ag, Au, Al, Pb, Ge) Kristallen behandelt. (Z. Physik **135.** 23—43. 1953. Göttingen, Univ., Inst. für theoret. Physik.) H. KNOLL. 190

J. A. Hoerni und **W. A. Wooster,** *Die für Röntgenstrahlen anomalen Reflexionen von Diamant.* (Vgl. C. **1955.** 4052.) Die Unters. anomaler Röntgenreflexionen von Diamant parallel $\langle 1\,0\,0 \rangle$ nach einer photograph. Meth. beschränkte sich auf gewisse Anomalien, die im reziproken Gitter als durch die Gitterpunkte hindurchtretende „*Stacheln*" auftreten. Die definierte Stachelgröße ist proportional der Streudichte des Stachels bei einheitlicher Entfernung vom reziproken Gitterpunkt, dividiert durch das Quadrat der entsprechenden Strukturamplitude. Für Stacheln parallel [1 0 0] hängt die Stachelgröße nur vom Index h des reziproken Gitterpunktes ab, die betreffenden relativen Werte sind: <5, 100, 75, 5 u. 30 für h = 0, 1, 2, 3 u. 4. Analoge Beziehungen gelten zwischen Stacheln parallel [010] bzw. [001] u. den Indizes k bzw. *l*. Eine theoret. Erklärung dieser Ergebnisse wird durch die Annahme gegeben, daß Diamant eine Domänentextur besitzt, u. daß jede Domäne bzgl. den 3 Richtungen [100], [010] u. [001] insofern spezielle atomist. Eigg. besitzt, als für die ihr z. B. zugeordnete Achse [100] irgendwelche Gitterebenen parallel (100) mit Atomen ident. Streuvermögens bevölkert sind. Das Streuvermögen der Atome in den verschied. Gitterebenen ändert sich sprunghaft von einer Ebene zur anderen. Es wird gefolgert, daß nicht alle C-Atome im Diamant tetraedr. symm. sind. (Acta crystallogr. [Copenhagen] **8.** 187—94. 10/4. 1955. Cambridge, Cavendish Labor., Crystallogr. Labor.) G. RUBAN. 195

Walter C. Hamilton, *Die Kristallstruktur des trimeren Dimethylphosphinborans.* Trimeres Dimethylphosphinboran, $[(CH_3)_2PBH_2]_3$, krist. rhomb. mit a = 11,16 ± 0,02, b = 13,16 ± 0,02, c = 10,53 ± 0,02 Å; Z = 4; Raumgruppe P n m a. Die Intensitäten der 1210 Reflexe mit sin $\vartheta \leqq 0{,}886$ wurden aus CuKα-WEISSENBERG-Aufnahmen gleicher Neigung durch visuelle Schätzung ermittelt. Die Näherungsstruktur wurde aus dreidimensionalen PATTERSON-Synthesen hergeleitet u. nach der Meth. der kleinsten Quadrate u. unter Verwendung dreidimensionaler Differenzenreihen verfeinert. Eine einfache Meth. zur Schätzung eines angenäherten Temperaturfaktors aus dem Differenzendiagramm gelangte zur Anwendung. Das Mol. bildet einen dem Cyclohexan analogen Sechsring aus alternierenden P- u. B-Atomen mit jeweils 2 CH_3 am P u. 2 H am B. Es besitzt die kristallograph. Symmetrie C_s u. die angenäherte Symmetrie C_{3v}, die unmittelbare Umgebung eines jeden Ringatoms nahezu C_{2v}. Die mittleren Bindungsabstände u. Winkel (u. die geschätzten mittleren Abweichungen) sind: P—B = $1{,}93_5 \pm 0{,}009$; P—C = $1{,}83_7 \pm 0{,}007$ Å; P—B—P = 112,2 ± 0,9; B—P—B = 118,1 ± 1,2; C—P—C = 100,4 ± 0,6; B—P—C = 109,1 ± 0,6. Der endgültige Gütefaktor ist 0,169. (Acta crystallogr. [Copenhagen] **8.** 199—206. 10/4. 1955. Pasadena, Calif., California Inst. of Technol., Gates and Crellin Labors. of Chem.) G. RUBAN. 195

U. Korhonen, *Die Abhängigkeit der Wärmeschwingungen der Cl-Ionen in NaCl-, KCl- und RbCl-Kristallen von den kristallographischen Richtungen.* Unter Anwendung des von dem Vf. früher (vgl. C. **1954.** 6180) entwickelten Verf. zur Best. des atomaren Streufaktors eines Ions im Kristallgitter aus den bekannten Strukturfaktoren berechnete der Vf. die Werte der atomaren Streufaktoren der Cl-Ionen für die h00- u. hhh-Reflexionen von NaCl, KCl u. RbCl unter Zugrundelegung der von WASASTJERNA (vgl. C. **1946.** II. 510) für diese Kristalle erhaltenen Strukturfaktoren. Zieht man für jeden Kristall eine Kurve durch die den Werten der Atomstreufaktoren entsprechenden Punkte der h00-Interferenzen, dann ergibt sich, daß die Streufaktoren der hhh-Reflexionen in allen 3 Fällen gleichartige Abweichungen von dieser Kurve zeigen. Da diese Abweichungen keinesfalls durch rechnerische oder experimentelle Fehler bedingt sein können, muß geschlossen werden, daß sie durch die Kristalle selbst erzeugt werden. Da die Kristalle kub. Symmetrie besitzen, muß angenommen werden, daß der anharmon. Anteil der therm. Wärmeschwingungen der Grund für die beobachteten Abweichungen ist. Aus den Beobachtungen kann ferner geschlossen werden, daß der Wärmefaktor nur bei kleinen sin ϑ/λ-Werten exponentiellen Charakter hat, bei höheren sin ϑ/λ-Werten dagegen von dem exponentiellen Charakter abweicht. (Acta metallurg. [New York] **2.** 713—17. Sept. 1954. Helsinki, Univ., Inst. of Phys.) C. GOTTFRIED. 195

Chester R. Berry, *Veränderung des KCl-Gitters durch weiche Röntgenstrahlen.* (Vgl. C. **1956.** 6595.) Die Gitterkonstanten von ausgeglühtem KCl wurden während der Einw. weicher Röntgenstrahlen gemessen. Bei einem Teil der Proben wurde die auftretende Verfärbung nicht unterbunden, bei einem anderen jedoch durch gleichzeitige Bestrahlung mit weißem Licht. In allen Fällen, gleichviel ob Verfärbung auftrat oder nicht, wurde unter dem Einfl. der Bestrahlung eine Vergrößerung der Gitterkonstanten beobachtet, die für gefärbte Exemplare ebenso groß ausfiel wie für ungefärbte. Eine Absättigung des Effektes der Gitteraufweitung trat bei ungeglühten Proben bereits nach kürzerer Bestrahlungszeit ein als bei ausgeglühten. Die relative Vergrößerung der Gitterkonstanten ($\Delta a/a$) betrug ca. $1 \cdot 10^{-5}$ für alle Proben, zum Vgl. liegt der Literaturwert für die Längenänderung bei ca. $20 \cdot 10^{-5}$. Aus dieser Differenz schließt Vf. auf die Bldg. von Hohlräumen, bes. SCHOTTKY-Defekten, u. aus dem fehlenden Unterschied zwischen gefärbten u. ungefärbten Exemplaren auf eine im Vgl. schnellere u. stärkere Bldg. von SCHOTTKY-Defekten als von Farbzentren. (Physic. Rev. [2] **98.** 934—36. 15/5. 1955. Rochester, N. Y., Eastman Codak Comp., Res. Labors.) G. RUBAN. 195

Harald Perlitz und **Gunnar Günther,** *Eine Bemerkung über die Kristallstruktur von* $CaF_2 \cdot 5\,Al_2O_3$. Im Rahmen ihrer Unterss. über Mn-aktivierte Phosphore vom Al_2O_3–

CaF_2-Typ (vgl. Vff. u. ANDERSON, C. **1951.** II. 1092 u. **1954.** 3627) erkannten Vff. als Träger der Luminescenz eine Zwischenphase der Zus. $CaF_2 \cdot 5\,Al_2O_3$ (I) u. bestimmten aus DEBYE-SCHERRER-Aufnahmen deren Kristallstruktur, die derjenigen von *PbO·6 Fe₂O₃* (II) u. *3 SrO·16 Al₂O₃* (III) bzw. *3 CaO·16 Al₂O₃* recht ähnlich ist, wie eine zum Vgl. aufgeführte tabellar. Zusammenstellung der 16 wichtigsten Reflexintensitäten von I, II u. III zeigt. I besitzt ein hexagonales Gitter mit a = 5,529, c = 21,79 Å, wie aus einer Auswertung von 47 beobachteten Reflexen, deren Netzebenenabstände, Intensitäten u. Indizierungen tabellar. angegeben sind, hervorgeht. Übernahme der LAUE-Symmetrie D_{6h}–6/m m m von II u. III auf I läßt die Raumgruppen D_{6h}^1–C 6/m m m u. D_{6h}^3–C 6/m c m wahrscheinlich erscheinen. (Acta crystallogr. [Copenhagen] **6.** 363. 10/4. 1953. Stockholm, Lumalampan AB., Res. Labor.) G. RUBAN. 195

G. Hägg und **N. Schönberg**, *Röntgenuntersuchungen der Sulfide von Titan, Zirkonium, Niob und Tantal.* Sulfide der Übergangsmetalle Ti, Zr, Nb u. Ta wurden auf verschied. Wegen dargestellt u. röntgenograph. untersucht. Monosulfidphasen existieren in den Systemen Ti–S, Zr–S u. Nb–S; die Strukturen von *TiS* u. *NbS* sind bereits bekannt, *ZrS* gehört zum Typ B 11. Die Darst. von Sulfidphasen mit einem Verhältnis Metall/S $< 1/2$ war nicht möglich; TiS_2 u. ZrS_2 sind in ihren Strukturen bekannt, während NbS_2 dem Typ C 19 angehört. Beim TaS_2 wurden 4 Modifikationen der folgenden Gittertypen ermittelt: α (C 6), β (C 27), γ (C 19) u. δ (neuer Strukturtyp). α-TaS_2 besitzt ein ausgedehntes Homogenitätsgebiet (ca. 5 At.-%), die anderen 3 Phasen nur schmale. Die Energien der 4 Phasen sind fast gleich, δ hat wahrscheinlich eine niedrigere Energie als α, β u. γ, die demnach metastabil sind. Für alle Phasen werden Koordination u. Atomabstände angegeben. (Ark. Kemi **7.** Nr. 40. 371—80. 1954. Uppsala, Univ., Inst. of Chem.) G. RUBAN. 195

Jean Brenet, *Die Strukturen der in elektrochemischen Ketten verwendeten Mangandioxyde.* Nach einer ausführlichen Übersicht über die in der Literatur vorliegenden röntgenograph. Untersuchungsergebnisse der verschied. MnO_2-Formen berichtet Vf. über eigene Unterss., bei denen nur solche MnO_2 untersucht wurden, die das körperzentriert tetragonale Diagramm des Pyrolusits ohne jede Fremdinterferenz lieferten. Untersucht wurden 8 verschied. Oxyde, u. zwar ein aus dem Nitrat erhaltenes Oxyd u. 7 natürliche Oxyde verschied. Fundorte. Für das synthet. Oxyd war a = **4,395** ± 0,006 Å, c/a = 0,651 ± 0,002, c = 2,86 Å. Den höchsten a-Wert hatte ein natürliches Mineral aus Java mit a = **4,418** ± 0,006 Å u. c/a = 0,649 ± 0,003. Die Werte von a der anderen Proben lagen zwischen diesen beiden Extremwerten. Strukturfaktorberechnungen auf Grund der Intensitäten des synthet. Oxyds lieferten für die O-Atome den Parameter n = 0,303, während die Mn-Atome in 0 0 0 u. ½ ½ ½ liegen. Aus dem Abstand O—O benachbarter MnO_2-Gruppen sowie aus dem Abstand Mn—O muß man schließen, daß das O-Atom nicht kugelförmig, sondern in Richtung der Basisdiagonale stark polarisiert ist. (Bull. Soc. franç. Minéralog. Cristallogr. **73.** 409—24. Juli/Sept. 1950. Saint-Ouen, Soc. des piles Wonder, Labor. de Rech.) C. GOTTFRIED. 195

H. J. Yearian und **W. D. Derbyshire**, *Sauerstoffparameter des $FeFe_{(2-x)}Cr_xO_4$-Spinellsystems.* (Sitzungsbericht.) (Physic. Rev. [2] **99.** 626—27. 15/7. 1955. Purdue Univ.) R. STEIN. 195

P. M. de Wolff, *Die Kristallstruktur von $Co_2(OH)_3Cl$.* Formel u. Darst. [Nd. aus $CoCl_2$-Lsg. mit $Mg(OH)_2$-Suspension] des rosafarbenen Kobalthydroxychlorids stammen von FEITKNECHT (vgl. Helv. chim. Acta **18.** [1935.] 555); bis auf die Kenntnis der Verwandtschaft zur Atakamitstruktur u. des Vorliegens eines Schichtgittertyps fehlten bisher nähere Angaben, bes. der Gitterkonstanten. Vf. bestimmte mittels GUINIER-Kamera u. FeKα-Strahlung die hexagonalen Achsen der rhomboedr. Elementarzelle zu a = 6,84, c = 14,50 Å. Die Auslöschungen sind nicht systemat. u. lassen 5 mögliche Raumgruppen zu, als wahrscheinlichste folgt (bei Annahme einer pseudokub. Unterzelle u. Ergänzung zum $CdCl_2$-Gitter) R $\bar{3}$ m als die höchstsymm. von allen. Mit Z = 6 ergeben sich folgende Punktlagen (in hexagonalen Koordinaten): 1 Co_I in (b) (0, 0, ½); 2 Cl in (c) ± (0, 0, w); 3 Co_{II} in (e) (½, 0, 0; 0, ½, 0; ½, ½, 0); 6 OH in (h) ± (x, $\bar{x}$, z; x, 2x, z; 2$\bar{x}$, $\bar{x}$, z). Für die idealisierte Struktur war w = ¼, x = ⅙, z = 1/12 gesetzt worden; Verfeinerung nach der FOURIER-Meth. ergab schließlich w = 0,225, x = 0,197, z = 0,072; Gütefaktor 0,17. Co_I ist von 6 OH, Co_{II} von 4 OH + 2 Cl, Cl bzw. OH von 2 Co_I + Co_{II} umgeben. Die Abstände (in Å, ± 0,05 Å) betragen: Co_I—OH = 2,12, Co_{II}—Cl = 2,53, C_{II}—OH = 2,16; auf derselben z-Ebene Cl—OH = 3,46, OH—OH = 2,74 u. 4,10; auf entgegengesetzten Seiten einer „Schicht" Cl—OH = 3,07, OH—OH = 3,14; auf entgegengesetzten „Schichten" Cl—OH = 3,22, OH—OH = 3,18, wobei unter „Schichten" solche parallel (0 0 1) zu verstehen sind, die den $CdCl_2$-Gittertyp aufbauen. Außer der Verwandtschaft zum *Atakamit* ist die Verb. mit analogen Oxychloriden des

Fe u. Mn u. mit einer weiteren synthet. Modifikation des $Cu_2(OH)_3Cl$ isotyp, die nach FRONDEL (vgl. C. **1950.** II. 2171) mit *Paratakamit* ident. zu sein scheint. (Acta crystallogr. [Copenhagen] **6.** 359—60. 10/4. 1953. Delft, TH, Techn. Phys. Dienst, TNO.) G. RUBAN. 195

Hans Gunther Heide, *Die Struktur des Dioptas, $Cu_6(Si_6O_{18})\cdot 6H_2O$.* Die röntgenograph. Strukturanalyse des Dioptas, $CuO\cdot SiO_2\cdot H_2O$, ergab eine hexagonale 3fach primitive Elementarzelle; Gitterkonstanten: a = 14,61, c = 7,80 Å; Raumgruppe $R\bar{3}$; Formeleinheiten Z = 18. In Einheiten der hexagonalen Zelle wurden folgende Atomkoordinaten (x; y; z) gefunden: Cu (0,406; 0,403; 0,068), Si (0,175; 0,217; 0,042), O_I (0,066; 0,183; —0,074), O_{II} (0,284; 0,292; —0,055), O_{III} (0,159; 0,263; 0,223), $O_{IV(H_2O)}$ (0,133; 0,174; 0,586). Ein Vgl. beobachteter u. berechneter F-Werte (von 340 Reflexen hk✱0, 0k✱l, 1k✱l) ergibt einen Gütefaktor R = 0,16. Die räumliche Anordnung weist $(Si_6O_{18})^{12-}$-Ringe auf, welche durch die Cu-Ionen zusammengehalten werden u. übereinanderfolgende röhrenförmige Hohlräume bilden. Zwischen den Ringen sind H_2O-Moll. eingelagert, die aber wegen starker Verkantung der SiO_4-Tetraeder nicht ohne weiteres durch die Ringe hindurch- u. aus dem Gitter heraus- oder wieder hineintreten können. Somit ist der Dioptas nicht zu den Zeolithen zu rechnen. Die Cu-Ionen liegen in verzerrten Oktaederlücken, also in 6zähliger Koordination, mit den Abständen: Cu—O = 1,91; 1,96; 1,94; 2,02 u. $Cu—H_2O$ = 2,61; 2,75 Å. Aus einer Erörterung der PAULINGschen Valenzregel u. der von THILO u. Mitarbeitern bestätigten, nichtreversiblen Wasserabgabe des Dioptas wird eine von BELOW, BUTUSOW u. GOLOWASTIKOW (vgl. C. **1956.** 2101) erhaltene Strukturannahme ausgeschlossen. (Naturwissenschaften **41.** 402—03. Sept. 1954. Berlin-Buch, Deutsche Akad. der Wiss., Labor. für Kristallstrukturanalyse.) G. RUBAN. 195

Shiro Ogawa, Denjiro Watanabe und F. Eiichi Fujita, *Über die Struktur aufgedampfter Filme von Metallen.* Durch viele Elektronenbeugungsunterss. ist schon gezeigt worden, daß einkristallin erscheinende Filme von *Ag, Au, Cu* u. *Ni,* die im Vakuum durch Aufdampfen auf erhitzte Spaltflächen von Steinsalz hergestellt waren, period. Zwillingsstrukturen besitzen. Jedoch sind Dicke, Fläche u. Wiederholungsfrequenz dieser Zwillingsschichten noch nicht näher untersucht worden. Diese Unterss. werden von Vff. mittels Elektronenmikroskops vorgenommen. In den Elektronenmikrographien der Filme werden parallele, lineare Streifen beobachtet, die dem Zwillingsgitter zugeordnet werden können, dessen Dicke in der Größenordnung von 100 Å liegt. Bei *Al* werden solch parallele, lineare Streifen nicht beobachtet, was mit der bekannten Tatsache, daß bei Al keine Verzwillingung auftritt, im Einklang steht. (J. physic. Soc. Japan **10.** 429—36. Juni 1955. Sendai, Japan, Tohoku Univ., Res. Inst. for Iron, Steel and Other Metals. [Auszug: engl.]) G. RUBAN. 196

Sho Suzuki, *Über die durch Elektronenbestrahlung verursachte Oberflächenzustandsänderung des Hydrargillitkristalls.* Vf. zeigt zwei elektronenopt. Aufnahmen (Vergrößerung 4000:1, Reproduktion lichtopt. auf 20000:1 vergrößert) von Hydrargillit (Nd. hergestellt durch das BAYER-Verf.), von denen die eine bei kleiner u. die andere bei größerer Intensität der Elektronenbestrahlung erhalten wurden. Bei der mit größerer Intensität hergestellten Aufnahme läßt sich deutlich eine Veränderung des Oberflächenzustandes erkennen, die äußere Form des Kristalls bleibt erhalten. Vf. führt die Oberflächenumwandlung auf die Erhitzung des Präp. durch Elektronenabsorption zurück. Die Natur der Umwandlung ist noch unbekannt. (Kolloid-Z. **133.** 50. Okt. 1953. Hatagaya, Tokyo, Governm. Chem. Ind.) G. HEINRICH. 196

Riccardo Ferro, *Die Verbindung BaZn.* BaZn wurde dargestellt durch Erhitzen der Komponenten im zugeschweißten Fe-Tiegel auf ca. 950° u. langsames Abkühlen auf Zimmertemperatur. Die Legierung ist ziemlich brüchig, nicht hart, leicht angreifbar u. oxydiert sich oberflächlich sehr schnell. Pulveraufnahmen ergaben eine kub. Zelle vom CsCl-Typ mit a = 4,082 Å. Die Legierung ist isostrukturell mit den früher (vgl. C. **1956.** 2952) von Vf. untersuchten Legierungen SrCd, BaCd, SrHg u. BaHg. Graph. sind die interatomaren Abstände der 1:1-Verbb. der Erdalkalien mit Zn, Cd u. Hg wiedergegeben. (Atti Accad. naz. Lincei, Rend., Cl. Sci. fisiche, mat. natur [8] **17.** 256—58. Nov. 1954. Genova, Univ., Ist. Chim.) C. GOTTFRIED. 197

A. T. Grigorjew, Je. M. Ssokolowskaja und **M. I. Kruglowa,** *Über die Legierungen des Silbers mit Chrom.* Das Syst. Ag–Cr wird nach den Methoden der therm. Analyse, der Unters. des Makro- u. Mikrogefüges u. der Mikrohärte untersucht. Entmischung findet in fl. Zustand zwischen 8 u. 93% Cr statt, in festem Zustand bei allen Konzz.; die monotekt. Horizontale liegt bei 1445°. Auch die Gefüge- u. Härteunters. zeigt, daß Ag u. Cr keine festen Lsgg. bilden. (Вестник Московского Университета, Серия Физико-Математических и Естественных Наук [Nachr. Moskauer Univ.] **9.**

Nr. 5 [physik.-math. naturwiss. Ser.] Nr. 3. 77—81. Mai 1954. Moskau, Univ., Labor. für Chem. der Metallegierr.) R. K. MÜLLER. 197

T. Smith, *Einschlüsse in durch Rekristallisation hergestellten Eisenkristallen.* Schwed. Fe mit einem C-Geh. von 0,07% in Form von nach der Mitte zu kon. verjüngten Stäben wurde zuerst zur Reduzierung des C-Geh. 20 Std. bei 920° in feuchtem H_2 angelassen, hierauf schwach gezogen u. nochmals 3 Tage bei 880° in H_2 angelassen. Untersucht wurden die kleinen Fe-Kristalle, welche in den großkörnigen Kristallen eingelagert sind. Zunächst wurde festgestellt, daß diese Einschlüsse auf der Oberfläche der großen Kristalle sehr viel häufiger sind als im Innern der Kristalle; die Oberflächenschicht, welche zahlreiche Einschlüsse enthielt, war in keinem Fall stärker als 0,3 mm. Weiter wurde beobachtet, daß die Oberflächendichte der Einschlüsse in dem Gebiet von 1—5% Dehnung unabhängig von der Deformation ist. Allg. Schlußfolgerungen über eine mögliche Abhängigkeit der Oberflächendichte der Einschlüsse von der chem. Zus. konnten nicht gezogen werden. Aus goniometr. u. röntgenograph. Unterss. ergab sich, daß die meisten dieser Einschlüsse Zwillingskristalle der größeren Kristalle waren; es fehlten jedoch einige der 4 Zwillingsorientierungen. Diese Erscheinung läßt sich erklären, wenn man annimmt, daß die Zwillinge durch Stapelfehler der {1 1 2}-Ebenen entstehen, wenn die Kristallite während der Rekristallisation wachsen. (Acta metallurg. [New York] **2.** 647—54. Sept. 1954. Aberdeen, Marischal Coll., Dep. of Natural Philos.) C. GOTTFRIED. 197

G. K. Williamson und **R. E. Smallman,** *Röntgenographischer Beweis für die Lage von Kohlenstoff auf Zwischengitterplätzen in α-Eisen.* Da eine Unters. der Lage von leichten Atomen auf Zwischengitterplätzen fester Lsgg. nach der herkömmlichen röntgenograph. Meth. wegen der zu geringen Intensitätsunterschiede (maximal sind nur 0,04 At.-% C in α-Fe lösl.) undurchführbar ist, verwenden Vff. eine modifizierte Röntgenmeth., die auf der Linienverbreiterung infolge lokaler Spannungen rund um die besetzten Zwischengitterplätze basiert. Für C in α-Fe wurden 2 typ. Zwischengitterlagen gefunden: Die oktaedr. auf den Mitten der Zellkanten u. -flächen (Koordinaten 0, 0, $\frac{1}{2}$ usw.) u. die tetraedr. mitten zwischen 2 in Kanten- u. Flächenmitte befindlichen oktaedr. (Koordinaten 0, $^1/_4$, $^1/_2$ usw.). Aus den durchgeführten Verss., bes. mit *Armco-Fe*, u. unter Benutzung eines angegebenen Rechenschemas folgt, daß zumindest 85% der C-Atome oktaedr. Zwischengitterplätze besetzen, ein Resultat, das mit Deutungen aus Meßergebnissen der inneren Reibung übereinstimmt. (Acta crystallogr. [Copenhagen] **6.** 361—62. 10/4. 1953. Birmingham, Univ., Metall. Dep.) G. RUBAN. 197

István Karsay, *Über die Graphitkristallisation in Gußeisen.* Zur Klärung der Graphitkristallisation schmolz Vf. im TAMMANN-Ofen Weicheisenpulver mit FeSi u. goß die Schmelze in spitze, kegelförmige Sandformen, um die Graphitausscheidung an den Stellen verschied. Abkühlungsgeschwindigkeit zu untersuchen. In der Spitze entstand Kugelgraphit als Beweis, daß zu dessen Bldg. die Abkühlungsgeschwindigkeit maßgebend ist. Wird Gußeisen eben nur über den F. erhitzt u. plötzlich unter Vakuum gesetzt, fliegen aus der Oberfläche Materialteilchen mit großer Geschwindigkeit heraus (1 m/Sek.), u. nach Auflösen des metall. Teils dieser in HCl verbleibt Kugelschalengraphit. Diese Graphitteilchen sind hohl, u. es scheint, daß sie innerhalb Gasblasen entstanden. Der bisher unbekannte Kugelschalengraphit ist als eine neue Form des Graphits zu betrachten. Vf. entwickelt auf Grund eigener Verss., experimenteller u. prakt. Beobachtungen eine neue, umfassende Theorie zur Erklärung der Graphitkristallisation, welche prinzipiell zur Erklärung sämtlicher Erfahrungen angewandt werden kann. (Kohászati Lapok **10 (88).** Nr. 8 Öntöde **6.** 169—76. Aug. 1955. 205—10. Sept. 1955.) J. PLANK. 197

Lawrence H. van Vlack, *Die intergranulare Energie von Eisen und einigen Eisenlegierungen.* Die Energie an den Korngrenzen von γ- u. α-Eisen bei Tempp. zwischen 800 u. 1300°, bes. bei 1105°, wurde untersucht. Die Energie an der Korngrenze von γ-Eisen wurde zu 850 erg/cm² bei 1105° bestimmt, während die α/α- u. die α/γ-Korngrenzen etwas geringere Energien aufweisen. Das Gefüge von Eisen mit Gehh. an metall. u. nichtmetall. Phasen, wie FeS, FeO u. Si (bis 4%) wird wiedergegeben u. die Anordnung von Einschlüssen an den Korngrenzen besprochen. (J. Metals **3.** Trans. AIME 251—59. März. 1067. Nov. 1951. Chicago, Ill., U. S. Steel Co.) H. HOCHSTEIN. 197

S. S. Sidhu und **D. D. Zauberis,** *Gegenseitige Löslichkeiten von Eisen und Osmium.* (Sitzungsbericht.) (Physic. Rev. [2] **99.** 615. 15/7. 1955. Argonne Nat. Labor.) R. STEIN. 197

C. Wert, *Innere Reibung einer Legierung von 16% Aluminium in Eisen.* Es wurden zunächst einige Messungen der inneren Reibung einer Al–Fe-Legierung mit 16% Al durchgeführt, um festzustellen, ob Zwischengitterverunreinigungen vorhanden sind, welche die mechan. Eigg. stark beeinflussen könnten. Es wurden hierbei keine Dämpfungsmaxima beobachtet, die mit Zwischengitterverunreinigungen hätten in Zusammenhang gebracht werden können. Dagegen wurden einige Dämpfungseffekte verschied. Ursprungs beobachtet, die mit Hilfe des Torsionspendels näher untersucht wurden. Eine bei 1000° angelassene Probe zeigte 3 Gebiete hoher Dämpfung: bei ca. 750°, ca. 475° u. bei $<300°$. Die erste Dämpfung ist sicher das Ergebnis einer Spannungsrelaxation in den Korngrenzen, was dadurch sichergestellt werden konnte, daß dieses Maximum bei einer bei 1350° angelassenen Probe wesentlich niedriger war; in der ersten Probe betrug die Korngröße ca. 0,2 mm, in der zweiten Probe einige mm. Das zweite Dämpfungsmaximum bei 475° ist nach Ansicht des Vf. durch einen spannungsinduzierten Ordnungsprozeß verursacht. Das dritte Maximum bei $<300°$ ist wahrscheinlich magnet. Ursprungs, denn es verschwindet fast vollkommen oberhalb des CURIE-Punktes. (J. appl. Physics **26.** 640—41. Mai 1955. Urbana, Ill., Univ.) C. GOTTFRIED. 200

Ryukiti Robert Hasiguti und **Gen-ichi Kamoshita,** *Beeinflussung der inneren Reibung von α-Eisen durch Boratome.* An einem *B-Stahl* (I) mit 0,4% C u. 0,004% B, einem *C-Stahl* (II) mit 0,4% C u. an *Armco-Fe* (III) wurde die innere Reibung bei ca. 20 kHz in Abhängigkeit von der Temp. untersucht. Die Proben waren vor den Unterss. 1 Std. bei 600° angelassen worden. Für **I** wurden 3 Maxima der inneren Reibung (P_0, P_1 u. P_2) gefunden, während bei **II** u. **III** nur die beiden bei höheren Tempp. auftretenden Maxima P_1 u. P_2 beobachtet wurden. P_1 wird durch N-Atome, P_2 durch C-Atome verursacht. Das nur bei I beobachtete Maximum P_0 bei 129° wird durch die B-Atome verursacht. Da die Konz. der B-Atome sehr gering ist, ist ihr Beitrag zu der inneren Reibung nur möglich, wenn es sich um eine feste Zwischengitterlsg. der B-Atome in α-Fe handelt. Aus den 3 Maxima wurden die Konzentrations- u. Diffusionskoeffizienten von B, N u. C berechnet; die errechneten Werte sind tabellar. zusammengestellt. Außerdem wurden die Aktivierungsenergien für B u. N abgeschätzt, wobei als Aktivierungsenergie von C ein Wert von 20100 cal/Mol angenommen wurde. Die geschätzten Werte sind für B 17900 u. für N 19500 cal/Mol. (J. physic. Soc. Japan **9.** 646—47. Juli/Aug. 1954. Tokyo, Univ., Fac. of Engng., Dep. of Metallurgy. [Orig.: engl.]) C. GOTTFRIED. 200

F. R. L. Schoening und **J. N. van Niekerk,** *Röntgenographische Messungen der Teilchengröße und der Spannungsverteilung in kalt bearbeitetem Silber.* Mit einem GEIGER-Zähler wurden die Röntgenbeugungsprofile von Reflexen einer frisch abgefeilten Oberfläche eines Ag-Stabes (Ag = 99,999% rein) gemessen. In dem ersten Vers. wurde der Stab unter fl. O_2 abgefeilt, u. die Aufnahmen wurden sofort nach dem Abfeilen bei —30° gemacht. Ausgemessen wurden die Interferenzen von (1 1 1), (2 0 0), (2 2 2) u. (4 0 0). Nach Aufbewahren bei Zimmertemp. u. hierauf nach Anlassen bei 300° wurden erneut die Intensitäten von (2 0 0) ausgemessen. Bei dem zweiten Vers. wurde der Stab bei Zimmertemp. abgefeilt, dann in fl. O_2 getaucht u. bei —30° untersucht; Aufnahmen wie beim ersten Versuch. Aus der FOURIER-Analyse der Linienformen folgte, daß die GAUSSsche Funktion eine bessere Annäherung der Spannungsverteilung in Ag ist als die CAUCHYsche Funktion. Die errechneten Teilchengrößen u. die Spannungen (in %) für die Flächen (1 1 1) u. (1 0 0) sind tabellar. angegeben. Bei beiden Proben wurde eine Vergrößerung des Intensitätsmaximums der Interferenz (2 0 0) nach Aufbewahren bei Zimmertemp. beobachtet, was durch Rekristallisation bei Zimmertemp. ihre Erklärung findet. Ein weiterer Beweis, daß beide Proben bei Zimmertemp. rekristallisieren, waren die beobachteten Änderungen in der Oberflächentextur beider Proben. (J. appl. Physics **26.** 726—28. Juni 1955. Pretoria, Council for Sci. and Ind. Res., Nat. Phys. Labor.) C. GOTTFRIED. 200

J. S. L. Leach, E. G. Loewen und **M. B. Bever,** *Energiebeziehungen bei der Kaltbearbeitung einer Legierung bei 78° K und bei Zimmertemperatur.* Es wurden die Energiebeziehungen untersucht, die mit der plast. Deformation in Verbindung stehen, welche bei der Kaltbearbeitung einer *Au–Ag*-Legierung mit 75% Au bei 78° K u. bei Zimmertemp. hervorgerufen werden. Durch Schneidbohren bei Zimmertemp. u. in fl. N_2 wurden plast. deformierte Späne erhalten. Es wurden dann Proben der kaltbearbeiteten Späne u. der angelassenen Späne von 78° K in fl. Sn bei 240° gebracht u. die Wärmeeffekte gemessen. Der Unterschied dieser Effekte stellte die Differenz in den Energiegehh. der Proben in ihren Anfangszuständen dar, d. h. die aufgespeicherte Energie der Kaltbearbeitung bei 78° K. Entsprechende Messungen zur Best. der aufgespeicherten Energie während des Bohrens bei Zimmertemp. wurden von 0° Anfangstemp. an durchgeführt. Es wurde gefunden, daß die aufgespeicherte Energie bei Zimmertemp. 0,50 cal/g u. der entsprechende Wert bei 78° K 1,48 cal/g betrug; die gesamte Deformationsenergie bei Zimmertemp. ist 53,5 cal/g, bei 78° K 109 cal/g. Die bei den Zimmertemperaturproben erhaltene Zug–Spannungs-Kurve war n. für ein Nichteisenmetall, die Kurve der 78° K-

Proben zeigte das Verh., das man bei tiefer Temp. von einem flächenzentriert-kub. Metall zu erwarten hatte. (J. appl. Physics **26.** 728—31. Juni 1955. Cambridge, Mass., Inst. of Technol.) C. GOTTFRIED. 200

R. K. Witt, W. H. Hoppmann II und **R. S. Buxbaum,** *Bestimmung der elastischen Konstanten von orthotropen Materialien mit besonderer Berücksichtigung von Schichtstoffen.* Vff. beschreiben die theoret. Grundlagen sowie eine experimentelle Meth. einschließlich einer neu konstruierten Versuchsapp. zur Best. der anisotropen elast. Konstanten durch Messen der Durchbiegungen des Materials beim Biegen u. Verdrehen. An 3 Schichtstoffen — einem *Melaminharz* (GMG), einem *Siliconharz* (GSG) u. einem paper base Typ PBG (XX) — wurde die Meth. u. die numer. Auswertung der Ergebnisse beschrieben. (ASTM Bull. **1953.** Nr. 194. 53—57. Dez. Baltimore, Md., Johns Hopkins Univ.) C. GOTTFRIED. 200

A_7. Gleichgewichte. Kinetik.

Y. L. Gladel und **J. Durandet,** *Die Bestimmung von Flüssigkeits—Flüssigkeits-Gleichgewichten. Literaturuntersuchung.* Literaturüberblick (45 Angaben) über die verschied. Methoden zur Best. von Fl.-Fl.-Gleichgewichten u. die verschied. Verff. zur Wiedergabe der Ergebnisse. Zusammenstellung der bisher untersuchten tern. Systeme aus einem Lösungsm. u. jeweils 2 verschied. KW-stoffen. (Rev. Inst. franç. Pétrole Ann. **9.** 221—39. Mai 1954. Inst. Franç. du Pétrole, Labor. des Techn. de Séparation du Centre de Recherche Appl.) W. NIEMITZ. 221

Ss. D. Gromakow und **L. M. Gromakowa,** *Über einige Gesetzmäßigkeiten bei der Bildung des Typus von Zustandsdiagrammen binärer Systeme.* Bei der Unters. bin. Systeme sind 3 Haupttypen zu unterscheiden: Feste Lsgg. (FL), Eutektika (Eu) u. chem. Verbb. (ChV). Vff. stellten Diagramme für bin. Systeme chem. nahestehender Elemente auf (Alkalien, Erdalkalien — jede Gruppe mit nur einem Anion verbunden). Dabei konnte gefunden werden, daß näherstehende Elementepaare (z. B. Sr mit Ba oder Ca) in Verbindung mit demselben Anion (Halogenide, Nitrate) demselben Typ (FL, Eu oder ChV) angehören, den die fernerstehenden (z. B. Mg oder Ca mit Ba) bilden. Nach diesem Grundsatz der „konjugierten Reihen" wurden 10 bin. Systeme untersucht, deren Typ zweifelhaft (widersprechende Literaturangaben) oder noch nicht untersucht worden war. Ein Typenwechsel kommt nur bei größerem Abstand der Komponenten in der konjugierten Reihe vor. (Журнал Физической Химии [J. physik. Chem.] **27.** 1545—55. Okt. 1953. Kasan, Univ.) A. v. WILPERT. 221

I. Ss. Kulikow, *Einige Probleme zur Theorie der Schlacke.* Bei einer aus m_1 (Molen) *FeO* (I), m_2 *CaO* u. m_3 *SiO_2* (II) bestehenden Schlacke ist die Affinität des I gegeben durch $a_{FeO} = [m_1/(m_1 + m_2)]\ [(m_1 + m_2 - 2\,m_3)/(m_1 + m_2 - m_3)]$, der mol. Anteil des I in der Schlacke durch $N_{FeO} = m_1 - 2\,[m_1/(m_1 + m_2)]\,m_3/(m_1 + m_2 - m_3)$. Nach der Theorie der realen Lsgg. (vgl. SHUCHOWITZKI, FINKELSTEIN u. KULIKOW, C. **1952.** 4891) läßt sich die Aktivität einer in A gelösten Komponente B bei Vorliegen einer Wärmetönung beim Lösen berechnen aus $a_B = N_B \exp(\alpha\, z\, N_A^2 + \beta\, N_A N_B)$; für den Aktivitätskoeff. gilt $\ln f_B = \alpha\, z\, N_A^2 + \beta\, N_A N_B$, wobei $\alpha = \Delta\overline{H}_B/zRT$ (z = Koordinationszahl, $\Delta\overline{H}_B$ = Wärmetönung) u. $\beta = z\,(1 - 2\,\alpha - e^{-2\alpha})$; bei kovalenter Bindung wird $\gamma = \beta + \delta$ ($\delta = \Delta E_{kov}/RT$) eingeführt; wenn n = Polymerisationsgrad der Komponente A, dann ist $\ln f_B = \alpha\, z\, N_A^2 + \gamma\, N_A N_B - [1 - (1/n)]\, N_A$. Dabei hängt n von der Zus. ab; im Syst. I—II kann man annähernd $n = 6{,}55\, N_{II}^{1{,}71}$ annehmen. Man erhält $\log f_I = 1{,}63\, N_{II}^2 - 1{,}84\, N_I N_{II} - 0{,}435\, N_{II}\,[1 - (1/6{,}55\, N_{II}^{1{,}71})]$. Die Berechnung der Aktivität des I im Syst. I—II für $N_I = 0{,}003—1{,}00$ u. 1178—3000° ergibt Kurven, deren Maxima im Entmischungsgebiet mit steigender Temp. abnehmen. Bei ca. 2500° muß die Entmischung verschwinden. Die höchsten Lösungswärmen werden für Gemische mit $N_I = 0{,}67—0{,}70$ erhalten, die höchste partielle Lösungswärme u. Lösungsentropie bei einer der Zus. Fe_2SiO_4 entsprechenden Mischung. (Известия Академии Наук СССР, Отделение Технических Наук [Nachr. Akad. Wiss. UdSSR, Abt. techn. Wiss.] **1955.** Nr. 2. 113—21. Febr. Moskau.) R. K. MÜLLER. 221

Ervin R. van Artsdalen, *Komplexionen in geschmolzenen Salzen. Ionenassoziation und gemeinsamer Ioneneffekt.* Allg. Vorstellungen über Komplexionen u. ideales Verh. in geschmolzenen Salzlsgg. werden betrachtet. Mittels einer näher beschriebenen App. mißt Vf. in geschmolzenem *$NaNO_3$* als Lösungsm. die Gefrierpunktserniedrigung ΔT von *$CdCl_2$* (I), *$PbCl_2$* (II), *$ZnCl_2$* (III), *$CdBr_2$* (IV) u. *CuCl* (V), sowie ΔT von I in Ggw. von *NaCl* (VI), *CsCl*, *KCl*, *$CaCl_2$* u. *LiCl*, des weiteren ΔT von II in Ggw. von VI u. von III in Ggw. von VI. Die graph. dargestellten Ergebnisse (ΔT in Abhängigkeit von der Molalität m des Gelösten) werden zur Best. der Beschaffenheit u. Zahl der Ionen verwendet, in die die gelösten Substanzen dissoziieren. Es zeigt sich, daß sowohl eine Reihe von Salzen, die von einfachen Sauerstoffsäuren abstammen, als auch viele andere Salze in den geschmolzenen Salzlsgg. beständig sind u. sich bemerkenswert ideal verhalten. In den Fällen I—V wird bei hohen Verdünnungen eine Teildissoziation u. Komplexbldg. beobachtet. Vf. nimmt an, daß in den Lsgg. Komplexe existieren, die hauptsächlich aus null, zwei u. vier Cl-Atomen pro 2wertigem Metallion zu bestehen scheinen. Das Auftreten des gemeinsamen Ioneneffekts wird bei diesen Verbb. begründet. Anod. Chlorokomplexe mit 2wertigem Metallion existieren gerade bei niedrigen Konzentrationen. Vf. schlägt Rkk. vor, die diese Ergebnisse erklären, u. berechnet für diese Rkk. die Gleichgewichtskonstanten. (J. physic. Chem. **60.** 172—77. Febr. 1956. Oak Ridge, Tenn., ORNL.) H. SURAWSKI. 223

R. H. Wilhelm, *Geschwindigkeitstheorie und homogene Reaktionen.* (Vgl. C. **1955.** 1923.) Zusammenfassende Übersicht über die im Jahre 1953 erschienene Literatur über 1. homogene Rkk. in der Gasphase, 2. über neue Entwicklungen auf dem Gebiet der heterogenen Katalyse, 3. über Transporteigg. von Gasen u. Fll. u. 4. über Transporteigg. im festen Zustand am Beispiel von Diffusions- u. Oxydationsvorgängen in Metallen. — 92 Literaturzitate. (Ind. Engng. Chem. **46.** 880—83. Mai 1954. Princeton, N. J., Princeton Univ.) MAX SCHMIDT. 225

Marvin C. Tobin, *Eine einfache kinetische Methode für einige Reaktionen zweiter Ordnung.* Für Rkk., deren Geschwindigkeitsgleichung der allg. Form $dx/dt = (l + mx)(a - x)$ genügt, lassen sich Integrale angeben, bei denen Funktionen von Konzz. als lineare Funktionen der Zeit auftreten, u. die graph. auswertbar sind. Vf. behandelt speziell autokatalyt. Prozesse der Form $A \rightarrow B$, $A + B \rightarrow 2B + C$ bzw. $A^2 \rightarrow B$, $A + B \rightarrow 2B + C$, sowie Gleichgewichtseinstellungen $A \rightleftharpoons B + C$ bzw. $A + B \rightleftharpoons C + D$. (J. physic. Chem. **59.** 799—800. Aug. 1955. New Haven, Conn., Olin Mathieson Chem. Corp., Gen. Res. Org.) G. KRESZE. 225

F. Marshall Beringer und **E. Melvin Gindler,** *Ionenpaare als Zwischenstoffe bei irreversiblen Reaktionen von Elektrolyten.* Für Rkk., die durch das Schema $A^{(+)}B^{(-)} \rightleftharpoons A^{(+)}B^{(-)} \rightarrow$ Prodd. beschrieben werden können, berechnen Vff. die Ausdrücke, die sich für die scheinbare Geschwindigkeitskonstante 2. Ordnung k_2, sowie die wahre Geschwindigkeitskonstante k_0 u. Gleichgewichtskonstante der Ionenpaarbldg. K_0 ergeben. k_2 ist danach auch bei konstanter Ionenstärke u. DK. des Mediums eine Funktion der Konz. an Reaktanten; bei steigender Konz. fällt es ab. Nur bei sehr kleinem k ähnelt das Verh. von k_2 dem DEBYE-HÜCKELschen Grenzgesetz. Neutralsalzwirkungen auf Elektrolyt-Rkk. werden durch intermediäre Bldg. von Ionenpaaren erklärt. (J. Amer. chem. Soc. **77.** 3200—03. 20/6. 1955. Brooklyn, N. Y., Polytechn. Inst., Dep. of Chem.) G. KRESZE. 225

George J. Janz und **Samuel C. Wait jr.,** *Raum-Zeit-Ausbeute und Reaktionsgeschwindigkeit.* Aus der integrierten Geschwindigkeitsgleichung für Rkk. 1. Ordnung ohne Volumenänderung im Strömungssyst. ergibt sich bei Vernachlässigung von Diffusionseffekten, daß die Raum-Zeit-Ausbeute proportional der Geschwindigkeitskonstanten ist, der Proportionalitätsfaktor ist dabei durch V_0/N_{A_0} gegeben (V_0 = Fließgeschwindigkeit der in den Reaktor eintretenden Mischung, N_{A_0} = pro Sek. zugeführte Molzahl an Reaktant). (J. chem. Physics **23.** 1550—51. Aug. 1955. Troy, N. Y., Rensselaer Polytechn. Inst., Dep. of Chem.) G. KRESZE. 225

J. C. Morrow, *Lösung von Geschwindigkeitsgleichungen für komplexe Reaktionsmechanismen durch Reihenentwicklung.* Vf. schlägt zur Lösung von komplizierten Differentialgleichungen, wie sie als Geschwindigkeitsgleichungen komplexer Umsetzungen auftreten, Entw. in einer TAYLORschen Reihe unter Benutzung der leicht zugänglichen Differentialquotienten $d^i t/d A^i$ (A = Konz. eines Reaktanten) vor. Als Beispiel wird die Form t (A) für konsekutive Folge-Rkk. $[A + B \xrightarrow{k_1} C + E,\ A + C \xrightarrow{k_2} D + E]$ gebracht. (J. chem. Physics **23.** 2452. Dez. 1955. Chapel Hill, N. C., Univ., Dep. of Chem.) G. KRESZE. 225

Y. Claeys, J. Dayton und **W. K. Wilmarth,** *Der Wasserstoffaustausch von Alkaliamiden und -hydroxyden mit Deuteriumgas.* Bei der Einw. von D_2 auf Lsgg. von Alkaliamiden in fl. NH_3 wurde ein Austausch von D gegen Amidwasserstoff beobachtet. Die Rk. war erster Ordnung in bezug auf die D_2-Konzentration. Ebenso wurde im Syst. $KOH-H_2O-D_2O$ ein Austausch von H gegen D beobachtet, der nach der ersten Ordnung in bezug auf die OH^--Konz. verlief. (J. chem. Physics **18.** 759. Mai 1950. Los Angeles, Calif., Univ., Dep. of Chem.) G. KLAFFKE. 225

Harold L. Friedman, Henry Taube und **John P. Hunt,** *Der Austausch von Wasser zwischen $Co^{3+} \cdot aq$ und Lösungsmittel und zwischen $Co^{2+} \cdot aq$ und Lösungsmittel.* Unter Verwendung von mit ^{18}O angereichertem W. wurde in wss. Lsg. der Ersatz von W., das als Hydrat an Co^{3+} u. Co^{2+} gebunden war, durch Moll. des Lösungsm. untersucht. In reinen Co^{2+}-Lsgg. ging der Austausch mit der erwarteten Geschwindigkeit vor sich, während er in Co^{3+}-Lsgg. wesentlich schneller verlief, was auf die katalyt. Wrkg. von noch vorhandenem Co^{2+} zurückgeführt wird. (J. chem. Physics **18.** 759—60. Mai 1950. Chicago, Ill., Univ., George Herbert Jones Labor.) G. KLAFFKE. 225

Ss. Ja. Pscheshetzki und **M. T. Dmitrijew,** *Reaktionskinetik der durch Elektronenstoß bewirkten Stickstoffoxydation.* Die von der Kathode einer Elektronenröhre mit Halbelektrode ausgesandten Elektronen werden mit einem Modulator auf die Öffnung des Anodendiaphragmas gelenkt. In der Ionisationskammer sind Elektroden für positiv u. negativ geladene Teilchen u. zusätzliche Schutzringe angeordnet. Die auf 1 cm Elektronenweg, 1mm Hg u. 0^0 bezogenen Werte q des Ionisationswirkungsgrades bei gewöhnlicher Temp., $0{,}6—2\cdot10^{-3}$ mm Hg, 0—10 mA u. 0—1500 V zeigen ein Maximum bei einer Elektronenenergie von ca. 200 eV. Die Geschwindigkeit v der N_2-Oxydation folgt einer Gleichung 2. Ordnung $v = k\cdot P_{N_2}\cdot P_{O_2}$. Zwischen v u. P^2 (P = Gesamtdruck) besteht eine lineare Beziehung. Der Wirkungsgrad der Ionisation u. v zeigen Maxima bei ca. 160 eV; der parallele Verlauf der Kurven beweist, daß v der Zahl der N-Ionen proportional ist. Wenn n die Zahl der in 1 Sek. in den Reaktionsraum gelangenden Elektronen, q (E) die Funktion der N-Ionisation ist, besteht für die Geschwindigkeitskonstante eine Abhängigkeit von der Ionisationswahrscheinlichkeit nach $k = k'\cdot n\cdot q(E)$. Die Reaktionsgeschwindigkeit wird meßbar, wenn die Elektronenenergie 16 eV überschreitet, von 24 eV an nimmt sie rasch zu; diese Energien entsprechen dem Auftreten von N_2^+ u. N^+. Bei 24 eV ist massenspektroskop. ein Überwiegen von N_2^+ gegenüber N^+ zu erkennen u. damit ein Vorherrschen der Rk. $N_2^+ + O_2 \rightarrow NO_2^+ + N$, daneben $N + O_2 \rightarrow NO + O$ u. $N^+ + O_2 \rightarrow NO^+ + O$; schließlich trimol. Oxydation von NO nach $2\,NO + O_2 \rightarrow 2\,NO_2$ oder direkt $N + O_2 + M \rightarrow NO_2 + M$. Die Zahl der Doppelstöße zwischen O_2 u. N_2^+ ist ca. 6—7 Größenordnungen höher als die Zahl der Reaktionsakte. Die überwiegende NO-Bldg. $<$24 eV wird mit der Rk. $N_2^+ + O_2 \rightarrow NO + NO^+$ erklärt. Anregung u. Ionisation von O_2 spielt keine Rolle. (Доклады Академии Наук СССР [Ber. Akad. Wiss. UdSSR] **103.** 647—50. 1/8. 1955. Wiss. phys.-chem. Karpow-Forschungsinst.) R. K. MÜLLER. 226

M. A. Prosskurnin, W. D. Orechow und **Je. W. Barelko,** *Über konjugierte strahlungschemische Reaktionen in wässerigen Lösungen.* Bei der Oxydation von Fe^{2+} (MOHR*sches Salz*) unter Einw. der γ-Strahlen von ^{60}Co (mittlere Strahlungsintensität 30 r/Sek.·g) in luftgesätt. saurer wss. Lsg. handelt es sich um eine typ. konjugierte strahlungschem. Rk., wobei das durch die Radiolyse des W. gebildete H nach $H + O_2 \rightarrow HO_2$, OH nach $Fe^{2+} + OH \rightarrow Fe^{3+} + OH^-$ gebunden wird. Bei 10^{-3}mol. Fe^{2+}-Konz. ist die Ausbeute an Fe^{3+}, unabhängig von der Acidität, 16 Äquivalente/100 eV, bei höherer Fe^{2+}-Konz. wird mit 0,4 n Acidität ein oberhalb 0,4 n Acidität gleichbleibender Höchstwert mit etwas über 60 erreicht. In einer Lsg. von 1 Mol *KNO_3* (I), 1 n KOH u. 10^{-2} Mol *Glucose* (**II**) ist die Red. des **I** direkt proportional der Strahlungsdosis mit 12 Äquivalenten/100 eV (ohne Zusätze nur zu Beginn, mit KOH allein geringerer Anstieg). Beide Rkk. erfolgen unter Beteiligung von angeregten Wassermolekülen. Bei der Oxydation von Bzl. in Ggw. von Fe^{2+} beträgt die Phenolausbeute bis 6 Mol/100 eV unter Beteiligung des Fe^{2+} nach $HO_2 + Fe^{2+} + H^+ + M \rightarrow Fe^{3+} + H_2O + MO$, wenn M ein Mol. einer organ. Substanz, z. B. Bzl., ist. Die Entfärbung von Methylenblau (**III**) in 10^{-4}mol. Lsg. bei 10^{-2}mol. **II**-Zusatz erfolgt unter Red. mittels H mit ca. 1,5 Mol/100 eV, **II** bindet dabei OH ca. 1:2, wenn Luft-O_2 ausgeschlossen wird; irreversibel wird die Oxydation von 10^{-4}mol. **III** in Ggw. von 10^{-2}mol. Fe^{3+} bei $p_H > 2$, vermutlich nach einem Mechanismus $Fe^{3+} + H + OH^- \rightarrow Fe^{2+} + H_2O$, wobei auf 100 eV ca. 1,6 Mol **III** oxydiert werden. (Доклады Академии Наук СССР [Ber. Akad. Wiss. UdSSR] **103.** 651—53. 1/8. 1955. Wiss. phys.-chem. Karpow-Inst.) R. K. MÜLLER. 226

P. J. Dyne, *Geometrische Korrekturen zu der Bragg-Gray-Beziehung, angewandt auf absolute chemische Dosimetrie.* Unter Benutzung einiger in der Literatur mitgeteilter Ergebnisse über das Ausmaß der strahlungsinduzierten Oxydation von $FeSO_4$ untersuchte Vf. die γ-Bestrahlungsbedingungen, für die die BRAGG–GRAY-Beziehung (vgl. hierzu GRAY, Proc. Roy. Soc. [London], Ser. A **156.** [1936.] 578 u. früher) gilt, welche eine Beziehung zwischen der Energieabgabe in einem festen Körper u. der Ionisation in einem mit Luft gefüllten Hohlraum herstellt. Es wird gezeigt, daß die Verss., bei denen divergente Strahlung benutzt worden war, eine höhere Oxydationsausbeute ergaben, als sie sich aus der obigen Beziehung ergibt. Eine theoret. Unters. lieferte eine halbquantitative Erklärung für die Diskrepanzen gewisser experimenteller Ergebnisse. (Canad. J. Chem. **33.** 1109—15. Juni 1955. Chalk River, Ontario, Can., Atomic Energy of Canada, Ltd., Res. Chem. Branch.) C. GOTTFRIED. 226

A. B. Wassiljewa, *Zur mathematischen Theorie der Katalyse.* Wenn bei der Zers. einer Substanz Y an einem Katalysator Z ein Zwischenprod. M u. eine durch Verflüchtigung oder als Nd. sich ausscheidende Substanz N_1 gebildet werden ($Y + Z \rightarrow M + N_1$) u. beim Zerfall von M der Katalysator Z zurückgebildet wird ($M \rightarrow Z + N_2$), die Konzz. mit y (t), z (t) usw. u. unter den Ausgangsbedingungen mit $y(0) = y^0$, $z(0) = z^0$ usw. bezeichnet werden, ergibt sich mit den dimensionslosen Größen $\zeta = z/z^0$, $\eta = y/y^0$ die Gleichung $\mu\, d\zeta/d\eta = 1 - [1 - \lambda\,(1 - \zeta)\,\zeta\,\eta]$ $(0 < \eta < 1)$ mit $\mu = z^0/y^0$, $\lambda = \alpha/k\,y^0$, wobei k u. α aus den Gleichungen $d\,y/d\,t = -\,k\,y\,z$, $d\,z/d\,t = -\,k\,y\,z + \alpha\,m$, $d\,m/d\,t = k\,y\,z - \alpha\,m$ stammen. Bei $\eta < 1$ ist der Grenzwert von ζ gegeben durch $\lim_{\mu \to 0} \zeta(\eta, \mu) = \bar{\zeta}(\eta) = \lambda/(\lambda + \eta)$. Die Genauigkeit der Annäherung, die $\bar{\zeta}(\eta)$ in Abhängigkeit vom Parameter μ ergibt, wird untersucht u. eine Meth. zur Ermittlung der Korrekturen für $\bar{\zeta}(\eta)$ entwickelt. (Вестник Московского Университета, Серия Физико Математических и Естественных Наук [Nachr. Moskauer Univ.] **9.** Nr. 6. [physik.-math. naturwiss. Ser.] Nr. 4. 39—46. Juni 1954. Physik. Fak., Lehrstuhl für Mathematik.) R. K. MÜLLER. 227

G. Rienäcker und **G. Vormum,** *Katalytische Untersuchungen an Legierungen.* 16. Mitt. *Die Parawasserstoffumwandlung an Kupfer–Nickel- und Kupfer–Palladium-Legierungen.* (15. vgl. C. **1956.** 6046.) Die katalyt. Umwandlung des para-H_2 wird an kompakten Cu–Ni- u. Cu–Pd-Legierungen untersucht. Ni u. Pd sind in bezug auf Aktivität u. Aktivierungsenergie wesentlich wirksamer als Cu, die Wirksamkeit nimmt mit steigendem Cu-Geh. nicht stetig, sondern sprunghaft ab. Der Verhalten der gleichen Legierungskatalysatoren gegenüber der para-H_2-Umwandlung u. der C_2H_4-Hydrierung ist sehr ähnlich, was auf einen beiden Rkk. gemeinsamen Primärvorgang (H_2-Aktivierung) schließen läßt. An Cu–Pd-Legierungen mit geordneter Atomverteilung („Überstruktur") verläuft die para-H_2-Umwandlung mit niedrigerer Aktivierungsenergie als an den Mischkristallen mit ungeordneter Atomverteilung. Die Ergebnisse werden gemeinsam mit früheren Ergebnissen im Zusammenhang mit den Elektronenbindungsverhältnissen in den Legierungen auf der Grundlage der Anschauungen von DOWDEN (C. **1950.** II. 1779) diskutiert. (Z. anorg. allg. Chem. **283.** 287—98. Jan. 1956. Berlin, Humboldt-Univ., I. Chem. Inst.; Rostock, Deutsche Akad. der Wiss., Inst. für Katalyseforsch.) M. SCHENK. 227

Wieńczyslaw Kuczyński und **Przemysław Hoffmann,** *Die katalytische Aktivität von Aluminiumoxydgel eines speziellen Typs.* Drei Typen von akt. *Al_2O_3-Hydraten* (I mit 1,23% SO_4^{2-}; p_H 7,0; Acidität nach THOMAS, C. **1950.** II. 1194: 10,57 cm^3 0,1n NaOH/g Gel. — **II** 18,36; 5,5; 32,33 u. **III** 4,66; 6,5; 14,47) wurden auf ihre Wirksamkeit auf die Dehydratisierung von *A.* geprüft. Die kinet. Messungen erfolgten bei 330 u. 380° u. einer Zuflußgeschwindigkeit von 0,00685 Mol/Minute. Die Geschwindigkeitskonst. der Rk. ist in Ggw. von **II** viel größer als von **I** u. **II**. Die Aktivierungsenergie der Dehydratisierungs-Rk. wurde bei **I** zu 18165, bei **III** zu 21495 cal/Mol gefunden, wie in der Literatur größenordnungsmäßig angegeben, bei **II** jedoch beträgt sie nur 4450 cal/Mol. Die Versuchsapp. ist beschrieben (Schema), die chem. u. physikochem. Eigg. werden besprochen (vgl. KUCZYŃSKI u. ZAGORSKI, Roczniki Chem. [Ann. Soc. chim. Polonorum] **24.** [1950.] 211). (Roczniki Chem. [Ann. Soc. chim. Polonorum] **26.** 98—105. 1952. Poznań, Univ., Zakło Techn. Chem.) H. FREYTAG. 227

A. A. Balandin, A. A. Tolstopjatowa und **W. A. Ferapontow,** *Zirkoniumdioxyd als Dehydrierungs- und Dehydratationskatalysator.* Durch Fällung von *$Zr(OH)_4$* aus $Zr(NO_3)_4$ mit NH_4OH u. Entwässerung bei 200° im Luftstrom erhaltenes *ZrO_2* (**I**) wird als Katalysator bei der Dehydrierung von *Cyclohexan* (**II**) bei 470—563°, bei der Dehydrierung u. Dehydratisierung von *Isopropylalkohol* (**III**) u. *A.* bei 297—333 bzw. 316—348° bis zu maximal 30%ig. Umwandlung untersucht; in Verss. mit **III**–Aceton (**IV**)-Gemisch werden die relativen Adsorptionskoeffizienten z bestimmt. An **II** wird maximal 39% Dehydrierung bei 563° erzielt. Bei **III** u. A. wirkt **I** überwiegend dehydratisierend. Bei **IV** (311°) ist z = 5,3; der scheinbare u. der wahre Wert der Aktivierungsenergie können also nicht sehr verschieden sein. Die Rk. liegt im kinet. Gebiet, da eine Änderung der Dispersität des **I** die Geschwindigkeit der **III**-Zers. nicht ändert. Die Aktivierungsenergien betragen 30—40 kcal/Mol. Die Berechnung der Bindungsenergien zwischen den reagierenden Atomen u. den Atomen des **I** nach dem bei Cr_2O_3 angewandten Verf. (C. **1955.** 10216) ergibt für C 4,8, H 59,9 u. O 31,5 kcal/Mol. Diese Werte sind von gleicher Größenordnung wie bei NiO u. Cr_2O_3. (Доклады Академии Наук СССР [Ber. Akad. Wiss. UdSSR] **103.** 611—14. 1/8. 1955. Moskau, Zelinsky-Inst. für organ. Chem. der Akad. der Wiss. der UdSSR, u. Lomonossow-Univ.) R. K. MÜLLER. 227

M. T. Russow und **Z. W. Pewsner,** *Kinetik der Synthese und Zersetzung von Ammoniak an Eisenkatalysatoren im Strom.* Die Rk. $N_2 + 3\,H_2 \rightarrow 2\,NH_3$ wird im strömenden

Gas von beiden Seiten her an *Fe-Körnern* (I) von 8,84 mm u. an kompakter *Armco-Fe-Folie* (II) von 45 μ Dicke untersucht. An I wird Rk. 1. Ordnung im N_2–NH_3- u. im H_2–NH_3-Gemisch bei 325—500°, im Gemisch N_2–H_2–NH_3 bei 450—500° beobachtet ($<$450° Zunahme der Reaktionsordnung auf 1,6—1,7). Die scheinbare Aktivierungsenergie (E) der NH_3-Zers. ergibt sich bei allen Gemischen zu 17,0—21,5 (kcal/Mol). Bestimmend für die Geschwindigkeit ist der Diffusionsaustausch, wobei jedoch nur eine Schicht von 1,6—2,0 mm des Katalysators an der Rk. teilnimmt. An II verläuft die NH_3-Zers. bei 540—740° im außerkinet. Gebiet mit E = 54, bei Tempp. $>$740° spielt die Diffusion keine bestimmende Rolle. Im Gegensatz zu I, an denen der Prozeß nur bei kinet. Übergangsbedingungen stattfindet, fehlen bei II die Übergangsgebiete völlig. Der Vgl. der Rk. an I u. II läßt deutlich erkennen, daß beim techn. Katalysator I die Diffusionshemmung mit der Schichttiefe zunimmt. Bei Tempp. $<$390° ist an I E = 61. (Журнал Физической Химии [J. physik. Chem.] **28.** 1628—37. Sept. 1954. Kiew, Pissarshewski-Inst. für physik. Chem. der Akad. der Wiss. der UkrSSR.) R. K. MÜLLER. 227

M. T. Russow und **Z. W. Pewsner,** *Kinetik der Ammoniakzersetzung an Katalysatoren verschiedener Natur.* (Vgl. vorst. Ref.) An einer Quarzoberfläche setzt die NH_3-Zers. (in einem Gemisch $N_2 + H_2 + NH_3$ mit 10—14% NH_3) erst bei 720° mit merklicher Geschwindigkeit ein u. erreicht bei einer Gasgeschwindigkeit von 25,4 Liter/Std. bei 900° 27%; die Aktivierungsenergie beträgt 38,2 kcal/Mol, an Cu-Folie 57,6 u. 62,0 (bei verschied. NH_3-Konzz.), an einer Folie aus Armco-Fe 54,0. Die Verss. werden unter Bedingungen durchgeführt, die eine Diffusionshemmung ausschließen. An Fe u. Cu sind die spezif. Geschwindigkeitskonstanten (k) u. die Frequenzfaktoren (Z_0) prakt. gleich, an Quarz ist k ca. 1000mal kleiner als an Fe, Z_0 ca. 100000mal kleiner. Aus der Aktivierungsenergie kann man schließen, daß der Mechanismus der NH_3-Zers. an Quarz von dem an Fe u. Cu verschieden ist. (Журнал Физической Химии [J. physik. Chem.] **28.** 1765—69. Okt. 1954.) R. K. MÜLLER. 227

W. A. Roiter, G. P. Korneitschuk, N. A. Stukanowskaja und **Z. W. Pewsner,** *Untersuchung der katalytischen Reaktion der Ammoniaksynthese nach der Diaphragmamethode.* (Vgl. vorst. Reff. u. C. **1951.** II. 792.) Die Gleichung von TEMKIN u. PYSHEW (C. **1941.** I. 2350) wird für kinet. Unterss. an einem Diaphragma aus katalyt. Material (Querschnitt S, Dicke r) durch Einführung von makrokinet. Faktoren ergänzt. Das verwendete Diaphragma ist durch Pressen u. Erhitzen von Pulver des üblichen Fe-Katalysators der NH_3-Synth. hergestellt. Wenn die NH_3-Konz. am Anfang c_0, am Ende c_e, im Gleichgewicht c_g ist u. $c_a/c_g = z_a$, $c_e/c_g = z_e$ gesetzt wird, k_1 die Geschwindigkeitskonstante, D der Diffusionskoeff. ist, dann ergibt sich die Katalysatorleistung $W = S \sqrt{k_1 D c_{H_2}^{1.5} c_{N_2}} \sqrt{(z_a^2 - \ln z_a^2) - (z_e^2 - \ln z_e^2)}$. Aus der Gleichung werden die wahren Geschwindigkeitskonstanten der NH_3-Synth. bei verschied. Tempp. berechnet: $k_1 \cdot 10^6$ ist bei 420° 0,23, 450° 0,71, 465° 1,17, 480° 1,84, 500° 3,48, 530° 8,00. Die Aktivierungsenergie ergibt sich zu 36 kcal/Mol. Die in der Literatur für poröse Katalysatoren angegebenen niedrigeren Werte werden durch die Nichtberücksichtigung des Einfl. der Makrofaktoren erklärt. (Журнал Физической Химии [J. physik. Chem.] **28.** 1638—51. Sept. 1954.) R. K. MÜLLER. 227

A_3. Präparative anorganische Chemie. Komplexchemie. Metallorganische Verbindungen.

R. N. Haszeldine, *Neuere Chemie des Fluors. Organometall- und Organometalloidverbindungen des Fluors.* Vortrag. Zusammenfassende Darst. der an anderen Stellen veröffentlichten Unterss. des Vf. u. Mitarbeiter über Perfluoralkylverbb. des Hg, P, As, Sb, S, Se, O, N, Mg, Si, Zn u. Li. (Angew. Chem. **66.** 693—701. 21/11. 1954. Cambridge, Univ., Chem. Labor.) E. FORCHE. 246

E. Wicke und **E. U. Franck,** *Physikalisch-chemische Eigenschaften des Fluors.* Überblick über die neueren Ergebnisse der Best. von physikal. Eigg. des elementaren Fluors. Zahlreiche Daten werden in einer Tabelle denjenigen von Cl_2, Br_2, N_2 u. O_2 gegenübergestellt. Von den bislang noch unsicheren Werten sind z. Z. die nachst. am wahrscheinlichsten. Dissoziationsenergie des F_2 $D_0 = 37{,}4 \pm 1$ kcal/Mol. Brechzahl $n_r - 1 = (214 \pm 2) \cdot 10^{-6}$ für Na_D-Licht unter Normalbedingungen. DK. des fl. F_2 beim Kp. 1,43. Durchmesser des F_2-Mol. $d_0 = 3{,}37 \pm 0{,}04$ Å. Elektronenaffinität des F-Atoms $A^-{}_J = 81{,}2 \pm 2$ kcal/Mol. (Angew. Chem. **66.** 701—10. 21/11. 1954. Göttingen, Univ., Physikal.-chem. Inst.) E. FORCHE. 246

R. Klement und **G. Biberacher,** *Die Darstellung von Imidodiphosphat und Nitridotriphosphat.* Wasserfreies $Na_2PO_3NH_2$ (I) setzt sich im Hochvakuum bei 210° im Laufe von 7 Tagen gemäß 2 I $\rightarrow NH_3 + Na_2O_3PNHPO_3Na_2$ (II) zu Natriumimidodiphosphat

(II), um, während wasserhaltiges I dabei gleichzeitig einen Austausch der NH-Gruppe gegen O erfährt. I war nur in öliger Form bekannt (STOKES, Amer. chem. J. **15.** [1893.] 198) u. konnte aus $H_2NPO(OC_6H_5)_2$ direkt mit NaOH u. Ausfällen mit A. oder auch über $Ag_2PO_3NH_2$ mit NaBr als Hexahydrat krist. gewonnen u. im Hochvakuum bei 65—70° in das wasserfreie Salz übergeführt werden. Es gelang auch, das von STOKES (l. c.) als ölig beschriebene $K_2PO_3NH_2$ aus $KHPO_3NH_2$ u. KOH krist. darzustellen. Geringe Anteile von $Na_4P_2O_7$ in **II** lassen sich durch fraktionierte Fällung aus Aceton entfernen. $Ag_2PO_3NH_2$ kondensiert sich bei 180° ebenfalls unter NH_3-Abspaltung. Das resultierende $Ag_4P_2O_6NH$ ist jedoch durch $Ag_4P_2O_7$ verunreinigt, es geht bei 200° in offenem Gefäß in 8 Std. vollständig in $Ag_4P_2O_7$ über, wird beim Erhitzen im geschlossenen Gefäß unter weiterer NH_3-Abspaltung schwarz u. läßt sich durch NaBr in **II** überführen. Aus wss. Lsgg. krist. **II** mit 10 H_2O. $Na_4P_2O_7$ u. **II**, wie auch ihre Dekahydrate, sind isotyp u. zeigen gleiche Debyogramme. **II** ist wesentlich leichter wasserlösl. als $Na_4P_2O_7$, die Lsg. reagiert alkal. (0,1 mol. Lsg. $\sim p_H$ 11), in der Siedehitze tritt Hydrolyse gemäß **II** + $H_2O \rightarrow$ I + Na_2HPO_4, in saurer Lsg. nach $P_2O_6NH^{4-} + 3H^+ + 2H_2O \rightarrow NH_4^+ + 2H_2PO_4^-$ auf. Mit Hilfe eines Kationenaustauscherharzes (Lewatit KNS) wird aus **II** Imidodiphosphorsäure, $H_4P_2O_6NH$, frei gemacht, die sich bis zu einer hochviscosen M. eindampfen läßt, aber nicht kristallisiert. Bei 450° gehen **I** u. auch **II** unter NH_3-Abspaltung in Na-Nitridophosphat, $N(PO_3Na_2)_3$, über; die leicht wasserlösl. Verb. hydrolysiert schnell in **I** u. Na_2HPO_4. — Die Einheitlichkeit der Verbb. wie auch der Charakter ihrer Umsetzungsprodd. wurde papierchromatograph. geprüft. (Z. anorg. allg. Chem. **283.** 246—56. Jan. 1956. Regensburg, Phil.-Theol. Hochsch., Inst. für anorgan. u. analyt. Chem.) U. WANNAGAT. 264

A. Je. Arbusow und **W. M. Soroasstrowa,** *Komplexverbindungen von Estern der phosphorigen Säure.* 1. Mitt. *Verbindungen mit Kupfer-, Silber- und Goldsalzen.* (Vgl. C. **1953.** 7040.) Durch kryoskop. Best. in Bzl. wurden folgende Werte für das Mol.-Gew. (in Klammer berechneter Wert) ermittelt: $[CuCl \cdot P(O\text{-}iso\text{-}C_3H_7)_3]_3$ —921,6 (921,57); $[CuBr \cdot P(O\text{-}iso\text{-}C_3H_7)_3]_3$ —1059,8 (1054,9); $[CuJ \cdot P(O\text{-}iso\text{-}C_3H_7)_3]_3$ —1192,6 (1195,98); $[CuCl \cdot P(OC_6H_5)_3]_3$ —1220,1 (1227,5); $[CuBr \cdot P(OC_6H_5)_3]_3$ —1363,8; 1342,4 (1360,8); $[CuCNS \cdot P(O\text{-}iso\text{-}C_3H_7)_3]_3$ (erstmalig hergestellt) —1047,8 (989,4); F. 95—96°. Die Komplexe $CuX \cdot P(OR)_3$ haben ein 3faches Mol. u. unterscheiden sich von den ähnlichen Komplexen mit Phosphinen ($CuX \cdot PR_3$), die ein 4faches Mol. aufweisen. Aus den Werten für das Mol.-Gew. der Komplexe $CuX \cdot 2P(OR)_3$, die erstmalig in Bzl. bestimmt wurden, ergibt sich ein einfaches Mol.: $CuCl \cdot 2P(OC_6H_5)_3$ —606,3 (719,2); $CuBr \cdot 2P(OC_6H_5)_3$ —697,4 (763,7); $CuJ \cdot 2P(OC_6H_5)_3$ —713,1 (810,7). Für die bisher nicht beschriebenen Komplexe von AgX mit Isopropylphosphit wurden in Bzl. nachst. Mol.-Geww. erhalten: $[AgCl \cdot P(O\text{-}iso\text{-}C_3H_7)_3]_3$ —814,4 (1054); $[AgBr \cdot P(O\text{-}iso\text{-}C_3H_7)_3]_3$ —1233,3 (1187,9); $[AgJ \cdot P(O\text{-}iso\text{-}C_3H_7)_3]_3$ —1326,9 (1328,9). Diese Komplexe besitzen demnach ein 3faches Molekül. Die entsprechenden Phenylkomplexe konnten nicht erhalten werden. Durch Einw. von $P(OC_6H_5)_3$ auf $AuCl \cdot PCl_3$ wurde der Komplex $(C_6H_5O)_3P \cdot AuCl$, F. 103°, Mol.-Gew. 514,4 (542,5), erhalten. Gleich dem Komplex $(CH_3O)_3P \cdot AuCl$, Mol.-Gew. 348 (356,7), weist dieser Komplex ein einfaches Mol. auf. Aus *α-Methyltrimethylenglykolphosphorigsäurebenzylester* u. CuCNS wurde der Komplex $(CH_2)_2CH(CH_3)O_2 \cdot POCH_2 \cdot C_6H_5 \cdot CuCNS$ gewonnen, F. 150—152° (Zers.); unlösl. in W., lösl. in A., Ae., Aceton u. Dioxan. (Известия Академии Наук СССР, Отделение Химических Наук [Nachr. Akad. Wiss. UdSSR, Abt. chem. Wiss.] **1952.** 809—17. Sept./Okt. Kasan, Uljanow-Lenin-Univ., Wiss. Chem. Butlerow-Forschungsinst.) O. LEBTAG. 264

A. Je. Arbusow und **W. M. Soroasstrowa,** *Komplexverbindungen von Estern der phosphorigen Säure.* 2. Mitt. *Komplexverbindungen mit den Salzen des zweiwertigen Platins.* (1. vgl. vorst. Ref.) Durch Einw. von $PtCl_2$ (**I**) auf verschied. Trialkylphosphite wurden die Komplexe $PtCl_2 \cdot 2P(OR)_3$ (R = CH_3, C_2H_5, iso-C_3H_7 oder C_6H_5) erhalten, die im Fall von CH_3 u. C_2H_5 mit den Komplexen aus CH_3OH (**II**) bzw. A. u. $PtCl_2 \cdot 2PCl_3$ (**III**) ident. waren. Bei der Rk. von $PtCl_2 \cdot 2P(OC_2H_5)_3$ (**IV**) u. $PtCl_2 \cdot 2P(O\text{-}iso\text{-}C_3H_7)_3$ (**V**) mit KJ wurden die entsprechenden Jodide erhalten. Die Einw. von *Thioharnstoff* (**VI**) auf $PtCl_2 \cdot 2P(OCH_3)_3$ (**VII**), **IV** oder **V** wurden krist. Verbb. der Formel **A** (R = CH_3, C_2H_5, iso-C_3H_7) erhalten. Der F. des aus **III** oder aus **I** u. *Triäthylphosphit* (**VIII**) gewonnenen **IV** stimmt mit dem des Komplexes aus **VIII** u. $K_2[PtCl_4]$ überein.

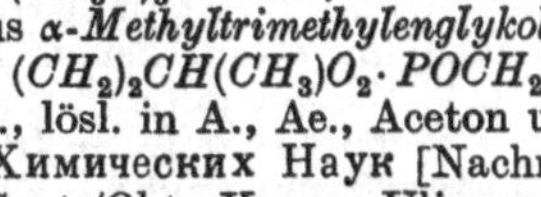

A

V e r s u c h e: $PtCl_2 \cdot PCl_3$ (**IX**), F. 170—173° (Zers.), durch 2std. Erhitzen von Pt-Schwarz u. PCl_5 auf 230°, Ausziehen mit Bzl. u. Eindampfen in trockenem CO_2-Strom. — $PtCl_2 \cdot 2PCl_3$ (**III**), F. ~160°, durch Zugabe von überschüssigem PCl_3 zu **IX**, dessen Vakuumentfernung im trockenen CO_2-Strom u. Umkristallisieren aus Benzol.

$PtCl_2 \cdot P(OCH_3)_3$ (**X**), F. 131—132° (Zers.), aus **IX** u. wasserfreiem **II**; nach Vakuumentfernung von **II**-Überschuß u. HCl in CO_2 u. Umkristallisieren aus Bzl. orangegelbe Kristalle, unlösl. in W., lösl. in Ae., A., Bzl. u. **II**. — $PtCl_2 \cdot 2P(OCH_3)_3$ (**VII**), F. 137 bis 138°, aus **IX** u. trockenem **II**; nach Vakuumentfernung des **II**-Überschusses u. Umkristallisieren aus **II** farblose Kristalle. — **VII**, F. 137°, aus Trimethylphosphit (**XI**) in Bzl. u. **I**; als Nebenprod. farblose halogenfreie Kristalle unbekannter Zus., F. 171—172°. — $PtCl_2 \cdot P(OC_2H_5)_3$, F. 83°, ähnlich wie **X** aus **I** u. trockenem A. als orangerote Kristalle. — $PtCl_2 \cdot 2P(OC_2H_5)_3$ (**IV**), F. 59—60°, aus **III** u. wasserfreiem A.; nach Vakuumentfernung von HCl u. A. nach Umkristallisieren aus wss. A. farblose Kristalle. Aus **I** u. **VIII** erhält man direkt **IV**, F. 59°. — $PtCl_2 \cdot 2P(O\text{-iso-}C_3H_7)$ (**V**), F. 132—133°, durch Auflösung des Reaktionsprod. von 1 oder 2 Mol *Isopropylphosphit* (**XI**) u. 1 Mol **I** in absol. **II**, Abtrennung des **I**-Überschusses u. wiederholtes Umkristallisieren aus **II** mit Tierkohle als farblose Substanz; schwerlösl. in W., lösl. in Bzl., Ae., A. u. **II**; Mol.-Gew. 644. — $PtCl_2 \cdot 2P(OC_6H_5)_3$, F. 190—191° (Zers.), aus 1 oder 2 Mol Triphenylphosphit in Bzl. u. 1 Mol **I** durch Umkristallisieren der Kristalle aus der erkalteten Lsg. in Bzl. als farblose Prismen; Mol.-Gew. 868,1; unlösl. in W., schwerlösl. in Ae., leichtlösl. in Aceton, heißem A., heißem Bzl. u. Dioxan. — $PtJ_2 \cdot 2P(OCH_3)_3$, F. 145—147°, durch Zugabe von KJ-Lsg. zur heißen **VII**-Lsg. in **II** u. Umkristallisieren aus **II** als hellgelbe Kristalle, unlösl. in W., lösl. in heißem A., Aceton, Bzl., schwerlösl. in Äther. — $PtJ_2 \cdot 2P(OC_2H_5)_3$, F. 85—86°, wie oben aus **IV** u. **I**; unlösl. in W., lösl. in Ae., Bzl. u. Aceton. — $PtJ_2 \cdot 2P(OC_3H_7\text{-iso})$, F. 137°, durch Zugabe von KJ-Lsg. zur **V**-Lsg. in absol. **II**. — $C_5H_{19}O_3PPtS_3N_6Cl_2$ (vgl. Formel **A**), F. 150—153° (Zers.), durch Zugabe von konz. HCl zur Lsg. von **VII** u. **VI** als gelbe Kristalle. — $C_7H_{23}O_3PPtS_3N_6Cl_2$ (vgl. Formel **A**), F. ~185° (Zers.), durch Zugabe von konz. HCl zur Lsg. von **IV** u. **VI**; lösl. in A., schwerlösl. in W., unlösl. in Ae., Bzl., Aceton. — $C_9H_{27}O_3PPtS_3N_6Cl_2$ (Formel **A**), F. 185—187° (Zers.), wie oben aus **V** u. **VI**. (Известия Академии Наук СССР, Отделение Химических Наук [Nachr. Akad. Wiss. UdSSR, Abt. chem. Wiss.] **1952**. 818—25. Sept./Okt.) O. LEBTAG. 264

A. Je. Arbusow und **W. M. Soroasstrowa**, *Komplexverbindungen von Estern der phosphorigen Säure.* 3. Mitt. *Komplexverbindungen mit Quecksilbersalzen.* (2. vgl. vorst. Ref.) Untersucht wurde die Wrkg. von $HgCl_2$ (**I**), $HgBr_2$ (**II**) u. HgJ_2 (**III**) auf *Trimethylphosphit* (**IV**), *Triäthylphosphit* (**V**), *Tri-n-propylphosphit* (**VI**), *Tri-iso-propylphosphit* (**VII**) u. *Triphenylphosphit* (**VIII**). **I**, **II** u. **III** reagieren mit den Estern unter Temperaturerhöhung. Weniger energ. verläuft die Rk. mit **VIII**. Mit Ausnahme von **VI** u. **VIII** (diese liefern mit **I** u. **II** nicht näher untersuchten zähen Sirup) liefern alle Ester an der Luft sich zers. Kristalle (**VII** gelb, sonst farblos). Die kryoskop. Best. des Mol.-Gew. in Bzl. ergibt für die Reaktionsprodd. bei 1 Hg-Salz u. 1 oder 2 Ester (in Mol) ein verdoppeltes Mol. von 1 Hg-Salz u. 1 Ester, entsprechend dem Phosphinkomplex $[(R_3P)_2 \cdot (HgX_2)_2]$. Am beständigsten sind die Cl-Komplexe, am unbeständigsten die J-Komplexe. Bei der Rk. zwischen **I** u. **IV** bzw. **V** entstehen als Nebenprodd. $(CH_3O)_3P \cdot 2HgCl_2$ (**IX**) bzw. $(C_2H_5O)_3P \cdot 2HgCl_2$ (**X**), entsprechend den Phosphinkomplexen $[(R_3P)_2(HgX_2)_4]$.

V e r s u c h e: $[(CH_3O)_3P \cdot HgCl_2]_2$, F. 78—84° (Zers.), aus 1 Mol **I** u. 1 Mol **IV**, Behandlung mit trockenem Ae., keine Best. des Mol.-Gewichtes. — $(CH_3O)_3P \cdot 2HgCl_2$ (**IX**), F. 114° (Zers.), durch Extraktion des Rückstandes nach obiger Ae.-Behandlung mit Bzl.; weiße Kristalle. — $[(CH_3O)_3P \cdot HgBr_2]_2$, F. 107—109° (Zers.), aus **IV** u. **II** unter Selbsterwärmung auf 53—55°, Behandlung mit Bzl. u. Ae.; farblose Prismen. — $[(C_2H_5 \cdot O)_3P \cdot HgCl_2]_2$, F. 73—75° (Zers.), aus je 1 Mol **V** u. **I** bei Selbsterwärmung auf 50—53°; nach Behandeln mit Bzl.-Ae.-Gemisch farblose Kristalle; Mol.-Gew. 812,9. — $(C_2H_5O)_3P \cdot 2HgCl_2$ (**X**), F. 93—96° (Zers.), durch Behandeln des in Ae. + Bzl. unlösl. Rückstandes mit heißem Benzol. — $[(C_2H_5O)_3P \cdot HgBr_2]_2$, F. 69—73° (Zers., aus Bzl. u. Heptan), durch Behandeln des Reaktionsprod. von **II** u. **V** mit trockenem Ae. als glänzende Kristalle. — $[(iso\text{-}C_3H_7O)_3P \cdot HgCl_2]_2$, F. 117—118° (Zers.), durch Extraktion des Reaktionsprod. von 1 Mol **I** u. 1 oder 2 Mol **VII** (Selbsterwärmung auf 42—44°) mit Bzl. u. Fällung mit Ligroin; farblose Prismen, unlösl. in W., lösl. in organ. Lösungsmitteln; Mol.-Gew. 895. — $[(iso\text{-}C_3H_7O)_3P \cdot HgBr_2]_2$, F. 128—130° (Zers.), durch wiederholtes Umkristallisieren des Reaktionsprod. von 1 Mol **II** u. 1 oder 2 Mol **VII** aus Bzl. + Heptan; farblose Prismen; Mol.-Gew. 1031,2. — $[(iso\text{-}C_3H_7O)_3P \cdot HgJ_2]_2$, F. ~120° (Zers.), durch Auflsg. des Reaktionsprod. von je 1 Mol **III** u. **VII** (Selbsterwärmung auf 40°) in Bzl., Filtration, rasche Verdampfung des Bzl. u. Zugabe von n-Heptan; citronengelbe Nadeln; an der Luft nach 30 Min. orange. (Известия Академии Наук СССР, Отделение Химических Наук [Nachr. Akad. Wiss. UdSSR, Abt. chem. Wiss.] **1952**. 826—30. Sept./Okt.)

O. LEBTAG. 264

W. J. Smothers, R. F. Kruh, J. K. Carlton und **Yao Chiang**, *Eine Untersuchung der Phasenumwandlungen des Natriumhydroxyds.* Vff. verfolgen die Phasenumwandlung von

NaOH mit Hilfe der differentiellen Thermoanalyse, mkr. bei höheren Tempp. u. röntgenograph. mit einer Hochtemperaturkamera. Die Unters. ergibt folgenden Umwandlungsablauf: Das Monohydrat $NaOH \cdot H_2O$ schm. nach der DTA-Kurve bei 57°, nach der mkr. u. röntgenograph. Indizierung bei 65°. Anschließend verdampft das W.; die fl. Phase ist nach dem mkr. Bild bei 75° völlig verschwunden, das Debyeogramm zeigt die Bldg. von α-NaOH an. Das α-NaOH wandelt sich bei ca. 300° in die β-Form um, die bei 315° schmilzt. Dem β-NaOH wird eine kub. Symmetrie mit einer Gitterkonstanten von 11,0 Å zugeschrieben. (J. appl. Chem. **4.** 268—73. Mai 1954. Fayetteville, Ark., Univ., Inst. of Sci. and Technol.) H. KNOLL. 274

B. A. Beremshanow, A. A. Uwalijewa und **A. B. Bekturow,** *Untersuchung des Gleichgewichtes des Systems Na_2S–Na_2CO_3–H_2O.* Die Verss. wurden mit entwässertem *Na_2S* (**I**; 78,8%) u. mit 2mal umkrist., entwässertem *Na_2CO_3* (**II**; 99,84%) bei 30, 60 u. 80° durchgeführt. Die euton. Punkte der 3 Isothermen zeigen folgenden **II**-Geh.: bei 30° 10—16%, bei 60° 6,70% u. bei 80° 4,46%. Bei 30° stellte sich das Gleichgewicht innerhalb von 4 Std. ein. Mit steigender **I**-Konz. sinkt die **II**-Löslichkeit sehr stark. In gesätt. **I**-Lsg. sinkt die **II**-Löslichkeit mit steigender Temperatur. Die **II**-Löslichkeit beträgt im Syst.: bei 30° 10—16%, bei 60° 6,70%, bei 80° 4,46%. Zur Erhaltung stärker konz. **I**-Laugen mit möglichst wenig **II**-Geh. ist es zweckmäßig, bei höheren Tempp. als 80° zu arbeiten. (Известия Академии Наук Казахской ССР, Серия Химическая [Nachr. Akad. Wiss. KasachSSR, Ser. Chem.] **1955.** Nr. 8. 50—53.) OTTO MAIER. 274

A. W. Nowosselowa und **A. Ss. Paschinkin,** *Verbindungen von Dioxan mit Berylliumhalogeniden.* Bei Zusatz eines Überschusses an wasserfreiem *Dioxan* (**I**) zur Lsg. von *$BeCl_2$* (**II**) oder *$BeBr_2$* (**III**) in absol. Ae. werden als reichlicher, feinkrist. Nd. die Verbb. des **I** mit **II** bzw. **III** erhalten: $BeCl_2(BeBr_2) \cdot C_4H_8O_2$. Sie zerfließen leicht an der Luft, **I**·**III** raucht an der Luft. Über konz. H_2SO_4 verlieren sie merklich **I**, das vermutlich als $C_4H_8O_2 \cdot H_2SO_4$ absorbiert wird. Mit W. erfolgt Zers. mit Abgabe von Halogenwasserstoff. Die Prodd. sind in absol. A. u. Glykol lösl., weniger in Butanol, wenig in Aceton, Ae., **I** u. Benzol. (Вестник Московского Университета, Серия Физико-Математических и Естественных Наук [Nachr. Moskauer Univ.] **9.** Nr. 5. [physik.-math. naturwiss. Ser.] Nr. 3. 75—76. Mai 1954. Moskau, Univ., Lehrstuhl für anorgan. Chem.) R. K. MÜLLER. 281

Robert E. Connick und **Maak-Sang Tsao,** *Komplexbildung des Magnesiumions mit dem Fluoridion.* Vff. untersuchten die Komplexbldg. zwischen Mg^{2+}- u. F^--Ionen. Bei 25° u. einer Ionenkonz. von 0,50 hat der Gleichgewichtsquotient den Wert 20; die Wärmeänderung beträgt 4 ± 2 kcal, die Entropieänderung 19 ± 7 Einheiten. Für die Komplexbldg. mit Ca^{2+}- u. Ba^{2+}-Ionen liegt die obere Grenze des Gleichgewichtsquotienten bei $4 \cdot 10^{-3}$ bzw. $1 \cdot 10^{-3}$. — Die graph. Beziehung zwischen dem Logarithmus der Gleichgewichtskonstanten u. dem Ionenradius bei der Komplexbldg. der 2-, 3- u. 4wertigen Kationen mit Fluorid zeigt, daß die Komplexbldg. eine Funktion der Ladung u. des Ionenradius ist u. qualitativ mit dem Bild einer Ionenbindung übereinstimmt. (J. Amer. chem. Soc. **76.** 5311—14. 5/11. 1954. Berkeley, Calif., Univ. of California, Dep. of Chem. and Chem. Engng.) E. FORCHE. 282

Trambaklal Mohanlal Oza und **Vasantrai Trambaklal Oza,** *Die Zersetzung der Hyponitrite von Calcium und Strontium.* (Vgl. C. **1956.** 5496.) Vff. untersuchen die Zers. von SrN_2O_2 u. $CaN_2O_2 \cdot H_2O$ in der Hitze u. bei Ggw. von CO_2. Die therm. Zersetzungsprodd. dieser Salze gleichen denen von $SrN_2O_2 \cdot 5H_2O$ bzw. $CaN_2O_2 \cdot 4H_2O$ (vgl. C. **1954.** 32). Der Einfl. von CO_2 variiert mit der Art u. dem Grad der Trockenheit der Salze; sind diese vorher intensiv getrocknet worden, zeigt CO_2 keine Wirkung. Da CO_2 mit N_2O isoster ist, kann es letzteres verdrängen, sofern es die Versuchsbedingungen zulassen. Der Hydratationsgrad der Hyponitrite hat nur geringen Einfl. auf die Natur der Zersetzungsprodd., jedoch sind deren relative Beträge von den Bedingungen der Zers. abhängig. Die charakterist. Zersetzungs-Rkk. sind (1) $MeN_2O_2 \rightarrow MeO + N_2O$ u. (2) $3MeN_2O_2 \rightarrow 2MeO + Me(NO_2)_2 + 2N_2$, die nebeneinander ablaufen. Die Bldg. von Nitrit, N_2O u. N_2 bei der therm. Zers. veranlaßt die Vff., anzunehmen, daß das $H_2N_2O_2$-Mol. in mehreren Formen existiert u. daß in Abhängigkeit von den Versuchsbedingungen die eine oder andere Form überwiegend vorhanden ist. Die gewöhnlich verwendete Formel HO—N:N—OH vermag die Entstehung sämtlicher Zersetzungsprodd. nicht befriedigend zu erklären. (J. physic. Chem. **60.** 192—93. Febr. 1956. Ahmedabad, M. R. Science Inst., Gujarat Coll., Inorg. and Phys. Chem. Labor., u. Bombay, Inst. of Science.) D. ERTEL. 284

J. H. de Boer und **G. M. M. Houben,** *Die Bindung von Wasser in und an Aluminiumoxyd.* Die Dichten u. der Wasserdampfdruck von γ-Al_2O_3 (für chromatograph.

Analyse auf 600—700° erhitzt, Oberfläche 85 m^2/g) werden in Abhängigkeit vom Wassergeh. bestimmt. Die D. zeigt bei der Zus. $5Al_2O_3 \cdot 1H_2O$ (A) eine Knickstelle, während der Dampfdruck bis zu einem höheren Wassergeh. (4%, B) n. verläuft. — Wasserfreies γ-Al_2O liegt als Spinell von der Form $Al_8[Al_{13^1/_3}\square_{2^2/_3})O_{32}$ vor mit $2^2/_3$ Leerstellen (□) pro Elementarzelle. Bei Wasseraufnahme hat es die Form $Al_8[Al_{(13^1/_3-^1/_3x)}H_{(x)}\square_{(2^2/_3-^2/_3x)}] \cdot O_{32}$ (x = 0—4) mit der Grenzform $Al_8(Al_{12}H_4)O_{32}$. Bis zur Zus. A wird alles W. auf diese Weise chem. gebunden. Zwischen A u. B wird nach Ansicht der Vff. das W. auch chem. gebunden, indem durch H-Wanderung ein Austausch von Al u. H-Atomen stattfindet u. sich an der Oberfläche AlO(OH) bildet. Bei höherem Wassergeh. als B wird das W. physikal. gebunden. **E. J. W. Verwey** weist auf die Ähnlichkeit von A mit $5Fe_2O_3 \cdot 1Li_2O$, $5Al_2O_3 \cdot 1Li_2O$ u. $5Fe_2O_3 \cdot 1H_2O$ hin. (Proc. int. Symposium Reactivity Solids **1952**. 237—44, ausg. 1954. Geleen u. Delft, Niederlande.) R. LACMANN. 294

J. M. Birmingham und **G. Wilkinson**, *Die Cyclopentadienide von Scandium, Yttrium und einigen Seltenen Erden.* Es werden die physikal. u. chem. Eigg. der *Cyclopentadienide* von *Sc, Y, La, Ce, Pr, Nd, Sm, Gd, Dy, Er* u. *Yb* untersucht u. diskutiert. Auf die Darst. dieser Verbb. der allg. Formel $(C_5H_5)_3Me$ durch Rk. der entsprechenden *Metallchloride* mit *Na-Cyclopentadienid* (I) in *Tetrahydrofuran* (II)-Lsg. wird kurz eingegangen. Die Verbb. sind krist., unlösl. in PAe., Cyclohexan u. Bzl., etwas lösl. in NH_3, Pyridin, **II**, Glykoldimethyläther u. Dioxan; sie werden durch Luft, CS_2, CCl_4 u. Chlf. schnell zers. u. reagieren mit W. unter Bldg. von *Cyclopentadien* (**III**), Metallhydroxyd u. etwas organ. Polymerisat, mit verd. Säuren unter Aufbrausen u. Entw. von **III**, ferner langsam mit CO_2 u. sofort mit Maleinsäureanhydrid sowie mit Aldehyden u. Ketonen. Mit $FeCl_2$ bei 25° erfolgt in einigen Fällen Rk. unter quantitativer Bldg. von „*Ferrocen*". In fl. NH_3 bilden sich Ammoniakate, die bei 100—150° NH_3 unter Rückbldg. der entsprechenden Cyclopentadienide abspalten. Das Metall ist durch Ionenbindung an den C_5H_5-Ring gebunden. Absorptionsspektren u. magnetochem. Daten für einige der Verbb. sind in Diagrammen u. Tabellen wiedergegeben.

Versuche: Na-Cyclopentadienid (**I**), C_5H_5Na, aus **Na** u. **III** in **II**. — Darst. der nachst. Cyclopentadienide durch 2—4std. Kochen des Gemisches aus 0,04 Mol des entsprechenden wasserfreien Metallchlorids u. 0,2 Mol **I** in 200 ml **II** unter Rückfluß, Abdestillieren von **II** im Vakuum u. Sublimation bei 220—250° (10^{-3} bis 10^{-4} mm): $(C_5H_5)_3Sc$, F. 240°; strohfarben (rot, Farbe der Schmelze); 7,3 g (75%) (Ausbeute). — $(C_5H_5)_3Y$, F. 295°; blaßgelb (grüngelb); 9,7 g (85%). — $(C_5H_5)_3La$, F. 395° (Zers.); 3,3 g (25%). — $(C_5H_5)_3Ce$, F. 435° (Zers.); orange (gelb); 9,6 g (72%). — $(C_5H_5)_3Pr$, F. 415° (Zers.), blaßgrün (grün); 11,1 g (83%). Ammoniakat ca. $(C_5H_5)_3Pr \cdot NH_3$; blaßgrün. — $(C_5H_5)_3Nd$, F. 380°; blaurot; 10,5 g (78%). — $(C_5H_5)_3Sm$, F. 365°; orange; 10,4 g (75%). Ammoniakat ca. $(C_5H_5)_3Sm \cdot NH_3$; gelb. — $(C_5H_5)_3Gd$, F. 350°; gelb; 11,9 g (84%). — $(C_5H_5)_3Dy$, F. 302°; gelb; 12,9 g (85%). — $(C_5H_5)_3Er$, F. 285°; rosa; 12,8 g (88%). — $(C_5H_5)_3Yb$, F. 273° (Zers.); grün; 12,0 g (82%). (J. Amer. chem. Soc. **78**. 42—44. 5/1. 1956. Cambridge, Mass., Harvard Univ., Mallinckrodt Labor.)
H. HOFMANN. 303

Arnold Reisman, Frederic Holtzberg, Sol Triebwasser und **Melvin Berkenblit**, *Darstellung von reinem Kaliummetaniobat.* Vff. geben 2 Methoden an, um $KNbO_3$ in Laboratoriumsmengen herzustellen. Nach der ersten erhält man aus einer Schmelze von K_2CO_3 u. Nb_2O_5 große Aggregate von polykrist. $KNbO_3$, das in geringem Maße red. ist. Nach dem Auslaugen u. Zerreiben fällt ein Prod. von mehr als 99,9% ig. Reinheit an. Wenn man dieses Pulver mit einer Schmelze von K_2CO_3 digeriert, so erhält man nach Extraktion mit W. ein sehr feinkrist. Prod., das nicht red. ist u. auf Grund von Röntgenaufnahmen aus spannungsfreien Kristallen besteht. Es wird ferner eine quantitative Schnellmeth. zur Best. des Nb_2O_5-Geh. von $KNbO_3$ angegeben. (J. Amer. chem. Soc. **78**. 719—20. 20/2. 1956. New York, N. Y., IBM, Watson Labor.) H. W. LEVI. 331

R. Scholder, H. v. Bunsen und **W. Zeiss**, *Über Orthoferrate(IV).* Erhitzt man die aus $Fe_2O_3 \cdot aq$ u. Erdalkalihydroxyden (Me = Sr, Ba) leicht darstellbaren, farblosen, bisher noch nicht beschriebenen Erdalkalihexahydroxoferrate(III), $Me_3[Fe(OH)_6]_2$, im O_2-Strom, so bilden sich dabei Erdalkaliorthoferrate(IV). Sr_2FeO_4 erhält man rein aus $Sr_3[Fe(OH)_6]_2$ u. $Sr(OH)_2$ (Verhältnis 1 : 1,4—2) ab 520°, am günstigsten bei 700—800°, im Sinterkorundschiffchen gemäß $Sr_3[Fe(OH)_6]_2 + Sr(OH)_2 + \frac{1}{2} O_2 \rightarrow 2\,Sr_2FeO_4 + 7\,H_2O$. Überschüssiges $Sr(OH)_2$ läßt sich aus dem Reaktionsprod. durch mehrstd. Schütteln mit absol. CH_3OH bei 0° entfernen. Sr_2FeO_4 ist ein schwarzes, lockeres Pulver, das Debyeogramm zeigt den Linientypus des Sr_2MnO_4. Ab 900° erfolgt stärkere Zers. unter Bldg. von Fe(III), verd. Mineralsäuren lösen leicht unter O_2-Entw., ebenso W. bei längerer Einw.; gegen 83% HNO_3 bei -50^0 ist es indifferent. Eine analoge Darst. des Ba_2FeO_4 ist dadurch erschwert, daß sich bei 350—400° $BaFeO_3$, ab 400° aus $Ba(OH)_2$ das BaO_2 bildet u. überschüssiges $Ba(OH)_2$ nicht mit CH_3OH entfernt werden kann. Ba_2FeO_4 entsteht aus $BaFeO_3$ u. BaO_2 bei 800—900°; am besten jedoch erhitzt man $Ba_3[Fe(OH)_6]_2$ im N_2-Strom auf 900° (→ $BaFe_2O_4$), anschließend bei 800° im O_2Strom. Ba_2FeO_4 ist schwarz, an der Luft verhältnismäßig beständig; W. zers. innerhalb 1 Std., die therm. Zers. erfolgt > 950°. Das Debyeogramm des Ba_2FeO_4 entspricht dem des Ba_2TiO_4. — Aus $Ba_3[Fe(OH)_6]_2 \cdot H_2O$ u. 3 $Ba(OH)_2$, im N_2-Strom 1½ Std. auf 900°, nach Abkühlen u. Pulverisieren im O_2-Strom erneut auf 800° erhitzt, bildet sich schwarzes Tribariumpentaoxoferrat(IV), Ba_3FeO_5, das gegen Luftfeuchtigkeit sehr empfindlich ist u. mit W. vermutlich infolge Disproportionierung zu $BaFeO_4$ einen Farbumschlag nach Kirschrot erleidet. — Bei der Einw. von O_2 auf $Fe_2O_3 : Na_2O = 1 : 4$-Gemische bei 650° entsteht schwarzes, äußerst hygroskop. Na_4FeO_4. Es disproportioniert in verd. NaOH augenblicklich nach $3\,Na_4FeO_4 + 5\,H_2O \rightarrow Na_2FeO_4 + Fe_2O_3 + 10\,NaOH$ u. ist therm. bis 700° im O_2-Strom beständig. (Z. anorg. allg. Chem. **283**. 330—37. Jan. 1956. Karlsruhe, TH, Inst. für anorg. Chem.) U. WANNAGAT. 354

R. Scholder, F. Kindervater und **W. Zeiss,** *Über Metaferrate (IV).* (Vgl. vorst. Ref.) Lassen sich Orthoferrate(IV) zweckmäßig aus Fe(III)-Verbb. darstellen, so geht man für Metaferrate(IV) am günstigsten von Ferraten(VI) aus. Die Metaferrate(IV) sind therm. weniger beständig, ihre Bldg. aus Fe(III) durch Oxydation verläuft nur unvollständig. $BaFeO_3 \cdot aq$ entsteht beim Erwärmen von $BaFeO_4 \cdot aq$ mit 50% KOH auf 90 bis 100° unter starker O_2-Entwicklung. Es ist feinteilig, röntgenamorph, schwarz, enthält stets etwas W. adsorptiv gebunden u. wird durch W. allmählich zersetzt. Krist. $BaFeO_3$ erhält man beim Erhitzen von intensiv getrocknetem $BaFeO_4 \cdot aq$ (2% W.) auf 750—800° im O_2-Strom. Es ist dunkelgrau u. gegen W. sehr beständig; sein Debyeogramm stimmt mit dem des $BaTiO_3$ überein. Gemische aus $Fe_2O_3 + 2\,BaO$, $Fe_2O_3 + 2\,BaCO_3$ oder $Ba(FeO_2)_2 + BaO$ werden bei 700—900° im feuchten O_2-Strom im günstigsten Fall zu 88% Fe(IV) übergeführt. $Ba_3[Fe(OH)_6]_2 \cdot H_2O$ geht bei 280—350° prakt. vollständig in eine schwarze Fe(IV)-Verb. [$BaFeO_3 \cdot ½\,Ba(OH)_2$?] über. $SrFeO_3$, aus $SrFeO_4 \cdot aq$ bei 700—1000° gewonnen, ist grauschwarz, mikrokrist. u. gegen H_2O nicht so indifferent wie $BaFeO_3$. $SrFeO_3 \cdot aq$ läßt sich aus $SrFeO_4 \cdot aq$ mit heißer 50% KOH nicht darstellen, man erhält dabei nur $Fe_2O_3 \cdot aq$, $Sr(OH)_2$ u. O_2. $BaFeO_3$ u. $SrFeO_3$ kristallisieren im Perowskittyp. — Lithiummetaferrat(IV) gewinnt man nach $K_2FeO_4 + 2\,LiOH \rightarrow Li_2FeO_3 + 2\,KOH + ½\,O_2$ bei 300—320° u. nur bei 4fachem LiOH-Überschuß (nach Auswaschen des überschüssigen LiOH mit LiOH-haltigem W., CH_3OH u. A., jeweils bei -8^0) als tiefschwarzes, mit W. rasch unter O_2-Entw. zersetzliches Produkt. — Mit 2 $AgNO_3$ setzt sich K_2FeO_4 glatt zu Silbermetaferrat(IV), 2 KNO_3 u. ½ O_2 um. Das tiefschwarze, feinpulverige Ag_2FeO_3 ist röntgenamorph. $Pb(CH_3COO)_2$ u. $TlNO_3$ wurden durch K_2FeO_4 nur unter Oxydation zu Pb(IV) u. Tl(III) unter Fe_2O_3-Abscheidung umgesetzt. (Z. anorg. allg. Chem. **283**. 338—45. Jan. 1956.) U. WANNAGAT. 354

George W. Schaeffer, John S. Roscoe und **Albert C. Stewart,** *Die Reduktion von Eisen(III)-chlorid mit Lithiumaluminiumhydrid und Lithiumborhydrid: Eisen(II)-borhydrid.* $LiAlH_4$ im Überschuß reagiert mit $FeCl_3$ in A. unter Bldg. von *Fe · 3 Al*, einem pyrophoren Körper, LiCl u. H_2. Der erste Schritt dieser Rk. ist wahrscheinlich die Red. von $FeCl_3$ zu $FeCl_2$ u. die Entstehung von AlH_3. Wenn $FeCl_3$ im Überschuß vorliegt, wird es durch das so gebildete AlH_3 zu $FeCl_2$ red., ist dagegen AlH_3 im Überschuß, so wird intermediär ein $Fe(AlH_4)_2$ hervorgebracht. Diese Verb. konnte nicht isoliert werden, da sie unter H_2-Abgabe sehr schnell zerfällt, aber das Verh. des Syst. läßt sich unter dieser Annahme am besten erklären. In Ggw. des feinverteilten Metalls, das bei der Zers. des $Fe(AlH_4)_2$ entsteht, zerfällt das in der ersten Stufe der Rk. entstandene AlH_3 in Metall u. H_2. Anlog zu der $LiAlH_4$-Rk. red. auch $LiBH_4$ $FeCl_3$, wobei B_2H_6 u. $Fe(BH_4)_2$ entstehen. Das so erhaltene $Fe(BH_4)_2$ ist eine weiße nichtflüchtige feste Substanz, mäßig lösl. in Äther. Bei -10^0 findet langsame, bei 0° schnelle Zers. in B_2H_6, H_2 u. einen pyrophoren Rückstand, der Fe u. B enthält, statt. Die durchgeführten Experimente werden eingehend beschrieben. (J. Amer. chem. Soc. **78**. 729—33. 20/2. 1956. St. Louis, Mo., Univ., Dep. of Chem., u. Chicago, Ill., Dep. of Chem.) H. W. LEVI. 354

Irving Wender, Robert A. Friedel, Raymond Markby und **Heinz W. Sternberg,** *Ein mehrkerniger Eisenkomplex aus Acetylen und Eisenhydrocarbonyl.* Durch Behandlung einer alkal. Lsg. von $NaHFe(CO)_4$ mit C_2H_2 stellten Vff. die Verb. $Fe_2C_{10}H_4O_8$ in 70%ig. Ausbeute her. Die Kristallisation erfolgt als Monohydrat, für die wasserfreie Verb. wird umst. Struktur angenommen. In CS_2 zeigt das Infrarotspektr. dieser Verb. 2 Banden im O—H-Gebiet (3565 u. 3463 cm^{-1}), 3 Banden im Bereich der C—O-Bindung (1271, 1174 u. 1093 cm^{-1}) u. 3 Banden im Gebiet der C≡O-Bindung (1998, 2033 u. 2073 cm^{-1}).

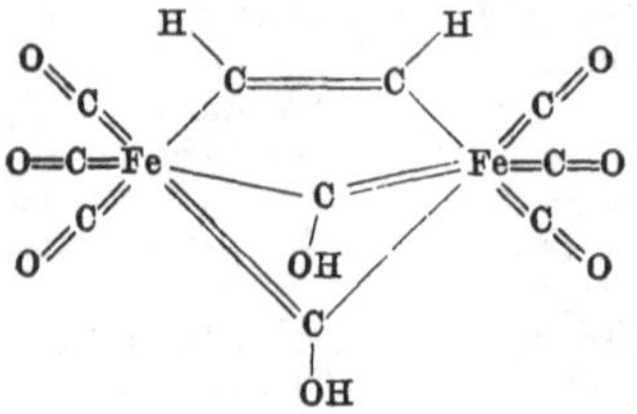

Die p_K-Werte für die beiden H-Atome der Verb. werden zu 6,30 u. 9,14 ermittelt. Bei Zugabe von Benzoylchlorid zu einer Lsg. der Verb. in Pyridin u. Verdünnen der Mischung mit W. wird das Dibenzoat erhalten, das in gelben Kristallen ausfällt u. bei 156° unter Zers. schmilzt. Vff. vermuten, daß in diesem Komplex alle σ-Bindungen Fe—C durch d^2sp^3-Hybridbahnen gebildet werden. Eine andere Bindungsmöglichkeit besteht in der Bldg. von Fe—C-Bindungen durch unhybridisierte Bahnen, wenn das C-Atom zum C_2H_2 u. durch dsp^3-Bahnen zu den anderen C-Atomen gehört. (J. Amer. chem. Soc. **77.** 4946—47. 20/9. 1955. Bruceton, Pa., Bur. of Mines, Reg. V, Div. of Solid Fuels Technol., Central Exp. Stat., Branch of Coal-to-Oil Res.) H.-U. Woelk. 354

Léon Vareille, *Eisen(III)–Phenol-Komplexe.* 3. Mitt. *Eisen(III)–Salicylsäure-Komplexe.* (2. vgl. C. **1956.** 2114.) Vf. wendet die Meth. der Punkte gleicher Absorption auf die Unters. der Eisen(III)–Salicylsäure-Komplexe an, für deren Bldg. folgende Gleichungen angenommen werden können: Fe^{3+} + sal H^- ⇌ Fe sal^+ + H^+; Fe sal^+ + sal H^- ⇌ $Fe(sal)_2^-$ + H^+ u. $Fe(sal)_2^-$ + sal H^- ⇌ $Fe(sal)_3^{3-}$ + H^+. Die sich aus den Unterss. ergebenden Komplexbildungskonstanten pK'_{1-3} betragen 2,5 ± 0,25; —2,9 u. —4,9 u. werden mit anderen aus der Literatur bekannten verglichen. (Bull. Soc. chim. France, Mém. [5] **1955.** 1493—95. Nov./Dez. École Sup. de Phys. et Chim., Labor. de Chim. Analyt.) W. Niemitz. 354

Léon Vareille, *Eisen(III)–Phenol-Komplexe.* 4. Mitt. *Eisen(III)–Tiron-Komplexe.* (3. vgl. vorst. Ref.) Vf. wendet die Meth. der Punkte gleicher Absorption auf die Unters. der zwischen Fe(III) u. *Tiron* (Na-Salz des Brenzcatechindisulfonats) gebildeten Komplexe an, für deren Bldg. folgende Gleichungen gelten: Fe^{3+} + $C_6H_2(OH)_2(SO^-)_2$ ⇌ Fe $tiron^-$ (blau) + 2 H^+; Fe $tiron^-$ + tiron H^{2-} ⇌ $Fe(tiron)_2^{5-}$ (violett) + 2 H^+ u. $Fe(tiron)_2^{5-}$ + tiron H^{2-} ⇌ $Fe(tiron)_3^{9-}$ (rot) + 2 H^+. Die sich aus den Unterss. ergebenden Komplexbildungskonstanten pK'_{1-3} betragen 0,5 ± 0,2; —4,9 u. —8,8 ± 0,4 u. werden mit anderen aus der Literatur bekannten verglichen. (Bull. Soc. chim. France, Mém. [5] **1955.** 1496—98. Nov./Dez.) W. Niemitz. 354

C. Shudhir Shaw, *Physikalisch-chemische Untersuchungen der Nickelamminkomplexbildung in Lösung.* 3. Mitt. *Nickelamminchlorid.* (2. vgl. C. **1956.** 4947.) Vf. untersucht das Syst. $NiCl_2$–NH_4Cl–NH_3 in W. bei 30° in den Konzentrationsverhältnissen 1 : 2 : 0—18. Die Existenz von *Ni-Diamminochlorid* (**I**), *Ni-Tetramminochlorid* (**II**) u. *Ni-Hexamminochlorid* (**III**) bei den Konzentrationsverhältnissen $NiCl_2$: NH_3= (**I** 1 : 2,5; **II** 1 : 5,5; **III** 1 : 9,5) wird nachgewiesen durch Best. der NH_3-Verteilung zwischen einer wss. u. einer amylalkoh. Schicht, der Wellenlänge der maximalen Extinktion, der elektr. Leitfähigkeit, des Elektrodenpotentials u. der Reaktionswärmen. Aus der Messung der NH_3-Verteilung ergeben sich folgende Instabilitätskonstanten: **I** ca. 10^{-7}; **II** (2—9)·10^{-13}; **III** (1—9)·10^{-16}. Aus den gemessenen Reaktionswärmen berechnet Vf. folgende mol. Bildungswärmen: **I** 5084 cal; **II** 7884 cal; **III** 10682 cal. Die Existenzbereiche von **I**, **II** u. **III** in den Systemen $NiCl_2$–NH_3 u. Ni-Amminchlorid–NH_3 werden angegeben. (Z. physik. Chem. **205.** 6—15. Okt. 1955. Allahabad, India, Univ. of Allahabad.) R. Lacmann. 356

W. H. McCurdy und **G. Frederick Smith,** *1.10-Phenanthrolin und Mono-, Di-, Tri- und Tetramethylphenanthrolin als Chelate in komplexen Cu-Kationen.* Vff. unternahmen umfassende Unterss. von 28 verschied. Mono-, Di-, Tri- u. Tetramethyl-1.10-phenanthrolin-Cu(I)-Komplexen. Es wurden die p_H-Abhängigkeit der Komplexbldg. untersucht, die Absorptionsmaxima der Komplexe im Sichtbaren u. UV, die Extinktionskoeffizienten u. die Verteilungskoeffizienten speziell für den Cu(I)-Komplex des 2.9-Dimethylderiv. zwischen W./n-Amylalkohol, W./iso-Amylalkohol u. W./n-Hexylalkohol bestimmt u. die Ergebnisse hinsichtlich der analyt. Verwendbarkeit der Komplexe diskutiert. Es gibt Mono- u. Di-Komplexe. Die ersteren bilden sich in saurer Lsg. u. absorbieren nicht im Sichtbaren. Die Wellenlänge (λ) der Absorptionsmaxima der Komplexe ändert sich in bestimmter Weise bei Substitution des H durch CH_3, so daß sich bei Kenntnis der λ der Cu(I)-Komplexe mit 1.10-Phenanthrolin (**I**) u. seinen Monomethylderivv. die λ der Komplexe mit mehrfach methylsubstituiertem **I** vorhersagen lassen. Die Änderung der Chelateigg. des **I** bei Substitution eines H durch Alkylgruppen (CH_3 u. C_6H_5) werden an Hand der Kupfer- u. Eisenkomplexe kurz diskutiert. (Analyst **77.** 846—58. Dez. 1952. Urbana, Ill., Univ., Noyes Chem. Labor.) H.-G. Plust. 358

I. K. Towmassjan und **K. I. Pokotilo,** *Bestimmung der chemischen Gleichgewichtskonstanten der reziproken Systeme Ag, Na ‖ Cl, Br und Ag, K ‖ Br, J in Schmelzen.* Die

Best. des Gleichgewichts nach dem thermograph. Verf. erfordert die Best. der Gleichgewichtskonstanten aus den Temperatursprüngen beim Erhitzen (Schmelzen) verschied. Mengen der Komponenten, wonach aus dem Thermogramm die Zus. im Gleichgewicht abgelesen wird. In beiden Systemen **A** (Ag, Na/Cl, Br) u. **B** (Ag, K/Br, J) wurden insgesamt je 0,03 Mol Gemisch geschmolzen, die Temperatursprünge wurden im Syst. **A** bei 772, **B** bei 750° bestimmt. Die beiden Systeme zeigten erhebliche Unterschiede: während bei **A** die Temperatursprünge gleich waren, wenn man vom Gemisch zweier Salzpaare mit gleichem Anion oder Kation ausging, verhielt sich **B** abweichend. Für **A** ist daher $K_{772} = N_{AgBr} \cdot N_{NaCl}/N_{AgCl} \cdot N_{NaBr} = 1$, d. h. bei je 25 Mol-% (0,0075 Mol) der Komponenten. Bei Syst. **B** (vgl. PALKIN 1930) wurden verschied. Konstanten gefunden: bei Paaren mit gleichem Anion trat Gleichgewicht bei je 0,0114 Mol AgJ u. KBr u. 0,0036 Mol AgBr u. KJ ein, $K_{750} = 10{,}028$; bei Paaren mit gleichem Kation bei 0,0090 Mol AgJ u. KBr u. je 0,0060 Mol AgBr u. KJ, $K_{750} = 2{,}25$. Der wahre K-Wert liegt zwischen beiden K-Werten. In **B** wirkte die Komplexbldg. 4 AgJ·KJ störend. (Журнал Физической Химии [J. physik. Chem.] **27.** 1471—75. Okt. 1953. Rostow/Don, Pädagog. Inst.)
A. V. WILPERT. 359

Eberhard Weise und **Wilhelm Klemm,** *Fluorokomplexe des Rutheniums.* (Vgl. C. **1954.** 5959.) Durch Umsetzung von Gemischen aus $RuCl_3$ u. Alkalichloriden (Alkalimetall : Ru = 1 : 1) mit elementarem F_2 bei 350° wurden die Verbb. *$KRuF_6$*, *$RbRuF_6$* u. *$CsRuF_6$* mit fünfwertigem Ru dargestellt. Aus Gemischen mit einem Atomverhältnis K : Ru von 2 : 1 entsteht ein Gemisch aus $KRuF_6$ u. KF_x (vgl. HEPWORTH, PEACOCK u. ROBINSON, C. **1954.** 10900). Die Fluorierung eines 1 : 1-Gemisches aus $BaCl_2$ u. $RuCl_3$ bei 350° lieferte die Verb. *$BaRuF_6$* mit vierwertigem Ru. — Die Gitterkonstanten der dargestellten Verbb. wurden bestimmt u. die magnet. Eigg. diskutiert. Die Verbb. $Me^{I}Ru^{V}F_6$ u. $Me^{II}Ru^{IV}F_6$ kristallisieren im rhomboedr. $BaGeF_6$-Typ mit der Raumgruppe D^5_{3d}–R $\bar{3}$m. (Z. anorg. allg. Chem. **279.** 74—83. März 1955. Münster/Westf., Univ., Anorgan.-chem. Inst.)
E. FORCHE. 363

A₉. Mineralogische und geologische Chemie.

H. Huttenlocher, Th. Hügi und **W. Nowacki,** *Röntgenographische und spektrographische Untersuchungen an Bazzit.* Ausführliche Wiedergabe der C. **1955.** 10945 referierten Arbeit. (Schweiz. mineralog. petrogr. Mitt. **34.** 501—04. 1954.)
C. GOTTFRIED. 372

Taneki Tokuda und **Tsune-ichi Kashida,** *Das Atomgewicht des Sauerstoffs in natürlichen Mineralien.* 2. Mitt. *Metamorphe Silicatmineralien.* (1. vgl. C. **1956.** 6899.) Bei der Unters. des At.-Gew. von aus Silicatmineralien (Beryll, Vesuvian, Talk, Chlorit, Turmalin, Pyrophyllit, Mikroklin, Augit, Allanit, Topas, Kaolinit u. Diatomeenerde) verschied. Herkunft stammenden O erfolgt die Umsetzung des gebundenen O zu W. nach der Rk. $SiO_2 + 4\,KHF_2 = K_2SiF_6 + 2\,KF + 2\,H_2O$. Zu diesem Zwecke wird das feingepulverte Mineral mit der geeigneten Menge KHF_2 in einem Kupfergefäß auf ca. 230° erhitzt. Nach ca. 30 Min. ist der O des Silicats quantitativ in W. übergeführt. Die D. dieses W. wird mit der von gewöhnlichem Leitungswasser (Osaka) verglichen, nachdem beide Wassersorten gereinigt worden waren. Die Resultate zeigen, daß der O der Silicatmineralien immer etwas schwerer ist (0,4—3,4 p.p.m.) als der O des gewöhnlichen Wassers; der Unterschied ist jedoch nicht so groß wie bei den Carbonatmineralen. In der Isotopenzus. des O konnte bei vulkan. u. metamorphen Gesteinen kein merklicher Unterschied gefunden werden. (Collect. Pap. Fac. Sci., Osaka Univ., Ser. C **11.** 6(1)—6(2). 1943/1949, ausg. 1950.)
H. GEDSCHOLD. 378

Ichikazu Hayase, *Relative geologische Altersmessungen an Graniten durch pleochroitische Höfe und die Radioaktivität der Minerale in ihren Kernen.* Von verschied. Graniten wurden einseitig nicht abgedeckte Dünnschliffe hergestellt. Auf diese wurde nach besonderer Markierung eine Kernplatte der japan. FUJI PHOTO FILM CO. aufgebracht u. vier Wochen belichtet. Die durch die α-Strahlung erzeugten Schwärzungen wurden mit den bei 150facher Vergrößerung mkr. ermittelten pleochroit. Höfen zur Deckung gebracht. Der Tanakamyana-Granit zeigt vom Masutoni-Granit abweichende Werte der Radioaktivität u. hat demzufolge ein anderes geolog. Alter. (Amer. Mineralogist **39.** 761—72. Sept./Okt. 1954. Kyoto, Japan, Univ., Fac. of Sci., Geol. and Mineral. Inst.)
K. LÖFFLER. 378

W. I. Lebedew, *Prozesse der Veränderung basischer Gesteine (in Verbindung mit dem Problem der Granitisierung).* An den bas. Gesteinen von Nordkarelien wird gezeigt, daß ihre Veränderungen mit einer Migmatisierung u. Granitisierung aller Gesteine zusammenhängen. Die Vorstellung von der leichten Beweglichkeit von Si^{4+} als Folge der geringen Größe ist unhaltbar, da Si nur als SiO_4^{4-} beweglich wird. Die Prozesse der Pyroxenisierung u. Amphibolisierung verlaufen zu verschied. Zeiten u. werden vorwiegend durch Temperaturunterschiede verursacht. Die Amphibolisierung verläuft bei tieferer Temp. in der hydrothermalen Lsg. u. beruht auf einer Neuverteilung von Fe^{2+}, Fe^{3+}, Al oder Al_2O_3, Ti oder TiO_2, begleitet von einer Fixierung von H_2O u. CO_2 u. einer Alkalieinwanderung, jedoch nicht verbunden mit einer SiO_2-Einwanderung. (Вестник Ленинградского Университета, Серия Биологии, Географии и Геологии [Nachr. Leningrader Univ.] **10.** Nr. 4. [Ser. Biol., Geogr., Geol.] Nr. 2. 99—112. April 1955.) O. LEBTAG. 378

Wm. Scott MacKenzie, *Die Orthoklas–Mikroklin-Umwandlung.* Vf. behandelt das Nebeneinandervork. von Orthoklas u. Mikroklin in dem gleichen Gestein u. untersucht zwei spezielle Fälle, Feldspat von Bearpaw Mountains, Montana u. Glen Urquhart, Schottland, chem. u. röntgenographisch. In dem ersten Falle scheint Feldspat mit monoklinem Gitter zu wechseln mit solchem mit triklinem Gitter u. bestimmten Parametern, neben dem nur wenig Material mit Übergangsstrukturen vorkommt. In dem zweiten Falle liegt die andere Möglichkeit vor, daß monoklines Material mit triklinem vergesellschaftet ist, das allmähliche Übergänge der Gitterparameter zeigt. Kleine Anteile von *Albit* weisen auf stattgefundene Entmischung hin. Nur diese Entmischung von Albit kann die Gitterwinkel des Feldspates in Richtung zum Mikroklin verändern. Die Existenz des Mikroklins wird also vorwiegend durch die chem. Zus. der Kalifeldspäte bedingt. (Mineralog. Mag. J. mineralog. Soc. **30.** 354—66. Juni 1954. Washington, D. C., Carnegie Inst., Geophys. Labor.) J.-E. HILLER. 378

G. W. Brindley und **O. von Knorring,** *Eine neue Varietät von Antigorit (Orthoantigorit) von Unst, Shetland Island.* In den Nikka-Vord-Chromit-Gruben nördlich von Baltesound, Unst, Shetland Island, fanden Vff. einen Antigorit, der im Röntgendiagramm eine orthohexagonale Zelle erkennen läßt u. Orthoantigorit genannt wird. $a = b/\sqrt{3} = 5{,}322$ Å; $b = 9{,}219$ Å; $c = 2 \cdot 7{,}265 = 14{,}53$ Å. Chem. Analyse zweier Proben (in %): SiO_2 (41,65; 38,40) Al_2O_3 (0,10; 0,10) Fe_2O_3 (2,88; 3,42) FeO (0,16; —) MnO (0,05; 0,05) MgO (41,06; 41,91) H_2O^+ (13,10; 15,03) H_2O^- (1,12; 1,26), Summe (100,12; 100,17). TiO_2 u. CaO sind nicht vorhanden. Formel für den ersten Orthoantigorit: $(Mg_{2,869}Mn_{0,002}Fe^{2+}_{0,006}Fe^{3+}_{0,060})(Si_{1,954}Al_{0,005}Fe^{3+}_{0,041})O_{4,898}(OH)_{4,102}$; für den zweiten: $(Mg_{2,716}Mn_{0,002}Al_{0,006}Fe^{3+}_{0,134})Si_{2,00} \cdot O_{4,857}(OH)_{4,143} + 0{,}537\ Mg(OH)_2$. (Amer. Mineralogist **39.** 794—804. Sept./Okt. 1954. Leeds, Univ., Geol. and Phys. Dep.) K. LÖFFLER. 380

F. G. H. Blyth, *Der Kirkmabreck-Granodiorit bei Creetown, South Galloway.* (Geol. Mag. **92.** 321—28. Juli/Aug. 1955. London, Imp. Coll., Geol. Dep.) F. ENSSLIN. 380

‡‡ **Jiří Kukla** und **František Skřivánek,** *Das Limonitfüllgut der Höhle von Stražin bei Sušice.* Das untersuchte ca. 1 m dicke Lager von Limonit ist wahrscheinlich quaternären Ursprungs; es wurde früher für Pigmentherst. verwendet. (Věstník ústředního Ústavu geologického **30.** 113—26. 1955. Praha, Přír. klub, Krasová sekc.) R. K. MÜLLER. 380

M. J. Le Bas, *Magmatische und drusenförmige Plagioklase.* Die Drusenzeolithe in basalt. Gesteinen werden durch Thermalmetamorphose in porphyroblast. Aggregate von Plagioklas verwandelt. Die letzteren ändern sich kaum unter dem Einfl. von Metamorphose. (Geol. Mag. **92.** 291—95. Juli/Aug. 1955. Cambridge, Dep. of Mineral. and Petrol.) F. ENSSLIN. 380

J. M. Carr, *Zonare Plagioklase in lagigen Gabbros der Skaergaard-Intrusion, Ostgrönland.* Aus *Hypersthen-Olivin-Gabbro* der Skaergaard-Intrusion untersucht Vf. *Feldspäte,* die neben dem n., durch Zunahme des Na-Geh. bedingten Zonenbau auch oszillierenden Zonenbau zeigen. Dieser letztere wird darauf zurückgeführt, daß der Kristall während seines Wachstums in dem homogenen Skaergaard-Magma durch Zirkulation von oben nach unten usw. unter verschied. Druckverhältnisse kam. (Mineralog. Mag. J. mineralog. Soc. **30.** 367—75. Juni 1954.) J.-E. HILLER. 380

I. D. Muir, *Kristallisation von Pyroxenen in einem eisenreichen Diabas von Minnesota.* Vf. untersucht einen Diabas der Gesteine der Beaver Bay am Nordufer des Lake Superior. Neben *Apatit, Magnetit, Ilmenit* u. etwas *Magnetkies* u. *Quarz* sind die Hauptkomponenten *Plagioklas, Olivin* u. 3 verschied. *Pyroxene; Ferroaugit, Pigeonit* u. *Hypersthen,* Ferroaugit ist am häufigsten, prakt. ohne Zonenbau u. manchmal von Pigeonit u. Hypersthen ummantelt. An Hand der Zustandsdiagramme der Pyroxene wird die Bldg. dieser verschied. Typen behandelt. (Mineralog. Mag. J. mineralog. Soc. **30.** 376—88. Juni 1954. Cambridge, Univ., Dep. of Mineral. and Petrol.) J.-E. HILLER. 380

C. F. Tozer, *Die Art des Vorkommens von Sillimanit in dem Glen-Distrikt, Co. Donegal.* Sillimanit wurde durch Einw. eines Granitmagmas als Kontaktmineral aus *Biotit* gebildet. Aus letzterem wurde K, Fe u. Mg weggeführt. Durch spätere K_2O-Zufuhr wurde Muskovit gebildet, wobei ein Teil des prim. Sillimanits verschwand. Hierbei wurde eine zweite Generation Sillimanit gebildet. (Geol. Mag. **92.** 310—20. Juli/Aug. 1955. London, Geol. Dep., Imp. Coll.) F. ENSSLIN. 380

J. F. G. Wilkinson, *Die Bezeichnungen Teschenit und Crinanit.* Die Namen *Teschenit* u. *Crinanit* für bas. Intrusivgesteine werden für denselben Gesteinstyp verwendet, wie aus einer Zusammenstellung von Analysenwerten hervorgeht. Da der Name Teschenit die Priorität besitzt, soll die Bezeichnung Crinanit gestrichen werden. (Geol. Mag. **92.** 282—90. Juli/Aug. 1955. Armidale, New South Wales, Univ. of New England, Dep. of Geol.) F. ENSSLIN. 380

M. B. B. Crockford, *Tonlagerstätten aus dem Gebiet von Elkwater Lake, Alberta.* Geolog. Beschreibung der Tonlagerstätten u. Unters. von Tonen auf ihre Brauchbarkeit in der keram. Industrie. (Res. Council Alberta, geol. Surv. Divis., Report **1951.** Nr. 61. 1—102.) F. ENSSLIN. 380

A. G. Sseidow, *Einige Resultate einer physikalisch-chemischen Untersuchung von Ton der Maikop-Folge im Rayon Kirowobad.* Die physikal.-chem. Unters. der hochdispersen Gesteine des Maikop-Alters des Erdölvork. Terter ergab, daß als gesteinsbildende Mineralien der Tone in der Hauptsache *Montmorillonit, Hydroglimmer* u. *Beidellit* auftreten. Es kommen auch *Böhmit, Ferrimontmorillonit, Nontronit* u. *Illit* vor. Charakterist. für die klast. Mineralien sind *Biotit* u. *Picotit;* bei den syngenet. Mineralien ist es der *Pyrit.* Die Tone der oberen Schichten haben Montmorillonitcharakter, die der unteren Schichten Hydroglimmercharakter. Der p_H-Wert liegt oberhalb 7, E_h ist positiv, ein Beweis für eine oxydative Sedimentation (bes. in der oberen Maikopzeit) u. eine schwach alkal. oder neutrale u. reduzierende Lsg. im unteren Maikop. Die Maikop-Tone enthalten bituminöse Tieftemperaturstoffe, die bei 300—400° verbrennen u. organ. Hochtemperaturstoffe, die im Bereich 400—655° verbrennen u. zur Huminreihe gehören. (Доклады Академии Наук Азербайджанской ССР [Ber. Akad. Wiss. AserbaidshanSSR] **11.** 103—08. 1955.) O. LEBTAG. 380

C. Osborne Hutton, *Wisaksonit ist metamikter Uranothorit.* Die vom Vf. vorgenommene röntgenograph. Nachprüfung des von DRUIF (Meded. van het Algemeen Proefstation voor de Landbouw, Buitenzorg, Java, **69.** [1948.] 3—8) in der Schwermineralfraktion der Sande vom Pekoeringan River in Central-Celebes als neues Mineral beschriebenen Wisaksonit ergab die Identität mit einem Uranothorit mit 6,95% UO_2. (Amer. Mineralogist **39.** 825—29. Sept./Okt. 1954. Stanford Univ., Calif.) K. LÖFFLER. 380

E. H. Timothy Whitten, *Zwei Arfvedsonit–Rhyolit-Intrusionen von Cloghaneely, Co. Donegal.* Vf. beschreibt zwei Na-Rhyolit-Intrusionen von Cloghaneely, Co. Donegal, die jünger sind als die Dalradian-Metamorphose. Damit wird der Nachw. erbracht, daß auch in Nordwest-Irland analoge Gesteine zu den kleinen Riebeckit führenden Intrusionen in Schottland existieren. (Mineralog. Mag. J. mineralog. Soc. **30.** 393—99. Juni 1954. London, Univ., Queen Mary College.) J.-E. HILLER. 385

John G. Ramsay, *Eine camptonitische Gangfolge bei Monar, Ross-shire und Inverness-shire.* Die Camptonite haben sich als Spätkristallisation aus einem n. dolerit. Magma abgeschieden. (Geol. Mag. **92.** 297—309. Juli/Aug. 1955. London, Imp. Coll., Dep. of Geol.) F. ENSSLIN. 385

Clarence S. Ross, Margaret D. Foster und **Alfred T. Myers,** *Ursprung von Duniten und olivinreichen Einschlüssen in basaltischen Gesteinen.* In basalt. Gesteinen haben Einschlüsse aus *Olivin, Enstatit, Chromdiopsid* u. *Chromspinell* eine weltweite Verbreitung. Sie bestehen trotz unterschiedlicher Wirtsgesteine überall aus den gleichen Mineralen u. haben dunit. Zusammensetzung. Soweit die Einschlüsse monomineral. sind, leiten Vff. sie von den Wirtsgesteinen ab. Soweit sie jedoch einen hohen Geh. an Cr_2O_3-Mineralen enthalten, werden sie als Bruchstücke von Dunitintrusionen angesprochen. Die mit Einschlüssen verglichenen Dunite werden als Bestandteile der Peridotitschicht der Erde angesehen u. sind in die jetzigen Räume in breiigem Zustand intrudiert worden. Ein Teil der Einschlüsse ist somit in mehrfachem Platzwechsel, also nicht direkt von der Peridotitschicht, an die Oberfläche gelangt. Die quer durch Deutschland führende Zone von Olivinfelseinschlüssen in Basalten wird mit einer Dunitzone von alpider Struktur in Verbindung gebracht. Die chem. Zus. der Minerale aus Duniten stimmt in gewissen Grenzen mit denen von Olivinfelseinschlüssen aus Basalten überein. (Amer. Mineralogist **39.** 693—737. Sept./Okt. 1954. US Geolog. Survey.) K. LÖFFLER. 385

T. W. Bloxam, *Der Ursprung der Girvan-Ballantrae-Beerbachite.* Die Beerbachite sind bas. Intrusionen u. Kontaktgesteine. Ein Peridotitmagma drang in den Fuß eines vulkan. Gesteins ein u. veränderte dieses durch Thermalmetamorphose. (Geol. Mag. **92.** 329—37. Juli/Aug. 1955. Berkeley, Calif., Univ. of California, Dep. of Geol. Sci.) F. ENSSLIN. 385

Vladi Marmo, *Die Petrochemie einiger präcambrischer Granite Westafrikas und ein petrochemischer Vergleich mit den Svecoffenide-Graniten in Finnland.* Analysenangaben von 60 Granitproben aus Westafrika, die in ihrer Zus. sehr den Graniten des Svecoffenidegebirges in Finnland ähneln. Nach eingehender Diskussion der Verhältnisse Alkalioxyd : Calciumoxyd, K_2O : Na_2O u. a. (NIGGLI) kommt Vf. zu dem Schluß, daß sowohl die westafrikan. als auch die finn. Granite in 2 Gruppen zerfallen, die „syn kinematic" u. „late kinematic", wobei letztere einer Na-reichen u. einer K-reichen Untergruppe angehören. (Amer. J. Sci. **253.** 391—417. Juli 1955. Freetown, Sierra Leone, Afrika, Geol. Survey Dep.) G. MEINHARDT. 385

George J. Neuerburg, *Allanit–Pegmatit von San Gabriel Mountains, Los Angeles County, Californien.* Ein in der Noritfacies des Anorthositmassivs der San Gabriel Mountains, Los Angeles County, aufsitzender Pegmatit besteht aus rötlichbraunem Perthit, weißem Quarz u. Biotit. In Zonen mit rotem Perthit führt er gut ausgebildete Kristalle von schwarzem, in Dünnschliffen rosa-orange durchsichtigem *Allanit, Apatit,* lichtgrünlichweißem *Beryll,* braunem *Uranothorit* u. purpurfarbenem, im kurzwelligen UV-Licht tief orangegelb fluorescierendem *Zirkon.* Diese Minerale kommen in geringem Ausmaß auch in der im umgebenden Norit erzeugten Kontaktaureole des Pegmatites vor. (Amer. Mineralogist **39.** 831—34. Sept./Okt. 1954. Pasadena, Calif., US Geolog. Surv.) K. LÖFFLER. 385

John W. Gruner, *Eine realistische Stellungnahme zu den Taconitabschätzungen.* Mit Taconit wird das Gestein bezeichnet, aus dem die Biwabik-Eisenformation besteht, deren Fe-Vorräte nahezu unerschöpflich sind. Der Taconit enthält im Mittel 27% Fe u. 51% Si, wobei die Fe-Mengen zwischen 15—40% schwanken können. Die Hauptmenge des Fe ist chem. in Form von Eisensilicat an Si gebunden; das Gestein enthält, im Gegensatz zu der lothring. Minette, nur sehr wenig CaO. Die Aufarbeitung der magnet. u. nichtmagnet. Taconite wird besprochen. (Mining Engng. **6.** 287—88. März 1954. Minneapolis, Minn., Univ., Dep. of Geol. and Mineral.) C. GOTTFRIED. 385

A. Sandréa, *Über einen chromhaltigen Schiefer von Hoggar.* Vf. berichtet über die mineralog. Unters. eines metamorphisierten bas. Gesteins von Qued Ahendabar im südlichen Hoggar. Das kryptokristalline dichte Gestein hat eine D. zwischen 3,1 u. 3,23 u. zeigt eine unregelmäßige schiefrige Struktur. Die mkr., spektrograph. u. röntgenograph. Unters. ergab als Hauptbestandteile *Talk* u. einen Cr-haltigen Glimmer, der auf Grund seines Cr-Geh. als *Mariposit* angesprochen wird, u. als Nebenbestandteile *Korund* u. *Chromit.* (Bull. Soc. franç. Minéralog. Cristallogr. **73.** 446—53. Juli/Sept. 1950. Paris, Labor. de Minéral. du Muséum.) C. GOTTFRIED. 385

A. Ss. Mosskalenko, *Quantitative Bestimmung der Härte von natürlich vorkommendem Wasser.* Über 42 Tage sich erstreckende Unterss. über die Härte des Ingulez-Flußwassers ergaben eine Durchschnittshärte von 13,44°. (Химия в Школе [Chem. Schule] **10.** Nr. 3. 49—50. Mai/Juni 1955.) O. LEBTAG. 393

B. Allgemeine und theoretische organische Chemie.

Yehuda Hirshberg, Ernst Bergmann und **Felix Bergmann,** *Absorptionsspektren und Photoisomerisation arylierter Diene.* Untersucht wurden die Spektren folgender substituierter Diene: *1.4-Diphenylbutadien* (**I**), *1.4-Di-[α-naphthyl]-butadien, 1.4-Di-[β-naphthyl]-, 1-[α-Naphthyl]-4-[β-naphthyl]-, 1-Phenyl-4-[α-naphthyl]-, 1-Phenyl-4-[β-naphthyl]-, 1.4-Di-[o-tolyl]-, 1.4-Di-[p-methoxyphenyl]-, 1-Phenyl-4-[p-biphenylyl]-, 1-Phenyl-4-[o-chlorphenyl]-, 1-Phenyl-4-[m-chlorphenyl]-, 1-Phenyl-4-[p-chlorphenyl]-, 1.4-Di-[o-chlorphenyl]-, 1.1.4.4-Tetraphenyl-, 1.2.3.4-Tetraphenyl-, 1.1.2.4-Tetraphenyl-* u. *1-Phenylbutadien,* sowie von *1.8-Diphenyloctatetraen.* Die Substitution im **I**-Mol., die zu ster. Beeinflussung in der Nähe der Doppelbindung führt, kann eine Verschiebung des längstwelligen Absorptionsmaximums von **I** nach dem UV, ein Verschwinden der Feinstruktur u. eine Erniedrigung des Extinktionskoeff. verursachen. Eine Substitution in den Phenylgruppen, durch die das Resonanzsyst. ausgedehnt wird, zeigt gegenteiligen Effekt. Die Einführung von Cl in die Phenylringe hat keinen Einfl. auf das Spektrum. In Übereinstimmung mit den Beobachtungen von ZECHMEISTER u. Mitarbeitern (vgl. C. **1947.** E. 27 u. **1948.** E. 1409) wird bei allen *trans–trans*-Verbb. durch UV-Licht Stereoisomerisation hervorgerufen. Diese Isomerisation macht sich im Absorptionsspektr. bemerkbar; die Effekte sind die, welche durch die zunehmende ster. Beeinflussung in der Nähe der Diendoppelbindungen zu erwarten sind.

V e r s u c h e: *trans-1-Phenylbutadien,* $Kp._{36}$ 104°, aus CH_3MgJ u. 60 g Zimtaldehyd bei 0°; 32 g (Ausbeute). — *1-Phenyl-4-[α-naphthyl]-butadien,* F. 109° (Butanol), durch 5std. Kochen von α-Naphthylessigsäure, Zimtaldehyd, gelbem PbO (**II**) u. Essigsäureanhydrid (III); 46,4%. — *1.4-Di-[p-methoxyphenyl]-butadien*, $C_{18}H_{18}O_2$, Doppel-F. 226 u. 242°, Blättchen mit violetter Fluorescenz aus Dibutyläther oder Toluol, durch 8std. Kochen von Anisaldehyd, Bernsteinsäureanhydrid (IV), II u. III; 33,4%. — *o-Toluylaldehyddiäthylacetal*, $C_{12}H_{18}O_2$, Kp.$_{38}$ 126—128°, durch 8std. Kochen von o-Tolyl-MgBr u. Orthoameisensäureäthylester; 80%. — *o-Toluylaldehyd*, Kp.$_{40}$ 105°, durch 3std. Kochen vorst. Verb. mit 20%ig. H_2SO_4; 90%. — *1.4-Di-[o-tolyl]-butadien*, $C_{18}H_{18}$, F. 128° (Isopropanol), durch 10std. Kochen vorst. Verb., **II**, **III** u. **IV**, Extrahieren mit Chlf. u. Dest. im Hochvakuum; 20%. — *1.4-Di-[o-chlorphenyl]-butadien*, $C_{16}H_{12}Cl_2$, F. 149,5° (A.–Aceton), durch 5std. Kochen von o-Chlorphenylessigsäure, o-Chlorzimtaldehyd, **III** u. **II**. (J. Amer. chem. Soc. **72**. 5120—23. Nov. 1950. Rehovoth, Israel, Weizmann Inst. of Sci.) K. Wisseroth. B 118

E. Clar und **D. G. Stewart**, *Aromatische Kohlenwasserstoffe*. 63. Mitt. *Resonanzhinderung und Absorptionsspektren aromatischer Kohlenwasserstoffe*. (62. vgl. J. chem. Soc. [London] **1951**. 3259; 64. u. 65. vgl. C. **1956**. 4135 u. 4419.) Die α-, β- u. p-Banden in den Spektren aromat. KW-stoffe (vgl. Clar, C. **1950**. II. 1103) werden untersucht. Bei ebenen aromat. KW-stoffen ist das Verhältnis von $\nu\alpha : \nu\beta = 1 : 1{,}35$, es nimmt bei KW-stoffen, in denen sich H-Atome stark überdecken, infolge des Verlustes an Resonanzenergie im angespannten Mol. sehr ab: *3.4-Benzphenanthren*, in A., α, λ_{max} 372 mμ (log ε 2,38), 353 (2,64); p, 325,5 (3,68), 315 (4,06), 303 (4,07); β, 281 (4,90), 272 (4,76), 229 (4,36); β′, 218 (4,70); α/β = 1,324. — *Chrysen* in A., α, λ_{max} 360 mμ (log ε 3,00), 351 (2,62), 343,5 (2,88); p, 319 (4,20), 306 (4,18), 295 (4,14), 283 (4,14); β, 267 (5,14), 259 (5,00), 241 (4,36); β′, 220 (4,56); α/β = 1,348. — *1.2-Benzchrysen* (**I**) in A., α, λ_{max} 371 mμ (log ε 2,47), 352 (3,85); p, 334 (3,94), 321 (3,99), 308 (3,96); β, 286 (4,78), 276,5 (4,76); α/β = 1,30. — *5.6-Benzchrysen* (**II**) in A., α, λ_{max} 386 mμ (log ε 2,50), 367 (2,66), 349 (2,78); p, 320,5 (4,46), 306 (4,60); β, 292,5 (4,90), 281 (4,76), 261 (4,20); α/β = 1,32. Zum Vgl. mit **I** u. **II** *Picen* (**III**) in Chlf., α, λ_{max} 376 mμ (log ε 2,98), 364 (2,60), 357,5 (3,95); p, 328,5 (4,36), 314 (4,28), 303 (4,56); β, 286,5 (5,04), 275 (4,86), 257,5 (4,70); α/β = 1,32. — *1.2-Benztetraphen* in A., α, λ_{max} 401 mμ (log ε 3,08), 3,91 (3,56); p, 372 (3,80), 354 (3,70), 338 (3,54); β, 308 (4,88), 295 (3,76), 284 (4,48); β′, 248 (4,56); α/β = 1,30. — *3.4-Benztetraphen*, in Bzl., α, λ_{max} 393 mμ (log ε 3,76), 385 (3,80); p, 367 (3,96), 331 (3,82), 307 (4,80); β, 291 (5,10); α/β = 1,324. — *4′.5-Methylen-3.4-benzphenanthren*, in A., α, λ_{max} 375 mμ (log ε 3,22), 369 (2,85), 356,5 (3,22); p, 341 (3,76), 326 (3,87), 312 (3,83), 302 (3,93); β, 291 (4,64), 280 (4,56), 270 (4,34); β′, 236 (4,40); α/β = 1,28. — *1.10-Trimethylen-3.4-benzphenanthren*, in A., α, λ_{max} 383 mμ (log ε 3,13), 364 (3,06), 347 (2,76); p, 332 (3,57), 321 (3,96), 308 (4,04), 301 (4,13); β, 287 (4,75), 378 (4,66); α/β = 1,33. — *3.4;5.6-Dibenzphenanthren*, in A., α, λ_{max} 395 mμ (log ε 2,38), 376 (2,80); p, 329 (4,26); β, 310 (4,54), 300 (4,52); β′, 267 (4,70); α/β = 1,27; Verlust an Intensität u. Feinstruktur gegenüber **III**. — In *9.10-Diphenyl-* u. *9-Phenylanthracen* (**IV**) stehen die Phenylkerne senkrecht zur Anthracenebene wegen Überlappung der 1.2′-H-Atome. Deren Ersatz durch eine CH_2-Gruppe (**IV** → *Coeranthren* [**V**]) bewirkt Rotverschiebung der p-Bande: **V**, in A., p, λ_{max} 428 mμ (log ε 4,02), 404 (3,98), 383 (3,80), 365 (3,43); α, 324 (3,34), 299 (3,84); β, 269 (4,66), 257 (4,74); α/β = 1,26. — **IV**, in A., p, 384 (4,08), 364,5 (4,10), 346,5 (3,90); α, 330 (3,56), 316 (3,24), 302 (2,75); β, 255,5 (5,16). — Die Rotverschiebung zeigt sich auch in der Reihe Diphenyl → Benzanthren → **V** (250 → 344 → 428 mμ) u. Diphenyl → Benzanthron → Coeranthron (**VI**) (250 → 395 → 497 mμ).

V

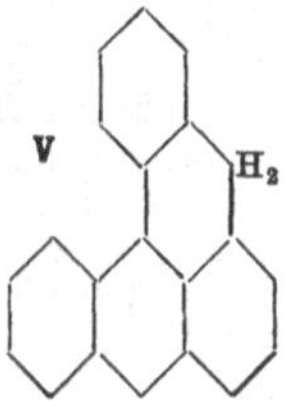

Versuche: *Coeranthron* (**VI**), F. 175—176°, aus 6 g 9-[o-Carboxyphenyl]-anthracen (F. 241—242° [Eisessig]) in 100%ig. H_3PO_4 2 Std. bei 200°; dunkelrote Nadeln aus CH_3COOH; 4,5 g (Ausbeute). — *Coeranthren* (**V**), $C_{21}H_{14}$, F. 138—139°, durch 6std. Sieden von 3 g **VI**, Zn u. 10%ig. NaOH, bedeckt mit Octylalkohol; orangegelbe Tafeln; 1 g; in konz. H_2SO_4 gelbe Lsg., schnell grün werdend. — *1.10-Trimethylen-3.4-benzphenanthren*, $C_{21}H_{16}$, F. 116—117°, 0,75 g **VI**, roter P u. 55%ig. HJ unter Xylol 48 Std. gekocht; Prismen; 0,5 g; grüne Lsg. in warmer konz. H_2SO_4. (J. Amer. chem. Soc. **74**. 6235—38. 20/12. 1952. Glasgow, Univ., Dep. of Chem.) K. Lehmstedt. B 118

Wallace R. Brode, Ervin G. Pearson und **George M. Wyman**, *Die Beziehung zwischen Absorptionsspektren und chemischer Konstitution von Farbstoffen*. 27. Mitt. *Cis–trans-Isomerie und Wasserstoffbrückenbindung bei Indigofarbstoffen*. (26. vgl. J. Amer. chem. Soc. **75**. [1953.] 1856.) Anschließend an photochem. Unterss. über die cis–trans-Isomerie der Thioindigo (**II**)-Farbstoffe versuchten Vff. die bisher unbewiesene Existenz einer labilen cis-Form des *Indigos* (**I**) nachzuweisen, die man als Ursache der bei der Oxydation des Leukoindigos unter 15° auftretenden vorübergehenden Blaufärbung (vgl. Heller, C. **1945**. I. 1245) ansieht. Absorptionsspektren im UV u. Sichtbaren von **I** u. 6 halogenierten **I** in Chlf. ergaben jedoch im Gegensatz zum Verh. der **II**-Reihe keinerlei Beweis für eine photochem. Isomerisierung. Vff. führen dies auf eine bevorzugte trans-Stabilisierung des I durch Wasserstoffbrücken zurück. Als Beweis gelten Vff. die beim N.N'-Diacetylindigo gefundene Phototropie u. ein Vgl. der Infrarotabsorptionsspektren von **I** u. **II** bei 2—7 μ, die auf eine Chelatbindung hindeuten. Nach Ansicht der Vff. besteht fester I im Gegensatz zu **II** ausschließlich aus der trans-Form mit H-Brücken, die aber möglicherweise bei energ. Umsetzungen unter vorübergehendem Auftreten einer labilen cis-Form, analog der Struktur des Oxalylindigos, gelöst werden könnte. Die Wrkg. der Halogenierung des I auf die Spektren wird kurz erörtert. Absorptionsspektren von I-Farbstoffen: I: λ_1 604 [mμ], ε_1 12300, λ_2 285, ε_2 19800; *5.5'-Dibrom-*: 611, —, 289, —; *5.5'-7.7'-Tetrabrom-*: 615, 20300, 301, 32100; *4.5.5'.7.7'-Pentabrom-*: 620, 24200, 306, 40100; *4.4'-Dichlor-*: 605, 24300, 290, 36400; *4.4'-Dichlor-5.5'-dibrom-*: 611, 18400, 297, 28400; *5.5'-Difluor-*: 618, —, 290, —; *N.N'-Diacetylindigo*: 599, 6890, 278, 21400. — Infrarotabsorptionsmaxima in μ von I u. II: I: 3,03; 6,17; 6,77; II: 6,03; 6,27; 6,83. (J. Amer. chem. Soc. **76**. 1034—36. 20/2. 1954. Washington, D. C., Nat. Bur. of Standards.)

A. SANDER. B 118

Yehuda Hirshberg, E. B. Knott und **Ernst Fischer**, *Milieueinflüsse und Farbe verschiedener Merocyanine.* Vff. untersuchten eine größere Anzahl, zumeist nach bekannten Verff. dargestellter *Dimethinmerocyanine* spektrograph. auf ihr Verh. in Lösungsmitteln verschied. Verdünnung u. verschied. Temperatur. Dabei fanden sie, daß diese Farbstoffe in zwei Gruppen zerfallen, deren eine in alkoh. Lsg. im sichtbaren Gebiet 2 um ca. 100 mμ auseinandergezogene Banden aufweist, während den anderen nur eine — der langwelligen Bande der ersten Gruppe entsprechende Bande — zukommt. Verbb. der letzteren, von heterocycl. Ketonen abgeleiteten Gruppe, sind wenig polar u. zeigen nur die dem Farbstoff entsprechende langwellige Bande auf, während die stark bas., polaren Dimethinmerocyanine der ersten Gruppe mit Säuren u. Lösungsmitteln eine Salzbldg. eingehen, die im Spektr. durch die kurzwellige Bande charakterisiert wird.

V e r s u c h e: *1-Äthyl-1.4-dihydro-4-[4-oxocyclohexadienylidenäthyliden]-chinolin*, $C_{19}H_{17}ON \cdot H_2O$, tiefblaue Nadeln (W., dann Methanol/A.) verfärben sich beim Trocknen bei 95° (15 mm) bronzeartig; durch 2 std. Erhitzen von 1,5 g Lepidinäthyljodid u. 1,25 g p-Oxybenzaldehyd (I) in Methanol bei Ggw. von Piperidin, 12 std. Stehen in der Kälte u. anschließendes Zersetzen des gebildeten Styrylsalzes (39% Ausbeute) mit heißer 2n wss. Sodalsg.; 1,2 g (Ausbeute). — *2-p-Oxystyrylpyridinäthyljodid*, $C_{15}H_{16}ONJ$, F. 248°, gelbe Nadeln aus Methanol, durch 3 std. Erwärmen von α-Picolinäthyljodid mit I in Methanol/Piperidin; 66%. — *1-Äthyl-1.2-dihydro-2-[4-oxocyclohexadienylidenäthyliden]-pyridin*, $C_{15}H_{15}ON \cdot 6\,H_2O$, gelbe Nadeln aus W., durch Verkochen vorst. Verb. mit 2n Sodalösung. — *4-p-Oxystyrylpyridinäthyljodid*, $C_{15}H_{16}ONJ$, F. 193° (A.), flache, rötliche Platten. — *1-Äthyl-1.4-dihydro-4-[4-oxocyclohexadienylidenäthyliden]-pyridin*, $C_{15}H_{15}ON \cdot 4\,H_2O$, braunrote Nadeln aus Ae./Methanol. — Außer den obenst. Merocyaninen sind Daten angegeben für: *1-Äthyl-1.2-dihydro-2-[2-oxocyclohexadienylidenäthyliden]-* u. *-[2-thiono-3-(carbäthoxymethyl)-thiazolidon-(4)-yliden-(5)-äthyliden]-pyridin*; *1-Äthyl-1.2-dihydro-2-[2-* u. *4-oxocyclohexadienylidenäthyliden]-*, *-[2-oxo-5.6-benzocyclohexadienylidenäthyliden]-*, *-[3-nitro-4-oxo-* u. *-[2-oxo-5-nitrocyclohexadienylidenäthyliden]-*, *-[2-äthylmercaptothiazolinon-(5)-yliden-(4)-äthyliden]-* u. *-[2-thiono-3-(carbäthoxymethyl)-thiazolidon-(4)-yliden-(5)-äthyliden]-chinolin*; *1-Äthyl-1.4-dihydro-4-[2-oxo-* u. *-[2-oxo-5-nitrocyclohexadienylidenäthyliden]-* u. *-[2-thiono-3-(carbäthoxymethyl)-thiazolidon-(4)-yliden-(5)-äthyliden]-pyridin*, *1-Äthyl-1.4-dihydro-4-[2-äthylmercaptothiazolinon-(5)-yliden-(4)-äthyliden]-* u. *-[2-thiono-3-(carbäthoxymethyl)-thiazolidon-(4)-yliden-(5)-äthyliden]-chinolin*; *3-Äthyl-4-methyl-2.3-dihydro-2-[4-oxocyclohexadienylidenäthyliden]-thiazol*; *3-Äthyl-2.3-dihydro-2-[2-oxo-5.6-benzo-*, *-[3-nitro-4-oxo-* u. *-[2-oxo-5-nitrocyclohexadienylidenäthyliden]-* sowie *-[2-äthylmercaptothiazolinon-(5)-yliden-(4)-äthyliden]-benzthiazol*; *1.3.3-Trimethyl-2.3-dihydro-2-[3-nitro-4-oxocyclohexadienylidenäthyliden]-*u.*-[1.3-diäthyl-2-thiono-4.6-diketohexahydropyrimidinyliden-(5)-äthyliden]-indol.* (J. chem. Soc. [London] **1955**. 3313—21. Okt. Rehovoth, Israel, Daniel Sieff Res. Inst., Weizmann Inst. of Sci.; Harrow Wealdstone, Middlesex, Kodak Ltd., Res. Labor.)

M. KÜHNEL. B 118

Gunhild Aulin-Erdtman, *Die Anwendung von $\Delta\varepsilon$-Kurven auf chemische Probleme.* $\Delta\varepsilon$-Kurven erhält man für *Lignin* durch Abziehen des berechneten mol. Extinktionskoeff. (pro $-OCH_3$-Gruppe oder aromat. Kern) des Ligninbestandteiles in neutraler oder saurer Lsg. von dem des ionisierten Stoffes in stark alkal. Lsg. für jede Wellenlänge. Nichtionisierbare Stoffe absorbieren gleich stark in beiden Lsgg., fallen bei der Subtraktion heraus, u. man erhält die Absorptionskurven des reinen Phenols. Sie lassen sich auch direkt messen, wenn man ein 2-Strahlengerät verwendet, wobei sich in einer Küvette die alkal., in der anderen die neutrale oder saure Lsg. befindet. Ähnliche Anwendung ist möglich, wenn es sich um 2 ionisierbare Stoffe handelt, die bei verschied. p_H ionisiert werden, oder wenn der gesuchte Stoff durch eine chem. Rk. wie Hydrierung oder Addition an der Doppelbindung, Substitutionen an den absorbierenden Gruppen, Dehydrierung, Wasserabspaltung, Komplexbldg. verändert werden kann. Durch Vgl. der $\Delta\varepsilon$-Kurven mit den Absorptionskurven von Modellsubstanzen sind Aufschlüsse über die Konst. zu gewinnen. Anwendung bei Lignin, *Gerbstoffen, Tropolonen.* (Chem. and Ind. **1955.** 581—82. 21/5. Stockholm, Royal Inst. of Technol., Central Labor. of Cellulose Ind. and Dep. of Org. Chem.) G. MEINHARDT. B 118

B. W. Ioffe, *Über die Molekularrefraktion von Carbonsäureamiden.* In Tabellen werden die Atomrefraktionen, die Exaltationen der Mol.-Refr. (berechnet nach EISENLOHR), die Refraktionen der NH_2-Gruppen u. der C—N-Bindungen in den NH_2-Gruppen mitgeteilt für *Formamid* (I), *N-Methyl-, N-Äthyl-* u. *N-n-Butylformamid, N-Äthylacetamid* (II), *N-n-Butylacetamid, N-n-Butylbutyramid, N.N-Dimethylformamid* (III), *N.N-Diäthylformamid, N.N-Dimethylacetamid* (IV), *N.N-Diäthylacetamid* (V), *N.N-Dimethyl-* u. *N.N-Di-n-butylbutyramid.* Es ergeben sich folgende Werte für die Atomrefraktionen des N (im EISENLOHR-Syst.) für die Spektrallinien C, D u. F.: bei sek. Amiden u. I: 2,729; 2,750; 2,834; bei tert. Amiden: 2,491; 2,508; 2,598; für die Gruppenrefraktionen (im VOGEL-Syst.) HCON< (I) u. —CONH- (sek. Amide): 8,501; 8,572; 8,732; —CON< (tert. Amide: 7,196; 7,261; 7,422; C–N-Bindung in der Amidogruppe —CON< für sek. Amide: 1,87; 1,88; 1,99; für tert. I: 1,68; 1,68; 1,79; für tert. Amide (außer I) 1,40; 1,38; 1,52. Eine Tabelle gibt für die genannten Amide Kp., $D.^{20}_4$, n_D^{20}, n_C^{20}, Δ_{FC}^{20}, ω_{FCD}^{20}. Die $D.^{20}_4$ wird abweichend von Literaturwerten neu bestimmt für **II** 0,9237, **III** 0,9486, **IV** 0,9437, **V** 0,9045. (Журнал Общей Химии [J. allg. Chem.] **25** (**87**). 902—08. Mai 1955. Leningrad, Univ., Chem. Inst.) R. K. MÜLLER. B 119

Richard S. Stein, *Wechselwirkung der Methylendeformationsfrequenzen in Paraffinkristallen.* 2. Mitt. *Eine theoretische Behandlung der Wechselwirkung der Schwingungen.* (1. vgl. C. **1955.** 6940; vgl. auch C. **1954.** 2358.) Nur unter Berücksichtigung der Wechselwrkg. nächstbenachbarter Moll. behandelte Vf. theoret. die Aufspaltung der CH_2-Deformationsfrequenzen in Kristallen von n. Paraffinen. Auf Grund der theoret. Überlegungen kann vorausgesagt werden, daß die CH_2-Pendelschwingungsfrequenz ν_0 (721 cm^{-1}) in dem isolierten Mol. in 2 Komponenten aufgespalten sein sollte, eine Komponente außer Phase bei einer nur wenig höheren Frequenz als ν_0 u. einer Komponente in Phase bei einer beträchtlich höheren Frequenz. Die 2 beobachteten Frequenzen liegen bei 721 cm^{-1} u. 731 cm^{-1}. Ferner läßt sich voraussagen, daß beide Komponenten nur für senkrecht zur c-Achse polarisierte Strahlung zu beobachten sind, u. zwar sollte die niedere Frequenz entlang der b-Achse, die höhere Frequenz entlang der a-Achse polarisiert sein, was mit Beobachtungen von KRIMM (C. **1954.** 10200) übereinstimmt. Die Ausdehnung der obigen Behandlung auf die symm. CH_2-Deformationsfrequenz bei 1460 cm^{-1} läßt, in Übereinstimmung mit experimentellen Beobachtungen, die Aussage zu, daß im n. Zustand des Kristalls die In-Phase-Schwingung die niedrigere Frequenz haben u. entlang der a-Achse polarisiert sein sollte, die Aus-der-Phase-Schwingung die höhere Frequenz haben u. entlang der b-Achse polarisiert sein sollte. Ferner ist zu erwarten, daß die Trennung für das 1460 cm^{-1}-Dublett kleiner als für das 721 cm^{-1}-Dublett ist. Beobachtet wurde eine Trennung von ca. 6 cm^{-1} bei 1460 cm^{-1} u. 10 cm^{-1} bei 721 cm^{-1}. Die Trennung ist proportional zu ν_0. Ändert man ν_0 durch Änderung der effektiven M. durch Deuterierung, so nimmt die Dublettrennung in demselben Verhältnis wie ν_0 ab. Behandelt wird noch die Temperaturabhängigkeit der beiden Frequenzen des 721 cm^{-1}-Dubletts sowie das Verh. beim Erhitzen der n-Paraffinkristalle über den λ-Punkt. (J. chem. Physics **23.** 734—36. April 1955. Amherst, Mass., Univ., Dep. of Chem.)
C. GOTTFRIED. B 120

R. E. Kagarise und **L. W. Daasch,** *Spektroskopische Untersuchungen der Rotationsisomerie bei fluorierten Äthanen.* 1. Mitt. *1.2-Difluor-1.1.2.2-tetrachloräthan.* Vff. nahmen das RAMAN-Spektr. von festem u. fl. *1.2-Difluor-1.1.2.2-tetrachloräthan* (**I**, F. 25°, Kp. 93°) bei 25° auf u. verglichen die Ergebnisse mit denen von GLOCKLER u. SAGE (J. chem. Physics **8.** [1940.] 291) u. NIELSEN u. Mitarbeiter (J. opt. Soc. America **37.** [1947.] 296), angegeben sind Bandentabellen mit Depolarisationsgraden. Hierbei zeigte sich, daß GLOCKLER u. SAGE (l. c.) ein beträchtlich mit CCl_3CF_2Cl verunreinigtes **I** untersucht haben müssen. Bei Temperaturänderung von 30—55° zeigte fl. **I** keine Änderungen der relativen Intensitäten, auch glasartiges **I** bei —13° zeigte das gleiche Spektr. wie fl. **I**. Ferner wurde das Infrarotspektr. von 2—36 μ von fl., von 2—22 μ von festem **I** (bei der Temp. des fl. N_2) sowie zwischen 30 u. 125° von gasförmigem **I** aufgenommen, auch hier zeigte sich keine Intensitätsabhängigkeit von der Temperatur. Die beiden möglichen Erklärungen für dieses Verh. sind jedoch beide nicht befriedigend; die Annahme einer einzigen in **I** vorhandenen Molekülart steht im Gegensatz zur beobachteten Zahl an RA-

Man-Linien (24 anstatt nur 18), die Annahme der Ggw. von 2 Formen von **I** gleichen Energieinhaltes ($\Delta H < 300$ cal/Mol) ist im Widerspruch zum Befund, daß festes **I** sämtliche Banden von fl. **I** aufweist. (J. chem. Physics **23.** 113—17. Jan. 1955. Washington, D. C., Naval Res. Labor.) B. Gnauck. B 120

R. E. Kagarise und **L. W. Daasch,** *Spektroskopische Untersuchungen der Rotationsisomerie bei fluorierten Äthanen.* 2. Mitt. *1.2-Dibrom-1.1.2.2-tetrafluoräthan.* (1. vgl. vorst. Ref.) Aufgenommen wurde das Raman-Spektr. (Erregerlinien 4347 bzw. 4339 Å, Bandentabelle mit Depolarisationsgraden angegeben) zwischen —100 u. +70° von fl. *1.2-Dibrom-1.1.2.2-tetrafluoräthan* (**I**, Kp. 46°), die Daten werden denjenigen von Glockler u. Sage (J. chem. Physics **9.** [1941.] 387) gegenübergestellt. Aus der Änderung der Intensitäten der Linienpaare 367/343 cm^{-1} u. 321/343 cm^{-1} mit der Temp. wurde der ΔH^0-Wert für die Umwandlung von fl. *trans*-(C_{2h})-**I** in *gauche*-(C_2)-**I** zu 925 ± 50 cal/Mol berechnet. Ferner wurde das Infrarotspektr. zwischen 4 u. 34 μ von fl. **I** bei 25° sowie von festem **I** bei —196° sowie von gasförmigem **I** zwischen 35 u. 190° registriert. Aus den Intensitätsveränderungen der Bandenpaare 763/1007 cm^{-1} u. 763/870 cm^{-1} mit der Temp. wurde der ΔH^0-Wert für die Umwandlung von gasförmigem trans-**I** in gauche-**I** zu 945 ± 50 cal/Mol berechnet. Erwartungsgemäß war das Spektr. bei —196° einfacher als das von fl. **I**. Vff. schließen, daß die beiden Isomeren trans- u. (vermutlich) gauche-**I** stabile Formen darstellen, wobei das erstgenannte stabiler als gauche-**I** ist, da nur jenes ein Symmetriezentrum besitzt. Unter der Annahme der CF- u. CBr-Bindungsmomente von 1,92 u. 2,00 D. u. von Tetraederwinkeln wird ein Dipolmoment der gauche-Form von 0,25 D errechnet. Die Wechselwirkungsenergie δE (Differenz der H-Werte für den fl. u. gasförmigen Zustand) nach Morino u. Mitarbeitern (C. **1951.** I. 1284) wird zu 10 cal/Mol berechnet. (J. chem. Physics **23.** 130—34. Jan. 1955.) B. Gnauck. B 120

D. E. Mann und **Earle K. Plyler,** *Die ν_9-Grundschwingung von C_2F_6.* Die ν_9-Bande im Infrarotspektr. von *Perfluoräthan* liegt bei 220 cm^{-1} in guter Übereinstimmung mit dem berechneten Wert von 216 cm^{-1} (vgl. Nielsen u. Mitarbeiter, C. **1949.** I. 480). Mit der Annahme von Tetraederwinkeln u. Atomabständen CF = 1,33 Å u. CC = 1,48 Å werden die Hauptträgheitsmomente $I_A = I_B = 436 \cdot 10^{-40}$ u. $I_C = 298 \cdot 10^{-40}$ gcm^2 berechnet. Mit den experimentellen Entropiewerten ist ein Betrag von 3920 cal/Mol für die Energieschwelle der inneren Rotation am besten in Übereinstimmung. Pace u. Aston (C. **1949.** I. 869) berechneten 4350 cal/Mol. (J. chem. Physics **21.** 1116—17. Juni 1953. Washington, D. C., Nat. Bureau of Stand.) B. Gnauck. B 120

J. K. Brown und **N. Sheppard,** *Eine Berechnung der charakteristischen nichtebenen C–H-Deformationsfrequenzen substituierter Äthylene.* Vff. verwenden die Berechnung für deuterierte Äthylene von Arnett u. Crawford (C. **1951.** II. 2572) zur Berechnung der nicht-ebenen C–H-Deformationsfrequenzen n-alkylsubstituierter nichtdeuterierter Äthylene. Die berechneten Frequenzen stimmen zum größten Teil mit den im Infrarotspektr. zwischen 1000 u. 600 cm^{-1} gefundenen überein. Die größte Abweichung tritt bei den monosubstituierten u. asymm. disubstituierten Äthylenschwingungen auf, die beide hauptsächlich mit der außerhalb der Ebene liegenden Kippschwingung der $=CH_2$-Gruppe verknüpft sind. Nach Vff. ist die Ursache der Diskrepanz nicht die Änderung des C—R-Bindungsabstandes, sondern eine Änderung der entsprechenden Kraftkonstante beim Übergang von Äthylen zu den substituierten Molekülen. Einige weniger sichere Zuordnungen für schwache Infrarotbanden (starke Raman-Linien) werden durch vorst. Meth. bestätigt. — Für die Anwendbarkeit der Meth. auf andere Systeme ist zu beachten, daß der vorliegende Fall der nichtebenen C–H-Deformationsfrequenzen substituierter Äthylene ein Sonderfall wegen der schwachen Kopplung zwischen diesen Schwingungen u. anderen Schwingungen der gleichen Symmetrieklasse ist. Aus den experimentellen Daten für H_2O, NH_3 u. CH_4 u. ihren deuteriumsubstituierten Analogen können nach Vff. Kraftfelder berechnet werden, die eine angenäherte Berechnung charakterist. Frequenzen von ROH, RNH_2, RCH_3 u. $RR'CH_2$ (mit R = n-Alkyl) gestatten. Jedoch ist in diesen Fällen die zu erwartende Genauigkeit nicht größer als 100—200 cm^{-1}. (Trans. Faraday Soc. **51.** 1611—13. Dez. 1955. Cambridge, Univ., Dep. of Colloid Sci.) G. Winkler. B 120

Edward C. Wingfield und **Joseph W. Straley,** *Messung der Bindungsmomente in C_2H_2 und C_2D_2 mittels der Infrarotintensitäten.* Gemessen wurden die integralen Absorptionen der Spreizschwingungen ν_5 von gasförmigem C_2H_2 bei 13,7 μ u. von C_2D_2 bei 18,6 μ. Sie betragen 2170 ± 150 · 10^{10} Hz/Sek. · cm bzw. 1040 ± 70 · 10^{10} Hz/Sek. · cm bei Normalbedingungen. Hiermit wurde das CH- bzw. CD-Bindungsmoment zu 0,999 ± 0,035 D bzw. 0,941 ± 0,033 D berechnet. Der erste Wert ist in hinreichender Übereinstimmung mit den Ergebnissen von Kelly u. Mitarbeitern (C. **1952.** 6827). Die Frage nach der Richtung beider Bindungsmomente ist jedoch noch offen. (J. chem. Physics **23.** 731—33. April 1955. Chapel Hill, N. C., Univ. of North Carolina, Dep. of Physics.)
B. Gnauck. B 120

Sidney I. Miller, Alfons Weber und **Forrest F. Cleveland,** *Raman- und Infrarotspektraldaten und versuchsweise Zuordnungen für cis- und trans-Dijodäthylen.* Das RAMAN-Spektr. (Tabelle mit Depolarisationsgraden) von fl. *cis-* u. *trans-Dijodäthylen* (**I**) wurde aufgenommen, wobei cis-**I** als eutekt. Fl. mit 20% trans-**I** vorlag. Bei Einw. der Erregerstrahlung Hg 4358 Å zers. sich beide Verbb. bald unter J_2-Bldg., deswegen wurde jeweils nicht länger als 1 Std. belichtet. Ferner wurden die Infrarotspektren von 400—4000 cm^{-1} im fl. u. gelösten (CS_2 u. CCl_4) Zustand untersucht u. versuchsweise Zuordnungen getroffen. Die Spektren der CS_2- u. CCl_4-Lsgg. unterschieden sich beträchtlich voneinander. Die Anwendbarkeit der Summenregel von MIZUSHIMA u. Mitarbeitern (C. **1954.** 7374) u. der Produktenregel von BERNSTEIN (C. **1950.** I. 393) zur Ermittlung der Zuordnungen wird diskutiert. Für das Gleichgewicht cis-**I** ⇌ trans-**I** wird mit den Näherungen für den starren Kreisel u. den harmon. Oscillator u. mit den Daten von NOYES u. Mitarbeitern (J. Amer. chem. Soc. **67.** [1945.] 1319) die Gleichgewichtskonstante zu 0,475, 0,514 u. 0,542 bei 129,8, 144,1 u. 159,2°, ΔH^0 zu 1550 cal/Mol u. die Energiedifferenz zwischen cis- u. trans-**I** zu 1700 cal/Mol berechnet. (J.chem. Physics **23.** 44—48. Jan. 1955. Chicago, Ill., Illinois Inst. of Technol., Dep. of Chem. u. Dep. of Physics, Spectroscopy Labor.)
B. GNAUCK. B 120

Richard B. Bernstein, James E. Lamport und **Forrest F. Cleveland,** *Substituierte Methane.* 19. Mitt. *Durch das* ^{13}C-*Isotop bedingte Veränderungen im Schwingungsspektrum des Methanols.* (18. vgl. J. chem. Physics **22.** [1954.] 193.) In einer Methylalkoholprobe mit 9,3% ^{13}C werden das RAMAN- u. Ultrarotspektr. aufgenommen u. drei Linien von $^{13}CH_3OH$ beobachtet, die gegenüber $^{12}CH_3OH$ die erwartete Frequenzerniedrigung von ~15 cm^{-1} aufweisen. (J. chem. Physics **21.** 1903—04. Okt. 1953.)
J. GOUBEAU. B 120

James R. Quinan und **Stephen E. Wiberley,** *Zuordnung der O—H-Deformationsfrequenz.* Bei folgenden Alkoholen mit einer OD-Gruppe wurden die angegebenen OD-Deformationsfrequenzen beobachtet, [in () Frequenz des entsprechenden nicht deuterierten Alkohols]: *Methylalkohol* (**I**) 940 cm^{-1}, *A.* 940, *n-Butylalkohol* 915 (1010), *n-Amylalkohol* (**II**) 938, *n-Hexylalkohol* 949 (1021), *n-Octylalkohol* 944 (1020), *n-Decylalkohol* 944 (1035) u. *sek. Butylalkohol* (**III**) 947. Im Bereich von 1300—1450 cm^{-1} ähneln sich die Infrarot- u. RAMAN-Spektren der deuterierten u. der nichtdeuterierten Alkohole sehr, bei beiden Gruppen tritt bei 1100—1120 cm^{-1} eine Bande auf, die im gasförmigen Zustand nicht beobachtet wird. Durch die Deuterierung verschiebt sich nur die Bande bei ca. 1020 cm^{-1} nach ca. 940 cm^{-1}, nur bei **I**—**III** u. A. sowie bei *n-Propylalkohol* (**IV**) kann die 1020 cm^{-1}-Bande wegen Koinzidenz mit der CO-Valenzfrequenz u. den Absorptionsbanden der aliphat. Gruppe nicht gefunden werden. δ(OD) tritt jedoch stets auf, außer bei **IV**, wo andere Banden die Identifizierung verhindern. Die δ(OH)-Bande der dampfförmigen Alkohole wurde nicht gefunden, δ(OD) tritt nur bei **I** u. **III** bei 860 cm^{-1} auf, bei den anderen deuterierten Alkoholen werden die Deformationsbanden vermutlich durch andere Banden überlappt. (J. chem. Physics **21.** 1896—97. Okt. 1953. Troy, N. Y., Rensselaer Polytechn. Inst.)
B. GNAUCK. B 120

A. A. Verrijn Stuart, C. la Lau und **H. Breederveld,** *Die Infrarotspektren von einigen Alkoxytrichlorsilanen.* Vff. bestimmten die Infrarotspektren von *Methoxy-* (**I**), *Äthoxy-* (**II**), *n-Propoxy-* (**III**), *Isopropoxy-* (**IV**), *Cyclopentyloxy-* (**V**) u. *Cyclohexyloxytrichlorsilan* (**VI**) sowie des *Methoxycyclopentans* (**VII**). Die Ergebnisse werden unter besonderer Berücksichtigung der Gerüstvalenzschwingungen der SiO-, C–O- u. C–C-Bindungen diskutiert. Es zeigte sich, daß der Begriff der „Gruppenfrequenz"weitgehender als bisher für Näherungen anwendbar ist. Banden der Verbb.: **I** 3,50 [μ], 6,85, 7,25, 8,35, 9,05, 12,35, 11,90, 12,95, 14,00; **II** 3,50, 6,85, 7,25, 7,70, 8,55, 9,20, 10,25, 13,00; **III** 3,50, 6,85, 7,25, 7,95, 8,70, 9,25, 9,65, 12,00, 13,70, 11,00; **IV** 3,50, 6,85, 7,25, 8,50, 8,80, 9,00, 9,40, 11,20, 13,50; **V** 3,50, 6,90, 7,30, 8,55, 9,40, 10,85, 13—14, **VI** (aus $SiCl_4$ u. Cyclohexanol in Ae., 77% [Ausbeute], $Kp._{22}$ 89—94°, $F. < -20°$), 3,50, 6,85, 7,25, 8,65, 9,40, 13,00 (?), 9,70, 11,21, 11,37, 12,00, 12,80. — **VII**, Kp. 105—106°, aus dem Na-Salz von Cyclopentanol mit CH_3J, n_D^{20} 1,4211, 59%. (Recueil Trav. chim. Pays-Bas **74.** 747—59. Juni 1955. Amsterdam, Koninklijke Shell-Laboratorium.)
M.-L. KLAAR. B 120

Satya Narain Garg, *Bedeutung der* $\nu_{11}e_{1g}$*(849)-Schwingung von Benzol zur Bestimmung der Struktur monosubstituierter Benzole.* Die Linie zwischen 800 u. 849 cm^{-1} in substituierten Benzolen wird im allg. mit dem a_2-Teil der ν_{11} (e_{1g}) von Bzl. in Beziehung gebracht. Wenn (wegen eines niedrigen RAMAN-Depolarisationsfaktors u./oder nach dem UV-Spektr.) diese Frequenz zu total-symm. Klasse gehört, sollte das Mol. entweder C_2- oder keine Symmetrie besitzen. Der erste Fall kann nur für solche Verbb. zutreffen, in denen die Phenylgruppe mit einem Molekülteil verbunden ist, der C_2-Symmetrie aufweist; besitzt der Substituent eine C_∞-Achse, geht die C_2- in C_{2v}-Symmetrie über. Danach

besitzt sogar *Fluorbenzol* keine Symmetrie. Vf. erklärt dies durch die Hypothese, daß das F-Atom weder in der Ebene des Phenylrings liegt, noch in einer Ebene senkrecht zu ihr, welche durch die C_2-Achse der C_6H_5-Gruppe läuft. (J. chem. Physics **21.** 1907. Okt. 1953. Benares, Indien, Benares Hindu Univ., Dep. of Spectroscopy.)
B. GNAUCK. B 120

Monique Harrand und **Léonide Tuernal-Vatran,** *Untersuchung der charakteristischen Frequenz der Carbonylgruppe einiger konjugierter Säuren.* Vff. nahmen die RAMAN-Spektren von geschmolzener sowie in CCl_4, Bzl., Ae. bzw. Dioxan gelöster *trans-Zimtsäure* (I) u. von in Ae. u. Bzl. gelöster *Phenylpropiolsäure* (II) sowie die Infrarotspektren von fester u. in CCl_4, Bzl. u. Ae. gelöster **I** u. von fester sowie in Bzl. bzw. Ae. gelöster **II** auf (Bandentabellen u. z. T. Diagramme angegeben). Im geschmolzenen Zustand liegt **I** mehr in α- als in β-Form vor. **I** u. **II** besitzen im Infrarotspektr. eine, z. T. auch zwei starke Carbonylbanden bei 1700 cm^{-1}. Dies trifft jedoch nicht für die RAMAN-Spektren der festen Säuren zu; so hat feste **I** 2 nur äußerst schwache Banden bei 1691 u. 1721 cm^{-1} (in Benzollsg. etwas intensiver), in Ae. bzw. Dioxan tritt nur eine Linie bei 1719 bzw. 1716 cm^{-1} auf. Vff. nehmen an, daß in Ae.- oder Dioxanlsg. die im festen oder geschmolzenen Zustand vorhandene mol. Assoziation von **I** bzw. **II** durch die Bldg. „gemischter Dimerer“ (vgl. nebenst. Formel **A**) zerstört wird, wobei nun die Carbonylgruppe frei wird, doch zeigt die schwächere Infrarotbande bei 1680 cm^{-1} an, daß die mol. Assoziation z. T. noch besteht — diese Frequenz (die der durch H-Brücken gebundenen Carbonylgruppe zuzuschreiben ist) tritt stark in Benzol- u. CCl_4-Lsg. auf, während die Bande der „freien“ C=O-Gruppe hier sehr viel weniger intensiv ist. Für festes **I** u. **II** wird wegen der starken Resonanzwrkg. der C—C-Mehrfachbindungen die Bldg. des obenst. vollständig symm. Dimeren **B** angenommen. Die Berechnung der symm. (ν_1) u. antisymm. (ν_3) Schwingungen der Gruppe $C\langle^{O}_{O}$ führt zu den Werten 1192 bzw. 1597 cm^{-1}. Eine antisymm. Kopplungskomponente von ν_3 wird im Infrarotspektr. von festem **I** bei 1678, von **II** bei 1673 cm^{-1} gefunden, im RAMAN-Spektr. bei 1540 cm^{-1} (festes oder geschmolzenes **I**), Mittelwert 1607 cm^{-1} in guter Übereinstimmung mit dem berechneten Wert. Die ziemlich intensive Bande zwischen 1410 bis 1420 cm^{-1} im Infrarotspektr. von festem u. in Bzl. bzw. CCl_4 gelöstem **I** sowie festem u. in Bzl. gelöstem **II**, die nicht in Ae.-Lsg. beobachtet werden kann, ist wahrscheinlich einer antisymm. Kopplungskomponente von ν_1 zuzuordnen. An OH-Valenzschwingungen treten in allen Spektren 2 Banden bei 2565—2585 u. 2655—2685 cm^{-1} (vgl. FLETT, C. **1952.** 2313) auf, sie sind in Lsg. scharf, im festen Zustand jedoch breit u. diffus (infolge der Gruppierung O···H···O). (Ann. Physique [12] **10.** 5—15. Jan./Febr. 1955. Sorbonne, Labor. des Recherches phys.)
B. GNAUCK. B 120

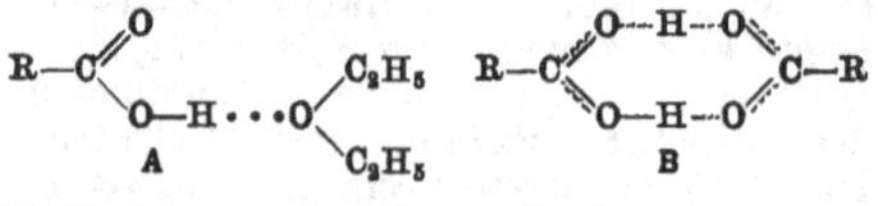
A B

F. Wollrab und **A. Maschka,** *Die Schwingungsspektren von Monochlor- und Monobromcyclohexan.* (Kurze Mitt.) Vff. geben Neuaufnahmen von RAMAN-Spektren (mit qualitativen Angaben des Polarisationszustandes der stärksten Linien) sowie Infrarotspektren von *Monochlor-* u. *Monobromcyclohexan* an. (Mh. Chem. **86.** 539—41. 1955. Wien, TH, Physikal. chem. Inst.)
M.-L. KLAAR. B 120

Harold P. Stephenson und **Fred L. Voelz,** *Raman-Spektren von 2- und 3-Fluorpyridin.* Vff. nahmen die RAMAN-Spektren von fl. *2-* u. *3-Fluorpyridin* bei 30° (Erregerlinie Hg 4358 Å) auf u. geben die Lage der Linien tabellar. an. Die Banden der 3-Fluorwaren fast durchweg schärfer als die der 2-Fluorverbindung. (J. chem. Physics **22.** 1945—46. Nov. 1954. Bloomington, Ill., Illinois Weslayan Univ., Dep. of Phys.)
B. GNAUCK. B 120

J. A. Gibson, W. Kynaston und **A. S. Lindsey,** *Die Infrarotspektren von einigen Pyridonen und Chinolonen und deren Verhalten bei der Kolbe-Schmitt-Reaktion.* Vff. bestimmten die Infrarot- u. UV-Spektren von *Pyridon-(2)* (**I,** C_5H_5ON, F. 106°), *6-Methylpyridon-(2)* (F. 159—160°, durch Dehydrierung von 6-Methylpiperidon-(2) mit Pd-Schwarz), *3-Oxypyridin* (F. 125°), *4-Methylchinolon-(2)* ($C_{10}H_9ON$, F. 229—230°) u. *Chinolon-(2)* (**II,** C_9H_7ON, F. 200,5—201°). Die Meßergebnisse sprechen für die cycl. Amidostruktur der Pyridone u. Chinolone. Unters. der Infrarotspektren des Na-Salzes von **I** (F. 345—347°) u. des K-Salzes von **II** (F. 325°) zeigen Chelatstruktur an. Vff. erklären mit dieser Struktur auch die Reaktionsträgheit der Verbb. bei der KOLBE-SCHMITT-Reaktion. (J. chem. Soc. [London] **1955.** 4340—44. Dez. Teddington, Dep. of Sci. and Ind. Res., Chem. Res. Labor.)
M.-L. KLAAR. B 120

R. Norman Jones und **F. Herling,** *Untersuchungen über den Steroidstoffwechsel.* 23. Mitt. *Charakteristische Gruppenfrequenzen der Infrarotspektren von Steroiden.* (22. vgl.

DOBRINER, J. clin. Invest. **33.** [1954.] 222; 21. vgl. C. **1955.** 6990.) Vff. geben 460 weitgehend der Literatur entnommene Infrarotgruppenfrequenzen tabellar. an, die für die Molekularstruktur von Steroiden spezif. sind. Die Lage folgender Banden in verschied. Gruppierungen (Steroide meist gelöst) werden angeführt: Banden der OH-, CH-, OD- u. CD-Valenzschwingung, C=O-Valenzschwingung in CS_2- u. CCl_4-Lsgg. sowie in Chloroformlsg., C=C-Valenzschwingung (C≡C-Valenzschwingungsbanden konnten bisher in 17-Äthinylsteroiden nicht gefunden werden), CH-Nickschwingung von CH_2-Gruppen, CH-Spreizschwingung von CH_3-Gruppen, charakterist. Banden von Steroidestern, -alkoholen u. -äthern, die vermutlich der CO-Valenzschwingung zuzuordnen sind, charakterist. Banden ungesätt. Steroide u. von Ketosteroiden, die einer spezif. Gruppenfrequenz noch nicht zugeordnet werden konnten, sowie Banden von 6-Methoxy-3.5-cyclosteroiden, der phenol. 3-Oxygruppe, von Iso- u. n. Sapogeninen, Östron, Equilin u. Equilenin u. deren Derivaten. — 53 Literaturangaben. (J. org. Chemistry **19.** 1252—68. Aug. 1954. Ottawa, Can., Nat. Res. Council of Canada, Div. of Pure Chem., u. New York, N. Y., Sloan-Kettering Inst. for Cancer Res.) B. GNAUCK. B 120

D. E. Mann, Janet Hawkins Meal und **Earle K. Plyler,** *Das Schwingungsspektrum von Tetrabromäthylen.* (Sitzungsbericht.) (Physic. Rev. [2] **99.** 667—68. 15/7. 1955. Nat. Bur. of Standards.) E. KLEVER. B 121

Kurt Mislow und **Richard Bolstad,** *Moleküldissymmetrie und optische Inaktivität.* Vff. beschreiben die Synth. von *2.6.2'.6'-Tetranitro-4.4'-diphensäure-d-menthyl-l-menthylester* (I) u. diskutieren dessen räumlichen Bau. **I** ist eine opt.-inakt. u. konfigurationell reine Verb., deren einzelne Moll. asymm. sind. Sie kann entweder als meso-Diastereomeres, für welches keine symm. Konfiguration möglich ist, oder als nichtspaltbare rac. Mischung angesehen werden. — Einw. von Cu auf 4-Chlor-3.5-dinitrobenzoesäuremethylester führt zu *2.6.2'.6'-Tetranitro-4.4'-diphensäuredimethylester* (F. 192—192,5°), der durch Säurehydrolyse in *2.6.2'.6'-Tetranitro-4.4'-diphensäure* (**II**) übergeht (F. 338—342°). **II** liefert nach Überführung in das Säurechlorid mit $SOCl_2$ mit (—)-Menthol [(—)-**VI**] in Pyridin *2.6.2'.6'-Tetranitro-4.4'-diphensäuredi-(—)-menthylester* (**III**, F. 225—226°, $[\alpha]_D^{25}$ —59,4° in Bzl.). Das Säurechlorid von **II** ergibt mit (+)-**VI** *2.6.2'.6'-Tetranitro-4.4'-diphensäure-di-(+)-menthylester* (**IV**, F. 225—226°, $[\alpha]_D^{28}$ +60,0°; Bzl.). Durch Umkristallisieren einer Mischung aus gleichen Mengen von **III** u. **IV** aus Bzl.–Methanol wird das Racemat (F. 264—265°) erhalten. Partielle Hydrolyse von **III** mit NaOH in wss. Dioxan führt zu *2.6.2'.6'-Tetranitro-4.4'-diphensäuremono-(—)-menthylester* (**V**, F. 216—218°, $[\alpha]_D^{31}$ —38,6°; Essigsäure). **V** liefert mit $SOCl_2$ u. anschließender Behandlung mit (—)-**VI** in Pyridin **III**. Einw. von (+)-**VI** auf das Säurechlorid von **V** ergibt **I** (F. 247—248,5°). Die opt. Aktivität von **I** ist Null, sie wurde gemessen in Pyridin u. Bzl. bei 589, 578, 546 u. 435 mμ. (J. Amer. chem. Soc. **77.** 6712—13. 20/12. 1955. New York, N. Y., Univ., Nichols Chem. Labor.) J. KNAUL. B 123

L. I. Bogdanow und **N. N. Stepanenko,** *Dielektrizitätskonstante und Absorptionskoeffizienten der Linolensäure.* Die Messung der DK. u. der Absorptionskoeffizienten erfolgte nach DRUDE-COOLIDGE mit einer Welle ∼ 64 cm bei 7 Tempp. (—10 bis +100°). — Der reelle Teil ε' der komplexen DK. u. die mol. Polarisation P steigen mit der Temp. bei der Linolensäure (I); nach der Theorie (berechnet aus dem Dipolmoment) sollte ε' fallen; bei **I** spielt die Relaxationszeit u. die Verminderung der Assoziation der Moll. mit steigender Temp. eine Rolle. Die Werte für das Vol. der Moll. liegen unter denen von LANGMUIR angegebenen. SSYRKINs Formel [1942] (für stark assoziierte Fll. mit H-Bindung unanwendbar) ergibt etwa dieselben Resultate wie jene von DEBYE. KIRKWOODs Formel liefert ein mit der Temp. ansteigendes M_∞ (eine die intramol. Einw. kennzeichnende Größe), entsprechend der Assoziation der I-Moleküle. ε' steigt bei den Säuren C_{18} annähernd linear mit der J-Zahl. (Журнал Физической Химии [J. physik. Chem.] **27.** 1481—84. Okt. 1953. Sagorsk, Pädagog. Inst.) A. V. WILPERT. B 132

Max T. Rogers, *Die elektrischen Momente einiger Derivate des Pyridins und Chinolins.* An verd. Lsgg. in Bzl. wurden folgende Dipolmomente (in D) mit einer Genauigkeit von ±0,10 D bestimmt: *2-Aminopyridin* 2,06; *4-Aminopyridin* 3,97; *2-Nitropyridin* 5,06; *4-Nitropyridin* 1,61; *1-Methylchinolon-(2)* 3,72; *2-Oxychinolin* 1,66. In Dioxanlsg.: *2-Oxychinolin* 3,45. Die Momente der ersten fünf Substanzen sind in guter Übereinstimmung mit den durch Vektoraddition der Gruppenmomente erhaltenen. Aus den Momentwerten des 2-Oxychinolins wird geschlossen, daß diese Substanz in Dioxan in der Keto-, in Bzl. in der Enolform mit Fixierung des Hydroxylwasserstoffs nahe dem N-Atom vorliegt. (J. physic. Chem. **60.** 125—26. Jan. 1956. East Lansing, Mich., Michigan State Univ., Kedzie Chem. Labor.) W. MAIER. B 132

P. T. Narasimhan und **S. V. Anantakrishnan,** *Dipolmomente von Campherverbindungen. 2. Mitt. Dipolmomente von dl-Borneol, Camphersäure und 3-Bromcamphorensäure.*

(1. vgl. Proc. Indian Acad. Sci., Sect. A. **37.** [1953.] 551.) Nach der Meth. der verd. Lsgg. werden die Dipolmomente von *dl-Borneol* (F. 212°) in Bzl. (1,85 D), von *3-Bromcamphorensäure* (F. 181°) in Bzl. (1,58 D) u. von *d-Camphersäure* (**I**, F. 187°) in Dioxan (2,70 D) bestimmt. Die Resultate bei **I** sprechen für Assoziation u. Wechselwrkg. mit dem Lösungsmittel. (Proc. Indian Acad. Sci., Sect. A **37.** 747—51. Juni 1953. Tambaram, South India, Madras Christian Coll., Dep. of Chem.) K. L. WOLF. B 132

T. O. Pavela, *Die Tiefpotentialoxydation von Methanol an einer platinierten Platinanode. Methanol* (**I**), sowie *Formaldehyd* u. *Ameisensäure* werden in saurer (H_2SO_4) u. alkal. (NaOH) Lsg. anod. an einer platinierten Pt-Elektrode bei verschied. Tempp. u. Konzz. der Lsgg. oxydiert. Bei **I** zeigt sich, daß eine Oxydation bereits bei einem kleineren Potential, als zur OH′-Entladung erforderlich ist, erfolgt. Die Strom–Spannungs-Kurven zeigen unterhalb des krit. Sprungpotentials einen linearen Verlauf von V mit log i bei einer Geradenneigung von 0,08 in saurer u. 0,12 in alkal. Lösung. Die für den Potentialsprung erforderliche Grenzstromdichte J_{gr} hängt von der **I**-Konz. u. der Alkalikonz., nicht aber von der Säurekonz. ab. Aus den Messungen bei verschied. Tempp. ergeben sich konzentrationsabhängige Aktivierungsenergien, die Diffusionsprozessen zuzuordnen sind. Der chem. Einfl. auf das Anodenpotential einer Reihe verschied. Stoffe wie O_2, H_2O_2, *Chromsäure, NaCN,* u. die depolarisierende Wrkg. einer größeren Zahl organ. Verbb. wird untersucht. Die Analyse der Oxydationsprodd. ergibt für alkal. **I**-Lsgg. Bldg. von Ameisensäure mit 100% ig. Ausbeute u. für saure Lsgg. CO_2-Bldg. neben etwas Formaldehyd u. Ameisensäure. In der Diskussion des Reaktionsmechanismus wird auf die mögliche Rolle von PtO u. PtO_2 auf der Anodenoberfläche eingegangen. (Suomalaisen Tiedeakatemian Toimituksia [Ann. Acad. Sci. fennicae], Sarja A. II. **1954.** Nr. 59. 7—45. Helsinki, Univ., Inst. of Chem.) J. RUDOLPH. B 142

R. T. Fowler, *Azeotropismus bei binären Lösungen unter vermindertem Druck.* 3. Mitt. *Pyridin–Wasser-Gemische.* (2. vgl. J. appl. Chem. **1.** [1951.] 48; 1. vgl. C. **1952.** 4591.) Aus den Gleichgewichts- u. Siedekurven für das Syst. *Pyridin/W.* bei Drucken von 758, 500, 300 u. 120 mm ist ersichtlich, daß eine Druckverminderung die Zus. des azeotropen Gemisches nur wenig verändert; während dieses bei 758 mm 59,5% Pyridin enthält, sind bei 120 mm 53,8% enthalten. (J. appl. Chem. **2.** 246—49. Mai 1952. Sydney, Univ.) W. HENTSCHEL. B 150

I. Prigogine und **V. Mathot,** *Der Einfluß der Molekülgestalt auf die thermodynamischen Eigenschaften von Kohlenwasserstoffgemischen.* Aus Messungen des Dampfdrucks u. der integralen Mischungswärme wurden bei den Systemen Cyclohexan–Hexan u. Tetraäthylmethan–Octan die Mischungsenthalpien, -entropien u. die freien Mischungsenthalpien berechnet. Die aus der GUGGENHEIMschen Theorie hergeleitete Forderung, daß eine Mischung von Isomeren das Verh. einer idealen Mischung zeigen sollte, konnte bestätigt werden, so daß das Auftreten der Entropieterme beider Systeme auf die Mischungsenthalpie zurückzuführen ist. (J. chem. Physics **18.** 765—66. Mai 1950. Bruxelles, Univ., Fac. des Sci.) G. KLAFFKE. B 155

O. Bastiansen, *Über sterische Hinderung und Resonanz in organischen Molekülen.* Übersichtsvortrag. An den Beispielen *Butadien, Divinyläther–Äthylvinyläther* u. *Biphenyl* wird der Einfl. ster. Effekte auf die Resonanz diskutiert. (Tidsskr. Kjemi, Bergves. Metallurgi **10.** 4—6. Jan. 1950.) S. BECKMANN. B 182

Andrew Streitwieser jr., Robert H. Jagow und **Shigeto Suzuki,** *Die Stereochemie der Hyperkonjugation.* Vff. untersuchten die Stereospezifität des D-Isotopeneffekts, um zu neuen Aussagen über die Hyperkonjugation zu gelangen. Cyclopentenoxyd ergibt mit $LiAlD_4$ *trans-Cyclopentanol-2-d* (**I**), dessen Tosylat (F. 28—29°) mit Tetramethylammoniumacetat nach Hydrolyse *cis-Cyclopentanol-2-d* (**II**) liefert. Die Infrarotspektren von **I** u. **II** sind verschieden, gleichzeitig zeigen sie die Reinheit der beiden Verbb. an. *Cyclopentanon-2.2.5.5-d_4*, erhalten aus Cyclopentanon u. überschüssigem schwach bas. D_2O, wird mit $LiAlH_4$ bei — 80° zu *Cyclopentanol-2.2.5.5-d_4* (**III**) (Tosylat, F. 28—29°) reduziert. Die Acetolysegeschwindigkeiten der Tosylate von **I, II, III** u. Cyclopentanol bei 50° betragen 3,62, 3,47, 2,05 u. $4{,}21 \cdot 10^{-5}$ [sec^{-1}] (0,1 mol. Lsg. in Essigsäure in Ggw. von 0,117 mol. Na-Acetat). Ein wesentlicher stereochem. Effekt bei der D-Substitution tritt also nicht ein. Diese Resultate stehen im Widerspruch zu der allg. Auslegung der Hyperkonjugation durch Resonanzstrukturen, wie $H—CR_2—\overset{\delta+}{CR_2}\cdots\overset{\delta-}{X} \longleftrightarrow H^+CR_2{=}CR_2X^-$. Vff. entwickeln daher eine MO-Theorie der Hyperkonjugation. Die sp^3-Molekülbahnen der β-CH-Bindungen sind nicht orthogonal zu der entstehenden p-Molekülbahn am Reaktionszentrum; folglich findet Überlappung statt. Mit der entstehenden p-Molekülbahn bildet sich ein konjugiertes Syst. aus, das dem eines Allylcarboniumions formal analog ist. Da die beiden Methylen-H-Atome als Einheit in einer Molekülbahn wirken, tritt bei Ersatz des einen H durch D angenähert der gleiche Effekt auf die Energie der pseudo-π-Bindung auf. (J. Amer. chem. Soc. **77.** 6713. 20/12. 1955. Berkeley, Calif., Univ., Dep. of Chem. and Chem. Engng.) J. KNAUL. B 182

Fritz Arndt, *Notiz zur Theorie des aromatischen Zustands.* Vf. diskutiert kurz die Möglichkeit der Bldg. von *3.5-Dimercapto-7-methyl-1-thiacycloheptatrien-(2.4.6)* (I) bei der Umlagerung von 3.7-Dimethyl-5-thioketo-1.2-dithiacycloheptadien-(3.6) (vgl. C. **1956.** 6121) sowie die aromat. Struktur von I („Hexthiophen"). (Chem. Ber. **89.** 730—31. 8/3. 1956.) J. KNAUL. B 182

L. H. Jensen, *Die Kristallstruktur von Kreatinmonohydrat.* Die Kristallstruktur des Kreatinmonohydrats wurde aus zweidimensionalen Projektionen ermittelt. Beiträge der H-Atome u. Abweichungen infolge der durchschnittlichen therm. Bewegung der Moll. wurden berücksichtigt. Die entstehenden Standardabweichungen der Atomkoordinaten sind vergleichbar mit denen aus einer dreidimensionalen Best. durch MENDEL u. HODGKIN (vgl. C. **1955.** 4795). (Acta crystallogr. [Copenhagen] **8.** 237—40. 10/4. 1955. Seattle, Wash., Univ. of Washington, Dep. of Anatomy.) G. RUBAN. B 195

S. W. Peterson, *Anomale Röntgenstrahlenstreuung bei Wellenlängen entfernt von einer Absorptionskante.* Vf. stellte Verss. zur Bestätigung der Vorhersage von BIJVOET (vgl. C. **1955.** 1687) an, daß die nahe einer Absorptionskante gefundene anomale Röntgenstrahlenstreuung die Anwendbarkeit der direkten FOURIER-Methoden auf nicht zentrosymm. ermöglichen sollte. Bei diesem Verf. wird isomorphe Substitution zur Best. der absol. Werte der Phasenwinkel der gestreuten Strahlung benutzt. Bei den ersten Verss. des Vf. wurde zunächst beobachtet, daß die anomalen Streueffekte auch bei Wellenlängen auftreten, die weit entfernt von den Absorptionskanten irgendeines schweren Atoms in dem Kristall sind. Bei GEIGER-Zählerunterss. an dem *Hydrochlorid* u. *Hydrobromid* von *l-Tyrosin,* die der Raumgruppe P 2_1 angehören, wurde gefunden, daß $I_{0KI} \neq I_{0\bar{K}I}$ war; der beobachtete Intensitätsunterschied betrug im Mittel ca. 8%, erreichte in einem Extremfall 50%. Diese mit Cu-Strahlung beobachteten Unterschiede wurden auch mit Mo- u. Cr-Strahlung nachgewiesen. Auch bei saurem *Rubidiumtartrat* wurden ähnliche Intensitätsunterschiede mit anregender Strahlung gefunden; geringere Intensitätsunterschiede wurden auch mit Cr-Strahlung beobachtet. Der bei Tyrosinhydrobromid mit Cu-Strahlung beobachtete Effekt beruht offensichtlich auf der Anregung der L-Elektronen, auch wenn die Absorptionskante bei $\lambda \cong 8$ Å liegt, da die K-Absorptionskante mit $\lambda \cong 0{,}92$ Å keinen Beitrag liefern kann. Unter der Annahme, daß alle 8 L-Elektronen beteiligt sind, ist die berechnete Größe des Effekts angenähert gleich der des beobachteten Effektes. (Nature [London] **176.** 395. 27/8. 1955. Utrecht, Univ., Labor. of Crystal Chem.) C. GOTTFRIED. B 195

F. H. Herbstein und **G. M. J. Schmidt,** *Die Kristall- und Molekularstrukturen von heterocyclischen Verbindungen.* 1. Mitt. *Die Analyse der Kristallstruktur von α-Phenazin. α-Phenazin* bildet monokline, nach [0 1 0] gestreckte Nadeln. Die Elementarzelle hat die Dimensionen $a = 13{,}22 \pm 0{,}01$ Å; $b = 5{,}061 \pm 0{,}005$ Å; $c = 7{,}088 \pm 0{,}007$ Å, $\beta = 109^0\ 13' \pm 15'$. Raumgruppe ist C_{2h}^5 — P 2_1/a; Z = 2. Die Struktur wurde mit Hilfe der FOURIER-Transformationsmeth. sowie zwei- u. dreidimensionalen Elektronendichteprojektionen bestimmt. Es wurden die folgenden Parameter festgelegt (alle in Å) (Bezifferung vgl. nebenst. Figur): C_1 (x =) 1,022; (y =) 0,945; (z =) 0,191; C_2: 2,064; 1,943; 0,438; C_3: 2,493; 2,614; 1,717; C_4: 1,842; 2,339; 2,749; C_5: 0,828; 1,371; 2,528; C_6: 0,379; 0,648; 1,244; N: 0,624; 0,281; —1,059. Genaue Beschreibung der gefundenen Struktur vgl. nachst. Referat. (Acta crystallogr. [Copenhagen] **8.** 399—405. 10/7. 1955. Rehovoth, Weizmann Inst. of Sci.) C. GOTTFRIED. B 195

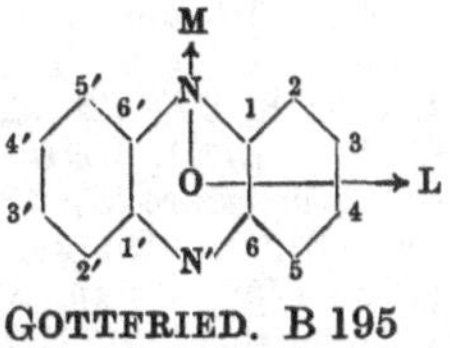

F. H. Herbstein und **G. M. J. Schmidt,** *Die Kristall- und Molekularstrukturen von heterocyclischen Verbindungen.* 2. Mitt. *α-Phenazin.* (1. vgl. vorst. Ref.) Die mol. Anordnung im Gitter kann man am besten beschreiben als mol. „Packungen", die aus Moll. bestehen, welche durch eine Translation parallel [0 1 0] getrennt sind. Jedes Mol. hat 3 Arten von Nachbarn, u. zwar solche innerhalb der eigenen Packung, solche in Packungen, welche durch eine Translation parallel [0 0 1] getrennt sind, u. schließlich solche in den Packungen, welche durch die Gleitebene erzeugt werden. Innerhalb jeder Packung sind die Moll. planar mit einem interplanaren Abstand von 3,49 Å. Der kürzeste Abstand zwischen C-Atomen in Moll., welche durch die Länge der c- Achse voneinander getrennt sind, beträgt 3,73 Å u. in Moll., die der Gleitebene entsprechen, 3,82 Å. Die Moll. sind gegen die (0 1 0)- Ebene unter einem Winkel von ca. 45° geneigt; damit liegen Moll. in

Packungen, die durch die Gleitebene erzeugt werden, angenähert senkrecht. Es werden Betrachtungen angestellt über die Wärmeschwingungen in dem Kristall auf Grund der beobachteten diffusen Spektren, welche eine Anzahl von BRAGG-Reflexionen begleiten. Die Richtung des Brechungsindex γ liegt nahe der Richtung der langen Achse OL des Mol. (wegen der Bezeichnung vgl. Figur im vorst. Ref.), α roh in Richtung der Molekülbreite OM. Aus von anderer Seite gemessenen Hauptkristallsusceptibilitäten wurden die Hauptmolekülsusceptibilitäten berechnet, u. zwar zu $|K_1| = 46{,}2$ parallel OL, $|K_2| = 61{,}8$ parallel OM u. $|K_3| = 243{,}0$ parallel der Normalen ON zur Molekülebene. Die sich aus der Struktur ergebenden Bindungslängen wurden mit Bindungslängen verglichen, die nach der Meth. der Molekülbahnen errechnet worden waren. Der Unterschied zwischen beobachteten u. berechneten Bindungslängen beträgt 0,006 Å. (Acta crystallogr. [Copenhagen] **8.** 406—12. 10/7. 1955.) C. GOTTFRIED. B 195

F. L. Hirshfeld, *Eine ungewöhnliche Doppelreflexion in α-Phenazin.* HERBSTEIN u. SCHMIDT (vgl. vorst. Reff.) hatten auf ihren (h 0 l)-WEISSENBERG-Aufnahmen von *α-Phenazin* das Auftreten der verbotenen Interferenz (5 0 0) beobachtet. Vf. zeigt, daß auf Aufnahmen um [0 1 0] die reziproken Gitterpunkte (2 1 0) u. (3 1 0) sowie ($2\bar{1}0$) u. ($3\bar{1}0$) den Reflexionskreis fast gleichzeitig mit (5 0 0) schneiden, was durch das Achsenverhältnis b*/a* bedingt ist. Die hieraus zu schließenden Folgerungen werden besprochen. (Acta crystallogr. [Copenhagen] **8.** 439. 10/7. 1955.) C. GOTTFRIED. B 195

I. M. Bochowkin und **W. F. Tschessnokow,** *Physikalisch-chemische Analyse des ternären Systems Harnstoff–Essigsäure–Phenylessigsäure.* Die therm. Analyse des Syst. *Harnstoff* (I)–*Essigsäure* (II)–*Phenylessigsäure* (III) bestätigt im bin. Syst. **I–II** das Vorliegen einer Verb. **I**·2 **II** mit starker Dissoziation beim F.; sie ergibt im Syst. **I–III** ein einfaches Eutektikum vom F. 15° (41 Mol-% **I**), desgleichen im Syst. **II–III** vom F. 2° (23% **III**). Im tern. Syst. nimmt **I** das größte Kristallisationsfeld ein (als zähflüssigste Komponente), es folgt **III**, die Verb. **I**·2 **II** vom F. 39° u. mit dem kleinsten Feld **II**. 2 tern. Eutektika haben F. 12° (30% **I**, je 35% **II** u. **III**) u. —3° (8, 74, 18%). Die fast geradlinigen Kurven der elektr. Leitfähigkeit, Viscosität u. D. bestätigen, daß in den bin. Systemen **I–III** u. **II–III** keine chem. Verb. zwischen den Komponenten in der fl. Phase entsteht. (Журнал Общей Химии [J. allg. Chem.] **25** (**87**). 909—14. Mai 1955. Archangelsk, Forsttechn. Inst.) R. K. MÜLLER. B 221

Wilhelm Friedrich und **Konrad Bernhauer,** *Über kristallisierte Molekülverbindungen des 2.4-Dinitrophenylhydrazins.* (Vorl. Mitt. vgl. C. **1956.** 3809.) Vff. stellen gut krist. Mol.-Verbb. aus 2.4-Dinitrophenylhydrazin (I), aromat. N-haltigen Basen u. Mineralsäuren dar, die mit zwei Ausnahmen (Chinolin u. Isochinolin) stets aus je 1 Mol **I** u. Base u. 2 Äquivalenten Säure zusammengesetzt sind. Das Mol.-Gew. sowie der Geh. der Mol.-Verbb. an **I** bzw. Base konnten UV-spektrophotometr. der Geh. an Mineralsäure nach Hydrolyse elektrometr. ermittelt werden. Mol.-Verbb. aus **I**, H_2SO_4 u. folgenden Aminen wurden erhalten (F., Kristallform u. Ausbeute der Mol.-Verbb.): *Benzimidazol* (168 bis 171°, Spieße, 28%), *5-Methyl-* (165—167°, Nadeln, 20%), *5.6-Dimethyl-* (180—186°, Nadeln, 47%), *2.5-Dimethyl-* (feine Nadeln), *5-Methyl-2-oxymethyl-* (155—170°, feine Nadeln, gering), *5-Chlor-6-methyl-* (154—164°, feine Nadeln, 67%), *2-Aminobenzimidazol* (ca. 175°, haarfeine Nadeln, 51,2%), *Diimidazolo-[4'.5':1.2;4''.5'':4.5]-benzol* (haarförmige Nadeln), *Naphtho-[1'.2':4.5]-imidazol* (ca. 222°, Nadeln, 80,2%), *Naphtho-[2'.3':4.5]-imidazol* (200—205°, haarförmige Nadeln, 73,3%), *5-Chlor-* (169—172°, Nadeln, 62%), *5.6-Dichlor-* (168—171°, feine Nadeln, 47%), *5-Oxy-* ($C_7H_6ON_2 \cdot C_6H_6O_4N_4 \cdot H_2SO_4$, F. 200° (Zers., A.), gelbe Nadelbüschel, 70,2%), *5-Methoxy-* (ca. 170°, ziegelrote Nadeln, 75%), *5-Nitrobenzimidazol* (181—188°, orangegelbe Prismen, 56,1%), *Benzimidazolcarbonsäure-(5)* (ca. 190°, haarförmige Nadeln, 80%), *4-Methylbenzimidazol* (185 bis 200°, feine Nadeln, 8%), *Anilin* (195—200°, haarförmige Nadeln, 11,1%), *o-Toluidin* (170—175°, kurze Spieße, 15,3%), *m-Toluidin* (170—175°, grobe Spieße, 37,2%), *p-Toluidin* (195—198°, Nadeln, 47,8%), *3.4-Dimethylanilin* (173—175°, grobe Spieße, 52%), *α-* (180—184°, feine Blättchen, 78%), *β-Naphthylamin* (165—170°, feine Nadeln, 82%), *Diphenylamin* (haarförmige Nadeln, 3%), *DL-* (145—155°, haarförmige, ziegelrote Nadeln u. orangegelbe Drusen, 40%), *L(—)-Tryptophan* (167—170°, ziegelrote, haarförmige Nadeln), *Tryptamin* (haarförmige Nadeln, 65,6%), *Chinolin* (ca. 167°, haarförmige Nadeln), *8-Oxychinolin* (ca. 160°, haarförmige Nadeln, 31%), *Isochinolin* (163 bis 169°, haarförmige Nadeln). Alle Mol.-Verbb., deren Farbe nicht angegeben ist, haben gelbe Farbe. Bei Anilin (**II**) u. seinen Derivv. werden Substituenteneinfll. diskutiert; Alkylierung des N-Atoms verhindert die Bldg. von Mol.-Verbindungen. Bei Verwendung von HCl als Säurekomponente treten einige Abweichungen auf, die durch unterschiedliche räumliche Verhältnisse der Kristalle erklärt werden; so bilden **II**, o- u. m-Toluidin u. die Naphthylamine keine Mol.-Verbb.; in der Benzimidazolreihe treten andere Substituenteneinfl. auf: Mol.-Verbb. aus **I** u. *2-Methyl-*, *2-Oxy-* bzw. *1.5.6-Trimethylbenzimidazol*, die mit H_2SO_4 nicht erhalten wurden, konnten mit HCl isoliert werden. Keine Mol.-Verbb. mit **I**, weder mit H_2SO_4 noch mit HCl, ergaben aliphat. Amine, Benzylamin, Pyridin, Imidazol, Purine u. Pyrimidine. Die Tatsache, daß als Voraussetzung der Adduktbldg. offenbar das positiv geladene N-Atom der Base entweder direkt am Kern des Benzolringes oder in einem mit dem Benzolring kondensierten aromat. Ring gebunden sein muß, wird diskutiert; ferner der Einfl. der Hydrazinkomponente sowie die Basizität der N-Verbindungen. p-Nitrophenylhydrazin, Phenylhydrazin, Hydrazin u. 2.4-Dinitroanilin bildeten keine Mol.-Verbb. (mit 5-Methylbenzimidazol in 5n H_2SO_4). (Chem. Ber. **89.** 814—22. 1956. Stockstadt/Main, Aschaffenburger Zellstoffwerke AG., AG., Biochem. Forschungslabor.) J. KNAUL. B 223

Herbert C. Brown und **Melvin Gerstein,** *Säure–Base-Untersuchungen in gasförmigen Systemen.* 6. Mitt. *Eine vereinfachte Technik für Dissoziationsmessungen.* (Vgl. C. **1946.** I. 1192 u. **1948.** II. 1393.) Es wird ein verbessertes Dissoziationstensiometer beschrieben u. eine vereinfachte Meth. zur Best. der Dissoziationskonstanten von Additionsverbb. aus tensiometr. Daten mittels graph. Methoden. Die Meth. wurde auf die Additionsverb. *Trimethylamin–Trimethylbor* angewandt. Folgende Werte wurden erhalten: Dissoziationskonstante (in at) K_{100} 0,501; ΔF^0_{100} 512; ΔH 17,660 kcal/Mol u. ΔS 45,9. Sie stehen in guter Übereinstimmung mit Werten, die auf einem anderen Wege erhalten worden waren. (J. Amer. chem. Soc. **72.** 2923—26. Juli 1950. Lafayette, Ind., Wayne Univ., Dep. of Chem., u. Chicago, Ill., Univ., George Herbert Jones Labor.) C. GOTTFRIED. B 223

Herbert C. Brown und **Melvin Gerstein,** *Säure–Base-Untersuchungen in gasförmigen Systemen.* 7. Mitt. *Dissoziation der Additionsverbindungen von Trimethylbor und cyclischen Iminen; I-Spannung.* (6. vgl. vorst. Ref., vgl. auch C. **1954.** 1681. 1682). Untersucht wurde die Dissoziation der Additionsverbb. von *Trimethylbor* mit *Äthylenimin* (**I**), *Trimethylenimin* (**II**), *Pyrrolidin* (**III**) u. *Piperidin* (**IV**). **I**, $(CH_2)_2NH{:}B(CH_3)_3$, ist bei gewöhnlicher Temp. eine Fl.; F. 10—12°. Die Sättigungsdrucke wurden in dem Temperaturbereich von 24,5—98,9° untersucht. Der extrapolierte Kp. ist 159,5°. Die Dissoziation wurde zwischen 100—140° bestimmt; $\log P = -3022/T + 9{,}8598$ **II**: fl., F. —9 bis —6°; extrapolierter Kp. 201,4°; $\log P = -2881/T + 8{,}9521$. **III**: F. 43—44°, Kp. 191,3°; $\log P = -3403/T + 10{,}3797$. **IV**: F. 81,5—82,5°; $\log P_{fest} = -4000/T + 12{,}2400$; $\log P_{fl.} = -3218/T + 10{,}0367$. Die thermodynam. Daten sind für **I**: Dissoziationskonstante bei 100° $K_{100} = 0{,}0284$; ΔF^0_{100} 2640; ΔH 17,590 kcal/Mol; ΔS 40,1; für **II** entsprechend 0,000322; 5960; 22,480; 44,3; für **III** 0,00350; 4190; 20,430; 43,5; für **IV** 0,0210; 2864; 19,650; 45,0. Die Stabilität der Verbb. nimmt in der Reihenfolge **IV** $<$ **III** $<$ **II** $\gg$ **I** zu. Die erhöhte Stabilität von **III** gegenüber der Additionsverb. Diäthylamin–Trimethylbor wird auf den reduzierenden ster. Effekt des Ringes zurückgeführt. Die erhöhte Stabilität von **III** über **IV** wird dem reduzierten ster. Effekt der α-Methylengruppen eines 5-Ringes im Vgl. zu einem 6-Ring zugeschrieben. Die geringe Stabilität von **I** ist das Ergebnis der inneren Spannung in dem Ring. Hierzu wird die folgende Erklärung gegeben: Gemäß dem quantenmechan. Bild des N-Atoms in einem Amin kann man sich das einzelne Paar von Elektronen in der 2s-Bahn lokalisiert denken, während die drei gebundenen Paare die drei 2p-Bahnen besetzen, deren Richtungen in den Raum unter Winkeln von 90° verlaufen. In einem einfachen Amin werden die ster. u. elektrostat. Abstoßungen im allg. zu einer Aufweitung der Bindungswinkel führen, u. zwar bis zu dem Tetraederwert. Addition eines Protons oder Trimethylbormol. zu dem einzelnen Elektronenpaar des N-Atoms wandelt das Atom zu einem mit 4 Bindungen um. Gemäß dieser Deutung wird durch die Bldg. der Additionsverb. die innere Spannung des Ringes erhöht. Dieser Effekt wird mit I-Spannung bezeichnet. (J. Amer. chem. Soc. **72.** 2926—33. Juli 1950.) C. GOTTFRIED. B 223

J. R. Brayford und **P. A. H. Wyatt,** *Das kryoskopische Verhalten von Polynitroverbindungen in Schwefelsäure.* Vff. untersuchen die Beeinflussung der mol. Gefrierpunktserniedrigung von *Pikrinsäure*, *1.3.5-Trinitrobenzol*, *2.4.6-Trinitrotoluol* u. *Nitromethan* in H_2SO_4 durch zugesetzte dritte Stoffe, die auf die Dissoziation des Lösungsm. einwirken. Die mol. Gefrierpunktserniedrigung erweist sich als abhängig von der Konz. der Polynitroverbb. u. von der Art u. Konz. der dritten Komponente; u. zwar ist sie mit W. als dritter Komponente größer, mit $KHSO_4$, NH_4HSO_4 u. $H_2S_2O_7$ kleiner als die kryoskop. Konstante. In dieser Hinsicht verhalten sich die drei Polynitroverbb. qualitativ gleich, Nitromethan dagegen gibt auch in Ggw. von $KHSO_4$ höhere Werte. Die Ergebnisse schließen ein bas. Verh. der Polynitroverbb., wie es GILLESPIE (J. chem. Soc. [London] **1954.** 1851) angenommen hat, aus, da eine solche Hypothese gleichsinnige Effekte bei allen Zusätzen, die HSO_4^--Ionen erzeugen, fordern würde. Es scheint, daß

Salzeffekte eine angemessene Erklärung für die Beobachtungen bieten. Vff. weisen in diesem Zusammenhang auf die Abweichungen in der Löslichkeit von SO_2 in nahezu 100%ig. H_2SO_4 hin. (J. chem. Soc. [London] **1955.** 3453—57. Okt. Sheffield, Univ.)
A. SCHMIDPETER. B 224

Scott E. Wood und **John A. Gray III,** *Das Mischungsvolumen und die thermodynamischen Funktionen binärer Mischungen.* 3. Mitt. *Cyclohexan–CCl_4.* (2. vgl. J. Amer. chem. Soc. **67.** [1945.] 480.) Die Volumenänderungen bei Mischung von *Cyclohexan* u. *CCl_4* bei konstantem Druck werden im gesamten Mischungsbereich zwischen 15 u. 75° gemessen. Daraus werden die Zunahme der freien Energie u. Entropie gegenüber einer idealen Lsg. berechnet. Das Mischungsvol. ist positiv u. unabhängig von der Temp., während die Energie- u. Entropiewerte beim Mischen bei konstantem Vol. positiv sind u. mit steigender Temp. abnehmen. (J. Amer. chem. Soc. **74.** 3729—33. 5/8. 1952. Chicago, Ill., Yale Univ., Sterling Chem. Labor.) W. KAUFMANN. B 224

Scott E. Wood und **John A. Gray III,** *Der Volumen- und Temperatureffekt auf die Energie und Entropie von Mischungen bei konstantem Volumen.* Die Mischungsenergie u. die Zunahme der Entropie bei konstantem Vol. für *Bzl.–CCl_4-*, *Bzl.–Cyclohexan-* u. *CCl_4–Cyclohexan*-Mischungen bei 70° werden berechnet unter Benutzung des Mol-Vol. bei 25° u. 1 at Druck. Auf diese Weise können der Temperatureinfl. bei V = const. u. Volumeneinfl. bei T = const. auf diese Mischungen verglichen werden. Es scheint, daß diese Funktionen sich nur langsam mit der Temp. verändern, aber streng volumenabhängig sind. (J. Amer. chem. Soc. **74.** 3733—36. 5/8. 1952. Chicago, Ill., Yale Univ., Sterling Chem. Labor., u. Illinois Inst. of Technol., Dep. of Chem.)
W. KAUFMANN. B 224

Henry Eyring und **Richard P. Smith,** *Einige neue Entwicklungen in der Theorie der Reaktionsgeschwindigkeiten.* Übersicht, bes. über die Fortschritte der Übergangszustandstheorie bei der Berechnung von Aktivierungsenergien E. Speziell eingegangen wird auf das Verf. der Vff. der Best. der Ladungsverteilung in einfachen aliphat. Moll. (vgl. SMITH, REE, MAGEE u. EYRING, C. **1952.** 4278) u. seine Anwendung zur Berechnung von E-Werten; als Beispiel werden die Rk. von Na mit Methylhaliden u. die Isomerenverteilung bei der Chlorierung von n-Butylchlorid behandelt. (J. physic. Chem. **56.** 972—76. Nov. 1952. Salt Lake City, Ut., Univ., Dep. of Chem.) G. KRESZE. B 225

H. O. Pritchard, R. G. Sowden und **A. F. Trotman-Dickenson,** *Untersuchungen über Energieübertragung.* 2. Mitt. *Die Isomerisation von Cyclopropan — eine quasimono molekulare Reaktion.* (1. vgl. RUSSELL u. SIMONS, C. **1955.** 5018 u. C. **1956. 6637.**) Die therm. Isomerisation von Cyclopropan zu Propylen wurde bei 490° u. bei Drucken zwischen $7 \cdot 10^{-2}$ u. 84 mm Hg untersucht. Die Rk. erwies sich als monomolekular. Der Wert der Geschwindigkeitskonstanten änderte sich in dem untersuchten Bereich um den Faktor 10. Die Ggw. eines inerten Gases wirkte dem Abfall der Geschwindigkeitskonstanten entgegen. Die zur Druckunabhängigkeit der Reaktionsgeschwindigkeit führenden relativen Wirksamkeiten einiger Gase wurden bestimmt. Die Resultate wurden mit verschied. Theorien verglichen, wobei die Theorie von SLATER am besten mit den Ergebnissen in Einklang zu bringen war. (Proc. Roy. Soc. [London], Ser. A **217.** 563—71. 21/5. 1953. Manchester, Univ., Dep. of Chem.) G. KLAFFKE. B 225

Balwant Singh, Apar Singh und **Mohan Singh,** *Potentiometrische Untersuchungen über Oxydations–Reduktions-Reaktionen.* 16. Mitt. *Oxydationen mit Chloramin-T. Bestimmung organischer Substanzen.* (15. vgl. J. Indian chem. Soc. **30.** [1953.] 786.) Vff. beschreiben die Oxydation von Aldehyden, Harnstoffen, Zuckern u. Säuren mit Chloramin-T (I). Der Umschlagspunkt der potentiometr. Titration war bei gutem Rühren, Verwendung von Pt-Folie, die über eine KCl–Agar-Agar-Brücke mit einer gesätt. Kalomelelektrode verbunden ist, stets scharf. Der Wert E/c, gemessen in mV/cm^3, hatte am Äquivalenzpunkt sein Maximum. Im einzelnen wurden titriert: *Vanillin, Benzaldehyd, Salicylaldehyd, Acetaldehyd* u. *Furfurol* bei Raumtemp. in stark alkal. alkoh. Lsg. (CH_3OH u. C_2H_5OH werden von I nicht oxydiert). *Harnstoff* wird in bicarbonathaltiger neutraler Lsg. titriert. *Oxalsäure, Thioharnstoff, Glycerin* u. *Mannit* in stark saurer Lsg. bei 80°. (Res. Bull. East Panjab Univ. **1953.** 55—65. Juli. Hoshiarpur, Panjab Univ. Coll., Dep. of Chem.) K. H. KÜSSNER. B 225

Alan Y. Drummond und **William A. Waters,** *Stufen bei Oxydationen organischer Verbindungen durch Kaliumpermanganat.* 1. Mitt. *Die Permanganat–Manganat-Stufe.* 2. Mitt. *Die Mangan(III)–Mangan(II)-Stufe.* Bei der Oxydation organ. Verbb. mit $KMnO_4$ sollten sich Stufen unterscheiden lassen, an denen die Anionen des höherwertigen Mn, MnO_4' u. MnO_4'', bzw. die Kationen des niedrigerwertigen Mn, Mn^{4+} u. Mn^{3+}, beteiligt sind. Zur Unters. dieser Stufen haben Vff. Ausmaß (qualitativ), Geschwindigkeit u. Stöchiometrie der Umsetzungen verschied. organ. Verbb. a) mit alkal. $KMnO_4$, b) mit

$Mn_2(SO_4)_3$ in konz. H_2SO_4, c) mit $Mn(H_2P_2O_7)_3^{3-}$ in 0,2n H_2SO_4 u. mit $KMnO_4$ in n-H_2SO_4, u. zwar d) ohne Zusatz, e) mit F^--Zusatz sowie f) in Ggw. von $H_4P_2O_7$ untersucht. — Die Rkk. nach a) wurden in Ggw. von $Ba(NO_3)_2$ zum Abfangen des Manganats (Verhinderung der Weiteroxydation) durchgeführt u. durch Versetzen mit KCN u. Rücktitration des nicht zum Cyanat oxydierten CN^- verfolgt. Ergebnisse: Bldg. von OH-Radikalen nach $MnO_4^- + H_2O \rightleftharpoons MnO_4^{2-} + H^+ + OH\cdot$ oder ähnlich ist wenig wahrscheinlich, da Verbb., die von OH· angegriffen werden [*Ae.*, *Dioxan* (**V**), *tert.-Butanol*, *Propion-*, *Bernstein-* u. *Adipinsäure*], gegen alkal. $KMnO_4$ resistent sind, während *Aceton* (**IV**), *Malon-* (**I**) u. *Fumarsäure* (**XIII**), die mit OH· nicht reagieren, nach a) oxydiert werden. Vff. führen vielmehr die Wrkg. von alkal. $KMnO_4$ auf die starke Tendenz des MnO_4^- zurück, E l e k t r o n e n aus einem Substrat abzuziehen. Ein Nachw. der dabei gebildeten Radikale durch Polymerisationstest gelang wegen der Oxydation der Vinylverbb. durch $KMnO_4$ nicht. — Gesätt. *Carbonsäuren* werden im allg. nicht angegriffen (Ausnahme **I**, → Oxalat + CO_2). *Alkohole* — untersucht *Methanol* → CO_2 + 2 H_2O, *A.*, *Benzylalkohol* → C_6H_5COOH, *Cyclohexanol* (**II**) u. *Pinakonhydrat* (**III**) — zeigen unterschiedliches Verh., die Oxydation von A., **II**, **III** u. *Milchsäure* geht über die Stufe der zu erwartenden stabilen Prodd. (Essigsäure usw.) hinaus. Auch aliphat. *Aldehyde* — *Propion-* (**VIII**), *Butyraldehyd* (**IX**) — werden über die Stufe der entsprechenden Carbonsäuren hinaus abgebaut, analog verhalten sich *Ketone* (**IV**, *Butanon*, *Cyclohexanon*), *Benzaldehyd* u. *Acetophenon* geben C_6H_5COOH; *Oxal-* (**XI**) u. *Brenztraubensäure* (**X**) werden nicht angegriffen. Vff. vermuten bei den Carbonylverbb. Enolbldg. vor Oxydation. — C=C-Doppelbindungen werden schnell, unter völliger Spaltung, oxydiert, in dem stark alkal. Medium ist die cis-Glykolstufe nicht abzufangen. Bei den untersuchten ungesätt. Säuren [*Croton-* u. *Hexen-(2)-säure*] erfolgt z. T. Angriff auch der Paraffinkette, *Zimtsäure* (**XIV**) wird quantitativ gespalten. Vff. lehnen Bldg. eines cycl. Mn-Deriv. als Zwischenprod. ab, sondern leiten ab, daß die Rk. unter Beteiligung von 2 Mol MnO_4' in zwei Einelektronenschritten erfolgt. — *Amine* (*Methyl-*, *Di-* u. *Trimethylamin*, *N-Methylpiperidin*) werden, wenn auch nicht quantitativ, oxydiert, der Angriff erfolgt wahrscheinlich in Nachbarstellung zum N-Atom. — Außer den bisher genannten Verbb. wurden nach a) untersucht: *Äthylenglykol* (**VI**), *1.2-Butylenglykol* (**VII**), *Formaldehyd* (**XVII**), *Ameisensäure* (**XVIII**), *Glykolsäure* (**XVI**), *Maleinsäure* (**XV**) u. *Phenol* (**XII**), in allen Fällen trat Oxydation ein. — Nach b) wurden nur qualitative Verss. durchgeführt, oxydiert wurden hier **I**, **III**, **V**, **VI**, **VII**, **VIII**, **IX**, **X**, **XI** u. **XII**. — Durch $Mn(H_2P_2O_7)_3^{3-}$, nach Verf. c), werden Olefine (**XIII**, **XIV**, **XV**) bei p_H 1 u. 50° nicht oxydiert. Auch Monoalkohole werden nicht angegriffen, dagegen Glykole sowie **I**, **XI** u. **XVI**. — Aldehyde, mit Ausnahme von **XVII**, **XVIII** u. *Chloral*, werden durch Mn(III) mit meßbarer Geschwindigkeit oxydiert, die Kinetik der Rk. von **VIII** u. **IX** bei 37,3° wurde untersucht. Die Umsetzung ist 0. Ordnung bzgl. der $Mn(H_2P_2O_7)_3^{3-}$-Konz. u. je 1. Ordnung bzgl. der Aldehyd- u. H^+-Konz. im p_H-Bereich 1—2, Vff. nehmen auch hier als geschwindigkeitsbestimmenden Schritt die Bldg. des Enols aus der konjugierten Säure des Aldehyds an. — Bei den Rkk. nach a) bis f) wurden Induktionsperioden, Bldg. brauner Ndd. bzw. roter Färbungen (Mn^{3+} ?) beobachtet. Schnell oxydiert werden in allen 3 Fällen **VIII**, **IX**, **XII**, **XIII**, **XV**, **XVII**, **XIV**; die Oxydation von **I**, **III**, **X** u. **XI** nach d) wird durch die Zusätze nach e) u. f) verlangsamt. (J. chem. Soc. [London] **1953**. 435—43. Febr. Oxford, Dyson Perrins Labor.) G. KRESZE. B 225

V. Prelog, M. Wilhelm und **D. Bruce Bright**, *Untersuchungen über asymmetrische Synthesen. 5. Mitt. Über den sterischen Verlauf der Reduktion von α-Ketosäureestern optischaktiver Alkohole mit Lithiumaluminiumhydrid.* (4. vgl. Helv. chim. Acta **36**. [1953.] 1178.) Die Phenylglyoxylsäureester des (—)-Menthols (**I**), des (+)-Borneols (**II**) u. des α-Amyrins (**III**) geben bei der Red. mit $LiAlH_4$ opt.-akt. *Phenyläthandiole-(1.2)* (**IV**). Die Konfiguration der bei der Red. im Überschuß entstehenden Antipoden des **IV** steht in Übereinstimmung mit der Anschauung von PRELOG u. Mitarbeitern (Helv. chim. Acta **36**. [1953.] 308) über den ster. Verlauf ähnlicher asymm. Synthesen. Zur konfigurativen Verknüpfung wurde die L-(+)-Mandelsäure mit $LiAlH_4$ zu *L-(+)-Phenyläthandiol-(1.2)* reduziert.

V e r s u c h e: (—)-*Menthol* (**I**), F. 41—42° u. (—)-*Phenyläthandiol-(1.2)* [(—)-**IV**], F. 62—63°, aus (—)-Menthylphenylglyoxylat [F. 73°, $[\alpha]_D^{20}$ —46° (c = 2,82)] u. $LiAlH_4$ in Ae. nach Chromatographie an Al_2O_3; **I**: 84% (Ausbeute); (—)-**IV**: $[\alpha]_D^{20}$ —2,95° (c = 10,6); 85%. — (+)-*Borneol* (**II**), F. 207° u. (+)-**IV**, F. 65—66°, aus (+)-Bornylphenylglyoxylat [F. 40°, $[\alpha]_D^{20}$ +25,5° (c = 2,90)]; **II**: 77%; (+)-**IV**, $[\alpha]_D^{21}$ +1,44° (c = 10,1); 90%. — α-*Amyrin* (**III**), F. 183—184° u. (+)-**IV**, aus α-Amyrylphenylglyoxylat [F. 209—210°, $[\alpha]_D^{20}$ +54,4° (c = 3,02, Bzl.)]; **III**: 94%, **IV**: $[\alpha]_D^{19}$ +2,60° (c = 8,30); 84%. — *L-(+)-Phenyläthandiol-(1.2)*, F. 67°, aus 400 mg Mandelsäure;

$[\alpha]_D^{20}$ +40,6° (c = 3,23); 371 mg. (Helv. chim. Acta **37**. 221—24. 1/2. 1954. Zürich, ETH, Organ.-Chem. Labor.) R. Mattner. B 225

L. J. le Roux und **E. R. Swart**, *Die Ordnung und der Mechanismus von Isotopenaustauschreaktionen sekundärer und tertiärer Alkylbromide in wasserfreiem Aceton.* Vff. haben die Austausch-Rkk. zwischen radioakt. LiBr u. *Isopropylbromid* (I) bzw. *tert.-Butylbromid* (II) in wasserfreiem Aceton untersucht u. eine Geschwindigkeitsgleichung von der Form $v = k_1 a + k_2 a b$ abgeleitet, nach der die Austausch-Rk. gleichzeitig nach einem bimol. Mechanismus u. nach einem monomol. Ionisationsmechanismus verläuft. Während bei der Rk. des I der Beitrag 1. Ordnung nur sehr klein ist u. nicht genau bestimmt werden kann, sind für die Rk. des II die Beiträge durch die Vorgänge 1. u. 2. Ordnung etwa von gleicher Größe. Aus den Meßergebnissen errechnen sich die Parameter der Arrheniusschen Gleichung E_1 u. log A_1 bzw. E_2 u. log A_2 für I zu: —; — u. 20,0; 10,6; für II zu 19,7; 7,2 u. 21,8; 11,0. (J. chem. Soc. [London] **1955**. 1475 bis 1479. Mai. Pretoria, South Africa, Univ., Dep. Phys. Chem.) G. Geiseler. B 225

Mihir Nath Das und **Santi R. Palit**, *Kinetik der Halogenierung von Fettsäuren.* 2. Mitt. *Bromierung von Essigsäure.* (1. vgl. J. Indian chem. Soc. **26**. [1949.] 322.) Vff. untersuchen die Kinetik der Umsetzung von *Natriumacetat* (I) mit Br_2 in Essigsäure bei 25 u. 35°. Die Rk. wird durch Titration des in der Reaktionslsg. jeweils noch vorhandenen I mit $HClO_4$ in einem Glykol–Isopropanol-Gemisch gegen Thymolblau verfolgt. Bei der Auswertung wird die Rk. von I mit der gebildeten HBr sowie der Unterschied zwischen der Konz. an „akt." Br_2 u. tatsächlicher Br_2-Konz. infolge des Gleichgewichts $Br_2 + Br' \rightleftharpoons Br'_3$ berücksichtigt. Die Rk. von I u. Br_2 ist bimol., wenn der Reaktionslsg. eine größere Menge NaBr zugesetzt wird. k_2 beträgt 1,90 Liter/Mol·Min. bei 35°, die Aktivierungsenergie wird zu 15,6 kcal/Mol u. der Stoßzahlfaktor zu ca. 10^{11} angegeben. k_2 verändert sich bei Veränderung des Acetatkations (K > Na > Li). W. beschleunigt die Rk. ganz wesentlich: k_2 ist bei 8% W. u. 35° 3,6, bei 20% W. u. 35° 8,5. Bei Gehh. über 50% W. in der Essigsäure verliert die Rk. ihren bimol. Charakter. Vff. führen diese größere Reaktionsgeschwindigkeit bei Ggw. von W. auf eine stärkere Dissoziation des des I zurück. Parallel zur Bldg. des Monobromacetations verläuft die Weiter-Rk. unter Bldg. des Dibromacetations, allerdings wesentlich langsamer. Vff. nehmen an, daß die Bromierung über einen akt. Komplex verläuft, in dem ein positives Br^+ an das α-C-Atom von I infolge dessen durch die Carboxylgruppe induzierter negativer Ladung gebunden u. gleichzeitig HBr vorgebildet ist. Die Rk. verläuft anders als die Jodierung. (J. Indian chem. Soc. **27**. 179—88. April 1950. Calcutta, Ind. Assoc. Cult. Sci., Dep. of phys. Chem.) J. Kleinwächter. B 225

Horst Böhme und **Alexander Dörries**, *Zur Hydrolyse und Alkoholyse α-chlorierter Äther.* Vff. untersuchten die Kinetik der Solvolyse von *Chlormethylphenyl-* (I), *-benzyl-* (II), *-methyl-* (III) u. *-äthyläther* (IV) bei 25° in Dioxanlsgg., die Zusätze von W., Methanol, Isopropyl- (V), β-Chloräthyl- (VI), Benzyl- (VII) bzw. tert.-Butylalkohol (VIII) enthielten. Die Reaktionsgeschwindigkeitskonstanten erster Ordnung von I—IV betragen bei Zusatz von 2 Gew.-% W. 0,000035; 0,015; 0,038 u. 0,14; bei Zusatz von 5 Gew.-% CH_3OH 0,000019; 0,0060; 0,0073 u. 0,022. Äther, deren α-ständiges Halogenatom an ein sek. C-Atom gebunden ist, wie α-Chloräthyl- u. α-Chlorbenzylalkyläther, werden dagegen so schnell gespalten, daß die Solvolyse nur bei extrem niedrigen Wasser- bzw. Alkoholgehh. gemessen werden kann. Die Rk. verläuft nicht nach der 1. Ordnung u. führt zu einem Gleichgewicht. Auch durch Verwendung der Alkohole V—VIII kann die Solvolyse nicht genügend verlangsamt werden. Dieses unterschiedliche Verh. ermöglicht die Analyse von Gemischen α-halogenierter Äther durch Best. der Solvolysegeschwindigkeiten, wie am Beispiel des Isomerenpaares IV u. α-Chloräthylmethyläther gezeigt wurde. (Chem. Ber. **89**. 719—22. 1956. Marburg, Univ., Pharmazeut.-Chem. Inst.) J. Knaul. B 225

W. F. Borodkin, *Über die Hydrolyse von Carbazol-3-sulfonsäure.* Es wurde früher gezeigt, daß bei der Hydrolyse von Carbazol-3-sulfonsäure (I) in Ggw. von 67—70% ig. H_2SO_4 das entstehende Carbazol zu Carbazolpolysulfonsäuren sulfoniert wird (vgl. (Журнал Прикладной Химии [J. angew. Chem.] **21**. [1948.] 1032). Diese Polysulfonsäuren werden in vorliegender Arbeit als eine *Carbazoldisulfonsäure* (II) u. *Carbazol-1.3.6-trisulfonsäure* (III) identifiziert. Die Sulfonierung von Carbazol unter gleichen Bedingungen, unter denen die Hydrolyse von I durchgeführt wurde (50—60% ig. H_2SO_4, 9 Std. Kochen), liefert II u. III, die durch fraktionierte Kristallisation ihrer Ba-Salze getrennt werden. Das K-Salz von III gibt beim Schmelzen mit Alkali *1-Oxycarbazol*, F. 163—164°. II u. III werden unter gleichen Bedingungen erheblich langsamer hydrolysiert als I. (Журнал Прикладной Химии [J. angew. Chem.] **23**. 1105—07. Okt. 1950. Iwanowo, Chem.-Technol. Inst.) G. Froelich. B 225

Sushil Kumar Mukherjee und **Santi R. Palit,** *Über die Kinetik der Bildung von langkettigen quaternären Salzen.* Vff. untersuchen die Kinetik der Rk. von *Dodecylbromid* (**I**) bzw. *Hexadecylbromid* (**II**) mit *Pyridin* (**III**) in verschied. Lösungsmitteln bei 100°. Die Rk. wird an Hand potentiometr. Titrationen der Base mit n/10 $HClO_4$ in einem Glykol–Isopropanol-Gemisch verfolgt. Die Rkk. sind bimol. bis zu einer 40 bis 50%ig. Umsetzung, die Geschwindigkeitskonstante k_2 ist von der Acidität bzw. Basizität des Lösungsm. abhängig u. in einem neutralen Lösungsm. am kleinsten. Im einzelnen ergeben sich folgende Werte: **II** in CCl_4 $32\cdot10^{-6}$, in $CHCl_3$ $41\cdot10^{-5}$, in $CH_3COC_2H_5$ $52\cdot10^{-5}$, in n-C_4H_9OH $14{,}7\cdot10^{-4}$; **I** in CCl_4 $22\cdot10^{-6}$, in $CHCl_3$ $32\cdot10^{-5}$, in $CH_3COC_2H_5$ $54\cdot10^{-5}$, in n-C_4H_9OH $12{,}7\cdot10^{-4}$ u. in Bzl. $28\cdot10^{-6}$. Die k_2-Werte liegen in der gleichen Größenordnung wie die bei der Rk. von niedrigkettigen Alkylbromiden mit **III** (vgl. z. B. PICKELS u. HINSHELWOOD [1936]), k_2 steigt bei Übergang von **I** zu **II** an. (J. Indian chem. Soc. **27.** 175—78. April 1950. Calcutta, Ind. Ass. Cult. Sci., Dep. of phys. Chem.) J. KLEINWÄCHTER. B 225

P. D. George, L. H. Sommer und **F. C. Whitmore,** *Sterische Einflüsse bei Grignard-Kupplungen mit Alkoxysilanen.* 49. Mitt. *über Organosiliciumchemie.* (48. vgl. C. **1955.** 9074.) Die Synth. von *Trialkylalkoxysilanen* (**A**) aus Alkyl-GRIGNARD-Verbb. u. Äthylorthosilicat (**I**) ist ster. Einfl. mehr unterworfen als polaren Effekten oder denen der Reaktivität des GRIGNARD-Reagenses. Äthyl- u. n-Propyl-Mg-halogenid bilden mit **I** nur **A**, auch bei einem Überschuß der GRIGNARD-Verb. u. längerem Erhitzen auf 100° wird die vierte Äthoxygruppe von **I** nicht ersetzt; dagegen bilden Methyl- u. Phenyl-Mg-halogenide mit **I** *Tetramethyl-* bzw. *Tetraphenylsilan.* Durch C_6H_5MgBr (**II**) wird die Äthoxygruppe von Triäthyläthoxysilan auch nach längerem Erhitzen nicht verdrängt, während n-Propyl-MgBr (**III**) mit Trimethyläthoxysilan *n-Propyltrimethylsilan* bildet. — Versuche: *Tetramethylsilan,* aus Äthylorthosilicat (**I**, $Kp._{725}$ 164—164,8°, n_D^{20} 1,3838, $D.^{20}$ 0,9336, η^{22} 0,762 centistokes) u. CH_3MgBr, n_D^{20} 1,3600; 30% (Ausbeute); daneben *Hexamethyldisiloxan;* 55%. — *Hexa-n-propyldisiloxan,* $Kp._{737}$ 284 bis 287°, $Kp._{260-270}$ 242—243°, aus **I** u. **III**, 36 Std. am Rückfluß, n_D^{20} 1,4410, $D.^{20}_4$ 0,8361; 48%. — *Tri-n-propylchlorsilan,* $Kp._{737}$ 197—200°, aus vorst. Verb. mit konz. H_2SO_4 u. NH_4Cl, n_D^{20} 1,4404; 70%. Hieraus *Tri-n-propylsilylamin.* — *Tetraphenylsilan,* F. 233—234°, a) aus **I** u. **II**, nach Abdestillieren des Ae. 10 Std. auf dem Wasserbad erhitzt; 60%; b) aus Siliciumtetrachlorid u. **II**; 46%; keilförmige Nadeln aus Bzl., opt. Axialwinkel 40°, opt. Axialebene parallel der 0 1 0-Fläche, orthorhomb. mit den Brechungsindices $\alpha = 1{,}674$, $\beta = 1{,}725$ u. $\gamma = 1{,}850$. — *Hexaäthyldisiloxan,* Kp. 223°, aus Triäthyläthoxysilan (aus **I** u. C_2H_5MgBr) u. **II**, n_D^{20} 1,4340; daneben *Biphenyl,* F. 68—69°; keine Bldg. von Phenyltriäthylsilan. — *n-Propyltrimethylsilan,* Kp. 89—92°, aus Trimethyläthoxysilan u. **III**, 24 Std. am Rückfluß, nach Abdestillieren des Ae. weitere 72 Std. auf dem Wasserbad erhitzt, n_D^{20} 1,3930; 48%. (J. Amer. chem. Soc. **77.** 6647—49. 20/12. 1955. University Park, Pa., Pennsylvania State Univ., Coll. of Chem. and Phys.) J. KNAUL. B 225

Gustave Vavon und **Jeanne Thiec,** *Carbonisierung von sterisch gehinderten Lithiumverbindungen. Die Rolle des sterischen Faktors.* Vff. zeigen, daß die Carbonisierung von organ. Li-Verbb. nicht nur nach einem Schema verläuft: Bei *2.4.6-Triisopropyl-* (**I**) u. *2.3.5.6-Tetraisopropylphenyl-Li* (**II**) u. der *Li-Verb.* aus *Pinenhydrochlorid* (**III**) werden bei der Behandlung mit CO_2 statt der sonst üblichen Ketone die entsprechenden Carbonsäuren erhalten. Vff. führen diese anomale Rk. auf ster. Hinderung zurück. — *2.4.6-Triisopropylphenyllithium* (**I**), aus 2.4.6-Triisopropylbrombenzol u. Li in Ggw. von Spuren Brombenzol; 60—73% (Ausbeute). *2.3.5.6-Tetraisopropylphenyllithium* (**II**), aus 2.3.5.6-Tetraisopropylbrombenzol [F. 148—150° (A.), aus dem KW-stoff u. Br_2 in Chlf.] u. Butyl-Li (**IV**) in PAe.; enthält noch **IV**. *Li-Verb.* des *Pinenhydrochlorids* (**III**), aus Pinenhydrochlorid u. Li in PAe.; 40—50%. Die Carbonisierung wird mit gasförmigem CO_2 bei gewöhnlicher Temp. vorgenommen; es wurden erhalten aus **I**: *2.4.6-Triisopropylbenzoesäure,* F. 185—187°; 53%; aus **II**: *2.3.5.6-Tetraisopropylbenzoesäure,* F. 240°; 52% u. aus **III**: *Camphancarbonsäure,* $[\alpha]_{578}$ —10 bis —11° (bei Verwendung von Pinen mit $[\alpha]_{578}$ —38,6° als Ausgangsprod.). Die Ausbeuten bei **I** u. o-Tolyl-Li steigen, wenn man die Li-Verb. langsam in die CO_2-Atmosphäre gibt (bei 0° 90 bzw. 87%). — Die Säuren wurden zum Vgl. auch über die GRIGNARD-Verbb. dargestellt. (C. R. hebd. Séances Acad. Sci. **233.** 1290—92. 19/11. 1951.) H. W. ZIMMER. B 225

Alsoph H. Corwin und **Kenneth W. Doak,** *Untersuchungen in der Pyrrolreihe.* 26. Mitt. *Kinetik der Kondensation von Dipyrrylmethenen mit einem α-freien Pyrrol.* (25. vgl. J. Amer. chem. Soc. **76.** [1954.] 5641.) Bei der Synth. von Dipyrrylmethenen (DPM) aus Pyrrylaldehyden u. α-unsubstituierten Pyrrolen entstehen aus Tripyrrylmethanen (TPM), die als Nebenprodd. aus DPM u. Pyrrol auftreten, drei verschieden substituierte DPM. Vff. untersuchen spektrometr. die Geschwindigkeit der Rk. zwischen *3.5-Dimethyl-4-carbäthoxypyrrol* (**VI**) u. den verschieden substituierten DPM: *3.5.4'-*

Trimethyl-4.3'-dicarbäthoxy-5'-chlordipyrrylmethen (I), *3.5.4'-Trimethyl-4.3'-dicarbäthoxy-5'-bromdipyrrylmethen* (II), *3.5.4'-Tricarbäthoxy-4.3'.5'-trimethyldipyrrylmethen* (III), *3.5.3'.5'-Tetramethyl-4.4'-dicarbäthoxydipyrrylmethen* (IV) u. *3.5.3'-Trimethyl-4.4'-dicarbäthoxy-5'-bromdipyrrylmethen.* Diese Geschwindigkeit ist von der CH_3COOH-Konz. u. vom Wassergeh. des Lösungsm. (Bzl.) abhängig. Die Methenbrücke bedingt ein elektrophiles Reaktionsverh., durch geeignete Substitution der beiden Pyrrolkerne kann die TPM-Bldg. beschleunigt oder prakt. verhindert werden. So konnten erstmals zwei Mono-N-methylsubstituierte DPM hergestellt werden: *1.4.5'-Trimethyl-3.5.4'-tricarbäthoxy-3'-oxydipyrrylmethen* (V) u. *1.3.5.5'-Tetramethyl-4.4'-dicarbäthoxy-3'-oxydipyrrylmethen* (X). — Die Geschwindigkeit der Rk. in Bzl. ist zweiter Ordnung, bei niedrigen Säurekonzz. wirkt der monomere, bei höheren Konzz. der dimere Anteil der CH_3COOH.

Versuche: Geschwindigkeit der CH_3COOH-katalysierten Kondensation der DPM mit **3.5-Dimethyl-4-carbäthoxypyrrol (VI)** in Bzl. bei 25° u. 2—5 Std. Reaktionsdauer, k-Werte (in Liter·Mol^{-1} sec^{-1}): **II** 0,051; **III** 0,085; **IV** 0,067. — **VI**, *1.3.5-Trimethyl-4-carbäthoxypyrrol* (**VII**) u. **III** wurden nach QUATTLEBAUM (J. Amer. chem. Soc. **58.** [1936.] 1081) dargestellt, **VI** nach Kristallisation aus Methanol in Bzl. eingefroren aufbewahrt. — *3-Oxy-4-carbäthoxy-5-methylpyrrol* (**IX**) nach BENARY u. SILBERMANN [1913]. — **III** reagiert mit **VII** ohne Katalysator extrem langsam, k ca. $1,4 \cdot 10^{-5}$; in Ggw. von CH_3COOH ist k ca. $2 \cdot 10^{-4}$. — *3.5.4'-Tricarbäthoxy-4.5'-dimethyl-3'-oxydipyrrylmethen* (**VIII**), $C_{20}H_{24}O_7N_2$, gelbe Nadeln, F. 237—240° (Zers.; A.), aus **IX** u. 2-Formyl-3.5-dicarbäthoxy-4-methylpyrrol in A. in Ggw. von HCl bei 0°. — **VIII** reagiert nicht mit **VI**. — *1.4.5'-Trimethyl-3.5.4'-tricarbäthoxy-3'-oxydipyrrylmethen* (**V**), $C_{21}H_{26}O_7N_2$, gelbe Nadeln aus A., F. 214—216° (Zers.), wie **VIII** aus **IX** u. 2-Formyl-3.5-dicarbäthoxy-1.4-dimethylpyrrol. — *1.3.5.5'-Tetramethyl-4.4'-dicarbäthoxy-3'-oxydipyrrylmethen* (**X**), $C_{19}H_{24}O_5N_2$, F. 214—216° (Zers.; Hexan/Bzl.), analog **V**. — *3.5.4'-Trimethyl-4.3'-dicarbäthoxy-5'-chlordipyrrylmethen* (I), F. 145—146° (Aceton), nach FISCHER [1928]. — *3.5.4'.3''.5''-Pentamethyl-4.3'.4''-tricarbäthoxy-5'-chlor-2.2'.2''-tripyrrylmethan,* $C_{27}H_{34}O_6N_3Cl$, F. 231—232° (Zers.; Methanol), aus **I** u. **VI** in absol. A. in Ggw. von Milchsäure. (J. Amer. chem. Soc. **77.** 464—69. 20/1. 1955. Baltimore, Md., Johns Hopkins Univ., Chem. Labors.) G. SCHÖNEWALD. B 225

Louis Rosenblum, *Die thermische Zersetzung von Tri-n-butylboran.* Vf. berichtet, daß bei der therm. Zers. von Tri-n-butylboran (I) im Vakuum als Reaktionsprodd. *Dibutyldiboran* (II) u. *Buten-(2)* bzw. unter milderen Bedingungen *Buten-(1)* gebildet werden. Die Bldg. von II erfolgt nach Vf. vermutlich über $(C_4H_9)_2BH$, welches sich dimerisiert u. disproportioniert. Die Ähnlichkeit der Reaktionsprodd. sowie der experimentellen Bedingungen vorst. Zers., verglichen mit der therm. Zers. von Na-, Be- u. Mg-Alkylen, läßt bei allen Rkk. den gleichen Mechanismus vermuten.

Versuche: *Dibutyldiboran* (II), $C_8H_{22}B_2$, durch 10tägiges Kochen von I bei 125—130°/10 mm; Infrarotbanden: 2930 cm^{-1}, CH-Valenz; 2840, CH-Valenz; 2530, BH-Valenz; 2460, BH-Valenz; 2020, BH (Brücke)-Valenz; 1915, BH (Brücke)-Valenz; Dampfdruckgleichung $\log p = 5{,}374 - 1233/(t + 230)$ (p = mm Hg, t = Grad); daneben *trans-Buten-(2)* [bei 2tägigem Kochen bei 90 bis 100°/5 mm *Buten-(1)*]. (J. Amer. chem. Soc. **77.** 5016—17. 5/10. 1955. Cleveland, O., Nat. Adv. Comm. for Aeronautics, Lewis Flight Propuls. Labor.) G. WINKLER. B 225

Wolfgang Kirmse und **Leopold Horner,** *Beitrag zum induzierten Zerfall der Perbenzoesäure.* Die Unters. der Rk. von Benzolsulfochlorid (I) mit Na-Perbenzoat (II) in W.-Dioxan (1:1) bei 0° ergab als Reaktionsprodd. Dibenzoylperoxyd (III), Benzoesäure, CO_2, Phenol, Sulfonsäure u. Cl^-. Um zu erkennen, ob I bei dieser Rk. als Oxydationsmittel oder durch seinen Einfl. auf den p_H-Wert wirkt, wurde a) die Einw. von Oxydationsmitteln auf II, b) das Verh. von Perbenzoesäure (IV)/II bei verschied. p_H untersucht. Cl_2, Br_2, MnO_4^-, Fe(III) u. Cu(II) liefern mit II ebenfalls III. Die näher untersuchte Oxydation mit Cl_2 zeigte, daß offenbar das Anion von IV mit dem Oxydationsmittel reagiert. Polymerisationsauslösung sowie CO_2-Entw. sprechen für das Auftreten von Benzoylradikalen. Die Zerfallsgeschwindigkeit von IV bzw. II in Abhängigkeit vom p_H hat ein Maximum beim pK von IV. Die Resultate zeigen, daß zwischen der Rk. von II mit I, mit Oxydationsmitteln oder (unter Abhängigkeit vom p_H) mit IV kein grundsätzlicher Unterschied besteht. Für den Primärschritt formulieren Vff.: $C_6H_5CO \cdot OO^- +$ Ox. $\rightarrow C_6H_5CO \cdot OO +$ Ox.$^-$. Diesem Entzug eines Elektrons aus dem Perbenzoatanion folgt eine Ketten-Rk.: $C_6H_5CO \cdot OO^{\bullet} + C_6H_5CO \cdot OO^- \rightarrow C_6H_5CO \cdot O^{\bullet} + C_6H_5CO \cdot O^- + O_2$; $C_6H_5CO \cdot O^{\bullet} + C_6H_5CO \cdot OO^- \rightarrow C_6H_5CO \cdot O^- + C_6H_5CO \cdot OO^{\bullet}$, die nur im alkal. Bereich verläuft. Für die Bldg. von III, die nur in einem p_H-Bereich erfolgt, der freie IV zuläßt, wird nachst. Reaktionsschritt diskutiert: $C_6H_5CO \cdot O^{\bullet} + C_6H_5CO \cdot OOH \rightarrow C_6H_5CO \cdot OO \cdot COC_6H_5 + {}^{\bullet}OH$. (Chem. Ber. **89.** 836—42. 1956. Mainz, Univ., Org.-Chem. Inst.) J. KNAUL. B 225

C. Präparative organische Chemie. Naturstoffe.

Carl D. Douglass, Simon H. Wender und **O. Kenton Neville,** *Darstellung von* $^{14}C_{(2)}$*-Flavanon durch eine Austauschreaktion.* Bei der Behandlung von 2'-Oxychalkon (I) mit $^{14}C_{(CHO)}$-Benzaldehyd (II) in Ggw. von Alkali entsteht $^{14}C_{(\beta)}$*-2'-Oxychalkon,* das durch Ringschluß mit alkoh. NaOH in $^{14}C_{(2)}$*-Flavanon* übergeführt wird.

V e r s u c h e: $^{14}C_{(\beta)}$*-2'-Oxychalkon,* F. 86° (CH_3OH), aus I, II (1,49 μC/mMol) u. 20%ig. NaOH in A. bei Zimmertemp. (60 Std.); 90% (Ausbeute); Aktivität 0,130 μC/mMol. — $^{14}C_{(2)}$*-Flavanon,* F. 74° (CH_3OH), aus vorst. Verb. u. 1%ig. NaOH in A. (Zimmertemp.; 24 Std.); 80%; Aktivität 0,130 μC/mMol. (J. Amer. chem. Soc. **77.** 6372—73. 5/12. 1955. Little Rock, Ark., Univ., School of Med., Dep. of Biochem.)
E. HANSCHKE. 480

Robert B. Henderson, R. M. Fink und **Kay Fink,** *Synthese von* $^{14}C_{(CH_3)}$*-Thymin.* Vff. beschreiben die Synth. von $^{14}C_{(CH_3)}$*-Thymin* ($^{14}C_{(CH_3)}$*-5-Methyluracil*) in mg aus $^{14}C_{(CH_3)}$-Propionsäureester über $^{14}C_{(CH_3)}$*-Oxalpropionsäureester* u. $^{14}C_{(CH_3)}$*-β-Methyläpfelsäure,* die mit Harnstoff kondensiert wurde. Die Zwischenprodd. wurden ohne Reinigung im gleichen Gefäß weiterverarbeitet. Gesamtausbeute ca. 10%, bei g-Ansätzen ca. 30%.

V e r s u c h e: $^{14}C_{(CH_3)}$*-Propionsäureäthylester,* aus 26,7 mg Na–$^{14}C_{(CH_3)}$-Propionat (0,452 μC/μMol) u. Triäthylphosphat bei 170—185°. — *Na-*$^{14}C_{(CH_3)}$*-Methyloxobernsteinsäurediäthylester,* aus vorst. Verb., Oxalsäurediäthylester u. Na-Äthylat in Ae. (2std. Schütteln im Vakuum, Erwärmen auf dem Wasserbad u. Lüften); orangeroter Festkörper; 60—70% (Ausbeute) bei größeren Ansätzen. — *β-*$^{14}C_{(CH_3)}$*-Methyläpfelsäurediäthylester,* durch Hydrierung vorst. Verb. in verd. CH_3COOH/A. in Ggw. von Pt-Oxyd (Einfrieren, Evakuieren, Füllen mit 1 at H_2 u. 2std. Schütteln bei Raumtemp.); 85 bis 95% bei größeren Ansätzen. — *Na-β-*$^{14}C_{(CH_3)}$*-Methylmalat,* durch 2std. Schütteln vorst. Verb. mit 2,34n NaOH u. Entfernen flüchtiger Verbb. durch langsames Evakuieren. — $^{14}C_{(CH_3)}$*-Thymin,* durch 2½std. Erhitzen vorst. Verb. auf dem Dampfbad mit einer Lsg. von Harnstoff in 20%ig. rauchender H_2SO_4; 14% Gesamtausbeute (UV-spektroskop.); Reinigung nach Neutralisation mittels Austauscherharz auf p_H 4,0, Einengen des Filtrats u. der durch Extraktion des Austauschers mit W. erhaltenen Lsg., Papierchromatographie [Butanol-(2), mit W. gesätt.] u. Lösen in absol. A.; 0,46 μC/μMol; 50—55% (bei größeren Ansätzen); Gesamtausbeute 3,3—17,0%. (J. Amer. chem. Soc. **77.** 6381—82. 5/12. 1955. Los Angeles, Calif., Univ. of California, School of Med., Dep. of Biophysics and physiol. Chem.; Long Beach, Calif., Veterans Admin. Hosp., Investigat. Med. Serv.) H. ASCHERL. 480

G. F. Woods, N. C. Bolgiano und **D. E. Duggan,** *Die Chemie des Hexatriens-(1.3.5).* Darst. u. Eigg. von *Hexatrien-(1.3.5)* (I), *1-Phenylhexatrien-(1.3.5)* (II) u. *1.2-Di-[cyclohexenyl-(1)]-äthylen* (III) werden beschrieben. **I** kann durch Nitrierung in ein *Nitrohexatrien* u. über das Maleinsäureanhydridaddukt. in *Benzol-1.2.3-tricarbonsäure* übergeführt werden. **II** cyclisiert zu *Phenylcyclohexadien* u. **III** zu *Phenanthren,* wenn die Dämpfe bei 350° über Al_2O_3 geleitet werden. Bei etwas höheren Tempp. werden unter sonst gleichen Bedingungen aus *Hexadien-(2.4)-al* (IV) *Bzl.* u. aus Sorbinsäure *Phenol* erhalten.

V e r s u c h e: *Hexadien-(2.4)-ol-(1),* $C_6H_{10}O$, F. 29° (Leichtbenzin), Kp.$_5$ 48—50°, durch Red. von **IV** (Kp.$_{15}$ 55—57°; n_D^{25} 1,5288) mit $LiAlH_4$ in Ae. bei —5°; n_D^{30} 1,4980; 85% (Ausbeute). *3.5-Dinitrobenzoat,* $C_{13}H_{12}O_6N_2$, F. 85° (Leichtbenzin). — *Hexatrien-(1.3.5)* (I), Kp. 79—80°, durch Dehydratisierung von vorst. Verb. mit Al_2O_3 bei 300 bis 320° unter N_2 im Vakuum; n_D^{25} 1,5025; 68%. — *Nitrohexatrien,* $C_6H_7O_2N$, Kp.$_6$ 60 bis 70°, durch Zugabe von HNO_3 zu **I**, Essigsäure u. Essigsäureanhydrid $<40°$; gelb, instabil, polymerisiert leicht; n_D^{25} 1,5534. — *3-Vinyl-1.2.3.6-tetrahydrophthalsäure,* $C_{10}H_{12}O_4$, F. 158—159° (W.): Durch DIELS-ALDER-Rk. entsteht in 60%ig. Ausbeute *3-Vinyl-1.2.3.6-tetrahydrophthalsäureanhydrid,* das mit verd. Basen hydrolysiert wird. — *3-Äthylphthalsäureanhydrid,* $C_{10}H_8O_3$, F. 96—98° (Bzn.), aus vorst. Verb. u. Pd-Kohle bei 300°; 35%. — *3-Äthylphthalsäure,* $C_{10}H_{10}O_4$, F. 171—172° (verd. HCl), durch Hydrolyse von vorst. Verbindung. — *Benzol-1.2.3-tricarbonsäure,* F. 190° (Dioxan–Bzl.), durch Oxydation von vorst. Anhydrid mit $KMnO_4$; 62%. *Trimethylester,* $C_{12}H_{12}O_6$, F. 98—100°. — *1-Phenylhexadien-(2.4)-ol-(1)* (V), aus Phenyl-MgBr u. **IV**; instabil, geht unter Lufteinfl. in *5-Phenylpentadien-(2.4)-al* über; *Semicarbazon,* $C_{12}H_{13}ON_3$, F. 220°. *2.4-Dinitrophenylhydrazon,* $C_{17}H_{14}O_4N_4$, F. 194—196°. Ag_2O-Oxydation führt zu *5-Phenylpentadien-(2.4)-säure,* F. 164—165°. Hydrierung u. anschließende Oxydation von **V** ergibt *Caprophenon.* — *1-Phenylhexadien-(1.3)-ol-(5)* (VI), durch Isomerisierung von **V**. Hydrierung u. anschließende Oxydation ergibt *1-Phenylhexanon-(5).* — *1-Phenylhexatrien-(1.3.5)-* (II), durch katalyt. Dehydratisierung von **V** oder **VI** mit Al_2O_3 bei 275°.

— *Phenylcyclohexadien*, $C_{12}H_{12}$, F. 85°: Leiten der Dämpfe von **II**, **V**, **VI** oder **VII** über Al_2O_3 bei 350°; aus **II** 60%, **V** 30%, **VI** 50%. Hydrierung mit Pd-Kohle ergibt *Biphenyl* u. *Phenylcyclohexan*. — *3-Phenylcyclohexen-(2)-ol-(1)* (**VII**), $C_{12}H_{14}O$, F. 60—61°: Red. von 3-Phenylcyclohexen-(2)-on mit $LiAlH_4$ unter 0°, aus Phenyl-MgBr u. Cyclohexen-(2)-on. Katalyt. Hydrierung mit Pd-Kohle ergibt *3-Phenylcyclohexanol*, $C_{12}H_{16}O$, F. 78—80°. — *3-Phenylcyclohexanon*, Oxydation von vorst. Verb. mit $K_2Cr_2O_7$. *Semicarbazon*, F. 167—169°. *2.4-Dinitrophenylhydrazon*, F. 169—171°. — *1.2-Di-[cyclohexen-(1)-yl]-äthylen* (**III**), $C_{14}H_{20}$, Kp.$_{0,2}$ 105°: Partielle Hydrierung von Di-[1-oxycyclohexyl]-acetylen mit RANEY-Ni führt zu *1.2-Di-[1-oxycyclohexyl]-äthylen*, $C_{14}H_{24}O_2$, F. 147—148°, das über Al_2O_3 bei 325—350° dehydratisiert wird; 60%. — *Phenanthren*, $C_{14}H_{10}$, F. 97—99°, aus **III** u. Pd-Kohle. — *Benzol* entsteht beim Leiten von **IV** über Al_2O_3 bei 350—400°. *o-Benzoylbenzoesäurederiv.*, F. 127°. — *Phenol* entsteht beim Leiten von *Sorbinsäure* (aus **IV** durch Ag_2O-Oxydation) über Al_2O_3 bei 440—450°. *Tribromderiv.*, F. 93—94°. (J. Amer. chem. Soc. **77**. 1800—03. 5/4. 1955. College Park, Md., Univ., Chem. Laborr.)
H. KORBANKA. 520

Israel Marszak und **Roland Epsztein**, *Über die Synthese von chlormethylierten Acetylenverbindungen aus α-Acetylenäthern*. α-Acetylenäther, RC≡CCH$_2$OR, dargestellt aus der Di-Na-Verb. (**I**) des Propargylalkohols u. Alkylhalogeniden **RX**, lassen sich leicht mit Acetylchlorid in Ggw. von Spuren $ZnCl_2$ spalten, wobei in guter Ausbeute die entsprechenden *Chlormethylacetylene*, RC≡CCH$_2$Cl, entstehen. Im Fall des Benzylpropargyläthers (**IV**) erhielten Vff. dagegen *Propargylacetat*.

Versuche: *1-Propoxyhexin-(2)* (**II**), $C_9H_{16}O$, Kp.$_{15}$ 70°, aus **I** u. n-C_3H_7Br in fl. NH_3; n_D^{17} 1,4340; 55% (Ausbeute). — *1-Butoxyheptin-(2)* (**III**), $C_{11}H_{20}O$, Kp.$_{15}$ 101°, aus **I** u. n-C_4H_9Br; n_D^{19} 1,4390; 65%. — *1-Chlorheptin-(2)*, $C_7H_{11}Cl$, Kp.$_{10}$ 57—60°, a) aus 1-Methoxyheptin-(2) u. CH_3COCl bei Ggw. von $ZnCl_2$ (2 Std. bei 70°; 90%); b) aus **III**, CH_3COCl u. $ZnCl_2$ (2 Std. bei 80°; 75%); n_D^{21} 1,4575. — *1-Dimethylamino-heptin-(2)-methojodid*, F. 131°, aus vorst. Verb., NaJ u. $(CH_3)_3N$. — *1-Chlorhexin-(2)*, C_6H_9Cl, Kp.$_{125}$ 92°, aus **II** (2 Std. bei 80°); n_D^{19} 1,4565; 75%. — Behandeln von **IV** mit CH_3COCl u. $ZnCl_2$ gab 70% *Propargylacetat* (Kp.$_{60}$ 60—62°; n_D^{30} 1,4230) u. 70% *Benzylchlorid* (C_7H_7Cl, Kp.$_{45}$ 85—92°; n_D^{30} 1,5300). — *1.10-Dichlordecadiin-(2.8)*, $C_{10}H_{12}Cl_2$, Kp.$_{0,4}$ 103—105°, aus 5 g 1.10-Dimethoxydecadiin-(2.8); n_D^{23} 1,5130; 3,9 g. — *1.10-Bis-[dimethylamino]-decadiin-(2.8)-bis-methojodid*, F. 161°, aus vorst. Verb., NaJ u. $(CH_3)_3N$. (Bull. Soc. chim. France [5] **1956**. 160—62. Jan. Centre Nat. de la Rech. Sci. u. Labor. Central des Serv. Chim. de l'État.)
J. ROTHE. 530

Horst Böhme und **Alexander Dörries**, *Über die Chlorierung einiger Äther*. Das bei der Chlorierung von Methylbenzyläther in CCl_4 unter Lichteinstrahlung in 55%ig. Ausbeute erhaltene Chlorierungsprod. enthielt 73—77% *α-Chlorbenzylmethyläther* u. 23—27% *Chlormethylbenzyläther* (**I**), wie durch Hydrolyse zu Benzaldehyd, Methanol (**II**) u. HCl bzw. zu Benzylalkohol, Formaldehyd (**III**) u. HCl nachgewiesen wurde. Der Nachw. wurde ferner durch Umsetzung des Chlorierungsprod. mit Na-Methylat (**IV**) zu *Benzaldehyddimethylacetal* u. *Formaldehydmethylbenzylacetal* geführt. Außerdem wurde das Gemisch durch Best. der Solvolysegeschwindigkeiten analysiert (vgl. C. **1956**. 7192). Die Chlorierung von Chlormethylmethyläther durch $SOCl_2$ in CCl_4 bei Lichteinstrahlung gelang erst bei Zusatz von Benzoylperoxyd (**V**). Das in 51%ig. Ausbeute erhaltene Reaktionsprod. wurde wie vorst. analysiert. Es enthielt 63—65% *symm.*- (**VI**) u. 35—37% *asymm.-Dichlordimethyläther* (**VII**). Bei der Hydrolyse zerfällt **VI** in je 2 Mol **III** u. HCl, **VII** in 2 Mol HCl u. je 1 Mol Ameisensäure (**VIII**) u. **II**. Mit Na-n-Propylat (**IX**) ergab das Chlorierungsprod. ein Gemisch von *Bis-propoxymethyläther* u. *Methyldipropylorthoformiat*. Beim Erhitzen von Chlormethyläthyläther mit SO_2Cl_2 in Ggw. von **V** wurde hingegen nur *Chlormethyl-α-chloräthyläther* in 53%ig. Ausbeute erhalten. Die Hydrolyse ergab 2 Mol HCl u. je 1 Mol **III** u. Acetaldehyd. Die Umsetzung mit **IX** führte zu *Acetaldehydpropylpropoxymethylacetal*. Bei der Rk. von äquimol. Mengen Cl_2 u. **VI** wurden 53% *Chlormethyldichlormethyläther* isoliert; **I** lieferte analog 51% *Chlormethyl-α-chlorbenzyläther*, der mit **IV** *Benzaldehydmethylmethoxymethylacetal* ergab. Die Unterss. zeigen, daß bei der Chlorierung von Äthern radikal. Mechanismen im Vordergrund stehen.

Versuche: *α-Chlorbenzylmethyläther*, C_8H_9OCl, aus Methylbenzyläther u. äquimol. Menge Cl_2 in CCl_4 bei Zimmertemp. u. Bestrahlen mit 500 W-Lampe (Hydrolyse → *Benzaldehyd*, *p-Nitrophenylhydrazon*, F. 191—192°); daneben *Chlormethylbenzyläther* (**I**), C_8H_9OCl (Hydrolyse → **III**). — *Gemisch* von *Benzaldehyddimethylacetal* u. *Formaldehydmethylbenzylacetal*, $C_9H_{12}O_2$, Kp.$_{11}$ 75—76°, aus vorst. Chlorierungsgemisch mit **IV** unter Rühren u. Eiskühlung; 69% (Ausbeute). — *symm.-Dichlordimethyläther* (**VI**), $C_2H_4OCl_2$, aus Chlormethylmethyläther u. SO_2Cl_2 in Ggw. von **V**; daneben *asymm.-Dichlordimethyläther* (**VII**), $C_2H_4OCl_2$. — *Gemisch* von *Methyldipropylorthoformiat* u. *Bis-propoxy-*

methyläther, $C_8H_{18}O_3$, Kp.$_{11}$ 61—62°, aus vorst. Chlorierungsgemisch u. **IX**; 61%. — *Chlormethyldichlormethyläther*, $C_2H_3OCl_3$, Kp.$_{750}$ 125—130°, aus **VI** u. äquimol. Menge Cl_2 bei Zimmertemp. unter Rühren u. Lichteinstrahlung in CCl_4; 53% (Hydrolyse → **III** u. **VIII**). — *Chlormethyl-α-chloräthyläther*, $C_3H_6OCl_2$, Kp.$_{752}$ 107—108°, aus Chlormethyläthyläther u. SO_2Cl_2 in Ggw. von **V**; 53%. — *Acetaldehydpropylpropoxymethylacetal*, $C_9H_{20}O_3$, Kp.$_{11}$ 66—67°, aus vorst. Verb. u. **IX**; 63%. — *Chlormethyl-α-chlorbenzyläther*, $C_8H_8OCl_2$, durch Chlorieren von **I** in CCl_4 unter Rühren u. Lichteinstrahlung bei Zimmertemp.; 51%. — *Benzaldehydmethylmethoxymethylacetal*, $C_{10}H_{14}O_3$, Kp.$_{11}$ 106°, aus vorst. Verb. u. **IV** unter Rühren u. Eiskühlung; 61%. (Chem. Ber. **89**. 723—30. 1956. Marburg, Univ., pharmazeut.-chem. Inst.) J. KNAUL. 550

André Duhamel, *Über die Darstellung des n-Butoxyäthylens.* Vf. beschreibt die Darst. von *n-Butoxyäthylen* (**I**; Kp.$_{758}$ 93°; $D._4^{20,5}$ 0,7783; $n_D^{20,5}$ 1,399) a) durch (halbkontinuierliche) Vinylierung von n-Butanol bei n. Druck (125—170°; App. [Zeichnung]; 80% oder mehr [Ausbeute]), b) aus Acetaldehyddibutylacetal (Kp.$_{758}$ 187°; $D.^{18}_4$ 0,834; n_D^{18} 1,408) durch Dest. über 85%ig. H_3PO_4 (91%, bezogen auf umgesetztes Acetal). **I** bildet ein azeotropes Gemisch (Kp. 92,5—93°) mit ca. 9—9,5% n-Butanol, aus dem es durch Dest. über einer Spur H_3PO_4 in 99,4—99,8%ig. Reinheit gewonnen werden kann. (Bull. Soc. chim. France [5] **1956**. 156—58. Jan. Lille, École Nat. Supérieure de Chim.) J. ROTHE. 560

Roland Epsztein, *Über die Synthese von α-Acetylenäthern aus wahren Acetylenverbindungen.* Verschied. α-Acetylenäther wurden dargestellt durch Einw. von in α-Stellung chlorierten Methyläthern auf die Na-Verbb. von Mono- bzw. Diacetylenen in fl. NH_3 bei —70°.

V e r s u c h e: *1-Methoxyheptin-(2)*, Kp.$_{13}$ 58°, aus 0,1 Mol Hexin-(1)-Na u. Monochlordimethyläther (**I**) in fl. NH_3-Ae. bei Ggw. von $Fe(NO_3)_3$ (3 Std. bei ca. —70°); n_D^{17} 1,4330; 6,9 g (Ausbeute). — *1-Methoxy-5-dimethylaminopentin-(2)*, $C_8H_{15}ON$, Kp.$_{10}$ 73°, analog aus 1-Dimethylaminobutin-(3)-Na u. **I**; $n_D^{22,5}$ 1,4500; 73%. *Methojodid*, $C_9H_{18}ONJ$, F. 166° (A.). Hydrierung mit RANEY-Ni gab *1-Methoxy-5-dimethylaminopentan*; *Methojodid*, F. 126—127°. — *1-Methoxynonadiin-(2.8)*, $C_{10}H_{14}O$, Kp.$_{12}$ 97—98°, analog aus 0,15 Mol Octadiin-(1.7)-Na (**II**) u. 0,1 Mol **I**; n_D^{21} 1,4620; 40%. Hydrierung mit RANEY-Ni gab *1-Methoxynonan*, $C_{10}H_{22}O$, Kp.$_{10}$ 75°; n_D^{20} 1,4140. — *1.10-Dimethoxydecadiin-(2.8)*, $C_{12}H_{18}O_2$, Kp.$_{0,2}$ 96—97°, analog aus 0,12 Mol **II** u. 0,2 Mol **I**; $n_D^{21,5}$ 1,4710; 47%. Hydrierung mit RANEY-Ni gab *1.10-Dimethoxydecan*, Kp.$_{10}$ 119°, n_D^{21} 1,4290. — *1-Butoxypropin-(2)*, Kp.$_{100}$ 70—72°, analog aus CH≡CNa u. Butylchlormethyläther; n_D^{19} 1,4150; 30%. — *Bis-[heptin-(2)-yl-(1)]-äther*, Kp.$_{10}$ 140—142°, aus Hexin-(1)-Na u. Bis-[chlormethyl]-äther (**III**); n_D^{19} 1,4640; 58%. — *Dipropargyläther*, Kp.$_{65}$ 55—57°, aus CH≡CNa u. **III**; n_D^{20} 1,4400; 15%. (Bull. Soc. chim. France [5] **1956**. 158—60. Jan. Centre Nat. de la Rech. Sci. u. Labor. Central des Serv. Chim. de l'État.) J. ROTHE. 560

N. M. Malenok und **I. W. Ssologub**, *Hydratation von Decin-(5)-diol-(4.7) nach der Kutscherow-Reaktion.* Beim Behandeln von Decin-(5)-diol-(4.7) (**I**) mit H_2SO_4/HgO (KUTSCHEROW-Rk.) werden *Decen-(4)-ol-(7)-on-(6)* (**II**) u. *2.5-Di-n-propyltetrahydrofuranon-(3)* (**III**) erhalten. Intermediär bildet sich vermutlich Decandiol-(4.7)-on-(5), das unter Wasserabspaltung in **II** oder **III** übergeht. Vff. halten es jedoch auch für möglich, daß **I** direkt zu **II** isomerisiert u. dieses zu **III** cyclisiert wird.

V e r s u c h e: Hydratation von **I**: Man fügt zu 70 g **I** 5 g HgO in 25 g konz. H_2SO_4 u. 170 ml W., erhitzt 3 Std. auf 60—70° u. fraktioniert. Fraktion a) *2.5-Di-n-propyltetrahydrofuranon-(3)* (**III**), $C_{10}H_{18}O_2$, Kp.$_{0,5}$ 65—66°; gelbe, leichtbewegliche Fl.; $D.^{20}_4$ 0,9324; n_D^{20} 1,4398; 20,4 g (Ausbeute); *Semicarbazon*, F. 103—104°; *2.4-Dinitrophenylhydrazon*, $C_{16}H_{22}O_5N_4$, F. 94—95°. Fraktion b) *Decen-(4)-ol-(7)-on-(6)* (**II**), $C_{10}H_{18}O_2$; Kp.$_{0,5}$ 83°; gelbe Fl.; $D.^{20}_4$ 0,9308; n_D^{20} 1,4603; 12 g; *2.4-Dinitrophenylhydrazon*, $C_{16}H_{22}O_5N_4$, F. 116—118°. Bei der Oxydation mit $KMnO_4$ entstanden Ameisensäure u. Buttersäure. (Журнал Общей Химии [J. allg. Chem.] **25** (**87**). 2223—25. Nov. 1955. Minsk, Med. Inst.) CH. WEISKE. 570

K. Sellars, *Organische Fluorverbindungen.* 3. Mitt. *Einige fluorierte Phosphorsäureester.* (2. vgl. FEAR, THROWER u. VEITCH, C. **1956**. 4109.) Durch Umsetzung von 1H.1H-Heptafluorbutanol bzw. m-Trifluormethylphenol (**I**) mit $POCl_3$ u. Pyridin wurden *Tris-[1H.1H-heptafluorbutyl]-phosphat*, $(C_3F_7-CH_2-O)_3PO$, u. *Tris-[m-trifluormethylphenyl]-phosphat*, $(m\text{-}CF_3-C_6H_4-O)_3PO$, dargestellt. Ferner wurde aus 1H.1H-Trifluoräthanol (**II**) mit den berechneten Mengen $POCl_3$ u. Pyridin *1H.1H-Trifluoräthylphosphorsäuredichlorid* [**III**, $(CF_3-CH_2-O)POCl_2$] gewonnen, aus welchem durch Behandlung mit **II** u. Pyridin *Bis-[1H.1H-trifluoräthyl]-phosphorsäurechlorid* [**IV**, $(CF_3-CH_2-O)_2POCl$) erhalten wurde. Durch Umsetzung von **III** mit **I** u. Pyridin wurde

Bis-[m-trifluormethylphenyl]-1H.1H-trifluoräthylphosphat, (m-CF_3—C_6H_4—O)$_2$—(CF_3—CH_2—O)PO, u. durch Umsetzung von **IV** mit 2.2.3.4-Tetrafluorbutandiol-(1.4) u. Pyridin *2.2.3.3-Tetrafluortetramethylen-1.4-bis-[bis-(2.2.2-trifluoräthyl)-phosphat],* (CF_3—CH_2—O)$_2$PO(O—CH_2—CF_2—CF_2—CH_2—O)PO(O—CH_2—CF_3)$_2$, dargestellt. — Die fluorierten Phosphorsäureester werden bei 5std. Erhitzen mit W. auf 100° weitgehend hydrolysiert.

V e r s u c h e: *Tris-[1H.1H-heptafluorbutyl]-phosphat,* $C_{12}H_6O_4F_{21}P$, Kp.$_{21}$ 130°, D.$^{20}_{20}$ 1,716, n_D^{20} 1,3108; durch Zutropfen von 10,4 g $POCl_3$ zu 40,7 g 1H.1H-Heptafluorbutanol u. 16,1 g Pyridin in 40 cm³ Bzl. bei 5—6°, Erwärmen auf 35° u. 1½std. Nachrühren; 43,5% (Ausbeute). — *Tris-[m-trifluormethylphenyl]-phosphat,* $C_{21}H_{12}O_4F_9P$, Kp.$_{1-1,1}$ 183—187,5°, Kp.$_{0,35}$ 167°, D.$^{20}_{20}$ 1,474, n_D^{20} 1,4708; aus 8,4 g $POCl_3$, 27,0 g **I** u. 14 g Pyridin bei <30° u. ½std. Erwärmen auf 80—85°; 81%. — *1H.1H-Trifluoräthylphosphorsäuredichlorid* (**III**), Kp.$_{15}$ 45,5—46°, Kp.$_{13,5}$ 43,5°, n_D^{20} 1,3814; durch Zutropfen eines Gemisches aus 20 g **II**, 15,8 g Pyridin u. 20 cm³ Bzl. im Laufe von 1 Std. zu 61,2 g $POCl_3$ u. 20 cm³ Bzl. bei 0°, Anwärmen auf Raumtemp., ¼std. Erhitzen auf 50° u. 2std. Nachrühren; 55%. — *1H.1H-Trifluoräthyldianilinophosphat,* $C_{14}H_{14}O_2N_2F_3P$, aus wss. A. Tafeln, F. 118—120°; aus **III** u. überschüssigem Anilin. — *1H.1H-Trifluoräthyldi-p-toluidinophosphat,* $C_{16}H_{18}O_2N_2F_3P$, F. 156,5°; aus **III** u. p-Toluidin. — *Bis-[1H.1H-Trifluoräthyl]-phosphorsäurechlorid* (**IV**), Kp.$_{14}$ 67—68°, n_D^{20} 1,3455; aus 28,6 g **III**, 6,6 g **II** u. 5,22 g Pyridin in Bzl.; 61%. — *Bis-[1H.1H-trifluoräthyl]-aminophosphat,* $C_4H_6O_3NF_6P$, aus Bzl.-Leichtbenzin Tafeln, F. 43,5—44,5°; aus **IV** u. NH_4OH. — *Bis-[1H.1H-trifluoräthyl]-anilinophosphat,* $C_{10}H_{10}O_3NF_6P$, aus n-Hexan Tafeln, F. 59,5—60,5°; aus **IV** u. Anilin. — *Bis-[m-trifluormethylphenyl]-1H.1H-trifluoräthylphosphat,* $C_{16}H_{10}O_4F_9P$, Kp.$_{0,18}$ 121°, Kp.$_{0,85}$ 147°, D.$^{20}_{20}$ 1,529, n_D^{20} 1,4343; aus 10 g **III**, 14,8 g **I** u. 8,3 g Pyridin in Bzl.; 67%. — *2.2.3.3-Tetrafluortetramethylen-1.4-bis-[bis-(2.2.2-trifluoräthyl)-phosphat],* $C_{12}H_{12}O_8F_{16}P_2$, F. 47—48° (wss. Methanol), Kp.$_{0,2}$ 142—148°; aus 7,5 g **IV**, 2 g 2.2.3.3-Tetrafluorbutandiol-(1.4) u. 2,1 g Pyridin in Bzl.; 87%. (J. appl. Chem. **6**. 45—48. 6/1. 1956.) E. FORCHE. 590

A. G. Kosszowa und **E. A. Prjachina,** *Untersuchung auf dem Gebiet der Alkansulfonsäuren.* 13. Mitt. *Über die Eigenschaften von N-Arylamiden der Alkansulfonsäuren.* (12. vgl. C. **1955.** 10488.) Vff. untersuchten die chem. Eigg. von N-Arylamiden der Alkansulfonsäuren am Beispiel von *Äthansulfonanilid* (**I**). Durch Substitution des akt. Wasserstoffs von **I** durch Na oder Ag wurde *Na-* (**II**) bzw. *Ag-Äthansulfonanilid* (**III**) erhalten. Beide Salze zersetzten sich in verd. Säuren zu **I** u. dem entsprechenden Metallsalz. Durch Methylierung, Acetylierung, Benzoylierung u. Äthylsulfonierung nach verschied. Methoden wurden *N-Methyl-, N-Acetyl-, N-Benzoyl-* u. *N-[Äthylsulfonyl]-äthansulfonanilid* dargestellt. Bei der Benzoylierung von **I** bei 200° entstand nicht N-Benzoyläthansulfonanilid, sondern unter Zers. *Benzanilid.* Die Chlorierung von **I** mit Cl_2 bei 0° ergab nicht das analog der Chlorierung von aromat. Sulfonaniliden erwartete N-Chloräthansulfonanilid, sondern eine *Verb.* $C_8H_8Cl_2$, vermutlich ein Äthyldichlorbenzol.

V e r s u c h e: *Äthansulfonanilid* (**I**), *Na-Salz* (**II**), $C_8H_{10}O_2NSNa$, man gibt zu einer Lsg. von **I** in absol. Ae. Na u. läßt einige Std. stehen; 83,3% (Ausbeute). *Ag-Salz* (**III**), $C_8H_{10}O_2NSAg$, man läßt zu einer wss. Lsg. von **II** $AgNO_3$-Lsg. zutropfen u. filtriert schnell ab; farbloses Pulver, dunkelt schnell bei Lichteinw.; 74%. — *N-Methyläthansulfonanilid,* $C_9H_{13}O_2NS$, F. 64—65°, a) man gibt zu einer wss. Lsg. von **II** die 5fache Menge CH_3J; 40%; b) man gibt zu **III** die 5fache Menge CH_3J u. läßt die sich erwärmende M. 1½ Std. stehen; 17%. — *N-Acetyläthansulfonanilid,* $C_{10}H_{13}O_3NS$, F. 108—109° (A. u. W.), a) man läßt Acetylchlorid zu **I** zutropfen u. erhitzt die gelbe Fl. auf 100°, wobei die M. fest wird; 79,3%; b) analog a) aus **II** u. Acetylchlorid; 55,5%. — *N-Benzoyläthansulfonanilid,* $C_{15}H_{15}O_3NS$, F. 119—120° (A. u. W.), a) man erhitzt **I** u. Benzoylchlorid in Pyridin 2 Std. auf 110—120°; 43,1%; b) man erhitzt **II** u. Benzoylchlorid 2 Std. auf 135—160°; c) aus **I** u. C_6H_5COCl bei 136—160°; neben *Benzanilid.* Bei 2std. Erhitzen von 0,55 g **I** mit 0,45 ml Benzoylchlorid auf 200° entsteht *Benzanilid,* $C_{13}H_{11}ON$, F. 160°; 0,9 g. — *N-[Äthylsulfonyl]-äthansulfonanilid,* $C_{10}H_{15}O_4NS_2$, F. 129—130° (A. u. W.), a) man gibt zu einer Lsg. von **I** in NaOH Äthansulfochlorid (**IV**) u. erhitzt 5 Std. auf 100°; 25,4%; b) man erhitzt **II** u. **IV** 3 Std. auf 100°; 52,4%; c) man erhitzt ein Gemisch von 2,15 g Anilin, 3 g **IV** u. 15 ml 7%ig. Lauge 2½ Std. auf 100°; 0,9 g; daneben **I.** (Журнал Общей Химии [J. allg. Chem.] **25** (**87**). 2497—2503. Dez. 1955. Woronesh, Univ.) CH. WEISKE. 600

E. A. Braude und **E. A. Evans,** *Alkenylierung mit Lithiumalkenylen.* 9. Mitt. *Synthese von Dimethylbutadiencarbonsäuren.* (8. vgl. C. **1955.** 2661.) tert.-Butylalkohol wird zu *1.1-Dibromisobutan* umgesetzt, mit KOH in Äthylenglykol in *Isobuten-(1)-ylbromid* verwandelt u. mit Li in *Isobuten-(1)-yl-Li* (**I**) übergeführt. Verss., mit Mg die GRIGNARD-

Verb. herzustellen, blieben in Tetrahydrofuran erfolglos. Bei der Rk. von I mit Brenztraubenaldehyddiäthylacetal entsteht in guter Ausbeute *1.1-Diäthoxy-2.4-dimethylpenten-(3)-ol-(2)* (**II**), während die Rk. mit Brenztraubenaldehyddimethylacetal zum entsprechenden *1.1-Dimethoxyderiv.* in erheblich geringerer Ausbeute verläuft. **II** ist sehr empfindlich gegenüber Säuren, kann aber bei vorsichtiger Hydrolyse mit 2%ig. Weinsäure in *2-Oxy-2.4-dimethylpenten-(3)-al* (**III**) verwandelt werden, von dem aber kein Semicarbazon oder 2.4-Dinitrophenylhydrazon hergestellt werden konnte. **III** wird mit Ag_2O zur instabilen *2-Oxy-2.4-dimethylpenten-(3)-säure-(1)* (**IV**) oxydiert, die als *Methylester* rein isoliert werden kann. Als Nebenprodd. fallen hierbei *Mesityloxyd* u. *Ameisensäure* an, wahrscheinlich aus **IV** durch Zers. oder aus **III** durch eine umgekehrte Aldolkondensation u. Oxydation des hierbei gebildeten *HCHO* entstanden, ferner *β.β-Dimethylacrolein*, der aus **IV** durch Dehydratisierung zu *4.4-Dimethylbutadien-(1.3)-carbonsäure-(2)* (**V**), anschließende Hydratisierung u. umgekehrte Aldolkondensation zu *1-Oxy-4.4-dimethylbuten-(3)-säure-(2)* sowie Decarboxylierung entstanden ist. Verss., den **IV**-Äthylester direkt aus **I** u. Brenztraubensäureäthylester zu erhalten, führten zu einem unvollkommen trennbaren Gemisch. Der gegenüber Wasserabspaltung nach gebräuchlichen Methoden sehr resistente **IV**-Methylester kann mit Naphthalin-2-sulfonsäure bei 130—140° dehydratisiert werden, das Endprod. ist aber nicht der **V**-Methylester, sondern der durch Isomerisierung hieraus gebildete *Methylester* der *2.4-Dimethylpentadien-(2.4)-säure* (**VI**), wie die Ozonolyse zu *Aceton* u. *HCHO* zeigt. **III** u. **IV** sind sehr reaktionsfähige anionotrope Systeme, **III** wird unter dem katalyt. Einfl. von Weinsäure zu *4-Oxy-2.4-dimethylpenten-(2)-al* (**VII**) isomerisiert, der als *3.5-Dinitrobenzoat* identifiziert wurde u. mit BRADYs methanol. Reagens *2.4-Dinitrophenylhydrazon* (**IX**) des entsprechenden *Methyläthers* gibt, das auch analog aus **III** darstellbar ist. **II** u. **III** werden durch stärkere Säuren, wie z. B. verd. H_2SO_4, über **VII** wahrscheinlich in *Bis-[3.5.5-trimethyl-2.5-dihydrofuryl-(2)]-äther* verwandelt, der mit 85%ig. H_3PO_4 Spaltung u. Dehydratisierung zu *2.4-Dimethylpentadien-(2.4)-al* erleidet. Letztere Verb. kann auch durch Pyrolyse von **II** über $AlPO_4$ bei 300° erhalten werden. **VII** wird durch Ag_2O zu *4-Oxy-2.4-dimethylpenten-(2)-säure* (**VIII**) oxydiert, deren *Methylester* mit Naphthalin-2-sulfonsäure zu *2.4-Dimethylpentadien-(2.4)-säuremethylester* dehydratisiert wird. Nach der Verseifung entsteht mit Benzylamin ein *Salz* mit 2 Mol Säure u. 1 Mol Amin. In den UV- u. Infrarotspektren zeigt der Ester Ähnlichkeit mit dem Sorbinsäuremethylester, die Tripelchromophorbande bei 2650 Å ist jedoch schwächer ausgebildet, was auf die ster. Behinderung der beiden Methylgruppen zurückgeführt wird (vgl. Original). Die Maxima der UV- u. Infrarotspektren einer Anzahl der Verbb. sind angegeben.

Versuche (FF. korr.; KOFLER-Block): *Isobuten-(1)-ylbromid*, Kp. 92°, aus 1 kg tert.-Butylalkohol u. Br_2 in der Hitze, Dest. zu *1.1-Dibromisobutan* ($Kp._{10}$ 38—42°; n_D^{23} 1,5035—1,5075; 2 kg [Ausbeute]) u. Zutropfen von 1500 g hiervon zu 500 g KOH in 1500 g Äthylenglykol bei 125—130° (Bad); n_D^{24} 1,4615; 36%. — *Brenztraubenaldehyddiäthylacetal* (*1.1-Diäthoxyaceton*), $C_7H_{14}O_3$, $Kp._{11}$ 52°, durch 24std. azeotrope Dest. von 300 g Brenztraubenaldehyd in Bzl.-A. u. konz. H_2SO_4, Neutralisieren u. Dest.; n_D^{24} 1,4045; 80 g. — *Brenztraubenaldehyddimethylacetal*, $Kp._{10}$ 40°, analog; n_D^{24} 1,4480. — *1.1-Diäthoxy-2.4-dimethylpenten-(3)-ol-(2)* (**II**), $C_{11}H_{22}O_3$, $Kp._{0,2}$ 46°, aus 81 g Isobuten-(1)-ylbromid in Ae. durch Zutropfen zu Li in Ae. unter N_2 (4 Std.), dann Zugabe von 45 g vorst. Diäthylacetals, 12std. Rühren, Sättigen bei 0° mit NH_4Cl u. Dest. der äther. Schicht; n_D^{22} 1,4411; 64%. Daneben *Tetramethylbutadien*, $Kp._{10}$ 28°; n_D^{22} 1,4662; 6 g. — *1.1-Dimethoxy-2.4-dimethylpenten-(3)-ol-(2)*, analog **II**; 10%. — *2-Oxy-2.4-dimethylpenten-(3)-al* (**III**), $C_7H_{12}O_2$, $Kp._{11}$ 80°, a) aus 10 g **II** + 2%ig. Weinsäure unter Rühren in 14 Std. bei 20°, Ausäthern u. fraktionierte Dest.; n_D^{21} 1,4515; 93%; in 20 Std. 62%; b) aus 10 g **II** + 2%ig. H_2SO_4 in 24 Std. bei 20°; 34%; mit 0,2% H_2SO_4 32%. *3.5-Dinitrobenzoat*, $C_{14}H_{14}O_7N_2$, F. 104°, aus PAe. Platten. — *4-Oxy-2.4-dimethylpenten-(2)-al* (**VII**), $C_7H_{12}O_2$, $Kp._{10}$ 102°, neben **III** nach a) (20std. Rk.; 31%) u. nach b); n_D^{24} 1,4592; 68%; mit 0,2%ig. H_2SO_4 25%. — *4-Methoxy-2.4-dimethylpenten-(2)-al, 2.4-Dinitrophenylhydrazon* (**IX**), $C_{14}H_{18}O_5N_4$, F. 161°, a) aus **VII** + 2.4-Dinitrophenylhydrazin in methanol. H_2SO_4; b) ebenso aus **III**; orangefarbene Nadeln aus CH_3OH–Äthylacetat. Weitere Ergebnisse über die Bldg. von **III** u. **VII** unter verschied. Bedingungen vgl. Original. — *2.4-Dimethylpentadien-(2.4)-al*, $Kp._{10}$ 65—75°, aus 4 g **II** durch Überleiten über $AlPO_4$ bei 300—310°/10 mm, Auffangen bei 0° u. Ausäthern; n_D^{24} 1,4482 bis 1,4488; 2,9 g. *2.4-Dinitrophenylhydrazon*, $C_{13}H_{14}O_4N_4$, F. 199°, aus Bzl.-Chlf. rote Platten; entsteht auch aus nachst. Äther durch Dampfdest. über 85%ig. H_3PO_4, Ausäthern u. Behandeln mit BRADYs Reagens. *Stereoisomeres 2.4-Dinitrophenylhydrazon* oder das *2.4-Dinitrophenylhydrazon* von *4-Formyl-2-methylpentadien-(2.4)* (?), $C_{13}H_{14}O_4N_4$, F. 171°, rote Nadeln aus Methanol–Äthylacetat, aus **II** u. $KHSO_4$ mit Al_2O_3 bei 100°/11 mm, Behandeln mit 2.4-Dinitrophenylhydrazin u. Chromatographieren; daneben **IX**. — *Bis-[3.5.5-trimethyl-2.5-dihydrofuryl-(2)]-äther* (?) ,$C_{14}H_{22}O_3$, Kp.$_{10^{-3}}$ 74°, aus 5 g **II** u. 14%ig. H_2SO_4 in 26 Std. bei 65° u. Ausäthern; n_D^{24} 1,4778; 1,6 g. —*2-Oxy-2.4-dimethylpenten-(3)-säuremethylester* (**IV**-*Methylester*), $C_8H_{14}O_3$, Kp.$_{10}$ 76—78°, Kp.$_{0,3}$ 45°, durch Zutropfen von 15%ig. NaOH zu 7 g **III** u. $AgNO_3$ in wss. CH_3OH unter Rühren in 1 Std., Ausäthern (**A**), Ansäuern der wss. Lsg. bei 0° mit HCl, Ausäthern, Behandeln der äther. Lsg. mit CH_2N_2 u. fraktionierte Dest.; n_D^{23} 1,4445; 1,1 g. Daneben *Mesityloxyd* (*2.4-Dinitrophenylhydrazon*, F. 202°) u. *Diacetonalkohol*. Ferner aus **A** durch Abdampfen u. Behandeln mit BRADYs Reagens *β.β-Dimethylacrolein-2.4-dinitrophenylhydrazon*, $C_{11}H_{12}O_4N_4$, F. 183°, rote Nadeln aus Äthylacetat; 0,2 g. — *4-Oxy-2.4-dimethylpenten-(2)-säuremethylester* (**VIII**-*Methylester*), $C_8H_{14}O_3$, Kp.$_{0,2}$ 63°, aus 7 g **VII** u. Ag_2O wie vorst.; n_D^{21} 1,4627; 2,5 g. — *2.4-Dimethylpentadien-(2.4)-säuremethylester*, $C_8H_{12}O_2$, Kp.$_8$ 59°, a) aus 1 g vorst. Ester + Naphthalin-2-sulfonsäure in 10 Min. bei 130°/100 mm u. Dest.; n_D^{23} 1,4758; 79%; b) aus dem **IV**-Methylester, P_2O_5 u. Triäthylamin in Bzl. (½std. Kochen unter N_2), abdekantieren u. Ausäthern; c) aus 3 g **IV**-Methylester nach a); 1,8 g. *Freie Säure* (**VI**), $C_7H_{10}O_2$, Kp.$_{10^{-4}}$ 45—50° (Bad.). *Benzylaminsalz*, $2C_7H_{10}O_2 \cdot C_7H_9N$, F. 110°, aus A. Nadeln. — *Tetramethylbutadien*, Kp.$_{11}$ 30 bis 35°, aus 4,14 g **I** + 11,6 g Brenztraubensäureäthylester in Ae. durch Rühren bei 0° unter N_2 in 2 Std., Sättigen mit NH_4Cl u. Dest. der äther. Schicht; n_D^{22} 1,467; 4 g. Daneben aus der Fraktion vom Kp.$_{10^{-4}}$ 60—70° (Bad; 3,5 g) durch 2std. Kochen mit wss.-methanol. KOH eine *Verb.* $C_7H_{12}O_2$, F. 88—90°; sublimiert bei 70°/10^{-5} mm. (J. chem. Soc. [London] **1955**. 3324—31. Okt. London, Imp. Coll. of Sci. and Technol., Dep. of Chem.) H. LEHWALD. 650

E. A. Braude und **E. A. Evans**, *Alkenylierung mit Lithiumalkenylen*. 10. Mitt. *Einige Reaktionen von Trimethylvinyllithium* (*1.2-Dimethylpropenyllithium*). (9. vgl. vorst. Ref.) *Trimethylvinyl-Li* (**I**), das aus tert.-Pentylalkohol durch Bromierung, HBr-Abspaltung u. Rk. mit Li erhalten wird, gibt bei der Carbonisierung überwiegend *α.β-Dimethylcrotonsäure* u., im Gegensatz zu der analogen Rk. mit Dimethylvinyl-Li, nur sehr wenig des durch Kupplung entstandenen Diens, *2.3.4.5-Tetramethylhexadien-(2.4)*. **I** reagiert in n. Weise mit Acrolein, Crotonaldehyd, Benzaldehyd, Mesityloxyd, Acetophenon u. Benzophenon zu den entsprechenden *sek.* oder *tert. Alkoholen*, die durch ihre H_2-Aufnahme bei der Hydrierung u. durch ihre UV-Spektren identifiziert wurden. — *2.3-Dimethylhexadien-(2.5)-ol-(4)* u. *-heptadien-(2.5)-ol-(4)* wurden ferner mit CrO_3 zu *2.3-Dimethylhexadien-(2.5)-on-(4)* u. *-heptadien-(2.5)-on-(4)* oxydiert. UV-Spektren vgl. Original.

V e r s u c h e (FF. korr.; KOFLER-Block): *1.2-Dimethylpropenylbromid* (*Trimethylvinylbromid*), Kp. 120—121°, durch Bromieren von 550 g tert.-Pentylalkohol in der Hitze mit 1 kg Br_2 u. Dest. zu *2.3-Dibrom-3-methylbutan* (Kp.$_{14}$ 58—63°; n_D^{24} 1,5001; 645 g [Ausbeute]) u. Zutropfen zu 250 g KOH in Äthylenglykol bei 165—170°; n_D^{22} 1,4700; 12%. — *α.β-Dimethylcrotonsäure*, $C_6H_{10}O_2$, F. 70—71° (PAe.), aus vorst. Verb. + Li in Ae. unter N_2 (3 Std. kochen), Zufügen zu Trockeneis, Stehen, Verdünnen mit W., Ansäuern, Ausziehen mit Soda, Ansäuern u. Ausäthern; 17%. *Benzylaminsalz*, $C_{13}H_{19}\cdot O_2N$, F. 106—107°, aus Äthylacetat Nadeln. Daneben aus der äther. Lsg. *2.3.4.5-Tetramethylhexadien-(2.4)*, $C_{10}H_{18}$, Kp.$_{20}$ 80°; n_D^{20} 1,4485. — *2.3-Dimethylhexadien-(2.5)-ol-(4)*, $C_8H_{14}O$, Kp.$_{10}$ 75—76°, aus Acrolein + **I** in Ae. durch 1std. Rühren u. Aussalzen mit NH_4Cl; n_D^{22} 1,4702; 27%. — *2.3-Dimethylhexadien-(2.5)-on-(4)*, *2.4-Dinitrophenylhydrazon*, $C_{14}H_{16}O_4N_4$, F. 225—226°, aus 0,6 g vorst. Verb. u. CrO_3 in Pyridin (3 Tage stehen), Ausäthern u. Behandeln mit 2.4-Dinitrophenylhydrazin; dunkelrote Nadeln aus CH_3OH–Äthylacetat; 0,2 g. — *2.3-Dimethylheptadien-(2.5)-ol-(4)*, $C_9H_{16}O$, Kp.$_1$ 60 bis 61°, aus Crotonaldehyd + **I** wie vorst.; n_D^{24} 1,4758; 29%; zers. sich schon bei 0°. — *2.3-Dimethylheptadien-(2.5)-on-(4)*, *2.4-Dinitrophenylhydrazon*, $C_{15}H_{18}O_4N_4$, F. 215—216°, aus 0,6 g vorst. Verb. durch Oxydation u. Behandeln wie oben; rote Platten aus CH_3OH–Äthylacetat; 0,2 g. — *2.3.4.6-Tetramethylheptadien-(2.5)-ol-(4)*, $C_{11}H_{20}O$, Kp.$_{0,1}$ 45°, aus Mesityloxyd + **I**; n_D^{23} 1,4720; 67%. — *2.3-Dimethyl-1-phenylbuten-(2)-ol-(1)*, $C_{12}H_{16}O$, Kp.$_{10^{-3}}$ 125° (Badtemp.), aus Benzaldehyd + **I**; n_D^{20} 1,5370; 41%. — *3.4-Dimethyl-2-phenylpenten-(3)-ol-(2)*, $C_{13}H_{18}O$, Kp.$_{10^{-3}}$ 53° (Badtemp.), aus Acetophenon + **I**; n_D^{23} 1,5300; 36%. — *2.3-Dimethyl-1.1-phenylbuten-(2)-ol-(1)*, $C_{18}H_{20}O$, Kp.$_{5\cdot10^{-3}}$ 68° (Badtemp.), aus Benzophenon + **I**; n_D^{26} 1,5949; 56%. (J. chem. Soc. [London] **1955**. 3331—34. Okt.) H. LEHWALD. 650

E. A. Braude und **E. A. Evans**, *Alkenylierung mit Lithiumalkenylen*. 11. Mitt. *Eine neue Synthese für Äthylenaldehyde*. (10. vgl. vorst. Ref.) Li-Alkenyle reagieren mit N.N-Dimethylformamid (**I**) nach RLi + $(CH_3)_2NCHO$ → $(CH_3)_2NCH(R)OLi$ → RCHO + $(CH_3)_2NH$. So entsteht aus Isobutenyl-Li *β-Methylcrotonaldehyd* (**II**), als Nebenprodd. werden *4-Formyl-3-oxy-1.5.5-trimethylcyclohexen* u. sein Dehydratisierungsprod. *4-Formyl-1.5.5-trimethylcyclohexadien-(1.3)* isoliert. Aus Trimethylvinyl-Li wird *α.β-Dimethyl-*

crotonaldehyd erhalten, aus Cyclohexenyl-Li *1-Formylcyclohexen* u. aus Cycloheptenyl-Li *1-Formylcyclohepten*. Demgegenüber reagiert cis-Propenyl-Li mit **I** nicht zum entsprechenden Aldehyd, sondern zu höhersd. Carbonylverbindungen. Bei den (angegebenen) UV-Spektren deuten die niedrigen Extinktionswerte für **II** auf ein Gemisch aus **II** u. *3-Methylbuten-(3)-al-(1)*, jedoch zeigt das Infrarotspektr. keine Banden für isolierte CO- u. C=H_2-Bindungen.

V e r s u c h e (FF. korr.; KOFLER-Block): *β-Methylcrotonaldehyd* (**II**), $Kp._{12}$ 30 bis 32°, aus 7,3 g **I** + Isobutenyl-Li in Ae. (½std. Kochen, Stehen, Aussalzen mit NH_4Cl u. Dest.); 27% (Ausbeute). *Semicarbazon*, F. 213° (CH_3OH). *2.4-Dinitrophenylhydrazon*, $C_{11}H_{12}O_4N_4$, F. 183° (Äthylacetat). Daneben *4-Formyl-3-oxy-1.5.5-trimethylcyclohexen*, $Kp._{20}$ 113°; 12%. — *4-Formyl-1.5.5-trimethylcyclohexadien-(1.3)*, $C_{10}H_{14}O$, $Kp._{18}$ 102°, aus vorst. Verb. durch Dehydratisieren mit Naphthalin-2-sulfonsäure; n_D^{22} 1,5175. *Semicarbazon*, F. 209° (CH_3OH). *2.4-Dinitrophenylhydrazon*, F. 204° (CH_3OH–Äthylacetat). — *α.β-Dimethylcrotonaldehyd*, $C_6H_{10}O$, $Kp._8$ 41°, aus **I** + 1.2-Dimethylpropenyl-Li (2std. Rühren); n_D^{18} 1,4704; 40%. *Semicarbazon*, $C_7H_{13}ON_3$, F. 239—240°, aus CH_3OH Platten. *2.4-Dinitrophenylhydrazon*, $C_{12}H_{14}O_4N_4$, F. 200—201°, rote Nadeln aus Äthylacetat. — *1-Formylcyclohexen*, $Kp._{15}$ 72°, aus **I** + Cyclohexenyl-Li (½std. Rühren); n_D^{23} 1,4920; 26%. *Semicarbazon*, F. 217—218° (CH_3OH). *2.4-Dinitrophenylhydrazon*, $C_{13}H_{14}O_4N_4$, F. 223—224° (Äthylacetat). — *1-Formylcyclohepten*, $C_8H_{12}O$, $Kp._9$ 82—83°, aus **I** + Cycloheptenyl-Li (2std. Rühren); n_D^{20} 1,4983; 70%. *Semicarbazon*, $C_9H_{15}ON_3$, F. 210—211°, Platten aus CH_3OH. *2.4-Dinitrophenylhydrazon*, $C_{14}H_{16}O_4N_4$, F. 210—211°, rote Nadeln aus Äthylacetat. — *α-[Cycloheptenyl-(1)]-benzylalkohol*, $C_{14}H_{18}O$, $Kp._{10^{-4}}$ 73° (Badtemp.), aus vorst. Verb. mit Phenyl-MgBr in Ae., Zers. mit NH_4Cl u. Dest. der organ. Schicht; n_D^{25} 1,5521; 61%. — *Heptadien-(2.4)-al-(1)* (?), $C_7H_{10}O$, $Kp._9$ 80 bis $Kp._{17}$ 60°, aus 11 g **I** + cis-Propenyl-Li in Ae. bei 0°, Aussalzen u. Dest.; n_D^{22} 1,428—1,462; 1,6 g. *Semicarbazon*, $C_8H_{13}ON_3$, F. 211—213°, Platten aus CH_3OH. *2.4-Dinitrophenylhydrazon*, $C_{13}H_{14}O_4N_4$, F. 204—205°, rote Nadeln aus CH_3OH–Äthylacetat. (J. chem. Soc. [London] **1955**. 3334—37. Okt.) H. LEHWALD. 650

R. E. Bowman und **W. D. Fordham**, *Eine neue Ketonsynthese.* Vorl. Mitt. zu der C. **1955**. 5520 referierten Arbeit. (Chem. and Ind. **1951**. 742. 1/9.) W. FRUHSTORFER. 700

A. Sykes, J. C. Tatlow und **C. R. Thomas**, *Eine neue Synthese von Fluorketonen.* Bei der Einw. von GRIGNARD-Verbb. RMgX (R = CH_3, C_2H_5, iso-C_3H_7, n-C_4H_9, tert.-C_4H_9, C_6H_5) (ca. 3 Mol) auf Trifluoressigsäure entstehen in 40—60%ig. Ausbeute Ketone R—CO—CF_3. Heptafluorbuttersäure u. CH_3MgJ reagieren ähnlich. Neben den Ketonen entstehen nicht identifizierte höher sd. Produkte. — Folgende T r i f l u o r m e t h y l k e t o n e wurden dargestellt: *Methyl-*, Kp. 21,5—22,5°; 56% (Ausbeute). — *Äthyl-*, Kp. 45°; 52%. — *Isopropyl-*, Kp. 52—53°; 42%. — *n-Butyl-*, Kp. 90°; 63%. — *tert.-Butyl-*, Kp. 70°; 25%. — *Phenyl-*, Kp. 152—153°; 60%. — *Heptafluorpropylmethylketon*, Kp. 63—64°; 41%. (Chem. and Ind. **1955**. 630—31. 28/5. Edgbaston, Birmingham, Univ., Chem. Dep.) F. SCHAUDER. 710

George Van Dyke Tiers, *Die Chemie der Perfluoräther.* 2. Mitt. *Ätherspaltung mit gleichzeitigem Austausch von α-Fluor gegen Chlor.* (1. vgl. C. **1956**. 1605.) Während die Umsetzung von cycl. Perfluor-α-alkyläthern mit $AlCl_3$ zu einem Austausch der drei α-F-Atome gegen Cl führt (vgl. l. c.), erhält man bei derselben Behandlung von Perfluor-di-n-alkyläthern nicht die zu erwartenden α.α.α'.α'-Tetrachlorperfluoräther, sondern deren Spaltprodd.: $C_nF_{2n+1}—CF_2—O—CF_2—C_nF_{2n+1}$ → ($C_nF_{2n+1}—CCl_2—O—CCl_2—C_nF_{2n+1}$) → $C_nF_{2n+1}—COCl$ + $C_nF_{2n+1}—CCl_3$. Hieraus ist auf die intermediäre Bldg. der Tetrachlorverbb. zu schließen. Aus (n-$C_4F_9)_2O$ entstehen *n-C_3F_7—COCl* u. *n-C_3F_7—CCl_3*; aus (n-$C_6F_{13})_2O$ bilden sich *n-C_5F_{11}—COCl* u. *n-C_5F_{11}—CCl_3*. Die Säurechloride wurden durch Überführung in die Säureamide identifiziert.

V e r s u c h e: Bei 16std. Erhitzen von 20 g (n-$C_4F_9)_2O$ u. 8 g $AlCl_3$ im Schüttelautoklaven auf 175° erhält man bei einem Umsatz von 70% 2,3 g *n-C_3F_7—COCl* (30% Ausbeute) u. 2,8 g (30%) *n-C_3F_7—CCl_3*. — Aus 110 g (n-$C_6F_{13})_2O$ u. 35 g $AlCl_3$ bilden sich bei 230° in 15 Std. 20,6 g (43%) *n-C_5F_{11}—COCl* (Kp. 87—93°, n_D^{25} 1,2992) u. 28,5 g (51%) *n-C_5F_{11}—CCl_3* (Kp. 143°, n_D^{25} 1,3383). Bei 185° betragen die Ausbeuten in 14 Std. 51 bzw. 63% bei einem Umsatz von 77%. (J. Amer. chem. Soc. **77**. 6703—04. 20/12. 1955. St. Paul, Minn., Minnesota Mining & Mfg. Co., Central Res. Dep.) E. FORCHE. 810

George Van Dyke Tiers, *Die Chemie der Perfluoräther.* 3. Mitt. *Synthese von ω-Trichlormethylperfluoracylchloriden durch Spaltung von cyclischen Perfluoräthern.* (2. vgl. vorst. Ref.) Cycl. Perfluoräther ohne eine α-ständige Perfluoralkylgruppe werden beim Erhitzen mit $AlCl_3$ zu den *ω-Trichlormethylperfluoracylchloriden* aufgespalten:

 → $CCl_3—CF_2—CF_2—COCl$. Aus dem Fehlen der symm. Verbb. $CCl_3—CF_2—CF_2—CCl_3$ u. $ClOC—CF_2—CF_2—COCl$ wird geschlossen, daß die Cl-Verschiebung intramol. erfolgt. — Aus dem so erhaltenen *4.4.4-Trichlortetrafluorbutyrylchlorid* (I) läßt sich durch Hydrolyse die *4.4.4-Trichlortetrafluorbuttersäure* u. aus dieser durch Pyrolyse ihres Na-Salzes *3.3.3-Trichlortrifluorpropylen* darstellen.

Versuche: *4.4.4-Trichlortetrafluorbutyrylchlorid* (I), $C_4OCl_4F_4$, Kp. 148°, n_D^{25} 1,4105; durch 13std. Erhitzen von 21,6 g Perfluortetrahydrofuran u. 13,3 g $AlCl_3$ im Schüttelautoklaven auf 170°; 55% (Ausbeute). — *5.5.5-Trichlorhexafluorpentanoylchlorid*, $C_5OCl_4F_6$, Kp. 165°, n_D^{25} 1,3966; analog aus 19,8 g Perfluortetrahydropyran u. 13,3 g $AlCl_3$ bei 180° in 13 Std.; 54%. *Amid*, $C_5H_2ONCl_3F_6$, F. 138,3—138,4° (CCl_4). — *4.4.4-Trichlortetrafluorbuttersäure*, Kp. 212°, n_D^{26} 1,4132; aus 30 g I u. 1,91 g W.; 81%. *Amid*, $C_4H_2ONCl_3F_4$, F. 126,5—127,0° (CCl_4). — *3.3.3-Trichlortrifluorpropylen*, $C_3Cl_3F_3$, Kp. 89—91°, n_D^{25} 1,4027; durch Zers. des Na-Salzes der vorst. Säure bei 250—280° im Vakuum; 50%. (J. Amer. chem. Soc. **77**. 6704—06. 20/12. 1955.) E. Forche. 810

Stina Ställberg-Stenhagen, *Optisch-aktive höher aliphatische Verbindungen*. 6. Mitt. *Die Synthese von* D(—)-*21-Methyltrikosan-*, D(—)-*21-Methyltetrakosan- und* L(+)-*21-Methylpentakosansäure*. (5. vgl. C. **1949**. E. 394.) Für Unterss. über den Zusammenhang zwischen Konst. u. opt. Rotation wurden methylsubstituierte, langkettige Säuren dargestellt. Die Elektrolyse von *D*(—)- u. *L*(+)-*Methylhydrogen-β-methylglutarat* [*D*(—)- u. *L*(+)-I] führte ohne Racemisierung zu den (+)- u. (—)-*Methylestern* der *3.6-Dimethylsuberinsäure* (II) in ca. 70%ig. Ausbeute. DL-I ergab ein Gemisch der Methylester von *DL*- u. *meso*-**II**. *D*(—)-*3-Methylpentansäure* (**III**), *D*(+)- u. *L*(—)-*3-Methylhexansäure* [(+)- u. (—)-**IV**], *L*(—)-*3-Methylheptansäure* (**V**) u. *D*(+)-*3-Methylundecansäure* wurden aus den entsprechenden Enantiomorphen von **I** u. geradkettigen Säuren durch gemischte Elektrolyse dargestellt. Die Umsetzung der Säurechloride von **III**, (+)-**IV** u. **V** mit Methylacetoacetat führte zu *D*(—)-*3-Keto-5-methylheptansäuremethylester* (**VI**), *D*(+)-*3-Keto-5-methyloctansäuremethylester* (**VII**) u. *L*(—)-*3-Keto-5-methylnonansäuremethylester* (**VIII**). Aus **VI**, **VII** u. **VIII** wurden mit 17-Jodheptadecansäuremethylester (**IX**) *D*(—)-*19-Keto-21-methyltrikosansäure*, *D*(+)-*19-Keto-21-methyltetrakosansäure* u. *L*(—)-*19-Keto-21-methylpentakosansäure* gewonnen, die nach Clemmensen red. wurden.

Versuche: (—)-*Dimethyl-3*(*L*).*6*(*D*)-*dimethylsuberat*, $C_{12}H_{22}O_4$, Kp.$_{0,8}$ 94—96°, durch Elektrolyse von D(—)-I in Methanol + Na (70 Min., 4,5 A), Eingießen in W. u. Ae.-Extraktion; $[\alpha]_D^{22}$ —10,68° (homogen; $l = 1$); 57% (Ausbeute). Daneben unverändertes D(—)-I u. ein Gemisch gesätt. u. ungesätt. Ester, aus welchen *Isovaleriansäure* als *Amid* [F. 134,6—135° (Bzl.), dünne, glänzende Plättchen] isoliert wurde. — (—)-*3*(*L*).-*6*(*D*)-*Dimethylsuberinsäure* [(—)-3(L).6(D)-**II**], $C_{10}H_{18}O_4$, F. 84,3—84,5° u. F. 82° (dimorph), durch Hydrolyse von 3 g vorst. Dimethylesters; lange, glänzende Nadeln aus PAe./Bzl., $[\alpha]_D^{21}$ —16,63° (Chlf.; c = 20,19); 2,36 g. — (+)-3(D).6(L)-**II**, $C_{10}H_{18}O_4$, F. 84,0—84,3° (PAe./Bzl.) u. F. 81,2—81,6°, analog vorst. Verb.; $[\alpha]_D^{22}$ +16,68° (Chlf.; c = 5,61). *Dimethylester*, $C_{12}H_{22}O_4$, Kp.$_1$ 97°, $[\alpha]_D^{25}$ +10,76° (homogen; $l = 1$), D.$^{25}_4$ 0,989, aus L(+)-I; 72%. DL-**II**, F. 78 u. 82° (PAe./Bzl. oder PAe./Aceton), dimorph, Prismen, aus den Enantiomorphen oder aus DL-I neben *meso*-**II**, F. 107,5—108,5 u. 105°, dimorph, Kristallisationen aus Bzl., W., Äthylacetat u. Aceton; harte, transparente Kristalle. Geringe Mengen von *meso*-**II** können von akt. **II** durch Umkristallisieren aus Bzl.–PAe. abgetrennt werden. Analog können geringe Mengen des Antipoden entfernt werden. — D(+)-*3-Methylundecansäure*, Kp.$_3$ 138°, durch Elektrolyse von L(+)-I ($[\alpha]_D^{28,8}$ +2,2° [homogen; $l = 4$]), n-Octansäure u. Na in Methanol (3 Std., 4,5 A), Zugabe von W., Ae-Extraktion, nach Abdampfen des Ae. 5std. Kochen des Rückstandes mit alkoh. KOH, Entfernen des nebenbei gebildeten *n-Tetradecans* mit PAe., Ansäuern der alkal. Lsg. mit HCl u. Petrolätherextraktion; $[\alpha]_D^{26}$ +5,07° (homogen); 28%. — *D*(—)-*3-Methylpentansäure* (**III**)-*Methylester*, Kp.$_{758}$ 137,3—137,8°, durch Elektrolyse von L(+)-I ($[\alpha]_D^{21}$ +1,34 [homogen; $l = 2$]), Essigsäure (25% Überschuß) u. Na in Methanol (3½ Std., 4,9 A); $[\alpha]_D^{24}$ —6,01° (homogen; $l = 1$); 32,5%. — **III**, Kp.$_{10}$ 90°, aus dem Methylester, Reinigung über das Amid; $[\alpha]_D^{23}$ —8,63° (homogen), D.$^{24}_4$ 0,924. — *D*(—)-*3-Methylpentansäureamid*, F. 125,7—126° (PAe.–Bzl.), aus dem mit Oxalylchlorid dargestellten Säurechlorid aus 7,2 g **III** u. NH_3; glänzende Plättchen, $[\alpha]_D^{23}$ —7,42° (Chlf., c = 4,96); 5,39 g. — *D*(+)-*3-Methylhexansäure*-[(+)-**IV**]-*Methylester*, $C_8H_{16}O_2$, Kp.$_{60}$ 87,8—88°, analog **III** aus L(+)-I ($[\alpha]_D^{22,5}$ +2,55° [homogen, $l = 4$]) u. Propionsäure; $[\alpha]_D^{23}$ +1,42° (homogen), D.$^{23}_4$ 0,873; 2690. — (+)-**IV**, $C_7H_{14}O_2$, Kp.$_4$ 96°, $[\alpha]_D^{23}$ +2,43 (homogen). — *D*(+)-*3-Methylhexansäureamid*, $C_7H_{15}ON$, F. 90,5—91,2° (PAe.), glänzende Plättchen, $[\alpha]_D^{21}$ +2° (Chlf.; c = 4,11); +5° (A., c = 7,23). — (—)-**IV**, Kp.$_5$ 102,7°, a) aus D(—)-I; b) durch Red. von L(+)-3-Methyl-5-ketohexansäure; $[\alpha]_D^{22}$ —2,44° (homogen). — *L*(—)-*3-Methylhexansäureamid*, F. 90,9—91,4° (PAe.), $[\alpha]_D^{22}$ —2° (Chlf.; c = 5,03). — *L*(—)-*3-Methylheptansäure* (**V**)-*Methylester*, $C_9H_{18}O_2$, Kp.$_{30}$ 90,2°, aus D(—)-I u. L-Buttersäure; $[\alpha]_D^{25}$ —3,3° (homogen), D.^{25} 0,871; 30%. — **V**, Kp.$_1$ 80°,

$[\alpha]_D^{21}$ -4^0 (homogen), $D.^{21}_4$ 0,907. — *L(—)-3-Methylheptansäureamid*, $C_8H_{17}ON$, F. 81,0 bis 81,4° (Bzl.–PAe.), über das Säurechlorid; seidige Nadeln; 70%. — *D(—)-3-Keto-5-methylheptansäuremethylester* (VI), $C_9H_{16}O_3$, $Kp._{25}$ 115—117°, aus dem Säurechlorid von III u. der Na-Verb. des Methylacetoacetats; $D.^{23}_4$ 0,972, $[\alpha]_D^{23}$ $-5,65^0$ (homogen, $l = 1$); die opt. Drehung des β-Ketoesters ändert sich mit seinem Enolgeh.; 61%. — *D(+)-3-Keto-5-methyloctansäuremethylester* (VII), $C_{10}H_{18}O_3$, $Kp._1$ 68—71°, aus (+)-IV; $D.^{23}_4$ 0,956, $[\alpha]_D^{23}$ $+0,46^0$ (homogen; $l = 0,5$); 56%. — *L(—)-3-Keto-5-methylnonansäuremethylester* (VIII), $C_{11}H_{20}O_3$, $Kp._1$ 73—76°, aus V; $D.^{23}_4$ 0,948, $[\alpha]_D^{23}$ $-1,92^0$ (homogen, $l = 1$); 70%. — *D(—)-19-Keto-21-methyltrikosansäure*, $C_{24}H_{46}O_3$, F. 76,9—77,1° (Aceton), durch 18 Std. Kochen von VI, IX (F. 52,2—52,9°) u. K_2CO_3 in Methyl-n-propylketon, Hydrolyse u. Ketonspaltung; $[\alpha]_D^{22}$ $-1,96^0$ (Chlf.; c = 8,59), langer Netzebenenabstand (l.N.) 42,6 Å, glänzende Plättchen; 65%. — *D(—)-21-Methyltrikosansäure*, $C_{24}H_{48}O_2$, F. 67,8 bis 68,1° (PAe., Aceton), durch Red. vorst. Verb. nach CLEMMENSEN in A. mit amalgamierten Zn; glänzende Plättchen, $[\alpha]_D^{22}$ $-3,52^0$ (Chlf.; c = 5,11), l.N. 39,1 Å; 85%. — *D(—)-21-Methyltrikosansäureamid*, $C_{24}H_{49}ON$, F. 97,6—97,9° (PAe., Bzl.), aus vorst. Verb. über das Säurechlorid, mikrokristallin, l.N. 35,5 Å. — *D(+)-19-Keto-21-methyltetrakosansäure*, $C_{25}H_{48}O_3$, F. 70,7—71,3° (Aceton, A.), aus VII u. IX, glänzende Plättchen, $[\alpha]_D^{22}$ $+1,48^0$ (Chlf.; c = 9,29), l.N. 39,7 Å; 63%. — *D(—)-21-Methyltetrakosansäure*, $C_{25}H_{50}O_2$, F. 60,3—60,8° (PAe., Eisessig), durch Red. vorst. Verb.; glänzende Plättchen, $[\alpha]_D^{21}$ $-0,86^0$ (Chlf.; c = 7,28), l.N. 40,3 Å. — *D(—)-21-Methyltetrakosansäureamid*, $C_{25}H_{51}ON$, F. 92,8—93° (PAe.), glänzende Plättchen, l.N. 45,5 Å. — *L(—)-19-Keto-21-methylpentakosansäure*, $C_{26}H_{50}O_3$, F. 64,2—64,9° (Aceton) u. 66,3—66,7°, aus VIII u. IX; $[\alpha]_D^{21}$ $-1,60^0$ (Chlf.; c = 0,97); l.N. 49,7 Å; 68%. — *L(+)-21-Methylpentakosansäure*, $C_{26}H_{52}O_2$, F. 56,5—56,7° u. 54,1° (Aceton), durch Red. vorst. Verb.; $[\alpha]_D^{24}$ $+0,67^0$ (Chlf.; c = 5,25), l.N. 37,7 Å (F. 56,7°) u. 49,2 Å (F. 54,1°); 71%. *Amid*, $C_{26}H_{53}$·ON, F. 93,9—94,2° (PAe.) u. 93,2°; l.N. 48,1 Å. (Ark. Kemi **2**. 95—111. 1950. Uppsala, Univ., Inst. of Med. Chem.) U. JOHN. 810

A. W. Dombrowski und **W. P. Denissenko,** *Jodierung von Vinylacetat.* Vff. jodierten Vinylacetat mit Pyridindijodid (I) in Ggw. geringer Mengen NaJ. Die Rk. hat ionogenen Charakter u. verläuft vermutlich über das positiv geladene, instabile Monojodid CH_3·$CO\overset{+}{O}CHCH_2J$, das durch den Überschuß an J'(NaJ) rasch zum Dijodid verwandelt wird.

Versuche: *Pyridindijodid* (I), $C_5H_5NJ_2$, F. 59—60°, man läßt 6,7 ml Pyridin in eine Lsg. von 21,3 g Jod in 200 ml trockenen Ae. eintropfen; orangefarbene Kristalle; 28 g (Ausbeute). — *Essigsäure-1.2-dijodäthylester*, $C_4H_6O_2J_2$, F. 125, man läßt in eine Mischung von 6,7 g I, 2 ml Pyridin u. 0,15 g NaJ bei 10—12° 3,5 ml Vinylacetat eintropfen u. rührt 30 Min.; dunkelviolette Kristalle; 51,4%. (Журнал Общей Химии [J. allg. Chem.] **25** (87). 2213—14. Nov. 1955. Tschernowitz, Univ.) CH. WEISKE. 810

M. J. Frazer und **W. Gerrard,** *Die Reaktion von Bortrichlorid mit Oxyestern und die Spaltung von Carbonsäureestern.* Entsprechend der Reaktionsweise der Alkohole u. Reaktivität bilden sich aus 3 Mol Oxyester u. 1 Mol BCl_3 glatt u. in guter Ausbeute die *Borate*. Sie absorbieren mehr als 1 Mol HCl, ohne jedoch dadurch dauernd verändert zu werden, u. bilden keine Komplexe mit Pyridin. Die Darst. von Dichlorboroniten $ROBCl_2$ gelang nicht. Aus Äthylacetat u. BCl_3 bildet sich ein bei 20° beständiger fester *Komplex*, aus dem durch Zers. bei höherer Temp. *Äthylchlorid* u. B_2O_3 entstehen; aus Phenylacetat u. BCl_3 bildet sich dagegen *Triphenylborat*.

Versuche: Darst. der Borate der Oxyester durch Vermischen stöchiometr. Mengen der Komponenten bei —80°: *Tris-[glykolsäureäthylester]-borat*, $Kp._{0,01}$ 124°, n_D^{20} 1,4290, $D.^{20}_4$ 1,160; 85% (Ausbeute). — *Tris-[β-oxypropionsäureäthylester]-borat*, $Kp._{0,01}$ 134°, n_D^{20} 1,4331, $D.^{20}_4$ 1,108; 88%. — *Tris-[äpfelsäureäthylester]-borat*, $Kp._{0,01}$ 180°, n_D^{20} 1,4408, $D.^{20}_4$ 1,167; 80%. — *Tris-[milchsäureäthylester]-borat*, $Kp._{0,01}$ 110°, n_D^{20} 1,4215, $D.^{20}_4$ 1,070; 86%. — *Tri-n-octylborat*, $C_{24}H_{51}O_3B$, $Kp._{0,2}$ 162°, aus dem Äthylacetat–BCl_3-Komplex u. Octanol-(1); n_D^{20} 1,4370, $D.^{20}_4$ 0,859; 75%. — *Triphenylborat*, $C_{18}H_{15}O_3B$, F. 55—57°, $Kp._{0,02}$ 150°. (J. chem. Soc. [London] **1955**. 2959—60. Aug. London, North. Polytechn.) G. LOHAUS. 850

Raymond Delaby und **Ales Sekera,** *Über einige p-Nitrobenzoesäure- und p-Aminobenzoesäureester der β-Oxyalkylurethane.* Vorl. Mitt. zu der C. **1954**. 7164 referierten Arbeit. (C. R. hebd. Séances Acad. Sci. **232**. 79—80. 3/1. 1951.) E. B. GRABITZ. 880

David D. Nyberg und **Bert E. Christensen,** *Synthese verschiedener O-substituierter Derivate des Oxyguanidins und des Oxybiguanids.* Durch Rk. von Alkylhydroxylaminen (I) mit Methylisothiuroniumsulfat (III) wurden *O-substituierte Alkylderivv.* des *Oxyguanidins* dargestellt. Umsetzung der I mit Cyanguanidin u. $CuSO_4$ führte über die rosarot gefärbten *Cu-Komplexe* zu den *Alkoxybiguaniden*, die in 10—30%ig. Ausbeute als *Hydrogensulfate* isoliert wurden.

Versuche: *3-Methylbutoxyurethan* (*Isoamyloxyurethan*), $C_8H_{17}O_3N$, Kp.$_4$ 104 bis 107°, durch Zugeben von Oxyurethan u. 1-Jod-3-methylbutan zu 85%ig. absol. alkoh. KOH unter Rühren bis zur homogenen Lsg., 5—6std. Kochen, Zusatz von Ae. in der Kälte, Stehen bis zur vollständigen Abscheidung des KJ, Filtration u. Einengen; 68% (Ausbeute). — *α-[3-Methylbutyl]-hydroxylamin* (*α-Isoamylhydroxylamin*) (**II**), $C_5H_{13}ON$, Kp. 130—132°, durch 1—1½std. Kochen vorst. Rohprod. mit 50%ig. KOH u. Ae.-Extraktion; 40—60%. *Hydrochlorid*, $C_5H_{14}ONCl$, F. 115—116,5° (absol. A./Essigester u. Zugeben von Essigester), durch Extraktion des Ae.-Extrakts mit 3n HCl u. Eindampfen; Flocken; 38%. — *Propoxyguanidin, Sulfat*, $C_8H_{24}O_6N_6S$, F. 123—125° (absol. A. u. Zugeben von Isopropylalkohol), durch Erhitzen von **III** in W. auf 80°, langsames Eintropfen von α-Propylhydroxylamin (**V**) u. W., 2std. Erhitzen auf 80°, 1std. Kochen, Einengen, Aufnehmen in heißem absol. A., Abtrennen des in der Kälte abgeschiedenen unumgesetzten **III** u. Eindampfen; 35% (roh). — *Äthoxyguanidin, Sulfat*, $C_6H_{20}O_6N_6S$, F. 124—126° (absol. A.), analog vorst. Verb. mit α-Äthylhydroxylamin (**IV**) u. Aufnehmen des Rückstandes in Methanol; Plättchen; 46%. — *Isopropoxyguanidin, Sulfat*, $C_8H_{24}O_6N_6S$, F. 176—179° (absol. A.), analog mit α-Isopropylhydroxylamin (**VI**); 35%. — *3-Methylbutoxyguanidin* (*Isoamyloxyguanidin*), *Nitrat*, $C_6H_{16}O_4N_4$, F. 92—94° (Zers.; W.), durch 3std. Kochen von **III** u. **II** in W./95%ig. A. (1: 1), Aufnehmen des Eindampfrückstandes in wenig Ae./absol. A. (1 : 1), Abtrennen des unumgesetzten **III** nach Stehen über Nacht, Einengen, Zugeben von wss. NH_4NO_3 u. Kühlen über Nacht; Nadeln; 70%. Das Sulfat konnte nicht erhalten werden. — *Äthoxybiguanid, Hydrogensulfat*, $C_4H_{13}O_5N_5S$, F. 147,5—149,0° (W. u. Versetzen mit Methanol/Ae.), durch Zugeben von **IV**-Hydrochlorid, W. u. n-NaOH zu Cyanguanidin (F. 206—208°) u. $CuSO_4 \cdot 5\,H_2O$, 9std. Erhitzen auf 70—80° unter Rühren, Zugeben von W. zu der heißen Lsg., Zers. des in heißem W. suspendierten *Cu-Biguanid-Komplexes* mit H_2S, Filtration, Aufnehmen des Eindampfrückstandes in Methanol /Ae.(1: 1) u. 6n H_2SO_4, Zugeben von Ae. u. Stehen in der Kälte; federartige Kristalle; 19—40%. — *Propoxybiguanid, Hydrogensulfat*, $C_5H_{15}O_5N_5S$, F. 136 bis 136,5° (W. u. Zugeben von Methanol/Ae.), analog vorst. Verb. mit **V**-Hydrochlorid; Rosetten; 12—16%. — *Isopropoxybiguanid, Hydrogensulfat*, $C_5H_{15}O_5N_5S$, F. 138—140°, analog **VI**-Hydrochlorid; Nadeln; 21—27%. — *Methoxybiguanid, Hydrogensulfat*, $C_3H_{11}O_5N_5S$, F. 157—158° (96%ig. Isopropylalkohol), analog mit α-Methylhydroxylaminhydrochlorid, 7—8std. Erhitzen u. mehrstd. Stehen in der Kälte, ohne zu verdünnen; feine Kristalle; 6—24%. — *3-Methylbutoxybiguanid* (*Isoamyloxybiguanid*), *Hydrogensulfat*, $C_7H_{19}O_5N_5S$, F. 131,5—132,5° (wenig W., Methanol/Ae. u. Zugeben von Ae.), analog mit **II**-Hydrochlorid in 20 Std., Abfiltrieren des *Cu-Komplexes* bei Raumtemp. u. Aufnehmen mit Methanol/Ae. ohne H_2SO_4-Zusatz; 6—10%. — *Butoxybiguanid, Hydrogensulfat*, $C_6H_{17}O_5N_5S$, F. 119—121°, analog vorst. Verb. mit α-Butylhydroxylaminhydrochlorid; 8—11%. *Nitrat*, F. 115—115,5°, aus dem Hydrogensulfat mit NH_4NO_3. (J. Amer. chem. Soc. **78.** 781—83. 20/2. 1956. Corvallis, Ore., State Coll., Dep. of Chem.) W. GEHRMANN. 880

Harald Rüssel, *Notiz über die Synthese des 1.3.5-Triaminopentans. 1.3.5-Triaminopentan* wurde zur Unters. auf seine Fähigkeit zur Komplexbldg. dargestellt.

Versuche: *Pentantricarbonsäure-(1.3.5)*, F. 114—115°, durch Verseifung von *1.5-Dicyanpentandicarbonsäure-(3.3)-diäthylester* (aus Acrylnitril u. Malonsäurediäthylester); 80% (Ausbeute). *Triäthylester*, Kp.$_{16}$ 191—192°; 50%. *Trihydrazid*, aus dem Ester mit Hydrazinhydrat in A.; zers. sich beim Erhitzen ohne zu schmelzen. *Triazid*, aus dem Hydrazid mit $NaNO_2$ in halbkonz. HCl bei −2°; Weiterverarbeitung ohne Isolierung. — *1.3.5-Triaminopentan*, $C_5H_{15}N_3$, Kp.$_{16}$ 125°, Kp.$_1$ 85°, aus vorst. Azid durch Kochen in A., Eindampfen, 10std. Kochen mit konz. HCl u. Zers. des Hydrochlorids mit $NaOC_2H_5$ in A.; viscose Fl., lösl. in W. u. A., unlösl. in Bzl., Ae. u. CCl_4; $n_D^{20,5}$ 1,4920; 66%. *Pikrat*, F. 252—253° (Zers.; korr.; W.). (Chem. Ber. **89.** 679—80. 1956. Stuttgart, TH, Labor. für anorg. Chem.) W. HUNGER. 910

Raymond Delaby, Pierre Chabrier und **Henry Najer,** *Synthese einiger Bis-[carbamylcholin]-dijodide mit Curarewirkung.* 2. Mitt. *Alkyliden-bis-[carbamylcholin]-dijodide.* (1. vgl. C. **1956.** 4984.) Aus β-Oxyäthylcarbamat erhaltenes *β-Chloräthylcarbamat* wird mit Aldehyden in Ggw. von konz. HCl zu *Alkyliden-bis-[β-chloräthylcarbamaten]* kondensiert. Diese werden über die *Jodverbb.* in *Alkyliden-bis-[carbamylcholin]-dijodide* übergeführt, deren Curarewirkungen angegeben werden.

Versuche: *β-Oxyäthylcarbamat*, $C_3H_7O_3N$, F. 30°, Kp.$_{17-18}$ 175°, durch Zugeben von 25%ig. NH_4OH zu Glykolcarbonat in W. bei 10—20°, 2std. Stehen bei 0°; dann 24 Std. bei Raumtemp.; 92% (Ausbeute). — *β-Chloräthylcarbamat*, $C_3H_6O_2NCl$, F. 75 bis 76° (W.), mit $SOCl_2$ aus vorst. Verb. bei 5—10°; 87%. — Bis-[β-chloräthylcarbamate]: *Methylen-*(**I**), $C_7H_{12}O_4N_2Cl_2$, F. 148° (A.), durch Kochen vorst. Verb. in

W. mit 30% ig. CH_2O in Ggw. von konz. HCl; 52%. — *Äthyliden-*, F. 154,5° (A.); 46%. — *Propyliden-*, F. 154,5—155° (A.); 64%. — *Benzyliden-*, F. 183° (Bzl.); 72%. — Bis-[β-jodäthylcarbamate]: *Methylen-*(**II**), $C_7H_{12}O_4N_2J_2$, F. 167,5—168,5° (A.), durch 26std. Kochen von I in absol. Aceton mit NaJ; 68%. — *Äthyliden-*, F. 172—173,5° (A.); 61%. — *Propyliden-*, F. 143—144° (A.); 64%. — *Benzyliden-*, F. 166—167° (A.); 71%. — Bis-[carbamylcholin]-dijodide: *Methylen-*, $C_{13}H_{30}O_4N_4J_2$, F. 206—207° (Zers.; CH_3OH–Ae.), durch Erhitzen von **II** in absol. Aceton mit $(CH_3)_3N$ im Rohr auf dem Wasserbad; 55%. — *Äthyliden-*, Zers., aus CH_3OH–Äthylacetat; 83%. — *Propyliden-*, Zers., aus CH_3OH–Äthylacetat; 65%. — *Benzyliden-*, Zers., aus CH_3OH–Äthylacetat; 56%. (Bull. Soc. chim. France [5] **1956**. 212—16. Jan. Paris, Fac. de Pharm., Labor. de Pharm. Chim.) R. PASEDAG. 920

B. Iselin und **R. Schwyzer,** *Über aktivierte Ester.* 6. Mitt. *Tetrahydropyranylderivate von Aminosäuren und ihre Umsetzungen.* (5. vgl. C. **1956.** 4124.) Der aus Carbobenzoxy(Cbo)-glycin (**III**) u. 2.3-Dihydropyran (**I**) gewonnene *Cbo-glycintetrahydropyranyl-(2)-ester* setzt sich mit Benzylamin (**II**) zu *Cbo-glycinbenzylamid* um, wobei das als Nebenprod. entstehende *5-Oxypentanal* mit **II** weiterreagiert. Aus Cbo-L-tyrosinäthylester (**IV**) u. **I** wird *N-Cbo-O-[tetrahydropyranyl-(2)]-L-tyrosinäthylester* erhalten, der sich unter Bldg. von 2 *stereoisomeren N-Cbo-O-[tetrahydropyranyl-(2)]-L-tyrosinen* verseifen läßt. Das negativ drehende Prod. wird über den *Cyanmethylester* in das *Benzylamid* bzw. über die entsprechende *N-Cbo-Verb.* in *O-[Tetrahydropyranyl-(2)]-L-tyrosin-L-isoleucinäthylester* übergeführt. Analog wurden aus Cbo-DL-serinmethylester (**V**) die *stereoisomeren N-Cbo-O-[tetrahydropyranyl-(2)]-serinbenzylamide* hergestellt, die mit verd. HCl das gleiche *N-Cbo-DL-serinbenzylamid* liefern.

Versuche: *Cbo-glycintetrahydropyranyl-(2)-ester*, $C_{15}H_{19}O_5N$, F. 96—98° (Aceton–Ae.), durch 24std. Stehen von **III**, **I** (Kp. 85—86°) u. 2nHCl in Essigester u. Verdünnen mit Ae.; zers. sich allmählich; 89% (Ausbeute). — *Cbo-glycinbenzylamid*, F. 117 bis 118°, durch 24std. Stehen vorst. Verb. mit 2 Mol **II** in Essigester bei Raumtemp.; 87%. — O-[Tetrahydropyranyl-(2)]-Verbb.: *-N-cbo-L-tyrosinäthylester*, $C_{24}H_{29}O_6N$, Kp.$_{0,03}$ 215—217°, durch 3std. Stehen von 30,9 g **IV**, **I** u. 2nHCl in Essigester; $[\alpha]_D^{24}$ +40±1° (c = 4,11 in Chlf.); 38,1 g. — *-N-cbo-L-tyrosin*, $C_{22}H_{25}O_6N$, F. 135—137° (Essigester), durch Zutropfen von n-NaOH zu vorst. Verb. in CH_3OH bei 22—24° in 30 Min., 15 Min. Stehen, Einengen <30°, Überschichten mit Essigester, Ansäuern mit 2nHCl unter Eiskühlung, Ausziehen mit 2nNa_2CO_3 u. Eintragen in 2n Essigsäure; $[\alpha]_D^{22}$ −47±1° (c = 3,89 in A.), −54±2° (c = 1,87 in Eisessig); 33%. Daneben *stereoisomeres* Rohprod. vom F. ~80°, $[\alpha]_D^{23}$ +46±1° (c = 4,91 in A.). — *-N-cbo-L-tyrosincyanmethylester*, $C_{24}H_{26}O_6N_2$, F. 92—94° (Aceton–Ae.), durch 24std. Stehen vorst. negativ drehender Verb. mit Chloracetonitril in Ggw. von $(C_2H_5)_3N$ u. Verdünnen mit Essigester; $[\alpha]_D^{22}$ −65±1° (c = 3,80 in Chlf.); 80%. — *-N-cbo-L-tyrosinbenzylamid*, $C_{29}H_{32}O_5N_2$, F. 146—147° (A.), durch 5std. Stehen vorst. Verb. mit **II**; $[\alpha]_D^{22}$ −52±1° (c =4,29 in Eisessig); 95%. — *-N-cbo-L-tyrosyl-L-isoleucinäthylester*, $C_{30}H_{40}O_7N_2$, F. 101—102° (Ae.), durch 4tägiges Stehen vorvorst. Verb. mit L-Isoleucinäthylester in Eisessig u. Essigester u. Verdünnen mit Essigester; $[\alpha]_D^{21}$ −35±1° (c = 4,75 in Chlf.); 81%. — *-L-tyrosyl-L-isoleucinäthylester*, durch 1std. Hydrieren von 8,1 g vorst. Verb. in absol. CH_3OH in Ggw. von Eisessig u. Pd-Kohle bei n. Temp. u. Druck, Einengen, Lösen in W., Alkalisieren mit Na_2CO_3 u. Ausziehen mit Essigester; 5,83 g. — *-N-cbo-DL-serinmethylester*, analog aus 12,6 g **V** ($C_{12}H_{15}O_5N$, Kp.$_{0,01}$ 167—169°, aus Cbo-DL-serin u. CH_2N_2); 19 g. — *-N-cbo-DL-serin* (**VIa**), $C_{16}H_{21}O_6N$, F. 97—100° (Ae.); 47%. In der Mutterlauge ein *isomeres* Produkt (**VIb**). — *-N-cbo-DL-serincyanmethylester* (**VIIa**), aus 6,46 g **VIa**; Öl; 7,37 g. *Isomeres* (**VIIb**), aus 9,7 g **VIb**; 11,2 g. — *-N-cbo-DL-serinbenzylamid*, $C_{23}H_{28}O_5N_2$, F. 117—119° (Aceton–Ae.); aus **VIIa**; 55%. *Isomeres*, F. 117—119° (Aceton–Ae.), Misch-F. mit dem Isomeren 95—102°, aus 7,37 g **VIIb**; 4,18 g. — *N-cbo-DL-serinbenzylamid*, $C_{18}H_{20}O_4N_2$, F. 139—140° (Aceton–Ae.), durch 5 Min. Erhitzen beider vorst. Isomerer in A. mit 2nHCl auf dem Wasserbad; 96%. (Helv. chim. Acta **39**. 57—64. 1/2. 1956.) R. PASEDAG. 950

Willy Lautsch und **Hans-Jürgen Kraege,** *Über hochgliedrige, cyclische Peptid-Disulfide.* 1. Mitt. *Synthese des Cysteinyltetraglycylcysteindisulfids und der Vorstufe zur Synthese des Cysteinylpentaglycylcysteindisulfids.* Der aus N-Carbobenzoxy(Cbo)-glycylglycinhydrazid nach der Azidmeth. durch Rk. mit Glycinäthylester erhaltene *N-Cbo-diglycylglycinäthylester* (**I**) wird nach dem gleichen Verf. über das *Hydrazid* u. *Azid* mit S-Benzyl-L-cysteinbenzylester zu *N-Cbo-triglycyl-S-benzyl-L-cysteinbenzylester* gekuppelt, dessen Cbo-Gruppe selektiv mit PH_4J zu *Triglycyl-S-benzyl-L-cysteinbenzylesterhydrojodid* (**II**) abgespalten wird. Umsetzung des freien Esters aus **II** mit N-Cbo-

A B

S-benzyl-L-cysteinylglycinazid führt nach Abspaltung aller S- u. O-Benzylgruppen sowie des Cbo-Restes mit Na in fl. NH_3 zu dem als *Quecksilbermercaptid* isolierten *L-Cysteinyltetraglycyl-L-cystein*, das nach Zers. mit H_2S durch Oxydation mit O_2 in sehr verd. wss. Lsg. bei p_H 5—6 in das *cycl. Disulfid* (**A**) bzw. in das *Tetrasulfid* (**B**) verwandelt wird. Die Entscheidung, ob **A** oder **B** vorliegt, konnte noch nicht getroffen werden. Zur analogen Synth. des *cycl. Disulfids* des *L-Cysteinylpentaglycyl-L-cysteins* werden als Vorstufen die entsprechenden Peptidester bis zum *N-Cbo-S-benzyl-L-cysteinylpentaglycyl-S-benzyl-L-cysteinbenzylester* dargestellt.

Versuche: *N-Cbo-diglycylglycinäthylester* (I), F. 165,5—166,5° (A.), durch Zugeben von wss. $NaNO_2$ in einer Portion zu N-Cbo-glycylglycinhydrazid in Eisessig, 5nHCl u. W. bei —5°, Extraktion des gebildeten *Azids* (III) mit Essigester in der Kälte, Hineinfiltrieren in Glycinäthylester in absol. Ae. u. 20std. Stehen bei Raumtemp.; 70% (Ausbeute). — *N-Cbo-diglycylglycinhydrazid*, $C_{14}H_{19}O_5N_5$, F. 216—217° (A./W.), durch Lösen von I in absol. A. in der Hitze, Zugeben von Hydrazinhydrat, 1 std. Weitererhitzen u. 20std. Stehen bei Raumtemp.; Blättchen; 78%. — *N-Cbo-triglycyl-S-benzyl-L-cysteinbenzylester*, $C_{31}H_{34}O_7N_4S$, F. 150—151° (A. oder Aceton), durch Darst. von *N-Cbo-diglycylglycinazid* analog III aus vorst. Hydrazid, Zugeben zu S-Benzyl-L-cysteinbenzylester in absol. Ae., 20std. Stehen bei Raumtemp. u. Fällen mit PAe.; Nadeln, $[\alpha]_D^{22}$ —18±2° (c = 1,0 in Dioxan); 60%. — *Triglycyl-S-benzyl-L-cysteinbenzylesterhydrojodid* (II), $C_{23}H_{28}O_5N_4S \cdot HJ$, F. 164—167° (absol. A./absol. Ae.), durch Lösen vorst. Verb. in Eisessig (Wasserbad), Eintragen von PH_4J unter H_2, 2½std. Erhitzen auf 45 bis 50°, Dekantieren vom unumgesetzten PH_4J nach Ende der CO_2-Entw., Einengen u. Versetzen mit absol. Ae.; Nadeln, $[\alpha]_D^{22}$ ~—14,7±2° (c = 1 in absol. A.); 70%. — *N-Cbo-S-benzyl-L-cysteinylglycinhydrazid* (mit **H.-J. Neubauer**), $C_{20}H_{24}O_4N_4S$, F. 142° (absol. A.), durch Zugeben von $N_2H_4 \cdot H_2O$ zu N-Cbo-S-benzyl-L-cysteinylglycinäthylester in absol. A. unter Kühlung u. 2—3tägiges Stehen in der Kälte; $[\alpha]_D^{23}$—38,4±2° (c = 0,94 in absol. A.); 58%. —*N-Cbo-S-benzyl-L-cysteinyltetraglycyl-S-benzyl-L-cysteinbenzylester* (IV), $C_{43}H_{48}O_9N_6S_2$, F. 204—206° (A. oder Eisessig), durch Versetzen vorst. Hydrazids in Eisessig/n-HCl mit wss. $NaNO_2$ bei —5°, Zugeben von viel W. nach 3 Min., Extraktion des *Azids* (V) mit Essigester, Hineinfiltrieren in den freien Ester von II (aus II u. Triäthylamin) in A., 48std. Stehen in der Kälte, Filtration u. Fällen der Restmenge mit PAe.; Nadeln, $[\alpha]_D^{22}$ —30,5±2° (c = 1 in Eisessig); 75%. — *Cycl. Disulfid* (**A**) bzw. *Tetrasulfid* (**B**) des *L-Cysteinyltetraglycyl-L-cysteins*, Zers. >130°, durch Versetzen vorst. Verb. in fl. NH_3 mit Na bis zum Bleiben der blauen Farbe, Entfärben mit NH_4Cl, Abdunsten des NH_3 im Vakuum über H_2SO_4, Aufnehmen in sauerstoffarmem W., Ansäuern mit 0,1nH_2SO_4 bis zu p_H 5, Zusatz von Hopkinsscher Lsg., Suspendieren des gebildeten *Hg-Hexapeptiddimercaptids* in bidest. W., Entfernen des Hg durch Einleiten von H_2S, Verdünnen mit viel bidest. W., mehrstd. Durchleiten von N_2, Durchblasen von O_2 bis zur negativen Nitroprussidprobe auf freie SH-Gruppen, Einengen, Abstumpfen der H_2SO_4 mit verd. $Ba(OH_2)$, Weitereindampfen, Fällen mit A. u. mehrtägiges Stehen im Vakuum; $[\alpha]_D^{22}$ —67±2° (c = 0,5 in n-H_2SO_4), Pulver. Enthielt nach dem Papierchromatogramm noch ~5% einer zweiten Peptidfraktion. — *N-Cbo-diglycyl-S-benzyl-L-cysteinbenzylester*, $C_{29}H_{31}O_6N_3S$, F. 115,5—116,5° (A./W.), aus III durch Hineinfiltrieren in *S-Benzylcysteinbenzylester* [aus dem Hydrochlorid u. $(C_2H_5)_3N$] in Ae., 20std. Stehen bei Raumtemp. u. Fällen mit PAe.; Stäbchen, $[\alpha]_D^{21}$ —32,3±2° (c = 1,07 in absol. A.); 77%. — *Diglycyl-S-benzyl-L-cysteinbenzylesterhydrojodid*, $C_{21}H_{25}O_4N_3S \cdot HJ$, F. 139 bis 140° (absol. A./absol. Ae.), analog II aus vorst. Verb. in 3 Std.; $[\alpha]_D^{23}$ —40,3±2° (c = 0,78 in absol. A.); 68%. — *N-Cbo-tetraglycyl-S-benzyl-L-cysteinbenzylester*, $C_{33}H_{37}O_8N_5S$, F. 217—218,5° (wss. A. oder wss. Aceton), durch Hineinfiltrieren von III in *Diglycyl-S-benzyl-L-cysteinbenzylester* [aus vorst. Hydrojodid u. $(C_2H_5)_3N$] in Dioxan u. 40std. Stehen in der Kälte; Nadelbüschel, $[\alpha]_D^{23}$ —24,5±2° (c = 1,03 in Eisessig); 67%. — *Tetraglycyl-S-benzyl-L-cysteinbenzylesterhydrojodid*, $C_{25}H_{31}O_6N_5S \cdot HJ$, F. 166—168° (absol. A.), analog II aus vorst. Verb. in 4 Std.; $[\alpha]_D^{20}$ ~—24,2±2° (c = 0,82, Eisessig). — *N-Cbo-S-benzyl-L-cysteinylpentaglycyl-S-benzyl-L-cysteinbenzylester*, $C_{45}H_{51}O_{10} \cdot N_7S_2$, F. 224—226° (Eisessig), analog IV aus V u. *Tetraglycyl-S-benzyl-L-cysteinbenzylester* [aus vorst. Hydrojodid u. $(C_2H_5)_3N$] in A. u. 48std. Stehen in der Kälte; $[\alpha]_D^{22}$ —27,2±2° (c = 1,14 in Eisessig); 70%. (Chem. Ber. **89**. 737—42. 1956. Berlin-Dahlem, FU, Inst. für organ. Chem.) W. Gehrmann. 950

Helmut Zahn und **Fritz Osterloh**, *Einige neue Derivate des Lanthionins.* Vff. stellten neue *Derivv.* des *meso-Lanthionins* (I) dar. *Sulfoxyd* u. *Sulfon* von I zers. sich beim Kochen in W., wobei *Cystein* u. eine unbekannte *Verb.* (III) entstehen. Nach Umfällen des Sulfons mit $HClO_4$–NH_4OH oder HCl–NH_4OH können in den Mutterlaugen *Cysteinsäure* u. III nachgewiesen werden. Im Durchlaufchromatogramm wurden folgende Wanderungswege, bezogen auf Lysin, gefunden: I-*Sulfon* 0,09, I-*Sulfoxyd* 0,12, I 0,28, *Cystin* 0,34, III 1,70. Durch diese Daten konnte die früher gefundene ninhydrinpositive Verb. aus den Hydrolysaten von alkal. behandelten Wollpräpp. als I-*Sulfoxyd* identifiziert werden. III ist ebenfalls eine ninhydrinpositive Verbindung.

Versuche: *meso-Lanthionindihydantoin*, $C_8H_{10}O_4N_4S$, F. 260° (Zers.; W.), durch Kochen von I in W. u. KCNO; Nadeln; 69% (Ausbeute). — *Bis-[phenylcarbamyl]-meso-lanthionin* (II), $C_{20}H_{22}O_6N_4S$, F. 189° (30%ig. A.), durch Schütteln von I u. Phenylisocyanat in 0,5nNaOH; Nadeln; 91%. — *meso-Lanthionindiphenylhydantoin*, $C_{20}H_{18}O_4 \cdot N_4S$, F. 229° (A.), durch Kochen von II in 2nHCl; Nadeln; 91%. — *meso-Lanthionindiäthylesterdihydrochlorid*, $C_{10}H_{22}O_4N_2SCl_2$, F. 142—144° (A.). I wurde in A. 25 Std. unter Einleiten von HCl gekocht; Rhomben; zers. sich sofort an feuchter Luft; 82%. — *meso-Lanthioninsulfoxyd*, $C_6H_{12}O_5N_2S$, Zers. zwischen 260 u. 270°: a) Zu I in wss. HCl Perhydrol getropft; 30 Std. bei Raumtemp.; 74%; b) zu einem Gemisch von I u. L-Lanthionin in konz. NH_4OH bei 4° Perhydrol getropft; 40 Std. bei 4°; Plättchen; 36%. — *meso-Lanthioninsulfon*, $C_6H_{12}O_6N_2S$, F. 270—300° (Zers.): Zu I in wss. $HClO_4$ u. Molybdatlsg. wurde 30%ig. H_2O_2 zugetropft; 20 Std. bei Raumtemp.; 71%. (Liebigs Ann. Chem. **595**. 237—41. 1955. Heidelberg, Univ., Chem. Inst.) W. ULRICHS. 950

Sch. B. Alijew, A. S. Schichmamedbekowa, T. I. Mamedow und **W. Je. Smirnowa**, *Kondensation der durch photochemische Chlorierung von gasförmigen Alkangemischen erhaltenen Chlorderivate mit Benzol.* Die aus einem Gemisch gasförmiger Alkane durch Photochlorierung erhaltenen Alkylchloride werden nach FRIEDEL-CRAFTS mit Bzl. zu *Monoalkylbenzolen* u. phenylierten *Alkanen* kondensiert.

Versuche: *Äthylbenzol*, Kp. 135,5°; $D.^{20}_4$ 0,8759; n_D^{20} 1,4959. — *Isopropylbenzol*, Kp. 151—153°; $D.^{20}_4$ 0,8640; n_D^{20} 1,4932. — *Propylbenzol*, Kp. 157°; $D.^{20}_4$ 0,8623; n_D^{15} 1,4942. — *n-Butylbenzol*, Kp. 180°; $D.^{20}_4$ 0,8620; n_D^{13} 1,4940. — *sek.-Butylbenzol*, $Kp._{740}$ 174°; $D.^{20}_4$ 0,8606; n_D^{20} 1,4894. — *Isobutylbenzol*, Kp. 167—170°; $D.^{20}_4$ 0,8673; n_D^{15} 1,4958. — *tert.-Butylbenzol*, Kp. 165—166°; $D.^{20}_4$ 0,8686; n_D^{18} 1,4973. — *1.1-Diphenylpropan*, Kp. 278—280,5°; $D.^{24}_4$ 0,9881; n_D^{20} 1,5620. — *1.2-Diphenylpropan*, Kp. 280—282°; $D.^{17}_4$ 0,9870; n_D^{17} 1,5635. — *1.3-Diphenylpropan*, F. 6°, Kp. 302°; $D.^{17}_4$ 1,0070; n_D^{13} 1,5745. — *2.2-Diphenylpropan*, F. 29°, Kp. 282—283°; $D.^{15}_4$ 0,9958; n_D^{25} 1,5700. — *1.1-Diphenylbutan*, F. 27°, Kp. 286—288°; $D.^{18}_4$ 0,9748; n_D^{16} 1,5540. — *1.2-Diphenylbutan*, $Kp._{750}$ 289°; $D.^{18}_4$ 1,0092; n_D^{18} 1,5870. — *1.3-Diphenylbutan*, Kp. 295°. — *1.4-Diphenylbutan*, F. 52°, Kp. 317°. — *2.2-Diphenylbutan*, F. 127—128°. — *2.3-Diphenylbutan*, Kp. 283—284°; $D.^{4}_4$ 0,8757; n_D^{20} 1,5516. (Известия Академии Наук Азербайджанской ССР [Nachr. Akad. Wiss. AserbaidshanSSR] **1955**. Nr. 2. 3—10. Febr.) O. POLLAK V. EMHOFEN. 1010

D. A. McCaulay und **A. P. Lien**, *Einfluß der Säurestärke auf die Alkylierung von Benzolkohlenwasserstoffen mit Olefinen.* 1. Mitt. *m-Xylol mit Äthylen. m-Xylol* wird mit äquimol. Mengen *Äthylen* alkyliert unter Verwendung von HF bzw. dem stärker sauren HF–BF_3 als Katalysator. Mit HF werden vornehmlich *Polyäthylxylole* erhalten, während HF–BF_3 in der Hauptsache *1.3.5-Äthylxylol* bildet. Dieses entsteht durch Isomerisierung aus der 1.3.4-Verb. u. reagiert, da es bas. als die anderen Äthylxylole ist, mit HF–BF_3 zu einem positiv geladenen σ-Komplex, der eine weitere Äthylierung verhindert. (J. Amer. chem. Soc. **77**. 1803—04. 5/4. 1955. Whiting, Ind., Stand. Oil Co. Res. Dep.) H. KORBANKA. 1010

W. R. Skwartschenko, R. Ja. Lewina und **T. W. Kosstroma**, *Synthese von Kohlenwasserstoffen.* 48. Mitt. *Tetramethylbenzole aus Addukten von Alkadienen mit Pyrocinchonsäureanhydrid.* (47. vgl. LEWINA u. Mitarb., C. **1956**. **7214**; vgl. C. **1955**. **4083**.) Durch Erhitzen von 1.2.4.5-Tetramethyl-1.2.3.6-tetrahydrophthalsäureanhydrid, dem Addukt aus 2.3-Dimethylbutadien-(1.3) (I) mit Dimethylmaleinsäureanhydrid (Pyrocinchonsäureanhydrid (II)], mit P_2O_5 wird *Durol* erhalten. Analog entsteht *Isodurol* aus 1.2.3.5-Tetramethyl-1.2.3.6-tetrahydrophthalsäureanhydrid, dem Addukt aus 2-Methylpentadien-(1.3) (III) mit II.

Versuche: *1.2.4.5-Tetramethyl-1.2.3.6-tetrahydrophthalsäureanhydrid*, $C_{12}H_{16}O_3$, F. 76,5°; $Kp._5$ 115°; aus 23 g I u. 27 g II, 20 Std. im Autoklaven bei 170—180°; aus PAe. Kristalle; 40 g (Ausbeute). — *Durol*, F. 78,5—79° (A.); 30 g vorst. Verb. werden mit 20,5 g P_2O_5 allmählich auf 330° erhitzt; 8,7 g. — *1.2.3.5-Tetramethyl-1.2.3.6-tetrahydrophthalsäureanhydrid*, $C_{12}H_{16}O_3$, $Kp._4$ 120°; 46g des Gemisches von III u. 2-Methylpentadien-(2.4) (vgl. C. **1952**. 1301) werden mit 46 g II 15 Std. im Autoklaven auf 140—160° erhitzt u. letztgenannte Verb., die mit II nicht reagiert, u. nicht verbrauchtes II durch Fraktionieren vom Reaktionsprod. getrennt; $D.^{20}_4$ 1,1037; n_D^{20} 1,4850; 44 g. — *Isodurol*, F. —26 bis —24°; $Kp._8$ 70,5—71°; $Kp._{745}$ 196—197°; ein Gemisch von 14,7 g vorst. Verb. u. 10 g P_2O_5 wird 1/2 Std. auf 150—180° erhitzt u. bei 200—330° ein Gemisch von Isodurol u. nicht verändertem Ausgangsmaterial abdest., das durch Fraktionieren getrennt wird;

D.$^{20}_{4}$ 0,8882; n_D^{20} 1,5129; 6 g. Identifizierung durch Überführen in *2.3.4.6-Tetramethylbenzolsulfonsäureamid*, F. 140—141°. (Журнал Общей Химии [J. allg. Chem.] **25** (87). 1094—97. Juni 1955. Moskau, Univ.) R. KNOBLOCH. 1010

Reginald F. Clark und **J. H. Simons,** *Difluormethylphenyläther.* Durch Umsetzung von CF_2Br_2 mit K-Phenolat in Aceton wurde *Difluormethylphenyläther* (I) dargestellt. I ist eine farblose Fl. von stechendem Geruch, in Ae., A. u. Bzl. lösl., in W. unlöslich. Von H_2SO_4 wird er unter Bldg. von HF u. Teer zersetzt. Beim Kochen mit Na u. Ae. tritt Spaltung zu Na-Phenolat u. NaF ein.

Versuche: *Difluormethylphenyläther* (I), C_6H_5-O-CHF_2, Kp.$_{763}$ 139—140°, Kp.$_{30}$ 66—67°, D.$^{25}_{4}$ 1,171, n_D^{25} 1,4460; durch Einleiten von 118 g CF_2Br_2 in ein Gemisch aus 400 cm³ wasserfreiem Aceton u. 74 g K-Phenolat bei unterhalb 50°, Abdest. des Acetons u. überschüssigen CF_2Br_2, Wasserdampfdest. u. Fraktionieren im Vakuum; 13,2 g (28,3% Ausbeute, berechnet auf umgesetztes CF_2Br_2). (J. Amer. chem. Soc. **77.** 6618. 20/12. 1955. Gainesville, Fla., Univ. of Florida, Fluorine Res. Center.) E. FORCHE. 1060

Lewis F. Hatch und **Herbert D. Weiss,** *Methylphenoxyacetylen und Phenoxypropadien. Methylphenoxyacetylen* (I) u. *Phenoxypropadien* (II) werden dargestellt u. charakterisiert. I entsteht aus Na-Phenoxyacetylid u. Methyljodid in fl. NH_3, II durch Dehydrobromierung von 2-Brom-1-phenoxypropen-(1) (III). Bei beiden Verbb. tritt unter n. Bedingungen keine acetylen.-allen. Umlagerung auf. Die Infrarotspektren von I u. II werden angegeben.

Versuche: *1-Brom-2-phenoxyäthen,* Kp.$_1$ 75—76°, aus Dibromäthylen u. K-Phenolat nach JACOBS u. Mitarbeitern (C. **1941.** II. 3189); n_D^{20} 1,5753; 52% (Ausbeute). — *Phenoxyacetylen,* Kp.$_{10}$ 43—44°, aus vorst. Verb. u. KOH-Pulver bei 50°; n_D^{20} 1,5125; 82,5%. — *Methylphenoxyacetylen* (I), C_9H_8O, Kp.$_2$ 52,5—53°, Kp.$_{10}$ 67—68°, vorst. Verb. wird mit gepulvertem Na in absol. Ae. zu *Na-Phenoxyacetylid* umgesetzt, das in fl. NH_3 mit CH_3J zu I reagiert; zers. sich bei Raumtemp.; D.$^{20}_{4}$ 1,0251; D.$^{25}_{4}$ 1,0209; D.$^{30}_{4}$ 1,0174; n_D^{20} 1,5295; n_D^{25} 1,5269; n_D^{30} 1,5246; 64%. — *2-Brom-1-phenoxypropen-(1)* (III), C_9H_9OBr, Kp.$_1$ 72,5—73°, aus C_6H_5OK u. trans-1.2-Dibrompropen-(1) in CH_3OH durch 6std. Erhitzen im Autoklaven auf 95°; D.$^{20}_{4}$ 1,3871; D.$^{2}_{54}$ 1,3821; D.$^{30}_{4}$ 1,3771; n_D^{20} 1,5556; n_D^{25} 1,5540; n_D^{30} 1,5521; 7,5%. — *Phenoxypropadien* (II), C_9H_8O, Kp.$_2$ 45,5 bis 46,5°, aus III u. KOH-Pulver im Vakuum bei 17 mm; D.$^{20}_{4}$ 1,0169; D.$^{25}_{4}$ 1,0127; D.$^{30}_{4}$ 1,0088; n_D^{20} 1,5520; n_D^{25} 1,5490; n_D^{30} 1,5468; 50%. — Die Infrarotmaxima von I—III sind angegeben. (J. Amer. chem. Soc. **77.** 1798—1800. 5/4. 1955. Austin, Tex., Univ. of Texas, Dep. of Chem.) H. KORBANKA. 1060

N. Ss. Tichomirowa-Ssidorowa, *Hydrierung der Hydroxylgruppe und von mehrfachen Bindungen in ungesättigten Alkoholen.* 4. Mitt. *aus der Reihe „Intermolekulare und intramolekulare Oxydationreduktion".* (3. vgl. DANILOW u. TICHOMIROWA-SSIDOROWA, C. **1955.** 7929.) Bei der Druckhydrierung von Benzylalkohol wird hauptsächlich *Toluol,* weniger *Cyclohexylcarbinol* gebildet. Die unter ident. Bedingungen durchgeführte Hydrierung von Zimtalkohol liefert *Hydrozimtalkohol* u. *Propylbenzol;* der Benzolring wird nicht angegriffen. Werden die Acetate von Benzyl u. Zimtalkohol hydriert, so entstehen *Toluol* u. CH_3CO_2H bzw. *Propylbenzol* u. CH_3CO_2H. Nach den Verss. ist die OH-Gruppe in Benzylalkohol weniger resistent gegen H als in Zimtalkohol. Bei den oxydativ-reduktiven Umwandlungen der α-Ketoalkohole erwies sich diese Gruppierung bei den Verbb. mit benachbarter Phenylgruppe ebenfalls als weniger beständig.

Versuche: Die Hydrierungen werden im Drehautoklaven von 500 ml Rauminhalt in A. als Lösungsm. durchgeführt; Katalysator ist RANEY-Ni. — 60 g Benzylalkohol in 60 ml A. + 2 g Ni werden bei 190—200°/108 at H_2-Anfangsdruck 1¹/₄ Std. hydriert; erhalten werden 29 g *Toluol* u. 11,7 g *Cyclohexylcarbinol,* $C_7H_{14}O$, Kp.$_{18}$ 90°; D.$^{20}_{4}$ 0,9207; n_D^{20} 1,4630. — 75 g Zimtalkohol in 85 g A. + 5 g Ni geben beim Hydrieren bei 190—200°/100 at H_2-Anfangsdruck in 45 Min. 7 g *Propylbenzol,* Kp.$_{14}$ 38—43°; D.$^{20}_{4}$ 0,8555; n_D^{20} 1,4919 u. 40 g *Hydrozimtalkohol,* $C_9H_{12}O$, Kp.$_{14}$ 120°; D.$^{20}_{4}$ 0,9848; n_D^{20} 1,5195 (*Phenylurethan,* $C_{16}H_{17}O_2N$, F. 48°). Zum Beweis, daß letztgenannte Verb., aber nicht 3-Cyclohexylpropanol-(1), vorliegt, wird mit $Na_2Cr_2O_7$ zu *Hydrozimtaldehyd* oxydiert, der durch Kp., Semicarbazon u. p-Nitrophenylhydrazon identifiziert wird. (Журнал Общей Химии [J. allg. Chem.] **25** (87). 1504—07. Aug. 1955. Inst. für hochmol. Verbb. der Akad. der Wiss. der UdSSR.) R. KNOBLOCH. 1070

A. Burawoy, P. Raymakers und **C. Turner,** *Einige Reaktionen von o-Nitrobenzolsulfenylbromid.* o-Nitrobenzolsulfenylbromid (I) reagiert mit β-Naphthol, Acetophenon oder Cholesterylacetat in Ae. unter Bldg. von *2.2'-Dinitrodiphenyldisulfid* (II) u. *1-Bromnaphthol-(2), Phenacylbromid* bzw. *5.6-Dibromcholestanylacetat,* während mit Cyclohexen (III) durch Addition *2-Bromcyclohexyl-o-nitrophenylsulfid* entsteht. Ebenfalls durch Anlagerung an **III** wurde aus p-Nitrobenzolsulfenylchlorid (**IV**) *2-Chlorcyclohexyl-p-nitrophenylsulfid* u. aus Anthrachinon-1-sulfenylbromid (**V**) *Anthrachinonyl-(1)-brom-cyclohexyl-(2)-sulfid* dargestellt.

Versuche: *1-Bromnaphthol-(2)*, F. 83—84° (PAe.), aus 1,3 g β-Naphthol u. 4,7 g **I** in 50 cm³ Ae. in 10 Tagen bei Raumtemp.; 70% (Ausbeute); daneben *2.2'-Dinitro-diphenyldisulfid* (**II**), F. 195° (Bzl.), 2,75 g. — *Phenacylbromid*, F. 50° (wss. A.), aus 1,2 g Acetophenon u. 4,7 g **I** in 50 cm³ Ae. in 6 Tagen bei Raumtemp.; 52%; daneben **II**. — *5.6-Dibromcholestanylacetat*, F. 115—116° (Nadeln, A.), aus 4,3 g Cholesterylacetat u. 4,7 g **I** in 50 cm³ Ae. in 30 Tagen; 27%; daneben **II**. — *2-Bromcyclohexyl-o-nitrophenyl-sulfid*, $C_{12}H_{14}O_2NBrS$, F. 96,5—97,5° (gelbe Prismen, A.), aus 5 g **I** u. 5 g **III** in 50 cm³ Ae. oder sd. CCl_4 in 24 Std.; 79%. — *2-Chlorcyclohexyl-p-nitrophenylsulfid*, $C_{12}H_{14}O_2 \cdot NClS$, F. 66—67° (gelbe Prismen, PAe.), aus 3,8 g **IV** u. 5 g **III** in 50 cm³ Ae. oder sd. CCl_4 in 3 Tagen; 85%. — *Anthrachinonyl-(1)-bromcyclohexyl-(2)-sulfid*, $C_{20}H_{17}O_2BrS$, F. 169 bis 170° (hellbraune Nadeln, Essigsäure), aus 2,7 g **V** u. 2,1 g **III** durch 30std. Kochen in 50 cm³ CCl_4; ~100%. (J. chem. Soc. [London] **1955**. 4491—92. Dez. Manchester, Univ., Coll. of Technol.) H. Bertsch. 1090

Hugh Y. Yee und **A. J. Boyle**, *Die Chlorierung von Benzoesäure durch oxydierende Säuren in wässerigem Medium.* Benzoesäure (**I**) wird in wss. Lsg. von $NaClO_3$ oder $KMnO_4$ u. HCl chloriert. Das Oxydationsmittel muß ein größeres Redoxpotential als Chlor haben; freies Chlor ist unwirksam. Die Ggw. einer großen Konz. an Cl-Ionen führt zwar zu besten Ausbeuten in kürzester Zeit, wird jedoch wegen des zu großen Verlustes an HCl-Gas bei der Reaktionstemp. unrentabel; 20%ig. HCl erwies sich als am günstigsten. Es wurde ermittelt, daß bei der Oxydation von **I** vor der Halogenierung chlorierte Chinone, wie Chloranil usw., entstehen. Werden *m-Chlorbenzoesäure* (**II**) u. **I** (1 : 1) mit $KMnO_4$ u. H_2SO_4 oxydiert, erhält man neben CO_2 u. Cl_2 noch 75% von **II** u. nur 25% von **I** zurück. Wird **I** 6—7 Tage lang chloriert, entstehen in 92%ig. Ausbeute nicht identifizierbare Dichlorbenzoesäuren. Das bei der Chlorierung entstehende CO wird nachgewiesen.

Versuche: *m-Chlorbenzoesäure* (**II**), $C_7H_5O_2Cl$, F. 157—158° (verd. A.-Bzl.), durch Zugabe von 9 g $KMnO_4$ oder 3,7 g $NaClO_3$ in W. innerhalb von 60—75 Min. zu einer Lsg. von 12,2 g **I** in 5,5n HCl unter Erwärmen auf 80—90° u. Rühren, Abkühlen, Lösen des trockenen schwachorangefarbenen Prod. in wenig 10%ig. NaOH Verdünnen u. Ansäuern mit 20%ig. H_2SO_4; 7,5 g (Ausbeute). (J. chem. Soc. [London] **1955**. 4139—40. Dez. Detroit, Mich., Wayne Univ.) O. Wolf. 1210

H. R. Al-Kazimi, D. S. Tarbell und **Derek Plant**, *Eine Untersuchung der Schönbergschen Umlagerung von Diarylthioncarbonaten in Diarylthiolcarbonate.* Aus Phenolen u. Thiophosgen (**II**) wurden *symm.* u. *asymm. Diarylthioncarbonate* (**A**) dargestellt u. deren Umlagerung (durch Erhitzen) in *Thiolcarbonate* (**B**) untersucht. Durch alkal. Hydrolyse der **B** wurden *Phenole* u. *Thiophenole* gewonnen. Bis-[4-methoxyphenyl]-thioncarbonat konnte nicht umgelagert werden. Die Geschwindigkeit der Umlagerung der symm. **A** fällt in der folgenden Substituentenreihenfolge: 4-Nitro > 2.4-Dichlor > 2- u. 4-Chlor > 4-Brom > 2.4- u. 2.6-Dimethyl > 2- u. 4-Methoxy. Die Beschleunigung der Umlagerung durch elektronenanziehende Gruppen zeigte sich auch bei den asymm. **A**. Bei Phenyl-4-chlorphenyl- u. -4-nitrophenylthioncarbonat wanderte beim Erhitzen die substituierte Phenylgruppe an das S-Atom. Phenylnaphthyl-(2)-thioncarbonat (**I**) gab beim Erhitzen auf 275° (45 Min.) 12% *Bis-[naphthyl-(2)]-* (F. 213—214°) u. 14% *Bis-[phenyl]-thioncarbonat* neben 44% des Ausgangsmaterials. Nach 1std. (bzw. 1/2std.) Erhitzen von **I** auf 275° (bzw. 290°) konnte nur *Bis-[naphthyl-(2)]-thiolcarbonat* (F. 129—131°, 24 bzw. 14%) isoliert werden. Vff. schließen hieraus, daß **I** zuerst eine Umesterung in die beiden symm. **A** erleidet, die sich dann zu den symm. **B** umlagern. Die Umlagerung wird als eine nucleophile Verdrängung des an den aromat. Ring gebundenen O durch den S angesehen. Dafür wird ein cycl. Übergangszustand vermutet; der Mechanismus wird diskutiert.

Versuche: Darst. der **A**: *Bis-[2.6-dimethylphenyl]-*, $C_{17}H_{18}O_2S$, F. 111—112° (A.), durch Zufügen einer Lsg. von 4 g 2.6-Dimethylphenol in wss. 20%ig. NaOH zu 3 g **II** in Chlf., Waschen mit W. u. Verdampfen des Chlf., Lösen des erhaltenen rotbraunen Öls (4,5 g) in A. u. Kochen (10 Min.) mit weiteren 4 g 2.6-Dimethylphenol (in 20%ig. KOH gelöst), Reinigung durch Chromatographie in Hexan über Al_2O_3; 20% (Ausbeute). — *Bis-[p-chlorphenyl]-*, $C_{13}H_8O_2Cl_2S$, F. 158—158,5° (Bzl.-A.), durch Erhitzen einer Mischung von 2 Mol p-Chlorphenol mit 1 Mol **II** u. Pyridin in Bzl.; 27%. — *Bis-[2.4-dimethylphenyl]-*, $C_{17}H_{18}O_2S$, F. 76,5—77,5°; Ausbeute hier u. bei den folgenden **A** 20—28%. — *Bis-[2-chlorphenyl]-*, $C_{13}H_8O_2Cl_2S$, F. 84—84,5°. — *Bis-[2.4-dichlorphenyl]-*, $C_{13}H_6O_2Cl_4S$, F. 94—94,5°. — *Bis-[4-bromphenyl]-*, $C_{13}H_8O_2Br_2S$, F. 174—175°. — *Bis-[4-methoxyphenyl]-*, $C_{15}H_{14}O_4S$, F. 161—162°. — *Bis-[2-methoxyphenyl]-*, $C_{15}H_{14}O_4S$,

F. 68,5—69,5°. — *Bis-[4-nitrophenyl]-thioncarbonat*, $C_{13}H_8O_6N_2S$, F. 196—197°. — Darst. der **B** durch Erhitzen der **A** im Metallbad auf 270—300° u. Umkristallisieren aus CH_3OH: *Bis-[2.6-dimethylphenyl]-* (**III**), $C_{17}H_{18}O_2S$, F. 85—85,5°, aus dem **A** bei 290° in 45 Min.; 80%. — *Bis-[2.4-dimethylphenyl]-*, $C_{17}H_{18}O_2S$, F. 43—44°, 290°, 45 Min.; 56%. — *Bis-[4-chlorphenyl]-*, $C_{13}H_8O_2Cl_2S$, F. 96—97°, 300°, 45 Min.; 95%. — *Bis-[2-chlorphenyl]-*, $C_{13}H_8O_2Cl_2S$, F. 67—70°, 290°, 30 Min.; 75%. — *Bis-[2.4-dichlorphenyl]-*, $C_{13}H_6O_2Cl_4S$, F. 84—85°, 260°, 50 Min.; 84%. — *Bis-[4-bromphenyl]-*, $C_{13}H_8O_2Br_2S$, F. 120—120,5°, 300°, 45 Min.; 80%. — *Bis-[4-nitrophenyl]-thiolcarbonat* (**IV**), $C_{13}H_8O_6N_2S$, F. 151—152,5°, 252°, 15 Min.; 65%. — **III** gibt beim Kochen mit NaOH in A. (40 Min.) u. Oxydation mit H_2O_2 *Bis-[2.6-dimethylphenyl]-disulfid* (**VI**), F. 99—102°; 65%. 60 mg **IV** geben 15 mg *4.4'-Dinitrodiphenyldisulfid* (**V**), F. 179—181°. — *Phenylthioncarbonylchlorid*, $Kp._{0,5}$ 90°, durch Zugeben von wss. NaOH zu einer Lsg. von Phenol u. **II** in Chlf.; 28,4%. — Asymm. **A**: *Phenylnaphthyl-(2)-* (**I**), $C_{17}H_{12}O_2S$, F. 143—144° (A.), aus vorst. Verb. u. β-Naphthol in Bzl. mit Pyridin, 10 Min. erhitzen; 91%. — *2.6-Dimethylphenyl-[2-nitrophenyl]-*, $C_{15}H_{13}O_4NS$, F. 80—81°. — *Phenyl-[4-methylphenyl]-*, $C_{14}H_{12}O_2S$, F. 135—136°. — *Phenyl-[4-chlorphenyl]-*, $C_{13}H_9O_2ClS$, F. 125—126°. — *Phenyl-[4-nitrophenyl]-*, $C_{13}H_9 \cdot O_4NS$, F. 181—182°. — *Phenyl-[4-methoxyphenyl]-thioncarbonat*, $C_{14}H_{12}O_3S$, F. 103 bis 104°. — *Phenyl-S-[p-nitrophenyl]-thiolcarbonat*, $C_{13}H_9O_4NS$, F. 65—67° (A.-W.), aus 200 mg des **A** bei 240° (35 Min.); 60 mg neben 80 mg Ausgangsmaterial. Hydrolyse u. Oxydation gab **V**. — *Phenyl-S-[p-chlorphenyl]-thiolcarbonat*, $C_{13}H_9O_2ClS$, F. 97—98° (30%ig. A.), aus dem **A**, 30 Min. bei 240°; 30%. Hieraus *4.4'-Dichlordiphenyldisulfid*, F. 72—74°. — *2.6-Dimethylthiophenol*, $C_8H_{10}S$, $Kp._{50}$ 91°, aus 40 g 2.6-Dimethylanilin durch Diazotierung u. Kuppeln mit K-Äthylxanthogenat; n_D^{20} 1,5712; 17 g. Hieraus mit H_2O_2 **VI**, F. 103—104°. (J. Amer. chem. Soc. **77**. 2479—82. 5/5. 1955. Rochester, N. Y., Univ., Dep. of Chem.) G. Cleve. 1280

Henry Najer, Pierre Chabrier und **René Giudicelli**, *Neue Carbamate mit lokalanästhetischer Wirkung.* 3. Mitt. *Derivate von 1-Oxy-2-chlor-4-aminobenzol.* (2. vgl. C. **1956**. 5534.) Das aus p-Nitrophenol u. $KClO_3$ gewonnene *1-Oxy-2-chlor-4-nitrobenzol* wird über *4-Nitro-* u. *4-Amino-1-morpholinoäthoxy-2-chlorbenzol* in *4-Morpholinoäthoxy-3-chlorcarbanilsäurealkyl-* bzw. *-aralkylesterhydrochloride* übergeführt, deren Toxicität u. Wrkg. als Oberflächenanästhetica angegeben werden.

Versuche: *1-Oxy-2-chlor-4-nitrobenzol*, F. 111°. — *1-β-Morpholinoäthoxy-2-chlor-4-nitrobenzol*, $C_{12}H_{15}O_4N_2Cl$, F. 116°, durch 75 Min. Kochen vorst. Verb. in $NaOC_2H_5$ mit β-Morpholinoäthylchlorid; hellgelbe Kristalle; 75% (Ausbeute). — *1-β-Morpholinoäthoxy-2-chlor-4-aminobenzol*, $C_{12}H_{17}O_2N_2Cl$, $Kp._1$ 195—196°, durch Hydrieren vorst. Verb. in Ggw. von Pd-Kohle bei 80 at; 77,5%. — 4-β-Morpholinoäthoxy-3-chlorcarbanilsäureesterhydrochloride: *-propylester-*, $C_{16}H_{24}O_4 \cdot N_2Cl_2$, F. 155° (absol. A.), durch Zutropfen von Chlorameisensäurepropylester zu vorst. Verb. in Methyläthylketon, Erhitzen auf dem Wasserbad u. 20 std. Stehen; 83%. — *-äthylester-*, F. 156°; 86%. — *-n-butylester-*, F. 144°; 88%. — *-n-amylester-*, F. 164°; 90%. — *-n-hexylester-*, F. 152°; 76%. — *-n-heptylester-*, F. 138°; 69%. — *-benzylester-*, F. 183°; 78%. — *-phenäthylester-*, F. 176°; 100%. (Bull. Soc. chim. France [5] **1956**. 106—08. Jan.) R. Pasedag. 1280

L. Sihlbom, *Desacylierung von N-acetylierten Aminen mit Alkohol und Bortrifluorid.* Es wird eine Reihe von N-acetylierten aromat. Aminen durch Behandeln mit BF_3 enthaltendem sd. Methanol in fast theoret. Ausbeute zu den entsprechenden *Aminen* desacyliert. 2.6-Dimethylacetanilid wird infolge ster. Hinderung auch bei höherer Temp. nur langsam desacyliert, 2.6-Dimethyl-N-methylacetanilid wurde nach 36std. Behandeln mit BF_3/Methanol bei 110° unverändert zurückerhalten. Auch 2.3-Dinitroaceto-α-naphthalid konnte nach dieser Meth. nicht desacyliert werden. — 0,3 g Acetylverb. wurden in 6 ml Methanol + 0,6 g BF_3 gekocht, die Reaktionslsg. wurde nach Einleiten von NH_3 eingedampft u. ausgeäthert oder — bei Bldg. von in W. unlösl. Aminen — mit W. versetzt. Es wurden folgende Acetylamine desacyliert (in Klammern Einwirkungsdauer in Min. u. korr. FF. des Amins): *Acetanilid* (60; fl.; n_D^{20} 1,586); *o-Nitroacetanilid* (10; 71—72°); *m-Nitroacetanilid* (20; 114—115°); *p-Nitroacetanilid* (15; 150—151°); *2.3-Dinitroacetanilid* (20; 126—127°); *4-Nitroaceto-α-naphthalid* (25; 196—197°); *3.4-Dinitroaceto-α-naphthalid* (65; 201° [Zers.]). (Acta chem. scand. **8**. 529—30. 1954. Stockholm, Univ., Inst. of Organ. Chem. and Biochem.) I. Festl. 1310

Wesley J. Dale und **Glen Buell**, *Der Effekt der Kernsubstituenten auf die Reaktionen von Styrol.* 2. Mitt. *Die Reaktion primärer und sekundärer Amine mit o- und p-Nitrostyrol.* (1. vgl. C. **1955**. 5513.) Die Addition von prim. u. sek. aliphat. Aminen an *p-* (**I**) bzw. *o-Nitrostyrol* (**II**) erfolgt beim Kochen ohne Katalysator. Mit Ausnahme von *Methylamin* (**III**) bilden die prim. Amine in allen Mischungsverhältnissen (von 5 : 1 bis 1 : 3) nur das Monoaddukt. Die Ausbeuten sind mit **I** größer als mit **II** u. nehmen mit wachsender Kettenlänge ab, die verzweigten Amine *Diisopropyl-* u. *-butylamin* geben keine Addukte, während *Diisoamylamin* ein Additionsprod. bildet. Mit **I** reagieren alle n. u. einfach verzweigten prim. Amine mit gleich großer Ausbeute, nur beim doppelt verzweigten *tert.-Butylamin* ist diese kleiner. Da die Addition des Aminrestes in β-Stellung erfolgt, können ster. Effekte für diese Unterschiede nicht maßgebend sein. Mit *m-Nitrostyrol* werden keine Addukte gebildet.

Versuche: *β-Dimethylamino-o-nitroäthylbenzol*, $C_{10}H_{14}O_2N_2$, Kp.$_1$ 126—130°, aus **II** u. Dimethylamin in A. u. Ggw. von Hydrochinon (**IV**) (10 Std. bei 80° im Rohr; n_D^{20} 1,5308; 89% (Ausbeute). — *β-Äthylamino-p-nitroäthylbenzol*, $C_{10}H_{14}O_2N_2$, Kp.$_1$ 130 bis 135°, aus **I** u. Äthylamin in A. in Ggw. von **IV** (10 Std. am Rückfluß); n_D^{20} 1,5498; 86%. — Aus **I** u. **III** wie vorst.: *β-Methylamino-p-nitroäthylbenzol*, $C_9H_{12}O_2N_2$, Kp.$_1$ 125 bis 129°, n_D^{20} 1,5651; 26%.; *Bis-[β-(p-nitrophenyl)-äthyl]-methylamin, Hydrochlorid*, $C_{17}H_{19}O_4N_3 \cdot HCl$, F. 114—116°; 7%; daneben dunkelrote Nadeln vom F. 260—262° (nicht näher untersucht). — *β-Diäthylamino-p-nitroäthylbenzol*, $C_{12}H_{18}O_2N_2$, Kp.$_1$ 143 bis 148°, aus **I** u. Diäthylamin in A. in Ggw. von **IV** (10 Std. am Rückfluß); n_D^{20} 1,5315; 89%. — Analog nachst. p-Nitroäthylbenzole: *β-Dimethylamino-*, Kp.$_1$ 142 bis 144°, n_D^{20} 1,5354; 97%. — *β-Di-n-propylamino-*, Kp.$_1$ 139—140°, n_D^{20} 1,5219; 64%.— *β-Di-n-butylamino-*, Kp.$_1$ 152—157°, n_D^{20} 1,5152; 48%. — *β-Diisoamylamino-*, Kp.$_1$ 130 bis 140°, n_D^{20} 1,5122; 45%. — *β-Pyrrolidino-*, Kp.$_1$ 166—173°, n_D^{20} 1,5532; 93%. — *β-Piperidino-*, Kp.$_1$ 165—169°, n_D^{20} 1,5487; 95%. — *β-n-Propylamino-*, Kp.$_1$ 142—143°, n_D^{20} 1,5412; 85%. — *β-Isopropylamino-*, Kp.$_1$ 136—141°, n_D^{20} 1,5360; 82%. — *β-n-Butylamino-*, Kp.$_1$ 141—144°, n_D^{20} 1,5330; 83%. — *β-Isobutylamino-*, Kp.$_1$ 155—163°, n_D^{20} 1,5302; 82%. — *β-tert.-Butylamino-, Hydrochlorid*, F. 265—267°; 45%. — *β-Cyclohexylamino,-* Kp.$_1$ 159—161°, n_D^{20} 1,5535; 56%. — *β-Benzylamino-*, Kp.$_1$ 190—195°, n_D^{20} 1,5905; 85%. *Hydrochlorid*, F. 253—254°. *Benzoylderiv.*, F. 118—119°. — o-Nitroäthylbenzole: *β-Diäthylamino-*, Kp.$_1$ 120—123°, n_D^{20} 1,5228; 64%. — *β-Methylamino-*, Kp.$_1$ 114—117°, n_D^{20} 1,5471; 68%. — *β-Äthylamino-*, Kp.$_1$ 120—123°, n_D^{20} 1,5392; 67%. — *β-Di-n-propylamino-*, Kp.$_1$ 126—127°, n_D^{20} 1,5162; 57%. — *β-Di-n-butylamino-*, Kp.$_1$ 152—153°, n_D^{20} 1,5100; 32%. — *β-Diisoamylamino-*, Kp.$_1$ 165—173°, n_D^{20} 1,5018; 31%. — *β-tert.-Butylamino-*, Kp.$_1$ 120—122°, n_D^{20} 1,5261; 7%. — *β-Pyrrolidino-*, Kp.$_1$ 153—160°, n_D^{20} 1,5481; 85%. — *β-Piperidino-*, Kp.$_1$ 150—155°, n_D^{20} 1,5439; 81%. — *β-n-Propylamino-*, Kp.$_1$ 125—126°, n_D^{20} 1,5339; 69%. — *β-Isopropylamino-*, Kp.$_1$ 130 bis 133°, n_D^{20} 1,5298; 72%. — *β-n-Butylamino-*, Kp.$_1$ 127—132°, n_D^{20} 1,5255; 69%. *Hydrochlorid*, F. 157—159,5°. — *β-Isobutylamino-*, Kp.$_1$ 126—128°, n_D^{20} 1,5231; 71%. *Hydrochlorid*, F. 188—190,5°. — *β-Cyclohexylamino-*, Kp.$_1$ 156—161°, n_D^{20} 1,5447; 65%. — *β-Benzylamino-*, Kp.$_1$ 171—178°, n_D^{20} 1,5849; 75%. (J. org. Chemistry **21**. 45—48. Jan. 1956. Columbia, Mo., Univ., Dep. of Chem.) K. BECKER. 1310

Zu-Yoong Kyi, *Darstellung und Abbau der Semicarbazone von einigen Mannich-Basen.* Die aus Phenylaceton oder Dibenzylketon hergestellten MANNICH-Basen geben in W. mit Semicarbazidhydrochlorid (**IV**) *Semicarbazone*, deren *Methojodide* mit verd. NaOH zu *3-Phenylbuten-(3)-on-(2)-semicarbazon* (**I**) bzw. *1.3-Diphenylbuten-(3)-on-(2)-semicarbazon* (**II**) abgebaut wurden. Die Strukturen von **I** u. **II** werden durch ihre UV-Absorptionsspektren bestätigt. 3-Methyl- u. 3-Benzyl-4-phenyl-Δ^2-pyrazolin-1-carbonsäureamid konnten aus **I** bzw. **II** durch Behandlung mit konz. H_2SO_4 nicht hergestellt werden. Zwei *2.3-Dihydropyrane* u. drei *Δ^2-Pyrazoline* werden aus MANNICH-Basen hergestellt. 4-Dimethylamino- (**IX**) u. 4-Diäthylamino-1.3-diphenylbutanon-(2)-hydrochlorid (**X**) geben mit **IV** in Ggw. von Na-Acetat dasselbe *4-Semicarbazido-1.3-diphenylbutanon-(2)-semicarbazon.*

Versuche: *4-Dimethylamino-3-phenylbutanon-(2)-semicarbazon* (**III**), $C_{13}H_{20}ON_4$, F. 147—148° (Essigester), aus 4-Dimethylamino-3-phenylbutanon-(2)-hydrochlorid (**VI**) u. **IV** durch 2std. Erwärmen auf 60—70°; 64% (Ausbeute). *Methojodid* (**VII**), $C_{13}H_{20}ON_4 \cdot CH_3J \cdot H_2O$, F. 202—204° (Methanol–A.), aus **III** u. CH_3J in Chlf.; 76%. — *4-Piperidino-3-phenylbutanon-(2)-semicarbazon* (**V**), $C_{16}H_{24}ON_4$, F. 149—151° (A.), aus 4-Piperidino-3-phenylbutanon-(2)-hydrochlorid u. **IV** wie vorst.; 62,5%. *Methojodid* (**VIII**), $C_{16}H_{24}ON_4 \cdot CH_3J \cdot H_2O$, F. 144—146° (Zers.), aus **V** u. CH_3J; Würfel aus Methanol; 72%. — *4-Morpholino-3-phenylbutanon-(2)-semicarbazon*, $C_{15}H_{22}O_2N_4$, F. 184—186°, aus 4-Morpholino-3-phenylbutanon-(2)-hydrochlorid u. **IV** in Pyridin–80%ig. A. durch 1std. Kochen; kleine Nadeln aus Methanol; gibt kein Methojodid; 20%. — *4-Dimethylamino-1.3-diphenylbutanon-(2)-semicarbazon*, $C_{19}H_{24}ON_4$, F. 102—104°, aus 4-Dimethylamino-1.3-diphenylbutanon-(2)-hydrochlorid (**IX**) wie **III**; Nadeln aus A.; 23%. *Methojodid* (**XI**), $C_{19}H_{24}ON_4 \cdot CH_3J$, F. 226,5—228°, aus 90%ig. A., Nadeln. — *3-Phenylbuten-(3)-on-(2)-semicarbazon* (**I**), $C_{11}H_{13}ON_3$, F. 236—238°, a) aus **VII** in 5%ig. NaOH durch 1std. Erwärmen auf 60—70°; Nadeln aus A.; 90%; b) ebenso aus **VIII**; 91%. — *1.3-Diphenyl-*

buten-(3)-on-(2)-semicarbazon (**II**), $C_{17}H_{17}ON_3$, F. 148—149°, aus **XI** wie vorst.; Nadeln aus A.; 76,5%. — *4-Semicarbazido-1.3-diphenylbutanon-(2)-semicarbazon*, $C_{18}H_{22}O_2N_6$, F. 188—190°, a) aus **IX, IV** u. Na-Acetat in A. durch 2std. Kochen; Plättchen aus Methanol; 44%; b) ebenso aus **X**. — *1.3-Diphenylaceton*, F. 34—35°, Kp.$_{0,05}$ 120—125°, aus **IX** u. Na-Acetat in 80%ig. A. durch 7std. Kochen; lange Nadeln aus PAe.; 32%. *Oxim*, F. 122—123°, Nadeln aus Methanol. *Semicarbazon*, F. 140—141°. — *6-Benzyl-2.5-diphenyl-2-phenylacetyl-2.3-dihydropyran*, Kp.$_{0,005}$ 115—118°, aus 12 g **IX**-Methojodid in 4%ig. NaOH (½ Std. bei Zimmertemp.); 12 g. *Oxim*, $C_{32}H_{29}O_2N$, F. 166—167° (Essigester). — *2-Acetyl-6-methyl-2.5-diphenyl-2.3-dihydropyran*, F. 77,5—78,5° (PAe.), Kp.$_{0,03}$ 130—140°, aus **VI** u. Na-Acetat in 75%ig. A. durch 3std. Kochen; 38%. — *3-Benzyl-1.4-diphenyl-Δ²-pyrazolin*, $C_{22}H_{20}N_2$, F. 108—110°, aus **IX** u. der äquivalenten Menge NaOH über das *freie Amin* u. dessen 6std. Rk. mit Phenylhydrazin in sd. Essigsäure u. A.; strohgelbe Nadeln aus A.; 23,5%. — *3-Diphenylmethyl-1-phenyl-Δ²-pyrazolin*, $C_{22}H_{20}N_2$, F. 127—127,5°, aus 4-Dimethylamino-1.1-diphenylbutanon-(2)-hydrochlorid wie vorst.; strohgelbe Nadeln aus A.-Essigester; 32%. — *1.3.4-Triphenyl-Δ²-pyrazolin*, $C_{21}H_{18}N_2$, F. 211—213°, aus 3-Piperidino-1.2-diphenylpropanon-(1) wie vorst.; strohgelbe Nadeln aus Essigester; 31%. (Acta chim. sinica **20**. 118—27. 1954. Shanghai, Acad. Sinica, Inst. of Materia Med. [Orig.: chines.; Auszug: engl.]) E. MAEKAWA. 1340

D. O. Holland und **P. A. Jenkins**, *β-p-Nitrophenylserine*. Vorl. Mitt. zu der C. **1954**. 2382 referierten Arbeit. (Chem. and Ind. **1951**. 1092—93. 8/12.) K. F. MÜLLER. 1350

Jean Roche, Serge Lissitzky, Odette Michel und **Raymond Michel**, *Bildung mono- und dijodierter Derivate im Verlauf der Jodierung des Histidins und Tyrosins*. Die Jodierung von *Tyrosin* (I) u. *Histidin* (II) durch ¹³¹J wurde mit Hilfe der Radiochromatographie der nach Einw. von 0,4—15,0 Atomen J pro Mol Aminosäure entstandenen Reaktionsprodd. untersucht. Die Bldg. des *Monojodtyrosins* u. *-histidins* stellt eine unabhängige Reaktionsstufe dar, ebenso wie die der Dihalogenderivate. Die Jodierung von **I** vollzieht sich in der gleichen Reihenfolge der Reaktionsstufen (Bldg. von mono- u. dijodierten Derivv.), gleichgültig, ob **I** frei vorliegt oder in ein Proteinmol. eingebaut ist. Abgesehen von der bereits bekannten verminderten Reaktionsfähigkeit des **II** gegenüber J wird gezeigt, daß überschüssiges J den Imidazolring von **II** unter solchen Bedingungen zerstört, unter denen Dijodtyrosin beständig ist. Die chromatograph. Trennung (auf WHATMAN-Papier Nr. 1 unter Verwendung von n-Butanol–Essigsäure–W. [78 : 5 : 17] als Lösungsm.) des mono- u. dijodierten **I** u. **II** ermöglicht es, kleine Mengen dieser Verbb. darzustellen. (Ann. pharmac. franç. **9**. 163—71. März. 1951. Paris, Coll. de France, Biochim. gén. et comparée.) K. F. MÜLLER. 1350

Norman Rabjohn und **H. M. Molotsky**, *Die Reaktion von Azodicarbonsäureäthylester mit einigen Chlorstyrolen*. Bei Rk. von *Azodicarbonsäurediäthylester* (**I**) mit Chlorstyrolen in Bzl. reagieren o- (**II**) u. p-Chlorstyrol (**III**) zu *Addukten*. 2.6-Dichlorstyrol (**IV**) gibt unter denselben Bedingungen keine Verbindung.

Versuche: *o-Chlorstyrol* (**II**), Kp.$_{70}$ 106—108°, n_D^{20} 1,5637, aus o-Chlorbenzaldehyd durch Rk. mit CH_3MgJ u. Dehydratisierung des *Chlorphenylmethylcarbinols* mit $KHSO_4$. — Ebenso *p-Chlorstyrol* (**III**), Kp.$_{14}$ 85—87°, n_D^{20} 1,5640, aus p-Chlorbenzaldehyd. — *2.6-Dichlorstyrol* (**IV**), Kp.$_5$ 70—72°, n_D^{25} 1,5722, aus 2.6-Dichlorbenzaldehyd. — *Azodicarbonsäurediäthylester* (**I**), Kp.$_{20}$ 115—120°, n_D^{25} 1,4222, aus Hydrazin u. Chlorameisensäureäthylester; 66% (Ausbeute). — **I-III**-*Addukt*, $C_{20}H_{27}O_8N_4Cl$, F. 129,5—131° (Methanol–Äthylacetat), aus den Komponenten in Bzl.; 40 Tage stehenlassen bei Raumtemp.; 75%. — **I-II**-*Addukt*, $C_{20}H_{27}O_8N_4Cl$, F. 52—54°; 35%. (J. Amer. chem. Soc. **77**. 2907. 20/5. 1955. Columbia, Mo., Univ., Dep. of Chem.) G. SEELIGER. 1410

E. Campaigne und **Richard E. Cline**, *Darstellung und Absorptionsspektren einiger β-Aryl-α-mercaptoacrylsäuren und verwandter Disulfide*. Durch Kondensation der entsprechenden Aldehyde mit Rhodanin (I) u. alkal. Hydrolyse der entstehenden *5-Benzylidenrhodanine* wurden *β-Phenyl-* (**II**), *β-Styryl-* (**III**), *β-3.4-Dimethoxyphenyl-* (**IV**), *β-Naphthyl-(1)-* (**V**), *β-Naphthyl-(2)-* (**VI**), *β-Furyl-(2)-* (**VII**) u. *β-Thienyl-(3)-α-mercaptoacrylsäure* (**VIII**) dargestellt. Mit Ausnahme von **III** ließen sich alle obigen α-Mercaptoacrylsäuren mit J_2 in A. zu den entsprechenden *α.α'-Dithio-bis-β-arylacrylsäuren* (**XIII**) oxydieren; ein Überschuß an J_2 stört jedoch; **III** gab nur Harze. Durch Benzoylperoxyd in Bzl. konnten obige Säuren bei Raumtemp. unter Lichtausschluß in 7—10 Tagen zu den **XIII** oxydiert werden. Im Gegensatz zu der bisherigen Formulierung der Prodd. der alkal. Hydrolyse von 5-Benzylidenrhodaninen als Phenyl-α-thiobrenztraubensäuren zeigt die Unters. der UV-Spektren der α-Mercaptoacrylsäuren, 5-Benzylidenrhodanine, der **XIII** u. der *β-Aryl-α-äthylmercaptoacrylsäuren*, daß in den α-Mercaptoacrylsäuren Enthiolstruktur vorliegt. Da **II — VIII** mit dem Nitroprussidreagens nach GROTE (J. biol. Chemistry **93**. [1931.] 25) ebenso wie Thioharnstoff grüne Färbungen ergaben, während die **XIII** keine Farbänderung zeigten, ist der Wert dieses Reagens sehr in Frage gestellt.

Bei der Überführung der α-Mercaptoacrylsäuren in die **XIII** tritt eine schwache hypsochrome Verschiebung u. eine starke Intensitätserhöhung der Absorption auf, so daß das Disulfidmol. keine verstärkte Konjugation aufweist. In sodaalkal. Lsg. lassen sich die Mercaptosäuren u. die Disulfide durch die auftretenden entgegengesetzten Verschiebungen der Absorption leicht unterscheiden. Die Absorptionsmaxima von **II—VIII**, der entsprechenden **XIII**, der **II**, **IV** u. **V** entsprechenden 5-Benzylidenrhodanine, von α-Äthylmercapto-β-3.4-dimethoxyphenyl- u. α-Äthylmercapto-β-naphthyl-(2)-acrylsäure sind angegeben u. diskutiert.

V e r s u c h e: *5-Menaphthyliden-(1)-rhodanin* (**IX**), $C_{14}H_9ONS_2$, F. 224—225° (dunkelrote Nadeln, A.), durch Zugabe von 5 g α-Naphthaldehyd zu 4 g **I** u. 7,5 g $CH_3 \cdot COONa$ in 20 cm³ Eisessig unter Schütteln u. 10 Min. langes Kochen; 7,4 g (Ausbeute). *Na-Salz*, beim Rühren mit eiskalter 1%ig. NaOH; 90%. — *5-Benzylidenrhodanin* (**X**), $C_{10}H_7ONS_2$, F. 204—205°, analog; 90%. — *5-Cinnamylidenrhodanin*, $C_{12}H_9ONS_2$, F. 223 bis 224°; 91%. — *5-Veratrylidenrhodanin*, $C_{12}H_{11}O_3NS_2$, F. 231—232°; bildet ein *Na-Salz*; 93%. — *5-Menaphthyliden-(2)-rhodanin*, $C_{14}H_9ONS_2$, F. 269—270°, *Na-Salz*; 37%. — *5-[α-Furfuryliden]-rhodanin*, $C_8H_5O_2NS_2$, F. 232—233°; 97%. — *5-[Thenyliden-(3)]-rhodanin* (**XI**), $C_8H_5ONS_3$, F. 213—214°; 93%. — *β-Naphthyl-(1)-α-mercaptoacrylsäure* (**V**), $C_{13}H_{10}O_2S$, F. 177—178° (gelbe Nadeln, Toluol), durch Zugabe von 15 g **IX** zu 26 cm³ 10%ig. NaOH u. 300 cm³ W. unter Rühren in 10 Min., Einrühren des entstandenen Na-Salzes in 90 cm³ 10%ig. NaOH in 1,2 Liter W. bei 60°, 20 Min. langes Erwärmen auf 60—65° u. Zugabe von 60 cm³ 6n HCl zum Filtrat unter Rühren; 76%. — *β-Phenyl-α-mercaptoacrylsäure* (**II**), $C_9H_8O_2S$, F. 133—134°, aus **X** durch 20—30 Min. langes Erhitzen mit überschüssiger verd. NaOH u. Neutralisieren mit HCl unter Rühren; 83%. — *β-3.4-Dimethoxyphenyl-α-mercaptoacrylsäure* (**IV**), $C_{11}H_{12}O_4S$, F. 171—172° (Anisol–Kerosin), analog; 61%. — *β-Naphthyl-(2)-α-mercaptoacrylsäure* (**VI**), $C_{13}H_{10}O_2S$, F. 168—169°, analog **V**; 81%. — *β-Furyl-(2)-α-mercaptoacrylsäure* (**VII**), $C_7H_6O_3S$, F. 115 bis 117°, analog **II**; 89%. — *β-Thienyl-(3)-α-mercaptoacrylsäure* (**VIII**), $C_7H_6O_2S_2$, F. 157 bis 158° (Chlorbenzol, orangefarbene Nadeln), aus 6 g **XI** u. 53 cm³ 10%ig. NaOH durch 20 Min. langes Erhitzen mit 400 cm³ W. auf dem sd. Wasserbad, Kühlen auf 0° u. Neutralisieren mit 13 cm³ konz. HCl; 70%. — *β-Styryl-α-mercaptoacrylsäure* (**III**), $C_{11}H_{10}O_2S$, F. 148—151°, analog **VIII**; 90%. — *α.α'-Dithio-bis-β-phenylacrylsäure* (**XII**), $C_{18}H_{14}O_4S_2$, F. 186—187° (gelbe Nadeln, Tetrahydrofuran–PAe.), a) aus **II** in knapp mehr als der gerade notwendigen Menge absol. A. durch Zugabe von 1 Äquivalent J_2 unter Rühren bei 0° u. 1—2 Std. Stehen bei dieser Temp.; 62%; b) durch Zugabe von 1,2 g Benzoylperoxyd in 30 cm³ Bzl. zu 1,5 g **II** in 60 cm³ Bzl. u. 9tägiges Stehen des Filtrates im Dunkeln bei Raumtemp.; 87%. — *α.α'-Dithio-bis-β-styrylacrylsäure*, $C_{22}H_{18}O_4S_2$, F. 184 bis 185°, analog **XII** nach b); 58%. — *α.α'-Dithio-bis-β-3.4-dimethoxyphenylacrylsäure*, $C_{22}H_{22}O_8S_2$, F. 206—207°, analog **XII**; 75 bzw. 84%. — *α.α'-Dithio-bis-β-naphthyl-(1)-acrylsäure*, $C_{26}H_{18}O_4S_2$, F. 223—224°, analog **XII** nach a); 66%. — *α.α'-Dithio-bis-β-naphthyl-(2)-acrylsäure*, $C_{26}H_{18}O_4S_2$, F. 214—215°, analog **XII** nach a); 71%. — *α.α'-Dithio-bis-β-furyl-(2)-acrylsäure*, $C_{14}H_{10}O_6S_2$, F. 195—196°, analog **XII** nach a); 75%. — *α.α'-Dithio-bis-β-thienyl-(3)-acrylsäure*, $C_{14}H_{10}O_4S_4$, F. 206—207°, analog **XII** nach a); 49%. — *α-[2.4-Dinitrophenylmercapto]-β-3.4-dimethoxyphenylacrylsäure*, $C_{17}H_{14}O_8N_2S$, F. 224 bis 225° (gelbe Nadeln, A.), aus 0,3 g **IV** u. 0,2 g 2.4-Dinitrochlorbenzol in 11 cm³ absol. A. durch 5 Min. langes Erwärmen mit gesätt. wss. KOH auf dem Dampfbad. — *α-Äthylmercapto-β-3.4-dimethoxyphenylacrylsäure*, $C_{13}H_{16}O_4S$, F. 125—126° (gelbe Kristalle, wss. A.), durch 10 Min. Kochen von 0,3 g **IV** in 10 cm³ A. u. 2 cm³ Äthyljodid mit 3 cm³ 5%ig. NaOH. — *α-Äthylmercapto-β-naphthyl-(2)-acrylsäure*, $C_{15}H_{14}O_2S$, F. 154—155° (braune Blättchen, Bzl.–PAe.), aus 1,15 g **VI** analog vorst. Verbindung. (J. org. Chemistry **21**. 32—38. Jan. 1956. Bloomington, Ind., Univ., Chem. Labor.) H. BERTSCH. 1650

A. T. Blomquist und **Joseph A. Verdol**, *1.2-Dimethylencyclobutan. 1.2-Dimethylencyclobutan* (**I**) entsteht durch therm. Zers. von *1.2-Bis-[dimethylaminomethyl]-cyclobutandimethohydroxyd* (**II**). Zur Darst. von **II** wird Cyclobutan-1.2-dicarbonsäurediäthylester (**III**) mit $LiAlH_4$ zum *Glykol* red., dieses wird bromiert u. durch Aminolyse mit $(CH_3)_3N$ u. darauffolgende Hydrolyse des *bis-quaternären Salzes* mit feuchtem Ag_2O in **II** übergeführt. Die DIELS-ALDER-Addukte von **I** mit Maleinsäureanhydrid (**IV**) u. N-Phenylmaleinimid (**V**) u. ihre Derivv. werden beschrieben. Sie entstehen nur in Ggw. von Polymerisationsinhibitoren. Die durch K-Persulfat ausgelöste Emulsionspolymerisation von **I** führt bei 58° zu einem gummiartigen lösl. Hochpolymeren mit ca. 80%ig. 1.4-Addition. Die stat. Löslichkeit, innere Viscosität u. das Infrarotspektr. des Polymeren wurden bestimmt. Unter gleichen Bedingungen copolymerisiert **I** mit *2.3-Dimethylbutadien-(1.3)*. Mit SO_2 gibt **I** kein cycl. Sulfon, sondern wird, auch in Ggw. von Inhibitoren, polymerisiert. Verss. zur Darst. von **I** durch Pyrolyse von *1.2-Bis-[acetoxymethyl]-cyclobutan* (**VI**) ergaben nur *2-Vinylbutadien-(1.3)*. Das Infrarotspektr. von **I** wird diskutiert.

Versuche (FF. korr.): *1.2-Bis-[oxymethyl]-cyclobutan*, $C_6H_{12}O_2$, Kp.$_{1,5}$ 107—108°, aus III u. $LiAlH_4$ in Ae. u. Hydrolyse mit W.; viscose Fl.; n_D^{20} 1,4736; 82% (Ausbeute). *Diacetat* (**VI**), $C_{10}H_{16}O_4$, Kp.$_{0,5}$ 79—80°; n_D^{20} 1,4456. — *1.2-Bis-[brommethyl]-cyclobutan*, $C_6H_{10}Br_2$, Kp.$_{1,8}$ 71°, aus vorst. Verb. u. PBr_3; D.$^{20}_{20}$ 1,7331; n_D^{20} 1,5351; 90%. — *1.2-Bis-[dimethylaminomethyl]-cyclobutandimethobromid*, F. ca. 230—250° (unrein), aus vorst. Verb. u. $(CH_3)_3N$ in Methanol bei 85°; sehr hygroskop.; 100%. *Dipikrat*, $C_{24}H_{34}O_{14}N_8$, F. 199—200°. — *1.2-Dimethylencyclobutan* (**I**), C_6H_8, Kp. 73°; Einw. von feuchtem Ag_2O auf vorst. Verb. führt zur *bis-quaternären Base*, die mit Hydrochinon (**VII**) unter N_2 zwischen 140 u. 160° unter Bldg. von I zerfällt; D.$^{20}_{20}$ 0,7927; n_D^{20} 1,4721; 28,4%. I nimmt 2 Mol H_2 auf u. gibt nach Ozonisierung bei CO_2-Kühlung u. anschließender Rk. mit H_2O_2 bei 60° *Bernsteinsäure*, F. 186—187° (Bzl.-Butanon); 53%; *Di-p-bromphenacylester*, F. 211°. 1std. Erhitzen der nach Ozonisierung von I in CH_2Cl_2 erhaltenen Lsg. mit Zn u. CH_3COOH, Zugabe von Methon zum Filtrat, Abdest. u. Addition von W. liefert das *Formaldehyd-Methon-Deriv.*, F. 190—191; 38%. — Rk. von I (mit **VII** stabilisiert) mit SO_2 in Methanol bei 50° ergab ein unlösl. Polymerisat. — *Bicyclo-[4.2.0]-octen-(1,6)-3.4-dicarbonsäureanhydrid* (**VIII**), $C_{10}H_{10}O_3$, F. 77—78°, aus **IV**, wenig **VII** u. **I** in Bzl.; Nadeln aus Heptan; 94%. — *Bicyclo-[4.2.0]-octan-3.4-dicarbonsäureanhydrid* (**IX**), $C_{10}H_{12}O_3$, F. 108—109°: Hydrierung von **VIII** in Äthylacetat mit ADAMS-Katalysator; Nadeln aus Hexan. — *Bicyclo-[4.2.0]-octen-(1,6)-3.4-dicarbonsäure*, $C_{10}H_{12}O_4$, F. 206—207°, aus **VIII** durch alkal. Hydrolyse; 91%. — *Bicyclo-[4.2.0]-octan-3.4-dicarbonsäure*, $C_{10}H_{14}O_4$, F. 157°: Hydrierung von vorst. Verb. mit ADAMS-Katalysator in Essigsäure bzw. Hydrolyse von **IX** mit sd. Wasser. — *Bicyclo-[4.2.0]-octen-(1,6)-3.4-dicarboxy-N-phenylimid*, $C_{16}H_{15}O_2N$, F. 114°, aus 0,13 g **V**, 0,08 g **I** u. 0,3 g **VII** in Bzl.; 0,185 g. — *2-Vinyl-butadien-(1.3)*, Kp. 44—47°, durch Pyrolyse von VI bei 475—500°. **IV**-*Addukt*, F. 238—239°, aus vorst. Verb. u. **IV** in Benzol. (J. Amer. chem. Soc. **77**. 1806—09. 5/4. 1955. Ithaca, N. Y., Cornell Univ., Baker Labor. of Chem.) H. KORBANKA. 1810

R. Ja. Lewina, Kim Djai Gir und **N. P. Schuscherina,** *Synthese von Kohlenwasserstoffen.* 47. Mitt. *Synthese von Cyclohexen- und Cyclohexankohlenwasserstoffen mit quartärem Kohlenstoffatom aus 1.3.5-Trimethylcyclohexadien-(1.3).* (45. vgl. Журнал Общей Химии [J. allg. Chem.] **24** (**86**). [1954.] 1551.) Aus α.α'-Äthyliden-bis-acetessigester (**I**) wird durch Einw. von verd. H_2SO_4 *1.5-Dimethylcyclohexen-(1)-on-(3)* erhalten. Hieraus durch Behandeln mit CH_3MgJ *1.3.5-Trimethylcyclohexen-(1)-ol-(3)*, das bei der Dehydratation *1.3.5-Trimethylcyclohexadien-(1.3)* liefert. Durch Addition von 1 Mol HBr an dieses entsteht *1-Brom-1.3.5-trimethylcyclohexen-(2)* (**II**), aus dem durch Grignardieren mit C_2H_5MgBr u. n-C_3H_7MgBr *1.3.5-Trimethyl-1-äthylcyclohexen-(2)* (**III**) bzw. *1.3.5-Trimethyl-1-propylcyclohexen-(2)* (**IV**) erhalten werden, in beiden Fällen neben *1.3.5-Trimethylcyclohexen-(2)* (**V**). Der Bldg. von **V** könnte die Reaktionsfolge **II** → 1-Brommagnesyl-1.3.5-trimethylcyclohexen-(2) $\xrightarrow{H_2O}$ **V** zugrunde liegen (vgl. Журнал Общей Химии [J. allg. Chem.] **23** (**85**). [1953.] 729). Hydrieren von **III** u. **IV** führt zu den entsprechenden *Cyclohexanderivv.* (**VI** u. **VII**). Während **III** u. **IV** scharfen Kp. haben, dest. die Hydrierungsprodd. innerhalb 2,5 bzw. 4°, so daß Stereoisomerengemische vorliegen. Deren Trennung gelingt teilweise durch fraktionierte Destillation. Den Hydrierungsprodd. wird die Konst. von *cis.cis.cis-Trimethyl-trans-äthyl-* (**VIa**), *cis-trans.trans-Trimethyl-cis-äthyl-* (**VIb**), *cis.cis.cis-Trimethyl-trans-propyl-* (**VIIa**) u. *cis-trans.trans-Trimethyl-cis-propylcyclohexan* (**VIIb**) zugeschrieben, wofür die Unterss. von ROSSINI u. PITZER (Science [New York] **105**. [1947.] 647) u. HAGGIS u. OWEN (J. chem. Soc. [London] **1953**. 389. 399. 404. 408) über stereoisomere 1.3-Dimethylcyclohexane u. die Umkehrregel von v. AUWERS-SKITA die Grundlage bilden.

Versuche: *1.5-Dimethylcyclohexen-(1)-on-(3)*, Kp.$_6$ 73°; aus **I** u. verd. H_2SO_4 nach KNOEVENAGEL (Liebigs Ann. Chem. **297**. [1897.] 185); D.$^{20}_4$ 0,9362; n_D^{20} 1,4848; 69% (Ausbeute). — *1.3.5-Trimethylcyclohexadien-(1.3)*, C_9H_{14}, Kp.$_{747}$ 146—147°; aus vorst. Verb. u. CH_3MgJ nach der früher (vgl. Журнал Общей Химии [J. allg. Chem.] **18** (**80**). [1948.] 1775) beschriebenen Meth. u. Fraktionieren des Reaktionsprod.; D.$^{20}_4$ 0,8279; n_D^{20} 1,4740. Bei der Rk. bildet sich außerdem der isomere KW-stoff mit semicycl. Doppelbindung; das Gemisch der KW-stoffe (Kp. 145—150°; 77%), von dem 50 g bei 747 mm fraktioniert werden, gibt die Fraktionen vom Kp. 145—146° (4 g), 146—147° (13 g), 147—149° (13 g) u. 149—150° (18,3 g); wahrscheinlich reichert sich der isomere KW-stoff in den höhersd. Fraktionen an. — *1-Brom-1.3.5-trimethylcyclohexen-(2)* (**II**), durch Einleiten von HBr in vorst. Verb. ohne Lösungsm. unter Kühlen mit Schnee + NaCl bis zur Aufnahme von 1 Mol; eine Verunreinigung durch den isomeren KW-stoff würde nicht stören, da auch dieser **II** bilden würde. — *1.3.5-Trimethyl-1-äthylcyclohexen-(2)* (**III**), $C_{11}H_{20}$, Kp.$_{744}$ 175°; aus **II** u. C_2H_5MgBr in Ae.; D.$^{20}_4$ 0,8099; n_D^{20} 1,4525; 44% neben 17,7% *1.3.5-Trimethylcyclohexen-(2)* (**V**), Kp.$_{744}$ 140—142°; D.$^{20}_4$ 0,7955;

n_D^{20} 1,4422. — *1.3.5-Trimethyl-1-propylcyclohexen-(2)* (**IV**), Kp.$_{745}$ 192°; D.$^{20}_{4}$ 0,8139; n_D^{20} 1,4563; 38% neben 17,6% V. — *1.3.5-Trimethyl-1-äthylcyclohexan* (**VI**), $C_{11}H_{22}$, durch Hydrieren von **III** in Ggw. von Pt/Kohle (15% Pt) bei 160—170°; Fraktionieren gibt die *cis.cis.cis–trans-Verb.* (**VIa**), Kp.$_{747}$ 176,5—176,7°; D.$^{20}_{4}$ 0,7968; n_D^{20} 1,4410; Anilinpunkt 63° u. die *cis–trans.trans–cis-Verb.* (**VIb**), Kp.$_{747}$ 178,5—179°; D.$^{20}_{4}$ 0,8035; n_D^{20} 1,4443; Anilinpunkt 60,6°. — *1.3.5-Trimethyl-1-propylcyclohexan* (**VII**), $C_{12}H_{24}$; *cis.cis.cis–trans-Verb.* (**VIIa**), Kp.$_{749}$ 194,7—195°; D.$^{20}_{4}$ 0,7994; n_D^{20} 1,4441; Anilinpunkt 66,8°; *cis–trans.trans–cis-Verb.* (**VIIb**), Kp.$_{749}$ 198,5—198,7°; D.$^{20}_{4}$ 0,8087; n_D^{20} 1,4472; Anilinpunkt 65,1°. (Журнал Общей Химии [J. allg. Chem.] **25** (**87**). 768—72. April 1955. Moskau, Univ.) R. KNOBLOCH. 1810

R. Ja. Lewina, N. N. Mesenzowa und **O. W. Lebedew,** *Synthese von Kohlenwasserstoffen.* 49. Mitt. *Spiro-[2.4]-heptadien-(1.3) und Spiro-[2.4]-heptan.* (48. vgl. C. **1956.** 7207; 47. vgl. vorst. Ref.) Die Na-Verb. von Cyclopentadien (**I**) gibt beim Behandeln mit CH_2BrCH_2Br in fl. NH_3 *Spiro-[2.4]-heptadien-(1.3)* (**II**). Durch Diensynth. entsteht aus **II** u. Maleinsäureanhydrid das Addukt, *3.6-Endocyclopropyliden-Δ^4-tetrahydrophthalsäureanhydrid,* analog aus **II** u. Methylenmalonester *2.5-Endocyclopropyliden-1.1-dicarbäthoxy-Δ^3-cyclohexen* (**III**). Phenylazid führt **III** in das *Triazolderiv.* (**IV**) über. **III** wird zu *2.5-Endocyclopropyliden-1.1-dicarbäthoxycyclohexan* hydriert u. dieses durch Einw. von Harnstoff in das *Barbitursäurederiv.* (**V**) umgewandelt. *Spiro-[2.4]-heptan* (**VI**), aus **II** durch Hydrieren erhalten, wird mit $(CH_3CO_2)_2Hg$ in W. behandelt. Der 3gliedrige Ring öffnet sich hierbei u. erfahrungsgemäß (vgl. C. **1950.** II. 2903) zwischen dem C-Atom mit völlig substituierten H-Atomen u. einer CH_2-Gruppe, so daß das entstehende Prod. *1-[β-Acetoxymercuriäthyl]-cyclopentanol-(1)* sein muß; dieses liefert beim Behandeln mit KBr *1-[β-Brommercuriäthyl]-cyclopentanol-(1).* Die Unters. des RAMAN-Spektr. von **VI** bestätigt die Konstitution.

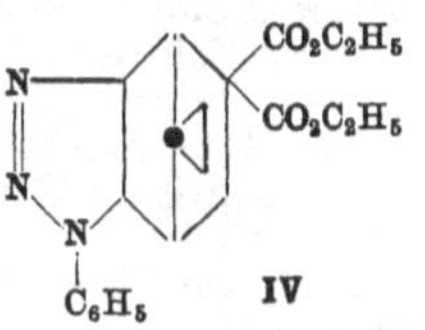

IV

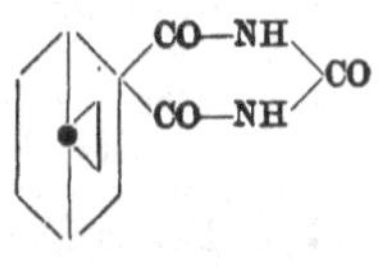

V

Versuche: *Spiro-[2.4]-heptadien-(1.3)* (**II**), C_7H_8, Kp.$_{100}$ 57°; aus der Na-Verb. von **I** (40 g **I**; 28 g Na) u. CH_2BrCH_2Br in fl. NH_3; D.$^{20}_{4}$ 0,8999; n_D^{20} 1,5078; 14 g (Ausbeute) neben dem durch Red. von **I** entstehenden *Cyclopenten.* — *3.6-Endocyclopropyliden-Δ^4-tetrahydrophthalsäureanhydrid,* $C_{11}H_{10}O_3$, F. 97°; aus 3,5 g **II** u. 3,7 g Maleinsäureanhydrid in Ae.; aus PAe. Kristalle; 6,4 g. — *2.5-Endocyclopropyliden-1.1-dicarbäthoxy-Δ^3-cyclohexen* (**III**), $C_{15}H_{20}O_4$, Kp.$_9$ 138—139°; aus 6 g **II** u. Methylenmalonester (durch Depolymerisation von 12 g des Polymeren) durch 2std. Erhitzen in 20 ml Bzl.; D.$^{20}_{4}$ 1,0879; n_D^{20} 1,4790; 9 g. Hieraus mit Phenylazid das *Triazolderiv.* (**IV**), $C_{21}H_{25}O_4N_3$, F. 141° (Essigester); 90%. — *2.5-Endocyclopropyliden-1.1-dicarbäthoxycyclohexan,* $C_{15}H_{22}O_4$, Kp.$_{16}$ 160°; durch Hydrieren von **III** (Skelett-Ni; absol. A.); D.$^{20}_{4}$ 1,0687; n_D^{20} 1,4675. Hieraus durch Einw. von Harnstoff + C_2H_5ONa das *Barbitursäurederiv.* (**V**), $C_{12}H_{14}O_3N_2$, F. 250° (A.); 55%. — *Spiro-[2.4]-heptan* (**VI**), C_7H_{12}, Kp.$_{743}$ 98—98,5°; durch Hydrieren von **II** (Skelett-Ni; absol. A.); D.$^{20}_{4}$ 0,8106; n_D^{20} 1,4390; 58%. — *1-[β-Brommercuriäthyl]-cyclopentanol-(1),* $C_7H_{13}OBrHg$, F. 70°; man behandelt 0,5 g vorst. Verb. mit 1,6 g $(CH_3CO_2)_2Hg$ in 7 ml W., extrahiert mit Ae., dest. diesen ab, nimmt das dicke Öl mit W. auf u. fällt mit KBr-Lsg.; aus PAe. Kristalle; 34%. (Журнал Общей Химии [J. allg. Chem.] **25** (**87**). 1097—1100. Juni 1955. Moskau, Univ.) R. KNOBLOCH. 1810

R. Ja. Lewina, W. R. Skwartschenko und **O. Ju. Ochlobysstin,** *Synthese von Kohlenwasserstoffen.* 50. Mitt. *Synthese von 1.1'-Dicyclopentenyl.* (49. vgl. vorst. Ref.) Die Dehydratation von 1.1'-Dioxydicyclopentyl (**I**) mit 10%ig. H_2SO_4 gibt ein Gemisch von *Di-[cyclopenten-*(1)-yl-(1)] (**II**) u. *Spiro-[4.5]-decanon-(6)* (**III**), das 25% **II** enthält. Ein 85% **III** enthaltendes Prod. entsteht mittels Aluminiumsilicat als Dehydratationsmittel. Zu **II** gelangt man besser unter Zugrundelegung nachst. Rkk., die **III**-freie Prodd. liefern. Durch Einw. von $(CH_3CO)_2O$ + H_3PO_4 auf **I** werden 25% **I**-*Diacetat* u. 50% **II** gebildet; da **I**-Diacetat durch Pyrolyse bei 480° 70% **II** gibt, lassen sich insgesamt bis zu 66% **II**, auf **I** bezogen, gewinnen. **I** wird beim Kochen mit $(CH_3CO)_2O$ ohne H_3PO_4 nicht acetyliert sondern nur dehydratisiert, u. die Ausbeute an **II** erreicht 72%. Hydrieren von **II** führt mit quantitativer Ausbeute zu *Dicyclopentyl,* das nun ein leicht zugängliches Prod. geworden ist.

Versuche: *Spiro-[4.5]-decanon-(6)* (**III**), Kp.$_{10}$ 86—87°; a) 25 g **I** werden mit 125 ml 10%ig. H_2SO_4 4 Std. gekocht; das erhaltene Gemisch von **II** u. **III** (Kp.$_8$ 75—90°) wird mit Maleinsäureanhydrid erhitzt, wodurch **II** als Addukt entfernt wird; b) bei 2std. Erhitzen von 25 g **I** mit 3 g Aluminiumsilicat als Hauptprod. (Kp.$_{10}$ 80—88°), D.$^{20}_{4}$ 0,9889; n_D^{20} 1,4849. *2.4-Dinitrophenylhydrazon,* F. 118—119° (A.). — *Di-[cyclopenten-(1)-yl-(1)]* (**II**), $C_{10}H_{14}$, Kp.$_8$ 78,5°; a) aus 100 g **I** in 300 g $(CH_3CO)_2O$ u. einem Tage zuvor bereiteten Gemisch von 3 g konz. H_3PO_4 u. 30 g $(CH_3CO)_2O$ durch 5std. Erwärmen auf 42—45° unter Rühren u. Fraktionieren des Reaktionsprod.; 39,5 g (Ausbeute) neben 35,6 g I-*Diacetat*; b) durch ein mit Glaswolle gefülltes Rohr wird bei 480° I-Diacetat im schwachen N_2-Strom geleitet; c) 80 g I werden mit 100 g $(CH_3CO)_2O$ 5 Std. gekocht; 42 g. $D.^{20}{}_4$ 0,9259; n_D^{20} 1,5268. — *1.1'-Dioxydicyclopentyldiacetat*, $C_{14}H_{22}O_4$, F. 118 bis 118,5°; $Kp._9$ 120—128°; aus PAe. Kristalle. — *Dicyclopentyl*, $C_{10}H_{18}$, $Kp._{12}$ 66,5°; durch Hydrieren von II (Pt-Schwarz; A.); $D.^{20}{}_4$ 0,8668; n_D^{20} 1,4655. (Журнал Общей Химии [J. allg. Chem.] **25** (**87**). 1466—69. Aug. 1955. Moskau, Univ.) R. KNOBLOCH. 1810

Sankichi Takei, Minoru Nakajima und **Ichiro Tomida,** *Über die Oxydation der Polychlorcyclohexene.* Durch Permanganatoxydation von α-Tetrachlorcyclohexen (**III**) bzw. γ-Pentachlorcyclohexen wurde unter Ringspaltung eine *2.3.4.5-Tetrachlorhexandisäure* (**I**) erhalten, die nach Ansicht der Vff. mit der von TREIBS u. WALTHER (Chem. Ber. **88.** [1955.] 396) durch Chlorierung von Adipinsäure erhaltenen ident. ist. Bei der Chromsäureoxydation von δ-Pentachlorcyclohexen (**VII**), das gegen Permanganat beständig ist, wurde nicht die erwartete, mit **I** stereoisomere Disäure erhalten, sondern die aus dieser durch Abspaltung von 2 HCl entstehende *α.α'-Dichlormuconsäure* (**II**), die auch durch Dehydrochlorierung von **I** mit alkoh. Kalilauge unter WALDENscher Umkehrung entstand, woraus sich für **II** eine *trans.trans*-Konfiguration ergibt. Chromsäureoxydation von **III** bei niedriger Temp. führte zu *1.2-Oxido-3.4.5.6-tetrachlorcyclohexan* (**IV**) neben **I**, bei höherer Temp. entstand durch Einw. von abgespaltenem HCl *2.3.4.5.6-Pentachlorcyclohexanol-(1)* (**V**). **IV** ist vermutlich mit dem „Tetrachlorparamethylenoxyd" von SCHOLL u. NÖRR [1900] identisch. Hydrolyse gab *3.4.5.6-Tetrachlorcyclohexandiol-(1.2)* (**VI**) u. Permanganatoxydation neben letzterem **I**. Die Konstellationen der dargestellten Verbb. werden diskutiert. Die Infrarotspektren von **IV**, **V** u. **VI** u. das UV-Maximum von **II** sind angegeben.

Versuche: *2.3.4.5-Tetrachlorhexandisäure* (**I**), $C_6H_6O_4Cl_4$, F. 269° (Zers.), a) aus 0,44 g **III** (F. 32—33°) mit $KMnO_4$ in 50%ig. H_2SO_4 (100 Min. bei 35° u. 30 Min. bei 80°), Stehen über Nacht u. Zerstören des Überschusses mit $NaHSO_3$, Rohprod. (0,34 g) aus $NaHCO_3$-Lsg. umgefällt; aus W. Prismen; 0,14 g (Ausbeute); b) aus 0,73 g γ-Pentachlorcyclohexen ($Kp._{20}$ 141—143°) wie unter a); 0,13 g. *Dimethylester*, $C_8H_{10}O_4Cl_4$, F. 187 bis 187,5°, mit CH_2N_2; aus A. Nadeln. — *α.α'-Dichlormuconsäure* (**II**), $C_6H_4O_4Cl_2$, F. 282 bis 285° (Zers.), a) durch 3std. Kochen von 0,52 g **VII** (F. 68,5—69°) mit Chromsäure in Eisessig, Ausäthern, Aufnehmen in wss. $NaHCO_3$ u. Ansäuern; aus W. Nadeln; 0,04 g; b) durch 4std. Einw. von Chromsäure auf 0,95 g **VII** in Eisessig bei 70°, Zerstören des Überschusses mit Methanol, Abdest. des Lösungsm. im Vakuum, Wasserdampfdest. (0,113 g **VII**) u. Abtrennen aus dem Rückstand wie unter a); 0,014 g; c) durch 2std. Erwärmen von 0,2 g **I** in 15%ig. alkoh. KOH u. Ansäuern der wss. Lsg. des Nd.; 0,14 g; d) durch 3std. Kochen von 0,2 g **I** in Eisessig mit Chromsäure, Abdampfen, Ansäuern mit verd. H_2SO_4 u. Abtrennen wie unter a); 0,052 g. *Dimethylester*, $C_8H_8O_4Cl_2$, F. 154 bis 155°, Blättchen. — *2.3.4.5.6-Pentachlorcyclohexanol-(1)* (**V**), $C_6H_7OCl_5$, F. 122,5—123,5°, durch 1std. Kochen von 10 g **III** mit Chromsäure in Eisessig, Wasserdampfdest. (4 g **III**), Ae.-Extraktion des Rückstandes u. Abtrennen von **II** (0,99 g) mit wss. $NaHCO_3$; 0,91 g Rohprod.; aus Bzl./Hexan Tafeln, ROSENTHALERs Farb-Rk. tiefrot. — *1.2-Oxido-3.4.5.6-tetrachlorcyclohexan* (**IV**), $C_6H_6OCl_4$, F. 89,5—90,0°, durch Rühren von 10 g **III** mit Chromsäure in Eisessig bei 70° unter Durchblasen von Wasserdampf, im Destillat **IV** als Öl; aus Hexan Prismen; ROSENTHALERs Farb-Rk. gelb; 0,68 g. Aus dem Rückstand der Wasserdampfdest. 0,67 g rohes **I**. 0,1 g **IV** in Eisessig/HCl gekocht gab 0,07 g **V**. Aus dem Ae.-Extrakt der Permanganatoxydation von 0,236 g **IV** wurden 6 mg **I** u. 0,1 g **VI** isoliert. — *3.4.5.6-Tetrachlorcyclohexandiol-(1.2)* (**VI**), $C_6H_8O_2Cl_4$, F. 137,5—138°, durch 3std. Rühren von 0,1 g **IV** in 50%ig. H_2SO_4 bei 85° u. Ae.-Extraktion; 0,1 g Rohprod.; aus Xylol dicke Tafeln; ROSENTHALERs Farb-Rk. tiefrot. (Chem. Ber. **89.** 263—70. 1956. Kyoto, Univ., Agrikulturchem. Inst.) K. HUMMEL. 1810

R. H. Jaeger und **Herchel Smith,** *Einige Beobachtungen über die Bildung von cyclischen Äthylenketalen aus Cyclohexonen.* Vorl. Mitt. zu den C. **1955.** 6016 u. 8140 referierten Arbeiten. (Chem. and Ind. **1954.** 1106—07. 4/9.) HORST BAGANZ. 1970

J. D. Billimoria, *Einfache Analoge des Cortisons.* 4. Mitt. *Einige benzylsubstituierte Glykoloylcyclohexanole.* (3. vgl. C. **1955.** 8837.) Vf. stellt im Kern substituierte *2-Benzylcyclohexanone* her, die in die entsprechenden *Glykoloylcyclohexanole* übergeführt werden. Die Trennung in die cis–trans-Isomeren erfolgte auf der Stufe der *Acetylcyclohexanole*; da eine ster. Zuordnung nicht getroffen werden konnte, werden die beiden Reihen mit **A** u. **B** bezeichnet.

Versuche: *2-α-Oxybenzylcyclohexanon* (**I**), $C_{13}H_{16}O_2$, F. 99—100° (aus wss. Aceton Nadeln), aus 300 g Cyclohexanon u. 212 g Benzaldehyd in W. durch 4std.

Rühren mit verd. NaOH; 450 g (Ausbeute). — *2-Benzylidencyclohexanon* (**II**), $C_{13}H_{14}O$, F. 53—54°, aus 400 g rohem **I** durch 2std. Kochen mit wss. Oxalsäurelsg.; aus PAe. Nadeln; 337 g. — *2-Benzylcyclohexanon* (**III**), $C_{13}H_{16}O$, $Kp._1$ 142°, n_D^{18} 1,5356, aus 300 g **II** in A. durch Hydrieren in Ggw. von 2%ig. $Pd/SrCO_3$ bei 100 at; 300 g. — *2-Benzyl-1-äthinylcyclohexanol* (**IV**), $C_{15}H_{18}O$, $Kp._1$ 152°, n_D^{21} 1,5431, aus 188 g **III** in fl. NH_3 mit Na-Acetylid; 180 g (cis–trans-Gemisch). — *1-Acetyl-2-benzylcyclohexanol* (**VA** u. **VB**). Zu H_2SO_4 u. $HgSO_4$ in W. wurden 200 g **IV** in 1 Std. so zugegeben, daß die Temp. zwischen 30 u. 40° blieb; nach 3—4std. Rühren wurde PAe. zugesetzt, 2 Std. gekocht, die organ. Schicht abgetrennt u. die wss. Schicht mit Ae. extrahiert u. eingedampft; 180 g (cis–trans-**V**), F. 45—75°. 435 g des Gemisches wurden in PAe. heiß gelöst u. durch fraktionierte Kristallisation in **VA**, F. 86—87° (190 g), u. **VB**, $C_{15}H_{20}O_2$, F. 55—56° (151 g), getrennt. *Semicarbazon* **A**, F. 236—237° (wss. A.). *Semicarbazon* **B**, $C_{16}H_{23}O_2N_3$, F. 214° (A.). — *2-Benzyl-1-bromacetylcyclohexanol* (**VI**), $C_{15}H_{19}O_2Br$. **VIA**, F. 114 bis 115°: 23,2 g **VA** in Chlf. wurden mit Br_2 in Chlf. bromiert; aus PAe. Nadeln, 18 g. **VIB**, F. 105°, analog aus 23,2 g **VB**; 15,5 g. — *1-Acetoxyacetyl-2-benzylcyclohexanol* (**VII**), $C_{17}H_{22}O_4$. **VIIA**, F. 86° (PAe.), $Kp._{10-5}$ 130—140°, aus 48 g **VIA** in Essigsäure durch 24std. Kochen unter N_2 mit Ag-Acetat; 12 g. **VIIB**, F. 69—70° (aus PAe. Nadeln), analog aus 10 g **VIB**; 1,2 g. *Semicarbazon*, $C_{18}H_{25}O_4N_3$, F. 182—183° (A.). — *2-Benzyl-1-glykoloylcyclohexanol*, durch Behandlung von 11,8 g **VIA** in wss. A. mit wss.-alkoh. NaOH unter N_2; glasige M.; 4 g. *Semicarbazon*, $C_{16}H_{23}O_3N_3$, F. 195—198° (Zers.; A.). — *2-[2-Methoxy-α-oxybenzyl]-cyclohexanon*, $C_{14}H_{18}O_3$, F. 113—114°, aus 68 g o-Methoxybenzaldehyd u. 69 g Cyclohexanon analog **I**; aus wss. A. Platten; 116 g. — *2-[2-Methoxybenzyliden]-cyclohexanon*, $C_{14}H_{16}O_2$, F. 79—80° (Ae.), aus 500 g vorst. Verb. analog **II**; 430 g. — *2-[2-Methoxybenzyl]-cyclohexanon*, $C_{14}H_{18}O_2$, $Kp._{0,1}$ 102—106°, $n_D^{21,5}$ 1,5399, aus 400 g vorst. Verb. analog **III**; 400 g. *Semicarbazon*, $C_{15}H_{21}O_2N_3$, F. 201° (A.). — *1-Äthinyl-2-[2-methoxybenzyl]-cyclohexanol*, $C_{16}H_{20}O_2$, $Kp._2$ 145°, $n_D^{24,5}$ 1,5468, aus vorst. Verb. in fl. NH_3 mit Na-Acetylid. — *2-[4-Methoxy-α-oxybenzyl]-cyclohexanon*, $C_{14}H_{18}O_3$, F. 119—120°, aus 272 g p-Methoxybenzaldehyd u. 245 g Cyclohexanon in wss. alkal. Lsg.; aus Aceton Platten; 390 g. — *2-[4-Methoxybenzyliden]-cyclohexanon*, $C_{14}H_{16}O_2$, F. 71—73°, aus vorst. Verb. analog **II**; aus Hexan Nadeln; 90%. — *2-[4-Methoxybenzyl]-cyclohexanon*, $Kp._{0,5}$ 138°, n_D^{21} 1,5381, durch Hydrieren von 200 g vorst. Verb. in Methanol; 195 g. — *1-Äthinyl-2-[4-methoxybenzyl]-cyclohexanol*, $Kp._{10-6}$ 138 bis 140°, n_D^{18} 1,5455, aus 151 g vorst. Verb. in fl. NH_3 mit Li-Acetylid; 122 g. — *1-Acetyl-2-[4'-methoxybenzyl]-cyclohexanol* (**VIII**), $C_{16}H_{22}O_3$. 100 g vorst. Verb. wurden in Methanol–W. mit 100 g mit $HgSO_4$ in 2n H_2SO_4 vorbehandeltem „Zeokarb 225" 6 Std. gekocht; das Isomerengemisch, $Kp._{10-6}$ 132°, wurde in das *Semicarbazon*, $C_{17}H_{25}O_3N_3$, F. 194—200° (A.), übergeführt. Spaltung mit Säure lieferte ein Öl, das nach mehreren Wochen z. T. kristallisierte: **VIIIA**, F. 74,5° (PAe.); 13 g; **VIIIB**, $Kp._{10-6}$ 136°. — *1-Glykoloyl-2-[4-methoxybenzyl]-cyclohexanol* (**IX**), $C_{16}H_{22}O_4$, F. 64—67°. 6,5 g **VIIIA** wurden in Ae. mit Dioxandibromid unter Belichtung bromiert u. das erhaltene Öl in Methanol–W. mit „Deacidite F. F." 2 Std. gekocht; aus Ae.–PAe. Kuben; 1,3 g. — *2-[4-Nitro-α-oxybenzyl]-cyclohexanon*, $C_{13}H_{15}O_4N$, F. 150—151°, aus p-Nitrobenzaldehyd u. Cyclohexanon; aus Methanol Nadeln; 90%. — *2.5-Bis-[α-oxybenzyl]-cyclopentanon*, $C_{19}H_{20}O_3$, F. 144 bis 145° (aus A. Nadeln); 10%. — *x-[α-Oxybenzyl]-dekalon-(2)*, $C_{17}H_{22}O_2$, F. 116—117°, aus Methanol Nadeln. — **IX** u. **VIIIA** u. **B** zeigten im biol. Test keine cortisonähnliche Wirksamkeit. (J. chem. Soc. [London] **1955.** 1126—29. April. London, Westminster Med. School, Dep. of Chem. Pathol.) G. SCHORRE. 1980

H. M. Walborsky und **F. M. Hornyak**, *Cyclopropane*. 2. Mitt. *Eine Cyclopropylcarbinylumlagerung*. (1. vgl. C. **1956.** 6654.) Durch Umsetzung von 2.2-Diphenylcyclopropancarbonsäurechlorid (**IV**) mit Phenylmagnesiumbromid (**I**) u. saure Hydrolyse des GRIGNARD-Addukts wurde nicht das erwartete 1-Benzoyl-2.2-diphenylcyclopropan, sondern *1.1.4.4-Tetraphenylbutadien-(1.3)* (**II**) erhalten. Das wahrscheinlich als Zwischenprod. auftretende *2.2-Diphenylcyclopropyldiphenylcarbinol* (**III**) stellten Vff. aus 2.2-Diphenylcyclopropylcarbonsäuremethylester (**V**) u. **I** dar u. erhielten daraus mit verschied. sauren Verbb. **II**. Vermutlich verläuft die Umlagerung nach Abspaltung des OH^--Ions über vorst. Stufen.

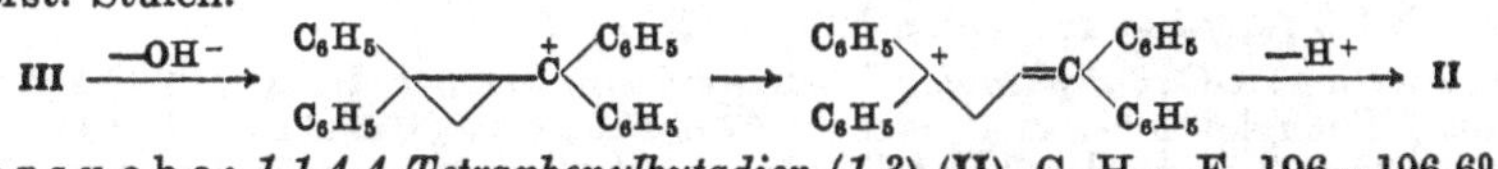

Versuche: *1.1.4.4-Tetraphenylbutadien-(1.3)* (**II**), $C_{28}H_{22}$, F. 196—196,6° (korr.; Chlf./Methanol), durch Zugabe von **I** in absol. Ae. zu **IV** (vgl. l. c.) in sd. Ae. innerhalb 1½ Std. u. weiteres 1std. Kochen oder aus Bernsteinsäurediäthylester u. **I** (vgl. VALEUR [1903]) u. Dehydratisierung des entstandenen Alkohols (vgl. WITTIG u. v. LUPIN, Ber. dtsch. chem. Ges. **61.** [1928.] 1630); bläulich fluorescierende Nadeln; 60% (Ausbeute). —

2.2-Diphenylcyclopropyldiphenylcarbinol (III), $C_{28}H_{24}O$, F. 131—132,2° (Ae. oder Methanol/Bzl.), aus V u. I in absol. Ae., 2tägiges Rühren, ½std. Kochen u. vorsichtige Zugabe von wss. NH_4Cl-Lsg.; 62%. — Die Umsetzung von III mit nachst. Verbb. ergab II, F. <201,0—201,5° (Methanol/Chlf.): PBr_3 (30 Min. Schütteln; 68%); Acetylchlorid (5 Min. Schütteln; 63%); Acetylchlorid/Pyridin (15 Min. Stehen; 0,11 g aus 0,2 g III); $SOCl_2$ (10 Min. Stehen; 53%); Borsäureanhydrid (Erhitzen auf 190° im Sublimationsapp., Rückgabe des Sublimats zum Rückstand, 2malige Wiederholung u. Extraktion mit Chlf.; 58%); 4std. Erhitzen von 0,3 g III auf 200° ergab 50 mg II u. 0,15 g III; konz. H_2SO_4 (15 Min. Rühren; 81%). (J. Amer. chem. Soc. **77.** 6396—97. 5/12. 1955. Tallahassee, Fla., Florida State Univ., Dep. of Chem.) H. Ascherl. 2010

K. E. Hamlin und **Ursula Biermacher,** *Natriumamidspaltung von 1-Alkylcyclobutylphenylketonen. 1-Methyl-* (I) u. *1-Äthylcyclobutylphenylketon* werden wie die analogen Cyclohexyl- u. Cyclopentylverbb. (vgl. C. **1954.** 2616; Wash, Shive u. Lochte, C. **1942.** I. 3190) durch Einw. von $NaNH_2$ zu den entsprechenden *Cyclobutancarbonsäureamiden* gespalten. Cyclopropylphenylketon reagierte nicht (vgl. dagegen Pinel u. Brown (J. Amer. chem. Soc. **75.** [1953.] 5023).

V e r s u c h e: *1-Methylcyclobutylphenylketon* (I), $C_{12}H_{14}O$, Kp.$_3$ 103°, aus Cyclobutylphenylketon (vgl. Henze u. Gayler, C. **1953.** 1012) u. $NaNH_2$ in Toluol, Zugabe von CH_3J unter Eiskühlung u. 22std. Rühren bei Raumtemp.; n_D^{25} 1,5368; 79% (Ausbeute). — *1-Äthylcyclobutylphenylketon*, $C_{13}H_{16}O$, Kp.$_3$ 115—116°, analog I, Zutropfen von C_2H_5J bei 75° u. 7std. Rühren bei 75—80°; n_D^{25} 1,5304; 34%. — *1-Methylcyclobutancarbonsäureamid*, $C_6H_{11}ON$, F. 165° (Bzl.), durch 5std. Rühren von I u. $NaNH_2$ in Toluol unter Rückfluß; 50%. — Analog *1-Äthylcyclobutancarbonsäureamid*, $C_7H_{13}ON$, F. 136,5—137,5° (Toluol); 60%. (J. Amer. chem. Soc. **77.** 6376. 5/12. 1955. North Chicago, Ill., Abbott Labors.) H. Ascherl. 2010

William E. Parham, Wilbur N. Moulton und **Alexander Zuckerbraun,** *Die Dehydratisierung von 2-Phenylcyclohexanoncyanhydrin. 6-Phenyl-Δ¹-cyclohexencarbonsäurenitril und 2-Phenyl-Δ¹-cyclohexencarbonsäurenitril.* Bei der Dehydratisierung des 1-Oxy-2-phenylcyclohexancarbonsäurenitrils (I) vom F. 114—115° mit $SOCl_2$ oder $POCl_3$ in Pyridin entsteht nicht, wie von Veer u. Oud (Recueil Trav. chim. Pays-Bas **72.** [1953.] 1083) beschrieben, *2-Phenyl-Δ¹-cyclohexencarbonsäurenitril* (II), sondern das thermodynam. weniger stabile, isomere *6-Phenyl-Δ¹-cyclohexencarbonsäurenitril* (III). Die Konst. von III ergab sich aus der $KMnO_4$-Oxydation zu *α-Phenyladipinsäure.* Bei der Behandlung von III mit H_2O_2 in wss. Aceton entstand *6-Phenyl-Δ¹-cyclohexencarbonsäureamid* u. daraus die entsprechende Carbonsäure (IV). Während sich der Äthylester der IV mit Na-Äthylat oder Isopropylat nicht isomerisieren ließ, ging III unter diesen Bedingungen in II über. II war als vollständig substituiertes Äthylen beständiger gegen eine $KMnO_4$-Oxydation u. ließ sich durch Säuren nur schlecht zum Amid verseifen. Als Hauptprodd. bei der Verseifung entstanden neben viel Ausgangsnitril 11% *2-Phenyl-Δ¹-cyclohexencarbonsäureamid* (V) u. 19% *1-Phenylcyclohexen* (VI). Die Konst. von V ergab sich aus dem Infrarotspektr. u. der katalyt. Hydrierung zu *cis-2-Phenylcyclohexancarbonsäureamid*; bei der Behandlung mit HNO_2 bildete sich die entsprechende Carbonsäure (VII), deren konstitutionelle Analogie zur cis-Zimtsäure gemessen werden konnte. Da die Dehydratisierung von I in einer Chlorierung u. anschließenden trans-Eliminierung von HCl besteht, konnte wahrscheinlich gemacht werden, daß es sich bei dem verwendeten I vom F. 114—115° um eine epimere Form handelt, bei der CN u. C_6H_5 in trans-Stellung stehen. Ein öliges Präp. von I, das bei der analogen Dehydratisierung eine Mischung von II u. III lieferte, enthielt demnach beträchtliche Mengen der epimeren Form von I, in der CN u. C_6H_5 in cis-Stellung stehen.

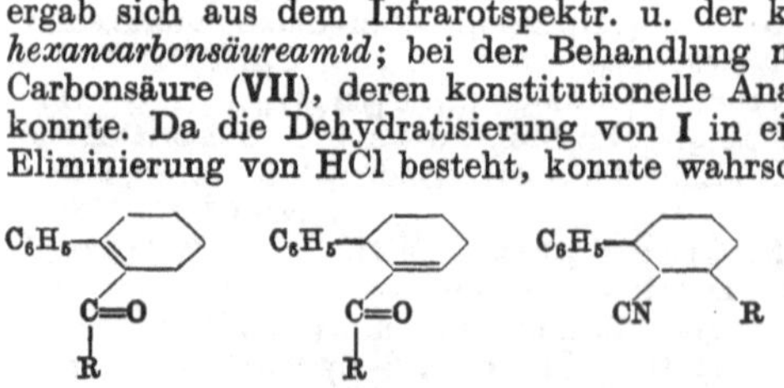

VIII IX X

— Bei der Umsetzung von II mit Grignard-Verbb. reagiert nur die CN-Gruppe unter Bldg. von Cyclohexenylketonen (VIII); aus III entstanden bei dieser Umsetzung Gemische aus den isomeren Cyclohexenylketonen (IX) u. den durch 1.2-Addition gebildeten Nitrilen **X.**

V e r s u c h e: *1-Oxy-2-phenylcyclohexancarbonsäurenitril* (I), F. 114—115° (Bzl. + PAe.), aus 2-Phenylcyclohexanon nach Bockelheide u. Schilling (C. **1951.** I. 191); 44—46%. *Öliges* I, aus der Kristallisationsmutterlauge. — *6-Phenyl-Δ¹-cyclohexencarbonsäurenitril* (III), F. 33—35°, aus I u. $SOCl_2$ oder $POCl_3$ in Pyridin nach Bockelheide u. Schilling (l. c.) u. Goldschmidt u. Veer (C. **1949.** II. 202); 66 bzw. 77 bis 83%; $E_{252 m\mu} = 1{,}25$. — Ein öliges, II enthaltendes Präp., analog aus öligem I; 31 bzw. 42%; $E_{252 m\mu} = 2{,}90$. — *α-Phenyladipinsäure*, $C_{12}H_{14}O_4$, F. 141—142° (Chlf. + PAe.), durch Oxydation von **III** mit $KMnO_4$ in wss.-aceton. Soda; 35%. — *6-Phenyl-Δ¹-cyclohexencarbonsäureamid*, $C_{13}H_{15}ON$, F. 141—142° (Chlf. + PAe. u. Sublimation), aus **III**, H_2O_2 u. wss. Soda in Aceton bei 30—40° (2 Tage); 54%. — *6-Phenyl-Δ¹-cyclohexencarbonsäure* (**IV**), $C_{13}H_{14}O_2$, F. 163—164° (Sublimation), aus vorst. Amid, $NaNO_2$ in Eisessig u. H_2SO_4 bei 0° u. 60° u. Verdünnen mit W.; 100%. — *6-Phenyl-Δ¹-cyclohexenylformiminomethyläther*, $C_{14}H_{17}ON$, F. 131—132° (Sublimation), aus **III** in sd. methanol. HCl unter Durchleiten von HCl (16 Std.); 38%. Liefert bei der Hydrolyse mit wss. NaOH **IV**. — *2-Phenyl-Δ¹-cyclohexencarbonsäurenitril* (**II**), $C_{13}H_{13}N$, $Kp._{1,8}$ 131°, n_D^{25} 1,5716, aus **III** u. Na-Isopropylat in sd. Isopropanol (24 Std.); 74%; λ_{max} 251 mμ (E = 9300 ± 300). — *2-Phenyl-Δ¹-cyclohexencarbonsäureamid* (**V**), $C_{13}H_{15}ON$, F. 144 bis 145° (Bzl.), durch Verseifen von **II** mit 50%ig. H_2SO_4 in sd. Eisessig (24 Std.) u. Extrahieren des neutralen Anteils mit Ae.; 11%; λ_{max} 240 mμ (E = 7000). *Säuregemisch* **IV** + **VII**, $C_{13}H_{14}O_2$, F. 115—120° (Bzl. + PAe.), als saures Nebenprod. von **V**; 6%. — *cis-2-Phenylcyclohexancarbonsäureamid*, $C_{13}H_{17}ON$, F. 80—80,5° (PAe.), durch Hydrieren von **V** in A. in Ggw. von RANEY-Ni; 59%. — *1-Phenylcyclohexen* (**VI**), $Kp._{0,5}$ 69°, n_D^{25} 1,5663, aus den PAe.-Mutterlaugen vorst. Verb.; 19%; λ_{max} 247 mμ (E = 13300). — *γ-Benzoylvaleriansäure*, F. 76—77°, aus **VI** durch $KMnO_4$-Oxydation. — *Isomeres Amid* von **V**, $C_{13}H_{15}ON$, F. 107—109° (wss. A.), als Nebenprod. von **VI** aus den Destillationsrückständen; 3%. — *2-Phenyl-Δ¹-cyclohexencarbonsäure* (**VII**), $C_{13}H_{14}O_2$, F. 133—134° (wss. A.), aus **V** wie **IV**; 40%; λ_{max} 245 mμ (E = 7400). — *2-Phenyl-1-benzoyl-Δ¹-cyclohexen* (**VIII**, $R = C_6H_5$), $C_{19}H_{18}O$, F. 110—111° (A.), aus **II** u. Phenyl-MgBr in sd. Ae. (20 Std.) u. Zers. mit verd. HCl; 45%; λ_{max} 242 mμ (E = 24200), $\lambda_{C=O}$ 1682 cm^{-1}. — *2-Phenyl-1-phenacetyl-Δ¹-cyclohexen* (**VIII**, $R = CH_2C_6H_5$), $Kp._{0,03}$ 150—170°, n_D^{25} 1,5886, analog; 75%. *2.4-Dinitrophenylhydrazon*, F. 45—58° (A.), orangefarbene Nadeln; λ_{max} 373 (E = 22300). — *6-Phenyl-1-acetyl-Δ¹-cyclohexen* (**IX**, $R = CH_3$), $C_{14}H_{16}O$, $Kp._1$ 110°, n_D^{20} 1,5610, aus **III** u. Methyl-MgBr; 56,5%; λ_{max} 230 mμ (E = 12300). — *2.4-Dinitrophenylhydrazon*, $C_{20}H_{20}O_4N_4$, F. 164° (wss. A.); λ_{max} 380 mμ (E = 24300). *Oxim*, $C_{14}H_{17}ON$, F. 123,5—124°. — *6-Phenyl-1-propionyl-Δ¹-cyclohexen* (**IX**, $R = C_2H_5$), $C_{15}H_{18}O$, $Kp._2$ 121°, n_D^{20} 1,5500, aus **III** u. Äthyl-MgBr in sd. Ae. u. Verseifen des Additionsprod. mit HBr in sd. Eisessig; 62%; λ_{max} 230 mμ (E = 9100). *2.4-Dinitrophenylhydrazon*, $C_{21}H_{22}O_4N_4$, F. 160—161° (A + Chlf.). — *2-Äthyl-6-phenylcyclohexancarbonsäure*, $C_{15}H_{20}O_2$, F. 160° (Bzn.), Nebenprod. von vorst. **IX**. — *6-Phenyl-1-benzoyl-Δ¹-cyclohexen* (**IX**, $R = C_6H_5$), F. 95—96° (Bzn.), aus **III** u. Phenyl-MgBr; 86%; λ_{max} 246 mμ (E = 10000). *2.4-Dinitrophenylhydrazon*, $C_{25}H_{22}O_4N_4$, F. 195° (Essigester + Bzn.); λ_{max} 380 mμ (E = 27900). — *2-Benzyl-6-phenylcyclohexancarbonsäurenitril* (**X**, $R = CH_2C_6H_5$), $C_{20}H_{21}N$, F. 74—75° (A.), sublimiert bei 140°/0,04 Torr, $Kp._2$ 160—190°, aus **III** u. Benzyl-MgCl; 42%. *Amid*, $C_{20}H_{23}ON$, F. 189—190° (Chlf. + PAe., Vakuumsublimation), mit alkal. H_2O_2; 94%. — *2-Benzyl-6-phenylcyclohexancarbonsäure*, $C_{20}H_{22}O_2$, F. 143—144° (Sublimation), wie **IV**. (J. org. Chemistry **21.** 72—77. Jan. 1956. Minnesota, Minn., Univ., School of Chem.) H. GOLD. 2010

Günther Drefahl und **Joachim Ulbricht**, *Zum Verhalten von Ketonen bei der Reduktion nach Meerwein-Ponndorf in Gegenwart von Ammoniak.* Daß die MEERWEIN-PONNDORF-Red. von Aminocarbonylverbb. schwieriger verläuft u. schlechtere Ausbeuten gibt als bei anderen CO-Verbb., muß dadurch erklärt werden, daß bei Ggw. von Aminen oder NH_3 die Bldg. der Mol.-Verbb. gehemmt wird. Durchführung der MEERWEIN-PONNDORF-Red. von Benzophenon im NH_3-Strom (Al-Isopropylat in sd. Isopropanol) ergibt nach 1 Std. nur 4% Umsatz, in N_2 dagegen 70%. Wie die Versuchsergebnisse zeigen, wird die Reaktionshemmung durch eine koordinative Anlagerung von NH_3 an das Al-Alkoholat zu erklären sein. In einigen Fällen können aber auch *β-Aminoketone* isoliert werden, die durch Kondensation von 2 Molen Keton zum *α.β-ungesätt. Keton* u. anschließende NH_3-Addition an die Doppelbindung entstehen; die entsprechenden Alkohole werden dann nicht gefunden: Aus Cyclohexanon (**II**) entsteht z. B. *2-[1-Aminocyclohexyl]-cyclohexanon* (**I**); die durch NH_3 bewirkte Kondensation wird durch die wasserabspaltende Wrkg. des Al-Alkoholats begünstigt. **I** entsteht über *2-Cyclohexylidencyclohexanon* u. gibt bei der Vakuumdest. unter NH_3-Entw. *2-[Δ¹-Cyclohexenyl]-cyclohexanon*; ebenso bildet das aus Cyclopentanon erhaltene *2-[1-Aminocyclopentyl]-cyclopentanon 2-Cyclopentylidencyclopentanon*, u. *3-Amino-3-methylheptanon-(5)* liefert *3-Methylheptenon-(5)*.

Versuche: *2-[1-Aminocyclohexyl]-cyclohexanon* (**I**): a) in eine sd. Lsg. von Al-Isopropylat in absol. Isopropanol leitet man trocknes NH_3 unter Zugabe von 25 g trocknem **II** bis zur gallertartigen Erstarrung, läßt 12 Std. stehen, entfernt überschüssiges NH_3 im Luftstrom u. nach dem Ansäuern das Isopropanol durch Dest. u. nichtumgesetztes **II** durch Ausäthern; man macht alkal., wobei sich **I** als Öl abscheidet; 40% (Ausbeute); b) aus 2-Cyclohexylidencyclohexanon in CH_3OH durch Einleiten von NH_3, Ansäuern nach Vertreiben des NH_3, Einengen, Alkalisieren u. Ausäthern; c) ähnlich aus 2-[1-Chlorcyclohexyl]-cyclohexanon; d) aus 2-[Δ^1-Cyclohexenyl]-cyclohexanon u. NH_4OH. — *2-[1-Acetylaminocyclohexyl]-cyclohexanon*, $C_{14}H_{23}O_2N$, F. 139°: I wird in Eisessig mit Acetanhydrid versetzt u. nach 6 Std. in Eiswasser eingetragen; aus 60% ig. A. Kristalle. — *I-Oxim*, $C_{12}H_{22}ON_2$, F. 177—179°, aus 80% ig. Methanol Kristalle. — *2-[1-Aminocyclopentyl]-cyclopentanon*: Herst. wie I, doch mit 20 g Cyclopentanon; 4—5 g gelbes, sich schnell unter Grünfärbung zers. Öl. — *3-Amino-3-methylheptanon-(5)*, Herst. wie I, doch mit 15 g Methyläthylketon u. 11 g Al-Isopropylat; 0,5—1 g unbeständiges Produkt. (J. prakt. Chem. [4] **1**. 225—29. April 1955. Jena, Friedrich-Schiller-Univ., Inst. für organ. Chem. u. Biochem.) F. GROH. 2140

R. A. Gibbons, Marian N. Gibbons und **M. L. Wolfrom**, *Polybenzyle aus Benzylalkohol und Sulfurylchlorid*. Bei Verss. zur Darst. von Chlorsulfonsäurebenzylester durch Zugabe von 0,2 Mol SO_2Cl_2 zu 0,2 Mol Benzylalkohol innerhalb 90 Min. bei 0—5° (HCl-Entw.) u. Erwärmen auf Raumtemp. (dabei exotherme Rk. unter HCl- u. SO_2-Entw.), Lösen des Prod. in Bzl., Waschen mit W. u. Fällen mit Methanol erhielten Vff. 3—5 g einer harzartigen Substanz, $H(C_7H_6)_{10}Cl$, F. nach vorherigem Erweichen ca. 60°. (J. Amer. chem. Soc. **77**. 6374. 5/12. 1955. Columbus, O., Ohio State Univ., Dep. of Chem.) H. ASCHERL. 2210

E. Leibnitz und **K. Naumann**, *Zur Kenntnis der Dioxaryldialkylmethane*. Darstellungsmethoden für Kondensationsprodd. aus aliphat. Ketonen u. Phenolen in stark saurem Medium, vornehmlich Patentvorschriften für das *Diphenylolpropan* (*Dian*, *β.β-Bis-[4-oxyphenyl]-propan*) aus Phenol u. Aceton in Ggw. von konz. H_2SO_4, werden nachgearbeitet. Als faßbares Nebenprod. wird *p-α-Methylpropenylphenol* (I) bei der Kondensation von Methyläthylketon mit Phenol isoliert, das wahrscheinlich über das Carbinol entsteht. Da beim Vermischen oder äquimol. Mengen I u. Phenol in Ggw. von konz. HCl bei 0° nach 3—4 Std. mit einer Ausbeute oder 81% *Diphenylolbutan* (*β.β-Bis-[4-oxyphenyl]-butan*) entsteht, sind bei der Kondensation aliphat. Ketone mit Phenolen Zwischenprodd. mit einer I entsprechenden Konst. anzunehmen. Die im Laufe der Rk. zunehmende, mit einer sehr starken Rotverschiebung verbundene Färbung der Lsgg. wird auf den mesomeren bzw. merichinoiden Charakter der Zwischenprodd. zurückgeführt. (Chem. Techn. **3**. 5—10. Jan. 1951. Leipzig, VVB(Z) Plasta, Forschungslabor.) K. PÖHLS. 2260

H. Harry Szmant und **Robert Yoncoskie**, *Synthese und einige Reaktionen von p-Cyanderivaten des 1.1-Diphenyläthans*. Durch Umsetzung von Styrol (**I**) mit Bzl. in Ggw. von H_2SO_4 oder Benzolmonosulfonsäure (vgl. SPIKER u. SCHADE, Ber. dtsch. chem. Ges. **65**. [1932.] 1687) konnte *1.1-Diphenyläthan* (**II**) in guter Ausbeute dargestellt werden. Bei der Isolierung von **II** nach BARKER u. WATERS (C. **1952**. 6517) bildete sich ein Gemisch aus *1-[p-Jodphenyl]-1-phenyläthan* (**III**) u. *1.1-Bis-[p-jodphenyl]-äthan* (**IV**), dessen Konst. sich aus der Oxydation zu den entsprechenden Benzophenonen ergab. Die Bldg. geringer Mengen p-Jodbenzoesäure bei dem oxydativen Abbau von **III** u. **IV** wird auf eine Isomerisierung bei der Jodierung von **II** zurückgeführt. *1-[p-Cyanphenyl]-1-phenyläthan* (**V**) u. *1.1-Bis-[p-cyanphenyl]-äthan* (**VI**) bildeten sich aus **III** bzw. **IV** mit CuCN; sie wurden durch Oxydations- u. Verseifungsprodd. charakterisiert. Während die Pyrolyse von *1.1-Bis-[p-tolyl]-äthan* (**VII**) in Ggw. von mit Kaolin überzogenen Porzellanstücken (Katalysator **A**) u. Wasserdampf als Trägergas in guter Ausbeute zu *p-Methylstyrol* führt, bildet sich in Ggw. von Filtrol X–550 der FILTROL CORP. (Los Angeles, Calif.; Katalysator **B**) u. N_2 als Trägergas im wesentlichen *p-Äthyltoluol* als definiertes Reaktionsprodukt. Unter den gleichen Bedingungen entsteht aus **V** *p-Cyanstyrol* bzw. ausschließlich *p-Äthylbenzonitril*. Bei der Verwendung von Wasserdampf als Trägergas werden die Nitrile teilweise zu Amiden bzw. zu Carbonsäuren hydrolysiert. Unter vergleichbaren Bedingungen liefert **VI** keine definierten Pyrolyseprodukte.

V e r s u c h e: *1.1-Diphenyläthan* (**II**), $Kp._8$ 126—129°, n_D^{25} 1,5719, a) durch tropfenweise Zugabe von I in Bzl. zu Bzl. u. 95% ig. H_2SO_4 bei 30° (8 Std.); 48%; b) Kp. 268—272°, aus 500 g Bzl., 100 g Paraldehyd u. 890 g konz. H_2SO_4 bei 0—5° (6 Std.); 40 g (Ausbeute); c) aus 350 g Bzl., 50 g konz. H_2SO_4 u. 5 g $HgSO_4$ bei 0—10° unter Einleiten von Acetylen (4 Std.); 30 g; d) aus Bzl., H_3PO_4, BF_3 u. HgO entstand nur ein schwarzes Harz. — *1.1-Bis-[p-jodphenyl]-äthan* (**IV**), $C_{14}H_{12}J_2$, $Kp._1$ 230—240°, F. 87—87,5° (Methanol), aus **II**, Ag_2SO_4 u. H_2SO_4 bei 5° mit Jod (50 Std.), Verdünnen mit W. u. Extrahieren mit Ae. als höhersd. Fraktion; 9%. — *1-[p-Jodphenyl]-1-phenyläthan* (**III**), $C_{14}H_{13}J$, $Kp._1$ 168—170°, neben **IV**; 74%. — *1-[p-Cyanphenyl]-1-phenyläthan* (**V**), $C_{15}H_{13}N$, $Kp._5$ 167—169°, F. 50—51° (Methanol), aus **III** u. CuCN in Pyridin bei 210—220° (5 Std.), Neutralisieren mit verd. HCl u. Extrahieren mit Bzl.; 64%. — *1.1-Bis-[p-cyanphenyl]-äthan* (**VI**), $C_{16}H_{12}N_2$, $Kp._5$ 222—225°, F. 123—123,5° (Bzl. u. PAe.), analog aus **IV**; 83%. — *p-Jodbenzoesäure*, F. 226—267°, aus **III** u. CrO_3 in Eisessig. — *p-Jodbenzophenon*, F. 100—101°, analog. — *p.p'-Dijodbenzophenon*, F. 237 bis 238°, analog aus **IV**. — *p-Cyanbenzophenon*, F. 110—111°, aus **V**. — *p-[1-Phenyläthyl]-benzoesäure* (**VIII**), $C_{15}H_{14}O_2$, F. 124—125°, aus **V** in sd. wss. NaOH. — *p-Benzoylbenzoesäure* (**IX**), F. 196—197°, durch CrO_3-Oxydation von **VIII**. *Methylester*, Kp. 105—108°. — *1.1-Diphenyläthylen*, $Kp._3$ 116—118°, n_D^{22} 1,6117, aus **II**, N-Bromsuccinimid u. Benzoylperoxyd in sd. CCl_4 (1 Std.) u. Erwärmen des Bromids mit Pyridin. — *1.1-Bis-[p-cyanphenyl]-äthylen*, F. 185—158,5°, analog aus **VI**. — *p-Methylstyrol*, $Kp._{70}$ 75—80°, durch Pyrolyse von **VII** mit der 20fachen Menge Wasserdampf über Katalysator **A** bei 450° in einem Porzellanrohr; 30%. — *p-Äthyltoluol*, Kp. 150—152°, n_D^{20} 1,5072, durch Pyrolyse von **VII** im N_2-Strom über Katalysator **B** bei 420°, neben einer Fraktion vom Kp. 127—130°, n_D^{20} 1,5043, u. einem höhersd. Rückstand. — *p-Cyanstyrol*, $Kp._9$ 104—107°, n_D^{23} 1,5778, durch Pyrolyse von **V** in Bzl. bei 500° mit der 3fachen Menge Dampf über Katalysator **A**. — *p-Äthylbenzonitril*, $Kp._{10}$ 105—112°, n_D^{25} 1,5323, analog über Katalysator **B**, neben einer **V** enthaltenden Fraktion (**X**) vom $Kp._1$ 148—160° u. **VIII** aus den wss. Anteilen. — *p-Benzoylbenzamid*, $C_{14}H_{11}O_2N$, F. 169—170°, durch Oxydation von **X** mit CrO_3 in Eisessig. Liefert bei der Hydrolyse **IX**. — *Verbb. vom F. 166—166,5° u. F. 208—209°* bei der Pyrolyse von **VI** über Katalysator **A** bei 550° als einzige isolierte, aber undefinierte Produkte. (J. org. Chemistry **21**. 78—81. Jan. 1956. Pittsburgh, Pa., Duquesne Univ., Dep. of Chem.) H. GOLD. 2420

E. A. Braude und **E. A. Evans**, *Alkenylierung mit Lithiumalkenylen.* 12. Mitt. *Dihydronaphthyl- und Indenylderivate.* (11. vgl. C. **1956**. 7200.) Das aus Tetralin durch CrO_3-Oxydation erhaltene α-Tetralon gibt mit PCl_5 ein Gemisch aus *1-Chlor-3.4-dihydronaphthalin* (**I**) u. *1.1-Dichlortetralin*, das durch Rektifikation getrennt werden kann. Die nur langsam erfolgende Rk. von **I** mit Li führt zu *3.4-Dihydronaphthyl-(1)-Li* (**II**), aus dem bei der Carbonisierung überwiegend *3.4-Dihydro-α-naphthoesäure* entsteht. Aus dieser bildet sich bei der Dehydrierung vorwiegend *Naphthalin*. Die Formylierung von **I** mit N.N-Dimethylformamid führt nur in geringer Ausbeute zu *3.4-Dihydro-α-naphthaldehyd*. — Analog entsteht aus dem aus β-Tetralon gebildeten *3-Chlor-1.2-dihydronaphthalin* ein *Li-Deriv.*, das zu *3.4-Dihydro-β-naphthoesäure* carbonisiert wird. 3-Chlorinden wird nicht nennenswert von Li angegriffen, 2-Chlorinden läßt sich dagegen in ein *Li-Deriv.* verwandeln u. bildet dann mit Trockeneis *2-Chlorinden-3-carbonsäure*. Demnach ist die CH_2-Gruppe reaktionsfähiger als die =CCl-Gruppe u. die Carbonisierung wird anscheinend von einer Wanderung der Doppelbindung begleitet. Die UV-Spektren der Verbb. werden angeführt u. diskutiert.

Versuche (FF. korr.; KOFLER-Block): *α-Tetralon*, $Kp._{12}$ 129—135°, durch 3std. Zufügen von Tetralin in Eisessig zu CrO_3 in verd. Essigsäure unter Rühren >12°, 10tägiges Stehen, Verdünnen mit W., Ausäthern u. Dest.; n_D^{21} 1,5675; bis 50% (Ausbeute). — *1-Chlor-3.4-dihydronaphthalin* (**I**), $C_{10}H_9Cl$, $Kp._{10^{-4}}$ 50—51°, aus 50 g vorst. Verb. durch Zutropfen von PCl_5, Stehen, Gießen auf Eis, Ausäthern u. Dest.; n_D^{23} 1,5952; 36%. Daneben *1.1-Dichlortetralin*, $Kp._{10^{-4}}$ 76—82°, n_D^{20} 1,6038—1,6092; 16 g. — *3.4-Dihydro-α-naphthoesäure*, $C_{11}H_{10}O_2$, F. 120—122°, aus vorst. Verb. in Ae. durch Zutropfen von Li in Ae. (66 Std. kochen), Gießen auf Trockeneis, Verdünnen, Ansäuern, Ausäthern u. Ausziehen des Äthers mit NaOH; Nadeln aus PAe.; 12%; gibt durch Hydrierung über 10%ig. Pd-Kohle in 5—6 Std. bei 290—300° 68% *Naphthalin*. *Benzylaminsalz*, $C_{18}H_{19}O_2N$, F. 145—146°, aus A.-Äthylacetat Nadeln. — *3.4-Dihydro-α-naphthaldehyd*, $Kp._{10^{-4}}$ 135—145° (Badtemp.), aus 3,8 g N.N-Dimethylformamid + **II** in Ae. bei 0°, Stehen, Aussalzen u. Dest.; n_D^{19} 1,6352; 2,4 g. *2.4-Dinitrophenylhydrazon*, $C_{17}H_{14}O_4N_4 \cdot H_2O$, F. 203—204°, orangefarbene Platten aus CH_3OH-Äthylacetat. — *3-Chlor-1.2-dihydronaphthalin*, $C_{10}H_9Cl$, $Kp._{0,1}$ 60°, aus β-Tetralon + PCl_5 wie oben (3std. Rühren); n_D^{21} 1,5870; 34%. — *3.4-Dihydro-β-naphthoesäure*, $C_{11}H_{10}O_2$, F. 118°, aus vorst. Verb. + Li in Ae. (24 Std. kochen) u. Carbonisieren wie oben; Platten aus PAe.; 8%. *Benzylaminsalz*, $2\,C_{11}H_{10}O_2 \cdot C_7H_9N$, F. 154—155°, Nadeln aus Äthylacetat. — *1.2-Dichlorindan*, $Kp._2$ 86—90°, durch Chlorieren von 156 g Inden in CCl_4 in 1½ Std. u. Dest.; n_D^{23} 1,5715; 185 g. — *2-Chlorinden*, $Kp._{11}$ 100—104°, durch 5std. Erhitzen von 75 g vorst. Verb. auf 225—230° bis zur Beendigung der HCl-Entw.; n_D^{23} 1,5823; 35 g. — *2-Chlorinden-3-carbonsäure*, $C_{10}H_7O_2Cl$, F. 184—185°, aus 12 g vorst. Verb. + Li in Ae. (112 Std. kochen) u. Carbonisieren; gelbliche Nadeln aus Bzl.; 3,1 g. *Methylester*, $C_{11}H_9O_2Cl$, F. 47°, gelbe Nadeln aus Pentan. — *1-Chlorinden*, C_9H_7Cl, $Kp._{16}$ 109—110°, aus 60 g Indanon-(1) in Bzl. + PCl_5 (3 Std. rühren) u. Gießen auf Eis; n_D^{23} 1,5808; 35 g. (J. chem. Soc. [London] **1955**. 3337—41. Okt.) H. LEHWALD. 2600

A. V. Grampoloff, *Über Moschusriechstoffe, die sich von substituierten Indanen ableiten.* Bei der Kondensation von p-Cymol (**I**) mit tert.-Amylalkohol (**II**) in Ggw. von konz. H_2SO_4 nach CARPENTER u. EASTER (C. **1952**. 1982) entsteht nicht, wie von diesen Autoren beschrieben, 3-tert.-Amyl-4-isopropyltoluol, sondern *1.3.3.6-Tetramethyl-*

1-[p-tolyl]-indan (**III**) u. eine Mischung von Hexamethylindanen (**IV**). **III** ist bereits von IPATIEFF u. Mitarbeitern (C. **1949.** II. 309) beschrieben worden u. konnte als *Tetranitroverb.* charakterisiert werden. Die Mischung der **IV**, die wahrscheinlich *1.1.2.3.3.6-* u. *1.2.2.3.3.6-Hexamethylindan* enthält, wurde durch eine *Dinitroverb.* (**V**) charakterisiert u. liefert bei der Acetylierung *1.1.2.3.3.6-Tetramethyl-5-acetylindan* (**VI**). Die Konst. von **VI** ergab sich aus der Identität mit einer aus einem synthet. KW-stoff erhältlichen Acetylverbindung. Bei der Kondensation von **I** mit tert.-Butanol (**VII**) in Ggw. von konz. H_2SO_4 entsteht nur **III**, während in Ggw. von $AlCl_3$ nach BARBIER (vgl. Helv. chim. Acta **15.** [1932.] 592) ausschließlich *1.1.3.3.6-Pentamethylindan* (**VIII**) neben wenig **III** gebildet wird. — **V** u. **VI** sind ebenso wie die Dinitro- u. Acetylverb. von **VIII** Moschusriechstoffe.

Versuche: *Hexamethylindane* (**IV**), $C_{15}H_{22}$, in drei Fraktionen: Kp.$_2$ 79°, D.$^{20}_4$ 0,9046, n_D^{20} 1,5075; Kp.$_2$ 81°, D.$^{20}_4$ 0,9067, n_D^{20} 1,5090; Kp.$_2$ 98°, D.$^{20}_4$ 0,9084, n_D^{20} 1,5098, aus 500 g **I** u. 120 g **II** nach CARPENTER u. EASTER (l. c.); 87 g (Ausbeute). — *1.3.3.6-Tetramethyl-1-[p-tolyl]-indan* (**III**), $C_{20}H_{24}$, Kp.$_2$ 147°, D.$^{20}_4$ 0,9820, n_D^{20} 1,5580, F. 39,5° (A.), neben **IV**; Nadeln; 51 g. — *1.3.3.6-Tetramethyl-5.7-dinitro-1-[4-methyl-3.5-dinitrophenyl]-indan* (**V**), $C_{20}H_{20}O_8N_4$, F. 249° (Bzl.), aus **III** in konz. H_2SO_4 mit konz. HNO_3 bei +5° (30 Min.); hellgelbe Täfelchen. — *Hexamethyldinitroindan*, $C_{15}H_{20}\cdot O_4N_2$, F. 116°, analog aus **IV**; hellgelbe Täfelchen. — *1.1.2.3.3.6-Hexamethyl-5-acetylindan* (**VI**), $C_{17}H_{24}O$, Kp.$_{0,2}$ 102—113°, n_D^{20} 1,5298—1,5327, F. 61,5° (A.), aus 120 g **IV** u. Acetylchlorid in Nitrobenzol in Ggw. von $AlCl_3$ bei 10—15° (30 Min.); Nadeln; 135 g. *Phenylsemicarbazon*, $C_{24}H_{31}ON_3$, F. 193,5° (A., sintert bei 174°). — *1.1.3.3.6-Pentamethylindan* (**VIII**), $C_{14}H_{20}$, Kp.$_2$ 78°, D.$^{20}_4$ 0,8953, n_D^{20} 1,5032, aus 800 g **I** u. 160 g **VII** nach BARBIER (l. c.), neben 46 g **III**. — *1.1.3.3.6-Pentamethyl-5.7-dinitroindan*, $C_{14}H_{18}O_4N_2$, F. 133°, aus **VIII** nach BARBIER (l. c.). — *1.1.3.3.6-Pentamethyl-5-acetylindan*, $C_{16}H_{22}O$, Kp.$_2$ 120°, F. 63,5° (A.), aus 200 g **VIII** wie **VI**; 209 g. *Phenylsemicarbazon*, $C_{23}H_{29}ON_3$, F. 170° (A.), Nadeln, u. F. 182°, Täfelchen. (Helv. chim. Acta **38.** 1263—68. 1/8. 1955. Genf, L. Giraudan & Cie., Serv. de dévelopm., Vernier.)

H. GOLD. 2650

S. H. Weber, D. B. Spoelstra und **E. H. Polak**, *Bemerkungen zur Publikation von A. V. Grampoloff „Über Moschusriechstoffe, die sich von substituierten Indanen ableiten“.* (Vgl. vorst. Ref.) Die von GRAMPOLOFF (l. c.) beschriebenen Moschusriechstoffe, die bei der Acylierung eines $C_{15}H_{24}$-KW-stoffes entstehen, sind Gegenstand des Holl. P. 74 524 des Vf.; der $C_{15}H_{24}$-KW-stoff, der aus tert.-Amylalkohol u. p-Cymol in Ggw. von konz. H_2SO_4 entsteht, enthält nach den Unterss. des Vf. *1.1.2.3.3.5-Hexamethylindan* (41%), *1.1.3.5-Tetramethyl-3-äthylindan* (23%) u. *1.1.3.3.5-Pentamethylindan* (12%) (vgl. Recueil Trav. chim. Pays-Bas **74.** [1955.] 1179). Der von GRAMPOLOFF (l. c.) beschriebene Moschusriechstoff ist seit 1951 unter dem Markennamen „*Phantolid*“ durch POLAKS FRUTAL WORKS N. V. im Handel. (Helv. chim. Acta **39.** 323. 1/2. 1956. Amerstoort, Holland, Polak's Frutal Works N. V., Forschungslabor.) H. GOLD. 2650

D. Iwanow, Tsch. Iwanow und **B. Stojanowa-Iwanowa**, *Indone.* 4. Mitt. *Über die Struktur der Verbindungen, die bei energischer Sulfurierung von 2-Phenyl-3-p-tolylindon und 2-Phenyl-3-äthylindon erhalten werden.* (3. vgl. C. **1955.** 9088.) Beim Behandeln von 2-Phenyl-3-[p-tolyl]-indon oder 2-Phenyl-3-äthylindon mit einem Gemisch aus 5 Teilen Oleum (20% SO_3) u. 1 Teil konz. H_2SO_4 (1 Std. bei Zimmertemp.) entstehen *2-[p-Sulfophenyl]-3-[p-tolyl]-indondisulfonsäure-(4.6)* (**I**) bzw. *2-[p-Sulfophenyl]-3-carboxyindonsulfonsäure-(4)* (**II**). Sie werden als Ba-Salze in fast theoret. Ausbeute isoliert. Die Alkalisalze von **I** u. **II** färben Wolle goldgelb. Die Struktur von **I** u. **II** wurde durch $KMnO_4$-Oxydation, Alkalischmelze des Oxydationsprod. u. BECKMANNsche Umlagerung des Oxims der Oxydationsprodd. ermittelt. (Доклады Болгарской Академии Наук [C. R. Acad. bulgare Sci.] **5.** Nr. 2—3. 25—28. April/Juni–Okt./Dez. 1952. Sofia, Univ., Lehrstuhl für organ. Chem.) O. POLLAK V. EMHOFEN. 2650

M. B. Moore und **W. H. Washburn**, *Die Struktur von 2-Methylnaphthochinon-(1.4)-Additionsverbindungen mit Bisulfiten.* Für die $KHSO_3$-Verb. des 2-Methylnaphthochinons-(1.4) (dargestellt nach BAKER u. Mitarbeitern, vgl. C. **1945.** I. 907) wurde die Konst. als *K-Salz* der *2-Methyl-2.3-dihydronaphthochinon-(1.4)-sulfonsäure-(2)* infrarotspektroskop. bestätigt. (J. Amer. chem. Soc. **77.** 6384—85. 5/12. 1955. North Chicago, Ill., Abbott Labors.) H. ASCHERL. 2700

Hwa-Ming Chao, *Synthese von $\Delta^{9,10}$-α-Oktalon.* *γ-[Δ^1-Cyclohexenyl]-γ-ketobuttersäure* (**I**) wird aus Bernsteinsäureanhydrid u. Cyclohexen mit $AlCl_3$ hergestellt. Als Katalysatoren sind $FeCl_3$ oder $SnCl_4$ nicht geeignet. **I** wird nach WOLFF-KISHNER (die Modifikation nach HUANG-MINLON war weniger günstig) zu *γ-[Δ^1-Cyclohexenyl]-buttersäure* (**II**) reduziert. Das aus **II** u. $SOCl_2$ hergestellte *Säurechlorid* wird mit $SnCl_4$ zu *$\Delta^{9,10}$-α-Oktalon* cyclisiert.

Versuche: *γ-[Δ^1-Cyclohexenyl]-γ-ketobuttersäure* (I), $C_{10}H_{14}O_3$, F. 94—96°, Kp.$_2$ 160—163°, aus Bernsteinsäureanhydrid u. Cyclohexen mit $AlCl_3$ in Nitrobenzol bei —5°; aus Bzl.-PAe. Pulver; 62,3% (Ausbeute). *Semicarbazon* (III), F. 211°, aus 10 g I, Semihydrochloridcarbazid u. Na-Acetat in A. auf dem sd. Wasserbad; 6,5 g. — *γ-[Δ^1-Cyclohexenyl]-buttersäure* (II), aus III in alkoh. Natriumäthylatlsg. (10 Std. bei 200° im Autoklaven); 75%. — *$\Delta^{9,10}$-α-Oktalon*, Kp.$_9$ 138—142°, aus II u. $SOCl_2$ über II-*Chlorid* u. dessen Cyclisierung mit $SnCl_4$ in CS_2 bei ca. —8°; 40%. *Semicarbazon*, F. 240—242°. (Acta chim. sinica **21.** 99—102. 1955. Szechwan, Univ., Dep. of Chem. [Orig.: chines.; Auszug: engl.]) E. MAEKAWA. 2700

A. D. Jarrett und **J. D. Loudon,** *Eine neue Synthese von Chrysen.* Während die Cyclisierung von α.β-Diphenylglutarsäure (I) mit Polyphosphorsäure zu einem Indanonderiv. führt (vgl. BADGER, CAMPBELL u. COOK, J. chem. Soc. [London] **1949.** 1084), liefert γ-Cyan-β.γ-diphenylbuttersäure (II) unter den gleichen Cyclisierungsbedingungen u. gleichzeitiger Hydratisierung von CN zu $CONH_2$ das Tetralonderiv. *1.2.3.4-Tetrahydro-4-oxo-2-phenyl-α-naphthamid* (III). Die Konst. von III ergab sich aus der Verseifung zur Carbonsäure (IV), die in *2-Phenylnaphthalin* umgewandelt werden konnte. Die Cyclisierung von IV ergab *3.4.10.11-Tetrahydro-3-oxo-1.2-benzofluorenon,* u. die aus ihr durch CLEMMENSEN-Red. erhaltene *1.2.3.4-Tetrahydro-2-phenyl-α-naphthoesäure* (V) führt durch ARNDT-EISTERT-Verlängerung u. anschließende Cyclisierung der dadurch gewonnenen *trans-Homosäure* (VI) zu *trans-1.2.7.8.15.16-Hexahydro-2-oxochrysen* (VII). Die trans-Konfiguration ergab sich aus der Red. zu dem bekannten *trans-1.2.7.8.15.16-Hexahydrochrysen* (VIII) (vgl. RAMAGE u. ROBINSON, J. chem. Soc. [London] **1933.** 607).

Versuche: *α-[3-Oxoindanyl-(1)]-α-phenylessigsäure,* F. 153—154°, aus 0,4 g I 2 cm³ sirupöser H_3PO_4 u. 5 g P_2O_5 bei 100° (2—3 Std.); Ausbeute gering. — *1.2.3.4-Tetrahydro-4-oxo-2-phenyl-α-naphthamid* (III), $C_{17}H_{15}O_2N$, F. 200—201° (Essigsäure), aus II wie vorst. u. Isolierung des neutralen Anteils durch fraktionierte Kristallisation aus Essigsäure; λ_{max} 248 u. 291 mμ (log ε = 4,05 u. 3,23). *2.4-Dinitrophenylhydrazon,* F. 277 bis 279° (Zers.; Essigsäure). — *α.β-Diphenylglutarimid,* $C_{17}H_{15}O_2N$, F. 226—227° (Essigsäure), als Nebenprodukt. — *1.2.3.4-Tetrahydro-4-oxo-2-phenyl-α-naphthoesäure* (IV), $C_{17}H_{14}O_3$, F. 151—152° (Bzl. + Bzn.), aus III mit 5n NaOH (3 Std.) in sd. Alkohol. *2.4-Dinitrophenylhydrazon,* $C_{23}H_{18}O_6N_4$, F. 240—242° (Zers.; A.). — *3.4.10.11-Tetrahydro-3-oxo-1.2-benzofluorenon,* $C_{17}H_{12}O_2$, F. 148—150° (Methanol), aus IV u. Polyphosphorsäure bei 100° (40 Min.); Nadeln. — *3-Oxy-1.2-benzofluorenon,* F. 303—307° (Zers.), analog in sd. Nitrobenzol in Ggw. von wenig Jod. — *1.2.3.4-Tetrahydro-2-phenyl-α-naphthoesäure* (V), $C_{17}H_{16}O_2$, F. 143—144° (Essigsäure), aus IV, amalgamiertem Zn u. konz. HCl in sd. Toluol (50 Std.). *Amid,* $C_{17}H_{17}ON$, F. 183—184° (Bzl.), über das Säurechlorid ($SOCl_2$) mit NH_3. — *2-Phenylnaphthalin,* F. 100—101°, analog (36 Std.) u. Trocknen des Verdampfungsrückstandes der Reduktionsmischung bei 200—300° (3—4 Std.). — *trans-1.2.3.4-Tetrahydro-2-phenylnaphthyl-(1)-essigsäure* (VI), $C_{18}H_{18}O_2$, F. 136—137° (Acetonitril), durch Umsetzen des Säurechlorids von V mit Diazomethan u. Behandeln des erhaltenen Diazoketons in Methanol mit einer Lsg. von Ag-Benzoat in Triäthylamin bei 20° u. Kochen am Rückfluß (2 Std.); nach der Hydrolyse mit wss. alkoh. KOH u. Ansäuern der alkal. Lsg. Prismen. — *trans-1.2.7.8.15.16-Hexahydro-2-oxochrysen* (VII), $C_{18}H_{16}O$, F. 118° (Bzn.), aus VI u. Polyphosphorsäure bei 120—130° (3—4 Std.); Rhomben; λ_{max} 253 u. 294 mμ (log ε = 4,12 u. 3,34). Semicarbazon, $C_{19}H_{19}ON_3$, F. 237 bis 239° (Zers.; Essigsäure). — *trans-1.2.7.8.15.16-Hexahydrochrysen* (VIII), $C_{18}H_{18}$, F. 112 bis 114° (PAe.), aus VII wie V; λ_{max} 266 u. 274 mμ (log ε = 3,19 u. 3,01; in A.). — *Chrysen,* F. 248—250°, durch Dehydrieren von VIII. (J. chem. Soc. [London] **1955.** 4052—54. Dez. Glasgow, Univ.) H. GOLD. 2950

G. T. Tatewossjan, A. G. Tersjan, Ss. A. Wardanjan und **A. G. Wardanjan,** *Synthese mehrkerniger hydroaromatischer Ketone.* 9. Mitt. *2-Keto-2.3.4.4a.6.7-hexahydro-5H-dibenz-[a.c]-cycloheptatrien.* (8. vgl. C. **1955.** 5776.) 2-[γ-Chlorcrotyl]-6.7-benzosuberon-(1) (I) wird beim Behandeln mit H_2SO_4 über 2-[γ-Oxobutyl]-6.7-benzosuberon-(1) in *1.2-Benzo-3.4-[5'-oxo-$\Delta^{1',6'}$-tetrahydrobenzo]-cyclohepten-(1)* (II) umgewandelt. Zur Synth. von I wird α-[3-Chlorcrotyl]-δ-phenylvaleriansäure (III) in das Chlorid übergeführt u. dieses mit $SnCl_4$ cyclisiert. Mit besserer Ausbeute u. reiner läßt sich I erhalten, wenn 2-Carbomethoxy-6.7-benzosuberon-(1) (IV) mit 1.3-Dichlorbuten-(2) (V) zu *2-[γ-Chlorcrotyl]-2-carbomethoxy-6.7-benzosuberon-(1)* (VI) kondensiert u. dieses verseift u. decarboxyliert wird. In beiden Fällen wird I nicht rein gewonnen u. als Rohprod. weiterverarbeitet.

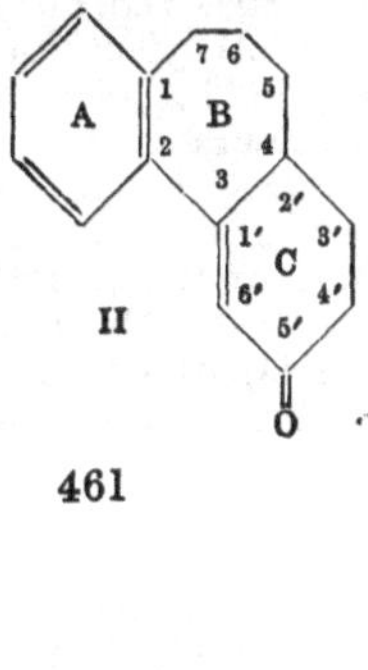

II

Versuche: *γ-Phenylpropylmalonsäurediäthylester,* Kp.$_8$ 170 bis 173°, aus γ-Phenylpropylbromid u. Malonester nach BRAUN u. KUNBER (Ber. dtsch. chem. Ges. **45.** [1912.] 386)); D.$^{18}_4$ 1,0546; n_D^{18} 1,4901; 72,8% (Ausbeute). — *[γ-Chlorcrotyl]-[γ'-phenylpropyl]-*

malonsäurediäthylester, $C_{20}H_{27}O_4Cl$, Kp.$_5$ 194—200°, aus der Na-Verb. vorst. Esters u. **V** in A. bei 6std. Kochen; D^{19}_4 1,0970; n_D^{19} 1,5038; 83,6%. — *[γ-Chlorcrotyl]-[γ'-phenyl-propyl]-malonsäure*, $C_{16}H_{19}O_4Cl$, F. 124—125°, aus vorst. Ester durch Verseifen mit alkoh. NaOH; 72%. — *α-[3-Chlorcrotyl]-δ-phenylvaleriansäure* (**III**), $C_{15}H_{19}O_2Cl$, F. 39—40°, Kp.$_4$ 190—195°, durch Erhitzen vorst. Verb.; n_D^{20} 1,5298 (unterkühlt); 92%. Wird durch Einw. von H_2SO_4 (D. 1,74) schon bei Zimmertemp. völlig sulfuriert. — *2-Carbomethoxy-6.7-benzosuberon-(1)* (**IV**), Herst. nach HORTON u. Mitarbeitern (vgl. C. **1956**. 2166). — *2-[γ-Chlorcrotyl]-2-carbomethoxy-6.7-benzosuberon-(1)* (**VI**); man kocht 10,8 g vorst. Verb. mit CH_3ONa-Lsg. (5,7 g Na; 110 ml CH_3OH) + 60 ml Bzl. $^1/_2$ Std., fügt nach dem Abkühlen tropfenweise 33,5 ml **V** hinzu u. kocht $^1/_2$ Std.; 15 g. — *2-[γ-Chlorcrotyl]-6.7-benzosuberon-(1)* (**I**), a) eine Lsg. von **III**-Chlorid (9 g **III**; 7,1 g PCl_5) in Bzl. wird mit 40 g $SnCl_4$ 6 Std. gekocht, hierbei wird **I** (Präp. **A**) als dunkelbraunes Öl erhalten; 3,4 g neben 5 g wiedergewonnenem **III**; b) aus 15 g **VI** durch Kochen mit wss.-methanol. NaOH, Abdest. des größten Teils des CH_3OH im Vakuum u. Ansäuern mit verd. H_2SO_4; erhalten werden 12,17 g **I** (Präp. **B**) als hellbraunes Öl. — *1.2-Benzo-3.4-[5'-oxo-$\Delta^{1',6'}$-tetra-hydrobenzo]-cyclohepten-(1)* („*2-Keto-2.3.4.4a.6.7-hexahydro-5H-dibenz-[a,c]-cyclohepta-trien*"; **II**), $C_{15}H_{16}O$, F. 100—101°, a) aus 3,4 g **I** (Präp. **A**) u. 11 ml H_2SO_4 (D. 1,76), 48 Std. bei Zimmertemp., man gießt in Eiswasser, löst in Ae. u. wäscht zur Entfernung von sauren Prodd. mit Alkalilauge; b) analog aus 4 g **I** (Präp. **B**) u. 10 ml H_2SO_4 (D. 1,78). **II** krist. aus Ae. in Nadeln; 0,83 g aus **A**; 1,92 g aus **B**. *2.4-Dinitrophenylhydrazon*, $C_{21}H_{20}O_4N_4$, F. 183—185°, aus A. orangerote Kristalle. (Журнал Общей Химии [J. allg. Chem.] **25** (**87**). 1766—71. Sept. 1955. Chem. Inst. der Akad. der Wiss. der ArmenSSR.)
R. KNOBLOCH. 2950

B. H. Chase und **James Walker**, *Eine neue Reaktion von Thioharnstoff, die Struktur der Jaffé-Base und damit zusammenhängende Untersuchungen.* Die Kondensation von α-Chlor-α-phenylacetonitril mit Thioharnstoff (**I**) in Aceton gab *2.4-Diamino-5-phenyl-thiazolhydrochlorid*; bei der analogen Umsetzung von α-Brom-p-chlorphenylacetonitril (**II**) wurden dagegen neben *2.4-Diamino-5-p-chlorphenylthiazolhydrobromid* ca. 30% *2.6-Di-amino-4.4-dimethyl-1.3.5-thiadiazinhydrobromid* (**III**) erhalten. **III** wurde auch aus *Thio-diformamidindihydrobromid* (**IV**) u. Aceton dargestellt. Cyanamid u. **I** reagieren in Ggw. von alkoh. HCl oder HBr leicht unter Bldg. von **IV** bzw. dem analogen Hydrochlorid; da **IV** weiter mit Aceton zu **III** reagiert, könnte bei der Rk. von **II** mit **I** in Aceton durch Zers. des intermediären S-[p-Chlor-α-cyanbenzyl]-isothioharnstoffs unter Bldg. von Cyan-amid obige Reaktionsfolge eintreten u. zur Bldg. von **III** führen. Weiter wird die Mög-lichkeit der Bldg. von Dithiodiformamidindihydrobromid (**V**) u. Zers. zu Cyanamid, S, **I** u. HBr, die wieder die Ausgangsmaterialien für obige Rk. ergäbe, diskutiert; ein Zerfall von **V**, wie er bei dem aus N.N.N'-Trimethylthioharnstoff erhaltenen Hexamethyldithio-diformamidin beobachtet wurde, ergäbe Guanylthioharnstoff, der mit Aceton zu *4-Amino-1.2-dihydro-6-mercapto-2.2-dimethyl-1.3.5-triazin* (**VIII**) reagiert. **VIII** wurde auch durch Entmethylierung von *4-Amino-1.2-dihydro-2.2-dimethyl-6-methylmercapto-1.3.5-triazin* dargestellt. Thiodiformamidin selbst reagiert nicht mit Aceton. Die direkte Rk. von **I** mit HBr u. Aceton oder die von Mesityloxyd, **I** u. wss. konz. HBr ergab *2-Amino-4.6.6-tri-methyl-1.3-thiazin* oder eine tautomere Form; das *Pikrat* dieser Verb. ist wahrscheinlich ident. mit dem „Thiocarbamid–Aceton-Pikrat" von TAYLOR [1922]. Die Base ist mit dem nichtbas. *4.5-Dihydro-2-mercapto-4.4.6-trimethylpyrimidin* (**VI**) isomer, das aus Mesi-tyloxyd u. Ammoniumthiocyanat in sd. Toluol erhalten wurde. Diese Verb. läßt sich durch Methylierung in *4.5-Dihydro-4.4.6-trimethyl-2-methylmercaptopyrimidin* über-führen u. durch Entmethylierung wieder regenerieren. Für die von JAFFÉ u. KÜHN [1894] aus Thiophosgen u. Äthylendiamin erhaltene Base, die von JOHNSON u. EDENS (J. Amer. chem. Soc. **63**. [1941.] 1058) auch durch Oxydation von N.N'-Äthylenthioharnstoff mit 5.5-Dibromoxyhydrouracil (wirksam ist HOBr) dargestellt wurde, nehmen Vff. die Struktur eines *4.5-Dihydro-1-[4.5-dihydroglyoxalinyl-(2)]-2-mercaptoglyoxalins* (**VII**) an. Das Hydrochlorid dieser Base dürfte mit der von RAY u. DAS [1922] aus N.N'-Äthylen-thioharnstoff u. Chlorpikrin erhaltenen Verb. $C_6H_{11}N_4ClS$ ident. sein. Die Unters. der UV-Spektren der dargestellten Verbb. bestätigt die obigen Strukturzuordnungen. **I**, N.N'-Äthylenthioharnstoff, **VII**, Guanylthioharnstoff, **VI**, **VIII**, Monomethylthioharn-stoff, N.N'-Dimethylthioharnstoff, N-[p-Chlorphenylguanyl]-thioharnstoff, 6-Methyl-2-thiouracil, 1.4.6-Trimethyl-2-thiopyrimidon u. 6-Methyl-4-thiopyrimidon gaben mit GROTES-Reagens (J. biol. Chemistry **93**. [1931.] 25) blaue, blaugrüne oder grüne Färbun-gen. Die Prüfung von **III** u. Thiodiformamidin gab Blaufärbungen, die sofort wieder verschwanden. Puffert man jedoch mit Borax, so sind auch diese Färbungen beständig. Da erstere Verbb. in Boraxlsg. keine intensive Färbung gaben, scheint es notwendig, wegen der p_H-Abhängigkeit in $NaHCO_3$-Lsg. u. in Boraxlsg. zu prüfen. Von den obigen Ring-verbb. gab nur N.N'-Äthylenthioharnstoff mit Diphenylmethylchlorid eine Blaufärbung.

Versuche: *2.4-Diamino-5-phenylthiazolhydrochlorid*, $C_9H_9N_3S \cdot HCl$, F. 273 bis 274° (Zers. >235°; Methanol–Äthylacetat), a) aus 6,55 g α-Chlor-α-phenylacetonitril, 3,36 g I u. 10 cm³ Aceton durch 3tägiges Stehen bei Raumtemp.; 72% (Ausbeute); b) aus dem Benzolsulfonat u. Neutralisieren der freien Base mit HCl. *Hydrobromid*, F. 260° (Zers.; CH_3OH–Äthylacetat), aus dem Bromierungsprod. von 29,3 g Phenylacetonitril durch Rk. mit 19 g I u. 300 cm³ Aceton durch 4tägiges Stehen bei Raumtemp.; 38%; daneben 3,83 einer *Verb. vom F. >360°*. — *2.6-Diamino-4.4-dimethyl-1.3.5-thiadiazindihydrobromid* (**III**), $C_5H_{10}N_4S \cdot 2\,HBr$, F. 221—222° ($CH_3OH$–Äthylacetat), a) aus 5 g Thiodiformamidindihydrobromid (**IV**), in 60 cm³ CH_3OH u. 50 cm³ Aceton in 4—10 Tagen bei Raumtemp.; 29%; b) durch Zutropfen von 11,1 g Br_2 zu 10 g p-Chlorphenylacetonitril in 15 Min. bei 110—115° Badtemp., 15 Min. langes Erwärmen bei derselben Temp., Abkühlen, Entfernen von HBr u. Br_2 durch einen N_2-Strom, Zugabe von 5,5 g I u. 50 cm³ Aceton u. 4tägiges Stehen bei Raumtemp.; 29% (bezogen auf I); daneben *2.4-Diamino-5-p-chlorphenylthiazolhydrobromid*, $C_9H_8N_3ClS \cdot HBr$, F. 260° (Zers.; CH_3OH–Äthylacetat); 23%. — *Thiodiformamidindihydrochlorid*, $C_2H_6N_4S \cdot 2\,HCl$, F. 182° (Zers.; CH_3OH–Äthylacetat), durch Zugabe einer Lsg. von 14,5 g I u. 2 Mol HCl in 250 cm³ absol. A. zu 8 g Cyanamid in wenig absol. A. in 1 std. Rk.; 84%. *Dihydrobromid* (**IV**), $C_2H_6N_4S \cdot 2\,HBr$, F. 205—206° (Zers.; 90%ig. Essigsäure), analog vorst. Verb. aus 3 g Cyanamid, 140 cm³ 8%ig. alkoh. HBr u. 5,4 g I; 72%. — *N-Guanylthioharnstoffhydrochlorid*, $C_2H_6N_4S \cdot HCl$, F. 177—178° (Zers.; A.), aus 4.6-Diamino-2-mercapto-1.3.5-thiadiazin (aus Dicyandiamid u. CS_2) durch Hydrolyse mit konz. HCl nach BIRTWELL u. Mitarbeitern (C. **1950.** I. 412); 5,2 g. — *4-Amino-1.2-dihydro-6-mercapto-2.2-dimethyl-1.3.5-triazin* (**VIII**), $C_5H_{10}N_4S$, F. 192—193° (W.), a) aus 2,36 g Guanylthioharnstoff u. 75 cm³ Aceton in Ggw. von 0,5 cm³ Piperidin in 18 Std. bei 37°; 55%; b) durch 4 std. Behandeln von 0,5 g des S-Methylderiv. (aus S-Methylisothioharnstoff u. Aceton; 39%) in 3 cm³ Pyridin u. 0,4 g Triäthylamin mit H_2S; 65%. *Pikrat*, $C_5H_{10}N_4S \cdot C_6H_3O_7N_3$, F. 216—217° (gelbe Rhomben; A.). — *2-Amino-4.6.6-trimethyl-1.3-thiazinpikrat*, $C_7H_{12}N_2S \cdot C_6H_3O_7N_3$, F. 196 bis 198° (gelbe Nadeln; A.), a) durch 6tägiges Stehen von 7,6 g I, 48%ig. wss. HBr u. 100 cm³ Aceton bei Raumtemp. u. Rk. mit Na-Pikrat; 11%; b) durch 8tägiges Stehen von 50 cm³ Mesityloxyd, 7,6 g I u. 20 cm³ 48%ig. wss. HBr bei Raumtemp. u. Rk. mit Na-Pikrat; 78%. — *4.5-Dihydro-2-mercapto-4.4.6-trimethylpyrimidin* (**VI**), $C_7H_{12}N_2S$, F. 253° (Zers.; Eisessig), durch 8 std. Kochen von 38 g Ammoniumthiocyanat, 50 g Mesityloxyd u. 50 g Toluol unter Abscheidung des W.; 82%. *S-Methylderiv.*, *Hydrojodid*, $C_8H_{14}N_2S \cdot HJ$, F. 162—163° (CH_3OH–Äthylacetat). — *4.5-Dihydro-1-[4.5-dihydroglyoxalinyl-(2)]-2-mercaptoglyoxalin* (**VII**), aus N.N'-Äthylenthioharnstoff nach JOHNSON u. EDENS (l. c.). (J. chem. Soc. [London] **1955.** 4443—50. Dez. London, Nat. Inst. for Med. Res.) H. BERTSCH. 3000

N. M. Malenok und **Ss. D. Kulkina**, *Oxydation von Vinylacetylenkohlenwasserstoffen mit organischen Hydroperoxyden*. 4. Mitt. *Oxydation von 4.7-Dipropyldecadien-(3.7)-in-(5) mit Acetylhydroperoxyd*. (3. vgl. C. **1955.** 6953.) Bei der Oxydation von 4.7-Dipropyldecadien-(3.7)-in-(5) (I) mit Acetylhydroperoxyd entstehen *4.7-Dipropyl-3.4;7.8-bis-oxidodecin-(5)* (**II**), *4.7-Dipropyl-7-acetoxy-3.4-oxidodecin-(5)-ol-(8)* (**III**) u. *4.7-Dipropyl-3.4-oxidodecin-(5)-diol-(7.8)* (**IV**). Die 3fache Bindung in **II—IV** wird durch Behandeln mit Br_2 in Chlf. nachgewiesen, wobei 4 Br addiert werden. **II** liefert bei der Hydrolyse *4.7-Dipropyldecin-(5)-tetraol-(3.4.7.8)*.

Versuche: *4.7-Dipropyldecin-(5)-diol-(4.7)*, $C_{16}H_{30}O_2$, aus Dipropylketon u. BrMgC≡CMgBr; hierbei entstehen 2 stereoisomere Formen, die sich durch ihre Löslichkeit unterscheiden u. aus CH_3OH krist. werden: F. 118—119° (schwerlösl. in Ae.), F. 125 bis 126° (leicht lösl. in Ae.). — *4.7-Dipropyldecadien-(3.7)-in-(5)* (I), $Kp._{0,5}$ 98—99°, aus 81 g vorst. Verb. u. 29 g $KHSO_4$ beim Erhitzen u. Entfernen des Reaktionswassers bei 32°/40 mm; n_D^{20} 1,4890; 52 g (Ausbeute). Zur Oxydation werden 51,8 g I mit 48 g bei —12 bis —9° zugesetztem 76,9%ig. CH_3COOOH in Ae. behandelt; Reaktionsdauer 8 Tage; nach Neutralisation mit 10%ig. Na_2CO_3-Lsg. werden aus der getrockneten äther. Lsg. durch fraktionierte Dest. bei 0,5—1 mm 35,5 g **II**, 3 g **III** u. 0,8 g **IV** gewonnen; hierbei scheidet sich **IV** aus der Zwischenfraktion vom $Kp._{0,5}$ 110—135° krist. ab. *4.7-Dipropyl-3.4;7.8-bis-oxidodecin-(5)* (**II**), $C_{16}H_{26}O_2$, $Kp._{0,5}$ 109—110°, grünlichgelbe Fl.; $D._{20}^{20}$ 0,9103; n_D^{20} 1,4573. Bei $2^1/_2$ std. Kochen mit Eisessig entstehen 51,4% **III**. — *4.7-Dipropyl-7-acetoxy-3.4-oxidodecin-(5)-ol-(8)* (**III**), $C_{18}H_{30}O_4$, $Kp._1$ 156—157°, dickes Öl; $D._{20}^{20}$ 0,9824; n_D^{20} 1,4675. Bei 5 std. Schütteln mit gesätt. Na_2CO_3-Lsg. bei 50—60° bildet sich **IV**. — *4.7-Dipropyl-3.4-oxidodecin-(5)-diol-(7.8)* (**IV**), $C_{16}H_{28}O_3$, F. 109—110°. — *4.7-Dipropyldecin-(5)-tetraol-(3.4.7.8)*, $C_{16}H_{30}O_4$, F. 204—206° (im geschlossenen Röhrchen); 3,2 g **II** werden mit 21 ml 1%ig. H_2SO_4 2 Std. unter häufigem Schütteln auf dem sd. Wasserbad erhitzt; auf Zusatz von Ae. scheiden sich Kristalle ab, die aus A. umkrist.

werden; 0,93 g. (Журнал Общей Химии [J. allg. Chem.] **25** (**87**). 1462—66. Aug. 1955. Minsk, Med. Inst.) R. KNOBLOCH. 3030

W. I. Lutkowa, N. I. Kutzenko und **M. I. Itkina,** *Öffnung des Tetrahydrofuranringes durch Säurechloride.* Zur Klärung des Reaktionsmechanismus u. zur Unters. der Bedingungen der Spaltung des Tetrahydrofuranringes lassen Vff. $SOCl_2$ bzw. $POCl_3$ in Ggw. von $ZnCl_2$ auf Tetrahydrofuran (I) einwirken. Es wird festgestellt, daß in Ggw. von wenig $ZnCl_2$ die Bldg. von *4.4'-Dichlordibutyläther* (II) stattfindet, während in Ggw. großer Mengen $ZnCl_2$ *1.4-Dichlorbutan* (III) entsteht. Ebenso entsteht unter vorst. Bedingungen III aus II. Die Öffnung des Tetrahydrofuranringes mittels Säurechloriden führt demnach über II zu III.

Versuche: *4.4'-Dichlordibutyläther* (II), $C_8H_{16}OCl_2$, $Kp._{13}$ 126—128°, a) man läßt zu 72 g I u. 1 g $ZnCl_2$ 119 g $SOCl_2$ zutropfen u. erhitzt auf 120°, bis die SO_2-Entw. beendet ist; $D.^{20}_4$ 1,0810; n_D^{20} 1,4568; 64,3% (Ausbeute), neben 17% III; b) man gibt 72 g I zu 0,5 g $ZnCl_2$ u. 102 g $POCl_3$ bei 60—70°, erhitzt auf 100—107° u. fügt nach Abkühlen 75 ml W. zu; 55%, neben 12% III. — *1.4-Dichlorbutan* (III), $C_4H_8Cl_2$, $Kp._{13}$ 48 bis 50°, a) analog Vorst. nach a) mit ca. 7,2 g $ZnCl_2$; $D.^{20}_4$ 1,1280; n_D^{20} 1,4520; 71%, neben 14,2% II; analog Vorst. nach b) mit 12 g $ZnCl_2$; 60%, neben 7% II. (Журал Общей Химии [J. allg. Chem.] **25** (**87**). 2102—04. Okt. 1955. Moskau, Wiss. Forschungsinst. für Kunststoffe.) CH. WEISKE. 3061

Fausto Ramirez und **Mordecai B. Rubin,** *Synthese von α-Methyl-γ-[naphthyl-(2)]-$\Delta^{\alpha,\beta}$-butenolid und seine Reduktion mit Lithiumaluminiumhydrid. α-Methyl-γ-[naphthyl-(2)] $\Delta^{\alpha,\beta}$-butenolid* (I) wurde aus α-Methyl-β-[naphthoyl-(2)]-propionsäure (III) mit einigen Tropfen konz. H_2SO_4 in Eisessig–Acetanhydrid erhalten. Das isomere $\Delta^{\beta,\gamma}$-Butenolid konnte unter Bedingungen, bei denen aus β-Benzoyl-α-methylpropionsäure das $\Delta^{\beta,\gamma}$-Butenolid entsteht, nicht erhalten werden. Die Red. von I in Ae. mit überschüssigem $LiAlH_4$ liefert *2-Methyl-4-[naphthyl-(2)]-buten-(2)-diol-(1.4)* (II) in nur 30%ig. Ausbeute; der γ-Oxy-$\Delta^{\alpha,\beta}$-aldehyd konnte dabei nicht gefunden werden.

Versuche: *2-[β-Methoxybutyro]-naphthon* (V), $Kp._{0,1}$ 149—152°, n_D^{27} 1,5998, aus 319 g 2-Acetonaphthon (VI), Acetaldehyd u. Na-Methylat in absol. Methanol; $D.^{27}$ 1,110; 64 g (Ausbeute). — *2-Crotonnaphthon* (IV), $C_{14}H_{12}O$, F. 57,5—59° (PAe.), aus 10 g V u. $ZnCl_2$; 6 g. *2.4-Dinitrophenylhydrazon,* $C_{20}H_{16}O_4N_4$, a) aus vorst. Verb., F. 214,4 bis 214,8° (Äthylacetat–A.); b) aus V, F. 203—204° (Äthylacetat–Methanol); wahrscheinlich geometr. Isomere. — *α-Methyl-β-[naphthoyl-(2)]-propionitril,* $C_{15}H_{13}ON$, F. 93,8 bis 94,8° (A.), aus 5 g IV u. KCN in A.–CH_3COOH; 4,3 g. — *α-Methyl-β-[naphthoyl-(2)]-propionsäure* (III), F. 166—167° (Chlf.), a) durch alkal. Hydrolyse von 1,3 g vorst. Verb.; 0,8 g; b) direkt aus VI ohne Zwischenreinigung; 8,2%. — *α-Methyl-γ-[naphthyl-(2)]-$\Delta^{\alpha,\beta}$-butenolid* (I), $C_{15}H_{12}O_2$, F. 255—256° (Chlf.–CCl_4), aus 1 g III, Acetanhydrid–Eisessig mit 1 Tropfen konz. H_2SO_4; 2 Std. Dampfbad; 0,45 g. Hydrolyse liefert III zurück; mit 2.4-Dinitrophenylhydrazin entsteht kein Nd.; keine H_2-Aufnahme mit PtO_2 bei n. Druck. — *2-Methyl-4-[naphthyl-(2)]-buten-(2)-diol-(1.4)* (II), $C_{15}H_{16}O_2$, F. 159,1—159,5° (Äthylacetat–Hexan), aus 1,5 g I mit $LiAlH_4$ in Ae. (3 Std.); 0,5 g. Oxydation von 200 mg II mit CrO_3–Pyridin ergab 80 mg I. — *α-Methyl-γ-[naphthyl-(2)]-butyrolacton,* $C_{15}H_{14}O_2$, F. 93—95°, durch Red. von 1 g III mit 0,12 g $NaBH_4$ in wss. NaOH bei 20°; 0,75 g. (J. Amer. chem. Soc. **77**. 2905—07. 20/5. 1955. New York, N. Y., Columbia Univ., Dep. of Chem.) G. SEELIGER. 3061

E. H. Charlesworth, E. A. Dudley, E. E. Nishizawa und **W. Radych,** *Phthalidbildung.* 3. Mitt. *Kondensationen mit 5-Oxy-2-methylbenzoesäure.* (2. vgl. C. **1954.** 5298.) Bei der Kondensation von 5-Oxy-2-methylbenzoesäure (IV) mit wss. HCHO u. HCl bei Raumtemp. entsteht *3-Oxy-6-methylphthalid* (I). Wird die Kondensation jedoch bei Siedehitze ausgeführt, so entsteht *8-Oxymethyl-6-methyl-1.3-benzodioxan-7-carbonsäurelacton* (II). I wird ferner durch Entmethylierung von 3-Methoxy-6-methylphthalid (III) erhalten. Bei der Oxydation von II mit CrO_3 wird *8-Oxymethyl-6-methyl-1.3-benzodioxanon-(4)-carbonsäure-(7)-lacton* gebildet, das bei der alkal. Hydrolyse unter Abspaltung von HCHO in *3-Oxy-6-methylphthalid-4-carbonsäure* übergeht u. bei der anschließenden Methylierung das *3-Methoxyderiv.* (V) liefert. Durch Decarboxylierung entsteht aus beiden Verbb. I bzw. III. Die $KMnO_4$-Oxydation von V ergibt unter Ringöffnung *1-Methyl-4-methoxybenzol-2.3.5-tricarbonsäure* (VI), bei stärkerer Oxydation *4-Methoxybenzol-1.2.3.5-tetracarbonsäure* (VII). Die $KMnO_4$-Oxydation von II verläuft unter Öffnung des Phthalidringes zu *6-Methyl-1.3-benzodioxan-7.8-dicarbonsäure,* von der das *Anhydrid* u. das *Imid* gebildet wurde u. die bei der CrO_3-Oxydation *6-Methyl-1.3-benzodioxanon-(4)-dicarbonsäure-(7.8)* ergibt. Diese verliert bei der alkal. Hydrolyse HCHO unter Bldg. von *1-Methyl-4-oxybenzol-2.3.5-tricarbonsäure.* Nach anschließender Methylierung entsteht **VI. VII** wurde zum Strukturbeweis aus Brommesitylen über *Isodurol-4-sulfonsäure*

→ *Benzol-1.2.3.5-tetracarbonsäure-4-sulfonsäure* → *4-Oxybenzol-1.2.3.5-tetracarbonsäure* dargestellt.

Versuche: *3-Oxy-6-methylphthalid* (I), $C_9H_8O_3$, F. 223—224°, a) aus 2 g 3-Methoxy-6-methylphthalid (III), HJ u. rotem P (3 Std. kochen unter N_2); Nadeln aus A.; 0,8 g (Ausbeute); b) aus 1,1 g wie vorst. mit $AlCl_3$ in Bzl. in 10 Std. auf dem Wasserbad; 0,5 g; zeigt beim Erwärmen mit Resorcin u. konz. H_2SO_4 u. dann NaOH die für Phthalide charakterist. grüne Fluorescenz; c) durch 12std. Stehen von **IV** + HCHO in konz. HCl. — *8-Oxymethyl-6-methyl-1.3-benzodioxan-7-carbonsäurelacton* (II), $C_{11}H_{10}O_4$, F. 171—172°, durch Erhitzen von 30 g **IV** + 40%ig. HCHO, Zufügen von HCl u. Kochen (vorübergehend fällt I); Nadeln aus Aceton; 30 g; gibt Phthalidtest u. mit Phloroglucin u. H_2SO_4 den roten Test für den m-Dioxanring. — *8-Oxymethyl-6-methyl-1.3-benzodioxanon-(4)-carbonsäure-(7)-lacton*, $C_{11}H_8O_5$, F. 184—185°, aus 10 g **II** in Eisessig + CrO_3 bei 65—70° u. Verdünnen; federartige Nadeln aus Aceton; 2,5 g. — *3-Oxy-6-methylphthalid-4-carbonsäure*, $C_{10}H_8O_5$, F. 238° (W.), durch 1std. Kochen von 5 g vorst. Verb. + 10%ig. NaOH u. Ansäuern; 4 g; $FeCl_3$-Rk. violett; gibt bei der Decarboxylierung **I**. — *3-Methoxy-6-methylphthalid-4-carbonsäure* (V), $C_{11}H_{10}O_5$, F. 150—151°, aus 7,5 g vorst. Verb. mit NaOH + $(CH_3)_2SO_4$; Nadeln aus W.; 6 g. — *3-Methoxy-6-methylphthalid* (III), F. 165 bis 166° (A.), aus 1 g **V** mit Chinolin u. Cu-Chromit in 15 Min. bei 180° u. Gießen in 10%ig. HCl; aus A. Nadeln. — *1-Methyl-4-methoxybenzol-2.3.5-tricarbonsäure* (VI), $C_{11}H_{10}O_7$, F. 238° (Essigsäure), aus 3 g **V** + 3,5%ig. NaOH durch Erwärmen auf 60°, Zufügen von $KMnO_4$, Zers. mit $NaHSO_3$ u. Ansäuern des Filtrats; 2 g. — *4-Methoxy-1.2.3.5-tetracarbonsäure* (VIII), $C_{11}H_8O_9$, F. 167—168° (50%ig. Essigsäure), aus 1 g **VI** in 5%ig. KOH + $KMnO_4$ in 4 Std.; 0,3 g. *Tetraphenacylester*, $C_{43}H_{32}O_{13}$, F. 189—190° (A.; vorher Verfärben). — *Benzol-1.2.3.5-tetracarbonsäure-4-sulfonsäure*, F. 238°, aus 15 g Isodurol-4-sulfonsäure + KOH u. $KMnO_4$ bei 90°. — *4-Oxybenzol-1.2.3.5-tetracarbonsäure*, $C_{10}H_6O_9$, F. 281—282° (HCl), durch 5std. Schmelzen von 40 g des K-Salzes vorst. Verb. u. KOH bei 200—220°, Verdünnen, Ansäuern u. Eindampfen des Filtrats; 6 g; 4 g ergeben bei der Methylierung mit NaOH + $(CH_3)_2SO_4$ unter Propan bei 40° 1,3 g **VII**. — *6-Methyl-1.3-benzodioxan-7.8-dicarbonsäure*, $C_{11}H_{10}O_6$, F. 223—224° (Gasentw.), aus 6 g **II** in 3,5%ig. KOH + $KMnO_4$ bei 5—10° (Reaktionslsg. darf nur schwach angesäuert werden); gelbliche Kristalle aus verd. A.; 1,5 g; gibt bei der CrO_3-Oxydation in Eisessig u. der anschließenden Hydrolyse mit 10%ig. NaOH **VI**. *Anhydrid*, F. 130° (Toluol). *Imid*, $C_{11}H_9O_4N$, F. 162°, aus 50%ig. A. orangefarbene Platten. (Canad. J. Chem. **32**. 941—48. Okt. 1954. Manitoba, Winnipeg, Univ., Dep. of Chem.) H. LEHWALD. 3061

E. Campaigne und **Richard E. Cline**, *Eine neue Synthese von Thiophenen und kondensierten Thiophenen durch Ringschluß von Disulfiden.* 5-Phenyl-2-mercaptopentadien-(2.4)-säure (I) ließ sich durch 3std. Kochen mit $CuCrO_3$ in Xylol in 10%ig. Ausbeute, durch 14std. Stehen mit J_2 in A. in 61%ig. Ausbeute in *5-Phenyl-2-thenoesäure* (II) überführen. J_2 ist nur in saurer oder neutraler Lsg. wirksam. Die Rk. von **I** mit $K_3Fe(CN)_6$, $KClO_3$, NaOCl oder J_2 in alkal. Medium ergab kein **II**. Die kinet. Unters. der Rk. von **I** mit J_2 in A. macht es wahrscheinlich, daß unter Verbrauch von 1 Äquivalent J_2 innerhalb weniger Min. *α.α'-Dithio-bis-β-styrylacrylsäure* (III) gebildet wird, die unter Verbrauch eines weiteren Äquivalents langsam in **II** übergeht. **III** konnte in verschied. Lösungsmitteln durch J_2 in **II** übergeführt werden, ebenso durch Einw. von BF_3 in Benzol. J_2 wirkt also als LEWIS-Säure u. als Oxydationsmittel, die Rk. von **III** mit J_2 zu **II** ist ein säurekatalysierter elektrophiler Angriff des Disulfids. α-Mercaptozimtsäure (V) wird durch J_2 leicht in *α.α'-Dithio-bis-β-phenylacrylsäure* (VI) u. durch kurzes Erhitzen in Nitrobenzol auf 200° weiter in *Benzothiophen-2-carbonsäure* übergeführt; elektronenschiebende Substituenten am Benzolring erleichtern diese Rk.; α.α'-Dithio-bis-β-3.4-dimethoxyphenylacrylsäure (VII) geht bereits bei 60° in *5.6-Dimethoxybenzothiophen-2-carbonsäure* über; analog wurden aus α.α'-Dithio-bis-β-naphthyl-(1)-acrylsäure (IX) bzw. dem Naphthyl-(2)-deriv. (X) *Naphtho-[2.1:b]-* bzw. *Naphtho-[1.2:b]-thiophen-2-carbonsäure* (IV) dargestellt. Alle obigen β-Aryl-α-mercaptoacrylsäuren wurden im alkal. Medium mit $K_3Fe(CN)_6$ behandelt; nur β-Naphthyl-(2)-α-mercaptoacrylsäure (VIII) ergab eine Ringschluß-Rk. unter Bldg. von **IV**. Ein Reaktionsmechanismus wird vorgeschlagen. Die UV-Absorptionsmaxima aller genannten Thiophen-2-carbonsäuren werden angegeben u. ihre Lage diskutiert. Diese Säuren fluorescieren im UV grün bis rot, die Decarboxylierungsprodd. leuchtendblau.

Versuche (FF. korr.): *5-Phenyl-2-thenoesäure* (II), $C_{11}H_8O_2S$, F. 187—188° (Chlf.), a) durch 14std. Stehen von 2,1 g **I** u. 5 g J_2 in 100 cm³ absol. A. bei Raumtemp. u. Reinigung durch Einw. von verd. alkoh. $KMnO_4$-Lsg. auf die Reaktionsprodd.; 61% (Ausbeute); b) durch 3¼std. Kochen von 3 g **I** in 50 cm³ Xylol mit 8 g $CuCrO_3$; 10%; c) aus 3 g **III** u. 3,8 g J_2 in 75 cm³ Dioxan durch 24std. Stehen bei Raumtemp.; 68%; d) analog c) durch 3std. Kochen in Bzl.; 58%; e) durch 5std. Kochen von 1 g **III** in

100 cm^3 Bzl. mit 6 cm^3 45%ig. BF_3-Ätherat u. Stehen über Nacht; 40%. *Amid*, $C_{11}H_9ONS$ F. 197—198°. *Piperidid*, F. 102—103°, aus dem Säurechlorid u. Piperidin. — *2-Phenylthiophen*, $C_{10}H_8S$, F. 35—36° (Nadeln, Sublimation), aus 3 g **II** durch 3std. Kochen mit 12 g Hg(II)-Acetat; 44%. — *Benzothiophen-2-carbonsäure*, $C_9H_6O_2S$, F. 240—241° (Nadeln Chlf.), a) durch Zugabe von 0,40 g **V** zu einer beinahe sd. Lsg. von 4 g J_2 in 30 cm^3 Nitrobenzol, 1 Min. langes Rühren u. rasches Kühlen; 68%; b) analog a) aus 5 g **VI** u. 15 g J_2 in 50 cm^3 Nitrobenzol in 2 Min. bei 200°; 61%. *Amid*, C_9H_7ONS, F. 176—177°. — *Benzothiophen*, C_8H_6S, F. 31—32° (Sublimation), aus 2,45 g vorst. Verb. durch 4std. Kochen mit 8 g Hg(II)-Acetat in 30 cm^3 Eisessig; 16%. — *5.6-Dimethoxybenzothiophen-2-carbonsäure*, $C_{11}H_{10}O_4S$, F. 260—261° (Toluol), durch 12std. Erwärmen von 2 g **VII** mit 2 g J_2 in 75 cm^3 Dioxan auf 58°; 25%. *Amid*, $C_{11}H_{11}O_3NS$, F. 214—215°. — *5.6-Dimethoxybenzothiophen*, $C_{10}H_{10}O_2S$, F. 99—100° (Sublimation), aus 0,77 g vorst. Verb. durch 45 Min. langes Erhitzen mit 0,2 g Cu-Bronze in 5 cm^3 Chinolin auf 160—170° u. wenige Min. auf 200°; 38%. — *Naphtho-[1.2: b]-thiophen-2-carbonsäure* (**IV**), $C_{13}H_8O_2S$, F. 257 bis 258° (Toluol), a) durch 24std. Erwärmen von 2,8 g **VIII** mit 6 g J_2 in 150 cm^3 Dioxan auf 50°; 60%; b) durch 36std. Erwärmen von 2 g **X** mit 8 g J_2 auf 50°; 90%; c) aus 0,5 g **VIII** durch 24std. Stehen mit 3 g $K_3Fe(CN)_6$ in 50 cm^3 n-NaOH bei Raumtemp. u. Erhitzen bis zur Lösung des Nd.; 40%. — *Naphtho-[2.1:b]-thiophen-2-carbonsäure*, $C_{13}H_8O_2S$, F. 277—278° (Xylol), durch 19std. Erwärmen von 2 g **IX** mit 8 g J_2 in 100 cm^3 Dioxan auf 45°; 52%. — *Naphtho-[2.1:b]-thiophen*, $C_{12}H_8S$, F. 113—114° (A.), durch 20 Min. langes Erhitzen von 0,4 g vorst. Verb. mit Cu-Pulver in Chinolin auf 180°; 42%. (J. org. Chemistry **21**. 39—44. Jan. 1956. Bloomington, Ind., Univ., Chem. Labor.) H. BERTSCH. 3071

Henry Gilman und **Richard D. Gorsich**, *Ein Siliciumanaloges des 9.9-Diphenylfluorens*. Vff. erhielten aus 2.2'-Dibromdiphenyl u. n-Butyl–Li *2.2'-Dilithiumdiphenyl*, das zur annähernden Best. der Ausbeute mit Benzophenon umgesetzt wurde. Bei der Umsetzung der Dilithiumverb. mit Diphenyldichlorsilan tritt leicht Ersatz eines Cl-Atoms in sd. Ae. ein, der Ringschluß zu *9.9-Diphenyl-9-silafluoren* (*5.5-Diphenyldibenzosilol*) erfordert höhere Temperatur. Als Nebenprod. wurde eine hochschm. siliciumhaltige, noch nicht identifizierte *Verb.* erhalten.

Versuche (alle Rkk. unter N_2): *2.2'-Bis-[diphenyloxymethyl]-diphenyl*, F. 255,5 bis 256,5° (A.), durch Zugabe von n-Butyl–Li in Ae. unter Rühren zu 2.2'-Dibromdiphenyl in absol. Ae. unter Rühren u. Eiskühlung, 5std. Rühren bei Raumtemp., portionsweise Zugabe von Benzophenon in Ae. u. Hydrolyse mit verd. HCl; roh 70%, rein 64% (Ausbeute). — *9.9-Diphenyl-9-silafluoren*, $C_{24}H_{18}Si$, F. 148—149° (PAe. u. A.), verflüchtigt sich bei ca. 445°, durch langsame Zugabe von n-Butyl–Li in Ae. zu 2.2'-Dibromdiphenyl in Ae., 4½std. Rühren bei Raumtemp., Zugabe von Diphenyldichlorsilan in Ae. zu dem sd. Gemisch innerhalb 15 Min. u. 1std. Kochen, Zugabe von absol. Bzl. oder n-Heptan, Abdest. des Ae. (→ 63°), 1std. Kochen unter Rückfluß, Hydrolyse mit W., Abtrennung des Prod. von nachst. Verb. durch Lösen in sd. PAe. u. fraktionierte Kristallisation aus PAe.; 49% roh, 31% rein. Daneben eine *Verb. vom F. 229—230°* (A.), Nadeln; Mol.-Gew. 447—462. (J. Amer. chem. Soc. **77**. 6380—81. 5/12. 1955. Ames, Io., Iowa State Coll., Dep. of Chem.) H. ASCHERL. 3091

A. Je. Onischtschuk, *Synthese von Imidazol-4(5)-carbonsäure*. Es wird eine Meth. zur Gewinnung von *Imidazol-4(5)-carbonsäure* (**I**) aus Invertzucker beschrieben. Eine mit 5 ml H_2SO_4 versetzte Lsg. von 180 g Zucker in 600 ml W. wird 2 Std. auf 50—60° erwärmt, über Nacht stehengelassen u. bei Raumtemp. mit einem Gemisch von 222 g bas. Kupfercarbonat (Malachit), 800 ml NH_4OH, 30 ml W. u. 100 ml Formalin versetzt. Man erhitzt 4 Std. unter Durchleiten von Luft zum Sieden, läßt abkühlen, filtriert die ausgefallenen Cu-Komplexsalze (vorwiegend des 4(5)-Oxymethylimidazols) ab, rührt sie mit 1 Liter W. an, versetzt mit 100 ml HCl (D. 1,19) u. fällt das Kupfer mit einer gesätt. Lsg. von Na_2S. Das Filtrat wird auf ¼ des Vol. eingedampft u. 3—4 Std. mit 350 ml HNO_3 (D. 1,37) gekocht. Das beim Eindampfen erhaltene Gemisch von **I** u. anorgan. Salzen wird a) mit NH_4OH gelöst, die Lsg. mit Essigsäure neutralisiert, eingedampft u. der Rückstand mit absol. A. extrahiert, F. 283—284°; 28,4 bzw. 26,8 g (Ausbeute), oder b) in wenig W. aufgenommen u. mit Soda neutralisiert, wobei **I** ausfällt; *Äthylester*, $C_6H_8O_2N_2$, F. 160—162°; aus der Säure mit A./HCl (4 Std. kochen); 74%. *Methylester*, $C_5H_6O_2N_2$, F. 154—156°; 71%. (Журнал Общей Химии [J. allg. Chem.] **25** (**87**). 984—85. Mai 1955. Westsibir. Abt. der Akad. der Wiss. der UdSSR.) H. R. HENSEL. 3122

Chin Chang, *Synthese von 4-Methylimidazolidon-(2)-alkansäuren-(5)*. Aus 4-Methylimidazolon-(2) (**I**) u. ω-Carbäthoxyacylhalogeniden wurden *4-Methyl-5-[δ-carbäthoxy-γ-methylbutyryl]-* (**V**), *4-Methyl-5-[δ-carbäthoxy-γ.γ-dimethylbutyryl]-*, *4-Methyl-5-[ω-carbäthoxy-n-nonanoyl]-* u. *4-Methyl-5-[ω-carbäthoxy-n-heptadecanoyl]-imidazolon-(2)* dargestellt u. mit PtO_2 als Katalysator zu den entsprechenden *Imidazolidonverbb.* hydriert die mit n-NaOH zu *4-Methyl-5-[δ-carboxy-γ.γ-dimethylbutyl]-* (**VII**), *4-Methyl-5-[ω-carboxy-n-nonyl]-* (**VIII**) u. *4-Methyl-5-[ω-carboxy-n-heptadecyl]-imidazolidon-(2)* (**IX**) hydrolysiert wurden. **VI, VII** u. **VIII** sind gegenüber *lactobacillus casei* u. *saccharomyces cerevisiae* antibiot. wirksam, **IX** konnte wegen seiner Unlöslichkeit in W. nicht getestet werden.

Versuche: *4-Methylimidazolon-(2)* (**I**), F. 202°, aus Acetessigester u. HNO_2 über die α-Isonitrosoverb., *α-Aminoverb.* u. *4-Methyl-5-carbäthoxyimidazolon-(2)* (vgl. Duschinsky u. Dolan, J. Amer. chem. Soc. **67.** [1945.] 2079). — *β-Methylglutarsäureanhydrid* (**II**), $C_6H_8O_3$, F. 46—47°, aus β-Methylglutarsäure u. Acetanhydrid; aus Ae. Nadeln; 92% (Ausbeute) — *γ-Carbäthoxy-β-methylbuttersäure* (**III**), $C_8H_{14}O_4$, Kp.$_3$ 144 bis 146°, aus **II** u. wasserfreiem A. durch 5std. Kochen; 70%. *Chlorid* (**IV**), $C_8H_{13}O_3Cl$, Kp.$_{20}$ 118—119°, aus **III** u. $SOCl_2$; 96%. — *4-Methyl-5-[γ-carbäthoxy-β-methylbutyryl]-imidazolon-(2)* (**V**), $C_{12}H_{18}O_4N_2$, F. 137—138°, aus **I** u. **IV** in Nitrobenzol mit $AlCl_3$ durch 2std. Rühren bei 30—40°; aus 50%ig. A. Kristalle; 89%. — *4-Methyl-5-[δ-carbäthoxy-γ-methylbutyl]-imidazolidon-(2)*, aus **V** u. H_2/PtO_2 in Eisessig bei Zimmertemp.; nicht gereinigt. — *4-Methyl-5-[δ-carboxy-γ-methylbutyl]-imidazolidon-(2)* (**VI**), $C_{10}H_{18}O_3N_2$, F. 175—182°, aus vorst. Ester in A. u. n-NaOH (1:2) durch 1std. Kochen; aus 50%ig. A. gelbe Kristalle. — *β.β-Dimethylglutarsäure, Anhydrid*, Kp.$_{30}$ 185—190°, aus der Säure u. Acetanhydrid; 96%. *Monoäthylester*, Kp.$_1$ 144—146°, analog **III**. — *γ-Carbäthoxy-β.β-dimethylbuttersäurechlorid*, Kp.$_{25}$ 122—125°, analog **IV**. — *4-Methyl-5-[γ-carbäthoxy-β.β-dimethylbutyryl]-imidazolon-(2)*, F. 163—164°, analog **V** (4$^1/_2$std. Rühren bei 65°); aus A. Plättchen; 93%. — *4-Methyl-5-[δ-carbäthoxy-γ.γ-dimethylbutyl]-imidazolidon-(2)*, wie oben nicht gereinigt. — *4-Methyl-5-[δ-carboxy-γ.γ-dimethylbutyl]-imidazolidon-(2)* (**VII**), $C_{11}H_{20}O_3N_2$, F. 227—229°, analog **VI**; aus A. Nadeln. — *ω-Carbäthoxy-n-nonansäurechlorid*, Kp.$_4$ 160°, aus der freien Säure u. $SOCl_2$. — *4-Methyl-5-[ω-carbäthoxy-n-nonanoyl]-imidazolon-(2)*, $C_{16}H_{26}O_4N_2$, F. 163—165°, analog **V**; aus A. Kristalle; 80%. — *4-Methyl-5-[ω-carbäthoxy-n-nonyl]-imidazolidon-(2)*, nicht gereinigt. — *4-Methyl-5-[ω-carboxy-n-nonyl]-imidazolidon-(2)* (**VIII**), $C_{14}H_{26}O_3N_2$, F. 151—153°, aus A. Kristalle; 95%. — *1.16-Hexadecandicarbonsäurediäthylester*, aus Pb-ω-Carbäthoxy-n-nonanoat durch Elektrolyse. — *ω-Carbäthoxy-n-heptadecansäure*, F. 72—73° (A.), aus 37 g vorst. Verb. in A. u. 3 g NaOH (3 Tage bei 7°, 3 Tage bei 22°); 14,5 g. *Chlorid*, $C_{20}H_{37}O_3Cl$, F. 45—46° (Bzl.), mit $SOCl_2$; 80%. — *4-Methyl-5-[ω-carbäthoxy-n-heptadecanoyl]-imidazolon-(2)*, $C_{24}H_{42}O_4N_2$, F. 161 bis 162° (A.); 76%. — *4-Methyl-5-[ω-carbäthoxy-n-heptadecyl]-imidazolidon-(2)*, $C_{24}H_{46}O_3N_2$, F. 74—75° (A.). — *4-Methyl-5-[ω-carboxy-n-heptadecyl]-imidazolidon-(2)* (**IX**), $C_{22}H_{42}O_3N_2$, F. 147—148°, aus A. fester Körper, kaum lösl. in Wasser. (Acta chim. sinica **21.** 178—88. 1955. Peking, Petroleum Inst. [Orig.: chines., Auszug: engl.]) E. Maekawa. 3122

R. Wizinger, A. Grüne und **E. Jacobi**, *Beitrag zur Kenntnis der Pyryliumsalze.* 2.6-Diphenylpyron-(4) (**I**) bzw. 4.6-Diphenylpyron-(2) (**II**) liefern beim Erhitzen mit tert. aromat. Aminen oder mit asymm. Diaryläthylenen in Ggw. von Kondensationsmitteln, wie $POCl_3$–PCl_5-Gemisch oder konz. H_2SO_4, *2.4.6-Triarylpyryliumsalze.* Die Dimethylaminogruppe bedingt einen sehr starken bathochromen Effekt.

Versuche: *2-[4-Dimethylaminophenyl]-4.6-diphenylpyryliumperchlorat*, $C_{25}H_{22}O_5NCl$, F. > 300°, aus **II**, Dimethylanilin u. $POCl_3$–PCl_5 auf dem Wasserbad ($^1/_4$ Std.), Gießen in W., Filtrieren u. Zugeben von $NaClO_4$; aus Eisessig dunkelblaue, grünglänzende Kriställchen; Lsg. in A. blauviolett, λ_{max} 563 mμ. — *2-[β-(p-Methoxyphenyl)-β-phenylvinyl]-4.6-diphenylpyryliumperchlorat*, $C_{32}H_{25}O_6Cl$, zers. bei ca. 242°, durch Zugeben von 1-[p-Methoxyphenyl]-1-phenyläthylen zu **II** in sd. $POCl_3$–PCl_5 (1 Std.), Gießen in W., Lösen des Nd. in Eisessig u. Zugeben von $HClO_4$; aus Eisessig rote, goldglänzende Nädelchen; Lsg. in Eisessig blaustichigrot, λ_{max} 526 mμ. — *2-[β.β-Bis-(p-methoxyphenyl)-vinyl]-4.6-diphenylpyryliumperchlorat*, $C_{33}H_{27}O_7Cl$, zers. bei ca. 239°, analog vorst. Verb. aus **II** u. 1.1-Bis-[p-methoxyphenyl]-äthylen; rote, metallischglänzende Blättchen; Lsg. in Eisessig blaurot, λ_{max} 538 mμ. — *2-[β-(4-Dimethylaminophenyl)-β-phenylvinyl]-4.6-diphenylpyryliumperchlorat*, $C_{33}H_{28}O_5NCl$, Zers. bei ca. 243°, aus **II** u. 1-[p-Dimethylaminophenyl]-1-phenyläthylen in sd. $POCl_3$–PCl_5 (3 Std.), Zers. mit W., Zugeben von Na-Acetat, Lösen des Nd. in Eisessig, Zufügen von $HClO_4$ bis zur Gelbfärbung u. Fällen mit W.; aus Acetanhydrid rotschimmernde Nadeln; Lsg. in Eisessig blaugrün, λ_{max} 655 mμ. — *4-[p-Dimethylaminophenyl]-2.6-diphenylpyryliumperchlorat*, $C_{25}H_{22}O_5NCl$, F. > 300°, a) aus **I**, Dimethylanilin u. $POCl_3$ auf dem Wasserbad (20 Min.), Verdünnen mit Eisessig u. Eingießen in $NaClO_4$-Lsg.; b) aus p-Dimethylaminobenzalacetophenon oder p-Dimethylaminobenzaldehyd, Acetophenon u. konz. H_2SO_4 auf dem Wasserbad (7 Std.); aus Eisessig violettglänzende Nädelchen; Lsg. in A. violettrot, λ_{max} 540 mμ. (Helv. chim. Acta **39.** 1—4. 1/2. 1956. Basel, Univ., Inst. für Farbenchemie.) E. Hanschke. 3211

R. Wizinger, S. Losinger und **P. Ulrich**, *Über ein einfaches Verfahren zur Darstellung von Triarylpyryliumsalzen.* (Vgl. auch vorst. Ref.) Aromat. Aldehyde kondensieren mit 2 Mol eines Acetophenons unter Bldg. von *symm. Pyryliumsalzen*; bei Anwendung von

1 Mol eines Acetophenons u. 1 Mol eines Chalkons können sowohl symm. als auch asymm. Verbb. erhalten werden. Als Kondensationsmittel sind konz. H_2SO_4 oder $POCl_3$, gegebenenfalls unter Zusatz von Se, geeignet. Der Einfl. von Auxochromen, bes. der Dimethylaminogruppe, auf die Farbe des Pyrylium- sowie der entsprechenden N-Methylpyridiniumsalze wird untersucht; in Verbindung mit dem Triphenylpyryliumion wirken Auxochrome stärker bathochrom als in Verbindung mit dem entsprechenden Triphenylpyridiniumion. Die Absorptionsmaxima isomerer Pyryliumsalze zeigen im Gegensatz zu den analogen Pyridiniumsalzen beachtliche Unterschiede.

Versuche: *p-Dimethylaminoacetophenon* (I), F. 105—106°, durch Zugeben von $ZnCl_2$ zu Dimethylanilin in Acetanhydrid, 5std. Kochen, Dampfdest. u. Extraktion des Rückstandes mit Ae.; aus Bzl.–PAe. Blättchen; 9—10% (Ausbeute). — *4.4'-Bis-[dimethylamino]-chalkon* (II), $C_{19}H_{22}ON_2$, F. 157°, aus 3,2 g I, 3 g p-Dimethylaminobenzaldehyd (III) u. KOH in sd. A. (3 Min.); aus A. gelbe Nadeln; 5,2 g. Lsg. in A. grünstichiggelb, λ_{max} 421 mμ. — *2.4.6-Triphenylpyryliumperchlorat*, F. 271°, aus Benzaldehyd (IV), Acetophenon (V) u. konz. H_2SO_4 auf dem Wasserbad (1 Std.), Verdünnen mit A. u. Zugeben von $HClO_4$; aus A. gelbe Nädelchen; Lsg. in A. hellgelb, λ_{max} 410 mμ. — *4-[p-Methoxyphenyl]-2.6-diphenylpyryliumperchlorat*, F. 257—258°, a) aus Anisaldehyd (VI), V u. konz. H_2SO_4 bei Zimmertemp. (7 Tage), Lösen in A. u. Zugeben von $HClO_4$; b) aus V, VI u. $POCl_3$ (50°, 2 Std.), Abdest. des $POCl_3$, Lösen in A. u. Zufügen von $HClO_4$; aus A. feine orangegelbe Nädelchen; Lsg. in A. grünstichiggelb, λ_{max} 418 mμ. — *2-[p-Methoxyphenyl]-4.6-diphenylpyryliumperchlorat*, F. 236°, analog vorst. Verbb. aus p-Acetylanisol (VII) u. Benzalacetophenon (VIII); rotorangefarbene Nädelchen; Lsg. in A. orangegelb, λ_{max} 454 mμ. — *2.6-Bis-[p-methoxyphenyl]-4-phenylpyryliumperchlorat*, F. 274—275°, aus IV u. VII wie vorst.; aus A. orangerote Nadeln; Lsg. in A. gelborange, λ_{max} 478 mμ. — *2.4.6-Tris-[p-methoxyphenyl]-pyryliumperchlorat*, F. 256°, aus VI u. VII; aus Eisessig orangefarbene Nadeln; Lsg. in A. orangegelb, λ_{max} 420 mμ. — *2.4-Bis-[p-methoxyphenyl]-6-phenylpyryliumperchlorat*, F. 267—268°, aus 4.4'-Dimethoxychalkon, V u. $POCl_3$ auf dem Wasserbad ($^1/_2$ Std.), Lösen in A. u. Zugeben von $HClO_4$; aus A. orangefarbene Nadeln; Lsg. in A. gelb, λ_{max} 416 mμ. — *2-[p-Dimethylaminophenyl]-4.6-diphenylpyryliumperchlorat*, aus I, VIII u. H_2SO_4 oder $POCl_3$; aus A. dunkelblaue, glänzende Kriställchen; Lsg. in A. blauviolett, λ_{max} 563 mμ. — *2.6-Bis-[p-dimethylaminophenyl]-4-phenylpyryliumperchlorat*, $C_{27}H_{27}O_5N_2Cl$, F. >300°, aus I, IV u. konz. H_2SO_4; aus Eisessig schwarzblaue Kriställchen; Lsg. in A. blaugrün, λ_{max} 615 mμ. — *2.4.6-Tris-[p-dimethylaminophenyl]-pyryliumperchlorat*, $C_{29}H_{32}O_5N_3Cl$, F. >300°, aus I u. II oder I u. III mit konz. H_2SO_4 auf dem Wasserbad ($2^1/_2$ Std.); aus verd. A. dunkelviolette Kriställchen mit goldenem Oberflächenglanz; Lsg. in A. rotviolett, λ_{max} 533 mμ. — *2.4-Bis-[p-dimethylaminophenyl]-6-phenylpyryliumperchlorat*, $C_{27}H_{27}O_5N_2Cl$, F. >300°, a) aus p-Dimethylaminobenzalacetophenon (IX) u. I oder aus II u. V mit dem konz. H_2SO_4 auf dem Wasserbad (1 Std.); b) aus I, IX, $POCl_3$ u. $ZnCl_2$ (1 Std.); aus Eisessig dunkelviolette goldglänzende Nadeln; Lsg. in A. rotviolett, λ_{max} 578 mμ. — *2-[p-Methoxyphenyl]-4-[p-dimethylaminophenyl]-6-phenylpyryliumperchlorat*, $C_{26}H_{24}O_6NCl$, F. >300°, aus VII, IX, $POCl_3$ u. Se-Pulver auf dem Wasserbad ($1^1/_2$ Std.), Abdest. des $POCl_3$, Verdünnen mit A., Aufkochen u. Zugeben von $HClO_4$; aus Eisessig dunkelblaue, blauviolett glänzende Kristalle; Lsg. in A. rotviolett, λ_{max} 542 mμ. — *2.6-Bis-[p-methoxyphenyl]-4-[p-dimethylaminophenyl]-pyryliumperchlorat*, $C_{27}H_{26}O_7NCl$, F. >300° aus III, VII, $POCl_3$ u. Se wie vorst. Verb.; aus Eisessig violette Kriställchen; Lsg. in A. blaurot, λ_{max} 539 mμ. — *2-[p-Dimethylaminophenyl]-4-[p-methoxyphenyl]-6-phenylpyryliumperchlorat*, $C_{26}H_{24}O_6NCl$, F. >300°, aus I, Anisalacetophenon, $POCl_3$ u. Se; aus verd. A. dunkelblaue Kriställchen; Lsg. in A. violett, λ_{max} 564 mμ. — *2-[p-Methoxyphenyl]-4-phenyl-6-[p-dimethylaminophenyl]-pyryliumperchlorat*, $C_{26}H_{24}O_6NCl$, F. >300°, aus VII, Benzal-p-dimethylaminoacetophenon, konz. H_2SO_4 u. Se-Pulver (1 Std.); aus Eisessig dunkelgrünes, mikrokrist. Pulver; Lsg. in A. grün, λ_{max} 615 mμ. — *2-[p-Dimethylaminophenyl]-4.6-bis-[p-methoxyphenyl]-pyryliumperchlorat*, $C_{27}H_{26}O_7NCl$, F. >300°, aus VII Anisal-p-dimethylaminoacetophenon, konz. H_2SO_4 u. Se; aus A. dunkelblaues, feinkrist. Pulver; Lsg. in A. grün; λ_{max} ca. 600 mμ. — *2.6-Bis-[p-dimethylaminophenyl]-4-[p-methoxyphenyl]-pyryliumperchlorat*, $C_{28}H_{29}O_6N_2Cl$, F. >300°, aus I u. VI wie vorst.; aus A. dunkelviolette Kriställchen; Lsg. in A. blaustichiggrün, λ_{max} 607 mμ. — *2.4-Bis-[p-dimethylaminophenyl]-6-[p-methoxyphenyl]-pyryliumperchlorat*, $C_{28}H_{29}O_6N_2Cl$, F. >300°, aus II, VII, $POCl_3$ u. Se wie vorst.; aus verd. A. schwarzviolette, bronzeglänzende Kriställchen; Lsg. in A. rotviolett, λ_{max} 534 mμ. — Durch 1std. Erhitzen der Pyryliumperchlorate mit alkoh. CH_3NH_2-Lsg. auf dem Wasserbad, Ausfällen mit W. u. Umkristallisieren aus A. wurden folgende *N-Methyl-2.4.6-triarylpyridiniumperchlorate* als orangefarbene Nadeln erhalten: *4-[p-Dimethylaminophenyl]-2.6-diphenyl-*, $C_{26}H_{25}O_4N_2Cl$, F. 238°; Lsg. in A. orangestichiggelb, λ_{max} 440 mμ. — *2-[p-Dimethylaminophenyl]-4.6-diphenyl-*, $C_{26}H_{25}O_4N_2Cl$, F. 238°; Lsg. in A. orangestichiggelb; λ_{max} 441 mμ. — *2.6-Bis-[p-dimethyl aminophenyl]-4-phenyl-*, $C_{28}H_{30}O_4N_3Cl$, F. 265°; Lsg. in A. orange, λ_{max} 441 mμ. — *2.4.6-Tris-[p-dimethylaminophenyl]-*, $C_{30}H_{35}O_4N_4Cl$, F. 256°; Lsg. in A. gelb, λ_{max} 436 mμ. — *2.4-Bis-[p-dimethylaminophenyl]-6-phenyl-*, $C_{28}H_{30}O_4N_3Cl$, F. 224°; Lsg. in A. orangegelb, λ_{max} 440 mμ. (Helv. chim. Acta **39.** 5—15. 1/2. 1956. Basel, Univ., Inst. für Farbenchemie.)

E. HANSCHKE. 3211

R. Wizinger und **P. Ulrich,** *Zur Kenntnis der Thiopyryliumsalze.* (Vgl. auch vorst. Reff.) Triarylpyryliumsalze bilden mit Na_2S unter Ringöffnung *Ketothioenolate*, welche beim Ansäuern in *Triarylthiopyryl iumsalze* (**I**; $A = S$) übergehen. Die Rk. gelingt auch bei den α- u. γ-vinylenhomologen Pyryliumsalzen. Der Austausch des Ring-S gegen NR gelingt noch einigermaßen glatt mit CH_3NH_2, während die Rk. mit Anilin wesentlich schwieriger erfolgt. Der durch den Übergang von Pyrydinium- über Pyrylium- zu Thiopyryliumsalzen bedingte bathochrome Effekt wird von Vff. auf die zunehmende Bevorzugung der Carbeniumform zurückgeführt. Die Einführung von Auxochromen bewirkt bei den Thiopyryliumsalzen die gleichen, aber noch stärker ausgeprägten Effekte wie bei den entsprechenden Pyryliumsalzen.

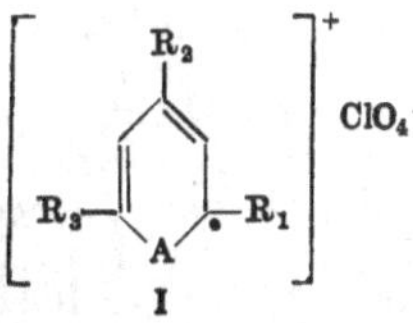

I

Versuche: *2.6-Diphenyl-4-[p-dimethylaminostyryl]-pyryliumperchlorat* (**II**), $C_{27}H_{24}O_5NCl$, F. 272°, aus 2.6-Diphenyl-4-methylpyryliumperchlorat u. p-Dimethylaminobenzaldehyd (**III**) in sd. Acetanhydrid (20 Min.); aus Eisessig–Acetanhydrid (1:1) blauviolette Nädelchen; Lsg. in Eisessig grünlichblau, λ_{max} 645 mμ. — *4.6-Bis-[p-methoxyphenyl]-2-[p-dimethylaminostyryl]-pyryliumperchlorat* (**IV**), $C_{29}H_{28}O_7NCl$, F. 268°, aus 2-Methyl-4.6-bis-[p-methoxyphenyl]-pyryliumsulfoacetat u. **III** in sd. Acetanhydrid ($^1/_2$ Std.) u. Zugeben von $NaClO_4$ in Eisessig; aus Acetanhydrid–Eisessig (1:1) dunkelblaue Nädelchen; Lsg. in Eisessig blaugrün, λ_{max} 638 mμ. — *2.6-Bis-[p-dimethylaminostyryl]-4-phenylpyryliumperchlorat* (**V**), aus 2.6-Dimethyl-4-phenylpyryliumperchlorat u. **III** in sd. Acetanhydrid (5 Min.), Zufügen von Eisessig u. Aufkochen; blauviolette Nadeln; Lsg. in Eisessig grün, λ_{max} 725 mμ. — Durch Zugeben von wss. Na_2S zu Triarylpyryliumperchloraten in Aceton (Farbumschlag nach Gelb oder Blaurot), Ansäuern mit 20%ig. $HClO_4$, Fällen mit W. u. Umkristallisieren aus Eisessig wurden folgende *2.4.6-Triarylthiopyryliumperchlorate* (**I**; $A = S$) erhalten (Farbe u. Fluorescenz der Lsgg. in Eisessig): $R_1 = R_2 = R_3 = C_6H_5$, $C_{23}H_{17}O_4ClS$, F. 210—211°, gelbe Nadeln mit grünstichiggelber Fluorescenz (grünstichiggelb - bläulichgrün, λ_{max} 375 mμ). — $R_1 = R_3 = C_6H_5$, $R_2 = p\text{-}CH_3OC_6H_4$, $C_{24}H_{19}O_5ClS$, F. 214—215°, orangefarbene Nadeln mit orangeroter Fluorescenz (orangegelb–grünlichgelb, λ_{max} 430 mμ). — $R_1 = p\text{-}CH_3OC_6H_4$, $R_2 = R_3 = C_6H_5$, $C_{24}H_{19}O_5ClS$, F. 148—150°, leuchtendorangerote Nadeln (gelborange–orange, λ_{max} 460 mμ). — $R_1 = R_3 = p\text{-}CH_3OC_6H_4$, $R_2 = C_6H_5$, $C_{25}H_{21}O_6ClS$, F. 228—230°, rote Nädelchen mit scharlachroter Fluorescenz (orange, λ_{max} 442 mμ). — $R_1 = R_2 = R_3 = p\text{-}CH_3OC_6H_4$, $C_{26}H_{23}O_7ClS$, F. 292—293°, rot mit scharlachroter Fluorescenz (gelborange-orangegelb, λ_{max} 448 mμ). — $R_1 = R_2 = p\text{-}CH_3OC_6H_4$, $R_3 = C_6H_5$, $C_{25}H_{21}O_6ClS$, F. 238 bis 240°, orangerote Nädelchen mit scharlachroter Fluorescenz (orangegelb–grünstichiggelb, λ_{max} 442 mμ). — $R_1 = R_3 = C_6H_5$, $R_2 = p\text{-}(CH_3)_2NC_6H_4$ (**VI**), $C_{25}H_{22}O_4NClS$, F. 247—249°, grün bronzeglänzende, feine Nadeln (blau, λ_{max} 583 mμ). — $R_1 = p\text{-}(CH_3)_2NC_6H_4$, $R_2 = R_3 = C_6H_5$, $C_{25}H_{22}O_4NClS$, F. 265—266°, dunkelviolette glänzende Nadeln, (blau, λ_{max} 610 mμ). — $R_1 = R_3 = p\text{-}(CH_3)_2NC_6H_4$, $R_2 = C_6H_5$, $C_{27}H_{27}O_4N_2ClS$, F. 264 bis 265°, dunkelviolette, rotschimmernde Nadeln (grünstichigblau, λ_{max} 660 mμ). — $R_1 = R_2 = R_3 = p\text{-}(CH_3)_2NC_6H_4$, $C_{29}H_{32}O_4N_3ClS$, F. $>$300°, schwarzgrüne metall. glänzende Nadeln (violettblau–schwachrot, λ_{max} 576 mμ). — $R_1 = R_2 = p\text{-}(CH_3)_2NC_6H_4$, $R_3 = C_6H_5$, $C_{27}H_{27}O_4N_2ClS$, F. 256—257°, schwarzgrüne, goldglänzende Nadeln (violettblau, λ_{max} 615 mμ). — $R_1 = R_3 = C_6H_5$, $R_2 = p\text{-}(CH_3)_2NC_6H_4CH = CH$, $C_{27}H_{24}O_4NClS$, F. 275—280°, aus **II**; blauviolette Nädelchen (blaugrün, λ_{max} 680—685 mμ). — $R_1 = p\text{-}CH_3OC_6H_4CH = CH$, $R_2 = R_3 = C_6H_5$, $C_{26}H_{21}O_5ClS$, F. $>$225° (Zers.), dunkelrote Nadeln (blaurot, λ_{max} 520—522 mμ). — $R_1 = p\text{-}(CH_3)_2NC_6H_4CH = CH$, $R_2 = R_3 = C_6H_5$, $C_{27}H_{24}O_4NClS$, F. 266—267°, violettblaue, metallglänzende Nädelchen (blaugrün, λ_{max} 685 mμ). — $R_1 = p\text{-}(CH_3)_2NC_6H_4CH = CH$, $R_2 = R_3 = p\text{-}CH_3OC_6H_4$, F. 252 bis 253°, aus **IV**; violettblaue Nädelchen (grün, λ_{max} 680 mμ). — $R_1 = R_3 = p\text{-}(CH_3)_2NC_6H_4CH = CH$, $R_2 = C_6H_5$, $C_{31}H_{31}O_4N_2ClS$, aus **V**; dunkelviolettblaue Nadeln (grün, λ_{max} ca. 755 mμ). — $R_2 = R_3 = C_6H_5$, $R_1 = \beta.\beta$*-Bis-[p-methoxyphenyl]-vinyl-*, $C_{33}H_{27}O_6ClS$, F. 186—188°, goldgrünglänzende Nädelchen (violettrot, λ_{max} 545 mμ). — *N-Methyl-2.6-diphenyl-4-[p-dimethylaminophenyl]-pyridiniumperchlorat*, $C_{26}H_{25}O_4N_2Cl$, F. 262 bis 263°, aus **VI** u. CH_3NH_2 in sd. A. ($^1/_2$ Std.); aus A. dunkelorangefarbene Nadeln (gelb, λ_{max} 440 mμ). (Helv. chim. Acta **39.** 207—16. 1/2. 1956. Basel, Univ., Inst. für Farbenchemie.)

E. HANSCHKE. 3221

R. Wizinger und **P. Ulrich,** *Über Thiopyrylocyanine.* (Vgl. auch vorst. Reff.) 2.6-Diphenyl-4-methylthiopyryliumperchlorat (I) reagiert mit 2.6-Diphenylthiopyron (II) in Acetanhydrid unter Bldg. von *Bis-[2.6-diphenylthiopyrylo-(4)]-monomethincyaninperchlorat,* mit Orthoameisensäuretriester (III) wird das entsprechende *Trimethincyaninperchlorat* erhalten; wie I reagiert auch 2-Methyl-4.6-diphenylthiopyryliumperchlorat (IV). I u. IV kondensieren mit Aldehyden zu 4- bzw. 2-vinylsubstituierten Thiopyryliumsalzen.

V e r s u c h e: *4-Methyl-2.6-diphenylthiopyryliumperchlorat* (I), $C_{18}H_{15}O_4ClS$, F. 198 bis 200°, aus II in sd. Bzl. u. CH_3MgBr in Ae. (1/2 Std.), Zers. mit konz. HCl, Abtrennen des Bzl. u. Zugeben von $HClO_4$ zur wss. Lsg.; aus Eisessig–$HClO_4$ bräunlichgelbe Blättchen; λ_{max} 393 mμ (Eisessig–$HClO_4$). — *Bis-[2.6-diphenylthiopyrylo-(4)]-monomethincyaninperchlorat,* $C_{35}H_{25}O_4ClS_2$, F. 260—261°, aus I u. II in sd. Acetanhydrid (1/2 Std.); aus Eisessig metall. grünglänzende Nadeln; Lsg. in Aceton blau, λ_{max} 628 mμ. — *Bis-[2.6-diphenylthiopyrylo-(4)]-trimethincyaninperchlorat,* $C_{37}H_{27}O_4ClS_2$, F. 276—278°, durch Zugeben von III u. Pyridin zu I in Eisessig–Acetanhydrid u. 1/2std. Kochen; aus Eisessig–Acetanhydrid (1:1) goldgrünglänzende Nädelchen; Lsg. in Aceton grün, λ_{max} 753 mμ. — *2-Methyl-4.6-diphenylthiopyryliumperchlorat* (IV), $C_{18}H_{15}O_4ClS$, F. 257—258°, durch Zugeben von wss. Na_2S (2 Min.) zu 2-Methyl-4.6-diphenylpyryliumsulfoacetat (V) in Aceton–W. (1:1), Ansäuern mit $HClO_4$ u. Fällen mit W.; aus Eisessig–$HClO_4$ (λ_{max} 364 mμ) bräunlichgelbe Nadeln. — *Bis-[4.6-diphenylthiopyrylo-(2)]-trimethincyaninperchlorat,* $C_{37}H_{27}O_4ClS_2$, F. 222—225°, aus III u. IV; violettblauglänzende Nädelchen; Lsg. in Aceton olivgrün, λ_{max} 820 mμ. — *[4.6-Diphenylthiopyrylo-(2)]-[2.6-diphenylthiopyrylo-(4)]-monomethincyaninperchlorat,* $C_{35}H_{25}O_4ClS_2$, F. 249—250°, aus II u. IV in sd. Acetanhydrid; aus Eisessig–Acetanhydrid (1:1) blauviolettglänzende Nädelchen; Lsg. in Aceton grünblau, λ_{max} 650 mμ. — *[2.6-Diphenylpyrylo-(4)]-[2.6-diphenylthiopyrylo-(4)]-monomethincyaninperchlorat,* $C_{35}H_{25}O_5ClS$, F. 235—238°, aus II u. 4-Methyl-2.6-diphenylpyryliumperchlorat (VI) in sd. Acetanhydrid; aus Eisessig–Acetanhydrid metall. grünglänzende Nadeln; Lsg. in Aceton rotstichigblau; λ_{max} 588—590 mμ. — *[4.6-Diphenylpyrylo-(2)]-[2.6-diphenylthiopyrylo-(4)]-monomethincyaninperchlorat,* $C_{35}H_{25}O_5ClS$, F. 238—239°, aus II u. V in sd. Acetanhydrid (1/2 Std.), Verdünnen mit Eisessig, Aufkochen u. Zugeben von $NaClO_4$; aus Eisessig metall. violettblauglänzende Nädelchen; Lsg. in Eisessig blau, λ_{max} 630 mμ. — *4.6-Diphenyl-2-[p-dimethylaminostyryl]-thiopyryliumperchlorat,* aus IV u. p-Dimethylaminobenzaldehyd in sd. Acetanhydrid (10 Min.), Verdünnen mit Eisessig u. Aufkochen; violettblaue, metallglänzende Nädelchen; λ_{max} 685 mμ (in Eisessig). — *2.6-Diphenyl-4-[4'-(p-dimethylaminophenyl)-butadienyl]-pyryliumperchlorat,* $C_{29}H_{26}O_5NCl$, F. 243—244°, aus VI u. p-Dimethylaminozimtaldehyd in sd. Acetanhydrid (5 Min.) u. Zugeben von Eisessig; aus Eisessig–Acetanhydrid (1:1) violettblauglänzende Nädelchen; Lsg. in Aceton grün, λ_{max} 690 mμ. — *2.6-Diphenyl-4-[4'-(p-dimethylaminophenyl)-butadienyl]-thiopyryliumperchlorat,* $C_{29}H_{26}O_4NClS$, F. 212—214°, aus I wie vorst. Verb.; dunkelgrüne, glänzende Blättchen; Lsg. in Eisessig grün, λ_{max} 755—760 mμ. — *2.6-Diphenyl-4-[4'.4'-bis-(p-methoxyphenyl)-butadienyl]-thiopyryliumperchlorat,* $C_{35}H_{29}O_6ClS$, F. 265—267°, aus I u. $\beta.\beta$-Bis-[p-methoxyphenyl]-acrolein in sd. Acetanhydrid (1/2 Std.) u. Stehen über Nacht; aus Eisessig–Acetanhydrid (1:1) fast schwarze, bronzeglänzende Kriställchen; Lsg. in Eisessig blau, λ_{max} 620 mμ. (Helv. chim. Acta **39.** 217—22. 1/2. 1956. Basel, Univ., Inst. für Farbenchemie.) E. Hanschke. 3221

John M. S. Jarvie, Warren E. Fitzgerald und **George J. Janz,** *2-Trifluormethylpyridin.* 10. Mitt. *Die Reaktion von Dicyan und verwandten Nitrilen 1.3-Dienen.* (9. vgl. Janz u. McCulloch, J. Amer. chem. Soc. **77.** [1955.] 3143.) Die Synth. von 2-substituierten Pyridinen aus Dienen u. Nitrilen von Janz u. Mitarbeitern (J. Amer. chem. Soc. **76.** [1954.] 6377; **77.** [1955.] 3014) wird auf die Darst. von *2-Trifluormethylpyridin* (I) aus Butadien-(1.3) u. Trifluoracetonitril (II) in homogener Gasphase angewandt. Die Reaktionskomponenten werden durch ein Strömungsrohr bei 475° geleitet. Der Umsatz beträgt 13%, bezogen auf das Nitril II, die Ausbeute an I 88%.

V e r s u c h e: *2-Trifluormethylpyridin* (I), $C_6H_4NF_3$, Kp.$_{754,5}$ 143,0°, n_D^{25} 1,4155. — Das Ultrarotspektr. von I zeigt die symm. u. die beiden antisymm. Valenzschwingungen der CF_3-Gruppe bei 1338, 1178 u. 1150 cm^{-1} u. die CF_3-Deformationsbande bei 745 cm^{-1}. (J. Amer. chem. Soc. **78.** 978—79. 5/3. 1956. Troy, N. Y., Rensselaer Polytechnic Inst., Dep. of Chem.) E. Forche. 3231

F. F. Blicke und **Harold Zinnes,** *Reaktion des Chlormagnesiumderivates von Chlormagnesiumphenylacetat mit basischen Ketonen.* Die Mannich-Base 4-Diäthylaminobutanon-(2) reagiert mit dem Chlormagnesiumderiv. von Chlormagnesiumphenylacetat (ein Iwanow-Reagens; I) unter Bldg. von *α-Phenyl-β-methyl-β-oxy-δ-diäthylaminovaleriansäure.* Reagiert I mit 1-Methyl- u. 1-Äthylpiperidon-(4), so bilden sich die *α-Phenyl-α-[1-alkyl-4-oxypiperidyl-(4)]-essigsäuren* (IV bzw. V), von welchen die *Methylester* dargestellt wurden.

Versuche: *α-Phenyl-β-methyl-β-oxy-δ-diäthylaminovaleriansäure*, $C_{16}H_{25}O_3N$, F. 163—165° (Zers.): Isopropylmagnesiumchlorid (**II**) in Ae. mit Phenylessigsäure (**III**) in Bzl. 18 Std. kochen, Zugabe von 4-Diäthylaminobutanon-(2) in Bzl., 4 Std. kochen, in eiskalte HCl gießen, organ. Schicht mit 10%ig. HCl extrahieren, wss. Schichten mit Ae. waschen, Lösungsm. unter vermindertem Druck abziehen, Rückstand mit Chlf. extrahieren, nach Abdampfen des Lösungsm. Rückstand in W. aufnehmen u. mit frisch bereitetem Ag_2O 12 Std. rühren; Filtrat mit H_2S behandeln, abfiltrieren, W. unter vermindertem Druck abdest., Rückstand 30 Min. mit Aceton kochen; 20% (Ausbeute). — *α-Phenyl-α-[1-methyl-4-oxypiperidyl-(4)]-essigsäure* (**IV**), $C_{14}H_{19}O_3N$, ab 231° Zers.: **II** in Ae. u. **III** in Bzl. 24 Std. kochen, Zugabe von 1-Methylpiperidon-(4) in Bzl., weiter ähnlich wie bei vorst. Verb.; 51%. — *α-Phenyl-α-[1-äthyl-4-oxypiperidyl-(4)]-essigsäure* (**V**), $C_{15}H_{21}O_3N$, F. 234° (Zers.), aus 1-Äthylpiperidon-(4) wie oben; 75% (bezogen auf das Hydrochlorid); *Hydrochlorid*, $C_{15}H_{22}O_3NCl$, F. 201—207° (Zers.; Isopropanol); 72%. — *Methylester*, $C_{15}H_{21}O_3N$, F. 82—83° (PAe.), a) aus **IV** in absol. CH_3OH mit äther. CH_2N_2; 21%; *Hydrochlorid*, $C_{15}H_{22}O_3NCl$, F. 133—135° (CH_3OH–Ae.); b) aus dem **IV** Chlorid mit konz. H_2SO_4 u. absol. CH_3OH (18 Std. kochen); 82%. — **V**-*Methylester*, $C_{16}H_{23}O_3N$, F. 70,5—71,5° (PAe.), wie vorst. nach a); 71%. *Hydrochlorid*, $C_{16}H_{24}O_3NCl$, F. 162—164° (absol. CH_3OH–Ae.). *Methobromid*, $C_{17}H_{26}O_3NBr$, F. 204—205° (Zers.; absol. CH_3OH–Ae.). (J. Amer. chem. Soc. **77**. 5168—69. 5/10. 1955. Ann Arbor, Mich., Univ. ,Coll. of Pharmacy.) R. BORCHARDT. 3231

A. N. Kosst, A. M. Jurkewitsch, L. G. Judin und **T. A. Schtschegolewa,** *Reaktion von Vinyläthern mit Aminen.* Es werden durch Rk. von Aminen mit Vinyläthern eine Reihe von *Chinaldinderivv.* gewonnen. So reagiert Anilin mit Vinylbutyläther (**I**) oder Vinylisobutyläther unter Bldg. von *Chinaldin.* Als Katalysatoren erwiesen sich die Hydrochloride der entsprechenden Amine am wirksamsten. Weniger wirksam waren Benzoylperoxyd u. BF_3-Ätherat. In Ggw. von $ZnCl_2$ fand keine Rk. statt. Bei der Rk. von Anilin mit **I** u. Brenztraubensäure in Ggw. von Anilinhydrochlorid entsteht *2-Methylcinchoninsäure.*

Versuche: *Chinaldin*, Kp.$_6$ 108°; a) man gibt zu 9,3 g Anilin u. 0,2 g Anilinhydrochlorid bei 95—100° in 2 Std. 5 g **I**, erhitzt 4 Std. auf 130° u. dest; 80% (Ausbeute); b) analog Vorst. im Rohr (25 Tage bei Zimmertemp.); 80%; c) in Ggw. von Benzoylperoxyd oder BF_3-Ätherat; 34 bzw. 36%; d) aus Anilin u. Vinylisobutyläther; 34%. *Pikrat*, F. 190—191°. — *2.6-Dimethylchinolin*, Kp.$_4$ 106—107°, F. 59,5° (Ae.); aus p-Toluidin u. **I** in Ggw. von p-Toluidinhydrochlorid im Rohr (20 Std. bei 100°); 51%. *Pikrat*, F. 186° (A.). — *2.8-Dimethylchinolin*, Kp.$_5$ 103 bis 104°; aus o-Toluidin u. **I** in Ggw. von o-Toluidinhydrochlorid in Dioxan (25 Std. Erhitzen); 66%. *Pikrat*, F. 180—181°. — *2-Methyl-6-methoxychinolin*, Kp.$_3$ 120—123°, F. 67° (Ae.); aus p-Anisidin u. **I** in Ggw. von p-Anisidinhydrochlorid in Dioxan (16 bis 18 Std. Erhitzen); 15%. — *2-Methyl-5.6-benzochinolin*, F. 81—82° (Ae.); aus β-Naphthylamin u. **I** in Ggw. von β-Naphthylaminhydrochlorid in Dioxan; man erhitzt 25 Std. auf 100° im Rohr, dest. Dioxan u. Butylalkohol ab, gibt zum Rückstand $(CH_3CO)_2O$, kocht 2 Std., verd. mit W., säuert an, extrahiert mit Ae. (Acetonaphthalid), macht alkal. u. dest. den Rückstand mit überhitztem (180—190°) Wasserdampf; 29%. *Pikrat*, F. 221° (A.). — *8-Oxychinaldin*, F. 74° (A.); aus o-Aminophenol u. **I** in Ggw. von Anilinhydrochlorid in Dioxan (20 Std. Kochen); 10%. — *2-Methylcinchoninsäure*, F. 240—241°; aus je 0,1 Mol Anilin, **I** u. Brenztraubensäure in Ggw. von 0,5 g Anilinhydrochlorid in 40 ml A. unter Kühlung, dann 10 Std. Kochen; 20%. *Pikrat*, F. 189—190°. (Журнал Общей Химии [J. allg. Chem.] **25** (**87**). 943—47. Mai 1955. Moskau, Univ.) O. POLLAK V. EMHOFEN. 3231

N. Ss. Koslow und **I. A. Schur,** *Reaktion von Vinylestern mit primären aromatischen Aminen.* Bei der Einw. von Vinylbutyrat (**I**) auf prim. aromat. Amine in Ggw. von HCl werden *Chinolinderivv.* erhalten, die über die Pikrate isoliert werden können. Aus Anilin entsteht *Chinaldin*, aus p-Toluidin *2.6-Dimethylchinolin*, aus m-Toluidin *2.7-Dimethylchinolin* u. aus m-Xylidin *2.6.8-Trimethylchinolin.*

Versuche: *Chinaldin*, man läßt zu 6 g Anilin in 10 ml konz. HCl 7,5 g **I** zutropfen u. erhitzt 2 Std. auf 100°; 40,5% (Ausbeute); neben 2 g *Buttersäure. Pikrat*, F. 191° (A.). — *2.6-Dimethylchinolin*, F. 60°, analog vorst. Verb. aus 6 g p-Toluidin in 10 ml konz. HCl u. 6,4 g **I**; 29,5%; neben 2 g *Buttersäure. Pikrat*, F. 191°. — *2.7-Dimethylchinolin*, F. 62°, aus m-Toluidin in HCl u. **I**; 31,7%. *Pikrat*, F. 189°. — *2.6.8-Trimethylchinolin*, aus m-Xylidin, in HCl u. **I**; 30,3%; *Pikrat*, F. 190°. (Журнал Общей Химии [J. allg. Chem.] **25** (**87**). 2105—06. Okt. 1955. Molotow-Inst. für Pädagogik.) Ch. WEISKE. 3231

J. M. Osbond, J. D. Fulton und **D. F. Spooner,** *Chemische Konstitution und amöbicide Wirkung.* 2. Mitt. *Synthese von 2-[1.2.3.4-Tetrahydro-6.7-dimethoxy-2-methylisochinolyl-(1)-methyl]-1-[1.2.3.4-tetrahydro-6.7-dimethoxyisochinolyl-(1)]-butan und anderen Ana-*

logen des Emetins. (1. vgl. C. **1952.** 7340.) Durch Rk. von 2-[3.4-Dimethoxyphenyl]-äthylamin (**I**) mit β-Äthyl- (**II**) bzw. β-Propylglutarsäurediäthylester (**III**) werden *N.N'-Bis-[2-(3.4-dimethoxyphenyl)-äthyl]-β-äthyl-* (**IV**) bzw. *-β-propylglutardiamid* (**V**) erhalten; als Nebenprodd. entstehen die entsprechenden N-substituierten *Glutarimide*. Aus **IV** bzw. **V** bilden sich unter der Einw. von P_2O_5 unter doppeltem Ringschluß *1-[3.4-Dihydro-6.7-dimethoxyisochinolyl-(1)]-2-[3.4-dihydro-6.7-dimethoxyisochinolyl-(1)-methyl]-butan* (**VI**) bzw. *-pentan* (**VII**), die zu den entsprechenden *Tetrahydroverbb.* hydriert oder über ihre *Mono-* bzw. *Bis-methojodide* zu den *N-Mono-* bzw. *N.N'-Dimethylderivv.* der Tetrahydroverbb. umgesetzt werden können. — Ein Teil der dargestellten Verbb. ist in vitro gegen *E. histolytica* wirksam (ausführliche Beschreibung der Testmethoden u. Ergebnisse im Original); die Aktivität des Emetins wird in keinem Fall erreicht. — Ferner wird die Darst. des im Hinblick auf eine vom Vf. geplante Synth. des Bis-noremetins (über das 4-Phenoxyderiv. von **VI**) interessierenden *β-[2-Phenoxyäthyl]-glutarsäurediäthylesters* beschrieben.

Versuche: *β-Äthylglutarsäurediäthylester* (**II**), $C_{11}H_{20}O_4$, Kp.$_2$ 117—117,5°, Kp.$_{0,5}$ 102—104°, durch 1std. Rk. von 33 g Propionaldehyd mit 96 g Cyanacetamid in Ggw. von NaOH in W. bei Raumtemp., mehrstd. Stehen bei 0°, $5^1/_2$std. Kochen des Nd. in halbkonz. HCl, Alkalisieren, Ausäthern u. mehrstd. Kochen der rohen *Säure* in A.–H_2SO_4; n_D^{21} 1,4431; 68 g (Ausbeute). — β-Propylglutarsäurediäthylester (**III**), Kp.$_2$ 110 bis 115°, analog **II** aus 18,02 g Butyraldehyd; 28 g. — *N.N'-Bis-[2-(3.4-dimethoxyphenyl)-äthyl]-β-äthylglutardiamid* (**IV**), $C_{27}H_{38}O_6N_2$, F. 155—157°, durch $3^1/_2$std. Erhitzen von 10,8 g **II** u. 18,1 g **I** auf 200—210° u. Behandeln mit Bzl.; aus A. Nadeln; 5,7 g; daneben aus der benzol. Mutterlauge bei —5° *N-[2-(3.4-Dimethoxyphenyl)-äthyl]-β-äthylglutarimid*, $C_{17}H_{23}O_4N$, F. 126—127°, aus A. Blättchen; <1 g. — *N-[2-(3.4-Dimethoxyphenyl)-äthyl]-β-propylglutaramsäure* (**VIII**), $C_{18}H_{27}O_5N$, F. 82—83°, durch Zugabe von 7,8 g β-Propylglutarsäureanhydrid (in Bzl.) zu 9,05 g **I**, 1std. Kochen u. Fällen mit Leichtbenzin; aus Bzl. Prismen; 15 g. — *N.N'-Bis-[2-(3.4-dimethoxyphenyl]-äthyl]-β-propylglutardiamid* (**V**), $C_{28}H_{40}O_6N_2$, F. 114°, analog **IV** (4std. Rk. bei 200—215°) aus 19 g **III** u. 28 g **I**; aus Bzl. Nadeln; 14 g. — *N-[2-(3.4-Dimethoxyphenyl)-äthyl]-β-propylglutarimid*, $C_{18}H_{25}O_4N$, F. 100—101°, a) als Nebenprod. bei der Darst. von **V**; aus wss. A. Prismen; 1 g; b) durch $^1/_2$std. Erhitzen von 3 g **VIII** mit Acetanhydrid auf dem Wasserbad, Einengen u. Behandeln mit A. u. W.; 0,55 g; c) durch $1^1/_2$std. Rk. von 3,37 g **VIII** mit P_2O_5 in sd. Toluol, Abdekantieren vom Nd., Lösen des Nd. in W., Ausäthern u. Eindampfen der toluol. u. äther. Lsgg.; 0,8 g; aus der wss. Phase bei p_H 7 mit Chlf. eine rötliche plast. M., wahrscheinlich *3-[3.4-Dihydro-6.7-dimethoxyisochinolyl-(1)-methyl]-hexansäure* (*Pikrat*, $C_{18}H_{25}O_4N \cdot C_6H_3O_7N_3$, F. 179—181°, Blättchen; 0,3 g). Deren *Methylesterhydrochlorid*, $C_{19}H_{27}O_4N \cdot HCl$, F. 177—178°, durch Sättigen von 5 g **VIII** in Methanol mit HCl, mehrstd. Stehen, Verd. mit W., Ausäthern, Behandeln mit $NaHCO_3$-Lsg., Aufnehmen des entstandenen **VIII**-*Methylesters* (Öl; 3,5 g) in Toluol, Zugabe von P_2O_5 beim Kp., 1std. Kochen, Versetzen mit Leichtbenzin, Aufnehmen des abgeschiedenen Öls in W., Alkalisieren, Ausäthern, Eindampfen u. Behandeln mit verd. HCl; aus A.–Ae. Prismen; 1,23 g. Daraus (0,59 g) mit PtO_2 bei 20°/1 at in Methanol *3-[1.2.3.4-Tetrahydro-6.7-dimethoxyisochinolyl-(1)-methyl]-hexansäuremethylesterhydrochlorid*, $C_{19}H_{29}O_4N \cdot HCl$, F. 150—152° (A.–Ae.); 0,22 g. — *1-[3.4-Dihydro-6.7-dimethoxyisochinolyl-(1)]-2-[3.4-dihydro-6.7-dimethoxyisochinolyl-(1)-methyl]-butan* (**VI**), $C_{27}H_{34}O_4N_2$, F. 149—150°, durch $2^1/_2$std. Einw. von P_2O_5 auf 10,83 g **IV** in sd. Toluol, Versetzen mit W., Alkalisieren der wss. Phase u. Kühlen; aus Bzl. Nadeln; 4,3 g. *Dihydrobromid*, $C_{27}H_{34}O_4N_2 \cdot 2\,HBr \cdot 4\,H_2O$, F. 168 bis 170°; aus A.–Ae. Prismen, >150° wasserfrei. *Dimethojodid* (**VI a**), $C_{29}H_{40}O_4N_2J_2 \cdot 2\,H_2O$, F. 175—176°, aus 0,5 g **VI** u. 5 cm³ CH_3J durch 2std. Kochen; aus Methanol–Ae. gelbe Prismen; 0,65 g; >150° (Vakuum) wasserfrei. *Monomethojodid* (**VI b**), $C_{28}H_{37}O_4N_2J$, F. 148 bis 149°, aus 0,9 g **VI** u. 0,56 g CH_3J in Bzl. bei 20°; aus A. gelbe Prismen; 0,6 g. — *1-[3.4-Dihydro-6.7-dimethoxyisochinolyl-(1)]-2-[3.4-dihydro-6.7-dimethoxyisochinolyl-(1)-methyl]-pentan* (**VII**), $C_{28}H_{36}O_4N_2$, F. 125,5—126,5°, analog **VI** (2std. Rk.) aus 7,5 g **V**; aus Bzl.–Leichtbenzin Nadeln; 2,2 g. Aus den Mutterlaugen mit HCl 0,3 g *Dihydrochlorid*, $C_{28}H_{36}O_4N_2 \cdot 2\,HCl \cdot 2\,H_2O$, F. 185—187° (Zers.), aus A. gelbe Prismen, >150° (Vakuum) wasserfrei. *Dihydrobromid*, $C_{28}H_{36}O_4N_2 \cdot 2\,HBr \cdot 2\,H_2O$, F. 184—185° (Zers.), aus A.–Ae. gelbe Prismen. *Dimethojodid* (**VIIa**), $C_{30}H_{42}O_4N_2J_2 \cdot 2{,}5\,H_2O$, F. 156—158° (Zers.), aus 0,3 g **VII** u. 3 cm³ CH_3J durch 2std. Kochen; aus Methanol gelbe Prismen; 0,3 g; >120° wasserfrei. *Monomethojodid* (**VII b**), $C_{29}H_{39}O_4N_2J$, F. 147—148°, aus 0,46 g **VII** u. 0,14 g CH_3J in Bzl. bei 20° unter Lichtausschluß; aus A.–Ae. gelbe Prismen; roh 0,23 g. — *1-[1.2.3.4-Tetrahydro-6.7-dimethoxyisochinolyl-(1)]-2-[1.2.3.4-tetrahydro-6.7-dimethoxyisochinolyl-(1)-methyl]-butan*, durch 3std. Hydrieren von 1 g **VI** in Ggw. von PtO_2 bei 20°/1 at in Methanol, Einengen, Behandeln mit Oxalsäure–Methanol u. mehrstd. Stehen als *Bishydrogenoxalat* (*Racemat A*), $C_{27}H_{38}O_4N_2 \cdot 2\,H_2C_2O_4$, F. 185—187°, aus Methanol kub.

Prismen; 0,45 g; aus der Mutterlauge durch Einengen u. Zugabe von Ae. *Bis-hydrogenoxalat* (*Racemat B*), F. 177—179°, aus Methanol–Ae. Nadeln; 0,32 g. — *1-[1.2.3.4-Tetrahydro-6.7-dimethoxyisochinolyl-(1)]-2-[1.2.3.4-tetrahydro-6.7-dimethoxyisochinolyl-(1)-methyl]-pentan*, durch 3std. Hydrieren von 1,1 g **VII** mit PtO_2 bei 20°/1 at in verd. HCl, Alkalisieren, Ausäthern, Behandeln mit Oxalsäure–A. u. Kühlen als *Bis-hydrogenoxalat* (*Racemat A*), $C_{28}H_{40}O_4N_2 \cdot 2\ H_2C_2O_4 \cdot 2\ H_2O$, F. 181—183° (Zers.), aus Methanol Nadeln; 0,49 g; >120° wasserfrei; aus der Mutterlauge *Bis-hydrogenoxalat* (*Racemat B*), F. 200—202° (Methanol); 0,25 g. — *1-[1.2.3.4-Tetrahydro-6.7-dimethoxy-2-methylisochinolyl-(1)]-2-[1.2.3.4-tetrahydro-6.7-dimethoxy-2-methylisochinolyl-(1)-methyl]-butan, Dihydrojodid*, $C_{29}H_{42}O_4N_2 \cdot 2\ HJ$, F. 240—241°, durch 2¹/₄std. Hydrieren von 1,26 g **VI a** mit PtO_2 bei 20°/1 at in Methanol, Einengen, Zugabe von Ae. u. Kühlen; mikrokristallin; 0,54 g. Daraus das *Dihydrobromid*, $C_{29}H_{42}O_4N_2 \cdot 2\ HBr$, F. 265—268° (Zers.; wss. A.), mikrokristallin. — *1-[1.2.3.4-Tetrahydro-6.7-dimethoxy-2-methylisochinolyl-(1)]-2-[1.2.3.4-tetrahydro-6.7-dimethoxy-2-methylisochinolyl-(1)-methyl]-pentandihydrojodid*, $C_{30}H_{44}O_4N_2 \cdot 2\ HJ$, F. 235 bis 237° (Zers.), analog vorst. Verb. aus 0,44 g **VIIa**; aus Methanol Prismen; 0,18 g. — *2-[1.2.3.4-Tetrahydro-6.7-dimethoxy-2-methylisochinolyl-(1)-methyl]-1-[1.2.3.4-tetrahydro-6.7-dimethoxyisochinolyl-(1)]-butanhydrojodid*, $C_{28}H_{40}O_4N_2 \cdot HJ \cdot 0{,}5\ H_2O$, F. 212—214°, durch Hydrieren von **VIb** mit PtO_2 bei 20°/1 at in Methanol; gelbe Prismen. — *2-[1.2.3.4-Tetrahydro-6.7-dimethoxy-2-methylisochinolyl-(1)-methyl]-1-[1.2.3.4-tetrahydro-6.7-dimethoxyisochinolyl-(1)]-pentanhydrojodid*, $C_{29}H_{42}O_4N_2 \cdot HJ$, F. 215—216°, analog vorst. Verb. (1std. Rk.) aus 0,23 g rohem **VII b**; aus Methanol–Ae. Prismen; 0,05 g. — *α-Brom-α-[3-phenoxypropyl]-malonsäure*, $C_{12}H_{13}O_5Br$, F. 55—60°, durch Zutropfen von Br_2 zu 71,4 g 3-Phenoxypropylmalonsäure in Ae. während 1 Std., Aufnehmen in Chlf. u. Behandeln mit Leichtbenzin; aus Chlf. Blättchen; roh 52 g. — *2-Brom-5-phenoxypentansäureäthylester*, $C_{13}H_{17}O_3Br$, F. 42—44° (Chlf.), $Kp._1$ 146—148°, durch ¹/₂std. Erhitzen von 50 g vorst. Verb. auf 160—170° u. mehrstd. Kochen in A.–H_2SO_4; n_D^{20} 1,5240; 20 g. — *5-Phenoxypenten-(2)-säureäthylester*, $C_{13}H_{16}O_3$, $Kp._{0,5}$ 116—118°, durch 10std. Erhitzen von 14,34 g vorst. Esters in Diäthylanilin auf 160—180°, Gießen in 3nHCl u. Ausäthern; n_D^{20} 1,5146; 5 g. — *β-[2-Phenoxyäthyl]-glutarsäurediäthylester*, $C_{17}H_{24}O_5$, $Kp._{0,004}$ 134 bis 136°, durch 3tägige Rk. von 6,8 g vorst. Verb. mit 5,12 g Malonsäurediäthylester in Ggw. von C_2H_5ONa in A. bei 0°, Gießen in W., Ansäuern mit Essigsäure, Ausäthern, 1std. Hydrolyse des entstandenen *α-Carbäthoxy-β-[2-phenoxyäthyl]-glutarsäurediäthylesters* ($Kp._{0,4}$ 195—200°; 4,6 g) mit 10%ig. methanol. KOH, Gießen in W., Ausäthern, ¹/₂std. Erhitzen auf 160—180° u. 5std. Kochen in A.–H_2SO_4; n_D^{20} 1,4925; 1,8 g. (J. chem. Soc. [London] **1952.** 4785—92. Dez. London, Nat. Inst. for Med. Res.) W. HOFFMANN. 3231

Henry Gilman und **John Eisch,** *Die Bromierung von Phenanthridin.* Durch Bromierung von Phenanthridin entsteht in elektrophiler Rk. *3-Bromphenanthridin.* Die Stellung des Br-Atoms wurde nachgewiesen durch Oxydation mit $KMnO_4$ zu *3-Bromphenanthridon-(9)* (**I**) u. Misch-F. sowie infrarotspektroskop. Vgl. mit durch Bromierung von Phenanthridon-(9) (vgl. MOSBY, C. **1956.** 5826) dargestelltem **I.**

Versuche (FF. korr.; im elektr. geheizten Cu-Block): *3-Bromphenanthridon-(9)* (**I**), F. 325,5—326,5°, durch Bromierung von Phenanthridon-(9). — *3-Bromphenanthridin*, $C_{13}H_8NBr$, F. 162,0—163,0° (A.), durch 41std. Rühren von Phenanthridin u. N-Bromsuccinimid in CCl_4 unter Rückfluß, Zugabe von Bzl., Erwärmen u. Einengen 40% (Ausbeute). — Durch Zugabe von $KMnO_4$ zu einer Lsg. vorst. Verb. in verd. H_2SO_4, 2std. Erwärmen unter Rühren u. Extraktion des Filterrückstands mit kochendem Pyridin wurden 39% **I** erhalten. (J. Amer. chem. Soc. **77.** 6379—80. 5/12. 1955. Ames, Io., Iowa State Coll., Dep. of Chem.) H. ASCHERL. 3231

Yee-Sheng Kao, *Synthese von zwei α-[Pyridyl-(2)]-β-alkylindolen und einigen β-Carbolinderivaten.* Die Darst. von *α-[Pyridyl-(2)]-β-methylindol* (**III**) u. *α-[Pyridyl-(2)]-β-äthylindol* (**IV**) nach der FISCHERschen Indolsynth. wird beschrieben. Auch drei Carbolinderivv., *1-[Cyclohexylmethyl]-β-carbolin* (**XI**), *1-[4-Methylcyclohexylmethyl]-β-carbolin* (**VIII**) u. *1-[2-Methylcyclohexylmethyl]-β-carbolin* (**II**) werden synthesiert. **III** zeigt ein ähnliches UV-Spektr. wie Alstyrin (**I**), die quaternären Salze von **III** u. **IV** geben die gleiche rote Farb-Rk. bei der Behandlung mit verd. NaOH wie das von **I**; **XI, VIII** u. **II** haben dagegen keine ähnlichen chem. u. physikal. Eigg. wie **I.** Daraus wird in Übereinstimmung mit KARRER u. ENSLIN (C. **1950.** II. 299) auf die Identität von **I** mit Corynanthyrin (α-[4.5-Diäthylpyridyl-(2)]-β-äthylindol) geschlossen.

Versuche: *α-[Pyridyl-(2)]-β-methylindol* (**III**), $C_{14}H_{12}N_2$, F. 104—105°, aus 3,7 g Äthyl-[pyridyl-(2)]-keton u. 2,5 g Phenylhydrazin in A. (eine Nacht bei Zimmertemp.) u. Versetzen des ausgefallenen *Phenylhydrazons* (F. 140—142°) in A. mit HCl bei 0°; aus Ae. leicht vergilbende Nadeln; 0,5 g (Reinausbeute). *Hydrochlorid*, $C_{14}H_{12}N_2 \cdot HCl$, F. 259—260°, aus W. oder A. gelbe Kristalle. *Pikrat*, $C_{20}H_{15}O_7N_5$, F. 206—207° (A.).

Methojodid, $C_{14}H_{12}N_2 \cdot CH_3J$, F. 205—206°, aus Methanol oder A. orange gelbe Kristalle. — *α-[Pyridyl-(2)]-β-äthylindol* (**IV**), $C_{15}H_{14}N_2$, F. 75—76° (A.), aus Propyl-[pyridyl-(2)]-keton analog **III**. *Hydrochlorid*, $C_{15}H_{14}N_2 \cdot HCl$, F. 219—220°, gelbe Nadeln. *Pikrat*, $C_{21}H_{17}O_7N_5$, F. 205° (A.). *Methojodid*, $C_{15}H_{14}N_2 \cdot CH_3J$, F. 206—207°, aus A. gelbe Kristalle. — *3-[β-Cyclohexylacetamidoäthyl]-indol* (**VI**), $C_{18}H_{24}ON_2$, F. 82—83°, aus 1 g 3-[β-Aminoäthyl]-indol (**V**) mit Na_2CO_3 in A. (½ Std. bei 40—50°), dann Zugabe von 0,92 g Cyclohexylacetylchlorid in A. u. 8std. Kochen; aus verd. Methanol lange Nadeln; 1,2 g (roh). — *1-Cyclohexylmethyl-3.4-dihydro-β-carbolin* (**IX**), $C_{18}H_{22}N_2$, F. 172—174°, aus 0,9 g **VI** in heißem Äthylbenzol u. P_2O_5; aus Methanol lange Nadeln, fluoresciert in Methanol; 50 mg (roh). *Methojodid*, $C_{18}H_{22}N_2 \cdot CH_3J$, F. 238—240°. —*1-Cyclohexylmethyl-β-carbolin* (**XI**), $C_{18}H_{20}N_2$, F. 200°, aus 140 mg **IX** u. 70 mg Se (10 Min. bei 300°); aus Methanol Plättchen. *Pikrat*, $C_{24}H_{23}O_7N_5$, F. 250—251°, aus A. gelbe Kristalle. *Methojodid*, F. 260°. — *3-[β-(4-Methylcyclohexylacetamido)-äthyl]-indol* (**VII**), $C_{19}H_{26}ON_2$, F. 80° (Bzl.), aus 0,5 g **V** u. 0,5 g 4-Methylcyclohexylacetylchlorid durch ½std. Erhitzen auf 180—190°; 0,7 g (roh). — *1-[4-Methylcyclohexylmethyl]-3.4-dihydro-β-carbolin* (**X**), F. 157—159° (PAe.), aus **VII** u. P_2O_5 analog **IX**. — *1-[4-Methylcyclohexylmethyl]-β-carbolin* (**VIII**), $C_{19}H_{22}N_2$, F. 204—205° (CH_3OH), aus **X** analog **XI**. *Pikrat*, $C_{25}H_{25}O_7N_5$, F. 235—236°, gelbe Nadeln. — *3-[β-(2-Methylcyclohexylacetamido)-äthyl]-indol*, $C_{19}H_{26}ON_2$, F. 110—111° (Bzl.), aus **V** u. 2-Methylcyclohexylessigsäure (oder ihrem Chlorid). — *1-[2-Methylcyclohexylmethyl]-3.4-dihydro-β-carbolin*, $C_{19}H_{24}N_2$, F. 190—192° (A.). — *1-[2-Methylcyclohexylmethyl]-β-carbolin* (**II**), $C_{19}H_{22}N_2$, F. 215°. *Pikrat*, $C_{25}H_{25}O_7N_5$, F. 223—224°. (Acta chim. sinica **21**. 159—66. 1955. Shanghai, Acad. Sinica, Inst. of Materia Med. [Orig.: chines., Auszug: engl.]) E. MAEKAWA. 3231

Yuoh-Fong Chi und **Yuoh-Chern Ling**, *Pyrimidinuntersuchungen: Einwirkung von Chlor auf Mercaptopyrimidine. Synthese von 4-Methyl-5-äthylcytosin.* Das aus 6-Methyl-5-äthyl-2-thiouracil hergestellte *2-Äthylmercapto-4-keto-6-methyl-5-äthyl-3.4-dihydropyrimidin* (**I**) gibt mit PCl_5 *2-Äthylmercapto-4-methyl-5-äthyl-6-chlorpyrimidin* (**II**), dessen Chloratom gegen die Methoxy- oder Äthoxygruppe durch Behandlung mit den Na-Alkoholaten austauschbar ist (Prodd. **III** u. **IV**). **II**, **III** u. **IV** werden mit Cl_2 in W. zu den entsprechenden *2-Äthylsulfonylpyrimidinen* (**V**, **VI** u. **VII**) oxydiert. **V** gibt mit NH_3 in Methanol die *6-Aminoverb.* (**IX**), die bei der Behandlung mit HCl zu *2-Oxy-4-methyl-5-äthyl-6-aminopyrimidin* (*4-Methyl-5-äthylcytosin*) gespalten wird, das auch aus **VI** über *2-Oxy-4-methyl-5-äthyl-6-methoxypyrimidin* (**VIII**) hergestellt wird.

V e r s u c h e: *2-Äthylmercapto-4-keto-6-methyl-5-äthyl-3.4-dihydropyrimidin* (**I**), $C_9H_{14}ON_2S$, F. 141°, aus 6-Methyl-5-äthyl-2-thiouracil, Bromäthan u. Na in A. durch 10std. Erwärmen; Nadeln aus A.; 46% (Ausbeute). — *2-Äthylmercapto-4-methyl-5-äthyl-6-chlorpyrimidin* (**II**), $C_9H_{13}N_2ClS$, $Kp._{13}$ 148—150°, aus **I**, PCl_5 u. $POCl_3$; 90%. — *2-Äthylmercapto-4-methyl-5-äthyl-6-methoxypyrimidin* (**III**), $C_{10}H_{16}ON_2S$, $Kp._{11}$ 152 bis 154°, aus **II** u. Na in Methanol durch 2tägiges Stehenlassen; 76%. — *2-Äthylmercapto-4-methyl-5-äthyl-6-äthoxypyrimidin* (**IV**), $C_{11}H_{18}ON_2S$, $Kp._5$ 139—140°, aus **II** u. Na in A. wie vorst.; 97,7%. — *2-Äthylsulfonyl-4-methyl-5-äthyl-6-methoxypyrimidin* (**VI**), $C_{10}H_{16}O_3N_2S$, F. 45—47° (Ae.), aus **III** in W. durch Einleiten von Cl_2 bei 5—8°; 81%. — *2-Äthylsulfonyl-4-methyl-5-äthyl-6-äthoxypyrimidin* (**VII**), $C_{11}H_{18}O_3N_2S$, $Kp._5$ 202 bis 205°, aus **IV** in W. durch Sättigung mit Cl_2; 91%. — *2-Äthylsulfonyl-4-methyl-5-äthyl-6-chlorpyrimidin* (**V**), $C_9H_{13}O_2N_2ClS$, F. 74—75,5°, aus **II** wie **VII**; ~100%. — *4-Methyl-5-äthyl-2.6-dimethoxypyrimidin*, $C_9H_{14}O_2N_2$, $Kp._{15}$ 123°, aus **V** oder **VI** u. Na in Methanol durch Stehenlassen über Nacht u. 3—5 Min. Kochen; 88% (bezogen auf **VI**). — *4-Methyl-5-äthyl-2.6-diäthoxypyrimidin*, $C_{11}H_{18}O_2N_2$, $Kp._8$ 130°, aus **VII** in A. wie vorst.; 80%. — *2-Oxy-4-methyl-5-äthyl-6-methoxypyrimidin* (**VIII**), $C_8H_{12}O_2N_2$, F. 194—195° (Essigester), aus **VI** in 10%ig. NaOH durch 10 Min. Kochen u. Zusatz von 50%ig. Essigsäure; 75%. — *2-Oxy-4-methyl-5-äthyl-6-äthoxypyrimidin*, $C_9H_{14}O_2N_2$, F. 179 bis 180° (Essigester) aus 0,7 g **VII** wie vorst.; 0,6 g. — *2-Äthylsulfonyl-4-methyl-5-äthyl-6-aminopyrimidin* (**IX**), $C_9H_{15}O_2N_3S$, F. 108—109° (Bzl.-PAe.), aus 2,5 g **V** in 10%ig. alkoh. NH_3 durch 5std. Erhitzen auf 100—105° im Rohr; 0,6 g. — *2-Oxy-4-methyl-5-äthyl-6-aminopyrimidin*, $C_7H_{11}ON_3$, F. 296—298° (W.), a) aus **IX** durch 10 Min. Kochen in 6n HCl u. Neutralisieren mit NaOH; 97%; b) aus **VIII** in 12%ig. alkoh. NH_3 durch 18std. Erhitzen auf 120—140° im Rohr; 66%. (Acta chim. sinica **20**. 108—16. 1954. Centr. Res. Inst. of Health, Dep. of Pharmaceut. [Orig.: chines., Auszug: engl.])
E. MAEKAWA. 3272

R. Ja. Lewina und **N. N. Godowikow**, *Barbitursäuren.* 3. Mitt. *Methylenmalonester in der Diensynthese. Gewinnung von Barbitursäuren vom Spirantyp.* (2. vgl. C. **1955**. 10751.) Methylenmalonsäurediäthylester (**I**) reagiert mit Cyclopentadien oder Cyclohexadien unter Bldg. von *1.1-Dicarbäthoxy-2.5-endomethylencyclohexen-(3)* (**II**) bzw.

1.1-Dicarbäthoxy-2.5-endoäthylencyclohexen-(3), die zu *1.1-Dicarbäthoxy-2.5-endomethylencyclohexan* bzw. *1.1-Dicarbäthoxy-2.5-endoäthylencyclohexan* hydriert werden. Diese Verbb., die durch Überführen in die entsprechenden *1.1-Dicarboxy-verbb.* identifiziert werden, reagieren mit Harnstoff in Ggw. von C_2H_5ONa unter Bldg. der entsprechenden *Spirobarbitursäuren*, z. B. entsteht aus **II** u. Harnstoff *2.5'-Spiro-[1.4-endomethylen-Δ⁵-cyclohexenbarbitursäure]* (**III**).

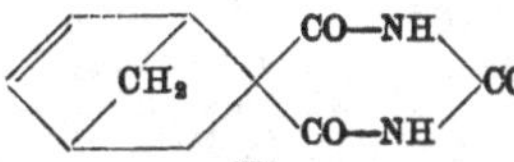

III

V e r s u c h e: *1.1-Dicarbäthoxy-2.5-endomethylencyclohexen-(3)* (**II**), $C_{13}H_{18}O_4$, Kp.$_{10}$ 129—130°; 19 g polymerer **I** werden durch Erhitzen auf 220—240° depolymerisiert u. der monomere **I** wird in 15 ml Bzl. dest., dazu gibt man 0,2 Mol Cyclopentadien u. erhitzt 6 Std. auf dem Wasserbad; $D.^{20}_4$ 1,0952; n_D^{20} 1,4680; 60%. — *1.1-Dicarbäthoxy-2.5-endoäthylencyclohexen-(3)*, $C_{14}H_{20}O_4$, Kp.$_7$ 135—136°; $D.^{20}_4$ 1,1201; n_D^{20} 1,4722; 27%. — *1.1-Dicarbäthoxy-2.5-endomethylencyclohexan*, $C_{13}H_{20}O_4$, Kp.$_6$ 124—125°; aus **II** in A. durch Hydrieren an RANEY-Ni in der Kälte; $D.^{20}_4$ 1,0754; n_D^{20} 1,4595; 80%. — *1.1-Dicarbäthoxy-2.5-endoäthylencyclohexan*, $C_{14}H_{22}O_4$, Kp.$_8$ 143—144°; $D.^{20}_4$ 1,0751; n_D^{20} 1,4648; 83%. — *1.1-Dicarboxy-2.5-endomethylencyclohexen-(3)*, $C_9H_{10}O_4$, F. 122 bis 123° (verd. A.); durch Hydrolyse von **II** mit alkoh. KOH (1½ Std. Kochen); 73%. — *1.1-Dicarboxy-2.5-endoäthylencyclohexen-(3)*, $C_{10}H_{12}O_4$, F. 163—164° (verd. A.); 65%. — *1.1-Dicarboxy-2.5-endomethylencychlohexan*, $C_9H_{12}O_4$, F. 174—175°; 60%. — *1.1-Dicarboxy-2.5-endoäthylencyclohexan*, $C_{10}H_{14}O_4$, F. 159—160°; 60%. — *2.5'-Spiro-[1.4-endomethylen-Δ⁵-cyclohexenbarbitursäure]* (**III**), Zers. bei 300°; man gibt zu C_2H_5ONa (0,7 g Na, 20 ml A.) 0,07 Mol Harnstoff u. 0,01 Mol **II** u. erhitzt 6 Std. auf 100—110°, filtriert u. säuert an; 50%. — *2.5'-Spiro-[1.4-endomethylencyclohexanbarbitursäure]*, F. 248—250° (verd. A.); 52%. — *2.5'-Spiro-[1.4-endoäthylen-Δ⁵-cyclohexenbarbitursäure]*, F. 228—230° (verd. A.); 98—99%. — *2.5'-Spiro-[1.4-endoäthylencyclohexanbarbitursäure]*, F. 272—273°; 98—99%. (Журнал Общей Химии [J. allg. Chem.] **25** (87). 986—89. Mai 1955. Moskau, Univ.) O. POLLAK v. EMHOFEN. 3272

Emrys R. H. Jones und **Frederick G. Mann**, *Cyclische Diarsine.* 2. Mitt. *1.4-Disubstituierte Diäthylendiarsine.* (1. vgl. C. **1953**. 6689.). Zur Synth. von Derivv. des Diäthylendiarsins, des As-Isosteren des Piperazins, wurden 3 Wege eingeschlagen: Verss. zur Cyclisierung von symm.-Äthylen-bis-[phenylchlorarsin] (**I**) mit Äthylendibromid (**II**) in heißer NaOH lieferten lediglich das Arsinigsäureanhydrid *1.3-Diphenyl-1.3-diarsa-2-oxacyclopentan*, das mit H_2O_2 zum zugehörigen *Arsinsäureanhydrid* oxydiert wurde. Diäthylphenylarsin gab mit **II** ein Gemisch von *2-Bromäthyldiäthylphenylarsoniumbromid* u. *symm.-Äthylen-bis-[diäthylphenylarsoniumbromid]*, deren Verh. wegen der geringen Ausbeuten nicht näher untersucht wurde. **I** wurde schließlich nach GRIGNARD in *symm.-Äthylen-bis-[methylphenylarsin]* (**V**) übergeführt, welches mit äquimol. Mengen **II** in CH_3OH bei 100° (unter anderen Bedingungen trat lineare Kondensation zu hygroskop., amorphen Prodd. oder Bldg. von *Methylphenylarsinsäure* ein) zu *1.4-Dimethyl-1.4-diphenyldiäthylendiarsoniumdibromid* (**III**; *1.4-Diphenyl-1.4-diarsacyclohexandimethobromid*) kondensiert wurde. **III** gab beim Erhitzen unter vermindertem Druck das gewünschte *1.4-Diphenyldiäthylendiarsin* (**IV**; *1.4-Diphenyl-1.4-diarsacyclohexan*). Dessen weitere Kondensation mit **II** zu *1.4-Diphenyltriäthylendiarsoniumdibromid* konnte nicht erreicht werden, ebenso verliefen Kondensationsverss. mit Trimethylendibromid u. o-Xylylendibromid (**VI**) negativ, wahrscheinlich aus ster. Gründen. Der Ersatz der Phenylgruppen in **IV** gelang durch Umsetzung von **IV** mit HBr zu *1.4-Dibromdiäthylendiarsin* u. dessen Rk. mit CH_3MgBr, während **IV** durch HJ zu *symm.-Äthylen-bis-[dijodarsin]* gespalten wurde. 1.4-Dimethyldiäthylendiarsin gab mit **II** hygroskop., amorphe Prodd., wahrscheinlich infolge vielfacher Linearkondensation. Aus **V** u. **VI** entstand neben viel gelbem Harz *1.4-Diphenyl-1.4-diarsa-6.7-benzocycloocten-(6)-dimethobromid*, das ebenso wie das entsprechende *Dimethojodid* bei der therm. Zers. unter vermindertem Druck nur einen gelben Sirup lieferte, aus welchem bei Oxydations- oder Quaternisierungsverss. keine festen Derivv. erhalten werden konnten.

V e r s u c h e: *symm.-Äthylen-bis-[phenylarsinigsäure]-anhydrid* (*1.3-Diphenyl-1.3-diarsa-2-oxacyclopentan*), $C_{14}H_{14}OAs_2$, F. 94° (CH_3OH), durch 3std. Kochen von **I** mit wss. NaOH; in Ggw. von **II** oder $Br(CH_2)_3Br$ wurde das gleiche Ergebnis erhalten. — *symm.-Äthylen-bis-[phenylarsinsäure]-anhydrid* (*1.3-Diphenyl-1.3-diarsa-2-oxacyclopentan-1.3-dioxyd*), *Monohydrat*, $C_{14}H_{14}O_3As_2\cdot H_2O$, F. 191° (A.), aus vorst. Verb. in Aceton mit 30%ig. H_2O_2. — *symm.-Äthylen-bis-[phenylarsinsäure]*, $C_{14}H_{16}O_4As_2$, F. 200° (unter Aufschäumen), a) aus vorst. Verb. mit verd. HCl; b) aus vorvorst. Verb. mit warmer verd. HNO_3. — *symm.-Äthylen-bis-[diäthylphenylarsonium]-dibromid*, sehr hygroskop., durch 6std. Kochen von 5,4 g Diäthylphenylarsin u. 22,5 cm³ **II** unter N_2 u. Extraktion des gelben Prod. mit sd. Aceton als unlösl. Rückstand; *Dipikrat*, $C_{34}H_{38}O_{14}N_6As_2$, F. 166 bis 167° (Zers.); 0,1 g (Ausbeute). — *2-Bromäthyldiäthylphenylarsoniumbromid*, $C_{12}H_{19}$-

Br_2As, F. 106° (Aceton), aus dem Acetonfiltrat vorst. Verb.; 0,1 g. — *symm.-Äthylen-bis-[methylphenylarsin]* (**V**), $C_{16}H_{20}As_2$, Kp.$_{0,2}$ 163—165°, aus **I** in Bzl. u. CH_3MgJ in Ae. (45 Min. bei 15° u. 30 Min. beim Kp.) unter N_2 u. Zers. mit NH_4Cl-Lsg.; 74%. *Dimethojodid*, $C_{18}H_{26}J_2As_2$, Zers. bei 250°. *Dimethopikrat*, $C_{30}H_{30}O_{14}N_6As_2$, F. 217—218° (Zers.), aus wss. A. gelbe Kristalle. *Dioxyddipikrat*, $C_{28}H_{26}O_{16}N_6As_2$, F. 171—172° (Zers.), aus W. gelbe Kristalle. — *1.4-Dimethyl-1.4-diphenyldiäthylendiarsoniumdibromid* (**III**), $C_{18}H_{24}Br_2As_2$, sublimiert bei 255° (unter teilweiser Zers.), durch 6std. Erhitzen von **V** u. **II** in CH_3OH auf 100° unter Luftausschluß u. Verdünnen mit A.; 21%. *Dimethopikrat*, $C_{30}H_{28}O_{14}N_6As_2$, F. 244° (Zers.), gelbe Kristalle aus Dimethylformamid. — 8std. Kochen von **V** u. **II** in Toluol, Einengen u. Verdünnen mit Ae. gab *Methylphenylarsinsäure*, $C_7H_9O_2As$, F. 175° (Aceton). — *1.4-Diphenyldiäthylendiarsin* (**IV**), $C_{16}H_{18}As_2$, F. 142 bis 144° (Aceton), durch therm. Zers. von **III** unter 0,5 mm Druck; 29%. *Monomethojodid*, $C_{17}H_{21}JAs_2$, F. 211° (unter Aufschäumen; A.). *Dimethojodid*, $C_{18}H_{24}J_2As_2$, F. 223° (unter Aufschäumen; CH_3OH). *Bis-[metho-p-toluolsulfonat]*, $C_{32}H_{38}O_6S_2As_2$, F. 266° (unter Aufschäumen; A.). *Bis-[hydroxynitrat]*, $C_{16}H_{20}O_8N_2As_2$, F. 188° (unter Aufschäumen; W.). — *symm.-Äthylen-bis-[dijodarsin]*, $C_2H_4J_4As_2$, F. 136° (tiefgelbe Kristalle aus Chlf.), durch 2std. Kochen von **IV** mit konstant sd. HJ; 20%. — *symm.-Äthylen-bis-[bis-(N.N-pentamethylenthiocarbamoylmercapto)-arsin]*, $C_{26}H_{44}N_4S_8As_2$, F. 198 bis 199° (unter Aufschäumen; Aceton), aus vorst. Verb. u. Piperidin-N.N-pentamethylendithiocarbamat in Aceton. — *1.4-Dibromdiäthylendiarsin*, $C_4H_8Br_2As_2$, F. 168—170° (Aceton), durch 3std. Kochen von **IV** mit konstant sd. HBr. — *1.4-Bis-[N.N-pentamethylenthiocarbamylmercapto]-diäthylendiarsin*, $C_{16}H_{28}N_2S_4As_2$, F. 185—186° (unter Aufschäumen; Chlf.). — *1.4-Dimethyldiäthylendiarsin*, $C_6H_{14}As_2$, Kp.$_{24}$ 113—114°, aus vorvorst. Verb. in Bzl. u. CH_3MgJ in Ae. unter N_2 (15 Min. kochen) u. Hydrolyse mit NH_4Cl-Lsg.; 56%. — *1.4-Diphenyl-1.4-diarsa-6.7-benzocycloocten-(6)-dimethojodiddiäthanolat*, $C_{24}H_{28}J_2As_2 \cdot 2C_2H_6O$, F. 160—161° (unter Aufschäumen), durch 1std. Erhitzen von **V** u. **VI** unter N_2 auf 100°, A.-Extraktion u. Zufügen des Extrakts zu NaJ in C_2H_5OH. (J. chem. Soc. [London] **1955**. 401—05. Febr. Cambridge, Univ., Chem. Labor.)
I. SPAETH. 3292

Emrys R. H. Jones und **Frederick G. Mann**, *Cyclische Diarsine*. 3. Mitt. *Ein achtgliedriges Diarsinringsystem enthaltende Verbindungen*. (2. vgl. vorst. Ref.) Vff. untersuchen die Rk. von o-Phenylen-bis-[dimethylarsin] (**I**) u. 1.4-Dimethyläthylen-o-phenylendiarsin (**III**; vgl. 1. Mitt., C. **1953**. 6689) mit o-Xylylendibromid (**II**). **I** u. **III** reagieren mit **II** in exothermer Rk. zu *1.4-Dimethyl-o-phenylen-o-xylylendiarsindimethobromid* (**IV**) bzw. *Äthylen-o-phenylen-o-xylylendiarsindimethobromid* (**V**), mit 4-Chlor-o-xylylendibromid (**IIa**) wurden die entsprechenden *Cl-Substitutionsprodd.* von **IV** (**IVa**) bzw. **V** (**Va**) erhalten. **IV** u. **V** sind isomorph, eine theoret. mögliche cis–trans-Isomerie wurde nicht beobachtet, nach der Röntgenunters. hat **IV** die trans-Konfiguration, doch wurde eine vollständige Strukturunters. nicht vorgenommen. **IVa** u. **Va** sollten opt. spaltbar sein, doch konnte eine opt. Spaltung bisher nicht erreicht werden. Die therm. Spaltung von **IV** u. **V** lieferte *o-Phenylen-bis-[2-isoarsindolin]* (**VI**), analog wurde aus **IVa** u. **Va** *o-Phenylen-bis-[2-(5-chlorisoarsindolin)]* erhalten; der Mechanismus dieser therm. Spaltung wird diskutiert, möglicherweise besteht der erste Schritt in einer Spaltung von **IV** bzw. **V** in **I** bzw. **III** u. **II** mit nachfolgender Kondensation von 2 Mol **II** mit **I** bzw. **III**; damit stimmt überein, daß äquimol. Mengen **IV** u. **II** bei der therm. Zers. größere Mengen an **VI** liefern als **IV** allein. Zu Vergleichszwecken dargestelltes *o-Phenylen-bis-[dibenzylarsin]* konnte nur als gummiartige M. erhalten werden, die mit **II** u. **IIa** lediglich hygroskop. Harze lieferte.

V e r s u c h e : *1.4-Dimethyl-o-phenylen-o-xylylendiarsindimethobromid* (**IV**), *Monohydrat*, $C_{18}H_{24}Br_2As_2 \cdot H_2O$, F. 214—216° (bei 160 oder 200° eingetaucht; aus CH_3OH). a) durch ½std. Rühren von **I** u. **II** u. 1std. Erhitzen auf 100°; hygroskop.; 75% (Ausbeute); b) aus 2,99 g **I** u. 2,76 g **II** in warmem CH_3OH unter N_2 in 1—2 Min.; 3,6 g; c, aus 1,32 g **I** u. 1,22 g **II** in Bzl. unter N_2 in einigen Tagen; 1,15 g. *Dimethopikrat*, $C_{30}H_{28} \cdot O_{14}N_6As_2$, F. 219—220° (Zers.), aus W. gelbe Kristalle. Kristalle von **IV**-Monohydrat gehören der Raumgruppe P Z_1 Z_1 Z_1 an. — *Äthylen-o-phenylen-o-xylylendiarsindimethobromid* (**V**), *Monohydrat*, $C_{18}H_{22}Br_2As_2 \cdot H_2O$, F. 214—216° (bei 160 oder 220° eingetaucht; aus CH_3OH), aus **III** [Kp.$_{0,5}$ 99—101°; *Dimethobromid*, F. 253° (unter Aufschäumen)] u. **II** analog **IV** nach a); 47%. *Dimethopikrat*, $C_{30}H_{26}O_{14}N_6As_2$, F. 221—222° (Zers.; gelbe Kristalle aus W.). — *4''-Chlor-1.4-dimethyl-o-phenylen-o-xylylendiarsindimethobromid* (**IVa**), $C_{18}H_{23}ClBr_2As_2$, F. 241—242° (bei 160° eingetaucht) bzw. 243—244° (bei 220° eingetaucht), analog **IV** als *Monohydrat* vom gleichen F.; *Dimethopikrat*, $C_{30}H_{27}O_{14}N_6ClAs_2$, F. 213° (W.). — *4''-Chloräthylen-o-phenylen-o-xylylendiarsindimethobromid* (**Va**), $C_{18}H_{21} \cdot ClBr_2As_2$, hygroskop., aus dem *Monohydrat* F. 236° (bei 160° eingetaucht) bzw. 240° (bei 220° eingetaucht)] in 3 Std. bei 60°/0,1 mm. *Dimethopikrat*, $C_{30}H_{25}O_{14}N_6ClAs_2$, F. 213

bis 214° (Zers.). *Dimetho-(+)-camphersulfonat*, $C_{38}H_{51}O_8ClS_2As_2$, F. 298—299° (Zers.; A.), $[M]_D^{17}$ +96°. *Dimetho-(+)-bromcamphersulfonatdihydrat*, $C_{38}H_{49}O_8ClBr_2S_2As_2 \cdot 2H_2O$, F. 271° (Zers.; CH_3OH–A., A.), $[M]_D^{20}$ +551°. — *o-Phenylen-bis-[2-isoarsindolin]* (**VI**), $C_{22}H_{20}As_2$, F. 129—131° (A.–Chlf.), a) durch vorsichtiges Erhitzen von **IV** mit freier Flamme; 53%; b) durch 45 Min. Erhitzen von **IV** auf 240—245°/0,5 mm; 32%; c) durch Erhitzen von **IV** u. **II** mit freier Flamme; 61%; d) aus **V** wie unter a). *Monomethojodid*, $C_{23}H_{23}JAs_2$, F. 180—181° (unter Aufschäumen; aus wss. A.), aus **VI** mit überschüssigem CH_3J (2 Std. kochen) oder in CH_3OH in 6 Std. bei 100°. *Dibrom-[o-phenylen-bis-(2-isoarsindolin)]-palladium*, $C_{22}H_{20}Br_2As_2Pd$, F. 336—337° (Zers.). — *o-Phenylen-bis-[dimethylarsin]-hydroxynitratdihydrat*, $C_{10}H_{17}O_4NAs_2 \cdot 2H_2O$, F. 196—197° (unter Aufschäumen; aus A.), aus den Mutterlaugen von **VI** nach a) durch Eindampfen, Überführung des erhaltenen gummiartigen Prod. in ein Gemisch von *Pikraten* (F. 181—182°), Zers. mit verd. HNO_3, Ae.-Extraktion u. Eindampfen der wss. Lösung. — *o-Phenylen-bis-2-(5-chlorisoarsindolin]*), $C_{22}H_{18}Cl_2As_2$, F. 191—195° (Chlf.), analog **VI** nach a) aus **IVa** oder **Va**. — *Bis-[isoarsindolin-As-spiro]-äthylen-o-phenyldiarsoniumdibromidmonohydrat*, $C_{24}H_{24}Br_2As_2 \cdot H_2O$, F. 223° (unter Aufschäumen; aus A.), durch 6std. Erhitzen von **VI** u. Äthylendibromid auf 125—130°. *Dipikrat*, $C_{36}H_{28}O_{14}N_6As_2$, F. 216—217° (Zers. nach vorherigem Erweichen), aus alkoh. Aceton gelbe Kristalle. — *o-Phenylen-bis-[dimethylarsin]-bis-[hydroxynitrat]-anhydrid*, $C_{10}H_{16}O_7N_2As_2$, F. 213° (unter Aufschäumen; aus A.), durch Behandeln von **I** mit kalter konz. oder warmer verd. HNO_3 oder H_2O_2 in Aceton u. dann mit verd. HNO_3 u. Eindunsten bei Raumtemperatur *Bis-[hydroxypikrat]-anhydrid*, $C_{22}H_{20}O_{15}N_6As_2$, F. 138—140° (W.). (J. chem. Soc. [London] **1955**. 405—10. Febr.) I. Speth. 3292

Emrys R. H. Jones und **Frederick G. Mann**, *Cyclische Diarsine*. 4. Mitt. *Derivate von 5.10-Dihydro-5.10-dimethylarsanthren*. (3. vgl. vorst. Ref.) Aus *5.10-Dihydro-5.10-dimethylarsanthren* (**I**), das aus 5.10-Dichlor-5.10-dihydroarsanthren u. CH_3MgJ entsteht, sind je nach den Reaktionsbedingungen ein *Mono-* u. *Dimethobromid* sowie ein *Mono-* u. *Dimethojodid* erhältlich. Äquimol. Mengen **I** u. Äthylendibromid (**II**) liefern in 6 Std. bei 125° oder in 24 Std. bei 100° nur *Arsanthrendimethobromid* (**III**), das auch direkt aus **I** u. Br_2 erhältlich ist. **III** spaltet beim Erhitzen unter vermindertem Druck CH_3Br zu *5-Brom-5.10-dihydro-10-methylarsanthren* (**IV**) ab, das sich mit CH_3Br wieder in **III** überführen läßt. In methanol. Lsg. liefert **I** mit 2 Mol **II** dagegen in 24 Std. bei 100° *1.4-Dimethyläthylen-bis-[o-phenylen]-diarsoniumdibromid* (**V**), das leicht wieder therm. zu **I** zers. werden kann, während die Abspaltung von CH_3Br zu Äthylen-bis-[o-phenylen]-diarsin nicht gelang. Beim Erhitzen von **I** mit 1 Mol **II** in CH_3OH wurde als Hauptprod. *symm.-Äthylen-bis-5-[5.10-dihydro-5.10-dimethylarsanthronium]-dibromid* erhalten, das sich bei 250°/0,1 mm zu einem äquimol. Gemisch von **I** u. **IV** zersetzt. Sehr viel leichter als **V** bildet sich aus **I** u. Trimethylendibromid (**VI**) *1.4-Dimethyltrimethylen-bis-[o-phenylen]-diarsoniumdibromid*, während aus **I** u. o-Xylylendibromid (**VII**) 2 Verbb. in von der Reaktionstemp. abhängigem Verhältnis entstehen, nämlich *5.5';10.10'-Bis-[o-xylylen]-bis-[arsanthronium]-tetrabromid* u. *Di-o-phenylen-o-xylylendiarsinmonomethobromid*, deren Stereochemie diskutiert wird; die kristallograph. Unters. bestätigte die angenommene Struktur des Monobromids. — Das aus diazotierter o-Arsanilsäure (**X**) u. p-Tolylarsenoxyd durch Bart-Rk. erhältliche *o-Arsonophenyl-p-tolylarsinsäureanhydrid* (**IX**) gibt durch Red. mit SO_2 u. HCl *Chlor-[o-dichlorarsinophenyl]-p-tolylarsin*, das sich beim Erhitzen zu *5.10-Dichlor-5.10-dihydro-2-methylarsanthren* cyclisiert. Dieses liefert mit CH_3MgJ *5.10-Dihydro-2.5.10-trimethylarsanthren* (**VIII**), aus welchem mit CH_3J u. CH_3Br das *Monomethojodid* bzw. das *Dimethobromid* entstehen. Die Prodd. der Umsetzung von **VIII** mit **II** bzw. **VI** sowie die entsprechenden Jodide konnten nicht krist. erhalten werden, doch gab **VIII** mit **VII** ein hygroskop. *Bromid*, aus dem ein krist. *Jodid*, wahrscheinlich *5.10.5'.10'-Tetrahydro-2.5.10.2'.5'.10'-hexamethyl-5.5';10.10'-bis-[o-xylylen]-bis-[arsanthronium]-tetrajodid*, erhalten werden konnte. Das analog **IX** erhältliche *o-Arsonophenyl-p-methoxyphenylarsinsäureanhydrid* gab bei der Behandlung mit SO_2 u. HCl lediglich *o-Phenylen-bis-[chlorhydroxyarsin]-anhydrid*, während aus p-Nitrophenylarsenoxyd u. **X** eine *Azobenzoldiarsonsäure* entstand.

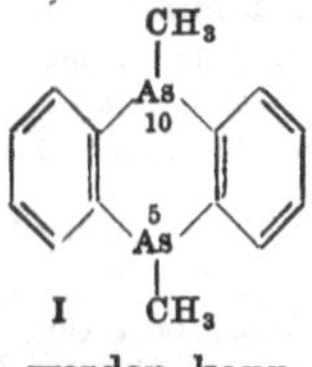

I

V e r s u c h e: *5.10-Dihydro-5.10-dimethylarsanthren* (**I**), $C_{14}H_{14}As_2$, F. 191—192,5° (A.–Chlf.), aus 5.10-Dichlor-5.10-dihydroarsanthren in Bzl. u. CH_3MgJ in Ae. (1 Std. kochen u. Hydrolyse mit NH_4Cl-Lsg.); 90% (Ausbeute). *Monomethobromid*, $C_{15}H_{17}BrAs_2$, F. 219° (Aufschäumen; CH_3OH), mit überschüssigem CH_3Br in 2 Std. bei 50°. *Dimethobromid*, $C_{16}H_{20}Br_2As_2$, F. 302° (Aufschäumen; W.), in 6 Std. bei 100°. *Dimethopikrat*, $C_{28}H_{24}O_{14}N_6As_2$, F. 282° (Zers.; gelbe Kristalle aus Dimethylformamid). *Monomethojodid*, $C_{15}H_{17}JAs_2$, F. 222° (Aufschäumen; A.). *Dimethojodid*, $C_{16}H_{20}J_2As_2$, F. 263° (Zers.;

W.). *Dimetho-p-toluolsulfonat*, $C_{30}H_{34}O_6S_2As_2$, F. 316° (Zers.; CH_3OH), in 4 Std. bei 180°. *Bis-[hydroxynitrat]*, $C_{14}H_{14}O_2As_2 \cdot 2HNO_3$, F. 224° (Aufschäumen), Wiederverfestigung u. erneuter F. 373° (Zers.), aus W. blaßgelbe Kristalle. *Bis-[hydroxypikrat]*, $C_{14}H_{14}O_2As_2 \cdot 2C_6H_3O_7N_3$, F. 210° (Zers.; aus W. gelbe Kristalle). — *Arsanthren, Dimethobromid* (**III**), $C_{14}H_{14}Br_2As_2$, F. 256° (Aufschäumen; CH_3OH), a) durch 6std. Erhitzen von **I** u. **II** im Rohr auf 125—130°; 60%; b) aus **I** u. Br_2 in CH_3OH (6 Std. bei 100°). *Dimethopikrat*, $C_{26}H_{18}O_{14}N_6As_2$, F. 244° (Zers.; A.). *Dimethojodid*, $C_{14}H_{14}J_2As_2$, F. 214° (Zers.; aus CH_3OH tieforangefarbene Kristalle). — *5-Brom-5.10-dihydro-10-methylarsanthren* (**IV**), $C_{13}H_{11}BrAs_2$, F. 175—177° (blaßgelbe Kristalle aus Bzl.), durch Erhitzen von **III** bei 0,1 Torr; 81%. — *5-Jod-5.10-dihydro-10-methylarsanthren*, $C_{13}H_{11}JAs_2$, F. 174—178° (aus Aceton tiefgelbe Kristalle), aus **IV** u. NaJ in Aceton–A. (5 Min. kochen). — *1.4-Dimethyläthylen-bis-[o-phenylen]-diarsoniumdibromid* (**V**), *Monohydrat*, $C_{16}H_{18}Br_2As_2 \cdot H_2O$, F. 272° (Aufschäumen; CH_3OH), durch 24std. Erhitzen von **I** mit 2 Mol **II** in CH_3OH auf 100° im Rohr; 63%. *Dipikrat–Dimethylformamidsolvat*, $C_{28}H_{22}O_{14}N_6As_2 \cdot C_3H_7ON$, F. 273° (Zers.; aus A.–Dimethylformamid gelbe Kristalle). *Dijodid*, $C_{16}H_{18}J_2As_2$, F. 248° (Aufschäumen; CH_3OH). — *symm.-Äthylen-bis-5-[5.10-dihydro-5.10-dimethylarsanthronium]-dibromiddimethanolat*, $C_{30}H_{32}Br_2As_4 \cdot 2CH_4O$, F. 195° (Aufschäumen; CH_3OH), aus äquimol. Mengen **I** u. **II** in CH_3OH in 9 Std. bei 100° im Rohr; 47% (aus den Mutterlaugen wurde **V**·H_2O isoliert). *Dipikrat*, $C_{42}H_{36}O_{14}N_6As_4$, F. 237° (Zers.; CH_3OH). *Dijodiddihydrat*, $C_{30}H_{32}J_2As_4 \cdot 2H_2O$, F. 185° (Aufschäumen; CH_3OH). — *1.4-Dimethyltrimethylen-bis-[o-phenylen]-diarsoniumdibromiddihydrat*, $C_{17}H_{20}Br_2As_2 \cdot 2H_2O$, F. 267 bis 268° (Aufschäumen; CH_3OH), durch 1½std. Erhitzen von **I** u. **VI** auf 155—160°; 52%. *Dipikrat*, $C_{29}H_{24}O_{14}N_6As_2$, F. 252° (Zers.; gelbe Kristalle aus CH_3COOH). — *5.5′;10.10′-Bis-[o-xylylen]-bis-[arsanthronium]-tetrabromid*, $C_{40}H_{32}Br_4As_4$, F. 273° (Zers.; aus A. cremefarbene Kristalle), a) aus äquimol. Mengen **I** u. **VII** in 2 Std. bei 160° als in A. weniger lösl. Prod.; 39%; b) wie a), aber 1std. Erhitzen auf 130°; 8%; c) aus **I** u. 2 Mol **VII** in 2 Std. bei 160°; 64%. *Tetrajodid*, $C_{40}H_{32}J_4As_4$, F. 244° (Zers.; tieforangefarbene Kristalle aus CH_3OH). *Tetrapikratdekahydrat*, $C_{64}H_{40}O_{28}N_{12}As_4 \cdot 10H_2O$, F. 232° (Zers.). — *Di-o-phenylen-o-xylylendiarsinmonomethobromid*, $C_{21}H_{19}BrAs_2$, F. 200° (CH_3OH), neben vorst. Verb. nach a) oder b) als in A. leichterlösl. Fraktion; 20 bzw. 65%. *Pikrat*, $C_{27}H_{21}O_7N_3As_2$, F. 211° (aus A. gelbe Kristalle). *Jodid*, $C_{21}H_{19}JAs_2$, F. 197° (CH_3OH). — *o-Arsonophenyl-p-tolylarsinsäureanhydrid* (**IX**), $C_{13}H_{12}O_4As_2$, F. 382—383° (Zers.; aus wss. Na_2CO_3-Lsg. mit CH_3COOH-Pulver), durch Diazotierung von **X** in verd. HCl bei 0°, Eingießen der Diazoniumsalzlsg. zugleich mit einer Lsg. von Dichlor-p-tolylarsin in 5nNaOH u. n-Na_2CO_3-Lsg. in Eiswasser, Stehen über Nacht, Verdünnen mit W., Erhitzen auf 100°, Zugabe von konz. HCl u. Ansäuern der filtrierten Lsg.; 68%. — *Chlor-[o-dichlorarsinophenyl]-p-tolylarsin*, aus **IX** in konz. HCl + KJ durch Einleiten von SO_2 während 8 Std. bei 100° u. von HCl in den letzten 2 Std. als schweres, nichtkristallisierendes Öl. — *5.10-Dichlor-5.10-dihydro-2-methylarsanthren*, $Kp._{0,05}$ 188—193° (unrein), durch fraktionierte Dest. des vorst. Produkts. — *5.10-Dihydro-2.5.10-trimethylarsanthren* (**VIII**), durch Zutropfen vorst. Verb. in Bzl. zu CH_3MgJ in Ae. unter N_2, 1std. Kochen u. Hydrolyse mit NH_4Cl-Lsg.; 90% (roh). *Monomethojodid*, $C_{16}H_{19}JAs_2$, F. 215 bis 216° (A.). *Dimethobromidmonohydrat*, $C_{17}H_{22}Br_2As_2 \cdot H_2O$, F. 265° (Aufschäumen; CH_3OH). *Dimethopikrat*, $C_{29}H_{26}O_{14}N_6As_2$, F. 258° (Zers.; aus alkoh. Dimethylformamid gelbe Kristalle). — *5.10.5′.10′-Tetrahydro-2.5.10.2′.5′.10′-hexamethyl-5.5′;10.10′-bis-[o-xylylen]-bis-[arsanthronium]-tetrajodidmonohydrat*, $C_{46}H_{48}J_4As_4 \cdot H_2O$, F. 180—181° (Zers.; CH_3OH), aus **VIII** u. **VII** durch 1,5std. Erhitzen auf 100° u. Umsetzung des erhaltenen hygroskop. Prod. in A. mit NaJ; 70%. *Tetrapikrat*, $C_{70}H_{56}O_{28}N_{12}As_4$, F. 171 bis 173° (aus wss. CH_3OH gelbe Kristalle). *Tetrakis-(+)-bromcamphersulfonatdihydrat*, $C_{86}H_{104}O_{16}Br_4S_4As_4 \cdot 2H_2O$, F. 257—258° (Zers.; Aceton), $[M]_D$ +1110° (W.). *Tetrakis-[antimontartrat]-dihydrat*, $C_{62}H_{56}O_{24}As_4Sb_4 \cdot 2H_2O$, F. 239° (Aufschäumen; wss. A.), $[M]_D$ +1648°. — *o-Arsonophenyl-p-methoxyphenylarsinsäureanhydrid*, $C_{13}H_{12}O_5As_2$, F. 373° (Zers.), aus diazotierter **X** u. p-Methoxyphenylarsenoxyd analog **IX**; 51%. — *o-Phenylen-bis-[chlorhydroxyarsin]-anhydrid*, $C_6H_4OCl_2As_2$, F. 148—150° (gelbe Kristalle aus Cyclohexan), aus vorst. Verb. durch Behandlung mit HCl u. SO_2; 84%. — *x.x-Diarsonoazobenzol*, $C_{12}H_{12}O_6N_2As_2$, F. > 450° (W.), aus diazotierter **X** u. Dichlor-p-nitrophenylarsin; daraus durch Behandlung mit HCl u. SO_2 *x.x-Bis-[dichlorarsino]-azobenzol*, $C_{12}H_8N_2Cl_4As_2$, F. 129—131° (gelbe Kristalle aus Bzl.–Cyclohexan 1 : 1); 78%. Wahrscheinlich handelt es sich bei den beiden Verbb. um die o.p′-Isomeren. (J. chem. Soc. [London] **1955**. 411—22. Febr.) I. SPAETH. 3292

C. A. Bunton, T. A. Lewis, D. R. Llewellyn, H. Tristram und **C. A. Vernon**, *Hydrolyse von Methylglucosiden.* Bei Verwendung von an ^{18}O angereichertem W. bei der Hydrolyse von α- u. β-D-Methylglucosid (**I**) mit n-HCl bzw. Methylglucosidase entstanden ^{18}O-haltige α- bzw. β-Glucose u. CH_3OH. Da also die CH_3O-Gruppe von **I** durch die

OH-Gruppe des W. substituiert wird, besteht die Möglichkeit einer WALDENschen Umkehrung, so daß aus den Enzymolyseprodd. Rückschlüsse auf die Konfiguration der Ausgangsverb. nicht zuverlässig sind. (Nature [London] **174**. 560. 18/9. 1954. London, Univ. Coll., W. Ramsay u. R. Forster Labors., u. Dep. of Bot.) H.-J. KRAEGE. 3400

M. Ch. Glusman und **N. P. Kljuschnik,** *Kondensation von Glucose mit hydroaromatischen Ketonen.* Vff. beschreiben 2 Methoden zur Darst. von *1.2;5.6-Dicyclohexyliden-d-glucofuranose* (**I**) durch Kondensation von Cyclohexanon (**II**) mit Glucose (**III**) in Ggw. von H_2SO_4 u. 2 Methoden zur Hydrolyse von **I** mit 75%ig. Essigsäure zu *1.2-Cyclohexyliden-d-glucofuranose* (vgl. HOCKETT u. Mitarbeiter, C. **1950**. II. 891). Die Kondensation von **III** mit Cyclopentanon mißlang.

Versuche: *1.2;5.6-Dicyclohexyliden-d-glucofuranose* (**I**), F. 134—135° (Bzn., PAe.), a) man gibt zu einem Gemisch von **III** u. **II** (1 : 6) 15—20 ml H_2SO_4 (D. 1,84) je 50 g **III**, neutralisiert mit Na_2CO_3 nach 30—40 Min. u. rührt 10—15 Min.; ca. 53% (Ausbeute). b) man gibt zu 65 g **III** in 80—85 ml **II** u. 50 ml Dioxan 15—20 ml H_2SO_4 (D. 1,84), rührt 10—15 Min. u. läßt 30 Min. stehen; 80—103 g. — *1.2-Cyclohexyliden-d-glucofuranose,* F. 151—152° (A.-Äthylacetat, 1 : 3), man schüttelt 30—45 Min. 50 g **I** in 150 ml 75%ig. Essigsäure bei 65—70°, wobei die Lsg. hellrot wird; die Essigsäure wird im Vakuum abgedampft; 15—20 g; b) man läßt analog a) reagieren, gibt zum Reaktionsprod. 50—100 ml W. u. neutralisiert mit NH_3; 13—15 g. (Журнал Общей Химии [J. allg. Chem.] **25** (**87**). 2118—20. Okt. 1955. Charkow, Univ. u. Slaw. Chem.-Mechan. Technikum.) CH. WEISKE. 3400

H. L. de Waal, W. J. Serfontein und **C. F. Garbers,** *Südafrikanische Senecioalkaloide* 10. Mitt. *Die Struktur der Sceleranecin- und Sceleratinsäure.* (Vgl. C. **1949**. II. 1305.) Vff. schlagen für Sceleranecin- (**I**; F. 156° [FF. korr.]) bzw. Sceleratinsäuredilacton (**II**; F. 208°) nebenst. Formeln vor. Eine Entstehung von **I** durch Wasseranlagerung u. zweifache Wasserabspaltung aus Isatinecinsäure (**III**) wäre leicht formulierbar; experimentell gelang es allerdings weder, **III** mit 50%ig. H_2SO_4 oder mit HBr mit nachfolgender alkal. Hydrolyse in **I** umzuwandeln, noch in **I** durch Kochen mit $SOCl_2$ u. Behandeln mit KOH eine Doppelbindung einzuführen. — Durch 2tägiges Stehen von **II** mit einem kleinen Überschuß 2n KOH bei n. Temp. wurde unter Öffnung des Lactonringes u. gleichzeitiger WALDEN-Umkehr an $C_{(5)}$ *2-Äthyl-4-methyl-5-oxytetrahydropyrandicarbonsäure-(2.5)* (**IV**) erhalten, $C_{10}H_{16}O_6$, F. 192° (Ae.-PAe.). Decarboxylierungsverss. an **IV** führten zu Zers. unter CO_2-Entwicklung. — Umsetzung von **IV** mit sd. konz. HCl (10 Std. bis 1 Woche) gab unter Zers. CH_2O; daneben entstand in geringer Ausbeute eine *Säure* $C_9H_{14}O_5$, F. 128° (CH_3OH). — Rk. des K-Salzes von **IV** mit sd. $SOCl_2$ gab *2-Äthyl-4-methyl-5-chlortetrahydropyrandicarbonsäure-(2.5)*, $C_{10}H_{15}O_5Cl$, F. 231° (Ae.-PAe.). — Die bereits C. **1949**. II. 1305 beschriebene Lactonsäure $C_8H_{12}O_4$ (F. 100°, aus CCl_4-PAe.) wurde als *α-Methyl-γ-carboxy-γ-caprolacton* formuliert; sie entstand auch durch Oxydation von **I** oder **II** (als K-Salze) mit $Pb(CH_3COO)_4$ in sd. W. (1 Std.) unter gleichzeitiger Bldg. von CH_2O u. CO_2. Aus 0,3 mol. HJO_4 u. **I** (K-Salz) wurde kein krist. Prod. erhalten, dagegen entstand CH_2O; das gleiche Ergebnis hatte Schmelzen von **I** mit KOH + Pb_3O_4. (J. South African chem. Inst. [N. S.] **4**. 115—22. Juni 1951. Pretoria, Univ., Dep. of Chem.) J. ROTHE. 3500

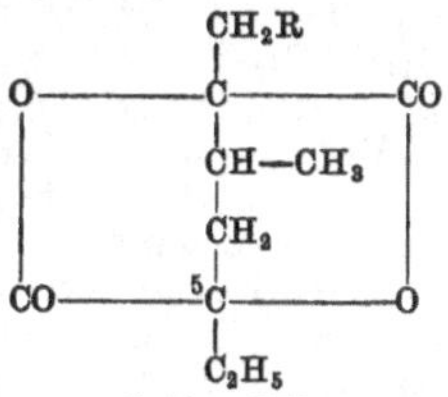

I R = OH
II R = Cl

Ss. Ju. Junussow und **Ss. T. Akramow,** *Untersuchung der Alkaloide aus den Samen von Lolium cuneatum (Nevski).* Die Pflanze kommt in großer Menge als Unkraut auf den Saatfeldern Zentralasiens, bes. im südlichen Teil Usbekistans, vor. Die Samen haben einen Alkaloidgeh. von 0,25—0,4%, je nach der Herkunft. Aus den Samen wird ein Alkaloidgemisch gewonnen, von dem 55% bei 2—5 mm unter Zurücklassung einer festen, nicht untersuchten M. destillierbar sind. Der destillierbare Anteil enthält 3 neue Alkaloide: *Lolinidin* (**I**), *Lolin* (**II**) u. *Lolinin* (**III**). **I** ist stark bas. u. gibt krist. Salze. Elementaranalysen sind nicht angegeben. **II** hat die Bruttoformel $C_8H_{14}ON_2$, ist fl. u. gibt krist. Salze. Es ist eine starke, sek.-tert. 2säurige Base; Nachw. der NH-Gruppe durch die Bldg. von N-Acylderivv., einer N-Nitrosoverb. u. eines N-Methylderivates. Eine OH-Gruppe ist nicht vorhanden, da O-Acylderivv. nicht gebildet werden; vermutlich liegt die CO-Gruppe vor. Da beim Hydrierungsvers. kein H_2 aufgenommen wird, ist die Verb. gesätt., u. die Bruttoformel kann in $C_6H_{10}(CO)(NCH_3)(NH)$ aufgelöst werden. **III** hat die Bruttoformel $C_{10}H_{16}O_2N_2$ u. ist das N-Acetylderiv. von **II**.

Versuche: Man extrahiert 55 kg gemahlene, mit 10%ig. NH_3 durchfeuchtete Samen mit $C_2H_4Cl_2$, behandelt den Extrakt mit 15%ig. H_2SO_4, filtriert von der sich bildenden Emulsion ab, wäscht die Lsg. der Sulfate mit Ae., setzt die Alkaloide durch Einleiten von NH_3-Gas in Freiheit u. extrahiert mit Chlf.; der Extrakt enthält 142 g

Alkaloidgemisch, das in die Fraktionen vom $Kp._5$ 85—93° (12 g; **A**), $Kp._5$ 95—110° (25 g; **B**), $Kp._2$ 145—160° (40 g; **C**) u. einem Rückstand zerlegt wird. — *Lolinidin* (**I**)-*Carbonat*, F. 102—103°; aus der Fraktion **A** durch Behandeln mit CO_2, Waschen der sich ausscheidenden Kristalle mit Ae., Umkristallisieren aus Ae. u. Sublimieren; 5 g. (Aus der Mutterlauge werden 8 g **II**-Hydrochlorid erhalten.) *Hydrochlorid*, F. 215—216°; aus A. + Aceton Kristalle. *Jodmethylat*, F. 210—212°; aus A. Kristalle. — *Lolin* (**II**), $C_8H_{14}ON_2$, $Kp._5$ 103°; $Kp._{731}$ 229°; $D.^{20}$ 1,1343; n_D^{22} 1,5505; $[\alpha]_D^{20}$ +18,9° (0,5560 g; 10 ml Aceton). *Dihydrochlorid*, $C_8H_{14}ON_2 \cdot 2\,HCl$, F. 256—257° (Zers.); aus der Lsg. der Fraktion **B** in 50 ml A. auf Zusatz von alkoh. HCl; Kristalle; $[\alpha]_D^{19}$ +6,2° (0,9728 g; 10 ml W.); 19 g. *Dihydrobromid*, $C_8H_{14}ON_2 \cdot 2\,HBr$, F. 254—255° (Zers.); aus A. Kristalle; $[\alpha]_D^{20}$ +3,5° (0,4292 g; 10 ml W.). *Dihydrojodid*, $C_8H_{14}ON_2 \cdot 2\,HJ$, F. 233—235° (Zers.); aus A. Kristalle; $[\alpha]_D^{34}$ +5,0° (1,3200 g; 10 ml W.). *Mononitrat*, $C_8H_{14}ON_2 \cdot HNO_3$, F. 208—210°; aus CH_3OH Kristalle. *Dinitrat*, $C_8H_{14}ON_2 \cdot 2\,HNO_3$, F. 148—149°; aus CH_3OH Kristalle; $[\alpha]_D^{38}$ +6,18° (0,6940 g; 10 ml W.). *Perchlorat*, F. 282° (Zers.); Kristalle. *Sulfat*, F. 250—251° (Zers.); aus verd. CH_3OH Nadeln. *Dipikrat*, $C_8H_{14}ON_2 \cdot 2\,C_6H_3O_7N_3$, F. 258—260° (Zers.). *Hydrojodid-Jodmethylat*, $C_8H_{14}ON_2 \cdot HJ \cdot CH_3J$, F. 210 bis 212°; aus verd. A. gelbliche Blättchen. *N-Nitrosoderiv.*, F. 64°; $Kp._2$ 140—145°; aus Ae. Kristalle; $[\alpha]_D^{20}$ +22,8° (0,5500 g; 10 ml CH_3OH); sein *Perchlorat* schm. bei 195°, sein *Pikrat* bei 194—195°. *N-Acetylderiv.* vgl. Lolinin. *N-Benzoylderiv.*, $C_{15}H_{18}O_2N_2$, F. 157°; aus absol. A. Kristalle; sein *Perchlorat* schm. bei 194°, sein *Pikrat* bei 172°. — *N-Methyllollin*, $C_9H_{16}ON_2$, $Kp._2$ 90—91°; aus **II** durch 8std. Erhitzen auf dem Wasserbad mit äquimol. Mengen 40%ig. HCHO-Lsg. u. HCO_2H; $D.^{20}$ 1,0172; n_D^{22} 1,4968; $[\alpha]_D^{31}$ +9,31° (0,9562 g; 10 ml CH_3OH); 2,1 g aus 2 g **II**. *Dinitrat*, $C_9H_{16}ON_2 \cdot 2\,HNO_3$, F. 144 bis 145° (Zers.); aus CH_3OH Kristalle; $[\alpha]_D^{34}$ +9,5° (0,4374 g; 10 ml W.). *Dihydrochlorid*, F. 245—246° (Zers.); aus A. + Ae. Kristalle. *Dihydrobromid*, $C_9H_{16}ON_2 \cdot 2\,HBr$, F. 198 bis 199°; aus CH_3OH Kristalle; $[\alpha]_D^{31}$ +5,1° (0,6110 g; 10 ml 85%ig. CH_3OH). *Dipikrat*, $C_9H_{16}ON_2 \cdot 2\,C_6H_3O_7N_3$, F. 183—184° (A.). *Jodmethylat*, $C_9H_{16}ON_2 \cdot CH_3J$, F. 258—260° (Zers.); a) aus **II** u. CH_3J in CH_3OH neben dem Hydrojodid-Jodmethylat von **II**; b) aus N-Methyllolin u. CH_3J in CH_3OH; aus A. Kristalle; $[\alpha]_D^{30}$ —4,84° (0,5160 g; 10 ml W.). — *Lolinin* (**III**), $C_{10}H_{16}O_2N_2$, F. 73°; $Kp._2$ 154—156°; a) aus der Fraktion **C** durch Zusatz von HBr u. langsames Verdunsten der Lsg. an der Luft; 2,3 g Hydrobromid aus 2 g; b) durch Kochen von **II** mit $(CH_3CO)_2O$; 1,5 g aus 1,5 g; aus Ae. Kristalle; $[\alpha]_D^{20}$ +51,1° (0,8806 g; 10 ml Aceton). *Hydrobromid*, $C_{10}H_{16}O_2N_2 \cdot HBr$, F. 226—227°; aus CH_3OH Kristalle; $[\alpha]_D^{20}$ +7,5° (2 g; 10 ml W.). *Hydrochlorid*, $C_{10}H_{16}O_2N_2 \cdot HCl$, F. 197—198°; aus absol. A. Kristalle; $[\alpha]_D^{29}$ +36,9° (0,4067 g; 10 ml W.). *Perchlorat*, F. 174—175° (A.). *Pikrat*, $C_{10}H_{16}O_2N_2 \cdot C_6H_3O_7N_3$, F. 195—196° (A.). *Jodmethylat*, $C_{10}H_{16}O_2N_2 \cdot CH_3J$, F. 145 bis 146°; aus A. Kristalle. (Журнал Общей Химии [J. allg. Chem.] **25** (**87**). 1813—20. Sept. 1955. Inst. für Chem. der Akad. der Wiss. der UsbekSSR.) R. KNOBLOCH. 3500

T. A. Geissman und **J. B. Harborne,** *Anthochlorpigmente.* 10. Mitt. *Aureusin und Cernuosid.* (9. vgl. C. **1955.** 6290.) Vff. untersuchten die in *Antirrhinum majus* u. *Oxalis cernua L.* vorkommenden Monoglucoside des Aureusidins, *Aureusin* (**I**) u. *Cernuosid* (**II**) auf die Stellung ihrer Zuckerreste. Vollständige Methylierung u. anschließende Hydrolyse lieferten die beiden *Monooxytrimethoxyaurone*, die, ebenso wie die intermediären Methylierungsprodd. von **I** u. **II** spektrograph. u. chromatograph. weiteruntersucht wurden (Tabelle). Dabei wurde **I** als *6-Glucosid* erkannt, während für **II** die Konst. eines *4-Glucosids* des Aureusidins nachgewiesen werden konnte. Zu Vergleichszwecken wurden *6-Oxy-4.3'.4'-trimethoxyauron* (ident. mit dem durch Methylierung von **I** u. Entfernung des Zuckerrestes erhaltenen Prod.), *4'-Oxy-4.6.3'-trimethoxyauron* u. *3'-Oxy-4.6.4'-trimethoxyauron* dargestellt.

V e r s u c h e : *Aureusin* (**I**) wurde durch vorsichtige Hydrolyse seines Heptaacetates (vgl. SEIKEL u. GEISSMAN, C. **1951.** II. 3312) in Aceton/A. mit 0,5n NaOH bei 20° dargestellt u. papierchromatograph. gereinigt. R_f in n-Butanol/Eisessig/W. 0,31. 24std. Methylierung mit überschüssigem Dimethylsulfat/K_2CO_3 in Aceton/Bzl. u. anschließende Hydrolyse mit n-HCl in A. führte zum *6-Oxy-4.3'.4'-trimethoxyauron*, $C_{18}H_{16}O_6$, F. 268—270° (Zers.), gelbe Nadeln aus verd. A.; auch erhältlich durch 3 bis 5 Min. Stehen äquimol. Mengen 6-Oxy-4-methoxycumaranon u. Veratrumaldehyd in Eisessig/HCl bei 20°; R_f 0,83. — *4'-Oxy-4.6.3'-trimethoxyauron*, $C_{18}H_{16}O_6$, F. 232—233°, gelbe Nadeln aus verd. A.; wie vorst. aus 4.6-Dimethoxycumaranon (**III**) u. Vanillin. — *3'-Oxy-4.6.4'-trimethoxyauron*, $C_{18}H_{16}O_6$, F. 190°, gelbe Nadeln aus verd. A.; aus **III** u. Isovanillin. — *4.6-Dimethoxy-4'-oxyauron*, $C_{17}H_{14}O_5$, F. 274°, leuchtend gelbe Nadeln aus verd. A.; aus **III** u. p-Oxybenzaldehyd. — *4.6-Dimethoxy-3'-oxyauron*, $C_{17}H_{14}O_5$, F. 214—215°, gelbe Nadeln aus verd. A.; aus **III** u. m-Oxybenzaldehyd. — Analog **I** wurde **II** methyliert u. das Hydrolysenprod. spektrograph. untersucht. — Es werden die UV-Spektren, die R_f-Werte u. verschied. Farb-Rkk. für *Aureusidin* u. seine Derivv. angegeben u. diskutiert. (J. Amer. chem. Soc. **77.** 4622—24. 5/9. 1955. Los Angeles, Calif., Univ., Dep. of Chem.) M. Kühnel. 3550

S. F. MacDonald, *Synthese von Porphyrinen und dem Maleinimid, die mit den Uroporphyrinen in Beziehung stehen.* Vorl. Mitt. zu der C. **1953.** 9173 referierten Arbeit. (Chem. and Ind. **1951.** 1092. 8/12.) H. Gibian. 3550

E. R. Klein und **F. N. Lahey,** *Die Struktur von Humulen.* Auf Grund nicht näher ausgeführter Rkk. wird für das im Öl von *Agonis abnormis* vorkommende *Humulen* nebenst. Formel vorgeschlagen. (Chem. and Ind. **1951.** 760. 8/9. Univ. of Queensland, Chem. Dep.) H. Gibian. 3600

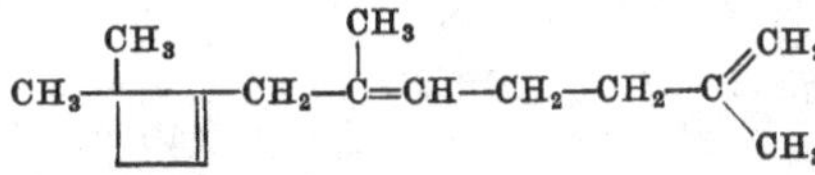

S. David und **C. Imer,** *Beitrag zur Untersuchung der Bestandteile des Hopfens.* 1. Mitt. In Übereinstimmung mit Cook u. Harris (C. **1951.** I. 2891) u. im Gegensatz zu Wieland u. Mitarbeitern [1926] identifizieren Vff. die bei der alkal. Spaltung von *Humulon* (**I**) entstehende ungesätt. C_6-Säure als *Δ^{β}-Isohexensäure* (β-**II**) durch Vgl. (Raman-Spektr., FF. von Derivv.) mit synthet. trans-α-**II** u. β-**II**. *trans-α-***II** wurde durch Hypochloritabbau von trans-Isobutylidenaceton (trans-**IV**) erhalten, der analoge Abbau von cis-**IV** lieferte an Stelle der erwarteten cis-α-**II** wenig trans-α-**II** u. einen nicht destillierbaren Rückstand. β-**II** wurde nach Goldberg u. Linstaed [1928] dargestellt. — Zum Vgl. mit dem aus dem 2. Spaltprod. von **I**, *Humulinsäure* (**III**), durch Clemmensen-Red. u. katalyt. Hydrierung erhältlichen *gesätt. KW-stoff* wurde *1.3-Diisoamylcyclopentan* synthetisiert; die beiden KW-stoffe zeigen die gleichen Kpp. u. Raman-Linien (das Naturprod. fluoresciert), aber einen gewissen Unterschied in den n_D-Werten.

V e r s u c h e: *trans-Δ^{α}-Isohexensäure* (trans-α-**II**), $Kp._{17}$ 114—116°, durch 3std. Rühren von trans-**IV** (Semicarbazon, F. 126°) mit Na-Hypochloritlsg.; n_D^{21} 1,454. *Acetonylestersemicarbazon,* F. 135°. *Anilid,* F. 141°. — Beim Vers., cis-α-**II** aus cis-**IV** (Semicarbazon, F. 160°) herzustellen, wurde trans-α-**II** erhalten. — *Δ^{β}-Isohexensäure* (β-**II**), $Kp._{12}$ 104—105°, nach Goldberg u. Linstead (l. c.); n_D^{18} 1,446. *Acetonylestersemicarbazon,* F. 113,5° (Methanol), keine F-Depression mit dem Deriv. der natürlichen **II**. — *Isoamylenylisoamylcyclopentan,* $C_{15}H_{28}$, $Kp._{24}$ 135°, nach Wieland u. Mitarbeitern (l. c.) aus 30 g **III**; 3,6 g (Ausbeute); mit Perbenzoesäure in Chlf. werden 0,9 O-Atome addiert; Hydrierung → *Diisoamylcyclopentan,* $Kp._{24}$ 138—140°, n_D^{24} 1,4572. — *p-Isovalerylphenol,* $Kp._{0,1}$ 145—147°, F. 92°, durch 0,5std. Behandlung von 120 g Phenol mit 330 g $AlCl_3$ in Nitrobenzol u. Zugabe von 102 g Isovalerylchlorid unter 6std. Rühren bei 70°; 40 g. *Semicarbazon,* $C_{12}H_{17}O_2N_3$, F. 161—162° (Kristalle aus wss. A.). Daneben *o-Isovalerylphenol,* $Kp._{0,1}$ 76—77°. *Semicarbazon,* F. 195° (wss. A.). — *p-Isoamylphenol,* $Kp._{0,01}$ 78°, durch 18std. Kochen des Ketons in A. mit Zn-Amalgam u. HCl; $n_D^{22,5}$ 1,5080; 75%. *α-Naphthylurethan,* $C_{22}H_{23}O_2N$, F. 118° (aus PAe. Plättchen). — *4-Isoamylcyclohexanol,* $C_{11}H_{22}O$, $Kp._{30}$ 139°, durch 10std. Hydrierung vorst. Phenols in Ggw. von Raney-Ni bei 70—80 at u. 180°; n_D^{18} 1,4640. *α-Naphthylurethan,* $C_{22}H_{29}O_2N$, F. 131° (PAe.). — *4-Isoamylcyclohexen,* $C_{11}H_{20}$, Kp. 191°, durch 4std. Erhitzen vorst. Alkohols mit H_3PO_4 auf 160—170°; 70%. — *β-Isoamyladipinsäure,* $C_{11}H_{20}O_4$, F. 66° (W.), durch Oxydation vorst. KW-stoffs in Aceton mit $KMnO_4$ (10std. Kochen); 47%. — *3-Isoamylcyclopentanon,* $Kp._{32}$ 114°, durch 2std. Erhitzen von 13 g vorst. Säure mit $Ba(OH)_2 \cdot 8\,H_2O$ auf 250°; n_D^{18} 1,4500; 3 g. *Semicarbazon,* $C_{11}H_{21}ON_3$, F. 158° (wss. Methanol). *2.4-Dinitrophenylhydrazon,* $C_{16}H_{22}O_4N_4$, F. 76° (gelbe Plättchen aus Methanol). — *1.3-Diisoamylcyclopenten,* $C_{15}H_{28}$, $Kp._{23}$ 135—136°, durch Behandlung vorst. Ketons mit $C_5H_{11}MgBr$ in Ae. u. 2std. Kochen, nach Abtreiben des Ae. Erhitzen auf 160°; 60%. — *1.3-Diisoamylcyclopentan,* $C_{15}H_{30}$, $Kp._{24}$ 138—139°, durch Hydrierung vorst. Verb. in A. in Ggw. von Adams-PtO_2; n_D^{21} 1,4480. (Bull. Soc. chim. France, Mém. [5] **18.** 634—37. Sept./Okt. 1951.) E. Rotter. 3600

T. R. Ames, G. S. Davy, T. G. Halsall, E. R. H. Jones und **G. D. Meakins,** *Die Chemie der pentacyclischen Triterpene. Die Bildung von 18-Iso-β-amyranol und Germanicol aus Lupeol.* Vorl. Mitt. zu den C. **1955.** 6036 referierten Arbeiten. (Chem. and Ind. **1951.** 741. 1/9.) W. Fruhstorfer. 3600

A. R. H. Cole, D. T. Downing, J. C. Watkins und **D. E. White,** *Die Konstitution von A_1-Barrigenol.* Aus *Pittosporum undulatum Vent.* wurde eine *Verb.* $C_{30}H_{50}O_6$ isoliert, die wahrscheinlich mit *Pittosapogenin,* für das Cornforth u. Earl (J. Proc. Roy. Soc. New South Wales **72.** [1938.] 249) die Zus. $C_{30}H_{50}O_7$ annehmen, ident. ist. Ferner wurde *A_1-Barrigenol* (**I**), $C_{30}H_{50}O_5$, F. 300—302°, $[\alpha]_D$ +4°, isoliert; *Pentaacetat* (**II**), $C_{40}H_{60}O_{10}$, F. 279—280°, **I** gibt mit $C(NO_2)_4$ Gelbfärbung u. zeigt Absorptionsbanden bei 1654 cm^{-1} (CCl_4), 810 u. 828 cm^{-1} (CS_2), muß also eine trisubstituierte Doppelbindung enthalten u. pentacycl. sein. Die Oxydation von **II** mit CrO_3/Eisessig bei Zimmertemp. gibt eine *Verb.* $C_{40}H_{58}O_{11}$, F. 317 bis 318°, die eine konjugierte Carbonylgruppe enthält; da

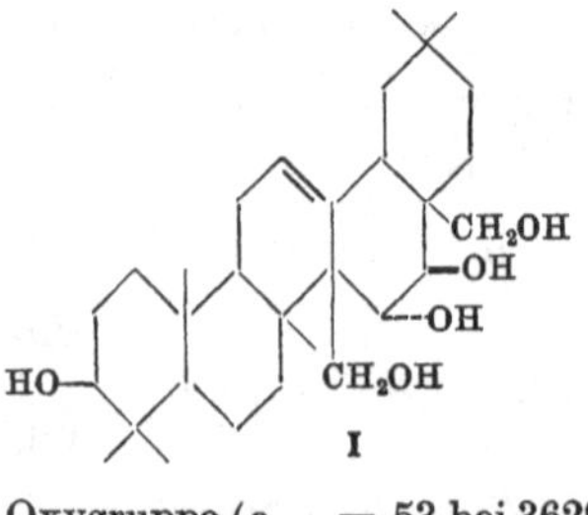

I

außerdem II im Infrarot in der Methylenregion eine Absorption zeigt, die mehr der des β- als der des α-Amynins ähnelt, dürfte I ein Δ^{12}-Oleanen-Skelett besitzen. Bei milder Benzoylierung von I entsteht das *Tribenzoat*, C_{51}·$H_{62}O_8$, F. 243°, $[\alpha]_D$ +67,5°; es geht bei der Oxydation mit CrO_3/H_2SO_4 über in ein gelbes *Diketon* $C_{51}H_{58}O_8$ (III), F. 237—238°, ε_{max} = 63 bei 445 u. 316 bei 333 mμ, Infrarotabsorption bei 1718 cm^{-1}, keine Färbung mit $FeCl_3$; es kann sich dabei nur um ein $C_{(15)}C_{(16)}$- oder $C_{(21)}C_{(22)}$-Diketon handeln. Verseifung von III ergibt unter Verlust von 2 Mol HCOH eine *gelbe Verb. vom F. 222°*, mit einer isolierten Oxygruppe (ε_{max} = 53 bei 3629 cm^{-1}), einer Oxygruppe (3415 cm^{-1}) mit einer H-Brückenbindung zu einer Carbonylgruppe (ε_{max} = 720 bei 1625 cm^{-1}, 8,510 bei 312 mμ), konjugiert mit zwei Doppelbindungen (1658 u. 1680 cm^{-1}); mit $FeCl_3$, braune Färbung; → *Diacetat* $C_{32}H_{46}O_5$, F. 241°, enthält eine Acetatgruppe (1732 cm^{-1}), eine Dienylacetatgruppe (1766 cm^{-1}), eine doppelt konjugierte Carbonylgruppe (1664 cm^{-1}; ε_{max} = 14790 bei 283 mμ) u. zwei konjugierte Doppelbindungen (1687 u. 1646 cm^{-1}), von denen eine trisubstituiert ist (818 u. 830 cm^{-1} in CS_2). Vier der fünf Oxygruppen müssen also in 15-, 16-, 27- u. 28-Stellung stehen. I bildet ein *Diisopropylidenderiv.*, *Monoacetat*, $C_{38}H_{60}O_6$, F. 218—219°; da die Oxygruppen an $C_{(27)}$ u. $C_{(28)}$ axial sind, müssen die an $C_{(15)}$ u. $C_{(16)}$ mithin äquatorial sein. Bei der Oxydation von Monoisopropyliden-I entsteht ein *Diketoaldehyd* $C_{33}H_{48}O_5$ (IV), F. 234—235°, $[\alpha]_D$ +2°, Absorption bei 1739, 1707 u. 1699 cm^{-1}. Aus IV entsteht mit akloh. HCl ein *Diäthylacetal* $C_{34}H_{52}O_6$, F. 254° (Zers.), Absorption bei 3606, 1697 u. 1682 cm^1 (Chlf.); gibt bei der ZIMMERMANN-Rk. Violettfärbung, was auf 3-Stellung der Ketofunktion hinweist. — Auf Grund dieser Ergebnisse wird I die Struktur des *3.15α.16β.27.28-Pentaoxy-Δ¹²-oleanens* zugeschrieben. (Chem. and Ind. **1955.** 254—55. 5/3. Nedlands, Univ. of Western Australia, Dep. of Chem.)

WALTER SIMON. 3600

R. K. Callow und **V. H. T. James,** *Verschiedene Konfigurationen der Seitenkette in Spirostansapogeninen.* Behandelt man eine 0,31%ig. alkoh. Lsg. von Pseudohecogenin (I) mit einer Spur HCl, so ändert sich der $[\alpha]_D$-Wert innerhalb von 105 Min. von +105° nach +36°, u. ein *Isomer* läßt sich aus A. kristallin isolieren. Der F. schwankt zwischen 196–212 u. 215—230°. Das Infrarotspektr. unterscheidet sich von dem des Hecogenins (II) u. zeigt Banden bei 1430, 1210, 1190, 165, 1065, 1015, 970 u. 785 cm^{-1}; $[\alpha]_D^{22}$ +22° in A. steigt bei Zugabe von 0,01 n HCl auf +32°. Längere Behandlung mit höher konz. Säuren liefert II; Acetylierung mit Acetanhydrid in Ggw. von Spuren H_2SO_4 ergibt I-*Diacetat*. — Diese Ergebnisse werden so gedeutet, daß I nach zwei Richtungen den Ring F schließen kann, wobei II u. *Neohecogenin* (III) entstehen, die sich durch die Konfiguration an $C_{(22)}$ unterscheiden. — *Neotigogenin* (vgl. COREY, J. Amer. chem. Soc. **76.** [1954.] 175) ist kein Neosapogenin im Sinne einer Isomerie an $C_{(22)}$. Es wurde aus den Kristallisationsrückständen von II isoliert u. gehört im Hinblick auf die Konfiguration an $C_{(25)}$ zur Sarsasapogeninreihe. Beim Kochen mit alkoh. HCl geht es über in *Tigogenin*, welches sich ebenso wie das aus Pseudotigogenin dargestellte Prod. zu D(—)-*α-Methylglutarsäure* abbauen läßt. (Chem. and Ind. **1954.** 691—92. 12/6. London, Nat. Inst. for Med. Res.)

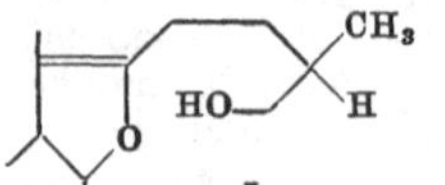

I

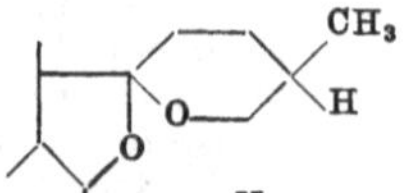

II

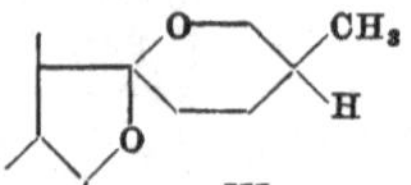

III

WALTER SIMON. 3650

D. H. W. Dickson, J. Elks, R. M. Evans, A. G. Long, J. F. Oughton und **J. E. Page,** *Anasapogenine: Ein neuer Typ von Steroidsapogeninen.* Bei der Behandlung von Pseudohecogenin mit ca. 0,5n alkoh. HCl, über Nacht bei 0—20°, entsteht eine neue kristalline Verb., die als *Anahecogenin*, F. 220—225°, $[\alpha]_D$ +19° (Chlf.), bezeichnet wird; *Acetat*, F. 215—223°, $[\alpha]_D$ +9° (Chlf.). Analog entstehen aus Pseudotigogenin *Anatigogenin*, F. 201—204°, $[\alpha]_D$ —67° (Chlf.); *Acetat*, F. 177—179°, $[\alpha]_D$ —71° (Chlf.), u. aus 11-Oxopseudotigogenin *11-Oxoanatigogenin*, F. 223—226°, $[\alpha]_D$ —28° (Chlf.); *Acetat*, F. 212—219°, $[\alpha]_D$ —40° (Chlf.). Die neuen Verbb. besitzen das Gerüst I. Im Infrarot absorbieren sie bei 1360, 1072, 956, 920, 895 u. 785 cm^{-1} in CS u. Nujol. Sie sind isomer mit den Isosapogeninen u. den Pseudosapogeninen, verhalten sich aber ähnlicher den ersteren, indem sie nur Monoacetate bilden, bei 217 mμ nicht absorbieren u. negativen Test mit $C(NO_2)$ geben. Beim Kochen in alkoh. HCl bilden sie *Isosapogenine*, mit sd. Acetanhydrid *Pseudosapogenin-*

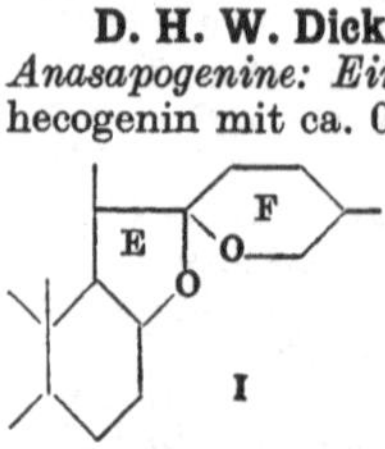

I

diacetate. Die unscharfen FF. der Anasapogenine weisen auf therm. Zers. hin. — Es wird angenommen, daß sich die Anasapogenine von den Isosapogeninen nur durch die Konfiguration an $C_{(22)}$ unterscheiden. (Chem. and Ind. **1954.** 692—93. 12/6. Greenford, Middlesex, Glaxo Labors. Ltd.) WALTER SIMON. 3650

D. H. R. Barton und **W. J. Rosenfelder,** *Stereochemie der Steroide.* 4. Mitt. *Der Begriff äquatorialer und polarer Bindungen.* (3. vgl. Experientia [Basel] **6.** [1950.] 316; 5. vgl. C. **1953.** 7561.) Es wird gezeigt, daß bei der Red. von Cholestan-4-on (**III**) mit Na-A. das stabilere *Cholestan-4α-ol* (**V**) mit äquatorialer Stellung der OH-Gruppe entsteht, während die katalyt. Hydrierung von **III** *Cholestan-4β-ol* (**VI**) liefert. Nur **VI** läßt sich in Übereinstimmung mit der polaren Konfiguration mit $POCl_3$ zu *Δ⁴-Cholesten* (**II**) dehydratisieren. Die Pyrolyse von **VI**-*Benzoat* gibt reines *Δ³-Cholesten* (**IV**); die von **V**-*Benzoat,* welches sich bei der alkal. Hydrolyse als weniger ster. gehindert erweist als **VI**-Benzoat, ∼40% **IV** u. 60% **II.** Zur weiteren Bestätigung der Theorie wird gezeigt, daß die Na-A.-Red. von 7-Ketocholestan-3β-ylacetat (**VII**) zu einem Gemisch von 78% *Cholestan-3β.7β-* u. 22% *-3α.7β-diol* führt, u. daß 3β-Acetoxycholestan-7β-ylbenzoat schneller als das 7α-Benzoat hydrolysiert wird. Die mit NaJ schneller folgende Debromierung von 11β.12α-Dibrom-3α.9α-epoxycholansäuremethylester, die bei der 11α.12β-Verb. [F. 122—122,5°, $[\alpha]_D$ +18° (c = 2,97)] auch nach längerer Zeit nicht statthat, zeigt die geometr. Spezifität dieser E_2-Eliminierung. Analog wird aus der schnell, langsam bzw. überhaupt nicht stattfindenden Debromierung von Δ⁴-, Δ²- u. Δ³-Cholestendibromid auf eine dipolare Anordnung der C—Br-Bindungen in den beiden ersteren, also 4β.5α- oder 4α.5β- bzw. 2β.3α-Konfiguration, u. auf eine diäquatoriale 3β.4α-Konfiguration für letzteres geschlossen.

V e r s u c h e ([α] = $[\alpha]_D$ in Chlf. bei Raumtemp.): *Δ²-Cholestendibromid,* F. 124 bis 124,5° (Äthylacetat-CH_3OH), durch Bromieren von 640 mg Δ²-Cholesten (**I**) in Ae.-Essigsäure (1:1); [α] +76° (c = 4,60); 190 mg (Ausbeute). Mit Zn/Essigsäure auf dem Wasserbad → **I** [F. 74,5—75°, [α] +69° (c = 1,58)]. — *Δ⁴-Cholesten* (**II**), F. 82,5° (Äthylacetat-CH_3OH), durch 3 Min. Schütteln von 5 g Δ⁴-Cholesten-3-on in Benzylmercaptan mit 60%ig. wss. $HClO_4$ bei 0°, 10 Min. Stehen, Zugeben von W. → *Dibenzylmercaptal* [F. 123—124° (Bzl.-CH_3OH); ∼100%], das mit RANEY-Ni 7 Std. in Dioxan gekocht wird, dann wird Bzl. zugegeben; [α] +77° (c = 4,87). — *Δ⁴-Cholestendibromid,* F. 116 bis 117° (Chlf.-CH_3OH), [α] +39° (c = 4,48). — *Cholestan-4-on* (**III**), F. 95—96° (PAe.), durch 2std. Erhitzen von **II** in Eisessig mit rauchender HNO_3 auf 75°, Gießen in W. → *4-Nitro-Δ⁴-cholesten,* das red. wird. — *Cholestan-4α-ol* (**V**), F. 188—189° (Chlf.-CH_3OH), aus **III** mit Na-A.; [α] +5° (c = 1,28). *Dihydrogenphosphat,* $C_{27}H_{49}O_4P$, Zers. bei 270 bis 290° (Chlf.), mit $POCl_3$/Pyridin, *Benzoat,* F. 115—116° (Äthylacetat-CH_3OH), [α] —20° (c = 3,50); 40 Min. Erhitzen auf 400°/1 mm im N_2-Strom → *Gemisch* von 60% **II** u. 40% **IV.** — *Cholestan-4β-ol* (**VI**), F. 131—132° (CH_3OH), durch Hydrieren von **III** in Essigsäure; [α] +29° (c = 1,94); Behandlung mit $POCl_3$ → **II.** *Benzoat,* $C_{34}H_{52}O_2$, F. 114,5—115,5° (Äthylacetat-CH_3OH), [α] +57° (c = 2,62). — *Δ³-Cholesten* (**IV**), F. 74,5—75° (Äthylacetat-CH_3OH), durch Pyrolyse von **VI**-Benzoat; [α] +57° (c = 1,88; 1,37). — *Δ³-Cholestendibromid,* $C_{27}H_{56}Br_2$, F. 124—124,5° (Äthylacetat-CH_3OH), lange Nadeln, [α] —3° (c = 0,60), +6° (c = 1,53; 1,85). Mit Zn/Essigsäure → **IV.** — 3std. Kochen von **VII** (F. 149—150°) mit Na/n-Propanol u. Gießen in W. → ein Gemisch von 78% *Cholestan-3β.7α-* u. 22% *-3β.7β-diol,* F. 148—152°, [α] +43° (c = 2,48). *Acetatgemisch,* [α] +35° (c = 8,63). — *3α.9α-Epoxy-Δ¹¹-cholensäuremethylester,* durch 13tägiges Stehen von 11β.12α-Dibrom-3α.9α-epoxycholansäuremethylester [F. 140,5—141° (Chlf.-CH_3OH), [α] +45° (c = 3,56)] in Aceton mit NaJ. (J. chem. Soc. [London] **1951.** 1048—54. April. London, Birkbeck Coll., Res. Labors.) R. PASEDAG. 3700

Jean Chopin, *Struktur des α-Cholesterylens. α-Cholesterylen* bildet ein *Maleinsäureanhydridaddukt,* $C_{58}H_{90}O_3$, F. 208°, lange Nadeln, $[\alpha]_D^{18}$ +75° (Cyclohexan), welches

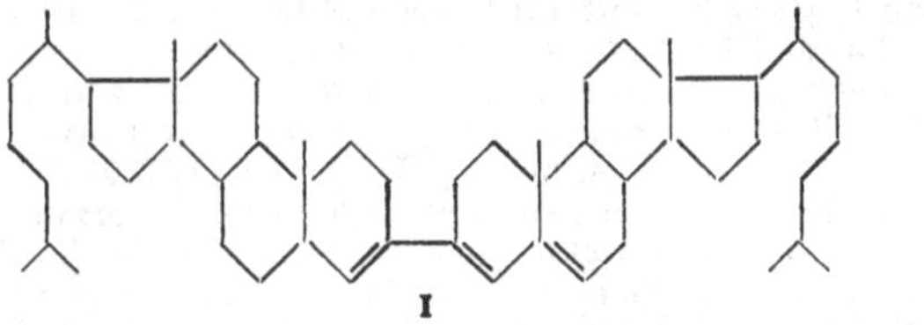

I

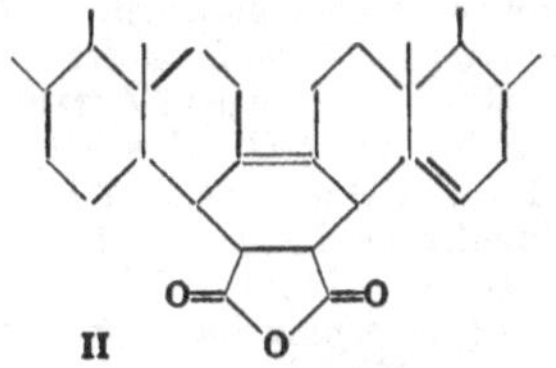

II

beim Erhitzen auf 250°/0,05 mm quantitativ in das Ausgangsprod. übergeht. Im UV zeigt das Addukt kein Maximum oberhalb 220 mμ; ihm kommt daher die Struktur **II** zu. Demzufolge besitzt *α-Cholesterylen* im Gegensatz zu einer früheren Annahme (vgl.

C. **1956**. 2760) die Struktur des *$\Delta^{3.3',5'}$-Bicholestatriens* (**I**), welche mit seinem UV-Spektr. im Einklang steht. (C. R. hebd. Séances Acad. Sci. **240**. 201—02. 10/1. 1955.)

WALTER SIMON. 3700

D. G. Bew und **G. R. Clemo**, *Versuche zur Synthese von Azasteroiden*. 2. Mitt. (1. vgl. C. **1954**. 5080.) Zur Darst. von Diazaderivv. von Cyclopenta-[a]-phenanthren kondensieren Vff. 2-Oxocyclopentancarbonsäureäthylester (**I**) mit heterocycl. Aminen. Versuche: *2-Oxo-N-[chinolyl-(8)]-cyclopentancarbonsäureamid*, $C_{15}H_{14}O_2N_2$, F. 100—102° (aus PAe. gelbe Kristalle), aus 5 g 8-Aminochinolin (**II**) u. 5,5 g **I** durch 4 Min. Erhitzen auf 170—180°; 3,7 g (Ausbeute). *2.4-Dinitrophenylhydrazon*, $C_{21}H_{18}O_5N_6 \cdot C_2H_5OH$, F. 232—235° (A.). — *2-Oxo-N-[isochinolyl-(5)]-cyclopentancarbonsäureamid*, $C_{15}H_{14}O_2N_2$, F. 120—122° (aus A. oder Bzl. Platten), aus 5 g 5-Aminoisochinolin (**III**) u. 5,5 g **I** wie vorst.; 3,9 g. *Pikrat*, $C_{21}H_{17}O_9N_5$, F. 210—214° (Zers.; A.). — *2-Oxo-N-[isochinolyl-(1)]-cyclopentancarbonsäureamid*, $C_{15}H_{14}O_2N_2$, F. 176—178°, aus 7 g 1-Aminoisochinolin u. 7,6 g **I** u. Extraktion mit Methanol; 3,7 g. *Pikrat*, $C_{21}H_{17}O_9N_5$, F. 177 bis 180° (A.). — *N-[Isochinolyl-(1)]-2-[isochinolyl-(1)-imino]-cyclopentancarbonsäureamid*, $C_{24}H_{20}ON_4$, F. 183—185°, als Rückstand vorst. Methanolextraktion; 0,6 g. — *5-Amino-1.2.3.4-tetrahydro-2-methylisochinolin*, $C_{10}H_{14}N_2$, Kp.$_{0,1}$ 139—142°, aus 10 g **III**-Methojodid u. 9 cm³ Diäthylamin in Methanol durch Hydrieren in Ggw. von RANEY-Ni bei 150°/80 at. (3 Std.); 4,9 g. *Dipikrat*, $C_{22}H_{20}O_{14}N_8$, F. 177—178° (A.). — *N-o-Tolyl-2-o-tolyliminocyclopentancarbonsäureamid* (**IV**), $C_{20}H_{22}ON_2$, F. 131—133° (gelbe Nadeln aus Methanol), aus 10 g o-Toluidin u. 15 g **I** durch 5 Min. Erhitzen auf 170—180°; 16 g. — *2.3-Dihydro-4-oxy-6-methylcyclopenta-[c]-chinolin* (**V**), $C_{13}H_{13}ON$, F. 254—256° (aus A. Platten), aus 8 g **IV** in konz. H_2SO_4 durch Erwärmen auf dem Dampfbad; 4,6 g. — *2.3.3a.9b-Tetrahydro-4-oxy-6-methylcyclopenta-[c]-chinolin* (**VI**), $C_{13}H_{15}ON$, F. 129—131° (Prismen). 3 g **V** wurden in A. in Ggw. von Na-HCO_3 in 4 Std. mit 160 g Na-Amalgam versetzt, nach 5 std. Kochen wurde heiß filtriert, das Filtrat eingedampft u. mit Bzl. extrahiert; 2 g. — *2.3.3a.4.5.9b-Hexahydro-6-methylcyclopenta-[c]-chinolin*, $C_{13}H_{17}N$, Kp.$_{0,4}$ 109—112°, aus 1 g **VI** in Ae. durch 6 std. Kochen mit $LiAlH_4$; 0,8 g. — *Pikrat*, $C_{19}H_{20}O_7N_6$, F. 177—180° (aus A. gelbe Prismen). — *2-[Chinolyl-(8)-imino]-cyclopentancarbonsäureäthylester* (**VII**), $C_{17}H_{18}O_2N_2$, F. 86—87° (aus A. orangefarbene Prismen), aus 5 g **II**, 5,5 g **I** u. 2 Tropfen HCl (1:1) durch 6 std. Kochen in A.; 4,9 g. *Dimethojodid*, $C_{17}H_{18}O_2N_2 \cdot 2\,CH_3J$, F. 188—190° (instabile rote Kristalle). — *9.10-Dihydro-7-oxy-1.11-diazacyclopenta-[b]-phenanthren*, $C_{15}H_{12}ON_2$, F. 265—268° (aus A. gelbe Nadeln). 4 g **VII** wurden zu einem heißen Gemisch von Diphenyläther u. Diphenyl gegeben, die Temp. wurde innerhalb von 10 Min. auf 250° gesteigert; 2,2 g. *Pikrat*, $C_{21}H_{15}O_8N_5$, F. 233—237° (Zers.; aus A. gelbe Blätter). — *2-[Isochinolyl-(5)-imino]-cyclopentancarbonsäureäthylester* (**VIII**), $C_{17}H_{18}O_2N_2$, F. 123—125° (A.)., aus 5 g **III** u. **I** analog **VII**; 5,6 g. *Pikrat*, $C_{23}H_{21}O_9N_5$, F. 189—191° (A.). — *9.10-Dihydro-7-oxy-3.11-diazacyclopenta-[b]-phenanthren*, $C_{15}H_{12}ON_2$, F. 323—326° (aus A. Nadeln), aus 5 g **VIII** wie oben; 2,9 g. *Pikrat*, $C_{21}H_{15}O_8N_5$, F. 265—270° (Zers.; A.). — *2.3-Dihydro-9-oxy-5-methylcyclopenta-[b]-chinolin*, $C_{13}H_{13}ON$, F. 307—310°, aus 5 g o-Toluidin u. 7,5 g **I** wie **VII** u. nach Abdampfen des A. Erhitzen in Diphenyläther–Diphenyl (1:3) auf 250°; 3 g. (J. chem. Soc. [London] **1955**. 1775—78. Juni. Newcastle-on-Tyne, King's Coll.)

G. SCHORRE. 3700

W. E. Bachmann und **R. E. Holmen**, *Synthese von dem Equilenin verwandten Verbindungen*. Bei der Kondensation von Bromessigsäuremethylester (**I**) mit 1-Oxo-1.2.3.4-tetrahydrophenanthren (**II**), Dehydratisierung des erhaltenen *Esters* u. Hydrolyse wird ein Gemisch von *3.4-Dihydrophenanthryl-(1)-* (**III**) u. *1.2.3.4-Tetrahydrophenanthrylidenessigsäure* (**IV**) erhalten. **III** u. **IV** geben bei der therm. Decarboxylierung *1-Methyl-3.4-dihydrophenanthren*, bei der Red. mit Na-Amalgam *1.2.3.4-Tetrahydrophenanthryl-(1)-essigsäure*; **IV** wird durch alkal. $KMnO_4$ zu **II** oxydiert. **III** wird nach ARNDT-EISTERT in die entsprechende *Propionsäure* (**IX**) übergeführt, die sich ebenso wie die aus β-Oxoadipinsäurediäthylester u. α-Naphthyläthylbromid erhältliche *2-Carboxy-3.4-dihydrophenanthryl-(1)-propionsäure* zu *3'-Oxo-3.4-dihydro-1.2-cyclopentenophenanthren* cyclisieren läßt. Analog wird *2-Carboxy-7-methoxy-3.4-dihydrophenanthryl-(1)-propionsäure* dargestellt u. zu *3'-Oxo-7-methoxy-3.4-dihydro-1.2-cyclopentenophenanthren* cyclisiert. Die aus **I** u. 1-Oxo-2-methyl-1.2.3.4-tetrahydrophenanthren (**XIII**) nach REFORMATSKI anschließende Dehydratisierung u. Hydrolyse neben dem *$\alpha.\beta$-Isomeren* gewonnene *$\beta.\gamma$-ungesätt. Säure* läßt sich nach ARNDT-EISTERT zu *2-Methyl-3.4-dihydrophenanthryl-(1)-propionsäure* erweitern; das entsprechend dargestellte *7-Methoxyanaloge* (**V**) wird zu *14,15-Dehydroequileninmethyläther* (**VI**) cyclisiert. Die Kondensation von 6-Methoxy-α-naphthyläthyljodid mit K-α-Methyl-β-oxoadipinsäurediäthylester (**XIIa**-K) liefert *4-Oxo-5-carboxy-5-methyl-7-[6-methoxynaphthyl-(1)]-heptansäurediäthylester*, der zu einem Gemisch der *cis-* u. *trans-Lactone* von *1-Oxy-2-carbäthoxy-2-methyl-7-methoxy-*

1.2.3.4-tetrahydrophenanthryl-(1)-propionsäure (**VIIa** u. **VIIb**) cyclisiert wird. **VIIa** + **VIIb** geben bei der Cyclisierung nach DIECKMANN (wahrscheinlich) *2'-Carboxy-3'-oxo-1-oxy-7-methoxy-2-methyl-1.2.3.4-tetrahydro-1.2-cyclopentanophenanthrenlacton*, das beim F. in **VI** übergeht. Die aus dem **VII**-Gemisch erhaltenen *freien Lactonsäuren* geben unter Decarboxylierung **V**, das auch bei der Hydrolyse des Prod. der Kondensation von 1-Oxo-2-carbomethoxy-2-methyl-7-methoxy-1.2.3.4-tetrahydrophenanthren mit β-Brompropionsäuremethylester (**X**) entsteht.

Versuche (FF. <250° korr.): *3.4-Dihydrophenanthryl-(1)-essigsäure* (**III**), $C_{16}H_{14}O_2$, F. 155—156° (Gasentw.), aus 5 g **II** u. 3,6 ml **I** in Bzl.-Ae. mit amalgamiertem Zn (unter Zusatz von **I** u. Zn insgesamt 4 Std. kochen), Dehydratisierung des gebildeten *Esters* in Bzl. mit HCl (1,3 Std. stehen), Hydrolyse mit sd. wss.-methanol. KOH u. Abtrennung des schwer lösl. **IV** mit 80%ig. CH_3OH; aus Äthylacetat–PAe. Büschel prismat. Nadeln; 2,7 g (Ausbeute). — *1.2.3.4-Tetrahydrophenanthrylidenessigsäure* (**IV**), $C_{16}H_{14}O_2$, F. 218—219° (Gasentw.), als Nebenprod. bei der Darst. von **III**; aus Äthylacetat–PAe. Nadeln; 0,78 g. *Methylester*, $C_{17}H_{16}O_2$, F. 96,5—97°, aus CH_3OH Blättchen. — *1-Methyl-3.4-dihydrophenanthren*, F. 83—85° (wss. CH_3OH), aus **III** oder **IV** durch Erhitzen oberhalb des F. u. Dest. bei 0,1 mm. — *1.2.3.4-Tetrahydrophenanthryl-(1)-essigsäure*, F. 134° (verd. CH_3OH), aus **III** oder **IV** in wss. KOH mit Na-Amalgam (15 Min. schütteln). *1-Oxo-1.2.3.4-tetrahydrophenanthren* (**II**), F. 95—96° (CH_3OH), aus **IV** mit $KMnO_4$ in wss. NaOH; 92%. — *β-[3.4-Dihydrophenanthryl-(1)]-propionsäure* (**IX**), F. 183,5 bis 184,5°, durch alkal. Hydrolyse von **IXa**; aus Äthylacetat–PAe. rechteckige Tafeln. *Methylester* (**IXa**), $C_{18}H_{18}O_2$, F. 90—91,2°. Aus 225 mg **III** wird mit Oxalylchlorid in Bzl. das *Säurechlorid* bereitet, dieses mit CH_2N_2 zum *Diazoketon* umgesetzt u. dieses in CH_3OH mit Ag_2O behandelt; aus Aceton–CH_3OH Blättchen; 60 mg. — *2-Carboxy-3.4-dihydrophenanthryl-(1)-propionsäure*, F. 235—237° (Aceton–Bzl.), aus dem Monoäthylester durch alkal. Hydrolyse. *Monoäthylester* (*2-Carbäthoxyderiv.*), $C_{20}H_{20}O_4$, aus K-β-Oxoadipinsäurediäthylester (aus 2,6 g freiem Ester mit K oder K-tert.-Butylat in sd. Xylol) mit 2,28 g β-[Naphthyl-(1)]-äthylbromid in Xylol (63 Std. unter N_2 kochen) u. anschließende Behandlung des entstandenen *4-Oxo-5-carboxy-7-[α-naphthyl]-heptansäurediäthylesters* (**VIII**) in Ae. mit 85%ig. H_2SO_4 (16 Std. bei 0°); 1,1 g (*Methyläthylester*, $C_{21}H_{22}O_4$, F. 55,7—57°, aus wss. CH_3OH Blättchen). — *3'-Keto-3.4-dihydro-1.2-cyclopentenophenanthren*, F. 216—217°, a) aus 40 mg **IX** mit Acetanhydrid, $ZnCl_2$ u. Essigsäure (24 Std. stehen u. 30 Min. bei 70—80° unter N_2); aus CH_3OH Tafeln; 20 mg; b) aus 50 mg vorst. Säure mit bas. Pb-Carbonat bei 260°/0,1 mm; 20 mg. — *β-[Phenanthryl-(1)]-propionsäure*, F. 189—190°, aus 25 g **VIII** mit H_3PO_4 (36 Std. bei 64°) u. Hydrolyse mit methanol. KOH; 110 mg. *Methylester*, F. 91—92°. — *β-[2-Carboxy-1.2.3.4-tetrahydrophenanthryl-(1)]-propionsäure*, $C_{18}H_{18}O_4$, aus 300 mg drittvorst. Säure mit 2%ig. Na-Amalgam in wss. KOH (25 Min. schütteln); aus Äthylacetat Prismen; 160 mg (roh). — *2-Methyl-3.4-dihydrophenanthryl-(1)-essigsäure*, $C_{17}H_{16}O_2$, F. 238,5 bis 239,5°, aus 5 g **XIII** u. **I** analog **III**; aus Aceton–Äthylacetat prismat. Nadeln; 3,7 g (roh), daneben 0,52 g *2-Methyl-1.2.3.4-tetrahydrophenanthrylidenessigsäure*, $C_{17}H_{16}O_2$, F. 193—194°, aus verd. CH_3OH Nadeln [gibt mit alkal. $KMnO_4$ *1-Oxo-2-methyl-1.2.3.4-tetrahydrophenanthren* (**XIII**)]. — *1.2-Dimethyl-3.4-dihydrophenanthren*, F. 95—100°, aus vorst. Verb. durch Decarboxylierung bei 240°; nach Sublimation bei 170°/0,1 mm Blättchen. — *β-[2-Methyl-3.4-dihydrophenanthryl-(1)]-propionsäure*, $C_{18}H_{18}O_2$, F. 131—132°, a) aus 2 g vorvorst. Verb. analog **IX** (ohne Isolierung des Methylesters); aus Äthylacetat–PAe. Blätter; 1,4 g (roh); b) aus 1,5 g **XIII** u. **X** mit Mg u. $HgCl_2$ in sd. Bzl. u. anschließende alkal. Hydrolyse; 0,68 g. — *β-[2-Methylphenanthryl-(1)]-propionsäure*, $C_{18}H_{16}O_2$, F. 183 bis 183,5°, aus 128 mg vorst. Verb. mit S bei 220—230°, dann bei 260°; aus Äthylacetat–PAe. Tafeln; 86 mg, daneben wenig *Nadeln vom F. 119—121°*. *Methylester*, $C_{19}H_{18}O_2$, F. 115—116°, aus CH_3OH Nadeln. — *2-Methyl-7-methoxy-3.4-dihydrophenanthryl-(1)-essigsäure*, $C_{18}H_{18}O_3$, F. 205—206° (Gasentw.), aus dem Methylester durch alkal. Hydrolyse; aus Äthylacetat–PAe. Nadeln. *Methylester*, $C_{19}H_{20}O_3$, F. 97—98,5°, aus 1-Oxo-2-methyl-7-methoxy-1.2.3.4-tetrahydrophenanthren (**XI**) u. **I** analog **III**; aus CH_3OH Rhomben; 64%. — *1.2-Dimethyl-7-methoxy-3.4-dihydrophenanthren*, $C_{17}H_{18}O$, F. 110 bis 111° (CH_3OH), aus 0,87 g vorst. Säure beim Erhitzen mit Glaspulver oberhalb des F. u. Dest. bei 230°/0,4 mm; 59 mg. — *β-[2-Methyl-7-methoxy-3.4-dihydrophenanthryl-(1)]-propionsäure* (**V**), F. 187—188°, a) aus dem Methylester; aus verd. Aceton Flocken; b) aus **X** u. **XI** mit Mg in Bzl. u. alkal. Hydrolyse; c) in geringe Ausbeute mit 1-Oxo-2-carbomethoxy-2-methyl-7-methoxy-1.2.3.4-tetrahydrophenanthren u. **X** wie unter b). *Methylester*, $C_{20}H_{22}O_3$, F. 100,5—102,5° (aus CH_3OH–Aceton Nadeln) bzw. Doppel-F. 78° u. 101—103° (PAe.-Äthylacetat), aus 600 mg vorvorst. Verb. analog **IXa**; 47 mg. — *14,15-Dehydroequileninmethyläther* (**VI**), F. 159,5—161,5°, aus vorst. Säure mit $ZnCl_2$, Acetanhydrid u. Essigsäure. — *2-Carboxy-7-methoxy-3.4-dihydrophenanthryl-(1)-propion-*

säure, $C_{19}H_{18}O_5$, F. 238,5—239,5°, aus den Estern mit methanol. KOH; aus wss. Essigsäure Nadeln. *Monomethylester (2-Carbomethoxyderiv.)*, $C_{20}H_{20}O_5$, F. 183,5—184,5°, aus 5,64 g β-Oxoadipinsäuredimethylester u. K-tert.-Butylat in tert.-Butanol mit 5,3 g β-[6-Methoxynaphthyl-(1)]-äthylbromid in Bzl. (11 Std. stehen u. 36 Std. kochen) u. Behandlung des rohen *4-Oxo-5-carboxy-7-[6-methoxynaphthyl-(1)]-heptansäuredimethylesters* (2,4 g) in Ae. mit 85% ig. H_2SO_4 (7½ Std. bei —10 bis —12°); aus Äthylacetat–PAe. Nadeln; 196 mg; daneben 500 mg *Dimethylester*, $C_{21}H_{22}O_5$, F. 105—107,5°, aus CH_3OH u. Äthylacetat–PAe. Flocken. *Monoäthylester (2-Carbäthoxyderiv.)*, $C_{21}H_{22}O_5$, F. 150—151° (wss. A. u. Äthylacetat–PAe.), mit 17,5 g β-Oxoadipinsäurediäthylester analog dem Methylester, aber in Toluol statt Bzl., über *4-Oxo-5-carboxy-7-[6-methoxynaphthyl-(1)]-heptansäurediäthylester*; 25% (freie Säure + Ester). — *3'-Oxo-7-methoxy-3.4-dihydro-1.2-cyclopentenophenanthren*, F. 211—212°, aus 47 mg vorst. Säure mit bas. Pb-Carbonat bei 250—265°/0,1 mm; aus CH_3OH Tafeln; 12 mg (roh). — *β-[2-Carboxy-7-methoxy-1.2.3.4-tetrahydrophenanthryl-(1)]-propionsäure*, $C_{19}H_{20}O_5$, F. 190,5—191,5°, aus vorvorst. Säure mit Na-Amalgam–W.; aus Äthylacetat–PAe. Prismen. — *α-Methyl-β-oxoadipinsäure* (**XII**), F. 110—113° (Zers.), aus dem Diäthylester mit HCl. *Diäthylester* (**XIIa**), $C_{11}H_{18}O_5$, Kp.$_{0,1}$ 113—115°, a) aus β-Oxoadipinsäurediäthylester u. Na in Bzl. mit CH_3J in Bzl.; 66%; b) analog, aber mit K-tert.-Amylat statt Na. — *1-Benzyl-5-oxopyrrolinyl-(2)-methylessigsäure*, $C_{16}H_{19}O_3N$, F. 134—136°, aus **XIIa** u. Benzylamin; daneben *5-Oxopyrrolinyl-(2)-methylacetamid*, $C_7H_{10}O_2N_2$, F. 274—275° (Zers.), prismat. Kristalle (auch aus **XIIa** mit konz. NH_4OH). — *4-Oxocapronsäuresemicarbazon*, $C_7H_{13}O_3N_3$, F. 174—176° (wss. A.), aus **XII** mit wss. Semicarbazidhydrochlorid. — *α-Acetyl-β-oxo-adipinsäuredimethylester*, aus Na-Acetessigsäuremethylester u. β-Carbomethoxypropionylchlorid in sd. Bzl. (4 Std.), Reinigung über das *Cu-Chelat*, $C_{20}H_{26}O_{12}Cu$, F. 145—146,5°, aus A.–Cyclohexan längliche blaue Prismen. — *β-[6-Methoxynaphthyl-(1)]-äthyljodid*, $C_{13}H_{13}OJ$, F. 65—66° (CH_3OH), aus dem Bromid mit NaJ in sd. Aceton; aus PAe. Tafeln. — *β-[1-Oxy-2-carbäthoxy-2-methyl-7-methoxy-1.2.3.4-tetrahydrophenanthryl-(1)]-propionsäurelacton* (**VIIa**), $C_{22}H_{24}O_5$, F. 160,5—162°, aus **XIIa** in Ae. u. K-tert.-Butylat in Bzl. (15 Min. stehen) mit vorst. Verb. in Bzl. (1½ Std. stehen u. 3 Tage kochen), anschließende Behandlung des entstandenen *4-Oxo-5-carboxy-5-methyl-7-[6-methoxynaphthyl-(1)]-heptansäurediäthylesters* in Ae. mit 85% ig. H_2SO_4 (50 Min. bei 0 bis —3°) u. Chromatographie; aus Äthylacetat–PAe. Plättchen. Daneben *Stereoisomeres* (**VIIb**), $C_{22}H_{24}O_5$, F. 143,5—145°, aus Äthylacetat–PAe. Nadeln. Bei einem anderen Vers. wurde noch ein drittes *Isomeres*, F. 206—209° (Gasentw.; Aceton–W.) erhalten, das zu **V** decarboxyliert wird. **VIIb** gibt mit methanol. KOH **V**. Das rohe Gemisch von **VIIa** + **VIIb** gibt mit sd. wss.-alkoh. NaOH das Gemisch der *freien Lactonsäuren*, F. 210—212° (Zers.; Äthylacetat; *Methylester*, $C_{21}H_{22}O_5$, F. 166,5—168°, aus Äthylacetat–PAe. Blätter), das mit Mineralsäuren **V** gibt. — *2'-Carboxy-3'-oxo-1-oxy-7-methoxy-1.2.3.4-tetrahydro-1.2-cyclopentanophenanthrenlacton* (?), aus 0,28 g **VIIa** + **VIIb** mit $NaOCH_3$ in sd. Bzl. (7½ Std. unter N_2); 80 mg, daneben 29 mg **VI**. 32 mg geben beim Erhitzen auf 165°/0,1 mm 14 mg **VI**. (J. Amer. chem. Soc. **73**. 3660—65. Aug. 1951. Ann Arbor, Mich., Univ., Chem. Labor.) E. KASPAR. 3750

Chin Chang, *Untersuchungen über kondensierte Ringsysteme. 1. Mitt. Reaktion von 7-Methoxy-1-keto-2-methyl-1.2.3.4-tetrahydrophenanthren mit γ-Bromcrotonsäuremethylester; Synthese von DL-Homoequilenin und Abbau von dessen Methyläther zu DL-Equilenin.* Der aus γ-Bromcrotonsäuremethylester u. 7-Methoxy-1-keto-2-methyl-1.2.3.4-tetrahydrophenanthren (**I**) durch REFORMATSKI-Rk. hergestellte *γ-[1-Oxy-7-methoxy-2-methyl-1.2.3.4-tetrahydrophenanthryl-(1)]-crotonsäuremethylester* wird über 5% ig. Pd-Kohle in A. zum gesätt. Ester hydriert, der mit 2n KOH zu *γ-[1-Oxy-7-methoxy-2-methyl-1.2.3.4-tetrahydrophenanthryl-(1)]-buttersäure* hydrolysiert wird. Diese Oxysäure gibt durch Ringschluß mit P_2O_5 in Bzl. *Dehydrohomoequilenin-3-methyläther*, der zu *Homoequilenin-3-methyläther* (**II**) hydriert wird. *DL-Homoequilenin* wird aus **II** durch Ätherspaltung mit 48% ig. HBr hergestellt. **II** wird mit KOJ zu *β-[7-Methoxy-2-methyl-2-carboxy-1.2.3.4-tetrahydrophenanthryl-(1)]-propionsäure* oxydiert, deren Dimethylester hergestellt u. mit $NaOCH_3$ zu *16-Carbomethoxyequilenin* cyclisiert, das zu *DL-Equilenin* decarboxyliert u. entmethyliert wird.

Versuche: *γ-[1-Oxy-7-methoxy-2-methyl-1.2.3.4-tetrahydrophenanthryl-(1)]-crotonsäuremethylester*, aus **I** u. Zn-Staub in Ae. u. Bzl. mit γ-Bromcrotonsäuremethylester durch 1½std. Kochen; nicht gereinigt. — *γ-[1-Oxy-7-methoxy-2-methyl-1.2.3.4-tetrahydrophenanthryl-(1)]-buttersäuremethylester*, aus vorst. Verb. mit H_2/5% ig. Pd-Kohle bei Zimmertemp.; nicht gereinigt. *Freie Säure*, $C_{20}H_{24}O_4$, F. 148—150°, mit 2n KOH (2std. Kochen); Nadeln aus Bzl.–PAe.; 83% (Ausbeute, bezogen auf **I**). — *DL-Dehydrohomoequilenin-3-methyläther*, $C_{20}H_{20}O_2$, F. 187—188°, aus vorst. Säure u. P_2O_5 in Bzl. durch 3std. Kochen; flache Nadeln aus Aceton–A.; 27%. — *DL-Homoequilenin-3-methyl-*

äther (II), $C_{20}H_{22}O_2$, F. 212—213°, aus 0,2 g vorst. Verb. mit H_2/5% ig. Pd-Kohle in Bzl. bei Zimmertemp.; Plättchen aus Bzl.–A.; 146 mg. — *DL-Homoequilenin*, F. 233—234°, aus 20 mg II in Eisessig u. 48% ig. HBr durch 1 std. Kochen unter N_2; lange Plättchen aus A.; 15 mg. — *β-[7-Methoxy-2-methyl-2-carbomethoxy-1.2.3.4-tetrahydrophenanthryl-(1)]-propionsäuremethylester*, F. 100—101°, aus II in A. mit J_2 in A. u. wss. KOH (1 std. Rühren bei Zimmertemp.) über das *K-Salz* u. die *freie Säure* (mit Diazomethan); aus A. Plättchen. — *16-Carbomethoxy-DL-equilenin*, F. 179—181°, aus vorst. Ester u. $NaOCH_3$. — *DL-Equilenin*, $C_{18}H_{18}O_2$, F. 275—277°, aus vorst. Verb. in Eisessig, konz. HCl u. W. durch 10 std. Kochen unter N_2, Versetzen mit Eiswasser, Kochen des abgeschiedenen festen Körpers in KOH u. Ansäuern mit HCl; aus Aceton–A. Plättchen. (Acta chim. sinica **21**. 190—96. 1955. Peking, Petroleum-Inst. [Orig.: chines.; Auszug: engl.]) E. MAEKAWA. 3750

Yee-Sheng Kao und **Shuen-Hsing Loh**, *Optische Spaltung von DL-threo-1-p-Nitrophenyl-2-aminopropandiol-(1.3) mit L- und D-Glutaminsäure.* Das synthet. *threo-1-p-Nitrophenyl-2-aminopropandiol-(1.3)* (DL-I) wird mit L- oder D-Glutaminsäure (L- oder D-II) in D-I u. L-I in guter Ausbeute getrennt. L-I–L-II- u. D-I–D-II-Salz sind weniger lösl. in verd. A. als L-I–D-II- u. D-I–L-II-Salz. — *L-I–L-II-Salz*, F. 185—186°, aus 7,42 g DL-I u. 5,16 g L-II in wenig W. durch Erwärmen u. Versetzen mit der 2½fachen Menge A.; $[\alpha]_D$ +13,9° (W.); 3,69 g (Ausbeute). Daneben aus der Mutterlauge 2,16 g D-I–L-II-*Salz*, F. 167—168°, $[\alpha]_D$ —18,6° (W.). — *D-I–D-II-Salz*, F. 184,5—185,5°, wie vorst. mit *D*-II; 41,2%. L-I–D-II-Salz, F. 167—168°, aus der Mutterlauge; 28%. — D-I, $C_9H_{12}O_4N_2$, F. 162—163°, aus D-I–L-II- oder D-I–D-II-Salz in wenig W. durch Einleiten von NH_3; $[\alpha]_D$ —22,7° (CH_3OH). — *L*-I, F. 162—163°, $[\alpha]_D$ +21,8° (CH_3OH). (Acta chim. sinica **20**. 140—42. 1954. Shanghai, Acad. Sinica, Inst. of Materia Med. [Orig.: chines.; Auszug: engl.]) E. MAEKAWA. 3900

Yao-Tseng Huang, Hung-Shiun Ting, Wei-Yi Ting, Hai-Yu Sheng, Tung-Yuan Tu, Jing-Jain Huang, Yuen-Yao Hsu und **Yu Wang**, *Untersuchungen über die Chemie des Aureomycins.* 1. Mitt. *Hydrogenolyse und Aromatisierung des Aureomycins und seiner Derivate.* Aureomycin (I) gibt bei der Red. mit Zn-Staub u. Eisessig *Desdimethylaminoaureomycin* (II) unter milden Bedingungen u. *Desdimethylaminodesoxyaureomycin* (III) bei höherer Temperatur. II läßt sich weiter zu III reduzieren. I, II u. III geben mit konz. HCl oder methanol. HCl *Anhydroaureomycin* (IV), *Desdimethylaminoanhydroaureomycin* (V) bzw. *Desdimethylaminodesoxyanhydroaureomycin* (VI). IV gibt bei der Red. ein Gemisch von V u. VI. V ist zu VI reduzierbar. Bei der Zinkstaubdest. geben I, II, III, IV, V u. VI *Naphthacen.* Durch Vgl. der UV-Spektren von I, II, III, IV, V u. VI wird ergänzend festgestellt, daß sich die anguläre Oxygruppe von I in 4a-Stellung befindet.

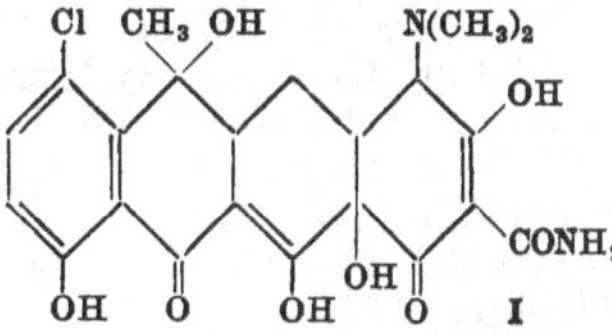

I

V e r s u c h e: *Desdimethylaminoaureomycin* (II), $C_{20}H_{18}O_8NCl \cdot {}^1/_3 CCl_4$, F. 152 bis 153° (Zers.; Gasentw. bei 138—139°; CCl_4), aus 1 g I·HCl in Eisessig u. A. mit Zn-Staub (30 Min. bei 20°), chromatograph. Reinigung an Al_2O_3, $[\alpha]_D^{20}$ —182,6° (c = 1; Ae.); 1 g (Rohausbeute). — *Desdimethylaminodesoxyaureomycin* (III), $C_{20}H_{18}O_7NCl \cdot ½\, CCl_4$, F. 164—167° (Zers.; Gasentw. bei 149—150°; CCl_4), a) aus 3 g I·HCl wie vorst., aber 1 Std. bei 50°; $[\alpha]_D^{20}$ +174° (c = 1; Ae.); 1,4 g; b) ebenso aus 0,4 g II; 318 mg. — *Anhydroaureomycin* (IV), $C_{22}H_{21}O_7N_2Cl$, Zers. bei 216—220°, aus 3 g I·HCl in 50 cm^3 12n HCl (1 Std. bei 60°); aus Bzl. rotgelbe Nadeln, $[\alpha]_D^{16}$ —33,9° (c = 1; Dioxan); 2,1 g. — *Desdimethylaminoanhydroaureomycin* (V), $C_{20}H_{16}O_7NCl$, F. 234—236° (Zers.), aus 1 g II in A. u. 8n HCl (1 Std. bei 85°); rote Nadeln; $[\alpha]_D^{22}$ —204,3° (c = 0,2; Dioxan); 633 mg. — *Desdimethylaminodesoxyanhydroaureomycin* (VI), $C_{20}H_{16}O_6NCl$, F. 234 bis 235° (Zers.), a) aus 200 mg III u. 6n HCl (1 Std. bei 80°); rote Kristalle aus Dioxan, $[\alpha]_D^{21}$ +502° (c = 0,1; Dioxan); 81 mg (rein); b) aus 630 mg V mit Eisessig u. Zn-Staub in Dioxan durch Erwärmen auf 50°; orangerote Kristalle aus Dioxan; 37 mg (rein); c) aus 2 g IV wie bei b); Stäbchen aus Dioxan; 65 mg (rein); daneben V aus der Dioxanmutterlauge (33 mg reine orangegelbe Nadeln aus Dioxan). (Acta chim. sinica **21**. 132—40. 1955. Acad. Sinica, Inst. of Organ. Chem. [Orig.: chines.; Auszug: engl.]) E. MAEKAWA. 3900

Hung-Shiun Ting, Yao-Tseng Huang, Wei-Yi Ting und **Jing-Jain Huang**, *Untersuchungen über die Chemie des Aureomycins.* 2. Mitt. *Isoaureomycin und seine Analoga.* (1. vgl. vorst. Ref.) Aureomycin (I), Desdimethylaminoaureomycin (II) u. Desdimethylaminodesoxyaureomycin (III) geben bei der Behandlung mit verd. Alkali *Isoaureomycin* (IV), *Desdimethylaminoisoaureomycin* (V) bzw. *Desdimethylaminodesoxyisoaureo-*

mycin (**VI**). **IV** ist mit Zn–Eisessig zu **V** reduzierbar. **IV**, **V** u. **VI** geben durch Pyrolyse oder Zn-Staub dest. *3-Methyl-4-chlor-7-oxyphthalid.* **IV** u. sein Hydrochlorid existieren in je zwei polymorphen Formen.

Versuche: *Desdimethylaminoisoaureomycin* (**V**), $C_{20}H_{18}O_8NCl$, F. 249–250° (Zers.), a) aus 1 g **II** in 0,4n NaOH durch 11std. Stehenlassen im Eisschrank; Platten aus Dioxan–W., $[\alpha]_D^{21}$ –145,3° (c = 1; Dioxan); 360 mg (Ausbeute); b) aus 500 mg **IV** mit Zn-Staub u. Eisessig in Methanol (100 Min. bei 80°); 340 mg (roh). — *Isoaureomycin* (**IV**), $C_{22}H_{23}O_8N_2Cl$, F. 220–221° (Stäbchen aus Dioxan–W.) bzw. F. 189–190° (Blättchen bei schneller Kristallisation aus W.), aus 3 g **I** in 0,4n NaOH durch 7½std. Stehenlassen bei 13°; $[\alpha]_D^{21}$ –15,2° (c = 1; Dioxan); 1,1 g. *Hydrochlorid*, $C_{22}H_{23}O_8N_2Cl \cdot HCl$, F. 221–222° (Zers.; Nadeln aus verd. HCl) bzw. F. 248–250° (Zers.; Stäbchen aus A.–Bzl.). — *Desdimethylaminodesoxyisoaureomycin* (**VI**), $C_{20}H_{18}O_7NCl$, F. 229–231° (Zers.), aus 200 mg **III** in A. u. 10%ig. NaOH; Nadeln aus verd. A.; $[\alpha]_D^{20}$ –86,2° (c = 0,5; A.); 190 mg (roh). — *3-Methyl-4-chlor-7-oxyphthalid*, $C_9H_7O_3Cl$, F. 110–111°, a) aus 100 mg **V** durch Pyrolyse bei 270–320°/0,1 mm; durch Sublimation bei 90° gereinigt; 8,5 g (roh); b) aus **IV** oder **VI** durch Erhitzen mit oder ohne Zn-Staub auf 280–360°/0,1 mm. (Acta chim. sinica **21.** 142–50. 1955. [Orig.: chines.; Auszug: engl.])
E. MAEKAWA. 3900

Yao-Tseng Huang, Hai-Yu Sheng, Hui-Min Fung, Yuen-Yao Hsu und **Tung-Yuan Tu**, *Untersuchungen über die Chemie des Aureomycins.* 3. Mitt. *Entchlorierung der Abbauprodukte von Aureomycin.* (2. vgl. vorst. Ref.) Desdimethylaminoaureomycin (**I**), Desdimethylaminodesoxyaureomycin (**II**) u. Anhydroaureomycin (**III**) geben bei der katalyt. Hydrierung *Deschlordesdimethylaminoaureomycin* (**IV**), *Deschlordesdimethylaminodesoxyaureomycin* (**V**) bzw. *Deschloranhydroaureomycin* (**VI**). **IV** u. **V** werden durch Erwärmen mit methanol. HCl zu *Deschlordesdimethylaminoanhydroaureomycin* (**VII**) bzw. *Deschlordesdimethylaminodesoxyanhydroaureomycin* (**VIII**) entwässert. **VI** wird durch Zn–Eisessig zu einem Gemisch von **VII** u. **VIII** reduziert. Durch Vgl. der UV-Spektren von **IV**, **V**, **VI** u. **VII** mit den entsprechenden Abbauprodd. von Terramycin (vgl. HOCHSTEIN u. Mitarbeiter, C. **1956. 6689**) wird die Strukturähnlichkeit zwischen Aureomycin u. Terramycin festgestellt.

Versuche: *Deschloranhydroaureomycin* (**VI**), $C_{20}H_{22}O_7N_2$, F. 225–226° (Zers.), aus 200 mg **III** durch Hydrierung in Ggw. von Trimethylamin u. 10%ig. Pd-Kohle in Dioxan u. Methanol (2 Std. bei 40° u. n. Druck); gelbe Nadeln aus Bzl.–Aceton, $[\alpha]_D^{16}$ +22,6° (c = 1; Dioxan); 120 mg (Rohausbeute). — *Deschlordesdimethylaminoaureomycin* (**IV**), $C_{20}H_{19}O_8N \cdot {}^1/_5\, C_6H_6$, F. 160–162° (Zers.), aus 894 mg **I**, analog **VI**; an Al_2O_3 chromatograph. gereinigt, aus Bzl. gelbe Kristalle, $[\alpha]_D^{13}$ –212,8° (c = 1,01; Dioxan); 100 mg (rein). — *Deschlordesdimethylaminodesoxyaureomycin* (**V**), $C_{20}H_{19}O_7N$, F. 160 bis 161° (Zers.), aus 1 g **II** analog **VI** (4½ Std. bei 40°); an Al_2O_3 chromatograph. gereinigt, aus Bzl. u. Cyclohexan gelbe Kristalle; 98 mg (rein). — *Deschlordesdimethylaminoanhydroaureomycin* (**VII**), $C_{20}H_{17}O_7N$, F. 244–245° (Zers.), aus 102 mg **IV** in Methanol u. 8n HCl durch Erwärmen auf 70–75°; feine orangegelbe Kristalle aus Bzl., $[\alpha]_D^{20}$ –99,8° (c = 0,101; Dioxan); 43 mg (rein). — *Deschlordesdimethylaminodesoxyanhydroaureomycin* (**VIII**), $C_{20}H_{17}O_6N$, F. 238–240° (Zers.), aus 85 mg **V** in Methanol durch Einleiten von HCl bei höherer Temp.; rote kleine Kuben aus Dioxan; 51 mg (rein); 700 mg. (Acta chim. sinica **21.** 151–58. 1955. [Orig.: chines.; Auszug: eng.])
E. MAEKAWA. 3900

Yasuo Abe und **Masao Sumi**, *Die Konfiguration der Santonine. 11-Carboxy-6α-oxy-3-oxoeusantonen-(4)-säurelacton* läßt sich leicht in die opt.-akt. Isomeren zerlegen.

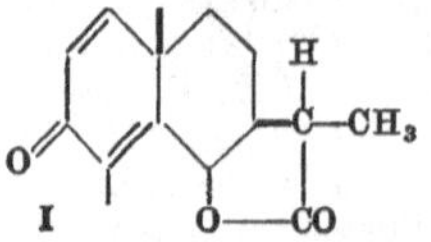

I

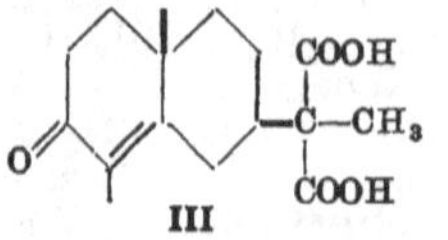

III

Aus dem *d-Isomeren*, $[\alpha]_D$ +108,7°, entsteht durch Bromierung, HBr-Abspaltung u. Decarboxylierung (–)-*α-Santonin* (**I**); der *Methylester des d-Isomeren* geht bei der Red. mit Zn/Eisessig u. Hydrolyse über in (+)-*11-Carboxy-3-oxoeusantonen-(4)-säure* (**III**). **I** u. **III** gehören also zum gleichen stereochem. Typ; die Molekularrotation von **III** (M_D +312°) zeigt, daß diese zum gleichen Typ wie die Δ^4-3-Oxosteroide gehört; dadurch ist die Konfiguration von **I** bewiesen. — **I** u. (–)-*β*-Santonin (**II**) entstehen aus der gleichen Säure, der (–)-11-Carboxy-3-oxoeusantonadien-(1.4)-säure, durch Decarboxylierung u. Oxydation mit SeO_2; **II** ist also das 11-Epimere von **I**. (Vgl. C. **1955.** 10524.) (Chem. and Ind. **1955.** 253. 5/3. Osaka, Japan, Takeda Pharmaceut. Ind. Ltd., Res. Labors.)
WALTER SIMON. 3950

Hubert S. Loring, Nydia G. Luthy, Henry W. Bortner und **Luis W. Levy**, *Die Isolierung einer isomeren Cytidylsäure aus den Hydrolysaten der Heferibonucleinsäure.* Aus den durch 1std. Hydrolyse mit n. Säure erhaltenen Ribonucleinsäurehydrolysaten wurde nach Entfernen der Purine als Ag-Sulfate die Citidylsäurefraktion von der Uridylsäure (**II**) als unlösl. Phosphowolframat (C. **1948.** E. 1626) abgetrennt u. aus der am wenigsten lösl. Fraktion nach Zers. eine *Cytidylsäure* [**Ia**; $C_9H_{14}O_8N_3P$, F. 238—239° (Zers.; W.)] mit $[\alpha]_D^{26}$ +20,7° (c = 1; W.) isoliert. Die anderen Fraktionen enthielten eine Citydylsäure mit $[\alpha]_D$ +30 bis +40°, offenbar ein Gemisch aus **Ia** u. dem Isomeren **Ib** (F. 233—234°) mit $[\alpha]_D^{20}$ +49,4°, das aus einem Gemisch der Dibrucinsalze von **Ib** u. **II** durch Extraktion mit Pyridin u. Rekristallisation des in Pyridin unlösl. Rückstandes aus 35%ig. A. erhalten wurde. — Aus einem in 19 Std. mit n-NaOH erhaltenen Hydrolysat wurden nach Neutralisation mit HCOOH, Chromatographie am Dowex-1-Formiationenaustauscher u. Elution mit 0,1n HCOOH ebenfalls **Ia** u. **Ib** erhalten. Die natürlich vorkommende **Ia** stimmt in ihren Eigg. mit dem synthet. Cytidin-2'-phosphat überein; sie läßt sich nicht mit Perjodat oxydieren, enthält also kein Cytidin-5'-phosphat. **Ib** ergab bei der Desaminierung in 87%ig. Ausbeute eine *Verb.*, die ein *Dibrucinsalz* mit $[\alpha]_D$ —58,7° (c = 1;Pyridin) bildet, das in Löslichkeit u. Rotation dem Dibrucinsalz von **II** u. Uridin-3'-phosphat ähnelt. Demgegenüber ergab **Ia** nach der Desaminierung ein erheblich leichter lösl. *Dibrucinsalz*, das noch nicht charakterisiert wurde. (J. Amer. chem. Soc. **72.** 2811. Juni 1950. Stanford, Calif., Univ., Dep. of Chem. u. School of Med.) H. LEHWALD. 3950

Waldo E. Cohn, *Heterogenität in den Pyrimidinnucleotiden.* Die von CARTER (C. **1952.** 111 u. früher) aufgefundenen Isomerien bei den natürlichen Purinribonucleotiden wurden nunmehr auch bei den Pyrimidinnucleotiden festgestellt. Nach der Chromatographie der Hydrolysate am Ionenaustauscher Dowex-1 erscheinen im Elutionsdiagramm bei *Cytidyl-* (**I**) u. *Uridylsäure* je 2 Anreicherungen, deren Spektren kleine, aber deutliche Unterschiede aufweisen. Nach Erhitzen in 0,1n HCl liegen beide Isomeren in einem äquimol. Gemisch vor. Darüber hinaus wurde aus der **I**-Fraktion aus einem enzymat. Desoxyribonucleinsäurehydrolysat eine weitere Verb. isoliert, deren Spektr. dem der Desoxycytidylsäure ähnelt. Die hieraus gewonnene Base verhält sich am Ionenaustauscher wie Cytosin, u. ihr Spektr. ist fast ident. mit dem von 5-Methylcytosin. (J. Amer. chem. Soc. **72.** 2811—12. Juni 1950. Oak Ridge, Tenn., Nat. Labor., Biol. Div.) H. LEHWALD. 3950

D. Makromolekulare Chemie.

Ralph Jaccodine, *Beobachtungen von Spiralwachstumsstufen in einem Äthylenpolymeren.* Die Verss. wurden an „*Marlex 20**", einem Polymeren mit vornehmlich Polymethylenstruktur u. begrenzter Verzweigung entlang der Kette des Polymeren durchgeführt; das mittlere Mol.-Gew. beträgt 10000. Kleine Kristalle aus heißen Lsgg. von Xylol u. Bzl. wurden beschattet u. elektronenmkr. untersucht. In zahlreichen Proben wurde Spiralwachstum beobachtet. (Nature [London] **176.** 305—06. 13/8. 1955. Hoboken, N. J., Stevens Inst. of Technol., Phys. Dep.) C. GOTTFRIED. 4010

R. Vieweg und **W. Knappe,** *Der Austritt von Weichmachern bei Polyvinylchlorid.* (Vgl. C. **1954.** 11206.) An einigen Beispielen werden die verschied. Möglichkeiten erläutert, den Austritt von Weichmachern bei *Polyvinylchlorid* als Diffusionsproblem zu behandeln. Dabei spielt die Abhängigkeit des Diffusionskoeff. von der Konz. u. von der Temp. eine Rolle; die Aktivierungsenergien liegen in der Größenordnung von 6—30 kcal/Mol. (Rev. Plásticos **5.** 338—42. Nov./Dez. 1954.) R. K. MÜLLER. 4010

L. J. Thompson und **F. A. Long,** *Molarvolumina, Isothermen und Wechselwirkungsparameter von H_2O in Polyvinylacetat.* Bei konstanter Temp. u. definierten Luftfeuchtigkeiten werden die aufgenommenen H_2O-Mengen in gleichartig vorbehandelten Polyvinylacetatproben nach Eintritt des Gleichgewichts gemessen. Dabei ergibt sich, daß das Molvol. des adsorbierten H_2O dem des reinen H_2O entspricht. Für 40° ergibt sich bei gesätt. H_2O-Dampfdruck für den Volumenanteil des H_2O ein Wert von 0,066. Die 40°-Isotherme wird graph. dargestellt. Mit Hilfe der FLORY-HIGGINS-Gleichung wird der Wechselwirkungsparameter bestimmt u. ergibt den hohen Wert von 2,5±0,5. (J. Amer. chem. Soc. **76.** 5886—87. 20/11. 1954. Philadelphia, Pa., Rohm & Haas Co., Res. Dep.; Ithaca, N. Y., Cornell Univ., Dep. of Chem.) W. KAUFMANN. 4010

G. M. Guzmán, *Größe und Form von verzweigten Makromolekülen von Polyvinylacetat nach der Lichtstreuung.* Verzweigtes *Polyvinylacetat* (**I**) wird durch eine Kettenübertragungs-Rk. zwischen polymerisierenden Radikalen aus Vinylacetat u. zuvor in das Reaktionsmedium eingeführten toten Polymerenmoll. von **I** des Handels erhalten. Die Polymerisation erfolgt photochem. (UV-Licht über 3180 Å) bei 55° unter Zusatz von α.α'-Azo-bis-isobutyronitril ($4{,}2 \cdot 10^{-3}$ Mol/Liter). Molekülgröße des unverzweigten **I** D = 1280 Å, des verzweigten D = 1210 Å; Mol.-Gew. (Gewichtsmittel) M_w = 5,55 bzw.

7,17·10^5; Parameter M_w/D = 0,34 bzw. 0,49. Die turbidimetr. bestimmte Lichtstreuung ergibt einen Verzweigungsgrad von 900 Monomereneinheiten je Mol. des toten Polymeren in guter Übereinstimmung mit dem nach radioakt. Meth. erhaltenen Verzweigungsgrad. (An. Real Soc. españ Física Quím., Ser. B **50.** 701—06. Juli/Aug. 1954. Dep. de Plásticos, Patronato Juan de la Cierva.) R. K. MÜLLER. 4010

Doyle C. Udy und **John D. Ferry,** *Wechselwirkungen in Polymerlösungen auf Grund von Membrangleichgewichten.* Zu den 5%ig. Lsgg. von *Polyvinylacetat* (**I**, M_n = 140000) in Dioxan (**II**) bzw. des Mischpolymerisates aus *Styrol* u. *Maleinsäureanhydrid* (**III**, M_n = 190000) in **II** bzw. des zur Hälfte neutralisierten Mischpolymerisates aus Styrol u. Maleinsäure (**IV**, durch Hydrolyse von **III** erhalten) in W. (p_H 8,8) wurden zur Unters. der Wechselwrkg. zwischen hoch- u. niedermol. Substanzen folgende Verbb. zugesetzt: Dimethylphthalat u. Cyclohexanon für **I**, 2-Amino-5-azotoluol u. Phenylharnstoff für **III** u. Harnstoff, Anilin u. Phenylglycin für **IV**; Konz. der Zusätze 0,01—1%. Die Lsgg. wurden in ein als Membran dienendes Cellophangefäß gefüllt, das in das jeweilige Lösungsm. tauchte. Nach mehrtägigem Schütteln bei 25° wurde die Gleichgewichtseinstellung durch analyt. Best. der Zusätze in u. außerhalb des Gefäßes untersucht. Der Einfl. des Polymeren auf die Verteilung der Zusätze läßt sich ausdrücken durch $\beta = [\ln (w_3/w_3')]/w_2$ (w_2 = Konz. des Polymeren, w_3 u. w_3' = Konz. der Zusätze inner- u. außerhalb der Membran). β ergab sich für alle Systeme zu $\pm 0{,}001$. Dagegen wurde für das Syst. aus **IV** zu $^1/_3$ neutralisiert (p_H 4,76) in 0,1mol. NaCl-Lsg. + Methylgrün gefunden: β = 0,39 für w_2 = 0,5—1,0 u. 0,18 für w_2 = 6; die Gleichgewichtskonstante für das 1. gebundene Mol. ergibt sich daraus zu 4·10^5 1/(Mol/Liter), also von gleicher Größenordnung wie bei Eiweißverbindungen. Diese Wechselwrkg. kann nicht allein auf elektrostat. Anziehung zurückzuführen sein. (J. physic. Chem. **60.** 123. Jan. 1956. Madison, Wis., Univ., Dep. of Chem.) O. FUCHS. 4010

Mary J. Kramer, *Molekulare Orientierung in Polymethylmethacrylat durch Warmreckung.* (Sitzungsbericht.) (Physic. Rev. [2] **98.** 1170. 15/5. 1955. Naval Res. Labor.) E. KLEVER. 4010

Charles Legrand und **Jean Coste,** *Kristallisation von Polyäthylenglykolterephthalat.* Schreckt man einen 0,15 mm dicken geschmolzenen Film von *Polyäthylenglykolterephthalat* bei 0° ab, dann ergibt die Röntgenaufnahme eine amorphe u. nichtorientierte Struktur. Auf den Diagrammen tritt ein schwaches Maximum entsprechend ca. 10,5 Å u. ein intensives entsprechend 4,40 Å auf. Diese Filme wurden nun auf Tempp. zwischen 80 u. 260° erhitzt u. sehr schnell bei 0° abgeschreckt. Eine Unters. des kub. Ausdehnungskoeff. zeigte, daß die Filme oberhalb 80° im Verlauf des Abschreckens eine beträchtliche Kontraktion erleiden, der eine sehr viel schwächere Kontraktion folgt. Die erste Phase entspricht einer Kristallisation, die auch durch therm. Differentialanalyse nachgewiesen werden konnte. Amorphe Röntgendiagramme wurden für alle unter 80° erhitzten u. abgeschreckten Filme erhalten. Bei Erhitzungstempp. $>80°$ treten an Stelle des amorphen Hauptmaximums drei Interferenzen, die zuerst breit u. verwaschen, mit Erhöhung der Temp. zunehmend schärfer werden. Dilatometr. Messungen der Änderungen des spezif. Vol. mit der Temp. ergaben, daß die Dauer der prim. Kristallisation bei 85° ca. 150 Std. beträgt u. hierauf scharf mit der Temp. bis zu 140° abnimmt. Danach folgt in der Kurve ein sehr flaches Minimum, dem von 220° ein erneutes Ansteigen folgt. Auch die Kurve der Änderung der D. mit der Temp. zeigt 3 Zonen mit einer plötzlichen Änderung von 220° an. (C. R. hebd. Séances Acad. Sci. **240.** 2160—62. 1/6. 1955.) C. GOTTFRIED. 4010

G. Salomon und **C. Koningsberger,** *Kinetische Analyse organischer Halogenide.* 2. Mitt. *Analyse von aus Monohalogenideinheiten aufgebauten Makromolekülen.* (1. vgl. Recueil Trav. chim. Pays-Bas **69.** [1950.] 95.) Die in der 1. Mitt. beschriebene kinet. Analysenmeth. zur Identifizierung u. kinet. Trennung organ. Monohalogenide mit Hilfe organ. Basen wird auf halogenhaltige Polymere angewendet. *Naturkautschuk* addiert leicht bei sehr tiefen Tempp. HCl unter Bldg. eines Hydrochlorids, dessen Zus. der Formel $(C_5H_9Cl)_n$ sehr nahekommt. *Polyisopren* addiert HCl unvollständig; dies ist entweder auf einen Verlust von Doppelbindungen im Polymeren infolge Cyclisierung oder auf mangelnde Reaktionsfähigkeit von Vinylgruppen im Polyisopren zurückzuführen. Die große Reaktionsfähigkeit der methylierten Doppelbindungen im Naturkautschuk u. Polyisopren steht im ausgesprochenen Gegensatz zur Reaktionsfähigkeit der Doppelbindungen im Polybutadien, dem olefin. Teil von GR–S; an GR–S u. Perbunan kann HCl nur bei erhöhten Tempp. u. Drucken addiert werden. Um zu erfahren, ob die Hydrochloride sek. oder tert. Chloride sind, wurden die Rkk. zwischen *Naturkautschukhydrochlorid* (**I**), *Polyisoprenhydrochlorid* (**II**), *2-Chlor-2-methylbutan* (**III**), *3-Chlor-2.2.3-trimethylpentan* (**IV**) bzw. *2-Chlorbutan* u. *Anilin, Pyridin* bzw. *Piperidin* bei 100° ohne bzw. mit Zusatz von Nitrobenzol (4 Vol. Nitrobenzol + 1 Vol. Amin) sowie zwischen I bzw. II u. *N-Methylpiperidin, Butylamin, Cyclohexylamin* bzw. *Dimethylanilin* in Ggw. von 4 Vol. Nitrobenzol bei 100° messend verfolgt. Der Vgl. der erhaltenen Umsatz–Zeit-Kurven u. Halbwertszeiten zeigt, daß in **I** u. **II** nur tert. Chloride enthalten sind. Der makromol. Zustand hat keinen Einfl. auf die Reaktionsfähigkeit der tert. Cl-Gruppe. Die Geschwindigkeit der Rk. zwischen **I** u. Anilin ist viel stärker temperaturabhängig als die der Rk. zwischen **III** bzw. **IV** u. Anilin. Beim GR-S-Hydrochlorid sind nur 20% des Cl bei 100° sehr reaktionsfähig gegenüber Anilin- bzw. Piperidin–Nitrobenzol u. müssen daher entweder in tert. oder Allylbindung vorliegen. Etwa 80% des Cl sind nicht reaktionsfähig gegenüber Anilin–Nitrobenzol bei 100° u. nur mäßig reaktionsfähig gegenüber reinem Anilin bei 100° u. Nitrobenzol–Piperidin bei 100° u. 120°; sie sollten daher als sek. Chloride $-CH_2-CH_2-\underset{Cl}{CH}-CH_2-$ u. $-CH_2-\underset{|}{CH}-\underset{Cl}{CH}-CH_3$ vorliegen, wobei die Gestalt der Umsatz–Zeit-Kurven die Existenz zweier sek. Chloride andeutet. Ein geringer Bruchteil (ca. 5%) des Cl reagiert bereits bei 50° mit Nitrobenzol–Anilin u. könnte als cycl. sek. Chlorid vorliegen. — HBr wird von Naturkautschuk sehr leicht addiert, wobei unter peroxyd. Bedingungen die Bldg. von zumindest einigen sek. Bromidgruppen zu erwarten sein sollte (KHARASCH-Effekt). Aus benzol. Lsgg. von gereinigtem Naturkautschuk bzw. Guttapercha u. HBr-Salz (aus H_2 u. Brom) hergestellte Hydrobromide ergaben bei der krist. Analyse mit Nitrobenzol–Anilin bei 50° kein Anzeichen dafür, daß ein größerer Anteil an sek. Bromiden gebildet worden ist, gleichgültig, ob die Hydrobromierung in Ggw. von 2% Hydrochinon, 2% Tetralinperoxyd oder ohne Zusatz durchgeführt worden war. Daraus ist zu schließen, daß der KHARASCH-Effekt in Polymeren mit nichtendständigen Doppelbindungen schwer zu realisieren ist. — Die Polymerisation von *Chloropren* kann im Prinzip zu nebenst. Polymereinheiten führen. **V** u. **VI** besitzen Vinylchloridstruktur; zwischen ihnen kann kinet. nicht unterschieden werden, doch dürfte **VI** kaum vorkommen (vgl. SHEPPARD u. SUTHERLAND, Discuss. Faraday Soc. **2.** [1947.] 374). **VII** besitzt Allylchloridstruktur u. sollte demzufolge reaktionsfähig sein. Die kinet. Analyse von „*Neoprene GNA*" u. „*Neoprene FR*" (2 Handelsprodd. mit 36,6 bzw. 30,4% Cl) mit Anilin bzw. Piperidin bei 100° ergab, daß beide Prodd. ca. 5% sehr reaktionsfähiges Cl, vermutlich in Allylbindung, enthalten, während 95% des Cl die erwartete Stabilität des Vinylchlorids aufweisen. Da alle bekannten Cl-haltigen Polymeren bei anhaltendem Erhitzen auf 100° mehr oder weniger vollständig mit Nitrobenzol–Piperidin reagieren, kann die Stabilität des Neoprens gegenüber Nitrobenzol–Piperidin zu dessen Identifizierung in Fertigwaren verwendet werden. (Recueil Trav. chim. Pays-Bas **69.** 711—23. Mai 1950. Delft, Rubber Foundat.) H. CORTE. 4030

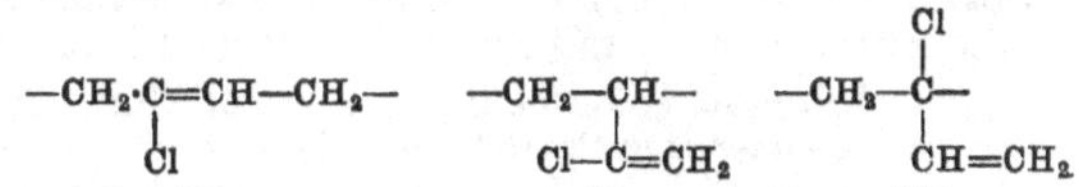

V VI VII

Cristofor Simionescu und **Emanoil Poppel**, *Beiträge zur Kenntnis der Wirkung ultravioletter Strahlung auf Cellulose.* Bei UV-Bestrahlung von *Cellulose* nimmt der Geh. an *α-Cellulose* zuerst (in den ersten 6 Std.) stärker ab (89 → 81%), dann prakt. nicht mehr; parallel geht die Zunahme der Cu-Zahl von 1,631 auf 2,095—2,072. Tränken mit 10%ig. alkoh. Hydrochinonlsg. bewirkt das Konstantbleiben beider Werte. Analog ist das Verh. von Filterpapier ohne u. mit Zusatz von Gallussäure (22,82%). Vff. schließen aus den Verss., daß die Wrkg. der UV-Bestrahlung auf der Ggw. von O_2 u. der dadurch bedingten Oxydation beruht. (Studii Cercetări ştiinţ. [Études Rech. sci.], Acad. Republicii Populare romane, Filiala Iaşi, **4.** 257—66. Jan./Dez. 1953. Iaşi, Inst. Politehn., Labor. de Ind. Celul. Hârtiei.) R. K. MÜLLER. 4050

F. H. Robaard, *Messungen der Fließbarkeit von Celluloselösungen nach dem Nitratverfahren.* Das Nitratverf. zur Best. der Fließbarkeit von *Cellulose* (**I**)-Lsgg. (Nitrierung der **I** ohne Aufspaltung der Ketten, Auflösung des **I**-Nitrates in Aceton, Äthyl- oder Butylacetat u. Messung der Viscosität dieser Lsg.) wird nachgeprüft u. mit dem Cuoxam (**II**)- u. dem Cu–Äthylendiamin-Verf. verglichen. Das Nitratverf. bietet einige Vorteile; jedoch kann seine Genauigkeit infolge von Schwankungen des N-Geh. der nitrierten Proben Einbußen erleiden. Im allg. besteht kein Grund, das Nitratverf. dem **II**-Verf. vorzuziehen. Handelt es sich aber darum, die Verteilung des Polymerisationsgrades einer **I** durch fraktioniertes Ausfällen oder Auflösen zu bestimmen oder soll zwischen latentem u. totalem chem. Angriff unterschieden werden, dann verdient das Nitratverf. den Vorzug. — 35 Literaturangaben. (Chem. Weekbl. **50.** 297—307. 24/4. 1954. Enschede, Niederlande, De Voorzorg, Vezelinst., TNO.) W. WESLY. 4050

M. L. Wolfrom und **A. Thompson,** *Abbau von Amylopektin zu Nigerose.* Vff. hydrolysieren eine 0,4%ig. Lsg. von *Amylopektin* (**I**) (aus Wachsmaisstärke) in 0,1 n HCl bei

97° (Abbaugrad 67%). Nach Entfernung der Säure durch Ionenaustauscherharze wird das Hydrolysat einer Fraktionierung durch eine Kohlensäule nach der Meth. von Whistler u. Durso (C. **1950**. II. 2718) unterworfen u. acetyliert, wobei *β-Maltoseoktaacetat* [F. 155 bis 156°, $[\alpha]_D^{28}$ +64° (c = 4,5; Chlf.); 18 g Ausbeute], *β-Isomaltoseoktaacetat* [F. 144 bis 146°, $[\alpha]_D^{30}$ +98° (c = 4,4; Chlf.); 1,67 g] u. *β-Nigeroseoktaacetat* [F. 140—145°, $[\alpha]_D^{25}$ +80° (c = 3,0; Chlf.); 350 mg] erhalten werden. Die Isolierung von *Nigerose* (*3-O-α-D-glucopyranosyl-D-glucose*) beweist das Vork. von α-1.3- neben α-1.4-Bindungen im I. (J. Amer. chem. Soc. **77**. 6403. 5/12. 1955. Columbus, O., Ohio State Univ., Dep. of Chem.) P. Fahrnlaender. 4050

C. H. Bamford, L. Brown, E. M. Cant, A. Elliott, W. E. Hanby und **B.R. Malcolm,** *Struktur von Polyglycin.* Nach Unterss. von Meyer u. Go (vgl. Helv. Chim. Acta **17.** [1934.] 1488) tritt *Polyglycin* je nach den Herstellungsbedingungen in 2 Formen, *Polyglycin I* (**I**) u. *Polyglycin II* (**II**) auf, die sich nach neueren Unterss. auch mit Hilfe ihrer Infrarotspektren unterscheiden lassen. Die Hauptinterferenzen von **I** entsprechen Abständen von 4,4 u. 3,45 Å, von **II** 4,15 Å. Vff. untersuchten Röntgenaufnahmen von reinem **II.** Die sehr starke 4,15 Å-Interferenz scheint von Ebenen zu kommen, welche parallel oder nahezu parallel der Faserachse liegen. Ausgeschlossen konnte die α-Schraube werden, da die hiermit zu erwartende D. bedeutend höher liegt als die experimentelle D. von **II.** Auch die $2 \cdot 2_7$-Schraube u. die parallele polare Platte als Strukturen konnten ausgeschlossen werden. Kohärente Filme von **II** werden erhalten aus einer Mischung von Ameisensäure u. $CaCl_2$, Entfernen der Ameisensäure u. Auswaschen des $CaCl_2$ aus dem Film. Rollt man diesen Film, dann erhält man eine geringe Orientierung von **II** u. außerdem ist auf den Diagrammen doppelt orientiertes **I** nachzuweisen. Diese Beobachtungen lassen vermuten, daß **II** gefaltet ist u. daß beim Rollen eine Anzahl Moll. in **I** übergeführt werden. Die Konfiguration von **II** wurde bisher bei keiner Polypeptidkette gefunden. (Nature [London] **176.** 396—97. 27/8. 1955. Maidenhead, Courtaulds Ltd., Res. Labor., u. Coventry, Acetate and Synthetic Fibres Labor.) C. Gottfried. 4070

Max Frankel, Y. Liwschitz und **A. Zilkha,** *Acylchloride von Aminosäuren und Peptiden als Monomere zur Darstellung polymerer Polypeptide.* Ausführliche Darst. der C. **1954.** 7893 referierten Arbeit. Zu ergänzen ist die Synth. der für die Polypeptide als Ausgangsprodd. dienenden *Aminoacylchloride,* die durch Rk. der entsprechenden Hydrochloride mit PCl_5 in CH_3COCl dargestellt wurden.

V e r s u c h e : *β-Alanylchloridhydrochlorid* (**I**), $C_3H_7ONCl_2$, durch Schütteln von β-Alanin mit PCl_5 in CH_3COCl (zunächst 20 Min. unter Eiskühlung, dann ca. 20 Std. bei Raumtemp.) unter Feuchtigkeitsausschluß; 92% (Ausbeute). *Poly-β-alanin, Hydrochlorid,* $C_{30}H_{53}O_{11}N_{10}Cl$, nach a (vgl. l. c.) u. $C_{42}H_{73}O_{15}N_{14}Cl$, nach b. — *dl-Alanylchloridhydrochlorid,* $C_3H_7ONCl_2$, wie **I** (jedoch Reaktionszeit nur 20 Min. [Eiskühlung] + 3 Std. bei Raumtemp.); 92%. — *Poly-dl-alanin, Hydrochlorid,* $C_{48}H_{83}O_{17}N_{16}Cl$ u. $C_{54}H_{93}O_{19}N_{18}Cl$, nach a durch 6std. Erhitzen auf 180° im Hochvakuum; Reinigung durch Auflösen in Eisessig u. Ausfällung mit Ae.; das Prod. enthält 16—18 Alanineinheiten. — *l-Leucylchloridhydrochlorid,* $C_6H_{13}ONCl_2$, analog **I** (Reaktionszeit 5 Std.); 76%. — *Poly-l-leucin, Hydrochlorid,* $C_{60}H_{113}O_{11}N_{10}Cl$, nach b. — *Glycyl-dl-leucylchloridhydrochlorid,* $C_8H_{16}O_2N_2Cl_2$, analog **I** (Reaktionszeit 2 Std.); 84 %. — *Polyglycyl-dl-leucin, Hydrochlorid,* $C_{32}H_{59}O_9 \cdot N_8Cl$, nach a (3 Std. bei 180°). (J. Amer. chem. Soc. **76.** 2814—16. 20/5. 1954. Jerusalem, Hebrew Univ., Dep. of Organ. Chem.) K. F. Müller. 4070

J. Kovács und **I. Könyves,** *Über* DL-*α.β-Polyasparaginsäure.* Die durch alkal. Verseifung von *Anhydropolyasparaginsäure* (**I**; hergestellt aus DL-Asparaginsäure) durch therm. Kondensation erhaltene, wasserlösl. *Polyasparaginsäure* (**II**) vom Mol.-Gew. 8000 bis 10000 sollte überwiegend β-Asparagylreste enthalten. Zur Ermittlung der Struktur wird **I** mit der berechneten Menge NaOH in das *Na-Salz* von **II,** dieses mit Methanol/HCl in den *Polymethylester* übergeführt, der mit fl. NH_3 das *Polyamid* liefert. Unterwirft man das Polyamid dem Hofmannschen Abbau, so bildet sich nach anschließender Säurehydrolyse im Falle amidierter β-Asparagylreste Acetaldehyd, während amidierte α-Asparagylreste α.β-Diaminopropionsäure ergeben müßte. Vff. konnten bei quantitativen Verss. 33% der amidierten Asparagylreste als *Acetaldehyddinitrophenylhydrazon* u. 26,4% als *α.β-Diaminopropionsäure* isolieren, entsprechend einem Mengenverhältnis der α- u. β-Asparagylbindungen von 1:1,3; danach liegt in dem aus **I** gewinnbaren Peptid eine *α.β-Polyasparaginsäure* vor, die sowohl α- wie auch ω-Peptidbindungen aufweist. (Naturwissenschaften **41.** 333. Juli 1954. Budapest, Univ., Organ.-chem. Inst.) J. Woldt. 4070

Pauline M. Cowan und **Stewart McGavin,** *Struktur von Poly-*L*-prolin.* Pulveraufnahmen an unbehandeltem *Poly-*L*-prolin* vom Polymerisationsgrad n = 20 ergaben eine hexagonale Zelle mit a = 6,62 Å; c = 9,36 Å. Aus den beobachteten Auslöschungen der (0 0 0 l)-Interferenzen folgte, daß parallel zur C-Achse eine dreizählige Schraubenachse liegt. Diese Zelle wurde durch Aufnahmen an orientierten Filmen, die aus m-Kresol erhalten worden waren, bestätigt. Aus der experimentell bestimmten D. von 1,32 folgt, daß in der Zelle 3 Prolinreste enthalten sind. Die Struktur muß daher aus Polypeptidketten bestehen, die in trigonalen Lagen liegen u. von denen jede 3 äquivalente Reste hat, die durch eine dreizählige Schraubenachse in Verbindung stehen u. wobei die „Restewiederholung" entlang der C-Achse 3,12 Å beträgt. Mögliche Raumgruppen sind P 3_1 oder P 3_2. Verss. an Modellen mit ebener trans- oder cis-Konfiguration der Amidgruppe oder mit pyramidalem N ergaben, daß nur die ebene trans-Konfiguration in Frage kommt. Auf Grund weiterer Überlegungen wurden für einen einzelnen Rest die folgenden Polarkoordinaten gefunden (wegen der Bezifferung s. vorst. Figur, die die Projektion einer Kette entlang der Schraubenachse darstellt): αC_3: (r =) 1,30 (Å); (φ =) 0° 00'; (Z =) 0,00 Å; C_1: 0,32; —12° 30'; 1,14; O_1: 1,14; —109° 30'; 1,28; N_1: 1,01; 76° 00'; 1,95; αC_1: 1,30; 120° 00'; 3,12; βC_1: 2,68; 103° 30'; 3,44; γC_1: 3,17; 77° 00'; 2,86; δC_1: 2,44; 63° 00'; 1,75. Die so beschriebene Helix ist linkshändig; eine rechtshändige Helix mit den verlangten Dimensionen läßt sich mit C-Resten nicht bauen. (Nature [London] **176.** 501—03. 10/9. 1955. London, King's College, Wheatstone Phys. Labor.) C. GOTTFRIED. 4070

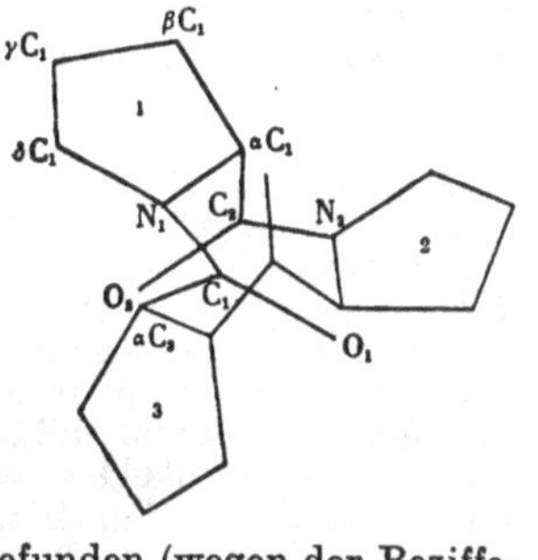

Marian Jutisz, *Identifizierung der C-endständigen Reste in Peptiden und Proteinen.* Krit. Übersicht über moderne Methoden der Best. C-endständiger Reste, wobei im Einzelnen die enzymat. Best. mittels Carboxypeptidase u. die chem. Bestimmungen durch Kondensation der Carboxylgruppe mit spezif. Reagentien (Bldg. von Thiohydantoin, Acylharnstoff oder LOSSENsche Rk.), durch spezif. Abspaltung der ursprünglichen C-endständigen Gruppen (durch wasserfreies Hydrazin) oder durch Oxydation bzw. Red. der Carboxylgruppe (anod. Oxydation bzw. Red. mit $LiAlH_4$ oder $LiBH_4$) behandelt werden. (Bull. Soc. chim. biol. **36.** 109—17. 1954. Paris, Bd. Raspail, Faculté des Sciences, Labor. de Chim. biol.) K. NEHRING. 4070

G. Zimmermann, *Zur Kenntnis der Eiweißhydrolyse.* Werden Tyrosin u. Benzaldehyd unter Variation des gegenseitigen Verhältnisses, der Zeit u. der Temp. mit einem Überschuß eines Gemisches aus Eisessig u. 20%ig. HCl erhitzt, so lassen sich papierchromatograph. *Serin, Alanin* u. *Tyramin* nachweisen; außerdem werden im UV-Licht fluorescierende Verbb. gebildet. Die Anzahl der Zersetzungsprodd. ist noch größer, wenn mit einem Gemisch von HCl–Dioxan hydrolysiert wird. Vf. schließt daraus, daß die Ergebnisse der Eiweißbausteinanalyse nach saurer Hydrolyse zumindest für die Oxyaminosäuren, Cystin, Tyrosin, Tryptophan u. Alanin mit Vorsicht zu beurteilen sind. (Chem. Techn. **5.** 508—09. Sept. 1953. Dessau, VEB Serum-Werk, Forschungsabtlg.) K. NEHRING. 4070

R. R. Garrett und **P. J. Flory,** *Beweis für eine reversible Phasenumwandlung 1. Ordnung in Kollagen–Lösungsmittel-Gemischen.* Gereinigtes *Kollagen* (**I**) aus Rinderachillessehne wird nach Trocknung in einer *Glykol* (**II**)-Atmosphäre gequollen. Nach Erreichen der gewünschten Konzentrationsverhältnisse **I**:**II** werden die **I**-Stückchen in verschlossenen, evakuierten u. mit Hg gefüllten Dilatometerröhrchen erhitzt u. die Vol./Temp.-Kurven aufgenommen. Dabei zeigt **I** die für die Phasenumwandlung krist.–fl. anderer polymerer Stoffe charakterist. Merkmale: wohldefinierte Schmelztemp. T_m, welche nur von der Zus. des **I**/**II**-Gemisches abhängig u. unabhängig von der Temperaturvorbehandlung ist; zeitabhängige Rekristallisation, da zunächst irgendeine Art der Wieder-Keimbldg., die dem Kristallwachstum vorausgeht, notwendig ist; nach Rekristallisation erneute Phasenumwandlung bei anfänglicher T_m. Durch Extrapolation erhält man für das ungequollene **I** eine T^0_m = 145°. Aus der T_m-Depression von krist. **I** durch **II** errechnet sich für die Phasenumwandlung ΔH = 24 cal/g u. ΔS = 0,055 cal/Grad/g bei einer **I**-Dichte von 1,35 g/cm³. Daraus ergibt sich eine auf die Struktureinheit von 94 g/Mol bezogene Enthalpie- bzw. Entropieänderung von 2200 cal bzw. 5,3 cal/Grad. Da beim Phasenübergang 2 Bindungen/Struktureinheit gelöst werden müssen, beträgt die Entropieänderung pro Bindung 2,6 cal/Grad, ein Wert, der gegenüber den meisten anderen Polymeren etwas höher liegt, so daß in dem krist. **I**-Bereich ein erhebliches Ordnungsmaß vorliegen u. das **I**-Mol. in „geschmolzenem" Zustand eine unregelmäßige Konfiguration annehmen muß. (Nature [London] **177.** 176—77. 28/1. 1956. Ithaca, N. Y., Cornell Univ., Chem. Dep.) W. KÖNIGSDORF. 4070

C. R. Worthington und **S. G. Tomlin,** *Kleinwinkelröntgendiagramme von Kollagen.* Vff. stellten Röntgenkleinwinkeldiagramme von trockenen u. feuchten *Kollagenfasern* (**I**)

her. Der große Netzebenenabstand der trockenen **I** beträgt 635 Å, der der feuchten **I** 670 Å. Auffallend sind die relativ starken Interferenzen der 19. u. 20. Ordnung der trockenen **I** sowie der 20. u. 21. Ordnung der feuchten **I**. Offensichtlich hat die FOURIER-Transformation der Elektronendichteverteilung entlang der feuchten u. trockenen Fasern ein ausgesprochenes Maximum entsprechend einem Netzebenenabstand zwischen 31—34 Å. Es kann angenommen werden, daß, obwohl der große Netzebenenabstand des **I** sich beträchtlich ändern kann, eine strukturelle Einheit mit einer Länge von ca. 32,8 Å vorhanden ist. Nach Behandlung mit $AgNO_3$ ändert sich das Kleinwinkeldiagramm beträchtlich, nach Behandlung mit Pb dagegen nicht. Es wird darauf hingewiesen, daß das Großwinkeldiagramm von **I** nach Behandlung mit $AgNO_3$ keine Änderungen zeigt. Es kann daher angenommen werden, daß Ag mit dem Protein chem. reagiert, Pb jedoch nicht. Ebenso wird das Kleinwinkeldiagramm stark verändert, wenn **I** mit Jod in KJ-Lsg. behandelt wird. (Nature [London] **175.** 811. 7/5. 1955. Adelaide, Univ., Dep. of Phys.)
C. GOTTFRIED. 4070

G. N. Ramachandran und **Gopinath Kartha,** *Struktur von Kollagen.* Vff. berichten über eine Abänderung der früher (vgl. C. **1955.** 5562) von ihnen vorgeschlagenen Struktur des *Kollagens*, die die Röntgendaten u. eine Reihe anderer Eigg. besser befriedigt als die alte Struktur. Die neue Struktur ist der früheren Struktur topolog. insofern sehr ähnlich, als sie aus 3 Ketten von Aminosäureresten besteht, wobei jede Kette selbst eine Helix ist. Anstatt mit ihren Achsen jedoch parallel zu der Faserachse angeordnet zu sein, bilden die Ketten jetzt gewundene Spulen (coiled coils). Damit liegt jedes dritte α-C-Atom auf der Oberfläche eines Zylinders vom Radius 1,0 Å; sie folgen sich in Abständen von 8,58 Å entlang der Zylinderachse unter gleichzeitiger Rotation von 36° um diese Achse. Die einzelne gewundene Spule wiederholt sich nach 30 Resten, wobei der Wiederholungsabstand entlang der Faserachse 85,8 Å beträgt. Die beiden anderen Ketten sind derart angeordnet, daß alle 3 Ketten symm. zueinander liegen. Diese beiden Ketten sind in bezug auf die erste Kette um +28,6 Å u. —28,6 Å entlang der Faserachse verschoben. Wie in der früheren Struktur sind 2 der je 3 NH-Gruppen durch H-Bindungen an O einer CO-Gruppe gebunden, jedoch sind die beiden O-Atome, an die sie gebunden sind, verschieden. Von je 3 Carbonyl-O-Atomen nimmt nur eines nicht an der inneren H-Bindung in den 3 Ketten enthaltenden Stäben teil. Dieses O-Atom weist nach außen u. spielt eine wichtige Rolle bei der Querbindung der Stäbe durch Seitenketten. Jeder dritte Rest ist ein Glycinrest, u. ebenso ist maximal ein Drittel der Reste Prolin oder Oxyprolin. Vff. diskutieren hierauf ausführlich die Verteilung der Prolin- u. Oxyprolinringe. Es wird zum Schluß noch darauf hingewiesen, daß die Elementarzelle des Kollagens im trockenen Zustand wahrscheinlich nur monoklin ist. (Nature [London] **176.** 593—95. 24/9. 1955. Madras, Univ., Dep. of Phys.) C. GOTTFRIED. 4070

O. Kratky und **I. Pilz,** *Röntgenkleinwinkeluntersuchung an nativem Seidengel.* 2. Mitt. (1. vgl. C. **1956.** 1915.) Die Auswertung der Röntgenkleinwinkelaufnahmen von nativem *Seidengel* von Bombyx mori führte auf 2 Sorten von nebeneinander vorliegenden korpuskularen Teilchen: die kleinen Teilchen haben einen Streumassenradius von 32,5 Å, ein Vol. von $3{,}16 \cdot 10^5$ Å^3 u. besitzen weitgehend isotrope Gestalt. Bei Annahme von Kugelgestalt beträgt der Radius 42 Å u. das Mol.-Gew. 278000. Die großen Teilchen haben eine anisotrope Gestalt, ein Vol. von $2{,}06 \cdot 10^7$ Å^3 u. ein Mol.-Gew. von $18{,}2 \cdot 10^6$. Der Streumassenradius des Querschnitts beträgt 75 Å, die Fläche des Querschnitts $3{,}60 \cdot 10^4$ Å^2. Hieraus folgt ein isotroper Querschnitt, denn die dem Streumassenradius von 75 Å entsprechende Kreisfläche beträgt $3{,}53 \cdot 10^4$ Å^2. Der Mengenanteil dieser Sorte beträgt ca. 3%. Das berechnete Gewichtsmittel des Mol.-Gew. ist 840000. Die theoret. Berechnung der Streukraft ergab befriedigende Übereinstimmung mit dem experimentellen Wert, woraus hervorgeht, daß die im Gel vorhandene Seidenmenge vollständig im Kleinwinkelbereich erfaßt worden ist. (Z. Naturforsch. **10 b.** 389—95. Juli 1955. Graz, Univ., Inst. f. theoret. u. physikal. Chem.) C. GOTTFRIED. 4070

P. Desnuelle und **G. Bonjour,** *Über die geringere Widerstandsfähigkeit der Glykokollbindungen im Verlauf der alkalischen Proteinhydrolyse.* Hydrolysen von *Pferdeglobin* (**I**), *Eialbumin* u. *Seidenfibroin* bei 20° mit 5nNaOH ergaben eine stark bevorzugte Spaltung der Glykokollbindungen (als DNP-Glykokoll bestimmt). Nach 72 Std. sind prakt. alle Glykokollbindungen des **I** gespalten, während von den übrigen Bindungen erst ca. $^1/_4$ angegriffen wurde. (C. R. Séances Soc. Biol. Filiales **144.** 1077—79. Aug. 1950. Faculté des Sciences, Labor. de Chimie biol.) K. NEHRING. 4070

Toshio Ando, Koichi Iwai, Makoto Yamasaki, Chieko Hashimoto, Masami Kimura, Shin-ichi Ishii und **Takaaki Tamura,** *Weitere Bemerkungen über Protamine.* Vff. finden im Gegensatz zu deutschen Forschern, die *Prolin* feststellten, als N-endständigen Rest von *Clupein* (**I**) *Valin* u. führen diesen Widerspruch auf die Herkunft des Materials zurück, da für die deutschen Unterss. **I** von *Clupea harengus* u. für die japan. von *Clupea pallasii* verwandt wurde. *Salmin* (II) von verschied. *Oncorhynchus*-Arten ergab dagegen übereinstimmend *Prolin* als N-endständigen Rest. Die nach verschied. Methoden bestimmten Mol.-Gewichte ergaben für **I** u. **II** gleichermaßen Werte von 6000—7000. Der Arginingeh. von **I** wurde durch Säulenchromatographie an Amberlite XE-64 mit 0,2 mol. Citratpuffer (p_H 6,50) zu 87,8 $\pm$ 2% bestimmt. (Bull. chem. Soc. Japan **26**. 406—07. Sept. 1953. Tokio, Univ., Komaba-machi, Meguro-ku, Inst. of Sci. and Technol. [Orig.: engl.]) K. NEHRING. 4070

Monique Dhaussy, *Nachweis einer Diskontinuität in den Eigenschaften sehr verdünnter Lösungen von Natriumdesoxyribonucleat durch Messungen der Dielektrizitätskonstanten.* Es wird an wss. Lsgg. von *Na-Desoxyribonucleat* bei Konzz. zwischen 0,0001 u. 0,01 g/100 cm^3 sowohl in der UV-Absorption wie bei der DK. eine Diskontinuität bei einer Konz. von 0,003 g/100 cm^3 beobachtet. Der Grund wird in Micellenbldg. vermutet. (C. R. hebd. Séances Acad. Sci. **239**. 114—15. 5/7. 1954.) K. L. WOLF. 4090

E. Biologische Chemie. Physiologie. Medizin.

E_1. Allgemeine Biologie und Biochemie.

Guy Deysson, *Das Cytoplasma der pflanzlichen Zelle.* Literaturbericht über die chem. Zus. des Cytoplasma, seine allg. Eigg., submikroskop. Struktur, Oberflächen u. Rolle in der Zellphysiologie. — Ca. 130 Literaturangaben. (Bull. Soc. bot. France **102**. 44—72. Jan./Febr. 1955.) H. GUDE. 4150

P. N. Bhaduri und **P. N. Ghosh**, *Zerdrückte Präparate von Getreidechromosomen.* Für Chromosomenstudien wird eine Färbemeth. beschrieben: Vorbehandeln von Wurzelspitzen mit einer gesätt. wss. Lsg. von *α-Bromnaphthalin*, Fixieren in einer Lsg. von H_2CrO_4, H_2OsO_4 u. 8-Oxychinolin, Einw. von H_2SO_4, H_2CrO_4 u. HCl, Färben mit Leukofuchsin (DE TOMASI) u. Acetocarmin, Zerdrücken mit dem Deckglas usw. (Stain Technol. **29**. 269—76. Sept. 1954. New Delhi, Indian Agric. Res. Inst., Div. of Bot.) K. BLUMRICH. 4150

B. Kihlman, *Chromosomenbruch in Allium durch 8-Äthoxycoffein und Röntgenstrahlen.* (Vgl. auch C. **1955**. 10048.) Vf. behandelte Zwiebeln 50 Min. mit *8-Äthoxycoffein* (**I**) in 0,01 mol. Lsg., wobei eine sehr ähnliche Empfindlichkeit der Interphase wie gegen Röntgenstrahlen festgestellt wurde. Die stärkste Wrkg. des **I** auf die Zellteilung der Zwiebelwurzelspitze wurde ebenso wie nach Röntgenbestrahlung bei der Behandlung während der späten Telophase beobachtet. Vf. beschreibt weiterhin eine besondere Technik für die Best. der Zeitdauer einer Zellteilung, die in der Behandlung mit niedrigen Dosen Theophyllin besteht, bei der außer zweikernigen Zellen keine Veränderung eintritt. Ebenso wie der Röntgeneffekt wird auch die **I**-Wrkg. („stickiness-effect" u. Chromosomenbruch) durch Erhöhung des O_2-Angebotes gesteigert, während in N_2-Atmosphäre der **I**-Effekt nur $^1/_3$—$^1/_6$ desjenigen in O_2 ausmachte. (Exp. Cell Res. **8**. 345—68. April 1955. Stockholm, Karolinska Inst., Inst. for Cell Res., Wallenberg Labor. for Exp. Cytology.) H. IPPEN. 4150

J. B. Thomas, L. C. Post und **N. Vertregt**, *Die Lokalisierung des Chlorophylls im Chloroplasten.* Mittels eines Waring-Blendors hergestellte Granasuspensionen aus frischen Blättern von Hibiscus rosa sinensis u. aus den Granasuspensionen mittels Ultraschall gewonnene Lamellensuspensionen wurden nach Zugabe von $AgNO_3$-Lsgg. verschied. Konzz. bei verschied. p_H-Werten zur Unters. der MOLISCH-Rk. bestrahlt. Die Intensität der Ag^+-Red. wurde in Abhängigkeit von der Zeit, vom p_H-Wert u. von der Lichtstärke durch Absorptionsmessungen photometr. bestimmt. Ferner wurden das Wirkungsspektr. der Rk. aufgenommen u. elektronenmkr. Aufnahmen der mit Ag imprägnierten Grana u. Lamellen angefertigt. Es ergab sich, daß Granasuspensionen die MOLISCH-Rk. zeigen, wobei Licht ein wesentlicher Faktor ist. Die Geschwindigkeit der Rk. nimmt mit wachsendem p_H zu u. ist nichtenzymatisch. Das Wirkungsspektr. der Rk. ist dem Absorptionsspektr. des Chlorophylls (**I**) ähnlich. Die elektronenmkr. Aufnahmen der behandelten Grana u. Lamellen zeigen, daß die Rk. in letzteren vonstatten geht, woraus geschlossen wird, daß **I** in den Lamellen lokalisiert ist. Der mögliche Mechanismus der MOLISCH-Rk. wird diskutiert. (Biochim. biophysica Acta [Amsterdam] **13**. 20—30. Jan. 1954. Biophys. Res. Group Utrecht/Delft.) H. KOBLITZ. 4150

Micheline Deysson, *Einfluß des Adenosins auf das Wachstum und die Teilung der pflanzlichen Zellen.* Keimlinge von Pisum sativum u. Zwiebeln von Allium cepa L. wurden *Adenosin*-Lsgg. ausgesetzt. Von einer Konz. an, die $5 \cdot 10^{-4}$ *Adenin* entspricht, wird die Mitose gelähmt. Unterschiede gegenüber der Adeninwrkg. bestehen nur darin, daß die Zellstreckung vor der Mitoselähmung verhindert wird. — 4 Figuren. (Bull. Soc. bot. France **102**. 9—13. Jan./Febr. 1955.) H. GUDE. 4150

Micheline Deysson, *Einfluß der Adenylsäure auf das Wachstum und die Teilung pflanzlicher Zellen. Adenylsäure* (I) wirkt in einer Konz., die $7{,}4 \cdot 10^{-4}$ Adenin entspricht, tödlich, ehe die Mitose ganz gelähmt ist. I hat weder das Wachstum gereizt, noch die Chromosomen gestört. (Bull. Soc. bot. France **102.** 14—16. Jan./Febr. 1955.) H. GUDE. 4150

Gordon Butler, *Die Chemie der Nucleinsäuren.* Übersicht über den Aufbau von Nucleosiden, Nucleotiden u. Nucleinsäuren an Hand neuerer Forschungsergebnisse. — 83 Literaturangaben. (Canad. J. med. Sci. **31.** 222—35. Juni 1953. Toronto, Ontario, Univ. of Toronto, Dep. of Biochem.) P. LOCH. 4150

David Elwyn, *Biogenese der Nucleinsäuren.* Übersicht über die Vorstufen, aus denen durch Biosynth. die Nucleinsäurebasen entstehen. — 69 Literaturangaben. (Canad. J. med. Sci. **31.** 236—50. Juni 1953. New York, Columbia Univ., Coll. of Physicians and Surgeons, Dep. of Biochem.) P. LOCH. 4150

Stephen Zamenhof, Hattie E. Alexander und **Grace Leidy,** *Die biologische Aktivität der Nucleinsäuren.* In der Übersicht werden die enzymhemmenden Eigg. (spezif. Hemmung artfremder Nucleinsäuren auf Desoxyribonucleasen bestimmter Species) u. die hereditären Eigg. von Nucleinsäuren besprochen. — 43 Literaturangaben. (Canad. J. med. Sci. **31.** 252—62. Juni 1953. New York, N. Y., Columbia Univ., Coll. of Physicians and Surgeons, Dep. of Biochem., Dep. of Pediatrics; New York, Babies Hospital.) P. LOCH. 4150

C. E. Stevens, R. Daoust und **C. P. Leblond,** *Die Desoxyribonucleinsäure in Interphase und Kernteilung.* Übersicht über die Desoxyribonucleinsäuren als Chromosomenkomponente u. ihre Neubldg. in der ruhenden Zelle unter Berücksichtigung neuerer mit Isotopenverss. gewonnener Forschungsergebnisse. — 57 Literaturangaben. (Canad. J. med. Sci. **31.** 263—78. Juni 1953. Montreal, Can., McGill Univ., Dep. of Anatomy; Notre Dame Hospital.) P. LOCH. 4150

H. Hasegawa, *Wirkung eines Wärmeschocks auf die Nucleinsäuren in Krötenembryonen während früher Entwicklungsstadien.* Künstlich befruchtete Eier von japan. Kröten (Bufo vulgaris formosus) werden 10 Min. lang in W. von 33°, 35° u. 37° gelegt u. dann bei Tempp. von 10—15° ihrer Entw. überlassen. Unters. der Embryos in den verschied. Entwicklungsstadien auf Geh. an *Ribonucleinsäure* (I) u. *Desoxyribonucleinsäure* (II), die photometr. durch *Orcin-* u. *Diphenylamin*-Rk. bestimmt wurden. Der II-Geh. befruchteter Eier wird durch die Entw. bis zum 16-Zellen-Stadium kaum beeinflußt, während der I-Geh. deutliche Abnahme zeigt, am ausgeprägtesten bei 37°. Erst mit späterer Entw. findet ein Ansteigen der I- u. II-Werte bis zu den n. Werten der Kontrollen statt. (Nature [London] **175.** 1031—32. 11/6. 1955. Nagoya, Japan, Aichi Liberal-Arts Coll., Biological Labor.) H. DOSSMANN. 4150

G. F. Bahr und **K. H. Huhn,** *Über den Einfluß der Kittsubstanzen bei der Färbung des kollagenen und elastischen Gewebes.* Mit *Osmiumsäure, Mucicarmin, Methylrot, Methylgrün, Viktoriablau* erfolgte keine Farbaufnahme; mit *Scharlachrot, Carbolmethylpyronin, Azophloxin, Bismarckbraun, Thymolblau, Malachitgrün, Orcein, Resorcin-Fuchsin, Nigrosin, Ponceau* war die Farbaufnahme seitens der rekonstruierten Kollagenfibrillen (RK) u. nativen Kollagenfibrillen (NK) negativ, die Aufnahme durch Elastin (El) war besser (zentral deutlich). *Tuchechtgelb, Eosin-Erythrosin, Thiazin, Orange G, Methylviolett, Carbolgentianaviolett, Trypanblau* färbten RK u. NK eben an (schlechte Fibrillenzeichnung), El deutlich. *Methylenblau, Kernechtrot, Wasserblau, Bromphenolblau, Bromkresolpurpur* färben RK u. NK gut, El schlechter an. Durch *Anilinblau, Rubin S, Lichtgrün, Phenolrot, Toluidinblau* werden RK, NK u. El etwa gleichmäßig stark angefärbt. *Kresolrot, Safranin, Chromotrop, Kongorot* färben RK u. NK gut, El besser. Die unerwarteten Abweichungen müssen auf die Beeinflussung bzw. Beseitigung der Kittsubstanzen zurückgeführt werden. Aus der Färbung allein scheint keine Differenzierung zwischen RK, NK u. El möglich zu sein. Versilberungen sind für Kollagen typ. u. stellen echte Imprägnationen der Fasern dar. Auf die Bedeutung der angeführten Farbaufnahmeänderungen für pathol. Prozesse wird hingewiesen. (Arch. Dermatologie Syphilis **194.** 400—04. 1952. Würzburg, Univ., Hautklinik.) H. AMAN. 4150

Adolf Butenandt, *Der Krebs als chemotherapeutisches Problem.* Überblick. Vf. behandelt die Entstehung maligner Geschwülste, die sich in einer Initialphase (Bldg. irreversibel veränderter Zellen, z. B. durch carcinogene Stoffe) u. einer Entwicklungsphase (Krebsbldg. durch „bedingt krebsauslösende“ Stoffe, z. B. Bzl., Desoxycholsäure, Crotonöl, Hormone) vollzieht, u. die Prophylaxe u. Therapie des Krebses (Strahlen, Mitosegifte, Heterosexualhormone, Antisera). (Arb. Paul-Ehrlich-Inst., Georg-Speyer-Haus Ferdinand-Blum-Inst. zu Frankfurt/M. **1954.** Nr. 51. 5.) P. LOCH. 4160

K. O. Fröhlich, *Zur Frage des Vorhandenseins cancerogener Stoffe in erhitztem Öl und ihrer Wirksamkeit.* Vf. injizierte Mäusen Rüböl, das zuvor auf 300—310° ($^1/_2$ Std.) erhitzt worden war. Bei den Tieren stellte sich darauf Apathie u. Abmagerung ein. Nach 25—30 Injektionen verstarben sie. Histol. wurden zwar bei keinem Tier Carcinome festgestellt, doch ähnelte das Bild weitgehend dem nach Behandlung mit Benzpyren u. Dibenzanthracen. — Kontrolltiere, die mit nicht erhitztem Rüböl gespritzt wurden, wiesen keinerlei krankhafte Befunde auf. (Zbl. allg. Pathol. pathol. Anatom. **92.** 44—48. 10/5. 1954. Zwickau, Heinrich-Braun-Krankenhaus.) P. LOCH. 4160

John R. Sampey, *In vivo-Versuche mit Carcinogenen. Eine Übersicht von 1952—53.* 243 Literaturangaben. (Amer. J. Surgery **90.** 427—33. Sept. 1955. Greenville, S. C., Furman Univ.) F. KRUSEN. 4160

John H. Peters und **Helmut R. Gutmann,** *Acetylierung von 2-Aminofluoren und Entacetylierung und gleichzeitige Reacetylierung von 2-Acetylaminofluoren durch Rattenleberschnitte.* In Rattenleberschnitten erfolgt Acetylierung von *2-Aminofluoren* (I, $^{14}C_{(9)}$-I) zu *2-Acetylaminofluoren* (II) u. gleichzeitige Entacetylierung von II zu I. Die Anregung der I-Acetylierung durch nicht markiertes *Acetat* (III) u. Isolierung von acetylmarkiertem II nach Incubation von Leberschnitten mit I u. $^{14}C_{(1)}$-III zeigen, daß III, wahrscheinlich in Form von *Acetylcoenzym A,* als Acetylgruppendonator dienen kann. Der Umfang der Acetylierungs- u. der Entacetylierungs-Rk. wurde mittels der Isotopenmeth. ermittelt. Die III-Wrkg. auf beide Rkk. spricht eher für gesonderte Reaktionsmechanismen als für eine reversible Reaktion. Rattenleberschnitte bildeten in kleiner Menge aus II *2-Diacetylaminofluoren.* Nach Incubation von Schnitten mit $^{14}C_{(9)}$-I war eine chem. Bindung der Radioaktivität an Rattenleberproteine eingetreten, wobei Konz. des Carcinogens (I) u. Ausmaß der Aufnahme proportional waren. $^{14}C_{(9)}$-I, R_F 0,89, n-Butanol, gesätt. mit 3 mol. NH_4OH, elektrophoret. Beweglichkeit (Elektrolyt 20%ig. Essigsäure) $4.5 \cdot 10^{-5}$ cm/Sek./V/cm. (J. biol. Chemistry **216.** 713—26. Okt. 1955. Minneapolis, Univ. of Minnesota, Med. School, Dep. of Physiol. Chem., and Veterans Administration Hospital, Radioisotope Unit.) K. MAIER. 4160

L. Velikay, *Der Serumcalciumgehalt bei der Androgentherapie des weiblichen Genitalcarcinoms.* Durch die Behandlung des fortgeschrittenen weiblichen Genitalcarcinoms mit Androgenen (*Perandren,* CIBA, *Testoviron,* SCHERING; *Neohombreol,* ORGANON) wird bei Fehlen von Knochenmetastasen der Calciumgeh. des Serums nicht beeinflußt. (Zbl. Gynäkol. **77.** 1649—55. 1955. Wien, II. Univ.-Frauenklinik.) WOLFGANG ALBRECHT. 4160

John R. Sampey, *Zur Verhinderung des Carcinoms bei Tieren.* 5. Mitt. (*1949—53.*) Besprechung von in der Zeit von 1949—1953 veröffentlichten Arbeiten über Substanzen, welche bei Tieren Carcinombldg. verhindern können (verschied. anorgan. Stoffe, organ. N-Verbb., Folsäureanaloga u. -antagonisten, Hormone usw.). — 173 Literaturangaben. (Amer. J. Pharmacy Sci. support. publ. Health **127.** 53—64. Febr. 1955. Greenville, S. C., Furman Univ.) H. P. FIEDLER. 4160

John R. Sampey, *Klinische Untersuchungen über Anticarcinomstoffe.* 6. Mitt. (*1951 bis 1954*). (5. vgl. vorst. Ref.) Krit. Auswertung von 141 Arbeiten, die sich mit Anticarcinomstoffen (Triäthylenmelamin u. a. organ. N-Verbb., Hormone, radioakt. Isotope usw.) beschäftigen. (Amer. J. Pharmacy Sci. support. publ. Health **127.** 172—80. Mai 1955.) H. P. FIEDLER. 4160

F. B. Oberhauser, H. R. Croxatto, M. Q. Gaillard und **V. M. Silva,** *Verhinderung der Tumorentstehung durch Jodverbindungen.* Verss. an Ratten mit experimentellem Spindelzellsarkom. Verabreichung von 43 mg *J* pro 100 g Körpergewicht innerhalb 24 Std. in Form einer Lsg. von *KJ* u. *K-Jodat* entweder vor oder gleichzeitig mit der Infektion bedingte bei allen behandelten Tieren einen günstigen Einfl. auf den Tumor; die behandelten Tiere blieben am Leben, alle Kontrollen starben innerhalb 64 Tagen. (Nature London] **176.** 466—67. 3/9. 1955. Univ. of Chile, Faculty of Philosophy and Education, Labors of Chemistry and Physiology.) H. DOSSMANN. 4160

D. E. C. Mecie und **Margery Lawley,** *Behandlung eines inoperablen Seminoms der nicht descendierten Testes mit Urethan.* Bericht einer erfolgreichen Therapie mit *Urethan.* (J. int. Coll. Surgeons **24.** 229—32. Aug. 1955. Singapore, Malaya.) F. KRUSEN. 4160

Joseph Lebowich, *Bewertung des Jodacetattestes auf Krebs.* Der Test, bei dem festgestellt wird, wieviel Jodacetat in Pufferlsg. notwendig ist, um mit dem Patientenserum ein f e s t e s Gerinnsel zu bilden gab 79% positiv-richtige u. 35% positiv-falsche Ergebnisse. Er hat daher nur unterstützenden Wert. (Amer. J. clin. Pathol. **23.** 45—55. Jan. 1953. Saratoga Springs, N. Y., Saratoga County Labor.) P. LOCH. 4160

E_2. Enzymologie. Gärung.

G. Gomori, *Die Herstellung von Pufferlösungen für enzymatische Untersuchungen.* Herst. von 20 Pufferlsgg. (p_H 1,0—10,7); Aconitatpuffer: 0,5 mol. Aconitsäure (87,05 g in 1000 cm³), 0,2 mol. NaOH, p_H 2,5—5,7. — 12 Literaturangaben. (Methods Enzymol. **1.** 138—46. 1955. Chicago, Ill., Univ.) K. MAIER. 4200

I. C. Gunsalus, *Extraktion von Enzymen aus Mikroorganismen (Bakterien und Hefen).* Übersicht. — 45 Literaturangaben. (Methods Enzymol. **1.** 51—62. 1955. Urbana, Ill., Illinois Univ.) K. MAIER. 4200

Osamu Hayaishi, *Spezialmethoden für Bakterienenzyme. Anreicherungskultur und adaptive Enzyme.* Übersicht. — 25 Literaturangaben. (Methods Enzymol. **1.** 126—37. 1955. St. Louis, Miss., Washington Univ.) K. MAIER. 4200

Robert K. Morton, *Methoden zur Extraktion von Enzymen aus tierischen Geweben.* Übersicht. (Methods Enzymol. **1.** 25—51. 1955. Melbourne, Australia, Univ.) K. MAIER. 4200

Alvin Nason, *Extraktion löslicher Enzyme aus höheren Pflanzen.* Übersicht. — 5 Literaturangaben. (Methods Enzymol. **1.** 62—63. 1955. Baltimore, Md., Johns Hopkins Univ.) K. MAIER. 4200

C. H. W. Hirs, *Chromatographie von Enzymen an Ionenaustauschharzen.* Übersicht. — 18 Literaturangaben. (Methods Enzymol. **1.** 113—25. 1955. New York, N. Y., Rockefeller Inst.) K. MAIER. 4200

R. R. Porter, *Die Verteilungschromatographie von Enzymen.* Übersicht. — 7 Literaturangaben. (Methods Enzymol. **1.** 98—112. 1955. Mill Hill, London, Nat. Inst.) K. MAIER. 4200

J. Edwin Seegmiller, *TPN-gekoppelte Aldehyddehydrogenase aus Hefe.* Katalysierte Rk.: $CH_3CHO + TPN^+ + H_2O \rightarrow CH_3COOH + TPNH + H^+$; Best., Reinigung, Eigenschaften. — 8 Literaturangaben. (Methods Enzymol. **1.** 511—14. 1955. Boston, Mass., City Hosp.) K. MAIER. 4210

E. Racker, *Leberaldehyddehydrogenase.* Katalysierte Rk.: $RCHO + DPN^+ \rightarrow RCOOH + DPNH + H^+$; Best., Reinigung, Eigenschaften. — 6 Literaturangaben. (Methods Enzymol. **1.** 514—17. 1955. New Haven, Conn., Yale Univ.) K. MAIER. 4210

Henry R. Mahler, *Flavingekoppelte Aldehydoxydase.* Katalysierte Rk.: $RCHO + 3\,OH^- \rightarrow RCOO^- + 2\,H_2O + 2e^-$; Best., Reinigung; Eigenschaften. — 5 Literaturangaben. (Methods Enzymol. **1.** 523—28. 1955. Madison, Wis., Univ. of Wisconsin.) K. MAIER. 4210

E. R. Stadtman und **Robert Main Burton,** *Clostridium kluyveri-Aldehyddehydrogenase.* Katalysierte Rk.: $CH_3CHO + DPN^+ + CoA \rightleftarrows Ac \sim SCoA + DPNH + H^+$; Best., Reinigung, Eigenschaften. — 6 Literaturangaben. (Methods Enzymol. **1.** 518—23. 1955. Bethesda, Md., Nat. Insts. of Health; Baltimore, Md., Johns Hopkins Univ.) K. MAIER. 4210

R. D. DeMoss, *TPN-Alkoholdehydrogenase aus Leuconostoc mesenteroides.* Katalysierte Rk.: A.-Oxydation unter TPN-Red.; Best., Reinigung, Eigenschaften. — 7 Literaturangaben. (Methods Enzymol. **1.** 504—08. 1955. Baltimore, Md., Johns Hopkins Univ.) K. MAIER. 4210

Feodor Lynen und **Otto Wieland,** *β-Ketoreduktase.* Nomenklatur: *β-Ketohydrogenase, β-Oxyacyl–CoA-Dehydrogenase*; katalysierte Rk.: $CH_3COCH_2COSCoA + DPNH + H^+ \rightleftharpoons CH_3CH(OH)CH_2COSCoA + DPN^+$; Best., Reinigung (Schafleber), Eigenschaften. — 13 Literaturangaben. (Methods Enzymol. **1.** 566—73. 1955. München, Univ.) K. MAIER. 4210

Alvin Nason und **Henry N. Little,** *Erbsen-Ameisensäuredehydrogenase.* Katalysierte Rk.: $HCOOH + DPN^+ \rightarrow DPNH + CO_2 + H^+$; Best., Reinigung, Eigenschaften. — 7 Literaturangaben. (Methods Enzymol. **1.** 536—39. 1955. Baltimore, Md., Johns Hopkins Univ., Amherst, Univ. of Massachusetts.) K. MAIER. 4210

J. B. Neilands, *Herzmuskel-Milchsäuredehydrogenase.* Katalysierte Rk.: L(+)-Lactat + Diphosphopyridinnucleotid (DPN) $\longleftrightarrow$ Pyruvat + $DPNH + H^+$; Best., Reinigung, Eigenschaften. — 14 Literaturangaben. (Methods Enzymol. **1.** 449—54. 1955. Berkeley, Calif., Univ. of California.) K. MAIER. 4210

Harold J. Strecker, *Phosphoroclastische Spaltung von Pyruvat unter Formiatbildung (E. coli).* Katalysierte Rk. des Enzymsyst.: $CH_3COCOOH + H_3PO_4 \rightleftharpoons CH_3COOPO_3H_2 + HCOOH$, $CH_3COOPO_3H_2 + H_2O \rightleftharpoons CH_3COOH + H_3PO_4$; Best., Darst., Eigenschaften. — 6 Literaturangaben. (Methods Enzymol. **1.** 476—78. 1955. New York, N. Y., Columbia Univ., Coll. of Phys. and Surg., Psychiatric Inst.) K. MAIER. 4210

L. P. Hager und **Fritz Lipmann,** *Phosphatgekoppelte Brenztraubensäureoxydase aus Lactobacillus delbrückii (Bacillus acidificans longissimus, Lafar).* Katalysierte Rk.: Pyruvat + Phosphat + O_2 → Ac ∼ Phosphat + CO_2 + H_2O_2; Best., Darst., Reinigung, Eigenschaften. — 7 Literaturangaben. (Methods Enzymol. **1.** 482—86. 1955. Boston, Mass., Gen. Hosp.) K. MAIER. 4210

Severo Ochoa, *„Äpfelsäure"-Enzym. „Äpfelsäure"-Enzym („Malic"-Enzym,* **I**) aus Taubenleber u. Weizenkeim: katalysierte Rk.: L-Malat^{2-} + TPN^+ $\xrightleftharpoons{Mn^{2+}}$ $Pyruvat^-$ + CO_2 + TPNH, Oxalacetat $\xrightarrow{Mn^{2+}}$ Pyruvat + CO_2; Best. der **I**- u. *Oxalessigsäurecarboxylase*-Aktivität, Reinigung, Eigg., Vork.; **I** aus *Lactobacillus arabinosus:* katalysierte Rk.: *L-Malat* $\xrightleftharpoons{Mn^{2+}DPN}$ L-Lactat + CO_2, Oxalacetat $\xrightarrow{Mn^{2+}}$ Pyruvat + CO_2; Best., Reinigung, Eigenschaften. — 24 Literaturangaben. (Methods Enzymol. **1.** 739—53. 1955. New York, N. Y., New York Univ.) K. MAIER. 4210

Severo Ochoa, *Schweineherz-Äpfelsäuredehydrogenase.* Katalysierte Rk.: L-Malat + DPN^+ ⇄ Oxalacetat + DPNH + H^+; Best., Reinigung, Eigenschaften. — 5 Literaturangaben. (Methods Enzymol. **1.** 735—39. 1955. New York, N. Y., New York Univ.) K. MAIER. 4210

Jean Delga, *Die Wirkung des Na-Salzes der Thioäpfelsäure auf die Aktivität des Brenztraubensäureoxydasesystems.* Der im WARBURG-App. gemessene Verbrauch von O_2 einer Taubenhirnsuspension als *Brenztraubensäureoxydase* (**I**)-Präp. in Phosphatpuffer (p_H 7,3) stieg, wenn *Thioäpfelsäure* (**II**) zugesetzt wurde. Enthielt das Incubationsgemisch aber auch das spezif. Substrat (Brenztraubensäure), so verminderte **II** die **I**-Aktivität. **II** vermag auch nicht, durch *Na-Arsenit* vergiftete **I** zu reaktivieren. — Die Verss. zeigen, daß **II** im Gegensatz zu manchen anderen Thiolverbb., z. B. Dimercaptopropanol nicht als Antidotum für Arsenit dienen kann. (Ann. pharmac. franç. **8.** 186—90. März 1950.) P. LOCH. 4210

Vincent Massey, *Fumarase.* Katalysierte Rk.: Fumarat + W. ⇄ l-Malat; Best., Reinigung, Eigenschaften. — 27 Literaturangaben. (Methods Enzymol. **1.** 729—35. 1955. Cambridge, England, Univ.) K. MAIER. 4210

Joseph R. Stern, *Enzyme des Acetoacetatauf- und -abbaues. CoA-Transferase, Succinyl-β-ketoacyl-S-CoA-Transferase* (aus Herz), katalysierte Rk.: Succinyl-S-CoA + Acetoacetat ⇄ Acetoacetyl-S-CoA (**I**) + Succinat; *β-Ketothiolase* (aus Herz), Rk.: **I** + CoA-SH ⇄ 2 Acetyl-S-CoA; Best., Reinigung, Eigenschaften. — 38 Literaturangaben. (Methods Enzymol. **1.** 573—85. 1955. New York, N. Y., New York Univ.) K. MAIER. 4210

Denis Herbert, *Micrococcus lysodeikticus-Oxalessigsäurecarboxylase.* Katalysierte Rk.: HOOC·CH_2·CO·COOH → CH_3·CO·COOH + CO_2; Best., Reinigung, Eigenschaften. — 3 Literaturangaben. (Methods Enzymol. **1.** 753—57. 1955. Porton, England, Exp. Stat.) K. MAIER. 4210

H. W. Seeley, *Acetoacetatdecarboxylase.* Katalysierte Rk.: CH_3COCH_2COOH → CH_3COCH_3 + CO_2; Best., Reinigung, Eigenschaften. — 5 Literaturangaben. (Methods Enzymol. **1.** 624—27. 1955. Ithaca, N. Y., Cornell Univ.) K. MAIER. 4210

Severo Ochoa, *Kristallisiertes kondensierendes Enzym aus Schweineherz.* Katalysierte Rk.: Acetyl-S-CoA + Oxalacetat^{2-} + H_2O ⇄ Citrat^{3-} + HS-CoA + H^+; Best., Reinigung, Eigenschaften. — 13 Literaturangaben. (Methods Enzymol. **1.** 685—94. 1955. New York, New York Univ.) K. MAIER. 4210

Joseph R. Stern, *Kristallisierte Ochsenlebercrotonase.* Katalysierte Rk.: RCH_2CH=CHCOSCoA + H_2O ⇄ $RCH_2CHOHCH_2COSCoA$; Best., Best. von Crotonyl-S-CoA, Reinigung, Eigenschaften. — 11 Literaturangaben. (Methods Enzymol. **1.** 559—66. 1955. New York, N. Y., New York Univ.) K. MAIER. 4210

Christian B. Anfinsen, *Schweineherzmuskelaconitase.* Katalysierte Rk.: Citrat ⇄ cis-Aconitat + H_2O ⇄ D-Isocitrat; Best., Reinigung, Eigenschaften. — 5 Literaturangaben. (Methods Enzymol. **1.** 695—98. 1955. Bethesda, Md., Nat. Insts. of Health.) K. MAIER. 4210

G. W. E. Plaut und **S.-C. Sung,** *Diphosphopyridinnucleotid-Isocitronensäuredehydrogenase tierischer Gewebe.* Katalysierte Rk.: d-Isocitronensäure + DPN^+ → α-Ketoglutarsäure + CO_2 + DPNH + H^+; Best., Reinigung, Eigenschaften. — 8 Literaturangaben. (Methods Enzymol. **1.** 710—14. 1955. New York Univ., Coll. of Med.; Madison, Wis., Univ. of Wisconsin.) K. MAIER. 4210

Severo Ochoa, *Isocitronensäuredehydrogenasesystem (TPN) aus Schweineherz.* Katalysierte Rkk.: d-Isocitrat^{3-} (**I**) + TPN^+ $\xrightleftharpoons{(Mn^{2+})}$ α-Ketoglutarat (**II**)$^{2-}$ + CO_2 + TPNH, Oxalosuccinat (**III**) $\xrightarrow{(Mn^{2+})}$ **II** + CO_2, ohne Mn^{2+}: I^{3-} + TPN^+ ⇄ III^{3-} + TPNH + H^+; Best. (oxydative Decarboxylierung von **I**, Oxalobernsteinsäurecarboxylaseaktivität),

Reinigung, Eigenschaften. — 10 Literaturangaben. (Methods Enzymol. **1.** 699—704. 1955. New York, N. Y., New York Univ.) K. MAIER. 4210

E. Racker, *Glyoxalasen. Glyoxalase I* aus Bäckerhefe: Best., Reinigung, Eigg.; *Glyoxalase II* aus Rinderleber: Best., Reinigung, Eigenschaften. — 6 Literaturangaben. (Methods Enzymol. **1.** 454—60. 1955. New Haven, Conn., Yale Univ.) K. MAIER. 4210

Martin Gibbs, *TPN-Triosephosphatdehydrogenase aus Pflanzengewebe.* Katalysierte Rk.: D-Glycerinaldehyd-3-phosphat + PO_4 + Triphosphopyridinnucleotid (I) ⇄ 1.3-Diphosphoglycerinsäure + I_{red}; Best., Reinigung, Eigenschaften. — 6 Literaturangaben. (Methods Enzymol. **1.** 411—15. 1955. Brookhaven, N. Y., Nat. Labor.) K. MAIER. 4210

Gerwin Beisenherz, *Triosephosphatisomerase aus Kalbsmuskel.* Katalysierte Rk.: D-3-Glycerinaldehydphosphat ⇄ Dioxyacetonphosphat; Best., Reinigung, Eigenschaften. — 7 Literaturangaben. (Methods Enzymol. **1.** 387—91. 1955. Marburg, Univ.) K. MAIER. 4210

John Fuller Taylor, *Aldolase aus Muskel.* Katalysierte Rk.: Fructosediphosphat ⇄ Glycerinaldehyd-3-phosphat + Dioxyacetonphosphat; Best. (chem., enzymat.), Reinigung, Eigenschaften. — 24 Literaturangaben. (Methods Enzymol. **1.** 310—15. 1955. Louisville, Ky., School of Med.) K. MAIER. 4210

Bernard Axelrod, *Pentosephosphatisomerase.* Katalysierte Rk.: Ribose-5-phosphat ⇄ Ribulose-5-phosphat; Best., Reinigung, Eigenschaften. — 4 Literaturangaben. (Methods Enzymol. **1.** 363—66. 1955. Albany, Calif., Western Regional Labor.) K. MAIER. 4210

E. Racker, *Desoxyribosephosphataldolase* (*DR-Aldolase*). Katalysierte Rk.: Desoxyribose-5-phosphat ⇄ Glycerinaldehyd-3-phosphat + Acetaldehyd; Best., Reinigung, Eigenschaften. — 2 Literaturangaben. (Methods Enzymol. **1.** 384—86. 1955. New Haven, Conn., Yale Univ.) K. MAIER. 4210

Harold J. Strecker, *Glucosedehydrogenase aus Leber.* Katalysierte Rk.: β-D-Glucose + Diphosphopyridinnucleotid (DPN^+) $\overset{\text{enzymat.}}{\rightleftarrows}$ D-Gluconolacton (**I**) + DPNH + H^+; I + H_2O $\overset{\text{nichtenzymat.}}{\rightleftarrows}$ D-Gluconat + H^+; Best., Reinigung, Eigenschaften. — 5 Literaturangaben. (Methods Enzymol. **1.** 335—39. 1955. New York, N. Y., Columbia Univ., Coll. of Phys. and Surg., Psychiatric Inst.) K. MAIER. 4210

Ronald Bentley, *Glucoseaerodehydrogenase* (*Glucoseoxydase*). Nomenklatur: β-D-Glucopyranoseaerodehydrogenase = Penicillin A u. B, Notatin, Penatin; katalysierte Rk.: Entfernung von 2 H aus β-D-Glucopyranose unter Bldg. von δ-D-Gluconolacton; Best., Reinigung, Eigenschaften. — 15 Literaturangaben. (Methods Enzymol. **1.** 340—45. 1955. Pittsburgh, Pa., Univ.) K. MAIER. 4210

Victor A. Najjar, *Phosphoglucomutase aus Muskel.* Katalysierte Rk.: Glucose-1-phosphat ⇄ Glucose-6-phosphat; Best., Reinigung u. Kristallisation, Eigenschaften. — 16 Literaturangaben. (Methods Enzymol. **1.** 294—99. 1955. Baltimore, Md., Johns Hopkins Univ.) K. MAIER. 4210

R. D. DeMoss, *Glucose-6-phosphat- und 6-Phosphogluconsäuredehydrogenasen aus Leuconostoc mesenteroides.* Best. Reinigung, Eigenschaften. — 8 Literaturangaben. (Methods Enzymol. **1.** 328—34. 1955. Baltimore, Md., Johns Hopkins Univ.) K. MAIER. 4210

H. G. Hers, *Fructokinase* (*Ketohexokinase*). Katalysierte Rk.: Fructose + Adenosintriphosphat → Fructose-1-phosphat + Adenosindiphosphat; Leber: Best., Reinigung, Eigg.; Muskel. — 12 Literaturangaben. (Methods Enzymol. **1.** 286—90. 1955. Louvain, Belgium, Univ.) K. MAIER. 4210

I. S. Bhatia, M. N. Satyanarayana und **M. Srinivasan,** *Transfructosidase aus Agave vera cruz Mill.* Vff. isolieren aus Stammschnitzeln von Agave vera cruz nach Behandlung mit einem Chlf.–W.-Gemisch (zur Entfernung der Mikroflora) durch Fällung des Rohextraktes mit $(NH_4)_2SO_4$ (30 g/100 ml; 3°) u. Dialyse *Transfructosidase* (**I**) die durch Einw. auf *Saccharose* (**II**)-Lsg. (25 g/100 ml) bei 26—28° (96 Std.) unter Abspaltung von Glucose (**IV**), *Glucofructosan* (**III**) synthetisiert. Es zeigt sich, daß **I** nur mit **II** als Substrat reagiert, ohne daß ein Zusatz von Agaven-Fructosan I (SRINIVASAN u. BHATIA, Biochem. J. **55.** [1953.] 286) oder ihrer Zwischenprodd. notwendig ist. Aus *Raffinose,* die von **I** nur wenig hydrolysiert wird, entstehen nach längeren Incubationszeiten keine höheren Oligosaccharide. Anorgan. Phosphat beeinflußt die **I**-Wrkg. nicht. Als Optimalbedingungen für dieselbe werden ein p_H von 5,6—5,8, eine Temp. von 37° u. **II**-Konz. von 30% ermittelt. **I** wird bei 55° inaktiviert. (Biochem. J. **61.** 171—74. Sept. 1955. Mysore, Centr. Food Technol., Res. Inst., Div. of Quality Control.) P. FAHRNLAENDER. 4210

Kuo-Huang Ling, William L. Byrne und **Henry Lardy,** *Phosphohexokinase.* Katalysierte Rk.: Fructose-6-phosphat + Adenosintriphosphat → Fructose-1.6-diphosphat; Best., Reinigung, Eigenschaften. — 7 Literaturangaben. (Methods Enzymol. **1.** 306—10. 1955. Madison, Wis., Univ. of Wisconsin.) K. MAIER. 4210

Milton W. Slein, *Phosphohexoisomerasen aus Muskel. Phosphomannoseisomerase:* katalysierte Rk.: Mannose-6-phosphat ⇄ Fructose-6-phosphat (I); Best. Reinigung, Eigg.; *Phosphoglucoseisomerase:* katalysierte Rk.: Glucose-6-phosphat ⇄ I; Best., Reinigung, Eigenschaften. — 11 Literaturangaben. (Methods Enzymol. **1.** 299—306. 1955. Frederick, Camp. Detrick, Md.) K. MAIER. 4210

Franz Leuthardt und **H. P. Wolf,** *Fructose-1-phosphataldolase aus Leber.* Katalysierte Rk.: Fructose-1-phosphat ⇄ Phosphodioxyaceton + Glycerinaldehyd; Best., Reinigung, Eigenschaften. — 9 Literaturangaben. (Methods Enzymol. **1.** 320—22. 1955. Zürich, Univ.) K. MAIER. 4210

William H. Fishman und **Peter Bernfeld,** *Glucuronidasen. β-Glucuronidase* katalysiert die Hydrolyse konjugierter Glucuronide. Best., Reinigung, Eigenschaften. — 17 Literaturangaben. (Methods Enzymol. **1.** 262—69. 1955. Boston, Mass., Tufts Univ.) K. MAIER. 4210

Earl W. Sutherland, *Polysaccharidphosphorylase (Leber).* Katalysierte Rk.: Polysaccharid + Phosphat ⇄ Glucose-1-phosphat; Best., Reinigung, Eigenschaften. — 6 Literaturangaben. (Methods Enzymol. **1.** 215—22. 1955. Cleveland, O., Western Reserve Univ.) K. MAIER. 4210

Edward J. Hehre, *Polysaccharidsynthese aus Disacchariden.* Katalysierte Rk.: Synth. hochmol. Polysaccharide aus Disacchariden. *Dextransaccharase:* n-$C_{12}H_{22}O_{11}$ + HOR (Acceptor) → $H(C_6H_{10}O_5)_nOR$ (Dextran) + n-$C_6H_{12}O_6$ (Fructose); Best. Reinigung, Eigg.; *Amylosaccharose:* n-$C_{12}H_{22}O_{11}$ + HOR → $H(C_6H_{10}O_5)_nOR$ (Polysaccharid des Glykogentyps) + n-$C_6H_{12}O_6$ (Fructose); Best., Reinigung, Eigg.; *Lävansaccharase:* n-$C_{12}H_{22}O_{11}$ + HOR → $H(C_6H_{10}O_5)_n$ (Lävan) + n-$C_6H_{12}O_6$ (Glucose); Best., Reinigung, Eigg.; *Amylomaltase:* n-$C_{12}H_{22}O_{11}$ (Maltose) + HOR → $H(C_6H_{10}O_5)_nOR$ (Polysaccharid des Amylosetyps) + n-$C_6H_{12}O_6$ (Glucose), Best., Reinigung, Eigenschaften. — 34 Literaturangaben. (Methods Enzymol. **1.** 178—92. 1955. New York, N. Y., Cornell Univ., School of Med.) K. MAIER. 4210

George de Stevens, *Herstellung von Cellulase aus Helix pomatia (Schnecken). Cellulase* (Weinbergschnecke): Bestimmungsmeth., Reinigung, Eigg.; *Cellobiase:* Reinigung. — 22 Literaturangaben. (Methods Enzymol. **1.** 173—78. 1955. Middletown, Conn., Remington Rand, Inc.) K. MAIER. 4210

Shlomo Hestrin, David S. Feingold und **Michael Schramm,** *Hexosidhydrolasen.* Bestimmungsmethoden (Übersicht), Normalbedingungen der Hexosidasebest., *β-Glucosidase* aus Süßmandelemulsin, *β-Galaktosidase (Lactase)* aus *Escherichia coli, α-Galaktosidase (Melibiase)* aus Süßmandelemulsin, *β-Fructofuranosidase* (Invertase) aus Hefe; Best., Reinigung, Eigenschaften. — 74 Literaturangaben. (Methods Enzymol. **1.** 231—57. 1955. Jerusalem, Hebrew Univ.) K. MAIER. 4210

Elmer Stotz, *Leberesterase.* Nomenklatur: unspezif. Esterase, Aliesterase; katalysierte Rk.: Hydrolyse niedriger Fettsäureester; Best., Reinigung, Eigenschaften. — 6 Literaturangaben. (Methods Enzymol. **1.** 657—59. 1955. Rochester, N. Y., Med. School.) K. MAIER. 4210

J. H. Quastel, *Cholinoxydase.* Katalysierte Rk.: Cholin → Betainaldehyd; Vork., Darst., Best., Eigenschaften. — 24 Literaturangaben. (Methods Enzymol. **1.** 674—78. 1955. Montreal, Can., General Hosp.) K. MAIER. 4210

David Nachmansohn und **Irwin B. Wilson,** *Acetylcholinesterase.* Biol. Bedeutung, spezielle Eigg. u. Unterscheidung von anderen Esterasen, Vork., Darst., Bestimmung. — 41 Literaturangaben. (Methods Enzymol. **1.** 642—51. 1955. New York, Columbia Univ.) K. MAIER. 4210

H. N. De, *Untersuchungen über Cholinesterase. Die Wirkung von Thiamin auf die Serumcholinesteraseaktivität des menschlichen Blutes.* Zusätze von $1{,}5 \cdot 10^{-4}$ bis $7{,}5 \cdot 10^{-3}$ mol. *Thiamin* (I)-HCl hemmen die Aktivität der *Cholinesterase* (II) von menschlichem Serum (vollständige Hemmung mit $7{,}6 \cdot 10^{-3}$ mol.). Bei I-Konzz. zwischen $7{,}5 \cdot 10^{-4}$ u. $7{,}5 \cdot 10^{-3}$ mol. besteht zwischen prozentualer Hemmung u. Konz. eine lineare Beziehung. Da die Hemmung nicht durch Substrat, sondern nur durch weiteren II-Zusatz rückgängig gemacht werden kann, entfaltet I seinen Hemmeffekt durch Einw. auf das Enzymsyst., entweder durch kompetitive Beeinflussung gewisser akt. Gruppen, die strukturell mit I verwandt sind, durch einfache Blockierung akt. Gruppen, wie z. B. SH, durch chem. Rk. mit denselben oder durch vollständige Zerstörung des Enzymsystems. Möglicherweise reagiert I stöchiometr. mit II u. würde damit zur Gruppe der irreversiblen Inhibitoren, wie Diisopropylfluorphosphat, Tetraäthylpyrophosphat, gehören. Die bei Säugetieren nach hohen I-Dosen beobachteten tox. Symptome sind möglicherweise auf eine vollständige Hemmung der II-Aktivität zurückzuführen. (Indian J. med. Res. **43.** 71—78. Jan. 1955. Indore, M. B., M. G. M. Med. Coll., Biochem. Dep.) K. MAIER. 4210

Egil Gjone und **Karl Håkon Skramstad,** *Thiamin und Cocarboxylase als Inhibitoren der Cholinesterasen.* Die Unters. dient der Klärung von gegensätzlichen Befunden in der Literatur (vgl. C. **1956.** 6175). Bei Unters. der Wrkg. von *Pseudocholinesterase* (I) u. wahrer *Cholinesterase* (II) mit einem manometr. Verf. ergab sich folgendes. *Thiamin* hemmt in höheren Konzz. ($4 \cdot 10^{-3}$ bis $6 \cdot 10^{-3}$ mol.) die I der Ratte bis zu 55%, hemmt jedoch die I des Menschen sowie die II in wesentlich geringerem Umfang. Berechnung auf Grund von kinet. Daten ergab, daß es sich um nichtkompetitive Hemmung handelt. — *Carboxylase* erweist sich als ein sehr schwacher Inhibitor von I u. II. (Acta pharmacol. toxicol. [Köbenhavn] **11.** 94—102. 1955. Oslo, Univ., Dep. of Pharmacol.) A. HESSE. 4210

Henry Tauber und **Edward L. Petit,** *Der durch drei verschiedene Enzyme bestimmte Effekt der Veresterung auf Anticholinesterasen.* Von 50 auf Antiplasmacholinesteraseaktivität untersuchten *Phosphon-* u. *Phosphinsäure* (vgl. DOAK u. FREEDMAN, C. **1953.** 7523; 2908) hatten sich einige ais wirksam erwiesen. Mehrere derselben wurden verestert. Die wirksamsten Verbb. wurden in ihrem Verh. gegenüber Menschenplasma-*Cholinesterase* (I), Schweinehirn-*Acetylcholinesterase* (II) u. Fliegenhirn-II (*Musca domestica L.*) vergleichend geprüft. Die aktivsten Verbb., (o-BrC_6H_4)$C_6H_5PO_2H$, (o-BrC_6H_4)$C_6H_5PO_2 \cdot CH(CH_3)_2$, (o-$BrC_6H_4$)$C_6H_5PO_2C_2H_5$ (III), (o-BrC_6H_4)$C_6H_5PO_2CH_3$, (o-$BrC_6H_4)_2PO_2H$, (o-$BrC_6H_4)_2PO_2C_2H_5$, o-$BrC_6H_4PO_3H_2$, o-$BrC_6H_4PO(OC_2H_5)_2$, waren sämtlich o-Halogenderivv.; die m-Halogenderivv. waren weniger wirksam, die p-Verbb. inaktiv. Veresterung bewirkte meist eine beträchtliche Steigerung (33—400 fach) der *Anticholinesterase*-Aktivität. I wurde von allen Verbb., III ausgenommen, leichter als beide II gehemmt. (J. Amer. chem. Soc. **75.** 1257. 5/3. 1953. Chapel Hill, N. C., Univ. of North Carolina, U. S. Publ. Health Serv., Venereal Disease Exp. Labor.) K. MAIER. 4210

David Nachmansohn und **Irwin B. Wilson,** *Cholinacetylase.* Definition, biol. Bedeutung, Vork., Darst., Bestimmung. — 15 Literaturangaben. (Methods Enzymol. **1.** 619—24. 1955. New York, N. Y., Columbia Univ.) K. MAIER. 4210

I. Lieberman und **H. A. Barker,** *Clostridium klugveri–Aminosäureacetylase.* Katalysierte Rk.: Ac ∼ SCoA + Glycin → Acetylglycin + HSCoA; Best., Reinigung, Eigenschaften. — 11 Literaturangaben. (Methods Enzymol. **1.** 616—19. 1955. St. Louis, Mo., Washington Univ.; Berkeley, Calif., Univ. of California.) K. MAIER. 4210

Herbert Tabor, *Acetylierung von Aminen mittels Taubenleberenzym.* Katalysierte Rk.: RNH_2 + Ac ∼ SCoA → $RNHCOCH_3$ + CoA; Best., Reinigung, Eigenschaften. — 7 Literaturangaben. (Methods Enzymol. **1.** 608—12. 1955. Bethesda, Md., Nat. Insts. of Health.) K. MAIER. 4210

Morris Soodak, *Acetylierung von D-Glucosamin durch Taubenleberextrakte.* Katalysierte Rk.: Ac ∼ SCoA + D-Glucosamin → N-Acetyl-D-glucosamin + CoA; Best., partielle Reinigung. — 11 Literaturangaben. (Methods Enzymol. **1.** 612—15. 1955. Boston, Mass., General Hosp.) K. MAIER. 4210

E. R. Stadtman, *Clostridium kluyveri-Phosphotransacetylase.* Katalysierte Rk.: Ac ∼ Phosphat + Coenzym A (CoA) ⇄ Ac ∼ SCoA + anorgan. Phosphat; Best., Reinigung, Eigenschaften. — 10 Literaturangaben. (Methods Enzymol. **1.** 596—99. 1955. Bethesda, Md., Nat. Insts. of Health.) K. MAIER. 4210

John Gergely, *Deacylasen (Thiolesterase). Succinyl–CoA-Deacylase:* katalysierte Rk.: Succinyl ∼ SCoA + H_2O → Succinat + HS-CoA; Best., Reinigung, Eigg.; *Acetyl-CoA-Deacylase:* katalysierte Rk.: Ac ∼ SCoA + H_2O → HAc + HSCoA; Best., Reinigung. — 15 Literaturangaben. (Methods Enzymol. **1.** 602—07. 1955. Boston, Mass., General Hosp.) K. MAIER. 4210

Gerwin Beisenherz, Theodor Bücher und **Karl-Heinz Garbade,** *α-Glycerophosphatdehydrogenase aus Kaninchenmuskel.* Katalysierte Rk.: Dioxyacetonphosphat + red. Diphosphopyridinnucleotid (DPNH) + H^+ ⇌ L-α-Glycerophosphat + DPN^+; Best., Reinigung, Eigenschaften. — 5 Literaturangaben. (Methods Enzymol. **1.** 391—97. 1955. Marburg, Univ.) K. MAIER. 4210

Peter Oesper, *Phosphoglycerinsäuremutase. 3-Phosphoglycerinsäuremutase,* katalysierte Rk.: 3-Phosphoglycerinsäure → 2-Phosphoglycerinsäure; *Diphosphoglycerinsäuremutase,* Rk.: *1.3-Diphosphoglycerinsäure → 2.3-Diphosphoglycerinsäure*; Best., Reinigung, Eigenschaften. — 12 Literaturangaben. (Methods Enzymol. **1.** 423—27. 1955. Philadelphia, Pa., Hahneman Med. Coll.) K. MAIER. 4210

W. Knoth, *Beitrag zum Problem des Fett- und Lipoidstoffwechsels in Gewebekulturen.* An Milzkulturen erwachsener Meerschweinchen wurden histochem. u. färber. Fett- u. Lipoidnachweismethoden durchgeführt. Im Cytoplasma (CP.) nicht geschädigter Makrophagen u. Fibroplasten wurden freie Fettsäuren u. Lipoide nachgewiesen. Der Geh. des CP. an Acetalphosphatiden (I) war bei den Makrophagen gering, bei den Fibroplasten reichlich. Im Extrakt von 9 Tage alten Hühnerembryonen wurden 2,69 bis 3,20 mg% Plasmalogen gefunden. Im Brutschrank aufbewahrter Embryonalextrakt zeigte innerhalb von 8 Tagen einen Abfall der I-Werte. (Naunyn-Schmiedebergs Arch. exp. Pathol. Pharmakol. **218.** 199—214. 1953. Gießen, Justus-Liebig-Hochschule, Akad. für med. Forsch. u. Fortbldg., Patholog. Inst.) H. PATZSCH. 4210

M. Bier, *Lipasen.* Katalysierte Rk: $RCOOR' + H_2O \rightarrow RCOOH + R'OH$; Best.; *Pankreaslipase,* Lipasen (I) aus Pilzen u. Samen, weitere I, *Fusarium lini* (BOLLEY)-Lipase; Reinigung, Eigenschaften. — 82 Literaturangaben. (Methods Enzymol. **1.** 627—42. 1955. New York, N. Y., Fordham Univ.) K. MAIER. 4210

Osamu Hayaishi, *Phospholipasen. Phospholipase A*: katalysierte Rk.: Lecithin (I) + $H_2O \rightarrow$ Lysolecithin (II) + ungesätt. Fettsäure (III); *Phospholipase B*: katalysierte Rk.: II + H_2O $\rightarrow$ Glycerophosphorylcholin (GPC) + gesätt. III; *GPC-Diesterase*: katalysierte Rk.: L-(α)-GPC + $H_2O \rightarrow$ L-(α)-Glycerophosphat + Cholin (IV); *Phospholipase C*: katalysierte Rk.: I + $H_2O \rightarrow$ Diglycerid + Phosphorylcholin; *Phospholipase D*: katalysierte Rk.: I + $H_2O \rightarrow$ Phosphatidsäure + IV; Best., Reinigung, Eigenschaften. — 38 Literaturangaben. (Methods Enzymol. **1.** 660—72. 1955. St. Louis, Mo., Washington Univ.) K. MAIER. 4210

Arthur Kornberg, *Enzymatische Phospholipidsynthese: Phosphatidsäure.* Katalysierte Rkk.: RCOOH + Adenosintriphosphat + CoASH $\rightarrow$ RCOSCoA + PP + A—5—P,

$$\begin{array}{l} CH_2OH \\ | \\ CHOH \\ | \\ CH_2O^{32}PO_3H_2 \end{array} + 2RCOSCoA \rightarrow \begin{array}{l} CH_2O\cdot CO\cdot R \\ | \\ CHO\cdot CO\cdot R \\ | \\ CH_2O^{32}PO_3H_2 \end{array} + 2CoASH, \; RCOOH = C_{14-18}\text{-Fettsäure};$$

Bestimmung. — 3 Literaturangaben. (Methods Enzymol. **1.** 673—74. 1955. St. Louis, Mo., Washington Univ.) K. MAIER. 4210

P. K. Stumpf, *Die Fettsäureoxydation bei höheren Pflanzen.* Darst. von Enzymsystemen, Eigenschaften. — 3 Literaturangaben. (Methods Enzymol. **1.** 549—51. 1955. Berkeley, Calif., Univ. of California.) K. MAIER. 4210

D. H. J. Boyd und **G. A. Adams,** *Eine Methode zur Bestimmung von Lipoxydase in tierischem Gewebe.* Es wird eine Meth. zur Best. von *Lipoxydase* (I), die die Oxydation ungesätt. Fettsäuren katalysiert, angegeben. Die I-Aktivität bei p_H 9,0 kann von der durch Hämfarbstoffe katalysierten Na-Linolatoxydation mit Hilfe von KCN, das die katalyt. Wrkg. von Hämoglobin, Myoglobin, Cytochrom c u. Katalase in Boratpuffer hemmt, unterschieden werden. Im Überstand der Homogenisate von Schweine- u. Rinderfettgewebe, ungesalzenem Speck, gesalzenem, ungeräuchertem Speck, Rattenleber, -niere, -milz, -herz, -hirn u. -lunge war keine I nachweisbar. 0,1 mg Sojabohnen-I wurde durch 0,4 mol. KCN nicht gehemmt. In Hg-Gewebeproben waren noch ca. 0,06 E. Soja-I/g nachweisbar. Cyanid-gehemmten tier. Gewebeextrakten zugesetzte Soja-I konnte bis zu 0,006 E./g erfaßt werden. (Canad. J. Biochem. Physiol. **33.** 191—98. März 1955. Ottawa, Can., Nat. Res. Labors., Div. of Appl. Biol.) K. MAIER. 4210

Henry R. Mahler, *Butyryl-Coenzym A-Dehydrogenase.* Katalysierte Rk.: $R(CH_2)$–CO $\sim$ SCoA $\rightleftarrows$ RCH=CHCO $\sim$ SCoA + $2H^+ + 2e^-$; Best., Reinigung, Eigenschaften. — 5 Literaturangaben. (Methods Enzymol. **1.** 553—59. 1955. Madison, Wis., Univ. of Wisconsin.) K. MAIER. 4210

H. A. Barker, E. R. Stadtman und **Arthur Kornberg,** *Clostridium kluyveri-Coenzym A-Transphorase.* Katalysierte Rk.: Butyryl $\sim$ SCoA + Ac $\rightleftarrows$ Butyrat + Ac $\sim$ SCoA; Best., Reinigung, Eigenschaften. — 6 Literaturangaben. (Methods Enzymol. **1.** 599—602. 1955. Berkeley, Calif., Univ. of California; Bethesda, Md., Nat. Insts. of Health.; St. Louis, Mo., Washington Univ.) K. MAIER. 4210

H. A. Barker, *Butyratenzyme aus Clostridium kluyveri.* Multienzymsyst.: katalysierte Rk.: $CH_3(CH_2)_2COOH$ + anorgan. Phosphat + $O_2 \rightarrow$ Acetylphosphat + Ac; Best., Herst. zellfreier Extrakte. — 6 Literaturangaben. (Methods Enzymol. **1.** 551—53. 1955. Berkeley, Calif., Univ. of California.) K. MAIER. 4210

C. H. W. Hirs, *Chromatographie des α-Chymotrypsin.* Krist. *α-Chymotrypsin* (I) wurde bei 25° an einer Amberlite IRC-50(XE-64)-Säule (Na-Form) chromatographiert. I erscheint mit der gleichen Menge Elutionsmittel (0,2 mol. Phosphatpuffer, p_H 6,02) wie dies bei *Zymogen* (*Chymotrypsinogen*; **II**) der Fall war. Eine chromatograph. Trennung von **I** u. **II** ist mittels Citratpuffer (p_H 5,67) als Eluans gut durchführbar. Die **I**-Maxima sind stets breiter als die von **II** u. deutlich asymm., was wahrscheinlich auf partieller Trennung nahe verwandter **I**-Komponenten beruhen dürfte. (J. Amer. chem. Soc. **77.** 5743—44. 5/11. 1955. New York, Rockefeller Inst. for Med. Res.) K. MAIER. 4210

Curtis B. Thorne, Carmen G. Gómez, Riley D. Housewright, *Transaminierung von D-Aminosäuren durch Bacillus subtilis.* Durch Ultraschallextrakte von B. subtilis ATCC 9945 werden auch bei D-Aminosäuren Transaminierungs-Rkk. katalysiert. *D-Glutaminsäure* (I) entsteht aus *α-Ketoglutarsäure* u. *D-Asparaginsäure* (**II**; p_H-Optimum 8,5—9,0) oder *D-Alanin* (**III**). **III** wird aus *Brenztraubensäure* u. **I** oder **II** gebildet. Die Extrakte enthalten eine **III**-Racemase, die jedes Isomere von **III** in ein Gemisch beider verwandelt. Nur in frischen Extrakten wurden auch die L-Aminosäuren der Transaminierung unterworfen, während in älteren Extrakten die Transaminierung der D-Aminosäuren vorherrschte. Durch Fällung mit $(NH_4)_2SO_4$ wurde eine für D-Aminosäuren spezif. Fraktion erhalten. Als Coenzym für die Transaminierung von D-Aminosäuren wurde das Pyridoxalphosphat festgestellt. (J. Bacteriol. **69.** 357—62. März 1955. Frederick, Md., Camp Detrick.) F. LINGENS. 4210

Virginia R. Williams und **J. B. Neilands,** *Scheinbare Dissoziationskonstanten, spektrale Eigenschaften und Metallchelatbildung der Cotransaminasen und verwandter Verbindungen.* Die scheinbaren Dissoziationskonstanten pK'α (prim. Phosphat, Phenol-OH, sek. Phosphat, Pyridin-N, NH_2—N) von *Pyridoxal* (**I**), *Pyridoxin* (**II**), *Pyridoxamin* (**III**), *Pyridoxal-5-phosphat* (**IV**) u. *Pyridoxamino-5-phosphat* (**V**) wurden mittels der Gleichung von HENDERSON $p_H = pK'_\alpha + \log$ ([Salz]/[Säure]) bestimmt (0,15 mol. NaCl, 25°): **I**, 4,23, 8,70; **II**, 5,00, 8,96; **III**, 3,54, 8,21, 10,63; **IV**, $<$2,5, 4,14, 6,20, 8,69; **V**, $<$2,5, 3,69, 5,76,8,61,10,92. Die Verbb. liegen in neutraler Lsg. als Zwitterionen. Die Säurestärke der phenol. Gruppen nimmt wie nachst. ab: **III** $>$ **V** $>$ **IV** $>$ **I** $>$ **II**, die Basenstärke nach **II** $>$ **I** $>$ **IV** $>$ **V** $>$ **III**. Die Wrkg. der Ionisation der phenol. OH-Gruppen u. des Ring-N auf die UV-Spektren wurde systemat. untersucht. Titration von **I** in Ggw. von 3 Äquivalenten Äthanolamin, Alaninsäureäthylester oder Äthylendiamin ergab im Bereich von p_H 5,0—6,5 ein neues partielles Säureäquivalent, das wahrscheinlich auf der Titration einer SCHIFFschen Base der Amine mit **I** beruht. **III**-Titration in Ggw. verschied. Metalle ergab, daß nur mit Cu in neutraler Lsg. merkliche Chelatbldg. stattfand. Das smaragdgrüne Cu-Chelat **VI** von **III** enthält 2 Mol **III**/Atom Co, λ_{max} 600 mμ, pK'α 7,78. An der Rk. nehmen OH- u. NH_2-Gruppe teil. **V** bildete ebenfalls ein Cu-Chelat mit ähnlichen Eigg. wie **VI**. (Arch. Biochem. Biophysics **53.** 56—70. Nov. 1954. Berkeley, Calif., Univ. of California, Dep. of Biochem.) K. MAIER. 4210

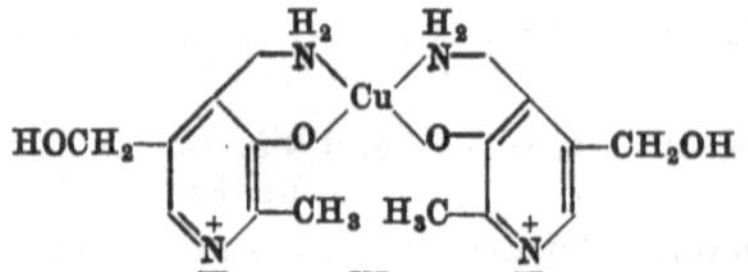

VI

William J. Hartman, Richard I. Akawie und **William G. Clark,** *Kompetitive Hemmung von 3.4-Dioxyphenylalanin (Dopa)-decarboxylase in vitro.* Ein aus Schweinenierenrinde erhaltenes *Dopadecarboxylase* (**I**)-Präp. wurde bei gleichzeitigem Zusatz von Substrat u. *4-Chlormercuribenzoesäure* (Endkonz. 10^{-4} mol.) vollständig gehemmt, während nach vorheriger Zugabe von *Glutathion* (**II**) keine Hemmung erfolgte. *Oxophenarsinhydrochlorid* (10^{-4}mol.) hemmte zu 74%, wenn vor Substratzusatz zugegeben. **II** verhinderte die Inaktivierung. Dialysierte **I** wurde weder durch Pyridoxal-5-phosphat noch durch Phosphat selbst, jedoch durch beide zu 95% reaktiviert. Arsenat war ebenso wirksam wie Phosphat, Pyrophosphat nur schwach. Adenosin-5-phosphat, Adenosindiphosphat, Adenosintriphosphat, Cocarboxylase, Coenzym I u. Cytochrom c bewirkten bei undialysierter **I** keine Aktivitätssteigerung. 2.4-Dinitrophenol hemmte die Aktivität nicht merklich. Die Unwirksamkeit metallchelatbildender Verbb. u. die vollständige Reaktivierung von dialysierter **I** ohne Metallzusatz sprechen für eine Nichtbeteiligung von Metall oder dessen feste Bindung an **I**. Von 49 geprüften Phenylalaninanalogen erweisen sich *Erythro-3-oxyphenylserin, 2-Methyl-3.4-dioxyphenylalanin* u. *6-Methyl-3.4-dioxyphenylalanin* als **I**-Substrate. Ungeeignet waren: *Phenylalanin, 3-Methylphenylalanin, 4-Fluorphenylalanin, 4-Nitrophenylalanin, 2.4-Dichlorphenylalanin, 3-Chlorphenylalanin, 4-Aminophenylalanin, 4-Methoxyphenylalanin, 5-Nitro-2-äthoxyphenylalanin, 2-Oxyphenylalanin, 4-Oxyphenylalanin, 3-Methyl-4-oxyphenylalanin, 3-Nitro-4-methylphenylalanin, 3-Fluor-4-oxyphenylalanin, 3-Amino-4-oxyphenylalanin, 3-Jod-4-oxyphenylalanin, 3.4-Dioxyphenylalanin, 3.4-Dioxy-N-methylphenylalanin, 4-Oxy-N-formylphenylalanin, 4-Oxyphenyl-N-acetylphenylalanin, 3.4-Methoxy-N-benzoylphenylalanin, β-Phenylalanin, Threo-β-oxyphenylalanin, 2-Chlor-β-oxyphenylalanin, 4-Chlor-*

β-oxyphenylalanin, Threo-3-nitro-β-oxyphenylalanin, Erythro-4-amino-β-oxyphenylalanin, Threo-3-oxy-β-phenylalanin, Threo-4-oxy-β-phenylalanin, Threo-3.4-dioxy-β-oxyphenylalanin, 3-Oxy-β-aminophenylalanin, 2-[3-Oxyphenyl]-glycin, 2-[4-Oxyphenyl]-glycin, 2-[3.4-Dioxyphenyl]-glycin, 2-[3-Methoxy-4-oxyphenyl]-glycin, o-Phenylendialanin, Thyroxin, 1.2.3.4-Tetrahydroisochinolin-3-carbonsäure, Histidin, 5-Oxytryptophan, Leucenol, 3-[2-Thienyl]-serin, 3-[2-Furyl]-serin, α-Acetamido-3-oxyzimtsäure, 4-Oxyphenylbrenztraubensäure. Von 200 als **I**-Inhibitoren geprüften Substanzen erwiesen sich Verbb. mit der Konst. **III**, wobei X = OH, O-Alkyl oder Aryl (zunehmende Aktivität) als am wirksamsten. Der wirksamste Inhibitor war *5-[3.4-Dioxycinnamoyl]-salicylsäure* (**IV**) (87% Hemmung, wenn **IV**-Konz. = $^1/_{1000}$ der Substratkonz.). Die **I**-Hemmung durch *3-Oxyzimtsäure* (**V**), *Kaffeesäure* (**VI**) u. **IV** hat kompetiven Charakter. **V** u. **VI** sind weitgehend spezif. **I**-Inhibitoren. **VI** verringert, wie papierchromatograph. nachgewiesen wurde, die durch Dopadecarboxylierung gebildete *Dopamin*-Menge. Auf Hemmwrkg. geprüfte Verbb.: *Zimtsäure*, 1,0 (relative Molarität, Inhibitorkonz./Substratkonz.), 0 (% Hemmung). — *2-Oxyzimtsäure*, 1,0, 52. — *3.5-Dibromzimtsäure*, 0,2, 65. — **V**, 0,2, 37. — *3-Oxy-α-methylzimtsäure*, 0,2, 31. — *3-Oxy-α-äthylzimtsäure*, 0,2, 27. — *3-Oxy-α-acetaminozimtsäure*, 0,2, 7. — *3-Oxy-6-sulfozimtsäure*, 0,2, 31. — *4-Oxyzimtsäure*, 0,2, 7. — *2.3-Dimethoxyzimtsäure*, 1,0, 8. — *2.4-Dioxyzimtsäure*, 1,0, 9. — *2.6-Dioxyzimtsäure*, 0,1, 84. — *3.4-Äthoxyzimtsäure*, 1,0, 5. — *3-Oxy-4-methoxyzimtsäure*, 1,0, 19. — *3-Methoxy-4-oxyzimtsäure*, 1,0, 5. — *3-Äthoxy-4-oxyzimtsäure*, 1,0, 0. — *3.4-Dioxyzimtsäure*, 0,2, 74. — *3.4-Diacetoxyzimtsäure*, 0,2, 60. — *3-Mercaptozimtsäure*, 0,05, 78. — *2-Chlorzimtsäure*, 1,0, 36. — *4-Chlorzimtsäure*, 1,0, 8. — *2.4-Dichlorzimtsäure*, 1,0, 41. — *4-Cyanzimtsäure*, 10, 17. — *3-Aminozimtsäure*, 1,0, 10. — *3-Nitrozimtsäure*, 1,0, 15. — *3-Nitro-α-äthylzimtsäure*, 1,0, 0. — *3-Oxyzimtsäuremethylester*, 0,2, 60. — *3-Oxy-4-methoxyzimtsäuremethylester*, 1,0, 37. — *3.4-Dioxyzimtsäureäthylester*, 0,15, 90. — *O-[3.4-Dioxycinnamoyl]-chinasäure*, 0,1, 70. — *3.4-Diacetoxyzimtsäure-[β-N-dimethylaminoäthyl]-ester*, 0,2, 55. — *2-Chlorzimtsäure-[β-N-dimethylaminoäthyl]-ester*, 1,0, 17. — *3-Oxyzimtsäureamid*, 0,2, 19. — *N-3-Oxycinnamoylglycin*, 0,2, 24. — *2-Oxybenzalaceton*, 0,1, 31. — *3-Oxybenzalaceton*, 0,1, 30. — *4-Cinnamoyl-1.2.3-trioxybenzol*, 1,0, 24. — *4-[2-Oxycinnamoyl]-cyanbenzol*, 0,2, 0. — *2-Cinnamoyl-1.4-dioxybenzol*, 0,1, 35. — *5-[3.5-Dibromcinnamoyl]-salicylsäure*, 0,01, 85. — *3-Oxybenzalacetophenon*, 0,1, 100 bzw. 0,01, 24. — *4-[3-Oxycinnamoyl]-phenoxyessigsäure*, 0,1, 34. — *5-[3-Oxycinnamoyl]-salicylsäure*, 0,01, 85 bzw. 0,001, 27. — *5-[3-Acetoxycinnamoyl]-salicylsäure*, 0,01, 50. — *4-[4-Oxycinnamoyl]-phenol*, 0,2, 16. — *5-[4-Oxycinnamoyl]-salicylsäure*, 0,1, 10. — *2-[3-Methoxy-4-oxycinnamoyl]-phenol*, 1,0, 15. — *3.4-Dioxybenzalaceton*, 0,1, 100 bzw. 0,05, 85. — *2-[3.4-Dioxycinnamoyl]-phenol*, 0,1, 90. — *2-[3.4-Dioxycinnamoyl]-phenol-x-sulfonsäure*, 0,1, 65. — *4-[3.4-Dioxycinnamoyl]-1.3-dioxybenzol*, 0,1, 100 bzw. 0,05, 85. — *4-[3.4-Dioxycinnamoyl]-1.3-dioxybenzol-x-glykosid (Coreopsin)* 0,1, 82. — *4-[3.4-Dioxycinnamoyl]-3-oxy-1-acetoxybenzoat*, 0,1, 75. — *5-[3.4-Dioxycinnamoyl]-salicylsäure*, 0,001, 87. — *5-[3.4-Dioxycinnamoyl]-salicylsäureäthylester*, 0,01, 30. — *5-[3.4-Diacetoxycinnamoyl]-acetylsalicylsäure*, 0,001, 64. — *2-[3-Oxycinnamoyl]-furan*, 0,1, 50. — *2-[3-Oxycinnamoyl]-thiophen*, 0,1, 50. — *Flavon*, 0,2, 0. — *3'.4'-Dioxyflavon*, 0,1, 90 bzw. 0,01, 59. — *3.3'.4'.5.7-Pentaoxyflavon-6'-sulfonsäure*, 0,05, 55. — *Gossypin, 3.3'.4'.5.7.8-Hexaoxyflavon-8-glucosid*, 0,1, 77. — *Rutin, 3.3'.4'.5.7-Pentaoxyflavon-3-rutinosid*, 0,1, 5. — *3'.4'.5.7-Tetraoxyflavanon*, 0,1, 86. — *3'.5.7-Trioxy-4'-methoxyflavanon*, 1,0, 86. — *4'.5.7-Trioxy-3'-methoxyflavanon*, 1,0, 61. — *2-[3.4-Dioxyphenyl]-3-oxychroman*, 0,1, 50. — *Hydrozimtsäure*, 1,0, 0. — *3-Oxyhydrozimtsäure*, 1,0, 0. — *4-Oxyhydrozimtsäure*, 1,0, 9. — *3.4-Dioxyhydrozimtsäure*, 0,22, 63. — *2.4-Dichlorhydrozimtsäure*, 1,0, 38. — *2.4.6-Trijod-3-oxyhydrozimtsäure*, 0,1, 90. — *2.4.6-Trijod-3-oxy-α-methylhydrozimtsäure*, 0,2, 91. — *2.4.6-Trijod-3-oxy-α-äthylhydrozimtsäure*, 0,2, 71. — *3.5-Dijod-2-oxy-α-phenylhydrozimtsäure*, 0,2, 100. — *2.4-Dijod-3-oxy-α-phenylhydrozimtsäure*, 0,2, 78. — *4.6-Dijod-3-oxy-α-äthylhydrozimtsäure*, 0,2, 69. — *2.6-Dijod-3-amino-α-äthylhydrozimtsäure*, 0,1, 22, *α-Oxyhydrozimtsäure*, 1,0, 0. — *4.α-Dioxyhydrozimtsäure*, 1,0, 24. — *3-Methoxy-α-amino-α-methylhydrozimtsäure*, 1,0, 13. — *3.4-Dimethoxy-α-amino-α-methylhydrozimtsäure*, 1,0, 0. — *3-Oxy-4-methoxy-α-amino-α-methylhydrozimtsäure*, 1,0, 49. — *3.4-Dioxy-α-amino-α-methylhydrozimtsäure*, 0,1, 37. — *3.4-Dimethoxy-α-benzoylaminohydrozimtsäure*, 1,0, 0. — *3-Oxy-β-aminohydrozimtsäure*, 1,0, 0. — *3.5-Dibrom-2-oxy-β-sulfohydrozimtsäure*, 0,2, 39. — *Phenylbrenztraubensäure*, 1,0, 60. — *3-Oxyphenylbrenztraubensäure*, 1,0, 60. — *2.5-Dioxyphenylbrenztraubensäure*, 1,0, 60. — *3.4-Dioxyphenylbrenztraubensäure*, 0,1, 60. — *2-Nitrophenylbrenztraubensäure*, 1,0, 58. — *Phenylthiobrenztraubensäure*, 1,0, 67. — *Phenylessigsäure*, 1,0, 0. — *3-Oxyphenylessigsäure*, 1,0, 11. — *3-Fluor-4-oxyphenyl-*

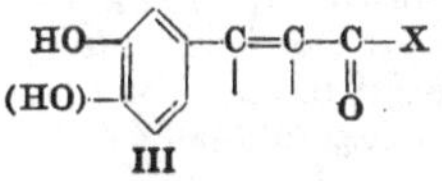

III

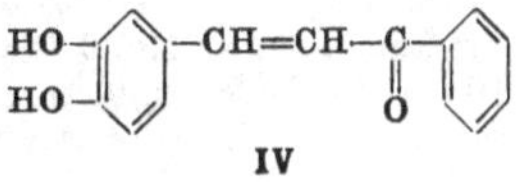

IV

essigsäure, 1,0, 0. — *2.5-Dioxyphenylessigsäure*, 1,0, 28. — *3.4-Dioxyphenylessigsäure*, 1,0, 88. — *2.5-Dimethoxyphenylessigsäure*, 1,0, 16. — *3.4-Dimethoxyphenylessigsäure*, 1,0, 18. — *Mandelsäure*, 1,0, 0. — *3.4-Dioxymandelsäureäthylester*, 1,0, 0. — *3.4-Methylendioxymandelsäure*, 1,0, 0. — *2-Phenylglycin*, 1,0, 0. — *3-Oxyphenylglycin*, 1,0, 0. — *4-Oxyphenylglycin*, 1,0, 0. — *3-Methoxyphenylglycin*, 1,0, 0. — *3.4-Dioxyphenylglycin*, 1,0, 16. — *Acetophenon*, 1,0, 0. — *2-Oxyacetophenon*, 1,0, 0. — *3-Oxyacetophenon*, 1,0, 17. — *3-Aminoacetophenon*, 0,2, 8. — *3-Oxyphenoxyessigsäure*, 1,0, 32. — *4-Acetophenoxyessigsäure*, 1,0, 0. — *3-Oxy-ω-nitrostyrol*, 1,0, 73. — *2.4-Dioxybenzoesäure*, 1,0, 0. — *2.5-Dioxybenzoesäure*, 1,0, 21. — *3.4-Dioxybenzoesäure*, 1,0, 0. — *2.4.6-Trioxybenzoesäure*, 1,0, 16. — *3.4.5-Trioxybenzoesäure*, 1,0, 42. — *p-Aminosalicylsäure*, 1,0, 0. — *5-Aminosalicylsäure*, 1,0, 28. — *2-Amino-3-oxybenzoesäure*, 1,0, 17. — *3-Nitrosalicylsäure*, 1,0, 0. — *p-Nitrosalicylsäure*, 1,0, 26. — *5-Nitrosalicylsäure*, 1,0, 0. — *3.5-Dinitrosalicylsäure*, 0,1, 22. — *5-Bromsalicylsäure*, 1,0, 0. — *3.5-Dibromsalicylsäure*, 0,1, 33. — *4.6-Dibrom-3-oxybenzoesäure*, 1,0, 36. — *3.5-Dijodsalicylsäure*, 0,1, 47. — *3.5-Dijod-4-oxybenzoesäure*, 1,0, 0. — *3-Phenylsalicylsäure*, 1,0, 77. — *5-Acetosalicylsäure*, 1,0, 0. — *Thiosalicylsäure*, 1,0, 50. — *2-Amino-4-nitrobenzoesäure*, 1,0, 0. — *2-Amino-5-nitrobenzoesäure*, 1,0, 28. — *2-Amino-3.5-dijodbenzoesäure*, 0,2, 59. — *3.5-Dinitrobenzoesäure*, 0,1, 10. — *2-Chlor-5-nitrobenzoesäure*, 1,0, 0. — *2.4-Dichlorbenzoesäure*, 1,0, 4. — *2.5-Dichlorbenzoesäure*, 1,0, 0. — *3.4-Dichlorbenzoesäure*, 1,0, 17. — *3.5-Dibrombenzoesäure*, 0,1, 10. — *2.3.5-Trijodbenzoesäure*, 1,0, 83. — *Phenol*, 0,4, 6. — *Brenzcatechin*, 3,0, 50. — *Resorcin*, 0,4, 13. — *Hydrochinon*, 0,1, 0. — *Phloroglucin*, 1,0, 45. — *4-Chlorresorcin*, 1,0, 58. — *2.4-Dinitrophenol*, 1,0, 13. — *1-Oxy-2-naphthoesäure*, 1,0, 61. — *3-Oxy-7-sulfo-2-naphthoesäure*, 1,0, 31. — *3.5-Dioxynaphthoesäure*, 1,0, 83. — *Propiophenon*, 1,0, 0. — *Phenylaceton*, 1,0, 0. — *Phenylbuttersäure*, 1,0, 10. — *Benzalbrenztraubensäure*, 1,0, 0. — *Cumarin*, 1,0, 0. — *3-Oxycumarin*, 0,1, 0. — *3-Methylumbelliferon*, 1,0, 33. — *Äsculetin-4-carbonsäure*, 1,0, 35. — *Äsculin*, 1,0, 0. — *Phloretin*, 1,0, 97. — *Leptosin*, 0,1, 48. — *β-[2-Thienyl]-acrylsäure*, 1,0, 0. — *3-Oxy-2-phenylcinchoninsäure*, 1,0, 74. — *Chinasäure*, 1,0, 0. — *Dithiosalicylsäure*, 1,0, 78. — *1.2-Naphthochinon-4-sulfonsäure*, 0,1, 71. (J. biol. Chemistry **216.** 507—29. Okt. 1955. Los Angeles, Calif., Univ. of California, Med. Center, Dep. of Physiol. Chem., and Veterans Admin. Center.) K. MAIER. 4210

Simon Black, *Kalium-aktivierte Hefe-Aldehyddehydrogenase.* Katalysierte Rk.: RCHO + DPN^+ (oder TPN^+) + H_2O → RCOOH + DPNH (oder TPNH) + H^+; Best., Reinigung, Eigenschaften. (Methods Enzymol. **1.** 508—11. 1955. Bethesda, Md., Nat. Insts. of Health.) K. MAIER. 4270

E. Racker, *Alkoholdehydrogenase aus Bäckerhefe.* Katalysierte Rk.: RCH_2OH + Diphosphopyridinnucleotid (DPN^+) ⇌ RCHO + DPNH + H^+; Best., Reinigung, Eigenschaften. — 10 Literaturangaben. (Methods Enzymol. **1.** 500—03. 1955. New Haven, Conn., Yale Univ.) K. MAIER. 4270

Arthur Kornberg, *Hefe-Isocitronensäuredehydrogenase—TPN.* Katalysierte Rkk.: d-Isocitrat + TPN ⇌ Oxalosuccinat (I) + TPNH, I ⇌ α-Ketoglutarat + CO_2; Best., Reinigung, Eigenschaften. — 5 Literaturangaben. (Methods Enzymol. **1.** 705—07. 1955. St. Louis, Mo., Washington Univ.) K. MAIER. 4270

Arthur Kornberg, *Hefe-Isocitronensäuredehydrogenase—DPN.* Katalysierte Rk.: d-Isocitrat + DPN → α-Ketoglutarat + DPNH + CO_2; Best., Reinigung, Eigenschaften. — 5 Literaturangaben. (Methods Enzymol. **1.** 707—09. 1955. St. Louis, Mo., Washington Univ.) K. MAIER. 4270

G. de la Haba und **E. Racker,** *Kristallisierte Transketolase aus Bäckerhefe.* Katalysierte Rk.: $CH_2OPO_3H_2(CHOH)_2COCH_2OH$ (Ribulose-5-phosphat) + $CH_2OPO_3H_2\cdot(CHOH)_3CHO$ (Ribose-5-phosphat) ⇄ $CH_2OPO_3H_2(CHOH)_4COCH_2OH$ (Heptulosephosphat) + $CH_2OPO_3H_2CHOHCHO$ (Glycerinaldehyd-3-phosphat); Best., Reinigung, Eigenschaften. — 8 Literaturangaben. (Methods Enzymol. **1.** 375—80. 1955. New Haven, Conn., Yale Univ., School of Med.) K. MAIER. 4270

Henry Z. Sable, *Hefepentokinase.* Katalysierte Rk.: Ribose + Adenosintriphosphat → Ribose-5-phosphat + Adenosindiphosphat; Best., Reinigung, Eigenschaften. — 8 Literaturangaben. (Methods Enzymol. **1.** 357—60. 1955. Boston, Mass., Tufts Univ.) K. MAIER. 4270

Margaret R. McDonald, *Hefehexokinase.* Katalysierte Rk.: Adenosintriphosphat Hexose → Hexose-6-phosphat + Adenosindiphosphat; Best., Reinigung, Eigenschaften. — 23 Literaturangaben. (Methods Enzymol. **1.** 269—76. 1955. Cold Spring Harbor, N. Y., Carnegie Inst.) K. MAIER. 4270

Krishna Bahadur, *Eine Arbeit über den Einfluß der Konzentration von Rohrzucker und Ammoniumnitrat auf den Stoffwechsel von Dhar-Hefen.* Vf. arbeitet mit Nährlsgg., die steigernde Mengen an *Rohrzucker* u. NH_4NO_3 immer im Verhältnis 10:1 enthalten. Mit höheren Konzz. steigt der Verbrauch an NH_4NO_3 u. Zucker, der Verlust an Stickstoff nimmt zu, die Säurebldg. läßt nach, die Aufnahme von Salpeterstickstoff wird gehemmt u. A. entsteht gar nicht mehr. (J. sci. Res. Inst. [Tokyo] **48.** Nr. 1. 357. 143—47. Juni 1954. [Orig.: engl.]) F. HOPPE. 4270

Philip H. Abelson und **Henry J. Vogel,** *Aminosäurebiosynthese bei Torulopsis utilis und Neurospora crassa.* Vff. untersuchten die Biosynth. offenkettiger Aminosäuren u. von Prolin bei *Torulopsis utilis* u. *Neurospora crassa* mit Hilfe der Isotopentechnik. Die Ergebnisse stimmen mit dem Ablauf des KREBS-Cyclus in diesen Organismen überein; sie erlauben eine Klassifizierung der Aminosäuren nach ihrer biochem. Entstehung. Es wurde die biosynthet. Folge aufgestellt: a) Glutaminsäure (I), Glutamin-γ-halbaldehyd (II), Δ^1-Pyrrolincarbonsäure-(5), Prolin; b) **I, II,** Ornithin, Citrullin, Arginin; c) Asparaginsäure, Homoserin, Threonin, α-Ketobuttersäure, α-Keto-β-methylvaleriansäure, Isoleucin; d) Homoserin, Methionin; e) α-Ketoglutarsäure, Lysin; f) Brenztraubensäure (III), α-Alanin; g) **III,** α-Ketoisovaleriansäure (**IV**), α-Ketoisocapronsäure, Leucin; h) **IV,** Valin; i) Serin, Glycin; k) Serin, Cystein. T. utilis u. N. crassa unterscheiden sich voneinander in Einzelheiten der Lysinbildung. Beide Organismen sind von Escheria coli verschieden im Hinblick auf die Beziehung zwischen Glutamat–Prolin–Ornithin, die Lysinsynth. u. den Asparaginsäure- u. Serinstoffwechsel. (J. biol. Chemistry **213.** 355—64. März 1955. New Haven, Connecticut, Yale Univ., Dep. of Microbiol. u. Washington, D. C., Carnegie-Inst. of Washington, Dep. of Terrestr. Magnetism.) H. GOEBEL. 4270

E₃. Mikrobiologie. Bakteriologie. Immunologie.

M. W. Fedorow und **L. A. Kruglowa,** *Zur Frage der chemischen Bildung von Acetylmethylcarbinol und Diacetyl in Kulturen typischer Milchsäurebakterien.* Auf Grund der Verss. mit verschied. Stämmen von Streptococcus diacetilactis kann gefolgert werden, daß die Entstehung von Diacetyl- (I) u. Acetylmethylcarbinol (II) mit Umbildungen der Citronensäure u. nicht der Lactose verbunden ist. Die Bldg. geht über die Spaltung von Citronensäure in Essig- u. Brenztraubensäure, welche entweder unmittelbar oder über die voraufgehende Bldg. von Essigsäurealdehyd dehydriert wird u. in **I** übergeht. Ein Teil des auf diese Weise entstandenen **I** wird wahrscheinlich durch akt. H_2 bis zu Acetylmethylcarbinol (II) reduziert. Deshalb treten diese beiden Stoffe stets gemeinsam in sauren Milchprodd. auf. (Доклады Академии Наук СССР [Ber. Akad. Wiss. UdSSR] **103.** 161—64. 1/7. 1955. Moskau, Landwirtschaftl. Timirjasew-Akad.) A. ECKE. 4320

H. Tarver, M. Tabachnick, E. S. Canellakis, D. Fraser und **H. A. Barker,** *Biosynthese von ^{14}C-markierten Proteinen und Aminosäuren mit Rhodospirillum rubrum.* Vff. beschreiben die Bedingungen für die Kultur von Rhodospirillum rubrum in einem Medium mit $^{14}CO_2$ u. A. als einzigen C-Quellen, so daß Proteine u. Aminosäuren von hoher spezif. Aktivität gebildet werden. Etwa 40% des angewandten $^{14}CO_2$ wird im Säurehydrolysat der Trichloressigsäure- u. alkoholgewaschenen Bakterien gefunden. Von diesem Betrag liegt das meiste in Form von markierten Aminosäuren vor, bes. die von Dicarboxylsäuren, Glykokoll, Alanin u. ein Gemisch von Arginin u. Phenylalanin. (Arch. Biochem. Biophysics **41.** 1—8. Nov. 1952. Berkeley, Calif., Univ., School of Med., Dep. of Biochem., and Coll. of Agric., Dep. of Plant Biochem.) K. NEHRING. 4320

J. J. Perry und **J. W. Foster,** *Untersuchungen über die Biosynthese von Dipicolinsäure in Sporen von Bacillus cereus var. mycoides.* Aus Sporen von Bacillus cereus var. mycoides u. Bacillus subtilis wurde *Dipicolinsäure* (*Pyridin-2.6-dicarbonsäure*; **I**) isoliert. **I** kann quantitativ bestimmt werden nach Isolierung durch Papierchromatographie mit Hilfe der UV-Spektrophotometrie bei 270 mμ. Die Biosynth. von **I** während der endotrophen Sporenbldg. läuft parallel mit dem Erscheinen der Sporen. E. coli 26-26 häuft *Diaminopimelinsäure* (**II**) an; mit Hilfe dieses Stammes wurde total mit ^{14}C markierte **II** hergestellt. Diese **II** wurde zu einer Bakteriensuspension während der endotrophen Sporenbldg. gegeben. Die isolierte **I** zeigte mehr Radioaktivität als irgendeine der vorhandenen 12 Aminosäuren. **II** ist normalerweise in den Zellen sporenbildender Bakterien vorhanden. Nach diesen Verss. wird **II** entweder in kleineren Spaltstücken zur Bldg. von **I** verwandt, oder es erfolgt unmittelbarer Ringschluß zu **I.** (J. Bacteriol. **69.** 337—46. März 1955. Austin, Tex., Univ., Dep. of Bacteriol.) F. LINGENS. 4320

E. Profft (unter Mitarbeit von **Reipprich** und **Feucht**), *Über neue hochwirksame Anästhetica.* 3. Mitt. *Bakericide Wirkung und oberflächenaktive Eigenschaften.* (2. vgl. C. **1956.** 6955.) Das *β-Piperidinoäthyl-4-n-propoxyphenylketonhydrochlorid* (*Falicain;* **I**) wird durch Trockendest., am zweckmäßigsten aber durch überhitzten Wasserdampf (180—200°) gespalten in *4-Propoxyphenylvinylketon* (**II**), Kp.$_{0,5}$ 109—110°, farbloses Öl (55—60% Ausbeute), u. Piperidinhydrochlorid. **II** polymerisiert bei Zimmertemp.

(schneller beim Erhitzen) zu einem hellgelben Harz. — *4-Isoamyloxyphenylvinylketon*, $Kp._{0,6}$ 122—123°, farblose Fl., in gleicher Weise darstellbar wie **II**, jedoch mit schlechterer Ausbeute. **I** u. seine homologen Substitutionsprodd. dürfen wegen dieser Spaltbarkeit nicht erhitzt werden. — Aus **I** u. konz. NaOH die freie Base, $Kp._{0,9}$ 122—126°, farbloses Öl. Rückverwandlung in **I**. **I** wird also durch starke Laugen nicht zerstört. — **I** wird zweckmäßig als Reineckat bestimmt. 1 g Reineckat = 0,5310 g **I** (Analysenvorschrift vgl. Original). In Ggw. von Fettsubstanzen, Suppositoriengrundlagen u. dgl. ist die Best. ungenau. — Die Toxizitätsprüfung von **II** bei weißen Mäusen ergab eine DL $>$5 g/kg Maus, die Toxizität von **II** beträgt also nur ca. $^1/_{100}$ von der des **I**. Bei der Einw. von 2 Tropfen Reinsubstanz **II** auf die Schleimhaut (Kaninchenauge) zeigte sich keine Reizwirkung. — Die bactericide Prüfung von **I** u. seinen Homologen erfolgte im Suspensionsverf. nach RIDEAL-WALKER, Testbakterien waren Staph. aureus u. Bact. coli, Vergleichssubstanz Phenol. Es wurden folgende Verbb. geprüft: Von den Falicainhomologen (Substitution jeweils im Benzolkern) die Verbb. *-4-methoxy-*, *-4-äthoxy-*, **I**, *-4-isopropoxy-*, *-4-n-butoxy-*, *-4-isobutoxy-*, *-4-isoamyloxy-* (**III**), *-4-allyloxy-*, *-3-methyl-4-propoxy-*, *-3-methyl-4-isoamyloxy-* (**IV**), *-2-methyl-4-propoxy-*, *-2-methyl-4-isoamyloxy-* (**V**), ferner *β-Piperidinoäthyl-2-propoxynaphthyl-kh.* (kh. = ketonhydrochlorid), *β-[α-Piperolino]-äthyl-4-propoxyphenyl-kh.*, *β-Piperidinoäthyl-4-n-propoxy-α-naphthyl-kh.*, *β-Piperidinoäthyl-4-isoamyloxy-α-naphthyl-kh.* (**VI**) u. *β-Piperidinoäthyl-n-propoxy-β-naphthyl-kh.* Im Vgl. zu Phenol zeigen sämtliche Falicaine eine überlegene Wrkg. gegenüber St. aureus u. B. coli. Die beste Wrkg. hatte **IV**, die Hemmstufe lag bei 0,008% (St. aureus) u. 0,03% (B. coli). — Hinsichtlich des Netzvermögens (Vergleichssubstanz Gardinol) waren hervorragend **III**, **IV** u. **V**, bzgl. Schaumfähigkeit u. Standfestigkeit des Schaums zeichneten sich bes. **IV**, **VI** u. **III** aus. (Chem. Techn. **5**. 13—17. Jan. 1953. Magdeburg.) W. BARZ. 4330

G. Turian, *Untersuchungen über die Ernährung, die Variation und die antibiotischen Eigenschaften von Chaetomella borrida Oud.* Vf. isolierte einen Stamm von *Chaetomella borrida Oud.* (**I**) aus einer von *Coniella diplodiella* (**II**) befallenen Traubenbeere u. beschreibt Kulturbedingungen. **I** u. **II** sind Antagonisten, Ae.-Extrakte von **I** zeigen antibiot. Wrkg. gegenüber **II**. (Phytopathol. Z. **23**. 113—20. März 1955. Lausanne, Stat. federales d'essais agricol.) W. BEINERT. 4340

R. Linz und **J. Baltus**, *Zur baktericiden Aktivität von Penicillin und Streptomycin auf Staphylokokken.* An Hand einiger Unterss. mit *Penicillin* u. *Streptomycin* an Staphylokokken weisen Vff. darauf hin, daß der Antibioticatest nach CHABBERT (C. **1954**. 4872. 9067) gelegentlich stark schwankende Ergebnisse zeitigt, was bes. bei Resistenzunterss. in der klin. Praxis zu beachten ist. (C. R. Séances Soc. Biol. Filiales **148**. 1268—71. Juli 1954. Bruxelles, Univ., Hôpital St. Pierre; Univ. libre, Labor. de Bacteriol.) F. KRUSEN. 4340

D. Perlman, E. O'Brien, A. P. Bayan und **R. B. Greenfield jr.**, *Antibioticum- und Vitamin-B_{12}-Bildung durch einen steroidoxydierenden Actinomyceten.* Der aus Erde isolierte Streptomycesstamm MD 2428 ähnelt S. lavendulae, aber das von ihm gebildete Antibioticum (**I**) hat bas. Eigg. u. kann aus wss. Lsg. mit Butanol oder Amylacetat extrahiert werden. **I** ist papierchromatograph. einheitlich. Der Streptomycesstamm bildet außerdem *Vitamin B_{12}* u. kann Steroide oxydieren, z. B. Progesteron zu 16-α-Oxyprogesteron. Die Bldg. von **I** wird von den N- u. Energiequellen u. dem p_H-Wert des Mediums beeinflußt, während der Einfl. auf die B_{12}-Synth. gering ist u. die Steroidoxydation nicht verändert wird. (J. Bacteriol. **69**. 347—52. März 1955. New Brunswick, N. J., Squibb Inst. for Med. Res.) F. LINGENS. 4340

P. Hutinel und **L. Oddoux**, *Prüfung von antibiotischer Aktivität bei 100 Homobasidiomyceten.* Von 100 Homobasidiomycetenarten wurden Mycelkulturen angelegt u. diese mit verschied. Mikroorganismen auf antibiot. Aktivität geprüft. Bei 22 Stämmen wurden gewisse Aktivitäten festgestellt, u. zwar waren alle wirksam gegen Staphylococcus aureus, 19 gegen Proteus mirabilis, 17 gegen Salmonella para B, 15 gegen Escherichia coli, 10 gegen Klebsiella pneumoniae u. 7 gegen Pseudomonas pyocyanea. Folgende Arten waren gegen alle genannten Mikroorganismen antibiot. wirksam: Collybia distorta, Flammula alnicola, Mycena cyanorrhiza, Phellinus fulvus, Trichonoma vaccinum, Ungulina annosa var. makraulos u. Volvaria murinella. (C. R. Séances Soc. Biol. Filiales **148**. 1256—57. Juli 1954. Lyon, Fac. de Méd. et Pharm., Labor. de Bot. et de Cryptogames.) F. KRUSEN. 4340

T. W. Reschetinskaja, *Über die Wirkung von Phytonciden einiger Gewürze auf Schimmelpilze.* Untersucht wurde die Wrkg. des Breies von *rotem* u. *schwarzem Pfeffer*, *Zimt*, *Nelke* (Zerreiben im Mörser u. Anfeuchten mit W. von 35—50° im Verhältnis 2:1) auf das Wachstum von *Mucor racemus*, *Penicillium citrinum*, *Trichoderma lignorum* u.

Cladosporium herbarum. Die Phytoncide von Zimt u. Nelke zeigten eine fungicide Wrkg. auf alle untersuchten Schimmelpilze (keine Sporenentw. im Laufe von 2—3 Wochen). Ihre fungistat. Wrkg. zeigte sich in einer Hemmung der Sporenentw. zu Mycelien u. in der teilweisen oder völligen Unterdrückung des Sporentragens. Bei 5—10 Min. Exposition wurden keine fungiciden u. fungistat. Wirkungen beobachtet. Schwarzer u. roter Pfeffer waren in allen Fällen wirkungslos. In Verss. verhinderten die flüchtigen Fraktionen der Nelke in der Beobachtungszeit von 2 Wochen ein Wachstum der reichlich angesäten Sporen von Mucor racemus, während bei der Kontrolle schon am 3. Tage ein üppiges Wachstum beobachtet wurde. (Вопросы Питания [Fragen d. Ernähr.] **14.** Nr. 4. 34—35. Juli/Aug. 1955. Iwanowo, Landw. Inst., Lehrstuhl für vet.-sanit. Expertise.) O. LEBTAG. 4340

F. Brown und **W. F. J. Cuthbertson,** *Ein unbekannter Aminozucker in den Zellwänden und Sporen verschiedener Bakterien.* Vff. berichten über eine sich wie ein Hexosamin verhaltende Substanz (**I**), die in sauren Hydrolysaten (6n HCl) verschied. Bakterienzellen (Bacillus megatherium, B. subtilis, B. cereus, Micrococcus lysodeikticus) gefunden worden ist u. in krist. Form auch aus Peptiden der Sporen mittels Ionenaustauscherharzen erhalten wurde. **I** ist kein einfaches Hexosamin. Nach Behandlung mit *Ninhydrin* wird auf papierchromatograph. Wege eine Verb. erhalten, die mit *Anilinphthalat* reagiert u. an Pentosen erinnernde Eigg., aber einen niedrigeren R_F-Wert besitzt. **I** ist mit *Glucosamin* (**II**) oder **II**-*Galaktosamin* (**III**)-Gemischen vergesellschaftet u. zeigt ein Absorptionsmaximum nahe 520 mμ (**II**- u. **III**-Derivv.: 530 mμ). Bei der alkal. Dest. nach TRACY liefert **I** freies NH_3 entsprechend 5% N (**II**: 7,8% N). Von **II** u. **III** läßt sich **I** durch Behandlung mit Ionenaustauschharz IR-120 (H) bei p_H 6,05 abtrennen, das nur **II** u. **III** aus wss. Lsgg. adsorbiert. Die sauren Hydrolysate von Zellwänden aus Bacterium megatherium, B. subtilis u. B. cereus enthalten 10, 11,6 bzw. 4,3% **I**. (Nature [London] **177.** 186—88. 28/1. 1956. Porton, Nr. Salisbury, Microbiol. Res. Dep.) P. FAHRNLAENDER. 4350

H. E. Wheeler, *Feststellung mikrobiologischer Toxine durch Anwendung von Isotopen.* Zur Feststellung von Toxinen, die im Wirtsgewebe gebildet werden, u. zu ihrer Unterscheidung von Stoffen, die als Sekundärprodd. im Wirt entstehen, kann ^{14}C u. ^{3}H zur Markierung der Mikroorganismen verwendet werden. Die Schwierigkeiten bzgl. markierter Toxine werden diskutiert. (Phytopathology **43.** 236—38. Mai 1953. Baton Rouge, La., Univ., Dep. of Bot., Bacteriol. and Plant Pathol.; Oak Ridge, Tenn., Nat. Labor., Biol. Div.) W. BEINERT. 4370

Lloyd D. Felton, Benjamin Prescott, Gladys Kauffmann und **Barbara Ottinger,** *Bei Pneumokokkeninfektionen wirksame Antigene pflanzlichen Ursprungs.* Aus Preßsäften verschied. Pflanzenteile wurden Hemicellulosen (**I**) isoliert, die teilweise mit Pneumokokkenseren vom Typ I, II u. III präcipitierten u. Mäuse gegen eine nachfolgende Infektion mit allen oder einzelnen Typen immunisierten. Diese beiden Eigg. der **I** waren nicht miteinander koordiniert. Chem. u. physikal. Analysen der ca. 70 **I** zeigten keine Beziehungen zwischen der chem. Struktur u. biol. Aktivität. (J. Bacteriol. **69.** 519—28. Mai 1955. Bethesda, Md., Nat. Microbiol. Inst., Nat. Inst. of Health, Publ. Health Serv., Dep. of Health, Education and Welfare.) E. FISCHOEDER. 4370

E. Klenk und **W. Stoffel,** *Zur Kenntnis der Zellreceptoren für das Influenzavirus. Über das Vorkommen von Neuraminsäure im Eiweiß des Erythrocytenstromas.* Im Stroma von Rindererythrocyten wurde neuraminsäurehaltiges Glykoproteid nachgewiesen. Die Hypothese, daß Acetylneuraminsäure als Zellreceptor fungiert u. der wesentlichere Teil des für die Bindung des Influenzavirus verantwortlichen Mucoproteids ist, erfährt durch diesen Befund eine Stütze. Die Neuraminsäure wurde als krist. Methoxylverb. aus dem lipoidfreien Stromaeiweiß in kleinen Mengen dargestellt. (Hoppe-Seyler's Z. physiol. Chem. **303.** 78—80. 1956. Köln, Univ., Physiol.-Chem. Inst.) E. FISCHOEDER. 4373

Erich Köhler, *Viren. Pflanzenpathogene Viren.* Übersicht. Virusteilchen, Zelleinschlüsse, Struktur u. Chemismus des Virus, Infektion, Virusvermehrung, Virusbeeinflussung im Wirt, Virusinterferenzen, Virusvariabilität u. Klassifizierung, patholog. Morphologie, Krankheitsverlauf in Abhängigkeit vom Wirt u. Umwelt, Diagnostik, Insektenvektoren, spezielle Krankheiten. — 252 Literaturangaben. (Fortschr. Bot. **17.** 819—55. 1955. Braunschweig.) K. MAIER. 4374

Richard D. Durbin, *Geradlinige Wachstumsfunktion von Mikroorganismen bei toxischen CO_2-Konzentrationen.* Die Unters. des Einfl. verschied. CO_2-Konzz. auf das Wachstum der Pilze Penicillium nigricans, Alternaria grossulariae, Cladosporium herbarum, Ophiobolus graminis, Fusarium oxysporum u. F. solani f. eumartii ergab im doppeltlogarithm. Diagramm eine geradlinige Konzentrations-Rk. (= %-Hemmung)-Abhängigkeit der Entwicklung. Die Steigung der Geraden hing von der Temp. u. der spezif. Rk.

der einzelnen Organismen auf CO_2 ab. Bei einer bestimmten CO_2-Konz. wurde das Wachstum auf größere Bodentiefen beschränkter Organismen weniger gehemmt als das näher an der Bodenoberfläche vorkommender Species. (Science [Washington] **121.** 734—35. 20/5. 1955. Los Angeles, Univ. of California, Dep. of Plant Pathol.) K. MAIER. 4380

James H. Gregg, Alice L. Hackney und **Jerome O. Krivanek,** *Stickstoffstoffwechsel des Schleimpilzes Dictyostelium discoideum während Wachstum und Morphogenese.* Gesamt-N-Geh. u. N-Geh. einzelner Fraktionen in verschied. Entwicklungsstadien von Dictyostelium discoideum wurden bestimmt. Beim Übergang von vegetativen Amöben zum Pseudoplasmodium (Wachstumsperiode) sind keine bedeutenden Veränderungen festzustellen. Die Ausbldg. der reifen Fruchtkörper ist von einer Abnahme des Gesamt-N u. einer NH_3-Ausscheidung begleitet. Diese Abnahme ist hauptsächlich auf den Abbau der extrahierbaren Proteine u. der nicht extrahierbaren N-Fraktion im Stielchen der Fruchtkörper zurückzuführen. Die Beziehungen zwischen N-Stoffwechsel u. Cellulosesynthese werden diskutiert. (Biol. Bull. **107.** 226—35. Okt. 1954. Gainesville, Fla., Univ. of Florida, Dep. of Biol.) A. DILLMANN. 4380

Murray Strassman, Lillian A. Locke, Alice J. Thomas und **Sidney Weinhouse,** *Untersuchung der Leucinbiosynthese bei Torulopsis utilis.* Im Rahmen von Unterss. über den Mechanismus der Biosynthese der verzweigtkettigen Aminsoäuren *Valin* (**I**), *Isoleucin* (**II**) u. *Leucin* (**III**) bei *T. utilis* mittels der Tracemethodik wurde gefunden, daß die **III**-C-Kette aus einer Acetylgruppe, die mit dem Isobutyrylrest von **I** verknüpft ist, aufgebaut wird. Die ^{14}C-Verteilung in **III** bei Züchtung der Zellen in Ggw. von $^{14}C_{(1)}$- u. $^{14}C_{(2)}$-*Acetat* (**IV**) sowie $^{14}C_{(1)}$-, $^{14}C_{(2)}$- u. $^{14}C_{(3)}$-*Lactat* (**V**) als Substrat wurde mittels des für **I** u. **II** beschriebenen Abbauverf. ermittelt. **IV**-$C_{(COOH)}$ fand sich ausschließlich (99%) in **III**-$C_{(COOH)}$, **IV**-$C_{(\alpha)}$ größtenteils (89%) in **III**-$C_{(CH_3)}$, **V**-$C_{(1)}$ wurde prakt. überhaupt nicht in **IV** eingebaut, **V**-$C_{(2)}$ erschien in **III**-$C_{(COOH.3.4)}$ (31, 33, 32%) u. **V**-$C_{(3)}$ in **III**-$C_{(2.5.5')}$ (37,59%). In Analogie zur Kondensation von Oxalacetat mit **IV** unter Bldg. von Citronensäure diskutieren Vff. für die Synth. der **III**-Kette folgenden Mechanismus (coA =

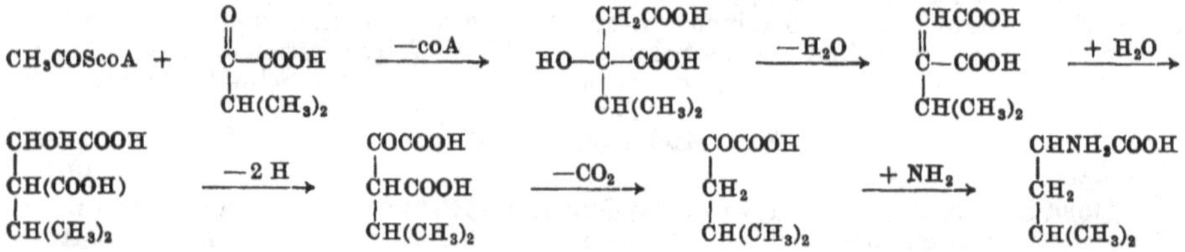

Coenzym A). (Science [Washington] **121.** 303—04. 25/2. 1955. Philadelphia, Pa., Lankenau Hosp., Res. Inst. u. Inst. for Cancer Res.) K. MAIER. 4380

J. R. S. Fincham und **J. B. Boylen,** *Eine Blockierung der Argininsynthese bei Neurospora crassa infolge Genmutation.* 4 Stämme einer *Arginin* (**I**) benötigenden *Neurospora crassa*-Mutante speicherten im Mycel *Argininbernsteinsäure* (**II**), die durch Zusatz von *Citrullin* (**III**) beträchtlich vermehrt wurde. Mutantenkulturen zugesetztes **III** war am Ende des Wachstums als fast quantitativ als Rest-**III** + **II** erfaßbar, während Wildtypkulturen **III** vollständig verbrauchen. Die **II**-Speicherung in Ggw. von **III** durch Mutantenmycel war von einer beträchtlichen Abnahme der Mycelaminosäuren (bes. *Alanin, Glutamin, Glutaminsäure*) begleitet. Zellfreie Wildtypmycelextrakte enthalten ein Enzym, das die reversible Spaltung von **II** zu *Arginin* (**IV**) u. *Fumarsäure* katalysiert (5fache Anreicherung der $[NH_4]_2SO_4$-Fraktionierung), während dies in den Mutantenstämmen anscheinend fehlt. In Mutantenextrakten war kein Inhibitor dieses Enzyms feststellbar. Die Mutanten bildeten *Arginase* u. *Fumarase* in n. Mengen. Anscheinend liegt hier eine Genmutation vor, die sich durch Beeinflussung der Bldg. eines einzelnen Enzyms manifestiert. Die Ergebnisse lassen für die **III** → **IV**-Umwandlung in *N. crassa* einen ähnlichen Mechanismus erkennen, wie er von RATNER u. Mitarbeitern für Säugergewebe nachgewiesen worden ist. (Biochem. J. **61.** XXIII—XXIV. Dez. 1955. Leicester, Univ. Coll., Dep. of Genetics.) K. MAIER. 4380

Gösta Ehrensvärd, *Einige Beobachtungen über aromatische Biosynthese in Penicillium urticae Bainier.* Aus dem Befund, daß verschied. Penicilliumarten in Abwesenheit von Zn^{2+} aromat. Verbb. mit 8 C-Atomen, in Ggw. von Zn^{2+} solche mit 7 C-Atomen bilden, schließt Vf., daß die C_7-Verbb. durch Decarboxylierung aus den C_8-Verbb. entstehen, wobei Zn^{2+} nötig ist. Diese Rk. geschieht vor der Bldg. der 6-Methylsalicylsäure, da deren 4-Fluor-Deriv. (F. 169—170°) die Bldg. der C_7-Aromaten nicht hemmt. Mit Penicillium urticae BAINIER wurden viele Kohlenhydrate als C-Quelle für aromat. Verbb. geprüft. Am besten eignen sich Glucose (**I**), Polyglucoside, Fructose u. Xylose. Viele organ. N-freie Verbb. hemmen die aromat. Synth., bes. 3-Acetyl-2.4-diketo-3.4-dihydro-6-methylpyran (im Orig. irrtümlich 3-Acetyl-1.3-diketo-3.4-dihydro-6-methylpyran; der Referent). Die acetylfreie Verb. wirkt dagegen aktivierend. Pyrone oder nahe verwandte Verbb. sind wahrscheinlich eine Vorstufe für die Bldg. aromat. Verbb. aus **I**. (Exp. Cell Res., Suppl. **3.** 102—09. 1955. Stockholm, Univ., Wenner-Gren Inst. of Exp. Biol., Dep. of Physiol. Chem.) A. DILLMANN. 4380

Frank H. Stodola, Kenneth B. Raper, Dorothy I. Fennell, Howard F. Conway, Virgil E. Sohns, Cecil T. Langford und **Richard W. Jackson,** *Die mikrobiologische Bildung der Gibberelline A und X.* Aus Submerskulturen von *Fusarium moniliforme* (*Gibberella fujikuroi*), einem pflanzenpathogenen Pilz, wurde durch Adsorption an *Darco G–60,* Eluierung mit ammoniakal. CH_3OH, Extraktion des angesäuerten Konzentrats mit Äthylacetat rohes krist. *Gibberellin* (ca. 12 g/160 Gall. Kultur-Fl.) erhalten. Verteilungschromatographie gab das bekannte *Gibberellin A*, $[\alpha]_D$ 36°, u. ein neues, *X*, $C_{19}H_{22}O_6$, $[\alpha]_D^{25}$ 92°, das bei Reiskeimlingen die gleiche wachstumsfördernde Wrkg. wie *A* zeigt. (Arch. Biochem. Biophysics **54.** 240—45. Jan. 1955. Peoria, Ill., U. S. Dep. of Agric., Agric. Res. Serv., Northern Utilization Res. Branch, Fermentat. and Engng. and Developm. Sects.) K. MAIER. 4380

B. E. Plunkett, *Fruchtkörperproduktion in Reinkulturen von Collybia velutipes (Curt.) Fr. unter Ernährungs- und anderen Gesichtspunkten.* Vf. kultivierte Collybia velutipes in einer fl. Nährlsg. aus Mineralsalzen, Saccharose, Asparagin u. Vitamin B_1 bei 20° u. ausreichender Belichtung. Mycelbldg. u. Fruktifikation wurden durch verschied. Faktoren (Konz. der Nährlsg., p_H-Wert, Belichtung, Zufügung von Pflanzenbes. Malzextrakt) beeinflußt. Geringe Anfangskonz. von *Asparagin* (**I**) (0,1 g/100 ml) bewirkt optimale Fruchtkörperbldg.; bei steigender Anfangskonz. (bis 10 g/100 ml) von *Saccharose* (**II**) steigt auch die Sporophorenanzahl. Die größte Mycelmasse wird in Kulturen mit relativ hohen Anfangskonzz. von **II** (15 g 100 ml) u. **I** (1 g/100 ml) ausgebildet. (Ann. Botany [N. S.] **17.** 193—217. April 1953. London, Birkbeck College.) W. SCHUPHAN. 4380

J. E. Ford, Margaret E. Gregory und **E. S. Holdsworth,** *Die Aufnahme von B_{12}-Vitaminen durch Ochromonas malhamensis.* Das Protozoon *O. malhamensis* ist hinsichtlich seines B_{12}-Bedarfs stark selektiv eingestellt u. verwertet von den natürlichen *B_{12}-Vitaminen* (**I**) nur *Cobalamin* (**II**) u. Vitamin $B_{12\,III}$. In einer O.-Kultur mit beschränkter *Cyanocobalamin* (**III**)-Konz. wurden zugesetztes **III**, $B_{12\,III}$, *Pseudovitamin B_{12}* (**IV**) oder *Faktor A* (**V**) in annähernd gleichem Umfang von den Zellen aufgenommen [*Faktor B* (**VI**) wenig oder gar nicht]. Oberhalb einer krit. Konz. stieg die Aufnahmegeschwindigkeit für **III** stark an. Unter derselben wurde die **III**-Aufnahme durch gleichzeitigen **IV**- oder **V**-Zusatz (0,001—0,006 γ/cm³) zunehmend erhöht. Höhere Konzz. blockierten die **III**-Aufnahme. **VI** war ohne Wirkung. Die Wachstumsgeschwindigkeit wurde bei einer beschränkten **III**-Konz. durch **IV** u. **V**($<$ 0,02 γ/cm³) geringfügig gesteigert oder bei höheren Konzz. verlangsamt (**VI** unwirksam). Von relativ niedrigen Konzz. abgesehen, hemmte **IV** die Wachstums-Rk. auf **III**. Innerhalb eines großen Konzentrationsbereiches äußerte sich der Einfl. von **IV** u. **V** nur in der Wachstumsgeschwindigkeit. Die maximal erreichten Zellkonzz. der Kulturen hingen von den zugesetzten beschränkenden **III**-Mengen ab. Die Befunde werden mit der Beobachtung in Einklang gebracht, daß Extrakte aus Ochromonaszellen eine Substanz erhalten, die sich mit **III**, **IV** oder **V** verbindet u. diese für Cellophan unpassierbar macht. (Biochem. J. **61.** XXIII. Dez. 1955. Reading, Univ., Nat. Inst. for Res.) K. MAIER. 4380

E_4. Pflanzenchemie. Pflanzenphysiologie. Pflanzenpathologie.

F. R. Bharucha und **J. V. Shankar,** *Änderungen der Citronen- und Äpfelsäuregehalte in den Geweben von in Paraffinöl getauchter Astercantha longifolia Nees.* Unter den anaeroben Bedingungen des Tauchens in das Öl nahm der nach CZAPEK bestimmte Geh. sowohl der Wurzeln als auch der Blätter an beiden Säuren bis zu 10 Std. Dauer stark zu u. weiterhin wieder ab. (Sci. and Cult. **20.** 132—33. Sept. 1954. Bombay, Inst. of Sci., Bot. Dep.) K. BLUMRICH. 4420

J. W. Airan und **R. M. Desai,** *Zucker und organische Säuren in den Früchten von Adensonia digitata (Linn.). Glucose, Fructose* u. *Saccharose* wurden in den reifen u. unreifen Früchten von *Adensonia digitata* (Linn.) (Marathi: „Gorak Chinch"; Bombacacea) gefunden, während *Raffinose* u. *Galaktose* (**I**) nur in reifen Früchten vorhanden waren. **I** wurde nicht im freien Zustand gefunden. *Ascorbin-, Citronen-, Äpfel-* u. *Oxalsäure* waren in den alkoh. Extrakten der reifen u. unreifen Früchte vorhanden, während Weinsäure nur in den reifen Früchten anwesend war. (J. Univ. Bombay [N. S.] **22.** Nr. 5. Sect. A 23—27. März 1954. Bombay, Wilson College.) H. PATZSCH. 4420

W. L. Deatherage, M. M. MacMasters und **C. E. Rist,** *Teilübersicht über den Amylosegehalt in Stärke einheimischer und fremder Varietäten von Mais, Weizen und Hirse und einigen anderen stärkehaltigen Pflanzen.* Tabellen der Analysenwerte einiger hundert Untersuchungsproben. (Trans. Amer. Assoc. Cereal Chemists **13.** 31—42. Febr. 1955. Preoria, Ill., U. S. Dep. of Agric., Northern Util. Res. Branch.) P. LOCH. 4420

Jorma K. Miettinen, *Freie Aminosäuren in der Erbsenpflanze* (*Pisum sativum*). In verschied. Teilen von *P. sativum* (Blätter, Stengel, Wurzeln, Knöllchen) wurden die freien *Aminosäuren* (I) nach 12, 30, 43 u. 61 tägigem Wachstum durch semiquantitative Papierchromatographie bestimmt. Die Hauptveränderungen der ninhydrinpositiven Verbb. (I, 2 kleine Peptide u. durch I-Decarboxylierung entstandene Amine) fanden in der Wachstumsperiode statt (z. B. höhere Konz. von *Homoserin, Glutathion* u. *γ-Glutamylalanin* in jungen Pflanzen, von *Aminen* in älteren; Maximum der Amide *Asparagin* u. *Glutamin* nach 30 Tagen). Wurden in voller Blüte stehende Pflanzen 2 Tage der Dunkelheit ausgesetzt, dann vermehrten sich normalerweise in niedrigen Konzz. vorkommende I beträchtlich. Dies beruht möglicherweise auf dem beginnenden Welken u. dem durch die Dunkelheit ausgelösten Eiweißabbau. (Suomalaisen Tiedeakatemian Toimituksia [Ann. Acad. Sci. fennicae], Sarja A. II. Nr. **60.** 520—35. Helsinki, Biochem. Inst., Foundat. for Chem. Res., Labor.) K. MAIER. 4420

F. C. Steward, R. M. Zacharius und **J. K. Pollard,** *Stickstoffverbindungen in Pflanzen: Neuere durch Papierchromatographie erhaltene Ergebnisse.* Es wird eine Übersicht der papierchromatograph. in Pflanzenmaterial nachgewiesenen teilweise noch nicht indentifizierten *N-Verbb.*, deren R_F-Werte in verschied. Lösungsmittelsystemen u. deren Farb-Rkk. gegeben. Die Bedeutung des Nachw. neuer *N*-Verbb. für Fragen des N-Stoffwechsels wird diskutiert. — 184 Literaturangaben. (Suomalaisen Tiedeakatemian Toimituksia [Ann. Acad. Sci. fennicae], Sarja A. II. Nr. **60.** 321—66. 1955. Ithaca, N. Y., Cornell Univ., Dep. of Bot.) K. MAIER. 4420

René Salgues, *Die primären aliphatischen Terpenalkohole des ätherischen Öls von Tillandsia fragrans Ed. André.* Die Blüten von *T. fragrans* enthalten 0,18% eines vorwiegend aus prim. Alkoholen bestehenden äther. Öls ($D.^{15}$ 0,890, α -2^0 30′, n_D 1,4376). Gesamtalkoholgeh. 74%, 58—62% in freier Form (52% *Citronellol*, 20% *Geraniol*, Rest *Nerol*), 18% Äther. *Citronellylpyruvatsemicarbazon*, F. 110°; *Neryldiphenylurethan*, F. 52°; *Geranyldiphenylurethan*, F. 82°; *Ag-Nerylphthalat*, F. 129°. (C. R. hebd. Séances Acad. Sci. **240.** 1801—02. 2/5. 1955.) K. MAIER. 4420

Maurice-Marie Janot und **Robert Goutarel,** *Voacanga-Alkaloide: Voacangin.* Aus den Rohbasen der Rinde von *Voacanga africana* STAPF u. *V. thouarsii* R. u. SCH. var. *obtusa* (K. SCH.) PICHON wurde durch Chromatographie neben den bereits früher isolierten Alkaloiden *Voacamin* (I) u. *Vobtusin* ein 3. durch Benzolelution erhalten: *Voacangin*, $C_{22}H_{28}O_3N_2$, F. 137—138° (korr.), prismat. Nadeln, Sublimation bei 135° u. 0,01 mm, 2 OCH_3 (1 als Estergruppe), λ_{max} 225, 287 mμ, log ε 4,43, 3,97, Ultrarotspektr.: 2,87 μ (NH), 5,87 μ (COOR), 12—12,4 μ (1.2.4-substituiertes Bzl.). Aus dem Bzl.-Aceton (10%)-Eluat wurde ein Alkaloid, $C_{22}H_{26}O_3N_2$, F. 242° (korr.), $[\alpha]_D$ -48 ± 4^0 (c = 0,44; Chlf.), erhalten, das, abgesehen vom F., in den physikal. Eigg. mit I ident. war. (C. R. hebd. Séances Acad. Sci. **240.** 1800—01. 2/5. 1955.) K. MAIER. 4420

L. Cholnoky, K. Györgyfy, E. Nagy und **M. Pánczél,** *Untersuchungen über Carotinoid-Farbstoffe.* 1. Mitt. *Die Farbstoffe des roten tomatenförmigen Paprikas* (*Capsicum annuum varietas lycopersiciforme rubrum*). In Fortsetzung der früheren Arbeiten von ZECHMEISTER u. CHOLNOKY wurden die frisch gepflückte unreife grüne, die reife rote Frucht u. die Blätter der tomatenförmigen Abart der Paprikapflanze auf ihre Farbstoffe untersucht. Die Trennung der Farbstoffe erfolgte aus dem Extrakt der in einer Kugelmühle zerkleinerten Pflanzenteilen chromatographisch. In der unreifen Frucht wurden folgende Farbstoffe nachgewiesen: *β-Carotin, Mutatochrom, Neo-β-carotin B* u. *U, Violaxanthin, Xanthophyll, Foliaxanthin* (Epoxyd unbekannter Struktur), *Foliachrom* (Furanoidderiv. von Foliaxanthin), Spuren von *β-Carotinmonoepoxyd* u. *Antheraxanthin.* Wahrscheinlich ist noch die Anwesenheit von *Kryptoxanthin*, wie auch *cis*-Isomere des *Xanthophylls* u. *Violaxanthins.* Dieselben Farbstoffe, jedoch in 65 mal größerer Menge sind in den Blättern vorhanden u. außerdem noch α-Carotin. Die roten reifen Früchte enthalten: *β-Carotin, Aurochrom, Mutatochrom, Kryptoxanthin, Kryptocapsin, Neo-β-corotin B* u. *U, Capsorubin, Capsanthin, Violaxanthin, Antheraxanthinepoxyd, Zeaxanthin* sowie *cis-Isomere* dieser Farbstoffe. Hieraus ist ersichtlich, daß die α- u. β-Carotinoide in allen Pflanzenteilen vorhanden sind, aber α-Carotin nur in den Blättern. Während der Reife verschwinden das Chlorophyll u. Xanthophyll, es erscheinen Zeaxanthin u. die roten Polienoxyketone. Der Farbstoffgeh. der roten Frucht ist 35 mal größer als der der grünen. Die identifizierten Farbstoffe, bzw. das Verschwinden einiger während der Reife u. Entstehen einiger anderer ist mit der Sauerstoffaufnahme u. Abgabe erklärlich u. somit die Ansicht der Vff., daß die Carotinoide zum Sauerstofftransport dienen, als bewiesen anzusehen. (Acta chim. Acad. Sci. hung. **6.** 143—71. 1955.) J. PLANK. 4420

G. Ch. Molotkowski und **Jul. G. Molotkowski,** *Die Verteilung von Ascorbinsäure in den Achsenorganen von normal und horizontal wachsenden Organen der Seidenpflanze und der Walnuß.* In den einzelnen Organen der Seidenpflanze (Asclepias cornuti) (**S**) u. des Walnußbaumes (**W**) zeigt der Geh. an *Vitamin C* (**I**) ganz verschied. Werte. Werden die einzelnen Organe der Pflanzen in andere Lagen gebracht, so ändern sich deren **I**-Gehalte. Im horizontal wachsenden Stengel von **S** findet man im oberen Teil mehr **I** als im unteren, bei **W** dagegen im unteren. Bei **S** nimmt der **I**-Geh. vom Wurzelhals ab stets in Richtung nach der Stengelspitze oder den Blattspitzen oder Wurzelspitzen zu. Bei **W** ist der **I**-Geh. im Wurzelhals am höchsten. Diese Verschiedenheit bei **S** u. **W** suchen Vff. auf Unterschiede des Protoplasmas zurückzuführen. (Доклады Академии Наук СССР [Ber. Akad. Wiss. UdSSR] **103.** 921—24. 11/8. 1955. Tschernowitz, Univ.) M. ULMANN. 4425

Rattan Singh, T. D. Biswas und **N. B. Das,** *Entdeckung freier Nicotinsäure in Getreidesorten mittels der Papierchromatographie.* Papierchromatographisch wurde nachgewiesen, daß Weizenkörner nur geringe Mengen freier *Nicotinsäure* enthalten. (Proc. Soc. biol. Chemists, India **13.** 38. 1955. New Delhi, Indien, Indian Agricult. Inst.) H. HERMANN. 4425

Bruno Huber und **Leopold Bauer,** *Wasserumsatz und Stoffbewegungen.* Übersicht. Osmot. Zustandsgrößen; nichtosmot. Wasser- u. Stoffaufnahme; Wasser- u. Stoffaufnahme; Wasser- u. Stoffabgabe; Transpirationsstrom; Assimilatstrom. — 153 Literaturangaben. (Fortschr. Bot. **17.** 483—508. 1955. München, Univ., Forstbotan. Inst.; Tübingen.) K. MAIER. 4450

Charles C. Wilson, W. R. Boggess und **Paul J. Kramer,** *Tageszeitliche Schwankungen im Wassergehalt einiger krautiger Pflanzen.* In Wurzeln, Stengeln u. Blättern von Helianthus annuus L. u. Amaranthus spinosus L. wurden die tageszeitlichen Schwankungen im Wassergeh. ermittelt. Das Minimum lag bei Blättern am Nachmittag, das Maximum etwa in der Zeit zwischen 24 u. 4 Uhr. Bei Wurzeln u. Stengeln verschob sich das Verhältnis um ca. 4—5 Std., so daß das Maximum etwa um 8 Uhr erreicht war. (Amer. J. Bot. **40.** 97—100. März 1953.) W. SCHUPHAN. 4450

Jakob Reinert, *Wachstum und Bewegung.* 1. Mitt. *Wachstum.* Übersicht. Natur der nativen Wuchsstoffe, Biogenese der β-Indolylessigsäure (**I**), biol. Eigg. des Indolylacetonitrils, Wuchsstofftransport, Photolyse u. enzymat. **I**-Oxydation, Streckungswachstum u. Wasseraufnahme, Wachstum u. Atmung. — 50 Literaturangaben. (Fortschr. Bot. **16.** 330—41. 1954. Tübingen, Univ., Bot. Inst.) K. MAIER. 4450

Jakob Reinert, *Wachstum.* (Vgl. auch vorst. Ref.) Übersicht. Nomenklatur, Testverff., native Wuchsstoffe (**I**), biol. Eigg. des Indolylacetonitrils, gebundene Auxine, Photolyse u. enzymat. Oxydation der Indolylessigsäure, Wachstum u. Stoffwechsel, chem. Konst. u. physiol. Aktivität von **I** u. Antiauxinen, Hemmstoffe. — 65 Literaturangaben. (Fortschr. Bot. **17.** 697—11. 1955. Tübingen, Univ., Bot. Inst.) K. MAIER. 4450

S. P. Spragg und **E. W. Yemm,** *Glutathion und Ascorbinsäure im Stoffwechsel kei mender Erbsen.* In keimenden Erbsensamen findet während der ersten 6 Std. der Keimung eine schnelle Umwandlung von oxydiertem Glutathion (**I**) in red. Glutathion (**II**) statt, wobei sich aber die Gesamtmenge **I** + **II** während 26 Std. nicht ändert, also weder Synth. noch Abbau erfolgen. Im Verlauf der ersten 24 Std. steigt der Geh. an Ascorbinsäure (**III**) relativ zur Dehydroascorbinsäure (**IV**), wobei sich die Gesamtmenge **III** + **IV** vermindert. Die Atmung ist während der ersten 6—9 Std. durch große O_2-Aufnahme u. CO_2-Abgabe gek., ist dann bis zu 30 Std. konstant u. steigt mit dem Aufbrechen der Samenschale wieder an. Die Samenschale begrenzt also den Gasaustausch, u. das während dieser Zeit gebildete CO_2 entstammt z. T. einer anaeroben Glykolyse. Der O_2-Mangel begünstigt die Bldg. der reduzierten Formen. Die Bldg. von **II** kann bei der Aktivierung von SH-Enzymen eine wichtige Rolle spielen. (Biochem. J. **58.** XI—XII. Sept. 1954. Bristol, Univ., Dep. of Bot. u. Biol. Chem. Labor.) H. KOBLITZ. 4455

Eva Fuchs, *Keimstimulationsversuche mit Kartoffeln.* Mehrere Kartoffelsorten wurden mit *Äthylenchlorhydrin* (**I**), *Äthylenchlorid* (**II**), *Tetrachlorkohlenstoff* (**III**) u. einem Gemisch dieser 3 Stoffe (7: 3: 1) (*Rindite*; **IV**) behandelt (Blechbüchse; Zimmertemp.; 24 Std.). **I** stimuliert wenig; **II** gut, höhere Konzz. wirken jedoch bei keimbereiten Knollen totalschädigend; **III** stimuliert schlecht u. schädigt stark; **IV** wirkt optimal, schädigt aber vollkeimbereite Knollen. Die Apicaldominanz wurde durch Stimulations-

behandlung herabgesetzt. (Beitr. Biol. Pflanzen **30.** 61—125. 1953. Braunschweig, Biol. Bundesanst. für Land- u. Forstwirtschaft, Inst. für physiol. Botanik.)
W. SCHUPHAN. 4455

Verena Uehlinger und **Fernand Chodat,** *Der Einfluß verschiedener Lichtintensitäten auf Wachstum, Chlorophyllgehalt und Photosynthesevermögen einer einzelligen Alge.* Unters. der Beziehungen zwischen Wachstum, Photosynth., Chlorophyll (**I**)-Geh. u. Belichtung an der Alge *Diplosphaera chodati* ergaben bei mittlerer Belichtung maximale **I**-Bldg. u. damit auch maximale Photosyntheseaktivität, bei starker Lichteinw. die größte Zellteilungsintensität. Im letzteren Falle steht den Zellen weniger **I** zur Verfügung, u. damit ist auch die Photosynth. verringert. (Arch. des Sci. [8] **160.** 187—98. 1955. Genève, Univ., Inst. de Bot. générale.)
K. MAIER. 4460

F. W. Turczin, M. A. Guminskaja und **E. G. Plyszewskaja,** *Untersuchungen der Stickstoffumsetzung in Pflanzen durch Anwendung des Isotops* ^{15}N. Polnische Fassung der in Физиология Растений [Pflanzenphysiologie **2.** [1955.] 3] veröffentlichten Arbeit. Verss. an jungen Haferpflanzen, die mit $(NH_4)_2SO_4$ (3—5fach mit ^{15}N angereichert) gedüngt wurden, zeigten, daß nach 72 Std. der gesamte N im Struktureiweiß (**I**) u. Chlorophyll (**II**) erneuert ist, im Reserveeiweiß (**III**) dagegen erst nach 120 Stunden. Die Geschwindigkeit der Erneuerung ist bei **I** u. **II** in jungen Pflanzen viel größer, die von **III** in älteren. Das Mengenverhältnis der einzelnen Aminosäuren bleibt dabei, wie chromatograph. Unterss. zeigten, konstant. Zuerst wird *Alanin* gebildet (5 Min. bis 2 Std. nach Düngemittelzugabe), dann *Glutaminsäure* (4 Std.), *Asparaginsäure* (20 Std.), *Serin* (40 Std.), *Tryptophan* u. *Histidin* (44 Std.). Die Neusynth. von Eiweiß bei N-Düngung scheint mit einem Zuckerabbau verbunden zu sein; sie erfordert mehr Zeit als die Erneuerung des schon vorhandenen. (Postepy Nauk Rolniczych **2.** Nr. 3. 126—32. 1955.)
F. URBAN. 4460

D. Munsche, *Gibt es eine Nitrifikation in höheren Pflanzen?* Zur Klärung der Frage, ob eine Nitrifikation in höheren Pflanzen möglich ist, u. zur Überprüfung der Versuchsergebnisse von VICKERY u. MCKEE erfolgte die Unters. von Nicotiana glauca u. N. silvestris nach der Blatthälftenmeth., wobei die Nitratbest. polarograph. u. nach der Xylenol-Meth. erfolgte. In 50 Verss. wurde gefunden, daß in isolierten Tabakblättern keine Nitratbldg. stattfindet. (Z. Pflanzenernähr., Düng., Bodenkunde **68 (113).** 1—6. 1955. Gatersleben, Inst. für Kulturpflanzenforschung.)
W. BEINERT. 4460

Hans Burström, *Mineralstoffwechsel.* Übersicht. Mechanismus der Ionenaufnahme; Bedeutung u. Funktion der Elemente; ökolog. Problem; Methodisches. — 158 Literaturangaben. (Fortschr. Bot. **17.** 509—28. 1955. Lund, Schweden, Univ., Bot. Labor.)
K. MAIER. 4460

A. G. Schesstakow, G. F. Iwanowa und **N. I. Schmelkowa,** *Der Einfluß von Radiophosphor auf Wachstum und Entwicklung von Hafer in Abhängigkeit von den Bedingungen der Phosphorernährung.* (Vgl. C. **1956.** 5873.) In Verss. mit Hafer wird in einer 1. Reihe vollständiges HELLRIEGEL-Gemisch angewandt, bei dem ein Teil des P (0,0156 bis 0,312 mC) als ^{32}P, der Rest als gewöhnlicher ^{31}P zugeführt wird; in einer 2. Reihe erhalten die Pflanzen P nur als ^{32}P (0,083—1,66 mg je Gefäß von 0,5 Liter). In allen Verss. wird fast der gesamte ^{32}P durch die Pflanze aufgenommen, bei vorhergehender n. P_2O_5-Düngung weniger energ. als ohne solche. Nach 17 Tagen Zufuhr von ^{32}P (0,3 mC) bleiben die Pflanzen im Wachstum stehen. Den stärksten Einfl. hat ^{32}P auf die Fortpflanzungsteile der Pflanzen; wenn sich auch Ähren bilden, enthalten sie entweder überhaupt keine Samen oder nur sehr wenig. Bei voller P_2O_5-Gabe vor u. während des Vers. ist der schädliche Einfl. des ^{32}P schon bei 0,12 mC bemerkbar, bei den Verss. ohne vorhergehende P_2O_5-Düngung schon bei der kleinsten Menge von 0,0156 mC. Die Verteilung von ^{31}P u. ^{32}P hängt von den Ernährungsbedingungen ab: ohne P-Vordüngung nimmt der Gesamtgeh. an P in der Reihe Samen $>$ Wurzeln $>$ Spelz $>$ Stroh ab. ^{32}P verteilt sich bei P-Vordüngung in der Reihe: Wurzeln $>$ Samen $>$ Spelz $>$ Stroh. Ohne P-Vordüngung findet sich die geringste ^{32}P-Menge in den Wurzeln. Das Verhältnis $^{32}P/^{31}P$ ist in den einzelnen Organen ziemlich konstant. In Samen u. Spelz nimmt bei Zunahme der ^{32}P-Dosen im Nährmedium der ^{32}P-Geh. von 0,0003 auf 0,004 mC je g lufttrockener Substanz zu. Diese Ergebnisse sind bei der Auswertung von Verss. mit markierten Atomen an Pflanzen zu berücksichtigen. (Доклады Академии Наук СССР [Ber. Akad. Wiss. UdSSR] **102.** 395—97. 11/5. 1955. Moskau, Landwirtsch. Timirjasew-Akad.)
R. K. MÜLLER. 4470

R. H. Böhning, W. A. Kendall und **A. J. Linck,** *Die Wirkung von Temperatur und Rohrzuckerlösung auf das Wachstum der Tomate sowie auf die Translokation.* Tomatenpflanzen wurden entblättert bis auf das unterste und die obersten kleinen Blätter. Das untere Blatt wurde in eine Rohrzuckerlsg. (0,2; 0,4; 0,6 mol.) getaucht u. während 109 Std. das Wachstum des Stammes u. der Blätter an der Spitze der Pflanze beobachtet.

Es ergab sich direkte Proportionalität zwischen dem Längenwachstum von Stamm u. Blättern u. der Rohrzuckerkonz. im Bereich bis 0,4 molar. Die optimale Temp. für die Translokation der Kohlenhydrate war ca. 24°. (Amer. J. Bot. **40.** 150—53. März 1953. Columbus, O., Ohio State Univ., Dep. of Bot. and Plant Pathol.)
W. SCHUPHAN. 4480

D. M. Gusseinow und **N. N. Jedigarowa,** *Die stimulierende Wirkung organischer Stoffe aus Erdöl auf den Wuchs und die Entwicklung der Pflanzen.* 1. Mitt. Untersucht wurde die Wrkg. der aus bituminösem Gestein von der Apscheron-Halbinsel durch Extraktion mit A.–Bzl.-Gemisch u. anschließende Behandlung mit 0,1n NaOH u. Fällung durch H_2SO_4 gewonnenen *Huminsäure* (I), der aus Apscheron-Schiefer durch Behandlung mit 0,1n NaOH u. H_2SO_4-Fällung gewonnenen *Humusstoffe* (II) u. der aus den Rückständen gewonnenen *Naphthensäure* (III) auf das Wachstum von Weizenkeimlingen. Durch Behandlung des Weizenkornes mit 0,004 oder 0,0004%ig. Lsg. von **I, II** oder **III** wurde die Wurzellänge gegenüber der Kontrolle um das 2—3fache erhöht (2,95 bzw. 5,65—8,70 cm). Bei den jungen Pflanzen aus dem mit **I, II** oder **III** behandelten Samen war die Wurzellänge gegenüber der Kontrolle um das 7—11fache, die Stengellänge um das 3,0—3,5fache erhöht. (Доклады Академии Наук Азербайджанской CCP [Ber. Akad. Wiss. AserbaidshanSSR] **11.** 273—78. 1955. Inst. für Agrokunde u. Agrochemie der Akad. der Wiss. der AserbaidshanSSR.)
O. LEBTAG. 4480

James L. Liverman und **James Bonner,** *Über die Wechselwirkung von Auxin und Licht bei Wachstumsreaktionen von Pflanzen.* Unterss. über den Einfl. von Licht verschied. Wellenlänge auf das Längenwachstum von Avenakoleoptilen bei Zugabe von *Indolylessigsäure* ergaben eine Förderung des Längenwachstums bei Einw. von rotem Licht, wobei es gleichgültig ist, ob Auxin vorhanden ist oder nicht, u. eine Hemmung bei Einw. von infrarotem Licht, jedoch nur bei Ggw. von Auxin. Vff. erklären die Ergebnisse durch die Produktion eines Auxin-Receptors bei Einw. des roten Lichtes, der in Verb. mit Auxin den wirksamen Auxin–Receptor-Komplex ergibt, während infrarotes Licht diesen Komplex zerstört, wobei eine inakt. Form des Receptors entsteht, die eine Verb. mit Auxin nicht mehr ermöglicht. Da durch Einw. roten Lichtes dieser inakt. Receptor wieder in einen akt. Auxin-Receptor verwandelt werden kann, wird das Schema eines Photocyclus aufgestellt, der die Wechselwrkg. zwischen Auxin u. Licht darstellt, u. an Hand dessen der Mechanismus von Vorgängen erläutert wird, die sowohl von Licht als auch von Auxin beeinflußt werden. (Proc. nat. Acad. Sci. USA **39.** 905—16. 15/9. 1953. California Inst. of Technol., Kerckhoff Labor. of Biol.)
W. BEINERT. 4485

G. Nétien und **M. Bertrand,** *Vergleich der Wirkung einiger Antibiotica auf das Wachstum in vitro kultivierter pflanzlicher Gewebe.* Auf in vitro kultivierte Gewebe von Topinamburknollen haben bei Abwesenheit von *β-Indolessigsäure* (I), *Streptomycin* (II), *Dihydrostreptomycin* (III), *Terramycin* (IV) u. *Chloromycetin* (V) in Dosen von 0,1 bis 100 γ/ml keinen Einfluß. In Ggw. von **I** wird das dadurch wesentlich gesteigerte Wachstum durch **IV** in allen Konzz. u. durch **V** bei 1—100 γ/ml gehemmt. **II** u. **III** wirken ebenfalls in Mengen von 100 γ bzw. 1—100 γ inhibitorisch. Sind **III** u. **V** in Mengen von 0,01—0,1 γ u. **II** in solchen von 0,01—10 γ vorhanden, so ist eine schwache wachstumsfördernde Wrkg. festzustellen. (C. R. Séances Soc. Biol. Filiales **148.** 1262—63. Juli 1954. Lyon, Fac. de Méd. et de Pharmacie, Labor. de Botan. et Cryptogames.)
F. KRUSEN. 4485

G. Gassner und **E. Niemann,** *Über die Beeinflussung der Sporenkeimung des Zwergsteinbrandes und Roggensteinbrandes durch verschiedene Chemikalien.* Vff. wiesen entgegen der bisherigen Auffassung nach, daß zur Auslösung der Sporenkeimung von *Tilletia secalis Kcke.* u. *T. brevifaciens Fischer* Einw. von tiefen Tempp. u. Belichtung erforderlich wären, auch verschied. chem. Substanzen bei relativer Dunkelheit (kurzfristige Belichtung bei den Ablesungen) die Keimung beeinflussen können. Bei Zwergsteinbrand ergab sich bei Ausstreichen der mit Chemikalien behandelten Sporen auf Schlämmböden eine keimungsfördernde Wrkg. für $KMnO_4$ (I), Oxalsäure (II), $FeSO_4$, H_2O_2, Pyrogallol (III), Tannin u. $AgNO_3$ (IV), wobei **I** u. **III** am besten wirkten, wenn die Behandlung erst 2—4 Wochen nach dem Ausstreichen der Sporen erfolgte. Bei Roggensteinbrand zeigte sich Keimförderung in Lsgg. von **I, II, IV,** $CaNO_3$ u. Eisenammoniumsulfat (V). Bei absol. Dunkelheit waren **I, II** u. **V** keimungswirksam. Die tiefen Tempp. konnten nicht durch Chemikalien ersetzt werden. (Phytopathol. Z. **23.** 121—40. März 1955. Braunschweig, TH, Bot. Inst.)
W. BEINERT. 4490

L. A. Kantschaweli, R. Ja. Kipiani und **K. G. Gikaschwili,** *Zur Untersuchung der Beziehungen zwischen dem Erreger der Citronenwelke (Phoma tracheiphila) und der Wirtspflanze mit Hilfe markierter Atome.* Es wurde der Stoffwechsel zwischen dem Schmarotzerpilz *Phoma tracheiphila Petri* (Ph.tr.) u. dem ihn ernährenden Zitronenbaum mit Hilfe von $Na_2H^{32}PO_4$ u. $NaH_2{}^{32}PO_4$ sowie $Na_2{}^{35}SO_4$ untersucht. Als optimal für die Entw.

von Ph.tr. erwiesen sich bei ^{32}P 120 μC, während mit ^{35}S auch bei 1000 μC eine gute Entw. möglich war. Weiter wurde der Einfl. der γ-Strahlen auf die Lebensfähigkeit des Pilzes durch 5—6tägiges Bestrahlung mit ^{60}Co (1500000 u. 2000000 r) untersucht. Es konnte weder eine Makro- noch eine Mikroveränderung der Kultur festgestellt werden. Ph.tr. ist somit gegen γ-Strahlen sehr widerstandsfähig. Es wurden auch Verss. in vivo durchgeführt, um festzustellen, ob das radioakt. Mycelium von Ph.tr. seine pathogenen Eigg. dabei behält. Zu diesem Zweck wurden 1jährige Zweige des Zitronenbaumes mit durch ^{32}P, ^{35}S u. ^{32}P + ^{35}S markiertem Mycelium infiziert. Hier wurde festgestellt, daß Blätter, die 35 cm oberhalb der Injektionsstelle lagen, akt. waren. Die Aktivität der Blätter ist durch die Fortbewegung der radioakt. tox. Stoffwechselprodd. bedingt, die mit den aufsteigenden Säften der Pflanze transportiert werden. In Blättern unterhalb der Injektionsstelle konnte keine Aktivität der Blätter festgestellt werden. Beim Einführen von radioakt. Mycelium in das Wurzelsyst. konnte am 5. Tag in allen Blättern eine Aktivität festgestellt werden. 30 Min. langes Kochen oder 3 Tage andauerndes Belichten mit Sonnenstrahlen veränderte die Toxizität des Filtrates nicht. Beim Eindampfen des Filtrates löste sich der zurückbleibende trockne Rückstand leicht in Äther. Gumbrin adsorbierte aus dem Filtrat den tox. Bestandteil nicht. Die Toxine konnten nicht mit Ae. ausgeschüttelt werden. Nach 20—30 Tagen verlor das Filtrat seine Toxizität. (Сообщения Академии Наук Грузинской ССР [Mitt. Akad. Wiss. GrusinSSR] **16.** 549—56. 1955. Tbilissi, Inst. für Pflanzenschutz der Akad. der Wiss. der GrusinSSR.)
E. STEINBERG. 4490

E5. Tierchemie. Tierphysiologie. Tierpathologie.

Mariantonius Hofmann, *Untersuchungen über die Polysaccharidverteilung im menschlichen Dentin, durchgeführt an Zahnschnitten.* Im Hinblick auf den Zusammenhang zwischen der Caries u. den Geh. der Zahnhartsubstanzen an *Polysacchariden* (I), wurde die I-Verteilung an Zahnschnitten (entkalkte menschliche n. u. cariöse Zähne) mit verschied. Färbemethoden untersucht. Aus der verschied. Färbung der bei der Verkalkung sich bildenden kugelförmigen Gebilde im Dentin lassen sich Unterschiede in der Zus. ablesen. Die Kugelgebilde in pulpennahen Dentinregionen bestehen aus einer hochpolymeren Substanz, in der die I-Komponente einen annähernd gleich hohen Prozentsatz ausmacht. In den äußeren Dentinanteilen sind die Kugelgebilde arm an organ. Substanz, die sich hier im Bereich zwischen den Kugeln befindet. Diese Verteilung der I stützt die Ansicht, daß die Caries sich vor allem entlang der Interglobularräume ausbreitet, indem sie die I-Komponente bzw. die Kittsubstanz der organ. Matrix depolymerisiert. Dadurch wird das Eindringen von pathogenen Mikroorganismen usw. an diesen Stellen erleichtert. (Z. Zellforsch. mikroskop. Anatom. **43.** 82—96. 1955. Berlin, Freie Univ., Anatom. Inst.)
G. KLESSE. 4520

M. Glees und **K. Josten,** *Über quantitative Bestimmung der Hyaluronsäure im Glaskörper von Rindern und Kälbern.* Nach Unterss. der Vff. enthält der Glaskörper alter Rinder mit ca. 6% der Trockensubstanz etwa doppelt so viel *Hyaluronsäure,* berechnet aus *Hexosamin,* wie der von Kälbern mit wenig über 3%. Vff. sehen darin die Ursache der mit dem Alter einhergehenden Änderung der Viscosität. (Graefes Arch. Ophthalmol. verein. Arch. Augenheilkunde **156.** 653—55. 1955. Köln, Univ., Augenklinik u. Physiol.-Chem. Inst.) D. ZEMKE. 4520

Dulce L. Bocobo, Marie Skellenger, C. R. Shaw und **Betty F. Steele,** *Aminosäurezusammensetzung einiger menschlicher Gewebe.* Vff. bestimmen mikrobiol. den Geh. an Aminosäuren in Muskel, Leber u. Herz des Menschen. Die drei Gewebe sind in ihrer Aminosäurezus. sehr ähnlich, während die Haut mit Ausnahme von Glykokoll geringere Mengen Aminosäure enthält. (Arch. Biochem. Biophysics **40.** 448—52. Okt. 1952. Ithaca, N. Y., Cornell Univ., School of Nutrit., and New York State Coll. of Home Economics.)
K. NEHRING. 4520

G. W. Korting und **D. Nitz-Litzow,** *Zur Kenntnis der Aminosäurenabscheidung der Hautoberfläche.* Mittels der Papierchromatographie konnten in Hautdialysaten 16 verschied. Aminosäuren festgestellt werden (*Alanin, Arginin, Tyrosin, Valin, Leucin, Lysin, Asparaginsäure, Prolin, Glykokoll, Serin, Threonin, Tryptophan, Histidin, Glutaminsäure, Ornithin, Oxyprolin*). Schweißsekretion u. locker geschichtete Keratinstrukturen (z. B. Schuppen) scheinen die Aminosäureabscheidung zu begünstigen. Herkunft u. mögliche biol. Aufgabe der Aminosäuren auf der Hautoberfläche werden besprochen. (Arch. Dermatologie Syphilis **194.** 405—13. 1952. Tübingen, Univ., Hautklinik.) H. AMAN. 4520

Roland Lenel und **André Veillet,** *Wirkungen der Entfernung der Augenstiele auf die Pigmente der Krabbe Carcinus maenas.* Entfernt man der Krabbe Carcinus maenas die Augenstiele, so tritt eine Rötung des Tieres auf. Extraktion der Carotinoidfarbstoffe mit

PAe. u. spektrophotometr. Best. ergaben keine Unterschiede bzgl. des Pigmentgeh. beim operierten u. nichtoperierten Tier. Es wird daher angenommen, daß die Farbänderung mit der Sinusdrüse, die ihrerseits eine Rolle im Stoffwechselgeschehen des Astacin-Protein-Komplexes spielt, in Zusammenhang zu bringen ist. (C. R. hebd. Séances Acad. Sci. **233.** 1064—65. 29/10. 1951.) U. SIEVERS. 4520

William H. Taliaferro und **David W. Talmage,** *Der ausbleibende Einbau von Aminosäuren in Antikörper während der Induktionsphase.* Unter Induktionsphase (IPh.) ist die Zeitspanne zu verstehen, in der nach Verabfolgung eines Antigens im Serum noch keine Antikörper (AK.) nachweisbar sind. GREEN u. ANKER (Biochim. biophysica Acta [Amsterdam] **13.** [1954.] 365) behaupten, daß während der IPh. bereits 31% der AK. als intracelluläre Vorstufen unter Verwendung markierter Aminosäuren synthetisiert werden. Vff. reimmunisierten vorbehandelte Spenderkaninchen (Spend.) mit Rinderalbumin (BSA). Am Ende der IPh., d. h. am 3. Tage, wurden die Milzen entnommen, homogenisiert u. frischen Empfängerkaninchen (Empf.) intravenös injiziert. Entweder die Spend. oder die Empf. erhielten 5 Tage lang eine oder mehrere Injektionen eines mit ^{35}S markierten Hefehydrolysates unmittelbar von der BSA- bzw. Milz injektion ab. Die Empf. bildeten schon am 2. Tage Präcipitine. Die Radioaktivität der Empfängerpräcipitine war hoch, wenn die Empf. ^{35}S-Injektionen erhielten, sie war aber gering, wenn nur die Spend. mit ^{35}S behandelt wurden. Zwischenwerte erklären sich daraus, daß in einzelnen Fällen auf die Empf. gleichzeitig mit dem Milzhomogenisat doch schon fertige, markierte Spend.-AK. oder auch freies ^{35}S übertragen wurden. In der IPh. werden demnach intracelluläre AK. oder ihre Vorstufen noch nicht synthetisiert, sondern lediglich AK.-bildende Enzyme entwickelt. (J. infect. Diseases **97.** 88—98. Juli/Aug. 1955. Chicago, Ill., Univ. of Chicago, Dep. of Microbiol. and of Med.)
E. FISCHOEDER. 4551

A. C. Ivy, *Zusammensetzung und Sekretion des Magensaftes bei Vertebraten.* 62 Tabellen über Menge, physikal. Eigg., chem. Zus. im n. Zustand u. nach verschied. Reizen physikal. u. pharmakol. Art. — 54 Literaturangaben. (Tabulae biol. [Den Haag] **21.** 1—29. 1953. Chicago, Ill., Univ. of Illinois, Coll. of Med., Dep. of Clin. Science.)
P. LOCH. 4555

H. P. Wolvekamp, *Die Zusammensetzung und Abscheidung des Darmsaftes bei den Vertebraten.* 17 Tabellen über Zus., Geh. an Enzymen, Sekretion (n. u. nach verschied. Reizen). — 16 Literaturangaben. (Tabulae biol. [Den Haag] **21.** 116—30. 1953. Leiden, Rijksuniv., Zoölog. Labor.) P. LOCH. 4555

A. P. de Groot, *Die Zusammensetzung und Abscheidung des Darmsaftes bei den Vertebraten.* 19 Tabellen (Zusätze zu der vorst. referierten Arbeit). — 20 Literaturangaben. (Tabulae biol. [Den Haag] **21.** 131—42. 1953. Utrecht, Rijksuniv., Labor. voor Vergelijkende Physiol.) P. LOCH. 4555

H. P. Wolvekamp, *Die Zusammensetzung und Abscheidung der Galle bei den Vertebraten.* 38 Tabellen über Zus. von Galle u. Gallensteinen, physikal. Konstanten, Vork. verschied. Gallensäuren, Pigmente, Enzyme, Cholerese, Einfl. der Nahrung auf die Gallensekretion u. die Wrkg. der Cholagoga. — 127 Literaturangaben. (Tabulae biol. [Den Haag] **21.** 51—86. 1953. Leiden, Rijksuniv., Zoöl. Labor.) P. LOCH. 4555

A. P. de Groot, *Die Zusammensetzung und Abscheidung der Galle bei den Vertebraten.* 35 zusätzliche Tabellen als Anhang zu vorst. referierter Arbeit über im wesentlichen die gleichen Kapitel. — 85 Literaturangaben. (Tabulae biol. [Den Haag] **21.** 87—115. 1953. Utrecht, Rijksuniv., Labor. voor Vergelijkende Physiol.) P. LOCH. 4555

G. E. Wakerlin, *Hormonale Faktoren bei renaler Hypertension.* Übersicht mit 293 Literaturangaben. (Physiol. Rev. **35.** 555—82. Juli 1955. Chicago, Ill., Univ. of Illinois, Coll. of Med., Dep. of Physiol.) F. KRUSEN. 4558

Michiko Harano und **Minako Takeuchi,** *Veränderungen des Blutspiegels von Riboflavin (Vitamin B_2) und Ascorbinsäure im Serum bei Stress.* Nach Stress [Verabreichung von *ACTH* (ARMOUR) oder *Adrenalin,* nach Laparotomie, artifiziellem Abort u. nach Geburt] war bei einem Teil der Fälle ein mäßiger Abfall des *Riboflavin-* u. *Ascorbinsäure-*Geh. im Blut festzustellen, der von einem allmählichen Anstieg zur Norm gefolgt war. Es wird geschlossen, daß die beiden Substanzen im Blut durch Stress beeinflußt werden u. ein Zusammenhang zwischen Nebennierenfunktion u. diesen Vitaminen besteht. (Folia endocrinol. japon. **31.** 368—72. 20/9. 1955. Toho-Univ., School of Med., Dep. of Obstetr. and Gynecol. [Orig.: japan., Auszug: engl. S. 328.])
WOLFGANG ALBRECHT. 4558

Kurt Stern und **Israel Davidsohn,** *Die Wirkung von Östrogen und Cortison auf Blutimmunantikörper bei Inzuchtmäusen.* Die Hämolysinbldg. gegen Hammelerythrocyten

war bei dem C 57 BL-Mäusestamm unter *Östrogen*-Behandlung gesteigert, bei C 3 H-Stamm abgeschwächt. *Cortison* hemmte bei C 3 H die Antikörperproduktion deutlicher als beim C 57 BL, bei dem wiederum Unterschiede nach dem Geschlecht bestanden. Dem konstitutionellen Faktor bei den Versuchstieren ist daher bei derartigen Verss. eine beachtliche Bedeutung zuzumessen. (J. Immunology **74.** 479—84. Juni 1955. Chicago, Ill., Chicago Med. School, Dep. of Pathol., u. Mount Sinai Med. Res. Found.)
E. FISCHOEDER. 4559

W. Leidl, *Der Einfluß von Östrogenen auf Plasmaproteine.* 2 Bullen erhalten je 20 ml *Foragynol stark* (**I**). Im Abstand von 3—7 Tagen wird Blut entnommen u. der Einfl. des Östrogens **I** auf die Plasmaproteine elektrophoret. untersucht. Gesamteiweiß u. Rest-N zeigen keine signifikanten Veränderungen, lediglich die γ-Globuline sinken 1—2 Tage nach der **I**-Applikation um 2—3% ab u. erreichen kurze Zeit später wieder die n. Werte. (Berliner Münchener tierärztl. Wschr. **68.** 375—76. 1/11. 1955. München, Univ., Inst. für Geburtshilfe u. Klinik zur Behandlung von Außenfällen der Tierärztl. Fakultät.) H. P. FIEDLER. 4559

Ella M. Russ, Howard A. Eder und **David P. Barr** (unter der techn. Mitarbeit von **Julie Raymunt**), *Einfluß der Geschlechtsdrüsenhormone auf das Protein-Lipoidverhältnis im menschlichen Plasma.* An Patienten, die einen Herzinfarkt überstanden hatten, wurde der Einfl. von *Estinyl* (**I**; *Äthinylöstradiol*), *Premarin* (**II**; *Östronsulfat*), *Diäthylstilböstrol* (**III**), *Östradiolbenzoat* sowie von *Methyltestosteron* (**IV**) allein oder bei gleichzeitiger Verabreichung von *Östrogenen* (**V**) u. *Androgenen* (**VI**) auf das *Protein–Lipoid*-Verhältnis im Plasma untersucht. Keimdrüsenhormone verändern Konz. u. Verteilung der als *Lipoproteine* im Plasma gebundenen *Lipoide.* **I, II, III** zeigen die Tendenz, das patholog. *Protein–Lipoid*-Verhältnis nach Herzinfarkt zu normalisieren. Die chem. Wrkg. von **IV** ist der **V**-Wrkg. entgegengesetzt. Gleichzeitige Verabreichung der **V** u. **VI** bewirkt Modifikation oder Obliteration der **V**-Effekte. (Amer. J. Med. **19.** 4—24. Juli 1955. New York, N. Y., New York Hospital-Cornell Med. Center, Dep. of Med.)
H. DOSSMANN. 4559

O. Hofferber und **H. Leschke,** *Lactationsauslösung durch Dienöstroldiacetat (Folöstrol T) bei Ziegen und über die Ursachen der unbefriedigenden Ergebnisse.* Durch hohe Östrogendosen wird bei Ziegen Lactation ausgelöst, gleichzeitig führt jedoch die hierdurch bedingte Dauerbrunst für mindestens 8 Monate, sofern nicht für immer, zur Sterilität. (Mh. Veterinärmed. **10.** 576—81. 15/11. 1955. Berlin, Humboldt-Univ., Klin. für Geburtshilfe u. Rinderkrankheiten.) H. P. FIEDLER. 4559

Martin L. Stone, Thomas H. McGavack und **Alvin Donnenfeld,** *Die Verwendung eines mikronisierten gemischten Östrogens zur Unterdrückung der post partum-Lactation.* 71 Patientinnen erhalten post partum 5 Tage lang mikronisiertes *Menagen* (2 mal täglich 50000 I.E.). Die Lactation wurde in allen Fällen unterdrückt. Schmerzvolle Anschoppung wurde nur in 3 Fällen, sonstige Neben-Rkk. wurden nicht beobachtet. (Western J. Surgery, Obstetr. Gynecol. **63.** 657—58. Okt. 1955.) H. P. FIEDLER. 4559

F. J. Milne, *Die Behandlung des Hydrops amnii mit ECP.* In Übereinstimmung mit der Literatur konnte an Hand von zwei Fällen von Hydrops amnii bei Kühen gezeigt werden, daß *ECP* (= *Östradiolcyclopentylpropionat*) eine erschlaffende Wrkg. auf den Muttermund ausübt. (J. Amer. veterin. med. Assoc. **123.** 520—21. Dez. 1953. Guelph, Ontario, Can.) K. PFEIFER. 4559

E. A. Woelffer, *Verwendung von Progesteron zur Beschränkung des habituellen Aborts beim Rind.* Ein neues Progesteronpräp., *Repositol,* wurde bei 8 Kühen in Dosen von 500 mg angewandt, die schon ein bis mehrere Male abortiert hatten. 7 von 8 Tieren kalbten rechtzeitig. (J. Amer. veterin. med. Assoc. **123.** 505—07. Dez. 1953. Oconomowoc, Wis.) K. PFEIFER. 4559

F. X. Gassner, E. R. Rutherford, M. L. Hopwood und **H. J. Hill,** *Wirkung von Kastration und Steroidtherapie auf das Samenplasma im Hinblick auf die Fructoseverwertung durch normales Bullensperma.* Die für die Trennung von n. Bullensamen in Plasma u. Sperma u. nachfolgende Rekonstitution angewandte Meth. scheint auf die Fähigkeit des Spermas zur *Fructose* (**I**)-Verwertung keinen nachteiligen Einfl. zu haben. Sofortige *Testosteronpropionat* (**II**)-Behandlung nach der Kastration verhinderte das Verschwinden von Samen-**I**, jedoch war das Plasma eines solchen Tieres nicht voll in der Lage, den **I**-Stoffwechsel mit n. Sperma aufrechtzuerhalten. Erfolgte die **II**-Behandlung erst längere Zeit nach der Kastration, so konnte das Vermögen des Plasmas, die Fructolyse n. Spermas aufrechtzuerhalten, nur noch zeitweise wiederhergestellt werden. Vasoresektion hatte weder auf den Geschlechtstrieb, noch auf die Samen-**I**-Produktion einen nachteiligen Einfluß. Das Samenplasma dieses Bullen in Verbindung mit n. Sperma hatte jedoch entgegen den Erwartungen eine verminderte **I**-Verwertung, woraus Vff. schließen, daß die Vasektomie einen schädigenden Einfl. auf den funktionellen Zustand der accessor. Geschlechtsdrüsen ausübt. (Proc. Soc. exp. Biol. Med. **81.** 43—49. Okt. 1952.) K. NEHRING. 4559

Roger Acher und **Claude Fromageot,** *Chemie der Hypophysenhinterlappenhormone.* Übersicht. Physiol. akt. Peptide (**I**; Best. der oxytoc., lactogenen, vasopressor., antidiuret. Aktivität), Extraktion u. Reinigung, allg. Eigg. (Löslichkeit, isoelektr. Punkt, Kristallisation, Absorptionsspektr.), Konstitutionsunters. (Zus., Mol.-Gew., Konst., Synth.), pharmakol. Eigg. (Wrkg. von Enzymen u. chem. Agentien), Frage der Existenz eines aus vorst. **I** bestehenden akt. Proteins (Reinigung, Eigg., Beziehung zwischen *Oxytocin, Vasopressin* u. *akt. Protein*). — 164 Literaturangaben. (Ergebn. Physiol., biol. Chem. exp. Pharmakol. **48.** 286—327. 1955. Paris, Fac. des Scis., Labor. de Chim. biol.) K. MAIER. 4560

Marion K. Birmingham, Frances H. Elliott und **Phyllis H.-L. Valère,** *Die Notwendigkeit der Gegenwart von Calcium für die Stimulation in vitro von Rattennebennieren durch adrenocorticotropes Hormon.* Nachdem andere Autoren festgestellt hatten, daß die Bldg. von Steroiden durch die Nebenniere in vitro durch *ACTH* angeregt wird, wurde in den eigenen Unterss. gefunden, daß diese Wrkg. nur in Ggw. von Ca eintritt. Ca allein wirkt nicht wie ACTH. Es wird angenommen, daß Ca einen besseren Zugang von ACTH zu den Zellvorgängen bewirkt oder einen Cofaktor für eine der Rkk. bei der Steroidbldg. darstellt. (Endocrinology **53.** 687—89. Dez. 1953. Montreal, Univ., Dep. of Psychiat.) J. SCHWAIBOLD. 4560

H. Tuchmann-Duplessis, *Die metabolischen Eigenschaften des ACTH und des Cortisons.* In großen Zügen wird der schädigende Einfl. des *ACTH* u. des *Cortisons* auf den Stoffwechsel beschrieben, gleichzeitig aber auch gezeigt, daß beide Stoffe bei entsprechender Dosierung u. Beachtung verschied. Vorsichtsmaßregeln in der Hand des Arztes wertvolle Therapeutica darstellen. (Wiener klin. Wschr. **67** ([N. F.] **10**). 772—74. 30/9. 1955.) H. P. FIEDLER. 4560

Angelo Caprioglio und **Attilio Pezzana,** *Corticoide und ACTH in der therapeutischen Praxis der Gegenwart.* Zusammenfassender Überblick. — Zahlreiche Literaturangaben. (Minerva med. [Torino] **42 II.** 499—505. 6/10. 1951. Casale Monferrato, Osped. Santo Spirito, Div. Med.) H. SCHEURLEN. 4560

David Adlersberg, Louis E. Schaefer und **Chun-I Wang,** *Nebennierenrinde, Lipoidstoffwechsel und Atherosklerose: Experimentelle Untersuchungen an Kaninchen.* Unter *Cortison* u. *Hydrocortison* (I) erhöht sich die *Plasmalipoidfraktion* (**II**) bei Kaninchen mäßig, aber signifikant. Bei cholesteringefütterten Tieren erhöht sich bei täglicher Injektion von **I** der Wert von **II**, bes. von *Cholesterin* (**III**). Die Entw. der Atherosklerose u. die Deponierung von **III** im Gewebe wird im Vgl. zu Kontrolltieren jedoch trotzdem definitiv gehemmt. Vermutlich beruht dies auf einer Permeabilitätsminderung, die **I** zukommt. (Science [Washington] **120.** 319—20. 20/8. 1954. New York, N. Y., Mount Sinai Hosp., Dep. of Med. and Chem.) H. JORDAN. 4561

R. Prosiegel und **Gölkel-Englhardt,** *Neue Wege der Rheumatismusbehandlung mit ACTH und Cortison.* Einige Patienten mit Polyarthritis erhielten gleichzeitig mit *ACTH* in Dauertropfinfusion *Insulin* unter Zusatz von stoffwechselakt. Substanzen, wie *Glucose, Fructose, Brenztraubensäure* (**I**; *Na-Salz*), *Phosphoglycerinsäure* (**II**), *Oxalessigsäurediäthylester, Glutaminsäure* u. *Citronensäure* (*Na-Salz*). Außer bei **I** u. **II** wurde in allen Fällen durch die Zusätze die Ausscheidung der *17-Oxycorticosteroide,* gegenüber den Fällen, die nur *ACTH* erhielten, deutlich erhöht. Vff. führen diese Wrkg. der genannten stoffwechselakt. Substanzen darauf zurück, daß der Intermediärstoffwechsel der Nebennierenrinde durch den erhöhten Energienachschub in die Lage versetzt wird, in vermehrtem Maß auf die hormonale *ACTH*-Stimulation anzusprechen. (Verh. dtsch. Ges. inn. Med. **60.** 798—802. 1954. München.) F. KRUSEN. 4561

Conrad L. Pirani, Robert C. Stepto und **Kenneth Sutherland,** *Desoxycorticosteronacetat und Wundheilung.* Männliche Meerschweinchen mit experimentell gesetzten Schnittwunden wurden mit einer Diät von bekanntem *Ascorbinsäure*-Geh. (2,5 mg/Tag) ernährt u. bekamen 3 mg/Tag *Desoxycorticosteronacetat* (**I**) subcutan in 0,5 cm^3 Sesamöl. **I** regt die Produktion von Granulationsgewebe mit relativ hoher Fibroblastenzahl u. erhöhter Menge an Grundsubstanz an u. bewirkt eine geringe Abnahme der cellulären u. intercellulären Elemente, bes., wenn die Behandlung schon vor der Operation begann. Vff. schließen daraus, daß die Wrkg. von **I** auf unreifes, proliferierendes Bindegewebe wesentlich stärker ist, als auf vollständig ausgebildetes Bindegewebe u. vermuten, daß die Ursache dieses Effektes auf einer Änderung der Nebennierenrindenfunktion durch **I**, vor allem dem Verhältnis zwischen den Hormonen der Zona glomerulosa (**I**-Überschuß) u. der Zona fasciculata (Mangel an Glucocorticoiden) beruht. (J. exp. Medicine **93.**

217—28. 1/3. 1951. Chicago, Ill., Univ. of Illinois, Coll. of Med., and Dep. of Pathol., Army Med. Nutrit. Labor.) H. SCHEURLEN. 4561

Fumitoshi Ono, *Einige klinische Studien über die 17-Ketosteroidbestimmung im Urin.* Die *17-Ketosteroide* (I) im Urin von 29 Diabetikern waren bei leichten Formen der Krankheit n., bei schweren teils erhöht, teils erniedrigt, der Tagesrhythmus war gegenüber Gesunden verändert. Bei Thyreotoxikose (GRAVEs Disease) war die I-Ausscheidung n., nach subtotaler Thyroidektomie fehlte z. T. die Erhöhung der I-Ausscheidung u. die als Folge des Stress zu erwartende Eosinophilie, was als Zeichen einer latenten subklin. Nebenniereninsuffizienz gedeutet wird. — Nach Injektion von 10 E. *ACTH-Gel* (ARMOUR) war bei Patienten zwischen 70 u. 90 Jahren kein I-Anstieg, dafür Eosinophilenabfall zu beobachten. — Chromatograph. war kein Unterschied der I-Fraktionen zwischen jugendlichen u. alten Gesunden festzustellen. Bei kastrierten Männern waren die *Androsteron-* u. *Ätiocholanolon*-Fraktionen relativ hoch u. wurden durch Injektion von *Gonadotrophin*, bes. *Choriongonadotrophin*, vermehrt, während die Gesamt-I-Ausscheidung unverändert blieb. — I-Extrakte nach DRECTER wiesen bei biol. Probe nach OKADA starke androgene Wrkg. auf. (Folia endocrinol. japon. **31**. 337—44. 20/9. 1955. [Orig.: japan., Auszug: engl. S. 327.], Tokyo, Univ., School of Med.) WOLFGANG ALBRECHT. 4561

D. M. Robertson, *Die Anwendung der Polarographie bei der Untersuchung der in Beziehung zum Cholesterin stehenden Ketosteroide.* Kurzer Überblick über die in der Literatur vorhandenen Methoden zur polarograph. Best. der *Ketosteroide* (I). Eine Standardausführung des Registrierpolarographen wurde modifiziert u. Vf. erhielt verbesserte Polarogramme. Die polarograph. Best. der C_{19}-, C_{21}- u. C_{27}-I in freiem Zustand u. in Form ihrer Betainylhydrazone erfolgte in Pufferlsgg., die 90% A. enthielten. Einige Ketogruppen enthaltende Gallensäuren u. ihre Ester wurden untersucht. Vf. entwickelte eine Meth. zur Best. der C_{27}-I in biol. Material. Die Trennung von *Cholestan-3-on* u. *Koprostan-3-on* in Form ihrer 2.4-Dinitrophenylhydrazone wird beschrieben. (Biochem. J. **61**. 681—87. Dez. 1955. Dundee, Univ. of St. Andrews, Queen's Coll., Dep. of Biochem.) A. EBEN. 4561

Alice Wydler-Baumann, *Beeinflussung des Kohlenhydratstoffwechsels durch Meticorten in einem Fall von primär chronischer Polyarthritis mit Diabetes mellitus.* Bei einem Fall von prim. chron. Polyarthritis mit überwundenem leichten Diabetes wurde dieser durch Verabreichungen von *Meticorten* (I; SCHERING, 3 mal 50 mg/Tag) verstärkt. Dabei ist speziell die Blutzuckertageskurve nach 17 Std. (Nachtwerte) stark erhöht, n. Maximalwerte 270 statt 180 mg%. Glucosurie tritt auf. Außerdem ist die Glucosetoleranz (2 mal 20 g oral, Intervall 1 Std.) verschlechtert. I dürfte wie Cortison die Gluconeogenese aus Fett u. Eiweiß fördern, die Kohlenhydratverwertung hemmen u. auf die Glomerulusausscheidung u. die tubuläre Rückresorption in der Niere einwirken. (Praxis [Bern] **44**. 962—65. 27/10. 1955. Zürich, Univ., Rheumaklin. u. Inst. für physikal. Therapie.) F. W. VAN KLAVEREN. 4561

Jean Roche und **Raymond Michel,** *Natur, Biosynthese und Stoffwechsel der Schilddrüsenhormone.* Übersicht mit 200 Literaturangaben. (Physiol. Rev. **35**. 583—610. Juli 1955. Paris, Coll. de France.) F. KRUSEN. 4562

Haqvin Malmros und **Bengt Swahn,** *Lipidstoffwechsel bei Myxödem.* Bei Myxödem (Beobachtungsmaterial 2 ♂ u. 11 ♀) ist der Lipoidstoffwechsel gestört. *Serumcholesterin, Gesamt-* u. *Phospholipide* sind angestiegen u. die β-Fraktion der Lipide (elektrophoret. gemessen) ist erheblich angestiegen wie bei Hypercholesterinämie. Gestörter Lipidstoffwechsel begleitet mit Myxödem wird durch Medikation mit synthet. *l-Thyroxin* oder geeigneten Schilddrüsenpräpp. leicht kontrolliert. Bei der Best. der Schilddrüsenfunktion ist die Analyse der Serumlipide oft zuverlässiger als die Grundumsatzbestimmung. (Acta med. scand. **145**. 361—69. 27/5. 1953. Lund, Univ., Hosp., Dep. of Med.) H. PATZSCH. 4562

A. Donnadieu, P. de Boucaud, J.-P. Schnetzler und **P. Fournial,** *Zwischenfälle bei der Behandlung mit Dimethyldithiohydantoin im Sinne einer Myxödementstehung.* In Übereinstimmung mit zahlreichen Beobachtungen anderer Autoren beschreiben Vff. bei 8 Patienten mit Krampfanfällen, die sie mit *Dimethyldithiohydantoin* (I) behandelten, das Auftreten typ. Hypothyreosesymptome, die sich nach Absetzen des Präp. prompt zurückbildeten. Vff. machen für diese Wrkg. die den bei Hyperthyreose wirksamen Präpp. ähnlicher Konst. des I verantwortlich. (J. Méd. Bordeaux Sud-Ouest **132**. 32—37. Jan. 1955. Château-Picon, Hôp. psychiatr.) H. HELGE. 4562

Corrado Fuà, *Leukämische Myelose im Anschluß an Thiouracilbehandlung.* Bei einer erneuten Behandlung mit *Thiouracil* (I) beobachtete Vf. nach 10 tägiger Behandlung mit je 50 cg eine Vermehrung der Leukocyten im Blutbild auf 18000 u. eine deutliche

Milzvergrößerung. Im Sternalmark herrschten die unreifen Formen mit auffallender Vermehrung der Myelocyten u. Promyelocyten vor. Im Verlauf von wenigen Monaten kam eine hämorrhag. Gingivitis hinzu u. stiegen die Leukocyten im peripheren Blutbild auf 120000 an, wobei die unreifen Zellelemente stark vermehrt waren. Vf. deutet das Krankheitsbild als chron. myeloische Leukämie u. hält, obwohl nach I-Behandlung eher die aplast. Formen der Leukopenie bzw. Agranulocytose beobachtet werden, einen Kausalzusammenhang zwischen dieser Behandlung u. der leukäm. Myelose für möglich. (Minerva med. [Torino] **42.** II. 508—09. 6/10. 1951. Ancona, Osped. Civ. Umberto I, Rep. Med.) H. SCHEURLEN. 4562

J. La Barre, *Die externe Sekretion des Pankreas und die Zusammensetzung des pankreatischen Saftes bei Vertebraten.* 35 Tabellen über nervöse Regulation der Pankreassekretion, Einfl. von Sekretion, Einfl. auf die Verdauung, Rolle der pankreat. Kanäle, Reizstoffe für die Sekretion u. Beziehungen zur Glykämie. — 40 Literaturanaaben. (Tabulae biol. [Den Haag] **21.** 30—50. 1953. Brüssel, Univ., Labor. de Pharmacodynamie et de Thérapeutique.) P. LOCH. 4564

William C. Stadie, *Das Problem der Wirkungsweise des Insulins.* (Vgl. auch C. **1955.** 1544.) Vf. stellt auf Grund des bisherigen Schrifttums drei Möglichkeiten der diabetogenen Ursachen heraus: 1. Störung der cellulären Permeation für Glucose, 2. Störung der Phosphorylierung der Glucose, 3. Einschränkung der oxydativen Phosphorylierung. Auf das Zusammenspiel anderer Hormone mit Insulin wird hingewiesen. Weitere Einblicke in den Mechanismus der Insulinwrkg. werden von Unterss. über die Wechselwrkg. dieses Hormons mit den Gewebeenzymen erwartet. (Amer. J. med. Sci. **229.** 233 bis 251. März 1955. Philadelphia, Pa., Univ. of Pennsylvania, John Herr Musser Dep. of Res. Med.) P. LOCH. 4564

Ekkehard Kallee, *Über ^{131}J-signiertes Insulin.* 1. Mitt. *Nachweis.* Mit ^{131}J spurenjodiertes *Insulin* (**I**) läßt sich nach Papierelektrophorese autoradiograph. feststellen. Das Eluat weist beträchtliche biol. Wirksamkeit auf. Jodiertes u. unjodiertes **I** haben den gleichen isoelektr. Punkt u. lösen sich beide in HCl–Alkohol. Während die Adsorptionskraft von Filterpapier gegenüber **I** durch Zusätze von Serum, Humanalbumin, γ-Globulin oder Gelatine zum Puffer lediglich stark herabgesetzt werden kann, wird durch gewöhnliches **I** die Adsorption von ^{131}J-**I** an WHATMAN-Papier aufgehoben. Hierdurch ist die Möglichkeit des qualitativen Nachw. von weniger als 3 γ ^{131}J-**I** in Ggw. von Serumeiweiß gegeben. Durch mit **I** getränkte Filtrierpapierstreifen weist Vf. nach, daß ^{131}J-**I** die annähernde Beweglichkeit von Humanalbumin besitzt. (Z. Naturforsch. **7b.** 661—63. Dez. 1952. Tübingen, Univ., Med. Klin.) K. NEHRING. 4564

Robert E. Beyer, *Untersuchung über den Insulinhaushalt bei einem Typ von Insulinresistenten Mäusen. Insulin* (**I**)-Resistenz kann durch folgende Umstände bedingt sein: mangelhafte Resorption, anomal schnelle Zerstörung, Überaktivität hormonaler Antagonisten, Infektionen, Leberstörungen u. Bldg. von Insulinantikörpern. Diese Möglichkeiten wurden an Insulinresistenten (a) u. -empfindlichen (b) Mäusen untersucht. 0,5 E. **I** rief in beiden Gruppen schwere Hypoglykämie (Blutzucker unter 40 mg%) hervor. Nach 2 Std. war der Blutzucker von b für Messungen zu niedrig, u. Insulinschock trat auf, während der Blutzucker bei a innerhalb 3—4 Std. allmählich das Normalniveau dieser Gruppe, d. h. ca. 160 mg%, erreichte. Diaphragmaglykogen bei b beträgt 403 $\pm$ 23,2 μg/100 mg, bei a 169 $\pm$ 10,8 μg/100 mg Feuchtgewicht. 0,5 E. **I** erhöhten bei a Glykogen innerhalb 3 Std. auf 1234 $\pm$ 70,5, danach sank der Geh. auf 469 $\pm$ 61 μg/100 mg ab. Bei b betrug der Anstieg nur ca. 200 μg/100 mg, Koma u. Tod erfolgten, bevor Glykogen normalisiert wurde. Vergleichende Bestimmungen der in vitro-Glucosesynth. u. Verwertung zeigen, daß die Resistenz der a-Gruppe nicht durch Änderungen im peripheren Muskel bedingt sind. Auch ergab die **I**-Exkretion (Harn) für beide Gruppen ident. Werte. Insulinasebestimmungen von Leber, Niere, Blut, Milz u. Muskel zeigen, daß die Leber der a-Gruppe stark erhöhte Wirksamkeit hat, während die der anderen Organe für beide Gruppen fast ident. ist. Insulinase ist fast ausschließlich in der in W. lösl. Leberfraktion enthalten, ihre Wirksamkeit wird durch 48 Std. Hungern so herabgesetzt, daß 3 von 12 Tieren, die mit 0,1 E. **I** u. Hungerinsulinase aus Leber gleichzeitig behandelt wurden, **I**-Schock erlitten. In vitro wurden 12, 24 u. 100 E. **I** durch das Substrat völlig inaktiviert. Die Grenze scheint bei hohen Konzz. von 200—400 E./cm^3 zu liegen. Insulinase ist bei 50—60^0 beständig, wird bei 70—80^0 zerstört u. ist für die **I**-Resistenz verantwortlich. (Acta endocrinol. [Copenhagen] **19.** 309—32. Aug. 1955. Providence, R. I., Brown Univ., Dep. of Biol.) F. W. VAN KLAVEREN. 4564

D. Jorke, *Über das Verhalten des Brenztraubensäureblutspiegels nach Galaktosebelastung bei leberkranken Diabetikern.* (Vgl. C. **1956.** 4774.) Bei lebergesunden Diabetikern steigt die *Brenztraubensäure* (**I**)-Kurve nach Galaktosebelastung (40 g, oral) innerhalb 60 Min. steil an u. geht danach innerhalb 3½ Std. auf den Ausgangswert zurück. Sie ist derjenigen von Gesunden ähnlich. Bei Diabetikern mit Leberschädigung bleibt die typ. I-Erhöhung aus, die Kurven zeigen geringe Schwankungen um einen Mittelwert. Ähnliche Beobachtungen wurden bei Hepatitis epidemica u. chron. Hepatitis bei Diabetes mellitus gemacht. (Z. ges. inn. Med. Grenzgebiete **10.** Nr. 9. 440—43. 1/5. 1955. Jena, Univ., Med. Klin.) F. W. VAN KLAVEREN. 4564

R. R. Rodriguez, *Heilung des Alloxandiabetes bei Ratten durch langfristige Verabreichung von Östrogenen.* Ratten, die durch intravenöse Injektionen von 40 mg/kg *Alloxan* diabet. gemacht worden waren, erhielten *Insulin* (I) in solcher Dosis, die ausreichte, die Glucosurie zu verhindern, oder täglich 15 γ *Östradiolbenzoat* (II) subcutan oder beide Substanzen kombiniert. Während die I-Tiere bei gutem Allgemeinzustand u. sehr geringer Mortalität im Verlauf von 6 Monaten keine Heilungstendenzen zeigten, wurden durch II in dieser Zeit 47% der Tiere geheilt, wobei allerdings 36% der Tiere starben. Kombinierte Medikation von I u. II bewirkte bei 69% der Tiere Heilung, während 21% starben. Histolog. fanden sich bei den geheilten Tieren Pankreashypertrophie u. Hyperplasie der LANGERHANSschen Inseln, womit die schon früher beobachteten Zusammenhänge zwischen Östrogenen u. Pankreasfunktion bestätigt wurden. (C. R. Séances Soc. Biol. Filiales **148.** 1132—34. Juni 1954.) F. KRUSEN. 4564

J. Comsa (unter techn. Mitarbeit von **C. Herber-Jansen),** *Der Einfluß von hochgereinigtem Thymusextrakt auf die Leukopoiese von Meerschweinchen.* Hochgereinigter *Thymusextrakt* nach COMSA (C. **1949.** E. 744) bewirkt beim Meerschweinchen in hohen Dosen, über 5—110 Tage gegeben, eine Erhöhung der Lymphocytenzahl in Blut u. Milz u. eine Senkung der Eosinophilenzahl, welche nach Knochenmarkunters. durch gehemmte Ausschwemmung bedingt ist. Die histolog. Veränderungen der Thymus sprechen für eine Ruhigstellung der Drüse. (Acta endocrinol. [Copenhagen] **19.** 406—10. Aug. 1955. Homburg/Saar, Univ. des Saarlandes, Chirurg. Klin.) WOLFGANG ALBRECHT. 4566

Chr. Engel und **C. Romijn,** *Die Hormone der Verdauungsorgane bei den Vertebraten.* 2 Tabellen über Eigg. des *Sekretins,* über den Geh. des Dünndarms an *Cholin* u. Bemerkungen über die Identität des *Gastrins.* — 6 Literaturangaben. (Tabulae biol. [Den Haag] **21.** 250—51. 1953. Utrecht, Centraal Inst. voor Voedingsonderzoek T.N.O., Rijksuniv., Labor. voor Veter. Physiol.) P. LOCH. 4569

Sherman R. Dickman und **Irven H. Moncrieff,** *Primäre Amidgruppen des menschlischen Hämoglobins. Hämoglobin* (I)-Proben verschied. Ursprungs wurden mit HCl versetzt, 3 Std. bei 100° gehalten u. der entstandene NH_3 bestimmt. Es ergab sich zwischen I Sichelzellkranker u. n. Personen kein signifikanter Unterschied. Im Durchschnitt ergab Umrechnung des Ergebnisses, daß menschliches I 26 prim. Amidgruppen je Mol enthält. (Proc. Soc. exp. Biol. Med. **77.** 631—33. Aug. 1951. Salt Lake City, Ut., Univ. of Utah, Coll. of Med., Dep. of Biol. Chem.) F. JUNG. 4572

Martin Krüpe, *Über die Reaktionsfähigkeit pflanzlicher Hämagglutinine mit wasserlöslichen Blutgruppenmucoiden und einfacher gebauten Kohlenhydratmolekülen.* Trotz der Mannigfaltigkeit der Ergebnisse quantitativer Hemmungsverss. mit *Blutgruppensubstanzen* u. niedermol. *Kohlenhydraten* (I) gegenüber den mit nur bestimmten Blutgruppen reagierenden *Phytagglutininen* (II) ist ein gruppenweise unterschiedliches Verh. der II zu I deutlich zu erkennen, bei unspezif. II dagegen nicht. Zwischen D- u. L-Galaktose, L- u. D-Arabinose, L- u. D-Fucose bestehen in ihrer Wrkg. auf II Differenzen. Viele der geprüften I waren Bausteine der Blutgruppenmucoide. (Hoppe-Seyler's Z. physiol. Chem. **299.** 277—82. 9/3. 1955. Marburg, Univ., Hyg. Inst.) E. FISCHOEDER. 4572

E. M. Shooter und **E. R. Skinner,** *Die elektrophoretische Analyse der Hämolysate von individuellen Erythrocyten vom Sichelzellentyp.* Das anomale Hämoglobin aus Sichelzellenerythrocyten kann ausgezeichnet vom n. elektrophoret. unterschieden werden, wenn man einen Kakodylnatriumpuffer verwendet. In 6 Std. bei 7,4 V, Ionenkonz. 0,04, p_H 6,4, Proteinkonz. ~2% erfolgt eine gute Trennung der Fraktionen. Auch Phosphatpuffer (p_H 6,4) eignet sich. Bei p_H 6,0 u. Ionenkonz. 0,04 wurde eine zusätzliche, etwas schneller wandernde Fraktion beobachtet. (Biochem. J. **60.** XXVIII. Juli 1955. London, Univ. Coll., Dep. of Biochem.) E. FISCHOEDER. 4573

R. Croes und **R. Ruyssen,** *Beitrag zur Aufklärung der Hämolyse.* 2. Mitt. *Das Penetrationsphänomen bei einem Cholesterinmischfilm.* (1. vgl. Meded. Kon. vlaamsche Acad. Wetensch., Letteren schone Kunsten België, Kl., Wetensch. **8.** [1946.] Nr. 3.) Aus den Veränderungen der Oberflächenspannung eines *Cholesterin–Lecithin*-Films durch *Na*- u. *Ca*-Ionen ergibt sich, daß dieser Film geeignet ist, die Vorgänge der *Saponin*-Hämolyse modellmäßig zu untersuchen. Im Gegensatz dazu ist der reine Cholesterinfilm nicht geeignet. (Bull. Soc. Chim. biol. **32.** 513—20. 1950. Gand, Univ., Centre de Biochim.) H. MATTHIES. 4573

R. Loos und **R. Ruyssen**, *Beitrag zur Aufklärung der Hämolyse. 3. Mitt. Die Rolle der Phospholipoide des Stromas.* (2. vgl. vorst. Ref.) Durch Injektion von radioakt. (^{32}P) Natriumphosphat wurden beim Kaninchen Erythrocyten erzeugt, in dessen *Phospholipoiden* ^{32}P eingelagert ist. Nach Hämolyse dieser Zellen durch dest. W. oder *Saponin* wurde die Aktivität fast ausschließlich im abzentrifugierten Stroma wiedergefunden, bei der Hämolyse durch *Natriumcetylsulfat* fand sich auch im Überstehenden ein geringer Teil der Aktivität. Die Phospholipoide werden also bei der Hämolyse nicht aus der Membran herausgelöst. (Bull. Soc. Chim. biol. **32.** 521—24. 1950. Gand, Univ., Labor. de Biochim. phys.) H. MATTHIES. 4573

R. A. Croes, *Untersuchung der Hämolyse auf physikalisch-chemischer Grundlage.* (Vgl. die beiden vorst. Reff.) Es wird eine Übersicht über den Hämolyseprozeß gegeben u. der Einfl. von Erdalkaliionen, Hexol, Uranylionen u. verschied. Anionen auf die Hämolyse untersucht. Ferner werden die Hämolyse von radioakt. Lysinen unter Verwendung von ^{35}S u. die Oberflächenspannung u. „Penetratie" der Lysine untersucht sowie Betrachtungen zur Kinetik der Hämolyse angestellt. (Verh. Kon. vlaamse Acad. Wetensch., Letteren schone Kunsten België, Kl. Wetensch. **1953.** 1—152.) K. GENEST. 4573

P. von Tavel, *Die Fraktionierung von Serumproteinen durch Verteilung in flüssigen kritischen Phasenpaaren.* Vf. untersucht die Verteilung leichtdenaturierbarer Proteine in nahezu krit. Phasenpaaren. Gemische von niederen Alkoholen (Methanol, A., Iso- u. n-Propanol, sek. u. tert. Butanol), Aceton oder Äthylenglykolmonobutyläther mit W. u. einem als Entmischer zugegebenen Salz (Phosphat, NaCl, Natriumsulfat) oder Glucose erwiesen sich zur Trennung von Serumproteinen ungeeignet, da sie Globuline nicht lösten u. zu Denaturierungen führten. Vf. übernimmt dann ein von PORTER (Biochem. J. **53.** [1953.] 320) bei der Isolierung von Insulin beschriebenes 3-Komponentensyst. folgender gerade noch 2phasiger krit. Zus. (Gew.-%): 12,4 Diäthylenglykoldiäthyläther (= Diäthylcarbitol), 10,5 $MgSO_4$ (wasserfrei) u. 77,1 W. bei 1°. Der Verteilungskoeff. (Konz. obere/Konz. untere Phase) von Rinderalbumin u. Pferde- bzw. Rinder-γ-Globulin u. seine Abhängigkeit von der Zus. des Gemisches werden untersucht. Da γ-Globulin vermehrt in der oberen Phase auftrat, wurde das Verf. zur Anreicherung von Albumin u. γ-Globulin aus Serum verwendet. Aus den Elektrophoresediagrammen u. dem Proteingeh. errechnen sich bei einstufiger, ca. 12 Std. dauernder Verteilung folgende Verteilungskoeffizienten: Albumin 0,17, γ-Globulin 0,74, übrige Proteine (α- u. β-Globuline) 0,22. In 4stufiger Verteilung wurde fast reines γ-Globulin erhalten. (Helv. chim. Acta **38.** 520—30. 15/3. 1955. Bern, Univ., Theodor-Kocher-Inst.) D. MOHRING. 4574

Frederick T. Hatch, Liese L. Abell und **Forrest E. Kendall**, *Wirkungen der Beschränkung von Fettnahrung und Cholesterin auf Serumlipoide und Lipoproteine bei Patienten mit Hypertonie.* Bericht über Best. der *Serumlipoide* (**I**) u. *Lipoproteine* (**II**) an Patienten mit Hypertonie, von denen 23 eine teilweise, 44 eine völlig *fett* (**III**)- u. *cholesterin* (**IV**)-freie Diät erhielten. Durch Beschränkung von **III** auf 3 g/Tag u. Ausschaltung von **IV** sinken die **I**- u. **II**-Spiegel nicht unter die n. Grenze. Völliger **III**- u. **IV**-Entzug ergab große individuelle Schwankungen der **I**. Die **IV**-Esterspiegel nahmen bei Reduzierung der täglichen **III**-Menge unter 40 g ab. Keine direkte Abhängigkeit der freien **IV**- u. **I**-*Phosphor*-Konzz. von der Diät. Die beobachteten Änderungen der **I**- u. **II**-Werte standen in keinem Zusammenhang mit dem Krankheitsbild, sie hingen mehr von der Beschränkung des **III**-Geh. als vom **IV**-Geh. ab. (Amer. J. Med. **19.** 48—60. Juli 1955. New York City, Dep. of Hosp., Goldwater Memorial Hosp., u. New York, N. Y., Columbia Univ., Coll. of Phys. and Surg., Dep. of Med.) H. DOSSMANN. 4574

Maurice M. Best, Charles H. Duncan, Edward J. Van Loon und **Joan D. Wathen**, *Wirkungen von Sitosterin auf Serumlipoide.* Bericht über den Einfl. der Verabreichung von *β-Sitosterin* (**I**; ELI LILLY & CO., Indianapolis, Ind.), einem Pflanzensterin, in einer Dosierung von 20—25 g/Tag über 13—64 Wochen auf das *Serumcholesterin* (**II**) u. andere *Lipoid* (**III**)-Fraktionen bei 14 Patienten. **I** bewirkt Erniedrigung des totalen **II**, außerdem Red. von Total-**III**, *Neutralfett* u. in geringerem Maß des **III**-*Phosphors.* Besprechung des Wirkungsmechanismus von **I**. (Amer. J. Med. **19.** 61—70. Juli 1955. Louisville, Ky., Univ. of Louisville, School of Med., Inst. for Med. Res., and Dep. of Med., u. Louisville General Hosp.) H. DOSSMANN. 4574

J. R. Fountain und **M. Dales**, *Mit Kobalt erfolgreich behandelte reine Erythrocytenaplasie.* Nachdem Therapie mit *Fe, Leberextrakt, Vitamin B_{12}, Folsäure, Citrovorumfaktor, Östrogenen, Thyroidextrakt, ACTH* u. *Cortison* vergeblich war u. Bluttransfusionen nur vorübergehende Besserung brachten, wurde ein Fall von reiner Erythrocytenaplasie durch 2monatige Behandlung mit täglich 50 mg *$CoCl_2$* völlig ausgeheilt. (Lancet **268.** 541—43. 12/3. 1955. Leeds, General Infirmary, Dep. of Med.; St. James's Hosp.) F. KRUSEN. 4575

H. J. Vonk, *Die Ausnutzung der Nahrung bei den Vertebraten.* 58 Tabellen über Ausnutzung u. Verdaulichkeit verschied. Nahrungsmittel nach Qualität u. Verarbeitungsweise. — 42 Literaturangaben. (Tabulae biol. [Den Haag] **21.** 178—202. 1953. Utrecht, Rijksuniv., Labor. voor Vergelijkende Physiol.) P. LOCH. 4585

B. M. Lal und **R. Rajagopalan,** *Untersuchungen über gegenseitige Ergänzung von pflanzlichen Proteinen.* Ölkuchen [Erdnuß (**I**), Sojabohnen (**II**), Baumwollsaat (**III**), Sesam (**IV**) u. Kopra] haben einen im allg. niedrigen biol. Wert. Gemische aus **I**, Weizen u. **III** u. aus **I**, **II** u. **IV** waren biol. wirksam. Die reinen Proteinwerte dieser Gemische waren beträchtlich höher als die der gewöhnlich verwendeten Cerealien u. Hülsenfrüchte u. im Vgl. mit denen von tier. Proteinen günstig. Es bestanden keine signifikanten Unterschiede im Geh. an essentiellen Aminosäuren u. dem biol. Wert. (Indian J. med. Res. **41.** 173—83. April 1953. Bangalore, Indian Inst. of Sci., Dep. of Biochem., Food Techn. Labor.) H. PATZSCH. 4585

N. V. Raju und **R. Rajagopalan,** *Nährwert von erhitzten Pflanzenölen. Erdnuß-, Sesam-* u. *Cocosnußöl* wurden 8 Std. lang in offenen, eisernen Pfannen auf 270° erhitzt, zu 15% einem Kunstfutter zugesetzt u. an Albinoratten verfüttert (6 Wochen lang). Dabei zeigten sich Verringerung der Körpergewichtszunahme, red. Futterausnutzung, signifikante Erhöhung der Leberfrischgewichte gegenüber den Kontrollen. Der Fettgeh. der Lebern war ca. doppelt so hoch (Fettinfiltration der Leber). Die Lebern waren schwer geschädigt, mit Blut überfüllt u. zeigten keine n. Farbe. Bei Verfütterung von 30% erhitztem Öl starben alle Ratten innerhalb 1 Woche. Wurden 15% auf 280° erhitztes Öl verfüttert, dann trat eine starke Gelbsucht auf, die in 4 von 6 Fällen tödlich war. (Nature [London] **176.** 513—14. 10/9. 1955. Bangalore, Indian Inst. of Sci., Dep. of Biochem.) H. PATZSCH. 4585

Paul Fournier, *Die osteogene Wirkung von Glykolsäure und ihre Konsequenzen.* Verss. an Ratten ergaben, daß bei Ersatz einer bestimmten Stärkemenge der Kontrollgrundnahrung durch 10% *Lactose* bzw. 1,5% *Glykolsäure* (**I**) 45—44% des verabreichten *Ca* zurückgehalten wurden im Vgl. zu 26% bei den Kontrollen. Die Wrkg. von **I** beruht offenbar auf der Abgabe des für die Knochenbldg. erforderlichen *Glykokolls,* das zu 25% im *Ossein* enthalten ist. (C. R. hebd. Séances Acad. Sci. **240.** 2555—57. 27/6. 1955.) H. DOSSMANN. 4585

W. Stanley Hartroft, Jessie H. Ridout, E. A. Sellers und **C. H. Best,** *Atheromatöse Veränderungen von Aorta, Carotis- und Coronararterien bei der Cholinmangelratte.* Vff. berichten über Schäden an Aorta, Carotis- u. Coronararterien bei 26 von 160 Ratten, die bis zu 216 Tagen ein Cholinmangelfutter erhielten. Keines der Tiere war bei der Tötung älter als 300 Tage. Die anfänglichen Schäden bestehen mkr. in der Ablagerung eines anfärbbaren Lipoids in den Endothelzellen der Intima. In späteren Stadien erfolgt eine Proliferation der Intimazellen, so daß kleine Plättchen resultieren. In den großen Gefäßen (Aorta u. Carotis) unterliegt die tieferliegende Media einer Nekrose u. gegebenenfalls einer Calcifikation. Die möglichen Beziehungen dieser Schäden zur Atheromatose des Menschen werden diskutiert. (Proc. Soc. exp. Biol. Med. **81.** 384—93. Nov. 1952. Toronto, Univ., Banting and Best Dep. of Med. Res.) K. NEHRING. 4585

S. K. Pradhan und **M. G. Magar,** *Vitamin A und Neovitamin A im Haifischlebertran.* Feststellung, daß bei spektroskop. Prüfung des in Cyclohexan u. A. gelösten Haifischlebertrans die Berücksichtigung des Korrektionsfaktors von MORTON u. STUBBS (C. **1948.** II. 332) nicht notwendig ist. (Proc. Soc. biol. Chemists, India **13.** 36. 1955. Bombay, Indien, Inst. of Sci., Dep. of Biochem.) H. HERMANN. 4587

G. K. Murthy, T. M. Paul, Noshir N. Dastur und **K. P. Basu,** *Vitamin A im Butterfett von Kuh, Büffel, Ziege und Schaf.* Der *Vitamin-A*-Geh. der Fette der genannten Tiere verschied. Rassen wurde mittels des Blauwertes untersucht, der nach der Formel von BARNICOAT (J. Dairy Res. **15.** [1947.] 30) in I.E. umgerechnet wurde. Der Vitamin-A-Geh. im Butterfett von Kuh u. Büffel zeigt jahreszeitliche Schwankungen mit niedrigsten Werte zwischen November u. Januar u. Höchstwerten zwischen Februar u. Juni. Beziehungen des Vitamin-A-Geh. zu JZ. u. VZ. der Milch bestehen nicht. (Proc. Soc. biol. Chemists, India **13.** 41—42. 1955. Bangalore, Indian Dairy Res. Inst.) H. HERMANN. 4587

N. I. Krinsky und **J. Ganguly,** *Intracelluläre Verteilung von Vitamin-A-Ester und Vitamin-A-Alkohol in Rattenleber.* Unterss. über die Verteilung von *Vitamin-A-Ester* (**I**) u. *Vitamin-A-Alkohol* (**II**) in den durch Ultrazentrifugieren erhaltenen Fraktionen von Leberhomogenaten (Kerne, Mitochondrien, Mikrosomen, überstehende Fl. u. Cremefraktion; letztere konnte aus der bisher als einheitlich angesehenen überstehenden Fl. abgetrennt werden). Die Cremefraktion enthält den weitaus größten Anteil an **I** (76 bis 98% der Gesamtmenge **I**). Dagegen findet sich **II** in der überstehenden Fl., den Mikrosomen sowie ebenfalls in der Cremefraktion. Die Kerne u. Mitochondrien sind nahezu frei von Vitamin A. (J. biol. Chemistry **202.** 227—32. Mai 1953. Los Angeles, Calif., Univ. of Southern California, Laborr. of Allan Hancock Found. u. School of Med., Dep. of Biochem. and Nutrit.) R. REISS. 4587

A. N. Worden, J. Bunyan, A. W. Davies und **C. E. Waterhouse,** *Die Harnausscheidung des Vitamins A beim Hund.* Die Analyse des *Vitamin-A* (**I**)-Geh. im 24 Std.-Urin vier gesunder Hunde ergab Werte von 14,3—235,0 I.E. pro Tag. Bei einer Katze konnte unter gleichen Bedingungen kein **I** gefunden werden. Vff. nehmen an, daß bei Hunden hohe **I**-Werte im Urin entweder für patholog. Prozesse sprechen (Nephritiden) oder mit dem hohen Plasmaspiegel des Vitamins bei Hunden zusammenhängen müssen. (Biochem. J. **59.** 527—28. März 1955. Huntington Cromwell House u. Southport, Res. Labor. Bob Martin Ltd.) G. RENTSCH. 4587

E. G. Scolari und **G. Gardenghi,** *Die Therapie der Akne juvenilis und die Anwendung des Vitamins A als Stoßtherapie.* Vff. gaben bei Akne juvenilis *Vitamin A* 5—7 Tage lang je 600000 E. (wasserlösl. Präp. „Idran A", Ripari). Obwohl diese Dosis nahe an die tox. Grenze reicht, wurden nur bei 4 von 12 Patienten leichte Unverträglichkeitserscheinungen (Erbrechen) beobachtet, die nach Absetzen bzw. Minderung der Dosis verschwanden. Die positive Wrkg. des Mittels macht sich schon nach wenigen Tagen bemerkbar, indem die papulösen u. pustulösen Hautefflorescenzen schnell wichen. Die dem Licht ausgesetzten Hautpartien reagierten schneller. (Minerva med. [Torino] **42 II.** 495—99. 6/10. 1951, Firenze, Univ., Clin. Dermosifilopatica.) H. SCHEURLEN. 4587

C. R. Thompson und **E. M. Bickoff,** *Abänderungsvorschlag der A. O. A. C.-Methode zur Bestimmung von Carotin in Alfalfa.* Bei der vorgeschlagenen Meth. wird die Probe (1—2 g) im 100 ml-Meßkolben im Dunkeln über Nacht mit 30 ml eines aus 3 Teilen Aceton u. 7 Teilen Skellysolve B bestehenden Gemisches extrahiert, auf 100 ml mit Skellysolve B aufgefüllt u. hiervon 5 ml zur Chromatographie entnommen. Die Säule (Durchmesser 12 mm) wird 40 mm hoch mit einem Gemisch gleicher Gewichtsteile von MgO No. 2642 (WESTVACO CHLORINE PRODUCTS COMP.) u. Filtrierhilfe (filter aid) beschickt. Die Elution erfolgt mit einem Gemisch von 1 Teil Aceton u. 9 Teilen Skellysolve B, wobei 25 ml im Meßkolben aufgefangen werden. Zum Colorimetrieren wird das 440 mμ-Band benutzt. (J. Assoc. off. agric. Chemists **34.** 219—24. 15/2. 1951. Albany, Calif., U. S. Dep. of Agric., Agric. Res. Admin., Bureau of Agric. and Ind. Chem., Western Regional Res. Labor.) P. LOCH. 4587

P. G. Tulpule und **V. N. Patwardhan,** *Wirkungsweise des Vitamins D. Der Einfluß des Vitamin-D-Mangels bei der Ratte auf die anaerobe Glykolyse und Brenztraubensäureoxydation des Epiphysenknorpels.* Der Epiphysenknorpel von Ratten mit manifester Rachitis verliert die Fähigkeit, Brenztraubensäure zu oxydieren, während zusätzlich mit *Vitamin D* behandelte Tiere keine pathophysiol. Veränderungen dieses Prozesses erkennen ließen. Die glykolyt. Aktivität des Epiphysenknorpels war in beiden Untersuchungsgruppen nahezu gleich. (Biochem. J. **58.** 61—65. Sept. 1954. Coonoor, Indien, Nutrit. Res. Labor., Indian Council of Med. Res.) G. RENTSCH. 4587

Paul Numerof, Howard L. Sassaman, Allegra Rodgers und **Arnold E. Schaefer,** *Die Verwendung von radioaktivem Phosphor zur Vitamin-D-Bestimmung.* Die Brauchbarkeit eines Verf. zur *Vitamin-D* (**I**)-Best. mit radioakt. P nach SNYDER u. Mitarbeitern (C. **1952.** 6883) wird von Vff. bestätigt. Das Verf. ist in gleichlaufenden Verss. mit dem U.S.P. „line test" verglichen worden, wobei eine gute Übereinstimmung der Ergebnisse festgestellt wurde. — Nach experimentell erzeugter Rachitis erhalten Ratten per injectionem verschied. **I**-Mengen in Maisöl, nach 2 Wochen 0,5 cm^3 physiol. NaCl-Lsg., die 20—25 μC radioakt. P enthält. Die Best. der Radioaktivität erfolgt mit einem GEIGER-MÜLLER-Zähler (besondere Konstruktion). Die Beziehung zwischen der injizierten **I**-Menge als log-Dosis in I.E. u. den gemessenen Impulsen/Min. ist im wesentlichen linear. Der Vers. mit radioakt. P hat gegenüber dem „line test" den Vorteil, daß die subjektive Form des „line tests" ausgeschaltet wird, ohne daß die Genauigkeit der Best. darunter leidet. Ferner scheinen Komplikationen bei den Versuchstieren, wie Verkalkungen, herabgesetzte Nahrungsverwertung u. ungenügende Gewichtszunahme, bei Anwendung von radioakt. P nicht vorzukommen. (J. Nutrit. **55.** 13—21. 10/1. 1955. New Brunswick, N. J., Squibb Inst. for Med. Res., E. R. Squibb and Sons, Div. of Olin-Mathieson Chem. Corp.) H. KOCKERT. 4587

Ruth E. Rumery, Sidney I. Mauer und **Karl E. Mason,** *Eiweißfraktionen von Muskeln von Ratten, welche infolge Vitamin-E-Mangels gegen Ende der Stillzeit Paralysen aufwiesen.* Saugende Ratten im Alter von 5—30 Tagen, deren Muttertiere mit *Vitamin-E*-armer Kost ernährt waren, wiesen gegenüber Kontrollen eine Senkung des Eiweiß-N u. des Nichteiweiß-N im m. Gastrocnemius auf (bis zum 18. Lebenstag). Zwischen dem

18. u. 25. Lebenstag trat bei paret. Tieren ein schneller Abfall der *Actomyosin*-Fraktion (I) u. ein steiler Anstieg der unlösl. Eiweißfraktion ein, welcher bei Gesundung der Tiere bis zum 30. Tag wieder verschwand. Bei Kontrollen wurde ein allmählicher Anstieg von I u. Abfall der unlösl. Fraktion beobachtet. (J. exp. Zoology **129**. 495—503. Aug. 1955. Rochester, N. Y., Univ. of Rochester, School of Med. and Dentistry, Dep. of Anatomy.) WOLFGANG ALBRECHT. 4587

Sachchidananda Banerjee und **Radharaman Basak**, *Nicotinsäurestoffwechsel bei Rhesusaffen.* Rhesusaffen scheiden nach Verfütterung von *Sulfaguanidin*, *Nicotinsäure* (I) u. *DL-Tryptophan* im Urin I u. I-Amid, Nicotinursäure, N-Methylnicotinamid (III), 6-Pyridon (IV), Trigonellin u. Chinolinsäure aus, wobei III u. IV die wichtigsten Stoffwechselendprodd. darstellen. Bei genügend hohen I-Gaben wird Tryptophan grundsätzlich in Chinolinsäure umgewandelt. (J. Nutrit. **55**. 179—84. 10/1. 1955. Calcutta, India, Presidency Coll., Dep. of Physiol.) H. KOCKERT. 4587

E. Belsasso, A. Risolo und **V. Zucconi**, *Verhalten der Siderämie im Verlauf der durch Nicotinsäure hervorgerufenen Hyperbilirubinämie.* 20 Personen beiderlei Geschlechts erhielten 20 cg *Nicotinsäure* (I) intravenös injiziert; 1,3 u. 8 Std. post inj. wurden das direkte u. indirekte Bilirubin u. der Bluteisenspiegel bestimmt. Sowohl bei Gesunden als auch bei verschied. Kranken war dabei ein Anstieg des Serumeisens um durchschnittlich 165 γ-% zu beobachten, der in den meisten Fällen nach 3 Std. wieder zur Norm zurückkehrte. Die Kurve des indirekten Bilirubins ging annähernd parallel, u. zwar so, daß in den Fällen, bei denen n. kein direktes Bilirubin im Serum nachzuweisen war, der Spiegel des indirekten Bilirubins anstieg, während umgekehrt (z. B. bei Lebererkrankungen, wo das direkte Bilirubin vermehrt war) indirektes u. geringer auch das direkte Bilirubin anstieg. Nach Ansicht der Vff. bedingt also I einen beschleunigten Hämoglobinabbau, der sich im Bereich des RES abspielt. (Minerva med. [Torino] **42 II**. 518—20. 10/10. 1951. Trieste, Osped. Riuniti; II u. IV Div. Med.) H. SCHEURLEN. 4587

Akio Kaburaki, *Untersuchung über die antianämische Wirkung von Ferronicotinat. Ferronicotinat* (I), $C_{12}H_8O_4N_2Fe \cdot 2H_2O$, verliert das W. bei 110°, ist hellgrün krist., geruch- u. geschmacklos, in organ. Lösungsmitteln unlösl., in W. schwerlösl., besser lösl. in Weinsäure, Citronensäure u. bes. in Ascorbinsäure, wenig oxydationsempfindlich, verliert in hellen oder braunen Flaschen in 6 Monaten 1,9—2,1 des mit $KMnO_4$ titrierbaren Fe^{2+}. Während beim n. Kaninchen *Nicotinsäure* (85 mg/kg einmal täglich oral, 5 Tage) ohne Einfl. auf das Blutbild ist, bringen 50—200 mg I leichten Anstieg der Erythrocyten , Reticulocyten u. des Blutfarbstoffs. Beim blutarm gemachten Kaninchen (2,5 kg, Blutablaß aus der Ohrvene: $^1/_{39}$ davon) u. täglicher oraler Gabe von 100 mg I/kg haben die Erythrocyten im Mittel nach 18 Tagen den vor der Ausblutung gefundenen Wert wieder erreicht u. sind die Reticulocyten deutlich im Zunehmen u. im Vorsprung gegen die unbehandelten Tiere. Ähnlich bei den Leukocyten, kaum beim Hämochrom. Das Hämoglobin ist nach 15 Tagen wiederhergestellt, bei unbehandelten jedoch nach 1 Monat noch nicht. Plasma-Fe zeigt nach 7, 17 u. 27 Tagen nur noch geringen Mangel gegen die Kontrollen. (Folia pharmacol. japon. **49**. 103 §. 20/7. 1953. Ozawa. [Orig.: japan.]) L. SCHULER. 4587

Prema Fatterpaker, Urmila Marfatia und **A. Sreenivasan**, *Beobachtungen über die Beziehungen zwischen Pteroylglutaminsäure und Nicotinsäureamidstoffwechsel.* Fütterungsverss. an Ratten, die eine *Pteroylglutaminsäure* (I)-freie Kost erhielten, der 0,5% *Nicotinsäureamid* (II) zugelegt war, ergaben folgende Befunde: Leber: Als Zeichen verstärkter Methylierungsprozesse Absinken des *Cholins* u. *Methionins*, Verringerung des Phospholipoidgeh. bei Anstieg der Neutralfette. Verringerung der *Cholinesteraseaktivität* ohne nachweisliche Beeinflussung der Xantinoxydase. II bewirkt Absinken des *Coenzym-A-* u. *Pantothensäure*-Geh., was bei reiner I-Mangelkost nicht eindeutig zu beobachten war. Zulage von I oder Cholin beseitigt alle Mangelsymptome. Nebenniere: deutliches Absinken des *Adrenalin*-Gehaltes. Die durch I-Mangel bewirkte Toxizität von II konnte auch in Fütterungsverss. mit *Aminopterin* ausgelöst werden. (Biochem. J. **59**. 470—75. März 1955. Bombay, Indien, Univ., Dep. of Chem. Technol.) G. RENTSCH. 4587

K. S. Ramachandran und **K. P. Basu**, *Die Wirkung gewisser Faktoren auf den Gehalt der Milch an Biotin, Pantothensäure und Folsäure.* Der *Biotin* (I)-Geh. der Morgenmilch ist höher als der der Abendmilch; *Pantothensäure* (II) u. *Folsäure* zeigen nur geringe Tagesschwankungen. Von Dezember bis März ist der Geh. an I u. II am höchsten, am niedrigsten von Juni bis September. Kolostrum hat nur einen geringen Geh. an I u. II. Pasteurisierung setzt den Vitamingeh. der Milch nicht herab. (Proc. Soc. biol. Chemists, India **13**. 43—44. 1955. Bangalore, Indian Dairy Res. Inst.) H. HERMANN. 4587

N. Ss. Stolygwo und **E. A. Zijelens**, *Einfluß der Folsäure auf die Resistenz des Organismus gegenüber Tuberkulose.* Nachdem früher gefunden worden war, daß bei weißen Ratten die Resistenz gegenüber Tuberkulose bei Fehlen von *Cholin* (I) im Futter stark vermindert wird, versuchen Vff. durch Zugabe von *Folsäure*, *Vitamin* B_{12} oder frischen Salatblättern (natürliche Quelle lipotroper Faktoren) zum Futter die endogene Bldg. von **I** im Rattenorganismus zu fördern. Es wird festgestellt, daß bei **I**-freier Fütterung die Gesamtmenge von **I** in der Leber u. die des freien **I** im Blutplasma abnimmt bei gleichzeitiger Ausbldg. einer fettigen Infiltration der Leber (charakterist. für einen **I**-Mangel) u. einer Senkung der Resistenz gegenüber Tuberkulose. Werden dagegen der **I**-freien Kost, die wohl bestimmte Mengen von Methionin (im Casein) enthält, Folsäure oder Salat hinzugefügt, so treten die genannten, durch **I**-Mangel hervorgerufenen Erscheinungen nur in stark geschwächtem Maße auf. Vitamin B_{12} erweist sich als nur wenig wirksam. (Вопросы Питания [Fragen d. Ernähr.] **14.** Nr. 5. 13—15. Sept./Okt. 1955. Riga, Inst. für Mikrobiol. der Akad. der Wiss. der LettSSR.) M. ULMANN. 4587

Heinz Steinhoff, *Die Behandlung der Psoriasis vulgaris mit Folsäure.* Behandlung von 54 Patienten mit Psoriasis mit *Folsäure* (**I**; A/S SERPENS, Kopenhagen) ergab Abheilung in 40 Fällen u. bei 11 Fällen wesentliche Besserung. Der Erfolg scheint an die reine **I** gebunden zu sein. Mit *Eryfol* (HOFFMANN-LA ROCHE), einem Kombinationspräp. mit krist. *Vitamin* B_{12} u. **I** in Form des Formylderiv., wurden nicht die gleichen Ergebnisse erzielt. (Z. Haut- u. Geschlechtskrankh. **19.** 229—31. 15/10. 1955. Greifswald, Univ., Hautklin.) H. DOSSMANN. 4587

W. A. Trufanow, *Vitamin* B_{12} *(Cobalamin).* Übersichtsreferat mit 66 Literaturangaben. (Вопросы Питания [Fragen d. Ernähr.] **14.** Nr. 5. 3—11. Sept./Okt. 1955. Moskau.) M. ULMANN. 4587

H. W. Loy jr. und **O. L. Kline,** *Eine Bemerkung zur mikrobiologischen Bestimmung von Vitamin* B_{12}. Es wurden mikrobiol. Bestimmungen von *Vitamin* B_{12} (**I**) mit Lactobacillus leichmannii ATCC No. 7830 in einem je Versuchsröhrchen 20 mg Ascorbinsäure enthaltenden Medium durchgeführt. Wegen der bekannten Instabilität von *Vitamin* B_{12b} (**II**) sollte geprüft werden, ob diese Form des Vitamins exakt erfaßt werden kann. Die Titration der während 72 std. Bebrütung gebildeten Säure zeigte für **I** u. **II**, auch wenn **II** durch Cyanid in **I** umgewandelt wurde, gleiche Werte. — Dagegen wurde gefunden, daß die mikrobiol. bestimmbare Aktivität beider B_{12}-Formen durch vorheriges Sterilisieren mit der Nährlsg. erhöht wird (**I** um 50—100%; **II** um 12—25%). Auch die Charakteristik des Absorptionsspektr. erfuhr durch Sterilisation eine erhebliche Veränderung. (J. Assoc. off. agric. Chemists **34.** 225—26. 15/2. 1951. Washington, Fed. Security Agency, Food and Drug Admin., Div. of Nutrit.) P. LOCH. 4587

Š. Sitaj, T. Urbánek und **L. Weiszer,** *Erfahrungen mit der Applikation von Vitamin C und 4-Methyl-2-thiouracil bei ochronotischer Arthropathie.* In 15 Fällen von ochronot. Arthropathie wird mit täglich 1000—3000 mg *Vitamin C* eine Besserung der Gelenkerkrankung ohne Herabsetzung der Ausscheidung von *Homogentisinsäure* (**I**) im Urin erzielt, die auf Hemmung der Bldg. des ochronot. Pigments zurückgeführt wird. Mit täglich 300—500 mg *4-Methyl-2-thiouracil* (*Alkiron*, **II**) wird neben der Besserung der klin. Symptome auch eine Verminderung der **I**-Ausscheidung beobachtet, Ochronose u. dauernde Deformierungen bleiben unbeeinflußt. Ähnlich wie bei Hyperthyreose u. Melanurie scheint **II** auch hier die Oxydation des Tyrosins u. damit die anschließende Bldg. von **I** zu verhindern. (Bratislavské Lekárske Listy **33.** 179—87. März 1953. Trentschin-Teplitz, LÚÚNP, Reumatol. odd.) R. K. MÜLLER. 4587

H. Schmidt und **Hj. Staudinger,** *Papierchromatographische Bestimmung von Ascorbinsäure und Dehydroascorbinsäure.* *Ascorbinsäure* (**I**; 20—60 γ) wurde von *Dehydroascorbinsäure* (**II**) durch absteigende Papierchromatographie in Butanol/Eisessig/W., 4:1:5 (obere Phase), im Dunkeln u. in einer CO_2-Atmosphäre getrennt. Mit dem Photoprintverf. im UV-Licht wurde **I** sichtbar gemacht. Qualitativer Nachw. von **I** durch UV-Spektroskopie bei p_H 2—3 (in Oxalsäure) bei 245 mμ u. bei p_H 7 (in W.) bei 265 mμ. Quantitative Best. von **I** durch Elution vom Chromatogramm mit Oxalsäure u. Best. der Extinktion bei 245 mμ. Zur Best. von **II** wurde in einer H_2S-Atmosphäre chromatographiert, wobei **II** quantitativ zu **I** red. wird. In Gewebeextrakten wurde nach einer Trichloressigsäurefällung **I** durch Chromatographie in einer CO_2-Atmosphäre u. **I** + **II** durch Chromatographie in einer H_2S-Atmosphäre bestimmt, so daß sich aus der Differenz der Geh. an **II** ergibt. Bei der Chromatographie von **II** muß darauf geachtet werden, daß das p_H der aufgesetzten Lsg. zwischen 2 u. 3 liegt. (Biochem. Z. **326.** 343—49. 16/3. 1955. Mannheim, Städt. Krankenanstalten, Zentrallabor.) A. TREBST. 4587

H. J. Vonk, *Spezielle Verdauungsphysiologie der Wiederkäuer.* Tabellen über den Zeitpunkt des Beginns des Wiederkauens, über die Zahl der Pansenbewegungen, über die Magenbewegung, über die Zus. der Darmgase von Wiederkäuern, p_H-Werte des Magen- u. Darminhaltes, Säure-, Pepsin- u. Labgeh. des Labmagens. (Tabulae biol. [Den Haag] **21.** 245—49. Utrecht, Rijksuniv., Labor. voor Vergelijkende Physiol.) P. LOCH. 4594

B. J. Krijgsman, *Die Resorption von physiologisch wichtigen Stoffen im Magen–Darmkanal bei Vertebraten und Invertebraten.* 64 Tabellen über Resorption in Mund, Magen, Dünndarm, Colon u. Rectum, der Inhaltsstoffe von Nahrungsmitteln, über physikal.-chem. Permeation u. echte Resorption, Faktoren, die die Resorption beeinflussen u. Phagocytose. — 118 Literaturangaben. (Tabulae biol. [Den Haag] **21.** 203—39. 1953. Cape Town, Univ.) P. LOCH. 4594

H. J. Vonk, *Die Zusammensetzung des Magen- und Darminhaltes bei den Vertebraten.* 49 Tabellen über Zus. der festen u. fl. Inhaltsstoffe des Verdauungstraktes, zeitlichen Verlauf der Verdauung, Mitwrkg. von Enzymen, Zus. der Gase des Verdauungstraktes, p_H des Inhaltes verschied. Verdauungsabschnitte, der Faeces u. einiger Nahrungsmittel. — 84 Literaturangaben. (Tabulae biol. [Den Haag] **21.** 143—77. 1953. Utrecht, Rijksuniv., Labor. voor Vergelijkende Physiol.) P. LOCH. 4594

H. J. Vonk, *Die Zusammensetzung der Faeces bei den Vertebraten.* 14 Tabellen über den Geh. an anorgan. u. organ. Bestandteilen der Faeces nach verschied. Nahrungsaufnahme. — 28 Literaturangaben. (Tabulae biol. [Den Haag] **21.** 240—44. 1953.) P. LOCH. 4594

Stefan J. Bach, *Der Stoffwechsel von Einkohlenstoffverbindungen im Säugetier unter besonderer Berücksichtigung der Ameisensäure.* Übersicht. Biol. Bldg. von C_1-Verbb.: HCOOH (**I**)-Bldg. beim Tryptophanabbau, **I** beim Histidinstoffwechsel, Bldg. von **I** u. CH_2O (**II**) aus CH_3OH u. Aceton, **I**-Bldg. aus Glycin (**III**), Serin (**IV**) u. CH_3-Gruppen. Formiatvorstufen, **II**-Bldg. aus biol. Verbb.; C_1-Verbb.: Einbau in größere Moll.: **I** als Purin- u. Pyrimidinvorstufe, **I** u. andere C_1-Verbb. als CH_3-Gruppenvorstufen, **II** u. CH_2OH als CH_3- u. Serinvorstufen; Intermediärbldg. von C_1-Verbb. beim *C*-Austausch: *C*-Austausch zwischen CH_3-Gruppen, **III** u. **IV**, Beteiligung des Histidins (**VI**) am Austauschmechanismus, weitere *C*-Austauschsysteme, *C*-Austausch u. CO_2-Fixierung; Funktion der Folsäure (**V**) u. anderer Vitamine bei der Verwertung von C_1-Verbb.: Vitamin B_{12} u. **V**, **V**-Wrkg. auf die Synth. labiler CH_3-Gruppen u. den Einbau von C_1-Verbb. in Purine, **V**-Wrkg. auf die **IV** $\rightleftharpoons$ **III**-Umwandlung, **V**- u. **VI**-Stoffwechsel; Transformylierung. — 190 Literaturangaben. (Ergebn. Physiol., biol. Chem. exp. Pharmakol. **48.** 529—74. 1955. Bristol, Univ., Dep. of Physiol.) K. MAIER. 4596

D. Jorke, *Das Verhalten des Blutzuckers und der Brenztraubensäure nach intraduodenaler Zufuhr von Glucose bei Gesunden und Leberkranken.* Bei Belastung mit 1000 cm^3 5%ig. Glucose (duodenal per GUTZEIT-Sonde) bleibt der Geh. an *Glucose* (**I**) u. *Brenztraubensäure* (**II**) im Blut normal. Unter den gleichen Bedingungen findet bei Hepatitis epidemica anomaler **I**- u. **II**-Anstieg statt, was auf Störungen in der Bldg. von **I**-Phosphat u. Verwertung von Glykolysezwischenprodukten hindeutet. (Z. ges. inn. Med. Grenzgebiete **10.** 878—80. 15/9. 1955. Jena, Univ., Med. Klin.) F. W. VAN KLAVEREN. 4596

Frederick J. Carleton, Samuel Misler und **Henry R. Roberts,** *Vergleich des Stoffwechsels von ^{14}C-Lactose, -Glucose und -Galaktose bei Ratten.* Nach Injektion von $^{14}C_{(1-6)}$-*D-Glucose* (**I**), $^{14}C_{(1)}$-*D-Glucose* (**II**), $^{14}C_{(1)}$-*D-Lactose* (**III**) oder $^{14}C_{(1)}$-*D-Galaktose* (**IV**) wurde bei Ratten die Radioaktivität (Akt.) in ausgeatmeter CO_2, Harn, Faeces u. Organen bestimmt. **I** u. **II** wurden schnell veratmet, **IV** etwas langsamer. Bei **III** wurde geringere Ausscheidung der Akt. durch ausgeatmetes CO_2, aber eine hohe durch den Harn festgestellt. Bei oraler Verabfolgung wurden **I** u. **II** schneller zu CO_2 abgebaut als **III**, **IV** oder **III** + **IV**, die zu einem größeren Anteil im Körper zurückgehalten werden. Die Akt. des Harnes ging mit der oral verabfolgten **IV**-Dosis parallel. Aus Verss. mit Gemischen der Zucker geht hervor, daß der nach der hydrolyt. Spaltung von **III** (in den Eingeweiden) stattfindende Abbau zunächst die Glucose betrifft. (J. biol. Chemistry **214.** 427—40. Mai 1955. Oakdale, N. Y., Nat. Dairy Res. Labors., Inc.) P. FAHRNLAENDER. 4596

Jean Coursaget, Pierre Gros und **Michel Macheboeuf,** *Unterschiede in der Abbaugeschwindigkeit von γ-Serumglobulinen im Hinblick auf ihr Alter im Organismus.* In 30tägigen Verss. mit Kaninchen, die *DL-Valin* (**I**) erhielten, das in der Isopropylgruppe mit ^{14}C markiert war, finden Vff. für die Serumalbumine eine mittlere Lebensdauer von 12—16 Tagen, während sich für die γ-Globuline im Anfang der Versuchszeit eine mittlere Lebensdauer von 8 Tagen errechnen läßt, die gegen Ende auf 34 Tage anwächst. Die Zufuhr von ^{14}C-**I** am ersten u. von ^{13}C-**I** am 15. Tage ergibt folgendes: 1. eine große Labilität gewisser **I**-Moll. in den Globulinmoll., 2. eine fortschreitende Umwandlung der neu gebildeten Globulinmoll. in solche von größerer Resistenz, 3. die Existenz von 2 oder mehr Typen von γ-Globulinen mit verschied. Erneuerungsgeschwindigkeiten. (C. R. hebd. Séances Acad. Sci. **235.** 448—50. 11/8. 1952.) K. NEHRING. 4596

André Chevallier, R. Schneider und **A. Meyer,** *Entwicklung einer spezifischen Aktivität der Phospholipide in den Fettgeweben der Ratte nach Gaben von Radiophosphor.* Vff.

injizieren ♀ Ratten 10 μC ^{32}P u. untersuchen die Aktivität von perirenalem u. subcutanem Fett nach verschied. Zeiten. Aus den so erhaltenen Kurven lassen sich für die Phospholipide des perirenalen Fettes eine Halbwertszeit von 70 Std., entsprechend einer Umsatzzeit (turnover) von 101 Std., u. für das Subcutanfett eine Halbwertszeit von 110 Std., entsprechend einer Umsatzzeit von 168 Std., errechnen. Die Ergebnisse werden diskutiert. (C. R. Séances Soc. Biol. Filiales **146.** 126—28. Jan. 1952. Strasbourg, Fac. de Med., Inst. de Phys. biol.) K. NEHRING. 4596

J. R. Jarabak, Maclyn M. Kamins und **Karl L. Vehe,** *Radioautographische Untersuchung über den Calciumeinbau in Schädel, Zähnen und Kiefer.* Nichtausgewachsene Ratten erhielten intraperitoneale Injektionen von 0,0407 ±10% μC (p_H 6,9) einer $^{45}CaCl_2$-Lösung. Nach einer Woche wurden die Tiere getötet, der Kopf isoliert, von den Weichteilen befreit u. zerlegt. Die Teile (Kiefer, Schädel) wurden einer Ionenaustausch-Rk. mit Selektron unterzogen. Röntgenolog. u. radiograph. Unters. von geeignet hergestellten Schnitten läßt den Ca-Austausch bei der Knochenbldg. erkennen. Als Träger für den Transport wirken Blut u. Speichel. Der Ca-Einbau erfolgt in Kiefer u. Zahn in gleicher Weise wie bei den langen Knochen. Bes. intensive ^{45}Ca-Ablagerung findet man in Nahtstellen, geringere im Periosteum u. Endosteum. Extrem hohe Aktivität wird im neu gebildeten Dentin u. im Schmelz der wachsenden Schneidezähne gefunden, geringere im Dentin der Wurzel, prakt. keine Aktivität zeigt der Schmelz der Molaren. (J. Amer. Dental Assoc. **47.** 639—48. Dez. 1953. Chicago, Ill., Northwestern Univ., Dental School.) W. REUSSE. 4596

Kikujiro Nishimura, Kogi Odanaka und **Terumi Ogata,** *Beziehung zwischen Salicylamidstoffwechsel und Leberfunktion.* Bei oralen Gaben von 82 mg *Na-Salicylat* (**I**) bzw. 70 mg *Salicylamid* (**II**) pro Kaninchen erscheinen nach ca. 5 Std. 13,35 mg **I** in freier Form im Harn, von **II** fast nichts, in gebundener Form aber 4,02 mg **I** u. 24,17 mg **II**. Der Rückgang der Ausscheidung bei gleichzeitiger Störung der Leberfunktion (LF) durch 0,2 cm^3 CCl_4 (oral bzw. subcutan)/kg beträgt bei **II** 56% der gebundenen Form u. des ätherlösl. Anteils derselben, bei **I** nur 24 u. 53% des ätherunlösl. Anteils (ähnlich bei Exstirpation der Leber). Danach eignet sich **II** besser für einen klin. LF-Test. (Folia pharmacol. japon. **49.** 131 §—32 §. 20/7. 1953. Nippon Univ. [Orig.: japan.]) L. SCHULER. 4597

Giovanni Gigli und **Sergio Giovannetti,** *Die Bestimmung des Glomerulusfiltrats mittels der „Clearance" mit Na-Hyposulfit.* Während Kreatinin u. Mannit wegen der Tubulusexkretion bzw. -rückresorption kaum mehr verwandt werden u. Inulin der hohen Kosten wegen in seinem Gebrauch eingeschränkt wird, erscheint nach Unterss. von NEWMAN Na-Hyposulfit (I) zur Clearance geeignet. Vff. injizierten eine 10%ig. Lsg., u. zwar 0,25—0,3 g/kg. Keine Nebenwirkungen. Der Spiegel im Blute wurde nach 20, 30 u. 50 Min., die Urinwerte nach 50 Min. bestimmt. Bei einer Blutkonz. von 20—38 mg% **I** ließ sich so das Glomerulusfiltrat zu 129,9 cm^3 (105—164) bestimmen, was mit den Werten der Inulinclearance übereinstimmt. Wie aus Verss. bei Nephropathien (unveröffentlicht) hervorgeht, soll sich **I** auch in der Diagnostik der Nierenerkrankungen bewähren. (Minerva med. [Torino] **42 II.** 574—76. 17/10. 1951. Pisa, Univ., Ist. di Patol., Spec. Med. e Metodol. Clin.) H. SCHEURLEN. 4597

Manuel F. Morales, Jean Botts, Jacob J. Blum und **Terrell L. Hill,** *Grundlegende Vorgänge bei der Muskelarbeit: Eine Prüfung der gegenwärtigen Ansichten.* Übersichtsbericht mit 216 Literaturangaben. (Physiol. Rev. **35.** 475—505. Juli 1955. Bethesda, Md., U. S. Naval Med. Res. Inst., Div. of Physic. Biochem.) F. KRUSEN. 4597

P. Je. Djablowa, *Pharmakologische Analyse der Acetylcholinkomponente, bei der durch Kalium ausgelösten Kontraktion des Skelettmuskels.* Am isolierten Rectus abdominalis des Frosches werden 2 KCl-Konzz. bei u. über der Reizschwelle untersucht. *Proserin* (**I**) verstärkt die durch K^+ verursachten Kontraktionen bei überschwelliger, bleibt aber ohne Wrkg. bei der Reizschwellenkonzentration. **I** fördert die cholinerg. Muskelreaktionen. Es kann in Ggw. des frei werdenden Acetylcholins Kontraktionen auslösen. Dies tritt nur bei überschwelligen K^+-Konzz. ein. Diese Vermutung wird durch die Tatsache bestätigt, daß *Curare* in den Konzz. 1:20000—100000 die Amplitude der durch überschwellige K^+-Konzz. ausgelösten Kontraktionen herabsetzt u. die durch **I** bewirkte Sensibilisierung gegenüber K^+ hemmt. *Physostigmin* zeigt keine Verstärkung der durch K verursachten Kontraktionen. Dies hängt damit zusammen, daß es schwächer als **I** auf die cholinerg. Rkk. wirkt. (Физиологический Журнал СССР имени И. М. Сеченова [Ssetschenow J. Physiol. UdSSR] **41.** 418—22. Mai/Juni 1955. Leningrad, Pädiatr. Med. Inst., Lehrstuhl für Pharmakol.) F. DU MANS. 4597

P. R. Lewis, *Die freien Aminosäuren von Invertebratennerven.* Unterss. an wss. Nervenextrakten von Carcinus maenas (**I**), Sepia officinalis (**II**), Homarus vulgaris (**III**),

Cancer pagurus, Maia squinado, Palinurus vulgaris u. Loligo forbesi ergaben bei allen Species große Mengen von *Asparaginsäure, Glutaminsäure* u. *Alanin* sowie *Taurin* bei einigen u. *Glycin* bei anderen. Diese Aminosäuren machen über 20% des Trockengewichtes der Nerven aus u. liegen ziemlich sicher in freier Form im Axoplasma vor. Die Konz. dieser Aminosäuren bei **I**, **II** u. **III** wurde durch eine vom Vf. entwickelte Mikrometh. bestimmt: Papierchromatogramme der Nervenextrakte wurden mit Ninhydrin angefärbt u. der Farbstoff mit Dampf extrahiert u. photometr. bestimmt. 0,05 μMol der einzelnen Aminosäuren konnten mit einem mittleren Fehler von $\pm 5\%$ bestimmt werden. Der Hauptanteil der anorgan. Elektrolyten von **I** wurde bestimmt u. Bilanzen für das Anionen–Kationen-Gleichgewicht u. den osmot. Druck gezogen. In beiden Fällen ist das unerklärte Defizit gering, wenn man die freien Aminosäuren in Rechnung stellt. Vf. nimmt an, daß Dicarboxylaminosäuren als innere Anionen zum Ausgleich der hohen K-Konz. fungieren, die für die Nervenleitung nötig ist u. daß die neutralen Aminosäuren als Lösungspartner zur Aufrechterhaltung des hohen inneren osmot. Druckes, der für das Gleichgewicht mit Seewasser notwendig ist, dienen. (Biochem. J. **52.** 330—38. Okt. 1952. Cambridge, Univ., Physiol. Labor.) K. NEHRING. 4598

A. M. Monnier, *Die funktionelle Bedeutung der Dämpfung in der Nervenfaser.* Übersicht. Vf. zeigt, daß die Unters. der elektr. Erregbarkeit des Nerven unter geeigneten Bedingungen eine neue Größe, die „Dämpfung" (I) der nervösen Erregungen, erkennen läßt. Definition von **I**, Beziehung zwischen **I** u. Polarisation des Nerven (Wrkg. eines kontinuierlich fließenden Stroms, des Ca^{2+}-Ions, des K^+-Ions, einiger Narkotica, der CO_2), physikal.-chem. Grundlagen der dämpfenden Wrkg. von Ca u. a. Die große CO_2-Empfindlichkeit der künstlich polarisierten Nerven deutet auf eine Recarboxylierung durch CO_2 (anabol. Wrkg.) hin, die durch intermediäre Stoffwechselprodd. u. Hemmstoffe beeinflußbar ist. — 119 Literaturangaben. (Ergebn. Physiol., biol. Chem. exp. Pharmakol. **48.** 230—85. 1955. Paris, Sorbonne, Labor. de Physiol. des Fonctions.) K. MAIER. 4598

David Nachmansohn, *Die Rolle des Acetylcholins in den Elementarvorgängen der Nervenleitung.* Übersicht. Rolle des *Acetylcholins* (**I**) in der Erzeugung bioelektr. Ströme, Eiweiße des **I**-Syst. (Acetylcholinesterase, Cholinacetylase, **I**-Receptor). — 273 Literaturangaben. (Ergebn. Physiol., biol. Chem. exp. Pharmakol. **48.** 575—683. 1955. New York, N. Y., Columbia Univ., Coll. of Physic. and Surg., Dep. of Neurol.) K. MAIER. 4598

Landois-Rosemann, Leonard Landois und **Rudolf Rosemann,** Physiologie des Menschen. Mit bes. Berücksichtigung d. chem. u. patholog. Physiologie. Bearb. v. **Hanns-Ulrich Rosemann.** 27. unveränd. Aufl. München, Berlin: Urban & Schwarzenberg. 1955. (XI + 958 S. m. 240 Abb.) 8°. DM 46,60.

E₆. Pharmakologie. Therapie. Toxikologie. Hygiene.

Eberhard Günsel, *Die Strahlenschäden am wachsenden Knochen.* Bei Bestrahlungen des Knies von Albinoratten mit 3000 r zeigen sich histolog. u. röntgenolog. nachweisbare Schäden am Knochen. Die Zonen des epiphysären Wachstumsknorpels zeigen bei den Zellen Sensibilitätsunterschiede. Die Spongiosabldg. im prim. Markraum ist nahezu eingestellt. Die Epiphyse ist vergrößert. Infolge Hemmung der enchondralen Knochenbldg. bleibt das Längenwachstum der gesamten Extremität zurück. Nach 5—6 Monaten setzt kräftige Regeneration ein. (Strahlentherapie **91.** 595—601. 1953. Ludwigsburg, Kreiskrankenhaus, Strahlenabt.) W. REUSSE. 4601

H. Betz, *Die Reaktionen der Schilddrüse auf eine Totalbestrahlung des Organismus.* Die Schilddrüse von totalbestrahlten weißen Ratten wurde zu unterschiedlichen Zeiten nach Bestrahlung excidiert. Bestrahlungsdaten: 250 kV, 18 mA, Filter: 1 mm Cu, FHA 50 cm, Dosis 500 r. Die Tiere zeigten die histolog. Kennzeichen einer Schilddrüsenstimulation, wahrscheinlich bewirkt durch Vermittlung der Hypophyse. Weitere Verss. über den Einfl. von injiziertem Thyroxin u. einer Kastration am Versuchstier vor der Bestrahlung werden berichtet. Die Befunde werden in Verbindung mit anderen Versuchsergebnissen über innersekretor. Prozesse diskutiert. (Ann. d'Endocrinol. **13.** 428—32. 1952. Liège, Univ., Labor. d'Anatomo-Pathol.) W. REUSSE. 4601

L. Brull und **L. Lefebvre,** *Die Behandlung des Morbus Basedow mit radioaktivem Jod.* Vff. berichten über 40 Fälle von Morbus Basedow, die per os mit einer wss. Lsg. von 10—15 mC ^{131}J behandelt wurden. 68% der Patienten waren nach einmaliger Applikation als vollständig geheilt zu betrachten; bei 20% war die Heilung unvollständig, die restlichen 12% zeigten seröse Komplikationen oder Recidive. Die Heilerfolge sind etwas höher als bei Anwendung von *Propylthiouracil*; ^{131}J wirkt vor allem schneller, stellt aber noch nicht das ideale Medikament dar. (Ann. d'Endocrinol. **13.** 414—24. 1952.) W. REUSSE. 4601

Ferruccio Saccani, *Beitrag zur Behandlung der schweren Thyreotoxikose mit radioaktivem Jod* (^{131}J). Ein Fall schwerer Thyreotoxikose mit Grundumsatzerhöhung um +101,6% mit starker Gewichtsabnahme, Diarrhoen, Tachycardie von 150, Fieber u. anderen typ. Symptomen, der sich gegen jede übliche Therapie, auch gegen Röntgenbestrahlung, als resistent erwies, zeigte im Verlauf von 50 Tagen Gewichtszunahme von 14 kg nach Verabfolgung von insgesamt 15,33 mC ^{131}J peroral. (Minerva med. [Torino] **42 II.** 505–07. 6/10. 1951. Reggio Emilia, Osped. Civ. S. Maria Nuova, Sez. di Med. Generale.) H. SCHEURLEN. 4601

Gunnar Walinder, *Kolloidales* $^{76}As_2S_3$. *Seine Darstellung und mögliche Anwendung bei der Behandlung der Papillomatose der Harnblase.* $^{76}As_2S_3$ erscheint als β-Strahler für die Behandlung der oberflächlichen Papillomatosis der Harnblase gegenüber den bisher verwandten Kolloiden bes. geeignet. Zur Darst. wird 1,0 g As_2O_3, welches mit ^{76}As versetzt ist, unter Rückfluß in 100 cm^3 W. bis zur Lsg. gekocht, H_2S u., zur Entfernung des H_2S-Überschusses, Luft durch die abgekühlte Lsg. geleitet u. anschließend 1 g Casein-Na gelöst. Nach Kühlung wird das koll. As_2S_3 abgenutscht. Das Kolloid ist zwischen p_H 5 u. 8 stabil. (Acta radiol. [Stockholm] **44.** 521–26. Dez. 1955. Stockholm, Inst. of Radiophysics and general Dep. of Radiumhemmet.) WOLFGANG ALBRECHT. 4601

George J. Bulkley, John A. D. Cooper und **V. J. O'Conor,** *Injektion von radioaktivem Yttriumchlorid in die Prostata von Hunden.* Vff. injizierten ^{90}YCl in die Prostata von Hunden (ca. 0,11 mC/g Gewebe) u. bestimmten die Urinausscheidung u. Verteilung der Radioaktivität in den Organen. Etwa die Hälfte wird im Urin ausgeschieden, der Hauptteil in den ersten 48 Std.; ein Drittel der Restmenge wurde nach 7 Tagen noch in der Prostata u. dem umgebenden Beckengewebe wiedergefunden, in den übrigen Organen ließen sich nur ganz geringe Mengen ^{90}Y nachweisen. Die einzelnen Teile der Prostata ließen keine gleichmäßige Verteilung der Strahlenschäden erkennen. Vff. glauben, daß ^{90}Y dem *Radiogold* u. *radioakt.* $CrPO_4$ bei der Behandlung des Prostatacarcinoms überlegen ist, da es besser in der Prostata u. den regionalen Lymphknoten festgehalten wird. (Surgery, Gynecol. Obstetr. **100.** 405–08. April 1955. Chicago, Ill., Northwestern Univ., Med. School, Dep. of Biochem. and Urol.) H. HELGE. 4601

J. Harel, M. Guérin, M. Tubiana und **J. Abbatucci,** *Die Wirkung intraperitonealer Injektionen von kolloidalem radioaktivem Gold* (^{198}Au) *auf das Leberparenchym der Ratte.* Intraperitoneale Injektionen von radioakt. koll. ^{198}Au in einer Dosierung, ähnlich der therapeut. verwandten, bewirken bei der Ratte Läsionen der Leber, die im Beginn degenerativer Natur sind u. später in Cirrhose u. zunächst gutartige Cholangiome übergehen. Die Cholangiombldg. hängt von der Dosierung u. Applikationshäufigkeit ab. (Bull. Assoc. franç. Étude Cancer **42 (46).** 441–62. 1955. Paris, Gustave-Roussy Inst. de Recherches sur le Cancer, et Inst. Gustave-Roussy, Centre clin. et Thérapeutique.) WOLFGANG ALBRECHT. 4601

Herbert Dworacek, *Bepanthen als Hautschutz bei Röntgenschädigung.* Die Bedeutung der *Pantothensäure* (I) als Epithelschutzvitamin in der Röntgentherapie wird erörtert. Es wird über Verss. an Patienten berichtet, bei denen I in Salbenform als 5%ig. *Bepanthen*-Salbe u. später in Form einer 5%ig. wss. Lsg. bei parenteraler Verabreichung angewandt wurde. Es wurden überraschend günstige objektive u. subjektive Wirkungen erzielt. Optimale Applikation stellt die Verabreichung der Lsg. mittels Spray mehrmals am Tage dar. (Strahlentherapie **91.** 643–46. 1953. Wien, Univ., 1. Klinik für Ohren-, Nasen- u. Kehlkopfkrankheiten.) W. REUSSE. 4601

T. Edlund, *Der Schutzeffekt von dl-α-Octadecylglycerinäther bei Mäusen nach Röntgentotalbestrahlung.* 60 weiße Mäuse wurden mit 750 r totalbestrahlt. Bestrahlungsdaten: 165 kV, 15 mA, Filter: 0,5 mm Cu + 1 mm Al, FHA 60 cm, Bestrahlungsdauer 25 Minuten. 2 Std. nach Bestrahlung erhielt ein Teil der Tiere subcutan 0,1 ml *Erdnußöl* (I), ein anderer Teil die gleiche Menge, jedoch mit einem Geh. von 2,5 mg *dl-Batylalkohol* (II) pro ml. Die Injektionen wurden jeden zweiten Tag wiederholt, bis die Gesamtdosis 1,75 mg betrug. Von 30 Tieren mit **II**-Gaben überlebten nach 30 Tagen 13, von 30 Tieren mit I-Injektionen nur 4. (Nature [London] **174.** 1102. 11/12. 1954. Uppsala, Univ., Inst. of Pharmacol.) W. REUSSE. 4601

Astrid Brohult und **John Holmberg,** *Alkoxyglycerine zur Behandlung strahlungsinduzierter Leukopenie.* Bei therapeut. bestrahlten Patienten wurden als Schutz für das Blutbild gegen Strahlenschäden *α-Alkoxyglycerin*-Präpp. (I) gegeben. Eine besondere Form von I wird als *Batylalkohol* in den Lipoiden verschied. Organe gefunden. Die I-Präpp. wurden in Form von Estern per os verabfolgt, wenn strahleninduzierte Leukopenie bei einem Patienten auftrat. Die Verss. zeigten, daß **I** ein geeignetes Mittel zur Behebung von Leukopenien ist, indem es als Schutz der blutbildenden Organe gegen

Bestrahlungseinfll. wirkt. (Nature [London] **174.** 1102—03. 11/12. 1954. Stockholm, Radiumhemmet u. Äppelwiken, Schweden, Forskningslabor. LKB.) W. REUSSE. 4601

Sol Katz, Patrick B. Storey, Georges F. McCormick, Hector Palacios und **Angel DeLeon Penso,** *Bronchographie mit einem wasserlöslichen Kontrastmittel (Umbradil).* Es wird über 45 Bronchographien mit *Umbradil* (I) als Kontrastmittel berichtet. Die Wasserlöslichkeit des I hat Vor- u. Nachteile, die im einzelnen diskutiert werden. Bei 10 Patienten trat starker Hustenreiz auf, nur bei 15 Patienten wurden diagnost. auswertbare Bilder erzeugt. Im allg. sind ölige Kontrastmittel vorzuziehen, in speziellen Fällen, wenn z. B. bes. schnelle Ausscheidung verlangt wird, ist I geeignet. (Amer. Rev. Tubercul. **68.** 760—70. Nov. 1953. Washington, D. C., Gallinger Municipal Hosp., Pulmonary Disease Div.; Georgetown, Univ., School of Med., u. George Washington Med. School.) W. REUSSE. 4601

R. Hastings-James und **A. J. Glacebrook,** *Cholografin.* Es wird über Verss. mit *Cholografin* (*Na-Salz* der *N.N'-Adipyl-bis-[3-amino-2.4.6-trijodbenzoesäure]*, J-Geh. 64,32%) als Kontrastmittel für Cholangiographien an 30 Patienten berichtet. Die Injektionstechnik u. der diagnost. Wert der Aufnahmen werden erörtert. (Canad. med. Assoc. J. **72.** 561—65. 15/4. 1955. St. Boniface, Mass., St. Boniface Hosp., Dep. of Radiol. and Gastroenterol.) W. REUSSE. 4601

Nicholas G. Grand, *Die Wirkung von Natriumfluorid und Natriumoxalat auf Gewebekulturen von Herz und Nieren des Kükenembryos.* NaF wirkt auf Gewebekulturen von Herz u. Nieren des Kükenembryos (in TYRODE-Lsg. ohne Ca u. Mg) ungefähr 2½mal toxischer als Na-Oxalat. Nierengewebe ist empfindlicher als die Herzventrikel. Die Rolle von Ca wird diskutiert, da das HERBSTsche Phänomen (Verlust des intercellulären Zusammenhangs von Explantaten bei Ca-Mangel) beobachtet wurde. (J. Dental Res. **34.** 341—49. Juni 1955. St. Louis, Mo., St. Louis Univ., School of Dentistry, Dep. of Pathol.) G. KLESSE. 4606

Stanley J. Sarnoff und **Herbert E. Kaufman,** *Anstieg des Drucks im linken Vorhof beim Ammonium-Lungenödem der Katze.* Katzen in *Pentobarbital*-Narkose erhielten 14 ml/kg einer 6%ig. *Ammoniumchlorid* (I)-Lsg. intraperitoneal, wodurch sie in 8—58 Min. zugrunde gingen. Neben früher beschriebenen neuromuskulären Störungen trat eine Rk. des Blutdrucks auf, deren Richtung unbestimmt war, die aber immer in Hypotension endete. Der Druck im linken Vorhof stieg unmittelbar nach der Injektion an, ebenso der Cava-Druck. 2 von 12 Katzen zeigten Lungenödem, bei diesen Tieren war der Druck im linken Vorhof bes. hoch. (Proc. Soc. exp. Biol. Med. **78.** 829—32. Dez. 1951. Boston, Harvard School of Public Health, Dep. of Physiol.) F. JUNG. 4606

Howard Sloan, *Erzeugung einer experimentellen Urämie durch Natriumtetrathionat.* In Bestätigung der Beobachtung von GILMAN u. Mitarbeiter (Amer. J. Physiol. **147.** [1946.] 115) konnte gezeigt werden, daß nach intravenöser Injektion von $Na_2S_4O_6 \cdot 2H_2O$ eine Urämie infolge Schädigung sämtlicher Nierentubuli auftrat. (Proc. Soc. exp. Biol. Med. **76.** 344—46. Febr. 1951. Chicago, Ill., Med. School.) E.-G. DUCHO. 4606

Jiro Akabane und **Tsukasa Kono,** *Toxikologische Untersuchung über Vergiftung durch Kalkstickstoff. Einfluß auf Blutbilder und Leberfunktion beim Hund.* Während 1 bis 3 Monaten erhielten Hunde 0,1—0,5 g *Kalkstickstoff* (I) oral u. 2mal wöchentlich 5,0 cm^3 20 Vol.-%ig. Äthanol. Rückgang des Appetits u. Erbrechen. Augenscheinliche u. mkr. deutliche örtliche Darmschädigung u. Zeichen von Darmkatarrh. Gewichtsabnahme, bei Jungtieren (1—2 Tage alt) schlechtes Wachstum. A. fördert die I-Wirkung. Deutliche Abnahme des Hämoglobins in verschied. Grade. Veränderung im weißen Blutbild. Positive Hepatosulfalein-Rk. bei keinem Tier. Ein Fall mit zweifelhaftem Leberblock. Nierenblockade zweifelhaft. Histolog. teilweise Veränderung der Leberzellen u. des Tubuliepithels sowie entzündliche Erscheinungen an der Lunge. (Folia pharmacol. japon. **49.** 146§—47§. 20/7. 1953. Shinshu Univ. [Orig.: japan.]) L. SCHULER. 4606

Irene Rosenfeld und **O. A. Beath,** *Wirkung von Selen auf die Fortpflanzung bei Ratten.* Die Versuchstiere erhielten während 1 Jahr 1,5; 2,5 bzw. 7,5 p.p.m. *Se* im Trinkwasser. Bei den beiden niedrigen Konzz. hatte Se keine schädliche Wrkg. auf die Fortpflanzung bei 2 Generationen. Bei der hohen Konz. wurde die Fortpflanzung verhindert, die Fruchtbarkeit männlicher Tiere wurde aber nicht beeinträchtigt. (Proc. Soc. exp. Biol. Med. **87.** 295—97. Nov. 1954. Laramie, Wyo., Univ. of Wyoming, Agricult. Res. Chem. Dep.) J. SCHWAIBOLD. 4606

Georges Bourguignon, René Truhaut und **Mustapha Dakak,** *Entwicklung der Vestibularchronaxien bei chronischer experimenteller Kohlenoxydvergiftung bei Kaninchen.* Kaninchen, die mehrere Monate lang täglich 8 Std. ein Gemisch von *CO* u. Luft im Verhältnis 1:10000 als Atemluft erhielten, zeigten Erhöhung der Blut-CO-Werte von 0,20 auf 3—6 ml/100 ml u. fortschreitenden Anstieg der Vestibularchronaxien von 23 bis

28 auf 42—270 mSek. sowie damit zusammenhängende Gleichgewichtsstörungen. Die vor der Vergiftung schon bestehenden geringfügigen Unterschiede zwischen den Chronaxien beider Ohren erhöhten sich durch die CO-Intoxikation wesentlich. Nach ca. 4wöchiger CO-Einw. kommt es zu vorübergehendem Stillstand des Chronaxieanstieges, obwohl sich die Blut-CO-Werte weitererhöhen, was als Ausdruck einer gewissen Gewöhnung betrachtet wird. Diskussion der Ergebnisse im Hinblick auf die gewerblichen CO-Vergiftungen beim Menschen. (C. R. Séances Soc. Biol. Filiales **148.** 1147—52. Juli 1954. Paris, Fac. de Pharm., Labor. de Toxicol.; Salpêtrière, Labor. d'Électrophysiol.) F. KRUSEN. 4606

William D. Claudy, *Kohlenmonoxyd-Asphyxie.* Zusammenfassende Darst. von Physiologie, Pathologie, Klinik u. Therapie der *CO*-Intoxikation, sowie Ausführungen über das Vork. von *CO.* (U. S. Armed Forces med. J. **6.** 1315—28. Sept. 1955. New York, N. Y., 36th Tactical Hosp., APO 132.) F. KRUSEN. 4606

Jean Verne, S. Hebert und **Y. Barbarin,** *Wirkung von Cortison auf die Kalium-Cyanid-Vergiftung.* Bei Ratten werden die durch *KCN* in subletalen Dosen hervorgerufenen Konvulsionen verhindert, wenn vorher 5 mg/100 g *Cortisonacetat* (I) injiziert wurden, wobei die größte Wrkg. erzielt wurde, wenn die Injektion 35 Min. vor der *KCN*-Zufuhr erfolgte. Bei letalen *KCN*-Dosen (0,5—1 mg/100 g) wurde durch I die Mortalität wesentlich vermindert; jedoch traten bei den Versuchstieren Konvulsionen auf. *ACTH* zeigte nicht diese Verminderung der Toxizität von *KCN*, die bei I z. T. vermutlich auf dessen hyperglykäm. Aktivität beruht, da Glucose schon früher als Antidot bei *KCN*-Vergiftung mit einigem Erfolg angewendet wurde. (C. R. Séances Soc. Biol. Filiales **148.** 1141—42. Juli 1954. Paris, Fac. de Méd., Labor. de Biol. méd.) F. KRUSEN. 4607

Jean Verne und **J. Biez-Charreton,** *Wirkung von Cortison auf die in vitro-Atmung von mit Cyanid vergifteten Organen.* (Vgl. vorst. Ref.) Die Atmung von gestreiften Muskeln u. Gehirn von an *KCN*-Vergiftung gestorbenen Tieren, ebenso wie die von n. getöteten Tieren, die erst in vitro mit Cyanid vergiftet wurden, ist gegenüber derjenigen von gesunden Tieren sehr stark herabgesetzt. Diese Wrkg. von *KCN* als Atmungsgift wird in vitro durch Ggw. von *Cortisonacetat* (I) vollständig verhindert. Präpp. von Leber u. Niere werden in ihrer Atmung durch *KCN* nicht beeinflußt. Diese Wrkg. von I, die Atmung bei *KCN*-Vergiftung aufrechtzuerhalten, wird auf eine Freisetzung von Glucose aus dem Gewebe zurückgeführt. (C. R. Séances Soc. Biol. Filiales **148.** 1142—44. Juli 1954. Paris, Fac. de Méd., Labor. de Biol. méd.) F. KRUSEN. 4607

F. P. W. Winteringham und **J. M. Barnes,** *Vergleich der Reaktionen von Insekten und Säugetieren auf bestimmte, als Insekticide verwendete halogenierte Kohlenwasserstoffe.* Beschrieben werden: *Methylbromid, Äthylendibromid, Äthylendichlorid, o-* u. *p-Dichlorbenzol, DDT* u. Analoge, *Hexachlorcyclohexan*-Isomere, *Aldrin, Dieldrin* u. *Chlordan* hinsichtlich Resorption, Vergiftungserscheinungen, physiol. u. toxikol. Eigg., Stoffwechsel u. Vergiftungmechanismus. — 335 Literaturangaben. (Physiol. Rev. **35.** 701—39. Juli 1955. Slough, England, Pest Infest. Labor.; Casshalton, England, Toxicol. Res. Unit.) F. KRUSEN. 4607

Charles G. Wilber, *Toxizität von Sarin bei Ochsenfröschen.* Die DL_{50} von *Sarin* (I; *Isopropylmethylphosphonofluorid*; Anticholinesterasefaktor) bei Ochsenfröschen wurde zu 6 mg/kg festgestellt. Bei Dosen über 1 mg/kg traten bei den Tieren vorübergehende Anästhesieerscheinungen auf. Die gegenüber Säugetieren (bei Kaninchen wirken 40 γ/kg letal) hohe Verträglichkeit der Kaltblüter gegenüber I kann noch nicht erklärt werden. (Science [Washington] **120.** 322. 20/8. 1954. Maryland Army Chem. Center, Chem. Corps med. Labor.) F. KRUSEN. 4607

Manfred Lüdicke und **Renate Ewald,** *Über das Auftreten einer Rotfärbung bei den Entwicklungsstadien von Corethra plumicornis Fabr. nach Vergiftung mit 3.4-Dimethylhexandion-(2.5), einem Insekticid.* Larven von Corethra plumicornis Fabr., die in eine 10%ig. Lsg. von *3.4-Dimethylhexandion-(2.5)* (I) gegeben wurden, zeigten nach 1 bis 2 Min. Vergiftungserscheinungen, der Tod trat nach ca. 30 Min. ein. 2—3 Std. nach dem Tode zeigten Muskulatur, Nervensyst. u. Verdauungskanal eine deutliche Rotfärbung. Ähnliche Erscheinungen traten bei Corethrapuppen, die 3—5 Std. nach dem Einsetzen in eine 5%ig. I-Lsg. starben, nach ca. 12 Std. auf. Die Ursache dieser Erscheinung wird nicht erklärt. (Naturwissenschaften **41.** 383—84. Aug. 1954. Heidelberg, Univ., Zoolog. Inst.) F. KRUSEN. 4607

Shigeru Ohashi und **Setsuya Takeuchi,** *Wirkung von Calciummesoxalat auf den Kohlenhydratstoffwechsel.* Bei alloxan-diabet. Hunden u. Kaninchen nähert sich nach intravenöser Injektion von 50 bzw. 100 mg *Ca-Mesoxalat*/kg (1—2 Tage) die Blutzuckerkurve rasch der n. Kurve (bei 15 cm^3 50%ig. Glucoseinjektion in 1 Min.). Das

Verschwinden des Harnzuckers scheint auf einen verbesserten Zuckerstoffwechsel zurückführbar zu sein. (Folia pharmacol. japon. **49.** 123§. 20/7. 1953. Tokyo, Univ. [Orig.: japan.]) L. SCHULER. 4607

Martin M. Winbury, Lillian J. Aubens und **W. E. Hambourger,** *Wirkung von Pentobarbital auf die Toxizität einiger aliphatischer und heterocyclischer quartärer Ammoniumverbindungen.* Bei Unters. einer homologen Reihe quartärer Ammonium- u. Piperidiniumverbb. an Mäusen wurde gefunden, daß mit zunehmender Kettenlänge die Toxizität zunimmt. Verbb. mit N-Alkylgruppen mit verzweigter Kette sind weniger tox. als solche mit gerader Kette. Durch Verabreichung einer anästhet. Dosis von Pentobarbital (Nembutal) 15 Min. vor der Injektion der Ammoniumverb. wird deren Toxizität herabgesetzt. Eine Ausnahme machen die Verbb. **I—IV**, in denen zwei der N-Alkylgruppen in α-Stellung methylsubstituiert sind u. wenigstens eine der übrigen Alkylgruppen eine Äthylgruppe ist. Im einzelnen wurden untersucht (soweit nichts anderes angegeben, handelt es sich um *Bromide*): 1. Quartäre Ammoniumsalze: *Tetraäthyl-, Diäthyldipropyl-, Triäthylbutyl-, Diäthyldibutyl-, Dimethyldiisopropyl-, Methyläthyldiisopropyl-* (**I**), *Methyläthyldibutyl-(2)-* (**II**), *Methyläthyldiisobutyl-, Jodid;* **2.** Quartäre Piperidiniumsalze: *1.1.2.6-Tetramethyl-, Chlorid, 1.2.6-Trimethyl-1-äthyl-* (**III**), *2.6-Dimethyl-1.1-diäthyl-* (**IV**), *1.2.6-Trimethyl-1-propyl-, 2-Methyl-1.1.5-triäthyl-.* (Proc. Soc. exp. Biol. Med. **77.** 670—72. Aug. 1951. Chicago, Ill., G. D. Searle and Co., Biol. Res. Div.) F. JUNG. 4607

Abraham Dury, *Veränderungen der Leberlipidfraktionen, Leber- und Plasmaelektrolyse nach Alloxanverabreichung bei Ratten.* Ratten wurden 4, 24 u. 72 Std. nach intravenöser Verabreichung von 40 mg/kg *Alloxan* (**I**; 5%ig. Lsg.) getötet. In den Lebern der Tiere wurde eine schon nach 4 Std. feststellbare Erhöhung der Gesamtlipoide beobachtet, die hauptsächlich auf Erhöhung des Neutralfettes zurückzuführen war. Nach 24 u. 72 Std. wurden dagegen noch geringe Anstiege der Phospholipoide u. des freien *Cholesterins* (**II**) festgestellt. Außerdem senkte sich schon 4 Std. nach der **I**-Zufuhr der K-Geh. der Leber, während der Na-Geh. anstieg. Entgegengesetzt verhielten sich die K- u. Na-Werte im Plasma. Diese Wirkungen von **I** werden zu einem Teil auf eine hepatotox. Eig. des **I** zurückgeführt. Außerdem wurde aber die Entstehung eines adrenocorticalen Streß vermutet, die durch weitere Unterss. sichergestellt wurde. Vf. konnte nämlich nachweisen, daß nach **I**-Injektionen eine kurzfristige, aber umfangreiche Abnahme des Ascorbinsäuregeh. der Nebennieren u. eine länger anhaltende Verminderung deren **II**-Geh. ausdrückt, was auf eine Aktivierung der Nebennieren hindeutet. Daß sich diese nur auf die Nebennieren beschränkt, wurde dadurch nachgewiesen, daß die biochem. Veränderungen nach **I**-Zufuhr auch bei Tieren eintraten, denen der Nebennierenkern entfernt worden war. (Proc. Soc. exp. Biol. Med. **86.** 646—49. Aug./Sept. 1954. Bradford, Pa., Hosp.) F. KRUSEN. 4607

G. Mouriquand und **V. Edel,** *Experimentelle Untersuchungen über die Toxizität der p-Aminosalicylsäure.* Durch Fütterungsverss. an Meerschweinchen wurde festgestellt, daß bei n. Ernährung PAS prakt. keine Toxizität aufweist. Bei ganz oder teilweise vitaminfreier Kost entfaltet PAS jedoch eine gewisse Toxizität. (C. R. Séances Soc. Biol. Filiales **145.** 1322—24. Sept. 1951.) R. KÖNIG. 4607

B. N. Halpern und **P. Dick,** *Der Einfluß hyperthermisierender Substanzen auf die granulopexe Fähigkeit des reticuloendothelialen Systems.* (Vgl. C. R. Séances Soc. Biol. Filiales **145.** [1951.] 503.)Vff. untersuchen den Einfl. der Steigerung der Körpertemp. auf die teilchenbindende Eig. des reticuloendothelialen Syst. Die Verss. wurden an Ratten, die intravenöse Injektionen einer Mischung von chines. Tusche, Serum u. etwas Gelatine erhalten hatten, vorgenommen. Der Geh. des Blutes an Kohlepartikelchen ließ sich auf elektrophoret. Wege bestimmen. Die Steigerung der Körpertemp. wurde durch subcutane Injektion von *α-Dinitrophenol* (**I**; 4,5 mg/100 g) u. *β-Tetrahydronaphthylamin* (**II**; 5 mg/100 g) unter anschließender Bestrahlung mit einer Glühlampe erzielt. Nach 1—2 Std. war die Temp. auf über 40° angestiegen. Für das Verschwinden der Kohleteilchen wurden folgende Halbwertszeiten gefunden: Unbehandelt 13,5 Min., mit **I** 7,5 Min. u. mit **II** 11 Minuten. (C. R. Séances Soc. Biol. Filiales **145.** 1035—37. Juli 1951. Broussais, Hôp. Clin. méd.) K. ZOPFF. 4607

W. Mayer-Gross, W. McAdam und **J. W. Walker,** *Psychologische und biochemische Wirkungen von Lysergsäurediäthylamid.* Nach Verabreichung von *Lysergsäurediäthylamid* (*LSD-25*) an Versuchspersonen wurde eine Reihe von Blutunterss. vorgenommen. Es zeigte sich, daß der Geh. an *Glucose* u. *Hexosemonophosphat* zunimmt, u. es wird angenommen, daß diese Veränderungen im Kohlenhydratstoffwechsel im Zusammenhang mit den beobachteten psycholog. Symptomen stehen. (Nature [London] **168.** 827—28. 10/11. 1951. Dumfries, Crichton Royal, Dep. of Clin. Res.) R. KÖNIG. 4607

Meyer Friedman und **Sanford O. Byers,** *Cholsäure als Stimulans für Hypercholesterinämie bei normalen Hungerratten.* Vff. konnten zeigen, daß nach kontinuierlicher intravenöser Injektion von Na-Cholat in TYRODE-Lsg. (I) bei n. Hungerratten eine Zunahme des Plasma-*Cholesterins* (II) eintritt. Der mittlere Geh. an Gallensäure stieg während der Injektion von 4,1 mg auf 24,0 mg/100 cm³, gleichzeitig stieg der mittlere II-Geh. von 55 mg auf 118 mg/100 cm³. Bei den Kontrollen, denen nur I auf dieselbe Art appliziert wurde, konnte keine signifikante Änderung des II-Spiegels beobachtet werden. Die Bedeutung des Befundes wird diskutiert. (Proc. Soc. exp. Biol. Med. **78.** 528—29. Nov. 1951. San Francisco, Calif., Mount Zion Hosp., Harold Brunn Inst. for Cardiovasc. Res.) E. HECKER. 4607

Emil Kaiser und **Rosalind Wulzen,** *Identifikation eines Zuckerrohr–Sterin–Anti-stiffnes-Faktors als Stigmasterin.* Vff. isolierten aus Zuckerrohr ein Sterin, das sich auf Grund des Misch-F. seines Tetrabromacetats, F. 194—197° (Zers.), seines Acetats, F. 142—143°, $[\alpha]_D$ —54,5° (Chlf.) u. seiner freien Verb., F. 166—168°, als *Stigmasterin* (I) erwies. Ebenso zeigten die Infrarotspektren u. die Tierverss. mit Meerschweinchen volle Übereinstimmung mit den Eigg. von I. (Arch. Biochem. Biophysics **31.** 326—28. April 1951. Chicago, Ill., Armour and Co.; Corvallis, Ore., State Coll.) H. SCHEURLEN. 4608

A. Winkler, *Dermatitis durch Pappelharz.* Die durch Pappelharz hervorgerufene phytogene Dermatitis ist, wie epicutane Testung ergab, nicht durch den Farbstoff *Chrysin* bedingt, sondern wird durch das äther. Öl u. den eigentlichen Harzanteil verursacht. Es besteht eine Gruppenaktivität gegenüber den Terpenen von Pappelharz u. Terpentinöl. (Dermatol. Wschr. **133.** 81—87. 1956. Innsbruck, Univ., Klinik für Dermatol. u. Syphilidol.) WOLFGANG ALBRECHT. 4608

Susumu Ogino, *Experimentelle Untersuchungen über die Abtötung von Ascariseiern durch Urease.* Die Ursache für die Abtötung von Ascariseiern (AE) im Harn besteht in durch *Urease* bewirkter Zunahme des NH_3—N, z. B. auf $>$2 mg/cm³, wobei nach 10- bis 12tägiger Berührung keine beweglichen larvenbildenden AE festgestellt werden konnten. (Folia pharmacol. japon. **49.** 155§—56§. 20/7. 1953. Nagoya Univ. [Orig.: japan.]) L. SCHULER. 4609

F. Boyer, L. Cauchy und **J. Verge,** *Die Sulfonämie bei der Kuh.* Vff. untersuchten bei einer an mit Hypertrophie verbundenen chron. Enteritis (durch säurefeste Bakterien) erkrankten Kuh die durch Sulfonbehandlung hervorgerufene Sulfonämie. Nach intravenösen Gaben von *4.4'-Diaminodiphenylsulfon* (I) wurden die im Serum auftretenden Konzz. ermittelt. Zur Best. diente die Diazotierungsmeth. nach MARSHALL. I erwies sich in den verwendeten Gaben als ungiftig. Die Ausscheidung erfolgte langsam u. dementsprechend war bei wiederholter Verabreichung Akkumulation zu beobachten. Die im Serum gefundenen Werte lagen nach 4 Tagesgaben von je 5 g bei 0,46 mg%, von je 10 g bei 1,1 mg%. Eine einmalige massive Dosis von 46,25 g ließ den Wert nur auf 1,6 mg% ansteigen. (C. R. Séances Soc. Biol. Filiales **145.** 1001—03. Juli 1951.) K. ZOPFF. 4610

N. L. Burrell, *Plötzlicher Tod nach intravenöser Gantrisin-Applikation.* Bei einer 32jährigen mit Cystitis trat wenige Min. nach intravenöser Injektion von 2 g *Gantrisin* (I) unter schweren Vergiftungserscheinungen der Tod ein. Die Vermutung einer Allergie gegenüber I wurde durch das autopt. Auffinden einer allerg. Bronchitis bestätigt. (J. Urology **74.** 162—63. Juli 1955. Springfield, O.) F. KRUSEN. 4610

Benjamin Prescott, Gladys Kauffmann und **Walter D. James,** *Steigerung der tolerierten Dosis von Isoniazid bei Mäusen.* Die perorale Zufuhr von einzelnen Dosen von 400 mg/kg *Isonicotinsäurehydrazid* (I), die bei Mäusen die minimale DL_{100} darstellt, wird ohne Letalität vertragen, wenn gleichzeitig 500 mg/kg *Na-Glucuronat* (II) u. 1,25 g/kg *Glycin* (III) verabreicht werden. Bei Zufuhr von je 3,75 g/kg II u. III werden auch einzelne Dosen von 1,25 g/kg I bei nur geringer Letalität vertragen. Bei gleichzeitiger Zufuhr von jeweils 2,5 g/kg II u. III werden I-Dosen von 0,5 g/kg in 72std. Abständen bis zu 13mal vertragen. Diese I-Mengen bewirken Plasmakonzz. von 6,3 mg% nach 1 u. 0,7 mg% nach 24 Stunden. In den untersuchten Mengen haben II u. III keinen Einfl. auf die bakteriostat. Wrkg. von I gegenüber Tuberkelbakterien. (Proc. Soc. exp. Biol. Med. **86.** 682—85. Aug./Sept. 1954. Bethesda, Md., U. S. Dep. of Health, Educ. and Welfare, Publ. Health Serv., Nat. Inst. of Health, Nat. Microbiol. Inst.) F. KRUSEN. 4610

Toshio Matsuoka und **Toshiharu Yamamoto,** *Experimentaluntersuchungen über die Behandlung von INH-Vergiftung.* Durch *Isonicotinsäurehydrazid* (I)-Vergiftung erregte Krämpfe verbreiten sich rasch bes. auf das Zentralnervensyst. (ZNS), da ein Teil des I in giftige Stoffe umgewandelt wird, die Anlaß zur Reizung des ZNS geben. Auch die starke Blutdrucksteigerung durch I wird durch zentrale Reizung der sympath. Nerven beherrscht, letzte auch durch hemmende Mittel für das sympath. u. autonome System. (Folia pharmacol. japon. **49.** 165 §—66 §. 20/7. 1953. Sapporo, Med. Univ. [Orig.: japan.]) L. SCHULER. 4610

Richard Richter, *Histologische Studien über die Veränderung spezifisch-leprösen Gewebes und das Verhalten der Leprabazillen unter Isonicotinsäurehydrazidbehandlung bei Lepra leprosa.* Bericht über 18 monatige Beobachtungen bei einem Leprafall, der in dieser Zeit mit über 85 g *Isonicotinsäurehydrazid* behandelt wurde. Es wurde klin. gute Besserung mit Abbau der Infiltrate u. Umwandlung des lepromatösen Gewebes in Bindegewebe, aber keine Bazillenfreiheit erreicht. — 22 dermatolog. Bilder. (Z. Haut- u. Geschlechtskrankh. **18.** 137—45. 1/3. 1955. Ankara, Univ., Klinik u. Poliklinik für Haut- u. Geschlechtskrankheiten.) P. LOCH. 4610

Constantin Levaditi, André Girard, Aron Vaisman, André Ray und **Henriette Chaigneau-Erhard,** *Synergie der therapeutischen antituberkulösen Wirkung der Kombination von β-Pyridinaldehydthiosemicarbazon (G 469) und Dihydrostreptomycin.* Verss. an Mäusen. 4 Gruppen a—d wurden mit dem Tuberkelstamm H 512 infiziert. Kontrollen (a), Behandlung (b) mit *Dihydrostreptomycin* (**I**), subcutan 500 E. täglich, insgesamt 13500 E., (c) mit *β-Pyridinaldehydthiosemicarbazon* (*G 469*; **II**), per os täglich 0,5 mg, insgesamt 13,5 mg, (d) mit **I** + **II** in der gleichen Dosierung. Beobachtungsdauer 36 Tage. Befund bei d günstiger als bei c u. b, trotzdem die Mortalität von b u. d mit 0% die gleiche war. (C. R. hebd. Séances Acad. Sci. **232.** 770—72. 19/2. 1951.) H. DOSSMANN. 4610

James H. Baxter und **Harriet Campbell,** *Die Wirkung von Aureomycin auf renale Schädigungen, Leberlipoide und Gewebecholin bei Cholinmangel.* Zufuhr einer cholinarmen Ration an Ratten äußerte sich in großen hämorrhag. Nieren u. führte z. T. zum Eingehen der Tiere. Chloromycetin (0,1%) u. Penicillin wie auch Vitamin B_{12} oder E waren ohne Einfluß. Zufuhr von *Aureomycin* (I) (0,10%) verminderte die Sterblichkeit, 0,5% verhinderte renale Schädigungen u. Todesfälle genau wie 3% Cholin. Die mkr. Unters. ergab keine Änderungen in der Beschaffenheit von Thymus, Nebenniere oder Schilddrüse unter der Wrkg. von **I**. Der Geh. an Lipoidsubstanzen in der Leber wird dagegen leicht vermindert. Der Geh. an Cholin in Leber, Niere u. in den Faeces wurde durch N-Zufuhr etwas verstärkt. Die Verss. ergaben keinen Hinweis, daß **I**-Zufuhr die Bldg. von schädlichen Faktoren im Darm vermindert oder direkt auf den Gewebestoffwechsel einwirkt. (Proc. Soc. exp. Biol. Med. **80.** 415—19. Juli 1952. Bethesda, Md., Public Health Serv., Nat. Inst. of Health, Nat. Heart Inst., Section on Metabolism.) K. NEHRING. 4611

F. R. Selbie, *Vergleich von Natrium- und Procainpenicillin bei der Behandlung der experimentellen Staphylokokkeninfektion der Maus.* Die Verss. zeigen, daß wss. *Na-Penicillin*-Lsg. bei gleicher Dosierung ebenso wirksam ist wie *Procainpenicillin* in wss. oder öliger Lösung. Ein lang anhaltender wirksamer Penicillin-Blutspiegel scheint daher nicht so bedeutungsvoll zu sein wie die Unterstützung des Abwehrmechanismus durch Penicillin. (Brit. med. J. **1954 II.** 1350—53. 12/6. London, Middlesex Hospital.) P. LOCH. 4611

William P. Boger, Walter V. Matteucci und **John O. Beatty,** *„Benemid", p-[Di-n-propylsulfamyl]-benzoesäure: Ausbleiben der Wirkung bei Aureomycin, Chloromycetin, Streptomycin und Terramycin.* Während *Benemid* (**I**) bei *Penicillin* (**II**)-Therapie die Plasmakonz. auf den 2—4 fachen Wert erhöht u. sie auch bei *PAS* steigert, wurde festgestellt, daß **I**, oral alle 6 Std. in Dosen von 0,5 g, auf die Plasmakonz. anderer Antibiotica keinen Einfl. hat. Untersucht wurden insgesamt 31 Fälle; es erhielten 9 *Aureomycin*, 9 *Chloromycetin*, 7 *Streptomycin* (**III**) u. 6 *Terramycin*. Die Ausscheidung von **II** durch die Nieren erfolgt viel schneller als bei den anderen Antibioticis. Vff. schließen daher bei diesen auf einen anderen Mechanismus als bei **II**. Wegen der tox. Eigg. von **III**, das immer mit *PAS* kombiniert gegeben wird, war dieses Ergebnis von bes. Interesse, weil danach eine zusätzliche **I**-Verabreichung auf **III** keinen Einfl. hat, sondern nur die *PAS*-Wrkg. steigert. (Proc. Soc. exp. Biol. Med. **76.** 222—25. Febr. 1951. Philadelphia, Pa., Gen. Hosp. u. Univ. of Pennsylvania, Dep. of Med.) H. DOSSMANN. 4611

Robert H. Wilson, Floyd DeEds und **Lelland J. Rather,** *Toxizitätsuntersuchungen an Subtilin.* Bericht über Verss. an Ratten mit *Subtilin* (**I**), das 220 Tage lang dem Futter in Dosen von 0,0062, 0,0125, 0,025, 0,05 u. 0,1% beigemischt wurde. Nach erfolgter Autopsie ließ sich keine nachteilige Wrkg. im Hinblick auf Wachstum, Gewicht einzelner Organe, makroskop. u. mikroskop. Aussehen der Gewebe feststellen. Die früher vermutete Fällung von **I** bei parenteraler Anwendung konnte durch Tierverss. u. anschließende mikroskop. Unters. bestätigt werden. (Proc. Soc. exp. Biol. Med. **78.** 517—19. Nov. 1951. Albany, Calif., U. S. Dep. of Agricult., Agricult. Res. Admin., u. San Francisco, Stanford Univ., School of Med., Dep. of Pathol.) R. KÖNIG. 4611

W. I. Issajew, *Methode der Bestimmung von Hämosporidin (LP_2) und die Dauer seines Verbleibs im tierischen Organismus.* Zur Best. von *Hämosporidin* (**I** = Methomethyl-

sulfat des N.N'-Di-[4-dimethylaminophenyl]-harnstoffs) wird 1 ml Prüflsg. mit je 0,6 g sorgfältig zerriebenen K_2HPO_4 u. Na_2CO_3 sowie 0,5 ml Bromphenolblaulsg. versetzt u. $^1/_2$—1 Min. leicht geschüttelt; sodann werden 10 ml Dichloräthanlsg. (II) (je 1 mal mit $^1/_5$ Vol. n-NaOH u. n-HCl, dann 3 mal mit W. gewaschen u. mit 2 Vol.-% ebenso gewaschenem Isoamylalkohol versetzt) zugegeben u. 10 Min. zentrifugiert u. colorimetriert. Blindprobe mit W., Vergleichslsgg. mit I; die II-Lsg. muß absolut farblos sein. Empfindlichkeit 0,001 mg I u. weniger. — Best. des I im Pferdeharn: Zu 1 ml Harn werden gegeben: 0,6 g Na_2CO_3, 1,2 g K_2HPO_4, 1 ml Farblsg. (30 g K_2HPO_4 u. 80 mg Bromphenolblau), 1—2 ml dest. W.; nach leichtem Schütteln werden 10 ml II-Lsg. zugefügt, 10 Min. geschüttelt, nach dem Absitzen 5 Min. zentrifugiert u. colorimetriert; Empfindlichkeit 0,002—0,0025 mg I je Probe. Der Wasserzusatz hängt von der D. des Harns ab, die über der D. der II-Lsg. bleiben muß. — Die Best. des I im Hunde- u. Pferdeharn ergab, daß 12 Std. nach subcutaner Einführung 65—70% I im Harn beider Tiere erschienen, nach 24 Std. bereits über 90%. (Фармакология и Токсикология [Pharmakol. u. Toxikol.] **17.** Nr. 6. 50—51. Nov./Dez. 1954. Kasan, Lehrstuhl für Pharmakol. des Veterinär-Inst.)
A. v. WILPERT. 4611

E. Balzer und **K. Werner,** *Weitere Untersuchungen zur Frage der Substitutionstherapie bei Pankreashypofermentie.* Beobachtungen an 2 Personen mit schwerer Insuffizienz der äußeren Pankreassekretion, bei denen die Verabreichung von tier. Pankreasferment-präpp. ohne Erfolg geblieben war, ergaben, daß mit pflanzlichen Fermenten (*Luizym* = *Protease* + *Amylase*, *Ricinuslipase*) eine Besserung der Fettausnützung von 7 bzw. 28% auf 49 bzw. 55% u. eine Normalisierung der Eiweiß- u. Kohlenhydratausnützung erzielt werden kann. (Verh. dtsch. Ges. inn. Med. **60.** 474—76. 1954. Münster, Univ., Med. Klin.)
F. KRUSEN. 4614

Joseph Rebhun, Samuel M. Feinberg und **E. Albert Zeller,** *Potenzierende Wirkung von Iproniazid auf die Wirkung einiger sympathicomimetischer Amine.* Die tox. Wrkg. von *Phenyläthylamin* u. *Tyramin*, aber nicht die von *Ephedrin* u. *D-α-Methylphenyläthylamin*, wird bei mit *Iproniazid* (I, *Isonicotinoyl-(1')-2-isopropylhydrazin*) vorbehandelten Meerschweinchen gesteigert. *Isoniazid* ist weniger wirksam. Die I-Wrkg. wird durch Blockierung der *Aminoxydase* erklärt. (Proc. Soc. exp. Biol. Med. **87.** 218—20. Okt. 1954. Chicago, Ill., Northwestern Univ., Med. School, Allergy Res. Labor., Dep. of Med. and Biochem.)
H. GOEBEL. 4620

Henri Schmitt und **Pierre Gonnard,** *Wirkung von Iproniazid auf die sympathicomimetischen Effekte auf die Nickhaut der Katze.* Die Wrkg. von *alkoh. Aryläthylaminen* (I): *Adrenalin, Noradrenalin, Sympatol, Néosinéphine* auf die Nickhaut der Katze wird durch *Iproniazid* = *Isopropylisonicotinsäurehydrazid* (II) verringert; dagegen rufen nicht alkoh. I: *Phenyläthylamin, Tyramine, Oxytyramine*, nach II-Injektion gesteigerte Kontraktion der Nickhaut hervor; II bleibt ohne Einfl. auf die Wrkg. aromat. an N gebundener Amine, wie *Ephedrin* oder *Amphetamin.* (C. R. hebd. Séances Acad. Sci. **240.** 2573 bis 2575. 27/6. 1955.)
H. DOSSMANN. 4620

Anneliese Küchler und **Ruprecht Koch,** *Zur Frage der Megaphenwirkung auf das weiße Blutbild und ihre Beziehung zur neuro-vegetativen Regulation.* (Vgl. C. **1956.** 3639.) Die Unters. des Einfl. von *Megaphen* (I) auf das weiße Blutbild bei männlichen Ratten (Leuko- u. Lymphocytensturz) ergab, daß dessen Regulation nach I nicht über das Hypophysen–Nebennieren-, sondern über das vegetative Syst. verläuft (Sympathicusblockade). Eine nach I einsetzende Leuko- u. Lymphopenie beim adrenalektomierten Tier mit stark verkürzter Lebenszeit gegenüber adrenalektomierten unbehandelten Ratten beruht nicht auf einer Streßwrkg., sondern ist als Regulation des neurovegetativen Syst. im Sinne einer starken Sympathicolyse zu deuten. (Klin. Wschr. **33.** 426—30. 1/5. 1955. Heiligenberg/Baden, Heiligenberg-Inst., Biophysikal. Abt.)
K. MAIER. 4620

Joseph W. E. Harrisson, Clara M. Ambrus und **Julian L. Ambrus,** *Die Gewöhnung der Ratte gegen Amphetamin und Methamphetamin.* Der Gewöhnungseffekt von *Amphetamin* (I) (USP.) (= Methylphenäthylamin) u. *Methamphetamin* (USP. II) (= Desoxyephedrin) wird an Hand des durch diese Verbb. erzeugten Körpertemperaturanstiegs an Ratten untersucht. Es wurde bei I u. II in gleicher Weise ein Gewöhnungseffekt beobachtet (Abnahme der temperaturerhöhenden Wrkg. bei 6tägiger Verabreichung, Zunahme nach Unterbrechung). (J. Amer. pharmac. Assoc., sci. Edit. **41.** 539—41. Okt. 1952. Philadelphia, Pa., Coll. of Pharmacy and Science, La Wall Memorial Labor. of Pharmacol. and Biochemistry.)
L. WALLIS. 4620

Joseph W. E. Harrisson, David C. Schecter, Clara M. Ambrus und **Julian L. Ambrus,** *Eine Bemerkung zur antagonistischen Wirkung von Histamin gegen die krampferzeugende Wirkung von Antihistaminen.* Durch Verabreichung von *Histamin* in gewissen Dosisbereichen konnte die krampferzeugende Wrkg. von *Neoantergan* verhindert werden. In höheren Dosen trat Tod infolge von Synergismus der beiden Komponenten ein. (J. Amer. pharmac. Assoc., sci. Edit. **41.** 568—69. Okt. 1952. Philadelphia, Pa., Coll. of Pharmacy and Science, LaWall Memorial, Labor. of Pharmacol. and Biochemistry, Dep. of Pharmacol. and Biochemistry.) L. WALLIS. 4625

Henry D. Beale, Frank F. A. Rawling und **Karl D. Figley,** *Clistinmaleat. Eine klinische Würdigung eines neuen Antihistaminpräparates.* Vff. behandelten 126 allerg. Patienten mit *Clistinmaleat* (*Carbinoxaminmaleat* MCNEIL, mehrmals täglich 4—6 mg, insgesamt 18—24 mg/Tag) u. empfehlen es als sehr wirksames Antihistaminicum, das nur ganz geringe sedative Nebenerscheinungen erkennen läßt. (J. Allergy **25.** 521—24. Nov. 1954. Toledo, Ohio.) H. HELGE. 4625

Joichi Ando, Kanichiro Shiozu und **Hideo Mitani,** *Beobachtung über den Wirkungsmechanismus von Chloralhydrat als ein zentrales Sedativum.* Der Gehirnbrei einer weißen Maus in *Chloral*-Narkose zeigte 7 Min. nach der Einspritzung im WARBURG-Vers. gegenüber dem n. Gehirn Steigerung der adrenalinoxydierenden Fähigkeit, die beim Dialysat nicht mehr zu beobachten war. (Folia pharmacol. japon. **49.** 121 §. 20/7. 1953. Osaka, Med. Univ. [Orig.: japan.]) L. SCHULER. 4627

Charles C. Richards und **Leonard Bachman,** *Untersuchung über die Leberfunktion von Hunden nach Anaesthesie mit Trichloräthylen und Chloroform.* Nach einer 3 Std. lang andauernden Betäubung mit *Trichloräthylen* konnten Vff. bei Hunden mit dem Bromsulphalein-Test keine Leberschädigung nachweisen. Kontrollen mit *Chlf.* unter gleichen Bedingungen zeigten Beeinträchtigungen der Leberfunktionen an. (Current Res. Anesthesia Analgesia **34.** 307—12. Sept./Okt. 1955. Baltimore, Md., Johns Hopkins Univ., School of Med., Dep. of Surgery, Div. of Anesthesiol. and Dep. of Pharmacol. and Experiment. Therapeutics.) K. BÖHM. 4627

Nobuyuki Nagasaki und **Yoshio Yuasa,** *Über die sogenannte „Glucosereaktion" bei der Barbituratanästhesie.* Außer mit *Glucose* (I) läßt sich die „Glucose-Rk." (nach LAMSON) auch mit Fructose, Mannose u. schwächer mit Galaktose u. Saccharose (je 2 cm^3 40%ig. Lsg./kg intravenös) erzielen, desgleichen nach Verabreichung in die Cisterna magna, selbst bei Kaninchen mit negativer Glucosereaktion. Bei wiederholter intravenöser Barbituratinjektion u. nach Adrenalektomie bleibt die Glucose-Rk. aus, wird aber bei Verabreichung in die Cisterne wieder positiv. Auch 0,01—0,1 cm^3 0,1%ig. *Adrenalin* pro kg ruft die Glucose-Rk. hervor, ebenso *Citrat, Succinat* u. *Glutamat, Neutralrot, Methylenblau* (1 cm^3 0,2%ig. Lsg.), nicht aber Cystein, Arginin, Glykokoll, NaCl, KCl, Harnstoff, Gelatine, Monogen, Sprase usw. (Folia pharmacol. japon. **49.** 160§—61§. 20/7. 1953. Tottori Univ. [Orig.: japan.]) L. SCHULER. 4627

Bernard B. Brodie, Parkhurst A. Shore, Stanley L. Silver und **Robert Pulver,** *Potenzierende Wirkung von Chlorpromazin und Reserpin.* Bericht über Verss. an Mäusen, die zeigen, daß *Reserpin* (I) u. *Chlorpromazin* (II) die hypnot. Wrkg. von *Hexobarbiton* u. *A.* potenzieren. Besprechung der unterschiedlichen Wirkungsweisen von I u. II im Vgl. zu SKF 525-A = *β-Diäthylaminoäthyldiphenylpropylacetathydrochlorid.* (Nature [London] **175.** 1133—34. 25/6. 1955. Bethesda, Md., National Inst. of Health, National Heart Inst., Labor. of Chemical Pharmacology u. Basel, Geigy Comp.) H. DOSSMANN. 4627

James W. Smith und **Ted A. Loomis,** *Potenzierende Wirkung des Alkohols beim Thiopental-bedingten Schlaf.* Die Reaktionszeit von Mäusen auf therm. Reizung (55°) wird durch *Thiopental* (I) 5 mg/kg intravenös, einer subanästhet. Dosis, verkürzt. Gabe von 1 g *A.*/kg ist dagegen ohne Wrkg.; auch wenn A. u. I zusammen gegeben werden, ist die Verkürzung der Reaktionszeit nicht signifikant. Auf 30 mg I/kg schlafen Mäuse ca. 7 Min., auf 1 g A./kg 0,5 Min.; werden beide gleichzeitig gegeben, so ist die Schlafdauer dagegen 33 Minuten. In ähnlicher Weise zeigt sich ein Synergismus der hypnot. Wrkg. bei Kaninchen u. Hunden. (Proc. Soc. exp. Biol. Med. **78.** 827—29. Dez. 1951. Seattle, Univ. of Washington, School of Med., Dep. of Pharmacol.) F. JUNG. 4627

Leonard B. Achor und **E. M. K. Geiling,** *Wirkung der SKF-Verbindung 525 A auf die Exkretion von ^{35}S-Pentothal bei der Maus.* Verabreichung von *SKF-525 A* (I; SMITH, KLINE & FRENCH Labors.) verlängert die durch *Pentothal* (II) bei Mäusen induzierte Schlafzeit; die Dauer ist abhängig von der I-Dosis (50—75 mg/kg). Die Ausscheidung von ^{35}S-II ist bei Vorbehandlung mit I verzögert; bei I-behandelten Tieren wurde 1 Std. nach Verabreichung noch kein ^{35}S-II ausgeschieden, während bei unbehandelten Kontrollen in dieser Zeit bereits 13,45% ausgeschieden waren. (Proc. Soc. exp. Biol. Med. **87.** 261—62. Okt. 1954. Chicago, Ill., Univ. of Chicago, Dep. of Pharmacol.) H. GOEBEL. 4627

R. Steimer, *Die Anwendung von Wofapyrin bei Erkrankungen im HNO-Fachgebiet.* Vf. berichtet, daß *Wofapyrin* (I, VEB FARBENFABRIK WOLFEN), ein Kombinationspräp. aus gleichen Teilen *Amidopyrin* u. *Butalidon* (*3.5-Dioxo-1.2-diphenyl-4 n-butylpyrazolidin.*

Na) sich ihm bei allen akuten schmerzhaften, mit entzündlichen Weichteilschwellungen oder Absceßbldg. einhergehenden Erkrankungen im Hals–Nasen–Ohrenbereich bewährt hat. I begünstigt wesentlich den postoperativen Verlauf nach Eingriffen am Rachen oder an den Nasennebenhöhlen u. die Nachbehandlung focalsanierter Rheumatiker. Andere Analgetica u. in vielen Fällen die sonst noch notwendige Sulfonamid- oder Penicillintherapie waren überflüssig. (Dtsch. Gesundheitswes. **11.** 70—71. 12/1. 1956. Pößneck, Stadtkrankenhaus u. Poliklinik.) K. BÖHM. 4627

P. C. Somers, *Der Barbituratantagonist „N.P. 13“ und der Morphinantagonist „D. A. P. T.“.* Besprechung der pharmakolog. Eigg. der Substanzen *N. P. 13* oder *Bemegride* (**I**, *β.β-Methyläthylglutarimid,* F. 125°) u. *D. A. P. T.* oder *Amiphenazole* (**II**, *2.4-Diamino-5-phenylthiazolhydrochlorid* oder *-bromid,* F. 260°). I u. II haben einen hohen therapeut. Index, ohne tox. oder irgendwelche Nebenwirkungen zu zeigen. I ist z. Z. das beste Mittel zur Bekämpfung des Barbituratkomas u. gestattet in Kombination mit II eine schnelle u. sichere Wiederherst. der Patienten. II hebt vor allem die durch höhere Dosen Morphin (**III**) verursachte Atmungsdepression auf, so daß III nunmehr auch in hohen Dosen verabreicht werden kann. Auch dem Nalorphine (*N-Allylnormorphin*) ist II überlegen, da es keine Nebenwirkungen zeigt. (Australas. J. Pharmacy [N. S.] **36.** 864—65. 30/8. 1955. Melbourne, Nicholas Pty. Ltd.) H. P. FIEDLER. 4627

L. M. Radoff und **S. E. Huggins,** *Schutzwirkung von N-Allylnormorphin gegenüber Demerol. N-Allylnormorphin* (**I**), 10 oder 20 mg/kg innerhalb 1 Min. nach der DL_{50} von *Demerol* (188,3 mg/kg) subcutan gegeben, red. die Sterblichkeit auf 7 bzw. 8%. Geringere I-Dosen sind weniger wirksam. Wird I nur 4 Min. später gegeben, so entfällt der Schutz. Die I-behandelten Mäuse zeigten nur zu 14% Krämpfe, während die Kontrollen solche zu 66% bekamen. Bei den behandelten Mäusen traten die Krämpfe auch viel später ein. (Proc. Soc. exp. Biol. Med. **78.** 879—80. Dez. 1951. Houston, Univ., Dep. of Biol.) F. JUNG. 4627

Louis R. Orkin, Robert K. Egge und **E. A. Rovenstine,** *Die Wirkung von Nisentil, Meperidin und Morphin auf die Atmung beim Menschen.* Wie Unterss. an 30 Patienten ergaben, setzen *Nisentil* [*Alphaprodin* (*1α.3α-Dimethyl-4-phenyl-4-propoxypiperidinhydrochlorid*)], Dosierung 60 mg subcutan, *Meperidin* (100 mg) u. *Morphin* (10 mg) bei intravenöser Applikation Atemtiefe u. Respirationsgeschwindigkeit herab. (Anesthesiology **16.** 699—707. Sept. 1955. New York, N. Y., New York Univ., Post-Graduate Med. School, Dep. of Anesthesiology; Bellevue Hosp.) WOLFGANG ALBRECHT. 4627

Z. Horáková und **Z. Votava,** *Die analgetische Wirkung von Morphin, Dolsin* (*Dolantin*) *und Mecodin* (*Methadon*) *bei verschiedenen Darreichungen. Eine pharmakologische Studie.* Morphin (**I**), Dolantin (**II**) u. Mecodin (**III**) wurden intraperitoneal, subcutan u. peroral verabreicht. Vff. prüften die Analgesie an Mäusen. Die Dosierung betrug bei I 10; 30; 50 mg/kg Maus, bei II 30; 50; 70 mg/kg u. bei III 5; 10; 20 mg/kg Maus. Subcutan u. intraperitoneal ist die Wrkg. von I der von III gleich, bei III intraperitoneal am höchsten. Bei oraler Darreichung ist die Wrkg. von I $^1/_5$, II $^1/_3$, III $^1/_4$ der Wrkg. bei subcutaner Applikation. Subcutan verabreicht ist II 3mal schwächer als I, III 3mal stärker, ruft aber Krämpfe hervor. (Českoslov. Farmac. **4.** 131—33. April 1955. Praha, Výzk. úst. farm. biochem.) E. VEVERA. 4627

Tom G. Halasey und **James M. Dille,** *Über die Wirkung des 3-Oxy-N-methylmorphinan-HBr* (*Dromoran*) *auf die foetalen Atembewegungen beim Kaninchen. Dromoran* (**I**) wurde in Dosen von 1,5—20 mg/kg an Kaninchen gegeben u. die Atembewegung der Foeten (7 Tage vor Ende der Gravidität) im eröffneten Uterus verfolgt. Dosen, welche die Atmung der Mutter hemmen, deprimieren immer die Atmung der Foeten. Der Vers. beweist auch die Passage des I durch die Placenta. (Proc. Soc. exp. Biol. Med. **78.** 808—10. Dez. 1951. Seattle, Univ. of Washington, School of Med., Dep. of Pharmacol.) F. JUNG. 4627

James L. Leitch und **Thomas J. Haley,** *Die Wirkung von vier Antiheparinfarbstoffen auf den isolierten Ileum und den Uterus.* Es wird die spasmolyt. Wrkg. einiger Antiheparinfarbstoffe am Darm- u. Uteruspräp. nach MAGNUS getestet. Am Meerschweinchenileus zeigten sie sich sämtlich ein Zehntel so wirksam wie *Atropin* (**I**). In ihrer Antimuscarinwrkg. standen sie dem I nach, kamen ihm jedoch in ihrer Antinicotinwrkg. gleich. (J. Amer. pharmac. Assoc., sci. Edit. **41.** 559—61. Okt. 1952. Los Angeles, Univ. of California, Atomic Energy Project, School of Med., Div. of Pharmacol. and Toxicol.) L. WALLIS. 4628

Robert H. Snow, Paul D. Bruns und **Vera E. Drose,** *Wirkung von Hydergin* (*dehydriertes Mutterkorn*) *auf Präeklampsie und Uteruszusammenziehungsvermögen.* An 28 Fällen, davon 16 mit Präeklampsie, wurde die Wrkg. von *Hydergin* (**I**; SANDOZ PHARMACEUTICALS) in einmaliger intravenöser Dosis von 0,3 g auf die Uterusdynamik untersucht. Mit den von Vff. angewandten genauen Meßmethoden waren die wehenanregenden Eigg. von

I leicht u. gleichmäßig nachzuweisen. Heilung der Schwangerschaftstoxikosen oder eine hypoton. Wrkg. zur Behandlung der Präeklampsie wurde mit I nicht mit Sicherheit erreicht. Hinweis auf die krampflösende Wrkg. von $MgSO_4$-Injektionen. (Amer. J. Obstetr. Gynecol. **70.** 302—07. Aug. 1955. Denver, Colo., Univ. of Colorado, School of Med., Dep. Obstetrics and Gynecology.) H. DOSSMANN. 4628

Vincent I. Bonafede, *Chlorpromazin- (Thorazin-) Behandlung an geistesgestörten Epileptikern.* Die Wrkg. von *Thorazin,* gegeben in Dosen von 300 mg per os pro die neben gleichzeitiger Verabreichung eines Barbiturates, zeigte hinsichtlich der Häufigkeit der Anfälle sowie der Besserung des geistigen Verh. von Epileptikern einen guten Erfolg. Die Komplikationsgefahr ist bei obiger Dosis gering, eine Erhaltungsdosis muß längere Zeit weitergegeben werden. (A. M. A. Arch. Neurol. Psychiatry **74.** 158—62. Aug. 1955. Sonyea, N. Y., Dep. of Mental Hygiene.) W. DRECHSLER. 4628

C. G. Bernhard, E. Bohm und **S. Höjeberg,** *Ein neuer Versuch beim Status epilepticus.* Das Lokalanästheticum *Lidocain* wurde in einer Dosis von 0,6—1,2 mg/kg Körpergewicht in intravenöser Tropfinfusion in 10 Fällen von Status epilepticus mit guter, krampflösender Wrkg. gegeben. Durch gleichzeitige Verabreichung kleiner Mengen eines Barbiturates wird der anticonvulsive Effekt noch erhöht. (A. M. A. Arch. Neurol. Psychiatry **74.** 208—14. Aug. 1955. Karolinska Inst., Dep. of Physiol.) W. DRECHSLER. 4628

Ss. N. Nilowskaja, *Vergleichende Untersuchung der gefäßerweiternden Wirkung von Rhodanid, Thiamin und Papaverin bei Cholesterinatherosklerose.* Am isolierten gesunden Kaninchenohr wirken *Papaverin* (I) in der Verdünnung 1:100000, *Thiamin* (II; 1:20000) u. *NaSCN* (III; 1:10000) gefäßerweiternd. I ist in Stärke, Geschwindigkeit u. Dauer der Wrkg. II u. III überlegen. Auf patholog. veränderte Gefäße bei Cholesterinatherosklerose wirken alle 3 Stoffe kräftiger als auf gesunde. Dies zeigt sich bes. bei I u. III. Gefäßspasmen konnten mit I beseitigt werden, während II u. III kaum spasmolyt. Eigg. zeigten. (Фармакология и Токсикология [Pharmakol. u. Toxikol.] **18.** Nr. 5. 39—41. Sept./Okt. 1955. Moskau, 1. Med. Inst.) H.-W. GRAMM. 4630

Morton H. Maxwell, Pablo Morales und **Charles H. Crowder jr.,** *Wirkung therapeutischer Ephedrindosen auf die renale Clearance beim normalen Menschen.* An n. Menschen wurden mittels *p-Aminohippursäure* der renale Plasmastrom, mittels *Inulin* die Filtrationsgeschwindigkeit bestimmt. *Ephedrin* wurde in Dosen von 35—75 mg intramuskulär gegeben. Beide gemessenen Größen wurden nicht signifikant verändert (8 Personen, davon bei einer Red. des Plasmastroms u. der Filtration). In einem Fall ergab zusätzliche Best. der arteriovenösen O_2-Differenz u. des *p-Aminohippursäure*-Extraktionsverhältnisses ebenfalls keine Abweichung. Blutdruckwirkungen waren immer vorhanden. (Proc. Soc. exp. Biol. Med. **77.** 539—42. Juli 1951. New York, N. Y., Univ. Coll. of Med., Dep. of Physiol.) F. JUNG. 4630

Walter E. Shector, John T. McLaughlin und **Charles Dowling,** *Ventriculäre Arrhythmie durch Methoxaminhydrochlorid.* Bei einem 35jährigen führte die wegen plötzlich aufgetretener supraventriculärer Tachycardie vorgenommene Applikation von *Methoxaminhydrochlorid* (*β-[2.5-Dimethoxyphenyl]-β-oxyisopropylaminhydrochlorid*) zu ventriculärer Arrhythmie, weshalb Vff. bei Verwendung des Präp. zur Vorsicht raten. (J. Amer. med. Assoc. **158.** 1025—26. 23/7. 1955. Tampa, Fla., MacDill Air Force Base Hosp.) F. KRUSEN. 4630

Manuel Litter, *Die blutdrucksenkenden Substanzen.* Chemie, Pharmakologie u. therapeut. Anwendung folgender blutdrucksenkender Substanzen werden besprochen: *Hydergin* u. seine Derivv.; *Methonium*-Verbb. wie *Hexamethonium, Pentapyrrolidin, Protoveratrin, 1-Hydrozinophthalazin, Reserpin* u. schließlich *Barbiturate.* (Semana méd. **107** (**62**). 677—711. 29/9. 1955. Buenos Aires, Fac. de Ciencias Méd., Farmacol.) P. G. SCHEURLEN. 4630

R. Duesberg und **H. Spitzbarth,** *Struktur und Reagibilität des Kreislaufs in Phenothiazinnarkose.* Unter *Phenothiazinnarkose* (50 mg *Megaphen* + 50 mg *Atosil* + 100 mg *Dolantin* = 14 cm^3 intramuskulär; nach 1—$1^1/_2$ Std. 2 cm^3 eines Gemisches von 50 mg *Megaphen* + 50 mg *Atosil* + 100 mg *Dolantin* (= 6 cm^3) intravenös u. weiterhin in Abständen von ca. 15 Min. je 1 cm^3) ist die Kreislauf-Rk. gegenüber der *Evipan*-Narkose empfindlicher, wobei z. B. die orthostat. Blutdruckregulation nicht mehr erhalten bleibt bzw. durch *Noradrenalin* nicht zu normalisieren ist, obwohl dabei der Blutdruck als solcher erhöht wird. *Adrenalin* zeigt während dieser Narkose stets seine bekannte Wirkungsumkehr. Ein analoges Verh. wird bei *Sympatol* beobachtet. *Cardiazol* hat keinen Kreislaufeffekt. Auf Acetylcholin erfolgt der am wachen Patienten nicht zu beobachtende volle vagale Effekt. (Verh. dtsch. Ges. inn. Med. **60.** 155—58. 1954. Mainz.) H. JORDAN. 4630

Hermann Sartorius, A. Moench und **H. Sarre,** *Behandlung der Hypertonie mit Heparin und Heparinoiden.* Nach früheren Mitt. (vgl. C. **1955.** 154) konnte mit *Liquemin* (*Heparin;* I) u. *Thrombocid* eine wesentliche Blutdrucksenkung bei Hypertonikern erreicht werden, die von einem signifikanten Abfall der Gesamtlipoide ohne Änderung des Serumcholesterins begleitet war. Im Harn ließ sich eine blutdrucksenkende Substanz mit histaminähnlichem Effekt u. gleichem chromatograph. Wert finden. Es wird vermutet, daß I eine Proteolyse verursacht, die *Histidin* u. *Histamin* freisetzt. Andererseits wird an eine erhöhte gegenregulator. Ausschüttung von ACTH mit Lipoidanreicherung der Nebenniere gedacht. Wird diese Gegenregulation durch einen noch höheren I-Titer übertroffen, so kann es zur Ausschüttung der Lipoide in Form von nebennierenrindenakt. Steroiden kommen. Am *Masugi*-Kaninchen konnte eine solche Entspeicherung nach 50 mg I beobachtet werden. Die Experimente ergeben erneute Hinweise auf die pathogenet. Wichtigkeit der Hypophysenvorderlappen–Nebennierenrinde-Regulation bei der Hypertension. (Verh. dtsch. Ges. inn. Med. **60.** 565—68. 1954. Freiburg/Br., Univ., Med. Poliklin.)
H. JORDAN. 4630

Max S. Sadove, Gordon M. Wyant und **Gwen Gleave,** *Gesteuerte Blutdrucksenkung.* Bericht über ein neues, noch weiter zu erprobendes Mittel *Arfonad* (*d-3.4-*[*1'.3'-Dibenzyl-2'-ketoimidazolidino*]*-1.2-trimethylenthiophanium-d-camphersulfonat*) als 0,1%ig. intravenöse Infusion zur — im Gegensatz zu den Methoniumabkömmlingen — gesteuerten u. minütlich kontrollierbaren Blutdrucksenkung während der Narkose. (Anaesthesia **8.** 175—81. Juli 1953. Hines, Ill., Univ. Coll., Med. u. Veterans Admin. Hosp., Dep. of Surg.)
V. SACHS. 4630

A. Jullien und **J. Ripplinger,** *Wirkung von Atropin und folgender Vaguserregung auf das Herz von Meerfischen. Atropin–Acetylcholin–Antagonismus. Atropin* (I) wirkt am Herzen von Scorpaena positiv ino- u. chronotrop, bei Crenilabrus u. Sargus nur positiv chronotrop, am Herzohr von Sargus auch positiv inotrop. Der negativ inotrope Effekt einer Vagusreizung wird durch I aufgehoben, jedoch nicht die Tonusverminderung. Hemmung der *Acetylcholin*-Wrkg. durch I ist vorhanden, jedoch nicht sehr intensiv. (C. R. Séances Soc. Biol. Filiales **145.** 1560—63. Okt. 1951.) F. JUNG. 4630

Heinz Zimmermann, *Über die nach therapeutischen Gesichtspunkten gegebene natürliche Ordnung der herzwirksamen Glykoside.* Legt man den therapeut. Effekt als Maßstab an, so lassen sich die Herzglykoside wie folgt klassifizieren: *Strophanthin — Scillaren — Convallaria + Adonis — Cedilanid — Digilanid + Pandigal — Verodigen — Purpureapräpp. — Digitoxin.* Während die Wirkungsweise von Strophanthin prakt. geklärt ist, besteht hinsichtlich des anderen Eckpfeilers, des Digitoxins, noch Unklarheit (bes. über die Beteiligung des N. vagus). (Verh. dtsch. Ges. inn. Med. **60.** 579—82. 1954. München.)
H. JORDAN. 4630

S. E. Wright, *Zum Problem der Beziehung zwischen Molekülstruktur und pharmakologischer Wirkung der Herzglykoside.* Am Beispiel verschied. Herzglykoside (Digitoxin, Digitoxigenin, Digoxin, Digoxigenin, Lanatosid C, Ouabain, k-Strophanthin, Uzarin u. Convallatoxin) wird gezeigt, in welcher Weise der Lactonring, die 14 β-Hydroxylgruppe, die stereochem. Veränderung des Steroidkernes, die OH-Gruppen in den Geninen u. die Zuckerreste die Toxizität der Herzglykoside beeinflussen. Die Diskussion läßt erkennen, daß zwar schon deutliche Beziehungen zwischen der Mol.-Struktur u. der pharmakol. Wrkg. bestehen, doch sollten verfeinerte Arbeitsmethoden (Potentialmessung an einzelnen Muskelfasern des isolierten Froschherzens mittels Mikroelektroden, Kontrolle des Metabolismus der verschied. Glykoside usw.) einen genaueren Einblick in die Beziehungen zwischen Mol.-Struktur u. pharmakol. Wrkg. ermöglichen. — 32 Literaturangaben. (Australas. J. Pharmacy [N. S.] **36.** 859—64. 30/8. 1955. Sydney, Univ.)
H. P. FIEDLER. 4630

M. de V. Cotten und **R. P. Walton,** *Dibenaminblockade als Methode zur Unterscheidung der negativ inotropen Wirkungen von Adrenalin und Digitalis.* Am Hund nach Vagotomie wird bestätigt, daß *Dibenamin* die inotrope Wrkg. des *Adrenalins* aufzuheben vermag, die der *Digitalis*-Zubereitungen dagegen nicht beeinflußt. (Proc. Soc. exp. Biol. Med. **78.** 810—15. Dez. 1951. Charleston, Med. Coll. of South Carolina, Dep. of Pharmacol.) F. JUNG. 4630

Tsuneyoshi Tanabe, Mamoru Tanaka, Takeshi Nagumo, Takanori Tsutsui, Shintaro Kikuchi, Mamoru Shinohara und **Sumiko Mori,** *Über die die Herzfunktion beeinflussenden Faktoren von Digitalis.* Durch Modelldurchblutungsverss. am Meerschweinchen mit *Digitoxin* (I) 1:10^4 erwies sich, daß Leber u. Niere ein Mehrfaches der tödlichen (intravenösen) I-Dosis zurückzuhalten vermögen (die Niere pro Gewichtseinheit mehr als die Leber). Bei Blockierung der Leber durch coccidiöse Erkrankungen bzw. CCl_4, P, Chlf. u. CH_3OH sinkt der Wert der DL auf 70%, bzw. 50, 72, 67 u. 56%; es fließt wahrscheinlich mehr I zum Herzen ab. (Folia pharmacol. japon. **49.** 140§. 20/7. 1953. Sapporo, Med. Univ. [Orig.: japan.]) L. SCHULER. 4630

Yutaka Saito und **Shinichi Maruyama,** *Über das Schicksal von Kalium, Natrium und Chlorid in Blut und Harn von Kaninchen unter dem Einfluß von Digitalisglykosiden.* Bei Verabreichung von 0,1 mg *Digitoxin*/kg (Kaninchen) zeigt sich nach 6 Std. eine mittlere Zunahme des Harngewichts (HG) um 27%, des K-Geh. (im Harn) um 72%, des Na-Geh. um 33% u. des Cl-Geh. um 83%. Nach 3 Std. nehmen K u. Cl noch zu, Harn u. Na ab. Mit *Lanatosid* entsprechend: HG 53, K 167, Na 140, Cl 117%. Bei mit Lösungsmitteln getrennten Digitalisauszügen (1 cm^3) von 10%ig. rasch wirkender Fraktion (**II**) entsprechend: HG 12, K 13, Na 62 u. Cl 86%; bei 10% an langsam wirkender Fraktion (**III**): HG 15, K 26, Na 44, Cl 98%. Bei chromatograph. getrennten Auszügen mit 10%ig. **II** entsprechend: HG 13, K 33, Na 84 u. Cl 116%; mit 10%ig. **III**: HG 32, K 75, Na 48 u. Cl 43%. (Folia pharmacol. japon. **49.** 141§—142§. 20/7. 1953. Niigata Univ. [Orig.: japan.]) L. SCHULER. 4630

Bunzaburo Nuki, Ryonosuke Kido und **Shigenori Kumada,** *Über die Entgiftung von Herzglykosiden.* Durch Verss. über Zunahme der tödlichen Dosis von *Digitoxin* (**I**)/kg (bei der Katze nach HATCHER, z. B. 0,44 mg) mit Verlängerung der Einspritzintervalle (5 bis 60 Min.) ergibt sich bei gleicher Wirkungsdosis, daß *Digilanid* C (**II**) zweimal so rasch wie **I** entgiftet wird. Ebenso sind bzgl. Entgiftungsgeschwindigkeit (EG) *Digilanid A* von **I** u. *Gitoxin* von **II** zu unterscheiden. *Ouabain* ist im Wirkungseintritt u. in der Entgiftungsgeschwindigkeit rascher als die übrigen Herzglykoside. (Folia pharmacol. japon. **49.** 142§—143§. 20/7. 1953. Fukuoka, Kyushu Univ. [Orig.: japan.]) L. SCHULER. 4630

Motoo Iida, *Wirkung von Rhodexin A und B auf das isolierte Froschherz.* Die geringste am isolierten Froschherzen noch wirksame Dosis für *Rhodexin* (**I**) A bzw. B (aus einer ähnlich wie Digitalis verwendeten japan. Droge Ban-nen-sei) liegt bei $5 \cdot 10^6$- bzw. $1 \cdot 10^6$-facher Verdünnung. Der bei *Digitoxin* **II** in $1{,}6 \cdot 10^6$facher Verdünnung beobachteten Herzbewegungskurve entspricht die Verdünnung von $1 \cdot 10^6$ bzw. $1 \cdot 10^5$ bei **I** A bzw. **I** B u. ist, der Natur der Wrkg. nach, der von **II** ähnlich. Der absol. Blutdruck wird verstärkt, die Pulsgröße geht im allg. dem Druck gleichlaufend ohne Veränderung der Pulsfrequenz. (Folia pharmacol. japon. **49.** 76§—77§. 20/7. 1953. Sendai, Tohoku Univ. [Orig.: japan.]) L. SCHULER. 4630

Hiroshi Matsumoto, Mutsuo Chihara und **Yoshio Nakachi,** *Wirkung der Konzentration anorganischer Ionen, der Temperatur und des p_H der Badflüssigkeit auf die Konzentrations-Wirkungs-Kurve von glatte Muskeln kontrahierenden Arzneistoffen.* (*Versuch am ausgeschnittenen Darm von Kaninchen und Meerschweinchen.*) Am Kaninchen u. am Meerschweinchen wird der Einfl. des p_H (6,4—8,0), der Temp. (12—38°) u. der Konz. von Ca^{2+}, K^+ u. Mg^{2+} auf den Wert K u. n der Formel $K \cdot x^n = y/y_{max}-y$ (x = Konz. des Arzneimittels, y = Wirkungsgrad) bei *Acetylcholin, Pilocarpin, $BaCl_2$* u. *Histamin* untersucht. n bleibt ziemlich konstant, K ist je nach y_{max} veränderlich. (Folia pharmacol. japon. **49.** 118§—119§. 20/7. 1953. Kobe, Med. Univ. [Orig.: japan.]) L. SCHULER. 4630

Hiroshi Matsumoto und **Mutsuo Chihara,** *Typen von Arzneistoffpotenzierungen nach der Konzentrations-Wirkungskurve klassifiziert.* (Vgl. vorst. Ref.) Bei Benutzung der durch Verss. mit Wirkstoffpaaren, wie Acetylcholin (**I**/Eserin) am isolierten Kaninchendünndarm bzw. Hoden bzw. Froschrectusmuskel erhaltenen Kurven, die beim Auftragen von log x gegen log y (S-Form) bzw. von log x gegen log $y/y_{max}-y$ (Gerade) entstehen, lassen sich 5 Typen von Kurven für antagonist. bzw. potenzierende Wrkg. aufstellen. Untersucht wurden außer dem obigen: **I**/*Diisopropylphosphat, Adrenalin*/*Ephedrin,* **I**/*Pilocarpin* (**II**), *$BaCl_2$*/*Alkali, $BaCl_2$*/*Phenol,* **II**/*Urethan,* **I**—**II**/*$BaCl_2$*. (Folia pharmacol. japon. **49.** 119§—120§. 20/7. 1953. Kobe, Med. Univ. [Orig.: japan.]) L. SCHULER. 4630

Hiroshi Kubo, *Schicksal der alkalischen Phosphatase in Blutzellen und des Blutzuckers von Kaninchen unter der Wirkung von Arzneistoffen.* Weiße Kaninchen (2 kg, 24 Std. Fasten) werden mit unwirksamen Dosen (mg/kg) von *Ergotamin* (**I**) (1,0 u. 2,0), *Atropin* (**II**) (1,0; 5,0 u. 10,0) u. *Acetylcholin* (**III**) (0,1 u. 0,5) vorbehandelt. Bei darauffolgender Verabreichung von 0,15 mg *Adrenalin* (**IV**)/kg bzw. 3,0 mg/kg *Pilocarpin* (**V**) tritt Hemmung des Blutzucker (BZ)- u. Blutphosphatase (BP)-Anstiegs auf ca. 51—80% ein, nicht mit 1,0 mg/kg *Picrotoxin* (**VI**) bei 1,0 mg **I**, wohl aber bei 2,0 mg/kg **I**-Vorbehandlung. Bei **II**-Vorbehandlung sind **VI** u. **IV** ohne Einfluß. **V** verursacht Hemmung erst mit 10 mg/kg **II**-Vorbehandlung. Bei **III**-Vorbehandlung zeigen **IV, V** u. **VI** Hemmung des BZ- u. BP-Anstiegs. Nach Vagotomie verursachen **IV, V** u. **VI** Anstieg, aber nicht höher als bei n. Tieren. (Folia pharmacol. japon. **49.** 121§—22§. 20/7. 1953. Kumamoto Univ. [Orig.: japan.]) L. SCHULER. 4630

Thomas H. Maren und **David Bodian,** *Wirkung der Neurohypophysektomie auf die antidiuretische Wirkung von substituierten 3-Oxycinchoninsäuren bei der Ratte.* Bei Ratten blieb die durch verschied. substituierte 3-Oxycinchoninsäuren (*7-Chlor-3-oxy-2-phenyl-, 3-Oxy-2-phenyl-* u. *3-Oxy-2-methylcinchoninsäure*) hervorgerufene antidiuret. Wrkg. nach Entfernung großer Teile der Neurohypophyse aus. Sie blieb erhalten, wenn nach Entfernung auch des Vorderlappens die Tiere mit *DCA* behandelt worden waren. Die Unterss. weisen auf die Vermittlerrolle des Hypothalamo-Neurohypophysensyst. bei der antidiuret. Wrkg. auch dieser Mittel hin. (Amer. J. Physiol. **164.** 49—60. 1/1. 1951. Baltimore, Md., Johns Hopkins Univ.) E.-G. DUCHO. 4634

Franz Rausch, *Wirksamkeit und therapeutische Versuche mit Liposäure (Thioctsäure) am Menschen.* Von 63 mit *Liposäure* (**I**; *Thioctsäure, Protogen*) intravenös behandelten Patienten wurden in 32 Fällen von Lebercirrhose, Leberkoma, chron. Hepatopathie, Cholangitis, Cerebralsklerose, Emesis gravidarum, Pankreatopathie u. Colitis positive Ergebnisse erzielt, während in 31 Fällen von Fokaltoxikose, reaktiven u. endogenen Depressionen, konstitutioneller Asthenie u. allg. neurocirculator. Dystonien die **I**-Zufuhr ohne Wrkg. war. Die Dosierung ist individuell sehr unterschiedlich, die Wrkg. tritt 19 bis 36 Std. nach der Injektion schlagartig ein u. hält 3—4 Tage, nach mehreren Injektionen bis zu 12 Wochen, an. Auf den diabet. Zuckerstoffwechsel hat **I** keinen Einfluß. (Verh. dtsch. Ges. inn. Med. **60.** 794—95. 1954. Bad Rothenfelde, T. W.) F. KRUSEN. 4640

H. Berger und **H. Höller,** *Succus liquiritiae in der Therapie.* Übersicht mit 46 Literaturangaben. (Scientia pharmac. **23.** 157—64. 30/9. 1955. Wien, Univ., Pharmakol. Inst. u. Bundesstaatl. Anstalt für experimentell-pharmakol. u. balneolog. Unterss.) M. NEGWER. 4645

H. Berger und **H. Höller,** *Zur spasmolytischen Wirkung handelsüblicher Succus liquiritiae-Sorten.* Zur Prägung der spasmolyt. Wrkg. 10%ig. Lsgg. von bei 105° getrockneten *Succus liquiritiae* (**I**)-Proben in RINGER-Lsg. wurde die muskulotrope Spasmolyse am durch $BaCl_2$ kontrahierten Kaninchendarm untersucht u. mit *Papaverinhydrochlorid* (**II**) in 0,1%ig. Lsg. verglichen. In denselben Proben wurde der *Glycyrrhizinsäure* (**III**)-Geh. stufenpotentiometr. nach FUCHS u. TRAUNER-ADELPOLLER (Scientia pharmac. **15.** [1947.] 2) bestimmt. Die Verss. zeigten, daß die spasmolyt. Wrkg. u. der **III**-Geh. nicht parallel laufen. Beide unterliegen starken Schwankungen. So schwankt die spasmolyt. Wrkg. zwischen 160mal schwächer u. 3100mal schwächer als **II**. Der Geh. an **III** schwankt, nicht parallel dazu, zwischen 3,5 u. 18,2%. Die Annahme von SCHMID u. Mitarbeitern (Wiener Z. inn. Med. **33.** [1952.] 410), daß **III** auf dem Wege über zentral gesteuerte Elektrolytverschiebungen die spasmolyt. Wrkg. von **I** bedingt, scheint damit widerlegt. (Scientia pharmac. **23.** 145—48. 30/9. 1955. Wien, Univ., Pharmakol. Inst. u. Bundesstaatl. Anstalt für experimentell-pharmakol. u. balneolog. Unterss.) M. NEGWER. 4645

K. Brøchner-Mortensen, N. B. Krarup, E. Meulengracht und **Aa. Videbaek,** *Unwirksamkeit von Küken-Antiulcusfaktoren in der Behandlung von Magen- und Zwölffingerdarmgeschwüren beim Menschen.* Die Behandlung von Magen- u. Zwölffingerdarmgeschwüren beim Menschen mit einem bei Küken wirksamen „*Antiulcusfaktor*" (Ätherextrakt aus Kalbshirn + Vitamin B_{12}) erweist sich als unwirksam. — 10 Literaturangaben. (Brit. med. J. **1955 I.** 818—20. 2/4. Kopenhagen, Univ.-Hosp., Med. Dep. A., Bispebjerg Hosp., Med. Dep. B u. C.) H. LAMP. 4645

E. H. Krüger, *Zur Behandlung des Sodbrennens in der Schwangerschaft. Pyridostigmin* (ROCHE), ein Pyridinhomologes des *Prostigmins* (**I**), ist an Wirkungsdauer u. Verträglichkeit dem **I** überlegen. Bei Sodbrennen während der Schwangerschaft erwies es sich als erfolgreich u. anderen Präpp., wie auch dem **I**, überlegen. (Zbl. Gynäkol. **75.** 1348—52. 1953. Halle, Martin-Luther-Univ., Frauenklinik.) K. PFEIFER. 4645

Albert R. Latven, Aaron B. Sloane und **James C. Munch,** *Biologische Testung von Abführdrogen.* 1. Mitt. *Emodindrogen.* Es wurden einige Anthrachinondrogen nach der von Vff. entwickelten Meth. an der Ratte biol. getestet. Die mittlere Dauer bis zum Eintritt der maximalen Wrkg. schwankt bei den einzelnen Drogen. Sie liegt bei *Aloe* u. *Cascara* (Fluidextrakt nach USP) bei ca. 12 Std., bei Senna bei 8 Stunden. Die DD_{50} (median defecatory dose) liegt bei Aloe bei 38 mg/kg, bei Cascara bei 0,26 cm^3/kg, bei *Senna* bei 60 mg/kg. (J. Amer. pharmac. Assoc., sci. Edit. **41.** 548—52. Okt. 1952. Upper Darby, Munch Res. Labor. Inc.) L. WALLIS. 4647

Tateo Takaoka, *Einige toxikologische und pharmakologische Eigenschaften des enzymatischen Anthelminthicums „Vermizym". Vermizym* (**I**) (DR. SCHWAB CO.) (als Emulsion bzw. als filtrierter wss. Auszug) zeigt in vitro beste Wrkg. gegen Ascaris suilla nahe bei p_H 5. Die Wrkg. wird in 5 Min. bei 80° zerstört. 2 von 5 Patienten waren nach 5 Dosen (insgesamt 12,5 g) **I** frei von Wurmeiern (WE); 4 schieden halbverdaute Würmer aus. Nach der Verabreichung nimmt die Zahl der abgeschiedenen WE zu. Keine Nebenwrkg. DL_{50} an der Maus (Magen) 200 mg/10 g; Meerschweinchen 50 mg/kg (intravenös) Tod durch Erstickung, ähnlich an der Ratte. Weitere Verss. über lokale Wrkg. (subcutan usw.). 40—50 mg/**I** (als

Filtrat)/kg beim Hund, in die Beinvene, verursacht Sinken des arteriellen u. Steigen des Pfortaderdrucks. I bringt langsame Zusammenziehung des isolierten Meerschweinchendarms, durch vorherige Atropingabe wenig beeinflußt; zu Neoantergan antagonistisch. (Folia pharmacol. japon. **49.** 154§—155§. 20/7. 1953. Okayama Univ. [Orig.: japan.]) L. SCHULER. 4649

Masao Yoneyama, *Über die anthelminthische Wirkung von Mube (Stauntonia hexaphylla).* Am stärksten wurmtreibend (87% Erfolg) erwies sich das frische Fruchtfleisch (I) der als Volksmedizin gebräuchlichen eßbaren *Stauntonia hexaphylla* (Mube); I mit Samen, eingedickte I-Brühe, zerschnittene Fruchtschale von reifen, unreifen oder überreifen Früchten, Rinde usw. erwiesen sich unterlegen. Wirksam gegen Ascaris suilla, nicht aber gegen den Zwölffingerdarmwurm. (Folia pharmacol. japon. **49.** 153§—154§. 20/7. 1953. Kagoshima Med. Univ. [Orig.: japan.]) L. SCHULER. 4649

Robert Cohen und **Robert O'Connor,** *Ein neues Pilzmittel gegenüber Coccidioides immitis.* In vitro-Verss. mit dem Nitrofuranderiv. *5-Nitro-2-furfuryl-3-chlorpropionat* (EATON LABORS, Norwich, N. Y.) ergaben gegenüber Coccidioides immitis Hemmwrkg. in einer Konz. von 11 µg/ml. (Arch. Pedriatrics **72.** 154—55. Mai 1955. Bakersfield, Calif., Kern General Hosp.) H. DOSSMANN. 4649

Donald J. Galagan und **Jack R. Vermillion,** *Wirkung von auf die Oberfläche applizierten Fluoriden bei Zähnen, deren Entwicklung unter dem Einfluß von fluorhaltigem Wasser vor sich ging.* Während bisher eine Unters. der Wrkg. einer F-Behandlung auf die Zähne von Kindern nur in Gegenden mit F-freiem Trinkwasser durchgeführt wurde, untersuchten Vff. die Wrkg. einer 2%ig. *NaF*-Lsg. bei 282 Schulkindern in Tucson, Ariz., wo das Trinkwasser 0,7 p.p.m. F enthält. Obwohl bei der Nachunters. nach einem Jahr eine Reduzierung der Caries um 8,9% festgestellt wurde, können aus diesem Befund keine Schlüsse gezogen werden, da das Resultat noch im Bereich der Fehlergrenze liegt. (Publ. Health Rep. **70.** 1114—15. Nov. 1955. San Francisco, Calif., Public Health Serv., Div. of Dental Public Health.) G. KLESSE. 4655

K. Hegewald, *Lokaltherapeutische Erfahrungen mit Jod-Quecksilber in statu nascendi bei umschriebenen entzündlichen Dermatosen.* Vf. fand bei Verss. in vitro, daß K_2HgJ_4-Lsgg. baktericid bzw. bakteriostat. wirksam sind, wenn die Hg-Konz. bei 1:2000 liegt. Vollständige Hemmung des Wachstums von 5 verschied. pathogenen Pilzarten trat bei Hg-Konzz. von 1:10000 ein. Tox. Epicutan-Rk. tritt bei einer Schwellenkonz. von 0,2% K_2HgJ_4 ein. — Das J–Hg-Präp. *Diadin* (DIADIN G.M.B.H., München-Lochhausen) besteht aus 2 getrennten Kombinationen: eine J u. Aconitum nepelles enthaltende u. eine Quecksilberamminchlorid u. entzündungsdämpfende Zusätze enthaltende. Sie werden erst auf der Haut vereinigt. Vf. erzielte gute Erfolge bei Mykosen, Pyodermien, Erythematodes, Lichen, Psoriasis, Ulcus cruris, Akne u. Alopecia. (Z. Haut- u. Geschlechtskrankh. **18.** 196. 1/4. 1955.) P. LOCH. 4661

John L. Brockmann, Arthur V. McDowell und **William G. Leeds,** *Verhängnisvolle Vergiftung mit Natriumfluoracetat. Bericht über einen Fall.* Vff. beschreiben eine Vergiftung mit *Na-Fluoracetat* (I) bei einem 17jährigen Jugendlichen. Als Symptome traten Erbrechen, Bauchschmerzen, unregelmäßige Pulsfrequenz, myocardiale Anomalien u. schließlich Coma auf. Die Therapie bestand in der Applikation von *Procainamidhydrochlorid* (= *Pronestyl,* 500 mg in 5%ig. wss. Dextroselsg., intravenös) gegen arhythm. Herztätigkeit, *Ca-Gluconat* (10 cm^3 10%ig. Lsg., intravenös) gegen muskuläre Spasmen u. *Mephenterminsulfat* (= *Wyamin*) (15 mg, 2std. intramuskulär) zur Bekämpfung der Hypotension. Nach Erhöhung der Körpertemp. auf 42,3° trat innerhalb von 5 Tagen der Tod ein. Die angewandten Arzneimittel riefen eine zeitweilige Besserung hervor, so daß sie bei Intoxikationen mit geringeren I-Mengen für die Rekonvalescenz eine erfolgreiche Wrkg. versprechen. Bei der Sektion wurden mediastinales Emphysem, ödematöse Veränderungen der Lungen u. des Gehirns u. ein Infarkt der rechten Niere festgestellt. Die Galle enthielt 0,02 mg/100 cm^3 Fluor. Als letale Dosis von I werden 5 mg/kg Körpergewicht für den Menschen angegeben. (J. Amer. med. Assoc. **159.** 1529—32. 17/12. 1955. Hartford Hosp.) P. FAHRNLAENDER. 4675

W. A. Knishnikow, *Über Zusammenhänge zwischen Fluorgehalt des Wassers, Fluorose und Caries.* Die Unterss. beziehen sich auf einen Fluoroseherd im zentralen Kasachstan. Parallel mit den Unterss. des Trinkwassers wurde die Bevölkerung auf Fluorose, Caries u. Hypoplasie des Zahnschmelzes untersucht. Es wurden Abweichungen von der direkten Abhängigkeit zwischen der Konz. im Trinkwasser u. dem Fluorosebefall der Bevölkerung festgestellt. Dies ist auf den Mineralgeh. im Trinkwasser zurückzuführen. Wo die Bevölkerung stark von Fluorose befallen ist, tritt auch die Caries verstärkt auf. Bei schweren Formen der Fluorose tritt die Caries in schwererer Form auf. In diesen Gebieten sind auch die von Fluorose nicht befallenen Personen an Caries erkrankt. Wenig von Caries befallen sind Personen, die an Fluorose im Anfangsstadium leiden. Die Fluorose trat um so stärker auf, je jünger die Person war, als sie in dieses Gebiet einreiste. Bei Personen, die im Alter von 8—12 Jahren auf ein F-reiches Trinkwasser erstmalig angewiesen waren, ist der Cariesbefall sehr niedrig; die Fluorose tritt bei ihnen nur in schwacher Form auf. (Гигиена и Санитария [Hyg. u. Sanitätswes.] **1955.** Nr. 10. 13—17. Okt. Kasach. Inst. für Epidemiol., Mikrobiol. u. Hyg.) E. STEINBERG. 4675

Georges Paulet, *Über den Wert des Amylnitrits in der Behandlung der Cyanwasserstoffvergiftung.* In Unterss. mit Versuchspersonen wurde festgestellt, daß die Inhalation von *Amylnitrit* (**I**) zu schweren Herz- u. vasomotor. Störungen führt, die bei Personen mit Kreislaufstörungen gefährlich werden können. Selbst die auf 1 Min. ausgedehnte Inhalation von **I** bewirkt eine nur geringfügige Methämoglobinämie, die 5% nicht überschreitet. Vf. weist darauf hin, daß derartige Werte zur Bekämpfung einer *HCN*-Intoxikation prakt. keine Wrkg. haben. Deshalb sollte die **I**-Therapie der *HCN*-Vergiftung wegen ihrer Unwirksamkeit u. Gefährlichkeit unterbleiben. (C. R. Séances Soc. Biol. Filiales **148.** 1009—14. Juni 1954. Centre d'Études du Bouchet, Labor. de Thérap. exp.) F. KRUSEN. 4675

S. H. Adams und **L. E. Hughes,** *Arsenvergiftung. Beschreibung eines interessanten Falles.* Bericht über *As*-Vergiftung einer Rinderherde durch Verfütterung von Luzerneheu, das mit einem *As*-Präp. zur Bekämpfung von Klauenfäule in Kontakt gekommen war. (Veterin. Rec. **67.** 733—35. 24/9. 1955.) F. KRUSEN. 4675

Herbert Kaess, *Zur Bedeutung der Intubation und Sauerstoffbeatmung bei schwerer E 605-Vergiftung.* Ein schwerer Fall von Vergiftung mit *E 605,* bei dem ein lebensbedrohlicher Zustand eintrat, wurde durch künstliche Beatmung (Intubation, Überdruckbeatmungsgerät) gerettet. (Aerztl. Wschr. **10.** 1064—65. 18/11. 1955. Heidelberg, Univ., Hals-, Nasen-, Ohrenklinik.) P. LOCH. 4675

André, *Toxikologie höherer Pilzarten.* Vf. beschreibt die Vergiftungserscheinungen, die durch Aufnahme von Amanita verna, A. virosa, A. phalloides, A. muscaria u. A. pantheria hervorgerufen werden, u. therapeut. Maßnahmen. (Bull. Assoc. Diplômés Microbiol. Fac. Pharmac. Nancy **1955.** Nr. 60. 19—23. Nancy, Fac. de Pharmacie.) F. KRUSEN. 4675

W. S. Spector, Handbook of Toxicology. Vol. 1. London: W. B. Saunders 1956. (408 S.) 8°. 49 s.

F. Pharmazie. Desinfektion.

P. Bertazzoni, *Vorschläge für Apparate und Geräte für die Tabelle VII der Pharmakopoe F.U. VII Ed.* Vf. schlägt Änderungen für die Tabelle VII der neuen italien. Pharmakopoe vor. Sie soll eine ausführliche Aufzählung von App. u. Geräten enthalten, die für die Apotheken unbedingt notwendig sind, wie moderne Waagen u. Trockenöfen, Filter u. Trichter, Perkolatoren, Siebe, Meßzylinder u. a. Geräte mit genauen Angaben, auch einen Kühlschrank. (Boll. chim. farmac. **94.** 358—65. Sept. 1955.) B. STIEB. 4750

Lj. Kraus, *In das vorbereitete Čsl. Arzneibuch aufgenommene neue Drogen.* Neu aufgenommen wurden *Agar* u. *Fructus Myrtilli* sowie als Ersatzdrogen *Flos* u. *Radix Primulae, Radix Bistortae* u. *Tormentillae, Folium Myrtilli* u. *F. Vitis idaeae* sowie *Radix Pimpinellae.* (Farmácia [Bratislava] **23.** 235—39. Okt. 1954.) K. STEINER. 4750

A. Mosig, *Die Bedeutung von Arzneipflanzen in der chinesischen Materia medica. Überblick.* Behandelt wird die weit vor die Zeitenwende zurückreichende chines. Arzneipflanzenkunde, wie sie in dem 52bändigen Werk „Pên Ts'ao Kang Mu" („Klassifikation von Wurzeln u. Kräutern", 1597) niedergelegt ist. Ferner wird die 1953 fertiggestellte chines. Pharmakopoe mit dem Deutschen Arzneibuch unter Aufzählung der im letzteren nicht enthaltenen Drogen verglichen. (Planta med. [Stuttgart] **3.** 90—95. 15/5. 1955. Dresden-Neustadt.) W. BARZ. 4750

—, *Von der Skandinavischen Pharmakopoe-Kommission anerkannte Namen (NFN-Namen).* Zusammenstellung der im Jahre 1951 anerkannten Freinamen (Trivialnamen) für verschied. Arzneimittel u. Arzneimittelmischungen. (Acta pharmac. int. [Copenhagen] **2.** 207—09. 1951.) F. NEUWALD. 4750

Milton A. Lesser, *Silicone in Medizin und Pharmazie.* Nach kurzer Besprechung der Chemie der Silicone gibt Vf. einen Überblick über deren Verwendungsmöglichkeiten in der Humanmedizin (Dermatologie, Lungenödeme), der Veterinärmedizin (Tympanitis), der Pharmazie (Tablettenherst., Schaumverhütung bei technolog. Prozessen [z. B. Antibioticaherst.]) u. im Labor. (Siliconüberzüge von Glasgeräten [Büretten, Pipetten, Injektionsnadeln usw.]). — 34 Literaturangaben. (Drug Cosmet. Ind. **72.** 616—17. 688—92. Mai 1953.) R. REISS. 4750

W. Wetzel, *Über ein Dosierfiltergerät.* Beschreibung eines Dosierfiltergeräts, mit dem Lsgg. unter vermindertem Druck direkt in die Abgabeflasche filtriert werden können. (Dtsch. Apotheker-Ztg. **95.** Nr. 48. 1/12. 1955. Beibl. Krankenhaus-Apotheke **1955.** 14–15. Tübingen, Univ., Apotheke.) PH. FRESENIUS. 4758

C. H. Brieskorn, *Ballaststoffe bei der Herstellung von Arzneipräparaten aus Pflanzen.* Überblick (an Hand zahlreicher Beispiele) über Art, Bedeutung u. Beseitigung der sogenannten Ballaststoffe, d. h. derjenigen Arzneipflanzeninhaltsstoffe, die weder selbst therapeut. wirken, noch den therapeut. Wert der wirksamen Inhaltsstoffe erhöhen. – 25 Literaturangaben. (Planta med. [Stuttgart] **3.** 83–89. 15/5. 1955. Istanbul, Univ., Inst. f. galen. Pharmazie.) W. BARZ. 4782

G. Bayer, *Das Mandelzypergras (Cyperus esculentus L.), eine wenig bekannte hochwertige Nähr-, Arznei- und Zierpflanze.* Übersicht, enthaltend histor. Rückblick, Anbau, Ertrag, Inhaltsstoffe, Nährwert u. Verwendung des Mandelzypergrases (12 Abb.). – 36 Literaturangaben. (Pharmazie **10.** 432–41. Juli 1955. Dresden.) W. BARZ. 4782

J. A. J. M. Lemli, *Die Entwicklung der Drüsenhaare und die Bildung von ätherischen Ölen in Mentha piperita L.* Unterss. über die Anzahl der Drüsenhaare je Blatt von *Mentha piperita L.* u. seinen Geh. an äther. Ölen (I) zeigen, daß junge Blätter bereits die Gesamtmenge an Drüsenhaaren aufweisen. Diese sind anfangs nur teilweise mit **I** gefüllt. Mit zunehmendem Alter werden die **I** in zunehmendem Maße in den Drüsenhaaren der Pflanze abgeschieden, bis die Knospen der Pflanze entwickelt sind. Danach verläuft die **I**-Erzeugung langsamer. (Pharmac. Weekbl. **90.** 777–82. 5/11. 1955. Groningen, Rijksuniv., Labor. voor Pharmacognosie, Galen. Pharmacie en Receptuur.) W. WESLY. 4782

Michael D. Fahey und **E. F. Kurth,** *Zusammensetzung des flüchtigen Öls aus den Blättern und Triebspitzen von Juniperus occidentalis, Hooker (Western Juniper).* Das durch Wasserdampfdest. aus den Zweigen erhaltene Öl (~2% auf Trockensubstanz berechnet) wurde in die einzelnen Komponenten aufgetrennt.

V e r s u c h e : Rohöl, aus dem während 22 Std. erhaltenen Destillat mit PAe., rotbraun, typ. Geruch, $D.^{20}{}_{20}$ 0,9197, n_D^{25} 1,4783, $[\alpha]_D^{27}$ +23,68°, SZ. 4,96, VZ. 46,4 (nach Acetylierung 80,4), Siedebeginn (760 mm) 150°. – Aldehyde (1%), durch Abscheidung mit gesätt. $NaHSO_3$-Lösung. – Phenole (0,82%) u. Säuren (0,57%), durch Extraktion mit Alkali, Isolierung von Essigsäure (K-Acetat, F. 290°; p-Bromphenacylester, F. 84 bis 85°). – Gemisch von *d-* u. *dl-α-Pinen,* $Kp._{29}$ 60–68°, $[\alpha]_D^{27}$ +26,2–51°, durch fraktionerte Dest. aus dem Neutralanteil des Rohöls (12%). *Nitrosochlorid,* F. 113–114°. *Nitrolpiperidin,* F. 119°. – *Sabinen,* $Kp._{29}$ 68–75° (4%), Reinigung durch abermalige Dest. über Na. Bei der Oxydation mit alkal. $KMnO_4$ *Sabinensäure,* F. 59°. – *β-Phellandren,* $Kp._{28}$ 75–80° (10–12%). *Nitrosit,* F. 108–110°. *Tetrabromid,* F. 116–118°. – *Dipenten,* $Kp._{28}$ 78,5–80° ($Kp._{760}$ 175–177°). *Addukt mit Maleinsäureanhydrid,* $C_{14}H_{20}O_4$, F. 147°. – *p-Cymol,* Begleitstoff in der vorigen Fraktion. Bei der Oxydation mit alkal. $KMnO_4$ *p-Isopropylbenzoesäure,* F. 156–157°; mit HCl beim Erhitzen daraus *p-Isopropenylbenzoesäure,* F. 160–161°. – *Terpinolen* u. *γ-Terpinen,* $Kp._{28}$ 81–89° (3–5%). *Terpinolentetrabromid,* F. 115–116°. Bei der Oxydation der gemischten Fraktion mit alkal. $KMnO_4$ *p-Menthan-1.2.4.8-tetrol,* F. 148–149° (Zers., aus Essigester) u. *p-Menthan-1.2.4.5-tetrol,* F. 239–240°. – *Terpinen-4-ol,* $Kp._{9,4}$ 85,5–87° (6–8%). *Nitrosochlorid,* F. 115–116°. *Nitrolpiperidin,* F. 171–173°. – *Borneol,* F. 202–204° (22–25%). *Phenylurethan,* F. 138°. *3.5-Dinitrobenzoat,* F. 155–156°. – *Cadinen,* $Kp._1$ 70° (25%). *Dihydrochlorid,* F. 116–117°. *Cadalen* bei der Dehydrierung von Cadinen mit Schwefel. (*Pikrat,* F. 114–11°.) – Destillationsrückstand u. Verluste 16–18%. (J. Amer. pharmac. Assoc., sci. Edit. **44.** 87–89. Febr. 1955. Oregon State Coll., Dep. of Chem., u. Corvallis, Ore., Oregon Forest Prod. Labor.) K. ZOPFF. 4782

A. C. Glasser, L. E. Harris, B. V. Christensen und **F. W. Bope,** *Das ätherische Öl von Amphiachyris dracunculoides (DC) Nutt.* Mittels Dampfdest. werden aus den Blütensprossen der Arzneipflanze *Amphiachyris dracunculoides (DC) Nutt.* 1,6% eines blaßgelben, angenehm duftenden Öles mit folgenden Kennzahlen erhalten: $D.^{20}{}_4$ 0,9135; n_D^{20} 1,4784; $[\alpha]_D^{25}$ –15° 36'; SZ. 1,06; EZ. 26,1 (nach Acetylierung 64,8); Alkoholgeh. (ber. als Borneol) 10,6%; Carbonylgeh. (Bisulfitmeth.) 19%. Die chromatograph. Trennung des Öles über Kieselsäure lieferte 74% KW-stoffe u. 26% sauerstoffhaltige Verbindungen. In der KW-stofffraktion werden nachgewiesen 4,5% *α-Pinen* (aus Chlf.–Methanol *Nitrosochlorid,* F. 102 bis 103°; aus A. *Nitrobenzylamin,* F. 120–121°), 53% *l-β-Pinen* (aus Bzl.–Hexan *Nopininsäure,* F. 127,5–128,5°), 24% *d-Limonen* (aus Methanol *Limonentetrabromid,* F. 103–104°; aus Chlf.–Methanol *Nitrosochlorid,* F. 105°) u. 18% des Sesquiterpens *l-Cadinen* (durch Dehydrierung *Cadalen,* n_D^{20} 1,5850, Kp. 289°; aus absol. A. *Cadinendihydrochlorid,* feine weiße Nadeln, F. 117,5–118,5°). Aus der sauerstoffhaltigen Fraktion wurde isoliert *l-Borneol,* aus PAe., F. 204°; $[\alpha]_D^{25}$ –39° (c = 2, absol. A.); aus A. *Bornyl-p-nitrobenzoat,*

F. 135°; *Bornyl-3.5-dinitrobenzoat*, F. 156—157°. (J. Amer. pharmac. Assoc., sci. Edit. **43.** 291—93. Mai 1954. Columbus, O., Ohio State Univ., Coll. of Pharmacy.) H. P. FIEDLER. 4782

H. Thieme, *Herba Thermopsidis Pharm. UdSSR.* Bericht über die in die Pharmakopoe der UdSSR (8. Ausgabe) aufgenommene Droge *Herba Thermopsidis.* Stammpflanze ist die Leguminose *Thermopsis lanceolata R. Br.* Die wichtigsten Alkaloide der getrockneten Pflanze u. der Samen sind Thermopsin, Homothermopsin, Pachycarpin, Anagyrin, Cytisin, Methylycytisin u. Thermopsidin. Pharmakol. hat die Droge eine blutdrucksenkende u. emet. Wrkg., wird aber vor allem als Expectorans verwendet. (Pharmazie **10.** 442—43. Juli 1955. Leipzig.) W. BARZ. 4782

Takaji Koyama, *Untersuchungen über einige Bestandteile von Ehretia thyrsiflora Nakai.* Die frische Rinde enthält 0,25—0,50% *Allantoin* (I) u. 5,3% Saccharose, die Wurzelrinde 0,53—0,86% I. (J. pharmac. Soc. Japan [Yakugakuzasshi] **73.** 411—12. April 1953. Kumamoto, Univ. [Orig.: japan., Auszug: engl.]) L. SCHULER. 4782

I. R. Gnidetz und Ja. B. Maximowitsch, *Untersuchung von glucosidhaltigen Auszügen aus dem Kraut des Wasserpfeffers.* 2. Mitt. (1. vgl. C. **1954.** 9575.) Vff. beschreiben 3 Arten der Aufarbeitung der glucosidhaltigen Auszüge des Wasserpfeffers nach Ausfällung der Ballaststoffe mit Pb-Acetat unter Verwendung von Ionenaustauschern. Wird der Pb-Überschuß im Filtrat mit einem Kationenaustauscher entfernt, so steigt die SZ. stark an. Filtriert man den sauren Auszug durch einen Anioniten, so wird die EZ. vermindert. Weitaus besser ist es, das Pb mit H_2S zu beseitigen u. den Säureüberschuß durch einen Anioniten zu entfernen. Ein Extrakt mit hoher EZ. u. niedriger SZ. wirkt stimulierend auf die Gebärmutter. Dagegen besitzt ein saurer Auszug trotz hoher EZ. die entgegengesetzte Wirkung. (Аптечное Дело [Apotheken] **2.** Nr. 6. 30—34. Nov./Dez. 1953. Lemberg, Med. Inst. des Gesundh.-Minist. der UkrSSR, Lehrstuhl für Technol. der Heilmittel u. Galenica.) REINHARD HÜTTENRAUCH. 4782

Albert N. Booth und Floyd DeEds, *Gewinnung von Quercitrin und Quercetin aus Citronenflavin.* 100 g Citronenflavin, das aus der Rinde der schwarzen Eiche erhalten wurde, schüttelten Vff. mit 200 ml A. u. gaben 3 Liter W. zu. Nach 24 Std. wurde der Rückstand abfiltriert, mit W. gewaschen u. getrocknet. Dann wurde er in 250 ml Aceton suspendiert, erhitzt u. das heiße Filtrat in 1,5 Liter heißes W. eingegossen. Aus der wss., vom Aceton befreiten Fl. krist. Quercitrin in 37%ig. Ausbeute aus. Durch Hydrolyse wurde daraus Quercetin erhalten. (J. Amer. pharmac. Assoc., sci. Edit. **40.** 384—85. Aug. 1951. Albany, Calif., Agric. Res. Administration, U. S. Dep. of Agric., Bureau of Agric. and Ind. Chem., Pharmacol. Labor.) K. HERRMANN. 4782

J. L. Fontán Candela und V. Villar Palasí, *Eine neue Sarsasapogeninquelle.* Asparagus acutifolius enthält 1,3—1,7% *Sarsapogenin.* (An. Real Soc. españ. Física Quím., Ser. B **47.** 309—11. April 1951.) H. SCHMEISS. 4782

M. Pöhm, *Freie Aminosäuren im Mutterkorn und ihre Beziehungen zu den Alkaloiden.* In Bearbeitung der Frage, ob die in den Sklerotien des Mutterkorns vorhandenen freien Aminosäuren ident. mit den bei der Hydrolyse von Mutterkornalkaloiden auftretenden Aminosäuren sind, untersuchte Vf. die Sklerotien von Mutterkorn-Reinstämmen. Bei Verss. mit ausschließlich Ergokryptin (**I**) bzw. Ergotamin (**II**) enthaltendem Mutterkorn werden in beiden Fällen annähernd gleiche Mengen Valin, Leucin (**III**) u. Phenylalanin (**IV**) in den Sklerotien festgestellt, obgleich bei der Hydrolyse von **I** nur Prolin (**V**) u. **III** u. bei der von **II** nur **V** u. **IV** auftreten. Entsprechend diesen Ergebnissen verliefen Verss. zur Beeinflussung der Alkaloidzus. im Mutterkorn durch Zusatz der für das gewünschte Alkaloid charakterist. Aminosäuren zum Nährboden, auf dem der Pilz vor der Infektion saprophyt. vermehrt wird, negativ. (Österr. Apotheker-Ztg. **7.** 346. 30/5. 1953. Wien, Anton von Waldheim u. Oeseg GmbH.) R. REISS. 4782

Arne Nylander, *Die Löslichkeit einiger biologisch und therapeutisch wichtiger Stoffe in wässerigen Lösungen von Kolloiden.* Das Absorptionsmaximum des *Desoxycorticosterons* (**I**), 2410 Å in A., ist in wss. Lsgg. von Polyoxyäthylenstearat (**II**) nach 2420 Å verschoben, wobei die Extinktion wesentlich schwächer ist. Durch 2tägiges Schütteln von **I** mit wss. Lsgg. von **II** u. „Tween 60" verschied. Konz. bei 40° u. Messung der Lichtabsorption der erhaltenen Lsgg. wurde ermittelt, daß die Löslichkeit von **I** linear mit der Konz. der Kolloidlsg. ansteigt. — Nitroglycerin löst sich bis zu 4,5 mg/cm³ in 5%ig. u. bis zu 6,4 mg/cm³ in 10%ig. wss. Lsg. von „Tween 20". (Farmaseuttinen Aikakauslehti [Farmac. Notisbl.] **62.** 183—90. Sept. 1953.) S. BECKMANN. 4786

Takeru Higuchi, Roy Kuramoto, Lloyd Kennon, Thomas L. Flanagan und Andrew Polk, *Über den eventuellen Einsatz von Polyelektrolyten zur Steigerung der Adsorption von Arzneimitteln.* Obgleich bekannt ist, daß nichtdiffundierbare Polyelektrolyte sich mit

entgegengesetzt geladenen Ionen von Arzneistoffen assoziieren u. damit deren Adsorption verzögern können, ist es andererseits, wie dies durch entsprechende Verss. gezeigt werden kann, möglich, durch Zusatz von solchen ion. Substanzen, wie z. B. Na-Carboxymethylcellulose, Na-Polyacrylat u. Na-Alginat, die Adsorption von Arzneistoffen zu steigern. Hierzu einige theoret. Betrachtungen, die diesen Vorgang erklären, u. Wiedergabe von Verss., welche über die Adsorptionsverhältnisse u. -mengen berichten. (J. Amer. pharm. Assoc., sci. Edit. **43.** 646—51. Nov. 1954. Madison, Wis., Univ. of Wisconsin, School of Pharmacy; Philadelphia, Pa., Smith, Kline and French Labor.)
H. P. FIEDLER. 4786

Herbert M. Groß, *Zur Geschmackverbesserung von Methionin und Cholin enthaltenden Präparaten.* Von den geprüften Geruchs- u. Geschmackskorrigentien für Methionin, Cholin u. Leber enthaltende Präpp. erwies sich ein als künstliches Butter-Karamel-Aroma (Kaffee-Extrakt, Vanillin u. a. synthet. Aldehyde, Diacetyl u. a. Ketone, Äthylbutyrat, Glycerin, A., W. u. Karamelfarbe enthaltend) bezeichnetes Gemisch als am besten geeignet. (J. Amer. pharmac. Assoc., sci. Edit. **43.** 573—74. Sept. 1954. Terre Haute, Ind., Commercial Solv. Corp.) H. P. FIEDLER. 4786

F. O. Walter Meyer, *Unangenehme Eigenschaften der essigsauren Tonerdelösung DAB. 6.* Vf. diskutiert an Hand der Literatur die Ursachen der geringen Haltbarkeit von essigsauren Tonerdelsgg. DAB 6 (Trübungen, Abscheidungen, Gelatinierungen) sowie die Möglichkeiten zur Qualitätsverbesserung. (Dtsch. Drogisten-Ztg. **7.** 586—88. 1/12. 1952.)
R. REISS. 4790

M. Melichar, M. Přecechtěl und **H. Záček,** *Untersuchung über unverträgliche Rezepte.* 3. Mitt. *Spiritus anisi compositus PhBs 2.* (2. vgl. Farmácia [Bratislava] **22.** [1953.] 5.) Für die 2. Ausgabe der PhBs. wurde folgende Vorschrift ausgearbeitet: 20 g Anisöl werden in 400 cm³ 95%ig. A. gelöst, mit 550 g W. verd., 15 Min. geschüttelt u. 24 Std. der Ruhe überlassen. 100 g der Mischung werden in 30 g Talk eingerührt u. dem restlichen Anteil zugefügt. Nach gutem Schütteln wird durch ein trockenes Filter filtriert u. dem Filtrat (a) 95%ig. A. (b) in der Menge b = 0,02 · a hinzugefügt. In der Fl. werden 30 g NH_4Cl gelöst u. nötigenfalls nochmals filtriert. (Farmácia [Bratislava] **23.** 226—32. Okt. 1954. Brno [Brünn], Farm. fak., Úst. galen. farm.) K. STEINER. 4790

H. Erbring, E. Grünwald, E. Koch und **P. Kneip,** *Vergleichende Untersuchungen an Urtinkturen von Aconitum Napellus.* Vergleichende Unterss. an Urtinkturen von *Aconitum Napellus,* die entweder nach § 1 oder § 2 des HAB oder nach einer Sondervorschrift von KÜHN-SCHÄFER (Dtsch. Apotheker-Ztg. **50.** [1935.] 169) hergestellt wurden, zeigten, daß die nach § 2 angesetzten Urtinkturen bzgl. Ausbeute u. Alkaloidgeh. die günstigsten Ergebnisse aufwiesen. Zur Best. des Gesamtalkaloidgeh. wurde ein nach Pharm. Helv. V modifizierte Meth. ausgearbeitet u. die Best. des Aconitingeh. geschah nach der Meth. von RUCKSTUHL (Diss. Zürich 1944). Schlüsse auf die therapeut. Wirksamkeit lassen sich aus diesen Bestimmungsmethoden jedoch nicht ziehen, da die genaue Menge des als Antagonist gegen das die physiolog. Wrkg. bedingende *Aconitin* auftretenden *Aconins* so nicht festgestellt wird. Zur Standardisierung für therapeut. Zwecke sollte daher eine biol. Auswertung zugrunde gelegt werden. (Dtsch. Apotheker-Ztg. **93.** 332—34. 7/5. 1953. Köln, Chem.-pharmaz. Abt. Madaus u. Biol. Inst. Dr. Madaus) M. NEGWER. 4790

J. Petričić, *Über den Wert des Digitalis-Infusums.* (Vgl. C. **1955.** 4881.) Es wurde untersucht: der Wert einiger nach den verschied. Verff. [a) Erwärmung des Menstruums auf 90°; b) kombiniertes Verf. (zuerst Kalt-, dann Warmmaceration); c) Kaltmaceration] bereiteten Infusa, der Wert einiger Infusa 4 Tage nach der Zubereitung, Vgl. von Tinkturen mit den Infusa, der Wert der Tinkturen 60 Tage nach der Zubereitung. Die Infusa enthielten 10 cm³ A. in 100 cm³ Lösungsm., Tinkturen wurden mit 70% A. bereitet. Die besten Ergebnisse zeigte das nach a) bereitete Infusum, das nach 4 Tagen nur 3,1% an Wirksamkeit verliert. Die Tinktur verlor nach 60 Tagen (Zimmertemp., braune Flasche) 27% ihres biol. Wertes. (Planta med. [Stuttgart] **3.** 127—28. 15/7. 1955. Zagreb, Pharmaz. Fak., Inst. für Pharmakognosie.) W. BARZ. 4790

W. T. Sweeney, G. M. Brauer und **I. C. Schoonover,** *Rissigwerden von Acrylharzen.* Sprünge in Zähnen bzw. Zahnprothesen aus Kunstharzen treten auf, wenn das Methylmethacrylat-Polymere während der Behandlung bei hohen Tempp. mit W. in Berührung kommt. Die Oberfläche nimmt W. auf u. ist übersätt. mit W., wenn das verarbeitete Stück abkühlt. Durch Verdunstung dieses W. bilden sich die Risse bzw. Sprünge. (J. Dental Res. **34.** 306—12. Juni 1955. Washington, D. C., Nat. Bureau of Standards.)
G. KLESSE. 4798

R. E. Sausen, W. D. Armstrong und **W. J. Simon,** *Das Eindringen von Radiocalcium in die Grenzzone von Acrylharzfüllungen, hergestellt nach der Kompressions- oder Nichtkompressionstechnik.* An extrahierten u. mit einer Bohrung versehenen Zähnen wurde die Haftung von Acrylharzfüllungen an der Zahnsubstanz mittels ^{45}Ca untersucht. Die mit verschied. Acrylharzarten gefüllten Zähne wurden nach Aushärtung u. Polymerisation in eine ^{45}Ca enthaltende Lsg. getaucht. Nach 48 oder 96 Std. wurden die Zähne in Längsstreifen geschnitten u. die Schnittflächen radioautograph. untersucht. Dabei ergab sich, daß das Isotop in das Harz selbst nicht eindringt, daß es aber unabhängig von der Acrylharzart in die Grenzzone Harz—Zahnsubstanz einwandert. Wird das Harz als Monomeres in einzelnen Schichten (brush-on-Technik) in Zeitabständen von 30 Sek. eingebracht, dann ist die Haftung fester, als wenn die gesamte Füllmasse in einem Arbeitsgang eingefüllt wird (compression-Technik). (J. Amer. Dental Assoc. **47.** 636—38. Dez. 1953. Minneapolis, Univ. of Minnesota, Minn.; Iowa City, Io., State of Univ. Iowa, Coll. of Dent.) W. REUSSE. 4798

H. Koch und **J. Zirkler**, *Arzneimittel in der Deutschen Demokratischen Republik.* Vergleichende tabellar. Übersicht über 145 Arzneimittel, gegliedert in die 3 Rubriken Importpräpp. (alphabet. Anordnung), Zus. (chem. Bezeichnung) u. DDR-Präparat. (Pharmaz. Praxis **1955.** Nr. 2. 18—23. Beilage zu: Pharmazie **10.** Nr. 2.) W. BARZ. 4800

A. Heyndrickx, *Pharmakologie und biologische Eichung der Barbitursäurederivate und der anticonvulsiven Mittel.* Übersicht über die pharmakolog. Eigg. der Barbitursäurederivv. u. der anticonvulsiven Mittel (Bromide, Barbiturate, Hydantoinderivv., Oxazolidinderivv., Chloralhydrat), ihre Abhängigkeit von der Struktur der Verbb. u. die Verff. zur biol. Eichung der Verbindungen. — 21 Schrifttumshinweise. (Pharmac. Tijdschr. België **32.** 48—63. März 1955. Gent, Univ., Labor. voor Algemene en Toxicolog. Scheikunde.) W. WESLY. 4806

V. Parrák, *Xanthopurinsubstanzen.* Übersicht: Herst., chem. Zus. u. Pharmakologie von Coffein, Theophyllin u. Theobromin. Vorläufige Mitt. über eigene Verss. zur Identifizierung, Trennung u. quantitativen Best. der Xanthopurine. — 13 Literaturangaben. (Farmácia [Bratislava] **23.** 252—56. Nov. 1954. Bratislava, Štátný úst. pro kont. liečiv.) K. STEINER. 4806

Keijiro Takagi, Yutaka Kasuya und **Yoshio Ohta**, *Zeitliche Veränderungen von wässerigen Atropinsulfatlösungen.* Aus der Prüfung der anticholinerg. Wrkg. am Meerschweinchendarm ergibt sich eine Abnahme von 30% der Wirksamkeit einer 0,05%ig. *Atropinsulfat*-Lsg. nach 1 Std. Erhitzen auf 80°, bei weiterem Stehen erhitzter wie nichterhitzter Lsg. bei 20° trat weitere Abnahme, insgesamt um 30—40 bzw. 10—15%, bis zu einem Endwert nach 10 Tagen ein, der nach 60 Tagen noch derselbe war. Nach der mydriat. Wrkg. bei Mäusen zeigt 66 Tage gelagerte Lsg. gegenüber frischer keinen Unterschied. (J. pharmac. Soc. Japan [Yakugakuzasshi] **73.** 307—09. April 1953. Tokyo, Univ. [Orig.: japan.; Auszug: engl.]) L. SCHULER. 4806

Mateja Šugović, *Eine neue Gewinnungsmethode für Aluminiumhydroxydgel zur Herstellung adsorbierter Vaccine.* Günstige Bedingungen für die Herst. von $Al(OH)_3$-Gel (**I**): Al-Alaunlsg., enthaltend 1534,0 g Salz/5 Liter; eine Lsg. von 88,0 g $(NH_4)_2SO_4$ in 10,5 Liter W.; eine ca. 10%ig. Lsg. von NH_3 (1,940 Liter); die Fällung des **I** hat bei 71—75° u. das Auswaschen des Gels unter vermindertem Druck zu erfolgen. Die Adsorptionsfähigkeit von I betrug 80—85% (gemessen an Diphtherietoxin oder mit wss. 0,77%ig. Kongorotlsg.), p_H ca. 7, Glührückstand 1,7 höchstens 2,0%. (Гласник Хемиског Друштва Београд [Ber. chem. Ges. Belgrad] **16.** 105—17. 1951. Belgrad, Univ., Math.-Naturwiss. Fak., Inst. für physikal. Chemie.) A. v. WILPERT. 4812

L. P. Garrod, *Chemikalien gegen Bakterien.* Vf. bespricht die Hautdesinfektion mit Zephirol, quaternären Ammoniumverbb. u. Mercuriperchlorid, ferner die Wundantisepsis mit Phenol- u. Kresollösungen. Es wurden Unterss. angestellt, die die antibakterielle Wrkg. u. Gewebstoxizität von Proflavin, Acriflavin u. den davon abgeleiteten Acridinverbb. prüften. Durch Tiervers. konnte die Überlegenheit von Acriflavin u. verwandten Verbb. gegenüber den bisherigen Antisepticis gezeigt werden. Bei der Behandlung bakterieller Infektionen hatten sich auch Salvarsan u. ähnliche Verbb. wie Neoarsphenamin bewährt. Der heutige Beitrag der Laboratorien bei der Prüfung der Chemotherapeutica u. Antibiotica wurde diskutiert. (Proc. Roy. Soc. Med. **48.** 21—28. Jan. 1955.) H. HENNERSDORF. 4832

Ole G. Clausen, *Bestimmung der bakteriostatischen und baktericiden Wirkung organischer Quecksilberverbindungen.* Es wurde die bakteriostat. u. baktericide Wirksamkeit von *Na-Äthylmercurithiosalicylat* [*Merthiolate, Thimerosal* (**I**)], *Phenylmercuriacetat* (**II**), u. *Phenylmercurinitrat* (**III**) im Vgl. zu Phenol gegenüber einer Anzahl von Bakterien sowie Suspensionen von n. Fäces, Sputum u. Staub bestimmt. **I** besaß den größten bakteriostat. Effekt (Verdünnung 1 : 50000 bis 1 : 4000000). Am resistentesten waren *Clostridium welchii, Pseudomonas aeruginosa* sowie Fäces- u. Sputumsuspensionen. **II** war mit 1 : 20000 bei allen getesteten Stämmen bakteriostat. wirksam. **III** besaß eine ähnliche bakteriostat. Wrkg. wie **II** (mit 1 : 25000 bei allen Stämmen wirksam). **I**—**III**

töteten keine Sporen von *B. subtilis*, *Cl. welchii* oder aus Staub. (Medd. norsk farmac. Selsk. **17.** 313—26. Sept. 1955. Oslo, Ulleval Hosp., Bacteriol. Labor., and Univ., Inst. of Pharmacy, Dep. of Bacteriol.) K. MAIER. 4832

K. Münzel, *Die Vermeidung von Pyrogenen bei der Herstellung von Injektions- und Infusionslösungen. Herkunft, Eigenschaften und Chemismus der Pyrogene.* Nach der Definition der *Pyrogene* (I) u. nach Angaben über ihre Herkunft, ihre chem. biol. Eigg. u. Wirkungen auf den Menschen gibt Vf. die Ursachen des Vork. von I in Injektionslsgg. u. Maßnahmen zu dessen Verhinderung auch in I-verdächtigen Arzneistoffen an. Nach den üblichen Verff. sterilisiertes W. ist nicht zwangsläufig I-frei u. sollte vor der Verwendung zu Injektionen u. Infusionen nach dem biol. I-Test (Suppl. II der Ph. Helv. V, 152) untersucht werden. (Schweiz. Apotheker-Ztg. **93.** 352—56. 30/4. 1955. Basel.) W. SCHULENBURG. 4832

M. L. Kutschment, *Die Bestimmung der Jodzahl von Fetten.* Die Best. der JZ. nach FIALKOW kann durch Zusatz eines Hg-Salzes beschleunigt werden. 1—2 g Fett werden mit 0,5—1 g Emulgator u. einigen Tropfen W. emulgiert, dann allmählich 15—20 ml W. zugegeben u. in einen Meßkolben von 100 ml überführt. Nach Auffüllen mit W. pipettiert man 10 ml in ein Glasstopfengefäß u. fügt 25 ml Jod–Jodkalilsg. (32 g KJ + 24 g J_2 pro Liter) u. 12 ml 0,1 mol. $HgCl_2$ hinzu. Bei einer JZ. unter 130 läßt man den Kolben 10 Min., sonst 20 Min., stehen, dann wird mit 0,1 n Thiosulfat titriert. Die Meth. steht der der sowjet. Pharmakopoe VIII an Genauigkeit, Schnelligkeit u. Stabilität der Lsg. nicht nach, vermeidet aber deren Mängel. (Аптечное Дело [Apotheken] **2.** Nr. 6. 35—38. Nov./Dez. 1953. Odessa, Pharmaz. Inst. des Gesundh.-Minist. der UkrSSR.) REINHARD HÜTTENRAUCH. 4880

R. Zahradník, V. Mansfeld und **B. Souček,** *Die analytische Ausnutzung der Reaktion von Histamin und Histidin in Schwefelkohlenstoff.* Es wird die Rk. von Histamin (I) u. Histidin (II) mit CS_2 u. das polarograph. Verh. von I u. II untersucht. Eine Bestimmungsmeth. für pharmazeut. Präpp. wird vorgeschlagen. — 88 Literaturangaben. (Československ. Farmac. **4.** 119—25. April 1955. Praha, Organofarma u. Úst. hyg. prace chorob povol.) E. VEVERA. 4880

Arthur Turner jr., *Bericht über Rutin in Tabletten.* (Vgl. C. **1953.** 9559.) In Tabletten werden 10—100 mg Rutin nach einem ein wenig modifizierten Verf. von PORTER u. Mitarbeitern bestimmt, indem nach Extraktion mit 0,5%ig. Essigsäure in 95%ig. A. in mehreren Zentrifugierungen (2000 Umdrehungen/Min.) bei 338,5, 352,5 u. 366,5 mμ in 1 cm-Zellen $\log(I_0/I)$ zwischen 0,35 u. 0,46 gemessen wird. Die Quotienten der drei Lichtabsorptionen zueinander lassen auf Verunreinigung mit Quercetin schließen. Nur innerhalb bestimmter Grenzen erlauben sie eine Berechnung des Rutingehaltes. (J. Assoc. off. agric. Chemists **35.** 566—68. 15/8. 1952. Philadelphia, Pa., Eastern Regional Res. Labor.) H. GUDE. 4880

Howard T. Love, William H. Cowgill und **Henry Hopp,** *Prüfung einer vorgeschlagenen Methode zur Probenahme von Cinchona-Rinde zur fluorometrischen Bestimmung von Chinin.* Statist. Auswertung der durchgeführten Analysen ergibt, daß es beim Anfall zahlreicher Proben genügt, von jedem Cinchona-Stamm nur eine Rindenprobe auf *Chinin* zu untersuchen, um einen statist. gesicherten Durchschnitt der Ernte zu erhalten. (Proc. Amer. Soc. horticult. Sci. **60.** 279—82. 1952. Davis, Calif., Univ. of California; Guatemala City, Inst. Agropecuario Nacion; Washington, D. C., U. S. Dep. of. Agric., Off. of Foreign Agric. Relations.) F. KRUSEN. 4880

C. R. Szalkowski, M. G. O'Brien und **W. J. Mader,** *Bestimmung von Hydrocortison. Hydrocortison* (I) gibt in einer Mischung von 4 Voll. Eisessig u. 6 Voll. konz. H_2SO_4 eine fluorescierende Gelbfärbung (λ_{max} 470 mμ), die zur Identifizierung u. colorimetr. Best. von I in Substanz, im Gemisch mit *Cortison* u. in I-Präpp. dienen kann. Das BEERsche Gesetz ist im Bereich von 0—300γ I erfüllt. Zugesetztes I-Acetat wurde zu 98—101% wiedergefunden. Das Maximum von 470 mμ ist nicht für I spezif., wie die Unters. 30 weiterer Verbb. zeigte. Eine Vorschrift zur I-Best. in Salben wird angegeben. (Analytic. Chem. **27.** 944—46. Juni 1955. Rahway, N. J., Merck & Co., Inc., Chem. Div.) K. MAIER. 4880

Friedrich Blümel (Erfinder: **Friedrich Blümel**), Mannheim, *Herstellung von kristallisierten Glykosiden* durch Extraktion von *Folia Digitalis* mit organ., mit W. nicht mischbaren Lösungsmitteln u. Reinigung der Rohglykoside durch Umkristallisation aus A., dad. gek., daß man den bei der Extraktion der Droge unter 0° mit Methyl- oder Äthylacetat in Ggw. von MgO erhaltenen Extrakt nur so weit einengt, daß noch keine Kristallisation stattfindet u. die bei der anschließenden Kristallisation anfallenden Rohglykoside mit reinem A. ein- oder zweimal umkristallisiert. (**D. B. P. 936 208** Kl. 12o vom 3/7. 1953, ausg. 7/12. 1955. Anmeldung bekanntgemacht 16/6. 1955.) J. MÜHLEISEN. 4791

N. V. Philips' Gloeilampenfabrieken, Eindhoven, Holland, *α.β-Epoxynitrile* der allg. Zus. R^1R^2C—CH—CN (über O verbrückt) (R^1 = aliphat., aromat., alicycl. oder heterocycl. Rest; R^2 = R^1 oder H oder $R^1 + R^2$ bilden zusammen mit dem β-C-Atom eine alicycl. Gruppe) erhält man durch Rk. eines Aldehyds oder Ketons mit einem Halogenacetonitril bei tiefer Temp., z. B. —80°. Man setzt z. B. 30 (g) C_6H_5CHO (I) mit 27 CH_2Cl-CN (II) unter Zusatz von 17,5 CH_3ONa bei —10° um, wobei man durch das Reaktionsgemisch N_2 leitet u. 50 cm³ Ae. zusetzt. Nach 4 Std. Rühren bei niedriger Temp. wird in kaltes essigsaures W. gegossen, mit Ae. extrahiert, aus dem Extrakt I mit $NaHSO_3$ entfernt u. 20,5 *β-Phenylglycidinsäurenitril* erhalten, $Kp._2$ 104—106°. — $C_6H_5-CO-CH_3$ + II → *3-Phenyl-2.3-epoxypropancarbonitril*, $Kp._3$ 102—106°. *Zwischenprodd.* zur Herst. von *therapeut.* wertvollen Stoffen. (**E. P. 735 990** vom 30/9. 1953, ausg. 31/8. 1955. Holl. Prior. 3/10. 1952.) O. MÜLLER-MEININGEN. 4807

Farbwerke Hoechst Akt.-Ges., vormals Meister Lucius & Brüning (Erfinder: **Walter Aumüller,** Frankfurt/M., **Gustav Ehrhart, Heinrich Ruschig** und **Leonhard Stein,** Bad Soden), *Diphenylamide* der Formel $R_3 \cdot NH \cdot CH(R_2) \cdot CO \cdot N(R)(R_1)$, worin R u. R_1 einen unsubstituierten oder substituierten Phenylrest, R_2 = H oder Alkyl, R_3 = Alkyl, Cycloalkyl, Aryl oder Aralkyl bedeuten, dad. gek., daß man Verbb. der Formel $R_2 \cdot CH(X) \cdot CO \cdot N(R)(R_1)$, worin X Halogen darstellt, mit prim. Alkyl-, Cycloalkyl-, Aryl- oder Aralkylaminen oder mit Benzylalkylaminen umsetzt u. aus den so erhaltenen Verbb. den Benzylrest in bekannter Weise durch H ersetzt, oder indem man Aminosäurederivv. der Formel $R_2 \cdot CH(Y) \cdot N(R_3)(R_4)$, worin R_4 für H oder den Benzylrest steht u. Y eine Carboxylgruppe oder eine davon abgeleitete funktionelle, reaktionsfähige Gruppe darstellt, mit substituierten oder unsubstituierten Diphenylaminen umsetzt u. nötigenfalls in den erhaltenen Verbb. in bekannter Weise den Benzylrest durch H ersetzt. — *Methylaminoessigsäurediphenylamidhydrochlorid,* man kocht Chloressigsäurediphenylamid mit Methylbenzylamin in Xylol u. spaltet den Benzylrest mit H_2 u. Pd ab, F. 196—197°. — Analog erhält man: *n-Propylaminoessigsäurediphenylamidhydrochlorid,* F. 193—194°; *Cyclohexylaminoessigsäurediphenylamidhydrochlorid,* F. 270°; *n-Butylaminoessigsäurediphenylamidhydrochlorid,* F. 200—201°. — *Methylaminoessigsäurediphenylamidsulfat,* man schm. Methylbenzylaminoessigsäurechloridhydrochlorid mit Diphenylamin bei 120°, reinigt über das Pikrat, fällt das *saure Sulfat* des *Methylbenzylaminoessigsäurediphenylamids* (F. 191°) u. spaltet die Benzylgruppe mit H_2 u. Pd ab, F. 171—172°. — *Lokalanästhetica.* (**D. B. P. 929 425** Kl. 12q vom 22/11. 1951, ausg. 27/6. 1955. Anmeldung bekanntgemacht 9/12. 1954.) G. LANGER. 4807

Merck & Co., Inc., Rahway, N. J., V. St. A., *1.1-Bis-[p-(benzyldimethylammonium)-phenyl]-butandibromid,* aus 1.1-Bis-(p-dimethylaminophenyl)-butan u. Benzylbromid, F. 172—174°. — *Curaremittel.* (**Schwz. P. 307 544** vom 15/3. 1951, ausg. 1/8. 1955. A. Prior. 15/3. 1950. **Zusatz zu Schwz. P. 297 188; C. 1955. 11746.**) G. LANGER. 4807

N. V. Amsterdamsche Chininefabriek, Amsterdam, Holland, *Derivate des Methylen-3.3'-bis-(4-oxycumarins).* Man kondensiert 4-Oxycumarin (I) mit Alkoxyacetaldehyden oder deren Acetalen zu Verbb. der Formel II (R = Alkyl). Z. B. ergibt I mit Methoxyacetaldehydacetal das *Methoxyäthyliden-3.3'-bis-(4-oxycumarin)* (II; R = CH_3), F. 156 bis 157°. Analog erhält man die Verbb. II mit *R* = C_2H_5, F. 164—166°; *R* = n-C_3H_7, F. 124—126°; *R* = iso-C_3H_7, F. 169—170°; *R* = n-C_4H_9, F. 127—129°; *R* = iso-C_4H_9, F. 150—151,5°. — *Blutgerinnungshemmende Stoffe.* (**E. P. 736 388** vom 15/9. 1953, ausg. 7/9. 1955. Holl. Prior. 15/10. 1952.) K. FABEL. 4807

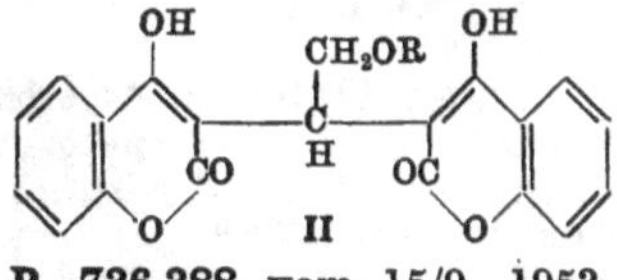

II

Ciba Akt.-Ges. (Erfinder: **Karl Miescher,** Riehen, und **Hans Kägi,** Basel), Schweiz, *Herstellung von Piperidylketonen.* Zu Schwz. PP. 273 872, 273 873, 273 874, 273 875, 273 876 u. 273 877; C. **1952.** 1211 ist nachzutragen: *1-Äthyl-4-phenylpiperidyl-(4)-äthylketon,* $Kp._{0,1}$ 100°. — *1-Methyl-4-(2'.3'-dimethoxyphenyl)-piperidyl-(4)-äthylketon,* F. 62—64°. — *Analgetica.* — Vgl. auch F. P. 904 932; C. **1946.** I. 1626. (**D. B. P. 928 527** Kl. 12p vom 16/5. 1944, ausg. 2/6. 1955. Anmeldung bekanntgemacht 5/5. 1955. Schwz. Priorr. 25/6. u. 21/7. 1943 u. 26/1. 1944.) R. LINK. 4807

Chemische Fabrik Schweizerhall, Basel, Schweiz, *Tuberkuloseheilmittel.* Man stellt in üblicher Weise Komplexsalze aus Isonicotinsäurehydrazid u. Salzen von Cu, Au oder Fe, z. B. deren Sulfaten, Chloriden, Acetaten her. — Vgl. auch Schwz. P. 304 881; C. **1956.** 2547. (**E. P. 743 666** vom 25/2. 1953, ausg. 18/1. 1956. Schwz. Prior. 25/2. 1952.) A. BRÖSAMLE. 4807

Ward, Blenkinsop & Co. Ltd., London, England (Erfinder: **Alan August Goldberg** und **Raymond Stanley Theobald**), *1.5-Naphthyridine.* Durch Rk. von 6-n-Butoxy-3-aminopyridin mit Acetessigsäureäthylester in A. unter Zusatz von etwas Eisessig

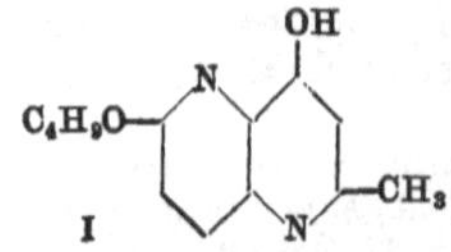

erhält man den β-[6-Butoxypyridyl-(3)]-aminocrotonester, F. 55°, der beim Erhitzen in Diphenyläther in *4-Oxy-2-methyl-6-n-butoxy-1.5-naphthyridin* (I), $C_{13}H_{16}O_2N_2$, F. 246°, übergeht. — Ferner werden dargestellt: *4-Oxy-2-methyl-6-methoxy-* (F. 294—296°), *4-Chlor-2-methyl-6-methoxy-* (F. 106—108°), *4-Chlor-2-methyl-6-n-butoxy-* (F. 62°), *4-Chlor-6-n-butoxy-* (F. 40°) u. *4-Oxy-6-n-butoxy-1.5-naphthyridin*, F. 172°. — Wirksam gegen *Protozoen*. (**E. P. 743 901** vom 18/2. 1952, ausg. 25/1. 1956.) A. BRÖSAMLE. 4807

British Drug Houses Ltd., London, England (Erfinder: **P. Mamalis, V. Petrow** und **B. Sturgeon**), *Herstellung von Benzimidazolglykosiden.* 5.6-Dimethylbenzimidazolsilber wird mit Acetobromglucose u. Xylol 4 Std. auf 150° erhitzt, wobei *5.6-Dimethylbenzimidazol-1-β-tetraacetyl-D-glucopyranosid* entsteht, F. 189—191°. Glucose kann auch durch eine Pentose, Tetrose oder Triose ersetzt werden. — Verwendung bei der Herst. von *Therapeutica* ähnlicher Struktur. (**Schwed. P. 141 234** vom 18/5. 1951, ausg. 21/7. 1953. E. Prior. 19/5. 1950.) K. H. KÄHLER. 4807

Merck & Co., Inc., Rahway, übert. von: **Ralph H. Beutel**, Newark, N. J., V. St. A., *Reinigen von Vitamin-A-palmitat* durch Adsorption an hochporöse u. stark bas. Anionenaustauschharze, z. B. „Amberlite XE–98", die mit NaOH vorbehandelt wurden, aus Hexan-, Benzol-, Methylenchlorid-, Aceton- oder Ae.-Lsg. u. Eluieren mit n-Hexan. (**A. P. 2 712 515** vom 22/7. 1952, ausg. 5/7. 1955.) K. HEINZE. 4809

Aschaffenburger Zellstoffwerke Akt.-Ges., Redenfelden/Obb. (Erfinder: **Konrad Bernhauer** und **Wilhelm Friedrich**, Aschaffenburg), *Gewinnung von Vitaminen der B_{12}-Gruppe* durch Züchtung von Streptomyces-Arten unter Verwendung von Ablaugen der Zellstoffgewinnung u./oder Sulfitablaugeschlempen, denen gegebenenfalls Zucker u./oder weitere Nährstoffe zugesetzt werden können, wobei auf die Entfernung der SO_2 verzichtet werden kann. Der optimale p_H-Wert liegt zwischen 6,6 u. 7,3. Es wird schonend belüftet u. während der Hauptgärungszeit auf absol. sterile Bedingungen verzichtet. (**D. B. P. 936 287** Kl. 30h vom 24/6. 1952, ausg. 7/12. 1955. Anmeldung bekanntgemacht 16/6. 1955.) K. HEINZE. 4809

Aschaffenburger Zellstoffwerke Akt.-Ges., Redenfelden/Obb. (Erfinder: **Konrad Bernhauer** und **Wilhelm Friedrich**, Aschaffenburg), *Reinigung von Konzentraten der Vitamine der B_{12}-Gruppe* dadurch, daß diese getrocknet, pulverisiert u. mit Gemischen von Phenol u. Nichtlösungsmitteln für B_{12}, z. B. niederen aliphat. oder aromat. Halogen-KW-stoffen, extrahiert bzw. perkoliert werden. (**D. B. P. 937 372** Kl. 30h vom 21/12. 1952, ausg. 5/1. 1956. Anmeldung bekanntgemacht 14/7. 1955.) K. HEINZE. 4809

National Research Development Corp. (Erfinder: **Rodney Robert Porter**), London, England, *Isolierung von Insulin* aus wss. Lsgg. oder Suspensionen durch Gegenstromextraktion mit einem zweiphasigen Gemisch aus einer wss. Lsg. eines anorgan. Salzes, bes. NaH_2PO_4, u. einem oder mehreren Mono- oder Polyäthylenglykoläthern, z. B. Äthylenglykoläthyl- oder -monobutyläther bei p_H 4—6. p_H-Einstellung mit H_3PO_4. Die Insulinlsg. bzw. Suspension kann an Kieselgur, die gegebenenfalls mit Silanen, bes. Dichlordimethylsilan, vorbehandelt wurde, adsorbiert sein. (**E. P. 735 517** vom 16/5. 1952, ausg. 24/8. 1955.) K. HEINZE. 4809

United States of America, übert. von: **Sumner I. Strashun**, El Cerrito, Calif., V. St. A., *Entwässern biologischer Flüssigkeiten*, bes. *fl. Kulturen* von Bakterien, Hefen, Pilzen usw. Zunächst wird im Vakuum bei 50—150° F auf 35—80% Feststoffe konz. u. dann bei 80—300° F, gegebenenfalls unter Einleiten von inertem Gas zum Auflockern der M., vollständig getrocknet. Die Abkühlung erfolgt unter Aufrechterhaltung des Vakuums. Ebenfalls anwendbar bei Lebens- u. Futtermitteln, Therapeutica, Antibiotica. (**A. P. 2 710 810** vom 18/8. 1953, ausg. 14/6. 1955.) H. SCHINDLER. 4811

Chemie Grünenthal G. m. b. H. (Erfinder: **Heinrich Mückter** und **Erich Jansen**), Stolberg/Rhld., *Ester der Penicillinreihe* der allg. Formel $Pc-COO-R_1-N(R_2R_3R_4X)$ [Pc = Penicillinrest ohne Carboxylgruppe; R_1 = Alkylenrest mit 1—5 C-Atomen; R_2 = Alkylrest mit 1—5 C-Atomen, durch mindestens 1 Halogenatom substituiert; R_3 = H-Atom oder Alkylrest mit 1—5 C-Atomen, gegebenenfalls durch Halogenatome substituiert; R_4 = Alkylrest mit 1—5 C-Atomen, gegebenenfalls durch Halogenatome substituiert u. X = Säurerest] werden erhalten durch Quaternisierung von Penicillinestern der allg. Formel $Pc-COO-R_1-N(R_3R_4)$ mit Verbb. der allg. Formel R_2X (Pc, R_1, R_2, R_3, R_4 u. X = wie vorst.). — *Penicillin-β-(N-jodmethylmethylamino)-äthylesterjodmethylat*, F. 95—97° (Zers.); *Penicillin-β-(N-brommethylmethylamino)-äthylesterbrommethylat*, wasserlösl., F. 105—107° (Zers.). (**D. B. P. 936 040** Kl. 12p vom 5/8. 1953, ausg. 1/12. 1955. Anmeldung bekanntgemacht 2/6. 1955.) H. BRÄUCKER. 4811

Abbott Laboratories, Chicago (Erfinder: **Otto Frank**, Zion), Ill., V. St. A., *Gewinnung von reinem Erythromycin* (I), dad. gek., daß zunächst aus einer wss., rohes I enthaltenden Lsg., die aus einer I-Fermentations-Fl. durch Extraktion erhalten sein kann, u. einem mit W. mischbaren organ. Lösungsm. für I eine Lsg. hergestellt wird, die ein in W. verhältnismäßig gut lösl. anorgan. Salz enthält, einen p_H-Wert von 8,5—11 aufweist u. 35—45° warm ist, worauf aus dieser Lsg. die sich von der wss. Phase abscheidende organ. Lösungsmittelphase mit dem I abgetrennt u. letzteres isoliert wird. Als Lösungsmittel sind Aceton, A., Isopropanol u./oder tert.-Butanol u. als Salze NaCl, $CaCl_2$ u./oder $(NH_4)_2SO_4$ genannt. — Mengenbeispiele. (**D. B. P. 936 889** Kl. 30h vom 13/11. 1954, ausg. 22/12. 1955. Anmeldung bekanntgemacht 30/6. 1955. A. Prior. 16/11. 1953.) H. Schindler. 4811

Evagoras Joannou Georgiou, Limassol, Zypern, *Mittel gegen Krebs* aus Blut oder Colostrum weiblicher Tiere, das wenige Tage vor der Geburt oder während der Menstruation entnommen wurde, durch Zusatz von A. oder Aceton. Der eiweißhaltige Nd. wird getrocknet u. mit physiol. Salzlsg. eluiert, gegebenenfalls nach Zusatz von Adsorptionsmitteln, wie Kaolin, Fullererde oder Bolus. (**E. P. 734 117** vom 28/4. 1952, ausg. 27/7. 1955. **Zusatz zu E. P. 682 048; C. 1953. 5 887.**) K. Heinze. 4815

Norwich Pharmacal Co., übert. von: **Kenyon J. Hayes,** Norwich, N. Y., V. St. A., *N-(5-Nitro-2-furfuryliden)-amino-3.4.5.6-tetrahydro-1.3-oxazin-2-on.* Man setzt 3-Oxypropylhydrazin mit Äthylcarbonat in Ggw. von $NaOCH_3$ um u. läßt das Reaktionsprod. nach Aufarbeitung mit 5-Nitro-2-furfurol in A. reagieren, F. 267,5°. — Verwendung bei der Behandlung von *Tieren,* die mit *Salmonella typhosa* infiziert sind. (**A. P. 2 702 292** vom 5/8. 1953, ausg. 15/2. 1955.) A. Brösamle. 4815

Thorolf Alexander Pedersen, Aalborg, Dänemark, *Beifuttermittel,* bes. gegen Durchfall von Jungtieren. 2 (g) Jod u. 489 $FeSO_4$ werden in W. dispergiert. Nach Zugabe von 5000 $CaCO_3$ wird die Dispersion bei 200° getrocknet. Dann werden 4500 Eichenrinde innig beigemischt. (**E. P. 739 862** vom 29/3. 1954, ausg. 2/11. 1955.) W. Kranz. 4815

Colgate-Palmolive-Peet Co., Jersey City, N. J., V. St. A., *Chlorophyllpräparate,* gek. durch einen Geh. an Polyvinylpyrrolidon. Es können in W. lösl. K- oder Na-Cu-Chlorophylline verwendet werden. Die Prodd. können, neben W., Reinigungsmittel, Riechstoffe, Phosphate u. dgl. enthalten. — Einarbeitung in *Zahnpflegemittel.* (**E. P. 739 936** vom 18/2. 1954, ausg. 2/11. 1955. A. Prior. 24/2. 1953.) K. Heinze. 4823

Colgate-Palmolive-Peet Co., V. St. A., übert. von: **Arthur L. Fox,** *Zahnputzmittel.* Es enthält neben den üblichen Zusatzstoffen (Carbonaten, Phosphaten) als nicht ionisierten, festen, in W. lösl. Bestandteil ein Kondensationsprod. (I) von Äthylenoxyd (II) u. Polyphenylglykol (Mol. -Gew. 5000—10000 mit ca. 75—90% II). — Für eine Zahncreme mischt man 14,8 (%) W., 28,4 Glycerin, 0,95 Isländ. Moos, 0,15 lösl. Saccharin, 0,5 Na-Benzoat, 3,7 schäumendes Reinigungsmittel, 48,3 $CaHPO_4 \cdot 2\,H_2O$, 1,2 Aromatica u. 2 des I (Mol.-Gew. ca. 7500 u. Geh. von 80—90% II; Handelsname: „Pluronic F-68"). (**F. P. 1 080 906** vom 12/6. 1953, ausg. 14/12. 1954. A. Prior. 3/7. 1952.) G. Weltzien. 4823

Merck & Co., Inc., Rahway, N. J., V. St. A., *Fettemulsion,* bestehend aus Fett, bes. Sesam- oder Olivenöl, u. Lecithin, die in einer wss. Lsg. von Zucker dispergiert sind, wobei der Durchmesser der dispergierten Teilchen 0,5—1,0 μ betragen soll. Das Prod. ist bes. zur *intravenösen Ernährung* bestimmt. (**E. P. 736 433** vom 27/1. 1953, ausg. 7/9. 1955. A. Prior. 6/2. 1952.) C. Lüttgen. 4829

R. A. Lyman, J. B. Sprowls, Eds., Textbook of pharmaceutical compounding and dispensing. 2nd. rev. edn. London: Pitman Medical. 1956. (477 S. m. Abb.) 80 s.

G. Analyse. Laboratorium.

T. J. Sentementes und **M. A. De Sesa,** *Teflonschalen zur Benutzung mit Fluorwasserstoffsäure.* Zum Aufschluß von U-Erzen werden statt Pt-Schalen solche aus Teflon benutzt, die durch H_2F_2 nicht angegriffen werden. Sie vertragen Tempp. von 200°. (Chemist-Analyst **44.** 54—55. Juni 1955. Winchester, Mass., National Lead Co.) Ph. Fresenius. 5006

D. R. Walker und **M. C. Shaw,** *Eine physikalische Erklärung der empirischen Gesetze der Zerkleinerung.* Vff. diskutierten die Zerkleinerungsgesetze von Kick bzw. von Rittinger. Sie kommen zu dem Ergebnis, daß man bei früheren Zerkleinerungsunterss. den Einfl. der Teilchengröße auf die zur Zerkleinerung des Materials benötigte Energie zuwenig berücksichtigt hat. Anstatt dessen wurde die physikal. unwichtige Oberflächengröße als Variable gegenüber der verbrauchten Energie angewandt. Bei der maschinellen Mahlung kann man die bei der Teilchenbldg. verbrauchte Energie unter Bedingungen untersuchen, bei denen Teilchen von hauptsächlich konstanter Größe entstehen. Hierbei

ergibt sich, daß das Gesetz von KICK für sehr feine Mahlung Gültigkeit besitzt, d. h. für Teilchen <1 μ, daß das Gesetz von RITTINGER in Übereinstimmung mit den experimentellen Daten steht, wenn der Teilchengrößenbereich relativ klein ist. Ferner wird gezeigt, daß beim Mahlen von gewöhnlich als brüchig angesehenem Material eine beträchtliche plast. Deformation mit dem Zerkleinerungsprozeß verbunden ist. (Mining Engng. **6.** 313—20. März 1954. Cambridge, Mass., MIT, Dep. of Mech. Engng.)
C. GOTTFRIED. 5012

J. H. Leck, *Ein mit einem Quarzmantel umgebener Pirani-Meßdraht.* Vf. berichtet über die Verwendung eines mit einem Quarzmantel umgebenen Pt-Drahtes bei der PIRANI-Meßbrücke zur Messung von kleinen Drucken bei hohen Temperaturen. In einem Zeitraum von 30 Tagen beim Druck von 0—1 mm Hg u. der Temp. von 1050° K wurde keine Abweichung von der Eichkurve festgestellt. Bei Drucken von 0—5 mm Hg u. der Temp. 900° K betrugen die Abweichungen ±2%. Bei längerer Versuchsdauer (100 Std.) u. hohen Drucken ist die Abweichung ca. ±5%. (J. sci. Instruments **31.** 226—27. Juni 1954. Liverpool, Univ., Dep. of Electr. Engng.) K.-G. HACKSTEIN. 5016

H. E. Hoelscher, R. F. Kayser und **R. H. Price,** *Verbesserte Edwards-Gasdichtewaage.* Die Gasdichtewaage nach EDWARDS [1917] wird mehrfach verbessert. Die Genauigkeit beträgt jetzt ±0,0001 Dichteeinheiten. Der größte Vorteil ist, daß eine Eichung des Geräts durch eine unabhängige analyt. Vorr. unnötig ist. (Chemist-Analyst **44.** 43—46. Juni 1955. Baltimore, Md., Johns Hopkins Univ.; Tonawanda, N. Y., Linde Air Prod. Co.; Cincinnati, O., Univ. of Cincinnati.) PH. FRESENIUS. 5022

Tage Carlsen, *Die Reproduzierbarkeit des Gewichts eines Glasbehälters.* **2.** Mitt. *Theoretischer Teil.* (1. vgl. C. **1955.** 11054.) Die theoret. Behandlung zeigt, daß der Gewichtsunterschied einer warmen gegenüber einer kalten Cu-Platte (als Analogen zur Glasplatte) sich auf die Erwärmung der umgebenden Luft zurückführen läßt. (Dansk Tidsskr. Farmaci **29.** 66—72. März 1955. Kopenhagen, Danmarks farm. Højskole, fys. afd.) R. K. MÜLLER. 5022

J. J. Bullen, C. Thurlbourn und **P. Brown,** *Ein großes Hochdruckmembranfilter.* Vff. beschreiben ein einfaches Membranfilter zur Konzentrierung von bakteriolog. Toxin u. Protein-Lösungen. Die Membran wird aus Kollodium hergestellt u. ruht auf einer porösen Platte. Beim Druck von 300 lbs./sq.in. beträgt die Filtrationsdauer für 2 Liter Pferdehämoglobinlsg. (40 mg/100 ml) $2^1/_2$ Stunden. Der Durchmesser des Filters beträgt 25 cm u. die Höhe 30 cm. (Nature [London] **173.** 254—55. 6/2. 1954. Cambridge, Univ., Dep. of Animal Pathology.) K.-G. HACKSTEIN. 5024

V. Horák, *Eine Modifikation der Preglschen Filtrationsröhrchen für die Warmfiltration.* Das Gerät (Abb. im Original) besteht aus einem Röhrchen, welches am unteren Ende eine kugelartige Erweiterung hat. Diese Erweiterung wird mit Zellwolle oder Asbest als Filtersubstanz gefüllt. Das Röhrchen wird in ein breiteres Röhrchen eingeschoben. Dieses ist unten mit einem Kolben u. oben mit Rückflußkühler versehen. In dem Kolben sd. das Lösungsm., aus welchem die Kristallisation erfolgt. Das Lösungsm. erwärmt das Filtrationsröhrchen u. verhindert die Kristallisation des Stoffes im Innern des Filtrationsröhrchens. Diese App. ist bis zu 250 ml Inhalt anwendbar. (Chem. Listy **48.** 616. April 1954. Praha, Karlova Univ., Ústav organ. chem. [Orig. tschech.])
K. SETÍNEK/Prag. 5024

W. A. E. McBryde, *Lösungsmittelextraktion bei der Analyse von Edelmetallen.* Vf. bringt eine Zusammenstellung der Lösungsmittelextraktionsverff. zur Abtrennung von Au u. den sechs Pt-Elementen. Als Verbindungstypen werden Halogenkomplexe, Oxyde, $SnCl_2$-Komplexe u. Verbb. mit organ. Komponenten besprochen. Auch die Extraktion mit fl. Metallen wird diskutiert. — 39 Literaturstellen. (Analyst **80.** 503—08. Juli 1955. Toronto, Ontario, Can., Univ. of Toronto, Dep. of Chem.)
R. BORCHARDT. 5034

S. C. Ellis, A. F. Lanham und **K. G. A. Pankhurst,** *Ein Rotationsviscosimeter für Oberflächenfilme.* Die Oberflächenviscosität monomol. Oberflächenfilme auf W. wurde mit einem dem COUETTE-Viscosimeter analogen Instrument gemessen; dieses wird beschrieben. Ein mit Paraffinwachs überzogener Pt-Drahtring wird, an einem Torsionsdraht hängend, in der Ebene der Flüssigkeitsoberfläche mittels eines Synchronmotors gedreht. Aus der Torsion des Aufhängedrahtes wird die Oberflächenviscosität errechnet. Versuchsmessungen an Serumalbumin zeigen dessen nicht-Newtonsches Verhalten. (J. sci. Instruments **32.** 70—73. Febr. 1955. Egham, Surrey, Brit. Leather Manufacturer's Res. Assoc.) D. BREDTSCHNEIDER. 5040

Fritz Feigl, *Analytische Aspekte der Reaktionsfähigkeit fester Stoffe.* Vf. zeigt an Hand von Beispielen die Bedeutung der Festkörper-Rkk. für die analyt. Chemie. Er weist bes. auf die Rkk. von festen anorgan. Stoffen mit geschmolzenen organ. Stoffen hin, wobei es nicht immer notwendig ist, daß der geschmolzene Stoff im Überschuß vorliegt (Krypto-Schmelz-Rkk.). Bei Rkk. von festen Stoffen mit einem in Lsg. befindlichen ist, wenn der Stoff schwerlösl. ist, der Reaktionsvorgang an der Oberfläche anzunehmen. Ferner gibt es Rkk. (z. B. Bldg. von Farblacken), die ganz auf die Oberfläche beschränkt sind u. auf Chemiesorption beruhen. Ferner werden therm. Zerss. von Feststoffen, Rkk. in anorgan. Schmelzen u. Rkk. von Gasen mit Feststoffen diskutiert. (Proc. int. Symposium Reactivity Solids **1952.** 111–24. 1954.) R. LACMANN. 5050

—, *Symposium über Wandlungen in den Naturwissenschaften durch die Fortschritte der Meßverfahren*: **Morizo Hirata,** *Grundfragen der Verfeinerung der Meßmethoden.* Grundsätzliche Erörterungen über Qualitatives u. Quantitatives, direkte u. indirekte Verff., Messung u. Theorie, Schaffung eindeutiger äußerer Bedingungen u. Zusammenhänge mit den techn. Fortschritten [S. 162–64]. — **Fujio Egami,** *Meßtechnik und Biochemie,* Überblick über Entw. u. gegenwärtigen Stand der biochem. Meßmethoden [S. 165–66]. **Takashi Isobe,** *Entwicklungsrichtungen der Meßtechnik,* Übersicht über moderne Arten der Wägung, des Quantisierungsverf. usw. [S. 167–70]. — **Hidetoshi Takahashi,** *Empfindlichkeitssteigerung* moderner Verstärker. Zusammenfassender Überblick [S. 170 bis 174]. — **Hidetake Kakihana,** *Substanztrennung und Messung,* Überblick über die neuesten Fortschritte der qualitativen u. quantitativen chem. analyt. Verff., wie Gegenstromverteilung, Ionenaustauscher, Chromatographie, Flammenphotometrie usw. [S. 175–78]. — **M. Terao,** *Automatisierung von Registrierinstrumenten,* Übersicht [S. 178 bis 181]. — **Tadashi Naito,** *Entwicklung der Fernmeßanzeiger,* Übersicht über den gegenwärtigen Entwicklungsstand [S. 181–83]. — **Koichi Shimoda,** *Anwendung von Impulsen und Hochfrequenzwellen in der Meßtechnik,* Übersicht, auch über die Anwendung in der Chemie [S. 184–87]. — **Goro Kuwabara,** *Nachweis schwächster Strahungsenergien,* Nachweisverff. für schwächste Licht- u. Wärmestrahlen u. ihre Empfindlichkeitsgrenzen, [S. 191–95]. — **Take Nagata** und **Shuichi Iida,** *Messung schwacher magnetischer Felder und Magnetisierungen,* Übersicht [S. 195–98]. — **Shigeo Oketani,** *Über reine Metalle,* Übersicht [S. 205–08]. (Kagaku [Science] **23.** 162–208. 1953. Tokyo u. Nagoya, Univv. [Orig.: japan.]) L. SCHULER. 5050

E. C. Pigott, *Die Mikroanalyse in der Metallurgie.* Fortschrittsbericht über Methoden u. Apparate für qualitative, halbquantitative u. quantitative Verff., wie Tüpfelanalyse, Mikroskopie zur kristallograph. Identifizierung, Heterogenitätsprüfung auf Ausscheidungen durch Abdruck -u. Überzugsverff., Spektralanalyse, photoelektr. Colorimetrie, Mikroelektrolyse, Mikrogasanalyse zur Unters. von Verunreinigungen der Metalle, von Legierungen, von Einschlüssen u. Korrosionsprodd., Entw. u. Anwendung mikrochem. Waagen, Ausrüstung von mikroanalyt. Laboratorien. — Literaturhinweise. (Metal Treatment Drop Forging **19.** 147–54. April 1952.) W. DEUTSCH. 5050

J. Schwarz und **J. Sedláček,** *Konstruktion eines modifizierten Koflerschen Blockes.* Vff. beschreiben eine Modifikation des KOFLERschen Blockes. Für die Konstruktion werden nur solche Bestandteile angewendet, die leicht zu beschaffen sind. Zur Temperaturmessung wird entweder ein Thermoelement mit empfindlichem Millivoltmeter (1–16 mV) oder ein Quecksilberthermometer bis 400° angewendet. Die Messung mit Thermoelement gab genauere Ergebnisse. Der Block wird elektr. geheizt (maximale Leistung der Heizung ist 150 W) u. wird am üblichen Mikroskopiertisch befestigt. (Chem. Listy **49.** 1395–97. Sept. 1955. Olomouc, Palackého univ., Fysikální ústav lékařské fakulty. [Orig.: tschech.]) K. SETÍNEK/Prag. 5056

S. M. Charlett, *Mikroskopische Bezugspräparate.* Vf. bespricht krit. die in der Literatur beschriebenen neueren Einbettungsmittel für mkr. Präparate. (Paint, Oil Colour J. **128.** 144–46. 15/7. 1955.) C. GOTTFRIED. 5058

E. R. Graham, *Schnellbestimmung von Quarz, Kaliummineralien und Plagioklasfeldspat.* Die zu untersuchenden Stoffe werden durch Behandlung mit K-Oxalat, Oxalsäure u. Mg in der Wärme von Fe befreit, mit NaCl-Lsg. gewaschen u. mit Methanol u. Aceton getrocknet. Das körnige Material wird dann in einen schwarzen Dichtungskitt eingebettet, so daß etwa das halbe Korn freiliegt. Nach Anätzen durch 30 Sek. bis 5 Min. langes Halten über H_2F_2 folgt Behandeln mit Na-Co-Nitrit u. Malachitgrün. Nachfolgende Lupen- oder mkr. Betrachtung zeigt klare u. nichtgeätzte Quarzkörner, gelb überzogene, leicht grünstichige K-Mineralien u. grünblaue geätzte Aluminiumsilicate. (Chemist-Analyst **44.** 37–38. Juni 1955. Columbia, Miss., Univ. of Mississippi, Dep. of Soils.) PH. FRESENIUS. 5058

B. Měchura, *Beitrag zur Methodik der Papierelektrophorese.* Beseitigung störender Einfll. bei der Durchführung der Papierelektrophorese zwischen 2 Glasplatten durch Einlegen des mit Pufferlsg. angefeuchteten Papierstreifens (PS) in eine abgekühlte Schmelze von Paraffin–Paraffinöl-Gemisch (1:9) in horizontaler Lage. Entfettung des PS nach Beendigung des Vorganges durch Erwärmung zwischen 2 Filtrierpapieren u.

Durchwaschen in einem Benzinbade. (Chem. Listy **48.** 463. März 1954. Praha, Karlova univ., Psych. klin.) [Orig.: tschech.]) J. VANĚČEK/Prag. 5062

Gerard Pleuger, *Elektrorheophor.* Nach einem kurzen Überblick über den Mechanismus der Elektrophorese beschreibt Vf. an Hand eines Beispiels (Best. der Proteine des menschlichen Serums) einen von der Firma SILVIO QUADRI in Zürich neu entwickelten App., den Elektrorheophor, zur Durchführung der Papiermikroelektrophorese mit Verdunstung. (Chem. Rdsch. [Solothurn] **7.** 69—70. 1/3. 1954. Brüssel.) C. GOTTFRIED. 5062

R. A. Wells, *Theorie und Praxis der Chromatographie.* Besprechung der wissenschaftlichen Grundlagen der Chromatographie unter Berücksichtigung der Verwendung oberflächenakt. Materials, der Verteilungschromatographie u. des Ionenaustausches. — 20 Literaturangaben. (Pharmac. J. **174** ([4] **120**). 25—26. 8/1. 59—60. 22/1. 1955. Teddington, Middlesex, Chem. Res. Labor.) PH. FRESENIUS. 5062

D. Ambrose und **R. R. Collerson,** *Die Verwendung der Gas—Flüssigkeit-Verteilungschromatographie als präparative Methode.* Um größere Mengen C_4-KW-stoffe mittels Gas—Fl.-Verteilungschromatographie voneinander trennen zu können, wird in bestimmten Zeitabständen ein neuer Teil der Gasmischung auf die Säule gegeben, sobald die gewünschte Komponente von der Säule abgezogen werden kann. Die App. enthält dementsprechend neben der üblichen Ausrüstung je 1 magnet. gesteuertes Ein- u. Auslaßventil. Zur Erzielung der Trennung ist es notwendig, die Durchflußgeschwindigkeit des Trägergases (N_2) u. die Temp. konstant zu halten u. das Gas vorher mit der verwendeten Fl. zu sättigen. Zur besseren Abtrennung leicht sd. Substanzen vom N_2 enthalten die mit CO_2-Schnee gekühlten Sammelbehälter Al_2O_3. Der tägliche Durchsatz beträgt bei einer 1 m langen Säule 70—80 g. (Nature [London] **177.** 84. 14/1. 1956. Teddington, Middlesex, Chem. Res. Labor.) GÜNTER LANGE. 5062

N. W. H. Addink, *Leitprobenfreie Verfahren.* Kurze Übersicht über besondere leitprobenfrei Verff. in der spektrochem. Analyse, u. zwar über das allg. bekannte Additionsverf. u. die von mehreren Seiten vorgeschlagenen Methoden. (Mikrochim. Acta [Wien] **1955.** 703—08. Eindhoven.) C. GOTTFRIED. 5063

O. Reeb, *Lichttechnische Maßgrößen und Einheiten.* Zum Vgl. von physikal. Strahlungsgrößen u. lichttechn. Größen müssen Annahmen gemacht u. ein Verlauf des spektralen Hellempfindlichkeitsgrades international festgelegt sein. Es werden definiert die Strahlungsgrößen: Strahlungsmenge, Strahlungsfluß, dessen Flächendichte, Bestrahlung, Strahldichte, Strahlausbeute u. die lichttechn. Größen: Leuchtdichte, Lichtstrom, Lichtmenge, Beleuchtungsstärke, Belichtung, Lichtstärke, Lichtausbeute, Reflexions- u. Absorptionsgrad, Punkthelle, sowie die sogenannten Dunkelgrößen für dunkeladaptiertes Auge, die Äquivalente u. die Nutzeffekte. (Arch. techn. Messen **1953.** 123—26. Juni. Karlsruhe, TH.) H. PAULI. 5063

C. R. DePrima und **S. S. Penner,** *Invarianz der integralen Durchlässigkeit und der totalen Durchlässigkeit von einzelnen Bereichen mit der experimentellen Spaltbreite.* Vff. leiten für den allg. Fall (beliebige Spaltfunktion, beliebige Form der Absorptionskurve im untersuchten Bereich) die Bedingungen ab, unter denen im Prinzip die oben genannte Invarianz erfüllt ist. (J. chem. Physics **23.** 757—58. April 1955. Pasadena, Calif., Inst. of Technol.) G. KRESSE. 5063

M. Peter und **M. W. P. Strandberg,** *Molekülstrahl-Mikrowellen-Absorptionsspektroskop.* (Sitzungsbericht.) (Physic. Rev. [2] **99.** 667. 15/7. 1955. MIT.) E. KLEVER. 5063

D. Kandler und **D. Jentzsch,** *Ein Hochfrequenzüberwachungsgerät zur Anwendung in der Spektralanalyse.* Das beschriebene Gerät ist ein Hochfrequenzstromwandler zur Konstanthaltung der vom Funkenerzeuger gelieferten Energie. Es hat sich u. a. bei der spektrochem. Analyse von *Kathoden-Zn* sehr gut bewährt. (Chem. Techn. **7.** 91—92. Febr. 1955. Freiberg/Sa., Forschungsinst. für NE-Metalle.) H. LINDBERG. 5063

S. M. Rientsma und **J. B. Westerdijk,** *Ein einfaches optisches „Memory System" für Einzelstrahlspektrophotometer.* Es wird eine einfache App. beschrieben, die an ein Einzelstrahlspektrophotometer angebaut werden kann, wodurch man zu einer geradlinigen Bezugskurve kommt, aus der auch die unerwünschten Absorptionsbanden von Wasserdampf u. gegebenenfalls die eines Lösungsm. eliminiert sind. (Mikrochim. Acta [Wien] **1955.** 542—46. Delft, Koninklijke Nederlandsche Gist-en Spiritusfabriek, Forschungslabor., u. TH, Physikal. Labor.) C. GOTTFRIED. 5064

J. Junkes und **E. W. Salpeter,** *Ein Schnellregistrierphotometer zur Auswertung von Spektralaufnahmen.* Beschreibung des Photometers, bei dem als Schreiber ein tintenschreibender Oscillograph mit 2 Federn benutzt wird, die in rechtwinkligen Koordinaten u. mit Amplituden von 40 mm bei 60 Hz noch zuverlässig arbeiten. Die Verwendungsmöglichkeiten werden besprochen. (Mikrochim. Acta [Wien] **1955.** 534—41. Castel, Gandolfo, Vatikan. Sternwarte, Astrophysikal. Labor.) C. GOTTFRIED. 5064

J. M. H. Fortuin, P. Karsten und **H. L. Kies,** *Theoretische Behandlung der spektralphotometrischen Titration bivalenter Kationen mit Komplexon III und metallspezifischen Indicatoren.* Um die schwierige Endpunktserkennung bei der Titration von z. B. Ca^{2+} mit Komplexon III u. Murexid zu umgehen, stellten Vff. Verss. zur spektralphotometr. Endpunktserkennung an. Es wurde die Extinktion der Lsg. als Funktion der zugefügten Titrationslsg. graph. dargestellt, um den Äquivalenzpunkt aus dieser Kurve zu entnehmen. Aus theoret. Ableitungen ergibt sich, daß folgende Voraussetzungen zur scharfen Endpunktserkennung erfüllt sein müssen: 1. $^*K_c \gg K_I$ entsprechend $\log {^*K_c}/{^*K_I} \geq 4$, $^*K_c$ = Stabilitätskonstante des Komplexon–Metall-Komplexes unter Berücksichtigung des p_H-Einfl., $^*K_I$ = Stabilitätskonstante des Indicator–Metall-Komplexes unter p_H-Berücksichtigung. 2. $^*K_I$ soll ca. 10^4—10^5 betragen, dies wird durch Anwendung eines hohen p_H gewährleistet. 3. i_t, die Gesamtkonz. des Indicators sei niedrig. 4. m_t, die Gesamtkonz. an Metallionen sei möglichst hoch. (Analytica chim. Acta [Amsterdam] **10.** 356—72. April 1954. Delft, Technol. Univ., Labor. for analyt. Chem.) R. BORCHARDT. 5066

L. Erdey und **I. Buzás,** *Redoxtitrationen mit Luminescenzindicatoren.* 1. Mitt. *Bestimmungen mit Wasserstoffperoxyd-Maßlösung.* Die Chemiluminescenz von *Lucigenin* in alkal. Lsg. in Ggw. von H_2O_2 wird als Indicator bei der titrimetr. Best. von $K_3Fe(CN)_6$, von *Arseniten, Hypochloriten* u. *Hypobromiten* sowie von *Cr(III)*-Ionen benutzt. Titriert werden im Dunkelkammertitrimeter die alkal. Lsgg. der ersten 4 Stoffe bei 80° mit 0,1n H_2O_2-Lsg., die mit 10 ml 1n H_2SO_4/Liter Maßlsg. stabilisiert sein kann, in Ggw. von 1 ml 0,5%ig. Lucigeninlsg. u. 5 ml 1n NaOH-Lsg. auf 100 ml Endvolumen. Zur Best. von Cr(III)-Ionen, die schnell in alkal. Hypobromitlsg. oxydiert werden, wird indirekt die Titration des restlichen Hypobromits (0,1n NaOBr-Lsg.) mit H_2O_2 in Ggw. von Lucigenin benutzt. Arbeitsvorschriften u. Genauigkeit der Meth. werden angegeben. (Acta chim. Acad. Sci. hung. **6.** 77—91. 1955. Budapest, TU, Inst. für allg. Chem.) J. RUDOLPH. 5066

L. Erdey und **I. Buzás,** *Redoxtitrationen mit Luminescenzindicatoren.* 2. Mitt. *Bestimmungen mit Natriumhypobromit-Maßlösung.* (1. vgl. vorst. Ref.) Es wird ein Titrationsverf. mit *NaOBr*-Maßlsgg. (0,01 u. 0,1n) u. mit *Luminol* als Fluorescenzindicator (3 ml 0,01%ig. Lsg. bei 100 ml Endvol.) im Dunkelkammertitrimeter beschrieben. Die in alkal. Lsg. erfolgenden Bestimmungen werden an *As(III)*, *Sb(III)*- SO_3^{2-}-, S^{2-}-, $S_2O_3^{2-}$-, CN^-- u. CNS^--Lsgg. mit guter Genauigkeit ausgeführt. Das Verf. kann auch in undurchsichtigen u. farbigen Lsgg. sowie z. T. als Mikrotitration angewendet werden. (Acta chim. Acad. Sci. hung. **6.** 93—114. 1955.) J. RUDOLPH. 5066

L. Erdey und **I. Buzás,** *Redoxtitrationen mit Luminescenzindicatoren.* 3. Mitt. *Bestimmungen mit Natriumhypochlorit-Maßlösung.* (2. vgl. vorst. Ref.) Das von Vff. beschriebene Titrationsverf., das 0,1n *NaOCl*-Lsg. als Maßlsg. u. 10 ml 0,01%ig. *Luminol*-Indicatorlsg. (auf 100 ml Endvol.) benutzt, wird für die Best. von AsO_2^-, SbO_2^-, $S_2O_3^{2-}$ u. *Hydrazinsulfat* benutzt. Die Genauigkeit des Verf. ist bes. bei AsO_2^- sehr gut (im Mittel $<$0,05%). (Acta chim. Acad. Sci. hung. **6.** 115—22. 1955.) J. RUDOLPH. 5066

L. Erdey und **I. Buzás,** *Redoxtitrationen mit Luminescenzindicatoren.* 4. Mitt. *Bestimmungen mit Natriumarsenit-Maßlösung.* (3. vgl. vorst. Ref.) Die Beobachtung, daß alkal. Hypochloritlsgg. ein lange dauerndes Leuchten des Luminols (bei vernachlässigbarem Hypochloritverbrauch) zeigen, wird dazu benutzt, Lsgg. von ClO^- mit AsO_2^--Maßlsgg. in Ggw. von *Luminol* zu titrieren. Es werden Bestimmungen von *NaOCl*- bzw. *NaOBr*-Lsgg. (ca. 0,1 n) in Ggw. von einigen ml 1n NaOH-Lsg. u. 2 ml 0,01%ig. Lsg. von Luminol mit alkal. 0,1n As_2O_3-Lsg., der zweckmäßigerweise 0,001% Luminol zugefügt wird, durchgeführt. Die Titrationen werden durch die Ggw. von Chloriten u. Chloraten nicht gestört. Das Verf. ist auch zur Best. des Geh. an akt. Halogen von Cl- bzw. Br-W. anwendbar. (Acta chim. Acad. Sci. hung. **6.** 123—26. 1955.) J. RUDOLPH. 5066

L. Erdey und **I. Buzás,** *Redoxtitrationen mit Luminescenzindicatoren.* 5. Mitt. *Bestimmungen mit Hydrazinsulfat-Maßlösung.* (4. vgl. vorst. Ref.) In alkal. lufthaltigen Lsgg. ruft Hydrazinsulfat die Chemiluminescenz von *Lucigenin* hervor, wenn der p_H-Wert im Bereich 8—13 liegt. Dieses Verh. wird zur titrimetr. Best. reduzierbarer Stoffe, wie Lsgg. von *NaOCl* u. *NaOBr* mit Hilfe 0,1n Hydrazinlsg. in Ggw. von 1 ml 0,5%ig. *Lucigenin*-Lsg. auf 100 ml benutzt. Es wird bis zum Erscheinen eines beständigen Leuchtens titriert. Die Genauigkeit ist bes. bei NaOCl-Lsgg. gut. (Acta chim. Acad. Sci. hung. **6.** 127—30. 1955.) J. RUDOLPH. 5066

Alois Langer, *Radiometrische Titration mit radioaktivem Silber als Endpunktsindicator.* Vf. zeigt, daß man den Endpunkt von Fällungs-Rkk. mit Hilfe von radioakt. Messungen bestimmen kann, falls ein geeignetes radioakt. Element als Indicator vorhanden ist. Dabei können die zu titrierenden Substanzen, das Fällungsreagens oder auch beide radioakt. markiert werden. Man beobachtet für jeden Typ charakterist. Kurven, die denen der Konduktometrie oder Polarographie ähneln. Man benutzte zunächst radioakt. Phosphat als Reagens zur Titration von Ag, Pb u. anderen Elementen. Vf. schildert die Weiterentw. der Meth. unter Verwendung von radioakt. Ag als Indicator, geht auf bemerkenswerte Vereinfachungen ein, beschreibt an Hand von Abbildungen die Apparaturen, gibt die theoret. Grundlagen des Prozesses an u. faßt die Ergebnisse in einer Tabelle zusammen. Weiterhin diskutiert Vf. eine Formel bei der Verwendung einer radioakt. Austauschermeth. zur Best. der Menge eines gegebenen Nd., verweist auf bereits vorliegende brauchbare Ergebnisse u. geht kurz auf den Verwendungsbereich ein. (Analytic. Chem. **22.** 1288—90. Okt. 1950. East Pittsburgh, Pa., Westinghouse Res. Labor.) E. SCHIEBOLD. 5066

Paul F. Urone, *Stabilität des colorimetrischen Reagenses für Chrom, s-Diphenylcarbazid, in verschiedenen Lösungsmitteln. s-Diphenylcarbazid* (I) hält sich, gelöst in wasserfreiem Essigester u. in wasserfreiem Aceton, monatelang unverändert. Lsgg. in Methyläthylketon, Methylcellosolve u. 2-Propanol sind 1—2 Wochen lang brauchbar. Wss. Lsgg. oder solche in Lösungsm., die Spuren W. oder bas. Verunreinigungen enthalten, z. B. Methanol oder A., sind zur Herst. von Vorratslsgg. mit I nicht geeignet. (Analytic. Chem. **27.** 1354—55. Aug. 1955. Columbus, O., Ohio Dep. of Health, Div. of Ind. Hyg.) PH. FRESENIUS. 5072

Frank J. Versagi, *Fehlerquelle bei der Infrarotbestimmung von Feuchtigkeit in Fluorkohlenstoffen.* Bei der Feuchtigkeitsbest. in *Fluorkohlenstoffen* (I) durch Infrarotabsorptionsmessung wurde beobachtet, daß die Absorptionswerte bei mehr als 25—30 p.p.m. fast konstant blieben. Dies wird darauf zurückgeführt, daß die Ausdehnung der I beim Einbringen in die evakuierte Photometerzelle eine Abkühlung u. tropfenförmige Kondensation von W. bewirkt. Die Ablesung soll erst nach 3 Min. erfolgen, wenn die Erscheinung durch Wärmeangleichung wieder kompensiert ist. (Chemist-Analyst **44.** 48—49. Juni 1955. Port Huron, Mich., Mueller Brass Co.) PH. FRESENIUS. 5074

H. Wirth, *Qualitative und quantitative Mikrogasanalyse nach der Desorptions-Wärmeleitfähigkeitsmethode.* Vf. beschreibt eine mikrogasanalyt. Meth. nach dem Desorptionsverf. für die gleichzeitige qualitative u. quantitative Best. mehrerer Komponenten, wobei die Identifizierung bzw. Analyse bin. Gasfraktionen durch Messung der Wärmeleitfähigkeit erfolgt. Da bei Drucken unter 10^{-1} Torr gemessen wird, benötigt man für eine Best. nur 10^{-3} bis 10^{-2} ml Gas. (Mikrochem. verein. Mikrochim. Acta **40.** 15—20. 1952. Wien, TH, Inst. für allg. Chem.) A.-M. FRETZDORFF. 5086

Wesley W. Wendlandt und **John M. Bryant,** *Qualitativer Nachweis für Kohlendioxyd.* Zum Nachw. von CO_2 dient eine Lsg. von 1 g Na in 50 ml Methanol, aus der beim Durchleiten von CO_2 voluminöses, weißes Na-Methylcarbonat ausfällt. (Chemist-Analyst **44.** 52. Juni 1955. Lubbock, Tex., Texas Technol. Coll., Dep. of Chem. and Chem. Engng.) PH. FRESENIUS. 5086

D. J. Troy, *Messung atmosphärischer Verunreinigung durch Ultraviolettphotometrie.* Ein von HANSON beschriebenes (Ind. Engng. Chem., analyt. Edit. **13.** [1941.] 119) tragbares, empfindliches UV-Analysengerät wurde weiterentwickelt. Durch Erweiterung des Wellenlängenbereiches ist es möglich, 16 verschied. Gase u. Dämpfe zu bestimmen. Aufbau u. Arbeitsweise des Gerätes, Erfassungsbereich der einzelnen Stoffe u. eine App. zur Eichung werden beschrieben. (Analytic. Chem. **27.** 1217—21. Aug. 1955. Wilmington, Del., E. I. du Pont de Nemours & Co., Engng. Res. Labor.) W. LUCHSINGER. 5088

W. Lang und **E. Mader,** *Bestimmung von Schwefelwasserstoff in der Raumluft.* H_2S wurde in der Luft nach folgenden Methoden bestimmt: Absorption in Jodstärkelsg. u. colorimetr. Messung oder Titration mit 0,001n $Na_2S_2O_3$-Lsg., Absorption in Cd-Acetatlsg., danach Umsetzung mit Jodlsg. u. Titration des überschüssigen Jods oder colorimetr. Messung des gelben CdS-Sols. Arbeitsweise u. Meßergebnisse werden besprochen. (Z. analyt. Chem. **145.** 179—84. 1955. Graz, Univ., Inst. für Theoret. u. Phys. Chem.) W. LUCHSINGER. 5088

D. F. Petersen, *Schnellbestimmung von Asche in Papier.* Papier wird im Ni-Tiegel bei langsamem Überblasen von O_2 zur Bewirkung von Weißglut verascht. Porzellantiegel haben sich nicht bewährt. (Chemist-Analyst **44.** 46—47. Juni 1955. Neenah, Wis., Bergstrom Paper Co.) PH. FRESENIUS. 5094

a) Elemente und anorganische Verbindungen.

Ss. N. Alexandrow, G. P. Malachowa und **Ja. E. Schmuljakowski,** *Eine Spektralmethode zur Bestimmung von Natrium in Aluminiumsilicaten.* Geringe Mengen Na (0,05 bis 0,25% Na_2O) in Al-Silicaten werden mit dem Quarzspektroskop ISP-22 bestimmt.

Zur Herst. von Vergleichsproben wurde gepulvertes Al-Silicat 5—7 Min. lang in einer 1%ig. HCl-Lsg. gekocht, mehrfach mit dest. W. gewaschen u. getrocknet. Eine Vergleichsgrundprobe mit 0,05% Na_2O wurde aus Al-Silicat, das bei 750° 2 Std. lang geglüht wurde u. chem. reiner Sodalsg. u. weitere Vergleichsproben mit 0,08, 0,11, 0,15 u. 0,20% Na_2O hergestellt. Den Vergleichsproben wurde $BaCO_3$ im Verhältnis 1:3 zugesetzt. Best. erfolgt nach der Meth. der 3 Vergleichsproben. Analyt. Linie ist Na 3302,3 Å, als Vgl. dient der kontinuierliche Untergrund, auf dem die Linie liegt. (Нефтяное Хозяйство [Petroleum-Wirtsch.] **32.** Nr. 12. 64—67. Dez. 1954.) Otto Maier. G 274

R. Belcher, D. Gibbons und **T. S. West,** *Bestimmung von Bariumsulfatniederschlägen mit einer titrimetrischen Methode.* Zur Ba^{2+}- bzw. SO_4^{2-}-Best. wird $BaSO_4$ ausgefällt u., um den Einfl. von Verunreinigungen auszuschalten, der Nd. in *Äthylendiamintetraessigsäure* (I; EDTA-Lsg.) gelöst u. der Überschuß mit *$MgCl_2$*-Lsg. zurücktitriert. Meth.: Der $BaSO_4$-Nd. wird nach Stehen über Nacht durch einen Filterbrei filtriert, mit W. ausgewaschen u. trocken gesaugt. Der Brei mit dem Nd. wird im Glas mit ca. 2fachem Überschuß einer 0,02mol. I-Lsg. + 5 ml 9n NH_4OH versetzt u. 5—10 Min. gekocht. Zur kalten Lsg. werden 10—12 Tropfen 0,5% *Solochromschwarz* in A. zugegeben u. mit 0,02mol. $MgCl_2$-Lsg. bis zur klaren, roten Lsg. titriert. 1 ml. 0,02mol. I-Lsg. entspricht 0,6412 mg S. Best. im Bereich 12—70 mg Ba bzw. 0,5—20 mg S. (Chem. and Ind. **1954.** 127—28. 30/1. Birmingham, Univ., Chem. Dep.) H.-G. Moslé. G 285

Santi R. Palit und **G. R. Somayajulu,** *Volumetrische Bestimmung von Quecksilber und die Verwendung von Quecksilbersalzen als acidimetrischen Urtitersubstanzen.* Hg^{2+}-Salze werden in Ggw. von Acetamid oder Harnstoff durch NaOH nicht als HgO gefällt, dieses bleibt vielmehr komplex in Lösung. Jetzt wird mit n/10 $HClO_4$ oder HNO_3 (nicht HCl!) gegen Phenolphthalein zum scharfen Umschlag neutralisiert. Dann wird KJ oder $Na_2 \cdot S_2O_3$ zugefügt, wobei wieder Rotfärbung auftritt. Nun wird mit einer beliebigen 0,1n Säure, auch z. B. Essigsäure, auf farblos titriert. Da Hg^+-Ionen in Ggw. eines Amids mit Alkali quantitativ in Hg + Hg^{2+}-Ionen dissoziieren, kann das Verf. zur Best. von Hg^+-Ionen dienen. Die Genauigkeit, mit der Hg so bestimmbar ist, läßt Hg-Salze als geeignete Urtitersubstanzen für Einstellung von Säuren empfehlen. In Ggw. von Cl^- wird z. T. mit A. oder Methanol als Lösungsm. gearbeitet. (Analytic. Chem. **27.** 1331—33. Aug. 1955. Calcutta, India, Ind. Ass. for Cultivat. of Sci.) Ph. Fresenius. G 290

A. Claassen, L. Bastings und **J. Visser,** *Ein in hohem Grade selektives Verfahren der spektralphotometrischen Bestimmung von Aluminium mit 8-Oxychinolin und seine Anwendung auf die Bestimmung von Aluminium in Eisen und Stahl.* Aluminiumchinolinolat kann mit Chlf. quantitativ bei p_H 7—9,5 extrahiert werden, wobei die Lsg. Komplexon, Cyanid u. *8-Oxychinolin* (I) enthält. Chinolinolate von Ti, V, Ta, Nb, U, Zr, Ga, Sb, Bi, In u. Spuren von Be werden ebenfalls mit extrahiert. Beim Arbeiten in ammoniakal. peroxydhaltiger Lsg. werden die fünf erstgenannten Elemente nicht mitextrahiert. Bi, Ga, Zr u. Sb können durch Extraktion mit Chlf. in Ggw. von Kupferron aus 2n HCl-Lsg. entfernt werden. In kann durch Extraktion bei p_H 3—5 durch Diäthyldithiocarbamat in Chlf. abgetrennt werden. Be schließlich kann als Chinolinolat bei p_H 5 durch Extraktion entfernt werden. — Das Absorptionsmaximum des Al-Komplexes liegt bei 388 mμ. Für die Messungen wurde 390 mμ als passende Wellenlänge ausgewählt, weil bei kürzeren Wellenlängen die Absorption von I in Chlf. schnell zunimmt. Das Verf. ermöglicht so eine spezif. Best. von Al sowohl in Spuren als auch in größeren Mengen neben anderen Elementen. (Analytica chim. Acta [Amsterdam] **10.** 373—85. April 1954. Eindhoven, Philips' Res. Labor.) R. Borchardt. G 294

Alois Eder, *Die photometrische Bestimmung von Niob und Tantal im Stahl.* Nach einem Überblick über das Schrifttum wird die Herst. farbiger Lsgg. von Nb u. Ta mit Pyrogallol beschrieben. Beide Metalle bilden farbige u. farblose Lsgg. je nach der Höhe ihrer Wasserstoffionenkonzentration. Durch geeignete Zusätze wird die Farbtiefe vergrößert. Die Eichkurven werden festgelegt. Der Einfl. von Ti auf das Verf. wird aufgezeigt u. Arbeitsvorschriften werden mitgeteilt. (Arch. Eisenhüttenwes. **26.** 431—35. Aug. 1955. Kapfenberg, Österreich, Edelstahlwerke Gebr. Böhler & Co., Akt.-Ges.) H. Hochstein. G 354

R. S. Beckwith, *Die absorptiometrische Eisenbestimmung mit Cupferron.* Die stark H_2SO_4-saure, Fe-haltige Lsg. wird mit NH_4-Citrat u. *Cupferron* (6%ig. Lsg.) versetzt u. *Fe-Cupferrat* mit Isoamylacetat (Kp. 135—142°) extrahiert. Der Fe-Geh. kann dann nach 15—60 Min. bei Tempp. $\leq 20°$ bei 460 mμ absorptiometr. gemessen werden. Die Best. soll mit 20—150 μg Fe durchgeführt werden. In Ggw. von *Cu* wird Cu erst mit *Dithizon* extrahiert. *Ti* u. *V* stören in Mengen über $^1/_{50}$ des Fe-Gehaltes. (Chem. and Ind. **1954.** 663. 5/6. Adelaide, C. S. I. R. O., Div. of Soils.) H.-G. Moslé. G 354

N. I. Stogni und **A. G. Kirilenko,** *Getrennte Bestimmung von metallischem Eisen, Eisenoxydul und Eisenoxyd bei ihrem gleichzeitigen Vorhandensein.* Die gebräuchliche Best. von metall. Fe neben seinen Oxyden in Eisenschlamm, Rasenerz oder Brauneisenerz nach der Cu-Sulfatmeth. liefert zu hohe Werte, da die sich hydrolyt. spaltenden $CuSO_4$-Lsgg. auch auf FeO u. Fe_2O_3 einwirken. Nach der von Vff. ausgearbeiteten Meth. läßt sich durch Zusatz von K_2SO_4 die Konz. der H-Ionen so weit herabdrücken, daß das metall. Fe mit der gleichen Genauigkeit wie nach der Sublimatmeth., u. gleichzeitig FeO u. Fe_2O_3 nebeneinander bestimmt werden können. Es wird ein Analysengang mitgeteilt, nach dem das Cu in Ggw. von O_2 mit einer ammoniakal. Lsg. von $(NH_4)_2CO_3$ quantitativ abgeschieden u. darauf das Fe nach seinen Oxydationsstufen getrennt werden kann. (Заводская Лаборатория [Betriebs-Lab.] **21.** 294—98. 1955. Krivoi Rog., Erzbergwerksinst.) M. NOETZEL. G 354

W. M. Tarajan und **M. G. Ekimjan,** *Über die mercuroreduktometrische Bestimmung von Eisen in Gegenwart von Chloriden.* Als Fehlerquelle bei der Titration von Fe^{3+}-Salzen mit $Hg_2(NO_3)_2$ u. CNS^- in Ggw. von HCl gilt ein Mehrverbrauch an Hg(I)-Salz durch Bldg. von schwerlösl. Hg_2Cl_2. An einer titrierten 0,1n Fe(III)·NH_4-Lsg. stellen Vff. fest, daß sich die unerwünschte Neben-Rk. dadurch vermeiden läßt, daß die Konzz. der HCl u. des CNS^- von 0,1n auf höchstens 3,0n bzw. von 0,4n auf 1,0n gesteigert werden. Auf Grund der erzielten Befunde wurde ein Verf. zur Best. von Fe in Silicaten u. anderen Prodd., zu deren Aufschluß es der HCl bedarf, ausgearbeitet. (Заводская Лаборатория [Betriebs-Lab.] **21.** 304—05. 1955. Jerewan, Molotow-Univ.)
M. NOETZEL. G 354

M. Ja. Medshiboshski, *Zur Methode der Probenahme für die Bestimmung des Gehaltes an Eisenoxydul und Eisenoxyd in der erhärteten Schlacke.* Die häufig festzustellende unsachgemäße Entnahme u. Behandlung von Schlackenproben aus MARTIN-Öfen können eine fehlerhafte Führung des Ofenprozesses zur Folge haben. Auf Grund größerer Versuchsserien stellen Vff. fest, daß bei Luftzutritt u. langsamer Abkühlung der Schlackenproben unter 570° eine weitgehende Oxydation des FeO stattfindet u. gleichzeitig, wenn auch in geringerem Maße, ein Zerfall des FeO unter Bldg. von metall. Fe u. Fe_3O_4 vor sicht geht, das sich zu magnet. FeO·Fe_2O_3 umsetzt. Vff. schlagen vor, die Proben stets an der gleichen Stelle aus der Mitte der Schlackenschmelze mit einem speziellen Stechheber zu entnehmen u. unter Ausschluß von Luftsauerstoff sofort in kaltem W. abzuschrecken. (Заводская Лаборатория [Betriebs-Lab.] **21.** 289—94. 1955. Sibir. metallurg. Inst.) M. NOETZEL. G 354

W. M. Beresnjak, W. A. Begma und **W. I. Shurawskaja,** *Der systematische Gang der Analyse von Martin-Schlacke unter Anwendung der Photocolorimetrie.* Ausführliche Beschreibung einer Vollanalyse von MARTIN-Schlacken, nach der sich fast sämtliche Bestandteile in einer einzigen Einwaage (0,5 g) bestimmen lassen. Die Lsg. der Analysenproben geschieht in der Weise, daß die feinst pulverisierte Schlacke, in W. suspendiert, mit H_2SO_4 zers. u. der ungelöst bleibende Rückstand mit Soda bei 1100—1200° aufgeschlossen wird. In aliquoten Teilen der Lsg. lassen sich nebeneinander SiO_2, Al_2O_3, Gesamt-Fe, MnO, MgO, P_2O_5, Cr_2O_3, TiO_2 (u. V_2O_5) photometr., CaO volumetr. u. in einer besonderen Einwaage FeO u. S photometr. bestimmen. Eine Gegenüberstellung der photometr. Befunde mit den gravimetr. bzw. volumetr. Kontrollbestimmungen zeigt den Grad der Übereinstimmung der Analysenresultate. (Заводская Лаборатория [Betriebs-Lab.] **21.** 298—301. 1955. Metallurg. Werk K. Liebknecht.)
M. NOETZEL. G 354

K. Protiva, *Polarographische Bestimmung hoher Nickel- und Kobaltgehalte in Stahl und in speziellen Legierungen.* Die polarograph. Stufen von Ni u. Co in einer pyridinhaltigen Lsg. werden zur Analyse von Stahl u. einigen Legierungen verwendet. 0,1 g Probe wird in 5 ml HNO_3 (1:1) unter Erhitzen gelöst. Wenn die Lsg. sd., werden 5 ml HCl (1:1) zugefügt. Dann wird die Lsg. bis zur Trockne eingedampft, die Stickoxyde werden durch mäßiges Erhitzen vertrieben u. der Rest in 5 ml konz. HCl aufgelöst. Nun wird 0,25 g $(NH_2NH_3)HSO_4$ zugefügt u. die Lsg. wieder eingedampft. Nach Auflösen des Rückstandes in 3 ml HCl (1:1) u. Erhitzen wird die Lsg. auf 50 ml verdünnt. Fe, Cr u. Ti werden durch 5 ml Pyridin ausgefällt; nach Zugabe von 3 g NH_4Cl u. 5 ml 1%ig. Gelatine wird die Lsg. auf 100 ml aufgefüllt u. Nd. abfiltriert. Hierauf werden die polarograph. Stufen von Ni u. Co registriert. (Chem. Listy **48.** 778—79. Mai 1954. Kladno, Poldina huť, Chem. labor. SONP. [Orig.: tschech.]) P. ZUMAN/Prag. G 356

T. I. Moldawer, *Eine Schnellmethode zur Überprüfung und Korrektur des Säuregehaltes von Nickelelektrolyten.* Vf. schlägt für obige Zwecke eine von ihm in Labor. u. Betrieb erprobte Meth. vor, die keinerlei spezieller Hilfsmittel bedarf. — 20 cm^3 filtrierter Elektrolyt werden mit 0,5 cm^3 0,06%ig. alkoh. Bromkresolpurpurlsg. versetzt u.

bei Blaufärbung mit 0,1n HCl bis zum Verschwinden der Farb-Rk. titriert. Aus der Anzahl der verbrauchten cm³ Säure wird auf die Notwendigkeit des Zusatzes an Säure oder Alkali geschlossen. Da der p_H-Wert des Ni-Bades mit der Zeit ansteigt, wird zu seiner Korrektur konz. H_2SO_4 nach einer empir. Formel zugesetzt. (Заводская Лаборатория [Betriebs-Lab.] **21.** 305. 1955.) M. NOETZEL. G 356

H. Flaschka und **H. Abdine,** *Thioacetamid bei der Trennung und komplexometrischen Bestimmung von Kobalt und Nickel.* NiS wird bei Ggw. von NH_4Cl in stark ammoniakal. Lsg. mit *Thioacetamid* (I) heiß gefällt. Der abgesaugte Nd. wird mit Br–HCl gelöst, Br-Überschuß mit Ascorbinsäure entfernt u. Ni nach Neutralisieren mit NH_3 u. Zusatz einer NH_4Cl/NH_3-Pufferlsg. mit Dinatriumäthylendiamintetraacetat gegen *Murexid* (II) titriert. Bei Co verfährt man entsprechend, die Lsg. des CoS-Nd. erfolgt mit Königswasser. Statt gegen **II** kann Rücktitration mit Zn-Lsg. nach HARRIS u. SWEET (C. **1955.** 7047) oder mit Mn-Lsg. nach KINNUNEN u. WENNERSTRAND (vgl. nachst. Ref.) gegen Eriochromschwarz T erfolgen. Die **I**-Fällung von Co kann in Ggw. von Fe^{3+} bei Maskierung mit Tiron erfolgen. — Vgl. auch C. **1955. 11434** u. **11642.** (Chemist-Analyst **44.** 30—31. Juni 1955. Graz, Univ., Inst. für Med. Chem.) PH. FRESENIUS. G 356

Jorma Kinnunen und **Bertil Wennerstrand,** *Verbesserung des Endpunkts bei EDTA-Titrationen durch Manganosalze.* Titrationen mit Äthylendiamintetraessigsäure (EDTA) werden mit bes. scharfem Endpunkt durchgeführt, wenn ein EDTA-Überschuß mit Mn(II)-Salz gegen Eriochromschwarz T zurücktitriert wird. Die Einstellung der $MnSO_4$-Lsg. erfolgt gegen EDTA. Es werden Vorschriften für die Titration von *Ni, Co, Cu, Fe, V* u. *Cr* auf diesem Weg gegeben. (Chemist-Analyst **44.** 33—34. Juni 1955. Pori, Finnland, Outokumpu Oy, Metalworks.) PH. FRESENIUS. G 356

W. T. Elwell, *Eine colorimetrische Methode für die Bestimmung von Kupfer in legierten Stählen mit 2.2'-Dichinolyl.* Vf. beschreibt eine Meth. zur Best. von Cu bei Gehh. zwischen 0,25 u. 0,01%. Cu^{2+} wird durch SO_2-W. zu Cu^+ red. u. bei p_H 5—6 mit einer Lsg. von 2.2'-Dichinolyl in Amylalkohol in Ggw. von Citronensäure extrahiert. Die violette Lsg. wird bei 546 mμ photometriert. — Das Verf. ist erfolgreich bei der Best. von Cu in den verschiedensten Stählen, Fe-Legierungen (mit W, Mo, V, Ti) reinem Ni u. Co angewandt worden. Bei Gehh.von $>$0,25% ist die Meth. nicht mehr sehr genau. (Analyst **80.** 508—14. Juli 1955. Billingham, Imperial Chem. Industries Ltd., Billingham Div., Res. Dep.) R. BORCHARDT. G 358

A. Okáč und **J. Horák,** *Neue spezifische Reaktion des Cu^{2+}.* Cu^{2+} gibt mit ammoniakal. Lsg. von *5.7-Dioxy-4-methylcumarin* (I) langsam eine intensiv rote Färbung, rascher in Ggw. von H_2O_2. Diese rote Verb., welche nach dem Ansäuern durch organ. Lösungsm. ausgeschüttelt werden kann, ist ein Oxydations- oder Kondensationsprod. von **I**, in welchem Cu^{2+} keinen wesentlichen Bestandteil bildet. Es handelt sich also um eine katalyt. Reaktion. Die Empfindlichkeit der Rk. des **I** u. Cu^{2+} ist pD = 6. Nach Abfiltrieren der störenden, unlösl. Hydroxyde ist in ammoniakal. Lsg. die Rk. für Cu^{2+} spezifisch. Nach Zugabe von H_2O_2 stören CN^-, CNS^-, J^-, $Fe(CN)_6^{4-}$ u. organ. Oxysäuren nicht. Ag^+, $PtCl_6^{2-}$ u. $AuCl_4^-$ werden nach Erwärmen durch **I** zu Metallen reduziert. (Chem. Listy **49.** 1402—03. Sept. 1955. Brno, Masaryk univ. přírodovědecká fak. Ústav analyt. chem. [Orig.: tschech.]) J. HORÁČEK/Prag. G 358

G. H. Bush und **D. G. Higgs,** *Die Analyse von binären Molybdänbasislegierungen.* Vf. beschreiben Analysenmethoden zur Best. von 15 Elementen in bin. Legierungen mit Mo als Grundmetall. Es handelt sich dabei um: *Al, B, Cr, Co, Cu, Fe, Mn, Ni, Nb Si, Ta, Ti, W, V* u. *Zr.* — Die Analysen wurden an synthet. Mischungen vorgenommen u. auf ihre Reproduzierbarkeit untersucht. (Analyst **80.** 536—47. Juli 1955. Sevenoaks, Kent, Fort Halstead, Armament Res. Establ., Min. of Supply.) R. BORCHARDT. 5280

W. W. Nedler, *Zur Frage der Gründe von Fehlern bei der Spektralanalyse von Erzen.* Die wahrscheinlichen Fehler spektralanalyt. Best. von Metallen in Erzen können $\pm$5 bis $\pm$10% betragen, was bes. bei armen, 1—2%ig. Erzen zu Fehlkalkulationen führen kann. Vf. widerlegt die Ansicht, daß Inhomogenitäten einzelner Proben eine Fehlerquelle bilden könnten. Namentlich bei Metallgehh. $>$0,1% spielen solche in einem feinstzerteilten Material keine merkliche Rolle. Dagegen können sich schon geringe Unterschiede in der mineralog. Zus. der Vergleichsproben sehr spürbar an den Meßergebnissen auswirken. Diffusions- u. Ionisationsvorgänge an den sich zwischen Kohleelektroden entwickelnden Metalldämpfen beeinflussen in hohem Maße die Lichtbogentempp. u. somit auch die relative Strahlungsintensität u. die Schwärzung der Photoplatten. (Заводская Лаборатория [Betriebs-Lab.] **21.** 307—10. 1955. Geolog.- u. Schürfexpedition des Sibzwetmetraswedka-Trusts.) M. NOETZEL. 5290

G. Deicha, *Versuche zum Nachweis von unter Druck befindlichen Gaseinschlüssen durch Zerquetschen von Mineralbruchstücken.* Das Prinzip der sehr einfach auszuführenden Meth. besteht darin, das zu untersuchende kleine Mineralfragment, bedeckt mit einigen Tropfen Paraffinöl, zwischen 2 Deckgläschen anzubringen u. durch gelinden Druck langsam zu zerquetschen. Gleichzeitig beobachtet man mit einer binokularen Lupe, ob aus dem Bruckstück Blasen entweichen oder nicht. (Bull. Soc. franç. Minéralog. Cristallogr. **73.** 439—45. Juli/Sept. 1950. Paris, Fac. des Sci., Labor. de Géol. structurale et appl.) C. GOTTFRIED. 5290

Pierre Laffitte, *Eine Reihe von Rechentafeln, welche die schnelle Bestimmung von Feldspaten erlauben, die nach dem Albitgesetz verzwillingt sind.* Nach einer kurzen Beschreibung der Meth. von NIEUWENKAMP der opt. Best. von verzwillingten Feldspäten zeigt Vf., daß im Falle von nach dem Albitgesetz verzwillingten Feldspäten die Best. sehr schnell durchgeführt werden kann. Zu diesem Zweck mißt man die Auslöschungswinkel von verzwillingten Lamellen u. das Verhältnis ihrer Doppelbrechung. An Hand einer Reihe von Tabellen u. Nomogrammen kann man bei Kenntnis der drei obigen Größen unmittelbar den Geh. an Anorthit ablesen. (Bull. Soc. franç. Minéralog. Cristallogr. **73.** 425—38. Juli/Sept. 1950. 11 Tafeln. Paris, École Nat. Sup. des Mines, Labor. de Minéralogie.) C. GOTTFRIED. 5292

b) Organische Verbindungen.

Heinz Wüst, *Mikrostickstoffbestimmung mit Hilfe von Diffusionszellen. Eine einfache Apparatur zur isothermen Destillation bei höheren Temperaturen.* Beschreibung u. Abb. einer aus einem Stück geblasenen Mikrodiffusionszelle mit Schliffstopfen. Der Schliff braucht nicht gefettet zu werden. Die NH_3-Diffusion erfolgt bei 80^0 innerhalb 5 Stunden. (Klin. Wschr. **32.** 660—61. 15/7. 1954. Düsseldorf, Med. Akad., Inst. für Physiol. u. Biochem.) PH. FRESENIUS. 5352

Heinz Wüst, *Zur Mikrostickstoffbestimmung mit Hilfe von Diffusionszellen.* Bei der früher beschriebenen Diffusionszelle (vgl. vorst. Ref.) ergaben sich Schwierigkeiten der Handhabung eines zur Mischung der vorgelegten Säure bei der Rücktitration benutzten Glasstabes. Bei einer neuen Anordnung wird ein Magnetrührer mit 300 U/Min. verwendet. (Klin. Wschr. **33.** 185. 15/2. 1955. Düsseldorf, Med. Akad., Hautklinik.) PH. FRESENIUS. 5352

R. Belcher, D. Gibbons und **A. Sykes,** *Die Bestimmung von Metallen in organischen Verbindungen.* Vollständige Übersicht über die Methoden zur Best. folgender Metalle in organ. Verbb.: Na, K, Li, Rb, Cs, Mg, Ca, Ba, Sr, B, Tl, Si, Ge, Sb, Bi, Sn, Pb, Se, Te, Ag, Au, Os, Pt, Cu, Cd, Zn, Hg, V, Cr, Fe, Co, Ni, Nb, Ta, Rh, Ti, Zr u. U. — 172 Literaturangaben. (Mikrochem. verein. Mikrochim. Acta **40.** 76—103. 1952. Birmingham, Univ., Dep. of Chem.) A.-M. FRETZDORFF. 5352

D. Spencer und **T. Henshall,** *Einige Beobachtungen über die Dimedonmethode zur gravimetrischen Bestimmung von Formaldehyd.* (Vgl. C. **1955.** 7410.) Unters. über die Kinetik der Rk. 2. Ordnung zwischen Formaldehyd u. Dimedon in Abhängigkeit von der Temp. u. dem p_H der Lösung. Die optimalen Reaktionsbedingungen werden berechnet. (Analytica chim. Acta [Amsterdam] **11.** 428—30. Nov. 1954. London, Sir John Cass Coll.) PH. FRESENIUS. G 660

F. Feigl und **L. Hainberger,** *Verbesserter Nachweis von Formaldehyd.* Inhaltlich ident. mit der C. **1956.** 4534 referierten Arbeit. (Chemist-Analyst **44.** 47—48. Juni 1955. Rio de Janeiro, Min. da Agric., Labor. da Produção Mineral.) PH. FRESENIUS. G 660

S. N. Bhattacharya, *Spektrophotometrische Untersuchung über die Verbindungen aus Schiffschem Reagens und Acetaldehyd.* Die spektrophotometr. Verfolgung der Rk. zwischen SCHIFF*schem Reagens* (I) u. *Acetaldehyd* (II) ergab das rasche Auftreten eines Absorptionsmaximums bei 545 mμ, das einer Verb. von 1 Mol **I** u. 1 Mol **II** zukommt. Mit einem großen Überschuß **II** entsteht ein Maximum bei 555 mμ durch eine Verb. aus 1 Mol **I** u. 2 Mol **II**. Nach 3 Std. zeigt diese Lsg. ein weiteres Maximum bei 575 mμ, während nach 1 Woche 2 weitere Maxima bei 525 u. 615 mμ auftreten. Das bei 525 mμ gehört zu einer Verb. aus 1 Mol Fuchsin u. 2 Mol **II** (A), das bei 575 mμ zu einer Verb. A-1 H_2O, das bei 615 mμ zu einer Verb. A-2 H_2O. (Analytica chim. Acta [Amsterdam] **11.** 463—66. Nov. 1954. Calcutta, Univ., Coll. of Sci. and Technol.) PH. FRESENIUS. G 660

G. Di Modica und **P. F. Rossi,** *Chromatographische Trennung ungesättigter organischer Säuren.* Die chromatograph. Trennung ungesätt. Fettsäuren, bes. der *Öl-* (I), *Linol-* (II) u. der *Linolen-* (III) *säure,* läßt sich auf einer Tonerdesäule erfolgreich durchführen, wenn bei Tempp. von -30 bis -50^0 chromatographiert u. eluiert wird. Bei diesen Tempp. zeigen die genannten Säuren verschieden stark herabgesetzte Löslichkeiten u. entsprechend gesteigerte Adsorption. Vff. arbeiten wie folgt: Das durch Verseifung von Leinöl gewonnene Säuregemisch wird in Aceton gelöst, auf -30^0 gekühlt u. filtriert. Der Vorgang wird in absteigenden Temperaturstufen bis -70^0 6mal wiederholt, dann noch 2mal in Petroläther. Das so vorgereinigte Gemisch wird auf eine 10 cm-Säule von 1 cm^2 Durchmesser gebracht, die mit Al_2O_3 gepackt ist, dem je 500 g 200 mg *Morin* beigemengt sind. Die Säule ist in einer Kältemischung $CO_{2(fest)}$/Aceton untergebracht. Unter leichtem N_2-Druck u. unter Beobachtung im UV-Licht werden die adsorbierten Säuren mit Aceton eluiert. In den Eluatfraktionen werden die Säuren durch Best. der JZ. nach der Mikrometh. von NIMERKO identifiziert. Die Fraktionen 1—3 enthalten die Hauptmasse von **III**, 4 u. 5 fast die ganze **II** u. 9 u. 10 **I** vollständig. (Chim. analytique [4] **34.** 271—73. Dez. 1952. Turin, Univ., Inst. de Chim.) H. ENDRASS. G 800

W. Simon, Doris Meuche und **E. Heilbronner,** *Zur Mikrotitration organischer Verbindungen.* 3. Mitt. *Scheinbare Dissoziationskonstanten von Dicarbonsäuren in den Systemen Methylcellosolve/Wasser und Dimethylformamid/Wasser.* (2. vgl. C. **1955.** 8217.) Es wurde die strukturbedingte Abhängigkeit der nach der Mikrometh. der Vff. (vgl. l. c.) gemessenen, scheinbaren pK^*_{LH}-Werte an einer Reihe von aliphat. Dicarbonsäuren untersucht. Es wird gezeigt, daß sowohl die so gemessenen pK^*_{LH}-Werte (LH = Dimethylformamid/W. u. Methylcellosolve/W.) als auch die in W. u. A./W. bestimmten thermodynam. Dissoziationskonstanten durch die Struktur des Mol. in gleichem Sinne beeinflußt werden. Es ist deshalb gerechtfertigt, mit Hilfe der scheinbaren Dissoziationskonstanten Rückschlüsse auf Konst. u. Konfiguration von Dicarbonsäuren zu ziehen. (Helv. chim. Acta **39.** 290—304. 1/2. 1956. Zürich, ETH, Organ.-chem. Labor.)
R. K. MÜLLER. G 820

A. Miss und **Silvia Iancu,** *Eine neue Methode zur Bestimmung von Thiosemicarbazid auf potentiometrischem Wege.* Die Best. von *Thiosemicarbazid* (**I**) durch Titration mit *$NaNO_2$* (**II**) gibt sehr genaue Werte. Man löst eine 50—150 mg **I** enthaltende Probe in ~50 cm^3 W., säuert mit 10%ig. HCl auf Blaufärbung von Kongopapier an u. titriert elektrometr. (Pt- u. Hg_2Cl_2-Elektrode) unter Rühren bei 15—30° mit 0,1n **II**-Lsg.; Berechnung der % **I**: Aus n cm^3 **II**-Lsg. mit Faktor f bei a g Einwaage nach $0{,}9113 \cdot n \cdot f/a$. Bei in W. wenig oder nichtlösl. Proben wird nach Anfeuchten u. Zerkleinern mit dem Stab 5—10 Min. mit W. mechan. gerührt; der verbleibende unlösl. Rest stört die Titration nicht. (Rev. Chim. [Bucureşti] **5.** 399—401. 1954.) R. K. MÜLLER. G 880

Jean-Charles Pariaud und **Claude Perruche,** *Polarographische Bestimmung monochlorierter cyclischer Ketone.* Vff. berichten über Verss. zur polarograph. Best. monochlorierter cycl. Ketone, u. zwar von *Monochlorcyclopentanon* (**I**) u. *Monochlorcyclohexanon* (**II**). **I** läßt sich in Konzz. von 10^{-2} bis 10^{-4}mol. in n/10 KCl-Lsg., sowie 10^{-3} Gelatinelsg. u. 10^{-6} Thymollsg. bei einem Halbwellenpotential von $-1{,}35$ V u. **II** in n/100 KCl-Lsg. unter sonst gleichen Bedingungen beim $E_{1/2}$ von $-1{,}45$ V bestimmen. Wegen der hydrolyt. Abspaltung des Cl in alkal. Medium, die bei **II** noch schneller als bei **I** verläuft, muß in neutraler Lsg. gearbeitet werden, da andererseits auch in saurer Lsg. die am Cl u. nicht an der C=O-Gruppe stattfindende Red. unvollständig verläuft! Es handelt sich um eine 2-Elektronen-Rk., jedoch ist eine genaue Berechnung von n nach ILKOVIČ wegen der fehlenden Kenntnis der Diffusionskoeffizienten nicht möglich. (C. R. hebd. Séances Acad. Sci. **238.** 1514—16. 5/4. 1954.) W. NIEMITZ. G 1160

A. M. Siddiqi und **A. L. Tappel,** *Colorimetrische Bestimmung von Lipid- und organischen Peroxyden.* Organ. Peroxyde werden durch colorimetr. Messung des in Chlf./Eisessig aus einer O_2-freien absol.-methanol. KJ-Lsg. freigesetzten J bei 500—570 mμ (Grünfilter) bestimmt. Zur Herst. der Eichkurve dient *Benzoylperoxyd* (**I**). Die Färbung der freies J enthaltenden Lsg. befolgt zwischen 0 u. 0,00003mol. **I** das BEERsche Gesetz. Die Jodfreisetzung erfolgt in stöchiometr. Verhältnis zum Peroxydgehalt. (Chemist-Analyst **44.** 52. Juni 1955. Davis, Calif., Univ. of California.)
PH. FRESENIUS. G 1200

T. Wood, *Ein Reagens für den Nachweis von Chlorid, bestimmten Purinen und Pyrimidinen auf Papierchromatogrammen.* Zum Nachw. von Cl^--Mengen in der Größenordnung von 1 γ auf Papierchromatogrammen empfiehlt Vf. eine Lsg. aus 0,2 g Bromphenolblau in 50 ml Aceton + 50 ml 2%ig. $AgNO_3$-Lösung. Sie ist eine Woche haltbar. Das in Butanol/Eisessig/W. (60:15:25) entwickelte Chromatogramm wird getrocknet, mit gasförmigem NH_3 behandelt, vom Überschuß befreit, in die Reagenslsg. getaucht, bei Raumtemp. getrocknet u. mit dest. W. gespült, bis der Papieruntergrund weiß oder blaßblau ist. Die Flecken werden auf dem noch feuchten Papier markiert. Chloride,

Bromide u. Jodide zeichnen sich als rosarote Flecken ($R_F = 0,20$) ab, die beim Trocknen in Violett übergehen. Als blaue Flecken sind nachweisbar 0,5 γ *Adenin, Guanin, Xanthin* u. *Hypoxanthin*, 1 γ *Adenylsäure*, 5 γ *Cytosin. Harnsäure, Uracil, Thymin, Cytidylsäure* u. *Veronal-Na* reagieren nicht. Es wird vermutet, daß Verbb. der Purin- u. Pyrimidinreihe einen intakten Imidazolring oder im Pyrimidinring einen Aminosubstituenten enthalten müssen, um zu reagieren, daß das Reagens allg. dort verwendbar ist, wo eine Verb. mit Ag^+ einen unlösl. Komplex bildet. (Nature [London] **176.** 175—76. 23/7. 1955. London, Bovril Ltd., Res. Dep.) H. ENDRASS. G 3272

B. Waligóra und **Z. Bylo,** *Elektrometrische Adsorptionsanalyse der potentiometrischen Chromatographie des Strychnins und Brucins.* Vff. berichten über Verss. zur Anwendung der Sb-Mikroelektrode von KAMIENSKI bei der potentiometr. Chromatographie des *Brucins* (I) u. des *Strychnins* (II) u. zeigen, daß sich bei Verwendung eines bes. gereinigten Al_2O_3 als Adsorptionsmittels beide Verbb. gut voneinander trennen lassen, da der Potentialanstieg bei dem stärker absorbierten **II** größer ist als bei **I.** Der ebenfalls eine Rolle spielende Einfl. der Konz. auf das Potential ist bei **II** ebenfalls etwas größer als bei **I.** (Bull. Acad. polon. Sci., Cl. III **1.** 143—47. 1953.) W. NIEMITZ. G 3500

F. M. Freeman, *Neue Reagentien für die colorimetrische Bestimmung von Atropaalkaloiden.* Es wird eine Meth. zur colorimetr. Best. von *Atropin* u. verwandten Alkaloiden beschrieben, die auf Nitrierung der Phenylgruppe u. anschließender Bldg. einer relativ beständigen Färbung mit *Tetraäthylammoniumhydroxyd* (I) als Base in *Dimethylformamid* (II) als Lösungsm. beruht. — Ausführung: 0,05—0,15 mg Alkaloid entsprechende Lsg. auf dem Wasserbad eindampfen, mit 0,2—0,3 cm^3 rauchender HNO_3 nitrieren, Eindampfrückstand in **II** lösen, nach Zugabe von 0,3 cm^3 25%ig. wss. **I** ad 10 cm^3 mit **II,** nach 5 Min. bei 540 mμ photometrieren (Leerwert: **II**). Die Rk. wurde auch auf die Best. von Phenylessigsäure, Benzylpenicillin, Dibenzyläthylendiamindipenicillin u. teilweise von Chloramphenicol angewandt. (Analyst **80.** 520—22. Juli 1955. Liverpool, E. R. Squibb & Sons.) K. MAIER. G 3500

Hans Freytag, *Zur Reaktion von Polyvinylchloridpolymeren mit Pyridin.* Es wird experimentell wahrscheinlich gemacht, daß die Rk. nach WECHSLER (C. **1955.** 8876) auf *Polyvinylchloridpolymere* (I) auf Spaltungsvorgängen u. Bldg. von *Glutacondialdehyd* (II) beruht. Die Rk. läßt sich schärfer gestalten, indem die erhitzte u. mit methanol. NaOH versetzte, braune **I**/Pyridinlsg. mit schwefelsaurer β-Naphthylamin (**III**)-Lsg. versetzt u. mit Amylalkohol überschichtet wird. Dieser wird beim Schütteln u. danach 4std. Stehen durch den aus **II** u. **III** gebildeten Pentamethinfarbstoff rosa. Die Rosafärbung schlägt mit nNaOH in Gelb, dieses mit nH_2SO_4 wieder in Rosa um. Andere aromat. Amine sind nicht brauchbar, Benzidin gerade noch. (Z. analyt. Chem. **145.** 24—26. 1955. Hünfeld/Hessen, Ondal G. m. b. H.) PH. FRESENIUS. G 4010

c) Bestandteile von Pflanzen und Tieren.

William H. Hulet, *Verfahren zur Bestimmung von Natrium, Kalium und Chlorid in biologischem Material.* Na, K u. Cl werden in biol. Material, bes. in Nahrungsmitteln, nach Aufschluß von 5 g Einwaage der homogenisierten M. durch Erhitzen mit 3 cm^3 konz. HNO_3, am besten nach 12 Std. Stehen des Gemisches, u. Auffüllen auf 100 cm^3 bestimmt. Die Menge des nach Auffüllen erhaltenen Filtratvol. soll sich zur Probemenge mindestens wie 20:1 verhalten. Na u. K werden flammenphotometr., Cl titrimetr. nach SHALES u. SHALES (J. biol. Chemistry **140.** [1941.] 879) in der Modifikation nach SCRIBNER (Proc. Staff Meetings Mayo Clin. **25.** [1950.] 209) mit $Hg(NO_3)_2$ gegen Diphenylcarbazon bestimmt. (Amer. J. med. Sci. **229.** 81—84. Jan. 1955. Danville, Pa., George F. Geisinger Mem. Hosp. and Foss Clin.) PH. FRESENIUS. 5664

S. Andrus, *Bestimmung von Kupfer in Pflanzenmaterialien mit Hilfe von Zinkdibenzyldithiocarbamat.* Eine Probe des pflanzlichen Materials wird durch Behandlung mit einem Gemisch von H_2SO_4, HNO_3 u. $HClO_4$ in Lsg. gebracht. Nach dem Verdünnen der sauren Lsg. wird das Cu mit einer Lsg. von Zinkdibenzyldithiocarbamat in CCl_4 extrahiert. Bei 440 mμ wird die Extinktion der Lsg. bestimmt. Das Verf. wird durch andere in gewöhnlichen Pflanzenmaterialien anwesende Metalle nicht gestört u. ist im Bereich von 0—15,0 p.p.m. anwendbar. (Analyst **80.** 514—16. Juli 1955. Trawscoed, Aberystwyth, Nat. Agric. Advis. Serv., Chem. Dep.) R. BORCHARDT. 5664

Svatopluk Röhling, Marie Petráčková und **Luděk Jirousek,** *Polarographische Bestimmung von Sulfhydrylverbindungen in biologischem Material.* 1. Mitt. *Pflanzenmaterial.* Die Meth. der Best. der SH-Verbb. nach ZUMAN (Chem. Listy **46.** [1952.] 73) wurde auf einige pflanzliche Lebensmittel erweitert. Der Geh. der SH-Verb. wurde in Tomaten,

Runkelrüben u. Weißkohl bestimmt. Bei der Best. in Rüben u. Kartoffeln stören chinoide Substanzen. Im Safte des Weißkohls wurde eine weitere negativere Stufe gefunden. Durch Kochen des Saftes steigt die Höhe dieser Stufe an. (Chem. Listy **47.** 1458—62. Okt. 1953. Praha, Ústřední endokrinolog. ústav. [Orig.: tschech.])
P. ZUMAN/Prag. 5666

Luděk Jirousek, Marie Petráčková und **Stanislav Vohnout,** *Polarographische Bestimmung von Sulfhydrylverbindungen in biologischem Material.* 2. Mitt. *Material tierischer Herkunft.* (1. vgl. vorst. Ref.) Nach kleinen Abänderungen der Meth. wurden die SH-Verbb. auch in Schweinsleber u. in verschied. Fleischarten bestimmt. Das Fleisch wurde zerrieben u. mit Acetatpuffer vom p_H 4,7 extrahiert. Die direkte Best. in Milch, Eiweiß u. Eigelb ist nicht möglich. In Leber wurden ca. 230 mg%, in Fleisch 20—30 mg% SH-haltige Verbb. (als Glutathion berechnet) gefunden. (Chem. Listy **47.** 1463—66. Okt. 1953. [Orig.: tschech.]) P. ZUMAN/Prag. 5666

S. D. Démétriadès, *Chromatographischer Nachweis freier Aminosäuren in normalen und Eisenmangelpflanzen von Hibiscus esculentus L.* An Hibiscus esculentus L. konnte bestätigt werden, daß bei Fe-Mangel der lösl. N auf Kosten des Eiweiß-N zunimmt. Der eingeengte Extrakt (80%ig. A.) von 35 Tage alten Pflanzen wurde durch zweidimensionale Papierchromatographie in Phenol u. n-Butanol/Essigsäure/W. (4:1:5) aufgetrennt. Bei Fe-Mangelpflanzen fällt bes. die höhere Konz. an *Asparagin* auf, sowie das Auftreten von *Serin, Phenylalanin* u. wahrscheinlich *Glycin,* die sich bei n. Pflanzen nicht nachweisen lassen. Von den unidentifizierten Flecken erschien einer nur bei Fe-Mangel, während 3 nur bei n. Pflanzen auftraten. Einer dieser drei letzten Flecken ist nach Ansicht des Vf. möglicherweise Cysteinsäure. (Nature [London] **177.** 95. 14/1. 1956. Kiphissia-Athens, Benaki Phytopathol. Inst., Labor. of Non-parasitic Diseases.)
E. SCHWERDTFEGER. 5666

d) Medizinische und toxikologische Analyse.

H. T. Gordon und **C. A. Hewel,** *Papierchromatographie der Alkali- und Erdalkalikationen.* Es wird eine Meth. zur Trennung u. Identifizierung von je 0,1—10 γ K^+, Na^+, Ca^{2+} u. Mg^{2+} sowie von Ba^{2+}, Sr^{2+}, Ca^{2+}, Mg^{2+} u. Be^{2+} in *Blut* u. anderen biol. Fll. mittels aufsteigender eindimensionaler Papierchromatographie (Skizze der App.) eingehend beschrieben u. diskutiert. Nach der gleichen Meth. ist ferner die Trennung u. Identifizierung nachst. organ. u. anorgan. Kationen u. Anionen möglich: SO_4^{2-}, Cs^+, Rb^+, $H_2PO_4^-$, $H_2AsO_4^-$, Cl^-, Li^+, Br^-, Al^{3+}, Pb^{2+}, NO_3^-, Mn^{2+}, Cu^{2+}, Zn^{2+}, Ni^{2+}, Co^{2+}, Fe^{3+}, Cd^{2+}, *Asparaginsäure, Cystein, Arginin, Glycerinphosphorsäure, Glykokoll, Glutaminsäure, Riboflavin-5-phosphorsäure, 3-Adenylsäure, Oxalsäure, Alanin, Prolin, Gluconsäure, Weinsäure, Xanthopterin,* $[(CH_3)_4N]^+$, *Hydantoinsäure, Valin, Phenylalanin, l-Chinasäure, Cholin, Orotsäure, Guanidin, Thiamin, Glycerinsäure, Citronensäure, Leucin, Isoleucin, Acetylcholin, β-Dimethylaminoäthanol, Riboflavin, Glucose,* $[(C_2H_5)_4N]^+$, *Äpfelsäure, α-Ketoglutarsäure, Glykolsäure, Brenztraubensäure, trans-Aconitsäure, p-Oxyphenylbrenztraubensäure, Shikimisäure, cis-Aconitsäure, Fumarsäure, Nicotinsäure, Ascorbinsäure, Milchsäure, Hippursäure, Maleinsäure, Aesculin, Gentisinsäure, α-Ketobuttersäure,* $[(C_3H_7)_4N]^+$, *Bernsteinsäure, p-Aminobenzoesäure, p-Salicylsäure.* Das Substrat wird in 1 μl-Anteilen auf mit einem Gemisch von dest. W., Pyridin u. Eisessig (Volumenverhältnis 80:15: 5) gewaschenes u. getrocknetes WHATMAN Nr. 4-Papier aufgetragen. Zur aufsteigenden Entwicklung dient ein Gemisch aus *Isopropylalkohol, Pyridin, Eisessig* u. *dest. W.* (Volumenverhältnis 8:8:1:4). Die Laufzeit beträgt 2 Stunden. Zur Identifizierung werden nachst. Lsgg. einzeln oder kombiniert verwendet, wobei die Lokalisierung der Flecken teilweise durch UV-Fluorescenz (360 mμ) erfolgt: 1. a) 0,1%ig. Lsg. von 8-Oxychinolin (I) in Aceton (II). b) 145 mg I u. 360 mg 2-Aminoäthanol in 50 ml II. 2. 100 mg Bromkresolpurpur in 10 ml absol. A. werden mit II auf 100 ml aufgefüllt u. 1—2 Tropfen 28%ig. NH_4OH zugegeben. 3. (Für saure u. alkal. Flecken) 1%ig. Lsg. von $Zn[UO_2(C_2H_3O_2)_3]_2$ in absol. A. mit 5 Vol.-% Eisessig. Auf eine quantitative fluorimetr. Auswertung unter Verwendung einer App. von CRAIG wird kurz eingegangen. Störungen durch mehrwertige Anionen sowie durch Eiweiße werden durch direkte Fällung mit 0,1 mol. bas. Pb-Acetatlsg. auf dem Papier beseitigt. R_f-Werte sind angegeben. Einzelheiten vgl. Original. (Analytic. Chem. **27.** 1471—74. Sept. 1955. Berkeley, Calif., Univ. of California, Dep. of Entomol. and Parasitol.)
H. HOFMANN. 5727

Jacques Reynaud, *Automatische Kompensationsregulierung bei langdauernden Elektrophoresen.* Beschreibung einer automat. Regulierung bei langdauernden Elektrophoresen von *Hämoglobin* mittels einer opt. Vorr. u. einer Photozelle. (Bull. Soc. Chim. biol. **37.** 185—88. 1955. Marseille, Fac. de Méd., Labor. de Chim. Biol.) F. KRUSEN. 5727

E. L. Durrum, Milton H. Paul und **Elizabeth R. B. Smith,** *Lipoidnachweis bei der Papierelektrophorese.* Zur Anfärbung von Elektropherogrammen n. u. hyperlipäm. Seren wird der Azofarbstoff *Ölrot O* in gesätt. Lsg. in 60%ig. A. empfohlen. Anschließend

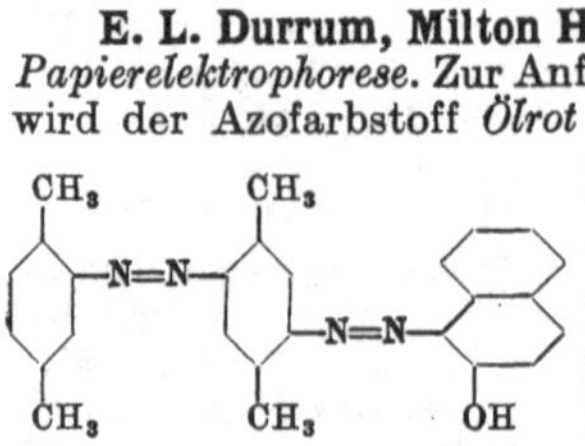

wird mit Leitungswasser gewaschen u. im Trockenschrank bei 110° getrocknet. Es werden zwei Elektropherogramme von Seren mit n. u. mit erhöhtem Lipoproteingeh. (Veronalpuffer p_H 8,6, Ionenstärke 0,05, 200 V, 6 Std.) gezeigt. Das n. Serum zeigt nur eine einfache schwache, das hyperlipäm. eine breite zweigipflige Bande im Ölrot-Elektropherogramm. (Science [Washington] **116.** 428—30. 17/10. 1952. Washington, D. C., Army Med. Serv. Graduate School, Walter Reed. Army Med. Center.) W. Franke. 5728

Luděk Jirousek und **Marie Petráčková,** *Polarographische Bestimmung von Sulfhydrylverbindungen im biologischen Material.* 3. Mitt. *Polarographisches Verhalten von Sulfhydrylverbindungen im Blutserum und Blut.* (2. vgl. C. **1956.** 7327.) Die Stufen der Sulfhydrylverbb. (**I**) sind nur in enteiweißtem Blut deutlich feststellbar. Durch die anod. Stufe kann nur eine bestimmte Fraktion der im Blut vorhandenen Stoffe mit Sulfhydrylgruppen erfaßt werden. Diese Fraktion hängt von der Verdünnung des Blutes vor der Enteiweißung durch A. ab. Die polarograph. Meth. kann nur für eine Vergleichsanalyse der lösl. **I** im Blut unter bestimmten Versuchsbedingungen angewendet werden. Im Serum werden prakt. keine **I** gefunden. (Chem. Listy **48.** 260—64. Febr. 1954. Praha, Ústřední endokrinolog. ústav. [Orig.: tschech.]) P. Zuman/Prag. 5728

G. Beck und **G. Spengler,** *Die photometrische Percuprimetrie von normalen und pathologischen Serumproteinen.* (Vgl. C. **1954.** 851.) Das von Vff. mitgeteilte Verf. beruht auf der oxydativen Spaltung von Peptidbindungen unter Bldg. von *Ameisensäure* u. *Säureamiden* durch das stark oxydativ wirkende Cu^{3+} im *K-Cupri*(III)*-perjodat* oder- *tellurat.* Das entstehende Cu^{2+} ergibt mit überschüssigem Protein reinviolett gefärbte Biuretkomplexe. Die Geschwindigkeit dieser Rk. ist abhängig von den Reduktionspotentialen der einzelnen Peptidbindungen. Es werden 20 mg Globuline (durch 22%ig. Na_2SO_4-Lsg. aus Serum gefällt) bzw. 10 mg Albumine (anschließend durch Na_2WO_4-Lsg. gefällt) in KOH gelöst u. mit jeweils 0,2 ml n/150 K-Cupri-(III)-telluratlsg. versetzt. Dabei wird photometr. die Zeit gemessen, die nach jedem Zusatz bis zum Auftreten der Biuretfärbung abläuft. Graph. Darst. dieser Zeiten gegen die verbrauchten ml der Titrationslsg. ergibt charakterist. Glockenkurven, die bei Carcinomkranken, Tuberkulösen u. mit Röntgenstrahlen behandelten Personen deutlich von den bei n. Personen erhaltenen abweichen. (Recueil Trav. chim. Pays-Bas **74.** 543—50. Mai 1955. Bern, Univ., Med.-chem. Inst.) F. Krusen. 5728

E. J. King und **Valerie Pash,** *Bestimmung von Salicylaten im Blutplasma.* Zur *Salicylat* (**I**)-Best. werden 0,2 ml Plasma, 1 ml nHCl u. 6 ml Äthylendichlorid (**II**) 5 Min. geschüttelt u. 15 Min. zentrifugiert. 4 ml der **II**-Schicht werden mit 3 ml W. u. 2 ml 15%ig. Na_2CO_3-Lsg. extrahiert, der wss. Anteil vorsichtig mit 1 ml 33%ig. Folin-Ciocalteu-Reagens vermischt, erwärmt (37°/10 Min.), colorimetriert (Filter: Ilford 608) u. der **I**-Geh. durch Vgl. mit einer analog behandelten Eich- u. einer Blindwertlsg. bestimmt. (Biochem. J. **56.** XLV. April 1954. London, Postgrad. Med. School.) G. Bressau. 5728

A. C. Rolfe, F. R. Russell und **N. T. Wilkinson,** *Die Bestimmung von Quecksilber im Urin durch Absorptionsmessung.* Zur Hg-Best. in Urin wird in einer Druckflasche Urin mit HNO_3 u. $KMnO_4$ bei ca. 85° oxydiert, Hg mit Dithizon in Toluol extrahiert, aus der Hg-Dithizonatlsg. (**I**) durch eine Rückextraktion störendes Material entfernt u. die **I**-Absorption photoelektr., unter Verwendung eines Wärmefilters (Calorex H 503) u. eines Blaufilters (Ilford 602) bestimmt. Hg ist im Bereich von 0—100 γ mit einer Genauigkeit von $\pm 1\,\gamma$ unterhalb $50\,\gamma$ u. $\pm 3\,\gamma$ bei 50—100 γ bestimmbar. Durch das Verf. wird Hg auch nach mehrtätigem Stehen des Urins quantitativ extrahiert, was bei anderen Methoden nicht der Fall ist. (Analyst **80.** 523—30. Juli 1955. Winnington, Northwich, Cheshire, I. C. I. Ltd., Res. Dep., Alkali Div.) K. Maier. 5732

M. Goldstein und **I. Abelin,** *Über die Bestimmung der Catecholamine und der Brenzcatechine im menschlichen Harn.* Zur Trennung der im Harn vorkommenden Catecholamine [*Adrenalin* (**I**), *Noradrenalin* (**II**), *Oxytyramin* (**III**)] u. Brenzcatechine wurden papierchromatograph. u. fluorimetr. Methoden ausgearbeitet. Zwecks Freimachung der gebundenen Catecholamine wird der Harn bei p_H 1 im sd. Wasserbad 20 Min. erwärmt. Dann werden die Brenzcatechine mit Ae. bei p_H 3 ausgeschüttelt. Aus der auf p_H 7 eingestellten wss. Phase extrahiert man die Catecholamine durch Ausschütteln mit 1,5%ig. Lsg. von o-Nitrobenzoesäure in Butanol. Aus der Butanolphase werden die Catecholamine mit 0,05n HCl ausgeschüttelt. Die auf p_H 8,2 eingestellte Lsg. wird an

Al_2O_3 adsorbiert u. mit 0,25n HCl eluiert. Papierchromatograph. Trennung von **I**, **II** u. **III** auf WHATMAN-Papier Nr. 1 mit Phenol–0,1n HCl unter CO_2 u. Sichtbarmachung mit 0,44%ig. Lsg. von $K_3[Fe(CN)_6]$ bei p_H 7,8; R_F-Werte (bei aufsteigender Chromatographie) von: **II** 0,18; **III** 0,36; **I** 0,46. Die Ae.-Eluate der einzelnen Flecken werden mit Äthylendiamin kondensiert (20 Min. bei 50°; p_H 10,4); die Fluorescenz der Isobutanolextrakte der Kondensate wird bei 4500 u. 5800 Å mit dem BECKMAN-Fluorimeter bestimmt. — Es wurde nachgewiesen, daß **I**, **II** u. **III** zu den regelmäßigen Harnbestandteilen gehören. Mengenmäßig überwiegt **III** bei weitem; ihm folgt **II**, während **I** in geringster Menge vorkommt u. zuweilen auch fehlen kann. (Helv. chim. Acta **39**. 158—67. 1/2. 1956. Bern, Univ., Med.-chem. Inst.) K. F. MÜLLER. 5732

C. Heusghem, *Bestimmung der Östrogene des normalen Harns durch Fluorescenz.* Zur Ergänzung der Methoden für die Best. der Östrogene wurde ein Verf. zu ihrer Best. durch Messung der Fluorescenz ausgearbeitet, bei dem eine vorherige Anreicherung an *Östriol* (**I**) unter Ausnutzung seines stark phenol. Charakters durch Extraktion mit einer schwach alkal. Lsg. u. die von *Östron* (**II**) durch Chromatographie vorgenommen wird. Zur Kompensierung von Störungen der Messung, die durch ihrer Natur nach unbekannte Stoffe hervorgerufen werden u. jeweils in ihrer Intensität verschieden sind, muß in jedem Fall eine mathemat. Korrektur vorgenommen werden, deren Ableitung begründet wird. Die Best. von **I** u. **II** in n. Harnextrakten ist im Hinblick auf die vorliegenden Konzz. ziemlich genau. (J. Pharmac. Belgique [N. S.] **7**. 396—402. Sept./Okt. 1952. Lüttich, Univ., Labor. de Chim. Méd.) W. SCHULENBURG. 5732

Harald Schön und **Friedrich Gey,** *Zur elutionschromatographischen Trennung des freien und veresterten Cholesterins in Organ- und Serumfetten und direkten colorimetrischen Bestimmung.* Krit. Literaturüberblick über die Best. von *Cholesterin* (**I**) in biol. Substraten. Entw. eines neuen Arbeitsverf. auf folgendem Prinzip: Die in üblicher Weise gewonnenen Lipidextrakte werden an einer Al_2O_3-Säule elutionschromatograph. getrennt u. die Fraktionen des freien u. des veresterten **I** mittels der TSCHUGAEFF-Rk. colorimetr. bestimmt. Genaue Angaben über Behandlung u. Reinigung der erforderlichen Reagentien (vgl. Original). Al_2O_3 ist das Präp. WOELM (Eschwege), alkalifrei, Aktivität I; es wird durch Zugabe von 3% W. auf Aktivität II gebracht; es wird in Aufschlämmung mit PAe. in gewogener Menge in das Rohr (35 cm lang, 1,2 cm Durchmesser) eingefüllt; zur Trennung von 20 mg Fett u. weniger sind 10 g Al_2O_3 notwendig; die Fließgeschwindigkeit der Säule soll 3 ml/Min. betragen. Bei der Elution der Säule werden der Reihe nach als Eluat erhalten: Cholesterinester, dann Triglyceride, schließlich freies **I**; geringe Mengen an Triglyceriden stören nicht, größere Mengen verlangen genaue Regulierung der Elutionsgeschwindigkeit (vgl. Original). Man bringt auf die Säule bei Serum die Fettmenge aus 0,1—0,5 ml Serum, bei Leberfett 5—15 mg, bei Hautfett 5—20 mg; als Elutionsmittel finden Anwendung für **I**-Ester 75—100 ml 2% Ae. in PAe. (v/v), für Triglyceride 75—100 ml 8% Ae. in PAe., für freies **I** 75—100 ml 25% Ae. in Petroläther. Die Eluate werden auf ein Vol. von 10—20 ml eingedampft u. im dunklen Exsikkator mit der Wasserstrahlpumpe filtriert; das lösungsmittelfreie Präp. wird (Luftoxydation) im Exsikkator unter N_2 (höchstens 12 Std.) bis zur colorimetr. Auswertung aufbewahrt. Durchführung der TSCHUGAEFF-Rk. in üblicher Weise (vgl. Original; TRAPPE, Hoppe-Seyler's Z. physiol. Chem. **273**. [1942.] 177) u. Ausmessung im photoelektr. Colorimeter (Filter S 53 bei Elco II, Durchlässigkeit 520 bis 530 mμ) oder im Spektrometer bei 520 mμ; Berechnung vgl. Original; experimentell-krit. Vgl. der Resultate nach der Rk. LIEBERMANN-BUCHARD u. nach TSCHUGAEFF, deren letzte der ersten überlegen ist. Beleganalysen u. krit. Betrachtungen zur neuen Meth., die für freies u. verestertes **I** nicht spezif. ist; es können je Tag bis zu 10 Doppelbestimmungen mit einer Genauigkeit von ± 2—5% durchgeführt werden. (Hoppe-Seyler's Z. physiol. Chem. **303**. 81—90. 1956. Göttingen, Max-Planck-Gesellschaft, Med. Forschungsanst., Biochem. Abt.) K. TÄUFEL. 5750

Gilbert B. Forbes und **Margaret D'Ambruso,** *Die Bestimmung von Natrium in Knochen mit Hilfe der Kationenaustauschchromatographie.* Nach Chromatographie der Analysenlsgg. an einer *Dowex 50-X12*-Säule u. Elution mit 0,7n HCl kann Na in den ersten 100—300ml Eluat ohne Störung durch P, K, Mg oder Ca direkt flammenphotometr. bestimmt werden. Na, das sauren Lsgg. von Knochenasche zugesetzt war, wurde zu 97 $\pm$ 8% wiedergefunden. In synthet. Mischungen von NaCl, KCl, $MgCl_2$ u. $CaCl_2$ konnten die einzelnen Komponenten durch Chromatographie u. fraktionierte Eluierung quantitativ getrennt u. bestimmt werden. Zur Elution von Ca ist 5n HCl erforderlich. Vff. bestimmten nach dieser Meth. Na u. Ca in Oberschenkel- u. Schienbeinknochen von Ratten. Sowohl der Geh. von Na wie der von Ca steigt mit zunehmendem Alter an (5 Tage bis über 6 Monate), das mol. Ca–Na-Verhältnis bleibt konstant. (J. biol. Chemistry **212**. 655—61 Febr. 1955. Rochester, N. Y., Univ. of Rochester, School of Med. and Dent.) L. LEICHTER. 5750

H. Angewandte Chemie.

I. Allgemeine chemische Technologie.

Bertrand Robinson, *Einrichtungen zur Trockenmahlung und Windsichtung.* Mühlentypen u. zugeordnete Anlagen zum Windsichten werden systemat. besprochen, u. a. hinsichtlich der Verschleißfestigkeit. (Canad. Mining metallurg. Bull. **47.** 794—96. 6 Abb. Dez. 1954. Toronto, Ontario, Can., Hardinge Co., Inc.) G. LOCHMANN. 5820

W. M. Borissow, *Über den Einfluß von Natronlauge und Soda auf die Flotationseigenschaften von Nichtsulfidmineralien.* Das elektrokinet. Potential (EP) von Mineralien ändert sich mit dem p_H. Ein Minimum wird bei Calcit bei p_H 11 erreicht (+3,6 mV), bei Apatit bei p_H 7 (+1,3), bei Dolomit bei p_H 5 (+2,0), bei Baryt bei p_H 12 (0,0), bei Hydroboracit bei p_H 7 (+0,5), bei Fluorit bei p_H 5 (+0,3). Quarz hat bei p_H 7 ein stark negatives EP, offenbar infolge Überwiegens von SiO_3^{2-} an der Oberfläche. Als „elektrokinet. Index" (EI) wird der Unterschied des EP bei einem Mineral mit u. ohne Ggw. von Na-Oleat (I) bezeichnet. Bei Nephelin in Sodalsg. von p_H 7—10,3 liegt dieser Unterschied innerhalb der Fehlergrenze von 10%. Hier ist also der EI = 0; es erfolgt keine Sorption von I. Negativ geladene Mineralien haben in NaOH u. in Sodalsg. gleiches EP; bei positiv geladenen Mineralien können dagegen große Unterschiede auftreten. So ist bei p_H 10,3 das EP für Baryt in Sodalsg. mit I 10mal größer als in NaOH von gleichem p_H. Bestimmend für das EP ist hier CO_3^{2-}. Der EI zeigt bei Apatit u. Calcit ein Maximum, nach welchem die Adsorption von I abnimmt; sie erfolgt in Sodalsg. aktiver als in NaOH (z. B. 10 : 1). Kreide u. Calcit zeigen trotz gleicher Zus. Unterschiede des EP (bei p_H7 —4 mV bzw. +12,5 mV). (Химическая Промышленность [Chem. Ind.] **1955.** Nr. 4. 21—25. Juni.) R. K. MÜLLER. 5828

E. L. Holland-Merten, H. Reuther und **S. Sliwinski,** *Über Silicone.* 15. Mitt. *Über die Anwendung von Siliconöl als Betriebsflüssigkeit für Diffusionspumpen.* Als Treibmittel für Diffusionspumpen wurde das Siliconöl OE 4018/50 D eingesetzt. Nach Mitt. einiger physikal. Daten des Siliconöls wurden die Verss. sowohl in zweistufigen Glasdiffusionspumpen des VEB SCHOTT in Jena u. der Fa. W. KÜHNER in Frauenwald als in drei- u. vierstufigen Metalldiffusionspumpen der Fa. DEUTSCHE VAKUUMAPPARATE DREYER u. HOLLAND-MERTEN, Sangerhausen durchgeführt. Es konnte ein Vakuum von $1 \cdot 10^{-5}$ bis $1 \cdot 10^{-6}$ erreicht werden. Nach einer Betriebsdauer von mehreren 100 Std. zeigte das Siliconöl keine Veränderungen. (Chem. Techn. **5.** 301—03. Juni 1953. Sangershausen, Dewag Studiengesellschaft für die Vakuumtechnik; Radebeul, VEB Silikonchemie.) H. WITTE. 5842

Arthur Forshaw, *Abkühlung durch städtisches Gas.* Das Prinzip der Abkühlung durch Ammoniakgas u. seine Anwendung für Kühlvorrichtungen wird erklärt. Die Ammoniakpumpe wird durch städt. Gas erwärmt u. in Betrieb gesetzt. (Coke and Gas **17.** 315—19. Aug. 1955.) H. MIETHING. 5858

Alex. P. Rice, *Diffusion in festen Stoffen.* Übersicht. Erörterung der Elektronendefekttheorie (vgl. WAGNER u. Mitarbeiter, C. **1931.** I. 1565; **1933.** II. 1649; **1937.** II. 1505). Gleichungen zur Ermittlung des mittleren Diffusionsbetrages werden angeführt u. aus dem FICKschen Diffusionsgesetz Verff. zur Überprüfung von Rkk. mathemat. abgeleitet. Gleichungen zur Erörterung der FRENKEL-SCHOTTKYschen Fehlordnungserscheinungen werden angeführt. Beispiele für Additions-, Substitutions- u. Tarn-Rkk. im festen Zustande werden gegeben. — 8 Diagramme, 20 Schrifttumshinweise. (Ind. Chemist **29.** 405—10. Sept. 1953. Thorn Electrical Ind. Ltd., Chem. Div.) K. STEINER. 5862

B. Carleton Jealous und **Homer F. Johnson,** *Kraftbedarf für die Schwingungserzeugung in Pulsationskolonnen.* Theoret. Ableitung u. experimentelle Prüfung einer Gleichung, die den für Flüssig–Flüssig-Extraktion erforderlichen Kraftbedarf als Funktion der geometr. Kolonnen- usw. Abmessungen sowie der Dichten der beteiligten Fll. darstellt mit Erörterung des Einfl. der Reibung u. der Wrkg. von Schwungrädern am Schwingungserzeuger. (Ind. Engng. Chem. **47.** 1159—66. Juni 1955. Oak Ridge, Tenn., Oak Ridge Nat. Labor.; Knoxville, Tenn., Univ. of Tennessee, Dep. of Chem. Engng.) H. ECKHARD. 5862

T. J. Walsh, *Hochtemperaturdestillation.* (Vgl. C. **1953.** 9258.) Literaturübersicht 1953. Theoret. Grundlagen sowie Anwendung in Industrie u. Laboratorium. — 106 Zitate. (Ind. Engng. Chem. **46.** 79—82. Jan. 1954. Cleveland, O., Case Inst. of Technol.) GERHARD GÜNTHER. 5864

Karlheinz Neumann und **Gerhard Matz,** *Methoden und Anwendungen der Gefriertrocknung.* Vff. beschreiben die theoret. Grundlagen u. die apparative Durchführung der Gefriertrocknung. Es wird deren Anwendung an den Beispielen der Trocknung von

Blutplasma, Antibiotica, Bakterien, Viruskulturen, Vaccinepräpp., Zellen u. Geweben diskutiert. — 35 Literaturangaben. (Chemie-Ing.-Techn. **27**. 5—10. 1955. Göttingen, Univ., Anatom. Inst.; Köln, Fa. Leybold.) MAX SCHMIDT. 5874

V. Charvát und **O. Havel**, *Probleme der Wirbelschichttechnik.* Überblick über neuere Arbeiten. — 10 Literaturzitate. (Paliva **34**. 217—19. Aug. 1954. Praha, Ust. vyzk. vyuziti paliv.) E. UMLAUF. 5906

Hubert Grunow, Seine, Frankreich, *Emulgatoren zur Herstellung von Mineralölemulsionen.* Man verwendet als Emulgatoren Verbb. von der allg. Formel **A**, worin R den Rest eines aliphat. Alkohols mit mehr als 8 C-Atomen bedeutet oder den Rest eines alkylierten Phenols mit einer Seitenkette mit mehr als 5 C-Atomen oder eines mehrwertigen aliphat. Alkohols mit 2—4 C-Atomen, welcher mit einer höheren Fettsäure an einer seiner OH-Gruppen verestert ist. — Man erhält solche Emulgatoren durch Umsetzen von Phthalsäureanhydrid (I), Phthalsäure oder irgend einer Verb., welche unter den Reaktionsbedingungen **I** bildet, bei 100—200°, gegebenenfalls in Ggw. eines Katalysators, mit Hydrierungsprodd. von Fettsäuren oder deren Estern, mit den Umsetzungsprodd. von Phenolen mit Alkoholen oder mit Olefinen, oder man läßt die Phthalsäure oder **I** mit einem Fettsäuremonoester reagieren. Die erhaltenen Reaktionsprodd. neutralisiert man ganz oder z. T. mit Lsgg. von KOH, NaOH, NH_4OH, Triäthanolamin oder Pyridin. (**F. P. 1 027 083** vom 31/10. 1950, ausg. 7/5. 1953.) T. OPPERMANN. 5825

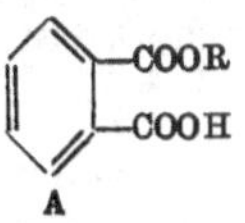

A

Commercial Solvents Corp., City of Terre Haute, Ind., V. St. A., *Trocknen feuchter Granulate* von hohem „Feuchtigkeitsdiffusionswiderstand". Die Stoffe werden vor dem Trocknen mit einem wasserunlösl. anorgan. Stoff hoher Oberflächenspannung, z. B. mit 3% Diatomeenerde, vermengt. Trocknen von NH_4NO_3, $(NH_4)_2SO_4$ u. $CaNO_3$. (**E. P. 739 837** vom 4/3. 1954, ausg. 2/11. 1955. A. Prior. 25/3. 1953.) W. MATTHAES. 5875

Commissariat à l'Energie Atomique, Paris, Frankreich (Erfinder: **J. F. Joliot, H. H. von Halban** und **L. Kowarski**), *Freimachen von Atomenergie* durch Spaltung (sprängning) von Atomkernen in Uranmassen unter Einw. von Neutronenbeschuß. In die Bahnen der neu emittierten Neutronen führt man innerhalb des U freies oder gebundenes D oder He in hinreichender Menge zu, um die Geschwindigkeit dieser Neutronen unter das Gebiet der Resonanzgeschwindigkeit gegenüber U herabzusetzen, u. in einer solchen Menge gegenüber U, daß $n \cdot P/A > 1$ wird, wobei n die Mittelzahl der bei der Spaltung der Kerne emittierten Neutronen, P das Prod. aus U-Konz. (Atomgramm je Volumeneinheit) u. dem wirksamen Querschnitt des auf die Spaltung erfolgten Einfangs durch das U von therm. Neutronen, u. A die Summe von allen im Syst. vorkommenden Prodd. aus dem Einfang ist. Die hierbei gebildete Wärme wird zweckmäßig in an sich bekannter Weise abgeleitet. (**Schwed. P. 135 148** vom 3/5. 1940, ausg. 8/4. 1952. F. Prior. 1/5. 1939.) K. H. KÄHLER. 5895

Shell Development Co., San Francisco, übert. von: **George E. Liedholm**, Berkeley, Calif., V. St. A., *Verfahren, um zwei getrennte Gasströme mit im Kreislauf geführten pulverförmigen Stoffen, z. B. Katalysatoren, in Kontakt zu bringen.* Man führt das Gas B in die unter der Zone 1 liegende Zone 2 im Gegenstrom zu dem pulverförmigen Stoff (I) in konstanter Menge ein, so daß I in pseudo-fl. Zustand gehalten wird u. über I ein Überdruck entsteht. I fließt infolge dieses Überdruckes sowie der eigenen Schwere in einen mit dem Boden der Zone 1 verbundenen Raum, aus dem es durch einen Teilstrom des Gases A in die Zone 1 gefördert wird. Der andere Teil von A wird direkt in das von I gebildete Bett in der Zone 1 eingeführt, wobei keine Behinderung des infolge seiner Schwere von Zone 1 nach Zone 2 fließenden I erfolgen darf. Das Verf. eignet sich bes. zum Cracken von KW-stoffen, z. B. in Zone 1, u. anschließenden Regenerieren des Katalysators in Zone 2. — Zeichnung. (**A. P. 2 560 356** vom 1/7. 1947, ausg. 10/7. 1951.) C. LÜTTGEN. 5905

Universal Oil Products Co., Des Plaines, Ill., V. St. A., *Herstellung von SiO_2–Metalloxyd-Katalysatoren,* in denen das Metalloxyd entweder Al-, Mg-, Zr-, Be-, V-, Th- oder Ta-Oxyd ist, durch Vermischen einer verd. Alkalisilicatlsg. mit einem gelbildenden Metalloxyd in Ggw. einer schwefelsauren Lsg. des entsprechenden Metallsalzes [z. B. $Al_2O_3 + H_2SO_4 + Al_2(SO_4)_3$]. Dieses Gemisch läßt man tropfenweise bei ca. 30—105° durch NH_3-Dämpfe fallen. Das entstandene $Al(OH)_3$ wird mit $(NH_4)_2SO_4$-haltigem W. gewaschen, bei ca. 40—315° getrocknet u. bei 425—760° calciniert. (**E. P. 728 279** vom 23/7. 1953, ausg. 13/4. 1955. A. Prior. 30/7. 1952.) H. NEBELSIEK. 5905

Allied Chemical & Dye Corp., New York, übert. von: **Selwyn Bandes**, Bronx, und **Charles B. Miller**, Lynbrook, N. Y., V. St. A., *Regenerierung und Aktivierung von AlF_3- und ZrF_4-Katalysatoren* durch Behandlung mit ClF_3 bei $< 600°$, zweckmäßig bei 100 bis 400°, u. Nachbehandlung mit einem inerten Gas. (**A. P. 2 709 688** vom 6/10. 1953, ausg. 31/5. 1955.) J. MÜHLEISEN. 5905

II. Betriebsschutz. Feuerschutz.

Harry F. Weaver, *Neue Gasentzündungen in Kohlenbergwerken.* Von Juli 1952 bis Aug. 1954 wurden vom Bureau of Mines 49 Gasentzündungen registriert. Über Entstehung u. Folgen wird berichtet. (Proc. Illinois Mining Inst. **62.** 87—89. 1954. Benton, Ill., National Mine Rescue Assoc., U. S. Bureau of Mines.) E. Boye. 5932

Laurent Moreau, *Photographische Wirkungen des Radiums.* Durch Verss. über die Schwärzung photograph. Filme durch die γ-Strahlung des Ra kann gezeigt werden, daß bei der Beurteilung von Strahlenschutzbedingungen mittels geschwärzter Filme Fehlschlüsse resultieren können, wenn die Vorfilterung der γ-Strahlung nicht berücksichtigt wird. (J. Radiol. Électrol. Arch. Électr. méd. **34.** 270—71. 1953. Avignon.) W. Reusse. 5932

Ashley D. Nevers, *Herstellung von Luft bestimmter Geruchsintensität für Geruchsuntersuchungen.* Eine tragbare App. wird beschrieben, die es gestattet, kleine definierte Mengen riechender Substanzen einem bestimmten Luftstrom zuzumischen, um die Intensität des Geruches von Gasen in Luft, die manchmal als Warnstoffe benutzt werden, durch Vgl. zu bestimmen. (ASTM Bull. 45—47. Sept. 1955.) H. Eisenbarth. 5936

P. A. Paramonow, *Der Mechanismus der Kohlenoxydbildung in der Grubenluft bei Sprengarbeiten.* Vf. bestreitet die Möglichkeit der Erhitzung des Mikrostaubs bei Explosionen unter Tage auf eine solche Temp., daß an ihm eine Dissoziation von CO_2 u. C stattfindet. Die den theoret. Erwartungen widersprechende CO-Bldg. scheint eher von den Eigg. des Sprengstoffs u. den Sprengbedingungen abzuhängen; beide beeinflussen die Bldg. von Wasser- u. Generatorgas u. die Einstellung des Wassergasgleichgewichts, auch die Bldg. von N-Oxyden u. die Oxydation des CO zu CO_2 durch den Luft-O_2 oder Metalloxyde. (Горный Журнал [Berg-J.] **1955.** Nr. 10. 49—55. Okt.) R. K. Müller. 5936

Ss. G. Mokruschin, W. I. Borissichina und **K. G. Potasskujew,** *Einfluß der Elektrolyte auf die Bildung und Festigkeit des Schaumes aus Malzkeimen.* 3 g gemahlene Malzkeime u. 100 ml W. wurden 1 Min. geschüttelt u. nach 2 Min. die Voll. von Schaum u. Fl. gemessen. Zusatz verschied. Schwermetallsalze (10 ml n. Lsgg.) erhöhten Vol. u. Festigkeit des Schaumes, am stärksten Al- u. Cd-Sulfat, Zn- u. Fe-Chlorid. Kreide u. feingemahlene Malzkeimlinge können in Schaumfeuerlöschern Lakritzewurzel u. Soda ersetzen. (Журнал Прикладной Химии [J. angew. Chem.] **28.** 107—08. Jan. 1955. Uraler Polytechn. Kirow-Inst.) A. v. Wilpert. 5944

Ss. G. Mokruschin und **W. I. Borissichina,** *Einfluß laminar-disperser Stoffe auf die Schaumfestigkeit.* (Vgl. vorst. Ref.) Je 1,2 g feingemahlene Malzkeime wurden mit 100 ml W. unter Zusatz von 0,4—0,6 g dispergierter Metallhydroxyde geschüttelt. Als Festigkeitsmaß diente die Zeit, während welcher eine wenigstens 2 cm hohe Schaumsäule erhalten blieb. Stabilisierend wirkten die Hydroxyde von Zn u. Mg, am stärksten jene des Ni u. Co (Lebensdauer 14 u. 19 Std.). Der stark hydrophile Bentonit sowie Kreide (beide dispergiert) senkten die Schaumfestigkeit, desgleichen Glimmer u. Asbest (die nur bei geringen Gaben steigernd wirkten). (Журнал Прикладной Химии [J. angew. Chem.] **28.** 109—11. Jan. 1955. Uraler Polytechn. Kirow-Inst.) A. v. Wilpert. 5944

III. Elektrotechnik.

LICENTIA Patent-Verwaltungs-G. m. b. H., Hamburg, und **Norddeutsche Kabelwerke Akt.-Ges.,** Berlin (Erfinder: **Franz Pawlek,** Berlin), *Elektrischer Leiter* mit einem ohne Verwendung eines Träger- oder Bindemittels aufgebrachten Überzug aus einem nichtleitenden magnet. Werkstoff. Dieser besteht aus einer spinellartigen Verb., entweder aus Fe_2O_3 u. Erdalkali- oder Schwermetallsulfiden, oder aus Sulfiden von Fe, Ni, Co, Mn oder Cr mit Erdalkali- oder Schwermetallsulfiden oder -oxyden. (**D. B. P. 937 654** Kl. 21c vom 9/12. 1951, ausg. 12/1. 1956. Anmeldung bekanntgemacht 7/7. 1955. **Zusatz zu D. B. P. 881 966; C. 1954. 3300.**) H. Kessel. 5953

Bell Telephone Laboratories, Inc., New York, N. Y., übert. von: **Walter L. Bond,** New Providence, und **Gordon K. Teal,** Summit, N. J., V. St. A., *Halbleiterkörper für Fernmeldezwecke.* Ein Halbleiterstab aus *Ge* oder *Si* besteht aus zwei langen, n-leitenden Einkristallen, deren Kristallorientierungen um 10° voneinander abweichen. Zwischen den beiden Kristallen verläuft eine p-leitende Zone, die sich längs der (1 1 1) Ebene erstreckt. — Zeichnungen. (**A. P. 2 694 024** vom 24/7. 1950, ausg. 9/11. 1954.) G. Apel. 5953

Commonwealth Engineering Co. of Ohio, übert. von: **Peter Pawlyk,** Dayton, O., V. St. A., *Herstellung von halbleitenden oder nichtleitenden Schichten auf Isolierstoffen.*

Durch therm. Zers. von *Cu-Acetylacetonaten* werden Überzugsschichten aus den Gemischen von Cu_2O u. bes. CuO, gegebenenfalls mit metall. Cu, gebildet, wenn die Rk. bei Atmosphärendruck vor sich geht. Mit zunehmender Strömungsgeschwindigkeit steigt der Geh. der Mischung an CuO an. Der Oxydgeh. kann auch durch Zusetzen geringer Mengen von O_2 zu dem Trägergas, bes. CO_2, gesteuert werden. Die Ggw. von H_2 oder W. ist unbedingt zu vermeiden. Um unerwünschte Neben-Rkk. zwischen O_2 u. dem bei der Zers. entstehenden CO zu verhindern, wird statt reinem O_2 Luft zugesetzt. Die Temp. im Reaktionsraum darf nicht auf 700° F (371° C) steigen, da sich sonst metall. Cu abscheidet. —Vorrichtung. (**A. P. 2 694 377** vom 8/10. 1951, ausg. 16/11. 1954.) F. VIER. 5953

Henri Charles Malmonte, Seine-et-Oise, Frankreich, *Heizwiderstand.* Auf einen isolierten Träger wird eine aus 0,2—1,6 kg Graphit u. 1 Liter Wasserglas zusammengeknetete Paste aufgebracht u. nach dem Einbetten der Stromzuführungen getrocknet, z. B. 24—48 Std. an freier Luft. Zur Erhöhung der Festigkeit kann der Widerstand mit gerade gefälltem Al-Silicat oder mit einer Lsg. von Cr-Alaun beschichtet u. nochmals getrocknet oder glasiert werden. (**F. P. 973 660** vom 30/10. 1941, ausg. 13/2. 1951.) B. SCHMIDT. 5955

Siemens-Schuckertwerke Akt.-Ges., Berlin und Erlangen (Erfinder: **Alfred Siemens,** Erlangen), *Regelbarer Widerstand,* der als dünne Halbleiterschicht die eine Belegung eines Kondensators bildet u. durch dessen Spannung gesteuert wird. Als Dielektrikum dient ein Isolierstoff von hoher DK., bes. ein Titanat, z. B. $BaTiO_3$ oder $SrTiO_3$. (**D. B. P. 937 532** Kl. 21 c vom 12/12. 1952, ausg. 12/1. 1956. Anmeldung bekanntgemacht 14/7. 1955.) H. KESSEL. 5955

Albert Reiffer, Seine-Inferieure, Frankreich, *Bleielektroden für Stromsammler.* Die tragenden Pb-Platten werden mit einer gleichmäßigen Oxydschicht von hoher Porosität versehen, indem sie mit einem feinen Netz, gegebenenfalls aus Glasseide mit Na-Wasserglas als Klebemittel, bespannt, dann mit Oxyd bestreut werden u. dieses schließlich mit verd. H_2SO_4 getränkt wird. — Zeichnung. (**F. P. 972 768** vom 17/4. 1941, ausg. 2/2. 1951.) B. SCHMIDT. 5971

Abdelhak Sator, Algier, *Stromsammler.* Die Anode besteht aus Kohle, Pt oder Pt-Legierung u. taucht in eine gesätt. Lsg. von J_2 in Methylalkohol oder Äther. Die Kathode besteht aus Zn oder Pb u. taucht in eine Lsg., die neben dem Chlorid eines dieser Metalle Alkali- oder Erdalkalichlorid enthält. Anoden- u. Kathodenraum sind voneinander durch ein für Cl^-, nicht aber für J_2 durchlässiges Diaphragma getrennt. Dieses besteht z. B. aus Kollodium, das anodenseitig mit einem chloridgetränkten Gel beschichtet ist. Das J_2 nimmt bei Aufladung des Sammlers das an der Anode frei werdende Cl_2 auf unter Bldg. von JCl u. JCl_3. Das Cl^- kann durch Br^- ersetzt sein. (**F. P. 976 827** vom 20/10. 1948, ausg. 22/3. 1951.) B. SCHMIDT. 5971

Alain Maurice Marie Manceaux, Loire-Inférieure, Frankreich, *Stromsammler.* Die positive Elektrode besteht aus Pb, die negative aus Hg, das am Boden des Behälters auf einer Platte aus Hornkohle aufliegt u. durch Raster u. Gitter von der positiven Elektrode ferngehalten wird. Der Elektrolyt von 20—30° Bé ist eine Lsg. von Mg-, Cd- oder Zn-Sulfat in verd. H_2SO_4. Beim Aufladen bildet sich Amalgam, das sich beim Entladen wieder zersetzt. — 2 Zeichnungen. (**F. P. 986 785** vom 19/3. 1949, ausg. 6/8. 1951.) B. SCHMIDT. 5971

Louis Martin, Seine, Frankreich, *Stromsammlerseparator.* Der Separator besteht aus zwei Schichten. Die eine, aus dünnem Zedern- oder Pappelholz, liegt an der negativen, die andere, aus Glasgespinnst, an der positiven Elektrode. Beide Schichten werden durch eingeleimte Stäbchen in Abstand voneinander gehalten, derart, daß lotrechte Kanäle entstehen. In diesen sinken Peroxydteilchen, die sich von der positiven Elektrode lösen u. das Glasfilter durchdringen, ab, so daß keine Kurzschlüsse durch Anhäufung solcher Teilchen entstehen können. — 2 Zeichnungen. (**F. P. 988 605** vom 17/1. 1944, ausg. 29/8. 1951.) B. SCHMIDT. 5971

Helmut Jedlicka, Schwenningen, *Galvanisches Element.* Zum D. B. P. 929 560; (C. **1955.** 11651) ist nachzutragen: Die negative Hg-Elektrode, die nicht vom Elektrolyten überflutet werden soll, befindet sich in einem Einsatzgefäß, dessen Boden mit einem alkalidurchlässigen Diaphragma verschlossen ist. Zur Aktivierung der Hg-Elektrode werden in das Einsatzgefäß Tabletten aus festem Na-Amalgam mit 23 Gew.-% Na gegeben. (**D. B. PP. 936 699** u. **936 700** Kl. 21 b vom 12/5. 1949, beide ausg. 22/12. 1955. Anmeldung bekanntgemacht 15/2. 1951.) F. LAASS. 5971

Robert Meunier, Bouches-du-Rhône, Frankreich, *Regenerierung von galvanischen Elementen.* Zn-Kohle-Elemente mit NH_4Cl-Lsg. als Elektrolyt werden von den im Betrieb anfallenden u. die Elektroden verdeckenden $ZnCl_2$-Kristallen befreit u. dadurch vollständig regeneriert. Die Elektroden werden zunächst in ein heißes Bad, das 1 Teil HCl auf 40 Teile W. enthält, getaucht, darauf bei 150° getrocknet, so daß noch in den Poren haftende Kristalle durch den entstehenden Dampf zertrümmert u. ausgeblasen werden, u. schließlich nochmal mit einem Bad von der genannten Zus. behandelt. (**F. P. 988 911** vom 26/1. 1944, ausg. 3/9. 1951.) B. SCHMIDT. 5971

Earl M. Otto, Washington, D. C., V. St. A., *Trockenbatterien für niedrige Temperaturen.* Der Elektrolyt enthält neben den Verdickungsmitteln 65 (Gew.-%) W., 10—30 $CaCl_2$ u. 40 $ZnCl_2$, u. eine Menge NH_4Cl, die 5—20 obiger Lsg. beträgt. Die Puppe besteht aus MnO_2 u. Acetylenruß. (**A. P. 2 569 491** vom 27/6. 1946, ausg. 2/10. 1951.) F. LAASS. 5971

Radio Corp. of America, übert. von: **Simon Larach,** New Brunswick, N. J., V. St. A., *Leuchtschirm für Kathodenstrahlröhren.* Das innere Kolbenende wird mit einer Flüssigkeitsschicht bedeckt, die aus Methyl-, Äthyl-, Butyl- oder Propylalkohol u. 5—15 Vol.-% Ae. besteht. In diese wird eine Suspension von feinverteiltem, mit Mn aktiviertem MgS eingebracht. Der gebildete Nd. wird nach dem Entfernen der Fl. getrocknet u. mit der wss. Lsg. reinen Erdalkali- oder K-Silicats benetzt. Nach dem sofortigen Entfernen dieser Fl. wird die Schicht zur Verringerung der Dissoziationsneigung auf ca. 0° gekühlt u. mit Sulfidionen enthaltendem Eiswasser bedeckt. Darüber wird ein dünner Film aus einem in W. unlösl. u. mit W. nicht mischbaren organ. Material gesprüht, der sich nach dem Entfernen der Eiswasserlsg. auf der Leuchtstoffschicht absetzt u. als Trägerschicht für eine bes. aus Al bestehende dünne Metallisierungsschicht dient. (**A. P. 2 710 262** vom 28/6. 1952, ausg. 7/6. 1955.) H. KESSEL. 5975

Electric & Musical Industries Ltd., England (Erfinder: **Cornelis Bos**), *Leuchtschirm für Kathodenstrahlröhren.* Bei der Herst. wird die Fluorescenzschicht mit einer dünnen, beim Trocknen schrumpfenden Schicht aus einer gelatinösen Substanz bedeckt. Sie besteht prakt. aus einem Alginat (I), das in einer Fällungs-Rk. erhalten wird, z. B. aus (NH_4)-I u. $Zn(NO_3)_2$. Die Schicht dient als Unterlage für die anschließende Metallisierung. (**F. P. 1 089 738** vom 18/12. 1953, ausg. 21/3. 1955. E. Priorr. 18/12. 1952 u. 18/12. 1953.) H. KESSEL. 5975

Radio Corp. of America, New York, N. Y., V. St. A., *Selen-Widerstandsphotozelle* besteht aus rotem amorphem Se auf einer Trägerelektrode aus Au, Pt, Al, Be, Pd oder Ag u. einer lichtdurchlässigen Gegenelektrode aus Al. (**E. P. 672 052** vom 27/2. 1950, ausg. 14/5. 1952. A. Prior. 28/2. 1949.) H. KESSEL. 5977

IV. Wasser. Abwasser.

G. Thiem, *Grundwasser — Flußwasser — Abwasser und ihre gegenseitigen Beziehungen.* Der Grundwasserschatz u. seine ständige Einspeisung reichen zur Versorgung der deutschen Bevölkerung aus, wenn größere Entfernungen für die Zuleitung nicht gescheut u. ungenutztes Grundwasser, z. B. aus Bergwerken, aufbereitet u. verwendet wird. Künstliches Grundwasser durch Flußversickerung kann es ergänzen, wenn die Flußverunreinigung durch Reinigung der Abwässer u. notfalls deren getrennte Ableitung in bes. Vorflutern eingeschränkt wird. (Gesundheits-Ing. **76.** 276—78. Sept. 1955. Leipzig.) H. MÜHLMEISTER. 6010

G. G. Cillie, *Die Anforderungen an die Wasserbeschaffenheit zum häuslichen Gebrauch.* Die an ein Roh- u. aufbereitetes Trinkwasser bzgl. der zulässigen Bestandteile zu stellenden Anforderungen werden behandelt, bes. im Hinblick auf die an sich ungiftigen Neutralsalze von Na, K, Ca u. Mg, ihre Geschmacksschwelle von 300—900 mg/Liter u. ihre Verträglichkeit. Bei Gewöhnung kann diese noch bei 1000—2000 mg/Liter gegeben sein, doch muß die physiolog. Wrkg. auch bei Kindern u. Alten beachtet werden. Die Notwendigkeit, in manchen Gebieten Südafrikas solch salzhaltiges W. verwenden zu müssen, sollte Veranlassung zur Entw. wirtschaftlicher Entsalzungsverff. geben. (South African ind. Chemist **6.** 119—21. Juni 1952. Nat. Chem. Res. Labor., Water Treatm. Res. Div.) H. MÜHLMEISTER. 6014

G. R. Botha, *Die Anforderungen an die Wasserbeschaffenheit zum gewerblichen Gebrauch.* Der begrenzte Wasserschatz Südafrikas zwingt neben der Wiederverwendung gereinigten Abwassers zur Ansiedlung der Industrie in unentwickelten Gebieten. Die Beschaffenheit des hier verfügbaren W. ist ausschlaggebend. Die Anforderungen für verschied. Verwendungszwecke (als Kühl- u. Kesselspeisewasser, für Textilindustrie, Gerberei, Wollwäscherei u. a., Feuerschutz, Klimaanlagen usw.) werden besprochen. (South African ind. Chemist **6.** 121—23. Juni 1952. Counc. for Scient. and Ind. Res., Nat. Chem. Res. Labor., Water Treatm. Res. Div.) H. MÜHLMEISTER. 6014

Y. Boer-Nieveld und **D. Pauli,** *Übersicht über die Erforschung der Wasserentsalzung, insbesondere der elektrodialytischen Verfahren.* Mit 99 Literaturangaben, 18 Diagrammen,

16 Abb. u. Aufzählung von 56 Patenten werden die Entsalzungsverff. für Meer- u. Brackwasser durch Dest., Hochdruckdest., Ausfrieren, Ionenaustausch, Elektrolyse u. Elektrodialyse besprochen u. verglichen. Ausführlich wird die Theorie der letzteren behandelt, bei der die Kationen u. Anionen aus dem Dialysat über 2 oder mehr Membranen unter dem Einfl. eines elektr. Feldes entfernt werden, u. über Verss. mit verschied. Membranen u. die mit ihnen zu erzielenden Leistungen berichtet. Eine einzelne dreiteilige Zelle mit nicht oder mehr oder weniger selektiven Membranen u. sauren, alkal. oder neutralen Hilfs-Fll. sowie eine zweiteilige mit nichtreversiblen Elektroden u. reversiblen Ag–AgCl-Elektroden führten zu einer mehrteiligen mit selektiven Membranen. Mit dieser App. konnte der NaCl-Geh. von 1650 auf 500 mg/Liter red. werden, wobei bei einem Durchsatz von 4800 m^3/Tag die Kosten auf hfl 0,37/m^3 geschätzt wurden. (Gen. techn. Dep. T.N.O. [The Hague], Rep. T. A. **270.** 1—112. Okt. 1952.) H. MÜHLMEISTER. 6016

W. W. Armstrong und **H. E. Case**, *Entfernung von Eisen aus Betriebswasser durch Kalkbehandlung.* Von den für den Betrieb der UNIVERSAL CYCLOPS STEEL CO. täglich benötigten 3800 m^3 Kühlwasser werden ca. $^3/_4$ dem Chartierscreek entnommen; bei p_H 3,5—7,5 enthält es viel Fe u. Fe-Bakterien u. ist zeitweise sehr trübe. Die Aufbereitung erfolgt mit Alaun zur Klärung, Kalk zur Erhöhung des p_H u. Red. des Fe-Geh., Cl_2 zur Bekämpfung der Bakterien u. biol. Bewuchses in einer kreisförmigen WALKER CLARIFLOW-App., die auf Änderungen der Zus. schnell anspricht; in einer inneren Mischzone wird das W. mit den Chemikalien u. etwas Rücklaufschlamm zum Impfen gemischt u. klärt sich beim Durchlauf nach außen durch Ausflockungs-, Beruhigungs- u. Absetzzone, der Schlamm wird mechan. zusammengeschabt u. abgepumpt. (Iron Steel Engr. **32.** Nr. 7. 143—44. Juli 1955. Pittsburgh, Pa., Dravo Corp., Mach. Div.)
H. MÜHLMEISTER. 6024

P. Höfer, *Moderne chemische Wasseraufbereitung von Trink- und Brauchwässern.* Es werden die Voraussetzungen u. Gesichtspunkte für die Aufbereitung von Trink- u. Brauchwässern u. die dafür heute üblichen Verff. mit ihren Apparaturen eingehend geschildert: zum Schutz der Anlagen u. Verteilernetze Enteisenung, Entmanganung, Entsäuerung u. Schutzschichtbldg., für den Verbrauch Enthärtung, Entsalzung, Schönung u. Entkeimung. (Gesundheits-Ing. **76.** 270—73. Sept.; 304—09. Okt. 1955. Berlin-Dahlem, Inst. für Wasser-, Boden- u. Lufthygiene.) H. MÜHLMEISTER. 6024

G. Gad und **C. Columbus**, *Chemische Auswirkungen der Wasserozonisierung.* Die chem. Einw. von aus reinem O_2 durch Glimmentladung bei 30000 Volt bereitetem O_3 auf Bestandteile des Trinkwassers wurde untersucht. NH_4-Ion war gegen O_3 völlig beständig, NO_2^- wurde in alkal. u. saurer Lsg. rasch zu NO_3^- oxydiert, HS^- u. S^{2-} quantitativ zu SO_4^{2-}, Fe^{2+} auch in saurer Lsg. u. an Huminstoffe gebunden zu Fe^{3+} oxydiert. Diese Rk. kann zur analyt. Best. des Fe verwertet werden durch Colorimetrieren mit KCNS nach 2—5 Min. langem Einleiten von O_3 in 100 cm^3 mit HCl angesäuertes Wasser. Mn^{2+} wird durch O_3 in alkal., neutraler u. saurer Lsg. quantitativ zu MnO_2 oxydiert. Die Rk. kann zur Entmanganung in schwierigen Fällen u. zur Trennung von Fe u. Mn in saurer Lsg. benutzt werden, sowie zur Best. des Mn durch Ausfällen als MnO_2 mit O_3, Austreiben des überschüssigen O_3 durch Kochen, Zusatz von KJ nach dem Erkalten, Ansäuern mit H_3PO_4 u. Titrieren des in Freiheit gesetzten J_2 mit $Na_2S_2O_3$. Huminstoffe wurden durch 5 Min. langes Einleiten von O_3 weitgehend abgebaut, bes. in alkal. Lösung. (Gesundheits-Ing. **76.** 268—69. Sept. 1955. Berlin-Dahlem, Inst. für Wasser-, Boden- u. Lufthyg.) H. MÜHLMEISTER. 6026

K. Kosstow, *Die Wasserverhältnisse der Industriekessel.* Diskussion einiger bekannter Methoden der Enthärtung von Kesselspeisewasser. (Тежка Промишленост [София] [Schwer-Ind. (Sofia)] **4.** Nr. **3.** 38—44. 1955.) O. POLLAK v. EMHOFEN. 6030

G. J. Stander, *Die Anforderungen an die Wasserbeschaffenheit zur Aufrechterhaltung der Wasserflora und -fauna und für Zwecke der Erholung.* Zusammenfassung der an W. für Erholungsgebiete in Seen, Flüssen u. Speicherbecken allg. u. im bes. für Baden, Fischen u. sonstigen Wassersport zu stellenden Anforderungen. (South African ind. Chemist **6.** 118—19. Juni 1952. Counc. for Scient. and Ind. Res., Nat. Chem. Res. Labor., Water Treatm. Res. Div.) H. MÜHLMEISTER. 6036

R. W. Coopey, *Radioaktiver Planktongehalt des Columbia-River.* Aus dem Columbia-River wurde oberhalb u. unterhalb der HANFORD ATOMIC PRODUCTS OPERATION (HAPO) während eines Jahres Wasserproben entnommen u. diese selbst u. deren Planktongeh. auf Radioaktivität untersucht. Die Proben wurden dazu auf kleine Stahlplättchen aufgebracht u. mit einem Fensterzählrohr geprüft. Die Wasseraktivität betrug im Mittel oberhalb HAPO $1\cdot10^{-8}$, bei HAPO $1{,}6\cdot10^{-6}$, unterhalb HAPO $2\cdot10^{-7}$ μC/ml. Für je 1 m^3 W. wurde ein Trockengewicht an Plankton von 200 mg gefunden. Die β-Aktivität war oberhalb HAPO $1\cdot10^{-5}$, bei HAPO $370\cdot10^{-5}$, unterhalb HAPO $1\cdot10^{-4}$ μC/g, sie wird folgenden Isotopen zugeschrieben: ^{32}P (40%), ^{59}Fe (30%), Seltene Erden (15%),

Zn-, Co-Isotope (10%), Cu-, As-Isotope (5%). Schädliche Einfll. auf höhere Lebewesen, die mit dem Flußwasser in Berührung kommen, sind nicht zu befürchten. (Trans. Amer. microscop. Soc. **72.** 315—27. Okt. 1953. Richland, Wash., Gen. Electr. Co., Radiolog. Sci. Dep., Biol. Sect.) W. Reusse. 6038

Josef Wittmann, *Die Behandlung von Brennereiabwässern.* Die zweckmäßigste Beseitigung von Brennereiabwässern, soweit ihre Verwertung als Futter als wirtschaftlichste Verwendung nicht möglich ist, ist ihre Oberflächenverrieselung oder Untergrundversickerung, bei denen für je 10 m^3/Tag vorgeklärten Abwassers 0,17—0,25 ha ausreichen. Bei Einleitung in einen Vorfluter ist biol. Reinigung durch Tropfkörper mit Nachklärbecken oder Emscherfilter erforderlich, das Belebtschlammverf. eignet sich wegen Blähschlammbldg. nicht. Einzelheiten der Ausführung u. Beispiele werden besprochen. (Alkohol-Ind. **68.** 393—96. 15/8. 1955. Wiesbaden-Biebrich.) H. Mühlmeister. 6040

L. Divet, *Behandlung der Abwässer.* Beschreibung von Einrichtung u. Betrieb der Abwasserkläranlage einer Bleicherei u. Färberei, in der nach Trennung vom nicht verunreinigten W. ca. 700 m^3/Tag in einem Ausgleichsbecken von 180 m^3 gemischt, mit 300 m^3/Std. belüftet, mit 100 (g) CaO, 250 $FeSO_4$ u. 300 H_2SO_4 versetzt, in einem *Klärflocculator Dorr O.D.A.* unter Rühren ausgeflockt u. fast völlig geklärt werden. Der BSB wird um 75% auf 40—80 mg/Liter verringert, der Abfluß ist durchweg farblos. (Rev. Textile-Tiba [N. S.] **55.** 25—29. Jan. 1956.) H. Mühlmeister. 6042

V. Anorganische Industrie.

D. W. F. Hardie, *Die Entwicklung der Salzsäure- und Natriumsulfatindustrie.* Beschreibung der histor. Entw. der HCl-Industrie seit Libavius [1600] u. der Na_2SO_4-Industrie mit ihren wesentlichen Entwicklungsstufen u. Schwierigkeiten der Na_2SO_4-Unterbringung, bes. zur Blütezeit der Leblanc-Sodafabrikation, mit Ausblick auf die heutige Technik der H_2–Cl_2-Verbrennung u. der damit unabhängig gewordenen Na_2SO_4-Herstellung. — 29 Literaturstellen. (Ind. Chemist **31.** 281—86. Juni 1955.) H. Eckhard. H 247

Albert S. Hester (unter Mitarbeit von **Horace W. Diamond**), *Salzherstellung.* Nähere Beschreibung der Ausrüstung u. Arbeitsweise der Koch- u. Industrie-Salzanlage der Morton Salt Co. in Manister, Michigan. — Fließschemen, Abb., **33** Literaturstellen. (Ind. Engng. Chem. **47.** 672—83. April 1955. Chicago, Ill., Morton Salt Co.) H. Eckhard. H 274

Félix Verdeaux, *Behandlung von Kupfer zwecks Gewinnung von „Hohlgranalien“.* Die zur Herst. von $CuSO_4$ benötigten Cu-Granalien werden durch Zugabe von etwas S zu geschmolzenem, CuO-haltigen Cu u. Eingießen in W. erhalten, wobei in geschmolzenem Cu gelöstes SO_2 unter Aufblähen des Cu entweicht. Nach Verss. des Vf. soll der Cu_2O-Geh. im Cu weit unterhalb der 1115—1120° entsprechenden Sättigungsmenge liegen, so daß man mit einer Zugabe von 1% S, berechnet auf das geschmolzene Cu, auskommt. (Chim. et Ind. **71.** 1134—35. Juni 1954.) K. Steiner. H 358

Ohio State University Research Foundation, übert. von: **Harry H. Sisler** und **Robert Mattair,** Columbus, O., V. St. A., *Herstellung von Hydrazin* in Form einer Lsg. in fl. NH_3. Man stellt trockenes NH_2Cl her, indem man trockenes Cl_2 in trockenes, fl. NH_3 leitet u. dabei wesentlich >2 (Mol) NH_3 je 1 Cl_2 anwendet. Das NH_2Cl leitet man in einen großen Überschuß von fl. NH_3 [wesentlich >2 NH_3 je 1 NH_2Cl]. Man kann auch das Cl_2 mit einer größeren Menge an NH_3-Gas umsetzen u. aus dem Gemisch von NH_3 u. NH_2Cl das NH_3 kondensieren u. das wasserfreie NH_2Cl mit dem kondensierten NH_3 in Rk. bringen, um wasserfreies N_2H_4, in fl. NH_3 gelöst, zu erhalten. Das Cl_2 kann mit einem inerten Gas verd. sein. — Fließbild. (**A. P. 2 710 248** vom 17/1. 1950, ausg. 7/6. 1955.) A. Zürn. H 243

M. W. Kellogg Co., Jersey City, übert. von: **William E. Hanford,** Short Hills, N. J., V. St. A., *Herstellung von Hydrazin* (**I**). Harnstoff, Formamid, Acetamid, Benzamid oder Lauramid werden mit NO_2, HNO_3 u./oder einem Alkylnitrat nitriert, bes. in Ggw. einer starken Mineralsäure, wie H_2SO_4 oder HF. Das entstandene Nitroamid wird abgetrennt, z. B. durch Auskristallisieren oder Extrahieren, u. in Ggw. eines Hydrierkatalysators zu Hydrazid red., aus dem durch Rk. mit wasserfreiem NH_3 **I** gewonnen wird. Die Rk. mit NH_3 wird bes. bei 50—200° u. einem Druck zwischen ca. 200 u. 2000 lbs./sq.in. durchgeführt. — Fließbild. (**A. P. 2 717 200** vom 4/4. 1950, ausg. 6/9. 1955.) A. Zürn. H 243

M. W. Kellogg Co., Jersey City, übert. von: **Herbert I. Passino,** Englewood, N. J., V. St. A., *Herstellung von Hydrazin.* Harnstoff wird bei Tempp. zwischen 40° u. seiner Zersetzungstemp. mit wenigstens 2 Gew.-% eines carbonylbildenden Metalls, wie Fe,

Ni, Co, Mo, Cr, Ru oder W, in Berührung gebracht. Die besten Ausbeuten werden mit 50 Gew.-% Metall erhalten. (**A. P. 2 717 201** vom 23/10. 1950, ausg. 6/9. 1955.)
A. ZÜRN. H 243

Allied Chemical & Dye Corp., New York, übert. von: **Irving Litant**, Flushing, N. Y., und **Robert V. Townend**, Arlington, N. J., V. St. A., *Stabilisieren von flüssigem Schwefeltrioxyd und von hochprozentigem Oleum.* Man setzt geringe Mengen (<1 Gew.-% des SO_3) einer gesätt., fl., monomeren Si-Verb. der Formel X—M—Y zu, worin X = Cl, F, CH_3 u./oder CH_3O-Gruppe, M = Si oder der Disiloxankern u. Y = Cl_a, F_a, $(CH_3)_b$ u./oder $(OCH_3)_b$, wobei a = 0—3 (0, wenn M = Si) u. b = 0—3 (0, 1, oder 2, wenn M = Disiloxankern), u. alle übrigen Si-Valenzen durch H gebunden sind. — Beispiele: $(CH_3O)_4Si$; $Cl_3SiOSiCl_3$; CH_3SiCl_3. (**A. P. 2 716 593** vom 4/12. 1952, ausg. 30/8. 1955.)
A. ZÜRN. H 253

Allied Chemical & Dye Corp., New York, N. Y., übert. von: **John E. Harris, jr.**, Linwood, Pa., **Richard N. Smith**, Claymont, Del., und **Harold G. McCann**, West Hyattsville, Md., V. St. A., *Stabilisieren von flüssigem Schwefeltrioxyd und von hochprozentigem Oleum.* Man setzt geringe Mengen von polymeren Siloxanen oder Disiloxanen zu, bes. geradkettige Verbb. der Formel $R'[R_2''SiO]_nSiR_3'''$, worin n = 1 bis ca. 900, R', R'', R''' = Methyl, Methoxy oder H; ferner cycl. Verbb. der Formel $[R'R''SiO]_n$, worin n = 3 bis ca. 900. Angeführt sind: $(CH_3)_3SiOSi(CH_3)_3$ u. $(CH_3)_3Si[OSi(CH_3)_2]_4CH_3$. Die Verbb. können fl. bis halbfest sein. (**A. P. 2 716 594** vom 4/12. 1952, ausg. 30/8. 1955.)
A. ZÜRN. H 253

Stevensons (Dyers) Ltd., Ambergate, England (Erfinder: **Eric Tom Fell**), *Herstellung von Sulfomonopersäure enthaltenden Lösungen.* H_2O_2 wird mit einem gleichen oder größeren Vol. 75—88%ig. H_2SO_4 gemischt, das erhaltene Gemisch zur Verhinderung weiterer Rk. gekühlt u. sofort mit W. verd., so daß eine nicht >15 Gew.-% Sulfomonopersäure (H_2SO_5) enthaltende wss. Lsg. erhalten wird. (**E. P. 738 407** vom 16/1. 1953, ausg. 12/10. 1955.)
K. DEMMLER. H 253

Comp. de Produits Chimiques et Électrométallurgiques Alais, Froges et Camargue, Paris, Frankreich (Erfinder: **E. F. Ravier**), *Elektrolysenzelle*, bes. zum Raffinieren von *Aluminium.* In der Zelle sollen 3 Schichten übereinander vorhanden sein, nämlich 2 metall. u. dazu 1 elektrolyt. Schicht. Hierbei ist der Boden der Zelle mit einer Vertiefung versehen, in die von unten die Anode hereinragt u. in der sich übereinander die 3 Schichten befinden. Da die Wände aus Isoliermaterial bestehen, sind die beiden Metallschichten völlig voneinander isoliert. Seitlich von der Vertiefung sind, durch den Boden isoliert, die Kathoden zugeführt, die nur mit der oberen Metallschicht in Verbindung stehen. Die Zelle arbeitet mit sehr geringen Wärmeverlusten. (**Schwed. P. 136 863** vom 3/8. 1949, ausg. 12/8. 1952. F. Prior. 4/8. 1948.)
K. H. KÄHLER. H 294

Vereinigte Aluminium-Werke Akt.-Ges., Bonn (Erfinder: **Günther Wendt**, Töging/Inn), *Herstellung von Kryolith* aus natriumfluoridhaltigen Wasch- u. Ablaugen, mit Ausnahme solcher, die bei der Rückgewinnung des F aus F-haltigen Abgasen von SÖDERBERG-Elektrolyseöfen anfallen, durch Fällen des NaF mit AlF_3, dad. gek., daß das Fällen mit Hilfe einer aus Tonerdehydrat u. HF hergestellten, möglichst noch heißen AlF_3-Lsg. erfolgt. (**D. B. P. 937 285** Kl. 12i vom 30/10. 1953, ausg. 5/1. 1956. Anmeldung bekanntgemacht 14/7. 1955.)
K. DEMMLER. H 294

VI. Silicatchemie. Baustoffe.

E. Brichard, *Ein neues Verfahren der Glasschmelze durch Einblasen der Flammen in geschmolzenes Glas.* Vf. zeigt am Vgl. mit dem Konverterverf. der Eisenschmelze die Unproduktivität der derzeitigen Glasschmelzverff. u. schlägt vor, hierfür eine ähnliche Arbeitsweise einzuführen, indem das Gas–Luft-Gemisch direkt in die Glasschmelze gepreßt wird. Er gibt dafür Ofenkonstruktionen an u. Berechnungen über die Rentabilität, wie sie sich aus den Verss. ergibt. (J. Soc. Glass Technol. **39**. Trans. 162—72. Juni 1955.)
L. KÜHNERT. 6174

F. Gutmann und **L. W. O. Martin**, *Elektrolytische Gravierung auf Glas.* Vff. gravierten Glasplatten, die in konz. KNO_3-Lsg. eintauchten. Eine Elektrode bestand aus einem Pb-Streifen, der in die Lsg. tauchte. Als Kathode diente ein Pt-Stift. Es wurde bei einer Spannung von 110 V graviert. Vff. erzielten mit Pt die besten Ergebnisse, W, Al, u. Pb sind ebenfalls geeignet. Vff. sind der Ansicht, daß die Gravierung durch Brechen des Glases an der Oberfläche infolge der hohen Temp. erfolgt. Außerdem erfolgt noch ein Austausch von K^+ gegen Na^+. Die K^+-Ionen unterstützen infolge ihres Ionenvol., das Aufbrechen des Kristallverbandes u. vertiefen dadurch die Gravierung. Als Unterstützung dieser Theorie wird u. a. angeführt, daß es nicht möglich war, geschmolzene SiO_2 zu gravieren. (J. sci. Instruments **31.** 221—22. Juni 1954. Sidney, New South Wales Univ. of Technol., School of Appl. Chem.) K.-G. HACKSTEIN. 6188

Frank Raw, *Lang dauernde Einwirkung von Wasser auf Fensterglas: Verwitterung von mittelalterlichen Glasfenstern in Weoley Castle, Birmingham.* Mit der Meth. der mkr. Unters. von Dünnschliffen, die bisher nur selten auf alte Gläser angewandt worden ist, untersucht Vf. Fensterscheiben aus dem 13. Jahrhundert u. stellt dabei eigenartige Schichtungen fest, die von halbkugelförmigen Ausbrüchen der Scheiben ins Innere fortschreiten. Entgegen früheren Feststellungen sind bei den untersuchten Fenstern die aufgelegten u. eingebrannten Emailfarben besser haltbar als das Glas selbst. (J. Soc. Glass Technol. **39.** Trans. 128—33. Juni 1955.) L. KÜHNERT. 6200

Ju. W. Akssenowa, P. W. Bukarinowa, L. N. Golubjatnikowa, L. I. Demkina und **S. N. Schtscheglowa,** *Berechnung der Zusammensetzung von Gläsern mit geringer Kristallisationsfähigkeit.* Das rechner. Verf. beruht darauf, daß die Zus. eines beliebigen mehrkomponentigen Syst. auf das Grunddreieck K_2O—Na_2O—SiO_2 projiziert wird. Sodann wird das Feld der Glasbldg. aus dem Überschuß der SiO_2 errechnet, wobei angenommen wird, daß sich K-Tetrasilicat, Na- u. Pb–Bi-Silicat, Ba- u. Ca-Metasilicat sowie Zn- u. Mg-Orthosilicat bilden, die alle eine bestimmte Menge SiO_2 binden; auch B_2O_3 bindet (wie Na u. Pb) 2 g-Mol SiO_2. Aus der Projektion lassen sich die Felder für Quarz, Tridymit, Cristobalit, die Bi-, Tetra- u. anderen Silicate sowie des Glases finden. Die Grundkennzeichnung des tern. Syst. K_2O-Na_2O-SiO_2 wird durch die Verhältnisse $SiO_2 : Na_2O$ u. $K_2O : Na_2O$ gegeben. Es wurden sodann 22 Gläser verschied. Zus. (aus 7 Serien) hergestellt, die auf 400—950° erhitzt wurden, wonach deren Kristallisationsfähigkeit bestimmt wurde. Es konnte gezeigt werden, daß die nichtkristallisierenden Gläser nahe der Grenze der Quarz- u. Tridymitfelder liegen u. daß die Näherungsberechnung die teuren u. zeitraubenden Vorverss. überflüssig macht. (Стекло и Керамика [Glas u. Keram.] **12.** Nr. 8. 7—11. Aug. 1955.) A. v. WILPERT. 6200

Armin Petzold, *Titanstahl in der Emailtechnologie. Eine Übersicht über die Fortschritte auf dem Gebiete der Trägermetalle in der modernen Emailliertechnik.* Überblick. — 20 Literaturstellen. (Silikattechnik **4.** 202—06. Mai 1953. Zwickau, Deutsches Amt für Material- u. Warenprüfung.) F. MARKHOFF. 6212

M. E. McHardy, *Direkt-Aufbringen von Deckemails auf Eisen und Stahl.* Nach einer Erläuterung über die an das Grundmetall zu stellenden Forderungen wird ein Überblick über die Vorbehandlung der Oberflächen vor dem Emaillieren gegeben. Durch die Einführung Ti-haltiger Stähle, der sogenannten „titan-enamel" Stähle der Inland Steel Co., ist es möglich geworden, die Deckemails unmittelbar nach dem Abdecken der Oberflächen mit Ni ohne Zwischenschaltung des Co-haltigen Grundemails aufzubringen. Dabei erwiesen sich die Ti-haltigen Deckemails geeigneter als die Zr-haltigen. (J. Canad. ceram. Soc. **24.** 43—49. 1955. St. Louis, Mo., Hussman Refigerator Co.) F. VIER. 6212

E. E. Howe, *Pastellfarbenhaltige titangetrübte Emails.* An Hand von Tabellen wird ein Überblick gegeben über die Wrkg. steigender Zusätze von TiO_2 zu Emails auf die Reflexion sowie von Zusätzen grüner, blauer u. gelber Farboxydkörper. (J. Canad. ceram. Soc. **24.** 54—60. 1955. Cicero, Ill., Chicago Vitreous Corp.) F. VIER. 6212

Rudolf Märker, *Fehler beim Emaillieren.* Vorschlag für eine Nomenklatur der Emailfehler. (Silikattechnik **6.** 403—04. Sept. 1955. Schwarzenberg/Erzgeb., VEB Zentrale Entwicklung — Konstruktion — Emaillabor.) F. MARKHOFF. 6212

L. Alviset, *Beitrag zur Untersuchung von natürlich vorkommenden Töpferei-Angußmassen auf Basis von Terra sigillata.* Vf. bringt die chem. u. mineralog. Zus. sowie Korngröße von in verschied. Gegenden Frankreichs natürlich vorkommenden Tonen, die sich zur Herst. von Töpfereianguß- u. Beschichtungsfarbe eignen. (Bull. Soc. franç. Céram. **1955.** 29—39. April/Juni.) K. O. MÜLLER. 6216

Ss. A. Berson, *Kaolin für die Herstellung von Feinkeramik.* Die Unzulänglichkeiten bei der elektrolyt. Kaolinanreicherung wurden bei techn. Verss. dadurch beseitigt, daß der Zusatz an Kalkmilch dosiert wird. Zur Kontrolle werden während der Produktion Elastizität u. p_H der Kaolinsuspensionen gemessen. Die Elastizität kann im Schnellverf. in 100 Min. bestimmt werden, wenn man 190 g lufttrocknen Kaolin in 230 ml sd. dest. W. einschüttet, 1—2 Min. rührt u. 1 Std. stehen läßt. Der Schlicker wird 30 Min. mechan. gerührt, dann pyknometr. die D. bestimmt (n. 1,35—1,37 bei 20°), dann wird er in einen Zylinder gegossen u. aräometr. gemessen. Die Differenz beider Messungen ergibt die Elastizität. Zur Best. des p_H werden 30 g Kaolin (lufttrocken) mit 70 ml heißem W. übergossen, umgerührt, nach dem Abkühlen die Suspension im Reagensglas mit 2 Tropfen Phenolphthaleinlsg. geschüttelt. Die Färbung wird mit einer p_H-Skala verglichen. — Durch Dosieren des Kalkmilchzusatzes können 2 Elastizitätsgruppen dargestellt werden:

Elastizität 0,0—0,05, geeignet für Gußmassen, u. 0,05—0,6 (mehr Kalkmilchzusatz), geeignet für Formmassen; für die ersteren ist $p_H < 9{,}2$, für die zweitgenannten $p_H < 9{,}4$ zu empfehlen. (Стекло и Керамика [Glas u. Keram.] **12.** Nr. 8. 18—20. Aug. 1955.)
A. v. WILPERT. 6216

A. Dietzel und **H. Knauer,** *Das Erweichungsverhalten keramischer Stoffe mit verschiedener Vorbrenntemperatur.* Das Erweichungsverh. feuerfester Steine wurde nach einem Torsionsverf., das beschrieben wird, bestimmt. Die krit. Torsionstemp. (für 10° Torsion/Min. bei 10 kg/cm² Torsionsspannung) steigt mit der Vorbrenntemp. der Steine, fällt aber bei sehr hohen Vorbrenntempp. wieder ab. Mkr., röntgenograph. u. chem. Unterss. ergaben, daß die Verfestigung des Gefüges durch höhere Brenntempp. auf der Ausbldg. eines Kristallfilzes (vor allem Mullit) bestimmter Teilchengröße beruht. Bei den sehr hohen Brenntempp., bei denen die krit. Torsionstempp. wieder absinken, entstehen weniger, dafür aber größere Kristalle u. manchmal auch mehr Glasphase, so daß eine Lockerung des Gefüges u. damit ein leichteres Fließen eintritt. (Ber. dtsch. keram. Ges. **32.** 285—87. Okt. 1955. Würzburg, Max-Planck-Inst. für Silicatforsch.)
H. SCHOLZE. 6218

G. H. Tattersall, *Zusammenbruch der Struktur von Zementen mit der Zeit bei konstantem Druck.* Vf. berichtet von Verss. mit Ansätzen aus Portlandzement in W., deren thixotrop. Strukturänderungen mit einem Rotationsviscosimeter untersucht wurden. Als Verbesserung der Gleichung von WELTMANN gibt er eine neue Gleichung, die den Versuchsergebnissen besser entspricht. (Nature [London] **175.** 166. 22/1. 1955.)
L. KÜHNERT. 6222

M. Bigeon, *Bekämpfung der Ausblühungen in der Ziegel- und Mauersteinindustrie.* Vf. schlägt die Behandlung mit wasserlösl. Ba-Verbb. vor. (Bull. Soc. franç. Céram. **1955.** 25—28. April/Juni. Établissement Kuhlmann, Labor. d'Applicat.) K. O. MÜLLER. 6228

P. Brauchli, *Die Entwicklung eines großformatigen Bausteins aus gebranntem Ton in der Schweiz.* Auf Grund wirtschaftlicher Gesichtspunkte wurde der neue Isolier-Blockstein B 25 (Außenmaße 25×30×13½ cm) entwickelt. Die Fabrikation, Handhabung u. physikal. Daten werden beschrieben. (Ber. dtsch. keram. Ges. e. V. **32.** 281 bis 285. Okt. 1955. Berg/Thurgau, Schweiz.) H. SCHOLZE. 6228

Je. Ss. Choroschaja und **S. W. Kirssanowa,** *Eine Schnellmethode zur Bestimmung der Schmirgelkörnermenge.* Von einem 5 × 10 cm großen Stück Schmirgelpapier wird der Schmirgel mit geringer Papierunterlage abgetrennt u. verascht. Für Caseinleim wird eine Korrektur von 0,03 g, für tier. Leim von 0,04 g von der Aschenmenge abgezogen. Die Resultate stimmen gut mit der vorgeschriebenen komplizierteren Meth. überein. (Заводская Лаборатория [Betriebs-Lab.] **21.** 210—11. 1955. Zentr. Wiss. Forschungsinst. für Lederaustauschstoffe.) J. v. SCHROEDER. 6260

Robert Clemens Kanters, Neuwied, *Hochfeuerfeste Steine und Massen* aus einem Gemisch von gekörntem Quarzgut u. geringen Mengen (ca. 5—10%) Portlandzement. Das Quarzgut wird in abgestuften Korngrößen verwendet, die nicht > 1 mm hinausgehen, 50% sollen < 0,2 mm u. 25% < 0,1 mm liegen. Die Prodd. können ungebrannt zum Ausmauern von Öfen benutzt werden; sie zeigen einen hohen Widerstand gegen hohe Tempp. u. gegen Temperaturwechsel. (**D. B. P. 933 977** Kl. 80b vom 13/2. 1944, ausg. 6/10. 1955. Anmeldung bekanntgemacht 17/4. 1952.) F. REINHART. 6211

Didier-Werke Akt.-Ges. (Erfinder: **Eduard Steinhoff**), Wiesbaden, *Kieselsäurehaltige feuerfeste Massen und Steine.* Quarzgut, in Körnung von ca. 0,5—4 mm, wird mit 20 Raumteilen oder mehr Zr-Silicat in Körnungen von 0—0,1 mm, gegebenenfalls auch bis 4 mm, vermischt. Als Bindemittel wird $Ca(OH)_2$ verwendet. Die M. wird gegebenenfalls geformt, u. die Formlinge werden bei ca. 1600° gebrannt. Die Prodd. sind prakt. raumbeständig u. besitzen eine gute Druckfeuerbeständigkeit, z. B. ta 1680°, te 1750°. Die Steine eignen sich bes. zum Ausbau von Gewölben der *Siemens-Martin-Öfen.* (**D. B. P. 934 280** Kl. 80b vom 6/3. 1954, ausg. 13/10. 1955. Anmeldung bekanntgemacht 21/4. 1955.) F. REINHART. 6219

Enrique Braunstein, Mailand, Italien, *Herstellung keramischer Massen* auf kaltem Wege, dad. gek., daß ein Gemisch aus 38 (Teilen) ZnO, 48 MgO, 10 Na_2SiO_3, 2 $Na_2B_4O_7$ u. 2 Speckstein mit einem Lösungsgemisch aus $ZnCl_2$ von 45 (° Be), $MgCl_2$ von 30, NH_4Cl von 10 u. NaCl von 5 verknetet wird. Die M. wird dann erstarren gelassen u. in eine Lsg. von Zn- u. Mg-Fluosilicat getaucht, um sie wasserdicht u. glashart zu machen. Die Prodd. können für sanitären Zubehör, chem. Apparate, in der Töpferei u. für Ziegel verwendet werden. (**E. P. 728 707** vom 26/1. 1953, ausg. 27/4. 1955. It. Prior. 8/2. 1952.)
G. APEL. 6221

N. V. Philips' Gloeilampenfabrieken, Eindhoven, Niederlande (Erfinder: **Charles K. Gravely,** Lakewood, O., V. St. A.), *Herstellung im wesentlichen aus Bariumtitanat* *bestehender, keramischer Gegenstände.* Ein Gemisch, das nahezu äquivalente Mengen BaO u. TiO_2 enthält, wird geformt, u. die Formlinge werden zumindest in einem Teil des Temperaturintervalls zwischen annähernd 600° u. Sintertemp., zweckmäßig vor Erreichen der Sintertemp., reduzierend erhitzt u. schließlich oxydierend gesintert. Hierdurch soll eine Erhöhung der D. der erhaltenen Körper erreicht werden. (**D. B. P. 937 398** Kl. 80b vom 20/2. 1952, ausg. 5/1. 1956. Anmeldung bekanntgemacht 10/6. 1954. A. Prior. 24/2. 1951.) F. REINHART. 6221

Jakob Kratz und **Erich Kratz,** Köln, *Herstellen von Überzügen auf Wänden aus Porenbeton,* dad. gek., daß diese mit einer Farbstoff enthaltenden Kaliumwasserglaslsg. (I) vorgestrichen, dann mit einer aus 1 (Gewichtsteil) I von 23° (Bé), 1 Natriumwasserglaslsg. von 38°, 0,3—0,15 Holzmehl u. 0,5—2,5 Steinmehl bestehenden M. bis zur Erzielung eines glatten Überzuges gespachtelt u. in an sich bekannter Weise fluatiert werden. (**D. B. P. 934 693** Kl. 75c vom 21/8. 1952, ausg. 3/11. 1955. Anmeldung bekanntgemacht 12/5. 1955.) E. WEISS. 6225

„Brenntag" Brennstoff-, Chemikalien- und Transport-G. m. b. H., Duisburg, und **Friedrich Erich Freitag,** Freudental über Radolfzell/Bodensee (Erfinder: **Carl Hoffmeister,** Mülheim/Ruhr, und **Friedrich Erich Freitag),** *Herstellen keramischer Schütt- und Stückware von niedrigem Raumgewicht.* Mit Ausbrennstoff vermischter u. gegebenenfalls verschlickerter keram. Rohstoff, z. B. Ziegelton, wird mit einem hydraul. Bindemittel, z. B. Schmelzzement, versetzt u. geformt, die Formlinge werden zum Härten einige Zeit in feuchter Atmosphäre gehalten, getrocknet u. unter ihrer Schmelztemp. gebrannt. Die Prodd. haben ein niedriges Raumgewicht nahe 1 bei geringer Schwindung; sie eignen sich bes. als *Zuschlagstoffe* für *Leichtbeton* u. Füllung für Filteranlagen. (**D. B. P. 933 559** Kl. 80b vom 24/2. 1953, ausg. 29/9. 1955. Anmeldung bekanntgemacht 7/4. 1955.) F. REINHART. 6225

Portland-Zementwerke Heidelberg Akt.-Ges. (Erfinder: **Ehrhart Schott),** Heidelberg, *Herstellung eines Binders für Maurer- und Putzzwecke.* Rohkalkstein (I) u. Rohgipsstein (II) werden gemeinsam gebrannt u. hierauf vermahlen. Es können tonhaltige Kalksteine oder entsprechende Mischungen mit Tonzusatz verwendet werden, die dann bei Tempp. zwischen 800 u. 1100° gebrannt werden. In Abänderung dieses Verf. sollen I u. II zunächst gemeinsam vermahlen u. dann gebrannt werden. (**D. B. PP. 935 898** Kl. 80b vom 2/4. 1954, ausg. 1/12. 1955. Anmeldung bekanntgemacht 8/6. 1955, u. **937 578** [Zusatzpatent] Kl. 80b vom 20/7. 1954, ausg. 12/1. 1956. Anmeldung bekanntgemacht 7/7. 1955.) HANS HOFFMANN. 6227

August Wilhelm Andernach K. G., Beuel/Rh. (Erfinder: **Theodor Fleitmann,** Oerlinghausen), *Pulverförmige Schnellhärter und Frostschutzmittel für Zementmörtel.* Diese Mörtelzusatzstoffe bestehen aus einer Mischung eines Sulfates eines zweiwertigen Metalles, wie Mg, Zn, Cd oder Ca, mit $SrCl_2$ oder $BaCl_2$, zweckmäßig in stöchiometr. Mengen. (**D. B. P. 936 318** Kl. 80b vom 4/1. 1953, ausg. 7/12. 1955. Anmeldung bekanntgemacht 26/11. 1953. **Zusatz zu D. B. P. 897 969; C. 1954. 3093.**) HANS HOFFMANN. 6227

Michael Groskopf, München, *Behandeln von Faserstoffen für Bau- und Isolierzwecke,* Die Faserstoffe, bes. Halmgewächse, werden vor ihrer Verarbeitung zu Bau- oder Isoliermaterial mit einer Lsg. von bas. Al-Sulfat oder einer solchen von Wasserglas u. AlF_3 nacheinander oder im Gemisch mit einer Bitumen- oder Kunstharzemulsion imprägniert. (**D. B. P. 937 635** Kl. 80b vom 17/9. 1954, ausg. 12/1. 1956. Anmeldung bekanntgemacht 21/7. 1955.) HANS HOFFMANN. 6229

VII. Agrikulturchemie. Schädlingsbekämpfung.

A. B. Costin, *Eine Bemerkung über Basaltböden in Britannien und Australien.* Bestimmte Basaltböden in Britannien sind morpholog. den schokoladefarbenen Böden, Übergangsroterden u. Roterden von Australien ähnlich. (J. Soil Sci. **6.** 268—69. Juli 1955. New Victoria, Australia, Soil Conservation Authority.) A. JACOB. 6300

Leland H. Gile jr., *Entstehung und Eigenschaften von einigen colluvialen (lokal alluvialen) Böden in der Drumlin-Landschaft von Dogde County, Wisconsin.* Erodierte Böden hatten einen höheren Geh. an austauschbarem K, an aufnehmbarer P_2O_5 u. ein höheres p_H, als entsprechende colluviale Böden. Bei mäßiger Erosion war der Geh. an organ. Substanz in der colluvialen obersten Bodenschicht höher, als im bebauten Bergboden. Bei stärkerer Erosion war das Gegenteil der Fall. (Proc. Soil Sci. Soc. America **19.** 229—32. April 1955. Madison, Wis., Univ. of Wisconsin, Dep. of Soils.) A. JACOB. 6300

H. C. Moss und **R. J. St. Arnaud,** *Graue bewaldete podsolige Böden von Saskatchewan, Canada.* Die sogenannten grauen bewaldeten Böden des westlichen Canada bilden einen besonderen Zweig der Podsolfamilien. Es wird vorgeschlagen, in die Bezeichnung dieser Böden den Zusatz „podsolig" einzuschalten. (J. Soil Sci. **6.** 293—311. Juli 1955. Univ. of Saskatchewan.) A. JACOB. 6300

Ben L. Matzek, *Bewegung löslicher Salze bei der Bildung von Tschernosemen und verwandten Böden.* Bei der Bldg. von Tschernosemen, kastanienbraunen u. verwandten Böden im nordwestlichen Dacota findet eine Verfrachtung von Carbonaten u. anderen lösl. Salzen statt. Hierauf sind Topographie, Durchlässigkeit der Böden, Versalzung des Muttermaterials u. Grundwasserspiegel von Einfluß. (Proc. Soil Sci. Soc. America **19.** 225—29. April 1955. Soil Conservat. Serv., U. S. Dep. of Agric., and North Dacota Exp. Stat.) A. JACOB. 6300

W. P. Panton, *Berichte über Bodenuntersuchungen.* 1. Mitt. *Federal Experiment Station, Serdang.* Die an Hand der 5 allg. bodenbildenden Faktoren identifizierten 5 Bodenarten der Versuchsstation werden besprochen. (Malayan agric. J. **37.** 136—45. 1954.) F. RANG. 6300

W. P. Panton, *Berichte über Bodenuntersuchungen.* 2. Mitt. *Westlicher Teil der Singapore-Insel.* (1. vgl. vorst. Ref.) Das Muttergestein besteht aus Trias- oder Carbonsedimenten im Hügelland u. einem kleinen, nordöstlichen Gebiet saurer u. bas. Zusammensetzung. Die Böden sind größtenteils wenig fruchtbar, teils wegen ihrer Struktur u. der Erosion u. Degradation, teils wegen Mangel an Nährstoffen, bes. an P_2O_5 im Hügelland, weniger im Alluvialboden. Der K_2O-Geh. ist in den Trias- u. Eruptivgesteinsböden mittel bis niedrig, der N-Geh. variiert stark mit dem Geh. an organ. Substanz. Im Hügelland (schwere Böden aus tonigem Triasgestein) wird der Pflanzenwurzelraum hauptsächlich durch ein dichtes Lateritband eingeschränkt. Gute Krumenstruktur, dränierten u. belüfteten Untergrund zeigen nur die Rengam- u. Bukit Panjang-Böden. Starke Erosion zeigt sich bes. auf den laterit. Böden u. denen der Bukit Susop- u. Lokyang-Serie. (Malayan agric. J. **38.** 2—26. 1955.) EBERHARD MÜLLER. 6300

R. Hamilton, *Bodenmineralien der Goldküste.* Allg. sind die Böden senile, laterit. Böden, die nur noch wenige verwitterbare Mineralien enthalten. Die Mineralien bestehen hauptsächlich aus Quarz, Magnetit, Ilmenit usw. (J. Soil Sci. **6.** 312—18. Juli 1955. Hilversum, Holland.) A. JACOB. 6300

G. Aubert und **H. Moulinier,** *Bemerkungen über einige Eigenschaften von Kakaoböden der Elfenbeinküste.* Bericht über pedolog. Unterss. im Gebiet der Elfenbeinküste, die im Hinblick auf die Anlage von Kakaoplantagen unternommen wurden. (Agronom. tropicale **9.** 428—38. Juli/Aug. 1954.) C. GRIMME. 6300

J. Beley und **R. Chezeau,** *Physikalische und chemische Merkmale der Kakaoböden der Elfenbeinküste.* Für Kakaokulturen geeignete Böden sind oftmals verschiedenster Zus.: sandig, tonig oder lehmig. Die Oberflächen sollen reich an organ. Substanz sein, bei einem N-Geh. unter 1,5‰ sinken die Erträge schnell. Das C/N-Verhältnis soll hoch sein, der Geh. an leicht aufnehmbarer P_2O_5 darf nicht gering sein, obwohl die P_2O_5-Bedürftigkeit ziemlich klein ist. Gewisse Mengen assimilierbaren K_2O sind günstig, aber nicht ausschlaggebend. K_2O soll nicht unter 1‰ sinken. Gegen den p_H-Zustand des Bodens ist der Kakaobaum ziemlich unempfindlich, doch bevorzugt man neutrale oder schwach saure Böden. Säureanstieg deutet auf Mangel an austauschbarem K_2O. Am besten bewährten sich Böden mit p_H 4,5. (Agronom. tropicale **9.** 439—51. Juli/Aug. 1954.) C. GRIMME. 6304

Sándor Arany, *Über eine eigenartige Ausbildung des Bodenprofils.* Beschreibung von Bodenprofilen aus dem Theißgebiet, deren untere humose B-Schicht in den Zeiten vor der Flußregulierung entstand, als die Stauwässer Wiesentonböden bildeten. Diese wurden durch spätere Überschwemmung mit einer kalk- u. humusarmen A-Schicht überlagert, wobei gleichzeitig das Profil durchgespült wurde. (Agrokémia és Talajtan [Agrochem. u. Bodenkunde] **3.** 329—42. Dez. 1954. Debrecen, Orsz. Mezögazd. Minösegvizsg. Inst., Talajlabor.) A. JACOB. 6304

C. L. W. Swanson, A. Ritchie jr. und **H. A. Doehne,** *Verteilung der groben Teilchen im Skelett einiger Böden von grober bis mittlerer Textur.* Für gewisse Kulturen ist der Geh. u. die Verteilung von groben Teilchen im Profil der Böden wichtig, z. B. wächst der beste Zigarrentabak auf Böden mit gröberer Textur. Aus diesem Grunde wurde eine Reihe von Bodenprofilen auf ihren Geh. an groben Teilchen untersucht. (J. Soil Sci. **6.** 209—18. Juli 1955. New Haven, Conn., Connecticut Agric. Exp. Stat.) A. JACOB. 6304

E. R. Turner, *Die Reaktion zwischen Bentonit und gewissen natürlich auftretenden Verbindungen.* Die Rk., die zur Bldg. farbiger Komplexe zwischen Bentonit u. Wurzelausscheidungen von Kleepflanzen, wie auch bestimmten chem. Verbb. wie p-Phenylendiamin, Salicylsäure, Indolylderivv. führt, wurde untersucht. Es ergab sich, daß das im Gitter oder als Verunreinigung im Bentonit enthaltene Fe ein wichtiger Faktor bei der Bldg. der gefärbten Komplexe ist. (J. Soil Sci. **6.** 319—26. Juli 1955. Rothamsted, Soil Microbiol. Dep., Harpenden, Exp. Stat.) A. JACOB. 6304

J. P. Quirk und **R. K. Schofield,** *Die Wirkung der Elektrolytkonzentration auf die Durchlässigkeit des Bodens.* Bodenscheiben von 1 cm Dicke u. 5 cm Durchmesser wurden mit bestimmten Kationen durch 12std. Behandlung mit einer starken Chloridlsg. gesättigt. Nach dieser Zeit stellte sich eine konstante Durchflußgeschwindigkeit ein. Dann wurde allmählich die Konz. der durchlaufenden Lsgg. vermindert u. die Permeabilität in bestimmten Zeitabständen gemessen. Unterhalb einer bestimmten Konz., die für jedes Ion spezif. ist, wurden Abnahmen der Permeabilität beobachtet. Für die einzelnen Kationen wurden folgende Schwellenwerte erhalten: NaCl $2{,}5 \cdot 10^{-1}$ m, KCl $6{,}6 \cdot 10^{-2}$ m, $MgCl_2$ $1 \cdot 10^{-3}$ m, $CaCl_2$ $3 \cdot 10^{-4}$ m. Mit Na gesätt. Illit u. Montmorillonit zeigten einen Ausflockungswert von $2 \cdot 10^{-2}$ m NaCl, der wesentlich niedriger war, als derjenige des Oberflächenbodens. Man nimmt an, daß ein Bestandteil der organ. Substanz diesen Unterschied verursacht. Die Schwellenwerte der Elektrolyten wurden für den gleichen Boden bei verschieden starker Na-Sättigung bestimmt. Stets trat die Schwellenwertkonz. auf, wenn das Ca-Ion in der gemischten Lsg. auf $2{,}5 \cdot 10^{-4}$ m vermindert worden war. Es wird vorgeschlagen, Böden durch die Best. des Wertes $Na/\sqrt{Ca + Mg}$ sowie die Leitfähigkeit des gesätt. Extraktes zu charakterisieren u. die gleichen Werte auch für das Bewässerungswasser festzustellen. (J. Soil Sci. **6.** 163—78. Juli 1955. Harpenden, Rothamsted Exp. Stat., Phys. Dep.) A. JACOB. 6304

C. A. Bower und **J. O. Goertzen,** *Negative Adsorption von Salzen durch Böden.* Proben von mit Ca u. Na gesätt. Böden wurden auf den Sättigungsfeuchtigkeitsgeh. gebracht mit Chloridlsgg., welche Konzz. von ca. 10, 100 u. 1000 Milliäquivalent/Liter hatten. Nach Einstellung des Gleichgewichtes wurden nacheinander Fraktionen der Bodenlsgg. bei Saugkräften von 0—1, 1—4, 4—8 u. 8—18 at mittels eines Druckmembranapp. erhalten. Chem. Analyse dieser Fraktionen u. Best. der Cl-Konzz., die im Boden nach der Extraktion mit 16 at Saugdruck verblieben, zeigte Gradienten in den Salzkonzz. der Bodenlösung. Die bei der höchsten Saugkraft erhaltene Lsg. hatte die niedrigste Konzentration. Der Konzentrationsgradient war für mit Na gesätt. Böden wesentlich größer als für mit Ca gesätt., mit Ausnahme des höchsten benutzten Salzgehalts. Die negative Adsorption verschied. Salze durch Böden wurde quantitativ bestimmt aus Oberflächenmessungen mittels der Äthylenretention u. aus der Differenz zwischen der wahren Menge von anwesendem Salz u. der durch die Analyse eines Sättigungsextraktes angezeigten, der bei einer Saugkraft von ca. ½ at erhalten wurde. Für 3 mit Ca gesätt. Böden war die negative Adsorption von $CaCl_2$ bei äquivalenten Konzz. im Sättigungsextrakt etwa die gleiche. Die negative Adsorption von NaCl u. Na_2SO_4 durch mit Na gesätt. Böden war ähnlich, aber größer als die von $CaCl_2$ durch mit Ca gesätt. Böden bei äquivalenten Konzz. im Sättigungsextrakt. (Proc. Soil Sci. Soc. America **19.** 147—51. April 1955. Riverside, Calif., U. S. Salinity Labor.) A. JACOB. 6304

Leon Bernstein, A. J. McKenzie und **B. A. Krantz,** *Die Wechselwirkung von Versalzung und Pflanzungsmethode auf die Keimung bewässerter Reihenfrüchte.* Der Salzgeh. des Bodens in der Pflugschicht vor Anlage der Beete kann zur Schätzung des Erfolgs der verschied. Pflanzungssysteme dienen. Flache Beete mit Einzelreihen weisen die größte Versalzungsgefahr auf, da sich während der Irrigation genügend Salze um die Saat ansammeln können, um ihren Aufgang zu verhindern, selbst wenn die elektr. Leitfähigkeit des Sättigungsextraktes z. Zt. der Pflanzung nur gering ist. Geneigte Beete bieten die geringste Versalzungsgefahr, weil das Salz von der Saatreihe durch die vorrückende Anfeuchtungsfront entfernt wird u. sich an der höchsten Stelle des Beetes ansammelt. Gemulchte Beete u. flache Beete mit Doppelreihen liegen hinsichtlich der Salzgefahr in der Mitte. (Proc. Soil Sci. Soc. America **19.** 240—43. April 1955. Riverside, Calif., U. S. Salinity Labor.) A. JACOB. 6304

C. M. Woodruff, *Die Energie der Verdrängung von Calcium durch Kalium in Böden.* Die Austauschenergie ist ein Maß für die Intensität der Lieferung eines ausgeglichenen Vorrats von Nährstoffkationen vom Austauschkomplex des Bodens an die wachsende Pflanze. Die Austauschenergien für die Verdrängung von Ca durch K in einem Boden können aus der kation. Zus. von Wasserextrakten des Bodens berechnet werden. Die kation. Zuss. von verdrängten Bodenlsgg. variierten mit den Konzz. der lösl. Anionen, die ihrerseits wieder von den Feuchtigkeitsgehh. der Böden abhingen. Die Änderungen waren aber so, daß sie konstante Austauschenergien für jeden der Böden bei verschied. Feuchtigkeitsgehh. widerspiegelten. Austauschenergien für den Ersatz von Ca durch K von 3500—4000 cal standen in Verbindung mit K-Mangel in den Pflanzen, Austauschenergien von 2500—3000 cal stellten brauchbare Gleichgewichte zwischen K u. Ca dar. Austauschenergien unter 2000 cal. standen in Verbindung mit K-Mangel im Verhältnis zum vorhandenen Ca. (Proc. Soil Sci. Soc. America **19.** 167—71. April 1955. Columbia, Mo., Missouri Agric., Exp. Stat., Dep. of Soils.) A. JACOB. 6304

A. J. Low, *Verbesserung der Bodenstruktur unter Wechselwiese.* Die Zeit, welche eine Wechselwiese braucht, um den physikal. Zustand eines Ackerbodens so zu verändern, daß er beim Pflügen der gleiche ist, wie der von altem Grasland, beträgt für Tonböden ca. 50 Jahre oder mehr. Auf groben Sandböden kann der Prozeß schneller verlaufen, z. B. in 5—10 Jahren. (J. Soil Sci. **6.** 179—99. Juli 1955. Pracknell, England, Jealott's Hill Res. Stat.) A. JACOB. 6304

H. Sinha und **S. C. Mandal**, *Anionenaustausch und austauschbarer Phosphor in einigen Böden von Bihar.* Ein wichtiger Faktor für Art u. Umfang der Festlegung von P im Boden ist die Bodenreaktion. Eine Zunahme der Anionenaustauschfähigkeit (**a**) kann durch Einstellen des p_H auf 6,5 bewirkt werden. Die Verbesserung des Geh. an austauschfähigem P, die auf diese Art zu erreichen ist, ist aber unwesentlich. Allg. haben Böden mit niedrigem p_H eine höhere **a** als Böden von höherem p_H, wobei aber die Art des Tonminerals eine Rolle spielt. Die Anwesenheit von Formiat-, Fluor- u. Hydroxylionen mobilisiert austauschbaren P. Vor allem ist das Fluorion sehr akt. im Verdrängen von P aus Böden u. Tonen. Im Freiland können Humate u. andere organ. Anionen eine wesentliche Rolle beim Freimachen von P spielen. (Sci. and Cult. **20.** 597—98. Juni 1955. Sabour, Bihar Agric. Coll. u. Agric. Res. Inst.) A. JACOB. 6304

J. S. Clark und **Michael Peech**, *Löslichkeitskriterien für die Existenz von Calcium- und Aluminiumphosphaten in Böden.* Die Löslichkeit von Ca-Phosphaten kann durch ein einziges Löslichkeitsdiagramm dargestellt werden, in welchem Funktionen der chem. Potentiale von $Ca(OH)_2$ u. $Ca(H_2PO_4)_2$ als Koordinaten benutzt werden. In Anwesenheit der festen Phase $CaCO_3$ hängt das chem. Potential des Kalkes von dem Partialdruck des CO_2 in der Atmosphäre ab. Löslichkeitsbestimmungen zeigten, daß weder $CaHPO_4$ noch Hydroxylapatit in den untersuchten Böden oder Tonsystemen anwesend waren. Ein ähnliches Löslichkeitsdiagramm kann für die Aluminiumphosphate konstruiert werden, indem man Funktionen der chem. Potentiale von $Al(OH)_3$ u. $Al(H_2PO_4)_3$ als Koordinaten benutzt. (Proc. Soil Sci. Soc. America **19.** 171—74. April 1955. Ithaca, N. Y., Cornell-Univ., Dep. of Agronomy.) A. JACOB. 6304

J. K. R. Gasser und **C. Bloomfield**, *Die Mobilisation von Phosphat in Böden mit stauender Nässe.* Anaerob sich zers. Pflanzenmaterial hat keinen Einfl. auf die Mobilisierung von Al-Phosphat. Ca-Phosphat wird stark mobilisiert, Fe-Phosphat ebenfalls, sowohl hinsichtlich Fe als auch P_2O_5. Kaolin u. Montmorillonit entfernten P aus der fermentierenden Graslösung. Aus mit Phosphat belegtem Kaolin wurde etwa die Hälfte des vorher festgelegten Phosphats wieder mobilisiert, bei mit Phosphat belegtem Montmorillonit war die festgelegt bleibende Menge die gleiche, wie die aus einer anaerob fermentierenden Graslsg. durch unbehandelten Montmorillonit entfernte. Bei Oxydation der Fermentationslsgg. fiel das in ihnen enthaltene Eisen u. Phosphat zusammen mit organ. Substanz aus. Eine gewisse Menge Fe u. P blieb aber in Lsg. u. ist offenbar für die Bewegung von Phosphat in Verbindung mit Eisen im Bodenprofil verantwortlich. (J. Soil Sci. **6.** 219—32. Juli 1955. Harpenden, Rothamsted Exp. Stat.) A. JACOB. 6304

R. W. Starostka und **W. L. Hill**, *Einfluß löslicher Salze auf Löslichkeit und Wirkung von Dicalciumphosphat auf die Pflanze.* Die Löslichkeit eines Laboratoriumspräp. von $CaHPO_4$ (**I**) wurde in W. u. mehreren Salzlsgg. gemessen. Gewächshausverss. wurden so angelegt, daß sie bei Anwendung von Mischungen von **I** mit Salzen unter Ausschluß von Nährstoffwirkungen der Salze die Unterschiede im Pflanzenwachstum nur auf Grund der verschied. Löslichkeit des **I** anzeigten. Als Versuchspflanze diente Luzerne. Im allg. vermehrte $(NH_4)_2SO_4$, das im Labor. die Löslichkeit von **I** erhöhte, sehr stark auch die Erträge im Gewächshaus. Salze, wie NH_4NO_3, welche die Löslichkeit von **I** nur mäßig erhöhten, gaben auch nur gelegentlich eine Ertragssteigerung, während Salze, wie $Ca(NO_3)_2$, die die Löslichkeit verminderten, gewöhnlich eine negative Wrkg. auf den Ertrag zeigten. (Proc. Soil Sci. Soc. America **19.** 193—98. April 1955. Beltsville, Md., Fertilizer and Agric. Lune Sect.) A. JACOB. 6304

A. Demolon, P. Boischot und **J. Lajon**, *Reaktion verschiedener Böden auf das Einbringen löslicher Phosphatdünger und ihre Bedeutung für die Festsetzung des Düngerbedarfs.* Bericht über Phosphatdüngungsverss. mit 8 verschied. Böden. Hierbei zeigte sich, daß nicht die absol. Menge des assimilierbaren Phosphats ausschlaggebend für die Ernteerträge ist, sondern die Konz. der Bodenlösung. — 21 Literaturhinweise. (Ann. Inst. nat. Rech. agronom., Sér. A **4.** 291—30. Mai/Juni 1953.) C. GRIMME. 6304

G. W. Cooke und **J. K. R. Gasser**, *Nachwirkungen von Phosphatdüngern auf einen Wealden-Boden.* Geflügeldünger hatte eine etwas größere Wrkg. sowohl auf die Ernte des 1. als auch des 2. Jahres, als die gleiche Menge von P_2O_5 in Form von Superphosphat, was offenbar auf seinem N-Geh. beruhte. Die P_2O_5-Ausbeute betrug ca. 10%. (J. Soil Sci. **6.** 248—53. Juli 1955. Harpenden, Rothamsted Exp. Stat., Chem. Dep.) A. JACOB. 6304

R. A. Struchtemeyer, C. E. Cunningham und **P. N. Carpenter,** *Ausnutzung von Düngungsresten durch Kartoffeln.* Weglassung von P bei der Düngung verminderte sofort stark den Ertrag, Auslassen von K erst im 2. Jahr. (Proc. Soil Sci. Soc. America **19.** 212—14. April 1955. Orono, Me., Maine Agric. Exp. Stat.) A. JACOB. 6304

Nelson G. Trickey und **G. E. Smith,** *Verluste von Stickstoff aus Lösungsmaterialien.* Die Wrkg. von Temp., Bodenfeuchtigkeit u. Anwendungsart auf die Verluste von NH_3 aus Lsgg. von NH_4NO_3 u. NH_3 in W. wurden im Labor. u. durch die Weizenerträge im Feld bestimmt. Der NH_3-Verlust erhöhte sich mit verminderter Bodenfeuchtigkeit u. erhöhter Temperatur. Die Lsgg. gaben Erhöhungen der Weizenerträge, die denen entsprachen, die durch feste Formen von N erzielt wurden, wenn dieser in den Boden eingearbeitet wurde. (Proc. Soil Sci. Soc. America **19.** 222—24. April 1955. Missouri Agric. Exp. Stat.) A. JACOB. 6304

H. H. Mann, *Die Schwankungen des Schwefels im Boden bei fortgesetztem Getreideanbau.* Die Unters. des S-Geh. eines Bodens, der 50 Jahre lang unter verschied. Düngung Sommergetreide getragen hatte, zeigte, daß unter n. ländlichen Bedingungen dem Boden durch Regen u. andere Atmosphärilien zugeführter S ausreicht, um den S-Geh. des Bodens zu erhalten. In diesen 50 Jahren ging zwar, wenn keine organ. Dünger verabfolgt wurden, der C-Geh. des Bodens zurück, u. in gleichem Maße wurde der Geh. an Gesamt-S u. organ. S vermindert, der Humus-S erwies sich aber als viel beständiger. Eine Tendenz des S, nach unten ausgewaschen zu werden, wurde nicht festgestellt. (J. Soil Sci. **6.** 241—47. Juli 1955. Husborne Crawley, England, Woburn Exp. Stat.) A. JACOB. 6304

R. S. Young, *Löslichkeit von Kobalt im Boden.* In Form von feingepulvertem Metall u. von Co_3O_4 löste sich Co unter den gegebenen atmosphär. u. Bodenbedingungen nur sehr langsam. In 9 Monaten wurden weniger als 0,1% des als Metall zugesetzten Co u. 0,2% des Oxyds in Lsg. gebracht. Von Co-Carbonat oder -Phosphat wurden in 9 Monaten 1,2 bzw. 3,4% in Lsg. begracht. Als Chlorid, Nitrat u. Sulfat weist dem Boden zugesetztes Co eine hohe Lösungsgeschwindigkeit auf. Nach 1 Monat waren im Sickerwasser 61% des als Nitrat zugesetzten Co, 39% des Sulfates u. 29% des Chlorids vorhanden. Nach dem 4. Monat stiegen diese Mengen auf 83% für das Nitrat, 71% für das Sulfat u. 80% für das Chlorid. Wenn nach 9monatigem Auslaugen mit Regenwasser die Bodenproben mit 0,1n Salzsäure ausgewaschen wurden, so wurde prakt. auch der Rest von Chlorid, Nitrat u. Sulfat ausgezogen. Im Extrakt mit verd. HCl waren enthalten vom Metall 51, vom Carbonat 13, vom Oxyd 3 u. vom Phosphat 81% der ursprünglichen Co-Menge. (J. Soil Sci. **6.** 233—40. Juli 1955. New York, N. Y., International Nickel Comp. of Canada.) A. JACOB. 6304

E. J. Rubins, *Molybdängehalt einiger unbebauter Connecticut-Böden.* 6 nicht bebaute Connecticut-Böden wurden für Verss. im Gewächshaus benutzt. Salat reagierte auf 4 Böden bei geringer Kalkung deutlich auf Mo-Anwendung. Auf einem anderen Boden wurde durch Mo das Wachstum angeregt u. der NO_3-Geh. vermindert, auf dem 6. Boden wurde durch Mo das Wachstum im Jugendstadium beeinträchtigt. Die Konz. von NO_3 im Gewebe war bei der Ernte nicht verringert. Erhöhung der Kalkgaben hatte eine stärkere Wrkg. als Mo-Düngung bei niedrigen Kalkgaben. (Proc. Soil Sci. Soc. America **19.** 207—09. April 1955. Storrs, Conn., Agric. Exp. Stat.) A. JACOB. 6304

John F. Mulvehill und **John M. MacGregor,** *Die Wirkung einiger Spurenelemente auf Ertrag und Zusammensetzung von Luzerne und Hafer in Minnesota.* Lösl. B, Zn, Cu u. Mn hatten keine deutliche Wrkg. auf den Ertrag von Luzerne u. Hafer. B erhöhte allerdings in einem Fall den Ertrag des 1. Schnitts von Luzerne–Gras. Das lösl. B war hauptsächlich in den obersten 6 Zoll des Bodens konzentriert. Keiner der Versuchsfeldböden war alkalisch. Zwischen dem Geh. des Bodens an lösl. B u. dem gesamten B im Haferkorn bestand wenig positive Korrelation. B-Düngung vermehrte in 3 Fällen den B-Geh. von Hafer, aber nicht von Luzerne oder Luzerne–Gras-Gemisch. (Proc. Soil Sci. Soc. America **19.** 204—07. April 1955. St. Paul, Minn., Minnesota Agric. Exp. Stat.) A. JACOB. 6304

R. C. Reeve, A. F. Pillsbury und **L. V. Wilcox,** *Urbarmachung eines versalzenen und stark borhaltigen Bodens im Coachella Valley von Californien.* Überfluten, welches die Salze von der Bodenoberfläche hinwegspült, u. Überstauen, welches den Salzüberschuß u. B in den Untergrund auswäscht, wurden verglichen. Durch das Auswaschen konnte sowohl der Salzüberschuß als auch der B-Geh. verringert werden. Salz ließ sich leichter auswaschen als B. Das Überfluten entfernte nur 1 t Salz/acre, das ist ca. 1% des Salzes, das aus den obersten 2 Fuß des Bodens durch Auslaugen entfernt werden kann. Überfluten ist am wirksamsten, wenn das Salz an der Oberfläche auskrist. ist, wenn keine Erosionsgefahr besteht u. wenn das W. nur langsam in den Boden versickert. (Hilgardia **24.** 69—91. Sept. 1955. Coachella Valley County Water District, U. S. Bur. of Reclamation, Univ. of California, U. S. Salinity Labors.) A. JACOB. 6304

A. N. Pathak, *Mikrobielle Veränderungen während der Zersetzung der organischen Substanz im Boden.* Zum Vgl. der Düngung mit *$(NH_4)_2SO_4$*, *Kompost* (I) u. *Stalldünger* (II) wurde nach 2, 4 u. 6 Wochen der organ. C, Gesamt-N u. Nitrat-N bestimmt. Bei I u. II ergab sich im Laufe der Zeit ein merklicher Verlust an C. Die mit $(NH_4)_2SO_4$ behandelten Böden zeigten einen merklichen Verlust an Gesamt-N, die mit I u. II behandelten einen kleinen Gewinn. Eine starke Zunahme von Nitrat-N zeigte sich nach 6 Wochen bei den mit $(NH_4)_2SO_4$ behandelten Böden, nur ein geringer Gewinn dagegen bei Düngung mit I u. II. Festlegung von N, wahrscheinlich in Form von Bakterieneiweiß, ergab sich auf den mit I u. II behandelten Böden infolge ihres höheren C/N-Verhältnisses. Die Zahl der Pilze u. Actinomyceten nahm bei den mit I u. II behandelten Böden in der 1. Woche stark zu, um dann allmählich wieder etwas abzufallen. Bei den mit Ammonsulfat behandelten Böden war die Zunahme der Pilze u. Actinomyceten viel geringer, dagegen wurde eine wesentlich stärkere Zunahme der gesamten Bakterienzahl beobachtet. Das in der 2. Woche beobachtete Sinken des Nitratspiegels wird offenbar durch die Zunahme der Mikroben verursacht; nachdem die Bakterien auf Kosten der Pilze u. Actinomyceten zunehmen, wurde der Nitratspiegel wieder erhöht. Die vermehrte Entw. von CO_2 bei den mit organ. Substanz behandelten Böden rührt daher, daß die Mikroben bestrebt sind, das im I u. II herrschende hohe C/N-Verhältnis einzuengen. (Sci. and Cult. **20.** 596—97. Juni 1955. Sabour, Bhagalpur [Bihar], Bihar Agric. Res. Inst., Chem. Abt.) A. JACOB. 6304

O. W. Beale, G. B. Nutt und **T. C. Peele,** *Die Wirkungen des Einpflügens von Mulch auf Oberflächenablauf, Erosion, Bodeneigenschaften und Ernteerträge.* Abfluß u. Erosion wurden durch Mulchen wesentlich vermindert, der Geh. an organ. Substanz nahm stark zu, ebenso der Gesamtgeh. an N. (Proc. Soil Sci. Soc. America **19.** 244—47. April 1955. Clemson, S. C., South Carolina Exp. Stat.) A. JACOB. 6304

G. Lefevre, D. Blanc-Aicard und **G. Drouineau,** *Das Problem der Strohunterbringung und seine pedoklimatische Bedingtheit.* Die Unterbringung von Stroh im Boden ist von großem Einfl. auf die N-Umsetzung im Boden. Die Wrkg. ist in hohem Maße abhängig von den klimat. Bedingungen. An Hand von Versuchsergebnissen wurden Richtlinien für Strohdüngung (mit u. ohne zusätzlichen Stickstoff) von Böden im Mittelmeergebiet gegeben. (Ann. Inst. nat. Rech. agronom., Sér. A **4.** 379—97. Mai/Juni 1953. Antibes, Stat. d'Agronomie et de Biochim. végétale.) C. GRIMME. 6304

János di Gléria, Sándorné Erdei und **János Sarkadi,** *Der Einfluß von Ammoniak- und Nitratstickstoff auf das Aufnahmevermögen von Phosphorkunstdüngern durch Aspergillus niger-Kulturen.* Die Menge des in Nährlsg. durch Aspergillus niger (AN) aufgenommenen P ist von dem Verhältnis NO_3^- : NH_4^+ in der N-Quelle abhängig. Falls diese nur aus NH_4^+ besteht, tritt starke physiol. Säure auf, u. die P-Aufnahme ist gering. Auch wenn AN infolge der stark sauren physiol. Rk. einen großen Teil der schwer lösl. Phosphate auflöst, kann deren Aufnahme infolge irgendwelcher hemmender Umstände (wahrscheinlich in die Lsg. gelangte F^-) nicht erfolgen. (Agrokémia és Talajtan [Agrochem. u. Bodenkunde] **3.** 373—84. Dez. 1954. Budapest, Agrokém. Kut Int., Szerv.-trágy Oszt.) A. JACOB. 6306

S. M. Sircar und **Maya Kundu,** *Wirkung von Auxinen auf das Blühverhalten von Reis.* Wenn junge Reispflanzen eine Woche lang täglich mit 500 p.p.m. Indolylessigsäure u. 300 p.p.m. α-Naphthylessigsäure besprüht wurden, erfolgte die Bldg. des Blütenstandes um 27,1 bzw. 18,4 Tage früher. Die Zahl der Ährchen wurde vermindert, der Anteil leerer Ährchen erhöht. Die Anzahl der Körner je Ähre ging von 68 auf 29,4 bzw. 19,4 zurück. (Nature [London] **176.** 840—41. 29/10. 1955. Calcutta, Univ. of Calcutta, Botan. Abt.) A. JACOB. 6312

Alden S. Crafts und **William A. Harvey,** *Unkrautbekämpfung durch Bodensterilisierung.* Es wird die Anwendung von *Chlorpikrin*, *CS_2*, *CH_3Br*, *2.4-D*, *$NaClO_3$*, *Boraten*, *Na_3AsO_3*, *As_2O_3* u. *CMU* als Bodensterilisierungsmittel beschrieben. (Calif. agric. Exp. Stat., Extens. Serv., Circ. **446.** 5—20. April 1955.) F. RANG. 6312

K. H. Domsch, *Zur Wirkung von Beizmitteln gegen Bodenpilze.* 1. Mitt. Samenbeizmittel mit dem Wirkstoff *Methoxyäthylquecksilbersilicat* + Zusatz von 20% *Hexachlorbenzol* ergab im Laboratoriumsvers. nur unter folgenden Voraussetzungen eine Schutzwrkg. gegen Rhizoctonia solani: 1. wenig adsorbierende Bodenbestandteile (z. B. Sand), 2. Samenmindestgröße 1 mm, 3. Überdosierung des Beizmittels ($>$ 10 g/kg Samen). Ferner wurden die Beizmittelwirkungen von alkylmercurihalogenid-, phenylmercuriacetat-, arsen- u. thiuramhaltigen Verbb. verglichen. Zur Best. der Adsorption Hg-haltiger Substanzen im Boden wird eine einfache Meth. mit Diphenylcarbazol als Reagens beschrieben. (Phytopathol. Z. **25.** 311—22. Jan. 1956. Kiel-Kitzeberg, Biol. Bundesanst. für Land- u. Forstwirtsch., Labor. für gärtner. Pflanzenbau.)
R. RITTER. 6312

R. S. Singh, *Die Wirksamkeit von Bordeauxmischung und Perenox zur Bekämpfung der Blattflecken bei Bhindi.* Die durch Mikroorganismen bei Bhindi (Hibiscus esculentus) hervorgerufenen Blattflecken können durch 3—4maliges Besprühen mit 0,2—0,3%ig. *Perenoxlsg.* vollkommen u. mit *Bordeauxmischungen* weitgehend verhindert werden. (Sci. and Cult. **19.** 305—06. Dez. 1953. Kanpur, Indien, Gov. Agric. Coll., Plant Pathol. Labor.) F. KRUSEN. 6312

C. L. Massey, R. D. Chisholm und **N. D. Wygant,** *Äthylendibromid zur Bekämpfung von Dendroctonus ponderosae Hopk.* Zur Bekämpfung des Borkenkäfers Dendroctonus ponderosae wurde *Äthylendibromid* (I) in verschied. Ölen unter Hinzufügung eines Emulgators gelöst. Die mit W. erhaltene Emulsion wurde mit Hilfe eines Sprühgerätes ausgebracht. Es zeigte sich, daß zur Erzielung eines guten Abtötungserfolges für alle Stadien des Käfers 2 pounds von I in 5 Gallonen Emulsion enthalten sein müssen. (J. econ. Entomol. **45.** 861—62. Okt. 1952.) W. KNÖPKE. 6312

James Allan, *Verlust der biologischen Wirksamkeit von Rindertauchbädern mit Benzolhexachloridgehalt. Benzolhexachlorid*-Zusatz, mit ca. 13% Geh. an γ-Isomeren, zu Bädern zur Bekämpfung des Zeckenbefalls von Rindern verliert seine Wirksamkeit nach einigen Monaten. Nach Verss. des Vf. wird die Ursache in der Tätigkeit H_2-produzierender Bakterien gesehen, die durch Cl-Entzug die Wrkg. der γ- u. in geringem Grad der α-Isomeren zerstören. (Nature [London] **175.** 1131—32. 25/6. 1955. Berkhamsted, Herts., Cooper Techn. Bur.) H. DOSSMANN. 6312

Martin H. Muma, Roscoe E. Hill, Ephriam Hixson und **Lionel Harris,** *Bekämpfung von Schafzecken auf Mastlämmern.* Die Verss. zur Bekämpfung von Melophagus ovinus an Lämmern ergaben, daß mit *DDT, S* u. *Rotenon* Erfolge erzielt werden konnten. Den größten Einfl. hat aber die Art der Behandlung. Als wirksamste Meth. erwies sich das Tauchen, während Spritzung der Hürden weniger gut abschnitt. Stäubung war ebenfalls brauchbar, kam aber nicht ganz an die Wrkg. des Tauchens heran. — 32 Literaturangaben. (J. econ. Entomol. **45.** 833—38. Okt. 1952. Lincoln, Neb., Univ. of Nebraska.) W. KNÖPKE. 6312

L. P. Ditman und **George Burkhardt,** *Weitere Versuche zur Bekämpfung der Erbsenblattlaus.* Zur Bekämpfung von Macrosiphum pisi im Freiland wurden verschied. Insekticide u. Behandlungsmethoden geprüft. Am wirksamsten war die Behandlung mit einem Sprühgerät unter Verwendung von *4049*-Emulsion [S-(1.2-Dicarbäthoxyäthyl)-O.O-dimethyldithiophosphat]; *DDT* brachte einen etwas geringeren Erfolg. *Parathion*- u. DDT-Stäubemittel lassen sich ebenfalls verwenden. Eine Saatgutbehandlung mit *Oktamethylpyrophosphoramid* u. anschließender DDT-Spritzung konnte dagegen hinsichtlich der Verhinderung des Auftretens der Mosaikkrankheit nicht befriedigen. (J. econ. Entomol. **45.** 880—81. Okt. 1952. College Park, Md.) W. KNÖPKE. 6312

Ralph B. March, Robert L. Metcalf und **Lawrence L. Lewallen,** *Synergisten für DDT gegen insekticidresistente Stubenfliegen.* Vff. untersuchten die Wrkg. von 96 Substanzen als Synergisten für *DDT* gegenüber resistenten Stämmen von Musca domestica. Die Lsgg. wurden in einem Verhältnis DDT: Synergist wie 5 : 1 angesetzt. Es wurden folgende Substanzen geprüft (eingeklammerte Zahl hinter der Substanz bedeutet die relative Aktivität gegenüber DDT allein = 1): *4.4'-Dichlordiphenyl* (1), *Bis-(p-chlorphenyl)-methan* (20), *Bis-(p-chlorphenyl)-chlormethan* (140), *Diphenylchlormethan* (2), *Bis-(p-chlorphenyl)-brommethan* (20), *Bis-(p-methoxyphenyl)-chlormethan* (1), *Bis-(p-chlorphenyl)-dichlormethan* (4), *Triphenylchlormethan* (2), *1.1-Bis-(p-chlorphenyl)-äthan* (100), *1-(p-Chlorphenyl)-1-(m-chlorphenyl)-äthan* (20), *1-(p-Chlorphenyl)-1-(o-chlorphenyl)-äthan* (4), *1.1-Bis-(o-chlorphenyl)-äthan* (2), *1.1-Bis-(p-methoxyphenyl)-äthan* (2), *1.1-Bis-(p-chlorphenyl)-2.2.2-trifluoräthan* (2), *1.1-Bis-(p-chlorphenyl)-1-chloräthan* (60), *1.1-Bis-(p-chlorphenyl)-1.2.2-trichloräthan* (4), *1.1-Bis-(p-chlorphenyl)-1.2.2.2-tetrachloräthan* (1), *1.1-Bis-(p-isopropylphenyl)-2.2-dichloräthan* (2), *1.1-Bis-(p-äthylphenyl)-2.2.2-trichloräthan* (6), *1.1-Bis-(p-äthoxyphenyl)-2.2.2-trichloräthan* (> 10), *1.1-Bis-(p-chlorphenyl)-äthylen* (30), *1.1-Bis-(p-chlorphenyl)-2-chloräthylen* (4), *1.1-Bis-(p-chlorphenyl)-2.2-dichloräthylen* (2), *1.1-Bis-(p-chlorphenyl)-3.3.3-trichlorpropan* (2), *trans-1.2-Bis-(p-chlorphenyl)-1-chloräthylen* (1), *cis-1.2-Bis-(p-chlorphenyl)-1-chloräthylen* (4), *1.2-Bis-(p-chlorphenyl)-1.2-dichloräthan* (1), *1.2-Bis-(x-chlorphenyl)-propan* (1), *1.3-Bis-(p-chlorphenyl)-2-methylpropan* (3), *Benzylalkohol* (1), *p-Chlorbenzylalkohol* (1), *1-(p-Chlorphenyl)-2.2.2-trichloräthanol* (2), *Diphenyl-* (1) u. *Triphenylcarbinol* (2), *Bis-(p-chlorphenyl)-carbinol* (3), *Bis-(p-fluorphenyl)-carbinol* (1), *Bis-(p-tolyl)-carbinol* (1), *Bis-(p-methoxyphenyl)-carbinol* (1), *Bis-(p-chlorphenyl)-methylcarbinol* (60), *Bis-(p-chlorphenyl)-dichlormethylcarbinol* (2), *Bis-(p-chlorphenyl)-äthylcarbinol* (4), *Bis-(p-chlorphenyl)-vinylcarbinol* (40), *Bis-(p-chlorphenyl)-äthinylcarbinol* (160 bzw. 100), *o-Chlorphenyl-p-chlorphenyläthinylcarbinol* (3), *Bis-(o-chlorphenyl)-äthinylcarbinol* (1), *Bis-(2.4-dichlorphenyl)-äthinylcarbinol* (20), *p-Chlor-*

phenylphenyläthinylcarbinol (4), *Bis-(p-tolyl)-äthinylcarbinol* (2), *1-(α-Methylbenzyloxy)-2-propanol* (2), *Allylbenzyläther* (1), *Dibenzyläther* (2), *Bis-(α-methylbenzyl)-äther* (1), *Bis-(p-chlorbenzyl)-äther* (2), *Bis-(p-chlorphenoxy)-methan* (2), *1.4-Bis-(2.4-dichlorphenoxy)-buten-2* (2), *1-Äthoxy-1-phenoxy-2.2.2-trichloräthan* (2), *1-Äthoxy-1-p-chlorphenoxy-2.2.2-trichloräthan* (2), *1-Butoxy-1-p-chlorphenoxy-2.2.2-trichloräthan* (4), *1-Hexoxy-1-chlorphenoxy-2.2.2-trichloräthan* (4), *Bis-(p-chlorphenyl)-carbinol, Methyläther* (4), *Bis-(p-chlorphenyl)-carbinol, Äthyläther* (2), *Bis-(p-chlorphenyl)-carbinol, β-Chloräthyläther* (4), *Bis-(p-chlorphenyl)-methylcarbinol, Methyläther* (60), *Di-[bis-(p-chlorphenyl)-carbinol]-äther* (1), *Di-[bis-(p-chlorphenyl)-methylcarbinol]-äther* (80), *Bis-(p-chlorphenyl)-sulfid* (2), *p-Chlorphenyl-p-chlorbenzylsulfid* (2), *Bis-(p-chlorphenylmercapto)-methan* (30), *1.1-Bis-(p-chlorphenylmercapto)-äthan* (5), *2.2-Bis-(p-chlorphenylmercapto)-propan* (6), *Dibenzylsulfid* (30), *Bis-(p-chlorbenzyl)-sulfid* (80), *Bis-(2.4-dichlorphenyl)-sulfid* (2), *Bis-(p-chlorbenzyl)-disulfid* (2), *Bis-(2.4-dichlorbenzyl)-disulfid* (4), *3.4-Dichlorphenyltrichlormethyldisulfid* (2), *p.p'-Dichlorbenzophenon* (3), *p.p'-Dimethoxybenzophenon* (1), *Bis-(p-ch orphenyl)-essigsäure* (2), *Bis-(p-chlorphenyl)-carbonat* (2), *[1-(p-Chlorphenyl)-2.2.2-trichloräthyl]-acetat* (2), *[1-(p-Chlorphenyl)-2.2.2-trichloräthyl]-butyrat* (2), *[1-(p-Chlorphenyl)-2.2l.2-trichloräthyl]-caprylat* (2), *Bis-(p-chlorphenyl)-äthoxymethylcarbinol* (3), *p.p'-Dichlorbenzilsäureäthylester* (10), *Dibenzyldithio-bis-(dithioformiat)* (2), *Bis-(p-chlorbenzoyl)-sulfid* (3), *Bis-(p-chlorphenyl)-sulfon* (2), *p-Tolyltrichlormethylthiosulfonat* (2), *p-Chlorphenyl-p-chlorbenzolsulfonat* (2), *Bis-(p-chlorphenyl)-phosphat* (1), *Bis-(p-chlorphenyl)-phosphinsäure* (3), *Bis-(p-chlorphenyl)-äthylphosphinat* (2), *1-Phenyl-3-methylpyrazolyl-(5)-dimethylcarbamat* (4), *N-Phenyl-p-chlorphenylcarbamat* u. *2.2-Bis-(2-chlorthienyl)-1.1.1-trichloräthan* (1). (J. econ. Entomol. **45**. 851—60. Okt. 1952. Riverside, Calif., Univ. of California, Citrus Exp. Stat.) W. KNÖPKE. 6312

S. C. Chandler, *Entwicklung und Bekämpfung von Clastoptera achatina in Illinois.* Vf. untersuchte die Wanzenart Clastoptera achatina, die an Pecan (Hickoryart) in Illinois schadet. Gute Bekämpfungserfolge sind mit *Lindan*-Suspension erzielt worden. (J. econ. Entomol. **45.** 890. Okt. 1952.) W. KNÖPKE. 6312

C. W. Kruse, W. B. Hawkins und **G. F. Ludvik,** *Resistenz von Anopheles quadrimaculatus gegenüber DDT im Tennessee-Tal.* Vff. stellten fest, daß die Aufwandmengen von *DDT* zur Bekämpfung von Anopheles quadrimaculatus vom Flugzeug aus von 1944 bis 1949 um das 10—25fache erhöht werden mußten, um die DL_{50} zu erreichen. Zur Erzielung einer 100%ig. Abtötung der älteren Larven (4. Stadium) war in den Jahren 1950 u. 1951 ebenfalls eine 120fach höhere Dosierung als von 1946—1949 notwendig. In Laborverss. konnten die Resistenzerscheinungen bestätigt werden. (J. econ. Entomol. **45.** 810—14. Okt. 1952. Alabama, Tennessee Valley Authority, Wilson Dam.) W. KNÖPKE. 6312

Lemac Hopkins, George G. Gyrisco und **L. B. Norton,** *Versuche mit Kalk zwecks Zerstörung von DDT-Rückständen auf Futterpflanzen.* Vff. untersuchten die Frage, ob durch Zusatz von Kalk zu einem *DDT*-Staub eine schnelle Zerstörung der Rückstände auf den Pflanzen erzielt werden kann. Der Staub enthielt 5% DDT u. jeweils von 0—95% Kalk (Rest Pyrophyllit). Die Rückstände auf Alfalfa zeigten 14 Tage nach der Behandlung bei den einzelnen Mischungen keine Unterschiede. Durch die schnelle Rk. von $Ca(OH)_2$ mit CO_2 kann eine durchgreifende Rk. mit dem DDT nicht stattfinden. In der Wrkg. gegenüber verschied. Schädlingen zeigten die Gemische keine wesentlichen Unterschiede. (J. econ. Entomol. **45.** 893—94. Okt. 1952.) W. KNÖPKE. 6312

Lemac Hopkins und **George G. Gyrisco,** *Versuche zur Bekämpfung der Erbsenblattlaus an Alfalfa und Rückstände von verschiedenen Behandlungsarten bei der Ernte.* Bei der Bekämpfung von Macrosiphum pisi an Alfalfa mit verschied. Ausbringungsformen der Insekticide konnten folgende Feststellungen getroffen werden: Mit Spritzmitteln in einer Aufwandmenge von 0,1, 0,2 u. 0,3 pounds/acre des Wirkstoffes konnten mit *DDT* u. *HCH* schon in der niedrigsten Konz. gute Erfolge erzielt werden, während *Toxaphen* u. *Dieldrin* versagten. Staubförmige DDT-Präpp. brachten ebenfalls gute Erfolge, wenn sie bei Alfalfa in einer Höhe von 6—8 in. ausgebracht wurden. Die Dauerwrkg. betrug ca. 10 Tage. Die Rückstände auf den Pflanzen bei der Ernte waren am höchsten, wenn eine Emulsion verwendet wurde. Beim Einsatz eines Heißluftnebelgerätes mit DDT als Wirkstoff wurden ebenfalls gute Resultate erzielt; am günstigsten erwies sich ein Abstand von 25 yards zwischen Gerät u. Feldrand. (J. econ. Entomol. **45.** 821—25. Okt. 1952. Ithaca, N. Y., Cornell Univ.) W. KNÖPKE. 6312

William V. Campbell und **Ross E. Hutchins,** *Toxizität von Insekticiden gegenüber einigen räuberischen Insekten an Baumwolle.* Vff. untersuchten die Wrkg. verschied. Insekticide auf räuber. Insekten, die zur Vernichtung der schädlichen Blattläuse u. Milben beitragen. Es handelte sich im wesentlichen um Käfer aus der Familie der Coccinelliden u. Hemipteren (Wanzen). Alle geprüften Wirkstoffe red. die Räuber, am wenigsten wirksam war *Compound 711* (Stereoisomeres des Aldrins) in einer Aufwandmenge von 0,2 lb/acre. *EPN* u. *Parathion* bewirkten eine vollständige Abtötung innerhalb von 4 Tagen, dagegen erwies sich *Dieldrin* (0,15 bzw. 0,3 lb./acre) weniger tox. als *DDT* oder *Toxaphen*. Die Hemipteren waren in allen Verss. wesentlich empfindlicher als die Coccinelliden. (J. econ. Entomol. **45.** 828—33. Okt. 1952. Mississippi State Coll., Dep. of Zool. and Entomol., U. S. Bur. of Entomol. and Plant Quarantine.) W. KNÖPKE. 6312

William V. Campbell und **Rose E. Hutchins,** *Toxizität von Insekticiden gegenüber einigen räuberischen Insekten an Baumwolle.* Inhaltlich ident. mit vorst. Referat. (J. econ. Entomol. **45.** 786—89. Okt. 1952.) W. KNÖPKE. 6312

J. C. Gaines, T. R. Pfrimmer, M. E. Merkl und **F. M. Fuller,** *Thripsbekämpfung mit Insekticiden an Baumwolle.* Zur Bekämpfung der an Baumwolle schadenden Thripsarten Frankliniella tritici, F. fusca u. F. exigua mit einer Aufwandmenge von 2,5 Gallons/acre wurden folgende Ergebnisse erzielt: *Parathion, DDT, γ-HCH, γ-HCH + DDT, Aldrin, Dieldrin, Toxaphen* u. *EPN* schützen die Pflanzen vor Befall für einen Zeitraum von mindestens 2—3 Tagen. Hohe Konzz. von *Systox* u. *Oktamethylpyrophosphoramid* bringen einen Augenblickserfolg, zeigen aber keine Dauerwrkg. durch system. Effekt. (J. econ. Entomol. **45.** 790—94. Okt. 1952. Texas, Agric. Exp. Stat.) W. KNÖPKE. 6312

Randle E. Furr und **S. L. Calhoun,** *Toxizität von organischen Insekticiden gegenüber Laphygma frugiperda.* Mit *Toxaphen* (2 pds./acre) u. *Compound 269*, einem Stereoisomeren von Dieldrin (0,2 pds./acre), konnte eine 92%ig. Abtötung der Larven von Laphygma frugiperda erzielt werden. *HCH, DDT, Dieldrin, EPN, Aldrin, Heptachlor* u. *TDE* zeigten ebenfalls einen befriedigenden Effekt, während *Parathion, Chlordan, Compound 711* (Stereoisomeres von Aldrin) u. *TEPP* nur schwach wirksam waren. (J. econ. Entomol. **45.** 892. Okt. 1952. Mississippi Agric. Exp. Stat., U. S. D. A. Agric. Res. Admin. Bur. of Entomol. and Plant Quarantine.) W. KNÖPKE. 6312

Paul A. Dahm, *Wirkung von Witterungseinflüssen und handelsüblicher Trocknung auf Rückstände von Aldrin, Chlordan und Toxaphen, die bei Alfalfa zur Anwendung kamen.* Zur Unters. der Rückstände, die nach einer Spritzung mit einem Insekticid auf den Pflanzen zurückbleiben, wurde Alfalfa mit folgenden Aufwandmengen behandelt: *Aldrin* (**I**) 0,125 (lbs./acre), *Chlordan* (**II**) 1,0, *Toxaphen* (**III**) 1,5. Unmittelbar nach der Spritzung konnten von **I** 2 p.p.m., von **II** 12 p.p.m. u. **III** 30 p.p.m. auf den Pflanzen festgestellt werden. Nach 18 Tagen waren die Rückstände wie folgt gesunken: **I** $<$ 0,1 p.p.m., **II** 3 p.p.m., **III** 14 p.p.m. Bei gelagertem u. getrocknetem Alfalfa lag der **I**-Geh. ebenfalls unter 0,1%, während von **II** noch 2 bzw. 1 p.p.m. u. von **III** 6 bzw. 5 p.p.m. nachweisbar waren. (J. econ. Entomol. **45.** 763—66. Okt. 1952. Manhattan, Kansas Agric. Exp. Stat.) W. KNÖPKE. 6312

Jean Lhoste, *Die Winterpflege der Obstbäume.* Angaben über die auf den einzelnen Obstbäumen vorkommenden tier. u. pflanzlichen Schädlinge, die dagegen anzuwendenden wss. u. öligen Präpp. auf Basis *Dinitro-o-kresol* u. *Parathion* u. über die zweckmäßigste Art u. Zeit der Bekämpfung. (Engrais **69.** Nr. 79. 15—16. März 1955.)
W. SCHULENBURG. 6312

W. H. Lange jr. und **R. H. Sciaroni,** *Metaldehydstaub zur Bekämpfung von Schnecken an Rosenkohl in Zentralkalifornien.* Vff. untersuchten die Möglichkeit der Bekämpfung der Schneckenarten Deroceras reticulatum u. Milax gagates mit *Metaldehyd*-Staub (**I**). Bei direkter Bestäubung der Schnecken mit 5%ig. **I** war nach 3 Tagen eine 100%ig. Abtötung erfolgt, während auf behandelten Rosenkohlblättern aufgesetzte Tiere nach 5 Tagen abstarben. Zur gleichzeitigen Bekämpfung von Schnecken u. Blattläusen kann **I** mit Parathion kombiniert werden. (J. econ. Entomol. **45.** 896—97. Okt. 1952. Davis, Calif., Univ. of California.) W. KNÖPKE. 6312

W. A. Gersdorff und **Norman Mitlin,** *Relative Toxizität von Furethrin, seinem natürlichen Säureisomeren und Pyrethrinen gegenüber Stubenfliegen.* Vff. untersuchten die Toxizität von Furethrin (**I**), einem Analogen von Allethrin, das in der Seitenkette statt der Allylgruppe eine Furfurylgruppe besitzt. Außerdem wurden das natürliche Säureisomere *d-trans-Chrysanthemummonocarbonsäure* (**II**) u. *Pyrethrine* (**III**) in den Vgl. einbezogen. Als Testtiere dienten Imagines von Musca domestica. Es zeigte sich, daß **I** den gleichen Toxizitätswert wie **III** hat, während **II** den 2fachen Wert besitzt. (J. econ. Entomol. **45.** 849—50. Okt. 1952.) W. KNÖPKE. 6312

H. H. Incho und **H. Greenberg,** *Synergistische Wirkung von Piperonylbutoxyd mit den aktiven Komponenten von Pyrethrum und mit Allethrolonestern von Chrysanthemumsäuren.* Vff. untersuchten den synergist. Effekt von *Piperonylbutoxyd* (**I**) bei der Kombination mit den einzelnen wirksamen Komponenten von *Pyrethrum* (**II**): Cinerin I, Cinerin II, Pyrethrin I u. Pyrethrin II. Außerdem wurden Ester von *Allethrolon* (Methylallylcyclopentenolon) mit Chrysanthemumdicarbonsäure u. 4 Isomeren der Chrysanthemummonocarbonsäure in der gleichen Weise mit **I** kombiniert. Als Testinsekt diente Musca domestica. Die synergist. Wrkg. von **I** mit den Komponenten von **II** war geringer als bei der Kombination mit **II**. Bei der Kombination von **I** mit den Allethrolonestern zeigte sich nur eine sehr geringe Wirkung. (J. econ. Entomol. **45**. 794—99. Okt. 1952. Baltimore, Md., U. S. Ind. Chem. Co.) W. KNÖPKE. 6312

VIII. Metallurgie. Metallographie. Metallverarbeitung.

G. J. Rogers, *Probleme und Grundsätzliches in der Gießerei.* Diskussion zu der C. **1956**. 242 referierten Arbeit. (Foundry Trade J. **98**. 571—73. 26/5. 1955.) K. STEIN. 6382

François Boussard, *Betrachtungen über die Nutzbarmachung von Versuchen mit Formsand in der Gießerei. Vorschlag eines Versuches für das Ausheben aus der Form.* Übersicht über die von Formsand geforderten Eigg. u. die Abhängigkeit der Kohäsion, der Durchlässigkeit für Gase u. der Arbeit beim Ausheben aus der Form von der Feuchtigkeit sowie bei gegebener Feuchtigkeit voneinander. Betrachtungen für den Sonderfall einer Form mit Halbzylinder. (Fonderie belge **1955**. 2—9. Jan.; Fonderie **1953**. 3707. 14/12.) H. MENKE. 6382

G. Fernheden und **K. Åkesson,** *Gesichtspunkte zur Anwendung von Gußsieben und ein Normenvorschlag für keramische Gußsiebe.* Die zum Abscheiden der Schlacke u. zur Regelung der Gießgeschwindigkeit verwendeten Gußsiebe werden aus Schamotte oder Cordierit hergestellt. Vf. erörtert die Form u. die Anordnung (horinzontal oder vertikal in einem Gußkanal), die von Fall zu Fall zu entscheidende Zweckmäßigkeit der Anwendung von Gußsieben aus Kernmasse. (Gjuteriet **45**. 158—64. Nov. 1955. Norrahammar u. Stockholm.) R. K. MÜLLER. 6382

Sándor Vékony, *Einiges über die Berechnung der gebräuchlichen Anschnittsysteme der Eisengießereien.* Angaben zur Berechnung der Gießgeschwindigkeit, Ausbldg. der Gießform, richtige u. falsche Formgebung, Berechnung der Trichterausmaße. Es soll nicht erst der Anschnitt bestimmt werden, sondern die Menge zum Ausfüllen der Form [kg./sec]. (Kohászati Lapok **10** (**88**). Nr. 3. Öntöde **6**. 63—65. März 1955.) J. PLANK. 6382

H. W. Griffiths, *Erzeugung von einwandfreien Gußstücken.* Beschreibung und Erörterung der zur Erzielung einwandfreier, d. h. homogener u. maßgenauer, Gußstücke erforderlichen Maßnahmen, bes. der Wahl des Verf. zum Abstechen, Abkühlen, zur Gußzuführung u. der Wahl der Gießköpfe. — Aussprache. (Foundry Trade J. **93**. 153—56. 7/8. 1952.) W. WESLY. 6382

H. J. M. Conacher und **R. Leeks,** *Gußstücke für einen kleinen Dieselmotor.* Beschreibung der Herst. von weißkernigen, schmiedbaren Gußstücken für kleine Dieselmotoren. (Foundry Trade J. **92**. 57—65. 17/1. 1952. Arbroath, Dens Iron Works.) W. WESLY. 6382

R. Cazaud, *Die Ausbreitung von Ermüdungsrissen und ihr Nachweis.* Übersicht über den Ursprung u. die Entw. der Ermüdungsrisse, Ausbreitung u. Nachweis. (Métaux **27**. 475—85. Dez. 1952. Paris.) H.-J. HEINRICHS. 6388

M. M. Kopanzew und **B. A. Owtschinnikow,** *Verbrennen von an Schwefel angereicherten Sumpferzen in Kiesöfen.* Bei der Koksgaserzeugung verwendetes u. durch absorbiertes H_2S an S gesätt. *Raseneisenerz* wird in Mengen von 15—20% zu Eisenkies zugesetzt u. in 9etagigen Kiesabbrennöfen nutzbringend verarbeitet. Der Ofenbetrieb wird gegenüber einer reinen Aufgabe von Eisenkies nicht gestört, nur ist bei Zusatz von Raseneisenerz in den unteren Ofenführungen die Temp. um 20—70° höher als normal. In der Versuchszeit wurden über 600 t Raseneisenerz, das durch die Behandlung zu $Fe_2O_3 \cdot 3H_2O$ aufgefrischt wird, durchgesetzt. Bei der Behandlung wird SO_2-Gas erhalten, das zur H_2SO_4-Gewinnung verwendet werden kann. (Бумажная Промышленность [Papier-Ind.] **30**. Nr. 7. 14—16. Juli 1955.) H. HOCHSTEIN. 6390

A. E. El-Mehairy, *Reduzierbarkeit von Eisenerzbrocken.* Bei der Unters. von Hämatiterz wurde festgestellt, daß die Reduktionsgeschwindigkeit des Erzes durch H_2 bei 800° etwa einem Exponentialgesetz erster Ordnung folgt. Die Reduzierbarkeit ist umgekehrt proportional dem Durchmesser des Erzbrockens. Sie ist direkt proportional der Gesamtporosität des Erzes unter der Voraussetzung, daß die mittlere Porengröße die gleiche ist. Der Umfang der Zwischenverb. zwischen den Poren u. hieraus die Durchlässigkeit für die Gase hat keinen feststellbaren Einfl. auf die Reduzierbarkeit. Unter der

Voraussetzung, daß die Porosität u. die durchschnittliche Porengröße konstant sind, wird die Reduzierbarkeit durch die unterschiedlichen Fe/O-Verhältnisse in den Proben mit im wesentlichen gleicher Größe u. Form nicht beeinflußt. — 30 Schrifttumsangaben. (J. Iron Steel Inst. **179.** 219—26. März 1955. Cairo.) H. HOCHSTEIN. 6390

Theo Kootz, Alfred Michel und **Heinrich Rellermeyer,** *Zur Metallurgie des Hochofens.* Diskussion zu der C. **1955.** 3236 referierten Arbeit. (Arch. Eisenhüttenwes. **26.** 179—81. März 1955.) H. HOCHSTEIN. 6400

Endre Szücs, *Erzeugung von Qualitätsstählen.* Die allg. Bezeichnung Qualitätsstahl ist übertrieben, man sollte von den Verwendungszwecken entsprechenden Stählen sprechen. Aus diesem Grunde bespricht Vf. die Erzeugungsbedingungen für weiches, tiefziehbares Blechmaterial, für Kesselblech u. andere schweißbare, bei —20 bis —40° verwendbare Stähle, schweißbares Brücken- u. Schiffsmaterial, Stahl für nahtlose Rohre, Vermeidung von Einschlüssen bei der Stahlerzeugung u. Guß. (Kohászati Lapok **10 (88).** 77—88. Febr. 1955.) J. PLANK. 6408

K. Grjotheim, *Thermodynamische Berechnung von Schlackengleichgewichten.* 2. Mitt. *Einfluß auf Kationenaustausch-Gleichgewichte, die durch an dem Austausch nicht teilnehmende Kationen verursacht werden.* (1. vgl. FLOOD, C. **1953.** 3307.) Durch theoret. thermodynam. Überlegungen wird die experimentelle Tatsache bestätigt, daß Ionengleichgewichte durch Ionen, die an den Gleichgewichtsumsetzungen nicht teilnehmen, nicht stark beeinflußt werden. — Schrifttumsangaben. (J. Iron Steel Inst. **178.** 354—56. Dez. 1954. Trondheim, Norwegen, Inst. für Technol.) H. HOCHSTEIN. 6408

Gerhard Trömel und **Willy Oelsen,** *Die Grenzen der Entphosphorung des Eisens mit Kalk.* Untersucht werden die Rkk., wie sie beim THOMAS-Verf. im Syst. Fe–P–O_2–Kalk ablaufen. Die Aufstellung des Zustandsschaubildes ist deswegen so schwierig, weil sich bei den nötigen Tempp. von mindestens 1600° die üblichen Tiegelbaustoffe mit den Schlacken dieses Syst. sehr lebhaft umsetzen, wodurch die Erreichung des Gleichgewichtes unmöglich gemacht wird. Durch Schmelzen in Tiegeln, deren Zus. im Syst. CaO–P_2O_5 liegt, werden die Zusammenhänge bestimmt zwischen Schlacken des Syst. CaO–FeO–P_2O_5 u. dem P-Geh. der im Gleichgewicht damit befindlichen Eisenschmelzen. Diese Ergebnisse werden in einem zusammenfassenden Schaubild dargestellt, das die beiden Grenzen der Entphosphorung umfaßt. Auf der einen Seite sind dies die kalkfreien Schlacken aus FeO u. FeO–P_2O_5, auf der anderen dagegen die Schlacken mit dem höchstmöglichen CaO-Geh., die also an CaO gesätt. sind. Bei diesen werden bei 1600° im Gleichgewicht P-Gehh. im Eisen gefunden, die bei ca. 0,010—0,012% P liegen. Sie sind also niedriger als die besten bei techn. Schmelzen unter vergleichbaren Bedingungen erreichten. Bereits an der Grenze der Mischungslücke werden mit Schlacken, die von der Sättigung an CaO noch weit entfernt sind, P-Gehh. im Eisen erzielt, die nicht sehr viel höher liegen. Somit übt also im CaO-reichen Teil des untersuchten Syst. von einem verhältnismäßig niedrigen CaO-Geh. an die Schlackenzus. keinen sehr großen Einfl. auf den P-Geh. des Eisens aus. CaO bindet P_2O_5 so stark, daß kein großer Überschuß notwendig ist, um P nahezu vollständig aus dem Eisen zu entfernen. Außerdem wurde der Einfl. der Temp. auf die Lage des Gleichgewichtes im Gebiet von 1550—1725° bestimmt. Mit steigender Temp. steigt der P-Geh. des Eisens nur mäßig. — Diskussion. (Arch. Eisenhüttenwes. **26.** 497—506. Sept. 1955. Düsseldorf bzw. Clausthal, Max-Planck-Inst. für Eisenforschung.) H. HOCHSTEIN. 6408

Willy Oelsen und **Gerhard Heynert,** *Die Reaktionen zwischen Eisen–Mangan-Schmelzen und den Schmelzen ihrer Aluminate.* Untersucht wird das Gleichgewicht der Mn-Rk. auch für sehr kleine Mn-Gehh. in der Eisenschmelze, um bei den dann sehr hohen O_2-Gehh. nach Einww. desselben auf das Mn zu suchen. Hierfür wurden die Metalle u. Schlacken in Tiegeln aus Tonerde geschmolzen, so daß sich die Schmelzen entweder an Tonerde oder an hochschmelzenden Aluminaten sättigen mußten. Die Gehh. von Metall u. Schlacke zeigen bei 1550—1780° in Gestalt der Isothermen für 1550, 1600 u. 1650° sehr übersichtliche Verhältnisse, die dem Massenwirkungsgesetz entsprechen u. auch bzgl. der Oxydverteilung auf einfache Gesetzmäßigkeiten hinweisen. Auch bzgl. der Tonerdegehh. der Schlacken ergeben sich entsprechende Löslichkeitsgrenzen. Solange die Schlacken durch die Oxyde der im Vgl. zum Al viel weniger unedlen Metalle Eisen u. auch Mn verflüssigt sind, können Al-Gehh. in den Stahlschmelzen nicht nachgewiesen werden. Solche fl. Desoxydationsprodd., die reich an FeO u. MnO sind, können bei der Desoxydation mit Mn u. Al nur dann ausgeschieden werden, wenn die Al-Konzz. noch tiefer liegen als diese Gehalte. Nicht wesentlich höher werden die Al-Gehh. sein, wenn die festen Spinelle FeO·Al_2O_3 u. MnO·Al_2O_3 oder ihre Mischkristalle auftreten. Die bekannte Kennzahl des Mn-Gleichgewichtes bleibt über den gesamten Bereich der untersuchten Gehh. von 0,005—5% Mn in der Eisenschmelze prakt. unverändert u. zeigt keinen sicher nachzuweisenden Gang mit der Konzentration. Die Werte dieser Kennzahl liegen zwischen denjenigen für saure Schlacken u. den wesentlich tieferen für Oxydulschlacken, die im MgO-Tiegel erschmolzen wurden. Die Verteilung der Oxyde zwischen Aluminatschlacken u. Stahlschmelzen entspricht fast derjenigen, die KÖRBER u. OELSEN für Oxydulschlacken im MgO-Tiegel fanden. Bei sehr kleinen (ca. 0,005%) Mn-Gehh. im Stahl u. entsprechend hohen O_2-Gehh. (ca. 0,25% O) gelten genau die gleichen Beziehungen für die Mn-Rk. wie für Mn-Gehh. über 1% Mn u. O-Gehh. unter 0,05% im Stahl. Aus den Tonerdegehh. der im Tonerdetiegel gesätt. Schlacken u. zusätzlichen calorimetr. Messungen, um den F. der Spinelle zu finden, wurde das Erstarrungsschaubild FeO–MnO–Al_2O_3 entworfen. (Arch. Eisenhüttenwes. **26.** 567—75. Okt. 1955. Clausthal, Bergakademie.) H. HOCHSTEIN. 6410

F. Pölzguter, *Fortschritte in der Herstellung und Anwendung von Edelstahlformguß für die chemische Industrie.* Auf die Bedeutung der modernen korrosionsbeständigen u. hochwarmfesten Werkstoffe, wie bes. gießgerechter *Stahl*-Legierungen, die hochlegierten Werkstoffe der *Stellit*- u. *Hastelloy*-Gruppe u. Ti, wird hingewiesen. Die Zeitstandfestigkeit hochwarmfester Stahllegierungen in Abhängigkeit von Temp. u. Zeit wird erörtert. Die Formtechnik u. Anwendung der einzelnen Gießverff., Schleudergußverf., Formmaskenverf. nach CRONING u. anderer Präzisionsgußverff. unter Verwendung ausschmelzbarer Modelle werden beschrieben. (Werkstoffe u. Korrosion **6.** 375—85. Aug./Sept. 1955. Bochum.) F. VIER. 6410

E. D. Harry, *Unterkritische Zersetzung der Carbidphase in einigen niedriggekohlten Siliciumstählen.* Nach einer Schrifttumsübersicht werden die Ergebnisse von Graphitisierungsprüfungen an drei Stählen, die alle unter 0,1% C enthielten u. Si-Gehh. von 1,8, 2,3 u. 3,4% aufwiesen, mitgeteilt. Hieraus zeigt sich, daß die Zers. der Carbidphase in den Stählen nach einer 10%ig. Kaltverformung durch Walzen bei einem Glühen bei 600° in schwach oxydierender Atmosphäre leicht eintrat. Eine Glühung in H_2 oder im Vakuum erzeugte keine ähnliche Carbidzersetzung. Eine Zunahme im Kaltverformungsgrad ergab eine Zunahme der Zeit, die für eine vollständige Graphitisierung erforderlich ist. Diese Zeit wächst auch mit der Probendicke. Die Stabilität der Carbidphase nimmt mit steigendem Si-Geh. in den Stählen ab. Die Graphitkeimbldg. während des Glühens der kaltverformten Stähle in der schwach oxydierenden Atmosphäre wird durch die Diffusion der O-Atome in den Stahl während der graphitisierenden Glühung hervorgerufen. — 11 Schrifttumsangaben. (J. Iron Steel Inst. **178.** 109—12. Okt. 1954. Newport, Steel Co. of Wales Ltd.) H. HOCHSTEIN. 6410

W. R. Apblett jr., R. P. Dunphy und **W. S. Pellini,** *Die Umwandlung von Cr–Mo-Stählen während des Schweißens.* Die Gefügeanteile für verschied. beim Schweißen sich einstellende Tempp. werden in Abhängigkeit von der Zeit für die beiden Stähle mit 0,09 (%) C, 0,63 Si, 0,48 Mn, 1,22 Cr, 0,01 Cu, 0,55 Mo, 0,10 Ni bzw. 0,12 C, 0,22 Si, 0,39 Mn, 2,39 Cr, 0,12 Cu, 0,98 Mo, 0,12 Ni ermittelt. Hierbei ergibt sich eine Abhängigkeit der Härte von den Erwärmungs- u. Abkühlungsbedingungen. Es wird der Einfl. einer Vorwärmung auf 600° F auf die Abnahme der maximalen Härte festgestellt. Hierbei zeigt sich u. a., daß die Stähle bei den kontinuierlich verlaufenden Abkühlungsumwandlungen zunächst einer bainit. Rk. unterliegen u. die spezif. Feingefügebedingungen grundsätzlich von der Austenitisierungstemp. u. dem Lösungsgrad der Carbide abhängen. (Welding J. **33.** 57s—64s. Jan. 1954. Washington, D. C., Naval Res. Labor.) H. HOCHSTEIN. 6410

Franz Wever, Alfred Krisch und **Hans-Joachim Wiester,** *Veränderungen im Gefügeaufbau von Chrom–Nickel–Molybdän-Stählen bei langzeitiger Beanspruchung im Zeitstandversuch bei 500°.* An mehreren warmfesten Cr–Ni–Mo-Stählen mit 0,04—0,3 (%) C, 0,5—0,9 Cr, 1,4—1,6 Ni, 0,7—0,9 Mo wurde das Kriech- u. Bruchverh. im Zeitstandvers. bei 500° in verschied. Wärmebehandlungszuständen (luft- u. ölvergütet mit 570° Anlaßtemp., zwischenstufenvergütet bei 350 u. 450° ohne Anlaßbehandlung, öl- oder wasservergütet mit 620—660° Anlaßtemp.) geprüft. Es zeigte sich, daß für das Verh. der untersuchten Stähle bes. die Anlaßtemp. u. die dadurch bedingte Ausbldg. der Carbidphase maßgebend sind, während der Einfl. des bei der γ-α-Umwandlung gebildeten Umwandlungsgefüges (Martensit oder Zwischenstufengefüge) dem gegenüber weitgehend zurücktritt. Bei allen Stählen ergaben Proben, die bei 570° angelassen oder bei 350 oder 450° zwischenstufenvergütet waren, eine hohe *DVM*-Kriechgrenze u. eine hohe 1000 Std.-Zeitstandfestigkeit, jedoch brachen alle Proben mit geringer Verformung in den Korngrenzen. Demgegenüber wurden bei Anlaßtempp. von 620—660° je nach dem C-Geh. des Stahles eine niedrigere DVM-Kriechgrenze u. eine niedrigere 1000 Std.-Zeitstandfestigkeit gefunden, wobei die Proben jedoch durchweg mit guter Bruchdehnung u. Brucheinschnürung brachen. Durch Isolierung der Carbide aus den Zeitstandproben wurde festgestellt, daß bei den nicht oder niedrig angelassenen Proben während des Zeitstandvers. bei 500° eine Ausscheidung von sehr feinverteiltem Mo_2C eintritt, die nach Glüh- oder Belastungszeiten von mehr als 500 Std. nachweisbar auftritt. Diese Ausscheidung oder deren Vor- u. Anfangszustände scheinen den hohen Kriechwiderstand zu bewirken. Bei den höher angelassenen Proben wird diese Ausscheidung zum überwiegenden Teil schon bei der Anlaßbehandlung vorweggenommen, wobei die Ausscheidung wegen der höheren Temp. in etwas gröberer Form u. Verteilung erfolgt. Hieraus u. aus der durch die Mo_2C-Ausscheidung bedingten Mo-Verarmung der Grundmasse erklärt sich der niedrigere Kriechwiderstand in diesem Zustand. Das unterschiedliche Bruchverh. ist dadurch bedingt, daß bei dem hohen Kriechwiderstand des nicht oder niedrig angelassenen Zustands das Korn innere hohe Spannungen ohne Verformung ertragen kann, so daß das Fließen bevorzugt an den Korngrenzen eintritt u. schließlich zum Aufreißen der Korngrenzen führt, noch ehe das Korn selbst wesentlich verformt wird, während bei dem hoch angelassenen Zustand die Verspannung der Korngrenzen geringer bleibt. — Diskussion. (Arch. Eisenhüttenwes. **26.** 463—74. 481. Aug. 1955. Düsseldorf, Max-Planck-Inst. für Eisenforschung.) H. HOCHSTEIN. 6410

Franz Wever und **Angelica Schrader,** *Elektronenmikroskopische Untersuchung der Gefügeveränderungen eines Chrom-Nickel-Molybdän-Stahles unter langzeitiger Zugbeanspruchung bei 500°.* (Vgl. vorst. Ref.) Durchgeführt wird eine elektronenmkr. Gefügeunters. nach dem Lackabdruckverfahren. Neben der üblichen schwachen Ätzung zur Sichtbarmachung des Gefüges werden die Carbide durch stärkere Ätzung freigelegt, so daß sie im Lackabdruck eingeschlossen bleiben u. so die Beobachtung ihrer Anordnung, Form u. Größe ermöglichen. Für die Dauerstandverss. bei 500° lag der Stahl im luftvergüteten Zustand mit niedriger Anlaßtemp. u. im ölvergüteten Zustand mit hoher u. niedriger Anlaßtemp. vor. Für die Unters. werden ferner noch einige ergänzende Glühbehandlungen durchgeführt. Im luft- oder ölvergüteten, niedrig angelassenen Zustand entstehen erst im Verlauf der Dauerglühung bei 500° sehr feine Ausscheidungen von Mo_2C-Carbid, die selbst nach einer 9677std. Glühzeit kaum vergröbert sind. Die mit der Ausscheidung verbundenen oder ihr voraufgehenden Entmischungsvorgänge bewirken dabei eine helle, verwaschene Zeichnung im Ferrit. Auf den ehemaligen Austenitkorngrenzen werden die ausgeschiedenen Carbide gröber ausgebildet. Bei der Ölvergütung mit hoher Anlaßtemp. treten die Mo_2C-Carbidausscheidungen bereits beim Anlassen auf 640° in entsprechend gröberer Form ein. Die Ausscheidung setzt sich bei der Dauerglühung weiter fort. Die durch Entmischungserscheinungen bedingte helle, verwaschene Zeichnung im Ferrit tritt hier nicht auf. Auch sind gröbere Carbidkörner auf den ehemaligen Austenitkorngrenzen eingelagert, die aber bereits nach dem Anlassen vorhanden sind u. sich beim Dauerglühen nicht weiter verändern. Die sehr ausgeprägten Unterschiede im Kriechverh. zwischen dem niedrig u. dem hoch angelassenen Zustand werden auf die Unterschiede in der Art u. Menge der Mo_2C-Ausscheidung zurückgeführt. — Diskussion. (Arch. Eisenhüttenwes. **26.** 475—81. Aug. 1955.) H. HOCHSTEIN. 6410

Robert J. Nekervis, *Zinn und seine Legierungen.* (Vgl. C. **1954.** 1336.) Fortschrittsbericht 1953. — 56 Literaturangaben. (Ind. Engng. Chem. **46.** 2124—27. Okt. 1954. Columbus, O., Tin Res. Inst.) M. GEHLEN-KELLER. 6428

Robert J. Nekervis, *Zinn und seine Legierungen.* (Vgl. vorst. Ref.) Fortschrittsbericht 1954. — 125 Literaturangaben. (Ind. Engng. Chem. **47.** 2036—40. Sept. 1955. Part II.) M. GEHLEN-KELLER. 6428

Heuser, *Das Metall Blei.* Übersicht über die Verwendung von Pb, bes. von Pb-Rohren im Wasserleitungsbau. (Neue Deliwa Z. **1955.** 238—39. 1/7.) M. GEHLEN-KELLER. 6430

Kempton H. Roll, *Blei und Bleilegierungen.* (Vgl. C. **1955.** 7305.) Fortschrittsbericht 1953. — 35 Literaturangaben. (Ind. Engng. Chem. **46.** 2088—91. Okt. 1954. New York, N. Y., Lead Ind. Assoc.) M. GEHLEN-KELLER. 6430

Kempton H. Roll, *Blei und seine Legierungen.* (Vgl. vorst. Ref.) Fortschrittsbericht 1954 über Pb-Metallurgie, Korrosion, Korrosionsschutz u. Verwendung von Pb u. Pb-Legierungen. — 43 Literaturangaben. (Ind. Engng. Chem. **47.** 1986—89. Sept. 1955. Part II.) M. GEHLEN-KELLER. 6430

Gerhard Seumel, *Möglichkeiten zur Beeinflussung des Gefüges der Bleibronze bei Bleibronzeverbundlagern.* Krit. Übersicht über die Literatur. — 13 Literaturangaben. Diskussion. (Freiberger Forschungsh., Reihe B **1954.** Nr. 6. 5—26. Juli. Freiberg.) K. H. ANDERS. 6430

Raphael Katzen, *Kupfer und Kupferlegierungen.* Fortschrittsbericht über Cu–Al, Cu–Be u. Cu–Ni. — 11 Literaturangaben. (Ind. Engng. Chem. **46.** 2065—66. Okt. 1954. Cincinnati, O.) M. GEHLEN-KELLER. 6432

R. J. Hundhausen, J. R. McWilliams und **L. H. Banning,** *Vorläufige Untersuchung des Rotschichten-Nickelvorkommens von Curry County, Oregon.* Vorläufige Schmelzverss. des Erzes [0,74 (%) Ni, 28,2 Fe bei 18 H_2O-Geh.) ergaben ein Ferronickel mit ca. 9—14 Ni bei einer Ni-Ausbeute von 82%, einem Stromverbrauch von 88,1 kWh u. einem Graphitverbrauch von 0,87 lb je lb Ni im Ferronickel. In Skizzen, Abb. u. Tabellen sind die geograph. u. stratigraph. Verhältnisse, die verwendeten Apparaturen sowie ein Vgl. mit den Aufwandszahlen für ein anderes Erz wiedergegeben. (U. S. Dep. Interior, Bur. Mines, Rep. Invest. Nr. **5072.** 1—19. Sept. 1954.) H. ECKHARD. 6434

F. A. Forward, *Ammoniakalisches Druckauslaugeverfahren zur Gewinnung von Nickel, Kupfer und Kobalt aus den Nickelsulfidkonzentraten der Sherritt-Gordon-Minen.* Sulfid. Ni-, Cu- u. Co-Konzentrate der Lynn Lake-Mine in Manitoba mit (in %) 11—14 Ni, 0,3—0,4 Co u. <2 Cu u. sehr wenig Edelmetall, 33—40 Fe, 28—34 S, 8—14 Unlösliches enthaltend, werden unter einem Druck von ca. 9 at bei 66—104° einer 2stufigen Druckauslaugung mit wss. NH_3-Lsg. bei Ggw. von Luft unterworfen, wobei Fe u. Verunreinigungen unlösl. abgeschieden, Cu, Ni u. Co gelöst werden. Hierbei werden 825 Cal je kg Konzentrat frei, das ist mehr als für die Auslaugung gebraucht werden. Aus der Ammoniakate, $(NH_4)_2SO_4$ u. NH_4-Sulfamat enthaltenden Lsg. wird bei ca. 63 at das Cu als Sulfid mit 1% Ni gefällt u. auf trockenem Wege auf Cu verarbeitet, NH_3 geht in en Prozeß zurück. Im fast Cu-freien Filtrat wird zunächst Thionat, Thiosulfat u. Sulfdamat bei Ggw. von Luft zu $(NH_4)_2SO_4$ unter Druck oxydiert u. dann durch H_2 unter Druck zunächst Ni, in einer 2. Stufe Co als Metall abgeschieden. Aus der Endlauge wird $(NH_4)_2SO_4$ gewonnen. Nach dem Verf. werden (in %) 90—95 Ni, 88—92 Cu, 50—75 Co u. 60—75 S, Ni in 99,9%ig., Co in 99,6%ig. Reinheit gewonnen. Beschrieben wird die Entw. des Verf. in vier Versuchsanlagen. — Diskussion. (Canad. Mining metallurg. Bull. **46.** 677—84. Nov. 1953. Univ. of Brit. Columbia, Dep. of Mining and Metallurgy.) K. STEINER. 6434

H. O. Teeple, *Nickel und hochnickelhaltige Legierungen.* (Vgl. C. **1955.** 7769.) Fortschrittsbericht 1953 über Eigg., Verarbeitung u. Anwendung von Ni u. seinen Legierungen. — 200 Literaturangaben. (Ind. Engng. Chem. **46.** 2092—2107. Okt. 1954. New York, N. Y., International Nickel Co., Inc.) M. GEHLEN-KELLER. 6434

H. O. Teeple, *Nickel sowie hochnickelhaltige Legierungen.* (Vgl. vorst. Ref.) Fortschrittsbericht für 1954. Behandelt werden vor allem Eigg., Bearbeitung u. Verwendung. — 266 Literaturangaben. (Ind. Engng. Chem. **47.** 1990—2006. Sept. 1955. Part II.) M. GEHLEN-KELLER. 6434

Willard M. Boam, *Untersuchung über geschweißtes Molybdän.* Die hohe Schmelztemp. von Mo von ca. 2505° sowie die um das 7fache betragende Wärmeleitfähigkeit von Mo gegenüber der von nichtrostendem austenit. Stahl macht Mo als Werkstoff für Bauteile von Flugzeugen, Gasturbinen u. Düsenmotore bes. geeignet. Mo-Legierungen lassen sich gut schweißen, wenn W-Elektroden mit He-Schutz verwendet werden. Mo-Legierungen haben bis ca. 1650° eine gute Warmfestigkeit, jedoch hat Mo bei diesen Tempp. eine nur geringe Oxydationsbeständigkeit. Zur Erzielung gesunder Schweißverbb. muß der Zutritt von Luft u. anderen oxydierenden Gasen unterbunden werden. Eine Verstärkung des geschweißten Werkstoffs ist erforderlich, wenn die geschweißten Teile noch verformt werden müssen. (Iron Age **170.** Nr. 2. 145—48. 10/7. 1952. Wood-Ridge, N. J., Curtiss-Wright Corp.) H. HOCHSTEIN. 6440

—, *Wie die Minerals Engineering Company eine große, aber minderwertige Wolframlagerstätte in Betrieb nimmt.* Beschreibung des Abbaues u. der Aufbereitung der W-Erze, bei denen es sich in der Hauptsache um *Powellit,* [Ca(Mo, WO_4)], handelt. Die neu entwickelte colorimetr. Best. des W besteht darin, das Erz durch eine Peroxydschmelze aufzuschließen; nach Wiederauflösen wird durch Zugabe von NaOH das Fe gefällt u. filtriert. Durch stufenweise Zugabe von $FeSO_4$, NaCNO, $SnCl_2$ u. HCl wird eine citronengelbe Färbung erhalten, die elektrophotometr. mit Standardlsgg. verglichen wird. (Wld. Mining **8.** 38—43. Jan. 1955.) C. GOTTFRIED. 6440

W. M. Doyle, *Magnesium in dem U. K. (United Kingdom). Herstellung und Verwendung.* Kurze Beschreibung der Herstellungsverff. von Mg aus Dolomit bzw. Seewasser u. der Herst. von Mg-Zr-Legierungen. — Verwendung. (Times Rev. Ind. **5.** 20—22. Nov. 1951.) M. BLUTH. 6444

Jacques Spirytus, *Die Vorbehandlung von Aluminiumschrott zwecks Erzeugung von metallurgisch hochwertigem Guß.* Nach kurzer Schilderung der Mängel von wiederaufgeschmolzenem Al u. theoret. Betrachtungen über die Löslichkeit u. Ausscheidung von Gasen u. ihre Herkunft beschreibt Vf. die physikal. u. mechan. Auswirkungen von Verunreinigungen u. die Möglichkeiten zu ihrer Bekämpfung durch Behandeln mit Cl_2 bzw. durch N_2-Spülung u. betont die Notwendigkeit, die für Al-Guß aus gut vorbehandeltem

Schrott herabsetzend wirkende derzeitige techn. Nomenklatur zu ändern. — 22 Literaturstellen. (Fonderie **1953**. 3417—30. Mai.) H. ECKHARD. 6446

Harry W. Fritts, *Aluminiumlegierungen.* (Vgl. C. **1955**. 7305.) Fortschrittsbericht 1953, bes. über neue Legierungen u. industrielle Verwendung. — 135 Literaturangaben. (Ind. Engng. Chem. **46**. 2045—52. Okt. 1954. New Kensington, Pa., Aluminum Co. of America.) M. GEHLEN-KELLER. 6446

Harry W. Fritts und **Ralph L. Horst jr.,** *Aluminiumlegierungen.* (Vgl. vorst. Ref.) Fortschrittsbericht 1954 über Korrosionsschutz von Al-Legierungen u. über industrielle Verwendung der Al-Legierungen. — 71 Literaturangaben. (Ind. Engng. Chem. **47**. 1946—52. Sept. 1955. Part II.) M. GEHLEN-KELLER. 6446

Arrigo Perrone, *Die Aluminiumleichtlegierungen in elektrischen Anwendungen.* Von verschied. Sorten von Al-Legierungen mit Cu, Si, Mg, Zn oder Mn als Hauptlegierungselement werden in Tabellen Zus., physikal., mechan. u. technolog. Eigg., getrennt nach Guß- u. plast. verarbeitbaren Legierungen, mitgeteilt. (Ist. Sperim. Metalli leggeri, Mem. Rapp. [5] **1954**. Nr. 127. 1—2. 9 Tafeln. Milano, Ist. sperim. Met. leggeri.) R. K. MÜLLER. 6446

H. B. Bomberger, *Titan.* Fortschrittsbericht 1954. — 38 Literaturangaben. (Ind. Engng. Chem. **47**. 2041—43. Sept. 1955. Part II, Midland, Pa., Rem-Cru Titanium, Inc.) M. GEHLEN-KELLER. 6448

V. Jamilkowski, *Die Bearbeitung von Titan.* Die Bearbeitung von Ti, speziell das Bohren, bereitet infolge der besonderen Eigg. des Ti erhebliche Schwierigkeiten. Für eine erfolgreiche Arbeit werden Bohrer aus bestimmten Stählen empfohlen, deren Zahnung angegeben wird, sowie Drehgeschwindigkeit, Vorschub u. passende Schmiermittel. (Mod. Metals **9**. Nr. **4**. 66—67. Mai 1953.) H.-J. HEINRICHS. 6448

W. R. Bekebrede und **L. F. Yntema,** *Wenig gebräuchliche Metalle.* (Vgl. C. **1954**. 10574.) Fortschrittsbericht 1953 über *Ti, Zn* u. *Mo.* — 35 Literaturangaben. (Ind. Engng. Chem. **46**. 2130—35. Okt. 1954. North Chicago, Ill., Fansteel Metallurgical Corp.) M. GEHLEN-KELLER. 6448

E. M. Sherwood, *Wenig gebräuchliche Metalle.* (Vgl. vorst. Ref.) Fortschrittsbericht 1954 über *Zr, Hf, Mo, Ta, Nb* u. *Re.* — 86 Literaturangaben. (Ind. Engng. Chem. **47**. 2044—50. Sept. 1955. Part II. Columbus, O., Batelle Mem. Inst.) M. GEHLEN-KELLER. 6448

G. T. Harris und **H. C. Child,** *Uran in hitzebeständigen Legierungen.* Es wird gezeigt, daß U infolge seiner Stellung im Period. Syst. ein wertvolles Element zur Festigkeitssteigerung von hitzebeständigen Legierungen, bes. von solchen auf Co-Basis, ist. Der Einfl. von U ist mit dem von Nb vergleichbar, infolge der Verschiedenheit ihrer At.-Geww. ist zur Erzielung der gleichen Wrkg. jedoch doppelt soviel U als Nb erforderlich. U hat auf die Warmverformbarkeit einen schädlicheren Einfl. als Nb, u. Legierungen mit hohem U-Geh. lassen sich nicht verschmieden. Legierungen mit einem günstigen U-Geh. haben hinsichtlich Kriechverh., Zerreißfestigkeit u. Zunderbldg. die gleichen Werte wie die Legierungen mit äquivalenten Nb-Zusätzen. Im Gefüge wurde kein besonderes U-Carbid ermittelt. (J. Iron Steel Inst. **179**. 347—49. April 1955.) H. HOCHSTEIN. 6448

J. Lomas, *Cadmium.* Überblick über Vork., Eigg., Gewinnung u. Verwendung von Cd. (Mine Quarry Engng. **18**. 291—93. Sept. 1952.) M. BLUTH. 6448

Alfred P. Knapp, *Größere Verwendungsmöglichkeit für Blei durch bleiüberzogenen Stahl und Kupfer.* An Stelle von Pb werden die Clad-Metalle, *Ferrolum* u. *Cupralum,* empfohlen, die den Korrosionswiderstand von Pb mit der Festigkeit von Stahl verbinden, u. in Hochvakuumapparaten unter Schwingungen bei Tempp. bis zu 100° F unterhalb des F. von Pb beständig sind. Die Verwendung im chem. Apparatebau wird eingehend behandelt. (Materials and Methods **36**. Nr. 4. 115—17. Okt. 1952. Knapp Mills, Inc.) H.-J. HEINRICHS. 6478

J.-P. Videau und **R. Quigna,** *Verbesserungen bei der Durchführung der Kinzelschen Probe (Biegung auf einer gekerbten Unterlage).* Die KINZELsche Probe (Soudure Techn. connexes **3**. [1949.] 115) wird durch Einrichtung einer Kältevorr. für die Unterlage u. durch genauere Meßtechnik der Transversalkontraktion ergänzt. (Soudure Techn. connexes **7**. 69—74. März/April 1953.) H.-J. HEINRICHS. 6480

H. Granjon und **J.-P. Videau,** *Vergleich und Beschreibung verschiedener Schweißungsprüfverfahren.* Die verschied. Prüfverff. nach DUTILLEUL KOMMERELL u. KINZEL werden beschrieben u. miteinander verglichen. Aus den Ergebnissen wird die Wichtigkeit der transversalen Kontraktion unterstrichen. (Soudure Techn. connexes **7**. 75—82. März/April 1953.) H.-J. HEINRICHS. 6480

R. G. Treuting und **W. T. Read jr.**, *Eine mechanische Bestimmung der zweiachsigen Restspannung in Blechen.* Die von Vff. entwickelte Meth. zur Best. der Restspannung in Blechen besteht darin, von einem abgeschnittenen Streifen des zu untersuchenden Bleches nacheinander gleichmäßige Schichten von der Oberfläche zu entfernen u. die resultierende Krümmung zu messen. Die Meth. ist anwendbar, wenn die Spannung in der Ebene der Probe konstant ist u. sich nach der Tiefe zu ändert. An einem kaltgewalzten Blech von Phosphorbronze wird die Meth. prakt. erläutert. (J. appl. Physics **22.** 130—34. Febr. 1951. Murray Hill, N. J., Bell Telephone Labor.) C. GOTTFRIED. 6480

A. S. Darling, *Die Messung der inneren Reibung. Ein Verfahren zur Untersuchung von Strukturänderungen in Metallen.* Das Verf. beruht auf folgenden Grundlagen: Die durch eine Abnahme des Dämpfungsvermögens angezeigte Kalthärtung tritt auf, sobald die ursprüngliche Elastizitätsgrenze überschritten wird. Unterhalb davon ist das Zugdämpfungsvermögen nahezu gleichbleibend u. weitgehend unabhängig von der Beanspruchung. Das Dämpfungsvermögen steigt, wenn die ursprüngliche Elastizitätsgrenze zu Anfang überschritten wird. Für Beanspruchungen oberhalb dieser ursprünglichen Grenze ändert sich das Dämpfungsvermögen mit der Vibrationszeit. Unterhalb (oberhalb) einer bestimmten Beanspruchung vermindert (erhöht) sich das Dämpfungsvermögen mit der Zeit. Die bei den Verss. erzielten Ergebnisse führen zu der Annahme, daß diese krit. Beanspruchung der Beanspruchung entspricht, die zum Auftreten von Ermüdungsmängeln nötig ist. (Metal Ind. [London] **78.** 223—25. 23/3. 271—73. 6/4. 291—92. 13/4. 1951.) W. WESLY. 6480

F. G. Haynes, *Automatische Aufzeichnung von Dilatometermessungen.* Beschreibung der Vorrichtung. — 10 Schrifttumsangaben. (J. Inst. Metals **83.** Bull. **2.** Nr. 16. 193—96. Dez. 1954. Manchester, Metropolitan-Vickers Electrical Co. Ltd.) H. HOCHSTEIN. 6480

G. Mayer, *Umwandlungen in Stählen bei kontinuierlicher Abkühlung.* Beschreibung eines Dilatometers, mit dessen Hilfe die Messung von Umwandlungen in Stählen bei begrenzten Abkühlungsgeschwindigkeiten möglich ist. Das mit diesem Dilatometer aufgenommene kontinuierliche Abkühlungsschaubild gibt Auskunft über den Grenzdurchmesser, oberhalb dessen ein Stahl nicht voll gehärtet werden kann, ferner über die Größenbereiche innerhalb derer die Umwandlung im wesentlichen bainit. oder perlit. oder ein Gemisch aus diesen beiden Gefügebestandteilen ist, sowie schließlich über die Härtewerte in Abhängigkeit von den verschied. Lagen der Meßpunkte in den ölabgeschreckten Stahlproben. — Schrifttumsangaben. (J. Inst. Metals **83.** Bull. **2.** Nr. 16. 197—200. Dez. 1954.) H. HOCHSTEIN. 6480

S. G. Glover, *Mikroskop für Gefügeuntersuchungen bei hohen Temperaturen und seine Verwendung mit einer Filmkamera.* Beschreibung der Vorr. u. ihre Verwendung bei der Martensit- u. Zwischenstufenbldg. in *Stählen.* (J. Inst. Metals **83.** Bull. **2.** Nr.16. 181—83. Dez. 1954. Birmingham, Univ.) H. HOCHSTEIN. 6482

A. R. Barringer, *Die Herstellung von Anschliffen von Erzen und Hüttenprodukten mit Hilfe von Diamantschleifmitteln und ihre quantitative Untersuchung nach der Punktzählmethode.* Diskussion zu der C. **1955.** 4655 referierten Arbeit. (Bull. Instn. Mining Metallurgy Nr. **567.** Trans. **63.** 266. Febr. 1954.) F. ENSSLIN. 6482

J. W. Menter, *Elektronenoptische Verfahren in der Gefügeaufbau-Metallurgie.* Überblick mit 37 Schrifttumsangaben. (J. Inst. Metals **83.** Bull. **2.** Nr. 16. 185—92. Dez. 1954. Cambridge, Univ.) H. HOCHSTEIN. 6482

Adrien Saulnier, *Verwendungen des Elektronenmikroskops in der Metallkunde. und bei der Kontrolle von metallurgischen Erzeugnissen.* An Unterss. der Alterung von *Duralumin* u. *Cu-Be*-Legierungen wird die Verwendbarkeit des Elektronenmikrokrops zur Klärung metallurg. Fragen aufgezeigt. (Rev. de l'Aluminum **32.** 263—71. März 1955.) F. VIER. 6482

B. J. Jaoul, *Studium des Blockverschleißes mittels radioaktivierter Oberflächen.* Durch Eintauchen des Musters in eine radioakt. ^{59}Fe u. ^{32}P enthaltende Fl. diffundieren radioakt. Atome in das Metall. Die Radioaktivität nimmt mit dem Abstand von der Oberfläche ab. Nach Beanspruchung des Materials werden GEIGER-Zählermessungen durchgeführt, um den Prozentsatz des Verschleißes festzustellen. (Steel Processing **41.** 636—41. Okt. 1955.) P. WOLF. 6484

A. D. Kirshenbaum und **H. C. Boynton,** *Bessere Messungen der Aufkohlungstiefe.* Die Aufkohlungstiefe an Einsatzstählen wird mit einem radioakt. Isotop gemessen. Die Unterss. wurden an unlegiertem Stahl mit 0,20 % C über die Eignung von radioakt. Isotop ^{14}C zur Ermittlung der Aufkohlungstiefe aufgekohlter (im Aufkohlungspulver mit ^{14}C-Zusatz) Stähle u. zur Beurteilung der Aufkohlung nach dem Strahlungsbild durchgeführt. (Iron Age **171.** Nr. 20. 138—40. 14/5. 1953. Philadelphia, Pa., Temple Univ., Res. Inst.) H. HOCHSTEIN. 6484

John E. Hyler, *Flammhärtung — moderne Methoden und Ausrüstung.* Als Brennstoff wird Acetylen, Naturgas, Propan oder Propan–Luft-Gemisch verwendet. Vf. beschreibt Brenner u. Düsen für jeweils zu härtende Stücke, z. B. Zahnräder, Getriebe, Nocken u. Nockenwellen. Über Verbesserungen der Flammhärteöfen, bes. über die automat. Bestückung u. Räumung, elektron. Kontrolle der Ofentemp. der Brenn- u. Abschreckzeit wird berichtet. (Steel Processing **41.** 659—64. 668. 671. Okt. 725—30. 733. Nov. 1955.) P. WOLF. 6492

Kurt Kegel, *Die Induktionshärtung mit Hochfrequenz im Werkzeugmaschinenbau.* Beispiele zur induktiven Härtung von Bauteilen aus dem Maschinenbau, wie Arbeitsspindeln für Drehbänke u. Fräsmaschinen, Leitspindeln, Führungsstangen, Bohrstangen. Keilwellen, Kupplungen, Zahnräder u. gelegentlich auch Aufnahmewerkzeuge, wie Konusdorn, sowie Führungsbahnen in Form von Stahlleisten oder gußeisernen Betten, werden erörtert u. prakt. Hinweise für die Durchführung des Verf. gegeben. Es zeigt sich, daß hierbei prakt. jeder Stahl mit einem C-Geh. von mehr als 0,42% geeignet ist. Es ist dabei auch auf die Vorbehandlung des Stahles bzgl. der Gefügeausbldg. Wert zu legen, weil sich für die Hochfrequenz-Oberflächenbehandlung bes. Vergütungsgefüge u. perlit.-ferrit. Gefüge, solange sie feinkörnig sind, eignen. Von einer gewissen Korngröße ab läßt sich infolge der kurzen Erhitzungszeiten der Stahl nicht mehr einwandfrei härten. (Industrie-Anz. **75.** 1030—32. 6/10. 1953. Berlin.) H. HOCHSTEIN. 6492

Fritz Kühna, *Erhitzen von Stahl vor dem Schmieden ohne Oxydation und ohne Entkohlung.* Durch Anwendung von Li-Dämpfen in der Ofenatmosphäre wird jegliche Verzunderung u. Entkohlung beim Erhitzen von Stahl selbst in offenen Schmiedeöfen mit direkter Beheizung vermieden. Auch findet eine Zunderbldg. beim Schmieden u. Pressen sowie eine Oxydation bei anschließendem Abkühlen der Werkstücke nicht statt. (Industrie-Anz. **72.** 161—62. 21/2. 1950.) H. HOCHSTEIN. 6492

J. H. Greene, *Erhöhte Verwendung von unlegierten Stählen durch Warmölabschreckung.* Erörtert werden die Ausführung sowie die Vor- u. Nachteile einer Warmbadhärtung unlegierter Stähle. (Steel **129.** Nr. 14. 64—67. 1/10. 1951. New York, N. Y., Texas Co.) H. HOCHSTEIN. 6492

James McElgin, *Verbesserte Härtbarkeit durch Schnellabschrecköl bei Stählen für den Flugzeugbau.* Die größte Härteeindringtiefe in dickeren Querschnitten von Flugzeugstählen wird durch Anwendung des schroff wirkenden Härteöls *MIL-6875* (Zus. nicht angegeben) erzielt. Die Abschreckgeschwindigkeit dieses Härteöls nimmt noch nach der Inbetriebnahme schwach zu. Es werden für verschied. amerikan. Normstähle die Kennwerte für die Abschreckwrkg. des Öls mitgeteilt. (Iron Age **169.** Nr. 4. 72—74. 24/1. 1952. Philadelphia, Pa., E. F. Houghton & Co.) H. HOCHSTEIN. 6492

J. G. Morrison, *Gasnitrierter Stahl 4140.* Die Eignung des Gasnitrierens eines Stahl *4140* mit ca. 0,4 (%) C, 0,3 Si, 0,9 Mn, 1,0 Cr u. 0,2 Mo bei Maschinenteilen im Vgl. zu anderen Nitrierstählen wird erörtert, u. es wird nachgewiesen, daß der untersuchte Stahl *4140* viel zäher als die anderen Stähle ist u. auch viel weniger zur Rißbldg. beim Schleifen neigt. Die durch Gasnitrierung beim Stahl *4140* erreichbare Eindringtiefe, Härte u. Kerbschlagzähigkeit der Nitrierschicht werden mitgeteilt. Jedoch neigt Stahl *4140* etwas mehr zum Wachsen. Die Nitrierschicht ist sehr verschleißfest. (Iron Age **172.** Nr. 2. 129—34. 9/7. 1953. Waynesboro, Pa., Landis Machine Co.) H. HOCHSTEIN. 6492

F. C. Saacke, *Metallurgische Einflüsse beim Brennschneiden von legierten Stählen (Panzerplatten).* Versuchsergebnisse aus dem zweiten Weltkrieg an unbehandelten u. wärmebehandelten 12—75 mm dicken Blechen aus legierten Stählen mit verschied. chem. Zus. u. im Mittel 80 kg/mm² Streckgrenze u. 91 kg/mm² Zugfestigkeit sind zusammengestellt. Der Einfl. des Brenngases (Propan, Acetylen, H_2) u. des Schneidverf. auf die Einhärtetiefe bei vorhergehender Unterkühlung der Platte bis auf —60° oder Vorwärmung bis auf 315° wird festgestellt, der Härteverlauf gemessen u. die Eigenspannungen werden ermittelt. (Welding J. **32.** 19—30. Jan. 1953. New York, N. Y., Air Reduction Co.) H. HOCHSTEIN. 6502

Robert L. Peaslee und **Willard M. Boam,** *Konstruktionseigenschaften von Lötverbindungen für Hochtemperaturanwendungen.* Unter Anwendung einer reduzierenden Atmosphäre u. Verwendung der mit Nb stabilisierten hochlegierten hochhitzebeständigen Fe-Legierungen mit ca. 20 (%) Cr, 20 Ni, 20 Co sowie gegebenenfalls noch ca. 3 bis 4 Mo u. 3—4 W lassen sich bei Benutzung geeigneter Verff. u. Vorrichtungen Lötverbb. herstellen, die sich für Hochtemperaturbetrieb eignen. Als Lötmittel wird empfohlen *Nicrobraz* (früher genannt *Colmonoy Nr. 6*) mit 0,45 C, 4,5 Si, 15 Cr, 3,75 B, 4 Fe, Rest Ni unter Anwendung einer H_2-Atmosphäre, während sich Lot mit 15 Mn u. 85 Ag nicht bewährte. Metalle mit hohen Gehh. an den Legierungselementen Al u. Ti lassen sich nur schlecht löten. (Welding J. **31.** 651—62. Aug. 1952. Wood-Ridge, N. J., Curtiss-Wright Corp.) H. HOCHSTEIN. 6504

Walter Jellig, *Stumpf angesetzte hartgelötete Hartmetallplättchen erhöhen die Lebensdauer der Werkzeuge.* (Iron Age **171.** Nr. 26. 140—42. 25/6. 1953. Long Island City, N. Y., Ford Instrument Co.) H. HOCHSTEIN. 6504

A. J. Rosenberg, *Schweißkennzeichen von Werkstoffen für Flugzeuggasturbinen.* Berichtet wird über das Schweißverh. von Blechen aus Werkstoffen mit hoher Dauerstandfestigkeit für Düsenmotore, u. zwar bes. das Schweißverh. von mit Nb stabilisiertem nichtrostendem austenit. *Stahl 347,* von aushärtenden Legierungen, wie *Inconel „W"* u. *Inconel „X"*, von Hochtemperaturlegierungen, z. B. die *Haynes Stellit*-Legierungen *25* u. *88,* von den bei niedrigeren Tempp. beständigen Legierungen *NAX, YOLOY, CORTEN, NES-70, RDS-50* u. *8615* sowie von *Titan.* (Welding J. **31.** 407—13. Mai 1952. Lynn, Mass., General Electric Co.) H. HOCHSTEIN. 6506

Rudolf Kottisch, *Die autogene Auftragsschweißung von Schnellarbeitsstählen.* Die prakt. Fortschritte auf dem Gebiete der Schnellstahlauftragsschweißung, bes. in der Werkzeugfertigung, werden erörtert. (Industrie-Anz. **74.** 33—35. 11/1. 1952. Frankfurt/M.) H. HOCHSTEIN. 6506

I. A. Rohrig und **H. S. Blumberg,** *Karbidseigerung in Schweißverbindungen an Stahlrohren mit 1,25% Chrom und 0,5% Molybdän.* Angegeben werden Zugfestigkeit, Kerbschlagzähigkeit, Härte, Ergebnisse von Faltverss. u. von Gefügeunterss. an Proben von geschweißten Rohren aus Stahl mit 1,25 (%) Cr u. 0,5 Mo im Schweißzustand u. nach einstd. Glühen bei 700—930° mit nachfolgender Ofen- oder Luftabkühlung. Der Einfl. des Si-Geh. des Grundwerkstoffes u. der Zus. des Kerndrahtes mit 1—2,25 Cr u. 0,5—1 Mo sowie der Umhüllung der Elektroden auf die Carbidseigerung u. Entkohlung der geschweißten Rohre wird festgestellt. Hierbei zeigt sich u. a., daß selbst die stärkste beobachtete Carbidseigerung u. Entkohlung keine Versprödung oder Schwächung der Schweißverbb. bei Unterss. bei Raumtemp. ergaben. Eine langsame Abkühlung der geschweißten Rohre von 930° ergab die stärkste Carbidseigerung, während eine Luftabkühlung nach einer Normalisierung diese verhinderte. Ein Spannungsfreiglühen hat auf die Carbidseigerung keinen Einfluß. Wenn die Cr- u. Mo-Gehh. des geschweißten Werkstoffes höher sind als im Grundwerkstoff, so beginnt eine schwache Carbidseigerung u. Entkohlung mit einer Wärmebehandlung u. nachfolgender langsamen Abkühlung von ca. 700° u. höher aufzutreten, die mit zunehmender Wärmebehandlungstemp. zunimmt. Wenn jedoch die C-, Cr- u. Mo-Gehh. im geschweißten Werkstoff u. im Grundmaterial ziemlich gleich sind, entsteht keine Carbidseigerung, sofern die Nachwärmung bei Tempp. unterhalb des unteren krit. Umwandlungspunktes durchgeführt wird. — Schrifttumsangaben. Diskussion. (Welding J. **32.** 815—22. Sept. 1953. **33.** 312. April 1954. Detroit, Mich., Detroit Edison Co. bzw. Jersey City, N. J., M. W. Kellogg Co.) H. HOCHSTEIN. 6506

A. J. Rosenberg, *Widerstandspunktschweißung von Titan und seinen Legierungen.* Handelsüblich reines Ti u. dessen Legierungen lassen sich leicht punktschweißen. Die Scherfestigkeit ist dann gleich oder größer als die von gleich dicken Schweißverbb. austenit. nichtrostender Stähle. Die direkte Zugfestigkeit u. die Dauerfestigkeit jedoch sind niedrig. Bei den hochfesten Ti-Legierungen kann durch eine nachträgliche Wärmebehandlung ein Teil der beim Schweißen verlorengegangenen Zug- u. Dauerfestigkeit wiederhergestellt werden. (Welding J. **33.** 324—28. April 1954. Lynn, Mass., General Electric Co.) H. HOCHSTEIN. 6506

A. J. Rosenberg, E. F. Hutchinson und **S. Weiss,** *Die Wiederherstellung der Formbarkeit in Schweißen aus Titanlegierungen.* Die beim Verschweißen spröde gewordenen Ti-Mn-Legierung *RC-130A* kann durch verschied. Wärmebehandlungen in einer Ar-Schutzgasatmosphäre wieder zähe gemacht werden. Die geeignetsten Tempp. für diese Wärmebehandlungen u. deren Dauer werden ermittelt. (Welding J. **32.** 708—14. Aug. 1953.) H. HOCHSTEIN. 6506

C. B. Voldrich, *Über das Schweißen von Titanlegierungen.* Überblick über Eigg., Anwendbarkeit u. Schweißverff. von Ti-Legierungen, bes. von *Ti-Mn-*, *Ti-Cr-* u. *Ti-Al*-Legierungen. (Welding J. **32.** 497—515. Juni 1953. Columbus, O., Battelle Mem. Inst.) H. HOCHSTEIN. 6506

G. R. Pease und **T. E. Kihlgren,** *Schweißen einer Legierung mit 90% Cu und 10% Nickel.* Das Schweißen von eisenhaltigen 90/10-Cu-Ni-Legierungen mittels der üblichen Verff. bietet keine besonderen Schwierigkeiten. Vor allem tritt dabei keine Versprödung durch eine Fe-Ausscheidung auf. Der Einfl. der Zus. der Legierung auf die Festigkeit der Schweißverb. sowie die geeigneten Füllmaterialzuss. u. die Erfordernisse für Schutzgas u. Flußmittel werden behandelt. (Welding J. **33.** 329—38. April 1954. Bayonne, N. J., International Nickel Co.) H. HOCHSTEIN. 6506

C. Naffrechoux, *Die aluminothermische Schweißung von langen Teilen und verschiedene andere Anwendungsmöglichkeiten der Aluminothermie.* Mehrere Anwendungsverff. der Schweißung speziell langer Eisenbahnschienen mit Hilfe der Aluminothermie werden beschrieben. (Soudure Techn. connexes **7.** 92—100. März/April 1953.) H.-J. HEINRICHS. 6506

Gerhard Schmid und **Heinz Spähn,** *Über das chemische Glänzen von Messing und Neusilber.* 3. Mitt. *Zur Chemie des Glänzungsvorganges.* (2. vgl. C. **1955.** 5166.) Die beim Glänzvorgang auftretenden stofflichen Veränderungen werden untersucht. Auf Grund dieser Unterss. u. von Aktivitäts-, Viscositäts- u. Leitfähigkeitsmessungen ergibt sich, daß die starke Zähigkeitserhöhung der Bäder durch gelöste Metallionen in Metallnähe einen Viscositätsgradienten erzeugt, der einen übernormal großen Konzentrationsgradienten bedingt. Der hierdurch verursachte bevorzugte Abbau der Erhebungen an der Metalloberfläche wird weiter entscheidend verstärkt durch die autokatalyt. Rückbldg. von HNO_2 u. ganz bes. durch die Autoinhibition des Auflösungsvorgangs durch die gelösten Metallionen in unmittelbarer Nähe der Metalloberfläche. (Z. Metallkunde **46.** 128—37. Febr. 1955. Köln, Univ.; Stuttgart, TH.) F. VIER. 6512

G. Ss. Lusina, *Anwendung eines Zusatzes von Treberextrakt zum Ätzen von poliertem Eisenblech.* Verss. ergaben, daß ein Zusatz von Treberextrakten (I) zur Ätz-Fl. beim Ätzen von poliertem Eisenblech sich empfiehlt. Die Aktivität des I steigt mit der Konz. der zur Behandlung des I verwendeten HCl; H_2SO_4 wirkt weniger, H_3PO_4 stärker aktivierend als HCl. Zusätzliches Zerkleinern u. auch Behandlung mit Sodalsg. erhöht die Schutzwrkg. von I. Auch Torf- u. Sapropelzusätze sind nach der Behandlung mit HCl aktiver als nach der Behandlung mit H_2SO_4. Die Aktivität steigt mit der Konz. des Zusatzes. Zu empfehlen sind 10—12 g/Liter I (Aktivität 80%); Arbeitstemp. 65—68°. Das Ätzen kann bei minimaler $FeSO_4$-Konz. begonnen werden, schädliche Säurenebel entstehen nicht. Der Fäulnisgrad des I beeinflußt die Aktivität nicht merklich. (Журнал Прикладной Химии [J. angew. Chem.] **28.** 291—98. März 1955.) A. v. WILPERT. 6512

Ernest W. Horvick, *Neues von verzinktem Stahl, ein hoch korrosionsbeständiger ansehnlicher und bearbeitbarer Überzug, erzeugt durch moderne überwachte Verfahren.* Überblick über neue Verfahrensmethoden. (Materials and Methods **39.** Nr. 3. 107—09. März 1954. American Zinc Institute.) F. MARKHOFF. 6522

Dietrich Horstmann, *Der Angriff eisengesättigter Zinkschmelzen auf schwefel- und phosphorhaltiges Eisen.* Unterss. zeigen, daß der Angriff durch einen S-Geh. von 0,1% nur sehr wenig, durch einen P-Geh. von 0,1% dagegen um ca. 30% verstärkt wird. Das Temperaturgebiet des geradlinig mit der Zeit fortschreitenden verstärkten Angriffs, das bei techn. reinem Fe zwischen 495 u. 515° liegt, wird durch einen S- u. P-Geh. etwas verbreitert. Bei höheren P-Gehh. ist der Angriff in diesem Temperaturbereich besonders groß u. beträgt bei 0,085% P u. 500° bereits $12{,}2 \cdot 10^{-4}$ $g \cdot cm^{-2} \cdot min^{-1}$ u. bei 0,280% P u. 500° $17{,}7 \cdot 10^{-4}$ $g \cdot cm^{-2} \cdot min^{-1}$ gegenüber nur $7{,}3 \cdot 10^{-4}$ $g \cdot cm^{-2} \cdot min^{-1}$ bei einem P-Geh. von 0,017%. (Arch. Eisenhüttenwes. **26.** 577—81. Okt. 1955. Düsseldorf, Max-Planck-Inst. für Eisenforschung.) H. HOCHSTEIN. 6538

A. J. Maurin, *Petrochemie und Korrosion. Material und Technik der Korrosionsverhütung für den mit der Korrosionsverhinderung beauftragten Ingenieur.* Allg. Betrachtungen über Korrosion u. Korrosionsverhütung unter besonderer Berücksichtigung der Petrochemie. Zusammenstellung der verschied. Materialien (Metalle u. Kunststoffe) zur Verhütung der Korrosion mit einer ausführlichen Tabelle. Darst. der Korrosion an Eisen- u. Kupferblechen in bewegtem Meerwasser. (Techn. Appl. Pétrole, Sonderh. Pétrochim. **1955.** 23—41.) F. ROSENDAHL. 6538

—, *Durch Bakterien verursachte Korrosion von Metallen und Legierungen.* Übersicht. Die Korrosion erfolgt durch Lebensvorgänge der Bakterien u. bes. durch Red. von Sulfaten in W. u. im Boden. Fossilen Bakterien wird Einfl. auf die Lagerstättenbldg. zugeschrieben. In der Lagune Ebrié im Golf von Guinea vorhandene Schwefelbakterienflora wurde im INST. PASTEUR untersucht u. offenbarte den durch verschied. Bakterienarten bedingten S-Kreislauf. (Peintures, Pigments, Vernis **30.** 555—57. Juli 1954.) K. STEINER. 6538

Karl Kautz, Massillon, O., V. St. A., *Erzeugung von Eisen oder Stahl aus durch Wasserstoff reduzierbarem Eisenerz.* In einem Schmelzofen wird H_2-reiches Heizgas unter Druck mit zur vollständigen Verbrennung ungenügender Menge O_2 verbrannt, um im Ofen eine nichtoxydierende Atmosphäre zu schaffen; das Gas wird dann zunächst durch endotherme Rkk. auf ca. 2400° F (1315° C) u. dann durch Verdünnung mit reduzierenden

Gasen zu einem von C freiem Gasgemisch von 1500—1800° F (815—982° C) abgekühlt, das Gemisch durch eine Säule des Erzes geführt, das dadurch red. wird, worauf das red. Erz unmittelbar in den Schmelzofen gebracht u. dort auf einer Temp. von 1500 bis 1800° F (815—982° C) gehalten wird. — Zeichnungen. (**A. P. 2 681 854** vom 11/12. 1951, ausg. 22/6. 1954.) G. APEL. 6391

Boomsche Metaalwerken N. V., Belgien, *Herstellung von Gußeisen.* Als Ausgangsmaterial zur Herst. von Gußeisen werden Stahlabfälle, z. B. Drehspäne, gegebenenfalls mit Zusätzen von Ferrolegierungen sowie ein Aufkohlungsmittel, z. B. Koks oder dgl., verwendet, die im Hochfrequenzofen eingeschmolzen u. solange auf Schmelztemp. gehalten werden, bis eine innige Durchmischung der einzelnen Bestandteile der Schmelze erreicht ist. (**F. P. 1 074 428** vom 10/4. 1953, ausg. 5/10. 1954. Belg. Prior. 25/2. 1953.) H. HOCHSTEIN. 6403

Allis-Chalmers Mfg. Co., Milwaukee, Wis., V. St. A., *Herstellung von Gußeisen mit Kugelgraphit.* Einer Gußeisenschmelze wird wenigstens ein die Kugelgraphitbldg. bewirkendes Halogenid sowie ein das Halogenid in der Schmelze reduzierendes Reduktionsmittel zugesetzt. Zweckmäßig wird als Halogenid ein *Chlorid, Bromid, Jodid* oder *Fluorid* von einem oder mehreren der Elemente *Si, Na, Mg, Sr, Ba, Rb* u. *Ce* verwendet. Als Reduktionsmittel für $MgCl_2$ wird vorzugsweise *K* verwendet. Auch kann hierfür eine zwischenmetall. Verb. von *Ca* u. *Si* oder von *Ba* u. *Si* verwendet werden. — Abbildungen. (**E. P. 734 953** vom 11/12. 1952, ausg. 10/8. 1955. A. Prior. 22/12. 1951.) H. HOCHSTEIN. 6405

Allis-Chalmers Mfg. Co., übert. von: **Harry K. Ihrig**, V. St. A., *Gußeisen mit Kugelgraphit* enthält 0,001—0,03 (%) *Mg*, ferner 0,8—6,7 Gesamt-*C*, 1,5—5 *Si*, 0,015—0,1 *P*, bis zu 0,016 *S*, bis zu 0,021 *Ca*, bis zu 0,5 *Mn* u. besitzt ein Feingefüge im Gußzustand mit kompakten Graphiteinschlüssen in Kugelform. Zweckmäßig wird der Gußeisenschmelze NaCl zusammen mit einem Reduktionsmittel, z. B. Calciumsilicat, zwecks Erzielung der Kugelgraphitausbldg. zugesetzt, wobei jedoch das fertige Gußstück frei von Na sein muß. (**F. P. 1 089 932** vom 19/12. 1952, ausg. 24/3. 1955. A. Prior. 11/10. 1952.) H. HOCHSTEIN. 6405

Electric Furnace Products Co. Ltd., übert. von: **Walter Crafts** und **John Francis Collins**, Toronto, Can., *Herstellung von Gußeisen mit Kugelgraphit.* Einem geschmolzenen Gußeisen, das nicht mehr als 0,05 (%), vorzugsweise nicht mehr als 0,02 *S* u. wenigstens 3 *Si* enthält, wird mindestens 0,5 *Ca* zugesetzt, wobei die Badtemp. nicht höher als 1500° sein soll. Gleichzeitig mit dem Ca-Zusatz wird im Bedarfsfall auch noch Si zugesetzt, damit das Bad stets mindestens 3 Si enthält. Zweckmäßig beträgt der Si-Geh. des Bades 4,5—5,5 u. der Ca-Geh. 0,5—1,5%. (**E. P. 732 312** vom 8/7. 1953, ausg. 22/6. 1955. A. Prior. 9/7. 1952.) H. HOCHSTEIN. 6405

Kenneth Pendar (Erfinder: **Georges Ferrandini**), Sharon, Conn., V. St. A., *Bleigewinnung aus seinen Sulfiden.* Ein Gemisch aus PbS, C, Na_2CO_3, Na_2S u. ZnO oder Fe_2O_3 wird bei 1292—1472° F zusammengeschmolzen u. dann in Formen gegossen. In deren unterem Teil bildet sich ein fast reiner Pb-Barren, während in der Schlacke sich Zn als ZnS u. das gesamte Na_2S befindet. (**E. P. 730 985** vom 17/11. 1952, ausg. 1/6. 1955.) H. NEBELSIEK. 6431

Husqvarna Vapenfabriks Aktiebolag, Huskvarna, Schweden (Erfinder: **H. E. Kröner**), *Herstellung von Kupferpulver mit hoher Schüttdichte auf elektrolytischem Wege.* Man verwendet bei der Elektrolyse eine Anode aus Cu u. einen Elektrolyten, der 10—200 (g) HCl, 10—200 Fe (als $FeCl_2$) je Liter u. ein Cu-Salz enthält. Die Elektrolyse wird bei 30—60° u. einer Stromdichte von 5—12 A/dm² durchgeführt. (**Schwed. P. 138 310** vom 28/2. 1948, ausg. 2/12. 1952.) K. H. KÄHLER. 6433

Paul Tutzky und **Franz Lihl**, Wien, Österreich, *Herstellung von Kupfer-Bor-Legierungen.* Eine Boraxschmelze, der Graphit oder Koks beigemischt wird, wird mit geschmolzenem Cu bei 1100—1600° unter Rühren in innige Berührung gebracht. Eine Erhöhung des B-Geh. im Cu kann durch Zusetzen von Alkali- u. Erdalkliverbb. sowie elementarem B erzielt werden. Auch kann Borax ganz oder teilweise durch ein B-Mineral ersetzt sein. (**Oe. P. 180 410** vom 4/5. 1951, ausg. 10/12. 1954.) C. GÖTZE. 6433

Electric Furnace Products Co. Ltd., Canada (Erfinder: **Glen D. Bagley** und **Michael C. Carosella**, V. St. A.), *Kathodenmaterial für die elektrolytische Gewinnung von Mangan* besteht aus einer Ni-Legierung mit weniger als 30 (%) *Cr*, 10 *W*, 25 *Fe* u. 20 *Mo*, bes. aus 10—25 Cr, 0,5—10 W, 4—25 Fe, 2—20 Mo u. Rest *Ni*. Als Elektrolyt dient die schwefelsaure Lsg. eines Mn- u. eines NH_4-Salzes. Das abgeschiedene Metall wird mit einer $Na_2Cr_2O_7$-Lsg. behandelt, um eine Oxydation zu verhindern u. erst dann von der Kathode entfernt. (**F. P. 1 078 151** vom 8/6. 1953, ausg. 16/11. 1954. **Belg. P. 520 625** vom 11/6. 1953, ausg. 8/7. 1955. Beide A. Prior. 28/7. 1952.) F. MARKHOFF. 6437

Horizons Titanium Corp., V. St. A. (Erfinder: **Alfred A. Topinka, Quentin H. McKenna** und **Stuart S. Carlton**), *Elektrolytische Erzeugung von Titan.* Als Elektrolyt dient eine Schmelze von durch Umkristallisieren gereinigtem *Alkalifluortitanat* in fast chem. reinem Alkali- oder Erdalkalihalogenid. Beide Bestandteile der Schmelze werden vorher im Vakuum von mindestens 1 mm Hg bei ca. 200° ca. 12 Std. getrocknet. Die Stromdichte soll 400 A/dm² nicht übersteigen. Wenn der Gesamtgeh. der Schmelze an Al, Cr, Fe u. V unterhalb 0,02 Gew.-% liegt, werden Ti-Teilchen abgeschieden, die zu 90% mehr als 44 μ u. im Mittel ca. 6,3 mm groß sind. (**F. P. 1 080 966** vom 25/6. 1953, ausg. 15/12. 1954. A. Prior. 3/7. 1952.) F. MARKHOFF. 6449

Magnesium Elektron Ltd., Clifton Junction/Manchester, England (Erfinder: **Alfred Claude Jessup**), *Titanlegierungen* bestehen aus 0,5—15(%) *Lantaniden* u. *Actiniden* (*Th, U*), Rest *Ti.* Sie können außerdem bis je 5 *Be, V, Cr, Ni, Co, Nb, Ta, Mo, W* u. *Re* einzeln oder zu mehreren bis 12 enthalten. Die Legierungen zeichnen sich durch hohe Kriechfestigkeit bei starker Belastung u. erhöhter Temp. aus. (**E. P. 726 203** vom 6/1. 1953, ausg. 16/3. 1955.) C. GÖTZE. 6449

W. C. Heraeus G. m. b. H., Hanau/M. (Erfinder: **Konrad Ruthardt** und **Gretelore Raunecker,** Hanau/M.), *Harte, chemisch beständige Legierungen,* bes. für Schreibfederspitzen bestehen aus 40—80 (%) *Ir* u./oder *Rh,* Rest *Re.* Sie können außerdem noch enthalten insgesamt bis 15 andere *Pt*-Metalle u./oder insgesamt bis zu 15 *Fe, Co, Ni* u. *Cr,* ferner bis 20 *W* u./oder *Mo,* bis 5 *Ta* u./oder *Nb* u. bis 3 *Cu, Ag* u. *Au,* mit der Maßgabe, daß der Re-Geh. mindestens 10 beträgt u. bei gleichzeitiger Ggw. von Pt-Metallen u. der genannten Unedelmetalle deren Summe 20 nicht übersteigt. (**D. B. P. 931 375** Kl. 40b vom 26/3. 1952, ausg. 8/8. 1955. Anmeldung bekanntgemacht 10/2. 1955.) C. GÖTZE. 6467

Westinghouse Electric Corp., East Pittsburgh, Pa., übert. von: **Robert F. Baker,** Butler, N. J., V. St. A., *Herstellung von duktilem Molybdän und dessen Legierungen* mit Co, Ni, Fe oder W durch Pressen u. Sintern der pulverförmigen Ausgangsstoffe, dad. gek., daß die Sinterkörper bei 1150—1250° warmgewalzt, bei derselben Temp. geglüht, abermals das Walzen u. Glühen wiederholt wird bis eine Querschnittsverminderung von 50% erreicht ist, u. in einer Schmelzgasatmosphäre 1—3 Min. bei 1070—990° ausgeglüht werden, wobei niedrigere Tempp. längerer Glühdauer entsprechen. Die Werkstücke werden dann von dieser Temp. mit einer Geschwindigkeit von 70—120° pro Std. auf höchstens 700° abgekühlt. — Diagramme u. Zeichnung. (**A. P. 2 692 216** vom 10/10. 1951, ausg. 19/10. 1954.) G. APEL. 6475

Westinghouse Electric Corp., East Pittsburgh, Pa., übert. von: **Robert F. Baker,** Butler, N. J., V. St. A., *Herstellen von duktilem Molybdän und Molybdänlegierungen.* Pulverförmiges Mo oder Legierungen von Mo mit Co, Ni, Fe oder W werden gepreßt u. gesintert, die Sinterkörper bei 1000—1250 bis auf 55—60% ihrer Dicke geschmiedet, in einer Schutzgasatmosphäre bei 1070—990° 1—30 Min. ausgeglüht, wobei die niedrigeren Tempp. längerer Glühdauer entsprechen u. von dieser Temp. mit einer Geschwindigkeit von 60—120° pro Std. auf höchstens 700° abgekühlt. (**A. P. 2 692 217** vom 10/10. 1951, ausg. 19/10. 1954.) G. APEL. 6475

National Cash Register Co., Dayton, O., V. St. A., *Sinterkörper hoher Dichte.* Ein Pulvergemisch aus 0,25—2 (%) *Mo-Disulfid,* Rest *Fe,* das außerdem noch bis 0,75 *Graphit* enthalten kann, wird in reduzierender Atmosphäre 30—45 Min. lang unter einem Druck von 100000 lbs./sq.in. u. bei 1130° gesintert. Die Pulverteilchengröße soll unter 0,149 mm liegen u. als Bindemittel kann bis 1 *Zn-Stearat* zugegeben werden. (**E. P. 725 639** vom 24/8. 1953, ausg. 9/3. 1955. A. Prior. 12/9. 1952.) C. GÖTZE. 6475

Gebr. Böhler & Co. Akt.-Ges., Wien, Österreich, handelnd durch die Zweigniederlassung Stuttgart-Untertürkheim, *Korrosionsfeste gesinterte Metallkörper* bestehen aus *Fe-* oder *Metall-Pulver,* dem *Emailpulver* zugesetzt u. die in üblicher Weise geformt u. gebrannt sind. Es können auch gesinterte poröse Metallformlinge hergestellt u. mit Email getränkt werden. Ebenso können an der Oberfläche des Fe-Pulvers Haftoxyde oder diesem entsprechende Metalle niedergeschlagen werden, worauf der Zusatz des Emailpulvers erfolgt. (**D. B. P. 930 234** Kl. 40b vom 20/11. 1942, ausg. 11/7. 1955. Anmeldung bekanntgemacht 7/2. 1952.) C. GÖTZE. 6475

Philips Electrical Industries Ltd., London, England, *Sinterkörper.* Aus dem Pulver eines schwer schmelzbaren Metalles, z. B. *W,* wird ein Körper gepreßt u. bei 2200—2400° gesintert. Der Körper wird darauf mechan. bearbeitet u. auf die gewünschte Form gebracht. Um die durch die Verformung verringerte Porosität der Oberfläche wieder auszugleichen, wird der Körper 30 Sek. bis 1 Min. lang auf 900—1000° erhitzt u. darauf die an der Oberfläche gebildete Oxydschicht in einer H_2-Atmosphäre reduziert. Die

Körper werden als Verteilerelektroden verwendet. — Zeichnung. (**E. P. 726 032** vom 23/6. 1953, ausg. 16/3. 1955. A. Prior. 26/6. 1952.) C. GÖTZE. 6475

Owens-Illinois Glass Co., Toledo, O., übert. von: **Martin J. Buerger**, Lincoln, und **Edward Washken**, Belmont, Mass.), V. St. A., *Herstellung einer Grundplatte für Vakuumröhren.* Aus *Cu-Pulver* wird ein Ring geformt u. aus CaF_2*-Kristallen* eine Platte, die in den Ring hineinpaßt. Die zu verbindenden Stellen werden mit einer wss. CaF_2-Lsg. bestrichen, die Platte in den Ring hineingelegt u. das ganze auf Sintertemp. erhitzt. An Stelle von Cu-Pulver kann *Fe-* oder *Stahlpulver* u. an Stelle von CaF_2 können *MgO*, Al_2O_3, *BeO* u. $CaSO_4$ verwendet werden. (**A. P. 2 687 364** vom 8/8. 1950, ausg. 24/8. 1954.) C. GÖTZE. 6475

Viellard, Migeon & Cie., Frankreich, *Herstellung von Stahlgegenständen durch Tiefziehen im kalten Zustande.* Zu diesem Zweck wird n. Stahl verwendet, der vor dem Tiefziehen einer durch Härten u. Anlassen erhaltenen Vergütung unterworfen worden ist. Zweckmäßig wird der Stahl zu diesem Zweck auf eine über dem Umwandlungspunkt liegende Temp. erhitzt, in W. bis zum vollständigen Erkalten abgeschreckt u. darauf auf 450—600° angelassen. (**F. P. 1 074 076** vom 3/2. 1953, ausg. 1/10. 1954.) H. HOCHSTEIN. 6491

Whitehead Iron & Steel Co. Ltd., und **Brynmor Jones**, Newport, England, *Behandlung von niedriggekohltem Stahl für eine Kaltformgebung.* Zur Vermeidung von Reckalterung wird der niedriggekohlte Stahl nach seiner Kaltverformung u. vor seiner Kaltformgebung bei einer Temp., die 10° nicht übersteigt u. zweckmäßig im Bereich von —30 u. +10° liegt, gelagert. — Kurvenbild. (**E. P. 734 105** vom 14/5. 1953, ausg. 27/7. 1955.) H. HOCHSTEIN. 6493

Soc. Industrielle de Chimie Appliquée (Soc. à r. l.), Rhône, Frankreich (Erfinder: **Carol Schwartz**), *Ersatzflüssigkeit für lösliche Öle und Schneidöle.* Die Fl. besteht aus einer Lsg. von Triäthanolamin (**I**), Borax (**II**) u. Na-Phosphoricinat (**III**) in W., z. B. 100 (g) **I**, 500 **II** u. 400 **III** in 50 Liter Wasser. Bei S-haltigen Metallen enthält obige Lsg. noch ein Antioxydationsmittel (z. B. 10% Na-Benzoat). (**F. P. 1 025 232** vom 28/9. 1950, ausg. 13/4. 1953.) T. OPPERMANN. 6509

Herbert Manfred Freud, genannt **Jean Frasch**, *Chemisches Entzundern von großen metallischen Bauwerken.* Die Oberfläche wird mit einer Paste bestrichen, die aus H_2SO_4 oder *HCl* u. einem inerten Pulver, z. B. aus *Ton, Kaolin, Bentonit* oder nicht völlig entwässerter SiO_2, besteht. Nach dem Entfernen der Paste, die ca. 48 Std. einwirken soll, wird gespült. Die noch nicht entfernten Zunderteile lassen sich dann durch Bürsten beseitigen. (**F. P. 1 075 489** vom 5/3. 1953, ausg. 18/10. 1954.) F. MARKHOFF. 6513

Vereinigte Leichtmetall-Werke G. m. b. H. (Erfinder: **Adolf Teubler**), Bonn, *Chemisches Glänzen von Aluminium.* Die Gegenstände werden bei Tempp. oberhalb Raumtemp., bes. bei 60—120°, in einem Gemisch behandelt aus 50—95 (Volumteilen) konz. H_3PO_4, 2—30 konz. HNO_3 u. 2—40 krist. *Citronensäure.* (**D. B. P. 934 264** Kl. 48d vom 29/7. 1952, ausg. 13/10. 1955. Anmeldung bekanntgemacht 7/4. 1955.) F. MARRHOFF. 6513

John F. Jumer, Chicago, Ill., V. St. A., *Lösung zum chemischen Polieren von Aluminium mit nicht mehr als 5% Silicium.* besteht aus einer Lsg. von H_3PO_4 (75%ig.), die in 100 cm³ 0,5—30 (g) *Alkalinitrat* u. 0,25—10 *Alkalisulfat* enthält. Die Lsg. arbeitet bei 210—220°F (99—105°C). Eintauchen in verd. HNO_3 bewirkt die Auflösung des zuerst entstandenen grauen, gelatineartigen Films auf der Metalloberfläche. (**A. P. 2 705 191** vom 31/10. 1949, ausg. 29/3. 1955.) F. MARKHOFF. 6513

North American Aviation, Inc., übert. von: **Ralph E. Alexander**, Topanga, Calif., V. St. A., *Verbesserte Cadmiumfluorboratlösung,* die zum *Elektroplattieren* verwendet wird, bestehend aus Cadmiumfluorborat u. Ammoniumfluorborat mit einem Zusatz von 0,5—1 g/Liter Diastase oder Pepsin. Der p_H-Wert der Lsg. liegt zwischen 3,0 u. 4,2. (**A. P. 2 703 311** vom 14/9. 1953, ausg. 1/3. 1955.) H. NEBELSIEK. 6517

National Steel Corp., Delaware, übert. von: **John E. Butler**, Weirton, W. Va., *Verzinnen von Blechen.* Die Bleche werden unmittelbar nach dem Verzinnen durch ein heißes Ölbad geführt, in dem sie in eine schnell vibrierende Bewegung versetzt werden, ehe der Sn-Überzug erstarrt, um überschüssiges Sn zu entfernen. — Vorrichtung. (**A. P. 2 686 135** vom 24/1. 1949, ausg. 10/8. 1954.) F. VIER. 6525

G. W. Akimow, Red. Korrosion und Verschleiß von Stählen und ihre Bekämpfung in Dampferzeugungsanlagen sowie im Maschinen- und Fahrzeugbau. Berlin: Verl. Technik. 1956. (179 S. m. Abb.) 8. DM 18,20.

Walther Willy Georg Hübner u. Adolf Schiltknecht, Die Praxis der anodischen Oxydation des Aluminiums Düsseldorf: Aluminium-Verl. 1956. (XIV + 407 S. m. 250 Abb.) 8°. DM 19,60.

—, Cours de métaux et alliages. 1re partie. I. Métaux et alliages en général, méthodes d'essai, principaux procédés d'élaboration. 1,2. Structure et théorie des alliages. — 2ª partie. 2. Fers, aciers et fontes. 2,3. Les Aciers alliés. Paris: Impr. nationale. 1955. (25 u. 50 S.) 4°.

IX. Organische Industrie.

D. E. Berger und **G. G. Campbell**, *Erfahrungen bei der Kontrolle einer großen Trennsäule mit dem kontinuierlichen Infrarot-Analysator.* Beschreibung der Wirkungsweise eines automat. Reglersyst. zur Dosierung des Furfurolzuflusses an einer großen Kolonne zur Trennung von *1.3-Butadien* u. *n-Butan*, wobei ein Infrarotanalysator zur Steuerung verwendet wird mit Fließschemen, Abb. u. Diagrammen; weitere Verkürzung der Verzögerungszeiten ist noch erforderlich. (Chem. Engng. Progr. **51.** 348—52. Aug. 1955. Bartlesville, Okla., Phillips Petrol Co., u. Borger, Tex., Phillips Chem. Co.) H. ECKHARD. H 500

I. W. Anissimow, *Automatisierung der Gewinnung von Essigsäure aus Acetaldehyd.* Schema einer Anlage für die Oxydation von Acetaldehyd zu Essigsäure mit O_2 unter Zusatz von W. mit Angabe der Schaltung der einzelnen Regel- u. Steuerorgane. (Химическая Промышленность [Chem. Ind.] **1955.** Nr. 3. 17—22. April/Mai.) R. K. MÜLLER. H 810

E. G. Woodroofe, *Fortschritte in der Verwendung von Proteinen.* Anwendung von Einweißstoffen in der Textil- u. Papierindustrie, bei der Herst. von Wasserfarben, Leimen u. Lebensmitteln. (Oléagineux **9.** 567—75. Aug./Sept. 1954. London, Brit. Oil and Cake Mills, Ltd.) F. KRUSEN. H 4070

Gelsenberg Benzin Akt.-Ges., Gelsenkirchen-Horst (Erfinder: **Paul Hofmann**, Brauck bei Gladbeck), *Entfernen von Schwefelwasserstoff und Mercaptanen aus wässerigen Alkalihydroxydlösungen.* Die zu reinigenden Alkalilaugen, bes. die von der Wäsche von KW-stoff-Destillaten herrührenden Laugen werden mit feinverteiltem, H_2O-Dampf-gesätt. O_2, oder O_2-haltigen Gasen, bes. Luft, bei 10—90° während 4—24 Std. in Ggw. von Mn- oder Ni-Salzen als Katalysatoren behandelt. Es wird ein Katalysator verwendet, der aus mit mindestens einem Salz oder Hydroxyd von Mn oder Ni oder deren Mischung imprägnierten oder gemischten Steinkohle-, Braunkohle-, Petrolkoks, oder Aktivkohle besteht. Katalysatormenge 0,1—20 g, bes. 5 g/100 cm^3 Lauge, die 0,01—10%, bes. 0,05—5% Metallsalz enthält. (**D. B. P. 936 088** Kl. 12l vom 5/5. 1954, ausg. 7/12. 1955. Anmeldung bekanntgemacht 8/6. 1955.) K. WOLK. H 500

E. I. du Pont de Nemours & Co., Wilmington, übert. von: **Earl L. Muetterties**, Hockessin, Del., V. St. A., *Chlorfluorkohlenstoffe* erhält man durch Rk. von C mit Cl_2 u. einem Fluorid eines Elements der Gruppe IA des Period. Syst., gegebenenfalls in Ggw. eines mehrwertigen Metallhalogenids als Katalysator, bei mindestens 300°. — Graphit (in einem tubusförmigen Ni-Gefäß) wird nach 4std. Überleiten von N_2 bei 600° bei 1000° mit einem äquimol. Gemisch von Cl_2 u. HF umgesetzt. Das Reaktionsprod. enthält CF_3Cl u. CF_4. (**A. P. 2 709 184** vom 19/1. 1954, ausg. 24/5. 1955.) J. MÜHLEISEN. H 510

Mallinckrodt Chemical Works, übert. von: **Edward Mallinckrodt jr.**, St. Louis, und **Archie E. Ruehle**, Kirkwood, Mo., V. St. A., *Äther* werden gegen Oxydation, bes. gegen die Peroxydbldg., durch den Zusatz von *Dithizon* (Diphenylthiocarbazon) bzw. dessen Cu(II)-, Pb- oder Sn(II)-Salze; oder *Cupferron* bzw. dessen Co(I)-, Cu(II)-, Pb-, Ni(I)- oder Sn(IV)-Salze; oder *1.10-Phenanthrolin* bzw. dessen Cu(II)-, Fe(II)- oder Pb-Salze geschützt. (**A. PP. 2 720 544, 2 720 545** u. **2 720 546** vom 19/7. 1954, ausg. 11/10. 1956.) G. KÖNIG. H 550

Union Oil Co. of California, Los Angeles, übert. von: **Alexander Grenall**, Yorba, Linda, Calif., V. St. A., *Kristalline Additionsverbindung von Polyoxyäthern mit Metallsalzen* der IIA- u. IIB-Gruppe des Period. Syst., z. B. $CaCl_2$, $MgCl_2$, $ZnCl_2$, $ZnSO_4$, erhält man durch Mischen der Ausgangsstoffe bei n. Temp., wobei im allg. 2 (Mol) der Äther mit 1 Metallsalz sich zu einer nichthygroskop. Additionsverb. vereinigen. Reinigung durch Umkristallisieren aus W. oder Alkohol. — Zwischenprodukte. (**A. P. 2 666 774** vom 25/4. 1952, ausg. 19/1. 1954.) G. KÖNIG. H 550

Standard Alcohol Co., V. St. A. (Erfinder: **John A. Patterson**), *Reinigen von Alkoholen*, z. B. A., Isopropyl- oder sek.-Butylalkohol, dad. gek., daß man nach azeotrop. Dest. die tiefer sd. Anteile einer Gegenstromextraktion mit W. unterwirft. — Zeichnung. (**F. P. 56 072** vom 14/11. 1945, ausg. 12/9. 1952. A. Prior. 10/8. 1944. **Zusatz zu F. P. 917 263; C. 1946. I. 1467.**) S. MEIER. H 560

General Aniline & Film Corp., New York, N. Y., übert. von: **John W. Copenhaver** und **Donald E. Sargent**, Easton, Pa., V. St. A., *1.3.3.3-Tetrahalogenpropyläther* der Formel $CX_3—CH(R')—CR'(OR)X$ erhält man aus einem Vinyläther, der geringe Mengen eines Acetals enthält, u. Tetrahalogenmethan in Ggw. eines organ. Peroxyds oder durch Einw. von UV-Strahlen. Man kann die UV-Strahlen auch gleichzeitig mit dem Peroxyd anwenden. In der Formel bedeuten X Halogen (Cl oder Br), R' H, gleiche oder verschied.

Alkyl- oder Aryl-KW-stoffreste, R den KW-stoffrest eines Alkohols oder Phenols. — 8 (Mol) redest. CCl_4 wird bei Rückflußtemp. mit 2,8 n-Butylvinyläther, der 1—2% Dibutylacetal u. Benzoylperoxyd enthält, versetzt. Überschüssiges CCl_4 wird abdest. u. *1.3.3.3-Tetrachlorpropylbutyläther*, $Kp._{1,4}$ 77°, $Kp._2$ 80°, n_D^{25} 1,4685, im Vakuum destilliert. Nebenprod. ist *1.5.5.5-Tetrachlor-3-butoxyamyl-n-butyläther*. — Methylvinyläther ergibt *1.3.3.3-Tetrachlorpropylmethyläther*, $Kp._{13}$ 70—71°, n_D^{25} 1,4744—1,4752. — Zwischenprodukte. (**A. P. 2 666 083** vom 23/11. 1948, ausg. 12/1. 1954.) G. KÖNIG. H 560

Walter Rottig, Oberhausen, *Extraktion sauerstoffhaltiger organischer Verbindungen* aus Mischungen mit KW-stoffen, erfolgt mittels aromat. Nitro- oder Aminoverbb., gegebenenfalls in Mischung mit geringen Mengen niedrigmol. einwertiger Alkohole, wie A. u. Methanol. (**A. P. 2 700 049** vom 24/10. 1950, ausg. 18/1. 1955. F. Prior. 20/8. 1948. **Zusatz zu A. P. 2 581 712; C. 1953. 5764.**) G. KÖNIG. H 650

Standard Oil Development Co., Del., übert. von: **Walter E. Price jr.,** Baton Rouge, La., V. St. A., *Höhermolekulare Acetale* erhält man aus 1 (Mol) Aldehyd mit mindestens 4 C im Mol. u. 2 Alkoholen, die 4 u. mehr C-Atome enthalten, in Ggw. eines sauren Acetalisierungskatalysators (**I**) bei niedrigen Tempp. (bis 100° F) u. unter Zugabe eines W. aufnehmenden Salzes (Na_2SO_4, $CaCl_2$). Nach längerem Stehen setzt man der Reaktionsmischung 1 Vol. eines einwertigen Alkohols, der bis 20% W. enthalten kann, zu. Die Bodenschicht enthält das Acetal. Als **I** eignen sich starke organ. oder anorgan. Säuren. Schwache organ. Carbonsäuren sind nicht brauchbar. Es werden hergestellt: *n-Butyraldehyd-n-butylacetal*, $Kp._{10}$ 210° (F), $D._{25}$ 0,71; *2-Äthylhexaldehyd-2-äthylhexylacetal*, $Kp._{15}$ 384°, $D._{25}$ 0,79; *n-Decylaldehyd-n-decylacetal*, $D._{25}$ 0,75. Auf gleiche Weise können cycl. Diäther sowie Mercaptale hergestellt werden. — Lösungsmittel, z. B. für Celluloseacetat u. andere hochmol. Stoffe. Bei höherer Temp. u./oder in Ggw. von W. bilden sich ungesätt. Äther. (**A. P. 2 668 862** vom 27/6. 1950, ausg. 9/2. 1954.) G. KÖNIG. H 670

Studien- und Verwertungs-Ges. m. b. H., Deutschland, *Herstellung von Carbonsäuren* aus Olefinen (Äthylen, Propylen, Isobutylen, 2-Äthylhexen-(1), Penten-(1), auch Gemischen aus der FISCHER-TROPSCH-Synth., Cyclohexen, Diene) u. CO in Ggw. von sauren Katalysatoren (90—100%ig. H_2SO_4, auch mit Zusatz von HCOOH, H_2F_2, mit u. ohne BF_3) in fl. Phase bei Tempp. bis 100° u. Drucken bis 100 at. Die Olefine werden vor der Rk. mit CO gesättigt. Die Reaktionsprodd. werden in W. aufgenommen u. gegebenenfalls durch Extraktion oder Dest. getrennt. Beschrieben wird unter wechselnden Bedingungen die Herst. von *Trimethylessigsäure, Isobuttersäure, Propionsäure, Diäthylessigsäure, Methyl-n-propylessigsäure, Tridecansäuren, Methylcyclopentencarbonsäuren, Cyclohexancarbonsäuren* u. von Oleinsäure ausgehend *C_{19}-Dicarbonsäuren*. (**F. P. 1 076 357** vom 23/3. 1953, ausg. 26/10. 1954. D. Prior. 24/3. 1952.) S. MEIER. H 800

M. W. Kellogg Co., Jersey City, übert. von: **Henry M. McGrath,** Elizabeth, N. J., V. St. A., *Abtrennung von organischen Säuren* (**I**) mit bis zu 5 C-Atomen aus ihren wss. Gemischen mit anderen O-haltigen Verbb. (**II**), wie Alkoholen, Aldehyden, Ketonen oder Estern, wie sie z. B. bei der CO-Red. als KW-stoff-freie Kondensate erhalten werden, erfolgt durch azeotrope Dest. mit W., wobei man als Kopfprod. **II** u. als Bodenprod. **I** erhält. (**A. P. 2 690 993** vom 28/10. 1948, ausg. 5/10. 1954.) O. MÜLLER-MEININGEN. H 800

M. W. Kellogg Co., Jersey City, übert. von: **William P. Burton,** Orange, N. J., V. St. A., *Trennung von Carbonsäuren C_2—C_6 aus ihren Gemischen mit Alkoholen* oder anderen nicht sauren Verbb. (**II**) mit nicht mehr als 6 C-Atomen, wie sie z. B. bei der CO-Red. anfallen, erfolgt zunächst durch eine Dest. mit soviel W., daß keine Veresterung eintritt, wobei man eine tiefsd. Fraktion **I**, die nicht höher als Propanol (**III**) siedet u. eine hochsd. Fraktion, bestehend aus **I** u. höher als **III** sd. Prodd. erhält. Die zuletzt genannte Fraktion wird nochmals durch eine azeotrope Dest. mit W. in eine hochsd. **I**- u. eine tiefsd. **II**-Fraktion zerlegt. — Vorr., Zeichnung. (**A. P. 2 698 285** vom 28/5. 1949, ausg. 28/12. 1954.) O. MÜLLER-MEININGEN. H 810

Du Pont Co. of Canada Ltd., Montreal, Quebec, Can., *Gewinnung von Salpetersäure aus den Rückständen der Herstellung von Adipinsäure* durch Oxydation eines Gemisches von Cyclohexanon u. Cyclohexanol mit HNO_3. Man läßt den Rückstand kontinuierlich als dünnen Film über eine geheizte Fläche fließen, deren Temp. so hoch liegt (195—198°), daß HNO_3 u. W. verdampfen u. der verbleibende Rückstand fl. bleibt u. abtropft. Er wird aufgefangen u. stellt ein leicht verbrennbares organ. Material dar. — Abbildung. (**E. P. 738 393** vom 21/10. 1952, ausg. 12/10. 1955. Can. Prior. 29/7. 1952.) A. ZÜRN. H 820

B. F. Goodrich Co., New York, N. Y., V. St. A., *Katalysator für die Blausäuregewinnung*, bestehend aus einem Platinmetall. Dieses ist in einer Katalysatorhaltevorr. untergebracht, die aus einem aus 2 Ringen bestehendem Katalysatorhalter u. einem Katalysatorträger, der eine Art Rost bildet, besteht. Dabei sind beide aus einem austenit., rostfreien Stahl (mindestens 26% Nichteisenmetalle, bes. Cr u. Ni, aber mehr Cr) hergestellt u. mit einem hochfeuerfesten Überzug versehen. — Vorrichtung. (**E. P. 739 277** vom 5/12. 1952, ausg. 26/10. 1955. A. Prior. 6/12. 1951.) H. NEBELSIEK. H 890

Stockholms Superfosfat Fabriks Aktiebolag, Stockholm, Schweden, *Entfernung von Divinylacetylen* (**II**) aus rohem *Acrylsäurenitril* (**I**) erfolgt durch fraktionierte Dest. in einer Destillationskolonne, wobei in deren Kopf der Wassergeh. 20—300, bes. 50 bis 200%, des Geh. an **II** u. die Temp. 65—70° beträgt. Es bildet sich eine tern. azeotrop. Mischung aus **I**, **II** u. W. mit Kp. 67°. Am Fuße der Kolonne wird **I** frei von **II** u. W. abgezogen. Man kann aus der Kolonne einen wasserreichen Seitenstrom abziehen u. am Kopf einführen, oder man gibt am Kopf je nach dem Wassergeh. des zu destillierenden **I** W. auf. Ist **I** mit W. gesätt. (3%), so ist es zweckmäßig, während der Dest. W. abzuziehen, weil sonst der Wassergeh. der **II**-Fraktion zu hoch wird. Destillationsbedingungen vgl. Tabelle. In den Beispielen enthält **I** 0,31 bzw. 0,7 % **II** u. höhermol. Acetylenpolymere (bestimmt durch UV-Absorption). (**E. P. 739 084** vom 19/12. 1952, ausg. 26/10. 1955. Schwed. Prior. 29/12. 1951.) G. KRAUSS. H 890

Ruhrchemie Akt.-Ges., Deutschland, *Herstellung von N-substituierten Aminosäureamiden*, dad. gek., daß man N-acylierte oder -sulfonierte Chloramine oder Gemische von solchen in organ. Lösungsmitteln mehrere Std. mit NH_4-Polysulfiden oder wss. Lsgg. von NH_3 u. S erhitzt. — Beispiel: 30 g N-[ε-Chlor-n-amyl]-benzamid werden mit 120 cm³ einer wss. Lsg., die 2,1 (Mol/Liter) H_2S, 10,1 NH_3 u. 33 g S enthält, u. 80 cm³ Pyridin 6 Std. auf 160° erhitzt. Dann wird eingedampft u. der Rückstand in W. aufgenommen. Bei 0° krist. *δ-Benzamido-n-valeriansäureamid* in gelblichen Schuppen, F. 180° (W.); 44% (Ausbeute). Beschrieben wird ferner die Herst. von *ε-Benzamido-n-capronsäureamid*, F. 143°, aus N-[ζ-Chlor-n-hexyl]-benzamid; 23%, von *δ-p-Toluolsulfamido-n-valeriansäureamid*, F. 133°, aus N-[ε-Chlor-n-amyl]-p-toluolsulfamid; 71,5%, u. von *ε-p-Toluolsulfamido-n-capronsäureamid*, F. 138°, aus N-[ζ-Chlor-n-hexyl]-p-toluolsulfamid; 23,8%. (**F. P. 1 071 536** vom 27/2. 1953, ausg. 1/9. 1954. D. Prior. 1/3. 1952.) S. MEIER. H 950

Courtaulds Ltd., London, England (Erfinder: **Albert Stanley Carpenter** und **Frank Reeder**), *ω-Aminononansäure*. Man führt ungesätt. Carbonsäuren der Formel R·CH:CH·$(CH_2)_7$·COOH, die in nativen vegetabilen Ölen vorkommen, in ihr Nitril über, oxydiert zu Azelainsäureseminitril (u. R·COOH als Nebenprod.) u. hydriert katalytisch. — *Ölsäure* wird in Ölsäurenitril übergeführt, man löst in C_2H_5Cl u. ozonisiert bei —40°, kocht mit W., versetzt mit Na_2CO_3, trennt *ω-Cyanoctanal* ab (im Gemisch mit Nebenprodd.), oxydiert mit O_2 in Ggw. von Fe_2O_3 bei 120—140°, fraktioniert u. hydriert das gewonnene *Azelainsäureseminitril* mit H_2 u. RANEY-Ni. (**E. P. 741 739** vom 23/2. 1953, ausg. 14/12. 1955.) G. LANGER. H 950

Gerhard Fritz und **Hans Kautsky,** Marburg/Lahn, *Herstellung von organischen Silanen*. Man setzt gesätt., ungesätt. ketten- oder ringförmige KW-stoffe bzw. deren O-, N-, S- oder Halogenderivv. mit einer halogenfreien, mindestens eine Si—H-Gruppe aufweisende Verb. (**I**) bei 150—600°, bes. 450°, u. bei Unteratmosphärendruck um. Als **I** dienen bes. Silane, wie SiH_4, Siloxen u. polymeres SiH_2. — SiH_4 u. C_2H_4 werden bei 450° u. 680 mm Druck 1 Std. umgesetzt. Man erhält (in Vol.-%) 50 einer Gasfraktion, 44 einer fl. Fraktion (hauptsächlich mit Verbb., welche Si—H-Gruppen enthalten), 5 Öl u. 1 Feststoff. Die gasförmige u. fl. Fraktion enthält: CH_3SiH_3 2,6; $C_2H_5SiH_3$ 7,0; Gemisch von $(CH_3)_3SiH$ u. $(CH_3)_4Si$ 7,9; $C_3H_7CH_3SiH_2$ 3,5; $C_2H_5CH_3SiH_2$ 2,6; $(C_2H_5)_2$·SiH_2 (Kp. 56°) 56,0; $(C_2H_5)_3SiH$ (Kp. 107°) 9,6; $Si_2C_9H_{24}$ 10,5, dieses in Form von 3 Isomeren: $Si_2(CH_3)(C_2H_5)_4H$, $Kp._{140}$ 140°; $Si_2(CH_3)_3(C_2H_5)_3$, $Kp._{41}$ 156°, u. $Si_2(C_2H_5)_3$·$(C_3H_7)H_2$, $Kp._{310}$ 140°. — Bei der Rk. mit O-haltigen KW-stoffen erhält man Alkoxysilane. — Vgl. auch F. P. 1 054 055; C. **1956**. 2597. (**E. P. 730 379** vom 22/10. 1951, ausg. 25/5. 1955.) J. MÜHLEISEN. H 980

General Electric Co., übert. von: **Ben A. Bluestein,** Schenectady, N. Y., V. St. A., *Organohalogenmonosilane* erhält man durch Behandlung von Organohalogenpoly-, bes. disilanen mit Halogenwasserstoff bei 75— 150° in Ggw. eines heterocycl. tert.-Amins, wie Pyridin oder Chinolin, oder eines Amins der Formel R_3N, wobei R Alkyl- bzw. Arylreste bedeutet, bzw. den entsprechenden Salzen. Das Verf. läßt sich bes. vorteilhaft auf den hochsd., bei der Herst. von Methylchlorsilanen aus Si u. CH_3Cl erhaltenen Rückstand (**I**), der Methylchlordisilane enthält, anwenden. — 110 (g) **I** werden mit 40 Tributylamin unter Einleiten von HCl 1 Std. auf 140—150° erhitzt. Man erhält 94 g Monosilane. 36% davon stellen ein Gemisch von CH_3SiHCl_2 u. $(CH_3)_3SiCl$ u. 49% ein Gemisch von $(CH_3)_2SiCl_2$ u. CH_3SiCl_3 dar. (**A. P. 2 709 176** vom 12/3. 1954, ausg. 24/5. 1955.) J. MÜHLEISEN. H 980

Universal Oil Products Co., Chicago, Ill., übert. von: **Ted B. Haufe**, Western Springs, und **John O. Iverson**, Chicago, Ill., V. St. A., *Dimethylphosphit*, $HPO(OCH_3)_2$, erhält man aus Methanol u. PCl_3 bei — 30 bis + 10°, wobei fl. CH_3Cl fortlaufend in das Reaktionsgefäß eingeleitet wird. Man hält ein Verhältnis von 5—10 (Mol) CH_3Cl auf 1 PCl_3 in der Reaktionsmischung aufrecht. — Zeichnung. (**A. P. 2 697 030** vom 23/5. 1952, ausg. 14/12. 1954.) G. KÖNIG. H 980

Southern Production Co., Inc., Shreveport, La., übert. von: **Robert M. Isham**, Okmulgee, Okla., V. St. A., *N.N-Dialkylderivate der Phosphorsäureamide*, bes. *N.N-Dimethylphosphorsäureamid* (I), erhält man bei der Rk. von $POCl_3$ mit entsprechenden Dialkylaminen bei 32—240° (F) u. in Ggw. eines inerten Verdünnungsmittels, welches ein Lösungsm. für die Ausgangsstoffe u. für das Amid ist u. zwischen 100—390° sd., z. B. Dioxan, Dibutyläther. Man filtriert vom gebildeten, in dem Verdünnungsmittel unlösl. Dialkylaminhydrochlorid ab u. regeneriert das Amin mittels Alkalien u. leitet das Dialkylamin in den Kreislauf. Das Filtrat mit dem Reaktionsprod. wird dest., wobei das Lösungsm. entfernt wird. An Stelle von $POCl_3$ kann man $POBr_3$, $POClBr_2$, Trialkylphosphate oder Verbb. der Formeln $O{=}P(NR_2)(OR)_2$, $O{=}P(NR_2)_2(OR)$, $O{=}P(NR)Cl_2$ sowie $O{=}P(OR)Cl_2$ anwenden. — Aus $POCl_3$ u. Dimethylamin in Ggw. von Dibutyläther erhält man bei 200° I, $Kp._3$ 80°, $D._{60°F}$ 1,0295; Lösungsm. für C_2H_2. Monomethylamin stört die Rk. u. wird aus solches enthaltenden Ausgangsmischungen entfernt. Trimethylamin stört nicht; man gewinnt es in reiner Form aus der Mischung mit Dimethylamin. (**A. P. 2 662 095** vom 9/7. 1948, ausg. 8/12. 1953.) G. KÖNIG. H 980

California Research Corp., übert. von: **Pierre Filatoff-Rocq**, San Francisco, und **Richard D. Stayner**, Albany, Calif., V. St. A., *Phosphonaminsäuren* der Zus. R—P—(=O)(OH)—Am (I) erhält man aus 1 (Mol) Phosphonyldichlorid (II), welches eine Alkylgruppe mit 10—24 C-Atomen direkt an P gebunden enthält, u. 1 eines prim. oder sek. Amins, Alkylolamins, Guanidins oder einer organ. heterocycl. N-Verb., wobei 2 Wertigkeiten des N an C-Atome, welche Teile des heterocycl. Ringes sind, u. die 3. Wertigkeit mit H abgesätt. ist, z. B. Piperidin, Morpholin, bei 10—30° in Ggw. eines HCl-Acceptors, wie anorgan. oder organ. Basen. II wird in einem inerten organ. Lösungsm. angewandt, z. B. Aceton, CCl_4. Nach Zusatz der Aminoverb. erhitzt man 15 Min. auf dem Dampfbad. Das anfallende Chlorphosphonamid ergibt bei der Hydrolyse I. In I bedeuten R = Alkylrest mit 10—24 C-Atomen u. Am eine organ. N-Verbindung. — 12,2 (Teile) Monoäthanolamin u. 29,7 Dodecanphosphonyldichlorid in Aceton werden bei n. Temp. gemischt, 170 einer wss. $NaHCO_3$-Lsg. langsam zugegeben u. anschließend 10 Min. erhitzt. Man neutralisiert mit HCl u. extrahiert mit Ae. u. trocknet. Aceton wird verdampft; man erhält als eine viscose Fl. *N-β-Oxyäthyldodecanphosphonaminsäure*, $C_{12}H_{25}P(=O)(OH)-(NH-CH_2CH_2OH)$. — Mit Octadecanphosphonyldichlorid in Pyridin erhält man *N-β-Oxyäthyloctadecanphosphonaminsäure*. — Zwischenprodd. für die Herst. von Estern u. Salzen, die bes. für pharmazeut. Zwecke geeignet sind. (**A. P. 2 670 369** vom 29/9. 1950, ausg. 23/2. 1954.) G. KÖNIG. H 980

California Research Corp., V. St. A. (Erfinder: **Robert T. Adams, Judson C. Butler** und **Charles D. Heaton**), *Herstellung von Phenol.* Man oxydiert Cumol mit Luft oder O_2 in Ggw. einer wss. Base zum Hydroperoxyd, das man bei 65—149° in Aceton (I) mit Säuren (bes. H_2SO_4) zersetzt. Dabei entsteht neben Phenol (II) hauptsächlich I. Man neutralisiert mit einer 25%ig. wss. Na-Phenolatlsg. u. setzt dem neutralisierten Gemisch bei 21—32° so viel W. zu, daß sich 2 Schichten bilden. Die wss. Schicht soll 8—20 Vol.-% der organ. Schicht betragen u. enthält die bei der Neutralisation gebildeten Salze. Aus der organ. Schicht werden I u. II durch Fraktionierung getrennt. — 2 Zeichnungen. (**F. P. 1 076 392** vom 2/4. 1953, ausg. 26/10. 1954. A. Prior. 8/4. 1952.) S. MEIER. H 1060

Henkel & Cie. G. m. b. H., Düsseldorf, *Epoxyalkylester* erhält man durch Rk. von Halogeniden aromat. Polycarbonsäuren mit OH-haltigen Epoxyverbb. in Ggw. einer tert. organ. N-Base. Man setzt z. B. 206 (g) Phthalsäuredichlorid mit 150 Glycid (I) u. 225 Triäthylamin in Ggw. von 600 cm^3 Toluol unter Kühlen um, filtriert vom abgeschiedenen Hydrochlorid ab u. erhält durch Entfernen des Lösungsm. aus dem Filtrat ein hochviscoses Prod. mit einem Epoxydgeh. von 7%; N 1,4, VZ. 420, Mol.-Gew. 480. AusTerephthalylchlorid u. I erhält man über 80% *Terephthalsäurediglycidester*, $C_{14}H_{14}O_6$, F. 108 bis 109° (Bzl.–PAe.; 1 : 1). (**E. P. 735 001** vom 10/9. 1953, ausg. 10/8. 1955. D. Prior. 20/9. 1952.) O. MÜLLER-MEININGEN. H 1220

American Cyanamid Co., New York, N. Y., übert. von: **Jack T. Cassaday**, Stamford, Conn., V. St. A., *Herstellung von 4-Chlor-α-fluoracetanilid* durch Rk. von Fluoracetamid mit p-Chloranilin in Ggw. von Essigsäure. (**Can. P. 491 101** vom 23/5. 1947, ausg. 10/3. 1953. A. Prior. 3/12. 1946.) M. PANKOW. H 1310

Ciba Ltd., übert. von: **Karl Hoffman** und **Harald von Meyenburg**, Basel, Schweiz, *Herstellung von basischen Ätherverbindungen* von in α.α-Stellung disubstituierten Essigsäureestern, -amiden oder -nitrilen, z. B. des *α.α-Diphenyl-α-diäthylaminoäthoxyessigsäureäthylesters.* Man geht z. B. aus von den Na-Derivv. des α.α-Diphenyl-α-oxyessigsäureesters u. setzt um mit einem Dialkylaminoalkylhalogenid. (**Can. P. 489 399** vom 10/4. 1952, ausg. 6/1. 1953. Schwz. Prior. 10/4. 1951.) M. F. MÜLLER. H 1350

Karl Ziegler (Erfinder: **Karl Ziegler** und **Roland Köster**), Mühleim/Ruhr, *Herstellung von Aluminiumkohlenwasserstoffen.* Weitere Ausgestaltung des Verf. zur Herst. von Al-KW-stoffen nach D. B. P. 921 450, dad. gek., daß man den gemäß obigem Verf. bei der Rk. von Alkyl- bzw. Aryl–Al-Halogeniden (I) mit Alkalifluoriden erhaltenen, aus Kryolith bestehenden oder diesen enthaltenden festen Bodenkörper mit **I** umsetzt, die entstehenden Alkyl- bzw. Aryl–Al-Fluoride von dem bei dieser Rk. entstandenen festen Bodenkörper abtrennt, gemäß P. 921 450 weiterverarbeitet sowie den aus Alkalihalogenid u. AlF_3 bestehenden Bodenkörper zweckmäßig nach einer vorhergegangenen Calcination mit W. behandelt u. das ungelöst verbleibende AlF_3 abtrennt. Man kann die Rk. des Bodenkörpers in 2 oder mehrere Teilprozesse derart zerlegen, daß sie nicht vollständig in Fluorid umgewandelten organ. Al-Verbb., die jeweils nur noch wenig **I** enthalten, mit frischem Kryolith u. die noch nicht vollständig umgesetzten schwach kryolithhaltigen Bodenkörper mit frischen **I** umgesetzt werden. (**D. B. P. 936 630** Kl. 12o vom 12/6. 1953, ausg. 15/12. 1955. Anmeldung bekanntgemacht 5/5. 1955. **Zusatz zu D. B. P. 921 450; C. 1955. 8264.**) J. MÜHLEISEN. H 1380

National Research Development Corp., England (Erfinder: **Maurice Stacey** und **John Colin Talton**), *Herstellung von fluorierten Carbocyclen.* Man läßt Benzoldampf bei 150° über CoF_3 (aus $CoF_2 + F_2$) oder andere F-Überträger (AgF_2, MnF_3) streichen. Dann vertreibt man mit N_2 die Gase, gibt das Reaktionsprod. in Eiswasser, wäscht die organ. Phase mit einer Base u. trocknet über $MgSO_4$. Man erhält eine Mischung von Fluorcyclohexanen: *Dekafluorcyclohexan* (I), $C_6H_2F_{10}$, Kp. 62,3—63,5° u. 77—78°, *Undecafluorcyclohexan* (II), C_6HF_{11}, *Nonafluorcyclohexane, Oktafluorcyclohexane* u. a., die man durch Fraktionierung trennt. Die fluorierten Prodd. können für weitere Synthesen verwendet werden. Bei 24std. Kochen mit wss. $KMnO_4$ u. Behandeln mit konz. H_2SO_4 u. SO_2 bis zum Entstehen einer klaren Lsg. erhält man nach Ausäthern *Heptafluoradipinsäure* (**III**) in hygroskop. Kristallen. Behandeln der wss. Lsg. mit Anilin führt zum *Bisanilinsalz,* F. 199—201° (Zers.; Aceton + Chlf.). **III** kann verestert werden (*Diäthylester,* Kp. 150—160°, n_D^{16} 1,369), kann in ein *Dichlorid* u. *Diamid* übergeführt u. diese wiederum mit Hexamethylendiamin oder Glykolen kondensiert werden. — 2std. Kochen von **II** mit wss. NaOH führt zu *Perfluorcyclohexen* (**IV**), Kp. 54—55°, n_D^{16} 1,292, von **I**, Kp. 90 bis 92°, zu *Perfluorcyclohexadien* (**V**), Kp. 62—63°. Wenn man von einem anderen **I**-Isomeren ausgeht, bildet sich *Nonafluorcyclohexen* (**VI**), Kp. 71—72°, n_D^{16} 1,31. Bei der Oxydation von **IV** mit $KMnO_4$ erhält man *Perfluoradipinsäure,* aus **VI** erhält man **III**, aus **V** *Perfluorbernsteinsäure,* F. 115°; *Bis-anilinsalz,* F. 222°. (**F. P. 1 050 897** vom 15/2. 1952, ausg. 12/1. 1954. E. Prior. 19/2. 1951.) S. MEIER. H 1810

Vereinigte Glanzstoff-Fabriken Akt.-Ges., Wuppertal-Elberfeld (Erfinder: **Rudolf Lotz**, Klingenberg/M.), *Herstellung von p-Xylylendichlorid* (**I**) *bzw. -dibromid,* dad. gek., daß man Bzl. u. eine organ. Zn-Verb. der Formel $[CH_2XO(ZnX_2)_n] \cdot H$ ($n = {}^1/_2$ bis ${}^1/_4$, X = Cl bzw. Br) aufeinander einwirken läßt. — In eine aus 150 (g) CCl_4, 60 Paraformaldehyd u. 68 $ZnCl_2$ bestehende Suspension wird unter Rühren bei 20—65° trockener HCl durchgeleitet. Die entstandene untere Schicht stellt die obige Zn-Verb. dar; 128 davon werden bei Tempp. bis 60° mit Bzl. umgesetzt. Man erhält **I** in 60%ig. Ausbeute. (**D. B. P. 937 647** Kl. 12o vom 21/1. 1954, ausg. 12/1. 1956. Anmeldung bekanntgemacht 21/7. 1955.) J. MÜHLEISEN. H 1810

Directie van de Staatsmijnen in Limburg, übert. von: **Johannes H. Ottenheym**, Sittard, Niederlande, *Cycloalkanonoxime* erhält man durch Red. der entsprechenden Nitroverbb. mit einem anorgan. Sulfid in einem Lösungsmittel. Zu E. P. 691 024, C. **1954.** 5853, u. Schwz. P. 296 660, C. **1954.** 7981, sind noch folgende Ausgangsstoffe, die zu den Oximen red. werden können, nachzutragen: Nitrocyclopropan; Nitro-2.5-dimethylcyclohexan; Nitro-2-methylcyclohexan; Nitro-4-isopropylcyclohexan; Nitrocyclopentan; Nitro-2-methylcyclopentan. Als Lösungsmittel dienen niedermol. Alkanole oder W., die im Verhältnis 1:10 je 1 Teil Sulfid oder 1:20 je 1 Teil Nitroverb. angewendet werden. Die Red. kann bei 15—150°, bes. in 10—25 Min., durchgeführt werden. Das Sulfid wird in 2—3fach mol. Überschuß angewendet. (**A. P. 2 709 179** vom 26/3. 1951, ausg. 24/5. 1955. Holl. Prior. 31/3. 1950.) G. KRAUSS. H 1960

E. I. du Pont de Nemours & Co., übert. von: **James Emory Kirby**, Wilmington, Del., V. St. A., *Amidoderivate von dialicyclischen Diaminen* der allg. Formel **I**; in dieser ist n = 1—5, jedes Y kann H oder $-CH_2OH$ sein, jedes X ist O, S oder NH, u. jedes R ist entweder H oder ein 1wertiger, gesätt. KW-stoffrest. — Man erhitzt z. B. $1^1/_2$ Std. Harnstoff u. Di-(4-aminocyclohexyl)-methan auf 140°. Nach dem Extrahieren mit heißem W. erhält man *1.1'-(Methylendi-1.4-cyclohexylen)-diharnstoff*, F. >230°; oder

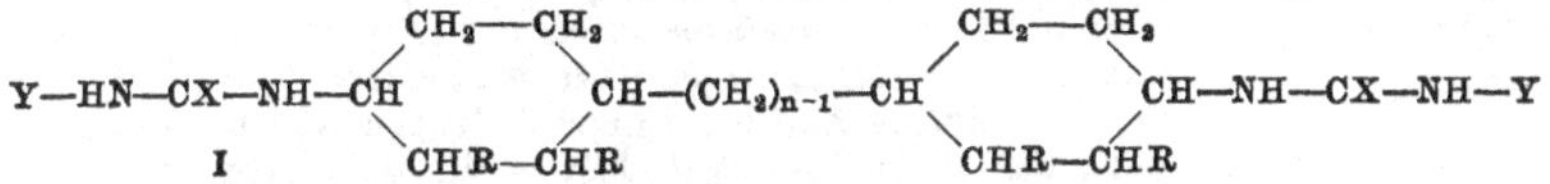

I

man stellt sich eine klare Lsg. des Diisothiocyanats u. n-Butanol am Rückflußkühler her, läßt 8 Std. bei 114° NH_3 hindurchperlen, kühlt ab u. erhält nach dem Filtrieren u. Waschen mit Aceton *1.1'-(Methylendi-1.4-cyclohexylen)-bis-(2-thioharnstoff)*. (**A. P. 2 551 378** vom 17/11. 1948, ausg. 1/5. 1951.) H. Nebelsiek. H 2080

Fondazione Emanuele Paterno e Stefano Chiavarelli, Rom, Italien, *Halogenalkylderivate von araliphatischen Aminen* der allg. Formel I (R = substituiertes oder nichtsubstituiertes Aryl; R_1, R_2 u. R_3 = H, Alkyl oder Acyl; m = 1 oder 2; n = 1—7; X = Halogen) erhält man durch Halogenalkylierung der entsprechenden Aralkylamine in bekannter Weise, bes. mit einem aliphat. Aldehyd unter Sättigung mit gasförmiger HCl oder mit konz. HCl in Ggw. von konz. H_2SO_4. Man kann die Rk. auch mit einem Chlormethyläther durchführen. — 40 (Teile) 2-Aminotetralin werden mit 26 40%ig. HCHO in 150 cm³ W. unter Sättigen mit HCl umgesetzt; F. 60—62° (Zers.). (**It. P. 480 204** vom 20/7. 1950.) G. Krauss. H 2700

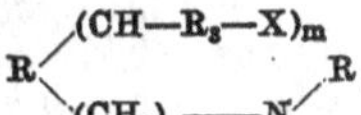

I

American Cyanamid Co., übert. von: **Martin E. Hultquist**, New York, N. Y., V. St. A., *Herstellung von in 3-Stellung substituierten Benzotetronsäure und ihren Salzen*, bes. Alkali- u. Erdalkalisalzen, durch Rk. eines Acetylsalicylsäurehalogenids mit einer Verb. der Zus. $X-CH_2-CO-O-R$ (X = CN, —COOR' oder —COR''), z. B. Diäthylmalonat oder Cyanessigester, in Ggw. von W. u. eines alkal. Mittels, z. B. eines Alkali- oder Erdalkalihydroxyds oder Alkalicarbonats bei Tempp. bis 40°. R, R' u. R'' sind Alkylreste. (**Can. P. 473 412** vom 21/4. 1945, ausg. 8/5. 1951. A. Prior. 23/10. 1944.) M. F. Müller. H 3061

X. Färberei. Organische Farbstoffe.

Nils Gralén, *Farbstoff und Faser*. Zusammenfassender Vortrag über die Rolle der Affinität, des chem. Potentials, der H-Bindung, der Absorption u. des Salzeffekts bei der Farbstoffaufnahme durch die Faser. (Färgeriteknik **31**. 255—56. 258—61. Nov. 1955. Sv. Textilforsk.-Inst.) R. K. Müller. 7002

R. H. Peters und **H. H. Sumner**, *Beziehungen zwischen Affinität und Konstitution bei Küpenfarbstoffen*. Die unter Verwendung von Kupferreyon erhaltenen Ergebnisse zeigen, daß die Affinitäten von Anthrachinon- u. carbocycl. Küpenfarbstoffen gegenüber der Faser hauptsächlich von 2 Faktoren, den van der Waalsschen Kräften u. den H-Bindungen, hervorgerufen werden. Damit nun möglichst beide Bindungsmöglichkeiten zur vollen Auswrkg. gelangen können, soll das Farbstoffmol. 1. planar aufgebaut sein, um den besten Kontakt mit der Faser zu ermöglichen, 2. ein Maximum an konjugierten Bindungen enthalten u. 3. Gruppen zur Ausbldg. von H-Bindungen aufweisen. Die Bedeutung der Benzamidogruppe in den Anthrachinonküpenfarbstoffen scheint damit begründet zu sein, daß das am N befindliche H-Atom durch Tautomerie die Seitenkette in Konjugation mit dem Kern bringt. Weitere Unterss. über die Beziehung zwischen Affinität u. Lichtabsorption haben gezeigt, daß die Affinität der van der Waalsschen Kräfte von den π-Elektronen ausgeht. Die Unterss. selbst sind ausführlich beschrieben u. diskutiert. (J. Soc. Dyers Colourists **71**. 130—39. März 1955. Manchester, England, ICI, Dyestuff Div. Hexagon House.) H. G. Fröhlich. 7002

G. W. Wendon, *Metallische Pigmente*. Vf. bespricht ausführlich die Herst. von metall. Pigmenten, wie Bronze-, Gold- u. Al-Farben, ihre Eigg. sowie Anwendungsmöglichkeiten in der Färberei u. Druckerei. In diesem Zusammenhang wird auch die Herst. gefärbter Metallpulver besprochen. (J. Soc. Dyers Colourists **71**. 125—30. März 1955. Middlesex, West Drayton, English Metal Powder Co. Ltd., Metallic pigments.) H. G. Fröhlich. 7020

G. Bertolina, A. Broggi und **A. Scarpella**, *Farbdrucktechnik. Die Möglichkeiten der Methode für Anwendung ausgewählter disperser Acetat- und Direktfarbstoffe mit Thioharnstoffdioxyd*. Als für den Druck auf Acetat-, Acetat/Viscose- u. Nylongewebe geeignete Meth. wurde die sogenannte „*Manofast*“-Technik entwickelt, mit Thioharnstoffdioxyd als Reduktionsmittel an Stelle des bisher gebräuchlichen Zn–CH_2O-Sulfoxylat, für welche eine Reihe ausgewählter Farbstoffe angegeben wird, die durch eine Behandlung mit trockenem Dampf bei 102—103° auf dem Gewebe fixiert werden können. (Dyer, Textile Printer, Bleacher, Finisher **114.** 775—79. 11/11. 1955. Milan, Research Department, Rhodiatox.) I. SCHOENMANN. 7022

Ciba Akt.-Ges. (Erfinder: **Charles Gränacher,** Riehen, und **Heinrich Brüngger**), Basel, Schweiz, *Verfahren zum Fixieren von wasserlöslichen Acylderivaten schwer- bis unlöslicher Farbstoffe,* welche die wasserlösl. machenden Gruppen im Acylrest enthalten, auf Substraten durch Verseifung, dad. gek., daß man in alkal. Mittel in Ggw. von wasserlösl. Peroxydverbb. verseift. Man verwendet bes. Acylderivv. von Azofarbstoffen der Formel **I**, worin R_1 einen an den durch Valenzstriche bezeichneten Stellen mit dem Benzolring kondensierten, vinylbildenden Rest u. R_2 den Rest einer von lösl. machenden Gruppen freien Diazokomponente bedeuten.

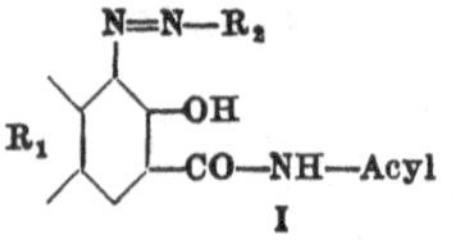
I

(**D. B. P. 937 224** Kl. 8n vom 18/12. 1952, ausg. 29/12. 1955. Anmeldung bekanntgemacht 1/12. 1955. Schwz. Prior. 21/12. 1951.) H. v. SCHILLER. 7007

Imperial Chemical Industries Ltd., London (Erfinder: **Clifford James Doyle** und **Thomas Kirkly Storer**), England, *Herstellung von 2-Oxynaphthoesäure-(3)-2'-naphthylamid* durch Erhitzen von Naphthylamin-(2)-sulfonsäure-(1) oder einem Salz derselben mit 2-Oxynaphthoesäure-(3) oder einem Salz derselben u. PCl_3 in einem inerten Lösungsm. in Ggw. von Dinatriumhydrogenphosphat. — *Farbstoffzwischenprodukt.* (**E. P. 728 758** vom 9/7. 1952, ausg. 27/4. 1955.) E. CARL. 7049

J. R. Geigy Akt.-Ges. (Erfinder: **Peter Hindermann**), Basel, Schweiz, *Kupferbare Polyazofarbstoffe.* Man kuppelt 1 (Mol) der nitrierten Diazoverb. der 1-Amino-2-oxynaphthalin-4-sulfonsäure u. 1 einer Diazoverb. der allg. Formel **I** in beliebiger Reihenfolge nacheinander mit 1 einer Azokomponente der allg. Formel **II** zu Trisazofarbstoffen. A = Rest einer in p-Stellung zur OH-Gruppe gekuppelten o-Oxybenzolcarbonsäure; X =

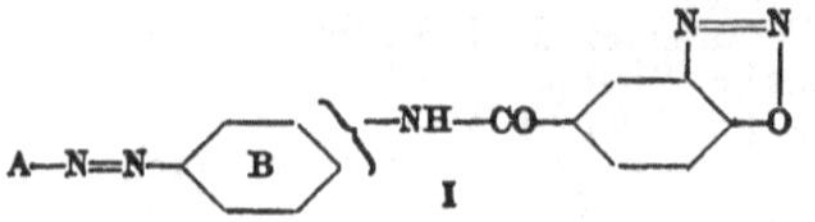
I

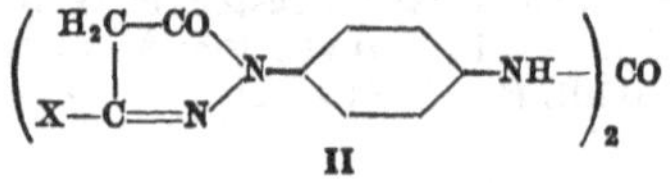
II

niedermol. Alkyl- oder eine Phenylgruppe; A u. B können in Azofarbstoffen übliche Substituenten, jedoch keine wasserlöslichmachenden sauren Gruppen enthalten. — 3-(3''-Amino-4''-oxybenzoylamino)-4'-oxy-3'-carboxy-1.1'-azobenzol → [nitrierte Verb. aus 1-Amino-2-oxynaphthalin-4-sulfonsäure (**III**) → Harnstoff des 1-(4'-Aminophenyl)-3-methyl-5-pyrazolons (**IIIa**)]; Fasern aus Cellulose (**G**) nachgekupfert, orange. — 2-Oxy-3-methylbenzol-1-carbonsäure ← 1-(3'-Amino-4-oxybenzoylamino)-4-aminobenzol →(nitrierte Verb. aus **III**→**IIIa**); Baumwolle u. Zellwolle braunstichigorange, nachgekupfert, orange. — 4-(3''-Amino-4''-oxybenzoylamino)-4'-oxy-3'-carboxy-1.1'-azobenzol → (nitrierte Verb. aus **III** → **IIIa**); **G**, nachgekupfert, orange. (**D. B. P. 908 900** Kl. 22a vom 4/6. 1952, ausg. 12/4. 1954. Anmeldung bekanntgemacht 27/8. 1953. Schwz. Prior. 4/6. 1951.) U. SIEVERS. 7055

Imperial Chemical Industries Ltd., London, übert. von: **Samuel Coffey, David Alexander Whyte Fairweather** und **David Ernest Hathway,** Manchester, England, *Herstellung eines Leukoschwefelsäureesters eines Küpenfarbstoffs.* Die Herst. des Esters, welcher in Form des Na-Salzes die allg. Formel **A** hat, worin D, E, F u. G H u. $-NHCOC_6H_5$ bedeuten u. —CO—R—CO— ein Dicarbonsäurerest ist, erfolgt aus Terephthal-bis-[5- bzw. 4-dibenzoylaminoanthrachinonyl-(1)-amid] in Ggw. einer nicht verküpbaren Verb. (z. B. Dimethyl-, Diäthylformamid, Dimethylacetamid, N.N-Diäthyl-p-toluolsulfonamid, Tetramethylharnstoff, Formomorpholid).

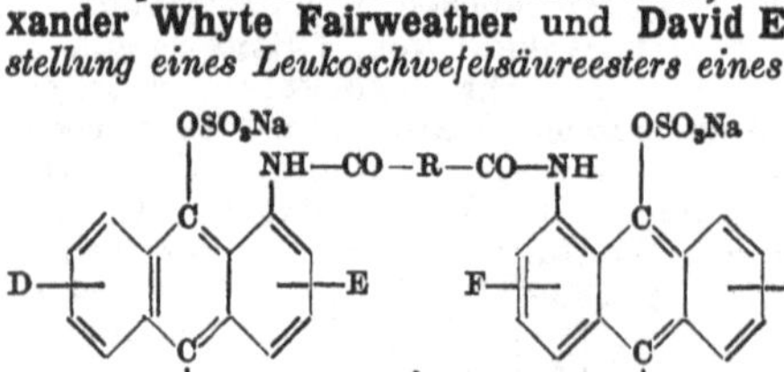

(**Can. P. 487 991** vom 6/12. 1947, ausg. 11/11. 1952.) T. OPPERMANN. 7069

XIa. Farben. Anstriche. Lacke. Naturharze.

Gerould Allyn und **H. J. Scheifele,** *Pigmentdispersion in Acrylatharzfarbensystemen.* Prinzipien, Geräte u. Dispergiermittel für die Pigmentierung von wss. Acrylatharzemulsionen (Dispersionen). — 11 Literaturzitate. (Off. Digest Federat. Paint Varnish Product. **27.** 520—28. Aug. 1955. Philadelphia, Pa., Rohm & Haas Co., Resinous Products Div.) B. SCHEIFELE. 7090

G. W. Wendon, *Einige Eigenschaften von Aluminiumbronzepulvern.* 4. Mitt. *Der Grad der Blättrigkeit.* (3. vgl. Paint Manufact. **19.** [1949.] 265.) Untersucht wurde die Abhängigkeit der Blättrigkeit (B) (Verhältnis von Durchmesser: Blättchendicke) von dem Feinheitsgrad der Bronze, dem Vermahlungsgrad, dem Polierprozeß u. dem Zerkleinerungsprozeß. Resultate: B ist von dem Feinheitsgrad wenig abhängig; nur die gröbsten Fraktionen besitzen geringere B. Vermahlung erhöht etwas die B. Polieren beeinflußt die B kaum. Gestampfte Al-Bronze (Standard Lining) besitzt geringere B als in Kugelmühle gemahlene Bronzen. (Paint Manufact. **22.** 455—59. 472. Dez. 1952. West Dayton, Middlesex, Engl. Metal Powder Co. Ltd.) B. SCHEIFELE. 7092

C. L. Chase, *R-108, ein vielseitiges Zwischenprodukt für Schutzanstrichstoffe.* Verkürzte Wiedergabe der C. **1951.** II. 2806 referierten Arbeit von TINNES u. CHASE. (Off. Digest Federat. Paint Varnish Product. Clubs **1952.** 172—76. März. Pittsfield, Mass., General Electric Co., Chem. Div.) B. SCHEIFELE. 7096

D. J. Rasmussen, *Verdunstung von Verdünnungs- und Lösungsmitteln.* Die Verdunstungsgeschwindigkeit der Lösungs- u. Verdünnungsmittel beeinflußt Streich- u. Spritzbarkeit, Verlauffähigkeit, Narben- u. Kraterbldg., Glanz, Schwimmen u. Trennung von Pigmenten in Anstrichfarben. Best. der Verdunstungsgeschwindigkeit erfolgt in USA mittels Evaporator, Jolly-Waage, Evaporometer, Hart-Waage, Solvent Evaporation Recorder. Faktoren, welche die Verdunstungsgeschwindigkeit beeinflussen, sind Mol.-Gew., Mol.-Struktur, latente Verdampfungswärme, Siedebereich u. Art u. Geh. an Feststoffen in Anstrichfarben. — 7 Literaturzitate. (Off. Digest Federat. Paint Varnish Product. Clubs **27.** 529—36. Aug. 1955. El Segundo, Calif., California Res. Corp.)
B. SCHEIFELE. 7100

L. Angelino, *Isolierlacke.* Eigg. u. Anwendung von Draht- u. Kabellacken auf der Basis von Naturharzen, Bitumina, Polyvinylchlorid u. -chloracetat, Polyvinyldiphenyl, Polyvinylcarbazol, Polyäthylen, Nylon, Polytetrafluoräthylen, Polychlorfluoräthylen, Polystyrol, Chlornaphthalin, Alkydharz, Anilin–Formaldehyd, Urethan usw. Modifizierte Polyamide, Silikone, Anarcadiumnußölderivv. u. Cellulosederivv. als Bindemittel. Ofen- u. lufttrocknende Draht- u. Tränklacke. (Pitture e Vernici **8.** 151—55. März. 205—08. April 1952.) B. SCHEIFELE. 7106

Luigi Angelino, *Lacke für verschiedene Anwendungen.* Papier- u. Kartonnagenlacke werden auf der Grundlage von Nitrocellulose, Celluloseacetobutyrat, Äthylcellulose, Alkyd-, Vinyl- u. Polystyrolharzen hergestellt. Für Lederlacke dienen u. a. Cellulosederivv., Acryl- u. Vinylharze. Ferner wird der Aufbau von Gewebelacken, Metallfolien- u. Tubenlacken behandelt. — Ausführlicher Literaturnachweis; 63 Zitate. (Pitture e Vernici **8.** 589—97. Nov. 1952.) B. SCHEIFELE. 7106

A. I. Reibman und **M. I. Finkelstein,** *Korrosionsschutz der Ausrüstungen und Metallkonstruktionen der Schwefelsäure- und Superphosphatindustrie durch Farblackmaterialien.* Die für den Schutz der App. in der H_2SO_4- u. Superphosphatindustrie (hier auch gegen F-Verbb.) geeigneten Anstriche werden im einzelnen erörtert. Am besten eignen sich Lacke auf der Grundlage von Perchlorvinylharz, die in mehreren Schichten auf eine Grundierung aus ähnlichem Material (auch mit Zusatz von chloriertem Kautschuk) aufgetragen werden. Für Apparatteile, die bei der Korrosion Tempp. von 200—300° ausgesetzt sind, ist ein 2schichtiger Überzug von Email AL-70 oder Lack AL-177 erforderlich. (Химическая Промышленность [Chem. Ind.] **1955.** Nr. 3. 22—24. April/Mai. Leningrad, Allunions-Fabrikationskontor „Lakokrasspokrytije".)
R. K. MÜLLER. 7106

—, *Inwendig überzogene zusammendrückbare Tuben.* Um zusammendrückbare Tuben aus *Aluminium* gegen Korrosion, bedingt durch in den Tuben aufbewahrte Substanzen, zu schützen, werden sie inwendig mit einer Korrosion verhindernden Substanz überzogen. Besser als Wachse eignen sich hierfür Lacke, wie *Araldite 985 E.* Zus. u. Eigg. dieser Lackarten werden diskutiert u. die Meth. zur Aufbringung in den Tuben beschrieben. (3 Abb.) (Chemist and Druggist **158.** 780—81. 6/12. 847—48. 20/12. 1952.)
M. NEGWER. 7106

Fred D. Johnson, *Schlagen Stockfleckspor en zurück? Die Entwicklung quecksilberfester Mehltaustämme zwingt die Hersteller mehltaufester Anstrichfarben, ihre Methoden zu ändern.* Bakteriolog. Unterss. mit Stockflecken erzeugenden Mehltaustämmen ergaben, daß sich gegen die üblichen fungiciden Anstrichmittel unempfindliche Penicillin- u. u. Pullulariastämme entwickeln können. Als Schutzmaßnahmen werden Anstrichfarben auf Wasseremulsions- statt auf Ölbasis u. Hochglanz-, geruchlose synthet. Lackbinder sowie mikrobiolog. Überwachung der jeweiligen Anstrichsverhältnisse empfohlen. (Canad. Paint Varnish Mag. **29.** Nr. 4. 18—20. 57—58. April 1955.) A. SANDER. 7106

R. J. Woodbridge, *Wertbestimmung von Emulsionsanstrichen.* Übersicht über die Verff. zur Messung der Viscosität, Thixotropie u. Wasserfestigkeit von Emulsionsanstrichen, der Permeabilität von pigmentierten u. unpigmentierten Emulsionen u. über die Einw. von Weichmachern, Pigment–Bindemittel-Verhältnis u. Streckmitteln. (J. Oil Colour Chemists' Assoc. **38.** 285—99. Juni 1955. Bristol, John Hall & Sons, Ltd.)
W. WESLY. 7158

Th. Goldschmidt Akt.-Ges., Essen, *Herstellung von dispersem Bleioxyd (Mennige)* durch Verbrennen von fl. Blei mit O_2 u. nachheriges Abschrecken mit Luft, N_2 u. O_2. Dabei ist das fl. Pb während des Verbrennens der Strahlung der Pb-Flamme ausgesetzt. — Vorr., Zeichnung. (**D. B. P. 937 585** Kl. 12n vom 4/12. 1953, ausg. 12/1. 1956. Anmeldung bekanntgemacht 7/4. 1955.) H. NEBELSIEK. 7093

Sylvania Electric Products, Inc., V. St. A. (Erfinder: **Keith H. Butler**), *Herstellung von Leuchtstoffen.* Man erhält sie durch Glühen eines Gemisches von $CaCO_3$, CaF_2, $MnCO_3$, NH_4Cl, $CaHPO_4$ u. einer Sb-Verb. (z. B. Sb_2O_3, Sb_2O_4, Ca-Meta- oder -Pyroantimoniat, Ca- oder Mn-Fluorantimoniat, Mn-Pyroantimoniat, Antimonsäure) unter N_2 bei 1050 bis 1100°. (**F. P. 1 028 649** vom 30/11. 1950, ausg. 26/5. 1953. A. Prior. 31/12. 1949.)
T. OPPERMANN. 7093

O. Syreeni, Helsingfors, Finnland, *Mischen von Farbstoffen.* Zur Herst. von Farbgemischen legt man den Gelb-, Rot- u. Blauton der einzelnen Komponenten zugrunde u. stimmt den Geh. dieser 3 Farbtöne in den Ausgangsstoffen so aufeinander ab, daß für einen Farbstoff, der nur Gelb enthält, die resultierende gelbe Farbe wieder erscheint, nur einen gedämpften gelben Farbton aufweist, wenn der gelbe Farbstoff zu nur rothaltigen oder nur blauhaltigen Farbstoffen zugesetzt wird. Die Anteilmengen werden so gewählt, daß sie gegenüber den roten u. blauen Farbstoffen eine matte Farbe geben. Für Farbstoffe, die nur Rot oder Blau enthalten, wird dann in analoger Weise verfahren. — Z. B. geht man von Chromgelb, Chromrot u. Berliner Blau, einschließlich Lithopone u. farblosem Firnis aus. Wenn man Rot zu Gelb zusetzt, erhält man Orange, fügt man nun Blau hinzu, so kann man wieder die alte Farbe, aber in einem dunkleren Tone, erhalten. (**Schwed. P. 138 192** vom 21/2. 1946, ausg. 25/11. 1952.) K. H. KÄHLER. 7107

Werner & Mertz Akt.-Ges., Mainz (Erfinder: **Willi Hessler,** Wiesbaden), *Herstellung von Wachspasten* aus Hartwachsen u. weichen, die Ölbindung fördernden Stoffen, wie Wachsen, Paraffin, Ozokeriten, dad. gek., daß die zerkleinerten Ausgangsstoffe mit den üblichen Zusatzstoffen u. Lösungsmitteln in Kugelmühlen, Walzwerken oder dgl. bei n. bzw. Tempp., bei welchen die Ausgangsstoffe noch nicht schm., ca. 20—50°, gemischt, homogenisiert u. darauf in halbfester oder gegebenenfalls fl. Form abgefüllt werden. Die Zerkleinerung, Auflösung u. Homogenisierung erfolgt bes. in einem einzigen Arbeitsgang, dem dann noch eine Behandlung in Feinhomogenisierungsvorrichtungen folgen kann. Die Pasten eignen sich zur *Oberflächenbehandlung* von Holz, Leder, Metall u. anderen Werkstoffen. (**D. B. P. 936 228** Kl. 22g vom 18/9. 1952, ausg. 7/12. 1955. Anmeldung bekanntgemacht 16/6. 1955. Schwed. Prior. 28/11. 1951.) W. GRÄGER. 7107

XIb. Plaste (Kunstharze. Plastische Massen).

Paul Namur, *Bestrahlung von Kunststoffen mit hochenergetischen Elementarteilchen.* Überblick über die zur Zeit entwickelten Bestrahlungsverff. u. die hierfür benötigten Geräte sowie über durch die Bestrahlung bei Kunststoffen bewirkten strukturellen Veränderungen. (Kunststoffe **45.** 421—24. Okt. 1955. Darmstadt-Eberstadt.)
M. WINIKER. 7170

L. C. Anderson und **J. J. Martin,** *Polymerisation mit γ-Strahlen.* Die Polymerisation mit Hilfe von γ-Strahlen bietet zwar in vielen Fällen prakt. Vorteile gegenüber anderen Polymerisationsverff., die γ-Strahlen können aber auch die Eigg. von Hochpolymeren ungünstig beeinflussen u. dadurch zu schlechten Prodd. führen; die Möglichkeiten ihrer Anwendung sind daher in jedem Einzelfalle sorgfältig vorher zu prüfen. (Materie plast. **21.** 673—78. Aug. 1955.) R. K. MÜLLER. 7170

P. Piganiol und **G. Le Cordier,** *Beziehung zwischen technischer Anwendung von Kunststoffen und deren chemischer Struktur.* Vff. zeigen Zusammenhänge zwischen der chem. Struktur verschied. Kunststoffe u. deren Anwendung in der Technik, z. B. auf Grund ihrer chem. Beständigkeit, ihrer mechan., dielektr. oder Klebeeigg. oder ihrer Fähigkeit, Fäden zu geben. (Bull. Soc. chim. France [5] **1956.** 7—14. Jan.)
R. SCHÄFF. 7170

Konrad Meyerhans, *Werkzeuge aus Kunstharzen.* Vf. vermittelt einen Überblick über den Entwicklungsstand im Bau von Kunstharzwerkzeugen in Europa u. den USA. Für die Herst. derselben kommen *Cellulosederivv., Phenol-, ungesätt. Polyester-* u. *Äth-*

oxylinharze (I) in Betracht. Auf Grund ihrer bes. Eigg. haben die I auf diesem Gebiet eine eindeutige Vorrangstellung errungen. Die Methoden zur Verarbeitung der I werden ausführlich geschildert. (Kunststoffe **45.** 443—50. Okt. 1955. Basel.) M. WINIKER. 7170

L. N. Phillips, *Theorie und Praxis von Kunststoffen als Konstruktionsmaterialien im Flugzeugbau.* Erörterung der Probleme. (Plast. Inst., Trans. and J. **23.** Nr. 54. 325 bis 339. Okt. 1955. Farnborough, Royal Aircraft Establ.) R. SCHÄFF. 7170

Rodolfo Pozzo, *Feste Polyvinylacetatharze. Charakteristika und Verwendungen.* (Ind. Vernice-Lack- u. Farben-Chem. **6.** 202—05. Sept., 219—22. Okt. 1952. — C. **1953.** 5421.) B. SCHEIFELE. 7172

T. C. Young, *Elastomere Spritzgußmaterialien aus Vinylharzen.* Besprechung der Spritzgußverarbeitung von Vinylharzen [bes. *Vinylchlorid–Vinylacetat-Mischpolymerisat* (I)]. Die Herst. der Spritzgußmischung [z. B. 100 (Teile) I, 60 Dioctylphthalat, 6 Stabilisator, 2 Gleitmittel], die Probleme des Verf. u. der Einfl. der Verarbeitungsbedingungen auf die Qualität der Fertigteile werden eingehend besprochen. Muster werden gezeigt. Für optimale Ergebnisse muß die richtige Mischung gewählt, bei möglichst tiefer Temp. u. Druck verspritzt u. eine korrosionsfeste Ausrüstung der Maschine (Ni-Plattierung) verwendet werden. (Brit. Plastics **28.** 378—82. Sept. 1955. Bakelite Ltd., Res. & Developm. Dep.) R. SCHÄFF. 7172

W. E. Martin, *Herstellung und Anwendungen von weichmacherfreien Vinylharzfolien.* Die physikal. Eigg. von *Cobex F*-Folie (aus Geon 202, Vinylchlorid–Vinylidenchlorid-Mischpolymerisat) als Vertreter der engl. Hart-Vinylharzfolien wurden mit denen von anderen Folienmaterialien (Cellulosetrinitrat u. -acetat, Polyäthylen, Polystyrol u. Nylon) verglichen. Die Anwendung als Konstruktionsmaterial in der chem. Industrie, die Verarbeitung (Preß- u. Vakuumverformung, Schneiden, Schweißen usw.) sowie weitere Anwendungsmöglichkeiten u. die zukünftige Entwicklungsrichtung wurden erörtert. (Brit. Plastics **28.** 328—34. 345. Aug. 1955. BX Plastics Ltd., Sales Developm. Dep., Managm.) R. SCHÄFF. 7172

R. Reichherzer, *Weichmacher für Polyvinylchlorid.* Die Verträglichkeit eines Stoffes mit *PVC* u. seine Wirksamkeit als Weichmacher sind durch das Vorhandensein bestimmter akt. Gruppen im Mol. bedingt. Als solche sind in der Reihenfolge ihrer Wirksamkeit zu nennen: a) Carbonsäureester-, Sulfosäureester- u. Phosphorsäureestergruppen; b) Carbonylgruppen; Benzol- u. Naphthalinringe sowie höher kondensierte Ringsysteme (z. B. Anthracen) sowie deren Hydrierungsprodukte. Nitro- u. Aminogruppen, alkoh. u. phenol. Hydroxyle, Äthergruppen u. Halogene sind nur sehr schwach weichmachend. Entgegen den allg. verbreiteten Ansichten, daß eine weichmachende Wrkg. an den polaren Charakter des Zusatzstoffes bzw. an das Vorhandensein von 2 Carboxylgruppen im Mol. von Esterweichmachern gebunden ist, wurde festgestellt, daß in erster Linie der prozentuale Anteil an akt. Gruppen ausschlaggebend ist: dadurch erklärt es sich, daß die Ester aromat. Carbon- u. Dicarbonsäuren intensiver wirken als solche aliphat. Säuren. (Mitt. chem. Forsch.-Inst. Wirtsch. Österreichs **9.** 6. 8—9. Febr. 1955.) M. WINIKER. 7172

Raymond J. Rault, *Polymere Weichmacherstabilisatoren.* Mit dem polymeren Weichmacherstabilisator *Paraplex G-62* u. dem üblichen Weichmacher *Dioctylphthalat* wurden an Polyvinylchlorid (I)-Mischungen [100 (Teile) I, 67 Weichmacher u. 1,5 Metallstabilisator] vergleichende Unterss. über die Weichmachereigg. u. -wrkg. durchgeführt. (Digest Matières plast. **10.** Nr. 78. 9—15. Sept./Okt. 1955. Philadelphia, Pa., Rohm & Haas, Labor.) R. SCHÄFF. 7172

Richard B. Bishop, *Entwicklungsrichtung von Styrolkunststoffen.* Über techn. Fortschritte bei Styrol (I)-Polymerisaten, I-Mischpolymerisaten u. I-Mischungen bzgl. Ausgangsmaterialien, Herst. u. Verarbeitung werden zusammenfassend berichtet. (Mod. Plastics **32.** 154—56. 234—35. 239. Febr. 1955. Foster Grant Co. Inc.) R. SCHÄFF. 7172

Fritz Stastny, *Neuere Verfahren zur Verarbeitung von Styropor.* Nach grundsätzlichen Ausführungen zur Verarbeitung der Polystyrolkunststofftypen *Styropor K* (etwa grobkörnig), *Styropor P* (II, kleine Rundteilchen) sowie der flammenwidrigen *Styropor K 194 DS* u. *Styropor K 172 DS*, welche hinsichtlich ihrer Eigg. weitgehend II entsprechen, werden vor allem in Sonderfällen (Verarbeitung mit Bindemitteln, Herst. kombinierter Formkörper, kompakter Vorformlinge sowie flexibler Platten, Bänder usw.) interessierende Methoden der Aufarbeitung behandelt. (Plastverarbeiter **6.** 242—50. Juli 1955. Ludwigshafen a. Rh., Bad. Anilin- & Soda-Fabrik A.G., Kunststoff-Labor.) M. WINIKER. 7172

J. Ducamp, *Die Polyesterharze und ihre Anwendungsmöglichkeiten in der Lack- und Anstrichfarbenindustrie.* Allg. Ausführungen. (Peintures, Pigments, Vernis **31.** 882 bis 886. Okt. 1955.) B. SCHEIFELE. 7172

F. S. Nichols und **C. H. Bliss,** *Exotherme Kurven für kalthärtende Polyesterharze.* Kurven für die exotherm. auftretende Wärme bei der Kalthärtung von Polyesterharzen in Ggw. von Katalysatoren, wie Methyläthylketonperoxyd, u. Beschleunigern, wie Co-Naphthenat, werden angegeben. Folgende Systeme wurden untersucht: *Stypol 102 E* mit *tert.-Butylperbenzoat* u. *GE Nr. 3337-Beschleuniger; Vibrin 103* mit *Benzoylperoxyd* u. *Vibrin Nr. 3–Promoter; Marco MR-21 C* mit *Luperco–ACT-Katalysator* u. *Marco D-Beschleuniger; Selectron 5003* mit *Cyclohexanonperoxyd, Selectron 5901-Beschleuniger* u. *Selectron 5923–Promoter.* (Mod. Plastics **29.** Nr. 9. 124, 194, 197, 199, 200, 203, 204. Mai 1952. General Electric Co., Transformer & Allied Prod. Dep., Labor.) R. SCHÄFF. 7172

J. Reese, *Papierchromatographische Studien über die Verharzung von Phenolalkoholen.* (Vgl. REESE C. **1955.** 2086.) Vf. versuchte mit Hilfe der zweidimensionalen Papierchromatographie die bei verschied. Reaktionsbedingungen (für Resol- u. Novolakbldg.) entstehenden niedermol. Umsetzungsprodd. zwischen Phenol (**I**) u. CH_2O (bis zu 3 I-Kernen im Mol.) analyt. zu erfassen u. so einen Einblick in die dabei stattfindenden reinen Additionsvorgänge u. die zu Beginn der Verharzung eintretenden Kondensations-Rkk. zu gewinnen. Hierzu wurde das Verh. der bei der **I**–CH_2O-Kondensation entstehenden Primärprodd., die Methylolverbb. des **I**, unter den verschied. Reaktionsbedingungen der Harzkondensation untersucht. Als Modellsubstanzen dienten *Saligenin, p-Oxybenzylalkohol, o.o-* bzw. *o.p-Phenoldialkohol, o.o.p-Phenoltrialkohol.* Von diesen Verbb. sowie von *o.o'-, o.p'-* bzw. *p.p'-Dioxydiphenylmethan, Salireton, p.p'-Dioxydibenzyläther, p.p'-Dioxydiphenylmethantetraalkohol* u. *2.4-Bis-[4-oxybenzyl]-phenol* werden die R_F-Werte (W. bzw. Butanol/NH_3 zum Eluieren) angegeben. Auf Grund der Befunde wird der Ablauf der Anfangs-Rk. der **I**-Harzbldg. erörtert. (Kunststoffe **45.** 137—45. April 1955. Wiesbaden-Biebrich, Chem. Werke Albert, Forschungsabt. für Kunstharze.) R. SCHÄFF. 7176

Ernst Seifert, *Die Alkyd–Acryl-Harze.* (Chim. e Ind. [Milano] **36.** 479—81. Juni 1954. — C. **1955.** 2313 und 3745.) A. SANDER. 7176

H. Kalpers, *Epikote-Kunstharze.* Kurzer Überblick über Eigg. u. Anwendungen der *Epikote*-Kunstharze (Äthoxylinharze der DEUTSCHEN SHELL AKT.-GES., Hamburg). (Plastverarbeiter **6.** 392—94. Okt. 1955.) M. WINIKER. 7176

Wilmot-Breeden Ltd., Birmingham, *Herstellung von goldfarbigen Überzügen auf Schmuckgegenständen aus plastischen Massen.* Die Gegenstände werden in einer Vakuumkammer bei einem Druck von 0,1 μHg durch Aufdampfen mit einer Schicht von Al-Bronze überzogen. Vorher wird die Vakuumkammer u. der Gegenstand durch eine Glimmentladung bei 5 μHg gereinigt. Der Al-Geh. der Bronze beträgt 9%. (**E. P. 726 671** vom 8/9. 1952, ausg. 23/3. 1955.) F. VIER. 7171

E. I. du Pont de Nemours & Co., Wilmington, übert. von: **Leon E. Wolinski,** Buffalo, N. Y., V. St. A., *Oberflächenbehandlung von Polyäthylen* (**I**) zwecks Aufnahme von Anilin u. anderen Druckfarben. Der aus einer Schlitzdüse austretende Film aus einer **I**-Schmelze (265°) läuft durch einen gläsernen Schacht (Länge 25 cm), durch den von oben ozonisierte (0,1%) Luft, gegebenenfalls mit Cl_2 oder HCl als Beschleuniger beiderseits mit UV-Licht bestrahlt wird, u. in ein Wasserbad (60°). Die Filmtemp. darf 200° nicht unterschreiten. Der Film läßt sich unter Verwendung gebräuchlicher Klebstoffe leicht mit Polyamiden, Polyvinylacetalen, Vinylmischpolymerisaten, Chlorkautschuk, Äthylcellulose oder anderen **I**-Filmen verkleben. In gleicher Weise können Polyisobutylen- oder Polyvinylfilme behandelt werden. — Auch mindestens 0,01 (%) O_3 u. 0,01 NO oder nur mindestens 5 NO enthaltende Luft von 150—325° Zersetzungstemp. des **I** unter Einw. von UV-Strahlen mit bis zu 3900 Å sind geeignet. — Zeichnung. (**A. PP. 2 715 075, 2 715 076** u. **2 715 077** vom 29/11. 1952, ausg. 9/8. 1955.) G. SALZMANN. 7173

Deutsche Gold- & Silberscheideanstalt vormals Roessler, Deutschland, *Herstellung von Polyäthylenpulver.* Kleine Polyäthylenstückchen läßt man unterhalb Lösungstemp. in Lösungsmitteln oder deren Emulsionen quellen u. zerkleinert dann mechan.; vor dem Zerkleinern können Plastiziermittel, wie Polyisobutylen, Kautschuk, Guttapercha, Asphalt, Bitumen, Farb- u. Füllstoffe, bei erhöhter Temp. zugesetzt werden. — 100 kg Polyäthylenstückchen läßt man 2 Tage in Perchloräthylen quellen, entfernt überschüssige Fl. u. pulvert im Brecher. (**F. P. 1 086 223** vom 4/11. 1953, ausg. 10/2. 1955. D. Prior. 18/11. 1952.) M. PANKOW. 7173

Dr. Alexander Wacker Gesellschaft für Elektrochemische Industrie G. m. b. H., Deutschland, *Polymerisieren von Vinylchlorid* allein oder in Mischung mit anderen polymerisierbaren Monomeren in wss. Suspension mit wasserunlösl. Katalysatoren, teilweise acetyliertem Polyvinylalkohol u. einem ionogenen Netzmittel (aromat. Alkylsulfonate, sulfonierte Fettsäureester, sek. Alkoholsulfate). Die Polymerisate lassen sich leicht verarbeiten. — 1200 Liter W., 12 kg 10% ig. wss. Polyvinylalkohollsg. (Verseifungsgrad 300), 12 kg 10% ig. wss. Na-Diisobutylnaphthalinsulfonatlsg. u. 0,8 kg Benzoylperoxyd werden mit 600 kg Vinylchlorid bei 50° unter N_2 24 Std. gehalten, wobei der Druck von 7 auf 3,5 at fällt. Das Polymere hat eine Teilchengröße von 0,05—0,25 mm. (**F. P. 1 073 794** vom 27/3. 1953, ausg. 29/9. 1954. D. Prior. 29/3. 1952.) M. PANKOW. 7173

Solvic Soc. An., Brüssel, Belgien, *Emulsionspolymerisation von Vinylchlorid*, allein oder zusammen mit einer oder mehreren Verbb., die eine $CH_2{=}C\langle$-Gruppe aufweisen. Das Emulsionsmittel wird während des Verf. durch Rk. einer organ. Säure mit mindestens 8, bes. 10—18, C-Atomen mit einer wasserlösl. Base gebildet. In den Mengenbeispielen sind als solche genannt: Palmitinsäure u. Diäthylamin, Laurinsäure u. kaust. Soda (I), nichtneutralisiertes sulfoniertes Ricinusöl u. **I**. Die sehr haltbaren Latices können durch Sprühtrocknung in Trockenform übergeführt werden. (**Schwz. P. 307 334** vom 9/3. 1953, ausg. 1/8. 1955. **E. P. 724 558** vom 25/2. 1953, ausg. 23/2. 1955. Beide Belg. Prior. 11/3. 1952. **Belg. P. 509 875** vom 11/3. 1952, ausg. 11/9. 1953.) H. SCHINDLER. 7173

Monsanto Chemical Co., V. St. A., übert. von: **Joachim Dazzi**, *Herstellung von Epoxyacrylricinoleaten* u. deren Verwendung als *Plastiziermittel* für Polyvinylchlorid. Man behandelt Ricinoleate der Formel $CH_3\cdot(CH_2)_5\cdot CH(OCOR)\cdot CH_2\cdot CH{:}CH\cdot(CH_2)_7\cdot COO\cdot R'\cdot OCOR''$ mit aliphat. Persäuren mit 1—4 C-Atomen der Perbenzoesäure (R u. R'' = Alkyl mit 1—5 C-Atomen; R' = Alkylen mit 2—6 C-Atomen, Alkylenoxyalkylen mit 3—8 C-Atomen oder Polyalkylenoxyalkylen mit 6—10 C-Atomen). — Man gibt zu 94 (g) [2-(2-Acetoxyäthoxy)-äthyl]-12-acetoxyoctadecen-(9)-oat u. 3,4 90% ig. HCO_2H in 20 Min. 13,6 einer Mischung aus gleichen Teilen W. u. 90% ig. H_2O_2, hält 1 Tag bei 23—27°, verd. mit 40 cm³ 5% ig. $NaHCO_3$, erhitzt das neutrale u. trockene Prod. 2 Std. bei 2 mm u. ca. 100°, verrührt mit Tonerde u. filtriert. [2-(2-Acetoxyäthoxy)-äthyl]-9.10-epoxy-12-acetoxyoctadecanoat; gelbliche Flüssigkeit. (**F. P. 1 074 050** vom 27/1. 1953, ausg. 30/9. 1954. A. Prior. 28/1. 1952.) M. PANKOW. 7173

Dow Chemical Co., Midland, übert. von: **George W. Stanton** und **Forrest A. Ehlers**, Walnut Creek, Calif., V. St. A., *Stabilisiertes Polyacrylnitril*. Einem mindestens 60(%) Acrylnitril (I) enthaltenden Polymerisat, z. B. aus 80 **I** u. 20 Isobutylen, werden 1—20 eines Glykoläthers (Diäthylenglykolmonomethyläther, -dimethyläther, -monoäthyläther, Dipropylenglykolmonomethyläther bzw. -diäthyläther) einverleibt. Die Massen sind lichtbeständig u. werden nicht spröde. (**A. P. 2 715 112** vom 4/9. 1952, ausg. 9/8. 1955.) G. SALZMANN. 7173

Distillers Co. Ltd., Edinburgh, England (Erfinder: **John Noel Milne** und **Robert George Denton Crick**), *Mischpolymerisate von Styrol, Acrylsäure und Acrylnitril* im Verhältnis 10:1:1 werden bei ca. 80° in N_2 erhalten. Sie sind in 1:1-Mischung Bzl.–Dioxan lösl. u. werden mit A. gefällt. Fügt man dem Polymerisat hydrierten Ketostearylphthalsäureester in Mengen von ca. 0,2% zu u. erhitzt unter Druck auf ca. 180°, erfolgt Gelbldg., fügt man NH_4Cl in wss. Dioxanlsg. zu, wird das Gel opak. — Beispiele mit anderen Mischungsverhältnissen der Monomeren, Emulsionsbildnern u. Katalysatoren, Fasern, Filme u. Überzüge für Duraluminium. (**E. P. 717 511** vom 6/11. 1951, ausg. 27/10. 1954. **Belg. P. 515 345** vom 5/11. 1952, ausg. 6/8. 1954. E. Prior. 6/11. 1951.) H. SCHINDLER. 7173

Distillers Co. Ltd., England, *Härten von Carboxyl- und Nitrilgruppen enthaltenden Mischpolymerisaten* durch Erhitzen auf >80° Nach WILEY u. GUERRANT (C. **1950**. I. 865) findet hierbei eine Rk. der Art $R_1CN + R_2COOH \rightarrow R_1\cdot CO\cdot NH\cdot CO\cdot R_2$, also im Falle der Polymeren eine intramol. u. zwischenmol. Bindung über Diacylamingruppen statt. Saure Katalysatoren beschleunigen die Rk.; sie kann auch schon bei der Herst. der Mischpolymerisate erfolgen, indem man die Tempp. >80°, z. B. bei 130°, genügend lange hält. — Ein Styrol–Acrylsäure–Acrylnitril- (87,5:7,2:5,3) Mischpolymerisat wird mit etwas Weichmacher (saures Ketostearylphthalat) in einer Form bei 180° u. 280 kg/cm² gepreßt. — Vgl. auch vorst. Referat. (**F. P. 1 070 527** vom 24/10. 1952, ausg. 28/7. 1954. E. Prior. 6/11. 1951.) M. PANKOW. 7173

American Viscose Corp., V. St. A., übert. von: **James E. Price**, **Kenneth Deane Groves** und **Ellis Lewis jr.**, *Preßmischung* aus dem Vorkondensat eines wärmehärtenden Harzes u. einem Füllstoff aus mit nichtfaserigen Celluloseestern imprägnierten Baumwollteilchen. Andere Harze, Kunstharze, Füllstoffe, Weichmacher, auch Polier- u. Reibkörper zur Herst. von Schleif- u. Polierkörpern, können zugesetzt werden, Verstärkungsgewebe, z. B. aus Nylonfasern, kann eingearbeitet werden. — Man imprägniert Baumwolltupfen mit einer Celluloseacetatlsg., trocknet, zerkleinert auf 0,5—1 mm Länge u. mischt 50 (Teile) der M. mit 50 Phenol–CH_2O-Harz in B-Form, 2 Zn-Stearat u. 2 Ruß u. härtet. Die M. ist bes. schlagfest. (**F. P. 1 071 151** vom 21/10. 1952, ausg. 26/8. 1954. A. Priorr. 23/10. 1951 u. 23/8. 1952.) M. PANKOW. 7205

Soc. Jean Bonfanti et Cie., Seine, Frankreich, *Herstellung von Schallplatten.* Die üblichen Wachsmassen oder Celluloseüberzüge werden durch Spritzgußmassen, z. B. aus plastifiziertem Polystyrol oder Vinylharzen, ersetzt. Man kann auch auf Metallplatten fl., polymerisierbare Massen aufbringen u. polymerisieren. (**F. P. 1 074 083** vom 3/2. 1953, ausg. 1/10. 1954.) M. PANKOW. 7205

XII. Kautschuk. Guttapercha. Balata.

Heinrich Feuchter, *Über Sphäroalkane. Eine neue Strukturklasse von Kohlenwasserstoffen aus der Reihe der pyrogenen Zersetzungsprodukte des Kautschuks — und die Gittertheorie der elementaren Kautschukbindung.* Die Theorie eines Ketten-, Schalen- oder Radikalgitters als Strukturmodell des Kautschuks wird erörtert. (Gummi u. Asbest **7.** 612—20. 1/12. 1954.) R. SCHÄFF. 7220

Francisco J. H. Maffei, José Genova, Mario Barrosso Ramos und **Massakazu Outa,** *Mitteilungen über den Kautschuk und seine Technologie.* Zusammenfassende Darst.: Vork., Sammlung u. Gewinnung; Nomenklatur u. Einteilung; chem. Gesichtspunkte; Rohstoffe; Plastizität, Weichmacher; Vulkanisation; Vulkanisiermittel, Beschleuniger, Aktivatoren, Verzögerer; Füllstoffe; Verh. beim Lagern; Wiedergewinnung; synthet. Elastomere; Anwendung des Latexs Ebonit; chem. u. physikal.-mechan. Verss.; Eigg. der Kautschukprodd.; chem. Definitionen; Meßeinheiten; graph. Darstellungen. (Inst. Pesquisas tecnol. São Paulo, Bol. Nr. **37.** 9—271. 1950.) R. K. MÜLLER. 7220

Heinrich Feuchter, *Kautschuklösung, Kautschukmolekül, Kautschukkristall. Die Molekulargrenze der Kautschuklösung.* Für den Bestand einer homogenen Kautschuklsg., des Kautschukmol. u. des Kautschukkristalls wird eine exakte Raum- u. Konzentrationsgrenze ermittelt. Die Bindung der elast. Zustände des Kautschuks wird durch Valenzpolarisation verständlich gemacht. Daraus ergibt sich eine allg. Gitterordnung für die Materie. (Gummi u. Asbest **8.** 472—81. 1/9. 1955.) R. SCHÄFF. 7220

L. H. Howland und **Alfred Nisonoff,** *Mechanismus der Rahmbildung bei GR-S-Latex.* An GR-S-Latex mit hohem Feststoffgeh. (aktiviert durch Fe-Sulfid) wurde der Mechanismus des Aufrahmens untersucht. Die großen Teilchen, die den Rahm bilden, entstehen erstmalig bei einem Umsatz von 18—35% im Latex u. nehmen mengenmäßig bis zum Ende der Polymerisation zu. Ihre Bldg. kann durch richtige Zugabe genügender Mengen stabilisierender Seife oder durch Verwendung einer Seife, die eine genügend kleine Zahl von Teilchen im Verhältnis zu ihrer Stabilisierungskapazität erzeugt, unterbunden werden. Die vor kleinen Teilchen bevorzugte Bldg. von Koagulat wird durch sinkende Elektrolytmenge oder steigende Wassermenge im Ansatz bzw. durch die Ggw. von Vernetzern im Polymerisat begünstigt. Methoden zur geregelten Bldg. sehr großer Teilchen werden vorgeschlagen. (Rubber Chem. Technol. **28.** 641—56. April/Juni 1955; Ind. Engng. Chem. **46.** 2580—86. Dez. 1954. Naugatuck, Conn., U. S. Rubber Co., Naugatuck Chem. Div.) R. SCHÄFF. 7222

R. Schlicht, *Neoprenlatex.* Die 7 handelsüblichen Neoprenlatextypen (die Allzwecktypen 571, 601-A bzw. 842-A u. die Spezialtypen 572, 735, 736 bzw. 950), ihre Verarbeitung u. Anwendung werden behandelt. (Gummi u. Asbest **8.** 490—93. 1/9. 1955.) R. SCHÄFF. 7224

J. Le Foll, *Einige Bemerkungen über Neoprenmischungen.* Die Probleme bei der Herst. von Vulkanisationsmischungen aus den 8 in Frankreich handelsüblichen Neoprentypen u. ihre Eignung für die einzelnen Anwendungsgebiete werden erörtert. (Rev. gén. Caoutschouc **32.** 36—38. Jan. 1955. S. A. F. I. C. Alcan & Cie.) R. SCHÄFF. 7224

R. B. Seymour, *Die Bewertung von flüssigen Neoprenüberzügen im Laboratorium und Betrieb.* Die Anwendung von fl. Neoprenmischungen, bes. *Typ KNR,* ihre Vulkanisation, Eigg. u. Bewertung im Oberflächenschutz werden erörtert. Sie kommen einem idealen Überzug am nächsten. (Corrosion [Houston] **10.** 116—21. April 1954. Mertztown, Pa., Atlas Mineral Prod. Co.) R. SCHÄFF. 7224

J. L. Billiau, *Rußhaltige Masterbatches aus Hevealatex. Eine orientierende Untersuchung.* Vf. untersuchte Masterbatches, die durch Einmengen von MPC-Ruß (mit Darvan I in W. dispergiert) in Hevealatex vor der Koagulation erhalten wurden. Sie zeigen hohe MOONEY-Plastizitäten, die Mischzeit u. -energie wurden etwa um die Hälfte verringert. Die mechan. Eigg. wurden im Vgl. zu n. Mischungen prakt. nicht verbessert. Durch Weichmacherzugabe (Dutrex R) u. bes. Stabilisierung des Latex vor der Rußzugabe konnte eine n. Säurekoagulation durchgeführt werden. Die Mischzeit u. -energie dieser Masterbatches waren abermals geringer. Die Vulkanisate zeigten verbesserte Einreißfestigkeit u. vielleicht auch verminderten Abrieb. (Kautschuk u. Gummi **7.** Nr. 9. WT 199—202. Sept. 1954. Bogor, INIRO, Indones. Inst. voor Rubberonderzoek.) R. SCHÄFF. 7226

H. Funk und **F. Rämmele**, *Bestimmung der spezifischen Oberflächen von Gummirußen.* Zur Aufklärung der mit der „Aktivität" von Kautschukfüllstoffen zusammenhängenden Probleme wurden die spezif. Oberflächen verschied. Rußtypen [*Arrow* (**I**). *CK 3* (**II**), *VA 416* (**III**), *P 1250* (**IV**), *P 3040* (**V**), *P 33* (**VI**)] nach der BRUNAUER-EMMETT-TELLER-Meth. (J. Amer. chem. Soc. **60.** [1938.] 309; n-Butan als Absorptiv) ermittelt. Es wurde gefunden, daß die so bestimmten spezif. Oberflächen (**I**: 78,3, **II**: 67,1, **III**: 61,2, **IV**: 53,5, **V**: 43,4, **VI**: 15,9 m^2/g) gut mit den elektronenmkr. ermittelten Oberflächen (**I**: 74, **II**: 66, **III**: 61, **IV**: 51, **V**: 43, **VI**: 21 m^2/g) übereinstimmen u. daß sich die J_2-Adsorption als Betriebsmeth. für die Best. der spezif. Oberflächen eignet. — 51 Literaturangaben. (Chem. Techn. **6.** 213—21. April 1954. Halle/Saale, Martin-Luther-Univ., Inst. für anorgan. Chem.) R. SCHÄFF. 7226

—, *Synthetische und natürliche Kautschuke und ihre Anwendungen.* Übersicht über die Anwendung von Naturkautschuk u. von synthet. Kautschuktypen [Neoprene, Butadien (**I**)-, Styrol-, **I**-Acrylonitril (**II**)-, Isobutylen–Isopren- u. **II**-Chloroprenmischpolymerisate, Silicongummi, Polyacrylsäureester u. Polysulfidkautschuke]. (Heating Air Treatment Engr. **18.** 18—19. Jan. 1955.) R. SCHÄFF. 7230

Helmut Fredenhagen, *Beurteilung und Anwendung hochmolekularer Dichtungsmaterialien.* Die allg. Anforderungen an eine Dichtung, die allg. Eigg. hochmol. Bindemittel, die Zus., Anwendungsmöglichkeiten u. -grenzen von hochmol. Dichtungsmaterialien, wie Elastomeren, Plastomeren, Asbestdichtungen u. a., werden erörtert u. die wichtigsten Dichtungsmaterialien tabellar. zusammengestellt. (Kautschuk u. Gummi **7.** 197—202. Sept. 1954.) R. SCHÄFF. 7230

Walther Wegener, *Prüfgerät für dynamische Daueruntersuchungen an Reifencord.* (Vgl. C. **1956.** 4596 u. 4880.) Beschreibung des Prüfgerätes, das sich bes. für die Prüfung von Reifencord eignet, da es die Praxisbedingungen mit guter Annäherung wiedergibt. (Kautschuk u. Gummi **7.** Nr. 9. WT 196—99. Sept. 1954. Aachen.) R. SCHÄFF. 7248

F. S. Conant, *Untersuchung des Verstrammungstestes von Elastomeren bei niedrigen Temperaturen.* Die verschied. Prüfmethoden zur Ermittlung der Verstrammung (stiffness) von kautschukelast. Prodd. (Naturkautschuk, GR-S, Polyäthylen) bei tiefen Tempp. wurden vergleichend untersucht. Es besteht kein „optimaler" Test zur Best. der Moduln bei tiefer Temperatur. Es wird gezeigt, daß im Temperaturbereich größter technolog. Bedeutung (im Bereich des Übergangs von n. flexiblen zum harten, steifen Zustand) gute Übereinstimmung der verschied. Teste besteht. Nach jeder untersuchten Meth. wurden die Grenzen der Einsatzmöglichkeit von Naturkautschuk bei -62^0 u. von GR-S bei -51^0 festgestellt. Der Begriff „Modul" ist bei kautschukelast. Materialien nur bei Angabe der verwendeten Bestimmungsmeth. definiert. (ASTM Bull. **1954.** Nr. 199. 67—73. Juli. Akron, O., Firestone Tire & Rubber Co., Phys. Res.)
R. SCHÄFF. 7248

Süd-Chemie Akt.-Ges. (Erfinder: **Egon Wiberg** und **Karl Heinz Kanzler**), München, *Herstellung von Alumosiliconen,* gek. durch die Einw. von aktiviertem Al auf ein- oder mehrwertige Organosilanole, bes. auf Dialkylsilandiole. — Eine Ae.-Lsg. von $(C_2H_5)_2 \cdot Si(OH)_2$ wird mit überschüssigem Al versetzt, wobei man nach 18std. H_2-Entw. einen grauen *Siliconkautschuk* der Formel $(C_2H_5)_2SiO \cdot 0,1\ Al_2O_3$ erhält. (**D. B. P. 937 557** Kl. 39c vom 20/6. 1953, ausg. 12/1. 1956. Anmeldung bekanntgemacht 14/7. 1955.)
J. MÜHLEISEN. 7225

Standard Oil Development Co., Elizabeth, N. J., V. St. A. (Erfinder: **A. M. Gessler**), *Verbessern von Butylkautschuk.* Mischpolymerisate, bes. solche mit einer JZ. 1—50, aus Isoolefinen mit 4—14 C-Atomen, z. B. Isobutylen, u. Multiolefinen mit 4—14 C-Atomen, bes. konjugierten Diolefinen, z. B. Isopren oder Butadien, werden mit einem Ruß, bes. Kanal- oder Ofenruß, vermischt, der mit O_2 beladen wurde u. einen p_H-Wert <7 hat. Die Mischung wird 1—7 Std., bes. 5 Std., auf 120—230°, bes. 160°, ohne mechan. Behandlung erhitzt, oder unter mechan. Behandlung 10—60 Min. auf 120—230°, oder es werden beide Behandlungen kombiniert. Rußmenge bes. 20—200 (Teile) auf 100 Kautschuk. Verwendung der mechan. so verbesserten Mischungen bes. für *Reifenbau.* (**E. P. 733 198** vom 3/11. 1952, ausg. 6/7. 1955. **Belg. P. 515 754** vom 24/11. 1952, ausg. 3/9. 1954. Beide A. Prior. 1/12. 1951.) W. OVERBECK. 7227

National Research Council, Ottawa, Ontario, Can., *Kautschuk–Lignin-Mischungen,* die durch gemeinsame Fällung erhalten wurden, werden vulkanisiert, indem man außer den üblichen Vulkanisiermitteln ein Oxyd des Cu, Pb oder Bi als Modifikator zusetzt, der die verzögernde Wrkg. des Lignins ausgleicht. (**E. P. 723 751** vom 31/7. 1952, ausg. 9/2. 1955. Can. Prior. 24/8. 1951.) W. OVERBECK. 7231

Rogers Corp., Manchester, Conn., übert. von: **Norman L. Greenman**, und **Richard C. Berg**, Danielson, Conn., V. St. A., *Herstellen von Kautschukfaserbahnen.* In einem

Papierholländer werden Mineralfasern, bes. Asbest-, Glas- oder Steinwolle, eine wss. Dispersion von natürlichem oder synthet. Kautschuk nebst Vulkanisiermitteln u. gegebenenfalls ein Kunstharz im „B-Zustand", sowie geringe Mengen Cellulosefasern geschlagen, worauf die wss. M. auf einer Papiermaschine zu Bahnen geformt wird. Diese werden unterhalb der Vulkanisationstemp. kalandriert u. anschließend vulkanisiert. Verwendung für mechan. hochbeanspruchte Artikel mit hoher Beständigkeit gegen A., W., Bzn. u. Öl. — 10 Diagramme. (**A. P. 2 698 788** vom 27/2. 1952, ausg. 4/1. 1955.) W. Overbeck. 7231

United States Rubber Co., New York, N. Y., übert. von: **Lucian P. Dosmann**, South Bend, **Leslie A. Ferguson**, Mishawaka, und **Ronald W. Strock**, South Bend, Ind., V. St. A., *Herstellen von Regenbekleidungsstoffen.* In totgewalzten Chlorbutadienkautschuk wird die gleiche oder doppelte Gewichtsmenge Cellulose- oder Baumwollflocken eingemischt, ferner 25—75(%) eines wachsartigen Stoffes vom F. 60°, z. B. Paraffin, Carnaubawachs, Bienenwachs, Ozokerit, Montanwachs, Japanwachs oder Stearinsäure, u./oder 1—3 Siliconöl, geringe Mengen eines Kautschuklösungsm. u. die üblichen Vulkanisier- u. Weichmachungsmittel. Hierbei darf die Mischung nicht zu tief in die Flocken eindringen. Die so erhaltene kittartige M. wird mittels eines Doublierkalanders auf Gewebe aufgebracht, bei 82° getrocknet u. ca. 2 Std. bei 93—121° vulkanisiert. Das Erzeugnis ist wasserdicht u. durchlässig für Wasserdampf u. Luft. (**A. P. 2 698 816** vom 14/3. 1952, ausg. 4/1. 1955.) W. Overbeck. 7231

XIII. Ätherische Öle. Parfümerie. Kosmetik.

Gustavo A. Fester, Enzo A. Martinuzzi und **Armando I. Ricciardi**, *Einige flüchtige ätherische Öle.* 5. Mitt. (4. vgl. C. **1953.** 3650.) Es wurden die äther. Öle folgender Pflanzen untersucht. Im Öl der *Lippia turbinata* Griseb. wurden *d-Limonen* (**I**) u. „*Lippion*" (**II**), $C_{10}H_{14}O_2$, vermutlich *8-Oxy-p-menthadien-2-on*, Kp.$_8$ 80—85°, D.^{22} 1,0497, n_D^{22} 1,5104, $[\alpha]_D^{22}$ +156,7° nachgewiesen. **II** gibt bei Oxydation *α-Oxyisobutter-* u. Oxalsäure, bei Red. *dl-Isocarvomenthon*, das durch Oxydation zu Isopropylbernsteinsäure identifiziert wurde. **II** läßt sich in ein Phenol, $C_{10}H_{14}O_2$, „*Lippiaphenol*", F. 75,5°, vermutlich *8-Oxycarvacrol*, umwandeln. Öl der *Aloysia ligustrina* (Lippia lycoides) ist, eine frühere Mitt. ergänzend, stets linksdrehend (bis —27,2). Etwaige Rechtsdrehung rührt von Verunreinigung durch Poleo her. Die erste Fraktion enthälr 1-α-Pinen neben Cineol (**III**) u. etwas Dipenten mit **I**. Die Sesquiterpene (**IV**) der höheren Fraktionen sind linksdrehend (bis —34°), die Drehung nimmt aber durch Redest. u. beim Stehen ab. Das Blütenöl enthält **III** u. verharzte **IV** mit Spuren Vanillin. — Das Öl der *Acantholippia trifida* Moldenke u. bes. das Öl der *A. seriphioides* Moldenke enthalten vorwiegend Thymol. Das Öl der *Acantholippia hastulata* Griseb. enthält 90% *β-Thujon* (84% davon sind *d-Isothujon* u. 16% *l-Thujon*, dessen Menge beim Erhitzen zunimmt). Das Öl von *Minthostachys verticillata* Griseb. (*Bystropogon mollis*) enthält ein in der *Mentha piperita* u. *M. pulegium* vorkommendes Lacton, $C_{10}H_{14}O_3$. Das Öl der *Satureja* (*Micromeria*) *odora* enthält neben *Pulegon d-Isomenthon* u. **II**, dessen Vork. aber möglicherweise auf Verunreinigung durch Poleo zurückzuführen ist. Das Öl der *Satureja parvifolia* (*Micromeria eugenioides*) enthält als Hauptbestandteil ein von **II** verschied. linksdrehendes Oxyketon, $C_{10}H_{16}O_2$, das sich in ein „Hemiphenol" umwandeln läßt. Auch *Piperiton* wurde durch das UV-Spektr. seines Semicarbazons nachgewiesen. Das Öl der *Chersodoma argentina Cabr.* enthält vorwiegend freie Isovaleriansäure u. deren Ester. Das Öl von *Chenopodium multifidum* enthält 35% **I** u. 14,5% *Ascaridol*. Aus dem äther. Auszug des Destillationswassers läßt sich ein Alkohol, $C_{10}H_{17}OH$, „*Paicol*", isolieren, der möglicherweise mit *d-Carveol* ident. ist. (Rev. Fac. Ing. Quim. **21/22.** 43—84. 1952/1953.) K. Steiner. 7262

W. Schweisheimer, *Gewinnung von kalifornischem Orangenöl. Duftstoffe in Orangenschalen.* Das in Kalifornien durch Kaltpressen zunächst als Emulsion gewonnene Orangenöl wird durch mehrfaches Zentrifugieren hochkonz. (Ausbeute 0,6%). Das durch Ausfrieren bei —18° abgeschiedene Stearopten ist wertvoller Bestandteil eines Präp. zum Konservieren frischer Früchte vor dem Versand. Das Öl hat im allg. D. 0,844—0,845, $[\alpha]_D^{25}$ +95 bis +97°, n_D^{20} 1,4737—1,4741, nicht völlig lösl. in 95%ig. A., Abdampfrückstand 3,3—5,5%. Es enthält ca. 90(%) d-Limonen, 1 Decylaldehyd, Citral, Octylalkohol, olefin. Alkohol, $C_{10}H_{18}O$, Ameisen-, Essig-, Capryl- u. Capronsäure. (Riechstoffe u. Aromen **5.** 396—98. Dez. 1955.) H. Mühlmeister. 7262

René Cornon, *Der Moschusgeruch in der Parfümerie.* Der Moschus aus den Drüsen des Moschustieres, seine Behandlung u. Handelssorten u. ihre Beurteilung werden beschrieben u. unter Hinweis auf die synthet. Moschusse die Verwendung in der Parfümerie kurz behandelt. (Parfumerie mod. **47.** Nr. 45. 84—86. Mai/Juni 1955. Soc. techn. des Parfumeurs de France.) H. MÜHLMEISTER. 7268

E. S. Maurer, *Einfache Blumengerüche.* 1. Mitt. In Anlehnung an die Buchliteratur über Parfümerie seit 1855 wird an die Kunst des Parfümeurs Ende des 19. Jahrhunderts vor Einführung der Synthetica erinnert, der im wesentlichen aus Rose, Jasmin, Neroli, Tuberose, Veilchen u. Cassie 15 beliebte Gerüche herstellte (Tabelle). Vf. bespricht die aus Jasmin, Neroli, Rose, Veilchen, Flieder u. Maiglöckchen, sowie aus 21 Grundgerüchen möglichen Zwei-, Drei- usw. Stoffgemische (7 Tabellen), ihren Charakter u. ihre Verträglichkeit u. leitet daraus Anregungen zur Erzielung gewünschter Noten ab, unter Hinweis auf die Wirkungen, die mit den heute unentbehrlichen dazu passenden synthet. Riechstoffen möglich sind. (Amer. Perfumer essent. Oil Rev. **64.** 103—08. 110. 113. 115. 117. Aug. 1954. Kingston-on-Thames, A. G. Hersom.) H. MÜHLMEISTER. 7276

E. S. Maurer, *Einfache Blumengerüche.* 2. Mitt. (1. vgl. vorst. Ref.) Beschreibung des Duftes von Geißblatt, Kreuzlabblume, Freesia, Alpenveilchen, Tabak, Goldregen, Magnolie, Waldrebe, Glyzinie, Seidelbast, Apfel, Schlüsselblume, Winterlevkoje, Azalee, Oleander, Nachtviole, Lotos, Pfingstrose, Schleifenblume u. Caryolopsis. (Amer. Perfumer essent. Oil Rev. **64.** 189—92. Sept. 1954.) H. MÜHLMEISTER. 7276

Hans Walter Schmidt, *Labiles Milcheiweiß als Grundlage für Kosmetica.* Milcheiweiß ist durch seinen Geh. an P u. S biol. wertvoll, bes. die S-haltigen Aminosäuren Methionin u. Cystin sind für den Organismus unentbehrlich. Für seine Anwendung in Pasten, Salben u. Pudern wird die biol. wirksamste labile Form durch geringfügigen Abbau mittels physiol. Rk. bei 37° erzielt, bei der die Albumosenstufe noch nicht erreicht u. ein Präp. „*Labilin*" von gleichmäßiger Struktur gewonnen wird. Dieses Prod. ist zur Aufnahme u. zum Transport von Wirkstoffen geeignet u. ermöglicht durch Verknüpfung mit Lipoiden ungewöhnlich große therapeut. Möglichkeiten, weil lipoidhaltige Substanzen von der Haut sehr leicht aufgenommen u. die Aminosäuren akt. werden. (Parfümerie u. Kosmet. **36.** 315—16. Juli 1955.) H. MÜHLMEISTER. 7284

Avalle, *Die Verwendung des Placentaserums.* Die von der Placenta bei 0—4° in 7 Tagen abgesonderten Bio-Stimuline werden durch ein sehr feines Verf. extrahiert u. durch Gefrieren u. Sublimieren des Lösungsm. lyophilisiert; der erhaltene Extrakt wird zum Gebrauch mit einem physiol. oder öligem Lösungsm. gemischt u. verhält sich genau wie frisches Gewebe. Seine Eigg. u. Wrkg. werden im einzelnen besprochen, Vorschriften für seine Anwendung bei der Behandlung von Hautfalten, der Büste u. von Hautkrankheiten angegeben u. die damit erzielten Erfolge aufgezeigt. (Parfümerie u. Kosmet. **36.** 276. 279. Juni 1955.) H. MÜHLMEISTER. 7284

XIV. Zucker. Kohlenhydrate. Stärke.

A. Svärd, *Durch Abgase verursachte Schäden an ölbeheizten Dampfkesseln der Swedish Sugar Corporation.* Als Heizöle benutzte Schweröle können durch ihren Geh. an S Korrosionen u. Abscheidungen auf der Oberfläche der Dampfkessel, die Abgasen ausgesetzt sind, hervorrufen. Die Methoden zu ihrer Verhütung werden besprochen. (Socker, Handl. II. **8.** 85—99. 1954.) R. RUTKOWSKI. 7400

J. B. D. Robinson, *Vergleichende Untersuchung einiger Bodennährstoffe in den korallenen Zuckerrohrböden von Barbados.* Proben gleicher korallener Zuckerrohrböden von 1929, 1932 u. 1947 wurden nach mitgeteilten Verff. auf Bodennährstoffe analysiert u. die Ergebnisse verglichen. Die mittlere Zunahme während dieser 15—18jährigen Periode beträgt für organ. C 41, für austauschbares K 21,5%. Die Zahlen für Gesamt-K sowie für Gesamt- u. wasserlösl. Phosphat sind nicht beweiskräftig. Letztere zeigen keine wesentlichen Veränderungen im Phosphatgeh. der Böden an. — Die Ergebnisse rechtfertigen die auf den Forschungen von SAINT (1928—1936) basierenden offiziellen Düngungsvorschriften. (J. Soil Sci. **3.** 182—88. Juli 1952. Barbados, Dep. of Sci. and Agric.) F. RANG. 7406

T. Chinloy, R. F. Innes und **D. J. Finney,** *Ein Beispiel für teilweise Wirkung bei einem Düngungsversuch an Zuckerrohr.* Vff. berichten über einen Düngungsvers. an Zuckerrohr (Z) in Jamaica auf tonigem Lehm mit $(NH_4)_2SO_4$ (I), Superphosphat (18%; II) KCl, Bagasse (III) u. Filterpreßschlamm (IV). Es wurde ein 3^5-Faktorenvers. (5 Faktoren in je 3 Stufen) nach dem Schema von FINNEY (vgl. Ann. Eugen. [London] **12.** [1945.] 291 u. J. agric. Sci. **36.** [1946.] 184) mit $^1/_3$facher Wiederholung angelegt. Die Düngungsstufen sind: **I** 0, 3, 6 (cwt./acre); **II** 0, 4, 8; KCl 0, 1, 2; **III** 0,20, 40 (tons/acre); **IV** 0, 10, 20. Die Ergebnisse wurden eingehend statist. ausgewertet. — Die am deutlichsten hervortretenden Wirkungen sind: N ist ohne Beigabe von P völlig wirkungslos; bei ausreichender P-Gabe reagiert Z auf N gut. — **II** u. **IV** sind als P-Quellen austauschbar. — **III** zeigt offenbar K-Wirkung. Die Wechselwrkg. zwischen **III** u. K konnte nicht ganz klar erwiesen werden; jedoch wurde eine zusätzliche geringfügige Rk. erzielt, wenn KCl zusätzlich zu **III** verabreicht wurde. — Die doppelte Gabe war bei keinem der Düngemittel der einfachen wirkungsmäßig überlegen. — Die Wrkg. von **II** wird durch gleichzeitige Verabreichung von **III** herabgesetzt. (J. agric. Sci. **43.** 1—11. Jan. 1953. Jamaica, Brit. West India, Sugar Mfg. Ass. Ltd.; Oxford, Univ.) F. RANG. 7406

Juan A. Bonnet, *Kaliumgehalt von zum Zuckerrohranbau geeigneten Böden in Puerto Rico.* Die Böden von Puerto Rico enthalten Gesamt-K in Mengen von 200—18200 lbs. K_2O/acre. In Feldspat (I)-haltigen Böden ist der mittlere Geh. an durch eine Sorghum (S)-Art resorbierbarem bzw. durch 1%ig. Citronensäure extrahierbarem, verfügbarem K äquivalent 747 bzw. 376 lbs. K_2O/acre. Durch den S-Test wird demnach etwa die doppelte K-Menge festgestellt. — I-freie Böden haben einen 440 bzw. 465 lbs. K_2O/acre äquivalenten mittleren Geh. an verfügbarem K. — Optimale Zuckerrohrerträge wurden auf saurem Boden in den ersten 5 aufeinanderfolgenden Ernten schon durch Düngung mit 90 lbs./acre je Ernte u. Jahr erzielt. Dagegen sprachen die 6. u. 7. Ernte u. der Durchschnitt aller 9 Ernten auf die doppelte u. dreifache K_2O-Gabe deutlich an. Bei in Sandlysimetern kultivierten Pflanzen wurde durch Düngung mit 19—253 lbs. K_2O/acre keine deutliche Ertragssteigerung erzielt. Zwischen den Erträgen u. dem K-Geh. der Blätter besteht keine signifikante Beziehung. Der K-Geh. von 3 Monate alten Blättern schwankt — je nach Höhe der K-Gabe — zwischen 1,54 u. 2,94%. (J. Agric. Univ. Puerto Rico **37.** 183—94. Juli 1953. Rio Piedras, P. R., Univ. of Puerto Rico, Agric. Exp. Stat., Soils Dep.) F. RANG. 7406

M. Roche, *Bericht über Arbeitsergebnisse der S.A.B.E.L.I.C. in der Versuchszuckerfabrik der E. N. I. A.* Mitt. der Ergebnisse von Verss. der belg. Gesellschaft S. A. B. E. L. I. C., den Extraktionsprozeß bei Zuckerrüben ohne Kalkreinigung durchzuführen. Angaben über Ausbeuten u. Zus. der erhaltenen Zuckersorten. Die Resultate sind bisher nicht voll befriedigend. (Ind. agric. aliment. **71.** 829—32. Nov. 1954. Douai, Belgien, Sucrerie a l'E. N. I. A.) R. WOLLER. 7412

P. C. Goswami, *Die relative Süße von Zucker und Gur.* Nach der Meth. von CAMERON wird festgestellt, daß eine Lsg. von Handelszucker 1,23 mal süßer ist als eine gleichkonz. Lsg. von *Gur* (einer ind. Zuckersorte, die 78,1% Saccharose, 8,3% reduzierende Zucker u. 6,45% Feuchtigkeit enthält). (Sci. and Cult. **17.** 388—90. März 1952. Gauhati Cotton Coll., Chem. Labor.) K. GENEST. 7438

XV. Gärungsindustrie.

C. Colla und **E. Bordoni,** *Untersuchungen über die fermentative Verwendbarkeit der Mannamelasse.* Die *Mannamelasse* (ca. 27% Zucker) läßt sich mit Streptomyces cerevisiae auf *Alkohol* verarbeiten (langsame Gärung, 10 Tage; 70% Ausbeute). Die Herst. von Milchsäure mit Thermobacterium cereale verlangt Zugabe von 3% Hefeautolysat (70% Ausbeute in 15 Tagen). Beide Methoden kommen für die industrielle Verwendung nicht in Betracht. (Ann. Microbiologia **6.** 61—66. 1954. Mailand, Ist. di Microbiol. Gen.) G. GERBER. 7460

G. I. Fertman, *Qualitätsverbesserung von Alkohol.* Besprechung einiger Schwierigkeiten u. Verbesserungen bei der Gewinnung von hochwertigem Alkohol an Beispielen aus der Praxis. (Спиртовая Промышленность [Spirituosen-Ind.] **21.** Nr. 1. 13—17. 1955. Allunions Wiss. Forschungs-Inst. der Spritind.) A. v. WILPERT. 7536

Paul-André Durieux, *Untersuchungen über die Veränderung des Maltolgehaltes in gedarrtem Malz.* Best. des *Maltol* (I)-Geh. in frischer, geweichter u. 1—6 Tage gekeimter Gerste. Vff. finden nach der Meth. von MERL (Z. Lebensm.-Unters. u. -Forsch. **60.** [1930.] 216), daß der I-Geh. bis zum Ende des Einweichens (72 Std.) langsam ansteigt. Während des Keimens sind überraschenderweise zwei Minima in der I-Gehaltskurve festzustellen, eines am 1. Tag, das andere am 3. Tag. Eine Deutung dieser Ergebnisse wird erst nach weiteren Unterss. an Gersten verschied. Erntejahrgänge möglich sein. (Ind. agric. aliment. **71.** 847—48. Nov. 1954. Strasbourg-Schiltigheim, „Usines Ethel".) R. WOLLER. 7540

M. Kijima, *Einfluß von Würzeprotein auf die Hefeflockung.* Gelatine u. Würzefällungen durch $(NH_4)_2SO_4$-Fraktionierung oder entsprechende p_H-Einstellung schützten Hefe gegen Flockung durch Huminsäure. Zwischen dem Betrag der Hefeflockung u. der Konz. an Würzeprotein (Melanoidin) besteht eine inverse Beziehung. (J. Inst. Brewing **60** ([N. S.] **51**). 223—27. Mai/Juni 1954. Yokohama, Krin Brewery Co. Ltd., Kirin Res. Inst.) H. HAEVECKER. 7544

W. J. Klopper, *Über Schaumbeständigkeit.* Vf. bestimmt die „Schaumzeit" als die Zeit, die ein unter Standardbedingungen hergestellter Schaum benötigt, um sich zu 95% wieder in Bier zurückzuverwandeln. Zur Charakterisierung des Schaumes wird gleichzeitig die Schaumadhäsion gemessen. Die Schaumzeit hängt von hochmol. Proteinzersetzungsprodd. u. der Hopfenrate ab, die Adhäsion von der Hopfenrate u. den Humulonumwandlungsprodukten. Die Schaumeigg. werden wenig beeinflußt von Estern, höheren Alkoholen oder Gerstenfett. (J. Inst. Brewing **60** ([N. S.] **51**). 217—22. Mai/Juni 1954. Rotterdam, Dutch Brewing and Malting Ind., Exp. Stat.) H. HAEVECKER. 7550

F. B. Strandskov und **J. B. Bockelmann,** *Verhinderung von Verunreinigungen. Antibiotica als Schutz gegen mikrobiologische Verunreinigung im Bier. Polymyxin* ist bes. wirksam gegen gramnegative bakterielle Infektion von Brauereihefe u. Biergärung. Die Zugabe von bactericiden Konzz. von Polymyxin u. anderen wirksamen Antibiotica zu gärendem Bier hat eine anregende Wrkg. auf die Gärung. In fertigem Bier ist gegen gramnegative Milchsäurebakterien bes. Penicillin wirksam. In kombinierter Anwendung mit Thiolutin während des sek. Hefewachstums gibt es einen vollständigen Schutz gegen bakterielle Infektion im Bier. (J. agric. Food Chem. **1.** 1219—23. 23/12. 1953. Brooklyn, N. Y., F. & M. Schaefer Brewing Co.) H. HAEVECKER. 7550

Émile Peynaud und **Suzanne Lafourcade,** *Über das Vorkommen von Vitamin B_{12} in Weinen.* Mit Escherichia coli als Testorganismus nach Meth. von BURKHOLDER wurde nach Entfernung des A. u. Neutralisierung der Säure der Geh. an *Vitamin B_{12}* (I) in verschied. Traubenmosten, Weiß- u. Rotweinen im Mittel zu 0,05—0,075—0,062 γ/Liter festgestellt. Mit steigendem Alter des Weines macht sich eine Abnahme des I-Geh. bemerkbar. (C. R. hebd. Séances Acad. Sci. **241.** 127—29. 4/7. 1955.) H. DOSSMANN. 7554

E. Kielhöfer, *Fortschritte in der Sterilisation zur Flaschenfüllung von Weinen mit unvergorenem Zucker.* Bei der sterilen Abfüllung von Wein mit unvergorenem Zucker kann an Stelle von SO_2 als Sterilisationsmittel für die Flaschen u. den Abfüllraum auch das Sterilisationsmittel *Neomoscan SB* (enthaltend 5,6% akt. Cl_2, Silicate, Phosphate, Netzmittel) verwendet werden, wodurch Geruchsbelästigungen vermieden werden. Auf Grund der Verss. bei künstlich mit Hefe infizierten Flaschen ist eine 1%ig. Lsg. dieses Mittels ausreichend, um bei einer Einw. von 1—2 Min. alle Hefen abzutöten, die sich im Wein (mit ca. 60 g Alkohol/Liter) vermehren können. Pilzsporen werden dagegen auch durch eine 5%ig. Lsg. bei längerer Einwirkungszeit u. bei höherer Temp. nicht restlos abgetötet. Die Korrosionswrkg. gegenüber den in Frage kommenden Metallen u. Kunststoffen, bes. der Al-Legierung Silumin ist unerwartet gering, erheblich geringer als die Korrosion durch eine 2%ig. SO_2-Lösung. Infolgedessen ist dieses Mittel auch bei der Sterilisation des Filters (wenn kein Wasserdampf zur Verfügung steht) der Benutzung von SO_2-Lsg. vorzuziehen. Weitere Angaben über die Sterilisation der Korken, die Wrkg. zurückbleibender Cl_2-Spuren auf den Wein, sowie Hinweis auf die Notwendigkeit einer gründlichen Vorreinigung des zu sterilisierenden Filters u. auch der Flaschen. (Weinberg u. Keller **1.** 421—27. Dez. 1954. Trier, Weinforschungsinst.) E. KIELHÖFER. 7554

H. Grohmann und **F. H. Mühlberger,** *Der papierchromatographische Nachweis von Zimtaldehyd (Zimt) in Dessertweinen und weinhaltigen Getränken.* Die Sichtbarmachung des (durch Ausschütteln mit Pentan aus dem Wein abgetrennten) Zimtaldehyds (**I**) auf Papier erfolgt durch Hydrazin oder Benzidin, wobei die Empfindlichkeit der erstgenannten Rk. durch Zusatz von $SnCl_2$ erhöht wird. Bei Vermeidung der beträchtlichen Oxydationsverluste des **I** auf dem Papier durch geeignete Arbeitsweise gelingt es, noch 0,2 mg **I**/Liter (erheblich weniger als geschmacklich wahrnehmbar ist) von Vanillin u. anderen natürlichen Aromastoffen des Weines abzutrennen u. nachzuweisen. In den untersuchten Dessertweinen konnte kein **I** gefunden werden. (Z. Lebensmittel-Unters. u. -Forsch. **99.** 361—67. Nov. 1954. Speyer, Pfälz. Landwirtschaftl. Versuchsstat. u. Chem. Untersuchungsanst., Wein-Abt.) E. KIELHÖFER. 7606

XVI. Nahrungs-, Genuß- und Futtermittel.

J. King, *Katalytische Entfernung von Sauerstoff aus Nahrungsmittelbehältern und andere Verbesserungen in der Nahrungsmittelkonservierung.* Das Verf. des Vf. sieht die Entfernung von O_2 (sowohl im Luftraum enthaltener, als auch an den Nahrungsmitteln adsorbierter oder von ihnen eingeschlossener) aus Behältern, die für die Konservierung von Nahrungsmitteln dienen sollen, vor u. ist dad. gek., daß bei Ersatz der Luft durch ein inertes Gas (N_2) diesem H_2 zugesetzt wird. In die Behälter wird vor dem Verschließen ein Katalysator (nicht näher bezeichnet) gegeben, der die Bindung von O_2 zu W. bewirkt. Auf die verschied. Wirksamkeit der Lebensmittelkonservierung bei der Lagerung bei verschied. Tempp. in Ggw. u. ohne inertes Gas, die Bedeutung der Antioxydantien u. den rationellen Einsatz von Weißblechkonservendosen wird kurz eingegangen. (Food Manufact. **30.** 441—43. 1/11. 1955.) E. SCHWERDTFEGER. 7634

R. Holt, *Die Fluor- und Chromgehalte behandelter Aluminiumoberflächen.* Best. des F- u. Cr-Geh. alchromierter Aluminiumoberflächen, wie sie heute teilweise zur Konservendosenherst. benutzt werden. Die Best. des F erfolgte nach dem Destillationsverf., die des Cr colorimetr. als Chromat. Bei 90°F 15 Sek. bzw. 2 Min. lang alchromierte Aluminiumoberflächen enthalten 7,3 μg F u. 0,031 mg Cr bzw. 27 μg F u. 0,13 mg Cr pro sq.in. Oberfläche. Eine A2-Konservendose mit 61,5 sq.in. innerer Oberfläche enthält nach 15 Sek. dauernder Behandlung 0,45 mg F u. 1,9 mg Cr u. ist zusätzlich noch lackiert. Die in den Doseninhalt übergehenden Mengen an F u. Cr sind daher so gering, daß Gesundheitsschädigungen nicht zu erwarten sind. (J. Sci. Food Agric. **5.** 173—76. April 1954. Chipping, Campden, Glos., Fruit and Vegetable Canning and Quick Freezing Res. Assoc.) H. SPINDLER. 7634

F. Emanuelle, *Die Aluminiumquetschtube, ein neuer Behälter für Konserven·* Herst., Eigg., Oberflächenschutz u. Prüfverff. für Al-Quetschtuben werden im Hinblick auf ihre Bedeutung für die Tomatenmarkkonservierung besprochen. (Alluminio **21.** 608—14. Dez. 1952. Rom, Staz. sperim. per l'Industrie delle Conserve aliment.) C. GRIMME. 7688

W. D. Raymond und **J. A. Squires,** *Pewa oder Pfirsichnüsse aus Trinidad.* Es wird über Unterss. an den rötlichgelben Früchten von *Guilelma speciosa* (in Südamerika u. bes. in Trinidad) berichtet. Die Früchte haben die Größe von Aprikosen u. wachsen in dichten Büscheln. Das getrocknete Fleisch der Früchte hat folgende Zus.: 9,5 (%) W., 3,0 Asche, 9,9 Fett (ätherlösl. Anteile), 3,9 Rohfaser, 6,7 Protein (N 6,25), 49,4 Stärke (durch Säurehydrolyse), 17,5 unbestimmbare Anteile. Carotingeh.: 10,4 mg/100 g; Vitamin A: 17,333 I.E./100 g. Die Kerne haben folgende Zus.: 6,9 (%) W., 1,9 Asche, 31,3 Fett (ätherlösl. Anteile), 18,2 Rohfaser, 8,8 Protein (N 6,25), 20,8 Stärke, 12,1 unbestimmbare Anteile. JZ. des Kernöls 18,1. Kaloriengeh. des getrockneten Fleisches 314, des frischen Fleisches 150. Bemerkenswert sind der hohe Nährwert u. der große Vitamin A-Geh. des Fleisches im Vgl. mit anderen trop. Früchten. Die Kerne sind sehr hart. (Colonial Plant Animal Products **2.** 203—05. 1951.) J. KLEFFNER. 7688

E. G. B. Gooding und **C. G. Tucker,** *Trocknung von Mohrrüben.* Zusammenfassender Überblick. Als wesentlicher Punkt wird das Abkochen herausgestellt; ein hoher Geh. des Kochwassers an herausgelösten Verbb. ergibt eine hohe Ausbeute an Trockensubstanz u. Aroma, jedoch ist die Lagerfähigkeit des nicht so stark ausgelaugten Materials geringer. Verschied. dimensionierte Formen (Streifen u. Würfel) werden hinsichtlich ihrer Wirtschaftlichkeit u. Verbrauchsqualität verglichen. Auf Haltbarkeit u. Vakuumtrocknung u. Pressung des Endprod. wird kurz eingegangen. — 8 Literaturhinweise. (Food Manufact. **30.** 447—50. 460. 1/11. 1955. Aberdeen, Ministry of Agric., Fisheries and Food, Res. Establ.) E. SCHWERDTFEGER. 7690

K. Philippi, *Über coffein- und lecithinhaltige Anregungsmittel.* Kaffeeaufgüsse aus Imbißstuben, Gaststätten u. Konditoreien, Erfrischungsgetränke vom Typ „Coca-Cola", coffeinhaltige Süßwaren, Anregungsmittel aus Drogerien u. Schokoladen mit Kaffee wurden auf ihren Coffeingeh. geprüft. Die Coffeingehh. der Erzeugnisse wurden unter Berücksichtigung der üblicherweise verzehrten Mengen mit dem Coffeingeh. einer „Normaltasse„ Kaffeeaufguß als Standard verglichen u. die Frage diskutiert, bei welchen Erzeugnissen eine anregende oder leistungssteigernde Wrkg. zu erwarten sei. (Dtsch. Lebensmittel-Rdsch. **1954.** 92—94. April. Chem. Nahrungsmittel-Untersuchungsamt der Stadt Wuppertal.) G. HECK. 7720

W. O. Winkler, *Bericht über Kakaoerzeugnisse.* Von Kakaobohnen, die bei 100 bis 130° geröstet waren, sind durch Mahlen u. Sichten Kakaoschalen abgetrennt worden, die nach Trocknung u. Entfettung 4,6—7,0% Pektinsäure hatten. Das zugehörige Kakaoschrot wies 0,05—0,3 u. die rohe schalenfreie Bohne 0,05% Pektinsäure auf. — 6 Tabellen, (J. Assoc. off. agric. Chemists **35.** 650—56. 15/8. 1952. Washington, D. C., Food & Drug Administr.) H. GUDE. 7726

Augusto A. Schnack, *Zusammenfassende Bemerkungen und empfehlenswerte Maßnahmen zur Herstellung von Casein bester Qualität.* Die bei der Entrahmung der Milch, der Fällung mit saurem Serum (von 35—37°), der Reifung, dem Waschen, Pressen, Mahlen, Trocknen u. Lagern des Caseins einzuhaltenden Maßnahmen werden besprochen. (Ind. lechera **36.** 239—40. Mai 1954; Lait **35.** 378—82. Juli/Aug. 1955.) R. K. MÜLLER. 7756

Lucie Randoin und **Colette Jourdan,** *Überblick über die Ca-P-Werte von 23 Käsesorten.* (Vgl. C. **1953.** 1736.) 23 Käsearten werden auf W., Trockenmasse, Ca u. P untersucht. Danach erfolgt tabellar. Ordnung. Darst. des Zusammenhanges zwischen Ca u. P mit der Herstellungstechnik (Schema von KEILLING). (Lait **32.** 607—16. Nov./Dez. 1952.) PH. FRESENIUS. 7760

E. G. Stopher und **W. Lewis,** *Die Ensilierung von Zuckerrübenköpfen.* Bei dem Ensilierungsvorgang gingen ca. $^1/_3$ des Gesamtproteins u. $^2/_5$ des Kohlenhydratgeh. der Frischmasse verloren. Durch Feststampfen konnten diese Verluste beträchtlich verringert werden. Zusatz von *Natriummetabisulfit* bewirkte keine Verminderung der Nährstoffverluste. (Brit. Sugar Beet Rev. **23.** 163—68. 175. Juni 1955. Shardlow, East Midland Prov., N.A.A.S., Nutrit. Chem. Dep.) F. RANG. 7782

P. A. Ssobatschenkow, *Die Zubereitung von Mais zur Silierung.* Zum Silieren benutzt man Maiskolben im Stadium zwischen der Milch- u. Wachsreife mit einem Wassergeh. von 65—75%. Die zerkleinerte M. wird am besten mit Zwischenschichten von Maisstengeln u. -blättern eingestampft. In solcher Form ist die Silage aus Maiskolben einem Kraftfutter gleichwertig. (Животноводство [Tierzucht] **1955.** Nr. 6. 28—31. Juni.) M. GORDIENKO. 7782

H. Dörner und **E. Tessmer,** *Zusammenhänge zwischen Viscosität verschiedener Dickungsmittel und ihrer Verwendbarkeit als Bäckerei- und Konditoreihilfsstoffe.* Hinweise auf die verschiedenartige Verwendbarkeit von *Stärkeäthern* u. die Anwendung des BRABENDER-Viscographen bei der Beurteilung von Dickungsmitteln. Bei Best. der Viscosität von abgekühlten Stärkekleistern trat hervor, daß bei logarithm. Darst. der Abhängigkeit der Viscositätseinheiten von der Konz. eine Gerade erhalten wird. Daher läßt sich auch die für eine bestimmte Viscositätseinstellung notwendig Konz. verschied. Stärken berechnen. (Stärke **5.** 169—74. Juli 1953. Detmold, Bundesanstalt für Getreideverarbeitung.) M. ULMANN. 7800

L. W. Ferris, *Bericht über Weinsäure in Obsterzeugnissen.* Bei einer Best. von 10 mg Weinsäure in 0,03%ig. Lsg. nach dem A.O.A.C.-Verf. fanden 2 von 4 Mitarbeitern die dreifache Menge. Bei höheren Konzz. war die Abweichung geringer. (J. Assoc. off. agric. Chemists **35.** 661—63. 15/8. 1952. Buffalo, N. Y., Food & Drug Administr.) H. GUDE. 7808

Harry Shuman, *Bericht über die colorimetrische Bestimmung der Pektinsäure in Kakaoerzeugnissen.* Das colorimetr. Carbazolverf. ist nicht nur auf Galakturonsäure, sondern auch auf Pektinsäure anwendbar, ohne daß letztere in höchster Reinheit isoliert werden muß. Aber das Ergebnis weicht noch von dem nach dem WINKLER-Verf. erhaltenen ab. (J. Assoc. off. agric. Chemists **35.** 659—60. 15/8. 1952. Philadelphia, Pa. Food & Drug Adminstr.) H. GUDE. 7832

J. H. Bornmann, *Bericht über Lecithin in Kakaoerzeugnissen.* Auf Grund der in verschied. Laborr. mit der Molybdänblau-Meth. gemachten Erfahrungen wurden einige Verbesserungsvorschläge zu dieser Meth. gemacht. Es wird darauf hingewiesen, daß diese Meth. keine Unterscheidung zwischen dem aus Kakaobohnen stammenden u. sonstigem Lecithin gestattet. (J. Assoc. off. agric. Chemists **35.** 656—59. 15/8. 1952. Chicago, Ill., Food & Drug Adminstr.) H. GUDE. 7832

F. J. Francis und **M. Dorren Smith,** *Eine einfache Methode zur Reihenbestimmung von Milchzucker in Milch.* Die Meth. von HASSID (Ind. Engng. Chem., analyt. Edit. **8.** [1936.] 138 u. **9.** [1937.] 228) zur Best. reduzierender Zucker in Pflanzen dient als Grundlage einer neuen Milchzuckerbestimmung. Die Klärung der Milch erfolgt mit Eisendialysat (5% Fe_2O_3). Im Filtrat erfolgt Oxydation mit alkal. $K_3Fe(CN)_6$-Lösung. Nach Zugabe von H_2SO_4 u. Setopaline C-Indicator wird mit *Sulfatocersäure* (I) titriert. Der Wirkungswert von I wird im Blindvers. gegen Milchzucker ermittelt u. eine Eichkurve aufgestellt. (J. Dairy Res. **19.** 83—88. Febr. 1952. Toronto, Canada, Univ., Dep. of Food Chem.) PH. FRESENIUS. 7856

Nuodex Products Co., Inc., V. St. A., *Fungicide und baktericide Mittel.* Diese enthalten *Amide der α-Oxypropionsäure* u. *o-Oxybenzoesäure,* zu deren Herst. prim. aliphat. Amine mit 12 C-Atomen im Mol. verwendet werden. Das Prod. ist in W. sowie in bestimmten organ. Lösungsmitteln, bes. in A. u. Glykol, lösl. u. schützt bes. Handelswaren gegen Pilz- u. Bakterienbefall. (**F. P. 1 056 006** vom 3/10. 1951, ausg. 23/2. 1954.) W. WITTHOLZ. 7635

Julius Renning, München, *Herstellung von Dicalciumphosphat bzw. Dicalciumphosphat enthaltende Beifuttermittel durch Einwirkung von Calciumcarbonat auf Monoalkaliphosphatlösungen* unter gleichzeitiger Gewinnung von Dialkaliphosphatlsgg., dad. gek., daß $CaCO_3$ in feinverteilter Form mit Monoalkaliphosphatlsgg. im Verhältnis von 2 Mol Phosphat zu 1 Mol $CaCO_3$ bei ca. 20° unter öfterem Rühren während 1 Std. zur Rk. gebracht wird, worauf nach völligem Aufhören der CO_2-Entw. das gebildete $CaHPO_4$ von der entstandenen Dialkaliphosphatlsg. getrennt, ausgewaschen u. getrocknet wird.

Auf 2 Mol Monoalkaliphosphat kann man auch $1^1/_2$ Mol $CaCO_3$ einwirken lassen, wodurch ein Gemisch aus 2 (Teilen) $CaHPO_4$ u. 1 $CaCO_3$ entsteht, das nach dem Auswaschen getrocknet u. als Beifuttermittel verwendet oder nach Erwärmen in wss. Suspension in reines $Ca_3(PO_4)_2$ umgewandelt wird. Die Na_2HPO_4-Lsg. wird durch Zusatz von H_3PO_4 in die Monophosphatlsg. umgesetzt, die in das Verf. zurückgeht. Rasche Umsetzung unter Vermeidung der Schaumbildung. (**D. B. P. 932 016** Kl. 16 vom 3/11. 1951, ausg. 22/8. 1955. Anmeldung bekanntgemacht 12/2. 1953.) H. KARST. 7787

John T. Van Bruggen und **Edward Staunton West**, Portland, Ore., V. St. A., *Synthetisches Thyroprotein.* Ein tyrosinhaltiges Protein wird mit einem proteolyt. Enzym, wie akt. Papain, bes. „Caroid" (Handelsbezeichnung), in alkal. Lsg. bei p_H 8—9 u. ca. 140—160° F ca. 5 Min. bis 1 Std. behandelt. Die Reaktionsmischung wird dann nach A. P. 2 642 426; C. **1954.** 6291, nach Zugabe von J_2 u. einem Katalysator, wie $KMnO_4$, mit O_2 bei 180 bis 190° F oxydiert. Die p_H-Einstellung erfolgt mit Na_2CO_3, $NaHCO_3$ oder den entsprechenden K-Salzen. Als Protein dient *Casein*, zweckmäßig 30—70 g/Liter Wasser. An Stelle von $KMnO_4$ ist auch MnO, MnO_2, Mn_2O_3, Mn_3O_4 verwendbar; nach Beendigung der Rk. wird auf 130—160° F abgekühlt u. das Reaktionsprod. in bekannter Weise gefällt, z. B. mit HCl, bei p_H ca. 3,9, u. der Nd. dann getrocknet, dessen *Thyroxin*-Geh. 4—5% beträgt. — *Futtermittelzusatz.* — 3 Diagramme. (**A. P. 2 709 671** vom 12/3. 1953, ausg. 31/5. 1955.) G. KRAUSS. 7787

XVII. Fette. Seifen. Wasch- u. Reinigungsmittel. Wachse. Bohnermassen usw.

Rudolf Freitag, *Fettgewinnung auf völlig neuem Wege.* Hinweis auf das CHAYEN-Verf., mit dem aus pflanzlichen u. tier. Fetträgern durch Feinstzerkleinerung in hochtourigen „Impulsatoren" auf kaltem Wege das Fett erhalten wird. (Fischwaren- u. Feinkost-Ind. **27.** 82—83. Mai 1955.) F. KRUSEN. 7892

T. P. Hilditch, *Die Bildung von Fettsäuren in den Ölfrüchten.* Vf. teilt Ergebnisse über die Unters. von *Leinölen, Sojaölen, Erdnußölen* u. *Sonnenblumenölen* verschied. Herkunft u. verschied. Reifegrades hinsichtlich ihres Geh. an gesätt. Säuren, Ölsäure, Linolsäure u. Linolensäure mit. Auf Grund der Homologie in den Gruppen verschied. Sättigungsgrades kommt Vf. zu dem Schluß, daß die in den vegetabil. Fetten enthaltenen gesätt. bzw. ungesätt. Fettsäuren nach 2 grundsätzlich verschied. u. unabhängigen Mechanismen gebildet werden. Sämtliche ungesätt. Säuren u. die entsprechenden Oxysäuren entstehen danach aus Kohlenhydraten (Hexosen) über C_3-Körper, wobei zuerst die am stärksten ungesätt. Säuren entstehen. Dieser Bildungsmechanismus endet schließlich z. B. bei der Ölsäure u. führt nicht zur Stearinsäure weiter. Die gesätt. Säuren entstehen hingegen aus Hexosen über C_2-Körper. (Oléagineux **10.** 83—88. Febr. 1955. Liverpool.) GERHARD GÜNTHER. 7894

T. N. Mehta, B. Y. Rao und **M. P. Kulkarni**, *Trennung von Leinöl und Safloröl mit Hilfe von Äthylalkohol.* Bei der Behandlung von Leinöl mit 95%ig. A. (polares Lösungsm.) bei 25° erhält man Glyceride mit 6—7 Doppelbindungen im Extrakt, während das Raffinat gesättigter wird. Beispiel: $JZ._{Rohöl}$ 181,2; $JZ._{Raffinat}$ 175,0; $JZ._{Extrakt}$ 205. Ein Gleichgewichtsdiagramm wird aufgestellt. — Safloröl zeigt diese Erscheinung nicht, da sowohl Art als auch Mengenverhältnis der Glyceride sich von denjenigen in Leinöl unterscheiden (JZ. 139,8 bzw. 144,3). — Die Verss. wurden in Hinblick auf prakt. Verwendung unternommen (ungesätt. Öle für Anstriche, gesätt. für Seifen u. eßbare Fette). (Indian Soap J. **20.** 289—96. Mai 1955.) E. TIEDEMANN. 7894

J. Jorand, *Die Aufarbeitung der Methylester, die bei der Extraktion von Carotin aus Palmöl als Nebenprodukte anfallen.* Bei der Extraktion von Carotin aus Palmöl durch alkal. Methanolyse fällt ein großer Teil der Fettsäuren des Öls in Form von Methylestern an, die durch Vakuumdest. leicht rein zu erhalten sind. Vf. beschreibt Verff. der Verarbeitung solcher Ester zu n. Seifen, Erdalkali- u. Schwermetallseifen, gesätt. Methylestern, Fettalkoholen, Glyceriden, Amiden, Nitrilen, Aminen, Esterwachsen u. verschied. anderen Spezialprodukten. Anwendungsgebiete dieser Körperklassen, die oft recht spezieller Art sind, werden angeführt. — 65 Zitate. (Oléagineux **10.** 99—105. Febr.; 193—96. März; 269—74. April 1955.) GERHARD GÜNTHER. 7894

T. N. Mehta, C. V. N. Rao, B. Y. Rao und **N. M. Chudgar**, *Harnstoffaddukte von Fettsäuren.* 2. Mitt. *Trennung der Ricinusölfettsäuren.* (1. vgl. C. **1954.** 6614.) Schrifttumsüberblick über die Heranziehung der Harnstoff-Adduktbldg. zur Trennung bei gesätt., ungesätt., hydroxylierten, autoxydierten u. polymerisierten Fettsäuren; Anwendung auf die Ricinusölfettsäuren mit der Zielsetzung der Abtrennung der Ricinolsäure. Es werden systemat. Verss. unter Variierung der Konzentrationsverhältnisse (Ricinolsäure, Harnstoffmenge, Methanolmenge) — auch unter fraktionierter Durchführung der

Adduktbldg. sowie bei Zugabe des Harnstoffs im festen Zustand — angestellt u. die erhaltenen Fettsäurefraktionen analyt. nach Ausbeute, Refraktionsindex, Acetylzahl, JZ. charakterisiert. Die krit. Auswertung der Versuchsergebnisse lehrt, daß die Ricinolsäure Harnstoffaddukte bildet. Das Ausmaß hängt ab einmal vom Verhältnis Ricinol- zu gesätt. u. ungesätt. sowie polymerisierten Fettsäuren, zum andern von den Gleichgewichtskonstanten für die Harnstoffadduktbildung. Unter günstigen Bedingungen gelingt die Darst. einer 91—95%ig. Ricinolsäure. (J. Indian chem. Soc., ind. News Edit. **17.** 23—29. 1954. Nagpur Univ., Laxminararian Inst. of Technol.) K. TÄUFEL. 7908

B. R. Jaillet, *Einige neuere Patente auf dem Gebiet der Seifen und anderer oberflächenaktiver Stoffe.* Besprechung von 46 Patenten aus den Jahren 1952—1954 auf dem Gebiet der Herst. von Seifen, Fettalkoholen, anion- u. kationakt. Stoffen u. nichtion. oberflächenakt. Stoffen. (Oléagineux **10.** 107—15. Febr. 1955. Karachi, Pakistan.) GERHARD GÜNTHER. 7910

F. L. Diehl und **J. B. Crowe,** *Messung der Reinigungswirkung unter Benutzung künstlich verschmutzter Gewebe.* (Vgl. C. **1955.** 6880.) Ausführungen an Hand des einschlägigen Schrifttums über die zur Bewertung der Reinigungswrkg. von Waschmitteln im Handel bereitgehaltenen Typen von künstlich verschmutzten Geweben unter Hinweis auf die zu stellenden Forderungen: Reproduzierbarkeit der Ergebnisse u. ausreichende Empfindlichkeit gegenüber den verschied. Waschmitteln (Schmutzentfernung, Weißgeh.), Übereinstimmung der Ergebnisse an künstlich mit denen an natürlich verschmutzten Objekten. Systemat. Waschverss. mit 4 Standardschmutzgeweben unter Heranziehung der Waschmeth. nach dem Launder Ometer-Verf., wie es CROWE beschrieben hat (Amer. Dyestuff Reporter **32.** [1943.] 237), sowie unter Benutzung von 5 aus dem Handel bezogenen Reinigungsmitteln (Seifen, Fettalkoholsulfate, Alkylarylsulfonate). Die krit. Auswertung der tabellar. u. graph. dargestellten Ergebnisse lehrt, daß zur Beurteilung der Wrkg. von Reinigungsmitteln künstlich verschmutzte Gewebe nur mit strenger Kritik herangezogen werden dürfen, da sie einen wirklichen Ersatz für die natürlich verschmutzten Gewebe nicht darstellen; die Versuchsresultate sind nur als Anhaltspunkte zu betrachten. (Amer. Dyestuff Reporter **44.** 677—80. 26/9. 1955. Cincinnati, O., Procter & Gamble Comp.) K. TÄUFEL. 7912

Don S. Bolley, *Chemische Bestimmung der Ungesättigtheit von Fetten und Derivaten.* Krit. Übersichtsbericht an Hand des neueren Schrifttums über die Meth. zur Ermittlung des Grades des ungesätt. Charakters unter Hinweis auf Anwendungsbereich u. Fehlermöglichkeiten der experimentellen Verff. usw. Unter gesonderter Betrachtung des Verh. der isolenen u. der konjuenen polyolefin. Vertreter werden die zahlreichen Halogenadditionsmethoden einschließlich der Hydrierjodzahl an Hand von Verss. krit. erörtert. Hinweis darauf, daß bei einem unbekannten Prod. vor Auswahl des Arbeitsverf. eine Entscheidung getroffen werden muß, ob konjuene oder nur isolene Lückenbindung vorliegt; hierzu kann dienen die UV-Spektrometrie, die Dien-Zahl bzw. die Pandien-Zahl. Handelt es sich um konjugiert ungesätt. Fette, so sind allg. anerkannte Methoden zwar nicht vorhanden, als brauchbar erscheinen aber die Hydrierung, die von PLANCK modifizierte Meth. nach ROSENMUND-KUHNHENN, bes. die Spektrometrie. Rhodanzahl, Tetra- u. Hexabromidzahl können nur orientierenden Wert haben. Rein isolen ungesätt. Prodd. werden nach der Meth. WIJS als Standardverf. behandelt. (J. Amer. Oil Chemists' Soc. **32.** 235—40. April 1955. Bayonne, N. J., Baker Castor Oil Comp.) K. TÄUFEL. 7932

—, *Vorschlag einer Methode zum Prüfen des Brechungsindex von Carnaubawachs und anderen natürlichen und synthetischen Wachsen mit hohem Schmelzpunkt.* Die Best. wird mit Hilfe eines ABBÉ-Refraktometers durchgeführt, dessen Prisma zuerst mit heißem W. so nahe wie möglich an 100° erhitzt wurde, die weitere Heizung auf $100 \pm 0,1^{\circ}$ erfolgt durch Dampf von 1 at Druck. Reines Carnaubawachs (I) hat einen n_D^{100} von 1,4456—1,4478. Höhere n_D weisen auf Zusatz von Harzen hin, niedere auf in der Hauptsache Paraffine, mikrokristalline Wachse u. einige Naturwachse. Da manche Zusätze einen ähnlichen Brechungsindex wie I besitzen, ist das Erkennen einer Verfälschung mit Hilfe des n_D^{100} nicht immer möglich. (ASTM Bull. **1954.** Nr. 197. 39—40. April. Philadelphia, Pa.) G. MEINHARDT. 7944

British Glues & Chemicals Ltd., Garden City, England, *Gewinnen von vegetabilischen Ölen.* Man setzt das Rohmaterial (I), z. B. Ölfrüchte, Kopra, Oliven usw., mittels einer Fl. in der mehrfachen Menge der Einw. von I von durch die Fl. übertragenen Schlägen u. Stößen solcher Stärke u. Frequenz aus, daß die Zellmembranen zerstört u. das Öl freigesetzt wird. Man trennt Fl. u. Festbestandteile u. zentrifugiert aus der Fl. das Öl ab. (**Belg. P. 518 429** vom 14/3. 1953, ausg. 18/2. 1955. E. Priorr. 17/7. 1952 u. 23/2. 1953.) C. LÜTTGEN. 7895

Alfred Kraus und **Hanus Kraus**, Twickenham, England, *Verfestigen von Seifen, synthetischen Reinigungsmitteln, ätherischen Ölen* u. dgl. durch Vermischen von entwässertem Ca-Lactat mit den zu verfestigenden Fll. oder Pasten u. mit mindestens der doppelten Wassermenge als zur Hydratisierung erforderlich ist. (**E. P. 727 645** vom 27/11. 1950, ausg. 6/4. 1955.) K. HEINZE. 7911

Maurer & Wunn O. H. G., Saargebiet, *Waschmittel*, bes. für Gewebe u. Kleidungsstücke. Sie bestehen im wesentlichen aus Aryl- oder Arylakylsulfonaten, Bleichmitteln u. einem Katalysator, welcher aus einem Metall (z. B. Al), einem Chlorat, Perchlorat oder Carbamid u. Bentonit oder einem Mehl bestehen kann. Ein solches Waschmittel hat z. B. die Zus.: 30 Liter W., 80 (g) Arylalkylsulfonat, 12 Na_2CO_3 oder $NaHCO_3$, 48 Na-Perborat u. ca. 0,015 Katalysator (Al-Pulver u. Bentonit oder Mehl). (**F. P. 1 024 791** vom 21/9. 1950, ausg. 7/4. 1953.) T. OPPERMANN. 7913

Seifen- und Glycerinfabrik C. Hartung, Saargebiet, *Waschen von Leinenzeug*. Die verwendeten Wasch-Fll. enthalten außer den bekannten akt. Waschmitteln noch Na-Perborat (**I**) oder eine entsprechende Menge einer anderen O_2-entwickelnden Substanz, eine ausreichende Menge an Stabilisator, welcher die O_2-Entw. regelt (z. B. Mg-Silicat), u. ein Bleichmittel. Eine solche Wasch-Fl. enthält z. B. in 10 Liter W. u. je kg zu reinigenden Waschguts 40—80 (%), vorzugsweise 63, einer anion. u./oder nicht-ion. capillarakt. Substanz, 12—54, vorzugsweise 27, **I**, 2—12, vorzugsweise 5,5, Phosphate, 1—5, vorzugsweise 2,7, Stabilisator, 1—5, vorzugsweise 2,2, Na_2SO_4 u. 0,05—0,25, vorzugsweise 0,1, Bleichmittel. Falls das opt. Bleichmittel nur dem Spülwasser zugesetzt wird, kann man diesem W. je kg beschmutzten Leinenzeugs 10 g von folgendem Gemisch zusetzen: 80—99 (%) einer die Kalkseifen lösenden oder dispergierenden Substanz, 0—20 einer egalisierenden Substanz u. 0,5—2 Bleichmittel. (**F. P. 1 025 952** vom 14/10. 1950, ausg. 22/4. 1953.) T. OPPERMANN. 7913

XVIIIa. Holz. Cellulose. Zellstoff. Papier. Papierdruck. Celluloid. Linoleum.

J. E. Stone, *Eine Untersuchung über das während eines Neutralsulfitaufschlusses von Aspenholz herausgelöste Lignin*. Bei einem Neutralsulfitaufschluß von Aspenholz werden Proben von Kochlauge zu verschied. Zeiten u. Tempp. entnommen. Diese Proben werden im alkal. Medium mit Nitrobenzol oxydiert u. die Menge von Vanillin (**I**) u. Syringaldehyd (**II**) bestimmt. Der Geh. an **I** u. **II** nimmt im Verlauf der Kochung zu, bei **II** viel rascher als bei **I**. Bezieht man den so ermittelten Aldehydgeh. prozentual auf das in der Probe enthaltene Lignin, so bleibt die Ausbeute an **I** während des Aufschlusses konstant, während **II** von Null an ständig steigt. Es wird die Frage diskutiert, ob der unterschiedliche Geh. an **II** auf zwei verschied. Ligninarten mit unterschiedlicher Löslichkeit beruht. (Tappi **38**. 610—13. Okt. 1955.) V. JACOPIAN. 7962

P. G. Assmajew, W. W. Tschenikow und **W. Ss. Kowtunow**, *Zur Frage der hygroskopischen und mechanischen Eigenschaften von Zigarettenhülsenpapieren*. Durch Verss. wird gezeigt, daß bei allen im Betrieb möglichen Feuchtigkeitswerten des Zigarettenpapiers die mechan. Festigkeit mit steigendem Wassergeh. abnimmt, während die Dehnbarkeit stetig ansteigt. Die mechan. Festigkeit des Zigarettenpapiers hängt hauptsächlich von den mol. Kräften zwischen den OH-Gruppen der Faser ab. Die Literaturangaben, wonach bei 6—7% Wassergeh. des Zigarettenpapiers die mechan. Festigkeit am größten sein soll, wird widerlegt. (Табак [Tabak] **16**. Nr. 1. 34—36. 1955. Krasnodar, Inst. der Nahrungsmittelind.) OTTO MAIER. 7984

Cliff Swett, *Geeignete Wachse für verschiedene Arten von Milchbehältern aus Papier*. In den meisten Fällen wird Paraffin von niedrigem F. verwendet, dem zur Verminderung der Brüchigkeit mikrokristallines Wachs zugesetzt wird. (Milk Dealer **41**. Nr. 10. 90—93. Juli 1952. Chicago, Ill., Nat. Wax Co.) H. BECKER. 7986

D. Tollenaar, *Moirémuster beim Vierfarbendruck*. Nach den Ausführungen des Vf. können vier verschied. Arten von Moirémustern beim Vierfarbendruck auftreten. Es werden die Möglichkeiten aufgezeigt, sie zu vermeiden. (J. photogr. Sci. **3**. 117—19. Juli/Aug. 1955. Stichting Inst. voor Grafische Techniek T.N.O.) W. GÜNTHER. 7988

Charles E. Bicking, *Die Benutzung von Statistiken zur Analyse von Prüfergebnissen*. Die einzelnen Prüfergebnisse aus verschied. Laborr. u. Fabriken differieren meist untereinander, so daß die Variablen der Prüfmethoden erkannt werden u. die einzelnen Prüfungen genau festgelegt werden müssen. (Tappi **38**. 573—76. Sept. 1955. Washington. D. C.) H. BECKER. 8002

Herbert F. Berger, *Der biologische Sauerstoffbedarf aus sauerstoffverbrauchenden Bestimmungen*. Durch die Best. des BOB von Zellstoffablaugen wird nur die Menge an von aeroben Bakterien oxydierbaren organ. Substanzen gemessen, während bei der Best.

des O_2-Verbrauches mit $KMnO_4$ die gesamte oxydierbare Substanz bestimmt wird. Der Umrechnungsfaktor auf den BOB beträgt 0,527 für unbehandelte u. 0,565 für bereits vorbehandelte Lauge. Die Best. mit $KMnO_4$ kann somit einen Anhalt geben, aber zur Festsetzung der Wrkg. einer Klär- oder Reinigungsanlage ist sie nicht genau genug. (Tappi **38.** 534—38. Sept. 1955. New York, N. Y., Nat. Council for Stream Improvement.) H. BECKER. 8006

Howard J. Leech, *Messung der Retention von Johannisbrotgummi durch Analyse der Zuckereinheiten.* Bei der Hydrolyse von Cellulose mit H_2SO_3 wird papierchromatograph. nur wenig Galaktose (I), von Johannisbrotgummi (II) dagegen viel I gefunden. Vf. hat darauf eine Meth. zur Best. des II in Papieren aufgebaut. Das geleimte Papier u. eine Blindprobe ungeleimten Papiers werden 75—90 Min. bei 135° mit H_2SO_3 hydrolisiert u. nach Neutralisation die Zucker papierchromatograph. getrennt. Die Gesamtmenge der Zucker wird dann zusammen u. die I nach Oxydation mit $NaJO_4$ titriert u. aus der Differenz der Blindprobe auf den Anteil II im Papier geschlossen. (Tappi **37.** 290—94. Juli 1954. Longview, Wash., Weyerhaeuser Timber Co.) H. BECKER. 8010

Walton Hancock und **Samuel L. Goldheim,** *Eine Untersuchung des Feuchtigkeitsgehaltes von Pappe.* Bei einer längeren Unters. verschied. Pappen bei 24° u. 48% relativer Luftfeuchtigkeit wurden starke Schwankungen des Geh. an Feuchtigkeit in den einzelnen Partien festgestellt. Um einen konstanten Feuchtigkeitsgeh. zu gewährleisten, ist eine gute Zusammenarbeit zwischen Erzeuger u. Verarbeiter nötig. (Tappi **38.** 561—64. Sept. 1955. Baltimore, Md., Lord Baltimore Press Inc., American Bio-Chem. Labor.) H. BECKER. 8016

Eastman Kodak Co., Rochester, übert. von: **John R. Caldwell,** Kingsport, Tenn., V. St. A., *Thermoplastische Massen aus Celluloseacetat,* gek. durch einen Geh. an 4.7-Methanohexahydro-5-indanon als Weichmacher. Herst. von Verpackungsmaterial, glänzenden, schwer entflammbaren photograph. Filmen, Formkörpern, Kunstseide, Lacken u. Überzügen. (**A. P. 2 703 291** vom 15/4. 1952, ausg. 1/3. 1955.) G. SALZMANN. 7971

Hercules Powder Co., Wilmington, Del., V. St. A., *Unlöslichmachen von Celluloseacetosorbat* (I). Man versetzt Lsgg. von I in organ. Lösungsmitteln mit dienophilen Verbb., z. B. Methylen-bis-acrylamid, Triallylcyanursäureester, Diallylmaleinat, Triallylcitrat, Diallylphthalat, vergießt zu *Filmen* u. bewirkt durch Erhitzen auf z. B. 155—160° Vernetzung. Gegebenenfalls wird noch etwas Benzoylperoxyd zugesetzt. Man kann auch *Fäden* aus I nur oberflächlich mit Lsgg. der genannten Verbb. behandeln u. erwärmen. (**E. P. 737 516** vom 22/6. 1953, ausg. 28/9. 1955. A. Prior. 2/10. 1952.) K. FABEL. 7971

Eastman Kodak Co., Rochester, übert. von: **Lester W. A. Meyer** und **Margaret H. Broyles,** Kingsport, Tenn., V. St. A., *Stabilisieren von Celluloseestern.* Um plast. Massen aus Celluloseacetat u. dgl. gegen Licht, bes. UV-Strahlen, beständig zu machen, vermischt man sie mit 0,75—5% Resorcinmonopiperonylat. (**A. P. 2 708 638** vom 14/4. 1954, ausg. 17/5. 1955.) G. SALZMANN. 7971

Courtaulds Ltd., übert. von: **James Hutchison Macgregor,** London, *Wasserlösliche Cellulosemischäther.* Man löst einen in W. unlösl., in Alkali lösl. Cyanäthyläther der Cellulose mit 0,01—0,5 Cyanäthylgruppen pro $C_6H_{10}O_5$ in verd. NaOH oder z. B. $(CH_3)_2 \cdot (C_6H_5CH_2)_2NOH$ u. setzt ihn mit 0,3—3 Mol eines Alkylierungsmittels um, z. B. mit $(CH_3)_2SO_4$, $(C_2H_5)_2SO_4$ oder mit C_2H_5Cl. — Textilbehandlungsmittel, Emulgatoren, Klebstoffe, Verdickungsmittel. (**E. P. 683 069** vom 13/9. 1949, ausg. 19/11. 1952.) K. FABEL. 7971

Hercules Powder Co., Wilmington, Del., V. St. A., *Farbstoffbeständigmachen von Celluloseäthern.* Man behandelt einen in organ. Lösungsmitteln lösl. Celluloseäther, bes. *Äthylcellulose,* mit einem angesäuerten wss. Quellmittel, z. B. Isopropanol + W. + HCl, erhitzt auf z. B. 75°, trennt die Fl. ab u. fügt ein nicht angesäuertes wss. Quellmittel u eine geringe Menge eines Phenols (I), z. B. Di-tert.-amylphenol, hinzu. Nach dem Abtrennen der Fl. bleibt I in dem Celluloseäther. Die 1. Behandlungsstufe kann auch mit einem Bleichvorgang durch Zusatz von $NaClO_2$ verbunden werden. — Vgl. auch A. P. 2 662 884; C. **1954.** 10379. (**E. P. 736 303** vom 8/4. 1952, ausg. 7/9. 1955. A. Priorr. 17/5. u. 20/9. 1951.) K. FABEL. 7971

Canadian International Paper Co., Montreal, übert. von: **William Howard Rapson** und **Morris Wayman,** Hawkesbury, Can., *Entharzung von Zellstoff,* bes. aus Hartholz, dad. gek., daß 100 (Teile) Stoffbrei mit 0,1—1 eines Kondensationsprod. aus Äthylenoxyd (I) u. Octyl-, Nonyl-, Dioctylphenol, Laurylalkohol, Tallöl, Acajounußschalenöl, Kolophonium oder hydriertem Kolophonium (Mischung von Di- u. Tetrahydroabietinsäuren) vermischt werden, wobei der I-Anteil ca. 50—80% beträgt, u. der Stoff mit 2—12 NaOH ½—4 Std. bei ca. 60—100° behandelt wird. (**A. P. 2 716 058** vom 24/6. 1950, ausg. 23/8. 1955.) G. VOGEL. 7975

American Cyanamid Co., New York, übert. von: **David Lurie**, Freeport, N. Y., V. St. A., *Herstellung von geleimtem und gefülltem Papier* unter Verwendung von Weißwasser, dad. gek., daß die Fasern in Weißwasser mit 0,08% SO_4-Ionengeh. verteilt werden u. der Stoff nacheinander mit Harzleim, Alaun, $BaCl_2$ (mindestens in zur Fällung der SO_4-Ionen des Alauns erforderlichen Menge) u. 0,25—0,5% (auf Trockenzellstoff bezogen) Na-Aluminat versetzt u. stehengelassen wird, bis sich Flocken von das $BaSO_4$ adsorbierendem Al-Hydrat bilden u. der SO_4-Ionengeh. in der Fl. nicht mehr höher als der des verwendeten Weißwassers ist. Mit dem Na-Aluminat kann noch ein Na-Phosphat (25% von letzterem) u. für naßfeste Papiere noch ein Kunstharz, z. B. Melamin–CH_2O-Harz, zugesetzt werden. — Nach A. P. 2 711 371 sollen bei dem Verf. 0,5—3 Harzleim u. 0,75—4,5 Alaun (auf Trockenzellstoff bezogen) u. als Ba-Verb. $Ba(OH)_2$, BaO oder Ba-Aluminat, letztere aber in geringerer Menge als stöchiometr. auf SO_4 berechnet, zugesetzt werden, wobei $BaSO_4$ u. Al-Hydrat ausfallen u. der p_H-Wert nicht > 6 steigen soll. (**A. PP. 2 711 370** u. **2 711 371** vom 12/4. 1954, ausg. 21/6. 1955.) G. VOGEL. 7979

Eastman Kodak Co., übert. von: **Ralph W. Peters** und **Joseph W. Mengel**, Rochester, N. Y., V. St. A., *Schutzpapier als Zwischenlage beim Verpacken von photographischem Aufnahmematerial*, dad. gek., daß es einen elektr. Widerstand von > 80000 Ohm/sq.in. besitzt u. einen salzfreien schwarzen Farbstoff enthält. — Beispiel für die Zus. des Papiers: 4,5 (%) DuPont Fiber Black VF, 0,5 DuPont Pontamine Yellow SXPE, 4,5 Al-Sulfat, 6,5 ungekochte trockene Maisstärke u. 84 gebleichter Sulfitzellstoff mit hohem α-Cellulosegehalt. (**A. P. 2 710 800** vom 1/10. 1952, ausg. 14/6. 1955.) G. VOGEL. 7987

Allied Chemical & Dye Corp., New York, N. Y., übert. von: **Benjamin S. Penley**, Birmingham, Ala., V. St. A., *Verfahren zum Imprägnieren von Filz mit bituminösen Stoffen*, wie Asphalt, Teer oder Pech, zur Herst. von *Dachbedeckungs-* u. *Isolierstoffen* u. dergleichen. Durch die fortlaufend bewegte Filzbahn wird heißes Gas hindurchgesaugt u. dadurch die eingeschlossene Feuchtigkeit ausgetrieben, worauf der so getrocknete Filz über eine umfangsgenutete umlaufende Trommel geführt u. auf dieser mit heißem, fl. Bitumen behandelt wird, das unter überatmosphär. Druck gegen die Oberfläche des Filzes u. durch diesen hindurch in die Nuten des Zylinders gedrückt wird, so daß die im Filz festgehaltenen Gase ausgetrieben u. durch das Imprägniermittel ersetzt werden. — Zeichnungen. (**A. P. 2 721 144** vom 3/6. 1952, ausg. 18/10. 1955.) F. ZIERHOLD. 7993

XVIIIb. Textilfasern.

Gérard Bouvier, *Knitterfeste Appreturen.* 1. Mitt. Übersichtsarbeit. Die verschied. Verff. zum Knitterfestmachen von Baumwolle u. (Viscose-) Reyon werden besprochen. (Ind. Textile **1955**. 765—72. Okt.) K. HOINKIS. 8032

A. R. Smith, *Die Verwendung von Aminoharzen in der Textilausrüstung.* Inhaltlich ident. mit den in C. **1955**. 9224 u. **1956**. 4878 referierten Arbeiten. (Textile Manufacturer **81**. 482—88. Sept. 1955.) I. SCHOENMANN. 8032

K. Ramaszeder, *Einige Eigenschaften eines homogenisierten Appreturmittels.* Unters. der Eigg. eines aus Stärke durch Verdickenlassen bei 78° u. Passieren eines Homogenisators hergestellten Appreturmittels u. der physikal. Eigg., wie Zerreißfestigkeit, der durch dieses Appreturmittel gebildeten Filme. Auf Grund seiner Unterss. kommt Vf. zum Schluß, daß das homogenisierte Prod. in bezug auf seine Eigg. den durch Kochen von Stärke hergestellten Appreturmitteln überlegen u. sparsamer im Gebrauch ist. — Diagramme, Tabellen u. Mikrophotographien. (Ind. Textile **1955**. 743—47. Okt.) K. HOINKIS. 8032

J. W. S. Hearle, *Auf der Suche nach Fasern mit Röntgendiagrammen.* Allg. Darst. über die Auswertung u. die Aussagen von Röntgendiagrammen von Textilfasern. Im einzelnen werden Cellulose-, Eiweiß- u. synthet. Fasern sowie Glas- u. Asbestfasern behandelt. (Skinner's Silk Rayon Rec. **29**. 760—63. Juli 1955.) H. G. FRÖHLICH. 8040

B. J. Rigby, *Entspannung von Wollfasern in Wasser bei Dehnungen von 5 bis 20%.* Zur quantitativen Best. der Rk. von Wollfasern, die unmittelbar nach einer Dehnung erfolgt, wird die Entspannung der in W. getauchten Fasern in Abhängigkeit von der Stärke der Dehnung u. der Temp. gemessen. Die Auswertung der Dehnungskurven ergibt einen relativ schnell ablaufenden Entspannungsprozeß innerhalb der ersten 60 Sek., gefolgt von einer langsameren Entspannung. Die für den schnell verlaufenden Prozeß berechnete Aktivierungsenergie E_1 beträgt ca. 5 kcal/Mol, während für den langsamen Ablauf temperaturabhängige Werte von 22—27 kcal/Mol gefunden werden. Für diese unterschiedlichen Werte wird die verschieden starke Flexibilität schwacher u. starker Molekülbindungen verantwortlich gemacht u. der Wert E_1 möglicherweise den H-Bindungen zugeschrieben. (Austral. J. Physics **8**. 176—83. März 1955.) I. SCHOENMANN. 8060

C. M. van Wyk, *Die Wirkung von absorbiertem Wasser auf den dynamischen Biegungsmodul von tierischen Fasern.* Der Biegungsmodul (bending modulus) von *Wolle, Mohair* u. *Menschenhaar* wurde in Abhängigkeit von der relativen Luftfeuchtigkeit gemessen. Der Modul ist bestimmt durch die Gleichung $Y = 51{,}1 \cdot p \cdot l \cdot f^2/d^2$ (p = Faserdichte, l = Faserlänge, d = Faserdurchmesser, f = Resonanzfrequenz). Für die Messungen wurden die zu prüfenden Fasern an einem Ende festgeklemmt vor die Öffnung eines durch einen kalibrierten Audionoscillator betriebenen Lautsprechers gebracht u. die Resonanzfrequenz der Fasern bestimmt. Die Meßeinrichtung war in einem Glaszylinder untergebracht, durch den ein Luftstrom definierten Feuchtigkeitsgeh. geschickt wurde. Die Messungen ergaben, daß der Biegungsmodul bei Erhöhung der Luftfeuchtigkeit von 0 auf 100% im Verhältnis 3 : 1 abnahm. (South African J. Sci. **48.** 127—32. Nov. 1951. Middelburg, Cape Province, Grootfontein Coll. Agric.) O. ENGEL. 8060

R. Signer, *Probleme der Kunstfaserherstellung.* Beziehungen zwischen Aufbau (Kettenlänge, Mol.-Orientierung, Packungsdichte) u. Eigg. (therm., mechan., Wärmeleitfähigkeit, Wasseraufnahme) der Fasern. (Chemiker-Ztg. **79.** 371—73. 5/6. 1955.) I. SCHOENMANN. 8070

A. Sippel, *Faserfeinbau und Beständigkeit der Chemiefasern gegen Wärme bzw. Röntgenstrahlung.* Der Vorgang des Abbaus der Fasern unter dem Einfl. von Licht oder Wärme, gemessen an der Abnahme der Festigkeit u. des Polymerisationsgrades, ist jeweilig durch eine sogenannte Geschwindigkeitskonstante gekennzeichnet. Das Verhältnis dieser Konstanten (Reißfestigkeitsabnahme zur Abnahme des Polymerisationsgrades) ergibt eine neue Konstante m_0, deren Wert ein Maß für die Lichtbeständigkeit der Fasern darstellt. Vermutlich bestehen zwischen dieser Größe u. dem Faserfeinbau weitere Zusammenhänge, wie z. B. bei Cellulose über die Abstände der sogenannten Lockerstellen. Da auch die durch den Lichtabbau ermittelten m_0-Werte mit den durch den Wärmeabbau erhaltenen, größenordnungsmäßig übereinstimmen (abgesehen von Sonderfällen, wo durch therm. Einfl. innere Umlagerungen stattfinden) wird aus den Unterss. der Schluß gezogen, daß die wärmeempfindlichen Bindungen der Makromoll. dieselben sind, wie die licht- u. mechan. empfindlichen. Bei Einw. von Röntgenstrahlung können sich zwei Erscheinungen überlagern, der Abbau durch Zerschlagen der Moll. u. der Aufbau durch Rekombination der Radikale u. Vernetzung von Molekülen. (Textil-Prax. **10.** 1131—33. Nov. 1955. Freiburg/Br., Forschungslabor. der Dtsch. Rhodiaceta A.G.) I. SCHOENMANN. 8070

J. W. Bell, Margaret M. Ramsky und **C. S. Whewell,** *Die Verrottungsechtausrüstung von Viscosereyon.* 1. Mitt. *Behandlung von Viscosegarn mit Formaldehyd und formaldehydhaltigen Harzen.* Nach einer Beschreibung der Versuchsanordnung u. der Prüfmeth. besprechen die Vff. ihre eigenen Versuche. Im einzelnen wurden Ausrüstungen von Viscosegarn mit CH_2O, Melamin–CH_2O u. Harnstoff–CH_2O, Harz, letzteres auch in Kombination mit $CuSO_4$, Cu-Naphtholat u. einer Cu-Phosphatverb., sowie mit einfachen u. halogenierten Phenoplasten auf ihre Verrottungsbeständigkeit geprüft. Als bes. wirksam erwies sich ein CH_2O–Bromphenol-Harz. Geringe Zusätze an halogenierten Harzen zu Harnstoff–CH_2O-Harzen erhöhen auch deren Schutzwrkg. deutlich. Die Ergebnisse selbst sind in 8 Tabellen zusammengestellt. (J. Soc. Dyers Colourists **71.** 660—67. Nov. 1955. Leeds, Univ. of Leeds, Dep. of Text. Ind.) H. G. FRÖHLICH. 8074

Oto Wichterle, Jan Šebenda und **Jaroslaw Králíček,** *Über die Depolymerisation von Polycaprolactam durch Alkalicarbonate.* Es wird ein neues Verf. beschrieben, aus Polycaprolactam bestehende verunreinigte Polyamidabfälle durch Depolymerisation wieder in Reinlactam (**I**) zu verwandeln. Im Gegensatz zur bekannten Depolymerisation mittels H_3PO_4 (**II**) oder NaOH (**III**) wird Na_2CO_3 (**IV**) als Katalysator benutzt. Es wird im Vakuum (18 mm) bei 300° bzw. 270° gearbeitet u. bei beiden Tempp. werden ähnliche Resultate erhalten. Bei Verwendung von **III** ist die Reaktionsgeschwindigkeit am größten, doch erhält man mittels **IV** eine etwas bessere Ausbeute bei größerer Reinheit des **I**. **II** gibt ein sehr unsauberes **I** bei langsamer Reaktionsgeschwindigkeit u. geringer Ausbeute. Ähnlich wie bei der alkalicarbonatkatalysierten Polymerisation von Caprolactam (WICHTERLE, C. **1956.** 6409) ist die maximale Reaktionsgeschwindigkeit erreicht, wenn die Schmelze mit Alkalicarbonat gesätt. ist. Bzgl. des Mechanismus der Rk. wird angenommen, daß die Lactammoll. nicht nur von den Enden, sondern an beliebiger Stelle der Polyamidkette ausgeschieden werden können. Dies wird durch Verss. an Mischpolyamiden (Igamid 6 A) belegt. (Faserforsch. u. Textiltechn. **6.** 563—66. Dez. 1955.) W. GRIEHL. 8080

P. Kassenbeck, *Die Elektronenmikroskopie im Dienste textiler Forschung.* Übersichtsarbeit. (Teintex **20.** 531—40. 15/7. 1955.) K. HOINKIS. 8096

D. I. Lawson, C. T. Webster und **M. J. Gregsten,** *Die Entflammbarkeit von Geweben.* Beschreibung zweier Methoden u. entsprechender Apparate mit Abbildungen. Nach einer Meth. wird die Geschwindigkeit der Flamme gegen den Gewichtsverlust der vertikal befestigten Gewebeprobe photograph. registriert, nach der anderen, wird ein Gewebestreifen um einen halbkreisförmigen Rahmen gespannt u. die Zeit oder der Weg der Flamme um diesen Halbkreis gemessen. (J. Textile Inst., Trans. **46.** T 453—63. Juli 1955.) I. SCHOENMANN. 8096

Stevensons Dyers Ltd. (Erfinder: **Eric Tom Fell**), Ambergate, England, *Bleichen von Textilien* aus Natur- u. Kunstfasern mit Ausnahme von Wolle. Verwendung von wss. H_2SO_5 von 80°. (**E. P. 727 419** vom 21/4. 1952, ausg. 30/3. 1955.) G. SALZMANN. 8027

Farbenfabriken Bayer Akt.-Ges. (Erfinder: **Wolfgang Lehmann, Otto Bayer, Wilhelm Graulich,** Leverkusen, und **Wilhelm Kass,** Köln), *Ausrüsten von Faserstoffen* nach D. B. P. 908 133, dad. gek., daß man als Verbb., die zwei oder mehrere reaktionsfähige Gruppen enthalten amino- bzw. iminogruppenhaltige bas. höhermol. Verbb. die im Mol. noch Epoxygruppen besitzen, verwendet. Diese können aus Di- bzw. Polyaminen (I) durch Einw. von Epichlorhydrin oder Dichlorhydrin erhalten werden. I sind z. B. Tetramethylendiamin, Hexamethylendiamin, Spermin, Bis-(γ-aminopropyl)-piperazin, N-(1.6-Hexandiamin)-3-pyrrolidon. (**D. B. P. 936 328** Kl. 8n vom 19/1. 1954, ausg. 7/12. 1955. Anmeldung bekanntgemacht 16/6. 1955. **Zusatz zu D. B. P. 908 133; C. 1955. 3011.**) H. v. SCHILLER. 8033

Chicopee Manufacturing Corp., Chicopee Falls, Mass., V. St. A., *Schmälzen von Baumwolle,* um den Anfall an Staub u. Flug bei der Verarbeitung zu verhindern. Das lose Fasermaterial wird mit durch einen Luft- (125°) oder N-Strom feinzerstäubter Stearinsäure, Dioctylphthalat oder Mineralöl-in-W.-Emulsion, deren Teilchendurchmesser bis zu 30 μ bzw. nicht > 1% 60 μ beträgt, imprägniert. (**E. P. 719 091** vom 2/1. 1952, ausg. 24/11. 1954. A. Prior. 9/2. 1951.) G. SALZMANN. 8045

N. V. Amsterdamsche Mij. tot Exploitatie van Octrooien (Erfinder: **Johannes Margarethus Bulder**), Amsterdam, Holland, *Bleichen von Cocosfasern* nach dem Entpechen u. Entbasten durch Behandlung mit einer 2%ig. $Na_2S_2O_4$-Lsg. von 70—90°, gegebenenfalls nach einer Vorbleiche mit NaOCl. (**E. P. 722 597** vom 15/6. 1953, ausg. 26/1. 1955.) G. SALZMANN. 8057

Pannonia Szőrmeárugyár N. V., Budapest, Ungarn, *Form- und feuchtigkeitsbeständige Veredlung von Fellen,* bes. von Lammfellen. Die Fellhaare der in üblicher Weise gegerbten Felle werden mit 30%ig. Formaldehyd (I)-Lsg. oder mit I-Dampf behandelt u. danach, oder nach längerer Einw. des I einer Druck (Zug)-Wärme-Behandlung unterzogen. — Beispiel: Eine 30%ig. I-Lsg. wird auf die zubereiteten Haare gegerbter Felle so aufgetragen, daß die Lsg. die Haarwurzeln nicht erreicht. Nach 3—12 std. Lagerung werden die Felle gerichtet u. gestreckt. Der Vorgang kann mehrmals wiederholt werden. (**Oe. P. 183 863** vom 28/2. 1948, ausg. 25/11. 1955.) H. HEYER. 8067

Monsanto Chemical Co., St. Louis, Mo., V. St. A., *Schlichten von Textilgut.* Man verwendet ein Mischpolymerisat aus 90—98 (%) eines Vinylacetat (I) enthaltenden Ansatzes u. 10—2 einer ungesätt. polymerisierbaren organ. Verb. mit 3—9 C u. mindestens 1 COOH-Gruppe im Mol., z. B. Crotonsäure oder ein saurer Alkylester der Maleinsäure (II). Das Polymerisat wird in Form seines Alkalisalzes emulgiert. — Z. B. wird ein Gemisch aus 181 (g) I, 0,25 Polyvinylalkohol u. 14,5 Methylhalbester der II in wss. Emulsion in Ggw. von 4 Benzoylperoxyd u. geringer Mengen Dioctylester der Sulfobernsteinsäure bei 67° polymerisiert. Nach Perlbldg. wird nicht umgesetztes I entfernt u. das Harz mit NaOH-Lsg. in Lsg. gebracht. Mit der auf p_H 7,8 eingestellten Lsg. wird *Celluloseacetatseide* geschlichtet. (**E. P. 733 507** vom 6/2. 1953, ausg. 13/7. 1955. A. Prior. 8/2. 1952.) H. MÖLLERING. 8077

Monsanto Chemical Co., St. Louis, Mo., V. St. A., *Antistatische Ausrüstung von Polymerisationsfasern und -fäden.* Man behandelt das Gut mit einer Lsg. oder Dispersion

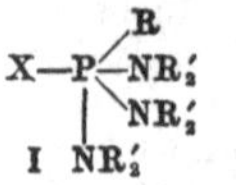

I

quartärer Phosphoniumsalze der allg. Formel I, wobei R = Alkylrest mit 6—22 C, R′ = Alkylgruppen mit 1—4 C u. X = Cl oder Br ist. — Z. B. werden Fäden aus Polyhexamethylenadipinamid mit einer wss. 2%ig. Lsg. von *Benzyl-tris-(dimethylamino)-phosphoniumchlorid* bis zu einer Aufnahme von 80% der Lsg. imprägniert u. bei 22° getrocknet. (**E. P. 730 210** vom 1/9. 1952, ausg. 18/5. 1955. A. Prior. 31/8. 1951.) H. MÖLLERING. 8081

Akt.-Ges. der Gerresheimer Glashüttenwerke vorm. Ferd. Heye, Düsseldorf, *Bindemittel zur Herstellung von Glasfaser- oder Schlackenwollematten* u. -platten, bestehend aus einem wasserlösl. Phenol-CH_2O-Harz in ammoniakal. Lsg., KOH bzw. NaOH u. einem anorgan. oder organ. Ammoniumsalz, z. B. $(NH_4)_2SO_4$, Ammoniumstearat oder einer Ammoniakkolophoniumseife. (**E. P. 726 790** vom 9/6. 1952, ausg. 23/3. 1955. D. Prior. 9/6. 1951.) G. SALZMANN. 8083

XIX. Brennstoffe. Erdöl. Mineralöle.

E. Tanner, *Unterbringung und Verwertung der Asche bei Großkesselanlagen.* Es wird berichtet über die feuerungstechn. Entw. seit 1950, über den Anfall der Asche, Verwertung der Steinkohlenaschen (Bauelemente, Mauersteine, Porensteine, techn, Einrichtungen, Wirtschaftlichkeit), Sinterung von Flugasche, Verwendung für Zuschlagstoffe, Aschenprobleme der Braunkohle u. über die Aussichten u. Aufgaben der Aschenverwertung. (Mitt. Vereinig. Großkesselbesitzer **1955.** 773—84. Okt. Marl-Hüls.)
E. BOYE. 8126

Hidemasa Honda und **Kōzi Ōuchi,** *Veränderung einiger pyhsikalischer Eigenschaften bei Graphitierung und Carbonisierung.* Vff. besprechen ihre Hypothese der Kohlenbldg. u. zeigen die Ähnlichkeiten u. Verschiedenheiten zwischen Kohlenbldg. u. Verkohlung. Ihre Hypothese erklärt die experimentellen Ergebnisse über spezif. Gewicht, magnet. Empfindlichkeit u. elektr. Widerstandsfähigkeit im Verkohlungsprozeß. (J. Fuel Soc. Japan **33.** 586. Nov. 1954. Resources Res. Inst. [Orig.: japan., Auszug: engl.]) E. FLACH. 8126

N. I. Ssyromjatnikow, *Untersuchung der Gasbildung bei turbulentem Gasstrom im Kohlekanal.* Für die Länge Z der O_2-Zone bei der Verbrennung von reinem C in einem Kanal in Abhängigkeit von dem Durchmesser d des Kanals u. der Turbulenz (REYNOLDS-Zahl Re) gilt die Beziehung $Z = C \cdot d \cdot Re^n$ mit 2 Konstanten C u. n. Bei Verwendung natürlicher Brennstoffe statt C ist deren Geh. an flüchtigen Anteilen u. Asche, die Rauhigkeit der Kanalwände usw. zu berücksichtigen. Die Verhältnisse werden in einem zylindr. liegenden Stahlrohr untersucht, in dem sich durch rasche Drehung infolge der Zentrifugalwrkg. ein Kanal ausbildet. Die Lufttemp. beträgt 200—350°; Temp. am Ende des Kanals 1200—1600°, Re = 845—14700. Es wird eine lineare Beziehung zwischen log (Z/d) u. log Re gefunden. Die Zus. des entstehenden Gases hängt stärker von d als von der Luftgeschwindigkeit ab. Für die untersuchte Kohle ist $Z = 7{,}5 \cdot d \cdot Re^{0{,}21}$, C ist 2—5mal kleiner als bei einem reinen C-Kanal, n etwa gleich dem Mittelwert der Verss. mit C. Die Verkürzung von Z wird mit dem Einfl. der Raumverbrennung der flüchtigen Anteile erklärt; nach deren Verbrennung nimmt Z auf den 1,5—2fachen Wert zu u. nähert sich dem früher gefundenen. Um am Kanalende einen nicht mehr als 1,5fachen Luftüberschuß zu haben, muß man eine Kanallänge von 10 d wählen. (Доклады Академии Наук СССР [Ber. Akad. Wiss. UdSSR] [N. S.] **97.** 281—84. 11/7. 1954. Polytechn. Kirow-Inst. des Urals.) R. K. MÜLLER. 8128

György Szemerei, *Das Mahlen der Kohle mit Hilfe von Dampf.* Die Kohle wird mit Hilfe einer Schnecke u. einer Dampfdüse in ein kon. Gefäß geblasen, in dessen Mitte ein Rohr u. ein Prallblech Platz findet. Die Kohle wird mit 80—100 m/Sek. Geschwindigkeit an dem Prallblech zertrümmert, die kleinen Teile werden mit seitlich eingeblasener vorgewärmter Luft in den Feuerraum geblasen während die größeren Teile zurückfallen u. von neuem an das Prallblech geschleudert werden. Die Leistung einer solchen Einrichtung beträgt 1400—2100 kg/Std. Kohle. Verbrauch 360—380 kg Dampf je Tonne Kohle das ist 5% der gesamten Dampfleistung der Kesselanlage. Die Feinheit des Mahlgutes beträgt 12—15% Rückstand bei 70er Siebung. Die Temp. des Flammkernes beträgt 1650°. Angeheizt wird mit einer Wanderrostanlage. Die Mahlanlage arbeitet noch mit 20% wasserhaltiger Braunkohle, bei größerem Feuchtigkeitsgeh. ist Vortrocknung nötig. Sie ist nur da rentabel wo elektr. die Energie sehr teuer ist .u keine Mahlanlage zur Verfügung steht. Der Verschleiß der Rohrleitungen ist sehr hoch. (Magyar Energiagazdaśág [Ung. Energiewirtsch.] **8.** 474—75. Dez. 1955 [Orig.: W. W. Sselesnew, Энергетик [Energetiker] **3.** Nr. 3. 10—12. März 1955].) E. KISS. 8134

I. F. Pachalok und **W. Ss. Posnanskaja,** *Braunkohlen als Rohstoff für die Verkokung.* Die Braunkohle wird bis ca. 8—10% Feuchtigkeit getrocknet, auf ein Korn von 0,5—1,0 mm gemahlen, bei Drucken von 1000—2000 at brikettiert u. dann im Vertikal kammerofen getrocknet u. verkokt. Der Koks hat gute wärmetechn. u. mechan. Eigenschaften. Wichtig sind: Vortrocknen bis 350°; Beginn der Verkokung bei 350—500°; schneller Temperaturanstieg auf 900—1000°. (Уголь [Kohle] **30.** Nr. 3. 32—35. März 1955.) J. KÜSTER. 8142

Eitaro Matsuyama, *Röntgenuntersuchung von Tieftemperaturkoks.* In einem KOPPERS Vertikalofen erzeugter Tieftemperaturkoks wurde mkr. u. röntgenspektroskop. untersucht. Die Rk. mit Dampf verläuft bei 750° gleichmäßig in der porösen M. ohne Änderung des scheinbaren Volumens. Die röntgenspektroskop. bestimmte Größe der Graphitkristalle nahm nach dieser Behandlung nicht merklich ab. Beim Erhitzen auf 1300° war das Wachstum der Kristalle fast unterbrochen, wogegen im unbehandelten Koks ein Wachstum von 10—15 Å senkrecht zur Grundebene der Graphitkristalle beobachtet wurde. (J. Fuel Soc. Japan **34.** 557. Sept. 1955. [Orig.: japan., Auszug: engl.])
H. SYDOW. 8144

N. W. Tschalow, *Wege zur Verwertung der sauren Wässer von Holzgasgeneratorstationen.* Das saure W. von Holzgasgeneratoren enthält z. B. 10—25% lösl. Teer, 3—5% Essigsäure, 0,24—0,80% Ameisensäure, 0,20—0,60% flüchtige Phenole u. 0,08—0,12% Methanol. Es wird ein Schema für die Aufarbeitung des Prod. entwickelt, bei dem Dest. in einem Dreikörperapp. mit Absorption der *Essigsäure* in alkal. Ca-Acetatlsg. bis auf eine Acetatkonz. von 24—27% stattfindet, der lösl. Teer in 70%ig. wss. Lsg. als Rückstand verbleibt u. auf *Glucose* (30%), A. u. *Essigsäure* verarbeitet wird. (Гидролизная и Лесохимическая Промышленность [Hydrolysen- u. holzchem. Ind.] **8.** Nr. 4. 14—16. 1955. Allunions Wiss. Forschungsinst. für Hydrolyse- u. Spritind.) R. K. MÜLLER. 8148

J. E. Barker, R. A. Mott und **W. C. Thomas,** *Untersuchungen über Calorimetrie in der Bombe.* 3. Mitt. *Bestimmung der Wärmekapazität (Wasserwert) eines Calorimetersystems.* (1. u. 2. vgl. C. **1955.** 8067.) Vff. vertreten die Ansicht, daß der Ausdruck „effektive Wärmekapazität" dem Ausdruck „Wasserwert" vorzuziehen ist. Die effektive Wärmekapazität variiert nicht nur mit der Temp. des W., sondern auch mit der Temp. der metall. Teile des Calorimeters. Vff. bringen eine einfache Formel, die es gestattet, auf eine Standardtemp. umzurechnen. Die Abweichungen im Heizwert der Benzoesäure in bezug auf die Endtemp. der Best., die Wassermenge in der Bombe u. andere Faktoren, werden eingehend geschildert u. die verschied. Wege diskutiert, die Reproduzierbarkeit der Best. zu verbessern. Der beste Weg ist nach Ansicht der Vff. die Endcalorimetertemp. auf $\pm 0{,}05^0$ zur Wassertemp. zu bringen. Bebilderter Versuchsbericht mit Berechnungen u. Ergebnissen. (Fuel **34.** 283—302. Juli 1955. London, British Coke Res. Assoc.) K. O. MÜLLER. 8252

J. E. Barker, R. A. Mott und **W. C. Thomas,** *Untersuchungen über Calorimetrie in der Bombe.* 4. Mitt. *Korrekturen* .(3. vgl. vorst. Ref.) Die Temperaturmessungen vor u. nach der Zündung werden einer krit. Betrachtung unterzogen, ebenso die Korrekturen, die vorgenommen werden müssen für S, N u. Zünddraht. Vff. zeigen, daß für die meisten festen u. fl. Brennstoffe (mit Ausnahme von Koks u. Anthrazit) eine konstante Korrektur für den N angesetzt werden kann. Korrekturen, die erforderlich sind für die Auswirkungen von Cl, SO_2, Asche, Herausschleudern von Asche u. Korrosion der Bombe werden diskutiert. Zum Schluß zeigen Vff., daß die Thermometer eine erheblichere Quelle von Irrtümern sind, als gewöhnlich angenommen wird. Die Ausschaltung dieser Fehler wird ebenfalls diskutiert. (Fuel **34.** 303—16. Juli 1955. London, British Coke Res. Assoc.) K. O. MÜLLER. 8252

Fritz Schuster, *Die Entwicklung der Richtlinien für Gasbeschaffenheit im Lichte der Gaserzeugung und Gasverwendung.* Beschreibung der Entw. der Beschaffenheit des der Versorgung der Bevölkerung dienenden Gases. Bei den heute verwendeten verschied. Gasarten, Ferngas, Kohlengas, Wassergas, Generatorgas, ist eine Normung schwierig. Das Problem, einheitliche Richtlinien für die Gasbeschaffenheit zu finden, ist trotz vieler Bemühungen u. brauchbarer Teilvorschläge noch nicht gelöst. (Neue Deliwa Z. **1955.** 417—19. Dez. Essen, Gaswärme-Inst.) H. PAETZOLD. 8156

K. Yamamoto, Y. Morita und **M. Tanaka,** *Herstellung von Ölgas durch Kontaktcracken.* Um Ölgas herzustellen, wurden schwere KW-stoffe mit verschied. Katalysatoren wie Ca- u. Ni-Katalysatoren, ferner mit $Cr_2O_3 \cdot MgO$-Katalysator (Picotite-Typ) gecrackt. Die Wrkg. der einzelnen Katalysatoren wird diskutiert. Auch die kontinuierlich arbeitende Partialverbrennungsmeth. wird erwähnt. Picotite oder Ni-Katalysatoren geben dabei gute Resultate. (J. Fuel Soc. Japan **33.** 600. Nov. 1954. Waseda Univ. [Orig.: japan., Auszug: engl.]) E. FLACH. 8160

F. Delarozière, *Die Abscheidung und Gewinnung des in Brennstoffen enthaltenden Schwefels.* Nach einer kurzen Kennzeichnung der zum Thema Brennstoffschwefel gehaltenen 14 Vorträge auf einer engl. Tagung werden die für Gaswerke wichtigen Methoden der trockenen u. nassen Gasentschweflung näher beschrieben. (J. Usines Gaz **79.** 434—37. Nov. 1955. Paris.) F. SCHUSTER. 8172

D. W. Tischtschenko, L. W. Gordon und **A. N. Wodsinskaja,** *Die Abtrennung von Phenol aus Ölen von abgesetzten Teeren.* Es wird ein Schema zur kontinuierlichen Verarbeitung der aus den abgesetzten Teeren durch Dest. gewonnenen *Teeröle* (**I**) auf *Phenole* (**II**) gebracht. **I** enthalten 40—65% **II**, 25—35% neutrale Stoffe u. 6—12% Carbonsäuren. Nach einer stufenweisen Bearbeitung von **I** mit $NaHCO_3$ u. NaOH werden die gewonnenen Phenolate durch Ae. oder Bzl. von den neutralen Stoffen abgetrennt u. die **II** durch CO_2 (nicht H_2SO_4!) in Freiheit gesetzt u. in üblicher Weise aufgearbeitet. (Гидролизная и Лесохимическая Промышленность [Hydrolysen- u. holzchem. Ind.] **8.** Nr. 6. 6—8. 1955. Zentr. Wiss. Holzchem. Forschungsinst.) M. ULMANN. 8178

B. E. Cracknell, *Raffinerien am Themseufer.* Es werden die Gründe diskutiert' die maßgebend waren, die neuen Raffinerien am Themse-Ufer zu erbauen. (Petroleum [London] **18.** 471—72. Dez. 1955.) K. O. MÜLLER. 8194

K. A. F. Edwards, G. I. Krzymuski, P. Laister und **I. McCallum,** *Schwefel aus Erdöl. Gewinnungseinrichtung in der Fawly Raffinerie.* Vff. beschreiben an Hand von schemat. Skizzen die Betriebseinrichtungen in der FAWLY-Raffinerie zur Entfernung des H_2S aus Raffinations- u. Abgasen u. deren Umwandlung in elementaren S. (Petroleum [London] **19.** 5—8. 11. Jan. 1956. Esso Petroleum Co. Ltd.) K. O. MÜLLER. 8194

C. Boelhouwer und **H. I. Waterman,** *Isomerisierung von Mineralölen mit Hydrierungskatalysatoren.* Es wird die Möglichkeit einer cis–trans-Isomerisierung von naphthen. Mineralölen besprochen. Längeres Erhitzen von gesätt. *Schmierölen* cycl. Charakters mit Hochdruckwasserstoff (50—200 at, 250—300°) u. Ni-Katalysator verursacht Änderungen der physikal. Eigenschaften. Die isomerisierten Öle zeigen eine kleine Verbesserung des Viscositätsindex. (J. Inst. Petroleum **41.** 211—14. Juni 1955.) E. FLACH. 8198

—, *Katalytisches Reforming von 1940 bis heute.* Aufzählung aller Verff. u. der amerikan. Firmen die diese anwenden. (Petroleum Processing **10.** 1175. Aug. 1955.) K. O. MÜLLER. 8200

Robert L. Davidson, *Katalytisches Reforming, wie es verläuft und Verfahren, die Sie verwenden können.* Die Naphthendehydrierung u. -dehydroisomerisierung, die Paraffindehydrocyclisierung u. -isomerisierung, -hydrospaltung, -entschweflung u. die Olefinabsättigung werden an Hand von bekannten Verff. besprochen. (Petroleum Processing **10.** 1170—75. Aug. 1955.) K. O. MÜLLER. 8200

V. Berti, C. Padovani, C. Paleari und **C. Siniramed,** *Treibstoffe für Dieselmotoren.* Aus verschied. Rohölen werden durch direkte Dest., therm. u. katalyt. Spaltung Gasöle gewonnen u. ihre physikal. Eigg. u. ihr Verh. im Dieselmotor, sowie dessen Beeinflussung durch Zündbeschleuniger (Amylnitrat) untersucht. Dabei zeigt sich allg. der günstige Einfl. der paraffin. u. der ungünstige der cycl. Natur des Öls; bei den Prodd. aus der katalyt. Spaltung tritt eine weitere Verschlechterung der Eigg. durch instabile Bestandteile u. durch hohen S-Geh. ein, die eine weitgehende Raffination erforderlich macht. (Riv. Combustibili **9.** 435—61. 2 Tafeln. Mai 1955. Milano, Staz. sperim. per i Combustibili.) R. K. MÜLLER. 8212

R. Nichols Hazelwood, Kazumi Oura und **Raymond M. Frey,** *Durchschlagsfestigkeit eines mit dem Alterungsschutzmittel 2.6-Di-tert.-butyl-p-kresol versetzten Transformatorenöls.* Vff. zeigen durch Verss., daß kein wesentlicher Unterschied in der Zers. zwischen einem mit 0,3 Gew.-% 2.6-Di-tert.-butyl-p-kresol versetzten Trafoöl u. einem nicht versetzten besteht. Durch quantitative Analyse u. Papierchromatographie wurde festgestellt, daß das Alterungsschutzmittel nicht bevorzugt zers. wird. Der Zerfall des Öles durch eine Funkenstrecke verläuft ähnlich wie bei der therm. Spaltung von Erdöl-KW-stoffen. (J. electrochem. Soc. **101.** 185—88. April 1954. Milwaukee, Wis., Line Material Co.) K. O. MÜLLER. 8218

Edgar Knoop, *Schmierölfragen bei großen Turbinensätzen.* Die Beanspruchung der Schmieröle in Turbinen (therm., Feuchtigkeit, Sauerstoff) werden dargelegt. Diesen Ansprüchen genügende Öle können durch Additives (u. nur durch diese) hergestellt werden. Unter diesem Gesichtspunkt werden die Funktionen der Wirkstoffe untersucht. Beim Wirkstoffturbinenöl muß die Oxydationsneigung von Mineralraffinaten bedeutend red. u. die Rostbldg. stark zurückgedrängt werden. Zu verwenden sind erstklassige Spitzenraffinate u. richtig abgestimmte Wirkstoffkombinationen. Neufüllung, Nachfüllung, Reinigung der ölführenden Teile u. Ölreinigung werden behandelt. (Erdöl u. Kohle **8.** 318—22. Mai 1955. Hamburg, Dtsch. Vakuum Öl AG.) K. L. WOLF. 8220

G. W. Winogradow, N. A. Netschitailo, W. W. Ssinitzyn und **W. I. Alexaschin,** *Untersuchung der Struktur plastischer Schmiermittel im Elektronenmikroskop.* Diese erstmalige Unters. der sowjet. Schmiermittel im Elektronenmikroskop unter Anwendung auch der Cr-Aufstäubung umfaßt die Ca-, Na-, NaCa- („$^1/_{13}$"), Li-, Al- u. Ton (Bentonit)-Schmiermittel. Es werden Grob- u. Feinstrukturen unterschieden, bei der Grobstruktur glatte, körnige u. faserförmige, außerdem ganz allg. auch strukturlose, zu denen bes. die auf Fettsäurebasis erhaltenen Schmiermittel gehören. Die runden Seifenpartikel in den Na-Schmiermitteln sind ringförmig u. können aus konzentr. Bänderschichten bestehen. Typ. für Na- u. hydratisierte Ca-Seifen auftretende Strukturelemente der dispersen Phase kommen auch in NaCa-Schmiermitteln vor. Die Bentonitschmiermittel enthalten Täfelchen von Submikrokristalliten. Die opt. Mikroskopie ergänzt die Elektronenmikroskopie sehr wesentlich, da sie die Strukturänderungen nach lang einwirkender mechan. Bearbeitung (Zerreiben u. Sieben) deutlich zeigt, während die Feinstruktur im Elektronenmikroskop nach mechan. Behandlung unverändert bleibt. (Журнал Прикладной Химии [J. angew. Chem.] **28.** 52—64. Jan. 1955.) A. V. WILPERT. 8222

A. I. Kartaschewski, *Colorimetrische Bestimmung von Phenol in Gemischen von Phenol und Kresol.* Beschrieben wird eine colorimetr. Meth. zur Best. von *Phenol* (I) in I-*Kresol*-Gemischen. Die Best. erfolgt gegenüber einer 0,025%ig. Standard-Lsg. von I, wobei mit MILLONS Reagens auf hellrote Färbung eingestellt wird. 0,25 g der Probe werden unter Zufügen von 1 ml einer 10%ig. NaOH-Lsg. mit W. auf 100 ml im Meßkolben aufgefüllt. 10 ml dieser Lsg. werden mit verd. HNO_3 gegen Methylorange neutralisiert u. wiederum auf 100 ml im Meßkolben aufgefüllt. Je 5 ml der so bereiteten u. der Vergleichslsg. werden mit je 5 ml frisch bereitetem MILLONS Reagens versetzt u. für 30 Min. in ein sd. Wasserbad gestellt. Nach schneller Abkühlung werden 5 ml verd. HNO_3 zugefügt u. im 100 ml-Meßkolben bis zur Marke aufgefüllt. Muster u. Vergleichslsg. werden in bekannter Weise colorimetriert. Die Abweichungen werden mit $\pm 1\%$ angegeben. (Нефтяное Хозяйство [Petroleum-Wirtsch.] **32.** Nr. 5. 73—74. Mai 1954.) A. HOYNINGEN-HUENE. 8256

Dario Rössetti, *Beitrag zur Laboratoriumsprüfung einiger Additive enthaltende Schmieröle für Dampfturbinen.* Die laboratoriumsmäßige Prüfung derartiger Öle ist noch nicht oft durchgeführt worden, was ihre Normalisierung erschwert. Zur Bewertung derartiger Öle wird vom C. E. I. (Commitato Elettrotecnico Italiano die STAEGERsche, von den ESSO LABOR. RES. DIV. modifizierte Meth. in veränderter Form vorgeschlagen. In einer Tabelle werden die Ergebnisse bei 43 Ölmustern zusammengestellt. (Olii minerali, Grassi Saponi, Colori Vernici **31.** 19—22. Febr. 1954. Milano, Staz. sperim. Olii e Grassi.) K. STEINER. 8258

Coal Industry (Patents) Ltd., London, England, *Aufbereitung von Mineralien und insbesondere von kohlehaltigen Materialien.* Zur Kontrolle des Reinheitsgrades oder der Konz. der Mineralien unterwirft man die bei der Aufbereitung gewonnenen Prodd. der Einw. eines Strahlenbündels von Elektronen, von Licht oder eines elektromagnet. Feldes. Aus der Art der Reflexion bestimmt man dann den Reinheits- bzw. Konzentrationsgrad. So läßt man z. B. auf den in Filterschichtstärke elektr. getrockneten Flotationsschaum Lichtstrahlen einwirken u. dirigiert das reflektierte Licht zu einer photoelektr. Zelle, die dann die Geschwindigkeit des Elektromotors für die Flotationspumpe automat. regelt. — Mehrere Vorrichtungsansprüche. — Schemat. Zeichnung. (**Belg. P. 516 657** vom 31/12. 1952, ausg. 29/10. 1954. E. Prior. 1/1. 1952.) W. HAUSWALD. 8135

Standard Oil Development Co., Del., übert. von: **Lloyd A. Nicolai,** Baton Rouge, V. St. A., *Destillation von ölhaltigen Mineralien,* dad. gek., daß das Einsatzgut, bes. *Ölschiefer,* in feinverteiltem Zustand in einer 1. Zone fluidisiert u. dest. wird, um die flüchtigen Anteile auszutreiben, u. daß das von diesen befreite, noch brennbare Stoffe enthaltende Gut in einer 2. Zone, die unterhalb der 1. angeordnet ist, durch Einleiten von Luft verbrannt u. die dabei entstehende Wärme mittels eines Wärmeübertragungsmittels der 1. Zone zugeführt wird. — Vorr., Zeichnung. (**A. P. 2 697 688** vom 30/11. 1949, ausg. 21/12. 1954.) E. KAHLES. 8181

Atlas Powder Co., Wilmington, Del., **William C. Griffin,** West Chester, Pa., V. St. A., *Gemischte höhere Polyoxyalkylenäther von Hexiten* der Formel $R([OA_1]m\,[OA_2]n \cdot OH)_6$ (I) erhält man bei der Einw. von Alkylenoxyden auf Hexite bei $> 150^0$ u. n. oder vermindertem Druck. Man kann auch erhöhten Druck u. hierbei Tempp. von $115-150^0$ anwenden u. in Ggw. eines alkal. wirkenden Katalysators arbeiten. Vor Beginn der Rk. wird der Reaktionsraum mit Alkylenoxyden oder inerten Gasen gefüllt. In I bedeuten R = Hexitrest, A_1 u. A_2 = 1.2-Alkylenoxyde mit höchstens 3 C-Atomen; m u. n sind ganze Zahlen > 6, wobei das Verhältnis m : n zwischen 1 : 3 bis 3 : 1 liegen soll. Verwendung als Zwischenprod. für organ. Verbb. u. als *Emulsionsbrecher* von *Öl-in-W.-Emulsionen.* (**A. P. 2 673 882** vom 6/3. 1951, ausg. 30/5. 1954.) G. KÖNIG. 8191

Standard Oil Development Co., Elizabeth, Del., V. St. A., *Fluidisiertes Hydroformieren von Naphtha,* wobei die verbrauchten Katalysatorteilchen kontinuierlich aus der Reaktionszone abgezogen u. in eine Regenerierzone als dichter fluidisierter Strom übergeführt werden, wo die Katalysatorteilchen unter oxydativen Bedingungen regeneriert u. anschließend in den Reaktionskessel eingeleitet werden. Bevor der regenerierte Katalysator in die Reaktionszone gelangt, wird er oberhalb des dichten Bettes der Reaktionszone in einer seitlich in der Reaktionszone befindlichen Abstreifzone mit einem reduzierenden Gas im Gegenstrom behandelt u. dadurch aktiviert. — Zeichnung. (**E. P. 732 825** vom 30/3. 1953, ausg. 29/6. 1955. A. Prior. 30/4. 1952.) E. KAHLES. 8193

Universal Oil Products Co., Chicago, übert. von: **Kenneth M. Brown,** Hinsdale, und **Warren W. Johnstone,** Riverside, Ill., V. St. A., *Entschwefeln von Kohlenwasserstoffen.* Man führt den KW-stoff im Gegenstrom zu einer alkal. Lsg., die aus NaOH ($35-53^0$ Bé), ca. 20—40 (Vol.) Methanol u. ca. 2—20 Xylenol (Kp. ca. $350-600^0$ F) je

100 Lsg. besteht. Dann trennt man das behandelte Öl ab u. regeneriert die alkal. Lsg., indem man eine obere Fraktion aus Mercaptan u. Methanol u. eine untere aus NaOH u. Xylenaten abzieht. Das Mercaptan wird von dem Methanol abgetrennt u. letzterer sowie NaOH u. Xylenate werden im Prozeß wieder verwendet. (**A. P. 2 549 052** vom 23/12. 1948, ausg. 17/4. 1951.) H. NEBELSIEK. 8195

N. V. de Bataafsche Petroleum Mij., Holland (Erfinder: **Warren C. Simpson**), *Raffinieren von Kohlenwasserstoffölen*, bes. von Rückstandsölen der Erdöldest. u. von Schieferölen. Zu E. P. 708 739; C. **1955.** 11132 ist nachzutragen, daß man an Stelle von $FeCl_3$-Lsgg. zum Fällen der asphalt. Bestandteile der Öle Lsgg. von $FeCl_2$, $FeBr_3$, Cr-, Ni-, Co-, Mn-Chlorid, Ni-Acetat, Fe(III)-, Cr-, Ni-, Mn-Nitrat, Ni-, Cr-, Mn-Sulfat oder von Gemischen dieser Salze verwenden kann. Ebenso kann man zum Entfernen der asphalt. Substanzen auch eine Fl. zum Abbeizen von Stahlwalzen benutzen (mittlere Zus. der Beiz-Fl. 5 Gew.-% H_2SO_4, 15 $FeSO_4$ u. 80 W.). (**F. P. 1 046 656** vom 5/7. 1951, ausg. 8/12. 1953. A. Prior. 5/7. 1950.) T. OPPERMANN. 8195

Koppers Co., Inc., Del., V. St. A., *Herstellung von Heiz- und Synthesegas.* Bituminöse Kohle mit einem Wassergeh. von 2,5% u. einer solchen Korngröße, daß 62% durch ein 200 Maschensieb gehen, wird zusammen mit reinem O_2 (12,5 cu.ft O_2/lb. Kohle) in eine Reaktionszone durch eine Düse eingeblasen. Ein Teil dieses Gemisches wird dabei verbrannt. In einem 2. Vergaser werden die Reaktionsprodd. noch heiß in ein fluidisiertes Bett kohlenstoffhaltigen Brennstoffs (Koks, Kohle) im Gleichstrom mit diesem Fließbett in dieses eingeführt. Anschließend muß das Gas von Staubteilchen gereinigt werden. — Vorr., Zeichnung. (**E. P. 725 635** vom 21/7. 1953, ausg. 9/5. 1955. A. Prior. 23/10. 1952.) E. KAHLES. 8201

Standard Oil Development Co., Del., übert. von: **Walter A. Rese**, Westfield, N. J., V. St. A., *Hydroformieren von Kohlenwasserstoffen.* Die KW-stoffe vom Siedebereich der Motortreibstoffe werden bei 850—925° F u. einem Druck von 50—500 lbs./sq.in mit einem Katalysator, z. B. 5—15 Gew.-% MoO_3 auf Tonerde, bei einem Verhältnis Katalysator:Öl von 0,5—1,5 in Kontakt gebracht. Der verbrauchte Katalysator wird in der Regenerierzone bei 1050—1200° F durch Abbrennen der kohligen Anteile regeneriert u. anschließend durch Abstreifen mittels eines nichtreduzierenden Gases von den Oxyden des Kohlenstoffs u. O_2 befreit u. dann mit H_2 oder einem H_2-haltigen Gas behandelt u. der Reaktionszone wieder zugeleitet. — Zeichnung. — Vgl. auch F. PP. 1 070 617 u. 1 069 009; C. **1956.** 2624. (**A. P. 2 692 847** vom 26/12. 1951, ausg. 26/10. 1954.) E. KAHLES. 8201

Standard Oil Development Co., V. St. A. (Erfinder: **Charles E. Hemminger**), *Hydroformieren von Kohlenwasserstoffen* (*Benzinen*). Man leitet ein naphthen. u. ein olefin. Bzn. an verschied. Stellen u. H_2 in eine Hydroformierungszone ein u. hydroformiert sie z. B. bei 7,70 at u. 468—510° in Ggw. eines aufgewirbelten Katalysators (z. B. eines Mo-Oxyd–Zinkspinell- oder eines Pt-Katalysators). Die Hydroformierung eines Gemisches von 1,75 Vol. naphthen. Bzn. [D. API 54, Siedebereich 85—173,9°, 46 (Vol.-%) Paraffine, 7 Aromaten, 46 Naphthene, 1 Olefine, 0,15 Gew.-% S] u. 25 Vol. eines durch katalyt. Spalten gewonnenen Bzn. [D. API 36,3, Siedebereich 163,9—217,2°, 10 (Vol.-%) Paraffine, 48 Aromaten, 23 Naphthene, 19 Olefine u. 0,35 Gew.-% S] ergibt ein Bzn. mit einer Octanzahl 97, 68 (Gew.-%) Aromaten, 5 Olefine, 0,002 S. Die Ausbeute beträgt 86 Vol.-%. — Vorrichtung. (**F. P. 1 048 956** vom 26/11. 1951, ausg. 28/12. 1953. A. Prior. 13/3. 1951.) T. OPPERMANN. 8201

California Research Corp., V. St. A. (Erfinder: **Maurice R. Barusch**), *Motorkraftstoffe.* Sie bestehen im wesentlichen aus KW-stoffölen, welche im Bereich der Benzine oder der Dieselkraftstoffe sd. u. enthalten als Korrosionen verhütendes Mittel 0,0005 bis 0,05 Gew.-% Pb-Sulfonat. Die Pb-Sulfonate sind Pb-Salze von Sulfonsäuren, welche man durch Behandeln von Erdöldestillaten mit konz. H_2SO_4 oder vorzugsweise durch Sulfonieren eines synthet. gewonnenen Alkylbenzols (mit 14—20 C-Atomen) erhält. (**F. P. 1 031 152** vom 18/1. 1951, ausg. 22/6. 1953. A. Prior. 20/1. 1950.) T. OPPERMANN. 8205

H. R. Fehling und **G. Friedlander**, London, England, *Betreiben von Verbrennungsmotoren unter Zusatz von flüssigem Sauerstoff.* Man führt den Brennstoff u. fl. O_2 unter Druck in solchen Mengen dem Motorzylinder zu, daß eine unvollständige Verbrennung, im wesentlichen zu CO u. H_2, erfolgt. Man kann auf diese Weise mit einem bes. hohem effektiven, mittleren Druck arbeiten, wodurch die Widerstandsfähigkeit des Motors erhöht wird. (**Schwed. P. 137 234** vom 11/9. 1942, ausg. 9/9. 1952. E. Priorr. 11/9. 1941 u. 18/5. 1945 [1942? Die Red.]) K. H. KÄHLER. 8205

Albert Jean Ducamp, Seine, Frankreich, *Additive für Kraftstoffe für Verbrennungs- und Explosionsmotoren.* Man versetzt das nach dem F. P. 1 010 388 als O_2-Inhibitor, aus einer Bi-Verb., einem Amin, einem halogenierten Lösungsm. u. gegebenenfalls Nitrobenzol bestehende Zusatzmittel mit *Dimethyloxychinizin*, $C_{11}H_{12}ON_2$, oder/u. seinen organ. oder metallorgan. Derivv. [z. B. *Acetaniliddimethyloxychinizin*, $C_{11}H_{12}ON_2 \cdot C_6H_5NHCOCH_3$, *Chlorferridimethyloxychinizin*, $3C_{11}H_{12}ON_2 \cdot 2FeCl_3$, *Chlorwismuthodimethyloxychinizin*, $3C_{11}H_{12}ON_2 \cdot 2BiCl_3$]. (**F. P. 59 096** vom 7/3. 1949, ausg. 22/4. 1954. **Zusatz zu F. P. 1 010 388; C. 1954. 460.**) T. OPPERMANN. 8205

Standard Oil Development Co., Elizabeth, N. J., V. St. A., *Heizöl* durch Behandlung eines Rohheizöles (virgin heating oil) mit H_2 in Ggw. eines Hydrierungskatalysators (MoO_3, 5—13, vorzugsweise 8—10, Gew.-% auf Al_2O_3 oder Co-Molybdat auf Al_2O_3, z. B. 10—15 Gew.-% Co-Molybdat, bezogen auf Al_2O_3) unter solchen Temperatur- u. Druckbedingungen, daß der H_2-Verbrauch nicht mehr als 60, vorzugsweise weniger als 40, Standardkubikfuß pro Barrel des Ausgangsöles beträgt. Das Prod. wird mit einer Spaltkomponente vom Heizölsiedebereich verschnitten. Arbeitstemp.: 400 bis 700° F, bes. zwischen 500 u. 650° F. Arbeitsdruck zwischen 50 u. 250, bes. zwischen 100 u. 200 lbs./squ.in./g. Auf 1 Vol. des Katalysators treffen 1—16, bes. 4—10 Voll. des Ausgangsöles. Die Menge der Spaltkomponente beträgt mehr als 10 Vol.-%, bes. zwischen 15 u. 60 Vol.-%, der gesamten Mischung. — Zeichnung. (**E. P. 732 387** vom 24/11. 1952, ausg. 22/6. 1955. A. Prior. 14/2. 1952.) P. UNGER. 8217

Standard Française des Pétroles, Seine, Frankreich (Erfinder: **J. Balvay** und **F. Maréchal**), *Schmierölkompositionen*, bes. für pneumat. Werkzeugvorrichtungen. Die Komposition besteht aus einem Mineralöl, welches Salze organ. Säuren, alkylierte Phenole oder Thiophenole, Mercaptane, Basen mehrwertiger Metalle u. gegebenenfalls Antikorrosionsmittel enthalten kann. — Ein solches Öl enthält z. B. 5 (%) Pb-Naphthenat oder 6 Pb- oder 5 Ca-Sulfonaphthenat. (**F. P. 1 022 055** vom 13/7. 1950, ausg. 27/2. 1953.) T. OPPERMANN. 8221

Standard Oil Development Co., V. St. A. (Erfinder: **Ethel J. Corcoran** und **Edward P. Cashman**), *Stabilisieren von Hochleistungszusätzen oder von Hochleistungsschmierölen.* Man erhitzt die S oder S u. P enthaltenden Zusätze oder Öle mit Na_2SO_3 oder $NaHSO_3$. — Z. B. versetzt man ein 5—8% S u. 0,1—5% P enthaltendes Walöl mit 0,5—6 Gew.-% Na_2SO_3 oder $NaHSO_3$ u. erhitzt dann 10—30 Min. auf 80—107°. (**F. P. 1 045 879** vom 9/7. 1951, ausg. 1/12. 1953. A. Prior. 13/12. 1950.) T. OPPERMANN. 8221

Standard Oil Development Co. (Erfinder: **Dilworth T. Rogers, John P. McDermott** und **Eugène G. Rochow**), *Schaumbildung verhütende Mittel für Schmieröle und andere organische Flüssigkeiten.* Man erhält die Mittel durch Umsetzen einer Si-Verb. der allg. Formel $RR'SiCl_2$ (R u. R' = Alkylgruppen mit höchstens 2 C-Atomen) mit einem Metalloxyd (z. B. HgO, Ag_2O, V_2O_3, OsO_4) bei 0—200° in Ggw. von N_2. — Z. B. setzt man in Ggw. von N_2 u. 500 cm^3 Toluol 227,4 (g) HgO mit 129 Dimethyldichlorsilan um. Nach 26 Std. entfernt man das Toluol u. filtriert das Reaktionsprodukt. Man erhält ein hellgelbes, viscoses Öl. (**F. P. 1 049 399** vom 30/6. 1951, ausg. 29/12. 1953. A. Prior. 30/11. 1950.) T. OPPERMANN. 8221

Standard Oil Development Co., V. St. A. (Erfinder: **Ronald William Morton, Alan James Porter** und **John Greenwood**), *Schmiermittelgemische.* Die Gemische bestehen aus einem gesätt. Diester (z. B. Dinonylsebacinat) u. einem im Diester lösl. gemischten Ester, den man durch Umsetzen von 1 (Mol) eines Glykols mit 2 einer Dicarbonsäure u. 2 eines Alkohols erhält (z. B. von 1 Tetraäthylenglykol mit 2 Adipinsäure u. 2 2-Äthylhexanol). Durch Behandeln des Diesters sowie des gemischten Esters oder des Schmiermittelgemisches mit einer Base, einer bas. Substanz (z. B. Na_2CO_3), mit Al_2O_3, Fullererde oder Holzkohle oder mit einem Anionaustauscher setzt man die Acidität dieser Ester bzw. des Schmiermittelgemisches derart herab, daß ihre korrosiven Eigg. red. werden. (**F. P. 1 046 800** vom 17/8. 1951, ausg. 9/12. 1953. E. Prior. 24/8. 1950.) T. OPPERMANN. 8223

XXI. Leder. Gerbstoffe.

Ralph Davis, *Einfluß der Enthaarung auf Narben und Leder.* Inhaltlich ident. mit der C. **1956.** 5172 referierten Arbeit. (Shoe Leather Reporter **277.** Nr. 9. 11. 16. 5/3. 1955.) H. G. FRÖHLICH. 8334

D. Burton und **S. K. Barat**, *Vegetabilische Gerbung.* 10. Mitt. *Die Eigenschaften von Avaram-, Konnam- und Goranrinde.* (9. vgl. C. **1955.** 3050.) Die ausführlichen Unterss. über die gerbenden Eigg. von Avaram-, Konnam- u. Goranrinde haben gezeigt, daß der aus Konnamrinde gewonnene Gerbstoff am raschesten durchgerbt, während der Gorangerbstoff am langsamsten gerbt. Derselbe besitzt auch den niedrigsten p_H-Wert, die höchste Adstringenz u. die höchste durchschnittliche Teilchengröße. Alle Gerblsgg.

dunkeln während des Gerbens beträchtlich nach. Gorangerbstoff ergibt ein rötliches, hartes Leder mit der höchsten Schrumpfungstemp. (95°) u. der geringsten Fes igkeit (4025 lbs./sq.in.). Aus Konnam erhält man ein mittelbraunes Leder mit höchster Gerbziffer u. höchstem Gerbgrad. Die Schrumpfungstemp. beträgt 87° u. die Festigkeit 4475 lbs./sq.inch. Das aus Avaramrinde erhaltene Leder ist lichtbraun u. weist die geringsten Gerbwerte auf. Schrumpfungstemp. (88°) u. Festigkeit (4435 lbs./sq.in.) entsprechen dem Konnamleder. Bei allen 3 Gerbstoffen handelt es sich um Catechingerbstoffe. Die günstigsten Extraktionstempp. zur Gewinnung der Gerbstoffe aus der Rinde liegen für Avaram bei 80°, für Konnam bei 70° u. für Goran bei 60°. Die ausführlichen Analysen u. Titrationswerte der 3 Gerbstofflsgg. sind angegeben, u. die erhaltenen Ergebnisse werden ausführlich besprochen u. diskutiert. — 9 Tabellen, 48 Literaturhinweise. (J. Soc. Leather Trades' Chemists **39.** 184—94. Juni 1955. Leeds, Univ. of Leeds, Dep. of Leather Ind.) H. G. FRÖHLICH. 8336

R. L. Sykes, *Die Fixierung von Chrom an acetyliertes Kollagen.* Die mit kation. Chromsulfat an unbehandeltem, acetyliertem u. mit HCl verestertem Kollagen ausgeführten Gerbverss. haben ergeben, daß bei der Chromgerbung der größte Anteil des Cr an die COOH-Gruppen der Haut gebunden wird. Durch diese Art der Bindung wird auch die Kochbeständigkeit des Leders erreicht. Die Fixierung des Cr durch OH-Gruppen spielt nur eine untergeordnete Rolle u. wirkt sich zudem prakt. nicht auf die therm. Beständigkeit des Leders aus. (J. Soc. Leather Trades' Chemists **39.** 56—61. Febr. 1955. Grahamstown, Südafrika, Rhodes. Univ., Leather Ind. Res. Inst.)
H. G. FRÖHLICH. 8336

Thomas A. Dickinson, *Ultraviolettbestrahlung bei der Herstellung von Leder.* Es werden einige Hinweise über die Verwendung von UV-Bestrahlung von Leder u. Fertigwaren, wie Schuhen zur Zeichnung, zur Testung auf bestimmte Ausrüstungen sowie zur Polymerisation von Harzausrüstungen in Leder gegeben. (Leather and Shoes **129.** Nr. 20. 13—14. 14/5. 1955.) H. G. FRÖHLICH. 8340

W. Lassmann, *Das Färben von Leder mit Anthrasolfarbstoffen.* Vf. schildert das Prinzip sowie die verschied. Methoden des Färbens von Leder mit *Anthrasolfarbstoffen* (Natriumnitrit-, Kaliumbichromat- u. Aluminiumchloratverff.) u. erläutert die Echtheitseigg. sowie verschied. Anwendungsmöglichkeiten der Anthrasole in den verschied. Zweigen der Lederzurichtung. (Leder **6.** 5—9. Jan. 1955.) R. HÄUSSLER. 8340

Röhm & Haas G. m. b. H., Deutschland, *Enzymatische Behandlung von Fellen und Rohhäuten* in Ggw. von NH_4-Salzen u. reduzierenden Verbb. bei $p_H < 7$, auch unter Mitverwendung von Netzmitteln u. Antisepticis, mit proteolyt. Enzymen. — Man behandelt Ziegenfelle 24 Std. mit 1000 (%) W. u. 1 Netzmittel u. walkt dann mittels 60 W., 1 Tryptase, 0,4 $(NH_4)_2SO_4$ u. 0,5 $NaHSO_3$. (**F. P. 1 071 400** vom 23/2. 1953, ausg. 31/8. 1954. D. Prior. 15/7. 1952.) M. PANKOW. 8335

J. R. Geigy Akt.-Ges., Basel, Schweiz, *Wasserlösliche, gerbend wirkende Kondensationsprodukte,* Phenolsulfonsäuren mit mindestens einem ersetzbaren H-Atom in o- oder p-Stellung zur OH-Gruppe werden mit OH-gruppenfreien Sulfonsäuren der Benzol- u. Naphthalinreihe im Vakuum bei 150—190° kondensiert, die entstandenen Oxypolyarylsulfonsulfonsäuren, vermutlich der allg. Formel $Ar[(SO_2-Ph)_n]SO_3H$ (Ar = Bzl. oder Naphthalinrest, Ph = Oxyphenylrest, der auch noch CH_3 oder Halogen enthalten kann, n = ganze Zahl), mit Phenolen, die in o- oder p-Stellung zur OH-Gruppe ein ersetzbares H-Atom enthalten, u. noch Halogen u. CH_3-Gruppen enthalten können, im Vakuum bei 140—190° umgesetzt u. die gebildeten, nicht-wasserlösl. u. keine gerbend wirkende Eigg. zeigenden Oxypolyarylsulfone der vermutlichen Formel $Ar(SO_2-Ph)_{n+1}$ mit CH_2O oder diesen abgebenden Stoffen, bes. bei p_H 7,5—9, auf ca. 100° erhitzt. — Geschmolzenes Phenol wird mit 66%ig. Oleum bei 100° sulfoniert, die gebildete p-Phenolsulfonsäure auf 160°/11—13 mm Hg erhitzt, bis 1 g des Kondensationsprod. 3,5—3,7 cm³ 1n NaOH gegen Kongorot neutralisiert. Das entstandene Kondensationsprod. wird mit Phenol im Vakuum auf 165° erhitzt, bis 1 g des Kondensationsprod. nur noch 2,7 bis 2,5 cm³ 1n NaOH gegen Kongorot neutralisiert. Das Gemisch aus Oxypolyarylsulfonsulfon säure u. Oxypolyarylsulfon wird dann mit 40%ig. NaOH u. 37%ig. CH_2O ca. 6 Std. auf 100—105° erhitzt, bis eine Probe, mit wenig W. verd., beim Ansäuern mit verd. H_2SO_4 klar bleibt. Nach dem Verdünnen mit W. erhält man eine harte hellgelbe harzartige, in W. gut lösl. M., deren Löslichkeit durch Nachbehandeln mit schwefligsauren Salzen ($NaHSO_3$) erhöht werden kann. — *Gerbstoffe, Textilhilfsmittel* u. Zwischenprod. zu deren Herstellung. (**Schwz. P. 295 063** vom 13/2. 1951, ausg. 16/2. 1954.)
G. KRAUSS. 8337

Pacific Laboratories, Inc., übert. von: **Galen A. Biery** und **Richard W. Simmons,** Bellingham, Wash., V. St. A., *Herstellung von Leder aus Fischen,* wie *Lachs.* Die getrockneten Fischhäute werden zunächst 18 Std. in einer 0,5%ig. Na_2CO_3-Lsg. eingeweicht. An Stelle dieser kann auch eine Na-Phosphat-, -Borat-, -Metasilicat-, -Acetat- u. -Hexametaphosphatlsg. verwendet werden. Nach dem Entfleischen u. Waschen mit kaltem W. werden die Häute in einem Pickel aus 9 (kg) NaCl, 13,5 Alaun u. 230 W. behandelt u. vor dem Spalten mit einer Gerbbrühe aus 144 NaCl, 36 Catechu, 36 sulfitiertem Quebracho, 22 synthet. Gerbstoff (Leucanol) u. 2250 W. 24 Std. vorgegerbt. Die stark adstringierende Gerbstofflsg. bringt die Häute unter gleichzeitiger Erhöhung der Schuppen zum Schwellen, so daß sie für den Spaltprozeß gut vorbereitet sind. Diese Vorgerbung wird bei 20° 15 Std. lang durchgeführt. Das Spalten erfolgt in der Längsrichtung der Häute u. wird auf einer speziellen Spaltmaschine so ausgeführt, daß Fleisch- u. Narbenseite gut voneinander getrennt sind. Dann werden die Leder in einer pflanzlichen Gerbbrühe ausgegerbt, im Faß gelickert u. aufgetrocknet. Nach dem Färben werden die Fischleder in üblicher Weise zugerichtet. (**A. P. 2 700 590** vom 15/2. 1950, ausg. 25/1. 1955.) TH. SEIZ. 8341

Andrew A. Schoenberg, Philadelphia, und **John V. Hastings III**, Gladwnye, Pa., V. St. A., *Verzieren von Leder*. Die zur Herst. der Verzierung dienende Übertragungsfolie (I), z. B. aus Cellulosehydrat, weist auf einer Seite folgende Schichten übereinander auf: eine schmelzbare Trennschicht (Wachs), eine Metall- oder Farbschicht u. eine Klebschicht (Butadien–Acrylnitril- u. Phenol–CH_2O-Harz). **I** wird mit der Klebschicht auf das mit einem Spitzengewebe als Schablone bedeckte Leder kurze Zeit stark aufgepreßt u. Trägerfolie u. Schablone werden dann entfernt. — Abbildung. (**A. P. 2 644 262** vom 24/1. 1950, ausg. 7/7. 1953.) E. WEISS. 8341

Oscar F. Witt, München, *Abreibemittel zur Pflege von rauhen Ledern*. Verwendung eines aus Gummi, einem Schleifmittel u./oder wasserabweisend wirkenden Stoffen, wie Stearaten, Resinaten, Wachsen oder KW-stoffen, bestehenden Mittels. — Zus. z. B.: 45—65 (%) Gummi, 30—50 Schleifmittel (Glasmehl, Quarzsand) u. 1—10 Al- oder Zn-Stearat. (**D. B. P. 937 658** Kl. 22g vom 21/3. 1952, ausg. 12/1. 1956. Anmeldung bekanntgemacht 21/7. 1955.) W. GRÄGER. 8341

Kendall Co., Boston, übert. von: **Horace A. Secrist**, Dedham, Mass., V. St. A., *Ledererersatz* wird hergestellt, indem man ein Faservlies mit 20—75 (%), bes. 40—60, des Gesamtgewichtes eines kautschukartigen Bindemittels in Form einer Lsg. oder Dispersion imprägniert. (**A. P. 2 697 048** vom 23/2. 1950, ausg. 14/12. 1954.) W. OVERBECK. 8353

XXIV. Photographie.

Derek A. Botherel, *Die Photographie im Laboratorium*. 1. Mitt. Einführung in die Grundlagen der wissenschaftlichen Photographie: Aufnahmekamera, Eigg. photograph. Materialien, Entwicklungsvorschriften, Fixieren, allg. Arbeitsvorschriften. (Lab. Pract. **4**. 365—69. Sept. 1955. London, Univ. Coll., Anatomy Dep.) W. GÜNTHER. 8590

Antoine Hautot und **Henri Sauvenier**, *Herschel- und Deboteffekt in Brom- und Chlorsilberemulsionen*. Während die Einw. von rotem u. infrarotem Licht auf Bromsilberemulsionen bereits in zahlreichen Arbeiten untersucht wurde, kennt man den HERSCHEL- u. den DEBOT-Effekt bei Chlorsilberemulsionen nur ungenügend. Vff. stellten deswegen einen Vgl. beider Emulsionsarten bzgl. der beiden Effekte an; untersucht wird die Verteilung des äußeren u. inneren latenten Bildes bei Rotbelichtung hinter WRATTEN-Filter 87. Die Bromsilberemulsion enthält Körner von 0,8—1,0 μ, die Chlorsilberemulsion solche von 0,5—1,0 μ. Während bei einer Bromsilberemulsion bereits eine 0,25%ig. Chromsäurelsg. das Oberflächenbild vollkommen zerstört, muß bei der Chlorsilberemulsion zu diesem Zweck folgende Lsg. angewendet werden: 10 g Chromsäure, 1 g KBr, W. auf 1000 ml. Es werden nacheinander folgende Operationen durchgeführt: Vorbelichtung mit weißem Licht, Nachbelichtung mit rotem Licht, Behandlung mit Chromsäurelsg. zur Zerstörung des latenten Oberflächenbildes. Als Oberflächenentwickler dient *Glycin* ohne *Sulfit*, als Entwickler des internen Bildes wird ein *Metol–Hydrochinon*-Entwickler mit 1% *Thiosulfat* verwendet. — Der HERSCHEL- sowie der DEBOT-Effekt wird in gleicher Weise sowohl bei Bromsilber- als auch bei Chlorsilberemulsionen beobachtet, es entstehen jedoch gewisse Unterschiede in ihrer Intensität. In beiden Kornsorten kann die freie Wegstrecke der Photoelektronen, die von den latenten Bildkeimen ihren Ausgang nehmen, 1 μ betragen. Die gleichzeitig in Freiheit gesetzten Ag-Ionen können um den gleichen Betrag wandern. Diese Entfernung stellt eine unterste Grenze dar, die durch die Korngröße gegeben ist. (Sci. Ind. photogr. [2] **26**. 304—11. Aug. 1955. Lüttich, Univ., Labor. de Phys. Générale.) W. GÜNTHER. 8598

Wilhelm Waidelich, *Röntgenmessung des AgBr-Netzebenenabstandes in photographischen Schichten mit latentem Bild*. Mit einer DEBYE-Rückstrahlapp. wird der AgBr-Netzebenenabstand bei Entstehung des latenten photograph. Bildes untersucht. Es zeigt sich eine sehr kleine Aufweitung des Gitters, die mit steigender Licht- bzw. Röntgenstrahlenexposition zunimmt, während stärkere Belichtungen eine Schrumpfung des zuvor geweiteten Gitters hervorrufen. Die Gitteraufweitung wird als Mischkristallbldg., die Schrumpfung durch die Ausscheidung von Ag gedeutet. Ferner hängt die Gitterkonstante mit der Emulsionsempfindlichkeit zusammen. Wird in AgBr-Gitter Cl eingebaut (unempfindliche Emulsion), so verkleinert sich die Gitterkonstante, bei J-Einbau (empfindliche Emulsion) wird sie vergrößert. Die AgBr-Körner hochempfindlicher Emulsionen sind in sehr kleine Mikrobereiche unterteilt. (Z. Physik **140.** 241—61. 1955. München, TH, Phys. Inst.) D. HAHN. 8598

Bernard Picinbono, *Ein statistisches Modell über die Verteilung der Silberkörner in photographischen Filmen.* Vf. beschreibt ein statist. Modell, um die Verteilung der Silberkörner in photograph. Emulsionen zu erfassen. Es wird eine Formel für die Verteilung abgeleitet. (C. R. hebd. Séances Acad. Sci. **240.** 2206—08. 6/6. 1955.) W. GÜNTHER. 8600

Albert Narath und **Gerhard Schimmel,** *Untersuchungen über die Lichtstreuung in photographischen Emulsionen in Abhängigkeit von der Schichtdicke und der Wellenlänge.* Vff. untersuchen die Abhängigkeit verschied. Emulsionseigg., wie Auslöschung, Diffusionskoeff., Auflösungsvermögen, Gradation, von der Wellenlänge des Lichtes einerseits u. der Schichtdicke des zu untersuchenden photograph. Materials andererseits. Die Deutung der Beziehungen wird nach einer früher entwickelten Gleichung vorgenommen. Auf verschied. Emulsionstypen werden Spaltbilder u. Miren aufgenommen. Die Dichtemessungen werden mit drei verschied. Densitometern vorgenommen, die sich in der Art der Beleuchtung des Sensitometerstreifens u. in der verwandten Photozelle unterscheiden. Für die Photometrie eines Spaltbildes wurde der Fehler berechnet, der durch den Einfl. der Gradation auf die Meßergebnisse verursacht wird. — Der Einfl. der Wellenlänge auf die Lichtverteilung im Bild eines Spaltes wurde an zwei verschied. Emulsionen gemessen. Im Bereich des sichtbaren Lichtes ergibt sich hierbei eine gute Übereinstimmung der gemessenen Werte mit den berechneten. Die Abweichungen im UV werden durch die starke Absorption der Strahlung verursacht. Der Diffusionskoeff. α, berechnet nach der Lichtverteilungskurve, ist stark von der Wellenlänge abhängig. Die Werte für das Auflösungsvermögen, berechnet aus den α- u. γ-Werten, stimmen für den Bereich des sichtbaren Lichtes gut mit den Meßwerten überein. Die Kurven von α, von der Auslöschung u. vom Auflösungsvermögen in Abhängigkeit von der Wellenlänge haben einen analogen Verlauf. Die Gradation zeigt dagegen ein umgekehrtes Verhalten. — Die Auswrkg. der Schichtdicke auf die angeführten Konstanten wurde an einer Reihe von Versuchsfilmen untersucht, die verschieden dick mit PERUTZ-Feinkornpositivemulsion beschichtet waren (von 6,4—21,4 μ). Das Auflösungsvermögen erreicht für eine bestimmte D. einen maximalen Wert, der sich mit Zunahme der Schichtdicke nach zunehmenden Dichten hin verschiebt. Der Diffusionskoeff. wurde mit Hilfe von Spaltabb. bestimmt. Die Kurven für den Diffusionskoeff. u. für das Auflösungsvermögen in Abhängigkeit von der Schichtdicke haben den gleichen Verlauf u. erreichen für eine bestimmte Schichtdicke einen konstanten Wert. Die γ-Kurven haben einen umgekehrten Verlauf, während die Extinktion fast eine lineare Funktion der Schichtdicke ist. Bei konstanter Schichtdicke ist der Einfl. der Wellenlänge auf α fast der gleiche wie auf die Auslöschung, die sich ihrerseits bei konstanter Wellenlänge mit der Schichtdicke ändert. Es gibt also keine eindeutige Beziehung zwischen dem Diffusionskoeff. u. der Auslöschung. (Sci. Ind. photogr. [2] **26.** 345—53. Sept. 1955. Berlin-Charlottenburg, Techn. Univ., Inst. für Angew. Photographie.) W. GÜNTHER. 8600

K. Pokorny, *Probleme moderner Emulsionstechnik im Hinblick auf die Wirkung von Spurenelementen.* Nach Ansicht des Vf. können die Eigg. photograph. Emulsionen durch gewisse Spurenelemente aus den zu ihrer Herst. verwandten Gelatinen stark beeinträchtigt werden. Durch Verwendung von modernen *Kunstdünger*-Präpp., *Unkrautvertilgungsmitteln* oder *Insekticiden* können auf dem Weg über die Futterpflanze Spurenelemente in den Tierkörper u. über diesen in die *Gelatine* gelangen. Sie sind möglicherweise für verschied. überraschend auftretende u. bisher ungeklärte ungünstige Eigg. der aus solchen Gelatinen bereiteten Emulsionen verantwortlich zu machen. Viele, früher nicht beobachtete Erscheinungen, wie schlechte Lagerhaltbarkeit, Zurückgehen der Gradation usw., könnten mit dem Vorhandensein von Spurenelementen in Zusammenhang gebracht werden. Durch eigene Verss. sucht Vf. seine Annahme zu stützen. (Photogr. Korresp. **91.** 165—67. 1955.) W. GÜNTHER. 8600

J. Eggert und **Y. Okamoto,** *Sensitometrische Studien in weiten Belichtungsbereichen.* 2. Mitt. *Über das Verhalten einer bestimmten Emulsionsart bei Verwendung verschiedener*

Gelatinen und Reifzeiten und bei verschiedenen Entwicklungsarten und -zeiten. (1. vgl. Z. Elektrochem. Ber. Bunsenges. physik. Chem. **59.** [1955.] 353.) Vff. berichten über sensitometr. Unterss. an relativ hochempfindlichen *Bromjodsilber*-Emulsionen mit Hilfe des in der 1. Mitt. (l. c.) beschriebenen Universalsensitometers. Die Herst. der Emulsion erfolgte nach folgender Vorschrift: Lsg. **I**: 200 ml W., 17,5 g KBr, 1,0 g KJ u. 2,0 g Gelatine. Lsg. **II**: 220 ml W. u. 20 g $AgNO_3$. Lsg. **I** u. **II** werden konstant auf 70° gehalten. Die Hälfte von Lsg. **II** läßt man unter Rühren zu Lsg. **I** in 1 Min. zufließen, dann wartet man 1 Min. u. gibt den Rest von Lsg. **II** in 15 Min. zu. Kurz danach werden 20 g der gleichen Gelatine zugeschüttet u. das Ganze noch 20 Min. auf 70° gehalten. Nach dem Erstarren wird die Emulsion genudelt u. ca. 80 Min. in W. gewaschen bis zu einer Leitfähigkeit von $1,6 \cdot 10^{-3}$ Ω^{-1} cm^{-1}. Die geschmolzene Emulsion wird dann in 15 Min. auf 54° gebracht u. der 2. Reifung unterworfen, meist nicht länger als 60 Minuten. Als Gelatine wurde eine weitgehend gereinigte „Purified Pigskin Gelatin" EK 60-6623 der Firma KODAK verwendet, die nach dem Trübungstest von AMMANN als nahezu frei von photograph. wirksamen Stoffen anzusprechen war. Um einen Vgl. zu dieser prakt. „inerten" Gelatine zu haben, wurden den gewaschenen Emulsionen vor der 2. Reifung eine Reifsubstanz (2,65 ml einer 0,1%ig. Lsg. von $Na_2S_2O_3 + 5H_2O$) bzw. ein Hemmkörper (63,6 ml einer 0,1%ig. Lsg. des Stabilisators *5-Methyl-7-oxy-1.3.4-triazaindolizin*) zugegeben. — Die auf Platten vergossenen Versuchsemulsionen wurden in allen Fällen mit 100 Luxsek. belichtet; hierbei wurden die Belichtungszeiten zwischen 630 u. $2 \cdot 10^{-4}$ Sek. variiert u. der Lampenstrom mit Hilfe von Streufiltern entsprechend reguliert. — Um das Verh. der hergestellten Schichten möglichst vielseitig untersuchen zu können, wurden vier verschied. Entwicklungsarten angewendet (Temp.: $20 \pm 0,5°$): ein n. Entwickler: KODAK-D-72-Entwickler, ein typ. Oberflächenentwickler, bei dem *Sulfit* durch *Ascorbinsäure* als Oxydationsschutz ersetzt wurde, ein physikal. Entwickler u. ein typ. Innenentwickler. Die Entwicklungszeiten wurden für die einzelnen Entwickler verschieden abgestuft. Die entwickelten Schwärzungen wurden mit Hilfe eines ANSCO-Densitometers photoelektr. ausgemessen u. die Ablesungen als Schwärzungskurven aufgezeichnet. — Aus den erhaltenen Schwärzungskurven ließen sich für die verschied. Reif- u. Entwicklungsbedingungen die Höhenlinien der Schwärzungsflächen u. die Kurven der Reziprozitätsfehler konstruieren u. daraus die Größen des Energiebedarfes zur Erzielung bestimmter Schwärzungen S, die SCHWARZSCHILD-Exponenten p, die γ-Werte oder genauer die Neigung ν_S der Schwärzungskurven bei der Schwärzung $S = 0,5$, immer in Abhängigkeit von den genannten Variablen ermitteln (ausführliches Kurvenmaterial vgl. Original). Daneben wurden nach definierter Belichtung die Kurven für das Anwachsen von S bei verschied. Entwicklungszeiten t_E u. u. a. die Bedingungen für das Auftreten des CABANNES-HOFFMANN-Effektes festgestellt. — Die erhaltenen Ergebnisse werden diskutiert. Es wird versucht, sich ein Bild über den Aufbau der Entwicklungskeime zu machen, über den Unterschied zwischen Vorkeimen u. Keimen, über ihre katalyt. Wirksamkeit, über Oberflächen- u. Innenkeime unter Berücksichtigung von Kurz- u. Langzeitbelichtung. Es erwies sich die Annahme als nützlich, daß Vorkeime die Entw. katalyt. nicht auslösen u. daß Keime nach Erreichung einer krit. Größe ihre Wirksamkeit bei weiterem Wachstum nicht mehr steigern. (Z. Elektrochem., Ber. Bunsenges. physik. Chem. **60.** 71—85. 1956. Zürich, ETH, Photograph. Inst.)
W. GÜNTHER. 8604

Richard B. Willcock, *Ätzalkalische Hydrochinonentwickler mit einem optimalen Gehalt an Metol und Phenidon.* 2. Mitt. (1. vgl. C. **1955.** 1659.) Als Entwickler für Oscillographenfilm wird folgende Zus. empfohlen: 10 g Metol, 100 g Na-Sulfit, 30 g Hydrochinon, 3,5 g KBr, 25 g Ätznatron, 1 g Benztriazol oder KODAK-Anti-Fog-Powder, W. auf 1000 ml. 1:5 bis 1:10 mit W. verd. ist der Entwickler für Reflex- u. Kontaktpapiere geeignet. 10 g Metol können durch 1,5 g *1-Phenyl-3-pyrazolidon* (Phenidon) ersetzt werden. Ätzalkal. Phenidon-Hydrochinon-Entwickler oxydieren nicht so rasch wie solche mit Metol. (Brit. J. Photogr. **101.** 429—30. 20/8. 1954.) W. GÜNTHER. 8618

Robert C. Lovick und **Richard L. White**, *Faktoren, die die Anwendung von Tonspurentwicklern für Farbfilme beeinflussen.* Entwickler für Tonspuren müssen bestimmte Forderungen erfüllen. Zur Entw. von EASTMAN Color-Kopierfilm, Typ 5382, wird der Tonspurentwickler SD–33 folgender Zus. empfohlen: Lsg. A: 1 g PVM Typ 30 der GENERAL ANILINE & FILM CORP. (Halbamid des Polymerisationsprod. von Methylvinyläther u. Maleinsäureanhydrid) werden in 25 ml Isopropylalkohol eingetragen u. zu 390 ml W. gegeben. Lsg. B: 565 ml W., 60 g Na_2SO_3, 80 g Ätznatron u. 60 g Hydrochinon. Lsg. A zu Lsg. B geben unter Hinzufügen von 20 ml Äthylendiamin. (J. SMPTE [Soc. Motion Picture Television Engr.] **63.** 188—90. Nov. 1954. Rochester, N. Y., Eastman Kodak Co., Color Technol. Div.) W. GÜNTHER. 8630

Patentrückzitate.

Nachfolgend stehen diejenigen Patente, die nicht im Textteil referiert sind, da ihr Inhalt bereits in einem Patent eines anderen Landes wiedergegeben wurde.

Die 1. Spalte enthält die Patentnummer.

Die 2. Spalte enthält das Land, in welchem das identische Patent herausgegeben ist.

Die 3. Spalte gibt die Nummer des identischen Patentes an.

Die 4. Spalte enthält die Zentralblattstelle, an der das identische Patent referiert ist und

die 5. Spalte gibt, soweit es die römischen Ziffern betrifft, die Untergruppen der Abteilung H. Angewandte Chemie bzw. F. Pharmazie oder G. Analyse an, z. B. heißt X, daß es sich um ein Patent handelt, das die Färberei betrifft. Bezüglich der römischen Kapitelnummern vgl. die Kapitelübersicht im Autoren- und Patentregister 1955.

Deutsche Patente [München] (D.B.P.).

806458	Frz.	941418	C.50. I. 211	F
818387	Eng.	668089	C.53. 1425	XIX
821384	Schwz.	274524	C.52. 6442	X
827901	Amer.	2522802	C.51. I. 3594	XXIV
828541	Amer.	2463793	C.50. I. 753	F
834998	Oest.	178909	C.54. 10058	F
837850	Oest.	175018	C.54. 7468	F
839496	Oest.	167428	C.51. I. 2333	F
841002	Frz.	1007386	C.54. 1577	VII
362	Eng.	663599	C.53. 2843	XIa
844663	A.	2671059	C.55. 4475	XIV
845369	Eng.	632166	C.53. 8955	III
706	Schwz.	274853	C.52. 4069	XII
	Schwz.	282740	C.53. 7954	XII
847446	Schwz.	261885		
		bis 887	C.50. I. 1384	F
		261888	C.49. E. 1526	F
850234	Amer.	2652385	C.55. 1394	XIb
852687	Frz.	955396	C.50. II. 470	XIa
853556	Eng.	681722	C.53. 9666	XVI
856295	Amer.	2620337	C.55. 3442	F
870101	Amer.	2530389	C.51. II. 2358	
		u. 390	C.51. II. 2358	F
872625	Amer.	2626899	C.54. 3611	XIX
873599	Eng.	710149	C.55. 881	F
876097	Frz.	1006830	C.54. 7244	F
877765	Frz.	979684	C.53. 3770	F
879100	Oest.	175869	C.54. 7521	X
543	Eng.	681895	C.54. 9598	III
880377	Schwz.	266557		
		bis 600	C.54. 7520	X
749	Amer.	2502151	C.51. I. 91	F
881401	Schwz.	284077	C.53. 7184	X
		289585		
		587		
		u. 589	C.54. 9151	
882550	Frz.	1051241	C.55. 5854	F
888103	Frz.	1056115	C.55. 7728	F
698	Amer.	2576349	C.55. 7729	F
889138	Amer.	2384384	C.54. 3817	XIb
494	Schwz.	294698	C.54. 9397	X
		296907		
		bis 912	C.55. 6143	
662	Schwd.	131087	C.52. 4378	X
889	Amer.	2512327	C.51. II. 2095	V
891723	Amer.	2609329	C.53. 4575	F
892453	Amer.	2656367	C.54. 11497	F
896646	Eng.	695518	C.55. 9627	F
838	Frz.	949419	C.50. II. 118	XIb
902398	Amer.	2635127	C.54. 8417	III
903456	Eng.	693843	C.55. 687	IX
906696	Frz.	1000835	C.54. 9125	VII
907374	Amer.	2478366	C.50. II. 371	XXIV
908248	Eng.	709937	C.55. 2271	III
250	Eng.	687171	C.55. 3965	IX
911876	Frz.	1066105	C.55. 7519	III
912094	Amer.	2637730	C.55. 1565	F
915987	Eng.	700542	C.54. 10096	III
917908	Eng.	702101	C.56. 536	VIII
918306	Amer.	2653883	C.54. 7052	VIII
926	Eng.	648886	C.54. 9167	XIb
920848	Eng.	701594	C.55. 4496	XIX
928	Amer.	2638403	C.54. 7519	X
922647	Schwz.	293566	C.55. 10574	F
826	Eng.	705790	C.55. 7036	F
923357	Eng.	707947	C.55. 1590	VI
806	Schwz.	303663	C.55. 9677	X
914	Oest.	175259	C.54. 378	
	Schwz.	299704	C.55. 11746	F
924556	Oest.	171731	C.53. 1230	VI
632	Amer.	2661352	C.54. 10063	F
	Amer.	2667487	C.55. 6344	F
745	Schwd.	124728	C.50. I. 621	X
764	Eng.	711376	C.55. 11732	X
785	Oest.	173929	C.54. 5168	VIII
925048	Schwz.	302313	C.55. 9627	F
167	Amer.	2684986	C.55. 9670	IX
467	Oest.	180255	C.55. 3918	F
476	Amer.	2649476	C.55. 490	XVIIIb
539	Oest.	165077	C.51. I. 395	X
977	Frz.	1012727	C.54. 6839	XIa
926206	Eng.	699665	C.55. 4468	XIb
270	Amer.	2628886	C.54. 11090	XVIIIb
318	Eng.	711670	C.55. 7124	XIX
547	Eng.	710955	C.55. 2529	VIII
927506	Eng.	691024	C.54. 5853	IX
508	Amer.	2671763	C.55. 8033	IX
520	Oest.	176925	C.55. 10597	III
625	Eng.	499066	C.39. I. 5096	XIX
744	Amer.	2419225	C.47. 1058	XIX
830	Amer.	2655485	C.55. 1395	XIb
952	Oest.	162948	C.49. E. 1822	XVIIIb
928311	Eng.	642772	C.53. 8260	XIX
369	Amer.	2548282	C.52. 3093	XIb
620	Amer.	2652345	C.54. 10396	XXIV
724	Schwz.	272830	C.52. 3905	
		275089	C.52. 1575	X
735	Eng.	718106	C.55. 10149	XIb
843	Eng.	660158	C.53. 2350	VIII
951	Eng.	718887	C.55. 8246	VII
929171	Oest.	179195	C.55. 2120	XXIV
208	Amer.	2682523	C.55. 7819	XIX
422	Frz.	1013619	C.54. 4264	IX
423	Schwz.	259450	C.49. E. 1914	IX
543	Oest.	179283	C.55. 1633	XV
546	Oest.	178345	C.54. 7953	V
570	Eng.	702975	C.54. 11588	XXII
600	Schwz.	284787	C.54. 8468	XVI
729	Amer.	2662088	C.55. 2729	F
749	Frz.	876623	C.43. I. 1825	X
790	Eng.	702195	C.55. 4696	IX
805	Amer.	2681345	C.55. 11725	Xb
854	Eng.	725732	C.56. 1992	III
967	Eng.	636524	C.54. 5897	XIX

930030	Eng.	727840	C. 56.	1974	F
042	Schwz.	298036			
		bis 040	C. 55.	3495	X
		295054	C. 54.	6350	X
101	Eng.	721680	C. 55.	10897	XIX
232	Frz.	1038059	C. 54.	7994	XIb
325	Schwz.	282376	C. 54.	1866	XIX
329	Oest.	176557	C. 54.	4672	F
338	Frz.	1064545	C. 55.	4012	XXII
388	Eng.	711238	C. 55.	10650	XVII
410	Frz.	1051225	C. 55.	2789	XIa
444	Eng.	721171	C. 55.	9395	F
562	Eng.	674246	C. 54.	7703	F
627	Oest.	172924	C. 53.	7693	XVIIIb
629	Eng.	713884	C. 55.	5427	X
685	Oest.	175878	C. 54.	7561	XIX
721	Oest.	173601	C. 54.	877	VIII
751	Eng.	724921	C. 56.	1448	IX
754	Amer.	2584751	C. 53.	771	IX
759	Frz.	1056398	C. 55.	2055	VII
896	Oest.	176679	C. 55.	9185	VIII
931104	Amer.	2598898	C. 53.	4752	V
125	Frz.	977151	C. 53.	1588	XXI
192	Finn.	27068	C. 55.	1845	X
223	Amer.	2636807	C. 54.	7723	V
251	Eng.	716324	C. 55.	8977	XIa
252	Eng.	716586	C. 55.	9005	XIX
529	Schwz.	295994	C. 55.	1567	F
531	Oest.	179779	C. 55.	3292	XXIII
593	Eng.	699530	C. 54.	5192	XIV
615	Eng.	668519	C. 52.	7396	V
732	Frz.	996447	C. 52.	4541	XIb
764	Oest.	175548	C. 54.	7544	XVIIIa
768	Schwz.	300316	C. 55.	6421	XVII
971	Schwz.	270836	C. 51. II.	1362	X
972	Frz.	1065985	C. 55.	6646	XVII
932065	Amer.	2661356	C. 55.	8680	F
161	Frz.	1057012	C. 55.	4736	XVIIIb
189	Frz.	1066510	C. 55.	3717	VII
307	Eng.	705300	C. 55.	6131	IX
557	Oest.	165309	C. 50. II.	2610	VIII
611	Eng.	695036	C. 55.	717	XVII
798	Amer.	2673847	C. 55.	4888	F
910	Eng.	671532	C. 55.	3206	F
964	Frz.	1047236	C. 55.	8496	IX
967	Amer.	2673847	C. 55.	4888	F
979	Holl.	82140	C. 55.	8038	X
988	Amer.	2598745	C. 55.	1366	VIII
933022	Frz.	1059340	C. 55.	10414	XVIIIb
036	Amer.	2663750	C. 55.	7054	III
047	Schwz.	297412	C. 55.	2082	X
		300466	C. 55.	5664	X
143	Frz.	929599	C. 47. E.	284	X
144	Schwz.	302505	C. 55.	7791	X
149	Schwz.	262270	C. 50. II.	2983	XIII
230	Amer.	2607793	C. 54.	650	IX
278	Amer.	2653180	C. 54.	7257	III
441	Oest.	170625	C. 52.	6949	XVI
933645	Oest.	174664	C. 54.	4494	XIa
671	Eng.	692739	C. 54.	1376	XVI
687	Eng.	707868	C. 54.	11048	IX
689	Schwz.	295391	C. 55.	7783	IX
720	Schwz.	289705	C. 54.	4479	VIII
774	Schwz.	285781	C. 54.	4297	XVIIIb
803	Schwz.	283697	C. 53.	9362	XIX
866	Frz.	1002050	C. 54.	1358	IX
989	Frz.	1053947	C. 55.	1594	VII
934032	Frz.	1063444	C. 55.	4264	XXIV
046	Schwz.	294554			
		u. 555	C. 54.	10850	XVIIIb
070	Eng.	703169	C. 54.	11100	XIX
229	Eng.	709854	C. 55.	2988	VII
230	Amer.	2651643	C. 55.	8680	F
386	Eng.	682406	C. 54.	225	XVIIIa
473	Eng.	688983	C. 54.	167	V
498	Oest.	171172	C. 52.	7743	XIb
584	Eng.	705593	C. 54.	11271	V
594	Frz.	1051744	C. 55.	1138	VIII
766	Amer.	2580116	C. 54.	3142	XIX
820	Amer.	2583268	C. 53.	9340	XIV
825	Frz.	1057493	C. 55.	6389	IX
935008	Eng.	708741	C. 54.	10796	V
124	Eng.	719523	C. 55.	9167	V
165	Eng.	691403	C. 55.	9425	VII
269	Amer.	2681314	C. 55.	4502	XIX
272	Amer.	2637694	C. 55.	4009	XIX
284	Amer.	2572227	C. 52.	5497	XII
304	Schwd.	140781	C. 55.	10600	V
331	Frz.	1060587	C. 55.	6866	XIb
727	Schwz.	282081	C. 53.	5558	III
792	Amer.	2597920	C. 53.	8218	XIb
843	Schwz.	297190	C. 55.	11746	F
987	Eng.	717455	C. 56.	2600	X
936029	Schwd.	130371	C. 52.	946	XVIIIb
086	Oest.	167614	C. 52.	314	XVIIIb
209	Frz.	1039609	C. 55.	4884	F
327	Frz.	1059358	C. 55.	2809	XVIIIb
396	Amer.	2563493	C. 54.	5661	XVIIIb
		795	C. 54.	5661	XVIIIb
		2573652	C. 53.	2217	XVIIIb
		2619490	C. 53.	6595	XVIIIb
444	Amer.	2681355	C. 55.	4933	IX
566	Schwz.	304379	C. 55.	8733	IX
627	Frz.	966139	C. 51.	I. 1663	IX
719	Amer.	2666046	C. 55.	3265	XIb
866	D. P. (DDR)	2985	C. 54.	9643	XIV
924	Frz.	900742	C. 46.	I. 1497	XVIII
926	Eng.	707462	C. 55.	10631	X
957	Frz.	981750	C. 53.	4469	XVIIIb
958	Frz.	1059836	C. 55.	7331	XIb
937350	Amer.	2635106	C. 54.	3143	XIX
555	Eng.	722822	C. 55.	9920	XIb
893	Frz.	1024611	C. 55.	8499	IX
938038	Amer.	2665271	C. 55.	3264	XIb

Deutsche Patente (D.P. [DDR]).

1349	Frz.	956240	C. 50.	II. 701	IX

Amerikanische Patente (A. P.).

2494254	DBP.	842051	C. 53.	5886	F
2539429	Can.	475938	C. 53.	3959	XIa
2540116	Schwd.	123914	C. 49. E.	1744	IX
2549580	Eng.	634673	C. 53.	5943	XIb
2550413	Frz.	986974	C. 52.	1269	XIX
2551015	Frz.	946851	C. 49. E.	344	XIX
2552267	Eng.	677363	C. 53.	9318	IX
564	Frz.	962155	C. 51.	I. 548	XIX
2553146	Can.	465894	C. 51.	I. 931	IX
404	DBP.	848358	C. 54.	2915	IX
405	DBP.	848358	C. 54.	2915	IX
406	Eng.	679605	C. 53.	9311	IX

2557985	DBP.	825254	C.52.	6761	IX
986	Can.	473969	C.52.	3736	IX
2558400	Frz.	884057	C.44.	I.1268	XXIV
2560344	Eng.	653915	C.53.	1111	XIX
617	DBP.	859026	C.55.	2491	F
2562036	Frz.	997607	C.54.	3337	IX
2568571	Oest.	173445	C.53.	7876	F
2572324	Eng.	693071	C.55.	9876	III
2577387	Eng.	650561	C.56.	802	F
631	Frz.	996302	C.55.	6176	XIX
2579435	Frz.	1035273	C.54.	6649	XXIV
436	DBP.	851723	C.54.	6647	XXIV
2583150	Can.	488970	C.54.	1368	XIb
2589377	DBP.	844295	C.53.	771	IX
2591776	Eng.	642159	C.54.	8170	F
2592514	DBP.	895247	C.54.	8730	XXIV
2601043	Eng.	679501	C.55.	9642	III
2608633	Schwz.	280644	C.55.	9410	III
2615160	Amer.	2615159	C.55.	716	XVII
2617773	Eng.	670307	C.55.	9643	III
2626281	Frz.	1042604	C.55.	6195	IX
2627458	Frz.	1030547	C.55.	9897	VIII
2628953	Eng.	687833	C.55.	2778	IX
964	DBP.	887198	C.55.	11721	X
971	Eng.	650493	C.54.	4483	IX
2629722	Frz.	1020396	C.55.	9693	XVII
2633461	DBP.	848821	C.55.	9449	X
2634304	Eng.	680976	C.55.	9876	III
2636862	Eng.	706566	C.55.	11134	XIX
900	DBP.	849551	C.53.	1721	IX
2638472	DBP.	842344	C.55.	11254	F
2640830	DBP.	834996	C.55.	11721	IX
2644008	Schwz.	296283	C.55.	200	VII
793	Eng.	701993	C.55.	2038	I
2645594	Eng.	669046	C.54.	5812	F
613	Eng.	686848	C.54.	6639	XIX
622	Eng.	693785	C.55.	11119	XVIIIa
2647872	Eng.	695309	C.54.	11100	XIX
2649373	DBP.	838548	C.55.	3784	XXIV
475	DBP.	885542	C.54.	4946	IX
2650225	Eng.	704238	C.55.	9147	F
226	Eng.	703277	C.55.	164	F
		703279	C.55.	164	F
227	Eng.	703277	C.55.	164	F
		703279	C.55.	164	F
228	Eng.	703277	C.55.	164	F
		703279	C.55.	164	F
229	Eng.	703277	C.55.	164	F
		703279	C.55.	164	F
915	DBP.	889045	C.55.	10144	X
929	Eng.	646227	C.55.	9626	F
935	Eng.	677171	C.54.	4486	IX
2651638	DBP.	887044	C.54.	10061	F
2653106	Eng.	679716	C.54.	5197	XVI
173	DBP.	862154	C.54.	6360	XIb
2656274	DBP.	919922	C.55.	8284	XVI
2657126	Eng.	714197	C.55.	6834	VII
228	DBP.	846849	C.53.	5579	IX
2659721	DBP.	883022	C.56.	870	X
2660604	DBP.	832745	C.55.	11721	IX
698	DBP.	917439	C.55.	10346	III
2661322	Frz.	949259	C.50.	II. 89	I
2662854	DBP.	883602	C.55.	11721	F
906	Oest.	173443	C.53.	7875	F
2663637	DBP.	824885	C.52.	4876	XXIV
641	Frz.	57717	C.54.	10398	XXIV
831	Belg.	501244	C.54.	1801	III
2667415	DBP.	886411	C.55.	2587	XXIV
488	DBP.	842069	C.52.	6902	F
516	DBP.	906454	C.54.	9388	IX
2668112	DBP.	893143	C.54.	9674	XXIV
118	Frz.	1050570	C.55.	9641	III
816	DBP.	883602	C.55.	11721	F

2669515	DBP.	920889	C.55.	6179	XXIV
534	Frz.	1032907	C.55.	5172	VIII
2670276	Frz.	972275	C.53.	8199	VIII
333	Eng.	709395	C.55.	10148	XIb
2671768	Frz.	1039360	C.55.	10871	XIb
776	DBP.	922122	C.56.	2032	X
797	Oest.	173690	C.53.	7433	XVII
2672462	Schwz.	287870	C.55.	6860	X
		292304	C.55.	10145	X
		292305	C.55.	10387	X
		292306	C.55.	10145	X
2673198	DBP.	877648	C.54.	4954	X
199	Schwz.	288729	C.54.	3340	X
		292659			
		bis 673	C.55.	1611	X
219	Eng.	679854	C.53.	9311	IX
801	DBP.	814996	C.53.	322	XXIV
816	DBP.	810108	C.52.	1116	XXIV
854	Eng.	711376	C.55.	11732	X
863	DBP.	871152	C.55.	11721	F
2676926	Eng.	695809	C.55.	9482	XIX
959	DBP.	879272	C.54.	11550	X
998	DBP.	893946	C.55.	5648	IX
2677656	Eng.	684118	C.56.	1408	III
658	Frz.	971283	C.52.	1092	XIb
2678285	DBP.	906267	C.54.	10353	XIb
879	Frz.	1071040	C.55.	9185	VIII
888	Frz.	1043745	C.55.	11652	III
928	Eng.	705790	C.55.	7036	F
931	DBP.	899351	C.55.	5184	IX
2679450	Eng.	709995	C.55.	5216	XVIIIb
2680125	Eng.	670299	C.55.	9438	IX
736	DBP.	818933	C.52.	4345	F
884	Eng.	704584	C.55.	2793	XIb
2681265	Frz.	1000338	C.54.	9663	XVIIIb
338	Eng.	691475	C.54.	8677	XIa
599	Frz.	979434	C.54.	6844	XIb
2682480	Frz.	1023994	C.54.	6351	XIa
505	Schwz.	288156	C.54.	5151	V
537	DBP.	913171	C.54.	11009	F
2683085	DBP.	809106	C.52.	1078	VIII
150	Eng.	676567	C.55.	4933	IX
680	Can.	492774	C.55.	1332	F
681	Can.	492775	C.55.	1332	F
707	DBP.	913458	C.55.	5661	X
2684919	Eng.	677926	C.55.	490	XVIIIb
927	Frz.	1015611	C.54.	2092	XIX
977	Frz.	1016418	C.55.	4695	IX
2685495	DBP.	850138	C.53.	3154	X
572	Schwd.	132255	C.53.	4476	XXII
590	Eng.	690096	C.54.	5631	X
591	DBP.	883178	C.55.	6858	X
2686010	DBP.	913216	C.55.	2543	XIa
150	Eng.	653320	C.53.	474	XIX
355	Eng.	707261	C.55.	2999	VIII
2687358	DBP.	907640	C.54.	11281	VII
989	Frz.	1065386	C.55.	7587	XIX
2688024	Eng.	703669	C.55.	10180	XXIV
536	Eng.	697589	C.55.	9183	VIII
597	Frz.	1038742	C.54.	8720	XIX
632	Schwz.	297408	C.55.	1371	IX
2689163	Frz.	977151	C.53.	1588	XXI
164	Frz.	1030524	C.54.	5893	XIX
169	Eng.	686572	C.54.	10079	V
177	Frz.	1065342	C.55.	7075	VIII
185	DBP.	826870	C.52.	3234	VI
221	DBP.	880300	C.55.	2344	XIX
823	Eng.	703868	C.55.	5942	XIX
848	Schwz.	293566	C.55.	10574	F
853	DBP.	890644	C.55.	11721	F
856	DBP.	870851	C.55.	4167	F
2690057	DBP.	900333	C.54.	5896	XIX
990	Eng.	690650	C.54.	5895	XIX

2691008	DBP.	852451	C. 53.	4948	XIb
2691027	Frz.	950200	C. 50.	II. 1747	X
050	DBP.	901775	C. 54.	10330	VII
	Eng.	685833	C. 54.	10330	VII
568	DBP.	898658	C. 54.	6864	XVIIIb
646	Frz.	1044776	C. 54.	9908	XIX
2692222	DBP.	880039	C. 54.	1160	XIX
270	Eng.	668574	C. 54.	420	IX
274	DBP.	914971	C. 55.	8026	IX
277	DBP.	855991	C. 53.	3157	IX
	DBP.	848493	C. 53.	1560	IX
817	Schwz.	288418	C. 54.	9139	IX
858	Eng.	713423	C. 55.	11733	XIX
859	Frz.	1065376	C. 55.	9483	XIX
873	Frz.	1065377	C. 55.	8512	XIb
874	Frz.	1065377	C. 55.	8512	XIb
2693403	Eng.	723611	C. 56.	229	V
406	DBP.	902731	C. 54.	5152	V
412	Frz.	1048723	C. 54.	9130	VIII
413	Eng.	687899	C. 54.	643	VIII
433	Schwz.	285623	C. 53.	6536	F
434	DBP.	852591	C. 53.	1692	F
464	Schwz.	295051	C. 55.	7559	X
469	DBP.	904926	C. 55.	2541	X
494	DBP.	840684	C. 53.	9635	IX
499	Eng.	696805	C. 55.	9876	III
2694004	Eng.	720619	C. 55.	8525	XVII
021	Frz.	1052555	C. 55.	487	XVIIIb
049	DBP.	895768	C. 54.	8216	IX
053	Eng.	685019	C. 54.	4742	XII
059	Frz.	1060051	C. 55.	7347	XVIIIa
060	Frz.	1060051	C. 55.	7347	XVIIIa
071	Schwz.	296833	C. 55.	1334	F
081	DBP.	852731	C. 53.	2539	XVII
082	Frz.	1044645	C. 54.	11076	XVII
166	Eng.	634686	C. 53.	7175	VIII
241	Eng.	685590	C. 54.	5845	VIII
636	Schwz.	300624	C. 55.	5227	XXIV
689	Eng.	713552	C. 55.	9207	XIb
690	Frz.	1056905	C. 55.	9684	XIb
720	Eng.	680155	C. 54.	1543	F
2695232	Schwd.	134588	C. 53.	6793	XVIIIa
247	DBP.	929390	C. 56.	542	VI
258	Oest.	179136	C. 55.	1131	VII
259	Schwz.	283582	C. 54.	2930	XIII
	E. P.	671122	C. 54.	2930	XIII
278	Frz.	1049509	C. 55.	6632	XIb
285	Eng.	654327	C. 52.	6409	F
327	DBP.	878560	C. 54.	662	XIb
894	Frz.	1061644	C. 55.	9476	XVIIIb
2696422	Frz.	1017358	C. 54.	4522	XVIIIb
470	Eng.	698155	C. 55.	9706	XIX
509	Eng.	659810	C. 54.	4018	VII
		656457	C. 53.	3141	VII
2697085	DBP.	900125	C. 54.	5663	XVIIIb
255	DBP.	884694	C. 54.	5190	XII
698	Eng.	713049	C. 55.	3038	XVIIIb
2698218	Eng.	639161	C. 54.	4268	X
231	Frz.	1037182	C. 54.	7926	F
274	Schwz.	276854	C. 53.	2808	F
286	Schwz.	291184	C. 54.	4920	V
328	DBP.	904533	C. 55.	1564	F
347	Eng.	705734	C. 55.	2999	IX
784	Eng.	691222	C. 54.	1582	VIII
803	Eng.	725981	C. 56.	885	XVI
805	Eng.	695514	C. 54.	2508	XIa
812	Frz.	1031607	C. 54.	11042	VIII
839	Eng.	674155	C. 54.	1604	XIa
853	Eng.	723271	C. 56.	1975	F
936	DBP.	864396	C. 53.	3653	XIV
2699113	Eng.	696563	C. 55.	6884	XVIIIa
373	Eng.	696134	C. 55.	4941	X
374	Oest.	165768	C. 51.	I. 544	XVIIIb
2699375	Schwz.	297400	C. 55.	1586	V
393	Frz.	1055844	C. 55.	3296	XXIV
433	Eng.	708120	C. 55.	4493	XVIIIb
434	Eng.	675581	C. 53.	6578	XIb
445	Schwz.	300938	C. 55.	4698	IX
458	Schwz.	294140	C. 54.	8183	III
2700011	DBP.	856974	C. 53.	8705	VII
053	DBP.	819993	C. 52.	5176	X
056	DBP.	800663	C. 51.	I. 2806	IX
608	Frz.	1030187	C. 55.	3282	XVIIIb
646	Frz.	1055212	C. 55.	209	VIII
648	Eng.	703209	C. 54.	9115	V
660	DBP.	846794	C. 53.	1569	XIb
665	DBP.	899042	C. 54.	6863	XVIIIb
2701211	Eng.	687481	C. 54.	2737	XVIIIb
252	DBP.	904287	C. 55.	9447	IX
267	DBP.	844440	C. 52.	7572	IX
758	Schwz.	283414	C. 54.	5593	I
783	Frz.	1073683	C. 56.	2625	XIX
790	Eng.	682364	C. 55.	6575	F
796	DBP.	866040	C. 53.	3609	F
804	DBP.	924450	C. 55.	7981	F
816	DBP.	829890	C. 52.	7893	IX
2702091	Eng.	684649	C. 54.	6343	IX
242	DBP.	857739	C. 54.	2099	XXIV
253	Schwz.	291828	C. 54.	10339	VIII
271	DBP.	923406	C. 55.	8724	VIII
295	Schwz.	300945	C. 55.	4459	IX
306	Eng.	665253	C. 54.	6822	IX
750	Eng.	643653	C. 54.	7033	VI
765	Eng.	717805	C. 55.	9936	XVIIIa
785	DBP.	873478	C. 54.	186	VIII
796	Eng.	695067	C. 54.	5888	XVIIIb
824	DBP.	925889	C. 55.	8730	IX
967	DBP.	894228	C. 54.	2694	VI
2703270	Schwz.	295960	C. 55.	1174	XVIIIb
279	Eng.	681994	C. 54.	224	XVIIIa
285	Frz.	1065242	C. 55.	8993	XVI
318	DBP.	915608	C. 55.	2114	XIX
327	Eng.	713380	C. 56.	804	F
815	DBP.	923846	C. 55.	11722	F
2704273	Eng.	715225	C. 55.	10373	VIII
279	Schwz.	292812	C. 54.	7770	XVII
593	Eng.	671756	C. 54.	2464	III
765	Eng.	681127	C. 55.	4210	IX
766	Frz.	1000861	C. 54.	8907	IX
775	Eng.	698386	C. 54.	5624	IX
2705226	Eng.	712442	C. 55.	3018	XIb
696	Can.	485066	C. 55.	5374	F
709	Eng.	706737	C. 55.	5431	X
718	DBP.	825577	C. 53.	1248	X
732	Frz.	1039524	C. 55.	1604	IX
734	Oest.	172925	C. 53.	8983	IX
2706161	Frz.	1048103	C. 54.	11042	VIII
179	Frz.	1074477	C. 56.	2904	XVII
187	DBP.	883180	C. 54.	2507	XIa
197	DBP.	889446	C. 53.	8934	F
201	Eng.	707224	C. 54.	10617	XVII
204	Oest.	179291	C. 55.	4210	IX
209	DBP.	841587	C. 53.	6393	XIX
213	Eng.	692218	C. 55.	9875	III
705	DBP.	844142	C. 53.	5440	XIX
717	DBP.	843282	C. 53.	637	XIX
790	Frz.	1051349	C. 55.	8230	III
791	Eng.	714307	C. 55.	3223	III
2707168	Eng.	701288	C. 54.	11273	V
676	Schwz.	300033	C. 55.	7066	VII
695	Schwz.	294266	C. 54.	8887	VII
2708193	DBP.	846142	C. 54.	10593	X
198	DBP.	881039	C. 55.	2298	IX
200	DBP.	871449	C. 54.	665	XIb
204	Eng.	705308	C. 55.	11732	XIX
208	DBP.	872790	C. 53.	8205	IX

2708490	DBP.	884037	C.55.	10828	I	2710881	DBP.	924750	C.55.	5131	F
642	DBP.	905846	C.54.	8943	XVIIIb	2711418	Eng.	706029	C.54.	8232	XIb
2709045	Schwz.	294334	C.54.	7545	XVIIIa	2712557	DBP.	837095	C.52.	6131	IX
164	DBP.	875358	C.55.	3734	IX	2714597	Eng.	725514	C.55.	11426	F
165	DBP.	910541	C.55.	220	X	2715083	DBP.	887900	C.54.	4034	VIII
178	Schwz.	291482	C.54.	7549	XVIIIb	110	Eng.	725620	C.55.	11709	XVII
669	Eng.	711754	C.54.	11008	F	116	Eng.	655523	C.52.	5657	XIb
693	Oest.	177418	C.54.	9148	IX	120	DBP.	870146	C.55.	460	X
703	DBP.	902259	C.54.	3570	IX	133	DBP.	881654	C.54.	417	IX
2710245	Frz.	1026240	C.55.	4211	IX	135	Frz.	1067999	C.55.	8754	XII
280	Finn.	26950	C.55.	1179	XIX	2716641	DBP.	903033	C.54.	3812	XIb
295	DBP.	859021	C.54.	11591	IX	2717250	DBP.	855261	C.53.	8149	F
863	Eng.	710149	C.55.	881	F	252	Eng.	716136	C.55.	6082	F
868	DBP.	890189	C.55.	8450	F	253	Eng.	716137	C.55.	6082	F
874	Eng.	670317	C.54.	10060	F						

Australische Patente (Aust. P.)

154504	Eng.	681581	C.53.	8218	XI	154618	Frz.	1060725	C.55.	3296	XXIV
508	Amer.	2540239	C.52.	1725	VII	625	Eng.	691403	C.55.	9425	VII
529	Amer.	2526676	C.52.	4687	IX	631	DBP.	845590	C.53.	2670	VIII
531	DBP.	913819	C.55.	708	XII	670	DBP.	836982	C.52.	5186	XVII
	Eng.	689249	C.55.	708	XII	685	Frz.	1047621	C.55.	3505	XIII
533	Amer.	2598743	C.54.	2485	VIII	686	Amer.	2617049	C.55.	4007	XIX
536	Amer.	2628243	C.54.	11593	IX	698	DBP.	864722	C.54.	6404	XIX
544	Amer.	2494283	C.53.	6570	IX	706	Amer.	2567909	C.52.	5008	IX
551	DBP.	834582	C.52.	5622	F	711	Eng.	691608	C.54.	1844	XII
552	DBP.	834582	C.52.	5622	F	713	DBP.	863867	C.54.	10572	VII
556	Can.	487899	C.54.	5385	VII	734	Amer.	2581868	C.54.	10537	F
559	Eng.	689123	C.55.	2084	XIa	736	Amer.	2605299			
563	Frz.	1032907	C.55.	5172	VIII			u. 300	C.53.	4923	III
565	Frz.	1036926	C.54.	7528	XII	757	Amer.	2682444	C.55.	6660	XIX
	DBP.	904105	C.54.	7528	XII	758	Schwz.	292049	C.54.	11077	XVII
567	Frz.	1039666	C.55.	4977	XIX		Eng.	693779	C.54.	8473	XVII
572	DBP.	845228	C.53.	9047	XIX	795	Eng.	694330	C.54.	9186	XVIIIa
588	DBP.	844440	C.52.	7572	IX	796	Eng.	697479	C.55.	2794	XIb
593	Frz.	1030307	C.55.	9433	VIII	155093	Eng.	689734	C.55.	7319	IX
599	DBP.	892836	C.54.	7734	VII	094	Amer.	2632028	C.55.	9675	IX
600	DBP.	870102	C.55.	6345	F	095	Oest.	176556	C.54.	5124	F

Belgische Patente (Belg. P.).

476646	Eng.	685840	C.55.	11466	IX	497194	Eng.	703252	C.55.	5435	XIb
493106	Frz.	1008120	C.53.	4950	XIb	195	Eng.	703252	C.55.	5435	XIb
237	Frz.	1008820	C.53.	9639	IX	196	Eng.	703252	C.55.	5435	XIb
530	Frz.	1009537	C.54.	6841	XIa	208	DBP.	843413	C.55.	11721	F
823	Frz.	981708	C.54.	6368	XIII	218	Amer.	2559750	C.53.	1423	XVIIIb
969	Norw.	80284	C.54.	6383	XVIIIb	282	Schwz.	292248	C.55.	11745	F
494270	Amer.	2574450	C.53.	9687	XIX	299	Eng.	677675	C.55.	4467	XIb
278	Frz.	958216	C.50. II.	2743	XIb	355	Oest.	170869	C.52.	7256	IX
350	Oest.	170902	C.53.	779	XIb	501	Eng.	696725	C.54.	10301	F
820	DBP.	924747	C.55.	7748	I	498176	Eng.	701211	C.55.	4936	IX
966	Eng.	700551	C.55.	2575	XIX	248	Eng.	679891	C.55.	7284	I
988	Eng.	669346	C.53.	3483	XIb	259	Eng.	697227	C.55.	9943	XIX
495034	Amer.	2648623	C.54.	11094	XIX	376	DBP.	883350	C.53.	8468	XIb
108	Oest.	169354	C.52.	4068	XIb	650	Eng.	668221	C.53.	2685	XIb
628	Frz.	1018486	C.54.	4276	XIb	942	Eng.	712097	C.55.	5697	XIX
633	Amer.	2574451	C.53.	9687	XIX	967	Amer.	2594913	C.54.	9162	XIb
705	Frz.	1021337	C.54.	4275	XIb	499390	Amer.	2640802	C.55.	4498	XIX
784	Eng.	699455	C.54.	11094	XIX	699	Oest.	173234	C.53.	8260	XIX
837	Eng.	664589	C.53.	1586	XIX	990	Eng.	685889	C.54.	9426	XVIIIb
868	Eng.	690387	C.55.	7124	XIX	500035	DBP.	919552	C.55.	4730	XVII
997	Schwd.	132687	C.53.	6575	XIa	209	Oest.	173232	C.54.	11093	XIX
496045	Frz.	1037411	C.54.	7755	XIb	275	DBP.	891746	C.54.	207	XIb
210	DBP.	847491	C.53.	1728	XIb	339	DBP.	863833	C.53.	9003	XIa
279	Amer.	2551254	C.52.	3102	XVII	340	DBP.	863833	C.53.	9003	XIa
479	Schwz.	266095	C.54.	6103	IX	342	DBP.	863833	C.53.	9003	XIa
502	Oest.	173556	C.53.	7674	XIb	343	DBP.	855440	C.53.	4775	XIa
577	Amer.	2548282	C.52.	3093	XIb	448	Amer.	2681345	C.55.	11725	X
740	DBP.	832745	C.55.	11721	IX	500	Amer.	2662873	C.55.	1858	XIb
		837095	C.52.	6131	IX	505	Amer.	2563005	C.52.	6143	XIb
497077	Frz.	1019281	C.55.	11736	XVII	506	Eng.	675912	C.54.	3347	XIb

500535	DBP.	855480	C.53.	2058	XIX
609	Amer.	2604436	C.54.	925	XIX
654	Eng.	701591	C.55.	2111	XIX
782	Eng.	698277	C.54.	11341	XIX
931	Eng.	697991	C.55.	229	XIb
501032	Frz.	1032280	C.54.	5638	XIb
145	Frz.	1039592	C.56.	890	XVII
251	Finn.	25992	C.53.	3640	X
439	Frz.	1032767	C.55.	11737	XIX
613	Frz.	1019032	C.54.	4534	XXII
891	Schwz.	294028	C.54.	8231	XIb
920	Eng.	712033	C.55.	6892	XIX
983	Frz.	1034079	C.54.	9208	XXII
502052	Frz.	1039652	C.55.	5183	IX
064	DBP.	865341	C.54.	8723	XIX
239	Eng.	694899	C.55.	11731	IX
503146	Amer.	2567131	C.52.	6297	XIb
203	DBP.	902190	C.54.	10103	IX
204	DBP.	881654	C.54.	417	IX
233	Eng.	713423	C.55.	11733	XIX
268	Eng.	690877	C.54.	7525	XIb
277	Eng.	714327	C.55.	8296	XIX
392	Schwz.	302490	C.55.	8292	XVIIIb
509	DBP.	883601	C.55.	11721	F
770	Frz.	1037940	C.56.	2339	XVIIIa
993	Frz.	1038775	C.54.	8023	XIX
504343	Schwz.	300867	C.55.	11747	VIII
718	Frz.	1046698	C.55.	11738	IX
800	Eng.	703287	C.55.	5435	XIb
809	Amer.	2631122	C.54.	5895	XIX
853	DBP.	880040	C.54.	4530	XIX
899	DBP.	893748	C.55.	11140	XXIV
900	DBP.	893748	C.55.	11140	XXIV
961	Frz.	1046736	C.55.	231	XIb
505265	DBP.	872946	C.53.	4633	XXI
		881347	C.53.	6400	XXI
368	Oest.	173699	C.53.	8934	F
382	DBP.	879832	C.54.	656	X
390	Oest.	178908	C.54.	9611	VII
474	Frz.	1041378	C.54.	7994	XIb
482	Eng.	691509	C.56.	535	III
576	Schwz.	300887	C.55.	10166	XVIIIb
631	Eng.	712327	C.55.	4730	XVII
678	DBP.	912505	C.55.	230	XIb
693	Frz.	1043217	C.54.	9437	XIX
785	Oest.	177416	C.54.	7007	F
855	Eng.	703293	C.55.	5435	XIb
944	Amer.	2579692	C.53.	3340	XIX
506081	Eng.	703868	C.55.	5942	XIX
126	Frz.	1042410	C.54.	10152	XIX
380	DBP.	912151	C.55.	4948	XIb
404	Frz.	1043892	C.54.	11607	XVII
531	Amer.	2657984	C.54.	11098	XIX
665	DBP.	903033	C.54.	3812	XIb
666	DBP.	900737	C.55.	11721	XIX
738	Schwz.	296185	C.55.	1099	F
	Schwz.	298685			
		779			
		u. 780	C.55.	4648	F
	Schwz.	302073	C.55.	6344	F
965	Frz.	1044975	C.55.	8034	IX
989	DBP.	888007	C.53.	9009	XIb
507034	Eng.	707668	C.55.	1797	F
069	DBP.	856297	C.55.	11640	F
452	DBP.	904175	C.55.	11721	F
833	DBP.	873841	C.53.	9286	VII
950	DBP.	924884	C.55.	11315	XIX
508045	Frz.	1051527	C.55.	4002	XIX
083	DBP.	897560	C.54.	4722	IX
131	Eng.	709033	C.55.	1890	XXII
138	Eng.	695145	C.56.	285	XVI
200	Eng.	697672	C.54.	5602	V
461	DBP.	905545	C.54.	5184	XIb
508628	Eng.	710144	C.55.	4004	XIX
822	Frz.	1037857	C.54.	7996	XIb
904	Frz.	1051759	C.55.	1152	XIb
926	Eng.	701720	C.55.	6434	XIX
509021	Frz.	1050570	C.55.	9641	III
062	DBP.	918467	C.55.	8046	XII
312	Frz.	1033039	C.54.	4925	VI
321	Amer.	2704706	C.56.	1778	XX
324	DBP.	918041	C.55.	10387	X
328	Oest.	176280	C.54.	1632	XIX
335	Frz.	1056965	C.55.	6407	XIb
358	Eng.	713871	C.55.	9875	III
424	DBP.	909975	C.55.	898	III
440	Eng.	696805	C.55.	9876	III
463	Frz.	1062446	C.55.	5436	XIb
470	Frz.	1056077	C.55.	4719	XII
486	Eng.	704438	C.54.	6291	F
506	Frz.	1056965	C.55.	6407	XIb
517	DBP.	852893	C.53.	4085	F
711	DBP.	922346	C.55.	8734	IX
744	Eng.	704781	C.55.	3530	XIX
756	Eng.	712514			
		u. 515	C.55.	5374	F
761	Frz.	1057012	C.55.	4736	XVIIIb
768	Eng.	714951	C.55.	3245	VIII
820	Eng.	667368	C.53.	1910	XIX
831	Amer.	2603578	C.53.	5916	VIII
900	Frz.	1059834	C.55.	1629	XIV
906	Schwz.	306043	C.56.	2852	V
510102	DBP.	899215	C.54.	8645	III
111	Frz.	1052634	C.55.	1137	VIII
116	DBP.	862342	C.54.	9618	VIII
129	Frz.	1050238	C.55.	494	XX
130	Eng.	700581	C.54.	11342	XIX
131	Frz.	1052555	C.55.	487	XVIIIb
137	Schwz.	294339	C.54.	8228	X
	Schwz.	300801			
		bis 805	C.55.	5908	X
140	Schwz.	297412	C.55.	2082	X
	Schwz.	300466	C.55.	5664	X
144	Frz.	1065242	C.55.	8993	XVI
226	Oest.	174910	C.53.	9567	F
233	Eng.	713381	C.55.	6844	VIII
501	Amer.	2591754	C.53.	3459	III
502	Amer.	2591755	C.53.	3459	III
509	Frz.	1053602	C.55.	8524	XVII
510	Oest.	175880	C.54.	881	IX
568	Eng.	698753	C.55.	8024	VIII
585	Frz.	1054594	C.55.	437	V
871	Frz.	1055178	C.55.	11739	XVI
877	DBP.	914300	C.55.	5906	X
934	Oest.	174608	C.54.	148	F
983	DBP.	888903	C.54.	10819	X
511062	Frz.	1028116	C.54.	11605	XXII
130	Amer.	2653175	C.55.	5940	XIX
139	Eng.	708158	C.55.	4889	F
161	Eng.	705134	C.55.	3532	XIX
240	Oest.	175569	C.54.	6833	IX
291	Ind.	47233	C.55.	2732	F
385	Eng.	700322	C.54.	10571	VII
428	Frz.	1060880	C.54.	10628	XIX
431	Frz.	1056482	C.55.	11739	XVI
626	DBP.	915381	C.55.	6141	X
742	DBP.	863318	C.53.	5444	XX
838	Eng.	714210	C.55.	2816	XIX
948	Ind.	47539	C.55.	9000	XVIIIb
996	Eng.	711670	C.55.	7124	XIX
512162	Frz.	1053724	C.55.	2345	XX
194	Eng.	720612	C.55.	11313	XIX
205	Oest.	177103	C.54.	6406	XX
267	DBP.	917006	C.55.	5179	IX
305	Eng.	708888	C.54.	10542	F
353	DBP.	917633	C.55.	11721	X

512416	Eng.	713233	C.55.	9923	XIb
417	Eng.	710319	C.55.	1153	XIb
537	DBP.	922816	C.55.	9709	XX
589	Frz.	1048013	C.56.	2883	IX
653	Schwz.	295994	C.55.	1567	F
688	DBP.	883176	C.56.	577	X
828	Oest.	178904	C.54.	9579	F
849	Eng.	706211	C.55.	9876	III
934	Frz.	1065376	C.55.	9483	XIX
942	Eng.	706962	C.55.	2551	XII
513033	Schwz.	299363	C.55.	4185	V
079	Eng.	708168	C.55.	3046	XIX
105	Schwz.	300958	C.55.	5454	XVIIIa
446	Amer.	2686744	C.55.	9473	XVIIIa
520	Amer.	2596085	C.55.	11699	XII
538	DBP.	894547	C.54.	2946	XIX
541	Amer.	2662845	C.55.	2112	XIX
594	DBP.	886296	C.54.	861	V
665	Frz.	1065668	C.55.	7355	XIX
693	Frz.	1075170	C.56.	2849	I
706	DBP.	906598	C.55.	225	XIa
719	Amer.	2687408	C.55.	9684	XIb
872	Frz.	1066247	C.55.	7796	XIb
514101	Oest.	177874	C.54.	7781	XVIII b
128	Frz.	1062687	C.55.	6135	IX
145	Oest.	177776	C.54.	6058	F
149	DBP.	926548	C.56.	1095	F
360	Frz.	1062887	C.55.	495	XX
399	DBP.	919156	C.55.	2580	XX
820	Frz.	1044508	C.55.	3204	F
939	Oest.	178906	C.54.	9579	F
996	Frz.	1065746	C.55.	8507	XIa
515016	DBP.	926243	C.55.	7559	X
357	Oest.	178868	C.55.	5618	I
360	Frz.	1066388	C.55.	6647	XVII
372	Eng.	713029	C.55.	4961	XVII
396	DBP.	903929	C.54.	7490	V
510	Frz.	958503	C.50. II.	1053	IX
521	DBP.	861700	C.53.	8978	VIII
554	Eng.	683083	C.54.	2446	F
752	Frz.	1065386	C.55.	7587	XIX
910	Oest.	174619	C.54.	641	VIII
950	Amer.	2666069	C.55.	3441	F
516099	Eng.	715739	C.55.	9874	I
203	Frz.	1071291	C.56.	1761	XVII
516209	DBP.	906212	C.55.	1146	X
237	Frz.	1067750	C.55.	10656	XVIIIb
258	Frz.	1073942	C.56.	2625	XIX
282	DBP.	905360	C.55.	665	IV
324	Amer.	2624738	C.55.	5604	F
516	Eng.	709620	C.55.	1875	XVIIIa
544	Eng.	720456	C.55.	9397	F
594	DBP.	915129	C.55.	1612	X
595	DBP.	906213	C.55.	221	X
596	DBP.	915744	C.56.	581	XIa
624	Oest.	178899	C.54.	10585	IX
669	DBP.	916724	C.55.	4464	X
691	Oest.	180934	C.56.	2568	V
838	Eng.	718887	C.55.	8246	VII
846	Eng.	706699	C.55.	254	XVIIIb
865	Eng.	724394	C.56.	223	III
868	Can.	480219	C.54.	4961	XIb
993	Oest.	177421	C.54.	7984	IX
994	Oest.	177422	C.54.	7984	IX
517496	Oest.	179012	C.55.	4652	F
528	Oest.	181426	C.55.	8979	XIb
536	DBP.	924471	C.55.	6662	XIX
564	Amer.	2659727	C.55.	3494	X
572	DBP.	925735	C.55.	9921	XIb
774	Frz.	1074952	C.56.	2913	XIX
839	DBP.	924211	C.55.	10574	F
856	Amer.	2688007	C.55.	4972	XVIIIb
866	Amer.	2670363	C.55.	1615	XIa
518313	Eng.	719241	C.55.	10153	XII
418	DBP.	919168	C.55.	688	IX
426	Amer.	2647923	C.54.	8670	IX
470	Eng.	718537	C.56.	1691	Gd
519098	DBP.	922216	C.55.	6663	XX
099	DBP.	919094	C.55.	3048	XX
655	Eng.	716355	C.55.	7800	XIb
657	DBP.	923036	C.55.	11306	XVIIIa
790	DBP.	924523	C.56.	1743	X
956	DBP.	925472	C.55.	11635	F
520006	DBP.	921625	C.55.	5423	IX
038	Amer.	2646418	C.55.	6869	XII
039	DBP.	908301	C.55.	1859	XII
093	Amer.	2646423	C.54.	8680	XIb
094	Amer.	2646424	C.54.	8680	XIb
209	Frz.	1071247	C.56.	2021	VIII
606	Amer.	2678308	C.55.	6866	XIb

Canadische Patente (Can. P.).

476505	Eng.	682950	C.55.	5371	F
479227	Amer.	2493747	C.50. II.	2639	XXIV
482037	Frz.	960041	C.51. I.	552	XXIV
483618	Amer.	2606180	C.53.	9242	F
484229	Amer.	2519382	C.51. I.	2672	XVIIIb
288	Amer.	2451445	C.49. II.	122	VI
289	Amer.	2430558	C.47. E.	160	XXIV
293	Amer.	2456955	C.49. II.	1471	XXIV
294	Amer.	2457005	C.49. II.	1471	XXIV
359	Amer.	2576386	C.53.	1070	IV
815	Amer.	2483598	C.50. II.	360	XVII
869	Amer.	2507468	C.52.	573	F
879	Eng.	481189	C.38. II.	121	F
882	Eng.	585050	C.48. I.	282	XI
883	Amer.	2539699	C.52.	742	I
884	Amer.	2436693	C.49. I.	913	F
887	Amer.	2486541	C.49. E.	757	F
888	Amer.	2515041	C.51. I.	901	F
896	Schwd.	129304	C.51. II.	2809	XIb
897	Eng.	639660	C.54.	1602	X
899	DBP.	831243	C.53.	7922	IX
485605	Amer.	2586844	C.54.	146	F
486109	DBP.	847946	C.53.	8259	XIX
151	Amer.	2469683	C.50. II.	688	IV
152	Amer.	2469694	C.50. I.	1894	IV
153	Amer.	2596099	C.54.	2673	F
155	Amer.	2559631	C.52.	5327	VIII
157	Amer.	2525790	C.52.	761	VIII
170	Amer.	2465964	C.50. I.	2059	XIX
178	Amer.	2462669	C.49. E.	1882	I
187	Amer.	2498408	C.51. I.	2827	XVIIIb
193	Amer.	2493038	C.52.	4057	IX
194	Eng.	683027	C.54.	3140	XIX
195	Amer.	2665200	C.55.	6659	XIX
212	Eng.	692968	C.53.	7607	F
229	Amer.	2572519	C.54.	9896	XIX
232	Amer.	2461505	C.49. E.	1366	F
236	Amer.	2486579	C.50. II.	1504	VII
733	Amer.	2585479	C.53.	2030	IX
768	Amer.	2491787	C.50. II.	1171	VIII
487229	Amer.	2606176	C.55.	11723	XII
489132	Amer.	2530956	C.51. II.	2647	III
207	Amer.	2541726	C.52.	734	F
228	Amer.	2573337	C.53.	2982	VI

489229	Amer.	2556616	C. 52. 4512	III
230	Amer.	2498622	C. 50. II. 1864	VI
493	Eng.	720419	C. 55. 9196	IX
494	Eng.	720419	C. 55. 9196	IX
855	DBP.	888106	C. 54. 2231	F
490239	Amer.	2572420	C. 55. 11472	XIb
600	Amer.	2640021	C. 54. 7286	VIII
493562	Amer.	2681320	C. 56. 2891	XIb
563	Amer.	2681319	C. 56. 2891	XIb

Dänische Patente (Dän. P.).

72101	DBP.	837693	C. 52. 6576	F
942	DBP.	820141	C. 52. 5303	F
73197	Schwd.	126463	C. 50. II. 2990	XVIIIb
198	Schwz.	268326	C. 52. 4659	F
612	Frz.	974924	C. 52. 2579	VIII
679	Eng.	647783	C. 53. 6130	VIII
729	Oest.	165073	C. 50. II. 2347	F
74076	Norw.	77786	C. 52. 5313	II
234	Schwd.	130721	C. 52. 1549	I
269	DBP.	839937	C. 52. 7860	F
277	Eng.	675792	C. 53. 9245	F
309	DBP.	832648	C. 52. 5981	X
402	Oest.	169314	C. 52. 5351	XVIIIb
432	DBP.	821055	C. 52. 5954	III
438	Schwd.	133981	C. 53. 3501	XVIIIb
452	DBP.	831582	C. 52. 4818	F
484	Frz.	1013275	C. 55. 6569	F
506	Schwd.	132336	C. 53. 3173	XVIIIb
74562	Eng.	650706	C. 54. 9876	XIV
576	DBP.	872866	C. 53. 7672	XIb
636	Can.	487189		
		u. 190	C. 54. 6059	F
638	Frz.	52489	C. 46. I. 1269	F
920	Eng.	652743	C. 53. 5574	VIII
923	Schwz.	261989	C. 49. E. 2601	XXIV
945	Frz.	985864	C. 54. 8956	XIX
979	Eng.	642159	C. 54. 8170	F
75034	Norw.	78263	C. 52. 4715	XXIV
114	DBP.	882247	C. 55. 7732	F
116	Oest.	167282	C. 51. I. 1527	IX
124	Finn.	24438	C. 51. I. 1208	III
137	DBP.	882306	C. 54. 3371	XVIIIa
176	Amer.	2552176	C. 52. 1730	VIII
76604	Schwz.	285624	C. 54. 1784	F
955	Eng.	688640	C. 55. 6433	XIX
999	Oest.	167638	C. 51. II. 300	VIII

Englische Patente (E. P.).

634471	DBP.	823452	C. 56. 1739	IX
635127	Schwd.	125475	C. 50. I. 1017	III
347	Frz.	950014	C. 49. E. 309	IX
636737	Frz.	942636	C. 50. I. 482	XXIV
638513	Frz.	943781	C. 50. I. 761	F
646048	DBP.	857502	C. 53. 5545	F
647173	Oest.	165307	C. 50. II. 1720	F
466	Amer.	2511578	C. 52. 5493	XIb
649204	Amer.	2513687	C. 51. I. 669	XV
926	Amer.	2650189	C. 54. 5897	XIX
652161	Frz.	952620	C. 50. II. 2265	XVIIIb
654362	Frz.	942987	C. 49. E. 765	III
655335	Frz.	974250	C. 54. 7296	X
659116	Amer.	2526118	C. 52. 3869	F
444	Oest.	165873	C. 50. II. 1856	III
766	Oest.	167299	C. 51. I. 1812	XIb
665881	Frz.	987714	C. 52. 8032	VI
666107	Amer.	2496940	C. 51. I. 2834	XXIV
668562	Amer.	2618640	C. 53. 8143	F
670480	Frz.	1010185	C. 55. 3508	XIV
898	Amer.	2696506	C. 55. 8494	IX
671070	DBP.	896946	C. 55. 3443	F
425	DBP.	842792	C. 52. 7893	IX
531	Frz.	1013210	C. 54. 7517	IX
926	DBP.	831994	C. 56. 803	F
674298	Amer.	2608507	C. 53. 9570	F
847	Amer.	2581889	C. 55. 7037	F
675612	Frz.	999988	C. 55. 4166	F
676511	Schwd.	132582	C. 53. 9594	III
677595	DBP.	842344	C. 55. 11254	F
678614	DBP.	821997	C. 53. 1912	XXI
679338	DBP.	858989	C. 53. 4584	III
432	Belg.	499458	C. 54. 625	III
777	Amer.	2530389		
		u. 390	C. 51. II. 2358	F
680778	Amer.	2530389		
		u. 390	C. 51. II. 2358	F
681130	DBP.	823597	C. 52. 6409	F
683650	Frz.	1025843	C. 54. 11268	III
684222	Schwd.	134588	C. 53. 6793	XVIIIa
684268	Amer.	2589445	C. 53. 7928	IX
685386	Frz.	1026805	C. 55. 2089	XIb
583	DBP.	907299	C. 54. 8860	F
686148	DBP.	838375	C. 53. 924	VIII
391	DBP.	869105	C. 55. 11721	X
795	Amer.	2520902	C. 51. I. 2776	F
688107	Schwz.	285137	C. 54. 2011	F
515	Frz.	1040669	C. 55. 213	IX
555	Amer.	2533276	C. 52. 4374	IX
741	Frz.	1037182	C. 54. 7926	F
689164	Frz.	976528	C. 52. 5811	VIII
389	Amer.	2681345	C. 55. 11725	X
390	DBP.	825266	C. 56. 2884	IX
	DBP.	828546	C. 56. 2884	IX
447	DBP.	883156	C. 55. 2026	F
690648	DBP.	900333	C. 54. 5896	XIX
853	Amer.	2659129	C. 55. 7077	VIII
978	Amer.	2666738	C. 55. 8960	VIII
692375	Schwz.	294007	C. 55. 1870	XVI
942	DBP.	884185	C. 54. 655	X
693353	Amer.	2650221		
		u. 222	C. 55. 8685	F
850	Amer.	2588396	C. 54. 9345	F
694084	DBP.	908013	C. 56. 309	XIX
384	Frz.	1031445	C. 55. 4692	VIII
516	Oest.	174158	C. 54. 8645	III
695298	DBP.	910299	C. 55. 2490	F
391	DBP.	848816	C. 53. 1856	F
503	DBP.	868153	C. 53. 5412	IX
748	DBP.	904228	C. 55. 11721	X
768	DBP.	889045	C. 55. 10144	X
697007	Amer.	2610195	C. 55. 2730	F
083	Amer.	2648623	C. 54. 11094	XIX
107	Frz.	1000786	C. 54. 11007	F
222	Amer.	2574450	C. 53. 9687	XIX
226	Amer.	2574451	C. 53. 9687	XIX
296	Amer.	2662082	C. 55. 7037	F
490	DBP.	846794	C. 53. 1569	XIb
		876766	C. 55. 11472	XIb
521	DBP.	838548	C. 55. 3784	XXIV

697734	DBP.	881953	C. 54.	4713	VIII
905	DBP.	851192	C. 54.	6344	IX
698008	DBP.	882281	C. 55.	3258	X
039	DBP.	888837	C. 55.	11721	X
068	Schwz.	292209	C. 55.	9411	III
158	Finn.	27068	C. 55.	1845	X
291	Amer.	2687438	C. 55.	6392	IX
313	Schwz.	296283	C. 55.	200	VII
692	DBP.	863198			
	Amer.	2604492	C. 53.	8986	IX
741	DBP.	862154	C. 54.	6360	XIb
765	Oest.	173445	C. 53.	7876	F
699808	Oest.	178900	C. 54.	9584	F
821	Oest.	180563	C. 55.	5373	F
976	DBP.	923736	C. 56.	1743	X
700035	DBP.	859803	C. 53.	4276	VIII
048	Amer.	2614919	C. 53.	9609	VII
339	Amer.	2631153	C. 55.	5657	IX
701140	DBP.	899537	C. 55.	11721	X
219	DBP.	895499	C. 54.	6635	XIX
222	Amer.	2657209	C. 55.	10089	F
233	Amer.	2658022	C. 55.	11638	F
474	Schwd.	140258	C. 55.	11655	III
478	Frz.	1054781			
	Schwz.	296008	C. 55.	1369	VIII
709	Schwz.	288960			
		bis 968	C. 54.	3577	X
712	DBP.	895902			
		u. 896490	C. 54.	3336	XII
	Frz.	1043008	C. 55.	6870	XII
702017	Amer.	2595907	C. 54.	3584	XIb
204	Frz.	1039586	C. 55.	5895	IX
206	Frz.	1039669	C. 55.	5421	IX
703008	Frz.	1040775	C. 54.	8917	XII
457	DBP.	823764	C. 52.	3717	III
500	DBP.	904774	C. 55.	11721	X
502	Schwz.	287870	C. 55.	6860	X
	Schwz.	292304	C. 55.	10145	X
	Schwz.	292305	C. 55.	10387	X
	Schwz.	292306	C. 55.	10145	X
587	Schwz.	297408	C. 55.	1371	IX
961	Amer.	2655503	C. 55.	7037	F
704691	DBP.	882997	C. 54.	683	XVIIIa
904	Oest.	169782	C. 52.	7071	III
705004	Amer.	2640764	C. 54.	7052	VIII
310	Frz.	1044423	C. 55.	7270	F
325	DBP.	900737	C. 55.	11721	XIX
542	DBP.	888177	C. 54.	1821	VIII
862	DBP.	849550	C. 53.	1559	F
	DBP.	854356	C. 55.	7728	F
706484	Amer.	2646368	C. 54.	10136	XVIIIb
724	Amer.	2680767	C. 55.	10324	F
791	DBP.	876406	C. 55.	416	F
707008	DBP.	926378	C. 55.	10346	III
381	DBP.	905854	C. 54.	7774	XVIIIa
578	DBP.	927209	C. 55.	9168	V
853	Schwz.	302736	C. 55.	7498	F
708077	DBP.	916733	C. 55.	9206	XIb
232	Frz.	1066412	C. 55.	4890	F
602	Frz.	1048012	C. 56.	2883	IX
753	Frz.	1048597	C. 55.	1146	X
	Oest.	175870	C. 55.	1146	X
805	DBP.	883899	C. 56.	798	F
709304	Frz.	1028632	C. 54.	6113	XIa
333	Frz.	1023965	C. 54.	8481	XVIIIb
386	Frz.	1023965	C. 54.	8481	XVIIIb
610	Holl.	73991	C. 55.	6592	V
710447	Frz.	1034195	C. 56.	1451	IX
734	DBP.	918698	C. 55.	9914	X
751	Frz.	1017290	C. 54.	9636	XIa
757	Frz.	1044602	C. 54.	10313	I
894	DBP.	921263	C. 55.	9409	I
711018	Amer.	2681364	C. 56.	1103	F
711172	Frz.	1048240	C. 55.	8498	IX
208	DBP.	915692	C. 55.	1370	IX
444	Amer.	2670301	C. 55.	8472	VI
468	Amer.	2640022	C. 54.	7286	VIII
710	Amer.	2666009			
		u. 010	C. 55.	8949	VII
808	DBP.	893748	C. 55.	11140	XXIV
811	Amer.	2626949	C. 55.	5917	XII
712318	DBP.	883601	C. 55.	11721	F
550	Schwz.	298135	C. 55.	9627	F
706	Frz.	1046369	C. 54.	10630	XXII
735	DBP.	922584	C. 55.	7753	V
874	Schwz.	301458	C. 55.	9187	VIII
983	Amer.	2679492	C. 55.	5937	XVIIIb
991	DBP.	901127	C. 55.	11721	XXIV
998	Frz.	1045857	C. 55.	1175	XVIIIb
713156	Amer.	2624655	C. 55.	1815	V
720	Amer.	2689203	C. 55.	11052	F
714080	DBP.	909862	C. 55.	1624	XIb
218	Schwd.	140788	C. 55.	11099	IX
239	DBP.	910224	C. 54.	9871	XIb
545	Frz.	1048013	C. 56.	2883	IX
574	Frz.	1033458	C. 55.	5457	XVIIIb
664	Oest.	175259	C. 54.	378	F
804	Frz.	1064682	C. 55.	4646	F
935	DBP.	823908	C. 52.	3552	III
715123	DBP.	919469	C. 55.	5372	F
187	Oest.	176980	C. 55.	1365	VIII
194	Oest.	176018	C. 54.	4062	XVIIIb
202	DBP.	911434	C. 55.	228	XIb
232	Amer.	2654721	C. 55.	468	XIb
238	Schwz.	295672	C. 55.	1379	IX
241	Schwz.	298036			
		bis 040	C. 55.	3495	X
	Schwz.	295054	C. 54.	6350	X
257	Frz.	1065859	C. 55.	6840	VIII
316	Frz.	1043070	C. 54.	9906	XIX
364	Amer.	2640044	C. 54.	6116	XIb
368	Amer.	2607739	C. 53.	8713	VIII
402	Norw.	82685	C. 55.	8925	F
424	Amer.	2666051	C. 55.	8213	F
440	Amer.	2683167	C. 55.	9388	F
567	Oest.	177930	C. 54.	8478	XVIIIa
580	Frz.	1041193	C. 56.	3192	XXIV
707	Amer.	2668153	C. 55.	2547	XIb
734	Amer.	2651642	C. 55.	8680	F
736	Amer.	2653962	C. 55.	3485	IX
875	Frz.	1064326	C. 55.	9681	XIb
884	Amer.	2671092	C. 55.	7502	F
896	Schwz.	301807	C. 55.	10624	IX
930	Amer.	2677643	C. 55.	11053	F
949	Schwz.	298962	C. 55.	3725	VIII
716017	Amer.	2645266	C. 54.	11321	XII
020	DBP.	901888	C. 54.	8886	VII
048	Amer.	2599813	C. 54.	3587	XIb
075	Amer.	2703806	C. 56.	2259	F
083	Amer.	2677627	C. 55.	8003	VI
198	DBP.	892539	C. 54.	5183	XIa
293	Frz.	1066163	C. 55.	7567	XIb
340	Frz.	1059836	C. 55.	7331	XIb
354	Frz.	1065376	C. 55.	9483	XIX
388	Frz.	1049611	C. 55.	231	XIb
422	DBP.	844033	C. 54.	6602	XIb
424	Frz.	1009505	C. 53.	9334	XIb
495	Frz.	1065257	C. 55.	8513	XIb
537	Frz.	1047584	C. 55.	10417	XIX
590	DBP.	930656	C. 56.	2829	F
639	Frz.	1054982	C. 55.	2296	VIII
696	Frz.	1050929	C. 55.	1625	XIb
700	DBP.	894846	C. 54.	7702	F
723	Schwz.	282526	C. 53.	4425	III
857	Amer.	2683180	C. 55.	8969	IX
943	DBP.	881110	C. 54.	4253	VIII

716974	Amer.	2664428	C. 55.	11724	F
717012	Frz.	1064811	C. 55.	5941	XIX
119	Norw.	80414	C. 55.	4240	XVIIIb
130	DBP.	883602	C. 55.	11721	F
131	DBP.	923807	C. 55.	6435	XIX
239	DBP.	882145	C. 54.	1820	VIII
418	DBP.	863945	C. 55.	11463	IX
426	Amer.	2647933	C. 55.	6386	IX
453	Frz.	1066631	C. 56.	2626	XIX
476	Oest.	178897	C. 54.	9810	F
481	Frz.	1046537	C. 55.	4449	VIII
715	Amer.	2654693	C. 54.	11101	XIX
777	Amer.	2669564	C. 55.	11635	F
807	Amer.	2655485	C. 55.	1395	XIb
896	Amer.	2679454	C. 55.	11088	VIII
972	Amer.	2605246	C. 54.	4062	XVIIIb
718001	Frz.	1052634	C. 55.	1137	VIII
036	Amer.	2672426	C. 55.	10357	VI
053	Amer.	2681352	C. 56.	263	IX
205	Finn.	26921	C. 54.	11275	VI
331	Schwz.	304382	C. 55.	9861	F
367	Amer.	2650899	C. 54.	10356	XIb
485	Amer.	2683180	C. 55.	8969	IX
508	DBP.	842200	C. 53.	1561	IX
551	Frz.	1063866	C. 55.	2503	I
682	Amer.	2640086	C. 55.	9439	IX
719	Frz.	1043488	C. 55.	1834	VIII
750	Frz.	1069079	C. 55.	7309	VIII
905	DBP.	885312	C. 54.	6366	XII
719102	Frz.	1052926	C. 55.	3986	XII
156	DBP.	865336	C. 53.	3502	XIX
174	Frz.	1066315	C. 55.	6156	XII
217	Amer.	2667447	C. 55.	8070	XIX
226	Amer.	2628966	C. 54.	10777	F
319	Ind.	46608	C. 55.	8292	XVIIIb
450	DBP.	859616	C. 53.	5709	F
489	Amer.	2671770	C. 55.	3525	XVIIIb
543	DBP.	854346	C. 53.	2224	XIX
566	Frz.	1032839	C. 54.	5409	XIb
647	Frz.	1051575	C. 55.	236	XIII
648	Amer.	2666044	C. 55.	3774	XIX
683	Frz.	1064543	C. 55.	1646	XVIIIb
756	Frz.	1065041	C. 55.	8745	XIb
853	DBP.	906256	C. 55.	724	XVIIIb
868	Frz.	1067830	C. 55.	8746	XIb
919	DBP.	902495	C. 55.	2533	IX
924	Frz.	1071962	C. 56.	612	XIX
949	Amer.	2671046			
		u. 047	C. 55.	3530	XIX
720251	Schwz.	301437	C. 55.	7089	X
412	Frz.	1053675	C. 55.	681	VIII
516	Frz.	1066247	C. 55.	7796	XIb
578	Amer.	2666068	C. 55.	4650	F
632	DBP.	906622	C. 54.	9427	XVIIIb
721152	Frz.	1066036	C. 55.	8749	XIb
219	Amer.	2586150	C. 55.	5619	I
479	Schwz.	293429	C. 55.	8211	F
487	DBP.	876979	C. 55.	2345	XX
590	Frz.	1032453	C. 55.	5170	VIII
716	DBP.	917993	C. 55.	4970	XVIIIb
738	Frz.	1069235	C. 55.	7074	VIII
896	DBP.	897014	C. 54.	4280	XII
900	Amer.	2591742	C. 54.	379	F
908	Frz.	1055561	C. 55.	5435	XIb
953	DBP.	919646	C. 55.	7041	F
981	Frz.	1063544	C. 55.	10836	V
722009	DBP.	914857	C. 55.	162	F
	DBP.	909811	C. 55.	3201	F
118	Schwz.	296077	C. 55.	1367	VIII
262	Amer.	2626290	C. 54.	8718	XIX
267	Frz.	1063851	C. 55.	8751	XIb
273	Amer.	2658849	C. 55.	2569	XVIIIb
297	Amer.	2687400	C. 55.	6657	XVIIIb
722379	Frz.	1063691	C. 56.	2617	XVII
427	Frz.	1048986	C. 55.	5170	VIII
451	Frz.	1061952	C. 55.	6657	XVIIIb
477	DBP.	888735	C. 56.	870	X
479	DBP.	899653	C. 54.	4726	IX
537	Frz.	1074952	C. 56.	2913	XIX
601	Schwz.	289999	C. 54.	4045	XIa
627	Amer.	2663707	C. 55.	7039	F
776	Frz.	1066697	C. 55.	8023	VIII
824	DBP.	924382	C. 55.	9195	IX
723115	Schwd.	138896	C. 55.	2548	XIb
189	DBP.	900216	C. 55.	167	F
231	Oest.	181238	C. 55.	7820	XIX
517	DBP.	901960	C. 55.	452	VIII
548	Amer.	2670378	C. 55.	10376	IX
558	Frz.	1057012	C. 55.	4736	XVIIIb
592	DBP.	926185	C. 55.	8735	IX
598	Frz.	1062738	C. 55.	894	III
664	Frz.	1052198	C. 55.	1156	XII
719	DBP.	889338	C. 55.	9914	X
767	Amer.	2643958	C. 55.	2782	X
778	DBP.	894117	C. 54.	6783	F
800	Amer.	2592586	C. 55.	2962	F
898	DBP.	930230	C. 56.	277	XII
928	DBP.	903326	C. 54.	7059	X
946	Schwz.	300417	C. 55.	11747	F
956	Oest.	179898	C. 55.	3499	XIb
724032	DBP.	906514	C. 54.	5186	XIb
069	Amer.	2678294	C. 55.	5881	VII
097	DBP.	897015	C. 54.	6619	XVIIIa
148	Amer.	2703326	C. 56.	2259	F
163	Amer.	2683724	C. 55.	11638	F
204	Frz.	1056975	C. 55.	4953	XII
217	Frz.	1041856	C. 55.	879	F
219	Frz.	1061970	C. 55.	4700	IX
236	DBP.	917273			
		u. 274	C. 55.	1392	XIb
396	Frz.	1051683	C. 55.	1366	VIII
620	DBP.	923006	C. 55.	7058	V
813	Frz.	1076346	C. 55.	7355	XIX
851	Amer.	2646424	C. 54.	8680	XIb
725053	DBP.	919271	C. 55.	5627	VI
105	Amer.	2658058	C. 54.	8231	XIb
299	Amer.	2694616	C. 55.	10114	V
304	Oest.	176679	C. 55.	9185	VIII
459	DBP.	927832	C. 56.	272	XIa
503	DBP.	926707	C. 55.	11449	VI
555	Amer.	2635036	C. 54.	4009	V
569	Frz.	1051097	C. 55.	3981	XIb
681	Amer.	2665243	C. 55.	8960	VIII
714	Amer.	2652325	C. 54.	10379	XVIIIa
717	Amer.	2643994	C. 54.	11314	XIb
747	Amer.	2694617	C. 55.	7752	V
818	Frz.	1070336	C. 55.	8024	VIII
875	DBP.	923010	C. 55.	7788	IX
726045	Amer.	2708670	C. 55.	11100	IX
057	Amer.	2675362	C. 55.	3501	XIb
080	Oest.	180261	C. 55.	3438	F
	Oest.	180259	C. 55.	5849	F
135	DBP.	918566	C. 55.	9669	IX
429	DBP.	915604	C. 55.	5907	X
568	Frz.	1052356	C. 55.	3439	F
660	DBP.	887898	C. 54.	9855	VIII
825	DBP.	916290	C. 55.	643	F
841	DBP.	924471	C. 55.	6662	XIX
843	Amer.	2656242	C. 54.	8264	XIX
917	Frz.	1053187	C. 54.	11538	VIII
933	DBP.	891986			
	DBP.	893050	C. 54.	9393	IX
936	DBP.	913774	C. 54.	9662	XVIIIb
938	Amer.	2670357	C. 55.	3690	F
939	Amer.	2673866	C. 55.	3690	F
727007	DBP.	929188	C. 55.	7498	F

727015	Frz.	1041889	C.55.	2774	IX
018	Schwz.	293117	C.54.	6840	XIa
019	Schwz.	294334	C.54.	7545	XVIIIa
038	Schwz.	298205	C.55.	4207	VIII
179	DBP.	917249	C.55.	2728	F
191	Amer.	2640774	C.54.	5882	XVIIIa
295	Frz.	1008820	C.53.	9639	IX
313	Finn.	26280	C.54.	899	XII
339	DBP.	918557	C.55.	5396	VI
359	Frz.	1059148	C.55.	3728	VIII
401	Amer.	2662820	C.54.	9619	VIII
417	Amer.	2591754	C.53.	3459	III
466	DBP.	869104	C.53.	5110	X
471	DBP.	910291	C.55.	3965	IX
497	Oest.	178345	C.54.	7953	V
535	DBP.	921224	C.55.	7090	X
587	DBP.	890633	C.54.	11566	XV
641	Amer.	2614045	C.53.	4299	XVI
706	Amer.	2646418	C.55.	6869	XII
747	DBP.	889044	C.55.	3012	X
805	Oest.	175880	C.54.	881	IX
811	Amer.	2602769	C.53.	9243	F
812	Amer.	2670357	C.55.	3690	F
839	DBP.	919886	C.55.	8498	IX
875	Amer.	2666724	C.55.	8488	VIII
886	DBP.	922514	C.55.	6877	XVI
919	Oest.	178089	C.54.	10383	XVIIIb
977	DBP.	835613	C.52.	5643	VIII
996	DBP.	911531	C.54.	11060	X
728048	DBP.	895822	C.54.	1548	F
095	Amer.	2631083	C.54.	5602	V
150	Amer.	2686792	C.55.	10816	F
151	Amer.	2686792	C.55.	10816	F
230	Amer.	2703806	C.56.	2259	F
286	Oest.	172245	C.54.	6794	I
384	Amer.	2671088	C.55.	3687	F
447	Frz.	1031953	C.54.	7283	VIII
503	Frz.	1039592	C.56.	890	XVII
521	DBP.	890500	C.55.	683	IX
522	DBP.	890951	C.54.	6826	IX
523	Frz.	1064893	C.55.	5411	VIII
605	Amer.	2686773	C.55.	7351	XVIIIb
	Amer.	2686774	C.55.	7351	XVIIIb
	Amer.	2687400	C.55.	6657	XVIIIb
	Amer.	2687401	C.55.	6657	XVIIIb
655	DBP.	832592	C.52.	4849	X
699	DBP.	917973	C.54.	11004	F
701	Amer.	2632710	C.54.	10621	XVIIIa
733	Amer.	2681859	C.55.	9204	XIa
752	Frz.	1059578	C.55.	7076	VIII
761	Frz.	1071101	C.55.	6614	VIII
772	Frz.	1066631	C.56.	2626	XIX
779	Amer.	2681314	C.55.	4502	XIX
812	Schwz.	281765	C.53.	4114	VIII
840	Frz.	1046787	C.55.	7074	VIII
936	Amer.	2668817	C.55.	11426	F
943	DBP.	924450	C.55.	7981	F
956	Frz.	1066510	C.55.	3717	VII
978	DBP.	893501	C.54.	4958	XIb
729005	DBP.	932606	C.56.	1161	IX
032	Schwz.	301582	C.55.	6872	XIII
123	DBP.	913217	C.55.	5664	X
124	Amer.	2647127	C.54.	6351	X
158	Amer.	2675374	C.55.	7087	IX
189	Amer.	2706195	C.56.	2026	IX
202	Schwz.	283435	C.53.	8723	XIa
215	Amer.	2611787	C.53.	8991	IX
221	Amer.	2671091	C.55.	6345	F
222	Amer.	2691031	C.55.	11637	F
302	Amer.	2668156	C.55.	3019	XIb
305	Amer.	2645660	C.54.	4721	IX
452	Amer.	2683097	C.55.	6172	XVIIIb
475	DBP.	870251	C.53.	5123	XVIIIa
729476	DBP.	871449	C.54.	665	XIb
487	DBP.	912503	C.54.	10358	XIb
560	DBP.	896721	C.54.	2282	XIb
568	Schwz.	302161	C.55.	7344	XVII
610	Amer.	2691014	C.55.	10815	F
740	DBP.	889043	C.55.	6857	X
748	Oest.	178685	C.55.	3249	IX
823	Amer.	2680737	C.55.	5688	XVIIIa
826	DBP.	925471	C.55.	8211	F
828	Frz.	1064078	C.55.	685	IX
891	DBP.	923722	C.55.	4647	F
971	Oest.	180057	C.55.	3731	IX
983	DBP.	923185	C.55.	7321	IX
994	Frz.	1069060	C.56.	2831	F
998	Amer.	2668818			
		bis 846	C.54.	11283	VII
730036	DBP.	909758	C.55.	5661	X
085	Amer.	2570391	C.53.	2648	F
139	Amer.	2570392	C.53.	1058	F
140	Amer.	2570392	C.53.	1058	F
173	Amer.	2668137	C.55.	880	F
279	Schwz.	301589	C.55.	6638	XIII
328	Amer.	2647923	C.54.	8670	IX
463	Frz.	1033426	C.54.	6093	VII
464	Frz.	1033491	C.54.	6093	VII
487	DBP.	881497	C.54.	6392	XIX
514	DBP.	925047	C.55.	10574	F
553	DBP.	917005	C.55.	4163	F
599	DBP.	890792	C.54.	8223	IX
608	DBP.	906697	C.54.	9194	XVIIIb
628	DBP.	917005	C.55.	4163	F
629	DBP.	917005	C.55.	4163	F
712	Frz.	1035055	C.54.	7045	VIII
733	DBP.	918351	C.55.	4979	XIX
763	DBP.	934363	C.56.	2898	XV
869	Can.	491115	C.54.	8913	XIb
875	Amer.	2680095	C.55.	4978	XIX
891	Amer.	2666072	C.55.	4888	F
895	DBP.	903987	C.54.	6874	XXI
896	Frz.	1062687	C.55.	6135	IX
923	Oest.	180927	C.55.	6390	IX
731002	Oest.	180266	C.55.	5423	IX
026	DBP.	922709	C.55.	5183	IX
052	Amer.	2652380	C.55.	2055	VII
061	Amer.	2625558	C.54.	4260	IX
065	DBP.	896046	C.54.	5403	X
108	DBP.	915197	C.55.	2345	XX
260	Frz.	1052555	C.55.	487	XVIIIb
349	Frz.	1043592	C.54.	10582	VIII
369	Schwz.	300933	C.55.	9164	I
370	Frz.	1060203	C.55.	7788	IX
396	Frz.	1072840	C.56.	2904	XVII
427	Amer.	2648698	C.55.	495	XX
458	DBP.	901887	C.54.	4036	IX
	DBP.	926070	C.55.	8263	IX
468	Oest.	180567	C.55.	3919	F
506	Amer.	2701225	C.56.	1427	VII
674	Oest.	177494	C.54.	10393	XIX
684	Oest.	176866	C.54.	5848	VIII
701	Amer.	2673865	C.55.	10326	F
706	Amer.	2695864	C.56.	2547	F
880	Amer.	2648596	C.54.	5601	V
990	DBP.	919858	C.55.	10619	VIII
732050	Amer.	2663691	C.55.	6435	XIX
059	DBP.	917273			
		u. 274	C.55.	1392	XIb
116	Frz.	1052402	C.55.	5931	XVIIIa
123	Schwz.	300938	C.55.	4698	IX
224	Amer.	2615030	C.54.	4715	VIII
269	Amer.	2687441	C.55.	10135	IX
364	Amer.	2659743	C.55.	1101	F
365	Amer.	2656370	C.55.	3690	F
386	Frz.	1067294	C.56.	2578	VII

732504	Amer.	2576349	C.55.	7729	F
521	DBP.	932128	C.55.	11253	F
533	DBP.	827256	C.52.	7423	XIb
562	Frz.	1069720	C.55.	3960	VIII
569	Amer.	2666069	C.55.	3441	F
587	Amer.	2691029	C.55.	10329	F
652	Oest.	170869	C.52.	7256	IX
686	Amer.	2666071	C.55.	3690	F
779	Frz.	1047261	C.55.	6654	XVIIIb
832	Amer.	2662876	C.55.	2318	XII
	DBP.	918293	C.55.	2318	XII
925	Schwz.	304363	C.55.	9201	X
733062	DBP.	855261	C.53.	8149	F
	DBP.	910892	C.54.	6782	F
088	Frz.	1068006	C.55.	8985	XII
089	Amer.	2673847	C.55.	4888	F
111	Amer.	2672400	C.55.	2980	V
130	DBP.	910892	C.54.	6782	F
160	DBP.	889739	C.54.	11549	X
228	Frz.	1055062	C.55.	675	VII
253	Amer.	2691013	C.55.	10326	F
269	DBP.	911018	C.54.	9376	VII
333	DBP.	882888	C.55.	2111	XIX
357	Amer.	2665278	C.55.	8445	F
416	Frz.	1069400	C.56.	1474	XVII
437	Frz.	1062690	C.55.	3508	XIV
438	Frz.	1062689	C.55.	1631	XIV
450	DBP.	886280	C.53.	8228	XIV
456	DBP.	911493	C.54.	8450	X
560	Amer.	2632741	C.55.	1348	II
570	Amer.	2671099			
		u. 100	C.55.	691	IX
672	Amer.	2681343	C.55.	2959	F
676	Amer.	2650918	C.55.	1101	F
774	DBP.	890345	C.54.	5909	F
854	Frz.	1038364	C.54.	7511	VIII
860	Amer.	2646355	C.54.	6852	XVI
862	Frz.	1065386	C.55.	7587	XIX
896	Amer.	2658087	C.55.	3729	IX
912	Frz.	1027202	C.54.	8213	VIII
947	DBP.	915334	C.55.	1371	IX
996	DBP.	923393	C.55.	7330	XIb
734030	DBP.	879837	C.54.	3331	IX
038	DBP.	925948	C.55.	8735	IX
094	Frz.	1064892	C.55.	9662	VIII
142	Frz.	1070465	C.56.	1716	VII
143	Frz.	1070465	C.56.	1716	VII
284	Frz.	1058743	C.55.	2794	XIb
287	Frz.	1060587	C.55.	6866	XIb
374	Amer.	2656397	C.55.	6135	IX
501	Amer.	2692257	C.55.	8273	XIb
504	Frz.	1056398	C.55.	2055	VII
505	DBP.	852893	C.53.	4085	F
509	Frz.	1060880	C.54.	10628	XIX
531	DBP.	925043	C.55.	8739	X
535	Oest.	175881	C.54.	1348	IX
577	Frz.	1051410	C.55.	2741	I
627	Schwd.	140077	C.55.	4219	X
632	Frz.	1076398	C.55.	7355	XIX
714	DBP.	925735	C.55.	9921	XIb
727	Amer.	2651885	C.54.	9376	VII
823	DBP.	932373	C.56.	2258	F
887	Frz.	1055567	C.55.	444	VII
974	Frz.	1060215	C.55.	4704	X
735030	Amer.	2604483	C.55.	7553	IX
098	Amer.	2695310	C.55.	8733	IX

735101	DBP.	824050	C.52.	5650	IX
107	Oest.	175559	C.54.	6825	IX
394	DBP.	859354	C.54.	7706	F
426	DBP.	866751	C.53.	8713	VIII
482	Frz.	1053406	C.55.	3986	XII
513	DBP.	863277	C.54.	1344	VIII
610	Amer.	2672475	C.55.	8031	IX
696	DBP.	883382	C.54.	4942	VIII
729	DBP.	924693	C.55.	7981	F
777	Frz.	1073734	C.56.	2625	XIX
855	DBP.	883178	C.55.	6858	X
861	Schwz.	300315	C.55.	9700	XVIIIb
862	Frz.	1046188	C.55.	10576	F
879	DBP.	880376	C.54.	9863	X
890	DBP.	899656	C.54.	9813	F
891	DBP.	888192	C.54.	2045	VIII
899	Oest.	177421	C.54.	7984	IX
906	Amer.	2684354	C.55.	7334	XIb
910	Amer.	2654782	C.54.	4702	VII
978	DBP.	922670	C.55.	6411	XII
736074	DBP.	856147	C.53.	8457	IX
151	DBP.	897704	C.54.	8858	F
181	Amer.	2650564	C.54.	10339	VIII
182	Amer.	2662903	C.55.	8925	F
184	Frz.	1061035	C.55.	2567	XVIIIb
224	Frz.	1064835	C.55.	8724	VIII
252	Frz.	1071247	C.56.	2021	VIII
270	Amer.	2679479	C.55.	4979	XIX
300	Oest.	175782	C.54.	1381	XVIIIa
338	Amer.	2668841	C.54.	11284	VII
354	DBP.	914423	C.55.	418	F
	DBP.	917029	C.55.	4413	F
361	DBP.	922710	C.55.	6136	IX
407	DBP.	915938	C.55.	2258	F
409	DBP.	896803	C.55.	5606	F
413	DBP.	880293	C.55.	5178	IX
420	Frz.	1045224	C.55.	2545	XIa
443	Amer.	2661352	C.54.	10063	F
465	Amer.	2683160	C.55.	3490	IX
556	Frz.	1077928	C.55.	11092	VIII
619	DBP.	922123	C.55.	10145	X
708	Amer.	2694640	C.55.	8055	XVI
710	Norw.	80008	C.53.	6591	XVII
820	Amer.	2629732	C.54.	2496	IX
832	Frz.	1082485	C.56.	2309	VIII
862	DBP.	898744	C.54.	10777	F
914	DBP.	928713	C.56.	269	X
737035	DBP.	870552	C.54.	6287	F
271	Oest.	177776	C.54.	6058	F
277	DBP.	928262	C.55.	10363	VII
487	Amer.	2680129	C.55.	2776	IX
659	Frz.	1055373	C.54.	11293	VIII
713	Frz.	1083577	C.56.	2309	VIII
800	Schwz.	304363	C.55.	9201	X
738093	DBP.	917425	C.55.	6421	XVII
095	DBP.	914853	C.54.	9394	IX
647	DBP.	912019	C.55.	221	X
703	DBP.	892438	C.54.	6828	XIa
	DBP.	902382	C.54.	9393	XIa
	DBP.	910289	C.55.	700	XIa
888	DBP.	921752	C.55.	3252	IX
	DBP.	923913	C.55.	4700	IX
739181	Schwz.	299705	C.55.	4701	IX
211	Frz.	1060622	C.56.	1443	VIII
740356	Amer.	2639278	C.55.	2090	XIb

Finnische Patente (Finn. P.).

25532	Norw.	77954	C.52.	5139	F
864	DBP.	857347	C.54.	1590	IX
26004	Norw.	79170	C.53.	3138	VI
141	DBP.	830956	C.55.	11721	F
26339	DBP.	845674	C.53.	430	III
397	Eng.	678416	C.53.	9570	F
463	Dän.	73383	C.55.	11728	F
464	DBP.	907299	C.54.	8860	F

26728	Eng.	707536	C.55.	7578	XVIIIa
761	Schwz.	279616	C.52.	7587	XV
793	Schwz.	291828	C.54.	10339	VIII
797	Amer.	2653905	C.55.	2766	VIII
806	Schwz.	281107	C.53.	3172	XVIIIb
26824	Schwz.	277661	C.52.	6291	XIa
826	Amer.	2568963	C.52.	6924	VIII
858	Norw.	79031	C.53.	761	VIII
862	Schwz.	289691	C.54.	6405	XX
947	Schwd.	138883	C.55.	3051	XXII

Französische Patente (F. P.).

55262	Amer.	2389931	C.49. E.	2287	IX
265	Schwz.	260229	C.49. E.	114	V
346	Can.	485861	C.54.	3852	XXIV
404	Belg.	446378	C.44. I.	844	XIX
419	DBP.	893583	C.54.	2723	XII
482	DBP.	884643	C.55.	8968	IX
484	Belg.	452842	C.45. I.	244	XVIII
486	Belg.	448972	C.44. II.	1329	XIb
774	Schwd.	124670	C.49. E.	1572	IX
791	DBP.	816695	C.52.	929	IX
56024	Eng.	650722	C.53.	2660	V
755	DBP.	828550	C.53.	3956	IX
57171	Eng.	654060	C.52.	278	V
180	DBP.	833650	C.52.	5462	F
545	Amer.	2543974	C.54.	6394	XIX
	Amer.	2640844	C.54.	10391	XIX
966	Oest.	165057	C.50. II.	2832	F
58268	Oest.	165058	C.50. II.	2832	F
500	Schwz.	261539	C.50. I.	1665	X
610	Amer.	2566225			
		u. 226	C.53.	3638	IX
704	DBP.	828695	C.52.	7383	F
59025	DBP.	847152	C.54.	1596	IX
266	DBP.	850748	C.53.	8671	F
506	Amer.	2483416	C.49. E.	1729	VII
510	Amer.	2448556	C.49. II.	469	XIb
513	Can.	486510	C.55.	4410	F
520	Eng.	672124	C.54.	1354	IX
760	Schwz.	281762	C.53.	6149	XIa
798	DBP.	831771	C.53.	2365	XIb
60256	Amer.	2592616	C.53.	2531	XIb
563	Eng.	698866	C.55.	7800	XIb
609	Amer.	2506025	C.51. I.	3568	X
657	Amer.	2629710	C.54.	4738	XIb
687	Eng.	680492	C.55.	694	X
61252	Schwz.	288071	C.55.	3015	XIa
261	Amer.	2617779	C.54.	8454	XIb
290	Eng.	682194	C.55.	4710	XIa
394	Amer.	2689859	C.55.	11725	XIX
954731	Eng.	628240	C.49. E.	1543	III
957888	Schwd.	134654	C.53.	7006	XIX
958429	Eng.	662749	C.55.	10595	III
963728	Schwd.	127918	C.51. I.	2487	III
976794	Amer.	2559791	C.53.	8686	III
978215	Amer.	2579267	C.53.	4749	III
980184	Amer.	2565977	C.53.	1111	XIX
399	Amer.	2592368	C.53.	9701	XXIV
405	Amer.	2521944	C.54.	11348	XXIV
526	Amer.	2614114	C.55.	9901	IX
642	DBP.	818940	C.52.	5817	IX
961	DBP.	860067			
		u. 068	C.54.	2232	F
997	Eng.	657443	C.52.	6435	IX
998	Eng.	657442	C.52.	7092	IX
981156	Eng.	660475	C.54.	10099	IX
188	Amer.	2613221	C.55.	11289	IX
983441	Can.	472001	C.51. II.	1187	III
985736	Finn.	25101	C.52.	582	III
987628	Amer.	2635995	C.54.	7947	III
992508	DBP.	817270	C.52.	5153	V
994625	Schwz.	283075	C.54.	4995	XXIV
995169	Amer.	2580039	C.54.	3142	XIX
210	DBP.	824051	C.53.	7654	IX
995866	DBP.	842792	C.52.	7893	IX
996116	Eng.	673315	C.54.	2448	F
185	DBP.	821204	C.52.	929	IX
271	DBP.	811117	C.52.	1887	III
	DBP.	816278	C.52.	5472	III
	DBP.	830983	C.52.	4041	III
	DBP.	846586	C.56.	1993	III
336	Amer.	2524185	C.51. II.	2221	F
998071	Oest.	174373	C.54.	1117	XI
999165	Schwz.	257399	C.49. E.	476	IX
692	Amer.	2604397	C.54.	9209	XXIV
1000028	DBP.	824940	C.52.	2719	F
132	Schwz.	292915	C.54.	7257	III
511	DBP.	886012	C.54.	2043	VIII
1002504	DBP.	802279	C.51. II.	885	VI
1003330	Eng.	679900	C.54.	1624	XVIIIa
583	Amer.	2541561	C.52.	782	XV
1007173	DBP.	832804	C.52.	7886	VIII
1008510	Amer.	2594979	C.53.	3508	XXII
932	Eng.	702195	C.55.	4696	IX
981	Eng.	676358	C.55.	4695	IX
1009156	DBP.	818519	C.52.	2061	III
251	Eng.	660719	C.54.	3306	V
260	DBP.	843587	C.53.	3656	XVII
294	DBP.	861559	C.54.	2914	IX
661	DBP.	808709	C.51. II.	3081	V
1011329	DBP.	818205	C.52.	2061	III
601	Amer.	2526676	C.52.	4687	IX
970	Schwz.	291327	C.54.	9829	III
1012720	Amer.	2535934	C.52.	4189	F
740	Schwz.	268326	C.52.	4659	F
750	Eng.	693162	C.55.	412	F
752	Schwz.	287779	C.54.	4672	F
893	Amer.	2607791	C.53.	4631	XIX
894	Amer.	2507520	C.51. I.	652	IX
941	Amer.	2507551	C.51. I.	652	IX
943	Amer.	2507518	C.51. I.	266	XIb
977	DBP.	818203	C.52.	2060	III
1013237	Eng.	674015	C.54.	2495	IX
580	DBP.	824054	C.52.	2050	F
691	Amer.	2567245	C.53.	2003	F
998	Eng.	671710	C.53.	5576	IX
1014004	Amer.	2527807	C.51. II.	1964	IX
005	Amer.	2557942	C.52.	6435	IX
038	Amer.	2650221	C.55.	8685	F
674	DBP.	854580	C.53.	4294	XIb
1015612	DBP.	809812	C.52.	4217	IX
672	DBP.	863375	C.53.	3779	III
1016184	DBP.	902623	C.54.	7046	VIII
430	Eng.	675622	C.53.	6130	VIII
547	Schwz.	290432	C.54.	4231	III
919	Eng.	677061	C.55.	4888	F
1017084	DBP.	816701	C.52.	601	IX
315	Schwd.	135101	C.54.	9855	VIII
576	Amer.	2628933	C.55.	2575	XIX
736	Oest.	169834	C.52.	4190	F
745	Eng.	653679	C.52.	1211	F
761	Eng.	682161	C.55.	10323	F
977	Oest.	166223	C.50. II.	2249	IX
1018079	DBP.	857498	C.53.	5416	IX
275	DBP.	825264	C.52.	5620	F
277	DBP.	818353	C.52.	5941	F
414	Amer.	2612472	C.54.	8957	XIX

1018418	Eng.	689734	C.55.	7319	IX
422	Schwd.	132234	C.53.	3928	F
437	DBP.	844148	C.53.	610	X
443	Amer.	2610195	C.55.	2730	F
446	Amer.	2567023	C.54.	6400	XIX
476	Eng.	678183	C.55.	3737	IX
552	Eng.	680159	C.54.	1634	XIX
643	DBP.	845040	C.52.	7889	IX
758	DBP.	820141	C.52.	5303	F
782	Schwz.	284412	C.55.	7789	IX
799	DBP.	862885	C.53.	6139	IX
808	DBP.	855109	C.53.	9305	IX
870	Amer.	2550668	C.53.	9688	XIX
	Amer.	2626232	C.54.	2532	XIX
	Amer.	2631121	C.54.	7785	XIX
1019092	DBP.	841459	C.53.	3151	IX
181	DBP.	828249	C.53.	5548	F
244	Schwz.	273076	C.52.	929	IX
318	Amer.	2594706	C.54.	2708	IX
373	Schwz.	290143	C.54.	6546	F
449	Eng.	670857	C.53.	4139	XVIIIb
467	Schwz.	290142	C.54.	6546	F
552	Can.	474055	C.52.	4502	F
592	Amer.	2497248	C.51.	I. 390	IX
601	DBP.	818804	C.52.	5941	F
604	Amer.	2499058	C.50.	II. 2834	F
	Amer.	2534235	C.52.	4343	F
605	DBP.	849108	C.55.	7980	F
631	Eng.	700774	C.54.	10536	F
841	DBP.	860300	C.53.	5572	VIII
857	DBP.	839501	C.52.	7724	VII
904	DBP.	802880	C.51.	II. 1784	F
1020115	Amer.	2613183	C.54.	6401	XIX
284	DBP.	817912	C.52.	4979	F
357	DBP.	915691	C.55.	2075	IX
367	DBP.	848820	C.53.	9636	IX
387	DBP.	870267	C.54.	8673	IX
432	Oest.	171715	C.53.	9244	F
437	Amer.	2523187	C.51.	II. 138	IX
438	Amer.	2523188	C.51.	II. 138	IX
439	Amer.	2523189	C.51.	II. 138	IX
461	DBP.	864554	C.55.	165	F
491	DBP.	819694	C.52.	3435	XXI
612	Amer.	2617774	C.54.	8490	XIX
727	Belg.	502988	C.54.	4688	III
801	Schwd.	128077	C.51.	I. 2334	F
831	Eng.	679538	C.53.	4621	XVII
846	Eng.	685049	C.53.	5956	XVII
852	Amer.	2528047	C.51.	II. 1510	IX
866	Amer.	2577039	C.53.	900	F
903	Amer.	2562117	C.54.	1836	XIa
921	Amer.	2640818	C.56.	1463	IXb
971	DBP.	817597	C.52.	926	IX
1021043	DBP.	877901	C.54.	9388	IX
127	DBP.	844892	C.53.	605	IX
205	Amer.	2632028	C.55.	9675	IX
301	DBP.	887649	C.55.	640	F
343	DBP.	820788	C.52.	6099	F
358	Eng.	670444	C.55.	1606	IX
450	Amer.	2658062	C.54.	11098	XIX
654	DBP.	858699	C.55.	3691	F
715	Amer.	2684926	C.55.	10664	XIX
1022263	Can.	485885	C.53.	7931	IX
303	Amer.	2515483	C.51.	I. 1776	F
308	Amer.	2565592	C.53.	6096	F
365	DBP.	848827	C.53.	2002	F
371	DBP.	858408	C.53.	5883	F
382	Schwz.	283745	C.54.	3107	IX
383	Oest.	176303	C.54.	3337	IX
391	Eng.	691929	C.55.	716	XVII
441	DBP.	827802	C.52.	5487	IX
468	Amer.	2583322	C.54.	6604	XIb
483	Amer.	2636845	C.54.	7330	XIX
1022483	Amer.	2651599	C.55.	4499	XIX
548	DBP.	827947	C.55.	3922	F
572	DBP.	831235	C.52.	5953	I
573	DBP.	848186	C.53.	148	XVII
804	Amer.	2489894	C.49.	E.1365	F
833	Amer.	2648623	C.54.	11094	XIX
862	DBP.	910051	C.55.	9438	IX
948	DBP.	847749	C.53.	2522	IX
1023000	Eng.	685485	C.54.	4758	XIX
035	Schwz.	279623	C.52.	7891	IX
056	Eng.	678019	C.53.	9011	XIb
094	Schwz.	280469	C.53.	2028	IX
119	Eng.	676153	C.54.	6543	F
200	DBP.	873546	C.54.	8669	IX
244	Eng.	685657	C.53.	6976	IX
245	Amer.	2563516	C.53.	4147	XIX
273	DBP.	825261	C.52.	6440	IX
295	Eng.	670746	C.54.	2714	X
301	Amer.	2614099	C.54.	3346	XIb
319	Amer.	2537006	C.52.	263	F
341	Amer.	2622087	C.54.	4728	IX
367	Eng.	677199	C.55.	5175	IX
413	Eng.	696027	C.54.	5878	XVII
427	Amer.	2629685	C.54.	5669	XIX
438	Amer.	2516848			
		u. 849	C.51.	I. 2649	XI
455	Amer.	2610151	C.54.	7790	XIX
503	Eng.	678486	C.53.	8175	IV
568	DBP.	823448	C.52.	4028	F
569	DBP.	823592	C.52.	4028	F
630	Eng.	680122	C.54.	4229	I
631	DBP.	877597	C.54.	1827	IX
735	Eng.	672732	C.54.	9597	III
803	Schwz.	270399	C.51.	II. 452	IX
808	Eng.	681338	C.53.	4739	F
815	Eng.	684781	C.55.	8446	F
822	Eng.	668610	C.53.	754	V
830	Amer.	592266	C.53.	2836	IX
831	DBP.	877141	C.54.	191	IX
857	DBP.	825262	C.52.	4059	IX
873	Schwd.	133332	C.53.	5079	F
881	Eng.	686000	C.54.	7329	XIX
945	Amer.	2623060	C.56.	3152	IX
1024003	Amer.	2553771	C.52.	7245	VII
013	DBP.	861249	C.55.	1567	F
062	Amer.	2534246	C.52.	4343	F
070	Amer.	2606180	C.53.	9242	F
072	DBP.	820142	C.52.	3214	F
093	DBP.	862371	C.53.	5918	VIII
	DBP.	867006	C.54.	183	VIII
149	Eng.	695585	C.54.	3523	F
407	Eng.	678192	C.54.	4987	XIX
408	Eng.	698422	C.55.	925	IX
512	Amer.	2616814	C.53.	7186	XIa
551	Eng.	697227	C.55.	9943	XIX
677	DBP.	889301	C.53.	8997	IX
690	Eng.	690439	C.54.	10130	XVII
725	DBP.	830048	C.52.	7256	IX
965	DBP.	880444	C.55.	2256	F
974	DBP.	837917	C.52.	6305	XVII
976	DBP.	858293	C.53.	1855	F
977	DBP.	839938	C.53.	7870	F
993	Amer.	2636895	C.54.	11593	IX
1025023	DBP.	859017	C.54.	9582	F
141	Schwz.	289979	C.55.	2038	I
203	Can.	485417	C.53.	6158	XIb
466	Eng.	691800	C.54.	5352	F
552	DBP.	843240	C.53.	949	XVIIIb
570	DBP.	836982	C.52.	5186	XVII
620	Eng.	673005	C.54.	1546	F
651	Eng.	680128	C.54.	1547	F
808	DBP.	834105	C.53.	2005	F
1026504	Eng.	692145	C.54.	1587	IX

1026505	Eng.	692145	C.54.	1587	IX
568	Eng.	667145	C.52.	6423	V
569	Eng.	692158	C.55.	4976	XIX
635	Eng.	662625	C.53.	112	IV
763	Amer.	2642427	C.55.	4651	F
767	DBP.	859152	C.54.	418	IX
780	DBP.	848954	C.54.	4439	F
782	Amer.	2519317	C.51.	I. 2954	VII
816	Eng.	676736	C.54.	4296	XVIIIb
860	DBP.	874940	C.54.	6405	XIX
861	Amer.	2614077	C.54.	8958	XIX
873	Eng.	707385	C.55.	1406	XVII
909	Amer.	2543805	C.52.	6293	XIb
959	DBP.	844035	C.53.	7447	XIX
965	Amer.	2579329	C.55.	1374	IX
1027182	Schwz.	280474	C.53.	2675	IX
207	Belg.	499458	C.54.	625	III
368	Eng.	667642	C.54.	9377	VII
425	Schwz.	290881	C.54.	8682	XIb
794	DBP.	833802	C.52.	6604	IX
911	Eng.	712684	C.55.	4182	IV
987	Amer.	2574759	C.52.	8048	IX
1028201	Eng.	687852	C.55.	4931	IX
214	Amer.	2624726	C.55.	467	XIb
244	DBP.	844740	C.52.	7571	IX
351	Oest.	173234	C.53.	8260	XIX
400	DBP.	852993	C.53.	8987	IX
464	Eng.	692109	C.55.	4670	V
474	Oest.	177415	C.54.	6093	VII
504	DBP.	844440	C.52.	7572	IX
568	Eng.	705267	C.55.	3289	XIX
587	DBP.	865443	C.53.	5412	IX
589	DBP.	883156	C.55.	2026	F
631	DBP.	836349	C.52.	6283	IX
639	DBP.	896338	C.55.	5894	IX
640	DBP.	824793	C.52.	4529	IX
659	Eng.	691360	C.55.	5418	IX
700	Eng.	669160	C.55.	9874	I
745	Eng.	684334	C.55.	11686	IX
769	DBP.	838002	C.52.	7093	IX
770	DBP.	877141	C.54.	191	IX
786	DBP.	854952	C.53.	5888	F
806	Schwz.	295406	C.54.	10581	VIII
810	DBP.	835149	C.52.	5678	XIX
987	DBP.	843583	C.55.	1654	XIX
1029010	DBP.	894995	C.54.	2468	V
032	Eng.	693779	C.54.	8473	XVII
118	Belg.	499802	C.54.	626	III
177	Oest.	172623	C.53.	3666	XIX
178	Oest.	173705	C.53.	9363	XIX
359	Eng	675933	C.54.	2910	VIII
457	DBP.	869105	C 55.	11721	X
622	Eng.	680271	C.55.	5656	IX
866	DBP.	897546	C.55.	9188	IX
910	Eng.	705300	C.55.	6131	IX
930	Eng.	709964	C.55.	924	IX
953	Norw.	82535	C.55.	8941	V
1030020	Can.	483614	C.54.	1118	IX
062	DBP.	864556	C.55.	4409	F
180	DBP.	887344	C.55.	3686	F
240	DBP.	901777	C.54.	5580	F
277	Amer.	2642418	C.54.	4047	XIb
283	DBP.	844442	C.52.	7888	IX
336	Can.	479053	C.53.	3153	IX
367	DBP.	860206	C.54.	420	IX
422	DBP.	823445	C.52.	4845	IX
459	DBP.	825684	C.52.	5009	IX
498	DBP.	832788	C.52.	5515	XIX
599	Amer.	2554736	C.52.	2049	F
606	Schwd.	137711	C.54.	8957	XIX
625	Eng.	683318	C.55.	10662	XIX
675	DBP.	835925	C.52.	5622	F
680	DBP.	848816	C.53.	1856	F
1030688	DBP.	837700	C.53.	2030	IX
689	DBP.	823597	C.52.	6409	F
736	DBP.	878833	C.54.	6399	XIX
744	Oest.	180563	C.55.	5373	F
783	Amer.	2614991	C.53.	7991	XIX
1031014	Eng.	701591	C.55.	2111	XIX
040	Eng.	682047	C.53.	9314	IX
052	DBP.	926784	C.55.	11682	IX
095	Amer.	2563375	C.55.	2347	XXIV
096	Amer.	2563376	C.55.	6182	IX
145	DBP.	830194	C.52.	7257	IX
349	DBP.	844739	C.52.	7571	IX
444	DBP.	886972	C.54.	2312	XIX
532	Eng.	684372	C.53.	4912	F
534	Amer.	2590638	C.53.	1056	F
578	Oest.	170265	C.52.	3903	IX
580	Amer.	2561178	C.52.	3926	XIX
594	DBP.	880288	C.55.	6180	IX
595	Oest.	170267	C.52.	4534	IX
676	Oest.	170859	C.52.	6733	F
681	Amer.	2628985	C.54.	5852	IX
686	Eng.	692052	C.54.	5810	F
688	DBP.	841917	C.54.	8401	F
728	DBP.	864722	C.54.	6404	XIX
741	Eng.	719776	C.55.	9944	XIX
746	Amer.	2607772	C.54.	6133	XVIIIa
757	Eng.	697244	C.54.	6377	XVII
830	Schwd.	135366	C.53.	8262	XIX
834	DBP.	908288	C.54.	10595	X
835	Eng.	712747	C.55.	7081	IX
904	DBP.	834102	C.52.	5619	F
1032004	Eng.	693390	C.55.	686	IX
091	Oest.	172627	C.53.	3983	XIX
168	Eng.	709903	C.55.	7819	XIX
169	Amer.	2554543	C.54.	4439	F
181	Schwz.	286863	C.55.	2476	VII
239	Amer.	2624731	C.54.	8630	F
455	DBP.	829498	C.52.	6141	XIb
486	Schwd.	138950	C.55.	5375	F
589	Amer.	2530403	C.51.	II. 2405	XVIIIb
691	Eng.	684130	C.55.	5416	IX
716	Eng.	693851	C.54.	10831	XII
732	Schwz.	292812	C.54.	7770	XVII
748	Amer.	2645588	C.55.	5915	XIb
959	Eng.	709563	C.55.	955	XVII
1033177	Schwz.	282508	C.54.	11268	III
381	Amer.	2655545	C.55.	3967	IX
625	Amer.	2578654	C.53.	2838	IX
628	DBP.	898737	C.55.	2070	IX
677	Amer.	2614102	C.53.	7981	XVIIIb
760	DBP.	864398	C.54.	418	IX
823	DBP.	859166	C.53.	5883	F
891	Amer.	2623902	C.55.	8917	F
1034289	DBP.	873542	C.54.	195	IX
442	Eng.	694036	C.54.	6311	V
545	Eng.	690778	C.55.	1333	F
619	Amer.	2614107	C.54.	187	IX
626	Eng.	687522	C.54.	10108	XIa
643	Amer.	2611780	C.53.	5577	IX
644	Eng.	685542	C.53.	4951	XIb
645	DBP.	862607	C.53.	6976	IX
649	Amer.	2542813	C.54.	1564	I
677	Amer.	2628233	C.55.	6573	F
955	DBP.	832440	C.55.	4932	IX
958	Amer.	2554816	C.54.	1309	F
	Amer.	2577231	C.53.	1215	F
	Amer.	2595334	C.53.	1854	F
	Amer.	2603649	C.55.	6084	F
1035455	Eng.	687444	C.54.	397	V
566	Eng.	682823	C.55.	1797	F
589	Eng.	681202	C.54.	9859	IX
779	Eng.	701438	C.55.	1373	IX
1036156	Eng.	714883	C.55.	6849	IX

1036208	Eng.	700123	C.54.	11273	V
251	Eng.	688242	C.55.	8971	IX
367	Eng.	683459	C.54.	644	VIII
649	Eng.	698277	C.54.	11341	XIX
694	Amer.	2571039	C.56.	3163	XIb
721	Amer.	2597908			
		u. 910	C.54.	3610	XIX
726	Oest.	175455	C.54.	7084	XVIIIa
925	DBP.	878657	C.54.	6381	XVIIIa
1037034	Eng.	692433	C.54.	7555	XVIIIb
103	DBP.	869194	C.53.	4586	V
193	Schwz.	295399	C.55.	226	XIa
194	DBP.	889666	C.54.	1835	XIa
294	Schwz.	284576	C.54.	6306	III
336	DBP.	884948	C.54.	5172	IX
691	DBP.	854346	C.53.	2224	XIX
722	Eng.	675854	C.54.	1565	III
797	DBP.	854649	C.53.	4263	V
1038254	Oest.	179603	C.55.	1418	XIX
334	DBP.	879204	C.54.	8730	XXIV
344	DBP.	877446	C.54.	5377	V
440	DBP.	863159	C.53.	5252	VIII
	DBP.	871392	C.54.	8665	VIII
651	Eng.	694035	C.54.	6311	V
722	DBP.	838611	C.52.	8063	XVIIIa
743	Eng.	699772	C.54.	10156	XIX
746	Eng.	679096	C.53.	9265	III
767	Schwz.	291328	C.54.	8183	III
823	DBP.	875251	C.54.	7026	III
831	DBP.	900325	C.54.	6348	X
893	Eng.	684352	C.55.	9449	X
919	Oest.	173247	C.54.	1605	XIa
1039029	Oest.	175648	C.54.	1604	XIa
094	DBP.	844492	C.53.	270	III
337	Oest.	175266	C.54.	7798	XXIII
584	DBP.	927947	C.55.	10418	XIX
593	Amer.	2604436	C.54.	925	XIX
630	Eng.	684848	C.55.	2043	IV
1040391	DBP.	846845	C.53.	272	V
392	DBP.	900735	C.54.	5637	XIa
440	DBP.	893012	C.54.	9210	XXIV
446	Schwd.	137959	C.54.	3544	V
553	DBP.	878800	C.54.	2468	V
602	Oest.	175578	C.54.	7272	VII
631	Schwd.	135975	C.53.	9334	XIb
784	Oest.	176852	C.55.	4022	XXIV
865	Amer.	2626951	C.54.	4057	XVII
993	DBP.	843282	C.53.	637	XIX
1041073	DBP.	842227	C.53.	1069	III
099	Eng.	697503	C.55.	1151	XIb
129	DBP.	879304	C.55.	3039	XVIIIb
137	DBP.	884351	C.54.	6310	V
207	Oest.	176377	C.54.	5633	XIa
229	DBP.	878489	C.54.	6312	V
494	DBP.	857739	C.54.	2099	XXIV
506	Oest.	175851	C.54.	1092	IV
510	Eng.	712327	C.55.	4730	XVII
639	DBP.	900333	C.54.	5896	XIX
668	DBP.	863400	C.55.	5217	XVIIIb
712	Eng.	695319	C.55.	5698	XIX
748	Amer.	2649476	C.55.	490	XVIIIb
881	DBP.	841452	C.52.	6748	V
936	DBP.	878938	C.54.	10569	VII
955	Norw.	78976	C.53.	433	V
1042012	DBP.	886576	C.54.	3808	XIa
419	DBP.	911729	C.55.	188	V
426	DBP.	913216	C.55.	2543	XIa
511	Amer.	2683101	C.55.	5215	XVIIIb
517	DBP.	889661	C.55.	8974	X
651	DBP.	832147	C.52.	4687	IX
685	DBP.	862941	C.53.	7876	F
759	Eng.	676956	C.53.	9315	IX
764	Schwd.	138777	C.55.	1647	XVIIIb
1042766	Schwz.	298378			
		u. 334	C.55.	1564	F
774	Amer.	2606299	C.53.	4425	III
1043082	Eng.	695325	C.54.	5601	V
115	Eng.	682936	C.54.	3328	VIII
134	DBP.	849550	C.53.	1559	IX
186	DBP.	906256	C.55.	724	XVIIIb
562	Eng.	703007	C.55.	1889	XXII
597	Schwz.	300315	C.55.	9700	XVIIIb
613	Amer.	2645642	C.55.	1384	X
777	DBP.	896941	C.54.	8668	IX
937	DBP.	889045	C.55.	10144	X
938	DBP.	889043	C.55.	6857	X
1044072	DBP.	925851	C.55.	9711	XXI
102	DBP.	856147	C.53.	8457	IX
	DBP.	898589	C.55.	8262	IX
361	DBP.	859462	C.53.	7932	IX
547	Oest.	176625	C.54.	10861	XXI
579	Amer.	2549059	C.52.	2281	XVIIIb
	Amer.	2549060	C.52.	3270	XVIIIb
758	DBP.	885542	C.54.	4946	IX
920	DBP.	916052	C.55.	2269	I
1045091	DBP.	865100	C.53.	3656	XVII
162	Amer.	2651568	C.54.	7272	VII
207	Schwz.	300939	C.55.	4216	IX
215	Eng.	679803	C.53.	9321	IX
237	DBP.	890188	C.54.	10063	F
437	DBP.	896046	C.54.	5403	X
499	Oest.	178352	C.54.	11254	F
510	DBP.	858848	C.53.	8416	F
547	DBP.	905371	C.55.	1563	F
548	Amer.	2667493	C.55.	8451	F
557	Oest.	170616	C.52.	7892	IX
586	Eng.	687701	C.55.	10378	IX
589	DBP.	820437	C.52.	2224	F
654	DBP.	869342	C.54.	9581	F
672	Eng.	689668	C.54.	11005	F
760	DBP.	896807	C.54.	8900	IX
800	Schwz.	288380	C.54.	6857	XVII
		292641			
		bis 643	C.55.	3762	XVII
876	Oest.	173445	C.53.	7876	F
897	Schwz.	288321	C.54.	919	IX
	Schwz.	291723	C.55.	1173	IX
	Schwz.	291724	C.55.	6134	IX
	Schwz.	291722	C.55.	6393	IX
1046035	Amer.	2607770	C.54.	2011	F
047	Amer.	2606904	C.54.	4490	IX
064	DBP.	904982	C.54.	10864	XXIV
160	DBP.	858553	C.53.	1854	F
240	Oest.	175889	C.54.	6830	IX
296	Oest.	175215	C.54.	4691	IV
413	DBP.	865450	C.53.	8207	IX
460	Eng.	708957	C.55.	6663	XIX
481	DBP.	922347	C.55.	4935	IX
496	Amer.	2614124	C.53.	6938	F
557	Eng.	679712	C.53.	9631	IX
558	Eng.	679713	C.53.	9316	IX
560	DBP.	890344	C.54.	10061	F
566	Eng.	676662	C.54.	9829	III
599	Amer.	2558014	C.52.	3540	F
716	DBP.	882452	C.56.	869	X
1047045	Schwd.	140080	C.55.	2727	F
176	DBP.	883619	C.54.	6079	III
177	Oest.	173443	C.53.	7875	F
280	DBP.	898902	C.54.	3109	IX
337	DBP.	857495	C.53.	4445	IX
364	Oest.	176557	C.54.	4672	F
400	Eng.	696656	C.54.	4245	VII
473	Amer.	2579330			
		u. 331	C.54.	9142	IX
	Amer.	2598406	C.54.	9142	IX
	Amer.	2606929	C.54.	9142	IX

1047473	Amer	2606934 u. 935	C.54.	9142	IX
533	Oest.	180908	C.56.	1693	I
649	DBP.	910298	C.54.	11004	F
776	DBP.	915336	C.55.	2960	F
809	DBP.	801839	C.52.	5619	F
836	Schwz.	292305	C.55.	10387	X
	Schwz.	292304	C.55.	10145	X
	Schwz.	292306	C.55.	10145	X
844	DBP.	915569	C.55.	3202	F
919	DBP.	871891	C.54.	9094	F
932	DBP.	883178	C.55.	6858	X
1048054	Oest.	180564	C.55.	4412	F
078	DBP.	887064	C.54.	4230	III
161	Oest.	173700	C.54.	2917	IX
179	DBP.	899656	C.54.	9813	F
192	Schwz.	291501	C.55.	6647	XVII
200	Oest.	174887	C.54.	221	XVII
253	DBP.	864555	C.53.	4088	F
280	DBP.	891990	C.55.	6569	F
323	Amer.	2573080	C.53.	2326	F
413	DBP.	912019	C.55.	221	X
440	DBP.	896937	C.54.	5662	XVIIIb
455	Eng.	699664	C.55.	7314	IX
464	Amer.	2682466	C.55.	6877	XVI
522	DBP.	883437	C.55.	10384	IX
554	DBP.	883891	C.55.	8030	IX
557	Eng.	715390	C.55.	8731	IX
627	Eng.	703491	C.55.	8731	IX
640	Eng.	700137	C.54.	10857	XIX
650	DBP.	899041	C.54.	3573	IX
670	Amer.	2653131	C.54.	6403	XIX
679	Eng.	690795	C.54.	6556	I
713	Amer.	2623023	C.55.	11472	XIb
738	Amer.	2604450	C.54,	6401	XIX
	Amer.	2604452	C.54.	8957	XIX
	Amer.	2629666	C.54.	3808	XIX
754	Amer.	2585550	C.54.	147	F
820	Schwd.	137586	C.55.	6083	F
828	DBP.	879696	C.53.	7145	F
955	Eng.	701720	C.55.	6434	XIX
967	Eng.	711382	C.55.	9639	I
	Eng.	696463	C.54.	5624	I
1049086	DBP.	902853	C.54.	5399	IX
087	Oest.	180058	C.55.	3966	IX
126	Schwz.	300935	C.55.	4909	V
218	Eng.	716786	C.55.	11314	XIX
227	DBP.	828246	C.54.	378	F
228	DBP.	828247	C.54.	378	F
254	Eng.	706009	C.54.	11047	IX
274	Schwz.	289068	C.54.	8419	V
297	Amer.	2597965	C.55.	1847	X
323	DBP.	850006	C.54.	1357	IX
388	Schwz.	290891	C.54.	6827	IX
389	Schwz.	290889	C.54.	2050	IX
453	Schwz.	293431	C.54.	10815	IX
455	Eng.	687171	C.55.	3965	IX
456	DBP.	907528	C.54.	9139	IX
484	Amer.	2649464	C.54.	3548	VII
521	DBP.	894296	C.54.	692	XIX
527	Oest.	174914	C.54.	7468	F
528	Oest.	174920	C.54.	7469	F
529	DBP.	913288	C.55.	1842	IX
530	Oest.	174916	C.54.	7468	F
536	Schwz.	304181	C.55.	7979	F
539	DBP.	922103	C.55.	5602	F
562	DBP.	916970	C.55.	1884	XIX
608	Eng.	702860	C.55.	199	VII
660	Eng.	707992	C.55.	6132	IX
737	Eng.	697839	C.54.	4265	IX
784	DBP.	872202	C.53.	6749	V
785	DBP.	867990	C.53.	6748	V
793	Schwz.	295999	C.55.	2541	X

1049793	Schwz.	298031 bis 033	C.55.	4943	X
802	DBP.	896038	C.54.	4491	X
844	Schwz.	292209	C.55.	9411	III
1050008	Oest.	177772	C.54.	8630	F
011	Norw.	82282	C.55.	8001	V
085	Schwz.	297408	C.55.	1371	IX
138	Eng.	711174	C.55.	7057	V
152	Schwz.	298505	C.55.	7080	IX
269	Amer.	2558701	C.52.	5179	XIb
286	DBP.	878560	C.54.	662	XIb
289	Amer.	2635107	C.54.	5899	XIX
297	Eng.	680862	C.54.	8226	X
316	DBP.	906450	C.54.	6822	IX
386	DBP.	889043	C.55.	6857	X
394	Oest.	175550	C.54.	7543	XVII
416	DBP.	917306	C.55.	5181	IX
467	Amer.	2596804	C.54.	2050	IX
607	Eng.	706653	C.55.	4730	XVII
745	Oest.	178685	C.55.	3249	IX
960	Eng.	708919	C.55.	217	IX
1051260	DBP.	849105	C.54.	415	IX
283	DBP.	854497	C.53.	2816	I
407	DBP.	904926	C.55.	2541	X
414	Eng.	696265	C.55.	7272	F
458	Amer.	2585356	C.53.	1709	VII
470	Eng.	698506	C.54.	7468	F
474	Eng.	708030	C.55.	6345	F
478	DBP.	908613	C.54.	6287	F
511	Amer.	2620354	C.53.	6731	F
	Amer.	2654779	C.54.	8400	F
543	Amer.	2579330	C.54.	9142	IX
587	Eng.	723899	C.55.	9187	VIII
863	Amer.	2579341	C.53.	2522	IX
982	DBP.	877891	C.54.	1804	V
1052063	Eng.	702812	C.55.	189	V
493	Oest.	177494	C.54.	10393	XIX
514	Eng.	706659	C.54.	11298	IX
692	Amer.	2669530	C.55.	3508	XIV
806	Amer.	2588452	C.54.	4071	XIX
879	DBP.	913770	C.55.	216	IX
970	DBP.	903859	C.54.	6348	XIb
	DBP.	906145	C.54.	10354	XIb
1053043	Amer.	2598562	C.53.	6755	VII
149	DBP.	859672	C.53.	9654	XIb
383	Finn.	26902	C.55.	5411	VIII
415	DBP.	869055	C.53.	9628	IX
	DBP.	869056	C.53.	6139	IX
433	DBP.	911257	C.55.	1818	V
542	Oest.	175880	C.54.	881	IX
610	Eng.	698753	C.55.	8024	VIII
723	Oest.	180568	C.55.	4500	XIX
761	DBP.	824942	C.53.	6310	F
774	Amer.	2533427	C.52.	5034	XXIV
776	Eng.	682625	C.53.	6790	XVII
785	Amer.	2538009	C.52.	1768	XXIV
786	DBP.	848910	C.53.	4152	XXIV
787	DBP.	854883	C.54.	1162	XXIV
834	Eng.	685712	C.54.	192	IX
891	Eng.	680846	C.54.	858	III
961	DBP.	861242	C.53.	9307	IX
998	Eng.	688980	C.54.	1395	XXIV
1054034	DBP.	866331	C.53.	4761	VIII
069	Holl.	74351	C.55.	10650	XVII
181	Eng.	703631	C.54.	11099	XIX
210	Eng.	695766	C.55.	7313	IX
227	DBP.	883021	C.55.	7090	X
259	Schwz.	297859	C.55.	1875	XVIIIa
	Amer.	2655101			
		2655864	C.55.	1875	XVIIIa
265	DBP.	872154	C.54.	4768	XXIV
278	DBP.	916169	C.55.	1797	F
282	DBP.	897560	C.54.	4722	IX

1054393	Eng.	712440	C.55.	7124	XIX
429	Amer.	2650942	C.55.	9198	IX
486	Oest.	172362	C.54.	10866	XXIV
544	Oest.	175563	C.54.	6829	IX
649	DBP.	869203	C.53.	5930	IX
744	Schwz.	298430	C.55.	2521	VII
935	DBP.	921223	C.55.	6856	X
979	DBP.	918698	C.55.	9914	X
996	DBP.	882737	C.55.	6627	X
1055156	Eng.	697154	C.54.	7040	VII
202	DBP.	874301	C.53.	8984	IX
203	DBP.	874769	C.55.	7080	IX
275	Eng.	697536	C.54.	7948	III
778	Amer.	2544640	C.54.	6410	XXIV
1056157	Eng.	700185	C.54.	11031	VII
911	Eng.	697589	C.55.	9183	VIII
1058081	Schwd.	140808	C.56.	893	XVIIIa
170	DBP.	921225	C.55.	6628	X
651	Norw.	82094	C.55.	9677	X
652	DBP.	906448	C.54.	9139	IX
740	DBP.	878647	C.55.	11288	IX
811	Amer.	2686114	C.55.	10352	V
827	Ind.	46608	C.55.	8292	XVIIIb
964	Amer.	2618579	C.54.	4926	VI
1059264	Schwz.	300951	C.55.	7112	XVII
309	DBP.	917990	C.55.	6628	X
686	Oest.	179136	C.55.	1131	VII
687	Eng.	712637	C.55.	4234	XVI
1060249	Eng.	702118	C.55.	2270	I
634	Eng.	710420	C.55.	2057	VII
1061329	Norw.	82139	C.55.	10385	X
345	Amer.	2681878	C.55.	6117	VII
399	DBP.	899538	C.55.	695	X
471	DBP.	900600	C.55.	8270	X
609	Eng.	693975	C.55.	1892	XXIV
777	Amer.	2605246	C.54.	4062	XVIIIb
941	Eng.	710021	C.55.	5390	III
1062171	Schwz.	301807	C.55.	10624	IX
326	DBP.	897991	C.54.	5856	X
403	Amer.	2614927	C.54.	6410	XXIV
512	DBP.	921277	C.55.	7091	X
718	DBP.	869616	C.54.	173	VI
786	DBP.	857688	C.53.	3952	VIII
826	Eng.	715737	C.55.	9653	VII
1063067	DBP.	910652	C.55.	5636	VII
189	Eng.	714845	C.55.	6117	VII
190	Amer.	2662106	C.55.	9876	III
191	Amer.	2662107	C.55.	9876	III
218	Amer.	2650174	C.55.	3263	XIa
486	Schwz.	298882	C.55.	9914	X
846	Eng.	713334	C.55.	4184	V
994	Amer.	2681901	C.55.	10392	XIb
1064451	DBP.	888032	C.54.	4470	VII
489	DBP.	890433	C.54.	4017	VII
571	Eng.	705824	C.54.	11530	VII
614	Schwz.	279642	C.53.	1070	IV
634	DBP.	929210	C.55.	10817	F
635	DBP.	930412	C.55.	10817	F
661	DBP.	915730	C.55.	8767	XVIIIb
689	DBP.	863417	C.53.	8215	XIa
1065011	DBP.	917439	C.55.	10346	III
052	Amer.	2676091	C.55.	9459	XIb
136	DBP.	910294	C.54.	10814	IX
221	Oest.	176561	C.54.	4440	F
248	Oest.	177764	C.54.	6779	F
251	DBP.	875803	C.53.	8203	IX
	DBP.	875804	C.53.	8729	IX
269	DBP.	898651	C.54.	4495	XIa
359	Amer.	2606900	C.55.	11466	IX
	Amer.	2663705	C.55.	7087	IX
	Amer.	2606901	C.55.	6623	IX
406	DBP.	871151	C.53.	8668	F
571	Eng.	710049	C.55.	2076	IX
1065572	Eng.	710479	C.55.	2076	IX
593	Eng.	707277	C.55.	168	F
650	Amer.	2687408	C.55.	9684	XIb
805	DBP.	876781	C.53.	7390	VII
902	DBP.	896039	C.55.	221	X
1066011	DBP.	833353	C.52.	4206	V
012	Amer.	2632702	C.55.	4019	XXIV
020	Can.	484328	C.53.	9635	IX
021	Amer.	2530769	C.51. II.	1663	IX
185	Eng.	712301	C.55.	7519	III
240	Amer.	2596085	C.55.	11699	XII
301	DBP.	870263	C.53.	5278	XVIIIb
952	DBP.	898756	C.54.	3554	VIII
1067220	DBP.	928262	C.55.	10363	VII
309	DBP.	905372	C.54.	6588	IX
417	DBP.	904651	C.54.	8203	VII
513	DBP.	895671	C.54.	3787	VII
516	DBP.	901888	C.54.	8886	VII
561	Eng.	720550	C.55.	10347	III
619	Eng.	718573	C.55.	8024	VIII
640	Eng.	719013	C.55.	9165	III
658	Eng.	719089	C.55.	8740	X
697	DBP.	899401	C.55.	11714	XVIIIb
698	DBP.	906212	C.55.	1146	X
715	DBP.	920750	C.55.	6856	X
757	DBP.	911977	C.54.	11082	XVIIIa
776	DBP.	907894	C.54.	9914	XXI
806	Eng.	690255	C.55.	4670	V
820	DBP.	912929	C.54.	10773	F
847	Amer.	2617828	C.55.	10813	F
867	Amer.	2663706	C.55.	7038	F
873	DBP.	920811	C.55.	6177	XXI
875	Eng.	702370	C.54.	11272	V
886	Oest.	178904	C.54.	9579	F
888	Amer.	2666051	C.55.	8213	F
889	Amer.	2654738	C.54.	5399	IX
957	DBP.	896040	C.54.	4491	X
994	DBP.	891113	C.54.	3300	III
997	Amer.	2677644	C.55.	11725	F
1068000	Amer.	2665264	C.56.	1172	XII
013	Amer.	2656313	C.55.	3718	VII
059	Amer.	2681301	C.55.	5222	XIX
153	Amer.	2678307	C.56.	1462	XIb
427	Oest.	175881	C.54.	1348	IX
514	DBP.	910541	C.55.	220	X
578	DBP.	904229	C.55.	6857	X
631	DBP.	905487	C.54.	11303	IX
648	Schwz.	294691	C.54.	9142	IX
657	DBP.	905846	C.54.	8943	XVIIIb
679	Oest.	175258	C.53.	7354	F
680	Eng.	700124	C.55.	3440	F
766	DBP.	890857	C.54.	1311	F
784	DBP.	888902	C.55.	9913	X
788	DBP.	884641	C.54.	883	IX
821	Oest.	175570	C.54.	7005	F
1069000	DBP.	906606	C.54.	9895	XIX
023	Amer.	2642449	C.54.	2498	IX
048	DBP.	906215	C.54.	8226	X
089	DBP.	879837	C.54.	3331	IX
189	DBP.	834245	C.53.	8237	XVII
244	DBP.	923843	C.55.	7815	XIX
408	DBP.	918848	C.55.	7132	XXIV
426	Eng.	716597	C.55.	8234	V
427	Eng.	716595	C.55.	6593	V
449	DBP.	906573	C.54.	8202	VII
476	DBP.	917425	C.55.	6421	XVII
488	Eng.	706699	C.55.	254	XVIIIb
520	Eng.	718967	C.55.	6431	XIX
696	DBP.	914974	C.55.	161	F
759	DBP.	906213	C.55.	221	X
764	DBP.	893501	C.54.	4958	XIb
773	Oest.	178199	C.54.	7528	XII
776	DBP.	915129	C.55.	1612	X

1069797	Oest.	180266	C.55.	5423	IX
851	Oest.	177421			
		u. 422	C.54.	7984	IX
890	DBP.	867712	C.55.	2041	III
900	DBP.	915604	C.55.	5907	X
902	DBP.	898146	C.54.	6107	X
911	Oest.	182229	C.56.	2894	XII
912	Oest.	182233	C.56.	2894	XII
937	Schwz.	294680	C.54.	8415	I
1070083	DBP.	926022	C.55.	8976	XIa
165	DBP.	911132	C.55.	7786	IX
338	Amer.	2642395	C.54.	6154	XIX
375	Amer.	2659727	C.55.	3494	X
423	Eng.	720285	C.55.	11654	III
428	DBP.	896491	C.55.	3687	F
436	Eng.	706746	C.55.	6665	XXI
451	Oest.	175894	C.54.	10774	F
585	Amer.	2666035	C.55.	9924	XII
846	DBP.	917842	C.55.	3006	IX
860	DBP.	918634	C.55.	8037	X
913	DBP.	908050	C.55.	9913	X
1071022	Eng.	699663	C.55.	6088	F
076	Oest.	180263	C.55.	4652	F
077	Oest.	177775	C.54.	7241	F
084	Oest.	177595	C.54.	11098	XIX
086	Oest.	175890	C.54.	6057	F
093	Oest.	175895	C.54.	1074	F
168	DBP.	921767	C.55.	7559	X
188	Amer.	2673188	C.55.	3220	I
193	Amer.	2667463	C.56.	1168	XIa
260	Eng.	701119	C.54.	11497	F
285	Eng.	715739	C.55.	9874	I
343	DBP.	917138	C.55.	5663	X
607	Eng.	683400	C.53.	9651	XIb
608	Amer.	2631999	C.54.	11593	XIb
627	Amer.	2658078	C.55.	2963	F
	Belg.	505856	C.55.	2963	F
641	Amer.	2651641	C.55.	930	X
689	DBP.	911250	C.54.	9425	XVIIIb
692	DBP.	880443	C.54.	10570	VII
705	Oest.	180929	C.55.	4412	F
727	Eng.	717889	C.55.	5692	XVIIIb
759	Schwz.	303272	C.55.	9425	VII
760	Schwz.	303656	C.55.	10363	VII
767	Oest.	177887	C.54.	7242	F
815	DBP.	926243	C.55.	7559	X
825	Oest.	177777	C.54.	6059	F
855	DBP.	889338	C.55.	9914	X
875	Schwz.	302550	C.55.	8981	XIb
910	Oest.	180061	C.55.	3920	F
1072136	Eng.	720778	C.56.	1095	F
286	DBP.	911433	C.55.	1395	XIb
310	Oest.	176935	C.54.	9635	XIa
319	Amer.	2669592	C.55.	10641	XII
394	Eng.	713029	C.55.	4961	XVII
1072503	Amer.	2662909	C.54.	10360	XIb
504	Amer.	2662910	C.54.	10360	XIb
505	Amer.	2634282	C.54.	4504	XIb
506	Amer.	2672474	C.55.	1607	IX
507	Amer.	2672473	C.55.	1607	IX
614	Amer.	2688006	C.55.	4972	XVIIIb
649	Schwz.	301887	C.55.	8288	XVIIIa
806	Oest.	180144	C.55.	6150	XIb
936	DBP.	916218	C.55.	2550	XII
1073043	Belg.	510122	C.56.	3149	VIII
080	DBP.	927832	C.56.	272	XIa
186	Oest.	179838	C.55.	7126	XXI
311	DBP.	883028	C.54.	3344	XIa
326	Amer.	2605242	C.54.	10822	XIa
432	Amer.	2655485	C.55.	1395	XIb
672	Amer.	2671730	C.55.	3757	XVI
681	Eng.	716990	C.55.	8740	X
792	DBP.	921224	C.55.	7090	X
926	Oest.	178905	C.54.	9579	F
927	Oest.	178906	C.54.	9579	F
928	Oest.	178907	C.54.	9580	F
1074014	Schwz.	300565	C.55.	6421	XVII
318	DBP.	922216	C.55.	6663	XX
533	DBP.	886734	C.55.	2782	X
559	DBP.	880376	C.54.	9863	X
560	Schwz.	300624	C.55.	5227	XXIV
562	Norw.	82095	C.55.	8038	X
576	Oest.	179196	C.55.	1892	XXIV
641	Norw.	82771	C.55.	6672	XXIV
713	DBP.	901471	C.54.	9166	XIb
869	DBP.	922123	C.55.	10145	X
1075010	DBP.	917632	C.55.	6399	X
130	DBP.	879832	C.54.	656	X
141	Amer.	2604475	C.55.	2583	XXIV
1076573	DBP.	917024	C.55.	6142	X
938	DBP.	924154	C.55.	7052	I
1077165	Amer.	2633420	C.54.	7509	VIII
504	Eng.	694647	C.54.	2506	XIa
540	DBP.	888905	C.55.	696	X
554	DBP.	921096	C.55.	8974	X
1078333	Oest.	176020	C.54.	2513	XIb
437	DBP.	916724	C.55.	4464	X
929	Eng.	708158	C.55.	4889	F
939	Amer.	2631964	C.54.	2010	F
1079763	DBP.	899407	C.54.	4737	XIb
797	Oest.	178692	C.54.	9584	F
1080804	Amer.	2684900	C.55.	11088	VIII
1081101	DBP.	822038	C.52.	6925	VIII
133	Eng.	717059	C.55.	7324	X
1083371	Oest.	181431	C.55.	10618	VIII
1088551	Eng.	655587	C.53.	4597	VIII
552	Eng.	655587	C.53.	4597	VIII
1090919	Eng.	690012	C.55.	666	V
1091291	DBP.	925245	C.55.	8270	X

Holländische Patente (Holl. P.)

73893	Frz.	1011562	C.53.	8987	IX
944	Amer.	2657184	C.54.	10152	XIX
	Frz.	1044586	C.54.	10152	XIX
74002	DBP.	857419	C.54.	164	III
007	Eng.	712724	C.55.	3717	VII
033	Eng.	652106	C.55.	9412	III
056	Frz.	991376	C.53.	9044	XIX
063	Frz.	1006865	C.53.	5900	V
072	DBP.	855258	C.53.	9585	I
098	DBP.	831549	C.52.	4661	F
109	Eng.	700798	C.54.	9210	XXIV
113	DBP.	912693	C.54.	11051	IX
74117	Frz.	1044239	C.54.	10342	IX
157	Frz.	1050014	C.55.	1155	XII
190	Schwd.	127431	C.51.	I. 1686	XVIIIb
201	DBP.	874630	C.54.	456	XVIIIb
212	DBP.	848795	C.53.	796	XVIIIb
246	DBP.	831754	C.52.	4345	F
258	DBP.	827554	C.52.	6448	XIb
260	Eng.	685049	C.53.	5956	XVII
262	Eng.	680630	C.53.	9610	VII
265	Schwd.	135595	C.54.	1609	XIb
267	DBP.	832745	C.55.	11721	IX
272	DBP.	896651	C.55.	6083	F

74288	Eng.	691274	C.54.	2711	IX	74430	Amer.	2600351	C.55.	7542	VIII
289	DBP.	832891	C.52.	6762	IX	458	Schwz.	283414	C.54.	5593	I
291	Frz.	1029341	C.54.	6118	XII	464	Oest.	173777	C.53.	7667	XIa
296	Amer.	2587279	C.53.	7676	XII	466	Amer.	2560743	C.52.	3745	XII
300	Frz.	1034797	C.54.	7553	XVIIIb	469	DBP.	910540	C.55.	417	F
349	DBP.	858293	C.53.	1855	F	477	DBP.	822551	C.52.	3405	IX
417	DBP.	816759	C.52.	1251	XIb	490	DBP.	864722	C.54.	6404	XIX
420	Frz.	1007262	C.53.	6114	V	491	Oest.	173427	C.53.	7980	XVIIIb
423	Frz.	985332	C.53.	3297	III	500	Eng.	681338	C.53.	4739	F

Indische Patente (Ind. P.).

36467	DBP.	821119	C.52.	2108	XVIIIb	47270	Eng.	697275	C.55.	6100	III
45689	DBP.	906256	C.55.	724	XVIIIb	888	Eng.	702607	C.54.	11284	VII
46336	DBP.	905371	C.55.	1563	F	926	Norw.	82140	C.55.	8038	X

Italienische Patente (It. P.)

479959	Schwz.	297797	C.55.	2568	XVIIIb	480114	DBP.	875390			
480001	Amer.	2499431	C.51.	I. 3424	X			u. 703	C.54.	6384	XVIIIb
005	Oest.	181492	C.55.	5688	XVIIIa	153	Eng.	708123	C.55.	6861	XIa
006	DBP.	819694	C.52.	3435	XXI	155	Frz.	1039522	C.54.	7997	XII
065	DBP.	856494	C.53.	1750	XIX	208	Amer.	2533221	C.52.	4238	XVI
067	Eng.	708744	C.55.	9707	XIX	230	Eng.	694036	C.54.	6311	V
106	Amer.	2608463	C.53.	6552	V	239	Amer.	2637655	C.54.	6852	XVI
108	Schwz.	289999	C.54.	4045	XIa	268	DBP.	901419	C.54.	4077	XXIII
111	DBP.	863399	C.54.	6118	XII	357	DBP.	847685	C.53.	7204	XVIIIa

Norwegische Patente (N. P.).

78390	Oest.	167106	C.52.	130	VIII	188	Schwz.	272170	C.52.	2081	IX
79367	Schwz.	275806	C.52.	5342	XIb	82003	Dän.	76563	C.55.	7086	IX
767	Eng.	689387	C.56.	580	XIa	057	Frz.	1030547	C.55.	9897	VIII
986	DBP.	923736	C.56.	1743	X	129	Oest.	173699	C.53.	8934	F
80047	Amer.	2576279	C.53.	1854	F	256	DBP.	896651	C.55.	6083	F
095	Eng.	663408	C.53.	1239	VIII	281	Schwz.	302902	C.55.	6592	V
096	Finn.	24546	C.51.	I. 2646	VIII	553	Frz.	1032649	C.55.	6382	VIII
166	DBP.	844131	C.52.	7086	VIII		Amer.	2647830	C.55.	6382	VIII
173	Oest.	172337	C.54.	3108	IX	959	Schwz.	293187	C.54.	6818	VIII

Österreichische Patente (Oe. P.).

171104	Eng.	676893	C.54.	166	III	179549	Eng.	689503	C.54.	2909	VIII
172934	DBP.	882737	C.55.	6627	X	690	Amer.	2550660	C.53.	8453	VIII
175384	Frz.	1041688	C.54.	7740	VIII	691	Eng.	723899	C.55.	9187	VIII
835	Amer.	2655004	C.55.	1356	VI	705	DBP.	906711	C.55.	8701	III
176580	Frz.	1040509	C.54.	7049	VIII	784	Schwz.	286571	C.53.	9621	VIII
616	DBP.	917990	C.55.	6628	X	785	Schwz.	267445			
617	Norw.	82139	C.55.	10385	X			bis 447	C.51.	I. 115	VIII
933	Norw.	82094	C.55.	9677	X	940	DBP.	882639	C.54.	1344	VIII
177492	Norw.	82095	C.55.	8038	X	941	DBP.	853695	C.53.	2671	VIII
508	Eng.	678155	C.53.	8489	XVIIIb	180070	Eng.	675350	C.53.	3793	VIII
561	Schwz.	294067	C.55.	8024	VIII	071	Frz.	1051014	C.55.	3247	VIII
796	Eng.	658115	C.52.	1728	VIII	072	DBP.	835613	C.52.	5643	VIII
984	Frz.	1065321	C.55.	7776	VIII	148	Frz.	1070336	C.55.	8024	VIII
178000	DBP.	876202	C.54.	5220	XXIV	171	Schwz.	295591	C.55.	2759	VII
001	Eng.	700798	C.54.	9210	XXIV	187	Frz.	1060337	C.55.	6615	VIII
366	Frz.	1016499	C.54.	642	VIII	225	Frz.	1057358	C.55.	1888	XX
516	DBP.	927186	C.55.	9664	VIII	268	DBP.	838285	C.54.	8877	V
682	DBP.	921223	C.55.	6856	X	281	DBP.	873539	C.54.	8211	VIII
737	Frz.	1034896	C.55.	4926	VIII	404	Finn.	26539	C.54.	2300	XVIIIa
778	Eng.	707261	C.55.	2999	VIII	408	DBP.	923404	C.55.	9436	VIII
179096	Schwz.	298205	C.55.	4207	VIII	409	Eng.	689824	C.54.	644	VIII
165	Schwz.	295406	C.54.	10581	VIII		Schwz.	289123	C.54.	644	VIII
166	DBP.	811900	C.52.	2421	VIII	456	Frz.	1071340	C.55.	7075	VIII
183	Norw.	82335	C.55.	7807	XVII	609	DBP.	899215	C.54.	8645	III
422	Frz.	1043103	C.55.	4690	VIII	909	DBP.	915036	C.55.	3982	XIb
547	DBP.	864882	C.54.	641	VIII	944	DBP.	849247	C.53.	923	VIII

181153	Frz.	1040863	C. 55.	1369	VIII
478	DBP.	861184	C. 53.	5736	VIII
596	DBP.	855847	C. 53.	3174	XVIIIb
647	DBP.	888122	C. 54.	4687	III
701	Schwz.	296663	C. 55.	414	F
857	Eng.	703432	C. 54.	10135	XVIIIb
863	Frz.	1010543	C. 53.	9294	VIII
908	Frz.	968831	C. 51. I.	1682	XVII
917	Amer.	2586796	C. 54.	919	XVIIIb
958	Oest.	180725	C. 55.	7811	XVIIIa
959	Frz.	1049611	C. 55.	231	XIb
960	Amer.	2375089	C. 45. II.	1859	XVIII
963	Amer.	2541027	C. 52.	7102	XIa
182098	Norw.	80046	C. 53.	6977	X
105	Schwz.	301955	C. 55.	9622	F
	Eng.	717227	C. 55.	9622	F
106	Amer.	2566097	C. 53.	4944	IX
197	Finn.	26044	C. 53.	9244	F
200	Eng.	703878	C. 55.	2553	XIII
182203	Dän.	60938	C. 45. I.	917	F
207	Dän.	73868	C. 53.	5241	VI
230	Schwd.	127222	C. 51. I.	808	XVIIIb
232	Eng.	716355	C. 55.	7800	XIb
357	DBP.	912798	C. 55.	1584	IV
390	Amer.	2462855	C. 49. E.	1993	XVIIIb
392	Eng.	707668	C. 55.	1797	F
393	DBP.	924450	C. 55.	7981	F
476	Amer.	2497509	C. 50. II.	2224	F
479	Frz.	907495	C. 48. II.	517	F
481	Amer.	2547917	C. 52.	4978	F
483	DBP.	891322	C. 54.	2876	F
530	Norw.	82664	C. 55.	8024	VIII
531	Schwz.	301030	C. 55.	10130	VIII
591	Schwz.	291828	C. 54.	10339	VIII
671	DBP.	923834	C. 56.	543	VI
712	DBP.	830192	C. 52.	4659	F
726	Frz.	1052634	C. 55.	1137	VIII
728	Frz.	1046137	C. 54.	7510	VIII

Schwedische Patente (Schwed. P.).

131144	DBP.	819698	C. 52.	2888	F
913	DBP.	856033	C. 54.	2469	V
914	Eng.	657903	C. 53.	1058	F
986	Frz.	963356	C. 51. I.	393	IX
989	DBP.	819995	C. 52.	5648	IX
990	Amer.	2556566	C. 52.	2720	F
132012	Schwz.	274243	C. 52.	6609	X
437	DBP.	823294	C. 52.	7862	F
438	Oest.	175018	C. 54.	7468	F
490	Dän.	73313	C. 53.	4307	XVIIIb
574	Eng.	677061	C. 55.	4888	F
723	Norw.	78379	C. 53.	290	X
724	Norw.	78643	C. 52.	8051	X
796	Can.	477645	C. 53.	9042	XIX
133190	Frz.	950811	C. 50. II.	1197	XIX
804	Amer.	2495566	C. 50. II.	1075	XVIIIb
869	Oest.	170882	C. 53.	577	F
134107	Oest.	166450	C. 50. II.	2346	F
198	Frz.	1017750	C. 54.	9147	IX
521	Norw.	77786	C. 52.	5313	II
827	Eng.	665640	C. 53.	4127	XIb
841	DBP.	833274	C. 53.	120	VII
926	Oest.	170848	C. 53.	796	XVIIIb
935	Frz.	974924	C. 52.	2579	VIII
135029	DBP.	870107	C. 53.	9625	IX
218	Schwz.	277653	C. 52.	6285	IX
246	Frz.	982851	C. 52.	4395	XVIIIb
258	Eng.	635994	C. 54.	2722	XIb
259	Frz.	1008120	C. 53.	4950	XIb
296	Schwz.	278903	C. 52.	7575	X
332	Oest.	166227	C. 50. II.	2492	XIa
419	Amer.	2687349	C. 55.	6612	VIII
424	DBP.	896946	C. 55.	3443	F
562	DBP.	831547	C. 54.	6367	XIII
565	DBP.	855115	C. 54.	147	F
611	Frz.	957656	C. 51. I.	130	XIb
666	DBP.	844009	C. 53.	1245	IX
667	Schwz.	277019	C. 53.	4757	VII
831	Frz.	1000341	C. 54.	8920	XIV
832	DBP.	867851	C. 53.	5928	IX
833	Schwz.	292799	C. 55.	9394	F
839	Norw.	78729	C. 53.	2669	VIII
869	DBP.	875406	C. 54.	4298	XVIIIb
870	DBP.	872266	C. 53.	6776	XIb
948	Eng.	691024	C. 54.	5853	IX
136020	Norw.	78898	C. 53.	1267	XVIIIa
101	Oest.	164533	C. 50. II.	2947	F
156	DBP.	859234	C. 54.	8656	VII
178	Schwz.	265170	C. 54.	1861	XVIIIb
136192	Schwz.	280676	C. 53.	101	F
193	DBP.	823597	C. 52.	6409	F
194	DBP.	837700	C. 53.	2030	IX
218	Eng.	672874	C. 53.	5383	F
222	Dän.	74461	C. 54.	5663	XVIIIb
232	DBP.	851551	C. 53.	8465	XIa
259	Norw.	78356	C. 52.	7593	XVIIIa
300	Finn.	26032	C. 53.	5095	V
301	DBP.	863998	C. 53.	5570	VIII
330	Norw.	79152	C. 53.	7210	XVIIIb
347	DBP.	881009	C. 54.	668	XII
389	Eng.	704680	C. 55.	237	XIV
398	Oest.	174062	C. 53.	9633	IX
399	Schwz.	279108	C. 53.	1690	F
400	Eng.	694683	C. 55.	2259	F
402	DBP.	881345	C. 54.	10063	F
498	DBP.	874902	C. 53.	5275	XVIIIa
499	DBP.	820437	C. 52.	2224	F
601	Oest.	172352	C. 53.	4145	XIX
602	DBP.	818941	C. 52.	4661	F
646	Eng.	659136	C. 53.	3324	XII
651	Eng.	673634	C. 53.	9011	XIb
662	Eng.	663136	C. 52.	6920	VII
696	Finn.	25260	C. 52.	4520	VI
697	Amer.	2568237	C. 53.	757	VI
715	Norw.	79765	C. 53.	7439	XVIIIb
716	Frz.	1019640	C. 55.	2085	XIa
719	Oest.	172614	C. 54.	4484	IX
721	Oest.	172651	C. 53.	8208	F
	Oest.	172935	C. 53.	5708	F
740	Norw.	80099	C. 54.	165	III
749	Frz.	997743	C. 54.	4761	XIX
792	Norw.	80190	C. 53.	8241	XVIIIa
816	Oest.	171691	C. 54.	2933	XV
831	Frz.	1007659	C. 55.	6100	III
841	DBP.	888907	C. 55.	2540	X
862	DBP.	849754	C. 53.	2366	XIb
900	DBP.	885153	C. 54.	2286	XIb
913	Schwz.	277956	C. 52.	5192	XVIIIb
918	DBP.	836099	C. 52.	6452	XII
939	DBP.	837911	C. 52.	5833	XVII
983	DBP.	905452	C. 54.	5676	XXIV
137015	Eng.	652442	C. 53.	2979	IV
019	Frz.	1056115	C. 55.	7728	F
096	Eng.	670630	C. 54.	3565	IX
102	Finn.	25815	C. 53.	3818	XVIIIa
134	DBP.	840542	C. 52.	6290	XIa
138	Amer.	2562199	C. 53.	7695	XVIIIb
192	Schwz.	285065	C. 54.	2474	VI
202	DBP.	850743	C. 53.	5604	XIX

137269	Eng.	707227	C.54.	11002	F
303	DBP.	843583	C.55.	1655	XIX
319	DBP.	891143	C.54.	4959	XIb
335	Frz.	951209	C.50. II.	1855	I
375	DBP.	862446	C.54.	11249	F
674	Eng.	670174	C.54.	10818	X
681	Frz.	1012344	C.54.	7290	IX
684	Eng.	686116	C.54.	6133	XVIIIa
690	Dän.	72401	C.52.	5621	F
778	Amer.	2534235			
		bis 247	C.52.	4343	F
780	DBP.	910540	C.55.	417	F
782	Oest.	171411	C.52.	7224	F
865	Amer.	2590060	C.54.	463	XX
873	Finn.	26304	C.54.	622	I
879	DBP.	891547	C.55.	3687	F
935	Amer.	2580718	C.53.	3794	VIII
938	Frz.	1005859	C.53.	3974	XVIIIa
138008	Eng.	678561	C.53.	2857	XVIIIa
011	Eng.	636874	C.53.	7652	VIII
062	DBP.	831696	C.52.	7861	F
096	Frz.	982274	C.54.	2532	XIX
111	DBP.	838828	C.53.	311	XVIIIb
112	Eng.	647228	C.53.	5920	VIII
157	Oest.	175558	C.54.	6825	IX
426	Amer.	2571765	C.52.	6622	XVI
449	Frz.	1035724	C.55.	2783	X
451	Frz.	960585	C.51. I.	401	XIb
454	DBP.	812550	C.52.	572	F
457	DBP.	827947	C.55.	3922	F
500	DBP.	814320	C.52.	1212	F
513	Oest.	169835	C.52.	5659	XIb
566	Dän.	73383	C.55.	11728	F
567	DBP.	844017	C.53.	2336	I
643	Norw.	80046	C.53.	6977	X
647	Eng.	709563	C.55.	955	XVII
649	DBP.	821951	C.52.	5799	V
691	DBP.	811175	C.52.	1733	VIII
139098	Frz.	1017561	C.54.	4500	XIb
193	Frz.	942987	C.49. E.	765	III
140290	Frz.	1037728	C.54.	9170	XIb
806	Frz.	973810	C.55.	4223	XIa
811	Frz.	1030187	C.55.	3282	XVIIIb
824	Frz.	1057836	C.55.	4012	XXII
825	Amer.	2658884			
		u. 885	C.54.	10827	XIb
939	Frz.	1048191	C.55.	6839	VIII
141093	Can.	467403	C.51. I.	816	XXIV
226	DBP.	884185	C.54.	655	X
228	DBP.	908725	C.55.	181	I
229	Finn.	26504	C.54.	3536	I
274	Oest.	174133	C.54.	7062	XIa
279	DBP.	901331	C.54.	7323	XVIIIb
300	Frz.	996447	C.52.	4541	XIb
369	Norw.	79892	C.53.	5438	XIX
373	Eng.	699664	C.55.	7314	IX
374	Schwz.	286110	C.54.	10589	IX
397	Eng.	638084	C.53.	7625	III
409	Eng.	695936	C.55.	5623	III
470	Frz.	982739	C.53.	3805	XIb
495	Norw.	79525	C.53.	7165	VI
515	Frz.	1043713	C.55.	3487	IX
517	DBP.	912693	C.54.	11051	IX
518	Eng.	707668	C.55.	1797	F
639	Eng.	695170	C.54.	10587	IX
645	DBP.	832164	C.52.	5471	III
687	Eng.	708123	C.55.	6861	XIa
706	Finn.	26008	C.53.	5923	VIII
708	DBP.	882993	C.54.	6341	IX
744	Schwz.	276716	C.52.	4846	IX
790	Schwz.	280485	C.53.	8467	XIb
807	Schwz.	267401	C.51. I.	782	VIII
141809	Frz.	1004822	C.54.	9623	VIII
816	Finn.	26291	C.54.	916	XVIIIa
852	Eng.	648905	C.53.	1896	XIV
853	DBP.	817581	C.52.	615	XVI
854	Frz.	989432	C.53.	156	XVIIIb
858	Eng.	708481	C.55.	675	VII
859	Frz.	951734	C.50. II.	1878	IX
860	Dän.	74977	C.55.	4650	F
861	Oest.	171711	C.53.	740	F
862	DBP.	912224	C.54.	9854	VIII
863	Eng.	709854	C.55.	2988	VII
864	Oest.	173699	C.53.	8934	F
865	Oest.	175570	C.54.	7005	F
878	Amer.	2594710			
		u. 711	C.53.	4260	III
879	Eng.	679096	C.53.	9265	III
881	Amer.	2576380	C.53.	8181	VI
893	Dän.	73279	C.54.	6399	XIX
894	Eng.	709732	C.55.	5702	XIX
	Eng.	709733	C.55.	4501	XIX
898	Eng.	689724	C.54.	3849	XXI
900	Amer.	2678901	C.55.	6638	XIII
913	DBP.	916117	C.55.	4469	XIb
914	DBP.	869862	C.54.	915	XVIIIa
930	Dän.	73985	C.53.	5572	VIII
934	Schwz.	278620	C.54.	3384	XXIV
952	Eng.	703010	C.55.	256	XVIIIb
956	DBP.	849225	C.53.	4929	VI
968	Frz.	1039289	C.55.	1879	XVIIIb
971	DBP.	836191	C.52.	7540	F
972	Oest.	174378	C.54.	1116	IX
973	Dän.	72401	C.52.	5621	F
974	DBP.	879696	C.53.	7145	F
975	Oest.	174916	C.54.	7468	F
976	Oest.	174914	C.54.	7468	F
992	Can.	487746	C.54.	5144	III
142003	DBP.	835928	C.52.	5460	F
010	DBP.	853353	C.54.	4956	XIa
021	Amer.	2557814	C.53.	3788	VII
030	Frz.	1048103	C.54.	11042	VIII
036	Can.	475925	C.52.	3080	VIII
043	Eng.	702086	C.55.	1636	XVI
082	Eng.	688087	C.54.	417	IX
084	Finn.	26636	C.54.	5852	IX
085	Oest.	174607	C.53.	9640	IX
086	Eng.	701127	C.55.	2777	IX
090	Amer.	2677538	C.55.	5891	VIII
103	Eng.	664370	C.52.	7715	III
117	Oest.	179605	C.55.	1419	XIX
118	Frz.	1043870	C.54.	10156	XIX
137	DBP.	905202	C.54.	5184	XIb
160	Schwz.	290271	C.54.	2296	XVI
184	Schwz.	289694	C.54.	5429	XVIIIb
185	Oest.	172924	C.53.	7693	XVIIIb
187	Amer.	2541186	C.52.	1599	XIX
190	Finn.	25580	C.52.	7383	F
200	Frz.	1046219	C.55.	7544	VIII
207	Amer.	2590140			
		u. 141	C.53.	1856	F
208	Eng.	699677	C.54.	4673	F
215	Finn.	25992	C.53.	3640	X
216	Finn.	27079	C.55.	2767	VIII
225	Dän.	73936	C.53.	8703	VII
253	Dän.	73140	C.54.	400	VI
315	Eng.	654331	C.52.	2951	XXII
316	Can.	464158	C.50. II.	819	IX
338	Schwz.	289456	C.55.	464	XIa
355	DBP.	827944	C.55.	4885	F
356	Oest.	175890	C.54.	6058	F
374	Eng.	711818	C.55.	5463	XIX
387	Eng.	657295	C.52.	4544	XVI
388	Schwz.	273629	C.52.	264	F

Schweizer Patente (Schwz. P.).

236303	DBP.	892192	C. 54.	6080	III
241099	Schwd.	137704	C. 54.	4253	VIII
243453	Belg.	449661	C. 45.	I. 272	III
256699	Frz.	942243	C. 50.	I. 1383	F
268668	DBP.	846738	C. 53.	430	III
276412	Eng.	661495	C. 54.	10064	F
280672	Frz.	971830	C. 52.	1907	IX
281127	DBP.	829890	C. 52.	7893	IX
129	Oest.	178909	C. 54.	10058	F
751	DBP.	812550	C. 52.	572	F
752	Oest.	169808	C. 52.	4816	F
282372	Frz.	957821	C. 50.	II. 1769	XIX
284792	Eng.	664436	C. 52.	6408	F
943	DBP.	834996	C. 55.	11721	IX
288887	DBP.	843413	C. 55.	11721	F
289122	Frz.	1008046	C. 53.	8978	VIII
196	Frz.	999988	C. 55.	4166	F
438	Eng.	671079	C. 55.	7310	VIII
985	Frz.	1046698	C. 55.	11738	IX
987	Eng.	685840	C. 55.	11466	IX
991	DBP.	889045	C. 55.	10144	X
290295	DBP.	922122	C. 56.	2032	X
516	DBP.	834996	C. 55.	11721	IX
584	DBP.	882452	C. 56.	869	X
657	Frz.	1026575	C. 55.	10131	VIII
743	Oest.	174902	C. 53.	9320	IX
291198	Eng.	680364	C. 55.	10387	X
677	DBP.	896449	C. 54.	3831	XVI
811	DBP.	883022	C. 56.	870	X
813	DBP.	899537	C. 55.	11721	X
936	DBP.	883156	C. 55.	2026	F
292073	DBP.	883601	C. 55.	11721	F
326	Eng.	706421	C. 55.	962	XVIIIb
678	DBP.	889045	C. 55.	10144	X
293297	DBP.	871152	C. 55.	11721	F
430	DBP.	890047	C. 55.	645	F
548	Belg.	501244	C. 54.	1801	III
693	Frz.	1024521	C. 55.	11736	F
808	Norw.	79642	C. 53.	5383	F
294179	DBP.	845347	C. 56.	514	F
487	DBP.	883784	C. 54.	5828	III
506	DBP.	889151	C. 56.	803	F
692	DBP.	896449	C. 54.	3831	XVI
767	Frz.	1049188			
		u. 189	C. 55.	8959	VIII
802	Eng.	688637	C. 54.	11061	XIa
950	DBP.	899537	C. 55.	11721	X
295068	Eng.	693864	C. 54.	11315	XIb
104	DBP.	901127	C. 55.	11721	XXIV
105	DBP.	901127	C. 55.	11721	XXIV
440	Frz.	1049188			
		u. 189	C. 55.	8959	VIII
537	DBP.	905490	C. 54.	5127	F
743	Frz.	1037982	C. 55.	9433	VIII
996	DBP.	887198	C. 55.	11721	X
296091	Frz.	1048310	C. 54.	11063	XIb
567	DBP.	871152	C. 55.	11721	F
568	DBP.	871152	C. 55.	11721	F
569	DBP.	871152	C. 55.	11721	F
297006	DBP.	876408	C. 54.	6335	IX
011	DBP.	902848	C. 55.	11721	IX
164	DBP.	907442	C. 55.	11441	III
972	Frz.	966437	C. 51.	I. 2067	III
298324	Amer.	2666051	C. 55.	8213	F
325	DBP.	912693	C. 54.	11051	IX
377	Oest.	172929	C. 54.	3569	IX
420	DBP.	905490	C. 54.	5127	F
483	DBP.	862750	C. 53.	5935	X
516	Frz.	1034060	C. 54.	10814	VIII
299218	DBP.	895246	C. 55.	499	XXIV
299314	Schwd.	138881	C. 55.	5684	XVII
391	Frz.	1048915	C. 55.	1426	XXIV
604	DBP.	902289	C. 55.	9678	X
619	DBP.	842344	C. 55.	11254	F
709	DBP.	917990	C. 55.	6628	X
784	DBP.	859803	C. 53.	4276	VIII
785	DBP.	859804	C. 53.	4440	VIII
811	DBP.	851166	C. 54.	2067	XIb
934	DBP.	856359	C. 53.	4276	VIII
300023	DBP.	917633	C. 55.	11721	X
154	Eng.	696805	C. 55.	9876	III
277	DBP.	883602	C. 55.	11721	F
778	Schwd.	140215	C. 55.	5661	X
795	DBP.	921277	C. 55.	7091	X
796	DBP.	921277	C. 55.	7091	X
797	DBP.	921277	C. 55.	7091	X
798	DBP.	921277	C. 55.	7091	X
799	DBP.	921277	C. 55.	7091	X
800	DBP.	921277	C. 55.	7091	X
819	DBP.	831697	C. 55.	7982	F
820	DBP.	831697	C. 55.	7982	F
821	DBP.	831697	C. 55.	7982	F
822	DBP.	831697	C. 55.	7982	F
823	DBP.	831697	C. 55.	7982	F
824	DBP.	831697	C. 55.	7982	F
825	DBP.	831697	C. 55.	7982	F
826	DBP.	831697	C. 55.	7982	F
827	DBP.	831697	C. 55.	7982	F
301199	DBP.	823908	C. 52.	3552	III
205	Frz.	1043853	C. 54.	7948	III
254	DBP.	836194	C. 52.	7061	F
430	Eng.	709585	C. 55.	1100	F
668	Oest.	176303	C. 54.	3337	IX
669	Oest.	176303	C. 54.	3337	IX
670	Oest.	176303	C. 54.	3337	IX
740	DBP.	922696	C. 55.	6109	VI
778	Amer.	2503866	C. 51.	II. 1828	XVI
792	Eng.	712747	C. 55.	7081	IX
802	DBP.	886906	C. 54.	4740	XIb
803	Eng.	714883	C. 55.	6849	IX
957	Dän.	76563	C. 55.	7086	IX
302013	DBP.	836194	C. 52.	7061	F
051	DBP.	848229	C. 54.	5181	X
053	DBP.	848229	C. 54.	5181	X
068	DBP.	905852	C. 54.	8222	IX
069	DBP.	905852	C. 54.	8222	IX
101	Eng.	704021	C. 55.	2562	XVII
152	Eng.	712762	C. 55.	6192	F
218	Oest.	176979	C. 55.	8722	VIII
312	Amer.	2683167	C. 55.	9388	F
402	DBP.	917990	C. 55.	6628	X
403	DBP	917990	C. 55.	6628	X
404	DBP.	917990	C. 55.	6628	X
492	Frz.	1056662	C. 55.	6657	XVIIIb
971	Frz.	1041245	C. 55.	2995	VIII
303080	DBP.	910299	C. 55.	2490	F
153	DBP.	906447	C. 55.	9645	V
277	DBP.	895454	C. 54.	4264	IX
582	Oest.	176559	C. 54.	3284	F
661	Amer.	2553992	C. 52.	6131	IX
665	DBP.	870308	C. 54.	890	X
674	DBP.	892974	C. 54.	2926	XIb
676	Frz.	1045929	C. 54.	8899	VIII
830	Frz.	1052967	C. 55.	11738	F
835	Oest.	177775	C. 54.	7241	F
304030	Frz.	1041701	C. 54.	8934	XVII
093	Frz.	1046137	C. 54.	7510	VIII
179	Eng.	682926	C. 53.	4414	F
300	Eng.	713146	C. 55.	9625	F
385	Frz.	1042356	C. 55.	5427	X

304394	Eng.	713423	C.55.	11733	XIX
555	Eng.	721484	C.55.	10576	F
627	Eng.	687760	C.55.	11731	F
628	Eng.	687760	C.55.	11731	F
629	Eng.	687760	C.55.	11731	F
630	Eng.	687760	C.55.	11731	F
693	DBP.	908009	C.55.	1611	X
718	Amer.	2676976	C.55.	4649	F
796	Oest.	175591	C.54.	7972	VIII
797	DBP.	914327	C.55.	4451	VIII
877	DBP.	866040	C.53.	3609	F
883	Frz.	1041856	C.55.	879	F
884	Frz.	1044508	C.55.	3204	F
305005	DBP.	921223	C.55.	6856	X
006	DBP.	921223	C.55.	6856	X
007	DBP.	921223	C.55.	6856	X
091	DBP.	886734	C.55.	2782	X
109	Amer.	2656367	C.54.	11497	F
112	DBP.	859305	C.54.	652	IX
113	DBP.	888098	C.54.	3798	IX
114	DBP.	871449	C.54.	665	XIb
115	DBP.	859312	C.54.	4489	IX
123	Oest.	178151	C.55.	8496	IX
316	Amer.	2649476	C.55.	490	XVIIIb
317	Amer.	2649476	C.55.	490	XVIIIb
318	Amer.	2649476	C.55.	490	XVIIIb
319	Amer.	2649476	C.55.	490	XVIIIb
320	Amer.	2649476	C.55.	490	XVIIIb
321	Amer.	2649476	C.55.	490	XVIIIb
322	Amer.	2649476	C.55.	490	XVIIIb
323	Amer.	2649476	C.55.	490	XVIIIb
328	Amer.	2649476	C.55.	490	XVIIIb
396	DBP.	903326	C.54.	7059	X
414	DBP.	921144	C.55.	7292	V
424	Finn.	26649	C.54.	4733	XIa
427	DBP.	897015	C.54.	6619	XVIIIa
428	Frz.	1050014	C.55.	1155	XII
431	Eng.	723423	C.55.	8725	VIII
440	DBP.	919453	C.55.	4261	XXIV
468	Eng.	700246	C.55.	1601	VIII
469	Frz.	1056979	C.55.	1137	VIII
571	Oest.	176554	C.54.	3565	IX
573	Frz.	1062508	C.55.	3506	XIII
622	Amer.	2649476	C.55.	490	XVIIIb
623	Oest.	177775	C.54.	7241	F
670	Frz.	1063359	C.55.	5389	III
671	Oest.	177567	C.55.	6384	VIII
692	Eng.	706720	C.54.	11077	XVII
703	Frz.	1063813	C.55.	7338	XV
706	Frz.	1053369	C.55.	2328	XVII
708	Frz.	1043726	C.55.	3933	G
709	Oest.	175559	C.54.	6825	IX
711	Eng.	717095	C.55.	8729	IX
721	DBP.	883018	C.54.	5856	X
726	Amer.	2693467	C.56.	2886	X
831	DBP.	866203	C.53.	9264	III
832	Eng.	720069	C.[56.	1405	III
881	Eng.	695171	C.54.	4217	F
882	DBP.	931947	C.56.	805	F
888	DBP.	924211	C.55.	10574	F
942	Eng.	717889	C.55.	5692	XVIIIb
943	Eng.	717889	C.55.	5692	XVIIIb
944	Eng.	717889	C.55.	5692	XVIIIb
945	Eng.	717889	C.55.	5692	XVIIIb
946	Eng.	717889	C.55.	5692	XVIIIb
947	Eng.	717889	C.55.	5692	XVIIIb
948	Eng.	717889	C.55.	5692	XVIIIb
949	Eng.	717889	C.55.	5692	XVIIIb
950	Eng.	717889	C.55.	5692	XVIIIb
951	Eng.	717889	C.55.	5392	XVIIIb
952	Eng.	717889	C.55.	5692	XVIIIb
953	Eng.	717889	C.55.	5692	XVIIIb
954	Eng.	717889	C.55.	5692	XVIIIb
305955	Eng.	717889	C.55.	5692	XVIIIb
956	Eng.	717889	C.55.	5692	XVIIIb
957	Eng.	717889	C.55.	5692	XVIIIb
958	Eng.	717889	C.55.	5692	XVIIIb
963	Amer.	2651641	C.55.	930	X
306044	DBP.	884641	C.54.	883	IX
046	DBP.	863650	C.53.	4938	IX
048	Oest.	175886	C.54.	7057	IX
056	DBP.	921224	C.55.	7090	X
060	Amer.	2540570	C.52.	952	XIX
068	DBP.	920669	C.55.	4195	VII
070	Frz.	1071978	C.56.	2339	XVIIIa
202	Oest.	175257	C.54.	841	F
236	DBP.	890252	C.54.	8665	VIII
276	DBP.	898800	C.54.	4977	XVIIIa
284	Eng.	717227	C.55.	9622	F
285	Eng.	717227	C.55.	9622	F
296	Frz.	1055178	C.55.	11739	XVI
349	Frz.	1057144	C.55.	2328	XVII
350	Frz.	1035170	C.54.	6135	XVIIIb
367	Eng.	717269	C.55.	5869	V
370	DBP.	870857	C.53.	4571	F
386	Eng.	713512	C.55.	5662	X
390	Eng.	716664	C.55.	6666	XXI
392	Oest.	176366	C.54.	2924	XIb
467	DP. [DDR]	2039	C.54.	9597	III
503	Oest.	166710	C.52.	265	F
504	DBP.	904533	C.55.	1564	F
506	DBP.	878651	C.54.	1544	F
507	DBP.	896803	C.55.	5607	F
548	DBP.	922480	C.55.	7561	X
549	DBP.	922480	C.55.	7561	X
564	DBP.	869486	C.53.	6305	F
626	DBP.	903688	C.54.	7021	I
637	Eng.	683511	C.53.	5739	IX
639	DBP.	881039	C.55.	2298	IX
640	Frz.	1057493	C.55.	6389	IX
641	Eng.	722186	C.55.	9148	F
653	DBP.	894892	C.55.	1421	XXI
655	Schwd.	138896	C.55.	2548	XIb
759	DBP.	896959	C.54.	1565	III
857	Eng.	717889	C.55.	5692	XVIIIb
858	Eng.	717889	C.55.	5692	XVIIIb
888	DBP.	922480	C.55.	7561	X
889	DBP.c	922480	C.55.	7561	X
890	DBP.	922480	C.55.	7561	X
891	DBP.	922480	C.55.	7561	X
971	DBP.	878788	C.54.	4522	XVIIIb
984	DBP.	877135	C.53.	7423	XV
989	Frz.	1052623	C.55.	436	V
990	DBP.	859314	C.54.	4489	IX
993	DBP.	921626	C.55.	4216	IX
998	Oest.	177197	C.54.	10861	XXI
999	DBP.	848680	C.53.	1737	XVII
307001	Frz.	1053724	C.55.	2345	XX
007	Oest.	177927	C.55.	2745	III
012	DBP.	863277	C.54.	1344	VIII
	DBP.	878585	C.54.	5394	VIII
013	DBP.	925330	C.55.	9900	VIII
061	Frz.	1030726	C.54.	8664	VIII
	Frz.	1049330	C.56.	856	VIII
133	DBP.	871891	C.54.	9094	F
214	Eng.	718566	C.56.	1455	X
296	Eng.	710777	C.55.	2804	XVII
316	DBP.	918443	C.55.	4429	V
317	Oest.	178345	C.54.	7953	V
318	Frz.	1055966	C.55.	3967	IX
325	DBP.	850008	C.54.	7550	XVIIIb
326	Schwd.	140788	C.55.	11099	IX
332	Frz.	1057137	C.55.	3981	XIb
333	Frz.	1053672	C.55.	3981	XIb
338	Eng.	721445	C.56.	1443	VIII

307479	DBP.	913171	C.54.	11009	F
480	Frz.	1043453	C.55.	5373	F
482	DBP.	901651	C.54.	7004	F
524	Frz.	1039313	C.54.	10372	XVII
550	DBP.	914857	C.55.	162	F
568	Oest.	179136	C.55.	1131	VII
615	Eng.	710044	C.55.	2322	XIV
621	Eng.	711174	C.55.	7057	V
627	Eng.	717889	C.55.	5692	XVIIIb
634	Eng.	711677	C.55.	8040	XIa
635	Eng.	716324	C.55.	8977	XIa
645	DBP.	849089	C.53.	1742	XVIIIb
703	Eng.	687899	C.54.	643	VIII
792	DBP.	908613	C.54.	6287	F
793	Oest.	177422	C.54.	7984	IX
800	DBP.	925472	C.55.	11635	F
806	Eng.	707277	C.55.	168	F
809	DBP.	925472	C.55.	11635	F
810	DBP.	932373	C.56.	2258	F
914	DBP.	922584	C.55.	7753	V
922	Amer.	2692236	C.55.	8058	XVII
961	Eng.	674810	C.53.	5238	V
962	Eng.	708595	C.54.	10795	V
964	Eng.	719523	C.55.	9167	V
967	Norw.	82282	C.55.	8001	V
968	DBP.	910647	C.54.	6344	IX
987	Frz.	1055249	C.55.	1398	XII
989	Eng.	712568	C.55.	9682	XIb
308126	Oest.	178897	C.54.	9810	F
128	DBP.	904652	C.54.	3989	F
142	DBP.	914974	C.55.	161	F
197	Eng.	691506	C.54.	6111	X
198	Eng.	691506	C.54.	6111	X
206	Amer.	2584334	C.53.	3457	I
208	DBP.	890345	C.54.	5909	F
260	Eng.	715167	C.55.	7997	I
262	DBP.	922710	C.55.	6136	IX
357	Frz.	1061397	C.55.	2269	I
395	DBP.	926249	C.55.	7350	XVIIIb
396	Frz.	1052516	C.55.	7350	XVIIIb
397	Frz.	1052516	C.55.	7350	XVIIIb
398	Frz.	1052516	C.55.	7350	XVIIIb
449	DBP.	883018	C.54.	5856	X
450	DBP.	883018	C.54.	5856	X
471	DBP.	848231	C.54.	427	X
	DBP.	895041	C.54.	10594	X
472	DBP.	848231	C.54.	427	X
	DBP.	895041	C.54.	10594	X
473	DBP.	848231	C.54.	427	X
	DBP.	895041	C.54.	10594	X
474	DBP.	848231	C.54.	427	X
	DBP.	895041	C.54.	10594	X
475	DBP.	848231	C.54.	427	X
	DBP.	895041	C.54.	10594	X
308477	DBP.	848231	C.54.	427	X
	DBP.	895041	C.54.	10594	X
478	DBP.	895041	C.54.	10594	X
	DBP.	848231	C.54.	427	X
479	DBP.	895041	C.54.	10594	X
	DBP.	848231	C.54.	427	X
480	DBP.	895041	C.54.	10594	X
	DBP.	848231	C.54.	427	X
481	DBP.	895041	C.54.	10594	X
	DBP.	848231	C.54.	427	X
489	Amer.	2693467	C.56.	2886	X
490	Amer.	2693467	C.56.	2886	X
496	Frz.	1041856	C.55.	8779	F
564	DBP.	926548	C.56.	1095	F
566	DBP.	904287	C.55.	9447	IX
567	Amer.	2676976	C.55.	4649	F
568	DBP.	893342	C.54.	4732	X
571	Amer.	2659727	C.55.	3494	X
693	Eng.	688791	C.54.	1310	F
746	Eng.	712764	C.55.	8063	XVIIIb
793	DBP.	922480	C.55.	7561	X
794	DBP.	922480	C.55.	7561	X
795	DBP.	922480	C.55.	7561	X
796	DBP.	922480	C.55.	7561	X
806	Eng.	713512	C.55.	5662	X
813	Oest.	180255	C.55.	3918	F
892	Amer.	2697101	C.55.	10846	VII
	Eng.	709582	C.55.	1826	VII
901	DBP.	918897	C.55.	3269	XII
309403	Eng.	717889	C.55.	5692	XVIIIb
404	Eng.	717889	C.55.	5692	XVIIIb
405	Eng.	717889	C.55.	5692	XVIIIb
406	Eng.	717889	C.55.	5692	XVIIIb
407	Eng.	717889	C.55.	5692	XVIIIb
554	Amer.	2672479	C.55.	6128	VIII
562	DBP.	912220	C.54.	9861	IX
820	DBP.	879696	C.53.	7145	F
821	DBP.	879696	C.53.	7145	F
822	DBP.	879696	C.53.	7145	F
823	DBP.	879696	C.53.	7145	F
824	DBP.	879696	C.53.	7145	F
825	DBP.	879696	C.53.	7145	F
826	DBP.	879696	C.53.	7145	F
827	DBP.	879696	C.53.	7145	F
828	DBP.	879696	C.53.	7145	F
829	DBP.	879696	C.53.	7145	F
310362	Amer.	2620354	C.53.	6731	F
432	DBP.	879696	C.53.	7145	F
516	Frz.	1053948	C.55.	6196	XVIIIb
311086	DBP.	878651	C.54.	1544	F
087	DBP.	878651	C.54.	1544	F
088	DBP.	878651	C.54.	1544	F
089	DBP.	878651	C.54.	1544	F
090	DBP.	878651	C.54.	1544	F

Ungarische Patente (Ung. P.)

136282	DRP.	752755	C.53.	5385	F
348	Oest.	164785	C.49.	E. 289	V
136401	Frz.	896149	C.46.	I. 1293	VII
492	DRP.	762996	C.54.	2086	XVIIIb

Herausgeber u. verantwortlich für den Inhalt: Prof. Dr. Maximilian Pflücke, Berlin N 4, Schiffbauerdamm 19, Fernsprecher: 425571. Redaktion: Chefredakteure Dr. Eugen Klever und Prof. Dr. Maximilian Pflücke. Verlag: Akademie-Verlag GmbH, Berlin W 8, Mohrenstraße 39 (Fernsprecher 200386, Postscheckkonto Berlin 35021), u. Verlag Chemie, GmbH, Weinheim/Bergstraße (Fernsprecher 2017 u. 2965, Postscheckkonto Frankfurt/M. 145314 u. Berlin-West 7430). Bestell- u. Verlags-Nr.: 1007/127. Das Chemische Zentralblatt erscheint wöchentlich. Preis des Jahrganges einschl. Autoren-, Patent-, Sach- und Formelregister: DM 680,—; einseitig bedruckte Ausgabe: DM 750,—. Abgabe der Zeitschrift nur mit sämtlichen Registern.
Satz u. Druck: VEB Leipziger Druckhaus, Leipzig, III/18/203. VI. 56.
Veröffentlicht unter der Lizenznummer 1212 des Amtes für Literatur und Verlagswesen der Deutschen Demokratischen Republik.
Printed in Germany.

Kolibri 360 GmbH
Ferdinand-Jühlke-Straße 7
99095 Erfurt, Deutschland
produktsicherheit@kolibri360.de